John W. Santrock
Kirby Deater-Deckard
Jennifer E. Lansford

儿童发展

CHILD DEVELOPMENT 15th Edition

插图第15版

[美] 约翰·W. 桑特洛克　[美] 柯比·迪特尔-德卡德　[美] 珍妮弗·E. 兰斯福德 著

余强 译

北京联合出版公司
Beijing United Publishing Co.,Ltd.

~ 致谢 ~

特别感谢我的母亲露丝·桑特洛克，
以及我的父亲约翰·桑特洛克。

——约翰·W. 桑特洛克

谨以此书献给我最棒的"孩子们"，
是他们不断教会我人类发展的相关知识。
感谢我的女儿安娜和埃利、十一个侄子侄女，还有两个侄孙女。

——柯比·迪特尔-德卡德

感谢我的父母大卫和马克辛·库恩，
我的丈夫克里斯·兰斯福德，以及我们的孩子凯瑟琳和尼克，
是他们引领我不断成长，并给予我灵感与启发。

——珍妮弗·E.兰斯福德

目录

译者序   I
推荐序   II
作者简介   III
专家顾问   V
前言   VII

第一编   儿童发展的本质

第一章   绪论   2
第 1 节   关爱儿童   4
改善儿童的生活   4
心理承受力、社会政策和儿童发展   6
第 2 节   发展过程、阶段和问题   10
生理过程、认知过程和社会情绪过程   10
发展阶段   11
群组效应   12
发展中的问题   13
第 3 节   儿童发展的科学   15
研究的重要性   16
儿童发展的理论   16
收集数据的研究方法   25
研究设计   28
儿童发展研究面临的挑战   32

第二编   生物过程、身体和感知觉的发展

第二章   生物起源   43
第 1 节   进化的观点   45
自然选择与适应性行为   45
进化心理学   45

第 2 节   发展的遗传基础   48
基因合作   48
基因和染色体   50
遗传规则   51
与染色体和基因有关的异常   52
第 3 节   生殖的挑战和选择   56
孕期的诊断和检查   56
不孕与生殖技术   58
领养   58
第 4 节   遗传和环境的相互作用：天性和教养之争   60
行为遗传学   60
遗传与环境的关联   62
共享与非共享的环境经验   63
渐成观和基因 × 环境的相互作用   64
遗传和环境相互作用的结论   65

第三章   出生前的发展和出生   68
第 1 节   出生前的发展   70
出生前的发展过程   70
畸形学与出生前发展的风险   74
孕期保健   80
正常的出生前的发展   81
第 2 节   出生   82
出生过程   82
对新生儿的评估   86
早产和低出生体重的婴儿   87
第 3 节   产后期   90
生理调节   90
情绪和心理调节   91
亲子联结   92

第四章   身体的发展和健康   96
第 1 节   身体的生长和变化   98
生长模式   98
婴儿期与童年期   99

青少年期	100
第 2 节　脑	**104**
神经建构主义的观点	104
脑生理	104
婴儿期	106
童年期	109
青少年期	110
第 3 节　睡眠	**111**
婴儿期	111
童年期	114
青少年期	114
第 4 节　健康	**115**
儿童的疾病与伤害	116
营养和饮食行为	118
锻炼	125

第五章　运动、感觉和知觉的发展　131

第 1 节　运动的发展	**133**
动态系统的观点	133
反射	134
粗大运动技能	136
精细运动技能	141
第 2 节　感觉和知觉的发展	**143**
什么是感觉和知觉	143
生态学观点	143
视觉	146
其他感觉	150
跨通道知觉	151
天性、教养和知觉的发展	152
第 3 节　知觉和运动的结合	**154**

第三编　认知和语言

第六章　认知发展观　158

第 1 节　皮亚杰的认知发展理论	**160**
发展过程	160
感知运动阶段	161
前运算阶段	167
具体运算阶段	169
形式运算阶段	171
第 2 节　皮亚杰理论的应用和评价	**173**
皮亚杰和教育	173
对皮亚杰理论的评价	174

第 3 节　维果斯基的认知发展理论	**176**
最近发展区	176
鹰架	176
语言和思维	177
教学策略	178
对维果斯基理论的评价	179

第七章　信息加工　184

第 1 节　信息加工观	**186**
从信息加工观看发展	186
认知资源：信息加工的容量和速度	186
变化的机制	187
与皮亚杰理论的比较	188
第 2 节　注意	**189**
什么是注意	189
婴儿期	189
童年期	191
青少年期	192
第 3 节　记忆	**193**
什么是记忆	194
婴儿期	196
童年期	198
青少年期	201
第 4 节　思维	**201**
什么是思维	202
婴儿期	202
童年期	203
青少年期	209
第 5 节　元认知	**212**
什么是元认知	212
儿童的心理观	212
童年期的元认知	215
青少年期的元认知	215

第八章　智力　220

第 1 节　智力的概念	**222**
什么是智力	222
智力测验	222
多元智力理论	224
智力的神经科学	227
遗传和环境的影响	228
群体比较	230
第 2 节　智力的发展	**232**
婴儿智力测验	232
青少年期智力的稳定性和变化	233

第 3 节　智力和创造性的极端情况　234
智力障碍　234
天才　235
创造性　238

第九章　语言发展　243
第 1 节　什么是语言　245
语言的定义　245
语言的规则系统　245
第 2 节　语言是如何发展的　248
婴儿期　248
童年早期　251
童年中晚期　256
青少年期　261
第 3 节　生物因素和环境因素的影响　263
生物因素的影响　263
环境因素的影响　264
语言发展的交互作用观　267
第 4 节　语言和认知　268

第四编　社会情绪的发展

第十章　情绪发展　273
第 1 节　探索情绪　275
什么是情绪　275
情绪的功能主义观点　276
情绪能力　276
第 2 节　情绪的发展　277
婴儿期　278
童年早期　281
童年中晚期　283
第 3 节　气质　285
气质的描述和分类　285
生物基础和经验　288
契合度和养育　290
第 4 节　社会取向与理解、依恋和儿童保育　292
社会取向与理解　292
依恋　294
父母作为照料者　299
儿童保育　300

第十一章　自我与同一性　307
第 1 节　自我理解和理解他人　309
自我理解　309
理解他人　312
第 2 节　自尊和自我概念　315
什么是自尊和自我概念　315
评估　316
发展性变化　317
自尊的差异　318
第 3 节　同一性　320
什么是同一性　320
埃里克森的观点　321
发展性变化　322
社会情境　324

第十二章　性别　330
第 1 节　什么是性别　332
第 2 节　影响性别发展的因素　332
生物因素　333
社会因素　334
认知因素　338
第 3 节　性别的刻板印象、相似性和差异性　339
性别刻板印象　339
性别的相似性和差异性　341
第 4 节　性别角色分类　346
什么是性别角色分类　346
童年期和青少年期的性别认同　347
性别角色的超越　347
性别和情境　347

第十三章　道德发展　351
第 1 节　道德发展的领域　353
什么是道德发展　353
道德思维　354
道德行为　360
道德情感　361
道德人格　362
社会认知的领域理论　363
第 2 节　道德发展的情境　364
养育　365
学校　366
第 3 节　亲社会和反社会行为　369
亲社会行为　369
反社会行为　371
第 4 节　宗教和灵性的发展　376
童年期　376
青少年期　377

第五编　发展的社会环境

第十四章　家庭　382
第1节　家庭过程　384
家庭系统中的互动　384
家庭过程中的认知和情绪　386
多条发展轨迹　386
领域特定的社会化　387
社会文化和历史变迁　388
第2节　养育　389
父母角色和做父母的时间安排　389
养育方式对儿童发展性变化的适应　390
父母作为孩子生活的管理者　391
养育风格和管教　393
父母和青少年的关系　400
代际关系　402
第3节　同胞　403
同胞关系　403
出生顺序　404
第4节　变迁的社会世界中家庭的变化　405
上班的父母　405
离婚家庭　406
再婚家庭　409
家庭的文化、民族与社会经济地位的差异　411

第十五章　同伴　417
第1节　同伴关系　419
探究同伴关系　419
童年期同伴关系的发展过程　420
亲子关系与同伴关系的区别和协调　422
社会认知和情绪　422
同伴地位　424
欺凌　425
第2节　游戏　428
游戏的功能　428
游戏的类型　429
游戏的趋势　431
第3节　友谊　431
友谊的功能　432
相似性和亲密关系　433
性别和友谊　434
跨年龄友谊　435
异性友谊　435
第4节　青少年期的同伴关系　436
同伴压力和遵从　436
小团体和群体　436
约会和恋爱关系　437

第十六章　学校教育与学业成绩　443
第1节　探索儿童的学校教育　445
当代有关学生学习及评估的观点　445
童年早期的教育　447
小学　451
青少年教育　451
社会经济地位和民族　455
第2节　残障儿童　458
残障范围　459
教育问题　462
第3节　学业成绩　463
外在动机和内在动机　464
认知过程　465
民族和文化　470

第十七章　文化与多样性　475
第1节　文化与儿童发展　477
文化与儿童研究的关系　477
跨文化比较　477
第2节　社会经济地位与贫困　479
什么是社会经济地位　480
家庭、邻里和学校的社会经济地位差异　480
贫困　481
第3节　民族　485
移民　485
民族与社会经济地位　487
差异与多样性　488
偏见与歧视　489
第4节　科技　491
媒体的使用和屏幕时间　491
电视和电子媒体　492
数字设备和互联网　494

术语汇编　499

参考文献　508

译者序

本书并不是《儿童发展》一书的第一个中文版。十多年前，《儿童发展》第11版的中文版由上海人民出版社出版，该版本由华东师范大学发展心理学专家桑标教授领导的翻译团队翻译。桑标教授在第11版的译序中对《儿童发展》一书的评价是："该书具有非常鲜明的特色，全书包括五大部分共18章内容，一改传统上儿童心理发展主要依据年龄作为主线来组织内容的方式，而是从不同发展领域的角度作为切入点来呈现儿童心理多姿多彩的发展过程，不仅涵盖了儿童心理发展的实质、儿童心理发展的生物基础、认知和语言发展、情绪和社会性发展等各个领域，还深入分析与讨论了影响儿童心理发展的家庭、同伴、学校、文化等多方面因素。毫不夸张地说，全书图文并茂、引文丰富而有时代性，具有很强的可读性和趣味性，囊括了儿童心理发展研究的最新成果，有很好的代表性。"[1]

与《儿童发展》第11版相比，《儿童发展》第15版沿袭了原来的编写框架和编写理念，各章节和基本结构也没有大的变化。新版的主要特点是对内容做了更新，将十多年来的新的研究成果整合进来，从而保证这本教材能够继续站在学科的前沿。新版的另一个特点是加强了写作力量。《儿童发展》第11版只是约翰·W.桑特洛克教授一人所著，而第15版的写作团队有三人，新增了马萨诸塞大学阿默斯特分校的柯比·迪特尔-德卡德教授和杜克大学的珍妮弗·E.兰斯福德教授。译者没有读过《儿童发展》第11版的英文版，但读过《儿童发展》第14版的英文版。译者将第15版与第14版做了详细的比较，发现前者比后者语言的可读性更强、写作的条理性更清晰、论证的逻辑性更严谨。因此，可以说《儿童发展》第15版是该书迄今为止最好的一个版本。

在《儿童发展》一书的翻译过程中，译者曾就书中遇到的问题请教过约翰·W.桑特洛克教授，他都能耐心和详细地给予回答，在此向他表示感谢。同时，译者在翻译过程中也参考了《儿童发展》第11版的中文译本，在此也向桑标教授领导的第11版的翻译团队表示感谢。

最后，由于译者水平有限，《儿童发展》第15版的译文中肯定有一些错误、失误和不到位的地方。敬请专家和读者予以指正。

余 强
2022年5月于南京师范大学

---

[1] 约翰·W.桑特洛克著，桑标、王荣、邓欣媚等译：《儿童发展》（第11版），上海人民出版社2009年版，译序页。

推荐序

皇皇巨作中的细节

第15版《儿童发展》中译本付梓在即,作为一名儿童发展研究工作者对此的期盼之情已跃然纸上。

《儿童发展》一书分为5编,其中既有对儿童发展本质和社会环境的深入探讨,又有对0—18岁儿童在身体和感知觉、认知和语言、社会情绪等各领域发展的深刻阐述,17章内容,由近600页的篇幅构成,堪称皇皇巨作。

然在这巨作中,却蕴含着令人感慨的细节,这些细节体现了三位作者的缜密思考和对读者的拳拳之心。

细节之一:以哲理名言点睛。该书在每编的开始,都由富有哲理的名言来开篇,这些哲言或引起读者对本编的进一步思考,或阐明本编核心概念之所在,起到了画龙点睛的作用。

细节之二:用真实案例导入。该书在每章的开始都用"真人实事"来导入。真实的案例会强化读者的代入感,也能进一步加强论述的可信度。

细节之三:将学习目标呼应。该书在每章的开篇和结尾处以"学习目标"和"达成学习目标"相呼应。这有利于读者在阅读正文之前就能先聚焦要点,而在阅读结束后通过对照学习目标来检核自己是否真正掌握了本章的重点内容。

细节之四:以多维度链接联结。本书在每一章都有多角度、多方面的链接。"职业生涯"的链接能让读者将本章所学内容与现实的职业之间建立关联;"发展"的链接能引领读者对本章某个核心概念做深入了解;"研究"的链接则能让读者了解到与本章内容相关的最新研究成果;"多样性"的链接更能使读者了解到与本章内容关联的最新社会样态;"关爱"的链接能激发读者以柔软同情之心来学习本章内容。

细节决定成败,有如此多可圈可点的细节,相信第15版《儿童发展》中译本的出版一定会使读者获益良多。是以欣然为序。

华东师范大学 周念丽
2023年2月5日元宵节于瀛麗小居

作者简介

约翰·W. 桑特洛克

约翰·桑特洛克（后排中）和桑特洛克发展心理学旅行奖学金获得者在一起。该奖学金每年颁发一次，由桑特洛克博士创建，为本科生提供参加学术会议的机会。图片中的多名学生均参加过美国儿童发展研究协会的学术会议。

图片来源：Joanna Kain Gentsch, Ph.D.

约翰·W. 桑特洛克（John W. Santrock）于1973年获得明尼苏达大学博士学位。毕业后曾在查尔斯顿大学和佐治亚大学任教多年，然后加入得克萨斯大学达拉斯分校行为和脑科学学院的心理学项目，他目前在该校担任多门本科课程的教学工作并获得了大学的优秀教学奖。

约翰一直是《儿童发展》和《发展心理学》期刊编委会的成员。他所做的父亲监护权研究被广泛引用，并经常在监护权纠纷案中作为专家证人的证词，用以支持案件处理的灵活性和替代性选择。约翰也做过许多有关儿童自我控制能力发展的研究，并且为麦格劳-希尔出版公司（McGraw-Hill）撰写了多部优秀教材，包括《心理学》（第7版）、《儿童》（第14版）、《青少年》（第17版）、《毕生发展》（第17版）、《毕生发展话题》（第10版）、《教育心理学》（第6版）。

约翰曾作为球员、专业人士和职业网球运动员的教练参与网球运动多年。读本科时，他曾是迈阿密大学（佛罗里达州）网球队队员，该球队至今仍然保持着美国大学生体育协会一级比赛（NCAA Division I）最多连胜（137次）的纪录。约翰和他的妻子玛丽·乔（Mary Jo）结婚已有40多年。在佐治亚大学任教授期间，玛丽为佐治亚州阿森斯-克拉克郡的中间学校[1]创建并指导了第一个学习障碍和行为障碍儿童特殊教育计划。近年来，玛丽的工作是房地产经纪人。约翰有两个女儿：特雷西（Tracy）和珍妮弗（Jennifer）。特雷西做过多年的科技产品促销，珍妮弗做过多年的医药销售，现在两人都是房地产经纪人。2016年，珍妮弗登上了南卫理公会大学（SMU）体育馆名人榜，她是该校获得这一荣誉的第五位女性。约翰有一个孙女和两个孙子。孙女名叫乔丹（Jordan），25岁，从南卫理公会大学考克斯商学院获得硕士学位，目前在安永会计师事务所（Ernst & Young）工作。孙子们还小，亚历克斯（Alex）14岁，卢克（Luke）13岁。在过去10年中，约翰还把不少时间用于创作表现主义绘画。

---

[1] 美国的一种介于小学与中学之间的普通学校。一般设五到八年级，主要目的在于促进中小学教育系统和课程有效衔接，减少中小学生学习鸿沟。

柯比·迪特尔-德卡德

图片来源：McDemott

珍妮弗·E. 兰斯福德

图片来源：Erika Hanzely-Layko

柯比·迪特尔-德卡德（Kirby Deater-Deckard）是马萨诸塞大学阿默斯特分校心理和脑科学系的教授，发展科学、神经科学和行为学研究生计划负责人。他也是心理科学协会的会员，马萨诸塞州斯普林菲尔德市健康发展倡议的发起人。他于1994年获得弗吉尼亚大学发展心理学博士学位。到目前为止，迪特尔-德卡德博士已经发表了200多篇论文，侧重于生物和环境因素对童年期和青少年期社会情绪和认知发展个体差异的影响。他最近的工作重点是运用行为学、认知神经科学和基因学的研究方法来探究父母养育方式和自我调控能力（如执行功能、情绪调控）的代际传递。他目前担任多项由美国国立卫生研究院和美国-以色列双边科学基金会资助的纵向研究的负责人或合作研究员。同时，迪特尔-德卡德博士还在世界各地多个纵向研究项目团队中担任顾问，并担任美国教育部教育科学研究所（the Institute of Education Sciences）科学评审小组的评审员。除此之外，他还是《发展科学前沿》（Taylor & Francis）丛书的副主编，以及发展科学和家庭科学领域多家期刊的编委会成员。迪特尔-德卡德博士的妻子基尔斯藤（Keirsten）是一名社区志愿者，他们有两个女儿：安娜（Anna）22岁，埃利（Elly）15岁。

珍妮弗·E. 兰斯福德（Jennifer E. Lansford）是杜克大学桑福德公共政策学院的研究教授，也是杜克大学儿童与家庭政策中心的研究员。她于2000年获得密歇根大学发展心理学博士学位。到目前为止，兰斯福德博士已发表了200多篇论文，侧重于儿童和青少年攻击性和其他行为问题的发展，尤其关注父母、同伴和文化因素如何导致或预防这些问题。兰斯福德博士是父母养育方式跨文化纵向研究项目的负责人，该研究对9个国家（中国、哥伦比亚、意大利、约旦、肯尼亚、菲律宾、瑞典、泰国、美国）的父母和儿童展开调查。此外，兰斯福德博士也为联合国儿童基金会提供咨询，内容涉及如何评估许多中低收入国家的父母养育项目，以及如何为父母养育项目制定一套国际评估标准。她还在多家学术期刊担任编辑职务，并担任过多个全国和国际组织的领导职务，包括美国国立卫生研究院心理社会发展、风险和预防研究分部主席，美国科学、医学和工程院心理科学全国委员会主席，儿童发展研究学会国际事务委员会主席，以及国际发展科学联合会秘书处成员。兰斯福德博士的丈夫克里斯（Chris）是一名外科医生，专攻头部和颈部癌症。他们有两个孩子：凯瑟琳（Katherine）16岁，尼克（Nick）13岁。

专家顾问

儿童发展研究已成为一个庞大和复杂的领域，任何一名作者甚至数名作者都不可能跟上儿童发展在不同领域里迅速发生的所有变化。为了解决这个问题，作者邀请儿童发展领域的权威专家共同为本书内容把关。这些受邀的专家在各自的专业领域里为本书的写作提供了详细的评价和建议。

以下学者在本书的前14版中担任过一版或多版的专家顾问：

西莉亚·布劳内尔（Celia Brownell）	丹尼尔·哈特（Daniel Hart）	迈克尔·刘易斯（Michael Lewis）
史蒂文·塞西（Steven Ceci）	苏珊·哈特（Susan Harter）	凯瑟琳·麦克布赖德（Catherine McBride）
丹蒂·赛切蒂（Dante Cicchetti）	南希·黑曾（Nancy Hazen）	戴维·穆尔（David Moore）
辛西娅·加西亚·科尔（Cynthia Garcia Coll）	黛安娜·休斯（Diane Hughes）	赫布·皮克（Herb Pick）
W. 安德鲁·柯林斯（W. Andrew Collins）	斯科特·约翰逊（Scott Johnson）	卡罗琳·萨尔尼（Carolyn Saarni）
约翰·科伦布（John Colombo）	雷切尔·基恩（Rachel Keen）	戴尔·申克（Dale Schunk）
蒂法尼·菲尔德（Tiffany Field）	克莱尔·科普（Claire Kopp）	罗伯特·西格勒（Robert Siegler）
玛丽·戈万（Mary Gauvain）	德安娜·库恩（Deanna Kuhn）	珍妮特·斯彭斯（Janet Spence）
希尔·戈德史密斯（Hill Goldsmith）	杰弗里·拉赫曼（Jeffrey Lachman）	罗伯特·斯腾伯格（Robert J. Sternberg）
琼·格鲁斯克（Joan Grusec）	戴比·莱布勒（Debbie Laible）	罗斯·汤普森（Ross Thompson）
	迈克尔·兰姆（Michael Lamb）	劳伦斯·沃克（Lawrence Walker）

以下是为本书第15版的写作提供指导的各位专家顾问的简介，如同以前各版的专家顾问一样，他们也都是儿童发展领域的名人。

图片来源：John Colombo

约翰·科伦布（John Colombo）

约翰·科伦布博士是婴幼儿认知发展领域的权威专家。他从纽约州立大学布法罗分校获得心理学博士学位。在20世纪80年代初加入堪萨斯大学之前，科伦布博士曾在卡尼修斯学院、尼亚加拉大学和扬斯敦州立大学任教。他目前是堪萨斯大学施费尔布施生命全程研究所（Schiefelbusch Life Span Institute）的心理学教授和所长。他的研究兴趣侧重于注意力和学习的发展认知神经科学，尤其关注这些方面的早期个体差异，以及这些差异对认知和理智功能的典型或非典型发展的影响。科伦布已撰写和编辑了6本书，发表了超过115篇同行评审的期刊文章和20本书中的部分章节。此外，他还担任发展心理学领域多种学术期刊的编委，包括《婴儿》期刊的主编和《儿童发展》期刊的两届副主编。

图片来源：Rina Eiden

里娜·艾登（Rina Eiden）

里娜·D. 艾登是研究父母药物滥用与儿童发展领域的权威专家。她从马里兰大学获得博士学位，目前在纽约州立大学布法罗分校心理学系任高级研究员。她的研究（其中有许多是对儿童群体追踪数年的研究）旨在揭示能够解释父母风险因素与儿童发展结果之间联系的机制，如婴儿对父母的依恋、自我调控以及儿童自主反应和应激反应的个体差异。她的研究还考察儿童面对风险时心理承受力的发展过程，这些问题对高风险儿童早期干预或预防计划的影响，以及如何对药物滥用的父母进行预防性干预。她目前是《成瘾行为心理学》的副主编，并且是多家重要的发展心理学和成瘾心理学期刊的编委会成员。艾登博士是美国心理学会第50分会会员（Division 50 Fellow）。她的研究成果已发表在多家权威学术期刊上，如《儿童发展》《发展心理学》《发展心理生物学》《成瘾行为心理学》《尼古丁和烟草研究》《神经毒理和致畸学》。

图片来源：Lauren H. Adams

詹姆斯·格雷厄姆（James Graham）

詹姆斯·A. 格雷厄姆是在社区层面上研究民族、文化和儿童发展的权威专家。他在迈阿密大学完成了本科学业，然后在孟菲斯大学获得了发展心理学硕士和博士学位。格雷厄姆博士目前任新泽西学院（TCNJ）心理学教授。他侧重于从社会认知的角度来研究社区环境中不同群体的儿童与不同发展阶段之间的动态关系。他的研究项目有三个相互依存的方面，主要考察：(1) 那些没有得到充分研究、概念化水平低和研究方法有局限性的人群；(2) 与同伴和朋友相处对移情和亲社会行为发展的影响；(3) 社区成为研究伙伴背景下的发展心理学可以做些什么。目前，他是新泽西学院心理学发展专业的协调员。十多年来，格雷厄姆博士通过新泽西学院的研究生暑期全球计划在南非约翰内斯堡教授心理学和教育学方面的研究生课程。他是《非裔美国儿童：发展与挑战》（第2版）和《被监禁的父母的孩子：理论、发展和临床问题》的合著者。格雷厄姆博士在各种国际性和全国性学术会议上报告了他的研究成果，并在多种期刊上发表了他的论文，包括《社会发展》《儿童研究杂志》《行为矫正》《多元文化咨询和发展杂志》《美国评价杂志》。

迈克尔·刘易斯（Michael Lewis）

迈克尔·刘易斯博士是国际上公认的儿童社会情绪发展领域的权威专家之一。目前，他是罗伯特伍德约翰逊医学院的一位杰出的儿科和精神病学教授，儿童发展研究所所长，也是罗格斯大学心理学、教育学、社会工作和生物医学工程学教授，并担任认知科学研究中心管理委员会委员。他撰写和编辑的书已超过35本，包括《社会认知和自我的习得》（1979）、《儿童的情绪和心境》（1983）、《害羞，暴露的自我》（1992）、《情绪手册》（1993，2000，2008，2016）、《改变命运：为什么过去不能预测未来》（1997）。其中《情绪手册》一书曾荣获1995年《选择》杂志社颁发的优秀学术图书奖，《改变命运：为什么过去不能预测未来》则入围了1998年埃莉诺·麦科比图书奖（Eleanor Maccoby Book Award）。刘易斯博士还编辑了《环境与人类发展剑桥手册》（2012）、《胎儿期药物接触的性别差异》（2012）以及《发展精神病理学手册》的第3版（2014）。他的新书《意识的增强与情感生活的发展》（吉尔福德出版社，2014）荣获了美国心理学会颁发的威廉·詹姆斯图书奖（William James Book Award）。此外，刘易斯博士已发表了350多篇专业期刊论文和学术著作中的章节。刘易斯博士享有很多荣誉，他是纽约科学院院士、美国心理学会会员、美国科学促进会会员、日本科学振兴会会员。2009年，刘易斯博士获得了美国心理学会颁发的2009年度发展心理学尤里·布朗芬布伦纳终身贡献奖，表彰他为科学和社会做出的贡献。2012年，纽约0—3岁网络（The New York Zero-to-Three Network）授予刘易斯博士赫迪·利文班克先锋奖（Hedi Levenback Pioneer Award）。儿童发展研究协会授予他2013年度儿童发展杰出科学贡献奖，表彰他一生对儿童发展的理解及其科学知识体系的建构所做的重要贡献。2018年，国际婴儿研究协会（ICIS）又授予刘易斯博士首届杰出贡献奖。

图片来源：Craig T. Salling

弗吉尼亚·马克曼（Virginia Marchman）

弗吉尼亚·马克曼是儿童语言发展领域的权威专家，目前任斯坦福大学语言学习实验室的副研究员。马克曼在加利福尼亚大学伯克利分校获得哲学博士学位，主要研究领域是语言发展、语言障碍和幼儿发展。马克曼博士的研究兴趣主要集中在典型发展儿童和晚说话儿童的个体差异，以及单语和双语学习者的词汇和语法发展。她在研究中融合了各种实验法、计算法和自然观察法，并广泛使用麦克阿瑟–贝茨沟通发展量表（CDI），为量表制定评分标准，还在麦克阿瑟–贝茨量表咨询委员会任职。她也是《言语、语言、听力研究杂志》和《儿童发展》期刊的顾问编辑。马克曼博士最近的工作涉及采用"边听边看"任务来考察典型发展儿童和高风险儿童的实时口语理解能力的发展，目前的研究则探索来自不同背景的单语和双语（英语–西班牙语）学习者的语言处理能力、早期学习环境以及个体差异之间的各种联系。

图片来源：Karl Rosengren

卡尔·罗森格伦（Karl Rosengren）

卡尔·S.罗森格伦是儿童认知和运动发展领域的专家。他从明尼苏达大学儿童发展研究所获得博士学位，曾在威斯康星大学麦迪逊分校、密歇根大学、伊利诺伊大学厄巴纳–香槟分校和西北大学任教授，目前在罗切斯特大学脑和认知科学系任教授。在认知发展领域，他的研究重点是儿童如何了解世界上的事件以及如何将幻想与现实区分开来。他在这一领域的近期研究侧重于儿童对死亡的理解，以及美国和墨西哥的父母在死亡方面如何对儿童进行社会化教育。在运动发展领域，他的研究重点是平衡和步态的发展，以及儿童绘画技能的发展。罗森格伦博士是美国心理学会会员。他编辑了两本书，还与人合著了一本研究方法教科书。到目前为止，罗森格伦博士已发表了100多篇论文，他的研究成果已在多家权威学术期刊上发表，如《科学》《儿童发展》《心理科学》。

前言

建立联系……从课堂到《儿童发展》再到你

40年来,成千上万的本科生选修了发展心理学课程,他们在很大程度上决定了《儿童发展》这本教材的内容。这些学生说:当教师强调儿童发展的不同方面之间的联系时,他们就更容易理解教材中呈现的概念、理论和研究。因此,《儿童发展》的重点是提供一种系统和综合的方法,帮助学生在学习和实践中建立这些联系。新版本继续延用这一编写理念。同时,本版的作者团队又加入了马萨诸塞大学阿默斯特分校的柯比·迪特尔-德卡德博士和杜克大学的珍妮弗·E. 兰斯福德博士,他们都是儿童发展领域公认的权威研究者和教育者,并曾为这本成功的儿童发展专业教材的多个版本担任过专家顾问。这些经验的组合对本书的主要目标产生了如下影响:

1. **联系当今的学生** 帮助学生更有效地学习儿童的发展;
2. **将科学研究和我们已有的关于儿童发展的知识联系起来** 为学生提供当今世界上与每个发展阶段相关的最好和最新的理论与研究;
3. **将发展过程和话题联系起来** 引导学生在儿童发展的不同时间点之间建立起发展性的联系;
4. **将发展和实际生活联系起来** 帮助学生了解如何将儿童发展课程的内容应用到现实世界中以改善人们的生活,并激励学生深入思考自己的人生,从而更好地理解他们的过去、现在和未来。

联系当今的学生

儿童发展课程很有挑战性,因为课程覆盖的材料太多。为了帮助当今的学生把注意力集中在重要的概念和观点上,《儿童发展》编制了学习目标系统,以便为整个章节提供广泛的学习联系。这个学习系统包括每章开头的纲要,本章的学习目标,各节开头部分呈现的主要内容图示,每一节结束后的**复习**、**联想和反思**,以及每章结束后对全章内容的总结。

这个学习系统将每章的重要概念和观点完整地呈现在学生面前。每章的主要标题都和学习目标相对应,呈现在每章的开头。每节的开头又再一次呈现内容与学习目标的联系。

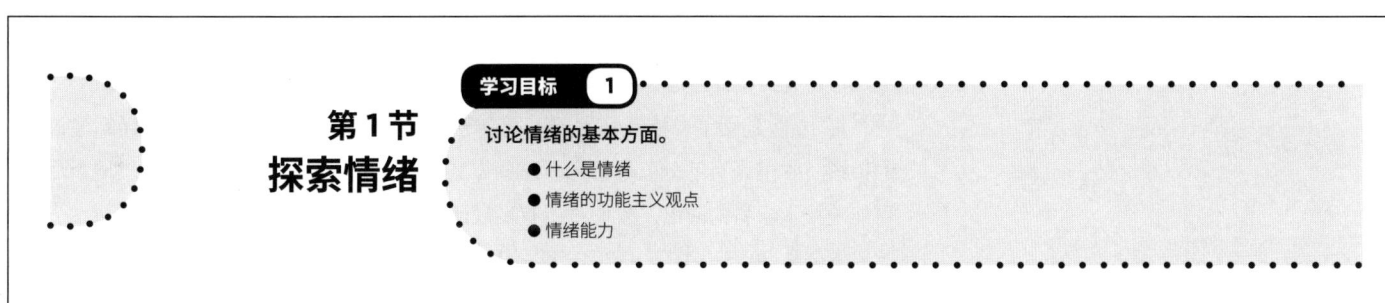

然后，在每节结尾处，学习目标会在**复习、联想和反思**中重复出现，提示学生复习本节的重要话题，将这些话题和已有的知识联系起来，并将所学的知识和自己的人生联系起来。在每章的最后，**达到你的学习目标**部分引导学生简要回顾全章内容，并与每章开头部分的纲要和学习目标以及每节结尾处的**复习、联想和反思**的内容联系起来。

达到你的学习目标

情绪发展

探索情绪 　　学习目标 **1** 讨论情绪的基本方面。

- 什么是情绪

情绪指情感或感情，发生于人们与他人互动的过程中，而这些互动对他们来说具有重要意义，尤其是那些影响到他们福祉的互动。情绪可分为消极情绪和积极情绪。心理学家们强调，情绪尤其是情绪的面部表达具有生物基础。情绪的面部表达在各种文化中都是相似的，但表达的规则在不同文化中是不同的。生物进化使人类成为了有情绪的物种，但文化以及与他人的关系为情绪体验提供了多样性。

- 情绪的功能主义观点

情绪的功能主义观点强调情境和人际关系在情绪中的重要性。例如，当父母引发孩子积极情绪时，孩子就更容易听从父母的教导。在这种观点看来，目标以多种方式体现在情绪中，目标的具体性质可能影响个体对某种特定情绪的体验。

- 情绪能力

具有情绪能力涉及许多技能的发展，如对自己情绪状态的意识，察觉出他人的情绪，适应性地应对消极情绪，以及理解情绪在人际关系中的作用。

将研究和我们已有的儿童发展知识联系起来

《儿童发展》一书中包括了一些最新的研究。和先前的版本一样，我们继续密切关注特定的研究领域，向相关专家请教，并更新原书中的研究。书中的每个"**链接 研究**"专栏都比较详细地描述了一个研究或项目，用以说明如何在儿童发展领域做研究以及这些研究如何影响了我们对该学科的认识。涵盖的话题范围广泛，从"通过助孕技术出生的儿童在童年期和青少年期会表现出显著不同的发展结果吗？"到"我们如何研究新生儿的知觉？"再到"欺凌者、欺凌与受害者、受害者以及亲社会儿童的观点采择与道德动机分别是怎样的？"。

第 15 版延续了邀请儿童发展不同领域的权威专家为本书提供广泛和详细建议的传统。本书开头部分已经给出了这些专家的简介。最后，为了使《儿童发展》尽可能地跟上学科的前沿，我们对所有发展阶段和话题中的研究讨论都做了更新。为此，本书从 2017、2018 和 2019 年引用的文献条目就达到了 1,300 多条。

链接 研究

自闭症患儿的心理观有何不同？

据估计，大约每59名儿童中就有一人患有某种类型的自闭症（National Autism Association，2019）。自闭症一般在3岁时可以诊断出来，有时还可以更早些。和同龄儿童相比，自闭症患儿表现出许多行为异常，包括缺乏社会互动和交流以及重复某些行为和兴趣。他们通常对他人漠不关心，更喜欢独处，并且对物的兴趣超过对人的兴趣。目前广为接受的观点认为自闭症和遗传异常及脑异常有关（Tremblay & Jiang，2019）。患有自闭症的儿童和成人在社交方面有困难，这方面的缺陷往往比那些与他们心理年龄相同的智障儿童或成人还要严重（Greenberg & others，2018）。已有研究发现，自闭症患儿难以形成心理观，尤其在理解他人的观点和情绪方面（Fletcher-Watson & Happé，2019）。虽然自闭症患儿在错误信念的任务上一般表现很差，但他们在那些要求理解物理因果关系的任务上的表现却要好得多。自闭症患儿难以理解他人的观点和情绪并不完全是因为他们缺乏心理观，他们的困难还和其他的认知缺陷有关，如和注意集中、眼神注视、面孔识别、记忆、语言、一般智力等方面的障碍或缺陷有关（Boucher，2017）。

不过，就心理观来说，重要的是要考虑到自闭症患儿各种能力方面的个体差异。自闭症患儿并不是一个同质的群体，有些患儿的社交问题轻于其他患儿。因此，如果某些轻度自闭症患儿在心理观任务上的表现好于另一些重度自闭症患儿，那是不足为奇的（Jones & others，2018）。在考虑自闭症和儿童心理观之间的关系时，重要的是要认识到：自闭症患儿在理解他人观点和情绪方面的困难也许并不只是由他们的心理观缺陷造成的，而是由其他方面的认知缺陷造成的，如集中注意方面的问题或一般智力的损伤。例如，执行功能的薄弱可能和自闭症患儿完成心理观任务时出现的问题有关。另一些理论则指出，正常儿童处理信息时一般是通过提取总的画面，而自闭症患儿则是以非常注重细节的、几乎强迫的方式来处理信息。在自闭症患儿身上，可能是由许多不同但相互关联的缺陷导致了社会认知的缺陷（Moseley & Pulvermueller，2018；Rajendran & Mitchell，2007）。

一名患有自闭症的幼儿。自闭症患儿有哪些特点？他们的心理观有哪些缺陷？
图片来源：视觉中国

> 将发展过程和话题联系起来

很多情况下，我们往往忘记或没有注意到将儿童发展的一个点和其他点联系起来。所以，我们设计了多种方式帮助学生将跨越儿童发展不同过程和阶段的话题联系起来：

1. **发展链接** 多次出现在每章的页边，告诉学生本书前面或后面的哪个章节也讨论这个话题。这一设计可以凸显不同发展阶段之间的联系，也可以凸显生物、认知和社会情绪过程之间的联系。重要的发展过程通常是在孤立的状态下讨论的，所以学生往往看不到它们之间的联系。发展链接的标题下还包括向前或向后链接的简要说明。

发展链接

天性和教养

在渐成观看来，发展是遗传与环境之间不断的双向互动所产生的结果。链接"生物起源"。

2. 在每节结尾处的**复习、联想和反思**部分，都有一个凸显联系的复习题，可以帮助学生练习将不同的话题联系起来。

> 将发展和实际生活联系起来

除了帮助学生将研究和发展联系起来外，《儿童发展》还凸显了将书中讨论的概念和现实世界联系起来的重要性。我们在每章开篇的插图以及"**链接 关爱**""**链接 多样性**"和"**链接 职业生涯**"的专栏中都有意识地强调了和实际生活的联系。

每章开头都有一个故事，旨在提高学生的学习兴趣和增强阅读全章的动机。书中的"**链接 关爱**"专栏提供了有关育儿、教育或卫生和福利方面的应用性信息，涉及的话题从"从水中分娩到音乐疗法"到"父母、教练和儿童体育运动"，再到"引导儿童的创造性"。

链接 关爱

关于养育有道德的孩子的建议

一项很有影响的研究综述（Eisenberg & Valiente, 2002, p. 134）得出的结论是，那些行为举止符合道德标准的孩子一般有如下的父母：

- 温暖和支持的，而不是惩罚性的；
- 使用引导式的管教方法；
- 为孩子提供了解他人的观点和感受的机会；
- 让孩子参与家庭决策和思考道德决定的过程；
- 自己为孩子树立道德行为和道德思维的榜样，并为孩子提供做的机会；
- 为孩子提供哪些行为是合适的以及为什么的信息；
- 培养孩子内在的而不是外在的道德感。

具有上述行为的父母可能培养出关心他人的孩子，并建立起积极的亲子关系。此外，以罗斯·汤普森（Ross Thompson, 2014）的亲子关系分析为基础的育儿建议意味着：当亲子之间有着包含温情和责任的相互义务时，当父母使用一些预防性而不是惩罚性的策略时，将有益于儿童的道德发展。

父母可用来促进孩子道德发展的有效策略有哪些？
图片来源：视觉中国

上述策略之一建议父母为孩子树立道德行为和道德思维的榜样。根据本章道德模范部分所引用的研究，道德模范有哪两个共同特点？

《儿童发展》一书极其重视多样性。本书的诸多版本均已从一位或多位多样性领域的权威专家的参与中受益，以保证能够为学生提供与儿童发展多样性有关的最新、准确和敏感的信息。

在这一版《儿童发展》中，每一章都有关于多样性的讨论，"文化与多样性"一章更是包括了大量和这一主题有关的最新的研究和材料。此外，作者在全书中还插入了许多"**链接 多样性**"专栏，聚焦于和所在章节内容相关的多样性的话题。这些话题范围广泛，从"日益多样化的领养父母和被领养儿童"，到"指导婴儿运动发展的文化差异"，再到"民族认同发展的环境"。

链接 多样性

文化和儿童的记忆

文化可以使其成员对某些事物、事件和策略更加敏感，从而影响他们记忆的特点（Bauer & Fivush, 2013; Wagoner, 2017）。根据图式理论，儿童的背景因素会在图式中留下编码，从而反映在儿童重新建构故事的方式上。文化背景对记忆的这种影响被称为文化特殊性假说（cultural-specificity hypothesis）。该假说认为，文化经验决定了一个人生活中相关的东西，从而也就决定了这个人会记住什么。例如，请想象有一个孩子生活在太平洋的一个偏僻的小岛上，其父母靠打鱼为生。那么，这个孩子对于天气如何影响打鱼的记忆就可能特别发达。但是，如果要求他（她）记住并回忆大农场或山上伐木场里的一份工作的细节，他（她）就可能感到非常困难。

儿童使用什么样的记忆策略，不同文化之间也可能存在差异，这方面的差异有些是由学校教育造成的（Packer & Cole, 2016）。受过学校教育的儿童更可能将事物按照类别进行分组，这样做可以帮助他们记住这些事物。学校教育也为儿童提供了专门化的信息加工任务，如要求儿童在一个较短的时间内运用逻辑推理记住大量的信息，这就可能产生专门化的记忆策略。不过，还没有证据表明学校教育可以增加记忆容量本身，学校教育影响的只是记忆的策略（Packer & Cole, 2016）。

脚本是一个事件的梗概。在一项较早但很能说明问题的研究中，研究者让一组美国青少年和一组墨西哥青少年回忆基于脚本的故事（Harris, Schoen, & Hensley, 1992）。结果，在回忆关于约会的脚本时，如果故事情节中没有保护人陪伴，美国青少年的回忆成绩更好，但如果故事情节中有保护人陪伴，则是墨西哥青少年的回忆成绩更好，这和各自文化中的常见做法是一致的。

在另一项研究中，研究者比较了美国儿童和中国、韩国的儿童的自传性叙述。结果，美国儿童尤其是美国女孩所做的叙述"比中韩儿童所做的叙述更长、更详细、更加个人化（既表现在提及自己方面，也表现在对内心状态的描述方面）。这一差异和各自的文化对过去事件的态度相一致。在谈论过去的事情时，美国的母亲和孩子都更加热心并侧重于独立自主的话题，而韩国的母亲和她们的孩子之间较少谈论过去的事情，即使谈论也不那么详细……（Bauer, 2006, p. 411）"

家族的叙事和故事把上代人的记忆传递给下代人。在那些个人之间高度相互依赖的文化中，这样的家族记忆也许特别重要（Reese & others, 2017）。

马里一所学校的学生在上课。学校教育可能如何影响这些学生的记忆？
图片来源：视觉中国

在许多不同的文化中都有指导下的参与。指导下的参与如何强化文化对记忆的影响？

链接 职业生涯

发展心理学家和玩具设计师海伦·施韦

海伦·施韦（Helen Schwe）拥有斯坦福大学发展心理学专业的博士学位，但她现在整天和计算机工程师们打交道，为孩子们设计"智力"玩具，并把这些技术和加州儿童创造中心的孩子们的学习联系起来。设计智力玩具的目的是用来增强儿童的问题解决能力和符号思维能力。

读研究生时，海伦就已在孩之宝玩具公司（Hasbro toys）兼职，负责测试该公司为学前儿童开发的软件。研究生毕业后，海伦在佐维（Zowie）娱乐公司找到了她的第一份工作，该公司后来被乐高公司（LEGO）收购。在海伦看来，"即使在玩具开发的最初阶段，……你也能看到孩子们在挑战面前所表现出来的创造力，能感受到他们解决问题后的满足感，或只是因为玩具有趣而带来的快乐"（Schlegel, 2000, p. 50）。除了在玩具开发的不同阶段做实验和参与产品评估、讨论之外，海伦还要评估学习材料所适合的年龄段。

要了解更多关于研究人员工作情况的信息，请看附录"儿童发展领域的相关职业"。

发展心理学家海伦·施韦和她设计的一些玩具。这些玩具是她为儿童外语教学设计的。

图片来源：Helen Hadani

"**链接 职业生涯**"专栏简要描述了许多要求具有儿童发展领域知识的职业，从遗传咨询师到玩具设计师再到天才教育的督学。在第一章的附录中，作者全面概述了和儿童发展领域相关的职业，"**链接 职业生涯**"专栏中叙述的内容则是对附录的进一步扩展。

最后，将儿童发展的知识应用于现实世界的一个方面就是用这些知识来理解现实世界对个体自身的影响。因此，这本教材的目标之一便是激励学生深入思考自己的人生道路。每节结尾处都设计了一些*反思你自己的人生之旅*的思考题，要求学生反思他们刚刚阅读过的这一节的某些方面的内容，并和自己的生活联系起来。例如，在讨论了有关早期经验和后来经验的问题后，我们便向学生提出了如下问题：

你能否说出一个你认为对你的发展产生过重要影响的早期经验？
你能否说出一个你认为对你的发展产生过或正在产生重要影响的后来经验？

文中美制单位与公制单位换算参考

长度单位

1 英寸 = 2.54 厘米
1 英尺 = 30.48 厘米

重量单位

1 盎司 ≈ 28.35 克
1 磅 ≈ 453.58 克 ≈ 0.45 千克

热量单位

1 千卡 ≈ 4.18 千焦

无论出生在什么环境中，也无论父母是谁，每一个儿童的诞生都是人类潜能的重生。

——詹姆斯·艾吉
20 世纪美国作家

第一编
儿童发展的本质

考察童年可以帮助我们更好地理解童年。每一个童年都是独特的，都是世界上一部新传记的第一章。本书以儿童发展为主题，聚焦 21 世纪儿童发展的一般特点、个体差异和本质特征。《儿童发展》将带我们了解儿童生活的节奏和意义，将神秘的东西变成可理解的东西，并为我们每一个人曾经、现在、将来的模样绘一幅肖像。在第一编里，你可以阅读本书的第一章"绪论"。

第一章 绪论

本章纲要

第1节 关爱儿童

学习目标 ❶

指出 5 个儿童生活需要改善的领域,并解释心理承受力和社会政策在儿童发展中的作用。

- 改善儿童的生活
- 心理承受力、社会政策和儿童发展

第2节 发展过程、阶段和问题

学习目标 ❷

讨论发展中最重要的过程、阶段和问题。

- 生理过程、认知过程和社会情绪过程
- 发展阶段
- 群组效应
- 发展中的问题

第3节 儿童发展的科学

学习目标 ❸

概述研究对儿童发展的重要性,儿童发展的主要理论,以及研究方法、研究设计和挑战。

- 研究的重要性
- 儿童发展的理论
- 收集数据的研究方法
- 研究设计
- 儿童发展研究面临的挑战

真人实事

特德·卡钦斯基（Ted Kaczynski）在中学里如同冲刺一般，他跳过了十一年级，16 岁就考进了哈佛大学。学业突飞猛进的同时，卡钦斯基在社交方面却显得动力不足，在校期间他表现得十分孤僻。他的一个哈佛大学的室友说他总是见人就躲，不是轻手轻脚地绕开，就是赶紧关上自己的房门。从密歇根大学获得数学博士学位后，卡钦斯基成为加利福尼亚大学伯克利分校的一名教授。那里的同事也说他总是躲避社交，没有朋友，没有盟友，也没有人际网络。

在伯克利分校待了几年后，卡钦斯基辞去教职，搬到蒙大拿州一个偏僻的乡村居住。在一座十分简陋的小木屋里，他隐居了长达 25 年之久。据当地人描述，他是一个留着络腮胡子的怪人。卡钦斯基把自己的社交困难归因于，作为神童，他与周围的孩子格格不入，太过鹤立鸡群，使他难以适应社会。后来，卡钦斯基成了美国的头号通缉犯，他于 1996 年被捕，对他的指控就是那些众所周知的专门袭击大学和航空公司的邮寄炸弹事件。在 17 年当中，他共寄出了 16 颗炸弹，造成 3 人死亡，23 人受伤或致残。1998 年，卡钦斯基承认有罪，被判终身监禁。

比卡钦斯基首次邮寄炸弹事件早 10 年，艾丽斯·沃克（Alice Walker）正在密西西比州和种族主义做斗争。她那时刚得到一笔写作资助，但是，她并没有把钱用于实现自己搬到非洲塞内加尔去的梦想，而是投身到了民权运动的火热斗争中。沃克在童年时就深知贫困和种族主义所带来的种种悲惨后果。她 1944 年出生在佐治亚州的一个佃农家庭，是家里的第 8 个孩子，而全家一年的收入只有 300 美元。沃克 8 岁时，她的弟弟不小心用玩具枪打伤了她的左眼。由于家里没有汽车，父母花了一个星期才把她送到医院。但等到她就医时，左眼已经瞎了，并形成了一个难看的疤痕。尽管命运对她如此不公，但沃克克服了痛苦和愤怒，继续勤奋写作。终于，她的《紫色》一书荣获了美国文学的最高奖项普利策奖。她不仅成了小说家，还成了诗人、散文家、短篇故事作家和社会活动家。

是什么让一个前途无量的人做出了残暴的行径，又是什么让另一个人把贫困和创伤转化为丰富的文学成果呢？如果你曾想知道为什么人们会成长为不同的样子，你就已经向自己提出了我们将在本书里探讨的中心问题。

卡钦斯基，被定罪的隐形炸弹人，他把他的困难归因为儿童期作为儿童群体中的天才长大，但没有适应好。

图片来源：Seanna O'Sullivan

艾丽斯·沃克的书《紫色》荣获普利策奖。正如书中的人物那样，沃克克服了痛苦和愤怒，展示和歌颂了人类的精神力量。

图片来源：视觉中国

前言

为什么要研究儿童呢?也许你已经是或将要成为父母或老师,抚养和教育儿童的责任已经是或将要成为你日常生活的一部分。你对儿童以及研究人员研究儿童的方法了解得越多,就越能更好地指导他们。也许你希望理解自己的过去:婴儿期的你,幼儿期的你,以及青少年时代的你。也许你只是偶然地看到了关于这门课程的简介,觉得它很有趣。不管是出于何种原因,你都会发现儿童发展的研究充满知识性、趣味性和挑战性。在第一章里,我们将探讨历史上关于儿童发展的主要观点以及现代儿童发展的重要研究,思考为什么关爱儿童如此重要,探讨发展的本质,并概述科学如何帮助我们理解儿童的发展。

第1节 关爱儿童

学习目标 1

指出5个儿童生活需要改善的领域,并解释心理承受力和社会政策在儿童发展中的作用。
- 改善儿童的生活
- 心理承受力、社会政策和儿童发展

> 儿童是我们留给那个我们不能活着看到的时代的遗产。
> ——亚里士多德
> 公元前4世纪希腊哲学家

> 往后看,是我们的父母,往前看,则是我们的子孙和一个我们看不到但却不能不关心的未来。
> ——荣格
> 20世纪瑞士心理学家

当我们谈论个体的发展时,我们在谈论什么呢?**发展**是指个体从受精卵形成开始并持续一生的变化模式。虽然发展也包括衰退,但发展大多数情况下是指生长。今天,无论你走到哪里,儿童发展的问题都会引起公众的关注。

关爱儿童是本书的一个重要主题。为了理解为什么关爱儿童如此重要,我们将首先探讨为什么研究儿童的发展是有益的,然后指出一些儿童生活需要改善的领域,并探究心理承受力和社会政策在儿童发展中的作用。

> 改善儿童的生活

如果你正打算浏览新闻网站或杂志,你可能会看到这样一些信息:"人的政治观点也许是写在基因里的""一位母亲被控告将孩子扔进了海湾""性别差距在扩大""美国食品药品管理局警告慎用注意缺陷多动障碍药物"。研究人员正在考察这些以及其他许多当今备受关注的话题。本书将着重探讨以下话题:健康和福利、教育、父母养育和社会文化环境在儿童发展中起什么作用,这些方面的问题又是如何影响社会政策的。

健康和福利 如果一位孕妇每星期喝几杯啤酒,会危害到她的胎儿吗?缺乏营养的饮食是如何影响儿童的行为和学习能力的?当今儿童的体育活动比过去少了吗?在青少年是否吸毒方面,父母和同伴扮演了什么角色?在本书中,我们将在多处讨论诸如此类和儿童身心健康与福利有关的问题。

目前,健康领域的专业人员已认识到生活方式和心理因素对儿童健康和福利的强大影响力(Asarnow & others, 2017)。我们在本书每一章的讨论中也都会涉及健康和福利方面的问题。

在健康领域的专业人员当中,临床心理学家旨在帮助人们提升幸福感。在"链接 职业生涯"专栏里,你可以了解到临床心理学家古斯塔沃·梅德拉诺(Gustavo Medrano)帮助问题青少年的情况。我们在本章后面的职业生涯附录中叙述了临床心理学家以及儿童发展领域其他职业所需的教育和训练。

为人父母 如果父母都外出上班,孩子会受到伤害吗?打屁股会对孩子的发展产

发展(development) 个体从受精卵形成开始并持续一生的运动或变化的模式。

链接 职业生涯

临床心理学家古斯塔沃·梅德拉诺

当儿童、青少年以及各个年龄段的成年人遇到抑郁、焦虑、情绪失控、长期健康不佳和生活过渡方面的问题时，便可以从古斯塔沃·梅德拉诺（Gustavo Medrano）那里得到帮助从而改善其生活，因为这就是临床心理学家的专长。他既以一对一的方式为来访者提供帮助，也为夫妻和家庭提供治疗。作为一名西班牙语为母语的人，他还可以为来访者提供双语和双文化的治疗方案。

梅德拉诺博士任教于伊利诺伊州埃文斯顿市的西北大学家庭研究所。他从西北大学获得心理学学士学位后，随即加入了"为美国而教"的支教项目，成为一名中学教师。这个项目要求其参与者必须在高度贫困的地区执教至少两年。后来，梅德拉诺又从威斯康星大学密尔沃基分校获得了临床心理学硕士和博士学位。作为西北大学的教师，他一面为来访者提供临床治疗，一面做研究。他的研究侧重点是探究家庭经验，尤其是父母的养育方式，对儿童和青少年应对长期痛苦和挑战的能力的影响。

临床心理学家古斯塔沃·梅德拉诺为儿童、青少年和成年人提供治疗。他的双语背景和能力使得他能有效地为拉丁裔来访者提供服务。
图片来源：Avis Mandel Pictures

要了解更多有关临床心理学家工作的信息，请阅读本章后面的附录"儿童发展领域的相关职业"。

生负面影响吗？父母离婚对孩子心理健康的伤害很大吗？父母的性取向会影响孩子的发展吗？对这类颇有争议的问题的回答反映出当今家庭所面临的压力（Fiese, 2018）。我们将认真思考这些问题和其他问题，以便理解那些影响父母生活和父母育儿效果的因素。此外，父母以及其他成年人如何对孩子的生活产生积极影响，则是本书的另一重要话题。

你也许会在某一天为人父母，也许你已经为人父母了。无论是哪种情况，你都应当把孩子的养育放在十分重要的位置上，因为孩子是我们社会和世界的未来。扮演好父母角色需要花费时间和精力。如果你打算成为父母，你就要做好日复一日、月复一月、年复一年全身心投入的准备，为你的孩子提供一个温暖、安全、支持性并富于刺激的环境，这样的环境将会使他们感到安全，并使他们能充分挖掘自己作为人类一员的最大潜能。右图"被爱的孩子懂得爱人"就是这一重要目标的反映。

理解儿童发展的特点能够帮助你成为更好的父母（Grusec & others, 2013）。许多年轻的父母只是从自己的父母那里学习育儿方法。遗憾的是，当这些育儿方式和方法世代相传时，好的和不好的东西通常都被保留了下来。幸运的是，本书以及任课教师对这门课程的讲解可以让你更多地了解儿童的发展，从而帮助你理解自己的成长过程并决定父母养育你的方式方法中有哪些可以采纳，哪些则应当抛弃。

教育 需要不断改进全体儿童的教育状况已成共识（Darling-Hammond, 2018; McCombs, 2013）。改进学校涉及的问题很多，常见的问题有：美国的学校正在教育儿童成为有道德的人吗？学校有没有教会儿童正确地读写和计算？应当通过测验和其他数据来评价学校的教学，并对学校进行更严厉的问责吗？学校应当为学生提供更多的挑战吗？学校应当只注重儿童的知识和认知能力的发展，还是应当更注重

被爱的孩子懂得爱人

图片来源：Robert Maust/Photo Agora

（上）这两个出生于韩国的孩子这一天成了美国公民，他们代表着美国少数民族儿童占比的快速变化。
（下）因德吉特·普拉斯特（Inderjeet Poolust），5岁，来自印度，他最近和另外26名学龄儿童一起成为美国公民。图为他在纽约市皇后区参加入籍仪式。
图片来源：Zuma Press Inc./Alamy Stock Photo；视觉中国

背景（context）发展得以发生的情境，受历史、经济、社会和文化的因素的影响。

文化（culture）某一特定群体世代相传的行为模式、信念和所有其他的产物。

跨文化研究（cross-cultural studies）将一种文化与另一种或多种文化进行比较，从而知道不同文化中的儿童发展在多大程度上是类似或具有普遍性的，以及在多大程度上是文化特定的。

民族（ethnicity）基于文化遗产、国籍、种族、宗教和语言的特点。

社会经济地位（socioeconomic status, SES）基于人们的职业、教育和经济特点进行的分类。

性别（gender）作为男性和女性的特征。

儿童的整体发展并考虑儿童的社会情感和身体的发展？在本书中，我们将认真考察有关美国教育现状的问题，并考虑近年来解决美国教育问题的研究。

社会文化背景和差异 正如发展本身一样，养育、教育、健康和福利也都是由社会文化背景塑造而成的（Bennett, 2012; Gauvain, 2013）。**背景**这一术语指发展得以发生的情境。这些情境受到历史因素、经济因素、社会因素和文化因素的影响（Gauvain, 2013; Legare & Harris, 2016）。我们在这里特别关注的背景有四种：文化、民族、社会经济地位、性别。

文化包括某一特定群体世代相传的行为模式、信念和所有其他的产物。文化是人们多年来互动的结果（Gauvain, 2013）。一个文化群体可以很大，如美国；也可以很小，如阿巴拉契亚山区的农村。无论是大是小，某一群体的文化总是影响着其成员的行为。**跨文化研究**就是将两种或多种文化的方方面面进行比较。通过这种比较，便可以知道不同文化中的儿童发展在多大程度上是类似和具有普遍性的，或者是某一文化所特定的（Lansford & others, 2016; Mistry, Contreras, & Dutta, 2013）。

民族（其英文单词 ethnicity 的词根 ethnic 来源于希腊文，意指国家）植根于文化遗产、国籍、种族、宗教和语言。非裔美国人、拉丁裔美国人、亚裔美国人、原住民、波兰裔美国人和意大利裔美国人便是美国民族的几个例子。当然，和许多人的刻板印象不同，每个民族内部也是异质的（Desmet, Ortuño-Ortin, & Wacziarg, 2017）。就民族来说，值得我们特别关注的是少数民族儿童遭受歧视的问题（Benner, 2017）。

社会经济地位（SES）指依据职业、教育和经济特点来确定某个人在社会中所处的位置。社会经济地位这一概念就意味着不平等。总的来说：（1）社会成员会从事社会声望不同的职业，有些人能够比其他人更容易谋得高声望的职业；（2）社会成员所受的教育程度不同，有些人比其他人获得了更多更好的教育机会；（3）社会成员之间享有的经济资源不同；（4）在影响社会制度的变化方面，社会成员之间所拥有的权力也有大有小。社会经济地位的差异造成了机会的不平等（Doob, 2015）。

性别是儿童发展的另一个重要维度，**性别**指的是人们作为男性和女性的特征。在同一性和社会关系方面，儿童发展中几乎没有什么因素比性别更重要了（Hyde & Else-Quest, 2017; Leaper, 2013）。在很大程度上，你如何看自己、你和他人的关系、你的生活和目标都取决于你是男性还是女性，以及你的文化对男性角色和女性角色的界定（Wood & Eagly, 2015）。

当前，美国人的社会文化背景正变得越来越多样化（Craig, Rucker, & Richeson, 2018）。美国人口比以往任何时候都更具文化多样性和民族多样性。一方面，这种人口统计学上的变化带来了丰富多彩的文化；但另一方面，它也使得为每一个人提供实现美国梦的机会变得更加困难（Schaefer, 2015）。我们将在本书的每一章里讨论社会文化背景和多样性。同时，每一章里都配有"链接 多样性"的专栏，用来凸显和多样化有关的问题。下面的"链接 多样性"专栏侧重于世界上的性别、家庭和儿童发展问题。

> 心理承受力、社会政策和儿童发展

尽管社会上对一些儿童的性别或民族存在着负面的刻板印象，但这些儿童还是

链接 多样性

性别、家庭和儿童发展

在世界各地，女性儿童和青少年的处境仍然不同于男性儿童和青少年（Mistry, Contreras, & Dutta, 2013; UNICEF, 2012）。例如，有研究发现，世界上从未上过学的女孩的百分比高于男孩（UNICEF, 2004）（参见图1）。女性受教育程度最低的一批国家分布在非洲，在非洲的某些区域，女孩和妇女甚至从未受过任何教育。加拿大、美国和俄罗斯受过教育的女性的百分比最高。在发展中国家，25岁以上的女子中有67%从未上过学（相应年龄的男子从未上过学的占50%）。本世纪初，在全世界中小学就读的儿童中，男孩比女孩多8,000万（United Nations, 2002）。

值得注意的一个跨文化现象是世界上女性的教育和心理状况（UNICEF, 2012）。缺乏教育机会、暴力和心理健康问题只是很多女性面临的众多问题中的几种。

在许多国家，女性青少年在追求职业生涯和从事休闲活动方面要比男性受到更多的限制（Helgeson, 2009; UNICEF, 2012）。性表达方面的性别差异十分普遍，尤其是在印度、东南亚、拉美和阿拉伯国家，对女性青少年性行为的限制比男性要严厉得多。不过，在世界的某些地区，这些性别差异的确在逐步缩小。一些国家正在扩大女性的受教育机会和职业机会，一些地方也正在放松对少女的恋爱关系和性关系的控制。但是在许多国家，女性仍然受到很多歧视，在争取男女权利平等方面仍然有许多工作要做。

让我们来到孟加拉国的达卡，这里的街道上污水横流，垃圾散发着臭气，儿童营养不良，约2/3的女孩未满18岁就出嫁了。多莉·阿克特尔（Doly Akter）17岁，住在一个贫民区，她创建了一个受联合国儿童基金会支持的组织。该组织的女孩们逐门逐户地监督邻里家庭的卫生习惯，她们的监督已经改善了许多家庭的卫生和健康状况。同时，多莉的组织已经成功地阻止了多例童婚，其方法是走访女孩的父母，说服他们，让他们相信早婚并不符合他们女儿的最大利益。在和邻里的父母交谈时，多莉组织的女孩们总是强调上学能够改变他们女儿的前途。多莉说她组织中的女孩比她们的母亲更了解自己的权利（UNICEF, 2007）。

哪些健康和福利、育儿和教育方面的问题与干预已经影响到世界各地女性的发展？

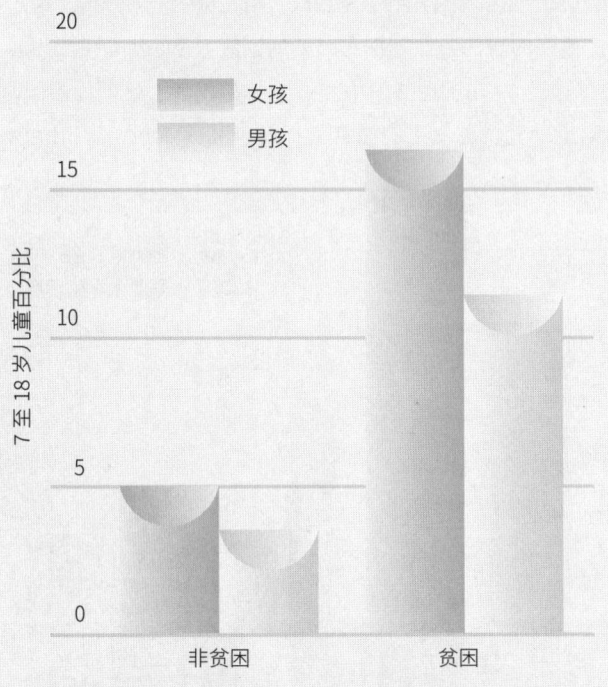

图1 世界上从未上学的7至18岁儿童所占百分比
联合国儿童基金会（2004）在调查全世界儿童受教育情况时发现，没有上过正规学校的女孩比男孩要多得多。

多莉·阿克特尔
图片来源：Naser Siddique/UNICEF Bangladesh

第一章 绪论

发展链接

同伴

同伴在童年期的性别角色发展方面起着特别重要的作用。链接"性别"。

发展链接

社会经济地位

越来越多的研究表明,通过干预贫困儿童的生活状况,可以得到积极的结果。链接"文化与多样性"。

> 啊！如果没有儿童,世界将是什么样子呢？我们定会恐惧身后的荒凉,它比眼前的黑暗更加可怕。
>
> ——亨利·沃兹沃斯·朗弗罗
> 19世纪美国诗人

社会政策(social policy) 政府为提高公民福利而开展的一系列行动。

对自己的能力充满自信,并能够战胜贫困或其他逆境。也就是说,他们表现出了良好的心理承受力。请回顾本章开头艾丽斯·沃克的故事。虽然种族主义、贫困、低下的社会经济地位和难看的眼部伤疤困扰着她,但她并没有放弃,最终成为一位成功的作家,并继续为平等而斗争。

也如本章开头所述,虽然特德·卡钦斯基有着优秀的智力并受过良好的教育,但他却成了一个杀人犯。那么,是否存在着某些特点能够使艾丽斯·沃克那样的儿童具有良好的心理承受力？又是否存在着某些特点会使卡钦斯基那样的儿童对社会充满敌意呢？有关这一话题的深入研究(Masten & Cicchetti, 2016)表明,心理承受力受许多个人因素影响,如良好的理智功能和自我控制能力。此外,如图2所示,心理承受力强的儿童的家庭和家庭以外的资源也具有一定的共性特征。例如,心理承受力强的儿童通常和父母关系亲密,和家庭外的成年人也有着稳定密切的关系。

政府应当采取行动来改善儿童发展的环境并提升儿童的心理承受力吗？答案是肯定的。**社会政策**是政府为提高公民福利而开展的一系列行动。和儿童有关的社会政策的形态和范围在很大程度上取决于政治和经济制度。同时,公民和当选官员持有的价值观、国家经济的优势和问题、党派之间的斗争都会影响到政策的制定和实施。

由于担心政策制定者们在保护儿童的福利方面无所作为,研究者们就越来越倾向于开展政策取向的研究,希望能够以此促使各国制定明智和有效的社会政策(Yousafzai & others, 2018)。在贫困中成长的儿童尤其需要关注,因为贫困环境对发展的影响是终身性的。2016年,美国儿童和青少年中有18%生活在全家收入低于联邦贫困线的家庭中,非裔和拉丁裔家庭的贫困比例特别高(27%到30%)(U.S. Census Bureau, 2017a)。这一全国比例只比过去50年中贫困比例最高的1993年(22.7%)低一点点。有一项经典研究发现(参见图3),和中等收入家庭的儿童相比,贫困家庭的儿童会更多地遭遇到家庭变故、和父母中一人分离、暴力、拥挤、过度的噪声干扰、糟糕的居住条件等不利因素的困扰(Evans & English, 2002)。另一项近期研究则显示,儿童在贫困中度过的年数越多,这期间若同时存在家庭变故和冲突,则反映其忧虑水平的激素指标就越高(Doom & others,

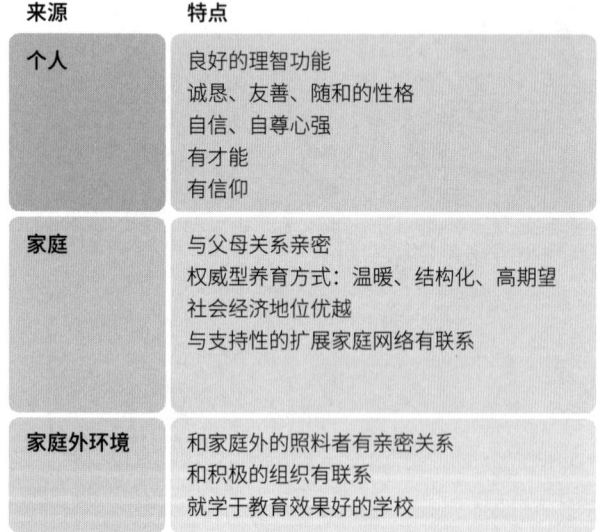

图2 心理承受力好的儿童及其环境特点

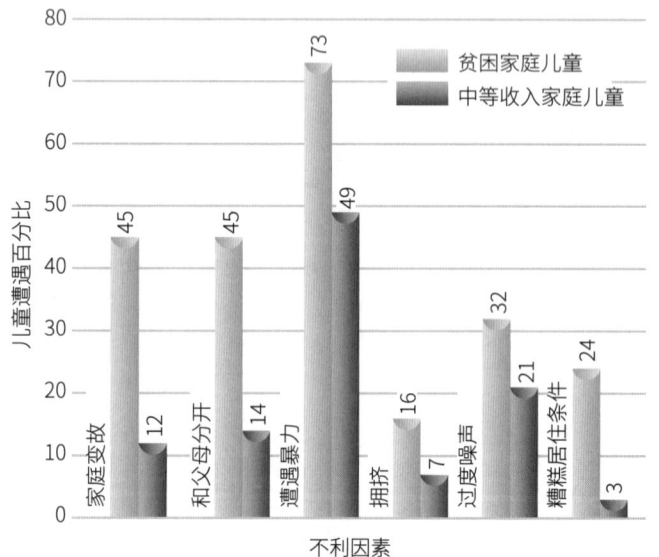

图3 贫困和中等收入家庭儿童遭遇6种不利因素的百分比

有研究分析了贫困家庭儿童和中等收入家庭儿童遭遇6种不利因素的情况(Evans & English, 2002)。在每种不利因素上,贫困家庭儿童遭遇的可能性都高很多。

2018)。

2016年美国有18%的儿童生活在贫困中，这一数字远远高于其他工业化国家的贫困儿童比例。经济合作与发展组织的36个成员国的平均比例是13%，而丹麦只有3%（OECD，2018）。

我们能做些什么来减轻这些不利因素对儿童及其成人照料者的影响呢？改善儿童生活的策略之一便是改进针对家庭的社会政策（Doob，2015；Duncan & others，2012）。在美国，联邦政府、州政府、市政府在影响儿童的福利方面都发挥着一定作用。当家庭不能保障或严重损害儿童的福利时，政府通常会介入并提供帮助。

在联邦和州的层面上，政策制定者们几十年来一直在争论，帮助贫困的父母最终是否也能对他们的孩子有所帮助。研究者们通过考察特定政策的效果来回答这一问题（Sherman & Mitchell，2017）。例如，明尼苏达家庭投资计划（MFIP）于20世纪90年代出台，主要是为了影响成人的行为，具体来说，就是要将成人从政府救济的领取人转变为领取工资的劳动者。这一计划的关键部分是向参与者保证，如果他们工作的话，其工资收入一定会高于不工作时领到的政府救济。当这些成人的收入提高后，对他们的孩子产生了什么影响呢？

关于明尼苏达家庭投资计划效果的研究表明，在职贫困父母的收入提高，他们的孩子也会跟着受益（Gennetian & Millr，2002）。不过，这只是若干类似干预和研究中的一项。也有研究显示提高家庭收入有时候没有效果，但多数研究显示是有效果的。这些效果一方面表现为相关儿童遭遇发展危机（如虐待、精神抑郁）的可能性降低了，另一方面则表现为对他们发展的积极影响（如安全、认知刺激、敏感的养育方式）增加了（Cooper & Stewart，2017）。

最近，一项名为"攀登"的大型项目正在阿斯本研究所（Aspen Institute，2018）的主持下开展，这是一个两代人教育干预项目，旨在帮助儿童摆脱贫困。该项目干预的重点是教育（为母亲们增加中学后教育，并提高孩子们的学前教育质量）、经济支持（住房、交通、理财教育、医疗保险、食品帮助）和社会资本（包括朋友和邻居在内的同伴支持，参与社区活动和宗教组织，学校和工作方面的接洽）。

发展心理学家和另一些研究者还考察了许多其他政府政策的效果。他们正在寻求多

玛丽安·赖特·埃德尔曼（Marian Wright Edelman）是儿童保护基金会主席，图中她正在和儿童互动。她是一位不知疲倦的儿童权利倡导者，倡导人们以务实的态度关注儿童的需要。儿童具体有哪些需要呢？

图片来源：the Children's Defense Fund

第一章 绪论 **9**

种方法帮助贫困家庭改善福利，也已提出了许多改进政府政策的建议（Cooper & Stewart, 2017; Duncan & others, 2012）。

复习、联想和反思

学习目标 1

指出5个儿童生活需要改善的领域，并解释心理承受力和社会政策在儿童发展中的作用。

复习
- 儿童发展的哪些方面需要改进？
- 在儿童发展过程中，心理承受力有什么特点？什么是社会政策，它会怎样影响儿童的生活？

联想
- 心理承受力的概念和本章开头的故事有什么联系？

反思你自己的人生之旅
- 请想象一下，如果你是在一个与现有文化完全不同的环境中长大，你的童年发展会是什么样子？如果你在一个比你成长中的家庭富裕很多或贫困很多的家庭里长大，你的发展可能会有哪些不同？

第2节 发展过程、阶段和问题

学习目标 2

讨论发展中最重要的过程、阶段和问题。
- 生理过程、认知过程和社会情绪过程
- 发展阶段
- 群组效应
- 发展中的问题

就我们每个人的发展来说，有些方面和所有的人相似，有些方面和部分人相似，有些方面则是我们自己独有的。在大多数情况下，我们只注意每个人独特的方面。但发展心理学家不一样，他们既关注大家共有的特点，也关注那些使每个人不同于其他人的特点。我们每一个人，包括列奥纳多·达·芬奇、圣女贞德、乔治·华盛顿、马丁·路德·金和你自己，都是1岁前后学会走路，童年时热爱游戏，青年时更加独立。那么，是什么造就了人们发展的共同路径？这条路径上又有哪些里程碑呢？

> 生理过程、认知过程和社会情绪过程

人的发展模式是三个关键过程互动的产物。它们分别是生理过程、认知过程和社会情绪过程。

生理过程　**生理过程**产生个体身体上的变化。父母基因的遗传、脑的发展、身高和体重的增加、运动技能的发展、青春期激素水平的变化等，都反映了生理过程的作用。

认知过程　**认知过程**造成个体思维、智力和语言能力方面的变化。注视婴儿床上方悬挂的活动物体、由双词句过渡到完整的句子、背诵诗歌、解决数学难题以及想象自己成为电影明星是什么样子等，都涉及认知过程。

社会情绪过程　**社会情绪过程**导致个体和他人之间关系的变化、情绪的变化和人

生理过程（biological processes）个体身体上的变化。

认知过程（cognitive processes）个体思维、智力和语言能力方面的变化。

社会情绪过程（socioemotional processes）个体和他人之间关系、情绪和人格的变化。

格的变化。婴儿对妈妈抚摸的微笑回应，幼儿对玩伴的攻击，三年级学生果断性格的形成，以及青少年参加中学毕业舞会时的喜悦心情，都反映了社会情绪的发展。

生理过程、认知过程和社会情绪过程的联结　生理过程、认知过程和社会情绪过程总是深深地交织在一起（Diamond, 2013）。例如，当婴儿用微笑回应妈妈的抚摸时，这一回应就依赖于生理过程（对抚摸这一动作生理特点的感知和回应）、认知过程（理解他人动作意向的能力）和社会情绪过程（微笑通常反映积极的情绪，微笑可以帮助我们和他人建立起积极的关系）。生理、认知和社会情绪过程之间的联结在两个迅速崛起的研究领域里表现得最为明显：

- 发展认知神经科学（developmental cognitive neuroscience），该学科探究发展、认知过程和脑之间的联结（Johnson & de Haan, 2015）
- 发展社会神经科学（developmental social neuroscience），该学科考察发展、社会情绪过程和脑之间的联结（Decety & Cowell, 2016）

生理、认知、社会情绪过程是相互影响、相互作用的。例如，生理过程可以影响认知过程，认知过程也可以影响生理过程。所以，虽然我们通常会分别考察发展的不同过程（生理的、认知的、社会情绪的），但请记住：我们所讨论的是一个整体的人的发展，其心智和身体是互相依存的（参见图4）。

在本书的许多地方，我们将提醒你注意生理、认知和社会情绪过程的联系。每一章都将多次出现以"**发展链接**"为题的小框，以强调本书论述内容的前后联系。

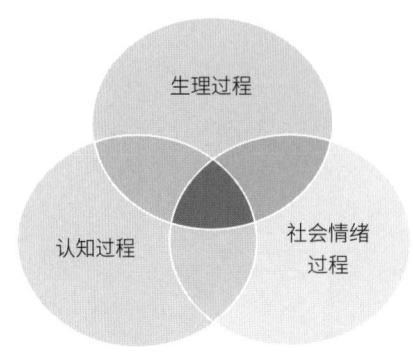

图4　发展中的变化是生理过程、认知过程和社会情绪过程的产物
随着个体的发展，这三个过程是相互作用的。

发展链接

生理过程
特定的基因能否和特定的环境经验相对应？
链接"生物起源"。

> 发展阶段

为了便于组织和理解，儿童发展的过程通常被划分成几个阶段，每个阶段都与一定的年龄段相对应。最广泛采用的发展阶段分类包括以下几个时期：胎儿期、婴儿期、童年早期、童年中晚期、青少年期。

胎儿期指从受精卵形成到出生这一时期，历时大约9个月。在这一时期里，个体发生了惊人的变化，由单个细胞逐渐成长为胎儿，直至一个有头脑也有广泛活动能力的个体。

婴儿期指从出生到18个月至24个月之间的发展阶段。在这一阶段里，婴儿完全依赖于成人。许多心理活动才刚刚开始，如言语能力、协调感知觉和身体动作的能力、使用符号思考的能力、模仿和学习他人的能力。

童年早期指从婴儿期结束到5岁至6岁的发展阶段。这一阶段有时也被称为学前期。在这段时期，幼儿在一定程度上学会了自己照顾自己，并开始为入学做准备，一些技能得到发展（如听从教导、认识字母）。大部分时间他们都在游戏以及和同伴在一起。进入小学一年级通常标志着这一阶段的结束。

童年中晚期是介于6岁至11岁的发展阶段。这一阶段有时也被称为小学阶段。儿童不仅掌握了读、写、算的基本技能，还正式接触到更广阔的世界及其文化。学业成绩成为儿童生活中更为中心的主题，同时儿童的自我控制能力也提高了。

青少年期指从童年向成年早期过渡的发展阶段，大约从10至12岁开始，18至19岁结束。青少年期的到来伴随着巨大的生理变化：身高和体重急剧增长；身体轮廓发生变化；性别特征发展，如乳房增大、臀部变宽、阴部和面部毛发生长、声音

胎儿期（prenatal period）从受精卵形成到出生这一时期。

婴儿期（infancy）从出生到18个月至24个月之间的发展阶段。

童年早期（early childhood）从婴儿期结束到5岁至6岁的发展阶段。这一阶段有时也被称为学前期。

童年中晚期（middle and late childhood）介于6岁至11岁的发展阶段。这一阶段有时也被称为小学阶段。

青少年期（adolescence）从童年向成年早期过渡的发展阶段，大约从10至12岁开始，18至19岁结束。

发展阶段

胎儿期　　婴儿期　　童年早期　　童年中晚期　　青少年期

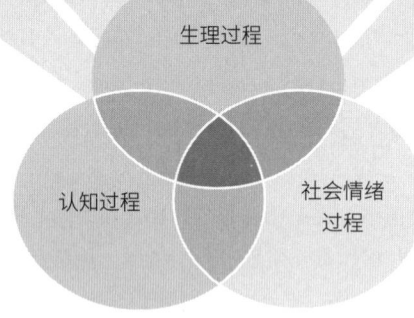

发展过程

图 5　发展的过程和阶段

人的发展经过胎儿期、婴儿期、童年早期、童年中晚期、青少年期。这些发展阶段都是生理过程、认知过程、社会情绪过程相互作用的结果。

图片来源：视觉中国

变得深沉等。虽然不同文化之间存在很大差异，但这一阶段个体发展的显著特点是追求独立性和自我同一性。青少年把时间越来越多地花在家庭之外，他们的思维也变得更加抽象化、理想化，也更具逻辑性。

今天，发展心理学家们并不认为个体的发展在青少年期就结束了（Bornstein, 2018; Somerville & others, 2018）。他们更倾向于将发展看作一个终身的过程。不过，本书的目的只是叙述从受精卵形成到青少年期的个体发展变化。所有这些发展阶段都是生理过程、认知过程、社会情绪过程相互作用的结果（参见图 5）。

> 群组效应

除了要考虑随年龄变化而出现的发展阶段外，我们还需要考虑某个群体的人是在哪个历史阶段出生和成长的。*群组*（cohort）是指差不多在历史的同一个时间段上出生，因而有着类似经历的一群人，如差不多同一时期在同一座城市里长大。群组内成员的共有经历可以使不同群组之间产生一系列的差异（Halfon & Forrest, 2018）。例如，就教育机会、经济地位、如何被抚养长大、关于性别的态度和经验、接触到的科学技术等方面来说，在经济大萧条时期或"二战"时期长大的群体与在经济急速发展的 20 世纪 90 年代长大的群体相比较，可能会存在不小的差异。需要说明的是，在有关发展的研究中，**群组效应**来源于个体出生的时间、年代和属于哪一代人，而不是来源于实际的年龄。

流行文化给一代又一代人贴上了不同的标签。最近流行的标签是**千禧一代**，指

群组效应（cohort effects）来源于个体出生的时间、年代和属于哪一代人，而不是来源于实际年龄。

千禧一代（Millennials）在 1980 年以后出生的人，他们中的第一批在新千年到来之际刚进入成年早期。

在1980年以后出生的人，他们中的第一批在新千年到来之际刚进入成年早期。所以，今天的儿童和许多儿童的父母都属于千禧一代。千禧一代有两个显著的特点：一是民族多样化，二是数字技术的普及（US Census Bureau，2015）。

随着民族身份的进一步多样化，千禧一代的许多青少年和初成年者比他们的前辈更加宽容和开放（Frey，2018）。

另一重要的有关千禧一代群组的变化是他们对媒体和新技术使用的急剧增多（Medoff & Kaye，2017）。有一项研究分析如下：

千禧一代是"历史上第一代'总是链接着'的人。他们沉浸在数字技术和社交媒体之中，几乎把那多功能的手持小玩意儿当成了自己身体的一部分，无论是好是坏，都是如此。他们中80%以上的人说，即使睡觉时也会把手机开机放在床边，方便随时发信息、打电话、发邮件、听歌、看新闻、看视频、玩游戏和设置闹铃。但是有时候，方便变成了诱惑。他们当中近2/3的人承认曾在开车时发过短信（Pew Research Center，2010，p. 1）"。

在本书的"文化与多样性"一章里，我们将更加详细地讨论童年期和青少年期的技术迷恋问题。

图片来源：Zeynep Demir/Shutterstock

> 发展中的问题

特德·卡钦斯基生来就是杀人犯，还是他的生活经历把他变成了杀人犯？卡钦斯基认为他的问题来源于童年。在他的童年时代，他是作为一个天才在男孩群体中长大的，但他总是和别的孩子格格不入。那么，是他的早期经验决定了他后来的生活吗？就我们自己而言，生活道路是早已注定，还是通过经验可以改变？在人生旅途中，早期经验是否比后来经验更加重要？人生旅途像乘电梯上高楼那样有好多断断续续的停顿，还是像乘坐小船行驶在风平浪静的河面上那样平缓连续？这些思考指出了有关发展本质的三个问题：天性和教养的作用，发展的连续性和非连续性，以及早期经验和后来经验的问题。

天性和教养 天性和教养问题是关于发展主要是受天性还是受教养影响的老生常谈的争论。天性是指个体的生物遗传因素，教养则是指个体的环境经验。今天，几乎没有人认为发展是天性或教养单独作用的结果，因为我们知道这两者在发展中是相互影响和共同作用的。但是，我们应当了解历史上关于这一问题的基本观点，这一点很重要。一些天性论的拥护者认为，对发展来说最重要的影响因素是生物遗传，而另一些教养论的拥护者则认为环境经验才是最重要的影响因素。

天性论的拥护者们认为，就像向日葵的生长，除非受到恶劣环境的影响，它的生长总是遵循着有序的方式。人的成长也是如此，虽然所遇到的环境可能相差很大，但是进化和遗传的基础决定了人的生长和发展具有共同的特点（Buss，2018）。一般情况下，我们总是先会走路后会说话，先会说单词句后会说双词句，在婴儿期生长十分迅速，在童年早期生长稍有减缓，在青少年期性激素分泌旺盛。虽然极端环境（缺乏心理刺激或具有伤害性的环境）可能会阻碍人的发展，但天性论者仍然强调由遗传决定的各种倾向性对人的发展具有重要影响（Maxson，2013）。

相反，另一些人则强调教养，即环境经验对于发展的重要性（Dweck，2013）。环境经验的范围很广，既包括个体的生物学环境（如营养、医疗状况、药物、事故伤害），也包括社会环境（如家庭、同伴、学校、社区、媒体、文化）。例如，儿童

天性和教养问题（nature-nurture issue）该问题探讨发展主要是受天性还是受教养影响。天性论的拥护者们认为，对发展来说最重要的影响因素是生物遗传，而教养论的拥护者们则认为环境经验才是最重要的影响因素。

的饮食和营养状况可能会影响他们的身高和智力水平。即使在遗传基因同样优良的情况下，出生并生长在孟加拉国一个贫困山村的儿童和生长在美国丹佛市郊区的儿童很可能会具备不同的技能、不同的关于世界的思维方式以及不同的人际关系。当今，我们已经知道发展是由天性和教养两者共同作用的结果。

连续性和非连续性　请想一想自己的发展历程。你是像一棵小树苗慢慢地、日积月累地长成大树那样逐渐成为今天的你，还是像毛毛虫变成蝴蝶那样经历过突然而急剧的变化（参见图6）？

连续性和非连续性问题侧重于探讨发展在多大程度上涉及逐渐的、日积月累的变化（即连续性），又在多大程度上涉及可以明确区分的阶段（即非连续性）。

首先来看发展的连续性。一棵橡树从小树苗长成了大树，但它一直都是橡树，只是慢慢变大而已，也就是说，它的发展是连续的。就像孩子说出第一个单词，虽然看上去似乎是突然的非连续性事件，但实际上是数星期或数月成长和练习的结果。再如，青春期的变化看上去似乎是突发的非连续事件，但实际上也是一个历经数年的渐进过程。

再看发展的非连续性。依据这一观点，每个人的发展都需要经过一系列的阶段。例如，当一条毛毛虫变成蝴蝶时，它并不是变成了更大的毛毛虫，而是变成了不同种类的有机体，所以，它的发展是非连续性的。同样，在发展过程中的某个时刻，儿童从不能进行抽象思维变成了能够抽象思考，这就是一个"质的"、非连续性的变化，而不是一个"量的"、连续性的变化。

早期经验和后来经验　早期经验和后来经验问题着重探讨早期经验（尤其是婴儿期的经验）或后来经验在多大程度上对儿童的发展发挥着关键性的影响。也就是说，如果婴儿曾经生活在不利的环境中，这种消极影响能否被后来的积极经验所消除？或者说，也许由于婴儿期的经验是早期基本经验，它们是如此根深蒂固，以至于后来环境的改善也不能将其影响消除？强调早期经验的人认为，人的发展就像一条连续不断的小路，一种心理品质可以沿着这条小路回溯到它的源头（Kagan，2013）。相反，那些强调后来经验的人则认为，发展就像一条河，潮起潮落，奔流向前。

早期经验和后来经验之争由来已久，并将继续成为发展心理学家们争论的热点之一（Easterbrooks & othes，2013）。古希腊哲学家柏拉图就曾坚信，那些经常被摇动的婴儿将来会成为更好的运动员。19世纪新英格兰的牧师们在礼拜日下午的布道会上也曾告诫父母，他们的育婴方式将决定孩子将来的性格。今天，许多发展学家认为，如果婴儿和幼儿没有得到温暖的照顾和关爱，他们的发展将会受到阻碍（Thompson，2018）。

反之，后来经验的支持者们则认为，在发展的整个过程中，儿童都具有可塑性。因此，后期的悉心养育与早期的悉心养育同等重要。不少发展心理学家强调，人们对发展过程中后期经验的关注太少了（Schaie，2012）。他们承认早期经验对发展具有重要影响，但他们断言，早期经验并不比后来经验更重要。例如，杰罗姆·卡根（Jerome Kagan，2013）指出，即使是那些表现出和遗传有关的抑制性气质的孩子，也具有改变自己行为的能力。一项经典研究显示，一组2岁时表现出抑制性气质的孩子中，有1/3到4岁时就不再特别害羞和胆怯了（Kagan & Snidman，1991）。

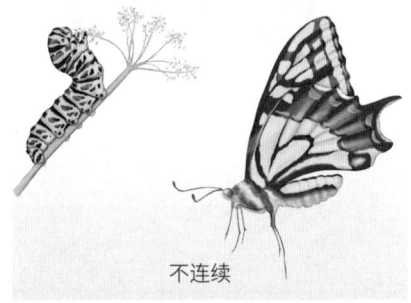

图6　发展的连续性和非连续性
人的发展更像小树苗逐渐成长为大树，还是更像毛毛虫突然变成了蝴蝶？

早期经验和后来经验问题争论的实质是什么？
图片来源：视觉中国

生活在西方文化中尤其是深受弗洛伊德理论（本章后面将论述）影响的人们，倾向于支持早期经验比后来经验更加重要的观点（Fonagy & others, 2016）。然而，世界上大多数人也许并不赞成这一观点，因为他们的价值体系和心理学历史并未过多地受到弗洛伊德理论的影响。

对发展问题的评价 对于天性和教养、连续性和非连续性、早期经验和后来经验的争论，大多数发展心理学家都认为采取极端立场是不明智的。发展不全是天性使然，也不全是教养使然；不全是连续的，也不全是非连续的；不全靠早期经验，也不全靠后来经验。在人的一生的发展过程中，遗传和环境、连续性和非连续性、早期经验和后来经验都发挥着一定作用。虽然在这一点上已达成共识，但是在各个因素究竟在多大程度上影响发展的问题上，仍然存在着激烈的争论。例如，某些能力上的性别差异主要是由遗传特性造成的，还是由社会期望以及男孩女孩不同的教养方式造成的呢？青少年期环境经验的丰富和改善能消除由童年期贫困、遭受忽视以及学校条件糟糕所造成的消极影响吗？对这些问题的回答会直接影响到关于儿童和青少年社会政策的制定，从而影响到我们每一个人的生活。

连续性和非连续性问题（continuity-discontinuity issue）该问题探讨发展在多大程度上涉及逐渐的、日积月累的变化（即连续性），或涉及可以明确区分的阶段（即非连续性）。

早期经验和后来经验问题（early-later experience issue）该问题探讨早期经验（尤其是婴儿期的经验）或后来经验在多大程度上对儿童的发展发挥着关键性影响。

复习、联想和反思

学习目标 2
讨论发展中最重要的过程、阶段和问题。

复习
- 什么是生理过程、认知过程和社会情绪过程？
- 发展的主要阶段有哪些？
- 什么是群组效应？
- 关于发展的三个主要问题是什么？

联想
- 基于本章已学过的内容，你认为特德·卡钦斯基对早期经验和后来经验的问题会有什么看法？

反思你自己的人生之旅
- 你能否说出一个你认为对你的发展产生过重要影响的早期经验？你能否说出一个你认为对你的发展产生过或正在产生重要影响的后来经验？

第3节 儿童发展的科学

学习目标 3
概述研究对儿童发展的重要性，儿童发展的主要理论，以及研究方法、研究设计和挑战。
- 研究的重要性
- 儿童发展的理论
- 收集数据的研究方法
- 研究设计
- 儿童发展研究面临的挑战

有些人很难把儿童发展看成是如同物理学、化学和生物学一般的科学。这门研究父母如何教养子女、同伴之间如何互动、儿童的思维方式如何随年龄而变化、屏幕使用时间过多是否和肥胖有关等问题的学科，难道它能与研究化合物的分子结构、地球引力如何发生作用的科学学科相提并论吗？儿童发展真是一门科学吗？

第一章 绪论 **15**

科学可以提升日常思维。

——阿尔伯特·爱因斯坦
20世纪德国出生的美国物理学家

> 研究的重要性

对上述问题的回答是肯定的。一门学科能否被称为科学，并不在于它研究什么，而在于它是如何研究的。无论你研究的是光合作用、蝴蝶、土星的卫星还是儿童的发展，你所采用的研究方法决定了它们是或不是科学。例如，我们如何能够确定特殊的关爱可以修复儿童由于受忽视而造成的伤害，又如何能够确定个别辅导可以提高儿童的学习成绩呢？

科学研究可以为此类问题提供最好的答案。科学研究是客观的、系统的、可检验的，从而减少了把个人的信念、看法和感觉当作知识的可能性（Stanovich, 2013）。在进行科学研究时，儿童发展研究人员采用的**科学方法**，包括四个步骤：（1）将所要研究的问题或过程概念化；（2）收集研究信息（数据）；（3）分析数据；（4）得出结论。

> 儿童发展的理论

理论建构是儿童发展科学研究的重要组成部分。就刚才叙述的科学方法来说，理论通常可以指导我们把将要研究的问题或过程概念化。**理论**是一组相互联系的连贯的概念，可以用来解释或预测某种现象。例如，某个关于辅导的理论可能试图解释为什么持续的支持、指导和具体的经验可以改变贫困儿童的生活。这个理论可能会侧重于儿童模仿辅导老师行为和策略的机会，或侧重于个别关注效应，两者都可能是贫困儿童生活中所没有的。**假设**是具体的可以检验的假定或预测。假设通常可以表述为"如果……就……"的形式。就我们的例子而言，假设之一可以是：如果辅导老师给予贫困儿童个别关注，儿童就会把更多的时间用于学习，从而得到更高的分数。对假设进行检验可以让研究者知道某个理论是否正确无误。

理论流派众多使理解儿童发展更具挑战性。在这一节里，我们将简要介绍儿童发展的五大理论派别：精神分析理论、认知理论、行为和社会认知理论、习性学理论、社会生态学理论。每一个理论派别都对理解儿童的发展做出了重要的贡献。虽然这些理论在发展的某些方面持有不同的见解，但这些不同见解大多数是相互补充而不是相互矛盾的。它们一起帮助我们打开儿童发展丰富多彩的画卷。

精神分析理论　精神分析理论把发展描绘成一个潜意识为主的过程，并在很大程度上受情绪的影响。精神分析学家强调行为只是表面现象，要想真正理解发展，就必须分析行为的象征意义和内心的深层次运行机制。精神分析学家还强调，早期亲子经验对个体发展具有强大的塑造力。这些特点都体现在西格蒙德·弗洛伊德（Sigmund Freud, 1856—1939）的精神分析理论中。

弗洛伊德的理论　当弗洛伊德倾听、询问并分析他的病人时，他开始确信他们的

西格蒙德·弗洛伊德，精神分析理论的创始人。弗洛伊德理论有什么特点？
图片来源：视觉中国

口唇期	肛门期	性器期	潜伏期	生殖期
婴儿快感的中心区域在口唇。	儿童快感的中心区域在肛门。	儿童快感的中心区域在性器官。	儿童压抑对性的兴趣，发展社会和心智技能。	性唤醒时期，在家庭外寻求性快感的来源。
出生到1岁半	1岁半到3岁	3岁到6岁	6岁到青春期	青春期及以后

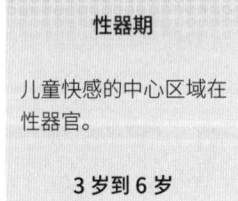

图7　弗洛伊德的心理发展阶段

问题是早期生活经验带来的结果。他认为，在儿童成长的过程中，快感和性冲动的中心相继从口唇转移到肛门，并最终转移到生殖器。因此，我们会经历心理性欲发展的五个阶段：口唇期、肛门期、性器期、潜伏期、生殖期（参见图7）。弗洛伊德（1917）认为，成人的人格就取决于他们如何解决每个阶段的快感来源和现实要求之间的冲突。

后来的精神分析学家对弗洛伊德的理论进行了修正。当代的精神分析学家们认为弗洛伊德过分强调性本能，而他们更加强调文化经验对个人发展的决定性影响。潜意识仍然是中心主题，但意识所起的作用比弗洛伊德当初设想的要大。接下来，我们将介绍弗洛伊德思想的一个重要的修正主义者——艾瑞克·埃里克森。

埃里克森的心理社会性理论 艾瑞克·埃里克森（Erik Erikson，1902—1994）承认弗洛伊德的贡献，但他认为弗洛伊德误读了人类发展的一些重要的维度。埃里克森（1950，1968）认为，人的发展过程遵循的是心理社会性阶段，而不是遵循弗洛伊德所主张的心理性欲阶段。在弗洛伊德看来，人的行为的主要驱动力本质上和性有关，而在埃里克森看来，行为的主要驱动力是社会性的，其核心是被其他社会成员接纳的愿望。在弗洛伊德看来，我们的人格是在生命的最初五年里形成的，而在埃里克森看来，发展性变化存在于整个人生过程。所以，就本章前文叙述的早期经验和后来经验之争来说，弗洛伊德认为早期经验要比后来经验重要得多，而埃里克森则认为早期经验和后来经验都很重要。

在**埃里克森理论**中，人的一生要经历八个发展阶段（参见图8）。在每个阶段，个体都会面临一项独特的发展任务，并伴随着一个必须解决的危机。但这个危机并不是灾难，而是一个转折点，它标志着个体变得更加脆弱，同时也具有更大潜能。个体越能成功地解决危机，其发展就越健康。

*信任对不信任*是埃里克森理论的第一个发展阶段，对应于生命的第一年。婴儿期的信任可以建立起一生的期待，即婴儿所生活的世界将是美好和令人愉快的。

*自主对自我怀疑*是埃里克森理论的第二个阶段，开始于婴儿晚期和学步期（1—3岁）。从照料者那儿获得信任感之后，婴儿开始发现他们的行为是自己的。于是，他们开始维护他们独立或自主的感觉，开始意识到自己的意愿，如果婴儿和学步儿受到过多的约束或过于严厉的惩罚，他们就可能产生羞愧感和自我怀疑感。

*主动对愧疚*发生在学前期，是埃里克森理论的第三个发展阶段。当学前儿童接触更为广阔的社会环境时，他们也遇到了更多的挑战，这要求他们用积极主动的、有目的的和负责任的行为来应对。如果儿童没有承担起责任或遭受外界压力使他们过分焦虑，愧疚感就会产生。

*勤奋对自卑*是埃里克森理论的第四个发展阶段，大约发生在小学阶段。此时，儿童需要把精力投入掌握知识和发展技能方面。如果结果不理想，儿童就可能产生自卑感，觉得自己能力不强，做不出什么成绩。

到了青少年期，青少年面临的主要任务是要弄清楚自己是谁，有什么特点，生活目标是什么。这就是埃里克森理论的第五个发展阶段，即*同一性对同一性混乱*。如果青少年以健康的态度探索自己的不同角色，并找到一条积极的生活道路，那他们就获得了积极的同一性。如果没能做到，就会出现同一性混乱。

*亲密对孤独*是埃里克森理论的第六个发展阶段，是个体在成年早期的体验。在

埃里克森的阶段	对应的发展阶段
自我完善对失望	成年晚期（60岁以后）
繁殖对停滞	成年中期（40—60岁）
亲密对孤独	成年早期（20—40岁）
同一性对同一性混乱	青少年期（10—20岁）
勤奋对自卑	童年中后期（小学阶段，6岁—青春期）
主动对愧疚	童年早期（学前期3—5岁）
自主对自我怀疑	婴儿期（1—3岁）
信任对不信任	婴儿期（0—1岁）

图8 埃里克森的八个人生阶段

科学方法（scientific method）通过下面四个步骤来获取准确信息的方法：(1) 将研究问题概念化；(2) 收集数据；(3) 分析数据；(4) 得出结论。

理论（theory）一组相互联系的连贯的概念，可用来解释或预测某种现象。

假设（hypotheses）具体的可以检验的假定或预测。

精神分析理论（psychoanalytic theories）该理论把发展描绘成主要是潜意识的，并在很大程度上受情绪的影响。行为只是表面的现象，要想理解行为，就必须分析行为的象征意义和内心的运行机制。精神分析学家还强调早期亲子经验的重要性。

埃里克森理论（Erikson's theory）该理论认为人的一生要经历八个发展阶段。在每个阶段，个体都会面临一项独特的发展任务，并伴随着一个必须解决的危机。

> 链接 关爱

基于埃里克森理论的养育、教育以及与儿童互动的策略

父母、教师、咨询师、儿童保育专家、青少年工作者以及其他成年人可以依据埃里克森的理论，采取积极的策略与儿童互动，这些策略主要有：

1. 养育婴儿并发展他们的信任感，鼓励和关注学步儿的自主行为。 因为婴儿要依靠他人来满足自己的需要，所以，对照料者来说，关键就是要始终如一地为婴儿提供积极的和无微不至的关爱。体验到持续积极关爱的婴儿会产生安全感，感到人是可靠和可爱的，从而形成对周围世界的信任感。如果照料者忽视或虐待婴儿，就很可能使婴儿形成对周围世界的不信任感。在儿童形成了对周围世界的信任感之后，照料者应当给予进入学步期的儿童探究周围世界的自由。如果照料者限制过多过严，那么，学步儿就可能形成羞愧和怀疑感，感到自己做事能力不足。当学步儿获得了更多的独立性时，照料者还需要关注他们的探究和好奇行为，因为有很多事情可能对他们造成伤害，如跑到街上或触摸烫手的炉子。

2. 鼓励幼儿的主动性。 应当尽可能给予儿童探索周围世界的自由。应当允许他们自主选择活动。如果儿童想进行某项活动的要求具有合理性，其要求就应当受到尊重。还需要为儿童提供能激发他们想象的趣味材料。这一阶段的儿童喜欢游戏，游戏不仅能促进幼儿社会情绪的发展，也是幼儿认知发展的重要媒介之一。同时，应当尽量避免批评儿童，以防止他们形成高度的内疚和焦虑。幼儿可能会犯很多大大小小的错误，但和严厉的批评相比，他们更需要良好的榜样。还有，应当分派与幼儿发展水平相符的任务，这样，就可以为他们建构能获得成功而不是失败的活动和环境。例如，当幼儿不得不长时间地坐着做书面作业的时候，他们就会有挫折感。

3. 培养小学儿童勤奋的品质。 埃里克森希望教师能够为儿童提供一个令其渴望学习的氛围。用埃里克森的话说，教师应当温和但坚定地鼓励儿童大胆尝试一些自己认为做不到的事情，让他们发现通过学习自己也有能力出色完成任务。在小学阶段，儿童渴望知道更多。大多数儿童是怀着一颗好奇的心以及能够掌握技能的动机进入小学的。在埃里克森看来，教师十分重要的工作就是要进一步培育这种掌握和好奇的动机。教师需要挑战学生但不可压垮他们；需要坚定地要求学生勤奋但不可过多地批评他们；尤其要对已诚恳认识到错误的学生表示宽容，并保证每一个学生都有许多获得成功的机会。

4. 激发青少年探究同一性。 重要的是要认识到，青少年的同一性具有多个维度，包括职业目标、智力成就，以及在业余爱好、体育、音乐和其他领域的兴趣。可以要求青少年撰写相关文章，探讨他们是谁，他们想做些什么。应当鼓励青少年独立地思考，并自由地表达自己的观点，这样做可以激发他们的自我探究。还可以鼓励青少年参加有关政治和思想意识问题的辩论，这样做可以激发他们审视不同的观点。另一个不错的策略是鼓励青少年就职业选择以及其他同一性问题与学校的咨询师交谈。教师还可以邀请从事不同职业的人到教室里向学生讲述他们的工作，而无需考虑学生的年级水平。

当成年人努力帮助儿童完成每个发展阶段的任务时，上述策略中有哪些是埃里克森称之为既需要考虑"潜能性"又需要考虑"脆弱性"的？

这一阶段，个体面临的任务是建立亲密关系。如果年轻人与他人建立了健康的友谊和亲密的关系，就会获得亲密感。如果没能做到，就会形成孤独感。

繁殖对停滞是埃里克森理论的第七个发展阶段，发生在成年中期。埃里克森所说的"繁殖"，意指个体致力于帮助下一代健康成长和过有意义的生活，如果个体觉得自己在帮助下一代成长方面无所作为，那就叫作"停滞"。

自我完善对失望是埃里克森理论的第八个也是最后一个发展阶段，发生在成年晚期。这一阶段的人常常回顾往事。如果个体在回顾过往时觉得自己一生没有浪费时间，就可以获得完善感。否则，回顾往事就会带来怀疑或忧伤，即埃里克森所说

的"失望"。

我们将会在社会情绪发展的章节里再次讨论埃里克森的理论。在"链接 关爱"专栏里，你可以了解一些以埃里克森理论为基础的改善儿童生活的有效策略。

对精神分析理论的评价 精神分析理论的主要贡献是强调发展、家庭关系和心理活动的潜意识层面。对精神分析理论的主要批评则是这些理论缺少科学的支撑，过分强调了性欲（弗洛伊德理论），过分夸大了潜意识的作用，同时，所描绘的儿童形象也太过消极（弗洛伊德理论）。

认知理论 精神分析理论重视潜意识，而认知理论则重视有意识的思维。最具代表性的三大认知理论是皮亚杰（Piaget）的发生认识论、维果斯基的社会文化认知理论、信息加工理论。

皮亚杰的发生认识论 **皮亚杰的理论**认为，儿童积极地建构对外部世界的理解，并经历四个认知发展阶段，其中存在两个过程推动人们从低级阶段进入高级阶段，这两个过程便是组织和适应。为了理解世界，我们组织着我们的经验。例如，我们把重要的概念从一大堆不重要的概念中分离出来，并且把一个概念和另一个概念联系起来。除了组织感知到的信息和经验以外，我们的另一策略是适应，即调整我们自身以适合新环境的要求。

皮亚杰（1954）认为我们对外部世界的理解经历四个阶段（参见图9）。每一个阶段都和一定的年龄相联系并表现出一种不同的理解世界的方式。因此，在皮亚杰看来，儿童某个阶段的认知和另一个阶段的认知相比是存在质的差别的。

感知运动阶段是皮亚杰理论的第一个阶段，从出生到2岁。在这个阶段里，婴儿通过协调感知信息（如视觉和听觉信息）与身体动作、肌肉运动的方式来建构对世界的理解，故称之为感知运动阶段。

前运算阶段是皮亚杰理论的第二个阶段，大约从2岁到7岁。在这一阶段，儿童不再简单地联结感知信息和身体动作，他们开始利用词汇、心理表象、图画等来表征外部世界。不过，皮亚杰认为，学前期的儿童仍然缺少他称之为运算的能力，运算这一术语是指内化了的心理动作，可以允许儿童在内心完成以前需要通过身体动作才能完成的任务。例如，如果你在想象中把两根棍子连接起来，看它们是否比另一根棍子长，而实际上你并没有真的动手摆弄这些棍子，那你就进行了一次具体的运算。

具体运算阶段大约从7岁开始到11岁结束，是皮亚杰理论的第三个阶段。在这一阶段，儿童能够就具体的对象进行运算，只要推理运用在特定的或具体的事例上，他们就能够合乎逻辑地推理。例如，具体运算阶段的儿童尚不能想象出解某一道代数方程需要哪些必要的步骤，因为对该阶段的儿童来说，这一任务还过于抽象。

正如我们关注你们一样，我们的子子孙孙也将回过头来关注我们；人类的想象力把我们联系起来了。我们之所以能够相互接触，是因为我们已经想象到对方的存在。我们的种种梦想沿着一根穿越时代的巨缆来来回回地奔流着。

——罗杰·罗森布拉特
20世纪美国作家

发展链接

认知理论
整个儿童认知领域的研究始于皮亚杰，但他的理论也受到了不少批评。链接"认知发展观"。

皮亚杰的理论（Piaget's theory）该理论认为，儿童积极地建构对外部世界的理解，并经历四个认知发展阶段：感知运动阶段、前运算阶段、具体运算阶段、形式运算阶段。

皮亚杰是著名的瑞士发展心理学家，他改变了我们关于儿童心理发展的思考方式。皮亚杰理论的主要观点有哪些？
图片来源：Yves de Braine/Black Star/Stock Photo

第一章 绪论　19

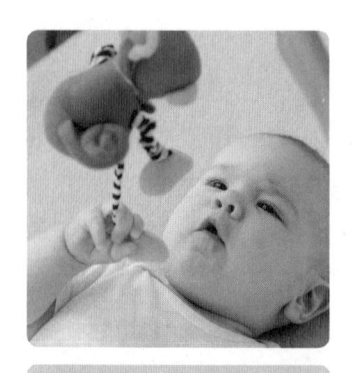

感知运动阶段
婴儿通过身体动作和感官经验的协调来建构对外部世界的理解。婴儿出生时只有反射性的本能动作，到本阶段结束时，已能开始进行符号思维。

出生至 2 岁

前运算阶段
儿童开始使用词和表象来表征外部世界。这些词和表象反映了符号思维的进步，超越了感知信息和身体动作的联结。

2 岁至 7 岁

具体运算阶段
此阶段儿童已经能够就具体事物进行逻辑推理，并能将事物分为不同的类别。

7 岁至 11 岁

形式运算阶段
青少年能以更抽象、更理想化和更有逻辑性的方式进行推理。

11 岁至成年

图 9　皮亚杰的认知发展四阶段
图片来源：视觉中国

形式运算阶段是皮亚杰理论的第四个也是最后一个阶段，在 11 至 15 岁期间出现，并持续到整个成年期。这一阶段，个体能够超越具体经验的限制，以更加抽象和更合乎逻辑的方式思考。由于部分思维更加抽象了，青少年便能够形成关于理想情景的表象。他们可能会想到理想的父母该是什么样子，并将自己的父母和那个理想的标准进行比较。他们开始乐于憧憬未来，并对自己将来可能的样子很感兴趣。在解决问题方面，他们变得更加系统化，能够假设为什么某件事情以那样的方式发生，然后着手检验这些假设。

上文的叙述只是对皮亚杰理论的简要介绍。我们在这里和其他理论一起介绍，目的是让你先大致了解这一理论。在"认知发展观"一章中，我们将进一步深入地讨论皮亚杰的理论。

维果斯基的社会文化认知理论　和皮亚杰一样，苏联发展心理学家列夫·维果斯基（Lev Vygotsky，1896—1934）也主张儿童会主动地建构他们的知识。不过，维果斯基比皮亚杰更加重视社会互动对认知发展的影响。所以，**维果斯基的理论**是一种社会文化认知理论，它侧重于探讨文化和社会互动是如何引导认知发展的。

维果斯基主张，儿童的发展与社会文化活动不可分离（Veraksa & Sheridan, 2018）。他认为记忆、注意和推理能力的发展都涉及如何运用社会的发明，如语言、数学体系和记忆的策略。所以，在某一种文化中，儿童可能通过计数器的帮助学会数数；而在另一种文化中，儿童则可能是在小珠子的帮助下学会数数的。在维果斯基看来，儿童认知发展不可或缺的条件是要与有经验的成人和同伴进行社会互动。通过这样的互动，儿童可以学会使用工具，帮助自己更好地适应环境并在所处的文化中取得成功。例如，如果你经常性地教儿童学习如何阅读，你不仅提高了儿童的阅读技能，同时还传达给儿童这样的信息：阅读是这个文化中的一项重要活动。

> **发展链接**
>
> **教育**
> 维果斯基的理论近年来已被应用于儿童教育。链接"认知发展观"。

维果斯基的理论（Vygotsky's theory）一种社会文化认知理论，强调文化和社会互动引导着认知发展。

第一编　儿童发展的本质

维果斯基的理论把知识看成是情境性和合作性的，这激起了人们巨大的兴趣（Gauvain, 2013）。根据这一观点，知识并不产生于个体内部，而是个体通过与这一文化中的其他人和物（如书）的互动建构起来的。这就意味着促进知识增长的最佳方式是与他人在合作性的活动中进行互动。

和皮亚杰的理论一样，直到20世纪60年代，维果斯基的理论才为美国的心理学界所知晓。但最终，他们两人的理论在心理学界和教育界都产生了重大影响。在"认知发展观"一章中，我们还要进一步讨论维果斯基的理论。

信息加工理论 早期的计算机也许是信息加工理论"创始人"这一称号最合适的候选者了。虽然许多因素促进了这一理论的发展，但没有什么因素比计算机更重要了。心理学家们想要知道计算机的逻辑运算方式是否能为我们揭示人类心理运作机制提供启示，于是，他们把计算机的硬件比喻为人脑，把软件比喻为人的认知。

与皮亚杰不同，**信息加工理论**与维果斯基一样，并不把发展描述为一系列不同的阶段。根据这一理论，个体通过逐渐提高信息加工能力，从而获得越来越复杂的知识和技能（Bjorklund & Causey, 2017）。

儿童信息加工理论的权威学者罗伯特·西格勒（Robert Siegler, 2006, 2013）认为，思维就是信息加工。换句话说，当个体感知、输入、表征、储存和提取信息时，他就是在思考。西格勒强调，信息加工策略的学习对认知发展尤为重要。例如，要想提高阅读水平，就应该学习如何抓住所读材料的关键主题。

对认知理论的评价 认知理论的主要贡献在于它们为我们提供了积极的发展观，并强调个体对理解的主动建构。对认知理论的主要批评则是这些理论很少关注发展的个体差异，同时，不少人对皮亚杰各阶段的"纯度"也持怀疑态度。

行为和社会认知理论 几乎与弗洛伊德以早期经验来解释患者潜意识的同时，伊万·巴甫洛夫（Ivan Pavlov）和约翰·华生（John B. Watson）正在实验室控制的环境下对行为进行仔细观察。他们的研究工作为行为主义打下了基础。行为主义认为，科学心理学研究的对象只能是可以被直接观察和测量的行为。根据行为主义观，发展就是可以通过环境经验习得的可观察的行为（Mazur, 2016）。你还记得我们在本章前面讨论过的连续性和非连续性问题吗？在这个问题上，行为和社会认知理论强调连续性，认为发展并不以阶段的形式发生。我们在这里要探讨的三大行为理论是巴甫洛夫的经典条件反射理论、斯金纳的操作性条件反射理论以及班杜拉的社会认知理论。

巴甫洛夫的经典条件反射理论 20世纪早期，苏联生理学家伊万·巴甫洛夫（Ivan Pavlov, 1927）知道狗在吃东西的时候会分泌唾液。但是当观察到狗在吃东西前对某些情景或声音的刺激也会分泌唾液时，他感到非常好奇。例如，如果在给狗喂食物的同时发出铃声，过了一段时间后，即使不给狗食物，只是发出铃声，狗也会分泌唾液。巴甫洛夫由此发现了经典条件反射的原则：一个中性刺激（在本例中是听到铃声）可以引起原本由其他刺激（在本例中是吃食物）引起的反射。

20世纪20年代，约翰·华生和罗莎莉·雷纳（John Watson and Rosalie Rayner）证明了经典条件反射也发生在人类身上。他们先给一个名叫艾伯特的男婴看一只小白鼠，看他是否害怕，结果是艾伯特并不害怕。当艾伯特和小白鼠一起玩的时候，华生在他身后制造巨响。你可以想象到，那巨大的噪声把小艾伯特吓哭了。当小白

今天，人们对维果斯基关于儿童发展的社会文化认知理论很感兴趣。维果斯基关于儿童发展的基本观点是什么？
图片来源：A.R.Lauria/Dr.Michael Cole，Laboratory of Human Cognition，University of California，San Diego

信息加工理论（information-processing theory）
该理论强调个体对信息的操纵、监控和适当策略的使用。其核心内容是记忆和思维的过程。

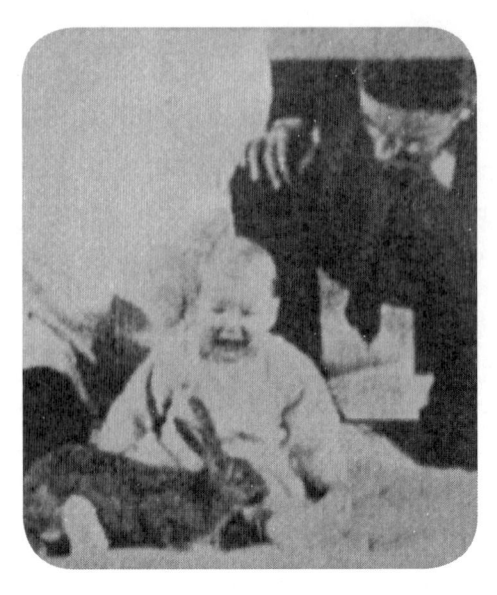

1920年，华生和罗莎莉·雷纳用同时呈现小白鼠和强噪声的方法在11个月大的艾伯特身上建立起了害怕小白鼠的条件反射。后来，向小艾伯特呈现类似于小白鼠（如图中的兔子）的刺激，他也会感到害怕。这一现象证明了经典条件反射中刺激泛化的规律。

图片来源：Dr. Benjamin Harris

鼠和噪声同时出现许多次之后，艾伯特一看到小白鼠就开始哭，即使在小白鼠出现但并没有伴随噪声时，也是如此。艾伯特已经建立起害怕小白鼠的经典条件反射。与此类似，我们的许多恐惧都可能是由经典条件反射造成的。例如，我们可能由于拔牙的痛苦经历而惧怕牙医，由于经历了一次交通事故而惧怕开车，由于婴儿时曾经从高椅上摔下来而患上恐高症，由于曾经被狗咬过而害怕狗。

斯金纳的操作性条件反射理论 经典条件反射也许可以解释我们如何形成了许多不由自主的反应，如恐惧。但是，伯哈斯·弗雷德里克·斯金纳（B. F. Skinner）认为，还有一种条件反射可以解释其他种类行为的形成。根据斯金纳的操作性条件反射理论（Skinner，1938），某种行为产生的后果可以改变该行为再发生的概率。也就是说，事后受到奖励性刺激的行为再次发生的可能性更高，而事后受到惩罚性刺激的行为再次发生的可能性则会降低。例如，如果儿童做完某件事情后，成人向他微笑，那他就更可能再做那件事情；但如果在儿童做完某件事情后，成人怒目相向，那他再做那件事情的可能性就会减小。

根据斯金纳的理论，这些奖赏和惩罚决定着个体的发展。例如，有些人之所以害羞，其原因实际上是他们的成长经验让他们学会了害羞。由此推论，可以通过改变环境来让一个害羞的人变得更喜欢社交。同时，在斯金纳看来，发展的关键部分是行为，而不是思维和情感。他强调，发展就是由奖励和惩罚带来的行为模式的变化。

班杜拉的社会认知理论 一些心理学家同意行为主义者的观点，认为发展是习得的，并且在很大程度上受环境影响。但是，与斯金纳不同的是，他们主张我们的内在想法（即认知）也是理解发展的重要维度。例如，社会认知理论认为，行为、环境和认知都是发展的关键因素。

美国心理学家艾伯特·班杜拉（Albert Bandura，1925—2021）是**社会认知理论**的主要创立者，他强调认知过程与行为和环境有着重要的联系（Bandura，2012，2018）。班杜拉的早期研究项目主要侧重于研究观察学习（也称为模仿或榜样学习），即通过观察他人做什么而发生的学习。例如，一个小男孩观察到父亲暴躁易怒，并敌意地对待他人，以后他可能也会对自己的同伴表现出攻击性行为。一个女孩模仿自己老师的风格，挖苦她的弟弟说："你这么慢呀！你做事怎么能这么慢呢？"社会认知理论家强调，人们通过观察他人的行为习得了多种多样的行为、想法和感受，并且这些观察强有力地影响着儿童的发展。

那么，在班杜拉看来，观察学习的认知特性是什么呢？他认为人们首先是在认知层面上表征他人的行为，然后在有些情况下自己也采取这一行为。班杜拉（Bandura, 2018）最新的学习和发展模型包括三个因素：行为、人/认知、环境。一个人具有能够掌控自己命运的信心便是人的因素的例子，策略便是认知因素的例子。如图10所示，行为、人/认知、环境因素相互作用。例如，行为可以影响人，人也可以影响行为；认知活动可以影响环境，环境也可以改变人的认知，等等。

对行为主义和社会认知理论的评价 行为主义和社会认知理论的主要贡献在于重视科学研究，强调环境对行为的影响力。同时，班杜拉的社会认知理论还强调环境、行为和人/认知诸因素之间的相互联系。对行为主义和社会认知理论的批评主要是这些理论对发展过程中的变化和生物学基础关注不够，同时，斯金纳的理论也过于忽视认知的作用。

行为主义和社会认知理论强调环境经验对人的发展的重要性。但接下来，我们将把注意转向一个强调生物学基础重要性的理论——习性学理论。

习性学理论 20世纪中叶，由于欧洲动物学家在习性学领域的开创性工作，美国的发展心理学家们开始关注发展的生物学基础。**习性学**强调行为在很大程度上受生物因素影响，与进化紧密联系，并具有关键期或敏感期的特点。根据习性学家的观点，所谓关键期或敏感期是指生命中一个特定的时间段，在这个时间段里，具有或缺少某种经验将对个体产生持久性影响。

欧洲动物学家康拉德·洛伦茨（Konrad Lorenz, 1903—1989）出色的工作使习性学受到了广泛的关注。在他最出名的实验中，洛伦茨（1965）对灰雁的行为进行研究，这种动物的一个特点是一孵出来就会追随在妈妈的身边。

在一组精巧的系列实验中，洛伦茨把一只母灰雁下的蛋分成两组，第一组还给母灰雁，第二组放进孵化器。正如所期望的，当第一组小灰雁孵出来以后，它们立刻跟随着自己的妈妈。但是，由孵化器孵出的第二组小灰雁是什么表现呢？它们出生后第一眼看见了洛伦茨，然后就一直跟随着他，仿佛他就是它们的妈妈。洛伦茨把这组小灰雁做上记号和第一组混合，然后把所有小灰雁都放到一个盒子里。过了一会儿，洛伦茨和母灰雁站到盒子旁边，打开盒盖，第一组小灰雁径直向雁妈妈走去，而第二组小灰雁则径直向洛伦茨走来。洛伦茨把这一现象称为"印刻"，指发生在短暂关键期内的迅速的本能学习行为，对出生后第一眼看到的活动物体产生依恋。

起初，习性学的研究和理论缺乏对人们发展过程中社会关系本质的解释，习性学理论也并未引起多少以人为对象的研究。习性学家强调关键期，认为正常的发展要求某些行为在关键期里出现，这似乎也有些过分夸张了。然而，约翰·鲍尔比（John Bowlby, 1989）的研究证明了习性学理论对人的发展具有重要的应用价值。鲍尔比认为，在生命的第一年里，婴儿对照料者形成的依恋对孩子的一生发展都会产生重要影响。如果这种依恋是积极和安全的，婴儿在后继的童年期和成年期的发展也会是积极的。如果这种依恋是消极和不安全的，儿童的发展就将难以达到最佳水平。因此，在鲍尔比看来，生命的第一年就是人的社会交往能力发展的*敏感期*。

艾伯特·班杜拉是社会认知理论的主要创立者。班杜拉的理论和斯金纳的理论有什么不同？
图片来源：Dr. Albert Bandura

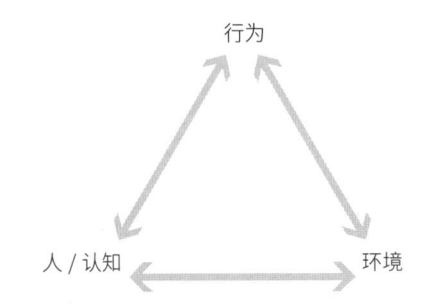

图10 班杜拉的社会认知模型
图中箭头表示行为、人/认知、环境因素之间的关系是双向而不是单向的。

发展链接

理论

班杜拉强调自我效能感是儿童取得好成绩的一个关键的人/认知的因素。链接"学校教育与学业成绩"。

社会认知理论（social cognitive theory）心理学家持有的一种观点，强调行为、环境、认知是发展过程中的关键因素。

习性学（ethology）强调行为在很大程度上受生物因素影响，与进化紧密联系，并具有关键期或敏感期的特点。

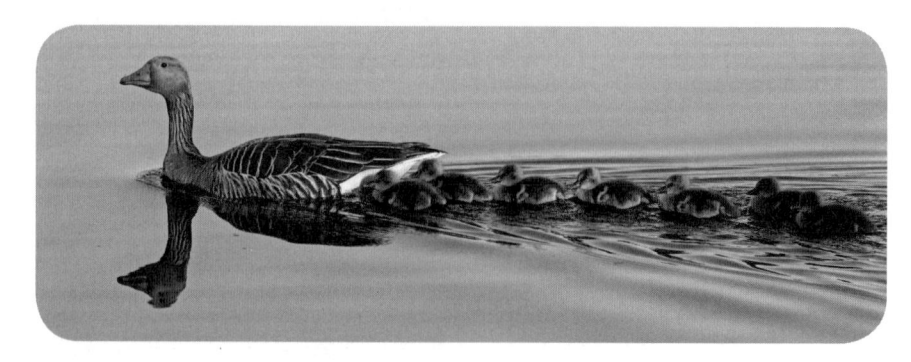

母灰雁在水中游泳，印刻了的小灰雁追随在它身后。你认为如果以人类婴儿作为被试进行这一实验，会有相同的结果吗？为什么？

图片来源：视觉中国

发展链接

依恋

人类婴儿对照料者形成依恋需要经过一系列的阶段。链接"情绪发展"。

在"情绪发展"一章中，我们将更加详细地讨论有关婴儿依恋的概念。

习性学理论的主要贡献在于它重视发展的生物和进化基础，并使用了自然情境下的详尽观察法。对习性学理论的批评主要是认为它过于强调发展的生物基础，同时，关键期或敏感期的概念也可能过于严格。

另一个强调人的发展中生物因素的理论是进化心理学，在"生物起源"一章中，我们将讨论这一理论，同时还要讨论一些有关遗传在发展中作用的观点。

生态学理论 习性学理论强调生物因素的作用，而生态学理论则强调环境因素的影响。尤里·布朗芬布伦纳（Urie Bronfenbrenner, 1917—2005）提出的生态学理论对理解儿童发展产生了重要影响。

布朗芬布伦纳的生态学理论（Bronfenbrenner, 1986; Hayes, O'Toole, & Halpenny, 2017）认为发展受多个环境系统的影响，主要的环境系统有五个（参见图11）。

- 微观系统指个体生活的情境，包括家庭、同伴、学校、邻里、工作。正是在这个微观系统里，个体实现了和社会成员之间大多数直接的互动，如与父母、同伴、老师的互动。
- 中观系统指两个以上微观系统之间的关系或不同情境之间的联系，如家庭经验和学校经验、学校经验和教堂经验、家庭经验和同伴经验之间的关系。例如，那些受到父母排斥的儿童可能会难以发展与老师的积极关系。
- 外围系统指个体并未主动参与的社会情境与个体的直接社会情境之间的联系。例如，父亲或孩子的家庭经验可能会受到母亲的职场经验的影响。如母亲升职了但新职位需要经常出差，这就可能增加夫妻间的矛盾，也会改变父母和孩子之间的互动模式。
- 宏观系统指个体身处的文化环境。如本章开头提及，文化是指某个群体世代相传的行为模式、观念和所有其他产物。我们还曾提及，跨文化研究将一个文化和另一个（或多个）文化进行比较，可以为我们提供关于发展的普遍性的信息（Mistry & Dutta, 2015）。
- 年代系统指环境事件的组合，个体生活道路上的转折以及社会历史环境的变化。例如，父母离婚便是一个转折。有研究发现，父母离婚对孩子的消极影响通常在离婚后的第一年达到顶峰（Mahrer & others, 2018）。离婚后不

尤里·布朗芬布伦纳提出了生态学理论，这一理论视角正受到越来越多的关注。生态学理论的本质是什么？

图片来源：Cornell University Photography

布朗芬布伦纳的生态学理论（Bronfenbrenner's ecological theory）一种环境系统理论，侧重于五个环境系统：微观系统、中观系统、外围系统、宏观系统、年代系统。

出两年，家庭成员之间的互动就趋于稳定，不再那么混乱了。再举一个历史环境方面的例子，在过去40年中，妇女的职业机会增加了很多。

后来，布朗芬布伦纳又把生物因素加进了他的理论，并把修改后的理论称为生物生态学理论。不过，生态的和环境的因素仍然在他的理论中占据主导地位（Hayes & others, 2017）。

生态学理论的主要贡献在于它对环境系统的微观和宏观层面进行了系统的考察，并重视各个环境系统之间的联系。它的另一贡献是重视家庭之外的多种社会情境，如邻里、宗教组织、学校和工作场所，并把它们看作是影响儿童发展的重要力量（Gaubain, 2013）。对生态学理论的主要批评在于它对生物因素关注不够，对认知因素强调太少。

折中的理论取向 在本章叙述的各种理论中，没有一个理论能单独透彻地解释儿童发展的复杂性和丰富性，但是每一个理论都为我们理解儿童发展做出了贡献。精神分析理论最出色地解释了人的潜意识。埃里克森的理论最恰当地描述了成年发展中的变化。皮亚杰、维果斯基和信息加工理论为我们提供了关于认知发展的最全面的描述。行为主义、社会认知和生态学理论最为深入地考察了环境因素对个体发展的影响。习性学理论则凸显了发展中生物因素的作用和关键期/敏感期的重要性。

总之，虽然理论是有用的指南，但只依靠单一的理论来解释儿童发展恐怕会误入歧途。因此，本书采取**折中的理论取向**，即不是只听从某个理论，而是博采众长。这样一来，你就能看到儿童发展研究的实际情况：不同的理论家做出不同的假设，侧重于不同的研究问题，并运用不同的策略来发现新知识。图12从如何看待儿童发展中三个重要问题的角度，对主要的理论观点进行比较。

> 收集数据的研究方法

如果学者和研究者采取折中的理论取向，那该如何确定各种理论中最精华的部分是什么呢？本章前文提及的科学方法可以为我们提供指导。如前文所述，科学方法的步骤包括将问题概念化、收集数据、得出结论、不断修正研究结论和相关理论。通过科学研究，各种理论便能够得到检验和改进。

无论我们是想研究婴儿的依恋、儿童的认知能力，还是青少年的同伴关系，都有多种收集数据的方法可供选择。我们在这里概要地介绍几种最常用的方法，并考

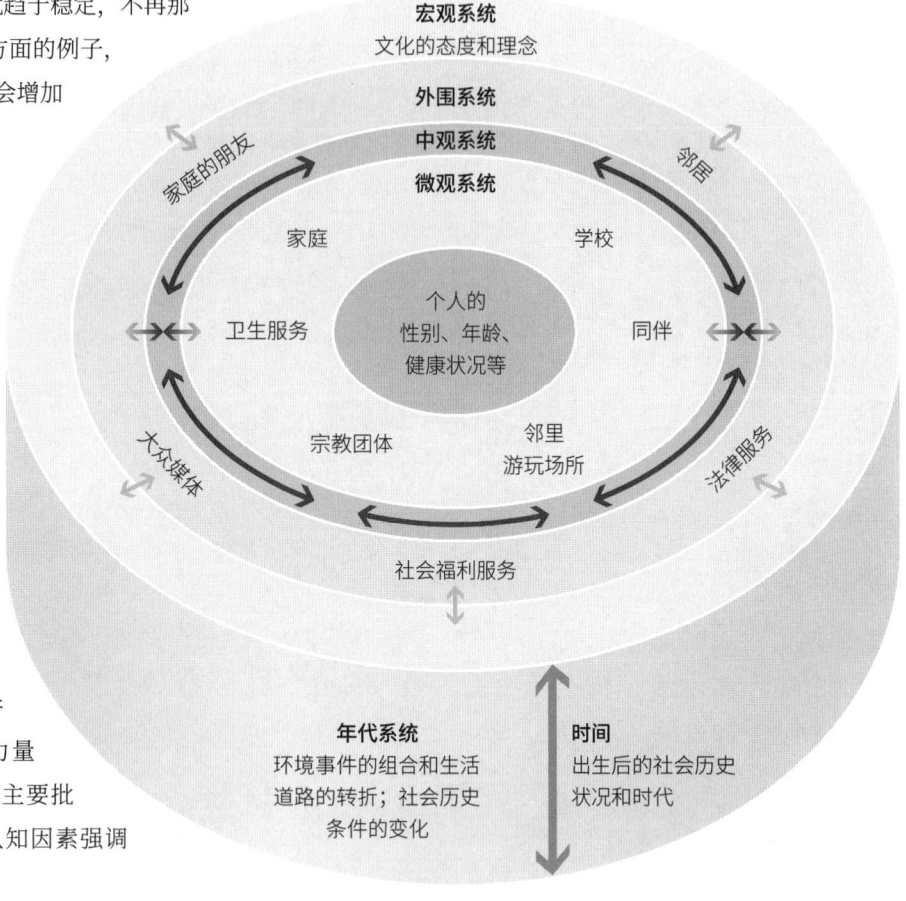

图11 布朗芬布伦纳的发展生态学理论
该理论包括五个环境系统：微观系统、中观系统、外围系统、宏观系统、年代系统。

折中的理论取向（eclectic theoretical orientation）该理论取向不是只听从某个理论，而是博采众长。

理论	问题		
	天性和教养	早期经验和后来经验	连续性和非连续性
精神分析理论	弗洛伊德持生物决定论的观点，但也重视早期家庭经验；埃里克森持比较平衡的生物和文化因素相互影响的观点。	早期的家庭经验是发展的重要影响因素。	强调阶段之间发展的非连续性。
认知理论	皮亚杰强调相互影响和适应，环境为认知结构的发展提供背景。维果斯基认同天性和教养相互作用，但十分强调文化的作用。信息加工理论对此问题并没有深入探讨，基本上持生物和环境因素相互影响的观点。	童年经验具有重要影响。	皮亚杰理论认为阶段之间的发展是非连续的；但维果斯基理论和信息加工理论中都没有阶段划分。
行为主义和社会认知理论	环境是影响发展的主要因素。	发展过程中所有时间点上的经验都重要。	发展是不分阶段的连续过程。
习性学理论	强烈的生物决定观。	早期经验很重要，可引起早期的发展变化；在早期的关键期或敏感期以后，发展趋于稳定。	由于早期关键期或敏感期的存在，发展是非连续的，但也不分阶段。
生态学理论	强烈的环境决定观。	在发展过程的每个时间点上，发生在五个环境系统中的经验都很重要。	不分阶段，对此问题很少关注。

图 12　理论和儿童发展问题的比较

察每种方法的优点和缺点。

观察法　科学的观察要求具备一套重要的技能（Gravetter & Forzano, 2019）。除非受过专门的培训并经常实践，我们可能并不知道观察什么，记不住观察过的东西，认识不到我们观察的对象时时刻刻处于变化之中，也可能不知道如何有效地交流我们的观察结果。

有效的观察必须具有系统性。我们必须事先拟定好观察计划，即观察谁、何时何地观察、如何进行观察以及如何记录观察结果。

应当在哪里观察呢？我们有两种选择：实验室和日常世界。当我们进行科学的观察时，经常需要控制一些对行为有影响但并不是我们研究重点的因素（Rosnow & Rosenthal, 2013）。因此，有些研究是在实验室里进行的。**实验室**是一种可以控制的情境，其中许多"真实世界"里的复杂因素已经被去除了。例如，假定你想观察儿童看到他人做出攻击性行为时的反应，如果在儿童的家里或学校里观察的话，你就无法控制儿童看到了多少攻击性行为、看到的是哪种攻击性行为、是什么样的人做出的攻击性行为，或他人是如何对待这些儿童的。相比之下，如果是在实验室里观察儿童，你就可以控制这些相关因素，在解释观察结果时也就更有信心了。

但是，实验室研究也有缺点，主要缺点如下：

- 几乎不可能在参与者毫不知情的情况下对他们进行研究。
- 实验室的情境是不自然的，因而可能导致参与者的行为也表现得不自然。
- 愿意到大学实验室接受研究的人也许不能代表不同文化和不同社会经济背景的群体。
- 怀着一颗"助力科学"的心但不熟悉大学环境的人在实验室情境下可能会感到害怕。

实验室（laboratory）一种控制的情境，其中许多"真实世界"里的复杂因素已经被去除了。

- 儿童发展的某些方面很难在实验室里考察。
- 对某些类型的焦虑进行实验研究甚至可能是不道德的。

自然观察法可以为我们提供有时在实验室里无法获得的信息（Grazizno & Raulin, 2013）。**自然观察法**是指在真实的生活情境中观察人的行为，对情境不做任何操控。儿童发展领域的研究人员通常在儿童家里、日托中心、学校、邻里、购物中心等地进行自然观察。

例如，在一项经典研究中，研究人员曾用自然观察法对儿童科学博物馆中发生的对话进行研究（Crowley & others, 2001）。结果发现，在参观过程中，男孩父母向孩子解释科学概念的对话次数是女孩父母的3倍，这反映了父母存在性别偏见，他们总是更多地激励男孩而不是女孩对科学产生兴趣（见图13）。另一项研究则显示：当墨西哥裔美国人带孩子参观科学博物馆时，和那些没有读完高中的父母相比，读完高中的父母向孩子解释科学概念的对话更多（Tenenbaum & others, 2002）。

调查和访谈 有时候，最好最快地获得信息的方法莫过于向相关人员索取信息。方法之一是直接访谈，方法之二是调查。调查有时也称为问卷调查，当你需要很多人的信息时，这一方法特别有用（Leedy & Ormrod, 2018）。在进行问卷调查时，研究者用一套标准化的问题来获取人们对某一特定话题态度或观点的自我报告。一个好的调查问卷，问题应当表达清晰、没有偏见。

调查和访谈法可以用来研究多种多样的话题，如宗教信仰、性生活习惯、对枪支管理的态度、对学校改进的看法等。在技术发达的今天，调查和访谈可以面对面进行，也可以通过电话、网站或社交媒体进行。

调查和访谈法有一个重要的缺点，即被问人通常倾向于给出他们认为社会可接受或会赞许的回答，而不是说出自己真实的想法或感受（Creswell, 2008）。例如，在调查或访谈中，有些人即使有吸毒的行为，也往往回答没有。

标准化测验 标准化测验具有一套统一的施测和评分步骤。许多标准化测验允许将个体测验结果和其他人进行比较，这样一来，就能提供人与人之间个体差异的信息（Watson, 2012）。斯坦福-比奈智力测验就是标准化测验的一个例子，我们将在"智力"一章中叙述该测验。如果你做一下斯坦福-比奈测验，你得到的分数就可以显示出：和成千上万已做过这一测验的人相比，你的表现处于什么位置。

标准化测验有三大缺点。第一，它有时无法在非测验情境中预测行为。第二，标准化测验所依赖的前设是人的行为具有一贯性和稳定性，然而，标准化测验的两个主要对象（人格和智力）都会随着情境的变化而变化。例如，某个儿童在老师办公室里做智力测验时得分较低，但在家里做同样的测验得到的分数却可能高得多，因为他在家里不那么紧张。尤其是对少数民族儿童实施智力测验时，第二个缺点表现得更加明显，有些少数民族儿童就是由于在智力测验上表现不佳而被错误地划分为智力障碍。标准化测验的第三个缺点是，许多心理测验都是在西方文化背景下编制的，可能不适合用于其他文化（Hall, 2018）。不同文化下的生活经验可能导致人们对相同的问题有不同的理解并做出不同的回答。

个案研究 个案研究是为了深入了解某一个体的研究，主要由心理健康领域的专

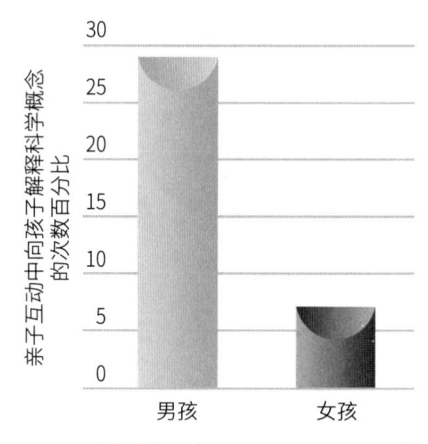

图13 科学博物馆中父母向儿子和女儿解说的情况

在儿童科学博物馆里进行的一项经典的自然观察研究发现，父母们为男孩解说科学概念的次数是为女孩解说的3倍多（Crowley & others, 2001）。不管是父亲、母亲或双亲和孩子在一起，这一性别差异都会发生；但当父亲为孩子做科学解说时，性别差异最大。

自然观察法（naturalistic observation）在真实的生活情境中观察人的行为。

标准化测验（standardized test）此类测验具有统一的施测和评分步骤。许多标准化测验允许将个体测验结果和其他人进行比较。

第一章 绪论 **27**

业人员进行。当出于实践或道德上的原因，个体生活经验的独特方面不能通过测验或其他方法了解的时候，就可以使用个案研究法。通过个案研究，心理学家可以获得有关个人的恐惧、希望、幻想、创伤性经历、教养、家庭关系、健康状况等方面的信息，还可以获得其他任何有助于理解这个人的心理和行为的信息。在后面的章节中，我们将讨论一些生动的案例，如迈克尔·雷拜因（Michael Rehbein）的案例，为了治好严重的癫痫，7岁的雷拜因的大脑左侧被切除了很大一部分。

个案研究可以为我们提供生动和深入的个人生活的画面。但是请记住，当你准备从个案信息概括出一般结论时，一定要十分谨慎（McWhorter & Ellinger, 2018）。个案研究的对象是独一无二的，具有他人所没有的遗传特点和个人历史。此外，进行个案研究的心理学家很少检查是否其他心理学家也认同他们的观察结果，所以，它们也许是不可靠的。

生理测量法 近年来有一个趋势，即研究人员越来越多地使用生理测量法（Li & others, 2019）来研究儿童的发展。例如，当青春期来临时，血液中某些激素的水平会上升。为了确定这些激素变化的特点，研究人员便从青少年志愿者身上抽取血液样本（Carmina & others, 2019）。

另一种越来越多地用来研究儿童和青少年发展的生理测量方法是神经成像技术，尤其是功能性磁共振成像技术（fMRI），这项技术能够把电磁波转换成个体的脑组织及其生化活动的图像（White & Poldrack, 2018）。图14将两个少年参与记忆任务时的脑图像进行比较，他们两人中一人不饮酒，另一人则经常大量饮酒。在本书许多地方，我们还将进一步论述神经成像技术和其他生理测量技术。

> 研究设计

假定你想知道放任型父母的孩子是否会比其他孩子更加无礼和不守规则，你会采用什么方法来收集数据呢？采用哪种方法收集数据通常依赖于研究目的。研究的目的也许只是描述某一现象，或是描述现象之间的关系，又或是要确定某一现象的原因或影响。

也许你决定观察严格型父母和放任型父母与孩子的相处情况，并将两者进行比较。那你该如何做呢？除了需要考虑数据收集的方法外，还需要选择一种研究设计。

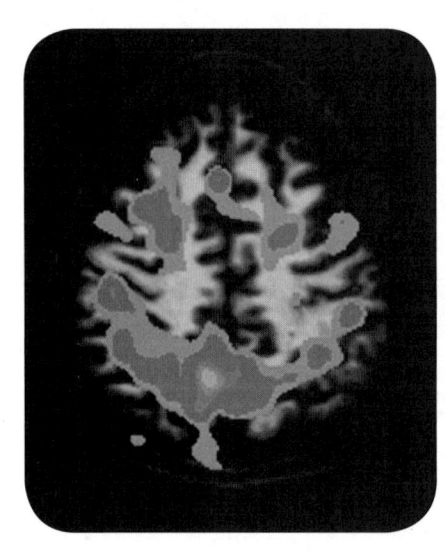

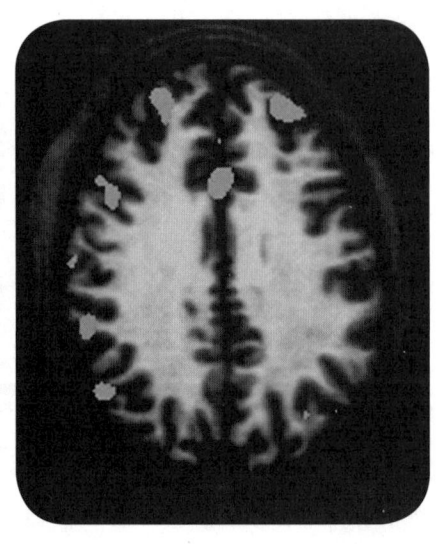

圣雄甘地（Mahatma Gandhi）是20世纪中叶印度的精神领袖。埃里克森曾经对他的人生历程进行过详细的个案分析，试图找出是哪些因素促成了甘地同一性的发展。个案研究法有什么局限性？
图片来源：视觉中国

个案研究（case study）深入了解某一个体的研究。

图14 两个15岁少年参与记忆任务时的脑图像
这两张图显示了酒精对少年脑功能的影响。图中灰色或深灰色的区域表示涉及记忆任务的有效脑功能区域。左图来自不饮酒的少年，图中有许多灰色和深灰色的区域。右图来自酗酒的少年，图中只有几个很小的灰色的区域。
图片来源：Dr. Susan F. Tapert, University of California, San Diego

研究设计主要有三种：描述研究、相关研究、实验研究。

描述研究 **描述研究**的目的是观察和记录行为，上文讨论的所有收集数据的方法都可以用于描述研究。例如，研究者也许想观察人们的利他行为和攻击性行为的发生情况。描述研究本身不能证明某种行为发生的原因，但是能够提供关于行为的重要信息（Leedy & Ormrod，2018）。

相关研究 与描述研究不同，**相关研究**不仅仅对现象进行描述，它还能够为预测人们的行为提供有用的信息。相关研究的目的是描述两个以上事件或特点之间关联的程度。两个事件的关联程度越强，我们就越是能有效地从一个事件预测另一个事件（Leedy & Ormrod，2018）。

例如，为了确定放任型父母的孩子是否比其他类型父母的孩子自控能力差，你就需要仔细观察并记录父母对孩子的放任程度和孩子自控能力的情况。然后对记录的数据进行统计分析，得出一个量化的指标，叫作**相关系数**。相关系数是用来描述两个变量之间关联程度的统计学指标，取值范围从 –1 到 +1 之间。负数表示两个变量之间存在反向的关系。例如，研究者经常发现父母的放任程度和孩子的自控能力之间存在负相关。与此形成对照的是，研究者也经常发现父母的监督力度和孩子的自控能力之间存在正相关。

无论是正相关还是负相关，相关系数的绝对值越大，就说明两个变量之间的相关程度越强。如果相关系数为 0，就表示两个变量之间不存在相关。相关系数 –0.4 比相关系数 +0.2 表示的相关程度强，因为在确定相关程度时，我们只看系数的绝对值，不考虑系数前是正号还是负号。

然而，要特别注意的是，相关关系并不等于因果关系（Graziano & Raulin，2013）。例如，我们刚才提到放任型养育方式和孩子的自控能力之间存在着负相关，但这并不表示父母放任肯定就是孩子自控能力差的原因。也有可能是因为孩子自控能力差，使他们的父母觉得约束没有效果，从而放弃了这方面的努力。同时，放任型养育方式和孩子自控能力之间的相关也可能是由其他变量造成的，如遗传或贫困。图 15 列出了相关数据的几种可能的解释。

本书引用的许多研究都属于相关研究。请记住，当两个事件或两个特点之间仅存在相关关系时，切不可轻易地假定它们之间存在因果关系（Caldwell，2013）。

描述研究（descriptive research）一种对行为进行观察和记录的研究。

相关研究（correlational research）目的是描述两个以上事件或特点之间的关联程度。

相关系数（correlation coefficient）用来描述两个变量之间关联程度的数值。

观察到的相关现象：随着父母放任程度上升，孩子的自控能力下降。

对这一相关现象的可能解释

放任型养育 →原因→ 儿童自我控制能力差

儿童自我控制能力差 →原因→ 放任型养育

其他因素，如遗传倾向或贫困 →两者兼有→ 放任型养育和儿童自我控制能力差

观察到两个事件间存在相关并不能确定是第一个事件引起了第二个事件。也可能是第二个事件引起了第一个事件。还可能是第三个事件引起了前两个事件之间的相关。

图 15 对相关数据的几种可能解释
图片来源：视觉中国

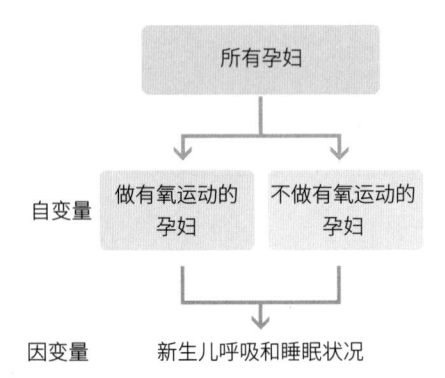

图 16 实验研究的原则

假设你进行一项实验研究，研究孕妇有氧运动对新生儿呼吸和睡眠状况的影响。你首先要把孕妇随机地分进实验组和控制组。实验组的孕妇将在固定时间段里进行有氧运动，并持续数周，而控制组的孕妇则不做这样的运动。等婴儿出生后，你就对新生儿的呼吸和睡眠状况进行测量和评估。如果母亲在实验组的新生儿呼吸和睡眠状况优于母亲在控制组的新生儿，那你就可以得出如下结论：孕妇的有氧运动产生了积极的结果。

实验（experiment） 一种严格控制的程序。在实验中，研究者操纵一个或多个被认为对所要研究的行为产生影响的因素，同时把所有其他因素保持在不变的状态。

横向研究（cross-sectional approach） 在同一时间点上对不同年龄的个体进行比较的研究策略。

纵向研究（longitudinal approach） 在一段时间里对同一组个体进行追踪的研究策略，追踪时间一般长达数年。

实验研究 为了探究因果关系，研究者求助于实验研究。**实验**是一种严格控制的程序，在实验过程中，研究者操纵一个或多个被认为对所要研究的行为产生影响的因素，同时把所有其他因素保持在不变的状态。如果操纵某个因素时，所要研究的行为随之发生变化，我们就说这个被操纵的因素引起了行为的变化。换句话说，这个实验证明了原因和结果。原因就是被操纵的那个因素，结果就是随操纵因素而变化的行为。描述研究和相关研究不能确定原因和结果，因为它们没有在控制的条件下对变量进行操纵（Leedy & Ormrod, 2018）。

自变量和因变量 实验必须包含两类可以变化的因素，即两类变量：自变量和因变量。自变量是指受实验者操纵的、对其他变量产生影响的实验因素，它是潜在的原因。之所以称其为*自变*，在于它可以被独立操纵而不受其他因素限制；这样，就可以确定它的变化所产生的结果。一个实验可以包括多个自变量。

因变量是实验中随着自变量变化而变化的因素。当实验者对自变量实施操纵后，他们就对因变量进行测量，以便发现由自变量的变化所产生的任何结果。例如，在图 16 描述的研究中，孕妇的有氧运动量是自变量，是实验中操纵的因素。新生儿的呼吸和睡眠状况是因变量，是随着你对母亲有氧运动量的操纵而变化的因素。

实验组和控制组 一个实验可以包含一个或多个实验组，也可以包含一个或多个控制组。实验组是其成员的经验受到操纵的小组。控制组是用来做对照的小组，其各个方面状况尽可能与实验组相同，除了被操纵的因素（即自变量）外，实验组和控制组所受到的各个方面的待遇也尽可能相同。然后，就可以将实验组的结果和控制组的结果进行比较。

在决定某个参与者进入实验组还是控制组时，随机分配是一个重要的原则。随机分配意味着研究者完全凭偶然机会把参与者分进实验组和控制组。有时候，实验结果上的差异并不是由自变量造成的，而是由实验之前实验组和控制组之间已经存在的差异造成的，随机分配的做法可以降低这种可能性（Gravetter & Forzano, 2019）。在图 16 描述的孕妇有氧运动对新生儿呼吸和睡眠状况影响的例子中，你可以随机抽取一半孕妇，让她们在一段时间里进行有氧运动（实验组），让另一半孕妇在相同的时段里不做有氧运动（控制组）。

研究的时间跨度 儿童发展领域的研究者们尤其关注那些探讨年龄与其他变量之间关系的研究。要探讨年龄与其他变量之间的关系，方法之一是研究不同年龄的个体，并进行比较。方法之二是随着同一组个体不断长大，对其进行前后比较。

横向研究 **横向研究**是指在同一时间内对不同年龄的个体进行比较。一个典型的横向研究可能包括 5 岁组、8 岁组和 11 岁组。可以就多种因变量来比较这些不同的年龄组，如智力、记忆力、同伴关系、亲子依恋、激素变化等。这一切都可以在短期内完成。有些横向研究只花一天时间就可完成数据收集工作。即使在一些数百人参与的大规模的横向研究中，数据收集工作通常也不会超过几个月。

横向研究的主要优点是研究者不必等待儿童一天一天长大。虽然效率较高，但横向研究也有不少缺点。它不能提供儿童个体是如何变化的信息，也不能提供儿童特点的稳定性的信息。它还会掩盖发展的不等速现象，掩盖生长和发展的峰峰谷谷。

纵向研究 **纵向研究**是指在一段时间里对同一组个体进行追踪研究，追踪时间一般

长达数年或者更久。例如，如果一个关于自尊发展的研究采用纵向设计，研究者可能会对同一组儿童实施三次测评，如分别在 5 岁、8 岁和 11 岁进行测评。也有些纵向研究的时间跨度比较短，只有一年或不到一年。

纵向研究可以为我们提供大量重要的信息，如关于发展的稳定性和可变性的信息，关于早期经验对后来发展产生何种影响的信息（Reznick, 2013）。但是，纵向研究也不是没有缺点。纵向研究需要花费大量的金钱和时间。同时，研究持续的时间越长，参与者就会流失越多。造成流失的原因有多种，如家庭搬迁、生病、产生厌倦情绪等；那些留下来的儿童和流失的儿童之间可能有很多不同之处，从而导致研究结果具有了一定的偏向性。例如，那些历时多年一直留在纵向研究中的儿童可能比一般儿童更加听话、更有责任感，或者比一般儿童拥有更加稳定的生活。

在本章的前面，我们曾叙述过*群组效应*的概念。群组效应是由个体出生的时间、年代或属于哪一代人引起的，而非实际年龄。在研究儿童、青少年以及他们的父母的时候，群组效应是十分重要的变量；因为在那些特意关注年龄的研究中，群组效应可以对因变量产生强有力的影响（Halfon & Forrest, 2018）。就研究设计来说，横向研究可以显示不同群组是如何发展的，但它可能会把年龄的影响和群组的影响混淆起来。纵向研究可以有效地揭示年龄变化产生的影响，但只是局限于一个群组的内部。

另外，不同的理论也往往和特定的研究方法相联系。因此，研究者采用的研究方法总是和他们的理论取向有关。图 17 列出了不同研究方法和主要理论流派之间的联系。

至此，我们已经讨论了在儿童发展领域进行科学研究的诸多问题。那么，在哪里可以阅读到这一领域的"第一手"研究资料呢？请阅读"链接 研究"专栏。

研究方法	理论
观察法	• 所有的理论都强调一定形式的观察。 • 行为主义和社会认知理论对实验室观察最为重视。 • 习性学理论对自然观察最为重视。
调查和访谈	• 精神分析和认知研究（皮亚杰和维果斯基）经常使用访谈法。 • 行为主义、社会认知理论和习性学理论极少使用调查和访谈法。
标准化测验	• 我们讨论过的理论都没有特别强调此种方法。
相关研究	• 虽然精神分析理论极少做相关研究，但几乎所有的理论都在使用这种研究方法。
实验研究	• 行为主义和社会认知理论以及信息加工理论最经常采用实验法。 • 精神分析理论极少采用此方法。
横向研究和纵向研究	• 我们讨论过的理论中没有哪种理论特别偏好这两种方法。

图 17 研究方法和理论流派的联系

链接 研究

儿童发展研究发表在什么地方？

无论你从事的是儿童发展、心理学，还是其他相关科学领域的工作，了解儿童发展领域的学术期刊都会让你受益。作为一名学生，你可能需要查阅期刊上最新的独创性研究。作为父母、教师或护理人员，你也许想通过查阅期刊来获取信息，以便能更好地理解他人，更加有效地与人合作。作为一个喜欢追根究底的人，在听到或读到某些引起你好奇心的事情后，你可能也想从学术期刊上寻找相关信息。

期刊发表的学术研究成果，通常涉及一个特定的领域，如物理、数学、社会学以及和我们的兴趣直接有关的儿童发展等。这些领域的学者把大部分研究成果发表在期刊上，这几乎是所有学科最重要的信息来源。

发表儿童发展研究成果的期刊越来越多，最有影响力的学术期刊包括：《儿童发展》(Child Development)、《发展心理学》(Developmental Psychology)、《发展科学》(Developmental Science)、《发展和精神病理学》(Development and Psychopathology)、《儿科学》(Pediatrics)、《儿科护理》(Pediatric Nursing)、《婴儿行为和发展》(Infant Behavior & Development)、《青少年研究杂志》(Journal of Research on Adolescence)、《人的发展》(Human Development)、《社会发展》(Social Development)、《认知发展》(Cognitive Development)等。此外，还有一些期刊并不仅仅针对儿童发展领域，但也会发表一些儿童发展方面有影响力的文章。这些期刊包括：《教育心理学杂志》(Journal of Educational Psychology)、《性别角色》(Sex Roles)、《跨文化研究杂志》(Journal of Cross-Culture Research)、《婚姻与家庭杂志》(Journal of Marriage and the Family)、《特殊儿童》(Exceptional Children)、《咨询与临床心理学杂志》(Journal of Consulting and Clinical Psychology)。

每一本期刊都有一个专家委员会，对投稿的文章进行评审。专家们根据文章对学科领域的贡献大小、研究方法的优劣和表达是否清楚等因素来决定是否录用文章。有些著名的学术期刊拒绝的稿件高达来稿的 80% 到 90%。

期刊文章一般是为该期刊所专注的特定领域里的专业人员撰写，因此，期刊文章通常含有专门学科的技术语言和专业术语，非专业人员往往难以理解它们。期刊文章一般有以下几个组成部分：摘要、导言、研究方法、研究结果、讨论、参考文献。摘要是对全文内容的简要介绍，放在文章的开头，让读者快速了解这篇文章是否符合自己的兴趣。导言介绍了所要研究的问题，包括对主题相关研究已有成果的简要回顾、研究问题的理论意义以及有待检验的一个或多个假设。研究方法部分要对研究对象、研究方法以及研究步骤进行清晰的描述；这一部分应该足够详细和明了，使得其他研究者读后能够重复这项研究。研究结果部分报告数据的分析结果。在大部分情况下，结果部分包括统计分析，而这部分往往是非专业人员难以理解的。讨论部分通常叙述研究的结论、推论和作者对研究发现的解释，并说明导言中提出的假设是否得到研究的支持、研究具有的局限性以及对后续研究的建议。期刊文章的最后一部分是参考文献，应列出文章中所有被引用文献的出处。参考文献通常也是读者寻找与自己感兴趣的主题相关的其他文献的良好线索。

那么，在哪里能找到这些学术期刊呢？大学或学院的图书馆里可能有一些，部分公共图书馆里也有期刊。很多大学校园里，学生还可以利用互联网资源，如"心理学文摘数据库"(PsycINFO) 和"谷歌学者"(Google Scholar)，搜寻期刊文章。

发表在上述学术期刊上的研究对我们的生活有很大的影响。它们不仅指导着儿童发展研究人员的工作，也对法律和政策制定者、医生、教师、父母以及许多其他人的工作和实践具有重要的指导作用。实际上，你在这版书中看到的大多数新内容都直接来自上述期刊上发表的最新研究成果。

> 儿童发展研究面临的挑战

儿童发展领域科学研究的基本原则可以帮助研究者尽量减少研究偏见的影响，最大限度地提高研究结果的客观性。然而，研究者个人仍然要面对微妙的挑战：一是要保证自己的研究实施符合伦理规范，二是要认识并努力克服自己头脑深处的个人偏见。

研究要符合伦理规范 技术爆炸迫使当今社会不得不面对迫在眉睫的伦理问题，

这在几十年前是无法想象的。例如，有些研究可以让不能生育的夫妇怀上自己的孩子，但同样类型的研究也许某一天就能够让准父母"打电话预订"他们希望自己孩子所具有的特征，或者让世界上的男女比例严重失衡。再如，人工受孕过程中多出来的备用胚胎，是应当保存还是丢弃呢？应当劝说患有致命性遗传疾病（如亨廷顿舞蹈症）的人不要生孩子吗？

研究者既要面对新的伦理问题，又要面对老的伦理问题。研究者有责任预见自己的研究可能会导致参与者出现哪些个人问题，至少有责任告诉参与者可能会出现哪些结果。保护参与者的权利不是一件容易的事情，因为潜在的危害有时是不明显的（Graziano & Raulin, 2013）。

如果有一天，你自己成为某项研究的参与者，伦理问题就会切实地影响到你。在这种情况下，你需要知道自己作为参与者有哪些权利，也需要知道研究者有哪些保障你权利的义务。

如果有一天，你自己成了儿童发展领域的一名研究者，你就需要更加深入地了解研究的伦理规范。即使只是在心理学课程上做实验项目，你也必须考虑到这些实验参与者的权利。

目前，在美国的大学和学院里，研究计划必须首先经过"研究伦理委员会"的审核，通过后才能着手研究。除此之外，美国心理学会（APA）也为其成员制定了一套伦理规范，明确规定心理学家要保护研究参与者免受身体的或心理的侵害。在研究者心中，要把参与者的最大利益放在首位。美国心理学会的伦理规范涉及四个方面的问题：知情前提下的同意、保密、事后汇报、善意欺瞒。

- *知情前提下的同意*。所有参与者都必须知道他们的参与将涉及哪些问题，可能会出现哪些危害。例如，某项关于情侣约会的研究的参与者应当事前就被告知：问卷中的问题可能会引起他们思考一些以前从未考虑过的问题。他们还应当被告知：在有些情况下，讨论这些问题可能使他们的关系更加亲密；而在另一些情况下，则可能使他们的关系恶化甚至结束。即使在知情的前提下得到了参与者的同意，还必须保证参与者有权随时无理由退出。
- *保密*。研究者有责任对收集来的所有个人信息完全保密。在条件允许的情况下，要采用完全匿名的形式。
- *事后汇报*。当研究完成后，研究者应当主动告诉参与者研究的目的以及所采用的方法。在不至于引发参与者答题偏向（即参与者以他们认为研究者所期待的方式行事的偏向）的情况下，研究者可以事先笼统告知参与者研究目的。在事先告知可能影响研究结果的情况下，至少应当在研究结束之后如实告知。
- *善意欺瞒*。这是一个研究者们长期争论的伦理问题。有些情况下，如果事先告诉参与者研究的真实情况，就会实质性地改变参与者的行为，从而使研究的数据无效。但是，在任何事前欺瞒的情况下，研究者都必须保证这种欺瞒不会给参与者造成任何伤害；同时，一旦研究结束，应当把研究的全部真实情况尽快告知参与者。

克服偏见 当研究者对任何特定的人群没有偏见或歧视时，他们所做的儿童发展研究便是最有用的。尤其值得我们关注的是性别偏见、文化和民族偏见。

性别偏见 差不多从人类社会出现之日起，性别偏见就一直存在。性别偏见是指人

链接 职业生涯

教育和发展心理学家帕姆·里德

当帕姆·里德（Pam Reid）还是个孩子时，她就喜欢摆弄化学实验的玩具。在本科时，里德原本主修化学专业并立志成为一名医生。然而，当她的一些朋友选修心理学课程时，她也决定选修这门课。结果，她被这门关于人如何思维、如何行动、如何发展的学科深深吸引了，于是她决定放弃原来的专业投身心理学。后来，里德获得了心理学博士学位（American Psychological Association, 2003, p. 16）。

许多年来，里德不仅在密歇根大学担任教育和心理学教授，而且是妇女和性别研究所（Institute for Research on Women and Gender）的研究员。她的主要研究方向是儿童与青少年社会能力的发展，同时她对非裔美国女孩的发展（Reid & Zalk, 2001）尤为感兴趣。后来，里德成为芝加哥罗斯福大学的教务长和常务副校长。2008年，里德成为圣约瑟夫大学的校长，直到2015年退休。

帕姆·里德（中）和圣约瑟夫大学（位于康涅狄格州哈特福德市）的学生在一起，她曾是这所大学的校长。
图片来源：Dr. Pam Reid

要了解更多关于教授、研究人员和教育心理学家工作情况的信息，请阅读附录"儿童发展领域的相关职业"。

们关于男性和女性能力的先入之见，它阻碍着个体追求自己的兴趣和实现自己的全部潜能（Garg & others, 2018）。在发展心理学领域里，性别偏见也常常在暗地里发生作用。例如，有些研究者常常从清一色男性参与的研究中得出关于女性的态度和行为的结论。

同时，当研究者发现性别差异时，他们有时会在研究报告中把性别差异夸大（Hyde & others, 2018）。例如，某位研究者可能会报告说，在一项研究中，74%的男孩有较高的成就目标，而女孩中只有67%，然后就开始详细地讨论这些差异。而事实上，这一百分比差异也许微不足道。如果把研究重做一次，上述差异也许就没有了；另外，也可能研究方法有问题，并不足以支持这样肯定的解释。

帕姆·里德是研究发展过程中性别和民族偏见的权威学者。要知道帕姆的研究兴趣，请阅读"链接 职业生涯"专栏。

文化和民族偏见 儿童发展研究需要包括更多的少数民族儿童（Causadias & Umaña-Taylor, 2018）。历史上，美国的少数民族（包括非裔、拉丁裔、亚裔、美国本土的印第安人）通常被排除在研究之外，被简单地视为不符合常态的人群。如果样本中包括了少数民族儿童但他们的分数不符合常模的话，研究者就会把他们看作数据中的错误或"噪声"而删掉。考虑到长期以来儿童发展的研究排斥少数民族儿童的事实，我们有理由认为，以往的研究所揭示的儿童生活远没有现实中的儿童生活那么丰富多彩。

研究者还存在对民族群体过度概括化的倾向，这可以从**民族称呼语**（ethnic gloss）上反映出来。民族称呼语是指肤浅地为某个民族贴上诸如"非裔美国人"

> **发展链接**
>
> **文化和民族**
>
> 青少年的民族认同有什么特点？链接"自我与同一性"。

民族称呼语（ethnic gloss）指肤浅地为某个民族贴上诸如"非裔美国人"或"拉丁裔美国人"这样的标签，把某个民族看成是比现实中的该民族更加同质的群体。

请看这两张图片，左边一张全都是非拉丁裔白人男孩，右边一张则是来自多个民族的男孩和女孩。让我们考虑一些儿童发展方面的话题，如寻求独立性、文化价值观、育儿教育或卫生保健。如果你就这些话题中的一个进行研究，先假定你的研究的参与者全部来自左边的图片，再假定你的研究的参与者全部来自右边的图片，你的两个研究的结果会相同吗？

图片来源：视觉中国

或"拉丁裔美国人"这样的标签而忽视现实中民族内部的个体差异（Trimble & Bhadra, 2013）。例如，研究者可能会这样描述研究样本："参与者是 60 个拉丁裔美国人。"而实际上，对这些拉丁裔美国人的比较全面的描述应当和如下的描述差不多："这 60 个拉丁裔美国人是墨西哥裔美国人，来自洛杉矶西南地区低收入社区。其中 36 人的家庭以讲西班牙语为主，24 人的家庭主要讲英语。其中 30 人出生在美国，30 人出生在墨西哥。有 28 人说自己是墨西哥裔美国人，14 人说自己是墨西哥人，9 人说自己是美国人，6 人说自己是住在美国的墨西哥人，还有 3 人说自己是拉丁美洲人。"民族称呼语可能导致研究样本并不能反映该民族内部的多样性，还容易造成刻板印象和过度概括化。

关于少数民族儿童及其家庭的研究一直没有受到足够的关注，尤其是当我们考虑到少数民族人口在美国总人口中的比例显著增长的情况时，这种不足就更加明显（U.S. Census Bureau, 2017b）。直到今天，各式各样的少数民族家庭都被合并在"少数民族"这个范畴之下，从而掩盖了不同民族之间的重大差异，也掩盖了同一个民族内部的种种差异。当前以及不久的将来，美国少数民族家庭的增长主要是因为来自拉丁美洲和亚洲的移民。研究者需要考虑到少数民族家庭的文化适应程度，还要考虑到父母和青少年属于第几代移民（Gauvain, 2013）。另外，要更加关注双文化（biculturalism）现象，因为许多移民儿童和青少年认同两个或多个民族群体（Yip, 2018）。

复习、联想和反思

学习目标 3

概述研究对儿童发展的重要性，儿童发展的主要理论，以及研究方法、研究设计和挑战。

复习

- 什么是科学研究？它的基础是什么？为什么说关于儿童发展的科学研究是重要的？
- 儿童发展的主要理论有哪些？
- 儿童发展研究有哪些主要的收集数据的方法？
- 儿童发展研究使用哪些类型的研究设计？
- 在研究儿童发展方面有哪些挑战？

联想

- 如果要研究埃里克森的信任对不信任的阶段，哪种收集数据的方法是合适的？哪种是不合适的？为什么？

反思你自己的人生之旅

- 你认为儿童发展的哪种理论最能解释自己的发展？为什么？

第一章 绪论

达到你的学习目标

绪论

关爱儿童

学习目标 1 指出5个儿童生活需要改善的领域，并解释心理承受力和社会政策在儿童发展中的作用。

● 改善儿童的生活

健康和福利是儿童生活可以得到改善的一个重要领域。目前，美国和世界上许多儿童都需要改善医疗保健条件。我们现在认识到生活方式和心理状态对改善健康和福利具有重要作用。父母的养育方式也是影响儿童发展的一个重要因素。影响儿童福利的家庭问题有许多，如单亲家庭、双职工父母和儿童照料方面的问题。教育也影响到儿童的健康和福利；社会上很多人都认为需要提高儿童教育的效率，但当今教育界在改善学校教育的方式方面存在许多不同的观点。

● 心理承受力、社会政策和儿童发展

有些儿童能够战胜逆境，说明他们具有良好的心理承受力；已有研究发现具有良好心理承受力的儿童通常和父母关系亲密，和家庭外的成年人也有着稳定的密切关系。社会政策是政府为提高公民福利而开展的一系列行动；生活在贫困中的美国儿童的比例相当大，但社会对预防贫困缺少关注，这就说明需要修改社会政策。

发展过程、阶段和问题

学习目标 2 讨论发展中最重要的过程、阶段和问题。

● 生理过程、认知过程和社会情绪过程

发展的关键过程有生理过程、认知过程、社会情绪过程。生理过程（如来自父母的遗传基因）涉及个体身体的变化。认知过程（如思维）涉及个体的思维、智力和语言。社会情绪过程（如微笑的出现）则涉及个体和他人关系的变化、情绪的变化和人格的变化。

● 发展阶段

主要的五个发展阶段是：(1) 胎儿期，从受精卵形成到出生；(2) 婴儿期，从出生到18个月至24个月；(3) 童年早期，从婴儿期结束到5岁至6岁；(4) 童年中晚期，大约从6岁至11岁；(5) 青少年期，大约从10至12岁开始，18至19岁结束。

● 群组效应

群组效应是由个体出生的时间、年代和属于哪一代人，而不是由实际的年龄引起的。今天的儿童和许多儿童的父母都属于千禧一代。千禧一代有两个显著的特点：民族多样化，与新技术关系密切。

● 发展中的问题

天性与教养的问题关注的是：发展主要受天性的（生物遗传因素）影响还是主要受教养（环境经验）的影响。有些发展学家把发展描绘成连续的（逐渐的、日积月累的变化），而另一些发展学家则把发展描绘成不连续的（一系列独特的阶段）。早期经验和后来经验的问题关注的是：是否早期经验（尤其是婴儿期的经验）对个体发展的影响比后来经验更加重要。大多数发展学家认识到，在天性与教养、连续与非连续、早期经验和后来经验的问题上采取极端的立场都是不适当的，都没有得到研究证据的支持。尽管在这一点上已达成了共识，但他们还在继续争论每个要素在多大程度上影响着儿童的发展。

儿童发展的科学

学习目标 3 概述研究对儿童发展的重要性，儿童发展的主要理论，以及研究方法、研究设计和挑战。

● **研究的重要性**

科学研究是客观的、系统的和可验证的。科学研究建立在科学方法的基础上，科学方法则包括如下步骤：（1）研究问题的概念化；（2）收集数据；（3）分析数据；（4）得出结论。针对儿童发展的科学研究可以减少以个人的看法、观点和情感来收集信息的情况发生。

● **儿童发展的理论**

精神分析理论把发展描绘成主要受潜意识影响，同时也在很大程度上受情绪的影响的过程。发展心理学领域里两个主要的精神分析理论是弗洛伊德的理论和埃里克森的理论。弗洛伊德认为个体的发展要经历心理性欲的五个阶段：口唇期、肛门期、性器期、潜伏期、生殖期。而埃里克森的理论则强调心理社会性的发展要经历八个阶段。三个主要的认知理论分别是皮亚杰的认知发展理论、维果斯基的社会文化认知理论和信息加工理论。在皮亚杰的理论中，儿童要经历四个认知发展阶段：感知运动阶段、前运算阶段、具体运算阶段、形式运算阶段。维果斯基的社会文化认知理论强调文化和社会互动是如何引导认知发展的。信息加工理论强调个体对信息的操作、监控以及策略的形成。行为主义和社会认知理论的三个版本分别是巴甫洛夫的经典条件反射、斯金纳的操作性条件反射和班杜拉的社会认知理论。习性学理论强调行为在很大程度上受生物因素的影响，和进化有着密切的关系，并呈现出关键期或敏感期的特点。生态学理论主要是布朗芬布伦纳的发展环境系统观，它包括五个环境系统：微观系统、中观系统、外围系统、宏观系统、年代系统。最后，折中的理论取向并不遵循任何一个单独的理论模型，而是从每一个理论中汲取精华。

● **收集数据的研究方法**

收集有关儿童发展数据的研究方法包括观察（在实验室情境或自然情境中）、调查（问卷调查）或访谈、标准化测验、个案研究、生理测量。

● **研究设计**

描述研究的目的是观察和记录行为。相关研究的目的是描述两个或两个以上事件或特点之间相关联的程度。实验研究是为了通过实验来确定变量之间的因果关系；自变量是指受实验者操纵的，对其他变量产生影响的实验因素；因变量是实验中随自变量变化而变化的因素；一个实验可以包括一个或多个实验组和一个或多个控制组；随机分配指研究者依据偶然机遇把参与者分进实验组和控制组。另外，当研究者决定探究发展的时间跨度时，可以采用横向或纵向研究设计。

● **儿童发展研究面临的挑战**

研究者伦理上的责任包括要在参与者知情的前提下征得他们的同意，为参与者保密，向参与者报告研究的目的以及参与该研究可能给个人带来的后果，并且要避免对参与者进行不必要的欺瞒。最后，研究者要谨防研究中的性别、文化和民族偏见。应当尽力使研究平等地对待男性和女性。儿童发展研究的参与者当中应当包括来自各种民族背景的个体，并且要避免对民族群体内部成员之间的多样性进行过度概括。

重要术语

青少年期 adolescence
生理过程 biological processes
布朗芬布伦纳的生态学理论 Bronfenbrenner's ecological theory
个案研究 case study
认知过程 cognitive processes
群组效应 cohort effects
背景 context
连续和非连续问题 continuity-discontinuity issue
相关系数 correlation coefficient
相关研究 correlational research
跨文化研究 cross-cultural studies
横向研究 cross-sectional approach
文化 culture
描述研究 descriptive research
发展 development

童年早期 early childhood
早期和后来经验问题 early-later experience issue
折中的理论取向 eclectic theoretical orientation
埃里克森理论 Erikson's theory
民族称呼语 ethnic gloss
民族 ethnicity
习性学 ethology
实验 experiment
性别 gender
假设 hypothesis
婴儿期 infancy
信息加工理论 information-processing theory
实验室 laboratory
纵向研究 longitudinal approach

童年中晚期 middle and late childhood
千禧一代 millennials
自然观察 naturalistic observation
天性和教养问题 nature-nurture issue
皮亚杰的理论 Piaget's theory
胎儿期 prenatal period
精神分析理论 psychoanalytic theories
科学的方法 scientific method
社会认知理论 social cognitive theory
社会政策 social policy
社会经济地位（SES） socioeconomic status
社会情绪过程 socioemotional processes
标准化测验 standardized test
理论 theory
维果斯基的理论 Vygotsky's theory

重要人物

艾伯特·班杜拉 Albert Bandura
尤里·布朗芬布伦纳 Urie Bronfenbrenner
艾瑞克·埃里克森 Erik Erikson
西格蒙德·弗洛伊德 Sigmund Freud
杰罗姆·卡根 Jerome Kagan

康拉德·洛伦茨 Konrad Lorenz
伊万·巴甫洛夫 Ivan Pavlov
让·皮亚杰 Jean Piaget
罗莎莉·雷纳 Rosalie Rayner
罗伯特·西格勒 Robert Siegler

伯哈斯·弗雷德里克·斯金纳 B. F. Skinner
列夫·维果斯基 Lev Vygotsky
约翰·华生 John Watson

附录
儿童发展领域的相关职业

每个人都希望找到一份自己喜爱并且报酬不错的工作。儿童发展领域为我们提供了广泛的职业选择机会和众多令人满意的工作。

如果你决定在儿童发展领域追求自己的职业生涯,那么有哪些职业可供选择呢?你的选择有很多。你可以成为一名高校教师,教授儿童发展、教育、家庭发展、护理和卫生等方面的课程;也可以成为一名中小学教师,向儿童和青少年传授知识、技能和经验;还可以成为一名咨询师、临床心理治疗师、医生或护士,帮助不同年龄的儿童更加有效地应对生活中出现的问题,提升他们的生活质量。

虽然在儿童发展的某些领域,高学历不一定是就业的必要条件,但如果你获得相应学位,就可以在很大程度上扩展就业机会并提高收入水平。儿童发展领域的许多职位都有相当不错的报酬。例如,发展心理学家的收入就大大高于美国的平均工资。同时,通过在儿童发展领域工作,你还能指导人们改善生活,也能更好地理解自己和他人,还可能为该领域的学术发展贡献力量。当你做这些有意义的事情的时候,你的生活就会充满乐趣。

如果你正考虑在儿童发展领域就业,那么你是更喜欢与婴儿打交道,还是更喜欢与儿童、青少年或家长打交道? 或者你喜欢与所有这些人打交道? 在考虑期间,你最好先和不同年龄的孩子相处一段时间,观察他们的行为,与他们交谈,了解他们的生活。然后再考虑你是否愿意一生都和这种年龄孩子打交道。

另一个重要的了解职业的方式就是与从事各种不同工作的人交谈。例如,如果你想成为一名中小学的咨询师,那就先给一所中学或小学打电话,请求和该校的咨询师约个时间,讨论咨询师的职业和工作情况。

另外,大学期间从事一两个和你的职业兴趣相关的兼职也会让你受益匪浅。有许多高校为儿童发展专业的学生提供见习或实习的机会,这些工作有时是完全志愿性质的,而有时是可以得到学分或报酬的。你应当利用这些机会,因为它们可以让你获得宝贵的经验,有助于你确定这是否就是适合你的职业,同时,如果你打算继续深造,这些经历也有助于你考进研究生院。

在下文中,我们将简要介绍四类儿童发展领域的相关职业:教学与研究,临床与咨询,医疗、护理与身体发展,家庭服务与人际关系。在有些条目后,我们还注出了本书"链接 职业生涯"系列专栏中与此条目相关一章的标题,可以帮助你迅速找到相关职业从业人员的传略。虽然这些专栏中的工作并未涵盖儿童发展领域所有的职业,但它们可以让你初步了解可选的范围以及相关职业的基本信息。在介绍这些职业时,我们还会说明它们对学历的要求、对相关培训类型的要求以及工作的性质。

教学与研究

儿童发展领域很多职业机会涉及教育或研究,如高校教师、儿童保育指导人员以及学校的心理老师。

高校教师

高校中很多专业都开设儿童发展课程,这些专业包括心理、教育、护理、儿童及家庭研究、社会工作、医学。高校教师的工作包括教授本科生和研究生的课程,从事某一领域的学术研究,指导学生学习或做研究,有时还要在学院或大学的各种委员会里任职。也有些学院的讲师只负责教学工作,做研究不是他们的工作任务。但在拥有硕士学位和博士学位授予权的大学里,做研究通常是教师工作任务之一。

要想在高校里从事儿童发展领域的研究和教学工作,一般需要获得博士学位或硕士学位。博士研究生通常需要4到6年的学习时间才能获得博士学位,获得学位后多数人还会接着做博士后研究,以进一步提高研究能力。硕士研究生大约需要2年的学习时间获得学位。在这期间,不仅要修学研究生课程,学习做研究,还要参加学术会议并在会议上宣读自己的论文。许多研究生以学徒的身份跟从导师做助教或助理研究员的工作,这样做有助于他们成为胜任的教师和研究人员。

如果你有兴趣成为高校教师,可以先和班上执教儿童发展这门课的老师约个时间,请他(她)讲讲他(她的)专业和工作情况。请阅读"文化与多样性"一章中一位教授的传略。

研究人员

有些人在儿童发展领域从事研究工作。在大多数情况下,研究人员必须具备儿童发展领域某一专业的硕士或博士学位。有些研究人员在大学里做研究,其工作也许隶属于某位教授的研究课题;有些研究人员在政府机构任职,如美国国立卫生研究院;也有些研究人员则在私营企业工作。全职的研究人员负责提出新的研究理念,制订研究计划,并实施研究,从收集数据、分析数据到做出解释。然后,他们通常会努力将研究成果在科学期刊上发表出来。研究人员常常与其他研究人员合作,共做一个研究课题,并且可能在科学会议上展示自己的研究。有些研究人员把大部分时间花在实验室里,也有些人主要在实地工作,如学校、医院等场所。

中小学教师

小学或中学教师的工作包括教授一门或多门学科的课程、备课、安排考试、评分、关注学生进步、召开家长会、参加在职培训等。中小学教师至少需要具备学士学位,学习一系列主修或专修的教育课程,并完成导师指导下的教学实习。在"认知发展观"一章中,你可以阅读到一位小学老师的传略。

特殊教育教师

特殊教育教师的大部分时间是和残障儿童或天才儿童一起度过的。在特殊教育教师面对的学生中,有学习障碍儿童、注意缺陷多动障碍儿童、智力障碍儿童或诸如脑瘫之类的肢体残障儿童。对这些儿童的教育活动有时就在正常儿童的班级里进行,有时也在正常儿童的班级以外进行。特殊教育教师要与普通任课教师以及特殊儿童的父母通力合作,为每一个特殊儿童制订最佳的教育计划。要想成为一名特殊教育教师,至少得具有学士学位。特殊教育教师的培训要求学生学习一系列教育专业课程以及残障儿童或天才儿童教育的相关课程。在获得学士学位后,特殊教育教师一般还会继续学习,以获得硕士学位。

早期教育专家

早期教育专家一般担任学院的专任教

师，至少要拥有早期教育领域的硕士学位。在研究生阶段，他们要学习儿童早期教育的相关课程，并且要在指导老师的指导下接受儿童养育或早期教育项目的培训。早期教育专家通常在具有儿童早期教育专业副学士学位授予权的社区学院任教。

幼儿园教师

幼儿园教师通常教4岁和5岁的儿童。他们一般拥有大学学前教育专业的学士学位。除此之外，他们通常还要获得美国州级政府教育主管部门颁发的学前教育资格证书。

家庭和消费科学教育者

家庭和消费科学教育者致力于儿童的早期教育，或者就营养、人际关系、性教育、父母养育方式和人的发展等话题为中学生提供指导。美国各地设有家庭指导和消费科学专业的大学和学院有几百所，分别授予2年制到4年制的专业学位。除了课程学习外，这类专业一般还要求学生参加见习和实习。要想获得教师资格证书，还必须补修一些教育学类的课程。有些家庭指导和消费科学教育者进入研究生院继续深造，以便获得高校教师或研究人员的任职资格。

教育心理学家

绝大多数教育心理学家都在大学或学院里任教，并从事教育心理学方面的研究工作，如研究学习过程、学习动机、班级管理和教育评估等问题。大部分教育心理学家都经过4年到6年的研究生学习，获得了教育学专业的博士学位。教育心理学家培训的对象是那些准备毕业后从事各种教育工作的学生，包括教育心理学、学校心理学、教学等方面的工作。

中小学心理学家

中小学心理学家的工作主要是改善中小学生的身心健康和福利。他们可能在学区中心的办公室里工作，也可能在一所或多所学校里工作。中小学心理学家的工作包括对学生进行心理测试，对学生和学生父母进行访谈，与教师磋商，同时也可以为学生及其父母提供咨询。

中小学心理学家通常拥有学校心理学专业的硕士或博士学位。在研究生阶段，主要的课程有心理咨询、心理评估、学习心理学以及教育和心理领域的其他课程。

临床与咨询

与儿童发展有关的临床和咨询方面的工作门类很多，如儿童临床心理学家、青少年戒毒咨询师等。

临床心理学家

临床心理学家的主要职责是帮助有各种心理问题的人。他们的工作环境各式各样，包括高校、诊所、医学院以及私人机构。有些临床心理学家只提供心理治疗，而另一些临床心理学家不仅提供心理治疗，也进行心理评估，有些人还做些研究工作。临床心理学家常常以某个年龄段的群体作为自己专门服务的对象，如专为儿童服务的儿童临床心理学家。

临床心理学家需要拥有临床心理学专业的哲学博士学位（Ph.D.）（受过临床和研究方面的训练）或者心理学博士学位（Psy.D.）（只受过临床方面的训练）。研究生阶段一般是5年到7年，学习的内容包括临床心理学的所有课程。此外，学业快完成前，还要在导师指导下在经过认证的机构里做一年实习医生。在大多数情况下，还必须通过考试获得州内的行医执照，然后才能称自己为临床心理学家。请阅读"绪论"中一位**儿童临床心理学家的传略**。

精神病学专家

像临床心理学家一样，精神病学专家也常常以某个年龄段的群体为专门服务的对象，如专门为儿童服务（儿童精神病学专家）或专门为青少年服务（青少年精神病学专家）。精神病学专家可以在医学院从事教学和研究工作，也可以在诊所工作或个人执业。除了通过药物来帮助有心理问题的人改善生活外，精神病学专家也可以为病人提供心理治疗。

精神病学专家首先要获得医学专业的学士学位，然后要接受住院实习培训。医学院的学习大约需要4年，精神病科的住院实习还需要3到4年。与临床心理学家（不需要在医学院学习）不同，在大多数州精神病学专家可以为患者进行药物治疗。

咨询心理学家

咨询心理学家的工作环境与临床心理学家相同，他们可以从事心理治疗、教学或研究工作。但是在大多数情况下，咨询心理学家不为有严重心理疾病的患者提供治疗。咨询心理学家也可以专攻某个年龄段的咨询，如专门为儿童提供咨询，或专门为青少年或家庭提供咨询。

虽然在研究生阶段，咨询心理学家注册就读的是咨询心理学专业而不是临床心理学专业，但他们接受的专业训练和临床心理学家基本相同。咨询心理学家需要拥有硕士学位或博士学位，他们也需要通过资格认证的程序。不过，有一类咨询专业硕士学位，学生在取得学位的同时即可获得专业咨询师的资格证书。

中小学心理咨询师

中小学心理咨询师帮助确定学生的能力和兴趣，指导学生制订学业计划，并和学生一起探讨职业生涯的选择。中小学心理咨询师也可以帮助学生克服适应不良的问题。有时这种帮助针对单个学生进行，有时针对小群体或班级进行。当心理咨询师试图帮助学生解决问题的时候，他们通常会和学生父母、教师以及学校管理人员磋商。

中学的心理咨询师还负责为高年级学生提供多方面的信息和建议，包括如何选择专业、如何达到高校的录取要求、如何参加入学考试、如何申请助学金、如何参加合适的职业技术培训等。而小学的心理咨询师则主要为面临交往和个人问题的学生提供咨询，他们的一部分工作就是在教室里或在游戏过程中观察学生。中小学心理咨询师通常拥有心理咨询专业的硕士学位。

社会工作者

社会工作者经常参与帮助面临社会问题或经济问题的儿童和成人。他们对人们报告的虐待、忽视、危害、家庭纠纷等情况进行调查和评估，试图解决有关问题。如果有必要，他们会对家庭进行干预，并为儿童和家庭提供咨询和安置服务。

社会工作者至少应该获得社会工作相关专业的学士学位。他们学习的课程涵盖社会学和心理学等领域。有些社会工作者还拥有硕士学位或博士学位。虽然越来越多的社会工作者在一些私人机构（如戒毒所和家庭咨询机构）工作，但他们通常是在市级、州级、国家级的公共机构任职。

有些情况下，社会工作者专长于某一领域，如拥有社会工作学科硕士学位（MSW）的医学社会工作者。在研究生阶段，他们除了要学习相关的课程外，还要到医疗单位在导师指导下见习和实习。有时候，医学社会工作者需要协调多方面的力量，以便为患有严重或长期残障的个体提供服务。而家庭关爱社会工作者则通常为需要支持性服务的家庭提供帮助。

戒毒咨询师

戒毒咨询师为存在药品滥用问题的儿童和成人提供咨询。他们可以进行单独治疗也可以进行团体治疗。戒毒咨询师可以个人执业，也可以在州或联邦的政府机构里工作，还可以在公司或医院里就职。有些戒毒咨询师特别擅长于青少年和家庭的戒毒问题。在美国大多数州里，要从事戒毒咨询工作，都要事先通过一定的程序以获得许可。

要想成为戒毒咨询师，至少需要拥有副学士学位或相应学历的证书。许多戒毒咨询师拥有学士学位，有些人还拥有硕士或博士学位。

医疗、护理与身体发展

与儿童发展相关的第三个主要职业领域包括医疗、护理以及侧重于改善儿童身体发展某方面的诸多职业。

妇产科医生

妇产科医生为孕妇提供产前和产后的护理建议，并且为分娩的孕妇接生。他们也负责治疗妇女生殖系统的疾病和损伤。妇产科医生可以个人执业，也可以在诊所、医院或者医学院任职。想要成为一名妇产科医生，必须获得医学专业的学位，同时还要在妇产科住院部实习3到5年。

儿科医生

儿科医生负责监控婴儿和儿童的健康、预防疾病或伤害、帮助儿童获得最佳的健康状态并处理儿童的健康问题。儿科医生可以个人执业，也可以在诊所、医院或者医学院任职。作为医生，他们可以对儿童实施药物治疗，也可以就如何改善儿童健康的问题为儿童及其父母提供咨询。许多在医学院任教的儿科医生一边教学，一边从事儿童健康和疾病防治的研究工作。要成为儿科医生，先要获得医学专业的学位，还必须在儿科住院部做实习医生3到5年。

新生儿护士

新生儿护士的工作是护理刚出生的婴儿。他们不仅要护理正常状况下出生的新生儿，改善他们的健康和舒适度，也要护理早产儿和患有严重疾病的婴儿。

新生儿护士至少要获得新生儿护理方面的学士学位。大学里的培训包括护理学、生物科学方面的课程学习，以及导师指导下的临床实习。

助产士

助产士为产妇规划和提供综合护理，指导准妈妈的产前准备、生产过程和产后恢复。助产士也可以为新生儿提供护理，为新生儿的父母提供关于婴儿发展和养育方面的咨询，并指导他们健康育儿的各种方法。要成为一名助产士，一般需要从护士学院取得学士学位。大部分的助产士在医院里工作。

要了解更多信息，请阅读"出生前的发展和出生"一章中一位围产期护士的传略。

儿科护士

儿科护士拥有护理专业学位，获得这类学位需要2到5年。有些儿科护士也可能拥有儿科护理学的硕士或博士学位。儿科护士在学校里学习的课程包括生物科学、护理学和儿科学，一般是在护理学院里学习。同时，他们还要在导师指导下在医疗单位里获得临床经验。他们负责监控婴儿和儿童的健康，预防疾病和伤害，帮助儿童获得最佳的健康状态。儿科护士在医院、卫生学校、诊所或私人机构里工作。

听觉病矫治师

听觉病矫治师至少拥有听觉科学的学士学位，学习内容包括课程学习和导师指导下的训练。听觉病矫治师负责评估和确定病人听觉丧失的严重程度以及平衡觉的问题。有些听觉病矫治师会继续深造，以获得硕士或博士学位。他们可以在诊所、医院和医学院工作，也可以在内科医生开办的私人诊所工作。

言语障碍治疗师

言语障碍治疗师属于专业的健康护理人员，他们受过如何评估、确定以及治疗言语和语言问题方面的专业训练。言语障碍治疗师可以和内科医生、心理学家、社会工作者以及其他的健康护理专业人员组成一个团队，共同帮助有生理或心理问题的个体，包括有言语和语言问题的个体。言语障碍治疗师至少要拥有言语和听觉科学领域的学士学位，或交流失调领域的学士学位。他们可以个人执业，也可以在医院、医学院或政府机构里工作。有些言语障碍治疗师擅长于治疗儿童或者某一特定类型的言语失调。在"语言发展"一章中，你可以阅读一位言语病理学家的传略。

遗传疾病咨询师

作为保健团队中的一员，遗传疾病咨询师为家中有人患有先天疾病或遗传缺陷的家庭提供相关的信息和支持，也为可能存在各种遗传缺陷危险的家庭提供相关的信息和支持。他们负责指出高危家庭并为其提供支持性的咨询服务。他们的角色既是教育者，又是为公众和其他保健专业人员提供资源的人。差不多有一半遗传疾病咨询师在大学的医学中心工作，另外四分之一在私立医院工作。

大部分遗传疾病咨询师本科阶段的专业是生物学、遗传学、心理学、护理学、公共卫生学、社会工作。他们在研究生阶段还需要获得医学遗传学专业或咨询专业的学位和实践经验。在"生物起源"一章中，你可以阅读一位遗传疾病咨询师的传略。

家庭服务与人际关系

还有许多职业涉及处理家庭关系和人际关系。这些职业覆盖的范围很广，如儿童福利工作者、婚姻和家庭问题治疗师等。

儿童福利工作者

儿童福利工作者受雇于美国各个州的儿童保护机构。他们负责保护儿童的权利，评估儿童可能受到的任何虐待，在必要情况下还可以帮助儿童离开他们的家庭。儿童福利工作者至少要拥有社会工作专业的学士学位。

儿童生活专家

当儿童需要住院时，儿童生活专家便为儿童及其家庭提供帮助。儿童生活专家负责督导患儿的活动，力求减轻患儿的焦虑，帮助患儿有效地应对，并协助患儿尽可能地"享受"住院生活。儿童生活专家还负责对患儿的父母进行相关的教育，并根据患儿的发展状况、气质、医疗方案以及可获得的社会支持评估，为患儿制订个性化的治疗计划。

儿童生活专家一般拥有学士学位。在本科阶段，他们主要学习儿童发展和教育领域的各种课程。除此之外，通常还要学习和儿童生活有关的课程。

婚姻和家庭治疗师

婚姻和家庭治疗师工作是基于这样的原理：就婚姻和家庭关系为个体提供心理治疗，会使许多有心理问题的个体获益。婚姻和家庭治疗师可以为没有结婚但处于恋爱关系中的个体提供伴侣治疗，为两个或更多的家庭成员提供家庭治疗。

婚姻和家庭治疗师通常拥有硕士或博士学位。他们在研究生阶段学习的课程与临床心理学家相似，只是更加侧重于婚姻和家庭关系。在美国的大多数州，要想成为婚姻和家庭治疗师，还需要通过专门的程序以获得许可。

我们在这里介绍的只是需要用到发展心理学知识的众多职业中的一小部分。本书"链接 职业生涯"系列专栏中还会提到一些其他职业，包括玩具设计师、婴儿评估专家、天才教育督导员、英语学习者教师、儿童保育督导员、健康心理学家、儿童服务督导员。*你能列出其他需要儿童发展知识的职业吗？*

第一章 绪论　　**41**

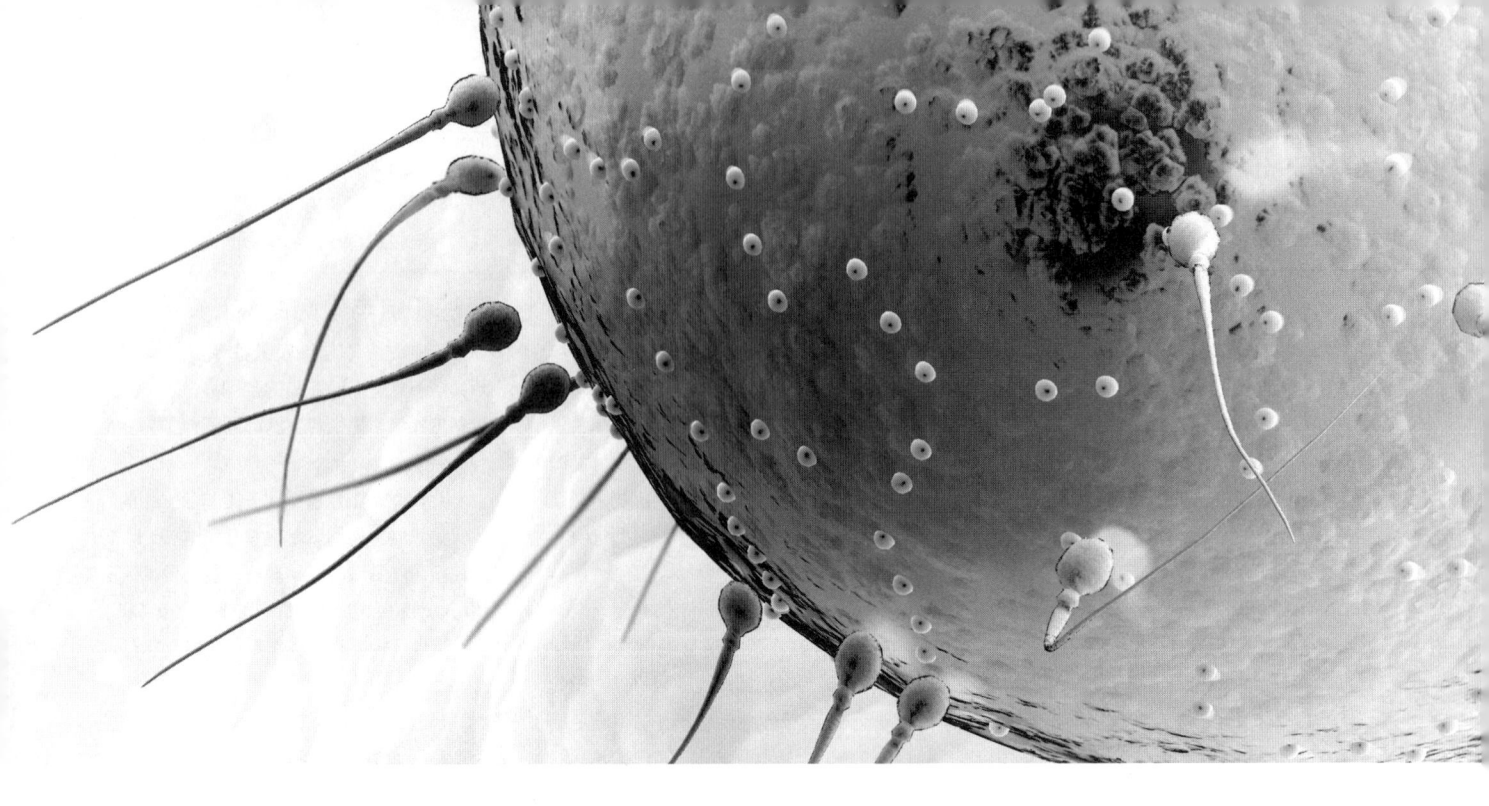

> 无穷无尽的疑问困扰着我们的思绪：万物从哪里来？到哪里去？何时而来？何时而去？如何而来？如何而去？
>
> ——理查德·伯顿爵士
> (Sir Richard Burton)
> 19世纪英国探险家

第二编
生物过程、身体和感知觉的发展

生命的节奏和意义总有开端，它带给我们很多疑问。生命是如何从一个简单的开端发展生长为如此复杂的形态，而后又是如何走向成熟的呢？这个有机体过去是什么样子，现在是什么样子，将来又会是什么样子？在第二编里，你将阅读到有关这些疑问的答案。第二编包括四章："生物起源""出生前的发展和出生""身体的发展和健康""运动、感觉和知觉的发展"。

第二章　生物起源

本章纲要

第1节　进化的观点

学习目标 ❶

讨论儿童发展的进化论观点。
- 自然选择与适应性行为
- 进化心理学

第2节　发展的遗传基础

学习目标 ❷

叙述基因是什么以及它们是如何影响儿童发展的。
- 基因合作
- 基因和染色体
- 遗传规则
- 与染色体和基因有关的异常

第3节　生殖的挑战和选择

学习目标 ❸

指出一些重要的生殖挑战和选择。
- 孕期的诊断和检查
- 不孕与生殖技术
- 领养

第4节　遗传和环境的相互作用：天性和教养之争

学习目标 ❹

解释遗传和环境相互作用从而产生个体发展差异的几种途径。
- 行为遗传学
- 遗传与环境的关联
- 共享与非共享的环境经验
- 渐成观和基因 × 环境的相互作用
- 遗传和环境相互作用的结论

真人实事

吉姆·斯普瑞格（Jim Springer）和吉姆·刘易斯（Jim Lewis）是一对同卵双胞胎，他们4周大时被分开，直到39岁时才再次相见。两人都做兼职副警长，都在佛罗里达度假，都开雪佛兰车，都有一条名叫托伊的狗，并且都和名叫贝蒂的女子结婚而后又离婚。这对双胞胎中一人给他的儿子取名为詹姆斯·艾伦（James Allan），另一人给他的儿子取名为詹姆斯·艾兰（James Alan）。两人都喜欢数学而不喜欢拼写，都喜欢做木工活儿和机械制图，都喜欢咬指甲直到把指甲咬秃，有着几乎完全相同的饮酒与吸烟习惯，都患有痔疮，差不多在发展过程的同一时间点上体重都增加了10磅，都在18岁时第一次患头痛，还有相似的睡眠习惯。

这两个吉姆之间确实也存在一些差别：一个是头发往前梳盖住了额头，另一个是往后梳并留有鬓角；一个更擅长口头表达，另一个则更擅长写作。但总体而言，他们各方面的特征是非常相似的。

达夫妮（Daphne）和芭芭拉（Barbara）是另一对同卵双胞胎，她们被称为"咯咯笑姐妹"，因为重聚后她们一见面就会笑个不停。研究人员对领养她们的家庭进行了仔细的家族史考察，并没有发现有人喜欢咯咯笑个不停。咯咯笑姐妹对压力都采取不理睬的态度，都尽可能地避免冲突和争论，并且对政治都不感兴趣。

吉姆兄弟和咯咯笑姐妹是"明尼苏达分开寄养双胞胎研究"的一部分，该研究由托马斯·布沙尔（Thomas Bouchard）和他的同事们主持。该研究把世界各地的同卵双胞胎（遗传上相同，因为二者来自同一个受精卵）和异卵双胞胎（来自不同的受精卵）召集到明尼阿波利斯，然后对他们的生活进行详细调查。双胞胎们在这里要完成人格和智力测验，并要提供详细的医学记录，包括饮食和吸烟情况、锻炼习惯、胸部X光透视结果、心脏压力测试结果、脑电图等。双胞胎们要回答15,000多个问题，涉及他们的家庭及童年期的情况、个人的兴趣爱好、度假的偏好、价值观以及审美标准等（Bouchard & others，1990）。

当婴儿期就被分开的具有相同遗传特质的双胞胎们在爱好、习惯以及选择等方面表现出如此惊人的相似时，我们能否就此下结论说，一定是基因导致了那些爱好、习惯以及选择的形成呢？答案是"不能"，因为我们还需要考虑到其他可能的原因。双胞胎们不仅共享了相同的基因，而且也共享了一些相似的经历。有些双胞胎在被分开寄养之前已经在一起生活过好几个月，而有些双胞胎在测试进行之前已经团聚（某些案例中已经团聚许多年），另外，领养机构也通常会把双胞胎安排在条件相似的家庭中，还有，即使是只在一起待了几个小时的陌生人，比较他们的生活时也会发现一些巧合的相似之处（Joseph，2006）。所以，明尼苏达同卵双胞胎研究一方面表明了人类发展的遗传基础十分重要，另一方面则表明需要对遗传因素和环境因素做进一步的研究（Lykken，2001）。

前言

吉姆兄弟和咯咯笑姐妹的例子促使我们思考人类生存的遗传基础与生物学基础。但是，在人生的台球桌上，个体不会像台球那样被简单的外力击打就奔向预期的位置。环境经验和生物学基础共同造就了我们是谁。关于生命的生物起源，我们将着重讨论进化、遗传基础、生殖的挑战与选择，以及遗传与环境的相互作用问题。

学习目标 1

讨论儿童发展的进化论观点。
- 自然选择与适应性行为
- 进化心理学

第1节 进化的观点

从进化的时间来说，人类是地球上比较新的来客。自从我们的祖先离开森林到大草原上觅食，进而又在开阔的平原上形成狩猎社会后，他们的思想和行为都发生了改变。最终人类成为地球上占统治地位的物种。这种演化是如何进行的呢？

> 自然选择与适应性行为

自然选择是一个进化过程，通过这个过程，物种中那些最适应的个体存活下来并繁衍后代。为了更好地理解这个过程，让我们回到十九世纪的中期，此时英国的博物学家查尔斯·达尔文正在环游世界，观察自然环境中各种不同的动物。达尔文在《物种起源》（1859）一书中发表了自己的观察与思考，他指出：大多数生物的繁殖速度会导致大多数物种的数量大幅增加，但种群却几乎保持稳定。于是他推断，每一代的新生个体为了争夺食物、水以及其他资源都必定发生过激烈的、持久的争斗，导致许多年轻的个体并没有存活下来。而那些存活下来并进行繁殖的个体就把自己的特点传给了下一代。达尔文认为，那些生存下来的个体比不能生存下来的个体能更好地适应它们的环境（Simon, Dickey, & Reese, 2013）。最适应环境的个体能够存活下来并繁衍最多的后代；在一代接一代的过程中，那些具备适应性特点的个体会在种群中所占比例越来越大；经历更多代以后，这种机制就会逐渐地改变种群"总人口"的特点（Brooker & others, 2014）。但是，如果环境条件发生变化，其他特点就可能得获得自然选择的青睐，从而将物种推向另一个不同的发展方向（Mader & Windelspecht, 2013）。

所有的有机体都必须适应特定的地域、气候、食物资源和生活方式（Hoefnagels, 2013）。鹰的爪子就是一个适应的例子，它使鹰容易捕获到其他动物为食。所以，适应性行为就是能提高有机体在自然栖息地生存机会的行为。例如，在人类的王国里，照料者和婴儿之间的依恋关系能够保证婴儿与照料者保持亲密，从而保证婴儿能得到食物和保护，这就提高了婴儿的存活机会。

> 进化心理学

尽管达尔文在1859年就提出了自然选择的进化理论，但他的观点只是到了近年才成为流行的用来解释行为的框架。心理学领域最新版本的进化论是**进化心理学**，它强调适应、生殖和"适者生存"在行为形成中的重要性。"适者"在这里是指有能

目前存在的猿猴有193种，其中192种身上长满了毛。唯一的例外是一种裸体的猿，它们称自己为人类。

——德斯蒙德·莫里斯
20世纪英国动物学家

进化心理学（evolutionary psychology）心理学的一个分支，强调适应、生殖和"适者生存"在行为形成中的重要性。

第二章 生物起源 **45**

这个越南宝宝对妈妈的依恋如何反映适应性行为的进化过程？
图片来源：视觉中国

力繁衍后代，并使后代能够生存足够长的时间以繁衍出自己后代的个体。按此观点，自然选择偏好那些可以提高生殖成功率（即将基因成功地传递给下一代的能力）的行为（Cosmides, 2013; Durrant & Ellis, 2013）。

人们对用进化论来解释人类行为开始产生兴趣，其中戴维·巴斯（David Buss, 2015）的理论影响最大。他认为，正如进化能塑造我们的生理特点（如体形和身高）一样，它也能深入影响我们的决策方式、攻击性、恐惧感以及求偶方式。例如，假定我们的祖先在平原上靠狩猎和采集为生，男性做大部分的狩猎工作，而女性则在靠近家的地方采集能吃的种子和植物。如果你为了追捕一只逃跑的动物必须离家一定的距离，那么你所需要的就不只是某些身体特点，而且还需要具备一定的空间思维能力。有这种天赋的男性比没有这种天赋的男性更容易存活，他们会带回家很多食物，也会被看作是具有吸引力的配偶。这样，他们就有更多的机会繁衍后代并把这些特点传递给他们的孩子。换句话说，如果这样的假定正确的话，这些特点会给男性带来更多的繁衍机会；经过若干代以后，具有良好空间思维能力的男性在总人口中就会越来越多。但是，批评者们则认为，这样的故事情节未必真的发生过。

人类学家对目前尚存的狩猎-采集社会（如坦桑尼亚的哈扎人部落）进行了人类学研究。他们的研究表明，母亲们和祖母们的觅食为家庭提供了热量的最主要来源，因为男人们一次次外出打猎能成功带回猎物的只占3.4%（Hawkes, 2017）。第一胎时母亲们的觅食技能和婴儿的生长状况相关，但是第二胎婴儿出生后，母亲们的觅食技能和婴儿的生长状况就不再相关了，而祖母们的觅食技能和婴儿的生长状况则出现了相关（Hawkes, 2017）。这些发现对理解人类的进化有一些影响，包括为什么在众多的猿类当中，只有人类的女性在生育期过后还能活很多年；为什么社会取向和合作对人类是如此重要（Hrdy, 2009）。

进化发展心理学 最近，人们开始热衷于把进化心理学的观点应用于解释人类的行为（Belsky, 2013; Bjorklund, Hernandez Blasi, & Ellis, 2017; Narváez & others, 2013）。因此，我们在这里讨论进化发展心理学家提出的一些基本观点（Bjorklund & Pellegrini, 2002）。

因为人类需要时间来发展硕大的头脑并了解人类社会的复杂机制，所以，漫长的童年期就通过进化过程逐渐形成了。人类在生殖能力成熟之前所度过的时间比任何其他的哺乳动物都要长（见图1）。在这个漫长的童年期里，人类硕大的头脑得到了发育，与此同时，儿童也获得了胜任复杂社会里成人角色所需要的经验。

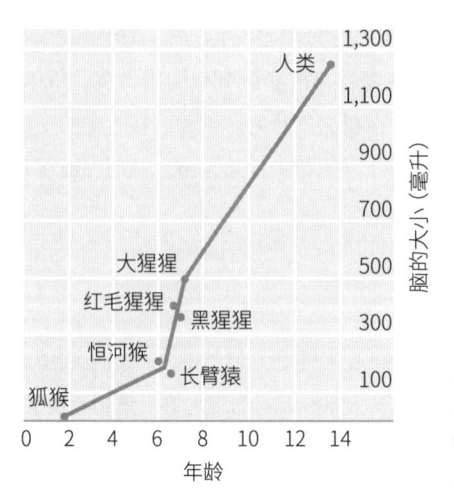

图1 人类和灵长类动物脑的大小与童年期的长短
和其他灵长类动物相比，人类有更大的头脑和更长的童年期。从这幅图表达的关系中你能够得出什么结论？

通过进化而来的许多心理机制都具有领域特定性，也就是说，某种心理机制只和人的心理构造的特定方面有关。根据进化心理学的观点，人脑并不是可以用来无差别解决大量问题的通用设备。与此相反，随着我们的祖先不断地处理一些反复出现的问题，如狩猎和寻找住所的问题，处理和这些问题相关信息的专门区域就通过进化过程慢慢形成了。例如，这种专门区域也许就包括和追踪动物有关的物理知识功能区、和贸易有关的数学知识功能区以及语言功能区。

另外，由进化形成的机制不一定适合当今的社会。有些行为对我们的史前祖先来说属于适应性行为，但也许并不能很好地为今天的我们服务。例如，我们祖先所处食物匮乏的环境可能导致了人类形成了有食物时就狼吞虎咽并渴求高能量食物的倾向，但这一特点在食物充足的今天则可能引起肥胖症流行。

对进化心理学的评价　尽管大众媒体对进化心理学给予了很多的关注，但它仍然只是众多理论中的一种。正如前面所论述的各种理论一样，进化心理学也有局限性、弱点和批评者（Hyde & Else-Quest, 2013; Matlin, 2012）。艾伯特·班杜拉（Albert Bandura, 1998）就是批评者之一。我们对班杜拉并不陌生，我们曾在第一章中论述过他的社会认知理论。班杜拉承认进化在增强人类的适应能力方面具有重要作用，但是他反对他称之为"片面进化论"的观点，即将社会性行为完全看成是生物进化过程的产物。他认为取而代之的应该是"双向观"，即环境因素和生物因素是相互影响的。根据这种观点，进化的压力引起了人类生理结构上的变化，生理结构的变化使得人类能够使用工具，使用工具又使得我们的祖先能够驾驭环境，并创造出新的环境条件。反过来，新的环境条件又产生新的选择压力，从而导致意识、思维和语言方面专门的生物系统的进化。

换句话说，进化赋予了我们生理潜能，但它并不规定我们的行为。事实上，人类已经利用其生理能力创造出了形形色色的文化：有暴力的，也有和平的；有平等的，也有独裁的。正如美国科学家史蒂芬·杰伊·古尔德（Stephen Jay Gould, 1981）所总结的，在人类活动的大多数领域里，生物学因素为各种文化的出现提供了广阔空间。

对于"自然选择导致人类特征和行为的形成"这样的宏大理论，我们既难以驳倒也难以检验，因为进化所需的时间是漫长的，我们无法对这样的理论进行实证研究。所以，对人类和其他动物的一些特定基因以及基因和行为特征之间的关系展开研究，也许是检验来自进化心理学观点的最好方法。

复习、联想和反思

学习目标 1

讨论儿童发展的进化论观点。

复习
- 应该如何界定自然选择和适应性行为？
- 什么是进化心理学？就人的发展来说，进化心理学家提出了哪些基本观点？在人生的不同时间点上，进化的影响会如何产生不同的结果？应该如何评价进化心理学？

联想
- 在第一章里，你已了解到不同的发展过程之间是相互影响的，在本节学到的知识是如何加强你对"相互影响"这一原则的认识的？

反思你自己的人生之旅
- 在你看来，哪种观点更能合理地解释你的发展：是进化心理学家的观点还是批评者的观点？为什么？

第 2 节 发展的遗传基础

学习目标 2

叙述基因是什么以及它们是如何影响儿童发展的。
- 基因合作
- 基因和染色体
- 遗传规则
- 与染色体和基因有关的异常

遗传因素对行为的影响是在长期的进化过程中形成的，并跨越许多不同的物种。那些受遗传因素影响的许多特征具有久远的进化史，并保留在我们的 DNA 中。我们的 DNA 并非只来自我们的父母，它还包括我们作为一个物种从曾经是我们祖先的其他物种那里继承来的东西。

适合一个物种生存的特征是如何从一代传给下一代的呢？达尔文并不知道这个问题的答案，因为那时候还没有发现遗传基因和遗传规则。我们每个人都有一套继承自父母的人类"遗传密码"。由于人类的受精卵携带着这种人类密码，它就不可能发育成白鹭、鹰或大象。

> 基因合作

我们每个人的生命都始于一个重量大约为两千万分之一盎司的单个细胞。这个小东西包含了我们所有的遗传密码，遗传密码帮助我们从单个细胞成长为由数十万亿个细胞组成的人体，每个细胞中都含有原始密码的复制品。遗传密码由基因承载。那么，基因是什么？它们起什么作用？想知道这些问题的答案，就需要了解我们的细胞。

每一个人类细胞的细胞核里都含有**染色体**。染色体是由脱氧核糖核酸或简称为 DNA 的物质组成的线状结构体。**DNA** 是一个看上去像螺旋状梯子的具有双螺旋结构的复杂分子，它含有遗传信息。如图 2 所示，作为遗传信息单位的基因，就是 DNA 的片段。**基因**指导着细胞自我复制和蛋白质合成。反过来，蛋白质又成为细胞的组成部分，并且作为指导各种身体过程的调节器发挥作用（Belk & Maier, 2013; Tortora, Funke, & Case, 2013）。

每个基因都有自己的位置——在特定染色体上的指定位置。目前，人们非常热衷于探索与某些特定功能和发展结果有关的基因的特定位置（Oliver, 2017）。在这方面迈出的重要一步是人类基因组计划为绘制人类基因图谱所做的努力，该计划试图弄清构建人体的各种蛋白质合成的全部发展性信息。

今天，用来发现和识别基因的主要方法有全基因组关联分析（genome-wide association method）、基因连锁分析（linkage analysis）、第二代测序技术（next-generation sequencing）和千人基因组计划（the 1000 Genomes Project）。

- 人类基因组项目的完成已使研究者能够运用全基因组关联分析法来指出与特定疾病相关的遗传变异，如与自闭症、癌症以及心血管疾病相关的遗传变异（National Human Genome Research Institute, 2012）。在进行全基因组关联分析研究时，研究人员从一组患有某种疾病的参与者和另一组没有此种疾病的参与者身上提取 DNA，然后再从血液或细胞中提纯全部 DNA 或基因组，放在机器上进行扫描以确定基因变异的标志基因。如果某些基因变异在

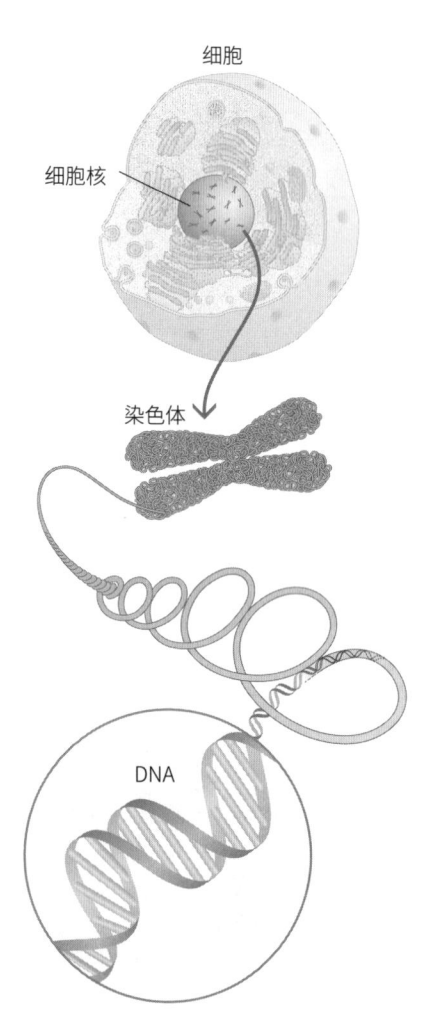

图 2 细胞、染色体、DNA 和基因
（上）人的身体由数十万亿个细胞组成，每个细胞都含有一个中心结构，即细胞核。（中）染色体呈线状，位于细胞核中，由 DNA 组成。（下）DNA 呈螺旋梯状结构，一个基因就是 DNA 的一个片段。

患病组身上出现的频率高于非患病组，就认为它们和该疾病有关，可用来作为进一步寻找致病基因的线索。全基因组关联分析法最近被用于研究儿童肥胖症（Dong & others，2018）、心血管疾病（Lieb & Vasan，2018）、抑郁症等（Wray & others，2018）。

- 基因连锁分析通常用来寻找致病基因，其目的是发现某个基因相对于标志基因（其位置已知）的位置（Li & others，2017）。传递给子代的基因倾向于位置上互相靠近，所以，和疾病有关的基因一般会在距离标志基因不远的地方。目前，基因连锁分析研究的范围覆盖了多种疾病和健康障碍，包括注意缺陷多动障碍（Yuan & others，2017）、自闭症（O'Roak & others，2012）、抑郁症（Wong & others，2017）。
- 第二代测序技术这一术语目前被用来描述以更低的成本和更短的时间来大量生产基因数据的方式。近年来，第二代测序技术大大增加了我们对遗传因素和人的发展之间关系的认识（Goodwin，McPherson，& McCombie，2016）。
- 人类基因组在个体之间的变化不大但很重要。要想了解这种变化，就需要对很多个体的全部基因组进行深入考察。2008年开始的"千人基因组计划"是迄今为止关于人类基因变化的最详尽的研究，该计划的目标是对至少1000名来自世界各地不同民族的个体进行研究，确定他们全部的基因组的序列（Shibata & others，2012）。对许多人的基因变化进行完整描述并建立档案，可以帮助研究者以更详尽的方式来研究与疾病有关的基因变化。

随着科学家们对基因了解程度的进展，关于人类基因数量的估计值也发生了变化。目前对人类基因数量的估计值是大约43,000个（Pertea & others，2018），而科学家们以前曾认为人类有100,000个或更多基因，他们也曾认为一个基因只主管一种蛋白质的合成。但实际上，人类拥有的蛋白质种类远远超过基因的数量，所以基因和蛋白质之间不可能存在一一对应的关系（Commoner，2002）。每一个基因并不是自动地决定一种且唯一一种蛋白。基因并不独立地行动，而是和其他基因以及环境一起发生作用（Pertea & others，2018）。

基因组并不是由一个个相互独立的基因组成，而是由许多相互关联的基因组成。这些基因不仅相互合作，还和身体内外的各种非遗传因素合作。这类合作也发生在许多点上（Moore，2013）。例如，细胞组织将DNA的小片段匹配、混合和连接，用来复制基因，而细胞组织的活动又受到它周围环境变化的影响（Moore，2018）。

一个基因是否处于"打开"的状态，为合成蛋白质而工作，也是需要合作的。基因的活动（基因表达）受它们所处环境的影响（Lickliter & Witherington，2017）。例如，在血液中循环流动的激素进入细胞后，就可以在那里"打开"或者"关闭"基因；同时，激素的流动也可能受诸如光线、白昼的长短、营养以及行为等环境条件的影响。大量研究表明，细胞外部或者人体外部发生的事件以及细胞内部发生的事件都能够激活或者抑制基因表达（Gottlieb，Wahlsten，& Lickliter，2006；Moore，2018）。焦虑、辐射、温度等因素都能够影响基因表达（Zhang & others，2017）。例如，有一项研究显示，提高诸如皮质醇这样的应急激素的浓度会提高DNA的损坏率；对于已经损坏的DNA，则会减慢修复的速度（Hare & others，2018）。暴露于辐射的环境也会改变细胞中DNA的合成速度（Kim & others，2017）。

染色体（chromosomes） 一种类似线状的结构体，有23对，每对中的一条来自父亲，一条来自母亲。染色体含有遗传物质DNA。

DNA 脱氧核糖核酸，一种含有遗传信息的复杂分子。

基因（genes） 由DNA组成的遗传信息单位。基因指导着细胞的自我复制和蛋白质合成。

总之，单个基因成为某种蛋白质的唯一遗传信息源的情况很少，成为某种遗传特征的唯一遗传信息源的情况则更少（Lickliter & Witherington, 2017; Moore, 2018）。

> 基因和染色体

基因不仅具有合作性，还具有持久性。那么，基因是如何成功地将自己从一代传给下一代，并最终遍布于身体的数十万亿个细胞之中的呢？这个故事的核心情节可以通过三个过程来解说：有丝分裂、减数分裂和受孕过程。

有丝分裂、减数分裂和受孕　除精子和卵子外，人体内所有的细胞都有46条染色体，排列成23对。这些细胞通过叫作**有丝分裂**的过程进行复制。在有丝分裂过程中，细胞核（包括其中的染色体）进行自我复制，然后细胞分裂，两个新的细胞就形成了。每个新细胞中都包含与原来细胞相同的DNA，并以相同的方式排列成23对染色体。

但是，卵子和精子（也叫配子）却是通过另一种不同的分裂方式形成的，这种分裂方式叫作**减数分裂**。在减数分裂过程中，男性睾丸里或者女性卵巢里的一个细胞先复制自身的染色体，然后分裂两次，这样就形成了四个细胞，每个细胞仅含有其母细胞一半的遗传物质（Johnson, 2012）。到减数分裂结束时，每个卵子或精子仅含有23条未配对的染色体。

另一个过程是**受孕**。在这个过程中，一个卵子和一个精子结合，形成一个单独的细胞，称为**受精卵**（参见图3）。在受精卵里，来自卵子的23条未配对的染色体和来自精子的23条未配对的染色体结合配对，成为23对染色体。每个新配对的两条染色体中一条来自母亲的卵子，另一条来自父亲的精子。通过这种方式，父亲和母亲各自贡献给后代一半的遗传物质。

图4展示的是男性和女性的23对染色体。每对染色体里的两个成员既相似但又有区别：每条染色体都在相同的位置上并含有相同的基因，但基因的形式不同。例如，影响头发颜色的基因都位于同一对染色体中两条染色体的相同位置。但其中一条染色体可能携带金发基因，而另一条则可能携带棕发基因。

你注意到图4中男性染色体与女性染色体之间的明显差异了吗？差异就位于第23对染色体上。在正常情况下，女性的第23对染色体里包含两条称为X染色体的染色体；而男性的第23对染色体里则包含一条X染色体和一条Y染色体。所以，Y染色体的出现决定了个体是男性而不是女性。

变异的来源　在后代身上把父母双方基因结合起来的机制增加了总人口中遗传的变异性，这对一个物种的发展来说具有重要的价值，因为它给自然选择提供了更多可供其选择的特征（Charlesworth & Charlesworth, 2017）。实际上，人类的遗传过程创造了多种变异源。

首先，受精卵里的染色体并不是对母亲卵巢和父亲睾丸中细胞的染色体的精确复制。在形成精子和卵子的减数分裂过程中，成对的染色体被分开，但两条染色体中的哪一条会进入到配子里是随机的。其次，成对的染色体在分开之前，两条染色体之间会发生片段互换，从而在每一条染色体上形成新的基因组合（Mader & Windelspecht, 2017）。于是，当来自母亲卵子中的染色体和来自父亲精子中的染色体在受精卵中相遇时，就会形成真正独一无二的基因组合。

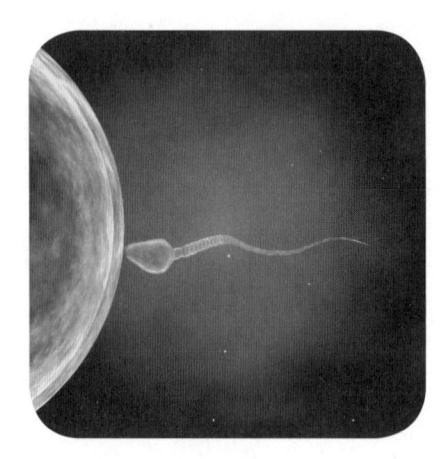

图3　受孕时，一个精子进入卵子
图片来源：3Dalia/Shutterstock

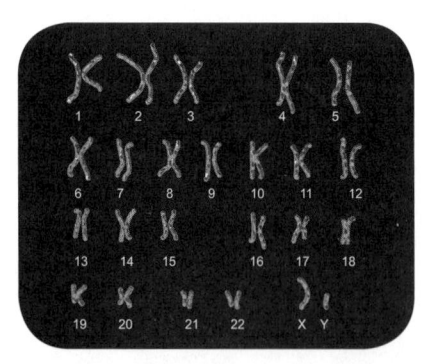

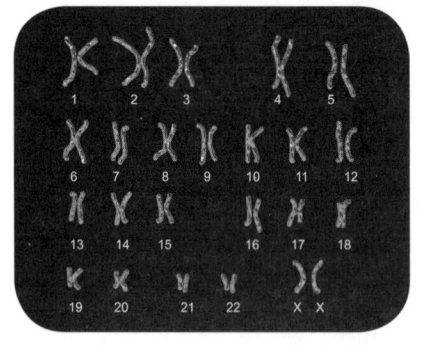

图4　男性与女性之间的遗传差异
图（a）显示的是男性的染色体结构，图（b）是女性的染色体结构。第23对染色体位于每个方框中的右下角。请注意男性的Y染色体小于女性的X染色体。要获得这样的染色体照片，需要从人体获取一个细胞，一般从口腔里获取。通过化学处理对染色体染色，再放大数千倍，然后拍照。
图片来源：Kateryna Kon/Shutterstock

如果每个受精卵都是独一无二的，那我们在本章开头讨论的那些同卵双胞胎是从哪里来的呢？*同卵双胞胎*（也称为单卵双胞胎）来自同一个受精卵，这个受精卵分裂为两个遗传上相同的复制品，每个复制品都发育成一个人。异卵双胞胎则来自两个卵子，它们分别和不同的精子结合，形成两个受精卵。所以，从遗传的角度看，异卵双胞胎之间的相似程度并不高于一般的同胞兄弟姐妹。

另一个变异源来自 DNA（Starr & others, 2013）。由于偶然的原因，细胞组织出错，或诸如辐射等外界环境因素造成的伤害，都有可能产生基因突变，即 DNA 片段发生永久性的改变。

然而，即使两个人拥有相同的基因，他们还是会不一样。基因型和表现型之间的差距有助于我们理解这一方面的变异源。一个人的所有遗传物质组成了他（她）的**基因型**。但是，并非所有的遗传物质都能在我们观察或者测量到的特征中表现出来。**表现型**由可以观察到的特征组成，包括生理特征（如身高、体重、毛发的颜色）和心理特征（如人格和智力）。

对每一种基因型而言，可以呈现出多种表现型，从而提供了另一个变异源（Osório & others, 2017）。例如，某个个体可能继承了身材魁梧的遗传潜质，但这种遗传潜质的实现会受到诸多因素的制约，良好的营养就是一个关键的因素。

> 遗传规则

是什么决定了基因型的表达从而产生一个特定的表现型呢？我们对这个问题的答案知之甚少（Moore, 2013）。不过，我们已经发现了不少遗传规则，包括显性-隐性基因、性连锁基因（sex-linked genes）、遗传印记（genetic imprinting）、多基因决定的特征等规则。

显性-隐性基因规则 在某些情况下，一对基因中的一个总是能发挥它的影响，这叫作显性基因；显性基因使另一个基因不能发挥作用，后者叫作隐性基因。这就是显性-隐性基因规则。只有当一对基因中的两个都是隐性基因时，隐性基因才能发挥其作用。举例说，如果你从父亲和母亲那里同时继承了某种遗传特征的隐性基因，那么你身上就会表现出这种遗传特征。但如果你仅从父母中的一方继承了这种隐性基因，那么你也许永远不知道你携带了这种基因。在显性-隐性基因的世界里，相对于金发和近视的基因，棕发和远视的基因是显性的，后者使前者不能发挥作用。

两个都长着棕色头发的父母能生出金发的孩子吗？能。假定父母双方都有一个棕发显性基因和一个金发隐性基因，由于显性基因压制了隐性基因，所以父母的头发颜色都呈棕色，但其实他们都是金发隐性基因的携带者。如果父母同时都把金发基因传给了孩子，那么在孩子身上就没有了棕发显性基因的压制，在这种情况下，金发隐性基因就会让孩子的头发呈现出金色。

性连锁基因 大多数突变的基因呈隐性。当某个突变基因由 X 染色体承载时，其结果就叫作 *X 染色体连锁遗传*（X-linked inheritance）。X 染色体连锁遗传对男性的影响可能在很大程度上不同于其对女性的影响（McClelland, Bowles, & Koopman, 2012）。因为如前文所述，男性只有一条 X 染色体，当 X 染色体上出现突变的致病基因时，男性没有作为备份的第二条 X 染色体来压制致病基因，因此他很可能会患上与 X 染色体连锁的疾病。但是，女性拥有两条 X 染色体，她的第二条 X 染色体很可能没有发生变异，因而可以压制隐性的变异基因。因此，女性就不太容易患上与

有丝分裂（mitosis）细胞繁殖的一种方式。在有丝分裂过程中，细胞进行自我复制，形成两个新的细胞。每个新细胞中都包含与原细胞相同的 DNA，并以相同的方式排列成 23 对染色体。

减数分裂（meiosis）卵子和精子（也叫配子）特有的一种分裂方式。

受孕（fertilization）生殖过程的一个阶段，在这个阶段，一个卵子和一个精子结合形成一个单独的细胞，称为受精卵。

受精卵（zygote）通过受孕形成的一个细胞。

基因型（genotype）一个人的所有遗传基因，即每个细胞中实际含有的遗传物质。

表现型（phenotype）个体的基因型得以表达的可以观察和测量到的性状。

> **发展链接**
>
> 条件、疾病和紊乱
>
> 可采用多种方式对智力障碍进行分类。链接"智力"。

X 染色体连锁的疾病。所以，患有 X 染色体连锁疾病的大多是男性。那些一条 X 染色体上载有突变基因的女性被称为"携带者"，但她们通常不会表现出 X 染色体连锁疾病的任何症状。本章后面将要讨论的血友病和脆性 X 染色体综合征都是 X 染色体连锁疾病的例子（Lykken & others, 2018）。

遗传印记 当来自父亲和母亲的等位基因在孩子身上表现出不同的作用时，就称为遗传印记（Nomura & others, 2017）。在这种情况下，某种化学过程使这对基因中的一个"保持沉默"。例如，由于遗传印记的作用，只有来自母亲的基因呈现活性，而来自父亲的等位基因则保持沉默；或者相反，只有来自父亲的基因呈现活性，而来自母亲的等位基因保持沉默。人类基因中只有很少一部分基因具有遗传印记，但这是发展的一个正常和重要的方面。如果遗传印记出错，发展就会受到干扰，贝克威思-威德曼综合征（Beckwith-Wiedemann syndrome）和肾母细胞瘤（Wilms tumor）就是这方面的例子，前者表现为生长失调，后者属于一种癌症（Nomura & others, 2017）。

多基因遗传 遗传的传递过程通常要比我们前面举过的简单例子复杂得多（Lewis, 2017）。几乎没有一个特征只是某个基因或某对基因作用的结果，大多数特征都是由多个不同基因交互作用而产生的结果，这就叫作多基因决定。即使像身高这样一个简单的特征，也反映着许多基因的交互作用以及环境的影响。

目前，"基因与基因互动"（gene-gene interaction）这一术语正被越来越多地用来描述这样一类研究，它们侧重于探索对特征、行为、疾病和发展产生影响的两个或多个基因的相互依赖（Ritchie & Van Steen, 2018）。例如，已有一些研究叙述了对儿童免疫系统功能（Törmänen & others, 2017）、哮喘（Su & others, 2012）、癌症（Su & others, 2018）和心血管疾病（Luizon & others, 2018）发生影响的基因与基因互动。

> 与染色体和基因有关的异常

在某些个体身上，遗传过程会出现异常。有些异常是由减数分裂过程中未能正常分开的染色体导致的，有些异常则是由有害基因造成的。

染色体异常 有时候，在配子形成时，精子或（和）卵子里并不是正常的 23 条染色体。最明显的例子就是唐氏综合征和性染色体异常（参见图 5）。

唐氏综合征 患有**唐氏综合征**的个体通常都是圆脸、头骨扁平、眼睑上有赘皮、舌头突出、四肢短小、运动能力和智力发展出现障碍。这种综合征是由第 21 对染色体上多出一条染色体造成的。人们至今尚不知道为什么会出现一条多余的染色体，但这可能与男性精子或女性卵子的健康状况有关。

大约每 700 个存活的新生儿中会出现 1 例唐氏综合征。16 至 34 岁的妇女生下唐氏综合征儿童的可能性比那些小于 16 岁和大于 34 岁的妇女都要低。而非裔美国儿童则很少患有唐氏综合征。

性染色体异常 如前文所述，正常新生儿有一条 X 染色体和一条 Y 染色体，或者两条 X 染色体。人类的胚胎必须拥有至少一条 X 染色体才能存活。最常见的性染色体异常包括多出一条染色体（X 染色体或 Y 染色体），或者是少了一条 X 染色体（见于女性）。

唐氏综合征（Down syndrome）一种由染色体传递的智力障碍，由第 21 对染色体上多出一条染色体造成。

这些运动员患有唐氏综合征，他们是残障人啦啦队的成员。请注意唐氏综合征患者所特有的面部特征，如圆脸和扁平的头骨。是什么导致了唐氏综合征？

图片来源：视觉中国

名称	症状描述	治疗方法	发生率
唐氏综合征	染色体多了一条，导致中度至重度智力障碍和身体异常。	外科手术、早期干预、婴儿期刺激、特殊的学习计划。	20岁育龄，1,900个新生儿中有1例。35岁育龄，300个新生儿中有1例。45岁育龄，30个新生儿中有1例。
克兰费尔特氏综合征（XXY）	多余的一条X染色体导致身体异常。	激素治疗会有效果。	600个男性新生儿中有1例。
脆性X染色体综合征	X染色体异常可造成智力障碍、学习障碍或注意时间短。	特殊教育、言语和语言治疗。	男性比女性更常见。
特纳氏综合征（XO）	女性缺失一条X染色体，可引起智力障碍和性发育不良。	童年期和青春期激素治疗。	2,500个女性新生儿中有1例。
XYY综合征	Y染色体多了一条，可导致身高超常。	不需要特殊治疗。	1,000个男性新生儿中有1例。

图5 一些染色体异常
对这一类异常的治疗不一定能消除问题，但也许能改善个体的适应性行为和提高生活质量。

克兰费尔特氏综合征（Klinefelter syndrome）是一种性染色体紊乱，造成男性多了一条X染色体，使他们的性染色体变成了XXY而不是XY（Kanakis & Nieschlag, 2018）。具有这种遗传紊乱的男性表现为睾丸发育不良，并且通常乳房大、个子高。患有这种综合征的男孩在语言、学业、注意和运动能力方面常常受到损伤（Ross & others, 2012）。在大约每600个存活的男性新生儿中，可能会出现1例克兰费尔特氏综合征。

脆性X染色体综合征（Fragile X syndrome）是一种由X染色体异常导致的遗传紊乱，患者X染色体被压皱并常常断裂。患有该综合征的儿童在身体外表上通常和正常儿童差不多，但患儿的典型特征是耳朵特别大、脸长、上颌高拱、皮肤柔软。该综合征往往会导致心理缺陷，可能表现为智力障碍、学习障碍或注意时间短。有一个研究显示，患有该综合征的男孩的特点是在认知方面缺乏抑制、记忆和计划能力（Hooper & others, 2018）。该综合征发生在男性身上的比例高于女性，这可能是因为女性的第二条X染色体抵消了那条异常X染色体的消极影响（Hooper & others, 2018）。

特纳氏综合征（Turner syndrome）是见于女性的一种染色体紊乱。患者缺少一条X染色体，成为XO而不是XX，或者是她的第二条X染色体被部分地删除了。患病的女性身材矮小，蹼颈（Apperley & others, 2018）。她们有可能不能生育，而且数学能力差，但她们的语言能力通常相当好。特纳氏综合征的发生率大约是每2,500个存活的女性新生儿中出现1例（Apperley & others, 2018）。

XYY综合征也是染色体紊乱，患此综合征的男性多出了一条Y染色体（Green, Flash, & Reiss, 2019）。对该综合征研究的早期兴趣主要是出于这样一个信念，即认为多余的Y染色体会使男性患者具有更强的攻击性和暴力倾向。但接下来的研究则发现，XYY型男性并不比XY型男性有更多的犯罪行为（Witkin & others, 1976）。

与基因有关的异常 异常不仅可以由染色体出错引起，也可以由有害的基因引起（Johnson, 2012）。目前已确认的这一类遗传疾病有7,000多种，虽然其中大多数属于罕见病症。

苯丙酮尿症（PKU）是一种遗传紊乱，症状为患者不能正常代谢苯基丙氨酸（一种氨基酸）。该病源于一种隐性基因，大约每10,000到20,000个存活的新生儿

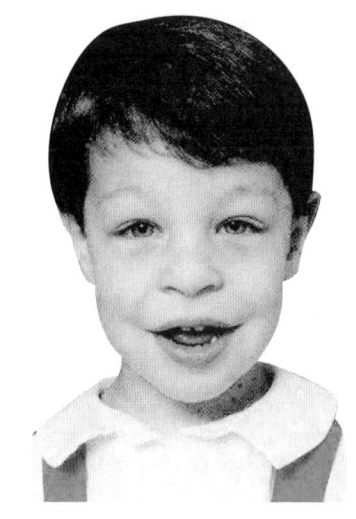

一个患脆性X染色体综合征的男孩
图片来源：From R. Simensen and R. Curtis Rogers, "Fragile X Syndrome" in American Family Physician, 39(5): 186, May 1989 © American Academy of Family Physicians

脆性X染色体综合征（Fragile X syndrome）该综合征是由X染色体异常导致的遗传紊乱，患者X染色体被压皱并常常断裂。

特纳氏综合征（Turner syndrome）该综合征是见于女性的一种染色体紊乱。患者缺少一条X染色体，成为XO而不是XX，或者是她的第二条X染色体被部分地删除了。

XYY综合征（XYY syndrome）该综合征是染色体紊乱，患此综合征的男性多出了一条Y染色体。

第二章 生物起源 53

名称	症状描述	治疗方案	发生率
囊肿性纤维化	腺体功能异常,影响黏液分泌;呼吸和消化受损,导致寿命缩短。	物理和输氧治疗,合成酶和抗生素;大多数患者能活到中年。	2,000个新生儿中有1例。
糖尿病	身体不能产生足够的胰岛素,引起糖代谢失常。	除非用胰岛素治疗,早期发病可能会致命。	2,500个新生儿中有1例。
血友病	血液凝结迟缓,导致内部和外部出血。	输血或注射血液能减轻或防止内出血造成的伤害。	5,000个男性新生儿中有1例。
亨廷顿氏舞蹈症	中枢神经系统恶化,导致肌肉失调和智力迟钝。	35岁前一般不会出现症状,症状出现后还能活10到20年。	20,000个新生儿中有1例。
苯丙酮尿症(PKU)	代谢紊乱,如不治疗,会导致智力障碍。	特殊饮食可保持中等智力和正常寿命。	10,000到20,000个新生儿中有1例。
镰刀型细胞贫血症	血液异常,限制了身体的氧气供应;可导致关节肿胀,以及心脏和肾功能衰竭。	青霉素、止痛药、抗生素和输血。	400个非裔美国儿童中有1例(不同族群发病率有的较高,有的较低)。
脊柱裂	神经管缺陷,可导致脑和脊柱异常。	出生后实施矫正术、佩戴外科矫形设备、物理或药物治疗。	500个新生儿中有1例。
泰-萨克斯症	神经系统中脂肪累积,导致智力和身体发育减缓。	药物治疗和特殊饮食疗法,但5岁前很可能死亡。	30个美国犹太人中有1个携带者。

图6 一些与基因有关的异常

苯丙酮尿症(phenylketonuria,PKU)该症是一种遗传紊乱,症状为患者不能正常地代谢苯丙氨酸。该症目前可以很容易地检测出来。但如果不及时治疗,就会导致智力障碍和注意缺陷多动障碍。

镰刀型细胞贫血症(sickle-cell anemia)一种影响红细胞的遗传疾病,在非裔美国人中最容易出现。

中会出现1例。目前,苯丙酮尿症可以很容易地检测出来,并且可以通过控制饮食来防止苯基丙氨酸累积的方法进行治疗(Ahring & others, 2018)。但是,如果不及时治疗,儿童体内的苯基丙氨酸就越积越多,从而导致智力障碍和注意缺陷多动障碍。在专门为智力障碍者设立的教育和救助机构中,苯丙酮尿症患者约占1%,患者主要是非拉丁裔的白种人。

苯丙酮尿症的例子对天性与教养之争具有重要含义。虽然苯丙酮尿症是一种遗传紊乱(天性),但基因在苯丙酮尿症中如何发挥作用或能否发挥作用,则取决于环境因素的影响,因为这种紊乱可以通过控制环境(教养)来治疗。也就是说,如果个体是在适当的环境(没有苯基丙氨酸的环境)中长大,那么,遗传缺陷也不一定导致发展紊乱。这个例子很好地体现了遗传与环境相互作用的重要原则。在一种环境条件下(饮食中含有苯基丙氨酸),患者会形成智力障碍;但是在另一种环境下(用别的营养代替苯基丙氨酸),患者的智力发展处于正常水平。由于环境(本例中是营养环境)不同,同样的基因型有了不同的结果。

镰刀型细胞贫血症(sickle-cell anemia)是一种损害人体内红细胞功能的遗传疾病,在非裔美国人中最容易出现。红细胞负责为身体的其他细胞运送氧气,在正常情况下,其形状像个碟子。但是,在镰刀型细胞贫血症患者的身上,一种隐性基因使红细胞的形状变成了钩形的"镰刀状",这些细胞不能正常地输送氧气,并且会很快死亡。结果,患者的身体细胞就得不到足够的氧气,从而导致患者贫血和早亡(Pecker & Little, 2018)。大约在400个非裔美国婴儿中,有1人患有镰刀型细胞贫血症,但高达1/10的非裔美国人和1/20的拉丁裔美国人是此病的携带者。目前,药物羟基脲(hydroxyurea)已经成功地治疗镰刀型细胞贫血症,包括儿童、青少年和成年的患者(Phillips & others, 2018)。

由遗传异常导致的其他疾病还有囊肿性纤维化(cystic fibrosis)、某些类型的糖尿病、血友病、脊柱裂和泰-萨克斯症(Tay-Sachs disease)(Milunsky & Milunsky, 2016)。图6进一步给出了这些疾病的信息。总有一天,科学家们将会弄清楚这些疾病以及其他遗传异常发生的原因，并找到治疗它们的方法。

对遗传异常的干预　每个人身上都携带着可能会使人患上严重生理疾病或精神紊乱的 DNA 变异。但并不是每一个变异基因的携带者都会患上相应的疾病。有时候，其他基因或发展性事件可以对遗传异常产生补偿作用（Gottlieb, 2007; Lickliter, 2013）。例如，上文中叙述的苯丙酮尿症的例子说明：即使某人携带了和苯丙酮尿症有关的基因缺陷，但是当饮食中用其他的营养来代替苯基丙氨酸时，这个基因型就不会发生作用。

所以，基因并非是命运的主宰，但基因的缺失、失去功能或发生突变则可能和紊乱有关联（Wang & others, 2018）。指出这些遗传缺陷使医生能够预测个体患病的风险，推荐健康的生活方式，并开出最安全和最有效的药物（Chen & others, 2018）。10 年或 20 年之后，新生儿的父母在离开医院时可能会拿到一份关于其后代的完整的基因组分析报告，该报告将明确指出其后代患病的各种风险。

然而，当这些知识给人们带来巨大收益时，也可能会让人们付出沉重的代价。谁将有权查阅一个人的基因档案呢？如果知道了某人有罹患某些疾病的风险，那他寻找和持有工作或获得保险的能力就可能受到威胁。比如说，如果一个飞行员或者神经外科医生被查出可能会患上某种使他的手发抖的疾病，那么是不是就应该要求他提前离职呢？

遗传咨询师通常是在医学遗传领域训练有素的内科医生或生物学家，他们精通上述各种问题，知道患上这些疾病的概率有多大，也了解在一定程度上能抵消这些疾病影响的有效的策略（Borle & others, 2018）。不过，有研究发现，许多接受

链接　职业生涯

遗传咨询师霍利·伊什梅尔

霍利·伊什梅尔（Holly Ishmael）是堪萨斯城儿童慈善医院的遗传咨询师。她从莎拉-劳伦斯学院获得心理学学士学位，并在同一学院获得遗传咨询专业硕士学位。

像伊什梅尔这样的遗传咨询师是作为卫生保健团队的一员展开工作的，他们为有出生缺陷或遗传问题的家庭提供信息和支持。他们通过分析遗传模式来指出有风险的家庭，并和每个家庭探讨各种可能的选择。有些遗传咨询师和伊什梅尔一样，成了产科和儿科遗传学的专家，其他人则可能以癌症遗传学或者精神病遗传学作为自己的专长。

伊什梅尔说："对于那些既想从事具有科学性的工作，又想与人打交道而不愿整天泡在实验室里或整天埋头于书本的人来说，遗传咨询工作便是一个完美的结合。"（Rizzo, 1999, p.3）

遗传咨询师们拥有医疗遗传学和咨询专业的硕士或博士学位，但他们本科阶段所学的专业有很多种，包括生物学、遗传学、心理学、公共卫生学和社会工作。在美国，大约有 40 个遗传咨询专业的硕士或博士学位点。如果你对这个职业感兴趣的话，可以登录全国遗传咨询师协会网站获取更多信息（http://www.nsgc.org）。

霍利·伊什梅尔（左）在进行遗传咨询。
图片来源：Holly Ishmael Welsh

要进一步了解遗传咨询师的工作情况，请阅读附录"儿童发展领域的相关工作"。

过遗传咨询的个体感到难以把风险量化，并有过高估计风险的倾向（Johansson & others, 2018）。如果想了解遗传咨询师的职业和工作情况，请阅读"链接 职业生涯"专栏。

复习、联想和反思

学习目标 2

叙述基因是什么以及它们是如何影响儿童发展的。

复习
- 什么是基因？
- 基因是如何传递的？
- 什么基本规则可说明基因的相互作用？
- 与染色体和基因有关的异常有哪些？

联想
- 解释在与基因有关的异常方面，环境和基因之间是如何相互作用的？

反思你自己的人生之旅
- 你希望能够查阅到自己或孩子的全基因组分析结果吗？为什么希望？为什么不希望？

第 3 节 生殖的挑战和选择

学习目标 3

指出一些重要的生殖挑战和选择。
- 孕期的诊断和检查
- 不孕与生殖技术
- 领养

我们前文讨论过的减数分裂、遗传以及基因异常等事实和规则，只是近年来关于人的生物学知识爆炸的一小部分。这些知识不仅有助于我们理解人的发展，而且也为准父母们提供了许多新的选择。不过，这些新的选择也提出了新的伦理问题。

> 孕期的诊断和检查

准妈妈们所面临的一个选择就是她们的孕期检查需要进行到什么程度。有很多测试手段可用来确定胎儿的发育是否正常，包括超声波检查、胎儿磁共振成像、绒毛膜绒毛取样、羊膜穿刺术、孕妇血液筛查和一些无侵害的孕期诊断方法。近年来，关于伤害性较小的检查方法的研究发展得很快，如关于胎儿磁共振成像技术和无侵害孕期诊断方法的研究。显而易见，侵害性较弱的检查方法比那些侵害性较强的方法（如绒毛膜绒毛取样、羊膜穿刺术）对胎儿造成的风险更小。

超声波检查　超声波检查通常在怀孕后第 7 周开始，并在之后的不同时间点上多次进行检测。超声波检查是孕期检查的一种医疗方法，它是将高频率的声波指向孕妇腹部，然后将其回声转换成胎儿内部结构的视觉影像（Barišić & others, 2017）。该技术可以探测到胎儿的许多结构性异常，包括小脑症（由于脑异常地小而导致的一种智力障碍），也可以检测到胎儿的数量及性别（Barišić & others, 2017）。超声波检查对孕妇和胎儿都几乎没有风险。

胎儿磁共振成像（Fetal MRI）　脑成像技术的发展已导致越来越多的人采用磁共振成像技术来诊断胎儿畸形（Manganaro & others, 2018）（参见图 7）。磁共振成像通过强大的电磁波来产生详细的胎儿组织和结构的影像。目前，超声波检查仍然是胎儿筛查的第一选择，但磁共振成像可以提供比超声波检查更加详细的影像。

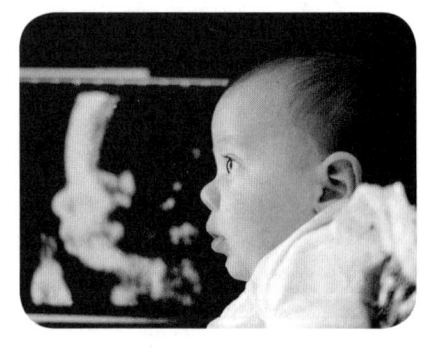

这个 6 个月大的婴儿正在摆姿势拍照，身旁是他胎儿期四个月时发育状况的超声波图像。什么是超声波检查？
图片来源：视觉中国

在许多情况下，一般是先采用超声波检查，如果发现有异常迹象，再采用胎儿磁共振成像来获得更加清晰和更加详细的影像（Manganaro & others, 2018）。就胎儿畸形来说，在中枢神经系统、胸部、肠胃、生殖和泌尿系统以及胎盘部位，磁共振成像能够比超声波成像提供更全面的信息（Robinson & Ederies, 2018）。

绒毛活检（Chorionic Villus Sampling） 在怀孕10到14周期间，可以采用绒毛活检法来检测前文讨论过的那些遗传缺陷和染色体异常（Vink & Quinn, 2018）。诊断过程大约需要10天。在实施绒毛活检时，需要从胎盘（连接胎儿和母亲子宫的管状组织）上取下一小块作为样本（Vink & Quinn, 2018）。绒毛活检有可能造成四肢畸形，但这一风险不大。

羊膜穿刺 在怀孕14到20周期间，可进行羊膜穿刺检查。羊膜穿刺是孕期的一种检查方法，即用注射器抽取一些羊水作为样本来检查各种染色体异常或者代谢异常（Athanasiadis & others, 2011）。羊水位于羊膜囊内，羊膜囊是一个薄薄的液囊，胎儿就悬浮于羊水中。在实施羊膜穿刺术的时候，经常辅以超声波影像，以便准确地放置抽水用的注射器。羊膜穿刺术实施得越晚，诊断效果越好。实施得越早，对决定是否中止妊娠越有帮助。一般需要两个星期才能培养出足够的细胞，以获得检查结果。羊膜穿刺术会带来流产的风险，但风险不大，大约每200到300例接受羊膜穿刺术的孕妇中会有一人流产。

羊膜穿刺和绒毛活检都能够就胎儿是否具有先天缺陷提供有价值的信息，但是如果发现胎儿有先天缺陷，也就给父母带来了到底要不要堕胎的难题（Lotto, Smith, & Armstrong, 2018）。绒毛活检可以较早地提供信息，故可以在堕胎比较安全且创伤较小的时候就做出决定。虽然早先的研究报告显示绒毛活检带来的流产风险比羊膜穿刺要稍高一些，但随后美国研究者对40,000多名孕妇展开的调查表明，绒毛活检带来的流产比例在1998年至2003年期间有所下降，所以，绒毛活检和羊水穿刺引起流产的风险差不多一样大（Caughey, Hopkins, & Norton, 2006）。

母血筛查（Maternal Blood Screening） 怀孕16周至18周期间，可以进行母血筛查。母血筛查能够指出存在高风险先天缺陷的胎儿，包括脊柱裂（一种脊髓缺陷）和唐氏综合征（Ballard, 2011）。现今的母血筛查被称为三重筛查（*triple screen*），因为它测量母亲血液里的三种物质。如果三重筛查的结果出现异常，下一步通常要进行超声波检查。如果超声波检查不能解释三重筛查的异常结果，一般还要进行羊膜穿刺检查。

无侵害孕期诊断方法（Noninvasive Prenatal Diagnosis） 无侵害孕期诊断方法越来越受到人们的重视，有关研究也越来越多，以便用它们来替代绒毛活检和羊膜穿刺等检查方法（Avent, 2012; Peterson & others, 2013）。到目前为止，无侵害孕期诊断方法主要侧重于脑影像技术，分离和检查母亲血液中的胎儿细胞，以及分析散落在母亲血浆中的胎儿DNA（Byrou & others, 2018）。

研究者已经用无侵害诊断方法成功地检测到胎儿从父亲继承来的可导致囊肿性纤维化和亨廷顿氏舞蹈症的基因。他们也正在探索能否在胎儿发育初期用无侵害方法来诊断唐氏综合征和鉴定胎儿性别（Palomaki & Kloza, 2018; Rita & others, 2018）。

胎儿性别的确定 在怀孕11至13周期间，绒毛活检经常被用来确定胎儿的性别。但最近，一些无侵害诊断方法也能够在怀孕早期检测出胎儿的性别（Mackie &

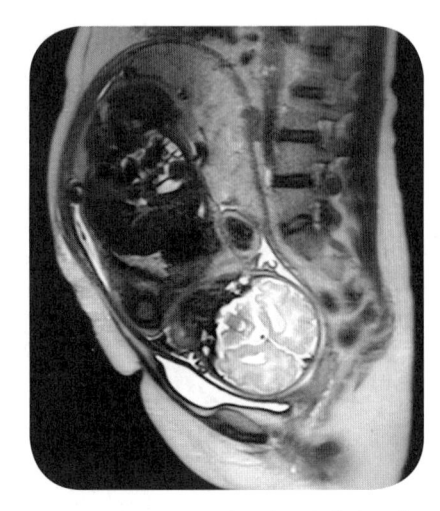

图7 这是一个胎儿的磁共振成像的图像，该技术被越来越多地用来诊断胎儿畸形
图片来源：视觉中国

发展链接

生理过程

了解一下当可以实施绒毛活检和羊膜穿刺检查时，胎儿的发展状况是什么样子。链接"出生前的发展和出生"。

第二章 生物起源

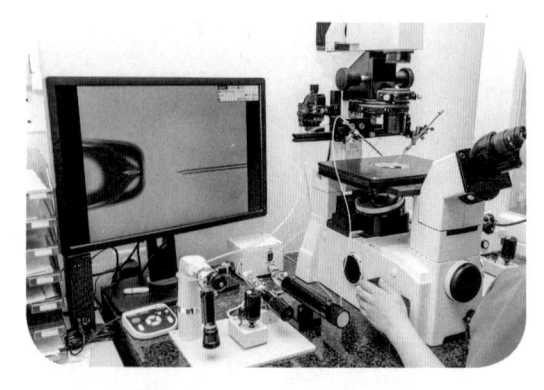

作为试管受精的一个步骤，一位技术员正在用微型针将一个人类的精子注入一个人类的卵子。注入的精子会使卵子受精，所产生的受精卵将放在实验室培养，等发育成早期的胚胎后，再移植到子宫里。
图片来源：Ideya/Shutterstock

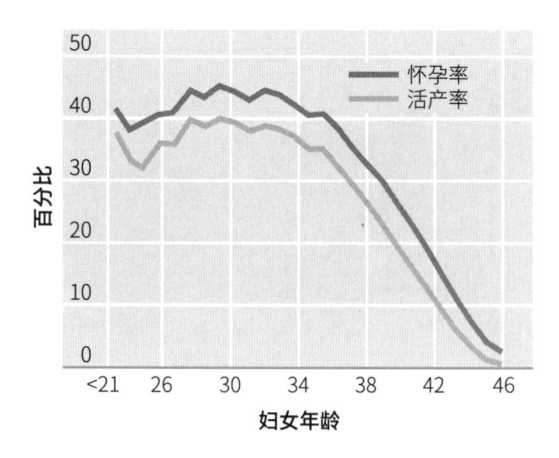

图 8　试管受孕的成功率随妇女年龄而变化
图片来源：From John Santrock, *Child Development*, 11/e, fig 2.9. Copyright © 2011 McGraw-Hill Companies. Reprinted by permission.

others, 2017）。一项综合许多研究的元分析确认，可以在受孕后第七周就检测出胎儿的性别（Devaney & others, 2011）。能够在这么早的阶段就检测出胎儿的性别以及多种缺陷和疾病引起了人们道德上的忧虑，担心这些信息会影响到夫妻终止妊娠（Gareth, 2017）。

> 不孕与生殖技术

生物学知识的新进展也给不孕者带来了许多选择（Mahany & Smith, 2017）。在美国，大约 10% 到 15% 的夫妇有不孕经历；不孕是指在不采取避孕措施的情况下正常同房 12 个月后仍不能怀孕。不孕的原因可能在女方也可能在男方（Barbieri, 2019）。就女方来说，可能是因为不能排卵（即不能提供可供受精的卵子），也可能是排出的卵子不正常，还可能是输卵管（卵子到达子宫所经由的管道）堵塞，或者是患有使得胎胚不能在子宫内着床的疾病。就男方来说，可能是精子太少，也可能是精子缺乏活力（即缺乏快速移动的能力），或者是输精管堵塞（Kini & others, 2010）。

在美国，每年有 200 多万对夫妇因不孕而寻求帮助。对有些不孕的案例，外科手术可能会消除病因；对另一些案例，使用激素类药物可能会提高怀孕的概率。在每年寻求帮助的不孕夫妇中，大约有 40,000 对夫妇会尝试采用高科技手段来助孕。到目前为止，最常用的是试管内受精的技术，即在实验室器皿中使卵子和精子结合，如果有卵子成功受孕，就把一个或多个胚胎移植到该妇女的子宫内。美国疾病控制和预防中心（the Centers of Disease Control and Prevention, 2006）所做的一项研究发现，试管婴儿的成功率取决于妇女的年龄（参见图 8）。目前，美国出生的婴儿中大约有 1.7% 来自试管受孕（Kawwass & Badell, 2018）。

通过新的生殖技术生育也提出了这类儿童的身体和心理状况是否正常的重要问题（Wang & others, 2017）。新技术带来的结果之一是多胞胎的增加（Jones, 2007）。在通过技术手段（包括试管受孕）怀孕的妇女当中，怀上多胞胎的比例高达 25% 到 30%。有研究显示，通过试管受孕技术怀孕所生的双胞胎出生体重偏低、早产以及其他不利因素的风险稍有增加（Wang & others, 2018）。因此，对通过生殖技术的帮助而出生的双胞胎或多胞胎来说，需要格外注意出生前和出生后的护理。想要了解试管受孕技术对儿童发展的长期影响，请阅读"链接 研究"专栏。

> 领养

虽然外科手术和助孕药物有时能解决不孕问题，但还有一个选择就是领养孩子（Sempowicz & others, 2018）。领养是一个具有社会性和法律性的程序，由此可以在没有血缘关系的人之间建立起亲子关系。正如"链接 多样性"专栏里所叙述的，近年来美国领养孩子的特点越来越多样化。

儿童被领养后的发展如何呢？那些年龄很小时就被领养的儿童比年龄较大时才被领养的儿童更有可能出现正面的结果（Bernard & Dozier, 2008）；其原因很可能是因为早期领养使儿童缩短了在不利和具有伤害性的环境中生活的时间，而这些儿童被领养前的生活环境通常具有剥夺性或多种其他危机（McCall & others, 2018）。例如，有研究对生活在俄罗斯联邦孤儿院中的儿童和被俄罗斯或美国家庭

> **链接 研究**

通过助孕技术出生的儿童在童年期和青少年期会表现出显著不同的发展结果吗？

一项纵向研究调查了 1995 年在丹麦通过助孕技术所生的儿童，包括所有单生的和双胞胎儿童（Klausen & others, 2017）。样本包括了 858 个助孕技术所生的儿童，每个儿童都匹配了 4 个同龄的自然受孕所生的儿童。

当这些儿童 3 岁、7 岁、14 岁和 18 岁时，研究人员对他们的行为问题（如攻击性和少年犯罪）和心理健康问题（如焦虑和抑郁）进行了系列评估。然后对所得数据进行累计分析。结果显示，从 3 岁到 18 岁，那些助孕技术所生的儿童和自然受孕所生的儿童之间在各项指标上都没有显著差异（参见图 9）。

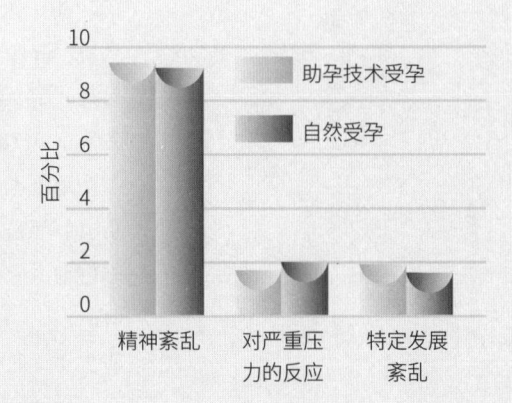

图 9 到 18 岁时儿童心理问题的累计百分比
助孕技术所生的儿童和自然受孕所生的儿童之间在各项指标上都没有显著差异。
资料来源：Klausen, T., Hansen, K.J., Munk-Jørgensen, P., & Mohr-Jensen, C. (2017). Are assisted reproductive technologies associated with categorical or dimensional aspects of psychopathology in childhood, adolescence or early adulthood? Results from a Danish prospective nationwide cohort study. *European Child and Adolescent Psychiatry*, 26, 771–778. Retrieved from https://link.springer.com/article/10.1007/s00787-016-0937-z

> **链接 多样性**

日益多样化的领养父母和被领养儿童

在过去的三四十年里，领养父母和被领养的儿童都发生了诸多变化（Zill, 2017）。20 世纪前半叶，美国大多数被领养的儿童都是健康的非拉丁裔白人，并在出生时或出生后不久就被领养。然而，最近几十年来，随着堕胎的合法化、避孕法使用的增加，以及未婚女性以单身母亲的身份或在其父母帮助下抚养自己孩子的可能性的增长，可供领养的非拉丁裔白人婴儿已经不多了。于是，美国夫妇们的领养对象更加多样化，这些儿童有的来自国外，有的来自其他民族，有的有身体和（或）心理缺陷，还有的曾经受过忽视或虐待。例如，在 1999 年至 2011 年期间，幼儿园阶段被与自己不同民族的母亲领养的儿童人数增加了 50%（Zill, 2017）。

另一方面，在过去的三四十年里，领养父母也发生了诸多变化（Zill, 2017）。20 世纪前半叶，大多数领养父母是非拉丁裔的白人已婚夫妇，社会经济地位属于中层或上层，也没有任何缺陷。最近几十年来，虽然领养父母仍然以社会经济地位较高的白人为主，但他们已经日益多样化。今天，许多领养机构对领养父母已没有收入方面的要求，并允许背景更加多元的成年人领养儿童，包括单身者、男女同性恋者和年龄比较大的人。同时，许多领养案例涉及其他家庭成员（姑姑婶婶、叔叔舅舅、祖父母外祖父母等）；目前，美国 37% 的领养案例是由亲戚牵线搭桥完成的（Jones & Placek, 2017）。稍高于 50% 的领养案例是通过寄养系统（the foster care system）安排的；目前，美国寄养系统中有 100,000 多名儿童正等待着被人领养（U.S. Department of Health & Human Services, 2017）。

越来越多的好莱坞明星从发展中国家领养孩子。图为女演员安吉丽娜·朱莉（上）（Angelina Jolie）抱着她领养的女儿扎哈拉（Zahara），并带着她两个领养的儿子：马多克斯（Maddox）和帕克斯（Pax）。
图片来源：Jackson Lee/Tom Meinelt/Newscom

许多已生育的成年人领养孩子，但更多领养者是不能生育的夫妇。基于你在本专栏前面阅读的内容，为什么有些不能生育的夫妇或成人决定领养孩子而不去接受生殖技术的帮助？

第二章 生物起源

领养的儿童进行了比较，结果显示：那些出生后 18 个月内就被领养的孩子一般发展较好（McCall & others, 2018）；那些出生 18 个月以后才被领养的儿童有较多的行为问题和较差的认知功能，即使在被领养数年之后，仍然如此；另外，通过改善孤儿院中照料者与儿童的互动关系可促进孤儿的身体、认知以及社会情绪方面的发展（McCall & others, 2018）。

尽管被领养前的早期剥夺往往会带来危机，但绝大多数被领养儿童和青少年（包括年龄较大时才被领养的儿童、跨种族领养的儿童和跨国领养的儿童）都能够很好地适应环境，其养父母也对自己当初做出领养的决定表示相当满意（Castle & others, 2010）。一项对 88 项研究的综述研究表明：在自尊方面，被领养的儿童和青少年与非领养儿童和青少年之间没有差异，在跨种族领养与同种族领养之间也没有差异（Juffer & van IJzendoorn, 2007）。

还需注意的是，领养实践在过去几十年中发生的变化已使我们难以概括出一般的被领养儿童或一般的领养父母是什么样子了。要更多地了解关于领养的知识，请阅读"链接 关爱"专栏，我们将在此专栏里讨论领养儿童的有效抚养策略。

复习、联想和反思

学习目标 3

指出一些重要的生殖挑战和选择。

复习
- 常用的孕期诊断检查有哪些？
- 助孕技术有哪些？
- 领养是如何影响儿童的发展的？

联想
- 在第一章里，你已学习了收集数据的不同方法。你认为孕期诊断检查所采用的方法有什么特点？

反思你自己的人生之旅
- 假如你是不能生育的成年人，你想领养孩子吗？为什么想？为什么不想？

第 4 节 遗传和环境的相互作用：天性和教养之争

学习目标 4

解释遗传和环境相互作用从而产生个体发展差异的几种途径。
- 行为遗传学
- 遗传与环境的关联
- 共享与非共享的环境经验
- 渐成观和基因 × 环境的相互作用
- 遗传和环境相互作用的结论

我们能不能将遗传的影响和环境的影响分解开来，并探究它们在儿童发展差异的形成方面各自发挥了什么作用呢？当遗传和环境相互作用时，遗传是如何影响环境，环境又是如何影响遗传的呢？

> 行为遗传学

行为遗传学是一个研究领域，它探究的是遗传和环境对个体之间的特征差异和发展差异产生的影响（Kaplan, 2012; Maxson, 2013）。请注意，行为遗传学并不是要指出在多大程度上遗传或环境影响了个体特征的形成，而是试图弄清楚是哪些因素导致了个体之间的差异；也就是说，它探讨的是个体之间的差异在多大

链接 关爱

领养儿童的抚养

抚养领养孩子的许多重要策略与抚养亲生孩子并没有区别：提供支持与关爱，关注孩子的行为和行踪，与孩子进行良好的沟通，帮助孩子发展自控能力。不过，领养父母可能会面临一些特殊情境（Lee & others, 2018）。他们需要认识到领养家庭中生活的不同并就这些不同和孩子进行交流，对儿童的出生家庭表示尊重，并要对孩子探寻自我和自己的身份表示支持。

当领养孩子处于发展的不同阶段时，养父母可能会面临不同的挑战，我们下面就叙述一些常见的挑战，并为如何面对这些挑战提供一些建议（Brodzinsky & Pinderhughes, 2002）。

- **婴儿期。** 在与父母形成依恋关系方面，研究者几乎没有发现领养孩子与亲生孩子之间存在区别。但是，当养父母的生育问题没有得到解决，或者领养孩子没有达到他们的期望时，这种依恋关系就可能会出现问题。咨询师能够帮助有领养意向的父母形成比较现实的期望。
- **童年早期。** 大约在 4 岁至 6 岁期间，许多孩子开始问及自己是从哪里来的。这是和孩子以简单的方式自然地谈论其领养身份的好时机。有些父母（尽管现在没有过去那么多了）决定不告诉孩子他们是领养来的，但是如果孩子以后发现自己是被领养的，那么这个秘密就可能会给孩子带来心理危机。今天，领养更可能是公开的而不是封闭的；在公开领养的情况下，养父母和被领养的孩子都有关于生父母的信息，也可以和生父母保持联系。有研究发现，领养孩子的同性恋男女比那些领养孩子的异性恋夫妻与生父母保持着更多的联系（Brodzinsky & Goldberg, 2016）。
- **童年中晚期。** 在小学阶段，儿童对自己的出身更加好奇，他们可能会问好多有关的问题，如我来自哪里？生父母是什么样子？他们为什么把我给他人领养？随着年龄的增长，儿童对自己被领养一事会出现矛盾的情感，并会质疑养父母就领养一事所做的解释。就养父母而言，重要的是要认识到这种矛盾心理属于正常现象。同时，如果养父母很想让领养孩子的生活特别完美，总是在领养孩子面前展示自己的完美形象，反而会出现问题。其结果往往是被领养的孩子觉得自己不能发泄任何愤怒的情绪，也难以和养父母坦率地讨论问题。
- **青少年期。** 青少年已经形成了比较抽象的逻辑思维，他们会关注自己的身体，并寻求自我同一性。这些特点使得被领养的青少年可以用更复杂的方式来思考自己的领养身份，如关注自己和养父母之间的身体差异。当被领养的青少年探索自我同一性的时候，他们可能难以用积极的态度把自己的领养身份整合到自己的自我同一性当中。重要的是，养父母需要认识到被领养青少年自我同一性的探索是很复杂的，对孩子长期地探索自我同一性要有足够的耐心。

对抚养在发展的不同时间点上被领养的孩子来说，有哪些策略？
图片来源：视觉中国

根据本专栏及前文中提供的信息，心理健康工作者应当如何帮助养父母和被领养的儿童？

程度上是由于基因差异、环境差异或二者相结合的差异造成的（Wang & others, 2012）。为了研究遗传对行为的影响，行为遗传学家通常采用双生子研究或领养研究（Kubarych & others, 2012）。

最常见的**双生子研究**就是将同卵双胞胎（他们遗传上相同）之间的行为相似性与异卵双胞胎之间的行为相似性进行比较。如前文提及，虽然异卵双胞胎共享一个子宫，但从遗传角度看，异卵双胞胎之间的相似性和一般的同胞兄弟姐妹之间的相似性差不多。因此，通过将同卵双胞胎组和异卵双胞胎组进行比较，行为遗传学家就可以充分地利用同卵双胞胎比异卵双胞胎具有更多的遗传相似性这一基本知识

行为遗传学（behavior genetics）一个研究领域，探究遗传和环境对个体之间的特征差异和发展差异产生的影响。

双生子研究（twin study）将同卵双胞胎之间的行为相似性与异卵双胞胎之间的行为相似性进行比较的一种研究。

（Li & others, 2018）。例如，如果某一研究发现同卵双胞胎当中出现相同行为问题（conduct problem）的情况比异卵双胞胎更为普遍，就表明遗传对行为问题具有重要影响（Saunders & others, 2019）。

然而，诸多因素使得对双胞胎研究的解释变得复杂化。例如，也许是同卵双胞胎所处的环境比异卵双胞胎更为相似；和异卵双胞胎相比，成年人可能更加强调同卵双胞胎的相似性，同卵双胞胎也可能会比异卵双胞胎更倾向于把自己看作"一对儿"并在一起玩耍。如果是这样，那么环境因素对我们观察到的同卵双胞胎和异卵双胞胎相似性的影响就可能很重要。

在**领养研究**中，研究者试图发现被领养儿童的行为和心理特征是更像养父母还是更像生父母，因为前者为他们提供了家庭环境，后者则为他们提供了遗传素质（Kendler & others, 2018）。领养研究的另一种方式是将有领养关系的兄弟姐妹与有血缘关系的兄弟姐妹进行比较。

双生子研究将同卵双胞胎和异卵双胞胎进行比较。同卵双胞胎发育自同一个受精卵，该受精卵分裂成两个遗传相同的个体。异卵双胞胎发育自两个不同的受精卵，这使得其遗传相似程度并不比一般的兄弟姐妹高。双生子研究法的本质是什么？
图片来源：视觉中国

领养研究（adoption study）领养研究者力求发现被领养儿童的行为和心理特征是更像养父母还是更像生父母，前者为他们提供了家庭环境，后者则为他们提供了遗传素质。领养研究的另一种方式是将有领养关系的兄弟姐妹与有血缘关系的兄弟姐妹进行比较。

> 遗传与环境的关联

研究者在解释双生子研究和领养研究的结果时所遇到的困难反映了遗传与环境相互作用的复杂性。有些相互作用表现为遗传与环境的关联，即指个体的基因型可能会影响到个体所处的环境类型。换句话说，个体在一定程度上"继承"了与其遗传倾向相关联的环境。行为遗传学家桑德拉·斯卡尔（Sandra Scarr, 1993）叙述了遗传与环境形成关联的三种方式（参见图10）。

- **被动式基因型与环境的关联** 当与儿童有遗传关系的亲生父母给儿童提供养育环境时，被动式基因型与环境的关联就会发生。比如，父母可能天生就比较聪明且善于阅读。因为他们善于阅读也喜欢阅读，所以他们就为自己的孩子提供书籍，让他们阅读。可能的结果就是，其孩子由于继承了善于阅读的天赋并且处于充满书籍的环境中，也将成为熟练的阅读者。
- **唤起式基因型与环境的关联** 当儿童的遗传特征引发出某种类型的环境时，唤起式基因型与环境的关联就出现了。例如，主动又面带笑容的儿童比被动又安静的儿童会得到更多的社会性刺激；与不善于合作并且注意力分散的儿童相比，那些善于合作并且注意力集中的儿童也更容易引起周围成人愉快的、指导性的回应。

遗传与环境的关联	特征描述	举例
被动式关联	儿童从父母处继承了遗传倾向，父母也为儿童提供了与父母自身遗传倾向相匹配的环境。	有音乐天赋的父母通常会生出有音乐天赋的孩子，他们也会为孩子提供丰富的音乐环境。
唤起式关联	儿童的遗传倾向引发了支持这种特点的环境刺激。于是，基因就唤起了环境的支持。	乐观、外向的儿童会引发他人的微笑和友好的回应。
主动式关联（选窝式关联）	儿童主动地在周围大环境中寻找适合自身兴趣和天赋的小环境——"窝"。这样，小环境就与他们的基因型相一致了。	如果儿童在读书、体育或音乐方面有天赋，那么图书馆、运动场和乐器店就会成为这些儿童各自寻求的小环境。

图10 遗传与环境之间关联的形成

- **主动式（选窝式）基因型与环境的关联** 当儿童找到了适合自己并充满刺激的环境时，主动式（选窝式）基因型与环境的关联就发生了。选窝（niche-picking）是指寻找与自己的受遗传因素影响的能力相适合的环境。实际上，儿童对周围环境中的方方面面总是有所选择地予以回应、了解或者忽视。他们对周围环境的主动选择往往与其特定的基因型有关。例如，外向的儿童倾向于选择可以与他人互动的社会环境，但羞涩的儿童则不会这么选择。再如，有音乐天赋的儿童很可能倾向选择可以发挥自己才能的音乐环境。那么，这些"倾向"又是如何产生的呢？我们将在"渐成的观点"这一标题下简短地讨论。

斯卡尔认为，在儿童从婴儿期到青少年期的发展过程中，这三种基因型与环境关联的相对重要性会发生变化。在婴儿期，儿童所经历的大多数环境都是由成人提供的。因此，被动的基因型与环境的关联在婴幼儿中就比在年长儿童和青少年中更为普遍，因为后者能够在很大程度上扩展其家庭影响之外的经验，并能够在很大程度上创造自己的环境。

> 共享与非共享的环境经验

行为遗传学家们认为，要理解环境对个体差异的形成所起的作用，就应当区分共享环境与非共享环境。也就是说，我们既要考虑儿童与其他同处一个家庭中的儿童所共享的经验，也要考虑他们的非共享的经验（Salvy & others, 2017）。

共享的环境经验指兄弟姐妹们都有的经验，如父母的个性和智力状况，家庭的社会经济地位，以及居住地的邻里状况等。与此形成对照的是，**非共享的环境经验**则是指一个儿童与其兄弟姐妹们不同的独特的经验，可以发生在家庭内，也可以发生在家庭外。甚至是发生在家庭内部的经验也可以成为"非共享的环境"的一部分。例如，父母常常会与每个兄弟姐妹分别进行不同的互动，而兄弟姐妹们也会分别与父母进行不同的互动。兄弟姐妹们通常会有不同的同伴群体、不同的朋友，在学校里也有不同的老师。所有这些都会产生非共享的环境经验。

行为遗传学家罗伯特·普洛明（Robert Plomin, 2004）发现，共享环境几乎不能解释儿童个性或爱好方面的差异。换句话说，即使两个儿童拥有共同的父母，生活在同一屋檐下，两人的个性也常常会有很大差别。普洛明进一步认为，遗传是通过上文叙述的遗传与环境的关联来影响兄弟姐妹间的非共享环境。例如，继承了运动天赋的儿童通常会在与体育相关的环境中花费更多的时间，而继承了音乐天赋的儿童则会把更多的时间花费在与音乐相关的环境中。

一些纵向研究表明：父母的养育方式或其他环境因素的影响力在发展的较早阶段要强于较晚阶段（Lansford & others, 2018）。例如，对学前儿童来说，母亲的智力往往和较高质量的家庭环境相联系，包括家中的书籍和其他富于认知刺激的材料，同时还包括认知刺激丰富的户外活动，如参观各种博物馆。但是，当儿童到了8岁或9岁时，尤其是到了青少年期的时候，儿童自身的智力就比他们母亲的智力更能预示他们的家庭环境质量（Hadd & Rodgers, 2017）。从遗传的角度看，更聪明的母亲可能生出更聪明的孩子。但即使在同一个家庭内，智力较高的孩子也会比智力较低的同胞获得更丰富的环境经验。

被动式基因型与环境的关联（passive genotype-environment correlations） 当与儿童有遗传关系的亲生父母给儿童提供养育环境时，被动式基因型与环境的关联就会发生。

唤起式基因型与环境的关联（evocative genotype-environment correlations） 当儿童的遗传特征引出某种类型的环境时，唤起式基因型与环境的关联就会出现。

主动式（选窝式）基因型与环境的关联 [active (niche-picking) genotype-environment correlations] 当儿童找到了适合自己并充满刺激的环境时，主动式（选窝式）基因型与环境的关联就会发生。

共享的环境经验（shared environmental experiences）兄弟姐妹们都有的环境经验，如父母的个性和智力状况、家庭的社会经济地位、居住地的邻里状况等。

非共享的环境经验（nonshared environmental experiences）一个儿童与其兄弟姐妹们不同的独特的经验，可以发生在家庭内，也可以发生在家庭外。

遗传与环境关联观点
遗传 ——→ 环境

渐成观
遗传 ←——→ 环境

图 11 遗传与环境关联观和渐成观的比较

> 渐成观和基因 × 环境的相互作用

批评者们认为，遗传与环境关联的观点过分强调了遗传在决定发展方面的单向作用，因为该观点未考虑先前的环境对形成关联本身的影响（Gottlieb，2007）。然而，在本章开始部分，我们就讨论过基因是如何合作的，基因并不是以独立的方式而是通过与环境的相互作用来决定个体特性的。

渐成观 与基因合作的概念一致，吉尔伯特·戈特利布（Gillbert Gottlieb，2007）强调渐成的观点。这种观点认为发展是遗传与环境之间不断的双向互动的结果。图 11 将遗传与环境关联的观点和渐成观进行比较。

让我们来看一个反映渐成观的例子。受孕时，孩子继承了亲生父母双方的基因。但是在出生前的发育过程中，毒素、营养、压力能使某些基因停止作用而使另一些基因的作用增强或减弱。在婴儿期，毒素、营养、压力、学习、奖励等环境经验会继续修改基因的活动，并修改直接控制着行为的神经系统的活动。所以，正是遗传和环境的共同作用或合作才形成了某个人的智力、气质、身高、体重、阅读能力、投棒球的能力等（Gottlieb，2007；Lickliter，2013；Meaney，2010；Moore，2013）。

"基因 × 环境"的相互作用 越来越多的研究正在探究遗传与环境之间的互动是如何影响发展的，包括涉及特定 DNA 序列的互动（Zhou & others，2018）。渐成的机制可以深入到微观层面，例如，由于受到某些可改变基因功能的环境因素的作用，DNA 链上的分子可能会发生实际的变化（Feil & Frage，2012）。

有一项研究发现，那些携带有 5-HTTLPR（一个涉及神经递质 5–羟色氨的基因）短版基因型（a short version of a genotype）的个体具有较大的患抑郁症的风险，但只有在他们的生活中也有压力的情况下，才会如此（Caspi & others，2003）。因此，这个特定的基因并没有直接导致抑郁症的形成，而是和环境相互作用后才对抑郁症产生影响；这种相互作用是如此密切，以至于研究者可以根据个体的环境状况来预测个体将来是否会罹患抑郁症。近来的一些研究还发现，5-HTTLPR 基因与环境压力水平之间的互动也可以用来预测青少年和年龄较大者的抑郁症发生情况（Saul & others，2019）。

其他有关基因与环境互动的研究已把侧重点放在依恋、抚养以及支持性的儿童养育环境上（Lovallo & others，2017）。例如，有些基因是导致心理紊乱的风险因素，但只有在个体同时也经历了早期逆境如遭受了身体虐待或性虐待的情况下，这些基因才会发生作用（Bulbena-Cabre，Nia，& Perez-Rodriguez，2018）。我们刚才叙述的这一类研究被称为**"基因 × 环境"的相互作用**的研究，它们研究 DNA 中某种特定的、可测量的变化与环境中某种特定的、可测量的因素之间是如何相互作用的（Halldorsdottir & Binder，2017）。

体现"基因 × 环境"相互作用特点的理论主要有两个。第一个理论叫作"双风险模型"（dual-risk model），强调某种遗传因素只有在同时存在压力或不利环境的情况下才会导致个体适应不良（Zuckerman，1999）。从历史上看，这一理论是用来理解基因和环境相互作用的主要方式。第二个理论叫作"差别性易感模型"（differential susceptibility model）（Belsky & Pluess，2009）。这两个理论都体现了"基因 × 环境"互动的特点，即某种遗传因素比较容易受到某种积极环境或消极环境的影响。有些研究者用蒲公英和兰花的类比来说明生物易感性和环境的关系。蒲公英在各种不同的环境中几乎都可以同样茁壮地生长；而兰花在其适宜的环境中可以很好地生长，但在其他环境中则会枯萎和死亡（Ellis & Boyce，2008）。

发展链接

生理过程

最近的一项研究显示，在婴儿的依恋、体贴的养育、短版 / 长版的 5-HTTLPR 基因之间存在着关联。链接"情绪发展"。

渐成观（epigenetic view）该观点认为发展是遗传与环境之间不断的双向互动的结果。

基因 × 环境的相互作用（gene × environment interaction）DNA 中某种特定的可测量的变化与环境中某种特定的可测量的因素之间的互动。

> 遗传和环境相互作用的结论

如果一位迷人的、受人欢迎的、聪明的高中毕业班的女孩当选为班长,那么她的成功是由于遗传还是环境呢?答案当然是兼而有之。

遗传和环境的相对贡献不能以加法来计算。也就是说,我们不能说百分之多少的遗传因素和百分之多少的环境因素使我们成为今天这个样子。也不能说基因的表达是一次性的,只是在受孕或者出生前后发生,之后我们就带着基因来到这个世界上,看它们能带领我们走多远。实际上,在人的一生中,基因都会在种种不同的环境条件下生产蛋白质,但它们也可能不生产这些蛋白质,这在一定程度上取决于环境条件是丰富还是贫瘠。

一种新的观点认为,对复杂的行为来说,基因发挥其影响的方式是为人的某种特定的发展路径提供一种倾向(Wertz & others, 2018)。然而,实际的发展还需要别的东西,即环境。这个环境很复杂,其复杂程度不亚于我们所继承的基因组合(Gartstein & Skinner, 2018)。环境影响既包括我们统称为"教养"的各种东西(如父母抚养、家庭动态、学校教育、邻里的特点),也包括种种生物学的境遇(如病毒、难产,甚至包括发生在细胞里面的生物学事件)。

让我们想象一下,有一组与青少年暴力行为有关的基因(这个例子仅仅是个假设,因为我们并不知道是否存在这样的基因组合)。携带这组基因的青少年所经历的环境可能是这样:有疼爱他们的父母,有规律而营养丰富的饮食,有很多可读的书,并有好多高水平的教师。但也可能是另一种情况:被父母忽视,邻里之间枪击事件和犯罪事件频发,学校教育也不适当。就这两种环境来说,哪一种环境有可能导致青少年的基因制出犯罪的生物学基础呢?

如果说遗传与环境相互作用决定着一个人发展的路径,这是否就是对"发展是由什么引起的"这一问题的全部回答呢?在发展过程中,儿童是否完全受基因和环境控制呢?答案是否定的。虽然遗传与环境无所不在地影响着发展(Franke & Buitelaar, 2018),但儿童的发展并非只是遗传与环境的产物,儿童也可以通过改变环境来创造独特的发展路径。正如一位心理学家最近所说的:

"事实上,我们既是自己世界的创造物,又是自己世界的创造者。是的,我们是基因和环境的产物。但是,那条塑造着未来的前因后果的溪流却起源于我们当前的选择。精神的力量是巨大的。我们的希望、目标和期待,都在影响着我们的未来。"(Myers, 2010, p. 168)

这个小女孩的钢琴技能在多大程度上是由于遗传、环境,还是两者兼而有之?为什么?
图片来源:视觉中国

发展链接

天性和教养

天性和教养问题是儿童发展研究中的主要问题之一。链接"绪论"。

复习、联想和反思

复习
- 什么是行为遗传学?
- 遗传与环境的关联有哪三种方式?
- "共享与非共享环境经验"这一概念的含义是什么?
- 什么是发展的渐成观?基因 × 环境的相互作用有什么特点?
- 关于遗传与环境的相互作用可以得出哪些结论?

联想
- 在本章开头,我们讲述了两对双胞胎的故事。就被动式、唤起式和主动式基因型与环境的关联来说,你认为哪种关联方式最能解释每对双胞胎之间的相似性?

反思你自己的人生之旅
- 假如有人告诉你,他(她)已对你的遗传背景和环境经验做了分析,得出的结论是:你小时候的成长环境对你的智力几乎没有影响。你将如何评价这一分析?

学习目标 4
解释遗传和环境相互作用从而产生个体发展差异的几种途径。

达到你的学习目标

生物起源

进化的观点

学习目标 1 讨论儿童发展的进化论观点。

● 自然选择与适应性行为

自然选择是一个过程，通过这个过程，某一物种中最适应环境的个体存活下来并繁殖后代。达尔文认为自然选择引发了生物的进化。在进化论中，适应性行为就是有助于有机体在自然栖息地生存的行为。

● 进化心理学

进化心理学主张，适应、繁殖和"适者生存"对行为的形成具有重要影响。而进化发展心理学的观点之一是：为了发育硕大的头脑并了解复杂的人类社会，就需要一个漫长的童年期。和其他关于发展的理论一样，进化心理学的观点也有局限性。班杜拉拒绝接受"片面的进化论"，而主张生物因素和环境因素之间的联系是双向的。人的生物因素为各种潜在文化的出现提供了可能性。

发展的遗传基础

学习目标 2 叙述基因是什么以及它们是如何影响儿童发展的。

● 基因合作

DNA 的小片段构成了基因。基因是指导细胞复制和蛋白质合成的遗传信息单位。基因是以合作的方式而不是独立地发挥作用。

● 基因和染色体

有丝分裂和减数分裂是形成新细胞的两种方式，当染色体在有丝分裂和减数分裂过程中进行复制时，基因就传递给了新细胞。当卵子和精子在受孕过程中相结合形成受精卵时，受精卵中就包含了来自父亲精子染色体和来自母亲卵子染色体的基因。虽然这种基因传递方式是一代接一代的，但仍然存在许多产生变异的途径，包括减数分裂过程中染色体之间片段的互换、突变以及不同环境的影响。

● 遗传规则

遗传规则包括显性-隐性基因、性连锁基因、遗传印记、多基因遗传。

● 与染色体和基因有关的异常

染色体异常导致了唐氏综合征，唐氏综合征是由第 21 对染色体上多出一条染色体造成的。性染色体异常导致的病症包括克兰费尔特氏综合征、脆性 X 染色体综合征、特纳氏综合征和 XYY 综合征等。与基因相关的异常包括苯丙酮尿症和镰刀型细胞贫血症。通过遗传咨询，夫妇可以从咨询师那里了解到他们准备要的孩子患遗传异常的风险有多大。

生殖的挑战和选择

学习目标 3 指出一些重要的生殖挑战和选择。

● 孕期的诊断和检查

怀孕期间，可以采用超声波检查、胎儿磁共振成像、绒毛活检、羊膜穿刺、母血筛查等方法来探测胎儿是否发育正常。同时，无侵害孕期诊断方法正越来越受到重视，相关研究也越来越多。另外，胎儿性别的鉴定也比以往大幅提早了。

● 不孕与生殖技术

大约 10% 到 15% 的美国夫妇存在不孕问题，有些人可以通过手术或助孕药物医治。另一个选择是采用试管受孕技术。

- 领养

绝大多数被领养儿童适应良好。领养发生得越早，对被领养儿童越是有利。由于近几十年来领养发生了巨大的变化，我们已难以概括出一般的被领养儿童或一般的领养家庭是什么样子。

遗传和环境的相互作用：天性和教养之争

学习目标 4 解释遗传和环境相互作用从而产生个体发展差异的几种途径。

- 行为遗传学

行为遗传学是一个研究领域，它探究的是遗传和环境对个体之间的特征差异和发展差异产生的影响。行为遗传学家采用的研究方法包括双生子研究和领养研究。

- 遗传与环境的关联

在斯卡尔的遗传与环境相关联的观点中，遗传引导着儿童所经历的环境类型。斯卡尔描述了三种基因型与环境相关联的方式：被动式、唤起式、主动式（选窝式）。斯卡尔还认为，在儿童的发展过程中，这三种基因型与环境关联的相对重要性会发生变化。

- 共享与非共享的环境经验

共享的环境经验指兄弟姐妹们都有的经验，如父母的个性和智力状况，家庭的社会经济地位，以及居住地的邻里状况等。非共享的环境经验则是指某个儿童与其兄弟姐妹不同的独特的经验，可以发生在家庭内，也可以发生在家庭外。许多行为遗传学家认为，兄弟姐妹之间发展过程中的差异是由于非共享的环境经验（以及遗传）而不是由于共享的环境经验造成的。

- 渐成观和基因×环境的相互作用

渐成观强调发展是遗传与环境之间不断的、双向的互动所产生的结果。基因×环境的相互作用则涉及DNA中某种特定的、可测量的变化与某种特定的、可测量的环境之间的相互作用。有关基因×环境相互作用的研究正在不断增加。

- 遗传和环境相互作用的结论

基因影响行为的方式即是为人的某种特定的发展路径提供一种倾向，但实际的发展还需要环境，而环境又是很复杂的。遗传与环境的相互作用很广泛。至于遗传与环境之间如何以特定的方式相互作用而影响发展，我们至今知之不多，仍有待进一步的研究。另外，虽然遗传与环境无所不在地影响着发展，但人们可以通过改变他们的环境来创造独特的发展路径。

重要术语

主动式（选窝式）基因型与环境的关联 active (niche-picking) genotype-environment correlations
领养研究 adoption study
行为遗传学 behavior genetics
染色体 chromosomes
脱氧核糖核酸 DNA
唐氏综合征 Down syndrome
渐成观 epigenetic view
唤起式基因型与环境的关联 evocative genotype-environment correlations
进化心理学 evolutionary psychology

受精 fertilization
脆性X染色体综合征 fragile X syndrome
基因×环境的相互作用 gene × environment interaction
基因 genes
基因型 genotype
克兰费尔特氏综合征 Klinefelter syndrome
减数分裂 meiosis
有丝分裂 mitosis
非共享的环境经验 nonshared environmental experiences
被动式基因型与环境的关联 passive

genotype-environment correlations
表现型 phenotype
苯丙酮尿症（PKU） phenylketonuria
共享的环境经验 shared environmental experiences
镰刀型细胞贫血症 sickle-cell anemia
特纳氏综合征 Turner syndrome
双生子研究 twin study
XYY综合征 XYY syndrome
受精卵 zygote

重要人物

艾伯特·班杜拉 Albert Bandura
托马斯·布沙尔 Thomas Bouchard
戴维·巴斯 David Buss

查尔斯·达尔文 Charles Darwin
吉尔伯特·戈特利布 Gilbert Gottlieb
史蒂芬·杰伊·古尔德 Stephen Jay Gould

罗伯特·普洛明 Robert Plomin
桑德拉·斯卡尔 Sandra Scarr

第三章　出生前的发展和出生

本章纲要

第1节　出生前的发展

学习目标 ❶

描述出生前的发展。
- 出生前的发展过程
- 畸形学与出生前发展的风险
- 孕期保健
- 正常的出生前的发展

第2节　出生

学习目标 ❷

讨论出生过程。
- 出生过程
- 对新生儿的评估
- 早产和低出生体重的婴儿

第3节　产后期

学习目标 ❸

解释产后期里发生的变化。
- 生理调节
- 情绪和心理调节
- 亲子联结

真人实事

结婚时，黛安娜（Diana）34 岁，她的丈夫罗杰（Roger）38 岁，两人都有全职工作。当黛安娜怀上孩子时，夫妻俩都很激动。可是，两个月后，黛安娜开始出现一些不寻常的疼痛和出血，她流产了。她仔细思索是什么原因导致自己流产。差不多在她刚怀孕时，联邦政府就曾发出警告：怀孕期间经常食用某些汞含量高的鱼类可能会导致流产，但她当时没有重视。现在，她把那些鱼类从膳食中去掉了。

6 个月后，黛安娜又怀孕了。这一次，她和罗杰阅读了不少有关孕期保健的书籍，还报名参加了分娩准备培训班。在 8 个星期里，每逢星期五，他们就通过模拟宫缩来练习放松的技巧。他们也谈论自己想成为什么样的父母，还讨论孩子出生后，他们的生活将会发生哪些变化。当他们得知未来的宝宝将是个男孩时，就给他取了个绰号——"小小先生"。

这一次，黛安娜孕期平安，亚历克斯（Alex）诞生了。然而，在分娩过程中，黛安娜的心跳突然减慢，医生只好用兴奋剂来提高她的心率，但兴奋剂也明显地加快了亚历克斯的心跳和呼吸，并达到了危险的界点，所以，他被安置进了新生儿重症监护病房。

黛安娜和罗杰每天都要到新生儿重症监护病房看望亚历克斯好多次，不少出生体重很低的婴儿已经待在那里几个星期了，其中有一些没有什么改善。幸运的是，亚历克斯的健康状况比较好。在新生儿重症监护病房待了几天后，医生便让黛安娜和罗杰把健康的亚历克斯带回了家。

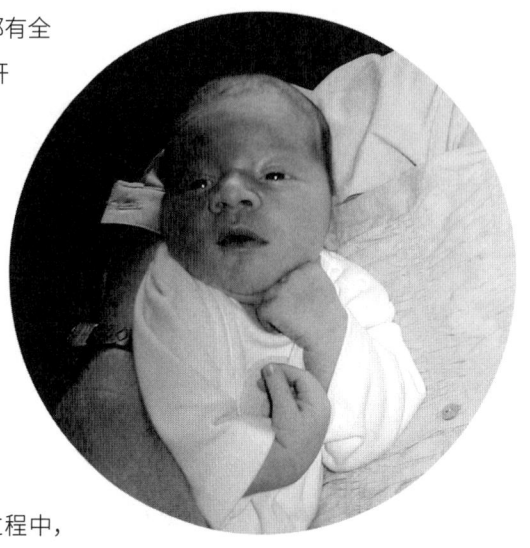

亚历克斯，也叫"小小先生"。
图片来源：Dr. John Santrock

第三章 出生前的发展和出生　69

前言

本章叙述从受孕到出生这一无比奇妙的发展过程。我们既关注正常的发展，也关注妨碍正常发展的危险因素（如前述故事中提及的汞）。我们将概述出生过程并叙述用于评估新生儿的测试方法。我们还将考察产后阶段母亲生理的、情绪的和心理的调整。最后，我们将比较关于父母与婴儿亲子联结的几种理论。

第1节 出生前的发展

学习目标 1

描述出生前的发展。
- 出生前的发展过程
- 畸形学与出生前发展的风险
- 孕期保健
- 正常的出生前的发展

> 人出生前九个月的历史也许比他们出生后一辈子的历史更加有趣，更加重要。
>
> ——赛缪尔·泰勒·柯勒律治
> 19世纪英国诗人和散文家

请想象一下亚历克斯是怎么诞生的。在数以千计个卵子和数以百万计个精子当中，只是一个卵子和一个精子的结合而产生了他。如果精子和卵子结合得早一天或晚一天，甚至早一个小时或晚一个小时，他就可能是完全不同的另外一个人，生理特点和心理特点都可能完全不同。当来自男性的一个精细胞和来自女性的一个卵细胞在输卵管里结合时，受孕（conception）就发生了，这一过程也被称为受精（fertilization）。在接下来的几个月里，遗传密码就会指导受精卵发生一系列的变化。但是，很多事件和危险因素都影响着这个受精卵如何发育并长成小亚历克斯。

> 出生前的发展过程

正常的出生前发展从受孕开始，到出生结束，持续266到280天（38周到40周之间，大约9个月）。整个发展过程可分为三个阶段：胚芽期、胚胎期、胎儿期。

胚芽期 胚芽期指的是怀孕的最初2周。它包括受精卵（合子）的形成、细胞分裂以及受精卵在子宫壁上着床。

在整个胚芽期，受精卵快速分裂。如第二章所述，这种细胞分裂是通过有丝分裂的过程实现的。在受孕后大约一周时，这些细胞的分化（细胞特殊化以适应不同的任务）就已经开始了。此时，这个细胞团被称为**胚泡**，由内细胞群和**滋养层**组成，内细胞群最终会发育成胚胎，而滋养层是外细胞层，它后来将为胚胎提供营养和支持。着床指受精卵附着到子宫壁上的过程，大约发生在受孕后11天至15天里。图1展示了胚芽期里一些最重要的发展。

胚胎期 胚胎期指受孕后第2到第8周之间的一段时间。在这段时间里，细胞分化的速度加快，细胞的支持系统形成，器官也出现了。

当胚泡附着到子宫壁上时，胚胎期就开始了。此时，这个细胞团被称为胚胎，它有三层。*内胚层*是细胞团的内层，将发育成消化和呼吸系统；*中胚层*是细胞团的中间层，将发育成循环系统、骨骼、肌肉、排泄系统和生殖系统；*外胚层*是细胞团最外面的一层，将发育成神经系统、感觉器官（耳、鼻、眼等）和表皮部分（毛发、指甲等）。身体的每一部分最终都是由这三个胚层发育而成。内胚层主要生成身体的内部器官，中胚层主要生成内部器官周围的部分，而外胚层主要生成身体的表面部分。

胚芽期（germinal period） 出生前的一个发展阶段，指怀孕后的最初2周。它包括受精卵（合子）的形成、细胞分裂以及受精卵在子宫壁上着床。

胚泡（blastocyst） 胚芽期里发育成的细胞团。其内层细胞群最终会发育成胚胎。

滋养层（trophoblast） 胚芽期里发育成的细胞团的外层，这些细胞将为胚胎提供营养和支持。

胚胎期（embryonic period） 受孕后第2到第8周之间的一段时间。在这段时间里，细胞分化的速度加快，细胞的支持系统形成，器官也出现了。

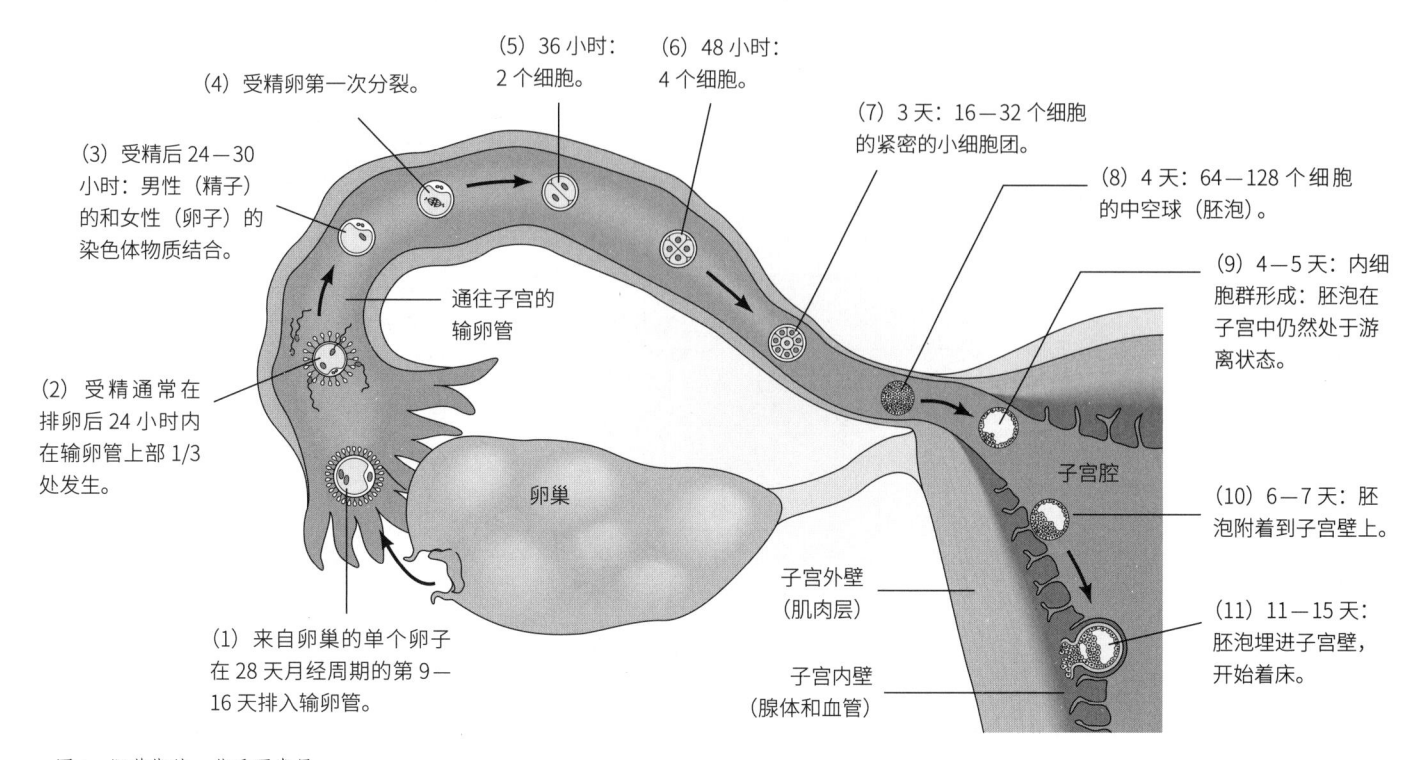

图1 胚芽期的一些重要发展

受孕后约一周时，细胞的分化就已经开始。当受精卵附着到子宫壁上时，胚芽期也就结束了。如果采用试管受精，图中哪些阶段将发生在实验室里？

就在胚胎的三个胚层形成时，胚胎的生命支持系统也快速地发展。这些生命支持系统包括羊膜、脐带（两者都是从受精卵而不是从母体发育而来）和胎盘。**羊膜**呈袋状或包膜状，装有被称为羊水的透明液体，胚胎就漂浮在羊水中；羊水提供了一个温度和湿度得到控制的环境，还具有防震的功能。**脐带**含有两条动脉和一条静脉，它将胚胎或胎儿连接到胎盘。**胎盘**则是一个碟子形状的组织，在胎盘中来自母体和来自胚胎或胎儿的细小血管相互缠绕，但两者之间并不连通。

图2展示了胎盘、脐带以及母体与发育中的胚胎或胎儿之间的血液流动情况。来自母体血液中的氧气、水、盐和营养物以及来自胚胎或胎儿血液中的二氧化碳、代谢废物等小分子在母体与胚胎或胎儿之间往返传送（Kallol & others, 2018）。实际上，孕妇摄取的几乎所有药品或化学物质都可以在一定程度上穿过胎盘，除非被代谢了或在传送过程中发生了变化，或者是太大（Kapur & Baber, 2017; Lye & others, 2018）。一项综述研究显示，香烟的烟雾能够减弱或增强胚胎膜的氧化应激反应（oxidative stress），而胎盘就是从胚胎膜发展来的（Lu & others, 2018）。大分子物质无法通过胎盘壁；大分子物质包括红细胞和一些有害物质，如大多数的细菌、母体内的废物、激素等。通过胎盘这道屏障传输物质的调控机制很复杂，至今仍有许多尚未明白的地方（Saunders & others, 2018; Zhu & others, 2018）。

当大多数妇女知道自己怀孕的时候，新生命体的主要器官都已开始形成。人们用**器官发生**（organogenesis）这一术语来表示产前发展过程中最初2个月里的器官形成情况。当器官处于形成过程中时，它们对环境变化的抵抗力尤其脆弱（Sebastiani & others, 2018）。在怀孕第3周，神经中枢管形成，它最终将发育成脊髓。在大约21天时，眼睛开始出现；24天时，心脏细胞开始分化。第4周，泌尿生殖系统已明显可见；胳膊和腿的雏形出现；心脏的4个腔开始生成，血管也出

羊膜（amnion）出生前的生命支持系统，呈袋状或包膜状，装有透明液体，胚胎就漂浮在液体中。

脐带（umbilical cord）出生前的生命支持系统，含有两条动脉和一条静脉，将胚胎或胎儿连接到胎盘。

胎盘（placenta）出生前的生命支持系统，一个碟子形状的组织，在胎盘中，来自母体和来自胚胎或胎儿的细小血管相互缠绕。

器官发生（organogenesis）产前发展过程中最初2个月里的器官形成情况。

第三章 出生前的发展和出生

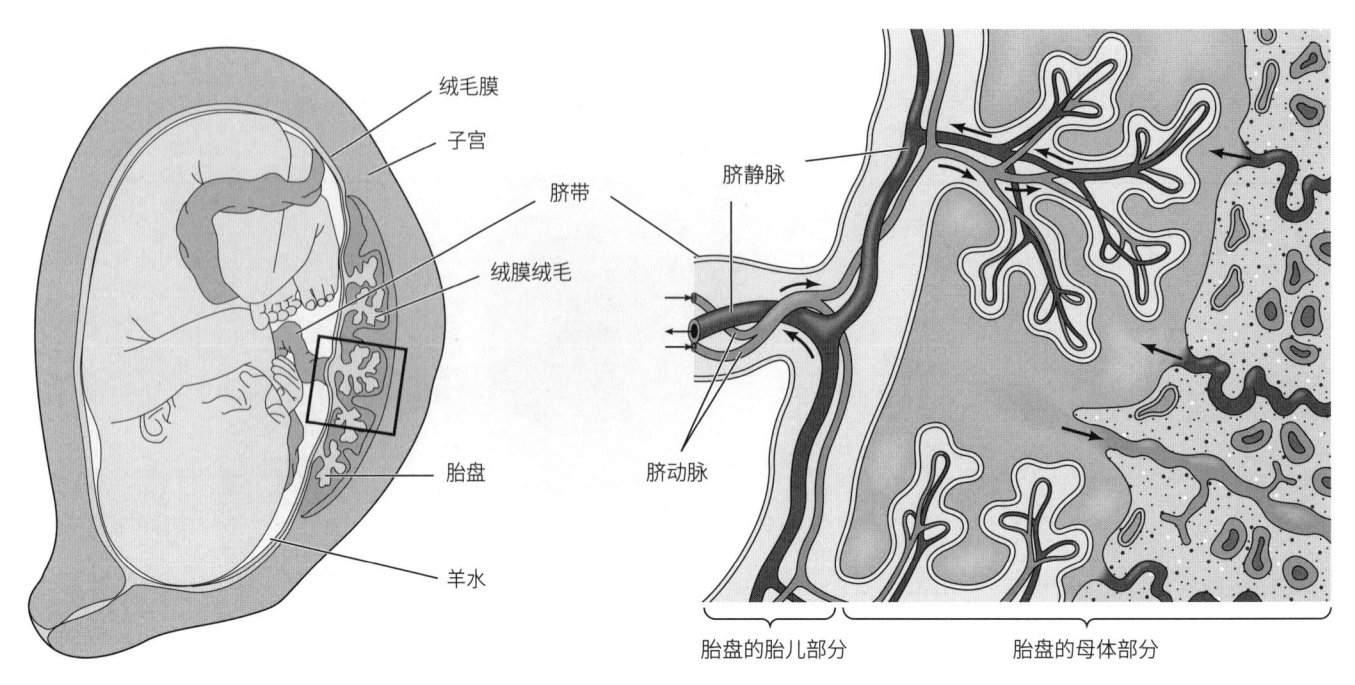

图 2　胎盘和脐带

右图为左图方框部分的放大图。图中的箭头表示血流方向。母亲的血液通过子宫动脉流向胎盘部位，又通过子宫静脉流回母亲的循环系统。胎儿的血液通过脐动脉流入胎盘中的毛细血管，再通过胎儿的脐静脉流回胎儿的循环系统。物质交换发生在隔离母体血液与胎儿血液的隔离层，因此，母亲血液和胎儿血液始终不会接触。已知的胎盘隔离层的工作原理和重要意义是什么？

资料来源：From John Santrock, Child Development, 13/e, fig 3.2. Copyright © 2011 McGraw-Hill Companies. Reprinted by permission.

现了。从第 5 周到第 8 周，胳膊和腿进一步分化；面部开始形成，但仍然不可辨认；与此同时，肠道也在发育，面部组织逐渐融合。不过，在第 8 周，这个发展中的生命体总共只有大约 1/30 盎司重，1 英寸多长。

胎儿期　胎儿期是出生前的第三个发展阶段，始于受孕后 2 个月，直到婴儿出生，持续时间一般为 7 个月。在这一阶段里，胎儿的生长和发育继续突飞猛进。

受孕后的第 3 个月，胎儿约 3 英寸长，3 盎司重。这时，胎儿已经能活动了，会动一动胳膊和腿，张开和闭上嘴巴，也会动一动头。胎儿的脸、前额、眼睑、鼻子、下巴已经可以辨认，大臂、小臂、手、下肢也可以区分出来。在大多数情况下，胎儿的性器官已经能分辨出是男性还是女性了。到了第 4 个月末，胎儿长到了约 6 英寸长，4 到 7 盎司重。这段时间里，胎儿身体的下半部分飞速生长。母亲可以首次感觉到胎儿胳膊和腿的活动。

到了第 5 个月月末，胎儿身长约 12 英寸，体重接近 1 磅；皮肤结构已经形成，如长出了脚趾甲和手指甲；胎儿也更加活跃，对自己在子宫内的姿势已表现出偏好。到第 6 个月月末，胎儿身长大约 14 英寸，体重比一个月前又增加了 0.5 磅到 1 磅；眼睛和眼睑已完全成形，有一层生长良好的毛发覆盖在头上；并出现了抓握反射和不规律的呼吸运动。

早在怀孕后 6 个月（受孕后 24 到 25 周）的时候，胎儿开始有了在子宫外存活的机会，也就是说，胎儿已经能养活了。但是，早产的婴儿（怀孕 24 到 37 周）通常需要接受呼吸帮助，因为他们的肺尚未完全成熟。到第 7 个月月末时，胎儿约 16 英寸长，3 磅重。

在出生前发展的最后 2 个月里，胎儿的脂肪组织形成，各种器官（如心脏和肾）已经正常发挥功能。在第 8 和第 9 个月期间，胎儿身长进一步增加，体重也大幅度

胎儿期（fetal period） 此阶段始于受孕后 2 个月，直到婴儿出生，持续时间一般为 7 个月。

第一个三月期（最初 3 个月）

从受孕到 4 周
- 不足 1/10 英寸长
- 开始发育脊髓、神经系统、肠胃系统、心脏和肺
- 羊膜囊包裹着整个身体的初级组织
- 被称为"受精卵"或"合子"

8 周
- 1 英寸多长
- 面部正在形成，初步有了眼、耳、嘴和牙齿的雏形
- 胳膊和腿开始活动
- 脑正在形成
- 用超声波可测到胎儿心跳
- 被称为"胚胎"

12 周
- 约 3 英寸长，1 盎司重
- 能够活动胳膊、腿、手指和脚趾
- 出现了指纹
- 能够微笑、皱眉、吮吸、吞咽
- 可以辨别出性别
- 能够排尿
- 被称为"胎儿"

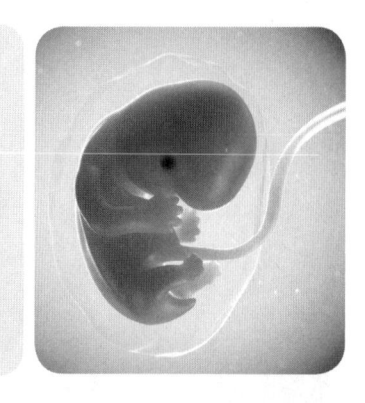

第二个三月期（中间 3 个月）

16 周
- 大约 6 英寸长，4 至 7 盎司重
- 心跳强而有力
- 皮肤薄而透明
- 细绒毛（胎毛）覆盖体表
- 手指甲和脚趾甲形成
- 有协调的动作，能在羊水里翻身

20 周
- 身长约 12 英寸，体重接近 1 磅
- 通过普通的听诊器就能听到心跳
- 可以吮吸大拇指
- 可以打嗝
- 头发、眼睫毛、眉毛出现

24 周
- 身长约 14 英寸，体重 1 至 1.5 磅
- 皮肤皱，覆盖有保护层（胎脂）
- 眼睛是睁开的
- 废物收集在肠中
- 抓握力量大

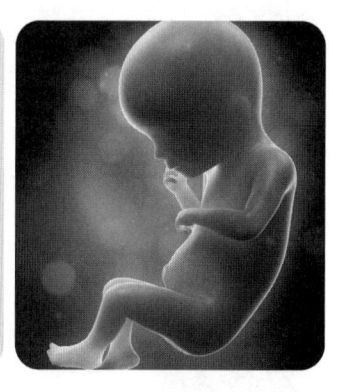

第三个三月期（最后 3 个月）

28 周
- 身长约 16 英寸，体重约 3 磅
- 体内脂肪在增加
- 非常活跃
- 出现初步的呼吸运动

32 周
- 身长 16.5 至 18 英寸，体重 4 至 5 磅
- 有睡眠阶段和清醒阶段
- 对声音有反应
- 可以确定出生时的体位
- 头骨柔软有弹性
- 肝脏内开始储藏铁元素

36 至 38 周
- 身长 19 至 20 英寸，体重 6 至 7.5 磅
- 皮肤皱的程度减轻
- 胎脂变厚
- 胎毛大部分消失
- 不太活跃
- 开始从母体获取免疫力

图 3　出生前发展的三个三月期
胚芽期和胚胎期都发生在第一个三月期里，胎儿期开始于第一个三月期末，也包括整个第二和第三个三月期。
图片来源：视觉中国

增加，大约又增加了 4 磅。出生时，新生儿平均体重是 7.5 磅，平均身长是 20 英寸。当母亲们的健康状况良好并享受到适当的产前护理时，这一平均体重在世界各地都惊人地相似（Villar & others，2014）。

图 3 对出生前发展的主要事件做一个概括。需要注意的是，图 3 不是用胚芽期、胚胎期和胎儿期来描述出生前的发展，而是把整个产前发展时间平均分成 3 段，每个阶段 3 个月，称为三月期。请记住，这三个三月期同我们前面讨论过的出生前发展的 3 个阶段不是一回事。胚芽期和胚胎期发生在第一个三月期里，胎儿期开始于第一个三月期末，还包括整个第二个和第三个三月期。存活能力（在子宫外存活的可能性）出现在第二个三月期刚结束的时候。

脑的发展　出生前发展中最令人惊奇的一个方面是脑的发展（Arck & others，2018）。出生时，新生儿大约拥有 1,000 亿个**神经元**，即 1,000 亿个神经细胞，这些神经元在细胞水平上进行着人脑中的信息处理。在出生前的发展过程中，神经元花费许多时间进入各自的正确位置，并开始相互联结。人脑的基本结构在出生前

神经元（neurons）即神经细胞，它们在细胞水平上进行着人脑中的信息处理。

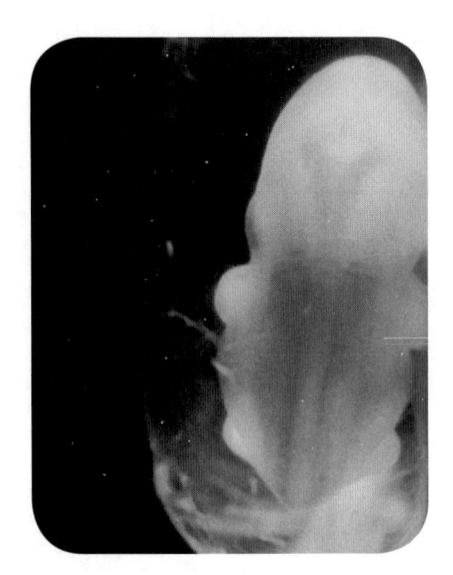

图 4 神经系统的早期形态
此图显示的是受孕后 6 周人类胚胎早期的、管状的神经系统。
图片来源：Claude Edelmann/Science Source

发展链接

脑的发展
出生时，新生儿的脑重大约是成人脑重的 25%。链接"身体的发展和健康"。

发展的前两个三月期里已经形成。正常发展的情况下，出生前的第三个三月期和出生后的最初两年的主要特点就是神经元进一步建立联结和加强功能（Moulson & Nelson, 2008）。

当人类的胚胎在母亲的子宫里发育时，神经系统开始发展，其初期形态是在胚胎的背上形成一个狭长中空的管子。这个梨子形状的神经管（pear-shaped neural tube）在受孕后 18 天至 24 天形成，是从外胚层发育来的。大约在受孕后 24 天，管道的上下两端封闭。如图 4 显示，受孕后 6 周，胚胎的神经系统仍然有着管状的外观。

和神经管闭合失败有关的先天缺陷有两种：无脑和脊柱裂。当神经管的头顶一端不能闭合时，脑的最高区域就不能发育，从而成为无脑儿。这样的孩子不是死在子宫里，就是死在出生时，或是死在出生后不久（Özel & others, 2018）。脊柱裂会导致不同程度的下肢麻痹，患有脊柱裂的个体通常需要辅助性设备，如拐杖、支撑物或轮椅。有助于防止神经管缺陷的一种方法是让孕妇服用适量的 B 族维生素叶酸，在本章下文中我们要讨论这一话题（Garrett & Bailey, 2018）。如果孕妇患有糖尿病或肥胖症，她们的胎儿就有患上神经管缺陷的风险（Huang, Chen, & Feng, 2017）。

在正常怀孕的情况下，一旦神经管闭合，大规模的新神经元增生过程就在孕期的第 5 周开始，并一直持续贯穿于余下的孕期阶段。产生新神经元的过程叫作神经发生（neurogenesis）（Yang & others, 2014）。据估计，在神经发生的高峰期，每分钟可产生多达 20 万个神经元。

大约在受孕后 6 到 24 周期间，*神经细胞迁移*（neuronal migration）发生了（Hadders-Algra, 2018）。在迁移时，神经细胞离开它们原来的出生地来到适当的位置上，从而产生出大脑不同的层、不同的结构和不同的区域（Cozzi & others, 2010）。一旦神经细胞来到了它的目标位置，它就必须成熟并形成更加复杂的结构。

大约在受孕后第 23 周，神经元之间开始产生联结，这一过程一直持续到出生后（Hadders-Algra, 2018）。在"身体的发展和健康"一章里，我们还要进一步详细讨论神经元的结构、神经元的联结以及婴儿大脑的发展。

> 畸形学与出生前发展的风险

对于我们在本章开头提到的宝宝亚历克斯来说，出生前的发展过程是顺利的，他妈妈的子宫一直保护着他。然而在许多情况下，尽管有妈妈子宫的保护，环境仍然会通过多种方式影响胚胎或胎儿的发展，这方面的例子不胜枚举。

一般规则　致畸物（teratogen）是指任何能导致先天缺陷的物质因素（该词源于希腊语 tera，意思是"怪物"）。实际上，致畸物是如此之多，以至于每个胎儿都会或多或少接触到一些。因此，很难确定哪种致畸物引起哪种问题。另外，致畸物的影响可能需要很长时间才表现出来。

考察导致先天缺陷原因的研究领域叫作畸形学（Teratology Society, 2017）。有时候，和致畸物发生一定程度的接触并不会导致先天性生理缺陷，但是会改变处于发展过程中的大脑并对认知功能和行为产生影响，在这种情况下，相关的研究领域就叫作行为畸形学（*behavioral teratology*）。

剂量大小、遗传易感性高低、接触某种致畸物的时间长短，都会影响到胚胎或胎儿受伤害的程度，也会影响到缺陷的类型：

致畸物（teratogen）这一术语源于希腊语 tera，意思是"怪物"，指任何能导致先天缺陷的物质因素。畸形学则是考察导致先天缺陷原因的研究领域。

- *剂量*。剂量的影响是显而易见的,致畸物(如药物)的剂量越大,影响就越大。
- *遗传易感性*。致畸物所引起的缺陷类型和严重程度与孕妇、胚胎或胎儿各自的基因有关(Gomes & others, 2018)。例如,母亲对某种药物的代谢能力会影响到药效传递给胚胎或胎儿的程度。胚胎或胎儿对某种致畸物的易感程度也可能取决于胚胎或胎儿本身的基因型。此外,由于一些尚未知晓的原因,男性胎儿比女性胎儿更容易受致畸物的影响(Hadley & Sheiner, 2017)。
- *接触时间*。在发展的某些时间点上,致畸物产生的伤害可能会比在另一些时间点上产生的伤害更大。在胚芽期遭遇的伤害甚至会使胚泡无法着床。一般来说,个体在胚胎期比胎儿期更加脆弱(Teratology Society, 2017)。

图5更加详细地概括了致畸物的影响时间和产生的后果信息。在胚胎期,致畸物造成结构性缺陷的概率最大,因为此时器官正在形成(Chudley, 2017)。身体的每个器官都有其形成的关键期。如第一章所述,所谓关键期就是指发展早期的一个特定的时间段,在这段时间里,某种经验或事件将对个体的发展产生持久的影响。从图5可见,神经系统发展的关键期要早于胳膊和腿的关键期,前者始于第三周,后者始于第四至第五周。

在器官发生完成后,致畸物引起结构性缺陷的可能性就降低了,而更可能表现

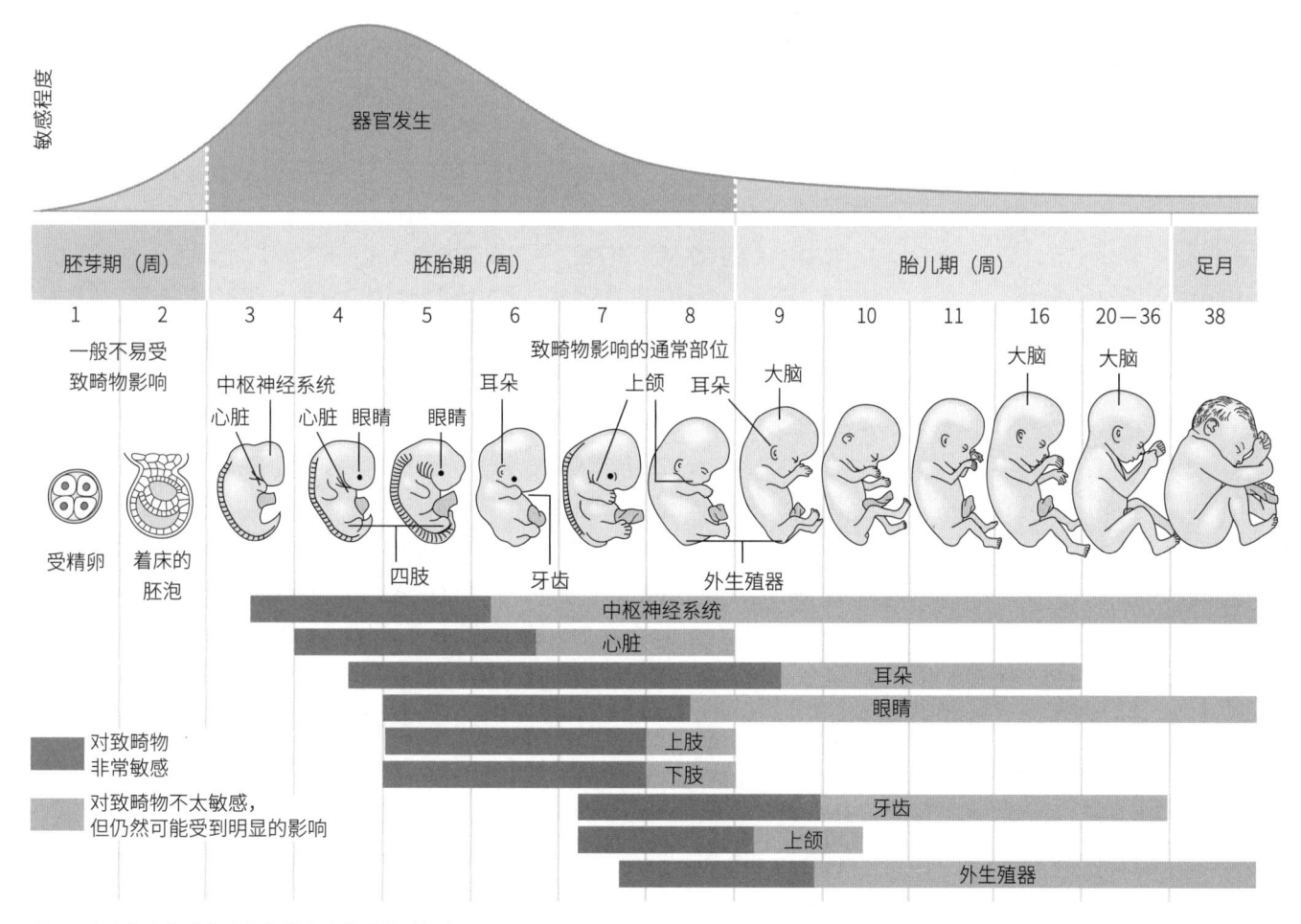

图5 致畸物及其对出生前发展产生影响的时间表
致畸物引起结构性缺陷的危险在胚胎期最大。器官发生阶段(深色)约为6周。此后,致畸物的危害(浅色)主要发生在胎儿期;一般不是引起结构性缺陷,而更可能是阻碍器官生长或造成器官功能问题。

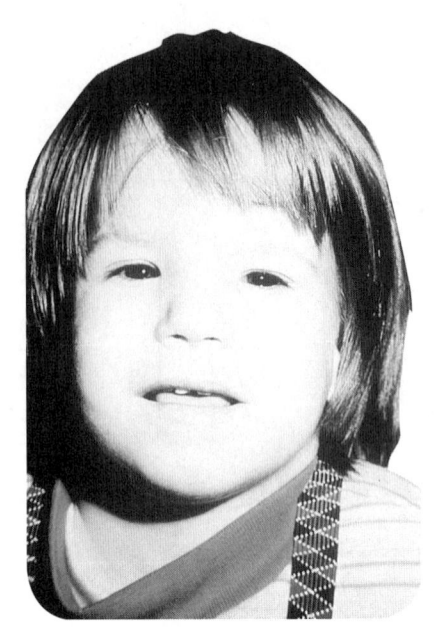

胎儿酒精综合征会引起一系列的身体异常和学习问题。请注意这位患儿的面部特征：眼距宽、颧骨扁平、上唇薄。

图片来源：Streissguth, AP, Landesman-Dwyer S, Martin, JC, & Smith, DW (1980). Teratogenic Effects of Alcohol in Humans and Laboratory Animals. Science, 209, 353-361.

为阻碍胎儿期器官的生长或造成器官功能方面的问题。让我们首先从药物开始来考察一些重要的致畸物及其影响。

处方药和非处方药 许多美国妇女在怀孕期间服用处方药，尤其是抗生素、止痛药、消炎药和哮喘药。然而，处方药和非处方药都可能对胚胎或胎儿产生孕妇想象不到的影响。

可能具有致畸作用的处方药包括抗生素，如链霉素和四环素、一些抗抑郁药，以及某些激素，如孕激素、合成雌激素和异维甲酸（Accutane，医生常开此药治疗粉刺）（Campagne, 2018）。

可能对胎儿有害的非处方药包括减肥丸和高剂量的阿司匹林。不过，最近有一项研究显示，低剂量的阿司匹林对胎儿没有危害，但高剂量的阿司匹林可能会引起孕妇和胎儿出血（Roberge, Bujold, & Nicolaides, 2018）。

精神类药物 精神类药物（psychoactive drugs）作用于神经系统，用来改变人的意识状态、感知觉和情绪。精神类药物很多，合法的有咖啡因、酒精、尼古丁等，非法的有可卡因、海洛因、冰毒、大麻等。

咖啡因 人们一般通过喝咖啡、茶、可乐、能量饮料或吃巧克力而摄取咖啡因。虽然美国食品药品管理局建议孕妇不要摄取或者少量地摄取咖啡因，但是越来越多的证据表明，孕妇摄取咖啡因并不增加流产风险，也不会导致胎儿生长缓慢或先天性畸形（Leviton, 2018）。

酒精 孕妇酗酒会给后代带来破坏性的影响（Zhang, Hashimoto, & Guizzetti, 2018）。**胎儿酒精综合征（FASD）**就是由于母亲在怀孕期间酗酒而引起的一系列异常和问题。这类异常包括面部变形和四肢、脸部、心脏缺陷等（Brown & others, 2018）。有些胎儿酒精综合征患者表现出身体畸形，有些则没有。但大多数胎儿酒精综合征患者都有学习问题，许多患者的智力低于平均水平，有的甚至成为智力障碍。最近一项综述研究还发现，患有胎儿酒精综合征的儿童大脑中在涉及感知觉、认知和行为等诸多方面的神经通路上存在缺陷（Nguyen & others, 2017）。另外，尽管酗酒的孕妇有很大风险生出患有胎儿酒精综合征的孩子，但并不是所有酗酒的孕妇都会生出胎儿酒精综合征患儿。

那么，专家对怀孕期间的饮酒有什么指导意见呢？即使是每周小酌几次，每次只喝一两杯啤酒、葡萄酒，或者一杯烈性酒，都可能对胎儿产生负面影响，虽然人们一般认为这种程度的酒精摄入不会引起胎儿酒精综合征（Noor & Milligan, 2018）。因此，美国公共卫生署署长建议在怀孕期间不要摄入任何酒精。同时，也有研究建议在受孕前后饮酒也是不明智的。这样做可能会导致受孕和着床期间出现问题，从而增加流产的风险（Kalisch-Smith & Moritz, 2018）。

尼古丁 孕妇抽烟对出生前、出生时以及出生后的发展都可能产生负面影响。在怀孕期间抽烟的孕妇的后代中，早产、出生体重低、胎儿死亡和新生儿死亡、呼吸问题以及婴儿猝死综合征（SIDS，也被称为摇篮死）都更为常见（Dessì & others, 2018）。也有研究表明，怀孕期间吸烟会增加孩子罹患注意缺陷多动障碍的风险，并和学习能力缺陷有密切联系（Abreu-Villaça & others, 2018）。研究还表明，孕妇环境中的二手烟和孩子出生时体重低之间存在关联（Leonardo-Bee & others, 2008），也和其女性后代的卵巢功能减弱之间存在关联（Budani & Tiboni, 2017）。此

胎儿酒精综合征（fetal alcohol spectrum disorders，FASD） 由于母亲在怀孕期间酗酒而引起其后代出现的一系列异常和问题。

76　第二编　生物过程、身体和感知觉的发展

外，最近一项研究显示，孕妇环境中的二手烟和胎儿细胞中的基因功能改变有关（Dessì & others, 2018）。孕妇在怀孕期间抽烟甚至会在一定程度上增加孩子罹患儿童期非霍奇金淋巴瘤（non-Hodgkin lymphoma）的风险（Antonopoulos & others, 2011）。

可卡因 孕妇在孕期吸食可卡因会对发育中的胚胎和胎儿造成伤害吗？答案是肯定的。可卡因会快速穿过胎盘到达胎儿。研究一致发现，孕妇在孕期摄取可卡因会导致新生儿的身高、体重和头围减少（dos Santos & others, 2018）。同时，虽然结果不太一致，但也有一些研究显示：出生前接触可卡因可能和一系列的发展异常相联系，如新生儿精神委靡、自制力差、容易兴奋、反射质量低下；童年期运动能力发展受阻、生长缓慢、血压偏高、语言和信息加工能力发展缓慢、冲动、注意有缺陷、学习能力差；在学校里需要特殊教育支持的概率高，攻击性和其他行为问题的发生率也高（Ackerman, Riggins, & Black, 2010; Buckingham-Howes & others, 2013; Viteri & others, 2015）。

不过，有些研究者认为，对这些研究发现的解释应当持谨慎态度。为什么呢？因为不能排除也许是吸食可卡因的孕妇生活中的其他因素（如贫困、营养不良和其他药物的滥用）导致儿童出现了问题（Lowell & Mayes, 2019）。例如，可卡因吸食者比正常人更容易抽烟、喝酒、吸食大麻和服用安非他命。尽管需要谨慎对待，但绝大多数研究都表明，其母亲吸食可卡因的儿童更有可能患有神经和认知缺陷。因此，孕妇切不可吸食可卡因。

冰毒 冰毒是一种类似于可卡因的兴奋剂，可提升人的神经系统的兴奋度。如果孕妇在怀孕期间吸食冰毒，她们的孩子就可能出现多种问题，包括婴儿死亡、出生体重低、发展问题和行为问题偏多（Kwiatkowski & others, 2018）。一项元分析研究显示，出生前接触冰毒与婴儿头围较小、出生体重偏低和早产之间存在相关（Kalaitzopoulos & others, 2018）。另一项研究则发现，出生前接触冰毒与新生儿许多区域尤其是脑中心的丘脑和尾状核区域的脑组织较小相关联（Warton & others, 2018）。

大麻 目前，娱乐性地吸食大麻在美国23个州已经合法化或非罪化，但在联邦法律中还是非法的。越来越多的研究发现，孕妇吸食大麻对其后代有着负面的影响。例如，研究者发现，出生前接触大麻与孩子早产、出生体重偏低、出生后多种功能较差、接受新生儿重症监护比例较高相关联。不过，这些效应中的大多数也可能是因为母亲使用了别的药物，因为吸食大麻者通常也抽烟、喝酒，并使用其他药物（Ryan, Ammerman, & O'Connor, 2018）。虽然由于多种药物的使用使得解释上面提及的负面结果复杂化了，但我们还是建议孕妇不要吸食大麻。

海洛因 大量资料表明，吸食海洛因成瘾的母亲的孩子出生后会出现许多行为问题，包括药物停用综合征，如战栗、易怒、不正常啼哭、睡眠紊乱、运动控制能力差。有些婴儿到1周岁时仍然会出现一些行为问题，在后来的发展中还可能出现注意缺陷。另外，最常用的医治海洛因成瘾的药物美沙酮（methadone）也会引起新生儿出现严重的药物停用综合征和出生并发症，其他一些替代的治疗药物的副作用也许要小一些（Kelty & Hulse, 2017）。

血型不匹配 父亲和母亲血型不匹配可能会对宝宝出生前的发展带来另一种风险。

准妈妈饮酒和抽烟对其后代可能会产生什么影响？
图片来源：Altafulla/Shutterstock

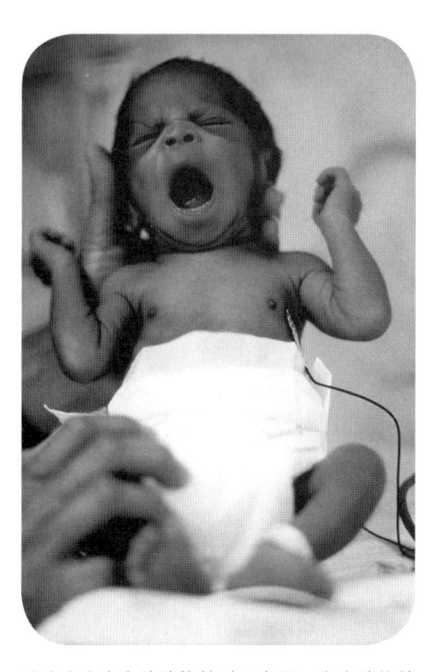

这个宝宝出生前曾接触到可卡因。出生前接触可卡因对宝宝的发展可能会有哪些影响？
图片来源：Chuck Nacke/Alamy Stock Photo

第三章 出生前的发展和出生 77

血型是由于红细胞表层结构的差异造成的。红细胞表层的一种差异产生了我们大家都熟悉的一组血型，即 A、B、O 和 AB 型。另一种差异则产生了我们称之为 Rh 阴性和 Rh 阳性的血型。如果某个人的红细胞上带有 Rh 因子，这个人就被称为 Rh 阳性；如果没有 Rh 因子，就被称为 Rh 阴性。如果孕妇是 Rh 阴性，其性伴侣是 Rh 阳性，那么胎儿就可能是 Rh 阳性。如果胎儿的血型是 Rh 阳性，而母亲的血型是 Rh 阴性，那么母亲的免疫系统就会产生抗体来攻击胎儿。这会导致各种各样的问题，如流产、死胎、贫血症、黄疸症、心脏缺陷、大脑损伤或出生不久就死亡（Li & others，2010）。

一般情况下，第一个 Rh 阳性血型的孩子和 Rh 阴性血型的母亲不会出现危险，但后续的每一次怀孕都会增加这种危险。有一种疫苗（RhoGAM）可以在孩子出生前的三天内注射到母体内，以防止母体产生抗体去攻击未来的 Rh 阳性的胎儿。另外，受 Rh 血型不匹配影响的孩子也可以在出生前或出生后接受输血（Na'Allah & Griebel，2017）。

环境中的危险因素　现代工业社会的许多方面可能会对胚胎或胎儿的安全构成威胁。具体地说，可能对胚胎或胎儿产生危害的因素主要有辐射、有毒废物、邻里和工作场所的其他化学污染物（Warembourg, Cordier, & Garlantézec, 2017）。

X 射线的辐射会影响发育中的胚胎和胎儿，尤其是在受孕后的头几周里，而此时孕妇往往还不知道自己已经怀孕了。当妇女已经怀孕或者可能怀孕时，她们及其医生一定要权衡 X 射线检查的利与弊（Rajaraman & others, 2011）。不过，如果例行的 X 射线检查照射的不是腹部而是身体的其他部位，同时在孕妇腹部放置铅围裙加以保护的话，那么这种检查通常被认为是安全的（Chansakul & Young, 2017）。

环境中的污染物和有毒废物也可能是危害未出生孩子的危险因素。危险的污染物有一氧化碳、汞、铅、某些化肥和杀虫剂等。

母亲的疾病　母亲的疾病和感染可以穿过胎盘屏障而使后代产生缺陷，或者在出生过程中给孩子带来伤害。风疹（德国麻疹）是一种能造成胚胎或胎儿缺陷的疾病。计划生孩子的妇女应当在怀孕前进行血液检查，以确定她们是否对这种疾病具有免疫力（Bukasa & others, 2018）。

梅毒是一种性传播疾病，在出生前发展的较晚阶段（受孕后 4 个月或 4 个月以上）对胎儿的伤害更大，包括皮肤损伤和眼睛损伤，严重时可造成失明。

另一种备受关注的传染病是生殖器疱疹。如果母亲染有生殖器疱疹，新生儿就会在通过母亲产道时受到病毒感染（Contini & others, 2018）。通过受感染的产道出生的婴儿，约有 1/3 会死亡，另外 1/4 则会有脑损伤。如果孕妇临产前被检查出患有生殖器疱疹并处于活跃期，可以通过剖腹产（从母亲腹部的切口娩出婴儿）来避免新生儿受到病毒的感染（Sénat & others, 2018）。

艾滋病（AIDS）也是一种性传播疾病，由人类免疫缺陷病毒（HIV）引起，专门破坏人体的免疫系统。母亲可能通过三种方式把 HIV 病毒传染给后代：(1) 妊娠时病毒穿过胎盘；(2) 分娩时与母亲血液或体液接触；(3) 出生后哺乳。在许多发展中国家，通过哺乳传染 HIV 病毒的问题尤其严重（UNICEF, 2017）。感染了 HIV 病毒的母亲生出的婴儿可能会：(1) 受到感染，并表现出 HIV 症状；(2) 受到感染，但并不表现出症状；(3) 根本没受感染。受到感染但没有症状的婴儿在 15 个月大之前都可能发展出 HIV 症状来。

糖尿病也会对后代产生不良影响，糖尿病的基本特点是血糖水平高（Desai, Beall, & Ross, 2013）。在过去的 30 年里，产妇中的糖尿病患者大幅增加（Freemark, 2018）。

一项综述研究显示，有生理缺陷的新生儿更可能是患有糖尿病的母亲所生（Eriksson, 2009）。孕期患有糖尿病的妇女也可能生出超大体形的婴儿（体重 10 磅或以上），这些婴儿自身也有患糖尿病的风险（Dugas & others, 2017）。

来自父母的其他因素 到此为止，我们已经叙述了许多可能伤害胚胎或胎儿的因素，包括几种药物、环境中的危险、母亲的疾病以及父母血型不匹配。我们将在这里进一步探讨可能对出生前和童年期的发展产生影响的父母的其他特点，包括营养、年龄、情绪状态和压力。

母亲的饮食和营养 发育中的胚胎或胎儿完全依赖母亲通过血液提供营养。胚胎或胎儿的营养状况取决于母亲的热量摄入总量，也取决于蛋白质、维生素、矿物质的摄取量。营养不良的母亲生出的孩子比其他孩子更容易患有畸形和其他发展问题。

另一方面，如果母亲在怀孕前和怀孕期间体重超标，也会给胎儿带来危险。有研究显示，越来越多的美国孕妇体重超标（Desai, Beall, & Ross, 2013）。过分肥胖的妇女比体重正常的人更容易患高血压、糖尿病、呼吸并发症以及传染病，这些都可能给胚胎或胎儿的发展带来负面影响。因此，在怀孕前通过减轻体重和增加锻炼来控制肥胖症，母亲和胎儿都可以从中受益（Mitanchez & Chavatte-Palmer, 2018）。

> **发展链接**
>
> **营养和体重**
>
> 哪些因素可能影响儿童是否会过分肥胖？链接"身体的发展和健康"。

对正常的出生前发展来说，母亲营养的一个重要方面是对叶酸的需求，这是一种 B 族维生素（Garrett & Bailey, 2018）。一项以 34,000 多名妇女为样本的经典研究表明，如果在怀孕前服用叶酸一年或一年以上，就有可能将 20 周至 28 周的早产风险降低 70%，将 28 周至 32 周的早产风险降低 50%；不管是单独服用叶酸，还是和其他维生素一起服用，结果都是如此（Bukowski & others, 2008）。另一项近期研究则显示，那些母亲在孕期里没有服用叶酸或含叶酸的复合维生素的幼儿，表现出更多的行为问题（Virk & others, 2018）。同时，如本章稍前部分所述，母亲缺少叶酸有可能导致孩子出现神经管缺陷，如脊柱裂（一种脊髓缺陷）。所以，美国卫生与公众服务部的官网（2018）建议：孕妇每日至少应当摄入 400 微克叶酸（约为正常妇女每日摄入量的 2 倍）。有些日常食物就含有丰富的叶酸，如橙汁和菠菜。

吃鱼往往被认为是健康饮食的一部分，但是，污染已使多种鱼类变成了孕妇的危险选择。有些鱼体内含汞量很高，这些汞来自大气，是自然排放和工业污染的产物（Kosik-Bogacka & others, 2018）。当大气中的汞沉降到水中后，就会变得有毒，并有可能在大型鱼类（如鲨鱼、剑鱼、鲭鱼、大西洋马鲛鱼和某些大型金枪鱼）体内累积（American Pregnancy Association, 2018）。汞可以轻易穿过胎盘，而胚胎中正在发育的大脑和神经系统对汞非常敏感。研究者们已经发现，出生前和汞接触有可能产生负面的结果，包括流产、早产和智力低下。不过，关于孕期暴露于汞环境危害性的知识普及可以减少这些负面结果（Murakami, Suzuki, & Yamaguchi, 2017）。

母亲的年龄 当我们考虑可能对胎儿和婴儿产生有害影响时，母亲的两个年

少女妈妈所生的婴儿有哪些风险？
图片来源：视觉中国

孕妇的情绪状态和压力是如何影响出生前的发展和出生的？
图片来源：视觉中国

中国的一项经典研究发现，父亲吸烟的时间越长，孩子患癌症的风险就越大（Ji & others, 1997）。其他还有哪些来自父亲的因素可能影响胎儿和孩子的发展？
图片来源：视觉中国

龄段尤其值得关注：青少年期和 35 岁及以上（Malizia, Hacker, & Penzias, 2009）。少女妈妈生出的婴儿死亡率是 20 多岁育龄妇女的两倍。适当的产前护理可以降低少女妈妈的孩子出现生理缺陷的概率。然而，少女妈妈是所有育龄妇女中最不可能从诊所或健康服务机构获得产前护理的群体。

母亲的年龄也与孩子罹患唐氏综合征的风险相关（Tamminga & others, 2018）。如第二章中所述，罹患唐氏综合征的个体有独特的面部特征，四肢短小，行动能力和智力迟钝。16 至 34 岁的孕妇很少生出唐氏综合征患儿。但是，当孕妇的年龄达到 40 岁时，生出唐氏综合征患儿的概率略高于 1/100，50 岁的孕妇生出唐氏综合征患儿的概率则几乎达到 1/10。另外，当孕妇的年龄达到 35 岁或更大时，婴儿出生体重低、早产和死胎的风险也随之上升（Arya, Mulla, & Plavsic, 2018）。

我们对母亲年龄在怀孕和孩子出生方面的影响仍然知之甚少，需要做进一步的探索。如果妇女保持活跃状态、经常锻炼并注意营养，其生殖系统在较大年龄时也许比我们过去所认为的要健康一些。

母亲的情绪状态和压力　　当经历强烈的恐惧、焦虑和其他情绪时，孕妇身体产生的一系列生理变化可能会影响到胎儿（Breedlove & Fryzelka, 2011）。母亲的压力也可能会间接地影响胎儿，因为压力会增加她们进行不健康行为的可能性，如吸毒或不注意孕期保健等。

孕妇在怀孕期间经历高度的焦虑和压力还可能对孩子产生长期的影响（Fedock & Alvarez, 2018）。近期的一项综述研究表明，经历高度压力状态的孕妇生出的孩子很可能出现情绪和认知问题、注意缺陷多动障碍（ADHD）和语言发展迟缓（Taige & others, 2007）。另一项大规模的研究调查了 30,000 名儿童，结果显示，当母亲在怀孕的第五和第六个月里经历压力时，早产的风险最大（Class & others, 2011）。此外，在一些孕妇案例中，母亲孕期里的抑郁也与早产和出生体重低相关联（Dunkel Schetter, 2011）。

父亲的因素　　到目前为止，我们已经讨论了母亲的许多特点是如何影响孩子出生前和出生后的发展的，包括母亲的药物使用、疾病、饮食和营养、年龄和情绪状态。实际上，父亲的一些特点也同样会给后代带来危险。如果准父亲接触到铅、辐射、某些杀虫剂以及石化产品等，就有可能引起精子异常，从而导致流产或疾病，如童年期癌症（Soubry & others, 2014）。如果父亲在母亲怀孕期间抽烟，也会给后代造成负面影响。例如，多项涉及多国（包括中国和美国）的研究发现，父亲重度吸烟可能会引起早期流产（L. Wang & others, 2018）。这一负面结果可能和孕妇接触二手烟有关。最近的一项研究发现，受孕前后父亲抽烟可能会增加孩子罹患癌症、身体畸形以及心理疾病的风险（Oldereid & others, 2018）。同时，父亲的年龄也很重要。一项里程碑式的研究显示，如果父亲 40 岁或 40 岁以上，那么孩子罹患自闭症的风险就会增加，原因是年龄较大的父亲身上随机发生的基因突变增多了（Kong & others, 2012）。

> 孕期保健

虽然孕期保健在形式和内容上都可能存在很大差别，但通常都会制订一个明确的接受医疗保健的时间表，其中通常包括对可能影响母亲或胎儿健康的各种可控条件和可治疗疾病进行筛查。除医疗保健外，世界上大多数国家的孕期计划通常还包括教育、社会服务和营养等综合服务（Moller & others, 2017）。

越来越多的人建议把体育锻炼作为综合孕期保健计划的一个组成部分（da Silva & others, 2017）。孕期锻炼有助于预防便秘、保持体形，也有助于形成积极的精神状态（Campolong & others, 2018; Vargas-Terrones & others, 2018）。一项实验研究发现，那些在专人指导下完成了3个月有氧锻炼项目的孕妇表现出和健康相关的生活质量得到了改善；和那些没有参加锻炼项目的对照组孕妇相比，参与者的生理功能更好，身体疼痛也减轻了（Montoya Arizabaleta & others, 2010）。另一项近期的实验显示，参与支持孕期锻炼和营养的咨询服务改善了准妈妈们对自己健康状况的看法（Engberg & others, 2018）。不过请记住，不可锻炼过度。虽然有证据表明，世界各地和锻炼有关的受伤事件并不多，但孕妇在参与锻炼项目之前，都应当咨询自己的医生（Evenson & others, 2014）。

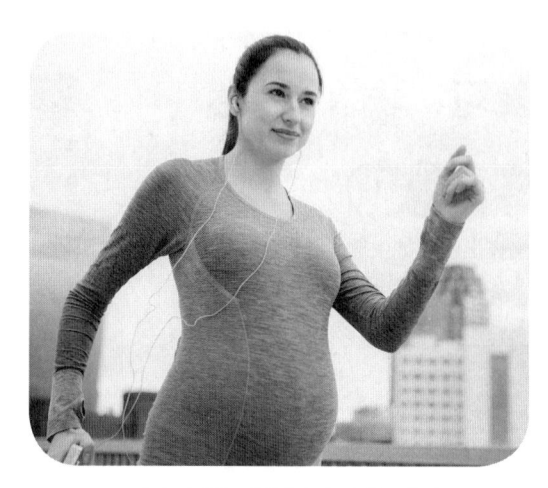

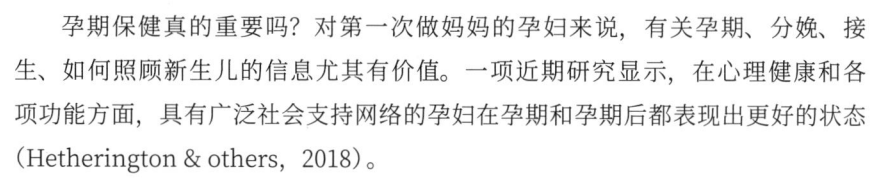

孕妇在孕期里锻炼如何有益于健康？
图片来源：视觉中国

孕期保健真的重要吗？对第一次做妈妈的孕妇来说，有关孕期、分娩、接生、如何照顾新生儿的信息尤其有价值。一项近期研究显示，在心理健康和各项功能方面，具有广泛社会支持网络的孕妇在孕期和孕期后都表现出更好的状态（Hetherington & others, 2018）。

孕期保健对家境贫困的妇女和移民也很重要，因为这能让她们了解和获得各种社会服务（Hughson & others, 2018）。目前，在美国迅速扩展的一个创新性项目叫作"集中孕期保健"（Kania-Richmond & others, 2017）。这个项目重视人际关系，以团体的形式为孕妇提供全面的孕期保健。集中孕期保健不采用让医生检查15分钟的传统做法，而是在医生或有执照的助产士的领导下进行90分钟一次的同伴集体交流和自我检查。从孕期的12至16周开始，大约每10名孕妇（常常还有她们的伴侣）组成一组，定期集中。这些集中交流强调让孕妇们能够在营造积极孕期体验方面发挥主动作用。最近有一项研究显示，集中孕期保健项目的参与者们孕期检查的次数更多，母乳喂养的比例更高，她们的新生儿在一定程度上也更加健康（Grant & others, 2018）。

有些针对父母的孕期保健项目把重点放在家访上（Michalopoulos & others, 2017）。一组经典的评价研究表明，最成功的家访项目是"护士与家庭伙伴关系"，由戴维·奥尔兹和他的同事们创立（David Olds and his colleagues, 2004, 2007）。这一项目的主要内容就是家访，由受过培训的护士从出生前的第二或第三个三月期开始实施。扩展项目包含约50次家访，从产前一直持续到孩子两岁。家访的侧重点是母亲的健康状况，如何获得保健服务，如何养育孩子，并为母亲提供教育、工作和人际关系方面的指导来提高她们的生活质量。有关研究显示，"护士与家庭伙伴关系"项目产生了许多正面结果，包括母亲后续怀孕次数的减少，工作环境的改善以及人际交往能力的提高，同时，孩子的学业成绩和社交能力也得到了提高（Dodge & others, 2014）。

> 正常的出生前的发展

到目前为止，本章的大部分讨论都集中于出生前的发展可能出现的问题上。准父母们应该采取行动来避免这些对胎儿发展的不利因素。但一定要记住，出生前的发展大多数情况下不会出现问题，而是会沿着本章开头所叙述的良性方向前进。

第三章 出生前的发展和出生

复习、联想和反思

学习目标 1

描述出生前的发展。

复习

- 出生前的发展过程是什么?
- 什么是畸形学?出生前发展面临的主要危险有哪些?
- 良好的孕期保健策略有哪些?
- 为什么说对出生前的发展持积极态度很重要?

联想

- 在第二章里,我们讨论了能影响发展的与染色体和基因有关的异常。由染色体和基因异常导致的症状与由致畸物或其他危险因素导致的症状之间有哪些相同或不同之处?

反思你自己的人生之旅

- 如果你是女性,请想象你刚发现自己怀孕了,孕期里你将采取哪些保健策略?如果你是男性,请想象你是一个刚发现自己怀孕的女性的配偶,你将做些什么来保证出生前阶段的顺利发展?

第 2 节 出生

学习目标 2

讨论出生过程。

- 出生过程
- 对新生儿的评估
- 早产和低出生体重的婴儿

天空有一颗星星陨落,在那星星的下面,我诞生了。

——威廉·莎士比亚
17 世纪英国戏剧家

大自然为出生制定了一个基本的流程,但父母对出生环境的选择也很重要。我们首先来看孩子出生时的一系列生理过程。

> 出生过程

出生过程具有阶段性,它发生在不同的情境中,并且在大多数情况下还要涉及另一个人或多个参与人。

出生的阶段 出生过程分为三个阶段。第一阶段持续时间最长。开始时,子宫每间隔 15 到 20 分钟收缩一次,每次持续约 1 分钟。子宫收缩能促使产妇的子宫颈扩展并张开。随着第一个阶段的进展,子宫收缩的间隔不断缩短,达到每 2 到 5 分钟一次,收缩的力度也不断加大。到第一阶段末,宫缩使得子宫颈扩张到约 10 厘米(4 英寸)宽,以便让婴儿从子宫进入产道。对于第一次生孩子的妇女来说,第一阶段平均为 6 到 12 小时;对于第一胎以后的各胎次来说,第一阶段的持续时间一般要短很多。

当婴儿的头部开始通过子宫颈和产道时,分娩就进入第二阶段,当婴儿完全从母体中娩出时,这一阶段结束。随着每一次宫缩,母亲会努力向下挤压将婴儿往外推。当婴儿的头露出母亲体外时,宫缩差不多每隔 1 分钟就发生一次,每次持续也大约 1 分钟。第二阶段一般持续约 45 分钟到 1 小时。

第三阶段是**胞衣阶段**,在这段时间里,胎盘、脐带和其他膜状物都被剥离母体并排出体外。最后阶段是三个阶段中最短的,仅持续几分钟。

生产的情境和服务人员 在美国,绝大多数生产都是在医院里进行的(Martin &

经过了漫长的产前发展过程,出生过程开始了。在出生过程中,新生命处于两个世界的门槛上。从胎儿到新生儿的转变是怎样的过程?
图片来源:视觉中国

胞衣阶段(afterbirth)出生过程的第三阶段,在这段时间里,胎盘、脐带和其他膜状物都被剥离母体并排出体外。

others，2018），在家生产的比例大约只占1%。在家生产的孕妇主要是非拉丁裔白人。

在不同的文化中，帮助产妇分娩的人也各不相同。在美国的医院里，孩子的父亲和生产教练全程陪同分娩已成为一种常态。与此相反，在东非尼格尼（Nigoni）文化中，男人则被完全排除在分娩过程之外。当孕妇快要生产时，女性亲属进入孕妇的小屋，丈夫就带着自己的物品（衣服、工具、武器等）离开。直到孩子出生后，丈夫才可以回来。而在有些文化中，生孩子是一件公开的社区性事件。比如，在库克群岛的普卡普卡（Pukapukan）文化里，孕妇是在一个供村民观看的棚子里生产的。

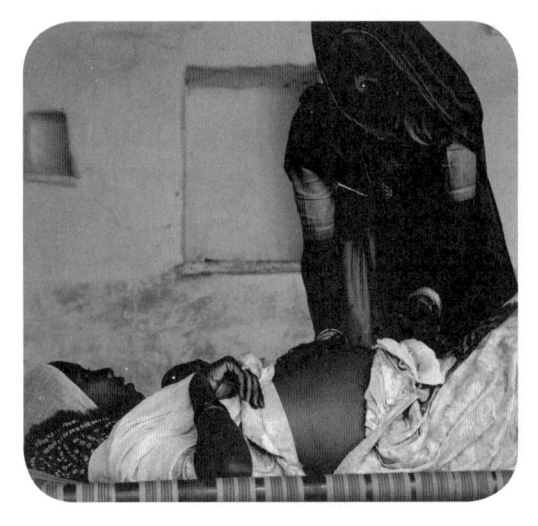

助产士 助产士接生在全世界大多数国家里都很流行。在荷兰，超过40%的婴儿是由助产士而不是由医生接生的。在美国，虽然助产士接生也比以前多了，但据可获得的最新数据显示，美国孕妇中由助产士接生的只占8%（Weisband & others, 2018）。美国接生的助产士几乎都拥有护士助产士资格证书。最近的一项综述研究得出结论：对于低风险的产妇来说，助产士主持的接生比起医生主持的接生，分娩过程中烦琐的程序更少，孕妇更加满意，出现负面结果的情况也比较少（Raipuria & others, 2018）。

印度的一名助产士正在检查胎儿的大小、位置和心跳。世界上很多文化中都是由助产士负责接生的。就孕期保健来说，不同文化之间有什么不同？
图片来源：视觉中国

导乐 在有些国家，产妇生孩子时由一名导乐（doula）陪伴。"Doula"是希腊语中的词，意思是"帮助人的妇女"。**导乐**在分娩前、分娩时和分娩后持续地为产妇提供生理、情感以及知识经验方面的支持。导乐全程陪伴产妇分娩，并及时评估和回应产妇的需求。研究者发现，导乐参与分娩会有积极效果（McLeish & Redshaw, 2018）。

在美国，大多数导乐都是作为独立职业人受雇于准父母，导乐通常是作为"生产团队"的一员，其角色相当于助产士的助手或医院里产科医生的助手。

生产的方法 在分娩方法方面，美国的医院通常会给产妇及其产科医生多种选择。主要的选择涉及使用什么药物，是否采用一些非药物的技术来减轻疼痛，以及什么情况下进行剖腹产。

药物 用于分娩的药物基本上有三类：镇痛剂、麻醉剂、催产剂。

镇痛剂用来减轻疼痛。镇痛剂包括镇静剂、巴比妥类药物以及起麻痹作用的药物（如杜冷丁）。

麻醉剂用于分娩的第一阶段末期和婴儿娩出时，以阻断某个身体部位的感觉或阻断意识。研究者们仍在不断探索更小剂量和更安全的药物组合来提高硬膜外麻醉的效率和安全性（Capogna & others, 2018）。

预测一种药物对产妇及胎儿将产生怎样的影响是很困难的（Davidson & others, 2015）。某种药物对某个胎儿可能只产生很微弱的影响，而对另一个胎儿则可能产生强烈影响。同时，药物的剂量也是一个影响因素。

自然的和有准备的分娩 在不久前的一段短暂的时间里，分娩时避免使用任何药物的观点在美国颇受青睐。许多产妇不是通过药物，而是通过被称为自然的和有准备的分娩法来减轻疼痛。如今，美国产妇分娩时通常会使用药物，但自然分娩法和有准备分娩法的一些元素仍然很流行（Oates & Abraham, 2016）。

一位导乐在帮助产妇。导乐提供的是什么样的支持？
图片来源：视觉中国

导乐（doula）照顾产妇的人，她们在产妇分娩前、分娩时和分娩后持续地为产妇提供生理、情感以及知识经验方面的支持。

第三章 出生前的发展和出生 83

链接 职业生涯

围产期护士琳达·皮尤

围产期护士的工作是与产妇打交道，为她们提供生产期间的健康和福利支持。琳达·皮尤（Linda Pugh）博士是北卡罗来纳大学威明顿分校护理学院的教师。她拥有围产期护士资格证书，专长是分娩期产妇的护理。皮尤也为本科生和研究生讲授护理课程，为专职护士提供培训，并从事研究工作。此外，皮尤还向医院和有关组织就妇女健康问题以及我们在本章中讨论的话题提供咨询。

皮尤的研究兴趣包括：对低收入哺乳妇女进行护理干预，探索预防和减轻分娩期间疲劳的方法，以及分娩时呼吸方法的应用。

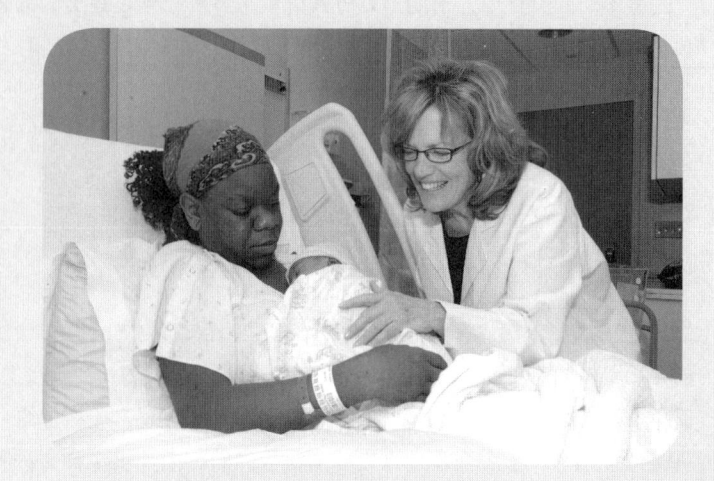

琳达·皮尤（右）和一位新妈妈及宝宝在一起。
图片来源：Dr. Linda Pugh

一位讲师正在上拉梅兹法培训课。拉梅兹法的特点是什么？
图片来源：Monkey Business Images/Shutterstock

自然分娩法（natural childbirth）这种方法试图通过分娩知识的学习来减轻产妇的恐惧，并教会产妇分娩时采用放松技术，以达到减轻疼痛的目的。

有准备分娩法（prepared childbirth）法国产科医生费迪南·拉梅兹（Ferdinand Lamaze）创立的一种与自然分娩法相似的方法，但此法包括一种特别的呼吸方法来控制分娩末期（腹肌对胎儿）的推挤，还包括比较详细的解剖学和生理学知识的教学。

自然分娩法是通过分娩知识的学习来减轻产妇的恐惧，并教会产妇及其配偶在分娩时采用适当的呼吸方法和放松方法，以达到减轻产妇疼痛的目的。

法国产科医生费迪南·拉梅兹（Ferdinand Lamaze）创立了一种与自然分娩法相似的方法，叫作**有准备分娩法**或拉梅兹法（Lamaze method）。拉梅兹法包括用一种特别的呼吸方法来控制分娩末期（腹肌对胎儿）的推挤，还包括比较详细的解剖学和生理学知识的教学。拉梅兹法在美国非常流行。孕妇的配偶通常扮演教练的角色，和孕妇一起参加产前培训班，并在分娩时帮助她呼吸和放松。

总之，当前有准备分娩法支持者们的结论是，如果提供充分的信息和支持，产妇就知道如何进行分娩。有一位护士专注于研究分娩期间疲劳以及呼吸方法的训练，要了解她的情况，请阅读"链接 职业生涯"专栏中琳达·皮尤（Linda Pugh）的故事。要了解更多减轻分娩期间压力和疼痛的方法，请看"链接 关爱"专栏。

剖腹产 正常情况下，胎儿的头部会先通过产道。但如果胎儿处于**臀位**，屁股就会先进入产道。在每25例分娩中，大约会出现1例胎儿的头部仍然在子宫里而身体的其他部分却已经娩出的情况。这种臀位分娩会造成胎儿的呼吸问题。所以，如果胎儿是臀位姿势，通常就要采用剖腹产的外科手术。**剖腹产**就是在母亲腹部做一个切口，把胎儿从母亲的子宫里取出（Eden-Friedman & others, 2018）。

人们对剖腹产的好处和风险仍然存在争议（Belizán & others, 2018; Keag, Norman & Stock, 2018）。有些批评者认为，美国通过剖腹产出生的婴儿太多了。

链接 关爱

从水中分娩到音乐疗法

为减轻产妇分娩过程中的紧张和痛苦，人们进行着不懈努力。这方面的努力近来导致了越来越多的人采用一些或老或新的非药物方法（Chaillet & others, 2014; Levett & others, 2016），包括水中分娩、按摩、针灸、催眠、音乐疗法。

水中分娩

水中分娩就是在温水中生产。有些产妇会在水中待产，但最后会出来分娩。另一些产妇则留在水中待产，并在水中分娩。水中分娩的依据是，胎儿已经在羊水里待了好几个月，在类似的环境中分娩可能对胎儿和母亲的压力都比较小（Charles, 2018）。当宫缩变得比较紧凑和强烈时，产妇就进入温水中。过早进入水中可能会导致分娩过程减慢或停止。已有的综述研究发现，水中分娩的结果并不一致，但最近的一项研究确实发现水中分娩改变了分娩过程，并提高了母亲的满意度（Darsareh, Nourbakhsh, & Dabiri, 2018）。近几十年来，瑞典和瑞士等欧洲国家应用水中分娩法的比例高于美国，但越来越多的美国人计划采用这一方法。

按摩

越来越多的产妇在分娩前和分娩期间接受按摩疗法（Field & Hernandez, 2013）。最近的一项实验显示，分娩期间实施按摩降低了疼痛并提高了母亲的满意度（Erdogan, Yanikkerem, & Goker, 2017）。另一项经典研究则显示，按摩疗法不仅降低了产妇分娩期间的疼痛，而且缓和了产妇和配偶的产前紧张，改善了他们之间的关系（Field, Figueiredo, & others, 2008）。

瑜伽

最近的一项综述研究显示，孕期瑜伽锻炼不仅对母亲产生许多积极影响，还可以减少婴儿出生体重低的情况发生（Babbar, Parks-Savage, & Chauhan, 2012）。同时，一项实验研究也发现，孕期里进行瑜伽锻炼和按摩可以减轻孕妇的抑郁、焦虑、背部和腿部的疼痛（Field & others, 2012）。

针灸

针灸就是把细针插入身体的一些特定部位。中国人经常用这种方法来减轻产妇分娩的痛苦，但美国人只是最近才出于这一目的来使用针灸。最近的研究显示，针灸可对分娩产生积极影响，且对大部分产妇都适用（Vixner, Schytt, & Mårtensson, 2017）。

催眠

催眠疗法也越来越多地被用于分娩。催眠采用导引的方法改变人的注意和意识状态。在催眠状态下，被催眠者特别容易接受建议。有些研究已经表明，催眠法在减轻分娩疼痛方面具有积极的效果（Eason & Parris, 2018）。

音乐疗法

分娩期间的音乐疗法涉及用音乐来降低紧张和控制疼痛。这种方法的使用正趋于普遍化（Kern & Tague, 2017）。有初步的证据表明，这种疗法对减轻分娩的疼痛和紧张也许有一定效果（Wan & Wen, 2018）。

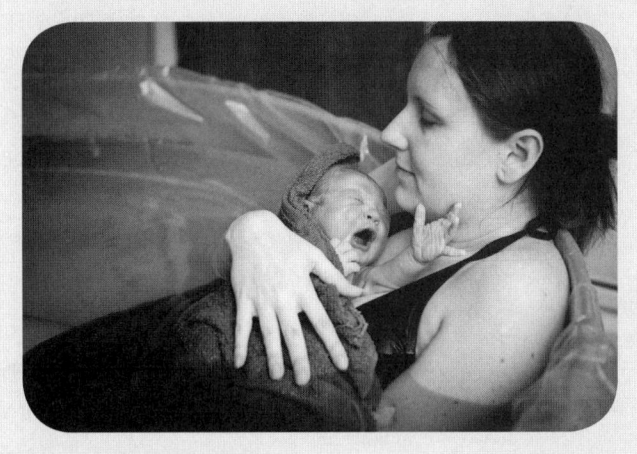

采用水中分娩法有什么特点？
图片来源：视觉中国

人们选择诸如这里描述的分娩方法而不采用药物的原因有哪些？

分数	0	1	2
心率	没有。	慢，每分钟不到 100 次。	快，每分钟 100 到 140 次。
呼吸力	超过 1 分钟没有呼吸。	不规律、慢。	呼吸良好，伴有正常啼哭。
肌肉张力	松弛无力。	弱，没有活力，手足呈弯曲状。	强，动作有活力。
肤色	青紫和苍白。	身体粉红色，但手和足呈青紫色。	整个身体呈粉红色。
反射应激性	没有反应。	面部表情扭曲。	咳嗽、打喷嚏、啼哭。

图 6 阿普伽量表
在这一量表上的得分表明新生儿有无需要紧急救治的问题。美国婴儿的阿普伽量表分数有哪些趋势？

美国实施剖腹产的比例高于世界上任何一个国家。最新的数据显示，32% 的美国婴儿是通过剖腹产诞生的，这一数字在过去几十年里大幅增长（Martin & others, 2018）。

> 对新生儿的评估

分娩过程一结束，新生儿和父母见面后，就要对其称量体重，清洁身体，并检查有无需要紧急救治的发育问题（Ojodu & others, 2017）。**阿普伽量表**被广泛用来评估出生后 1 到 5 分钟的新生儿的健康状况。阿普伽量表评估婴儿的心率、呼吸力、肌肉张力、肤色和反射应激性五项指标。评估由产科医生或护士进行，对这五项健康指标的每一项按照 0、1、2 分的标准进行打分（参见图 6）。总分达到 7 至 10 分表明新生儿状况良好；5 分表明可能存在发育问题；3 分及以下表明情况紧急，新生儿可能难以存活。

阿普伽量表尤其适用于评估新生儿应对出生和新环境压力的能力（Michalczyk, Torbé & Torbé, 2018）。同时，它也能指出需要进行心肺复苏治疗的高危婴儿。

最近的一项研究显示，和在阿普伽量表上得高分（9 到 10 分）的婴儿相比，得低分（6 分或 6 分以下）的婴儿在童年期患注意缺陷多动障碍的风险显著升高（Sucksdorff & others, 2018）。要想对新生儿进行更全面的评估，可以采用布雷泽尔顿新生儿行为评估量表（the Brazelton Neonatal Behavioral Assessment Scale）或新生儿重症监护病房网络神经行为评估量表（the Neonatal Intensive Care Unit Network Neurobehavioral Scale）。

布雷泽尔顿新生儿行为评估量表（NBAS） 一般在出生后 24 到 36 小时内使用。它也常被用来作为出生后一个月内正常儿童神经系统功能的高敏度的指标，同时，许多研究者也用它作为婴儿发展水平的指标（Lean, Smyser, & Rogers, 2017）。NBAS 评估新生儿的神经系统发展、反射以及对人和物的反应情况。量表中包括了打喷嚏、眨眼、觅食反射等 16 种反射，还包括了对有生命的刺激物（如面孔和声音）和无生命的刺激物（如拨浪鼓）的反应（我们将在讨论婴儿期的动作发展时进一步论述反射的概念）。

新生儿重症监护病房网络神经行为评估量表（NNNS） 是在 NBAS 的基础上编制成的，为评估新生儿的行为、应激反应和调整能力提供了另一种工具（Provenzi &

臀位（breech position）指胎儿在子宫中的位置引起分娩时屁股先进入产道。

剖腹产（cesarean delivery）在母亲腹部做一个切口，把胎儿从母亲的子宫里取出。

阿普伽量表（Apgar Scale）该量表被广泛地用来评估出生后 1 到 5 分钟的新生儿的健康状况。阿普伽量表评估婴儿的心率、呼吸力、肌肉张力、肤色、反射应激性。

布雷泽尔顿新生儿行为评估量表（Brazelton Neonatal Bahavioral Assessment Scale，NBAS）该测量工具可在出生后的第一个月里使用，评估新生儿的神经系统发展、反射以及对人和物的反应情况。

新生儿重症监护病房网络神经行为评估量表（Neonatal Intensive Care Unit Network Neurobehavioral Scale，NNNS）该量表是在布雷泽尔顿新生儿行为评估量表的基础上编制成的，用来评估"高风险"新生儿的行为、应激反应和调整能力。

others, 2018)。鉴于 NBAS 的目的是用来评估正常、健康和足月出生的婴儿，托马斯·贝里·布雷泽尔顿（T. Berry Brazelton）又和巴里·莱斯特（Barry Lester）、爱德华·特罗尼克（Edward Tronick）一起编制了 NNNS，用来评估高风险的婴儿。NNNS 尤其适合于评估早产的婴儿（但对胎龄不到 30 周的早产儿可能不适合）和孕期里接触过药物的婴儿。研究者使用 NNNS 评估了一组一个月大的曾在孕期里接触过药物滥用的早产儿，结果显示，该量表可以预测某些方面的发展结果，如 4 岁半时神经病理学方面的问题、智商以及入学准备方面的欠缺（Liu & others, 2010）。

> 早产和低出生体重的婴儿

人们会用不同的术语来表述对新生儿构成威胁的状况。我们将考察这些状况，并讨论一些可以改善早产儿发展状况的干预方法。

早产儿和小于胎龄儿 三种相互关联的状况会对许多新生儿构成威胁：低出生体重、早产、小于胎龄（small for date）。**低出生体重儿**指的是出生时体重不足 5.5 磅的婴儿。出生体重很低的新生儿体重低于 3.5 磅，而出生体重极低的新生儿体重不足 2 磅。**早产儿**是指足月前 3 周或 3 周以上出生的婴儿，换言之，就是受孕后不足 37 周出生的婴儿。**小于胎龄儿**指出生体重低于相同胎龄正常水平的婴儿；具体地说，指他们的出生体重低于 90% 相同胎龄的婴儿；小于胎龄儿可能是早产儿也可能是足月儿。有研究发现，小于胎龄儿更容易有出生综合征、医学和发展问题，以及出生后不久死亡的风险（Boghossian & others, 2018）。

在 2016 年出生的美国婴儿当中，早产儿占 9.85%。比 20 世纪 80 年代增长了 30%，但比 2007 年减少了近 1%（Martin & others, 2018）。导致 80 年代以来早产儿比例增长的因素可能有多种，包括 35 岁或 35 岁以上高龄产妇的增多，多胞胎的增加，对母体及胎儿监控力度的提升（例如，如果医学检查发现早产可以提高胎儿的存活希望，就提前引产），药物滥用（如烟草、酒精）情况的增多，以及压力的增大（Goldenberg & Culhane, 2007）。早产在不同民族之间存在较大差异（DeSisto & others, 2018）。例如，在 2016 年，非裔美国婴儿中早产的百分比最高，接近 14%（Martin & others, 2018）。

最近，人们对孕酮是否能降低早产率的问题很感兴趣，出现了不少探索性的研究。有关综述研究表明：当孕妇先前有过孕期短于 37 周的自发性早产，或者宫颈长度只有或不足 15 毫米，又或者怀的是单胞胎而不是双胞胎时，使用孕酮来防止早产最有效果（Choi, 2017; da Fonseca, Celik, & others, 2007; Norman & others, 2009）。

低出生体重的发生率在不同国家之间相差颇大。要了解这方面的跨文化差异，请阅读"链接 多样性"专栏。

早产和低出生体重的后果 虽然大多数早产的和低出生体重的婴儿是健康的，但作为一个群体，这些婴儿比正常体重的婴儿会遭遇更多的疾病和发展方面的问题。就早产来说，*极重度早产*（extremely preterm）和*重度早产*（very preterm）两个术语的使用率在不断上升。极重度早产儿是指在孕期第 28 周之前出生的婴儿，重度

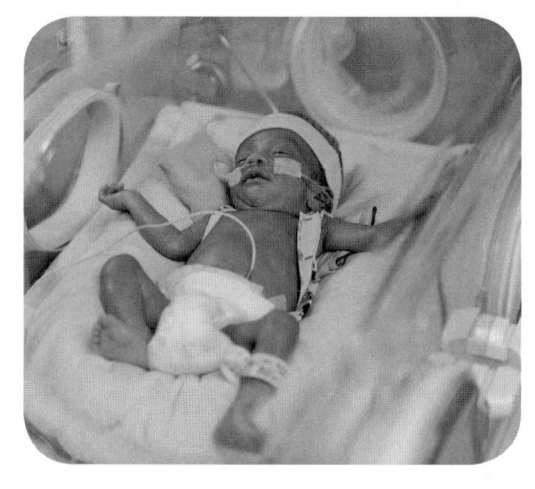

这是一位"千克孩"，出生时不到 2.3 磅。出生体重如此轻的孩子有什么长期的后果？
图片来源：视觉中国

低出生体重儿（low birth weight infants）出生时体重不足 5.5 磅的婴儿。

早产儿（preterm infants）在足月前 3 周或 3 周以上出生的婴儿，也就是受孕后不足 37 周出生的婴儿。

小于胎龄儿（small for date infants）出生体重低于相同胎龄正常水平的婴儿。小于胎龄儿可能是早产儿也可能是足月儿。

链接 多样性

低出生体重发生率和发生原因的跨文化差异

在巴基斯坦和乌干达等国家，贫困十分普遍，孕妇的健康和营养状况很糟糕，低出生体重婴儿的比例高达35%（参见图7）。在美国，低出生体重新生儿的比例在过去20年里有所增长，2016年为8.1%，大幅高于许多其他发达国家（Mahumud, Sultana, & Sarker, 2017; Organization for Economic Cooperation and Development, 2018）。例如，在芬兰、爱沙尼亚和拉脱维亚，新生儿中低出生体重的比例仅为4%。在新西兰、荷兰和以色列，低出生体重新生儿的比例仅为5%。

无论是在发达国家还是在发展中国家，青少年在身体尚未完全发育成熟时生育都有导致新生儿低体重的风险。在美国，低出生体重新生儿数量的增多主要归因于药物使用、营养不良、多胎妊娠、生殖技术的应用以及导致更多高危婴儿存活下来的医疗技术和产前护理的改进（Khatun & others, 2017）。不过，贫困仍然是引起美国孕妇早产的一个主要因素。生活在贫困中的妇女更可能患肥胖症、糖尿病和高血压，更容易抽烟和吸毒，她们也更加难以获得定期的孕期保健（Congdon & others, 2016）。

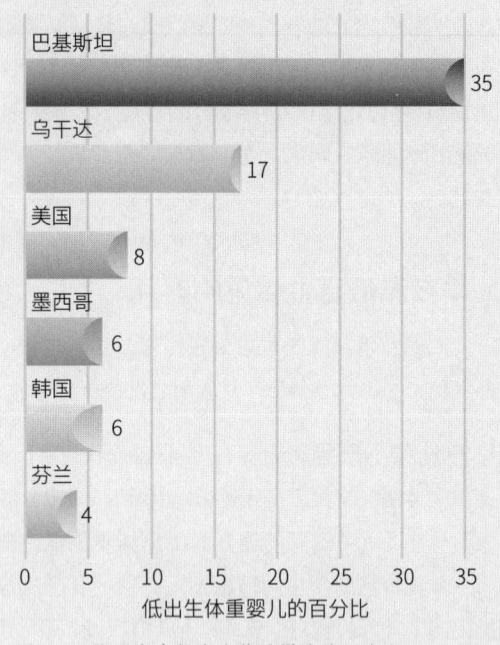

图7 一些国家中低出生体重婴儿的百分比

我们从上文的最后一句了解到，生活在贫困中的妇女难以获得定期的孕期保健。你从本章前文了解到定期孕期保健有哪些好处？除了贫困妇女外，哪个人口学群体不大可能获得适当的孕期保健？

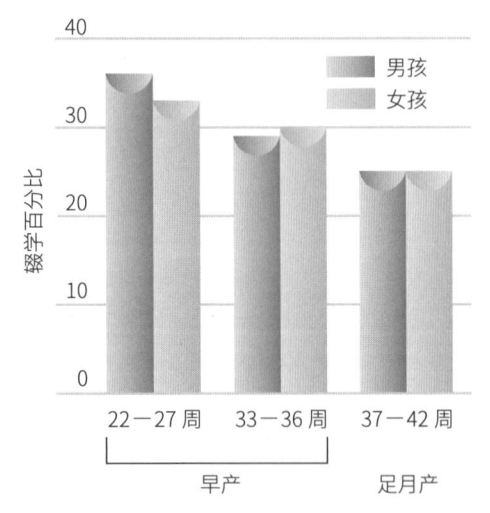

图8 早产和足月产婴儿上学后的辍学百分比

早产儿是指胎龄未达到33周就出生的婴儿。图8展示了挪威一项经典研究的结果，该研究显示，早产儿的胎龄越短，他们辍学的可能性就越大（Swamy, Ostbye, & Skjaerven, 2008）。

婴儿提前出生时间越早，体重减少的程度越严重，就越可能出现上述问题（Dilworth-Bart & others, 2018; FitzGerald & others, 2018）。在大多数国家，出生过早和出生时过轻的婴儿的存活率都已经有所增长，但与此同时，严重脑损伤婴儿和具有不太严重发展问题的婴儿的比例也增长了（Grisaru-Granovsky & others, 2018）。与正常儿童相比，低出生体重儿童更容易罹患学习障碍、注意缺陷多动障碍或哮喘之类的呼吸疾病（Matheis, Matson & Burns, 2018）。低出生体重儿童参与特殊教育计划的比例也高于正常儿童。

低出生体重和早产婴儿的抚养 新生儿重症监护病房（NICU）越来越多地采用两种干预方法：袋鼠式护理法和按摩疗法。**袋鼠式护理法**强调皮肤与皮肤的接触，即婴儿只穿着尿布，父亲或母亲则裸露胸膛将婴儿面对面紧贴竖直抱着，很像袋鼠妈妈把小袋鼠抱在育儿袋里。通常，袋鼠式护理法需要每天进行2到3小时的皮肤接触，在婴儿期的早期阶段持续相当长的一段时间。这是目前世界各地都强烈推荐的干预法（Chan & others, 2016）。

为什么要对早产儿使用袋鼠式护理法呢？早产儿通常难以协调自己的呼

袋鼠式护理法（kangaroo care） 针对早产儿的一种护理方法，强调皮肤与皮肤的接触。

吸和心率，实施袋鼠式护理法与父母进行紧密的身体接触有助于稳定早产儿的心率、体温和呼吸（Kaffashi & others, 2013）。接受袋鼠式护理法的早产儿也比未接受此法的对照组早产儿体重增加得更快（Sharma, Murki & Pratap, 2016）。这种干预还有可能对日后青少年期的认知功能产生长期积极的影响（Ropars & others, 2018）。同时，一项近期的综述研究发现，袋鼠护理降低了低出生体重婴儿的死亡风险，这一点也许是最重要的（Conde-Agudelo & Diaz-Rossello, 2016）。

许多成年人都会证明做按摩有治疗效果。实际上，许多人都会支付一定的费用，定期在水疗馆里做按摩。但是，按摩能改善早产儿的发育状况吗？要了解这一问题的答案，请看"链接 研究"专栏。

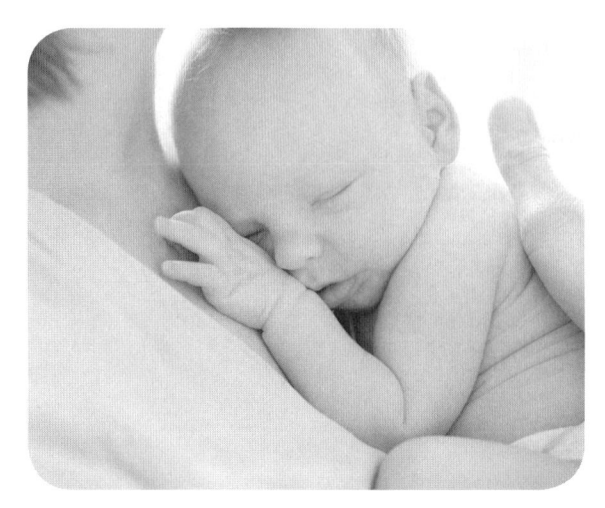

一位新妈妈正在应用袋鼠式护理法。什么是袋鼠式护理法？
图片来源：视觉中国

链接 研究

按摩疗法是如何影响婴儿的情绪和行为的？

纵观历史，许多国家的婴儿照料者都会对婴儿进行按摩。在非洲和亚洲，婴儿出生后，父母或其他家庭成员会给婴儿进行长达数月的有规律按摩。在美国，在迈阿密大学医学院触觉研究所所长蒂法尼·菲尔德（Tiffany Field）所做的里程碑式研究的推动下，人们也对采用抚触和按摩来促进婴儿的生长、健康和福祉产生了兴趣（要详细了解有关的研究，请参阅 Field, 2016）。

在一项典型的实验中，研究者将新生儿重症监护病房里的早产儿随机分成两组，一组接受按摩疗法，另一组作为控制组。在接下来的 5 天里，对按摩组的早产儿进行每天 3 次，每次 15 分钟适度压力的按摩。在实验的第一天和最后一天，研究者分别对这些婴儿的下列紧张行为进行观察和记录：哭叫、露出痛苦表情、打呵欠、打喷嚏、胳膊和腿的痉挛性动作、吃惊、手指张开。然后将这些行为表现综合成一个总的紧张指数。如图 9 所示，实验结果表明按摩疗法具有降低早产儿紧张的作用；这一点十分重要，因为他们在住院期间会遇到很多令他们紧张的因素。

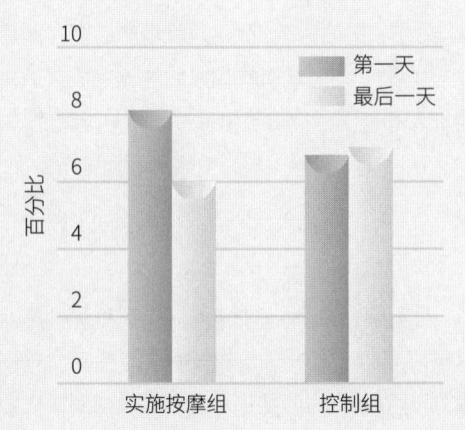

图 9 接受 5 天按摩疗法后的早产儿表现出紧张行为减少了
资料来源：Hernandez-Reif, Diego, & Field, 2007

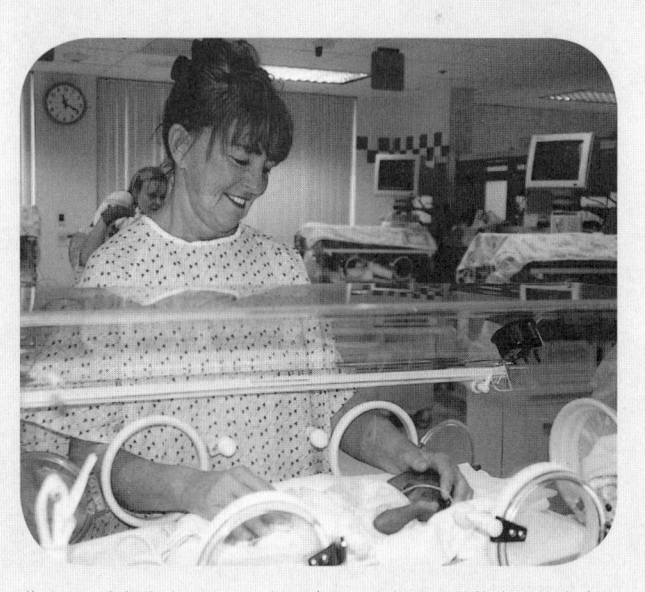

蒂法尼·菲尔德（Tiffany Field）正在给一个新生儿做按摩。按摩疗法对哪一类婴儿有帮助？
图片来源：Dr. Tiffany Field

第三章 出生前的发展和出生

（接上页）

在一项最全面的关于早产儿按摩疗法的综述研究中，菲尔德（Field，2016）得出如下结论：最一致的发现是按摩疗法带来了两个积极的结果，一是加快了早产儿体重的增长，二是使早产儿有机会提早出院。最近一项研究还揭示了按摩疗法促进体重增加的机制：按摩刺激了迷走神经（12对脑神经中的一对），从而促进了胰岛素（一种与食物吸收有关的激素）的释放（Field, Diego, & Hemandez-Reif, 2010）。

可以从按摩疗法受益的并不只是婴儿。在另外一些研究中，菲尔德和她的同事们以及其他研究者已经证明：按摩疗法可以帮助产妇降低分娩的痛苦，可以帮助患哮喘的儿童，可以改善自闭症儿童的注意，还可以帮助患有注意缺陷多动障碍的青少年（Field, 2016）。

复习、联想和反思

学习目标 2

讨论出生过程。

复习
- 出生过程的三个阶段是什么？有哪些不同的生产方法？对婴儿来说，从胎儿到新生儿的转变过程是什么样的？
- 评估新生儿健康和反应能力的三种量表是什么？
- 早产或低体重可能给婴儿带来哪些后果？

联想
- 出生体重和出生国家之间有什么关联？可能的原因是什么？

反思你自己的人生之旅
- 如果你是一位想要孩子的女性，你更喜欢哪种生产方法？如果你是男性，在帮助你的配偶生宝宝方面，你想参与到什么程度？为什么？

第3节 产后期

学习目标 3

解释产后期里发生的变化。
- 生理调节
- 情绪和心理调节
- 亲子联结

出生后的几周会给新父母及新生儿带来很多挑战。这就是**产后期**，即婴儿出生或分娩后的一段时间。产后期大约持续6周，或者直到产妇身体完成调适，回到接近怀孕前的状态。这是产妇从生理和心理上适应孩子出生过程的一段时间。

产后期涉及多方面的调整和适应，主要包括生理、情绪和心理三个方面。

> 生理调节

在产后最初几天和几周里，产妇的身体要进行很多生理性调整（Mattson & Smith, 2015）。她可能会感到精力充沛，也可能会感到筋疲力尽、全身松懈。这些变化属于正常现象，但疲劳会降低新妈妈们的幸福感，并降低她们应对新生儿和新的家庭生活的信心（Mathew, Phillips, & Sandanapitchai, 2018）。

一个常常被忽视的问题是产后期主要照料者的睡眠减少（Lillis & others, 2018）。在包括美国在内的许多西方工业化国家中，相当比例的妇女报告她们在怀

产后期（postpartum period）婴儿出生后的一段时间，产妇从生理和心理上适应孩子出生的过程。这一阶段大约持续6周，或者直到产妇身体完成调适，回到接近怀孕前的状态。

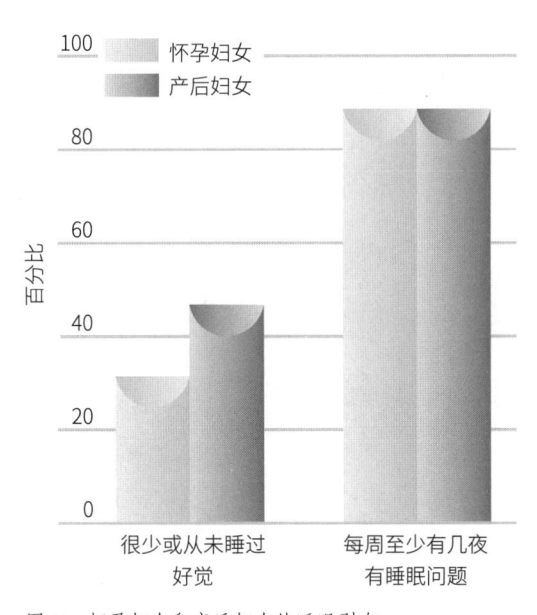

图 10 怀孕妇女和产后妇女的睡眠剥夺
资料来源：oundational 2007 Sleep in American poll，National Sleep Foundation

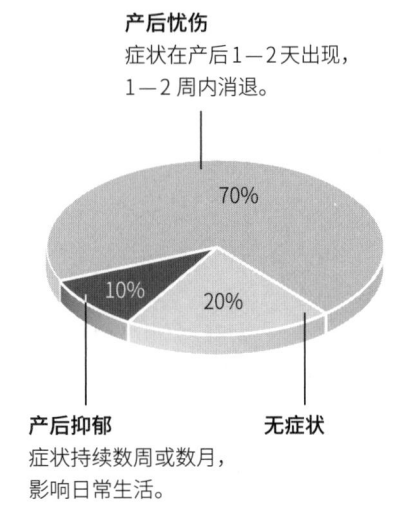

图 11 美国妇女中出现产后忧伤和产后抑郁的比例
有些健康专家把产后阶段称为"第四个三月期"。虽然产后阶段不一定持续 3 个月，但是"第四个三月期"这一术语表达了产前和产后的连续性，也表达了产后最初几个月对母亲的重要意义。

孕期间和产后阶段有睡眠问题（Okun，2015）（参见图 10）。睡眠减少会导致紧张、夫妻冲突和决策能力下降（Meerlo, Sgoifo, & Suchecki, 2008）。

分娩后，妈妈身体的激素分泌会发生突然和巨大的变化。当胎盘娩出后，雌激素和孕酮急剧下降，并继续维持在较低水平，直到卵巢重新开始分泌激素。

> 情绪和心理调节

在产后阶段，母亲通常会出现情绪波动，这是正常现象。有些妇女在分娩后数周内情绪波动就会降低，而有些妇女则可能要经历较长时间的情绪起伏。

如图 11 所示，在美国，约 70% 的新妈妈会出现称之为"产后忧伤"（postpartum blues）的情绪。大约在分娩两三天后，她们开始感到压抑、焦虑、心烦。这些情绪可能会在产后时来时去地持续数月，通常在产后 3 至 5 天达到高峰。即使不进行治疗，这些情绪通常也会在产后一两周消退。

然而，有些妇女会患上**产后抑郁症**。产后抑郁症有一段非常压抑的时期，通常出现在产后四周。产后抑郁症患者有着强烈的悲伤感、焦虑感或失望感，以至于她们至少会有两周时间难以处理日常事务。如果不进行治疗，产后抑郁症就可能恶化并持续数月（Olin & others，2017）。但不幸的是，许多患产后抑郁症的妇女并不寻求帮助。例如，有研究发现，寻求帮助的障碍通常是担心名声受损和缺少配偶的鼓励（Silva, Canavarro & Fonseca, 2018）。据估计，新妈妈中患产后抑郁症的比例约是 10% 到 14%。

有多种抗抑郁药物对治疗产后抑郁症有效，但目前尚不清楚这些药物在哺乳期内服用是否安全（Brummelte & Galea，2016）。同时，心理疗法尤其是认知疗法对治疗许多妇女的产后抑郁症很有效（Kleiman & Wenzel，2017）。此外，最近一项关于新妈妈的实验表明，参加体育锻炼也有助于减轻产后抑郁症、焦虑、紧张和疲劳（Yang & Chen，2018）。

产后抑郁症（postpartum depression）产后抑郁症患者有着强烈的悲伤感、焦虑感或失望感，以至于她们在产后难以处理日常事务。

链接 职业生涯

临床心理学和产后专家黛安娜·桑福德

黛安娜·桑福德（Diane Sanford）拥有临床心理学博士学位，曾多年个人执业，专注于婚姻和家庭关系问题。她也曾和一名精神病学专家合作，这位精神病学专家的服务对象中包括产后抑郁症患者。后来，桑福德博士和一名妇女健康护士一起在密苏里州圣路易斯市创立了妇女保健合作组织，专门针对妇女的产后调整提供服务。随后，她们的组织又增加了一名婚姻与家庭关系咨询师和一名社会工作者。再后来，她们又聘请了一些人做顾问，包括几名护士教育者、一名营养师、一名健身专家（Clay, 2001）。

要进一步了解有关临床心理学家工作情况的信息，请看附录"儿童发展领域的相关职业"。

黛安娜·桑福德手持一本实践指南，这是她为新妈妈们应对产后问题所写。
图片来源：Dr. Diane Sanford

母亲的产后抑郁症会不会影响到她和婴儿的互动呢？一项综述研究发现，不管母亲属于什么文化群体，也不管她的社会经济地位如何，产后抑郁症都会造成母亲和婴儿之间互动困难，主要表现为母亲对婴儿需求的敏感性比较差，婴儿对母亲的回应也比较少（Field, 2010）。同时，许多照料婴儿的行为也受到妨碍，包括喂养行为（尤其是母乳喂养）、睡眠安排和保护性措施。如果你想了解一位专门帮助妇女进行产后调整的专业人士，请阅读"链接 职业生涯"专栏。

即使父亲们整天在外面工作，他们在产后阶段也要做出相当程度的调整。当母亲们经历产后阶段的抑郁时，不少父亲也会产生压抑感（O'Brien & others, 2017）。许多父亲感到孩子占据了母亲的全部注意，她们总是把孩子放在第一位。有些人甚至觉得孩子取代了自己的位置。

父亲的支持和关爱在一定程度上决定着母亲是否会患上抑郁症（Dietz & others, 2009; Persson & others, 2011）。近期的一项研究表明，父亲的支持力度越大，母亲患抑郁症的比例就越小，对于那些不外出工作的妇女来说尤其如此（Lin & others, 2017）。

在产后期，母亲和父亲双方都要做出许多调整和适应。父亲可以为母亲提供很多重要的支持，尤其是在帮助母亲照看幼小婴儿方面。为了支持母亲，新生儿的父亲还可以做哪些事情？
图片来源：视觉中国

发展链接

理论

洛伦茨（Lorenz）的研究表明了灰雁的亲子联结的重要性，但对人类的婴儿来说，出生后的头几天不可能是亲子联结形成的关键期。链接"绪论"。

> 亲子联结

父母与婴儿关系的一个特殊方面就是**亲子联结**。亲子联结指出生后不久，父母与新生儿之间形成的亲密联系，尤其是身体的联系。但是有时候，医院看起来好像是故意从中作梗。为减轻分娩疼痛而给产妇服用的药物会使其昏昏欲睡，从而降低了她们对新生儿的回应和激励能力。产后不久，母亲与婴儿往往会被分开，早产儿与母亲分离的时间则比足月产婴儿还要长得多。

医院的这些做法会带来什么危害吗？有些医生认为，在产后不久的这段时间里，父母和婴儿之间需要通过直接的皮肤接触来形成情感上的依恋，以作为婴儿将来获得最佳发展的基础。那么，是否有证据表明母婴在产后最初几天里的密切接触会成为婴儿将来最佳发展的重要前提呢？尽管有些研究支持这种亲子联结的假设（Kennell, 2006），但大量研究（包括一些经典研究）并不支持把出生后的最初几天看作是关键期（Bakeman &Brown, 1980; Rode & others, 1981）。实际上，那种认为新生儿在最初几天里必须与母亲亲密接触才能获得最佳发展的亲子联结观显得过于极端，也并非事实。

不过，我们也不能因为亲子联结假说存在缺陷就不让满怀热情的母亲与新生儿互动。这种接触会给许多母亲带来快乐。在某些母婴组合中（包括早产儿、少女妈妈以及处境不利的母亲），早期亲密接触也许可以为母亲与婴儿出院后形成更好的互动关系建立起一种氛围。

现在，许多医院提供一种叫作"入房"（*rooming-in*）的安排，就是在住院期间让婴儿大部分时间待在母亲的房间里。不过，如果父母选择不享用这种"入房"安排，大量的研究证据也表明父母的这一选择并不会对婴儿造成伤害（Theo & Drake, 2017）。

母亲在婴儿出生后不久便与之形成了亲子联结。亲子联结对日后童年期社会能力的发展有什么重要意义？
图片来源：视觉中国

亲子联结（bonding） 亲子联结指出生后不久父母与新生儿之间形成的亲密联系，尤其是身体联系。

复习、联想和反思

学习目标 3
解释产后期里发生的变化。

复习
- 产后期涉及哪些问题？在这一阶段里妇女的身体要做出哪些生理调整？
- 母亲在产后期要进行哪些情绪和心理上的调整？
- 对最佳发展来说，亲子联结起关键作用吗？

联想
- 对产前的孕妇和产后患有抑郁症的妇女来说，体育锻炼如何帮助她们？

反思你自己的人生之旅
- 如果你是一位准备生孩子的女性，在产后期你将如何有效地调整自己？如果你是一位新妈妈的配偶，在产后期你能做些什么来帮助她？

第三章 出生前的发展和出生 93

达到你的学习目标

出生前的发展和出生

出生前的发展

> **学习目标 1** 描述出生前的发展。

● 出生前的发展过程

出生前的发展可分为三个阶段：胚芽期（从受孕至 10—14 天），从受孕开始，到受精卵（合子）附着于子宫壁时结束；胚胎期（受孕后 2 周到 8 周），在此阶段里，胚胎分化成三层，生命支持系统形成，器官发生（器官形成）；胎儿期（从怀孕 2 个月直到 9 个月左右，或者到婴儿出生），此阶段结束时，各种器官已成熟到足以让生命体在子宫外存活。神经发生是指产生新神经元的过程。在受孕后 18—24 天，神经管形成，这是神经系统的发端，当婴儿出生时，他们拥有约 1,000 亿个神经元（神经细胞）。出生前脑发展的两个基本特点是神经发生和神经细胞迁移。脑的基本结构是在产前发展的前两个三月期里形成的。

● 畸形学与出生前发展的风险

畸形学是研究先天缺陷形成原因的学科。能导致畸形的任何东西都可以称为致畸物。剂量大小、遗传易感性和接触时间的长短都会影响到未出生孩子的伤害程度及缺陷种类。可能造成危害的处方药包括抗生素、部分抗抑郁药、某些激素、异维甲酸。可能造成危害的非处方药包括减肥丸和阿司匹林。合法但对出生前发展具有潜在危害的精神类药物包括咖啡因、酒精和尼古丁。胎儿酒精综合征是由于母亲在怀孕期间过度饮酒而引起的后代身上的一系列异常。即使孕妇只是少量地饮酒（一周喝几次，每天喝一两杯），其后代身上也可能表现出负面的结果。孕妇抽烟会对孩子出生前和童年期的发展造成严重的负面影响（如低出生体重）。可能会给后代造成危害的非法药物包括冰毒、大麻、可卡因和海洛因。父母血型不匹配也会对胎儿造成伤害。环境中的危险包括辐射、环境污染物和有毒的废物。梅毒、风疹（德国麻疹）、生殖器疱疹和艾滋病都是会伤害胎儿的传染病。其他出生前的因素包括母亲的饮食和营养，母亲的情绪状态和压力，以及父亲的因素。发育中的胎儿完全依靠母体来获取营养。如果母亲是少女或者超过 35 岁，母亲的年龄就可能会对孩子的发展产生消极影响。父亲方面可能对出生前发展造成不利影响的因素包括接触铅、辐射、某些杀虫剂和化工产品。

● 孕期保健

孕期保健虽然差别很大，但通常都有一个明确的医疗保健日程表。

● 正常的出生前的发展

重要的是要记住，尽管怀孕期间可能会而且也确实会出现问题，但在大多数情况下，孕期进展和胎儿的发育都会很顺利。

出生

> **学习目标 2** 讨论出生过程。

● 出生过程

生产分为三个阶段。第一阶段时间最长，对生育第一胎的产妇来说，这一阶段可持续 12 到 24 小时。第一阶段末，子宫颈会张开约 10 厘米（4 英寸）宽。第二阶段始于婴儿的头部通过子宫颈，止于婴儿的身体完全娩出。第三阶段涉及孩子出生后胎盘的排出。分娩的方法涉及分娩的情境和服务人员。在许多国家，产妇分娩时由一名导乐陪伴。分娩的方法包括药物法、自然分娩法、有准备分娩法和剖腹产。出生对宝宝来说是一个有着巨大压力的过程，但宝宝对应付这种压力有着充分的准备和适应力。

- **对新生儿的评估**

多年来，人们一直用阿普伽量表来评估新生儿的健康状况。布雷泽尔顿新生儿行为评估量表适用于评估新生儿的神经系统、反射以及对人的反应情况。最近，布雷泽尔顿和他的同事们又编制了新生儿重症监护病房网络神经行为评估量表，用来评估高风险婴儿。

- **早产和低出生体重的婴儿**

低出生体重婴儿的体重低于 5.5 磅，他们可能是早产儿（在怀孕 37 周前出生），也可能是小于胎龄儿（指出生体重低于相同胎龄正常水平的婴儿）。小于胎龄儿可能是早产的也可能是足月产的婴儿。尽管大多数低出生体重的和早产的婴儿是正常和健康的，但作为一个群体，他们比出生体重正常的婴儿有着更多的疾病和发展问题。有研究表明，袋鼠式护理法和按摩疗法对早产儿颇有好处。

产后期

学习目标 3 解释产后期里发生的变化。

- **生理调节**

产后期是生产或分娩之后的一段时间，持续大约 6 周，或直到产妇的身体完成调整。产后期的生理调节包括疲劳恢复、子宫恢复（子宫在分娩后 5 到 6 周恢复到怀孕前大小的过程）和激素的变化。

- **情绪和心理调节**

母亲在这一阶段有情绪波动是正常现象，但个体之间可能存在很大差异。患有产后抑郁症的妇女具有很强烈的忧伤、焦虑及失望感，以至于她们难以应对产后阶段的日常生活。约 10% 到 14% 的新妈妈患有产后抑郁症。父亲也同样要经历产后调整的过程。

- **亲子联结**

亲子联结是指在婴儿出生后不久，在父母与婴儿之间形成的亲密联系，尤其是身体的联系。但人们并没有发现早期亲子联结对婴儿的最佳发展具有关键性作用。

重要术语

胞衣阶段 afterbirth
羊膜 amnion
阿普伽量表 Apgar Scale
胚泡 blastocyst
亲子联结 bonding
布雷泽尔顿新生儿行为评估量表（NBAS） Brazelton Neonatal Behavioral Assessment Scale
臀位 breech position
剖腹产 cesarean delivery
导乐 doula

胚胎期 embryonic period
胎儿酒精综合征（FASD） fetal alcohol spectrum disorders
胎儿期 fetal period
胚芽期 germinal period
袋鼠式护理法 kangaroo care
低出生体重婴儿 low birth weight infants
自然分娩法 natural childbirth
新生儿重症监护病房网络神经行为评估量表（NNNS） Neonatal Intensive Care Unit Network Neurobehavioral Scale

神经元 neurons
器官发生 organogenesis
胎盘 placenta
产后抑郁症 postpartum depression
产后期 postpartum period
有准备分娩法 prepared childbirth
早产儿 preterm infants
小于胎龄儿 small for date infants
致畸物 teratogen
胚胎滋养层 trophoblast
脐带 umbilical cord

重要人物

托马斯·贝里·布雷泽尔顿 T. Berry Brazelton

蒂法尼·菲尔德 Tiffany Field
费迪南·拉梅兹 Ferdinand Lamaze

戴维·奥尔兹 David Olds

第四章 身体的发展和健康

本章纲要

第1节 身体的生长和变化

学习目标 ❶

讨论身体的发展性变化。
- 生长模式
- 婴儿期与童年期
- 青少年期

第2节 脑

学习目标 ❷

描述脑是如何变化的。
- 神经建构主义的观点
- 脑生理
- 婴儿期
- 童年期
- 青少年期

第3节 睡眠

学习目标 ❸

概述睡眠模式是如何随着儿童和青少年的发展而变化的。
- 婴儿期
- 童年期
- 青少年期

第4节 健康

学习目标 ❹

描述儿童健康的特点。
- 儿童的疾病与伤害
- 营养和饮食行为
- 锻炼

真人实事

安吉（Angie）是个小女孩，正在读小学，关于减肥她说了如下的话：

"当我 8 岁时，我的体重是 125 磅。我的衣服跟十几岁的大姑娘穿的一样大。我讨厌自己的身体，班上的同学也总是戏弄我。我胖得不成样子，以至于一上体育课我就面红耳赤，气喘吁吁。我羡慕那些参加体育竞赛的孩子，羡慕他们不像我这么胖乎乎的。

"我现在 9 岁，我已减掉了 30 磅，我比过去快乐多了，我也感到很自豪。事情是这样的，大约半年前，妈妈说她再也受不了啦。她带着我去看一位专门帮助孩子们减肥的儿科医生。医生向妈妈询问了我的饮食习惯和锻炼的习惯，然后让我们参加了他为肥胖孩子以及他们的父母创办的一个锻炼项目。妈妈和我每周参加一次这个运动小组的活动，现在，我们已经加入这个项目 6 个月了。同时，我也不再拿快餐当饭吃，妈妈会为我做更加健康的饭菜。现在，我已经不肥了，体育活动对我已不再是困难，学校里也没有人拿我开玩笑了。妈妈也很高兴，因为自从我们加入这个咨询项目以来，她自己的体重也减掉了 15 磅。"

并不是所有过于肥胖的孩子都能像安吉这样减肥成功。实际上，在美国，儿童过于肥胖已经成为全国性的重要问题（Centers for Disease Control and Prevention, 2018），在本章后半部分，我们将探寻儿童过于肥胖的原因和后果。

前言

想一想你自己的身体在长大的过程中发生了多大变化。你来到这个世界上的时候，只是一个小小的生命体，但是你在婴儿期生长得很快，童年期生长得慢一些，青春期又再一次快速生长。在本章中，我们将探究身体的生长、脑的发展和睡眠的变化。我们也将探究儿童健康方面的问题。

第 1 节 身体的生长和变化

学习目标 1

讨论身体的发展性变化。
- 生长模式
- 婴儿期与童年期
- 青少年期

在童年的旅途上，我们的身体经历了许多变化。让我们首先了解身体生长的一些基本模式，然后再来看看从婴儿期到青少年期发生的身体变化。

> 生长模式

在胎儿期和婴儿早期，个体的头部在整个身体中占很大的一部分（参见图1）。逐渐地，身体各部分的比例发生了变化。为什么呢？因为生长并不是随机的，相反，它一般要遵循两个模式：头尾模式和近远模式。

头尾模式是一种生长的顺序，即生长最快的部位总是在上端——头。身体大小、重量以及特征的分化也遵循从上到下逐渐发展的顺序，例如，先从脖子到肩膀，然后再到躯干等部位。头部自身的变化也遵循这一模式，眼睛和脑的生长要快于较下面的部分，如颌部。

感觉和运动的发展一般也按照从头到尾的原则进行。例如，婴儿先是能看到物体，然后才能控制躯干；先是会使用双手，而后才会爬或走。不过，最近有一项研

头尾模式（cephalocaudal pattern）一种生长顺序，即生长最快的部位总是在上端——头。身体大小、重量以及特征的分化也遵循从上到下逐渐发展的顺序。

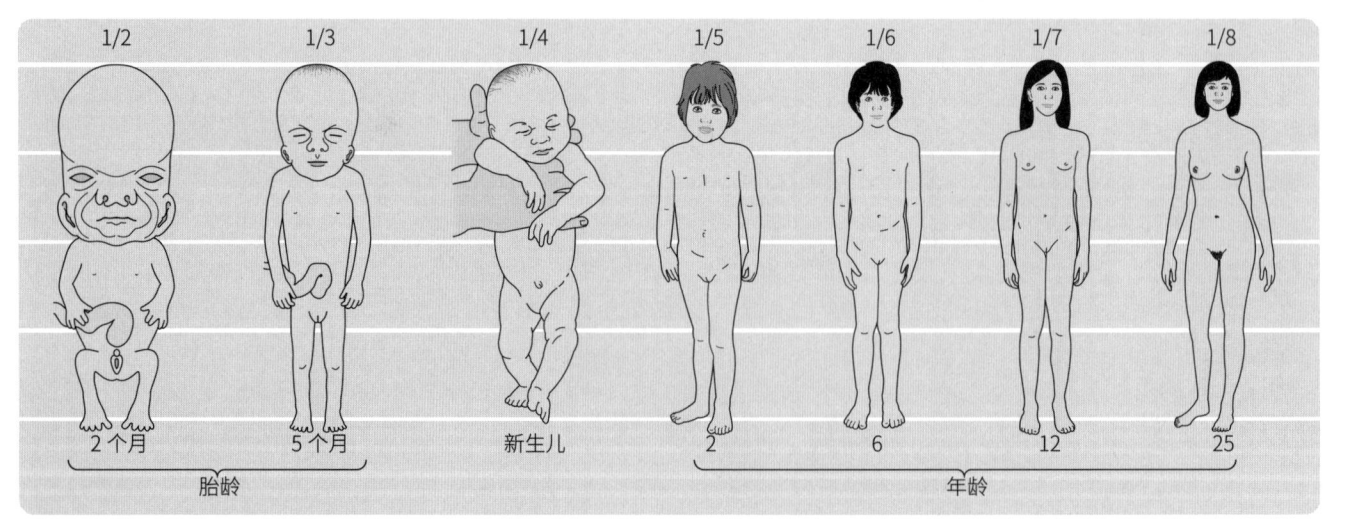

1/2	1/3	1/4	1/5	1/6	1/7	1/8
2个月	5个月	新生儿	2	6	12	25
胎龄			年龄			

图1 人体在生长过程中的比例变化

个体从婴儿期步入成年期时，一个最明显的身体变化就是头部在整个身体中所占的比例越来越小。图中顶端列出的分数表示不同时期头部占身体总长度的比例。

究发现，婴儿用脚够玩具要早于用手（Adolph & Franchak, 2017）。平均说来，婴儿12周大时就会用脚触及玩具，16周大时才会用手触及玩具。在"运动、感觉和知觉的发展"一章中，我们还要进一步论述感觉和运动的发展。

近远模式是另一种生长顺序，指生长先从身体中部开始，然后逐渐向手足方向扩展。例如，对躯干肌肉和胳膊肌肉的控制能力成熟在先，而对手和手指肌肉的控制能力成熟在后；同时，婴儿也是先会用整只手，然后才会控制多个手指。

> 婴儿期与童年期

身高和体重在婴儿期增长得很快（Lampl, 2008），而在童年期的增长速度则要慢一些。

婴儿期 北美新生儿的平均身长为20英寸，体重为7.5磅。足月产新生儿中有95%身长在18至22英寸之间，体重在5.5至10磅之间。

在出生后的头几天里，大多数新生儿的体重会下降5%到7%。一旦婴儿调整好吮吸、吞咽和消化，他们就会快速生长，在第1个月里平均每周可增长5到6盎司。到4个月大时，他们的体重约是出生时的2倍，到1周岁时约是出生时的3倍。第1年里婴儿的身长每个月约增加1英寸，1周岁时约是出生时的1.5倍。

在出生后的第2年里，婴儿的生长速度慢了许多（Burns & others, 2013），每个月增加0.25到0.5磅。到2周岁时，婴儿的体重约为26到32磅，已达到成人体重的1/5。2周岁婴儿的身高一般在32至35英寸之间，已接近成人身高的一半。

童年早期（学前期） 随着年龄的增大，学前儿童身高和体重增量所占的百分比逐年下降（McMahon & Stryjewski, 2011）。这一时期的女孩只比男孩稍微轻一点儿，稍微矮一点儿。由于身体的躯干部分拉长，男孩和女孩都显得有些消瘦。虽然相对于整个身体来说，儿童的头部仍然显得有些大，但到了学前期末，多数儿童已经摆脱了头重脚轻的形象。在这一阶段里，儿童的身体脂肪在缓慢而持续地减少。女孩比男孩有更多的脂肪组织，男孩比女孩有更多的肌肉组织。

生长模式存在个体差异（Florin & Ludwig, 2011）。这些差异主要是由遗传造成的，但环境经验也在一定程度上发挥着作用。世界各地儿童的身高体重在很大程度上反映了他们的营养状况，全世界每年死于营养不良的儿童有300万，因为营养不良而生长滞后的儿童则有数百万之多（UNICEF, 2018）。一般情况下，城市儿童身高高于农村儿童，中等社会经济地位的儿童高于较低社会经济地位的儿童，第一胎出生的孩子高于后来出生的孩子。同时，怀孕期间吸烟的母亲的孩子比怀孕期间不吸烟的母亲的孩子要矮半英寸。另外，在美国，非裔儿童高于白人儿童。

为什么有些儿童特别矮呢？"肇事者"可能是先天因素（即遗传或出生前的问题），生长激素缺乏，童年期出现身体问题或情绪困扰等（wit, Kiess, & Mullis, 2011）。如果是先天因素造成的，这些孩子通常可以接受激素治疗（Collett-Solberg, 2011）。一般情况下，这种治疗是针对脑垂体的。脑垂体是身体的一个主要腺体，位于脑的底部，分泌与生长有关的激素。童年期阻碍生长的身体问题包括营养不良和慢性疾病。不过，如果给予适当的处理或治疗，儿童还是可以正常生长的。

童年中晚期 童年中晚期大约从6岁到11岁，在这个阶段里，儿童的生长呈现出

发展链接

动态系统理论
感知和运动的发展伴随着儿童多方面的技能习得。链接"运动、感觉和知觉的发展"。

2岁和5岁孩子的身体比例不同。请注意，不仅是5岁孩子更高更重，而且他们的躯干和腿也比2岁孩子长。2岁和5岁孩子还有哪些身体方面的差异？
图片来源：视觉中国

近远模式（proximodistal pattern）一种生长顺序，指生长先从身体中部开始，然后逐渐向手足方向扩展。

第四章　身体的发展和健康

缓慢而稳定的态势，这是青少年期快速生长冲刺前的一个平静阶段。

在小学阶段，儿童每年平均长高 2 到 3 英寸。8 岁时，男孩和女孩的平均身高都是 4 英尺 2 英寸。童年中晚期的儿童每年体重增加约 5 到 7 磅，8 岁时，男孩和女孩的平均体重都是 56 磅（National Center for Health Statistics, 2017）。体重的增加主要是由于骨骼和肌肉组织的生长，以及某些身体器官的增大。在童年中晚期，随着"婴儿肥"的减少，个体的肌肉量和力量都在逐渐增加。

童年早期的松弛动作（loose movements）到了童年中晚期会逐渐消失，取而代之的是肌肉张力的改善。在这一阶段，儿童的力量也增长了 1 倍。肌肉力量增长的原因在于遗传和锻炼两个方面。男孩由于有更多的肌肉细胞，所以通常比女孩更有力量。

比例变化是童年中晚期身体变化中一个最明显的方面。相对于身高来说，头围、腰围、腿长都有所下降（Burns & others, 2013）。另外，还有一个不太明显的变化，即骨骼在童年中晚期继续变硬，但是其对压力和拉力的承受能力仍然不如发育成熟的骨骼。

> **青少年期**

在经历了童年期的缓慢生长之后，身体的生长在青春期又开始突飞猛进。**青春期**是身体快速成熟的阶段，既包括激素的变化，也包括身体的变化，这些变化主要发生在青少年期的开始阶段。随着青少年生育能力的成熟，他们的身体特征和身体比例都发生着相应变化。让我们首先探讨青春期的决定因素，然后再考察青春期里重要的身体变化和相应的心理变化。

青春期的决定因素　青春期与青少年期是两个不同的概念。几乎对每一个人而言，在青少年期结束之前，青春期就早已结束了。青春期通常被看作是青少年期开始的重要标志。

青春期的开始时间与进展速度都存在很大的个体差异（Vijayakumar & others, 2018）。平均说来，女孩一般 10 岁开始，14 岁结束；男孩一般 12 岁开始，16 岁结束。

实际上，在过去的几十年里，青春期出现的时间已经发生了变化。请想象一下，如果一个 3 岁的小女孩有着发育丰满的乳房，稍大一点的小男孩有着低沉的男性嗓音，你将会有怎样的感觉？然而，如果青春期的开始年龄仍然像 20 世纪大部分时间里那样持续降低，那么到 2250 年时，学步儿童的形象就将是这个样子。以挪威为例，目前，挪威女孩的**初潮**（女孩的第一次月经）在 13 岁时就出现了，而在 19 世纪 40 年代，要到 17 岁时才出现（Petersen, 1979）。和欧洲儿童相比，美国儿童的成熟年龄还要早一年；在 20 世纪的大部分时间里，初潮出现的平均年龄每 10 年就提前 2 到 4 个月，目前初潮出现的平均年龄是 12.5 岁。有些研究者发现，美国女孩的青春期年龄仍在提前，但也有一些研究者认为有关的证据没有说服力，或认为年龄提前的速度正在减慢（Herman-Giddens, 1997）。另一方面，有关研究发现男孩青春期出现的年龄也在不断降低；尽管批评者说该研究的样本有偏向，其中包括了较多比较早熟的男孩，出于健康的考虑，这些男孩的父母可能想带他们的孩子来见见参与研究的医生（Herman-Giddens & others, 2012）。青春期的提

在童年中晚期里，儿童身体生长的特点是什么？
图片来源：视觉中国

青春期（puberty）身体快速成熟的阶段，既包括激素的变化，也包括身体的变化，这些变化主要发生在青少年期的开始阶段。

初潮（menarche）女孩的第一次月经。

前可能是由于健康与营养状况的改善（Herman-Giddens, 2007；Herman-Giddens & others, 2012）。

正常的青春期开始与进展的时间跨度很大，就两个年龄相同的男孩来说，可能一个还没有开始青春期，另一个就已经结束了。女孩初潮的年龄跨度更大，9至15岁出现都属于正常范围。

性早熟这一术语指青春期开始得很早并且进展很快。如果女孩在8岁前进入青春期，男孩在9岁前进入青春期，通常就诊断为性早熟（Sultan & others, 2017）。女孩中出现性早熟的人数约是男孩的10倍。当性早熟发生时，一般采用降低促性腺激素分泌的方法进行治疗，暂时阻止青春期的进展（Sultan & others, 2017）。实施这种治疗的理由是因为性早熟儿童最终可能身材矮小，性能力过早成熟，并可能做出与其年龄不相符合的行为（Blakemore, Berenbaum, & Liben, 2009）。

遗传与环境的影响　青春期并不是由环境造成的偶然事件。它不可能出现在2岁或3岁，也不可能出现在二十几岁。青春期出现的时间表写在每个人的基因里。近年来，科学家们已经做了许多分子遗传学的研究，试图找到与青春期的开始和进展有关的特定基因（Dvornyk & Waqar-ul-Haq, 2012）。

家庭影响和压力等环境因素也会影响青春期的开始与持续时间（Joos & others, 2018）。与青春期提早开始相关的环境经验包括：领养、父亲不在身边、社会经济地位低下、家庭冲突、母亲严厉、受虐待、早期药物使用等（Savage & others, 2018）。在许多案例中，青春期提早几个月到来，这一类提早可以用上述社会环境中高度的冲突和压力来解释。有一项研究显示，童年早期母亲严厉可能会引起早熟和青少年期性冒险行为（Belsky & others, 2010）。另一项研究则发现女孩初潮提早和童年期严重的性虐待有关联（Noll & others, 2017）。

激素　男孩开始长胡子，女孩臀部开始变宽，其背后都是由于大量的激素的作用。**激素**是由内分泌腺分泌的强有力的化学物质，通过血液流动输送到身体的各个部分。就青春期来说，重要激素的分泌是通过下丘脑、脑垂体和生殖腺的相互作用来控制的。下丘脑是人脑中的一个组织，它最为人们熟悉的功能是监控摄食、饮水和性。脑垂体是控制生长并调节其他腺体的一个重要的内分泌腺。生殖腺就是与性有关的腺体，男性的生殖腺是睾丸，女性的生殖腺是卵巢。

重要的激素变化涉及两类激素，它们在男性和女性身体内的浓度存在显著差异（Susman & Dorn, 2013）。**雄性激素**是男性的主要性激素，**雌性激素**则是女性的主要性激素。

睾酮是一种雄性激素，是男孩青春期发育中的关键激素（Colvin & Abdullatif, 2012）。在青春期，随着睾酮水平上升，男孩的外生殖器增大，身高增长，嗓音也发生改变。**雌二醇**则是一种雌性激素，它在女孩的青春期发育中起着重要的作用。随着雌二醇水平上升，女孩的乳房和子宫开始发育，骨骼也发生变化。有一项研究显示，从青春期的开始到结束，睾酮水平在男孩身上增长了17倍，但在女孩身上只增长了1倍；反之，雌二醇水平在女孩身上增长了7倍，但在男孩身上只增长了

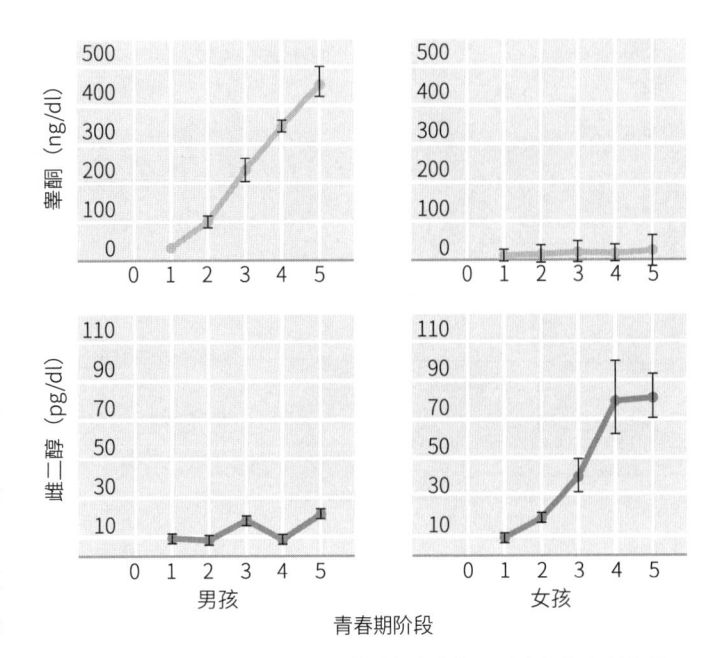

图2　性别与青春期不同阶段的睾酮和雌二醇水平
图中的5个阶段从青春期刚开始（阶段1）到青春期晚期（阶段5）。请注意男孩睾酮的显著增长和女孩雌二醇的显著增长。

性早熟（precocious puberty）指青春期开始很早并且进展很快。

激素（hormones）由内分泌腺分泌的强有力的化学物质，通过血液流动输送到身体的各个部分。

雄性激素（androgens）男性的主要性激素。

雌性激素（estrogens）女性的主要性激素。

睾酮（testosterone）一种雄性激素，是男孩青春期发育中的关键激素。

雌二醇（estradiol）一种雌性激素，是女孩青春期发育中的关键激素。

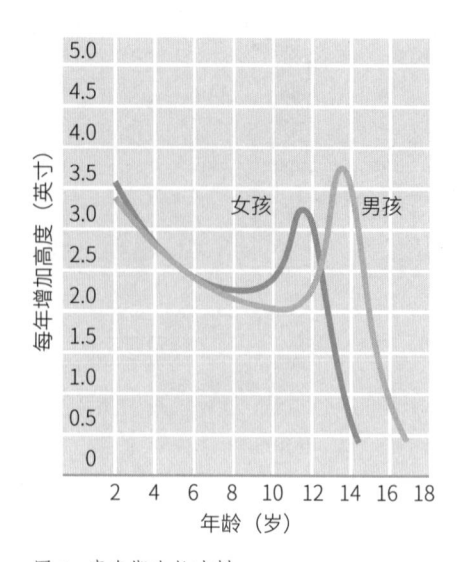

图3 青春期生长冲刺
平均说，女孩青春期生长冲刺的峰点比男孩约早 2 年，前者在 11.5 岁，后者在 13.5 岁。
资料来源：J. M. Tanner et al.，"Standards from Birth to Maturity for Height, Weight, Height Velocity: British Children in 1965" in Archives of Diseases in Childhood, 41(219), pp. 454–471, 1966.

1 倍（Nottleman & others, 1987）（参见图 2）。

激素浓度和青少年的行为之间是否存在联系呢？这方面的研究结果并不一致（Welker & others, 2019）。但无论如何，仅考虑激素浓度这个单一因素是不能对青少年的行为做出很好解释的（Yeager, Dahl, & Dweck, 2018）。例如，有研究发现，就青春期女孩的抑郁与生气来说，社会因素所占的差异是激素因素的 2 到 4 倍（Brooks-Gunn & Warren, 1989）。激素并不单独发挥作用；激素的活动受到许多环境因素的影响，包括父母和青少年之间关系的影响。压力、饮食习惯、性活动和抑郁情绪也都可以引发或抑制激素系统各个方面的活动（Susman & Dorn, 2013）。

生长冲刺 青春期迎来了自婴儿期后的最快速的生长阶段。如图 3 所示，与青春期有关的生长冲刺在女孩身上发生的时间比男孩大约早 2 年。如今，美国女孩的生长冲刺开始的平均年龄是 9 岁，男孩是 11 岁。女孩平均在 11.5 岁达到青春期变化的峰点，而男孩是 13.5 岁。在生长冲刺阶段，女孩每年增高约 3.5 英寸，男孩每年增高约 4 英寸。

那些青春期前比同伴矮或比同伴高的男孩和女孩，在青春期时可能仍然如此。青春期开始时，女孩往往和同龄男孩一样高或比他们高，但到初中结束时，大多数男孩已经赶上来，许多男孩甚至超过了女孩。虽然小学时的身高能较好地预测青少年期的身高，但个体在青少年期快结束时的身高差异中有 30% 不能用小学时期的身高来解释。

性成熟 请回想一下你在青春期开始时的情况。在你自己身体的众多显著的变化中，最先发生的变化是什么？研究者们发现，男孩青春期特征的发展顺序是：阴茎与睾丸变大，出现直的阴毛，嗓音发生轻微变化，第一次射精（初次射精通常是通过手淫或梦遗），出现卷曲的阴毛，出现身体生长的峰点，长出腋毛，嗓音发生较明显的变化，出现脸毛。男孩性成熟最明显的三个特征是：阴茎变长、睾丸发育、出现脸毛。图 4 展示了男孩和女孩性特征发展的平均年龄和正常范围，以及身高冲刺的情况。

那么，女孩身体特征变化的顺序是怎样的呢？首先是乳房变大，然后出现阴毛。这是女孩青春期发育最明显的两个方面。近来的一项纵向研究显示，平均说来，女孩乳房的发育要比阴毛早 2 个月（Susman & others, 2010），之后出现腋毛。当这些变化发生时，女孩的身高也在增长，同时，臀部逐渐变得宽于肩膀。她的第一次月经（初潮）在青春期中出现得比较晚。初潮出现在 9 至 15 岁都属于正常现象。开始时，月经周期有可能很不规律。在头几年里，她们在每个月经周期里不一定都排卵。有些女孩甚至要在初潮两年后才有生育能力。和男性不同的是，女性在青春期里没有明显的嗓音变化。到青春期结束时，女孩的乳房已发育得比较丰满。

青春期的心理变化 与青少年青春期发展相伴随的是一系列的心理变化。两个最为显著的心理变化涉及身体印象、早熟与晚熟问题。

身体印象 青春期的身体变化必然会带来的一个心理现象是：青少年十分关注自己的身体并对自己的外表形成一定的印象（Zsakai & others, 2017）。对身体外表的强烈关注贯穿于整个青少年期，但在青春期尤为强烈；和青少年后期相比，青春期的青少年更加不满意自己的身体。不过，近来的一项研究发现，如果考虑到整个青少年期而不只是青春期，那么，当孩子们从青少年期的起点走向终点时，男孩和女孩们在终点上对自己的身体形象比起点上更加满意（Holsen, Carlson Jones, &

青少年对自己的身体印象有哪些性别差异？可能的原因是什么？
图片来源：视觉中国

Skogbrott Birkeland, 2012)。

青少年对自己身体的印象存在性别差异。一般情况下，在整个青春期里，女孩比男孩对自己的身体形象更加不满意（Benowitz-Fredericks & others, 2012）。随着青春期变化的进展，女孩通常会对自己的身体越来越不满意，这可能是由于身体脂肪的增加；相反，男孩对自己的身体则越来越满意，这可能是由于肌肉量的增加。

虽然我们说青少年对自己身体的印象存在性别差异，并强调女孩比男孩更可能持有负面的身体印象，但是请记住，这方面存在很大的个体差异；许多女孩对自己的身体持有积极的印象，许多男孩则持有消极的印象。为了揭示青少年身体印象的不同发展轨迹，研究者追踪了个体对自己的外貌、体重以及与身体有关的其他特征的自我看法（Nelson & others, 2018）。结果显示，身体印象发展轨迹的差异和性别、自我同一性以及心理功能相关联。

早熟与晚熟　你是较早、较晚还是按时进入青春期的？当青少年早熟或晚熟时，他们通常会觉得自己与同伴不同，成熟时间关系到他们的社会情绪发展，并关系到他们是否会出现问题（Negfiff, Susman, & Trickett, 2011）。多年前开展的伯克利纵向研究发现，早熟男孩比晚熟男孩对自己持有更积极的看法，同伴关系也更加成功（Jones, 1965）。早熟女孩的情况与此相似，只是不如男孩那么明显。但是，当到了30多岁时，晚熟男孩则比早熟男孩有着更积极的自我同一性（Peskin, 1967）。可能是因为晚熟男孩有更多的时间来探索人生的选择，也可能是因为早熟男孩持续地关注自己的身体状况，而非自己的职业发展与成就。

越来越多的研究者发现，早熟会引发女孩的许多问题（Pomerantz & others, 2017）。早熟女孩更容易吸烟、饮酒、抑郁、饮食失调，实施青少年犯罪，试图较早独立于父母，并结交年龄比自己大的朋友；她们的身体也容易引起男性的反应因而导致较早约会和较早有性经验（Chen, Rothman, & Jaffee, 2017）。另外，早熟女孩也更容易在中学阶段辍学，较早同居和较早结婚（Cavanagh, 2009）。显然，由于社会经验与认知的不成熟，加上身体的较早发育，早熟女孩更容易受人引诱而出现问题行为，因为她们意识不到这些行为对其发展可能产生长远影响。

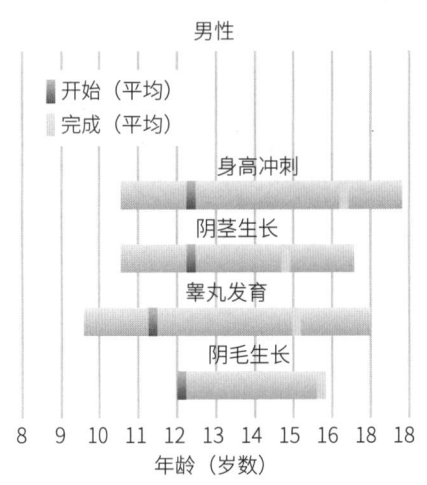

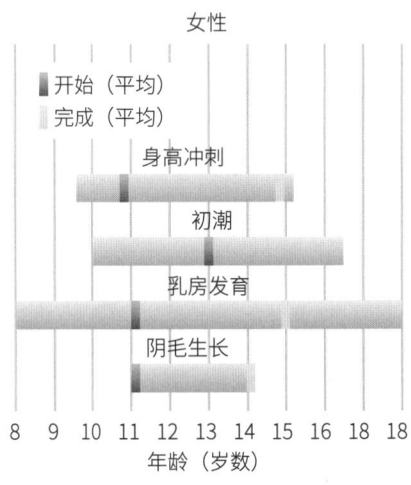

图4　男性与女性性特征发展的平均年龄和正常范围

早熟和晚熟是如何影响青少年发展的？
图片来源：视觉中国

第四章　身体的发展和健康　　**103**

复习、联想和反思

学习目标 1

讨论身体的发展性变化。

复习
- 什么是头尾模式和近远模式？
- 身高和体重在婴儿期和童年期是如何变化的？
- 反映青春期特点的变化有哪些？

联想
- 叙述遗传和环境对激素与青春期之间关系的影响。

反思你自己的人生之旅
- 你的青春期是较早、较晚还是准时？你认为它是如何影响你的社会关系及发展的？

第 2 节 脑

学习目标 2

描述脑是如何变化的。
- 神经建构主义的观点
- 脑生理
- 婴儿期
- 童年期
- 青少年期

发展链接

天性和教养

在渐成观看来，发展是遗传与环境之间不断的双向互动所产生的结果。链接"生物起源"。

到目前为止，我们所描述的每一种身体变化，都在一定程度上与脑有关。脑组织不仅帮助个体调节行为，而且帮助个体调节新陈代谢、激素的释放以及其他生理功能。

在第三章中，我们曾叙述从受精卵形成到出生时脑的神奇的生长变化。在这一节中，我们将首先探讨神经建构主义的观点，叙述脑的基本结构和功能，然后，我们将考察从婴儿期到青少年期脑的发展性变化。

> 神经建构主义的观点

直到最近，人们对儿童发展过程中脑如何变化仍然知之甚少。科学家们不久前还认为：我们的基因决定了脑的"电路设计"；负责信息加工的脑细胞只是不断成熟，它们几乎不受环境经验的影响；不管遗传给予了你什么样的脑，你基本上只能听天由命。然而，这种观点已被证明是错误的。的确，脑具有可塑性，其发展也依赖于环境（Diamond, 2013; Nelson, 2012）。

越来越流行的**神经建构主义观点**认为：(1) 生理过程（如基因）和环境条件（如刺激丰富的或刺激贫乏的）都影响着脑的发展；(2) 脑具有可塑性，它不能脱离环境；(3) 脑的发展和儿童的认知发展具有密切关系。这些因素可以促进或者限制儿童认知能力的建构（Diamond, 2013）。总之，神经建构主义的观点强调经验和基因表达之间相互影响的重要性，这在很大程度上和"渐成观"的主张是一致的（参阅第二章"生物起源"）。

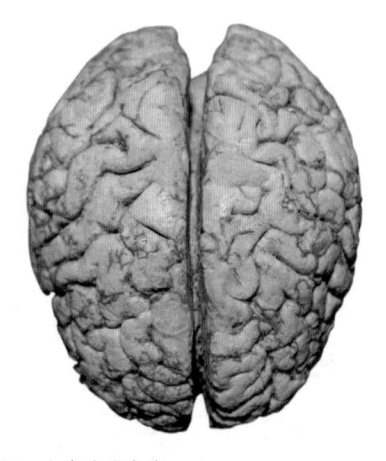

图 5 人类的脑半球
从此图可清楚地看到人脑的两个部分（半球）。
图片来源：IgorZD/Shutterstock

神经建构主义观点（neuroconstructivist view）
一种关于脑发展的理论，该理论强调如下几点：(1) 生理过程和环境条件都影响脑的发展；(2) 脑具有可塑性，它不能脱离环境；(3) 脑的发展和儿童的认知发展密切相关。

> 脑生理

脑包括许多重要的组织结构。这些组织结构中最关键的成分是神经元，神经元就是执行信息处理的神经细胞。

脑的结构和功能　从上方看，脑由两个部分或两个半球组成（参见图5）。脑的顶部，离脊髓最远的部分叫作前脑；其外面的细胞层叫作大脑皮层，像帽子一样盖在上面。大脑皮层的体积约占整个脑体积的80%，它对知觉、思维、语言及其他功能至关重要。

大脑皮层的两个半球各有四个主要区域，叫作叶。虽然大脑皮层的四个叶通常是共同发挥作用的，但每个叶的主要功能又有所不同（见图6）：

- *额叶*与自主运动、思维、人格、意向或有目的的活动有关。
- *枕叶*在视觉方面发挥作用。
- *颞叶*与听觉、言语加工和记忆有关。
- *顶叶*在管理空间位置、调节注意和控制运动方面具有重要作用。

在脑的深层，大脑皮层的下面还有其他一些重要的组织，包括下丘脑、脑垂体以及在情绪方面起重要作用的杏仁核；另外还有海马，它在记忆和情绪方面尤其活跃。

神经元　神经元是如何工作的呢？如前文提及，神经元是进行信息处理的神经细胞。图7展示了神经元的几个重要部分，包括轴突和树突。轴突的主要作用是将电信号从神经元的中心传出。轴突末端的结构叫末梢，它们能够把叫作神经递质的化学物质释放进突触间隙，突触间隙则是神经纤维之间非常微小的间隔。在突触间隙里发生的化学互动便将轴突与下一个神经元的树突联系起来，从而将信息从一个神经元传到另一个神经元（Schreiner & others, 2017）。为了便于理解，让我们把突触间隙看成是隔断了某条公路的一条河，一辆货车开到了河岸边，它通过渡船过了河，然后继续开往市场。与此类似，脑中的信息就是通过神经递质这条"渡船"跨越突触间隙的，当这条"渡船"到达河对岸时，就把装载在化学物质中的信息倾倒出来。

大多数轴突都被髓鞘包裹着，髓鞘是一层脂肪细胞，它能加快神经冲动沿轴突传导的速度，从而加快信息从一个神经元到另一个神经元的传递速度（Buttermore, Thaxton, & Bhat, 2013）。髓鞘是随着脑的进化而形成的。当脑的体积增长时，就有必要加快远距离信息在神经系统内的传递速度。我们可以把髓鞘的发展类比由城市扩张带来的高速公路的发展。高速公路实际上就是加上了防护罩的道路，它使得快速行驶的长途车辆不受行驶缓慢的本地车辆纠缠。

哪些神经元接收哪些信息呢？被称为神经回路的神经元群共同合作来处理特定类型的信息（Dehaene-Lambertz, 2017）。脑中有许多神经回路（Gilmore, Knickmeyer, & Gao, 2018）。例如，有一个神经回路在注意和工作记忆（工作记忆是记忆的一种类型，它将信息短暂保存，其作用就相当于为我们执行任务提供一个"心理工作台"）方面起重要作用（Standage & Pare, 2018）。该回路位于前额皮层和中脑区域，使用的神经递质是多巴胺（D'Ardenne & others, 2012）。

在一定程度上，神经元处理什么类型的信息有赖于该神经元是位于大脑皮层的左半球还是右半球（Yang, Marslen-Wilson, & Bozic, 2017）。例如，对大多数人来说，言语和语法依赖于左半球的活动；而幽默和隐喻的运用则依赖于右半球的

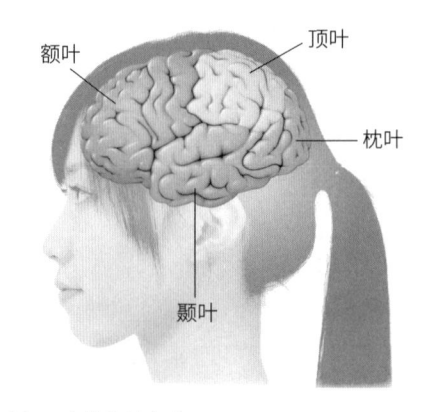

图6　大脑的四个叶
这里展示的是四个叶的位置：额叶、顶叶、枕叶、颞叶。
图片来源：Takayuki/Shutterstock

发展链接

智力
脑的某些区域是否比其他区域与智力有着更紧密的联系？链接"智力"。

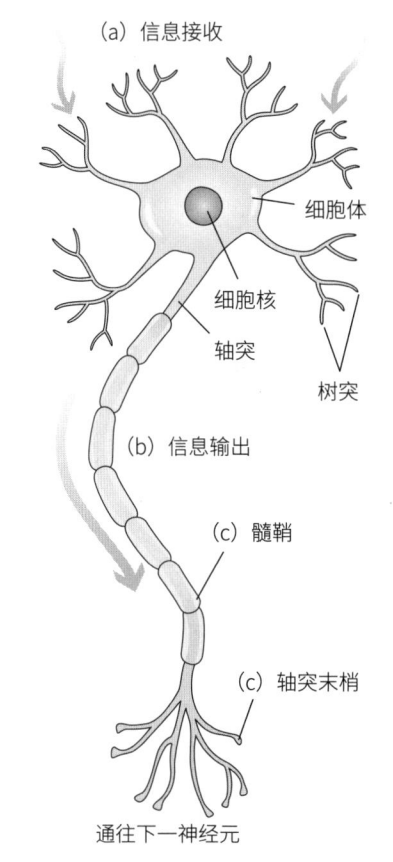

图7　神经元
（a）树突从其他神经元或肌肉、腺体接收信息。（b）轴突将信息从细胞体传出。（c）大多数轴突都被髓鞘包裹着，髓鞘使信息传递加快。（d）轴突末端分出轴突末梢。

第四章　身体的发展和健康　　**105**

单侧化（lateralization）单个脑半球功能特殊化的现象。

发展链接

性别

男性和女性的脑有多大差异？链接"性别"。

发展链接

脑的发展

从受孕到出生，脑是如何发展变化的？链接"出生前的发展和出生"。

活动（McGettigan & others, 2017）。这种单个半球功能特殊化的现象叫作**单侧化**。不过，大多数神经学家都同意，像阅读或音乐表演这样的复杂活动需要两个半球的共同参与（Rao & Vaid, 2017）。把善于逻辑思维的人称为"左脑人"或把善于创造性思维的人称为"右脑人"，并不符合大脑半球运作方式的实际情况。对正常人来说，复杂的思维活动总是大脑两个半球共同参与的结果（Tzourio-Mazoyer & others, 2017）。例如，一项元分析显示，在创造性思维方面，并不存在脑半球单侧化的现象（Mihov, Denzler, & Forster, 2010）。

> 婴儿期

在出生前阶段，脑已经有了很大的发展。在婴儿期及以后的阶段里，脑的发展持续进行（Hodel, 2018）。

因为脑在婴儿期里仍在快速地发展，所以，应当保护婴儿的头部免受跌落或其他伤害，任何情况下都不要剧烈地摇晃孩子。美国每年都有数百名婴儿成为婴儿摇晃综合征（Shaken baby syndrome）的受害者，症状包括脑部肿胀和出血（Swaiman & others, 2012）。有一项研究发现，导致婴儿摇晃综合征的最常见肇事人是孩子的父亲，其次是儿童护理人员，再次则是孩子妈妈的男朋友（National Center on Shaken Baby Syndrome, 2011）。

研究婴儿期脑的发展并不像看上去那么容易。即使是最新的脑成像技术也无法很好地呈现成人脑部的微小细节，也不能用在婴儿身上（Nelson, 2012）。正电子发射计算机断层扫描（PET）有可能对婴儿造成辐射伤害，婴儿大幅度的扭动又使得技术人员难以用磁共振成像技术（MRI）来获得精确的图像。不过，研究者们在使用脑电图技术（EEG）方面已经获得了成功，该技术通过测量脑内的电活动来了解婴儿脑的发展状况（Anderson & Perone, 2018）（参见图8）。

当婴儿走路、说话、跑动、摇动拨浪鼓、微笑、皱眉时，他（她）的脑内也在发生着变化。请想一想婴儿从一个单细胞生命体开始，9个月后出生时，已形成了拥有约1,000亿神经元的大脑和神经系统，这是多么令人惊奇啊！那么，是什么决定了这些神经元彼此间如何连接与交流呢？

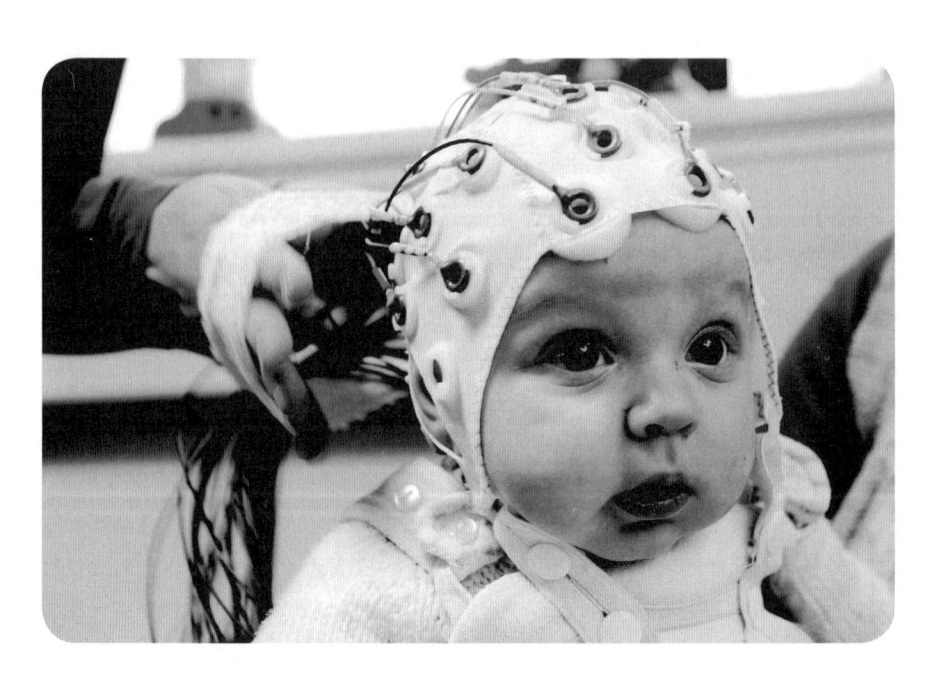

图8　测量婴儿的脑活动

通过将多达128个电极放置在婴儿的头皮上，查尔斯·纳尔逊（Charles Nelson, 2003, 2012）已经发现，甚至新生儿也能产生独特的脑电波，表明他们能够将妈妈的声音和其他妇女的声音区分开来，即使在睡着的情况下也能如此。为什么测量婴儿的脑活动如此困难？

图片来源：视觉中国

早期经验与脑 在剥夺性环境下长大的儿童的脑活动也有可能受到抑制（Zeanah, Fox, & Nelson, 2012）。如图9所示，一个在缺乏回应和刺激的罗马尼亚孤儿院长大的孩子，其脑活动水平明显低于正常环境下长大的孩子。

剥夺性环境所造成的后果是否不可逆呢？我们有理由回答"不是"（Bryck & Fisher, 2012; Sharma, Classen, & Cohen, 2013）。脑既有灵活性又有弹性。例如，有个14岁的男孩名叫迈克尔·雷拜因（Micheal Rehbein）。7岁时，他开始出现不可控的癫痫发作，每天多达400次。医生认为唯一的治疗方法就是除去产生癫痫的大脑左半球。手术后他的恢复比较缓慢，但是他的右半球开始重新组织并接管通常由左半球承担的功能，包括言语功能（参见图10）。再如，有研究者将大脑左半球受过损伤的儿童和年轻人与没有受过脑损伤的儿童和年轻人进行了比较，结果发现：在左半球受过损伤的个体当中，80%以上的人由大脑右半球来主导通常由大脑左半球控制的言语功能（Chilosi & others, 2019）。

神经科学家们认为，对迈克尔·雷拜因而言，使大脑形成连接或重新连接的是重复的经验。当婴儿努力触摸有吸引力的物体或专心地注视人脸时，大脑中都会出现细小的电流爆发，从而把神经元连接成回路。结果就出现了本章所讨论的一些行为的里程碑。

总之，婴儿的脑在等待着经验来决定如何进行神经连接（Meltzoff, Saby, & Marshall, 2019）。在出生前，主要是由基因主导着基本的神经连接方式，神经元不断生长并迁移到适当的地方等待进一步的指令（Nelson, 2012）。出生后，从视觉、听觉、味觉和触觉得来的信息以及言语活动不断地塑造着脑中的神经连接

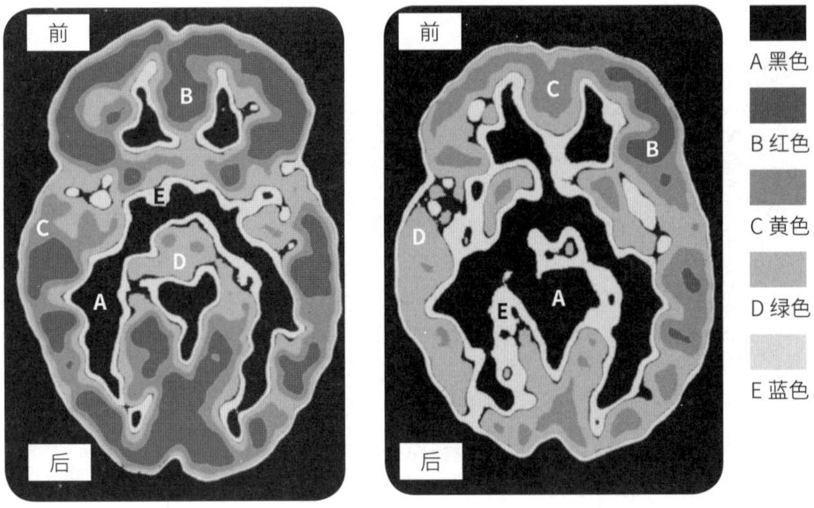

图9 早期剥夺与脑活动
这是两张PET（正电子发射断层扫描技术）扫描图片（它利用放射性示踪剂来显现和分析身体组织内的血流和新陈代谢情况）。（a）显示的是一个正常儿童的脑；（b）显示的是一个出生后就在高度剥夺性环境中生活的罗马尼亚孤儿院收容儿童的脑。PET图片中脑活动水平由高到低依次表现为红色（B）、黄色（C）、绿色（D）、蓝色（E）、黑色（A）。从图可见，正常儿童PET图片中的红色（B）和黄色（C）区域远远大于环境剥夺的罗马尼亚孤儿。
图片来源：Dr. Harry T.Chugani, Children's Hospital of Michigan

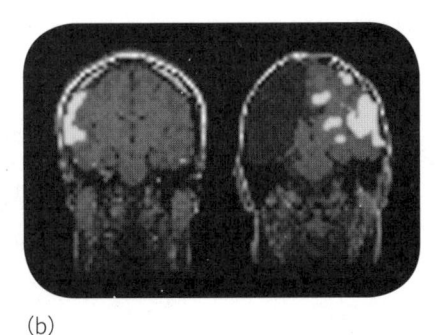

图10 脑半球的可塑性
（a）14岁时的迈克尔·雷拜因。（b）迈克尔的右半球（右图）重新组织并接管通常由左半球相应部位（左图）承担的言语功能。但是，右半球的效率没有左半球那么高，所以，更多的区域（浅色）被征用来处理言语。
图片来源：Crystal Rehbein

第四章 身体的发展和健康

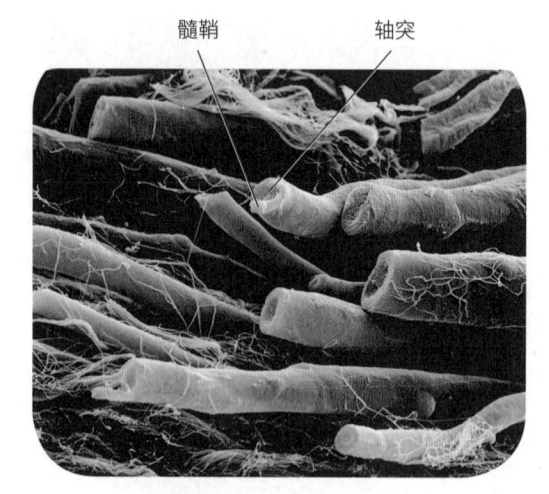

图11 神经纤维的髓鞘化

图中浅灰色部分是髓鞘，它包裹着轴突。这个图像是通过电子显微镜将神经纤维放大12,000倍得到的。*髓鞘化在脑的发展中起什么作用？*

图片来源：视觉中国

髓鞘化（myelination）轴突被髓鞘包裹的过程，髓鞘能加快信息处理的速度。

（Diamond，2013；Lamb，2013a，b；Narváez & others，2013）。

神经元的变化　出生时，新生儿的脑重大约是成人脑重的25%；到2周岁时，约是成人脑重的75%。在这最初的2年里，两个重要的发展涉及髓鞘（脂肪细胞层，可加快神经冲动沿轴突的传导速度）和突触连接。

髓鞘化指在轴突外包裹一层髓鞘的过程，它在出生前就已经开始，出生后仍在继续（参见图11）。髓鞘将轴突包裹起来，有助于电信号更快地传过轴突（Hodel，2018）。如我们在前文中提及，髓鞘化加快了信息处理的速度，也参与为神经元提供能量和交流（Micu & others，2018）。视觉通路的髓鞘化在出生后迅速进行，在头6个月内就完成了。听觉通路的髓鞘化要到4岁或5岁才能完成。有些方面的髓鞘化甚至要持续到青少年期，如大脑额叶髓鞘化的最深入进展就发生在青少年期（Giedd，2012）。

树突和突触（神经元之间的微小间隙，神经递质可携带信息穿越这些间隙）的急剧增加也是出生后头两年里大脑发育的重要特征（参见图12）。在这期间，大量的突触连接形成，其数量是将被用到的两倍（Huttenlocher & others，1991；Huttenlocher & Dabholkar，1997）。那些被用到的连接得到强化得以保存下去，没被用到的则被其他通路取代或消失。也就是说，有些连接被"修剪"了（Lieberman & others，2019）。图13生动地展示了大脑中视觉、听觉和前额皮层区域突触的增加与后来减少的情况（Huttenlocher & Dabholkar，1997）。

如图13所示，人脑不同区域突触大量生成和"修剪"的时间表存在相当大的差异。例如，大脑中涉及视觉的区域突触密度的峰值出现在出生后10个月左右，在这之后便逐渐"修剪"，一直到学前中后期（HuKenlocher & Dabholkar，1997）。大脑中涉及听觉和语言的区域也表现出类似的增长与减少趋势，尽管时间稍晚一些。但是在前额叶皮层（大脑中进行高级思维和自我调节的区域），突触密度的峰值则要到3岁以后才出现。人们认为，遗传因素和环境因素都影响着突触的过量生成和随后的"修剪"。

结构的变化　出生时，脑半球的特殊化就已经开始了。例如，新生儿在产生或聆

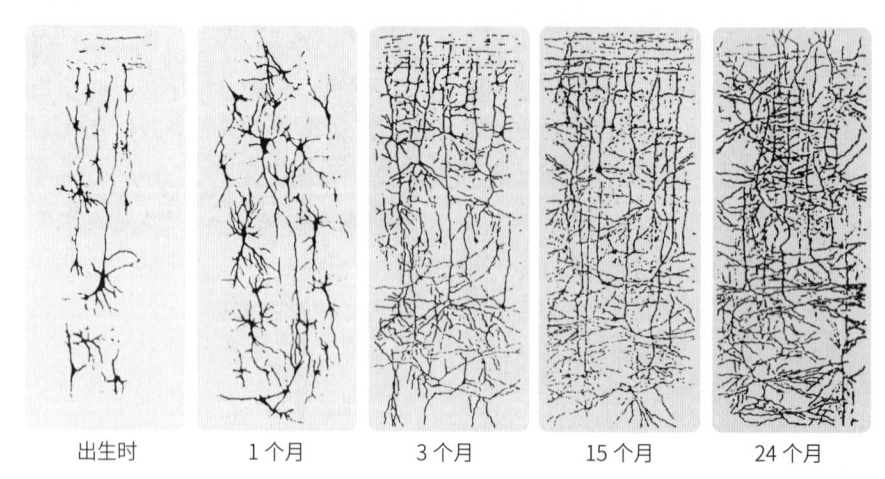

| 出生时 | 1个月 | 3个月 | 15个月 | 24个月 |

图12 树突扩展的情况

请注意出生后头两年里神经元之间连接的增加。

图片来源：*The Postnatal Development of the Human Cerebral Cortex*，*Volumes I-VIII* by Jesse LeRoy Conel，Cambridge，Mass: Harvard University Press．Copyright © 1939，1941，1947，1951，1955，1959，1963，1967 by the President and Fellows of Harvard College．Copyright © renewed 1967，1969，1975，1979，1983，1987，1991．

108　第二编　生物过程、身体和感知觉的发展

听言语性声音时，左半球会比右半球出现更强的脑电活动（Imada & others, 2007）。

总的来说，大脑的某些区域（如初级运动区）比其他区域（如初级感觉区）发展得早些。新生儿的额叶是不成熟的。不过，随着第一年里额叶神经元的髓鞘化和更多相互连接的形成，婴儿对自身生理状态（如睡眠）的调节能力有所提高，对反射活动的控制能力也有所增强。但是，那些需要有意识思维参与的认知能力则要到第一年的后期才会出现（Bell & Cuevas, 2013）。

> **童年期**

在整个童年期和青少年期，脑及神经系统的其他部分都在继续发展。这种发展使得儿童能够计划他们的行动，更有效地注意刺激，并在语言发展方面取得重大的进步（Diamond, 2013）。

在童年早期，脑和头部的生长仍然快于身体其他部分。图14显示了脑和头部的生长曲线是如何比身高和体重的生长曲线增长更快的。脑的增大有些是由于**髓鞘化**，有些则是由于树突数量和大小的增加。有些发展心理学家认为，髓鞘化对儿童许多能力的成熟具有重要作用（Fair & Schlaggar, 2008）。例如，与手眼协调有关区域的髓鞘化要到4岁才能完成。比较成熟的髓鞘化与比较成熟的语言和非语言认知活动相关联，这也被认为是母乳喂养促进认知发展的一种机制，因为母乳喂养能够比配方奶喂养更好地促进髓鞘化（Deoni & others, 2018）。与集中注意有关区域的髓鞘化要到童年中晚期才能完成。

在童年早期，脑的发展不如婴儿期那么快。但是在3到15岁之间，儿童的脑在结构方面的变化却是非常大的。通过对同一组儿童的脑进行历时四年的反复扫描，科学家们发现，儿童的脑经历了快速的、爆发式的生长（Gogtay & Thompson, 2010）。某些区域的脑物质在短短一年时间内可以增加到原来的近两倍，随后，由于不需要的细胞被清除以及大脑自身的重新组织，增大的脑组织又迅速变小。整个脑的体积在3至15岁期间增加得不是很多，但脑内局部的结构变化很大（Gogtay & Thompson, 2010）。在3到6岁期间，大脑最快速的增长发生在额叶，该区域参与新行动的计划与组织，并负责将注意力保持在任务上（Diamond, 2013）。从6岁至整个青春期，最快速的增长则发生在颞叶和顶叶，尤其是那些在语言和空间关系方面发挥重要作用的区域。

发展神经科学家马克·约翰逊（Mark Johnson, 2009）和他的同事们认为，前额叶皮层很可能负责协调发展过程中脑的许多其他区域的功能。作为这种神经系统的组织者和领导者角色的一部分，前额叶皮层也许能够为那些包括前额叶皮层在内的神经连接和神经网络提供有利条件。在这些研究者看来，前额叶皮层可能负责协调解决某个问题所需的最优化的神经网络连接。

脑的变化和儿童认知发展之间的联系涉及大脑相应区域的激活，有些区域的激活水平在提高，有些区域的激活水平则在降低。在童年中晚期，和发展有关的激

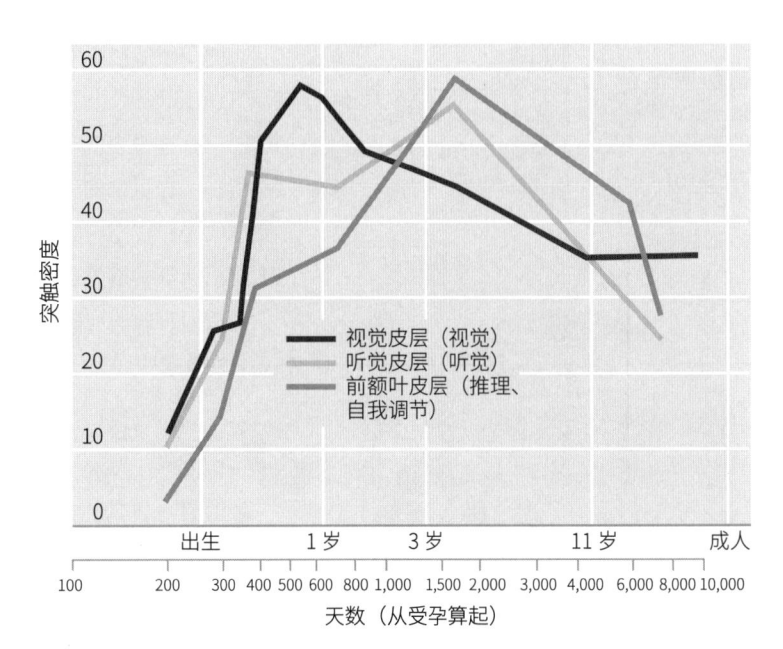

图13 人脑中突触的密度（从婴儿期到成年期）

图中显示，脑中三个区域（视觉皮层、听觉皮层、前额叶皮层）突触密度先是急剧增加，随后又减少。突触密度被认为是神经元之间连接程度的一个重要指标。

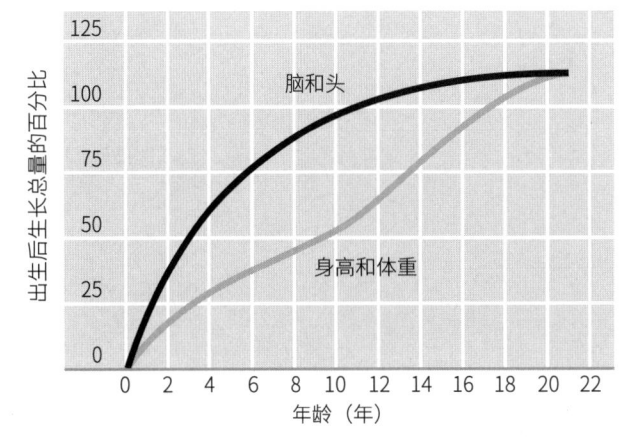

图14 脑和头的生长曲线与身高和体重的生长曲线

不难看出，脑和头的生长要更快更早。相比之下，身高和体重的生长速度在20岁前都是渐进的。

前额叶皮层
这一"做判断"的区域可驾驭强烈的情绪，但至少要到成年期开始时才能成熟。

胼胝体
这些神经纤维连接大脑的两半球；它们在青少年期变厚以便更有效地处理信息。

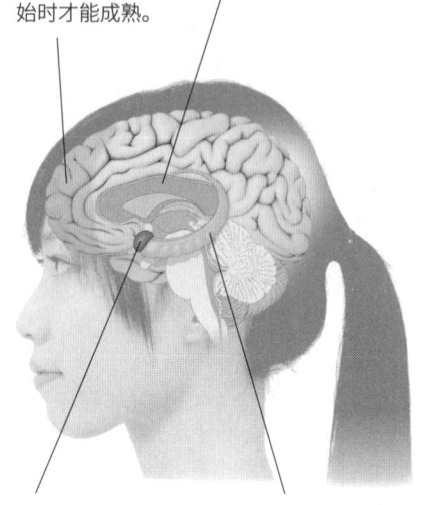

杏仁核
杏仁核属于边缘系统，尤其和情绪有关。

边缘系统
这是脑中较低的皮层下系统。它是情绪和奖励体验的中心。这一系统在青少年早期即已完全成熟。

图 15　青少年期脑的变化
图片来源：Takayauki/Shutterstock

发展链接

脑的发展
青少年大脑的发展变化可能和他们的决策能力有什么联系？链接"信息加工"。

胼胝体（corpus callosum）连接大脑左右两半球的神经纤维组织。

前额叶皮层（prefrontal cortex）在额叶的最前端，参与人的推理、决策、自我控制。

杏仁核（amygdala）大脑中主管情绪的组织。

活状态的一个重要变化便是从扩散的、比较大的区域转变为相对集中的、比较小的区域（Durston & others, 2006）。这种转变的基本特点是突触的"修剪"，通过"修剪"，那些没有被利用的脑区域突触连接会消失，而那些被利用的脑区域突触连接会增加。在近来的一项研究中，研究者发现从 7 岁到 30 岁，前额叶皮层中出现了更加集中和较少扩散的激活状态（Durston & others, 2006）。与这种激活状态的变化相伴随的是更有效率的认知活动，特别是在认知控制方面，后者涉及许多方面的灵活而有效的控制，包括控制注意力，减少干扰性思维，抑制动作，以及在众多竞争性选择中间灵活地转换（Friedman & Miyake, 2017）。

▶ 青少年期

伴随着身体其他部分的变化，大脑在青少年期也发生着变化（Blakemore & Mills, 2014; Giedd & others, 2012）。随着技术的进步，我们将能够对青少年脑内的发展情况进行追踪和记录，并取得重大的研究成果。那么，我们现在已知的研究成果有哪些呢？

我们曾在上文中指出，随着儿童和青少年的发展，神经元之间的连接经历着"修剪"的过程。"修剪"是指使用的连接得到强化和保持，没被使用的连接就逐渐消失或被其他神经通路所取代。"修剪"带来的结果是，到青少年期结束时，个体"比儿童期具有了更少、更有选择性、也更有效率的神经元连接"（Kuhn, 2009, p. 153）。这一修剪机制的存在表明，青少年做出的参与或不参与某些活动的选择将影响到哪些神经连接将被强化，哪些神经连接将会消失。

利用功能性磁共振成像（fMRI）技术对脑扫描，研究人员发现，青少年的大脑也经历着重要的结构性变化（Foulkes & Blakemore, 2018）。连接大脑左右两半球的神经纤维组织**胼胝体**在青少年期变得更厚，这一变化可以提高青少年处理信息的能力。我们刚才叙述的**前额叶皮层**的发展，前额叶皮层在额叶的最前端，参与人的推理、决策、自我控制。要到成年期到来时（约 18 至 25 岁）或更晚些，前额叶皮层才能完全成熟。但是，主管愤怒等情绪的**杏仁核**比前额叶皮层成熟得早（Romeo, 2017）。图 15 展示了胼胝体、前额叶皮层和杏仁核的位置。有研究表明，较大的杏仁核以及该核和其他脑区域连接的不同模式和青少年期的攻击性行为相关联（Saxbe & others, 2018）。

上文描述的青少年大脑的变化，有许多和正在迅速兴起的**发展社会神经科学**（developmental social neuroscience）这一研究领域有关，该研究领域关注的是发展、脑和社会情绪过程之间的联系（Blakemore & Mills, 2014; Salley, Miller, & Bell, 2013）。例如，处于该领域前沿的查尔斯·纳尔逊（Charles Nelson, 2003）认为，虽然青少年容易产生强烈的情绪，但他们的前额叶皮层还没有发展到可以控制这些情绪的水平。这就好像是大脑没有了控制闸，不能使情绪缓和下来。也有人把青少年的情绪发展和认知发展的不平衡状况说成是"提早激活了'涡轮增压'般的强烈情绪，但却并不具备熟练调节强烈情绪的'驾驶技能'（即认知能力）"（Dahl, 2004, p. 18）。

当然，青少年大脑发展方面的一个重要问题在于，是大脑中的生理变化发生在先，还是刺激这些变化的经验发生在先（Lerner, Boyd, & Du, 2009）？有一项研究发现，当青少年抵抗同伴压力的时候，他们的前额叶皮层增厚并形成了更多的脑神经连接（Paus & others, 2007）。近来的一项研究发现，生物因素和社会心理因素都能预测墨西哥裔美国青少年的调节行为（Qu & others，2018）。也就是说，较小的海马体积和父母的文化社会化这两个因素都能独立预测较好的学业成绩。同时，较小的伏隔核体积和较少依附于行为失当的同伴这两个因素也都能独立预测较少的吸毒行为。

到目前为止，科学家们还没有确定是脑的变化发生在先，还是那些与同伴、父母以及其他人互动的经验导致了脑的变化。实际上，我们遇到的仍然是天性与教养的老问题。当我们考察儿童发展的时候，它总会凸显出来（Giedd & others，2012）。

> **发展链接**
>
> **脑的发展**
> 发展社会神经科学是一个近年新兴的领域，侧重于发展、社会情绪因素和神经科学的联系。链接"绪论"。

复习
- 神经建构主义观点的主要特点是什么？
- 脑生理的性质是什么？
- 脑在婴儿期是如何变化的？
- 童年期脑的变化有什么特点？
- 青少年期脑是如何变化的？这种变化和青少年的行为可能有什么联系？

联想
- 婴儿期和青少年期是大脑发生重要变化的两个阶段，请对比这两个阶段里脑的各种变化。

反思你自己的人生之旅
- 有一位父亲（母亲）告诉你，他（她）的孩子是"左脑人"，所以孩子在学校里比较成功。这位父亲（母亲）的解释是准确的还是没有根据的？请解释原因。

> **复习、联想和反思**
>
> **学习目标 2**
>
> 描述脑是如何变化的。

学习目标 3

概述睡眠模式是如何随着儿童和青少年的发展而变化的。
- 婴儿期
- 童年期
- 青少年期

第 3 节 睡眠

睡眠对我们的身体和脑有恢复、补给和重建的作用。有些神经科学家认为，睡眠为觉醒时使用过的神经元提供休息和自我复原的机会（National Institute of Neurological Disorders and Stroke，2018）。睡眠模式在儿童期是如何变化的呢？

> 那编织着关爱细丝的睡眠……抚慰着人们受伤的心灵。它是大自然的第二道佳肴，人生宴会上重要的营养品。
>
> ——威廉·莎士比亚
> 17 世纪英国戏剧家

▷ 婴儿期

当我们还是婴儿的时候，睡眠比现在消耗了更多的时间。虽然有些婴儿睡得比较多而另一些睡得比较少，但是新生儿平均每天要睡 16 到 17 个小时，波动范围从最少 10 小时到最多 21 小时。一项综述研究得出结论，0 至 2 岁婴儿每天睡眠的平均时间是 12.8 小时，波动范围在 9.7 到 15.9 小时之间（Galland & others，2012）。另一项研究还显示，到 6 个月大时，大多数婴儿已能睡整夜，每周只会把父母唤醒一两次（Weinraub & others，2012）。

虽然对幼小的婴儿来说，每天睡眠的总时间比较稳定，但是他们白天的睡眠时间并不总是有规律的。他们可能会睡几个每次 7 到 8 小时的长觉，也可能睡几个每次只有 3 到 4 小时的短觉。大约满 1 个月时，大多数婴儿已经开始夜里睡得比较多了。到 6 个月大时，他们通常已接近成人的睡眠模式，即在夜里睡眠的时间最长，而在白天觉醒的时间最长（Sadeh，2008）。

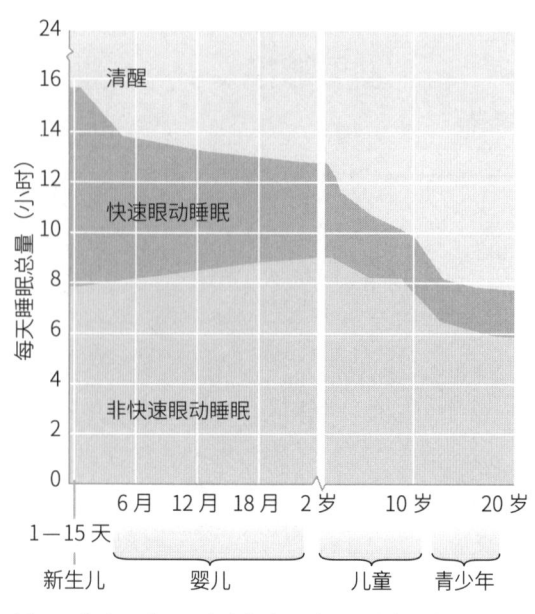

图 16 快速眼动睡眠和非快速眼动睡眠的发展变化

父母们反映的最常见的婴儿睡眠问题是夜间不眠（The Hospital for Sick Children & others, 2010）。有调查表明 20% 到 30% 的婴儿夜里难以入睡（Saden, 2008）。最近一项研究显示，睡觉时母亲及时的情感安慰和比较安静的家庭氛围可以预测婴儿睡眠间断的问题较少，这说明睡眠情境下父母及时的情感安慰提高了婴儿的安全感，从而促使婴儿形成更有规律的睡眠模式（Whitesell & others, 2018）。婴儿的睡眠问题往往和许多家庭困境如婚姻冲突相关联，但来自父母的敏感关怀可以减少婴儿的睡眠问题（El-Sheikh & Kelly, 2017）。另一方面，婴儿的睡眠问题也可以引起父母的婚姻矛盾。在如何应对婴儿夜间不眠问题上有分歧的父亲和母亲会认为他们的共同抚养关系质量较低（Reader, Teti, & Cleveland, 2017）。母亲在怀孕期间情绪抑郁，过早地给婴儿固体食物，让婴儿看电视等也都可能导致婴儿睡眠的持续时间较短（Plancoulaine & others, 2018）。另外，有一项研究还发现，1 岁时的夜间不眠问题可以预测 4 岁时的睡眠效率较低（Tikotzky & Shaashua, 2012）。

快速眼动睡眠 在快速眼动睡眠（REM）期间，眼球在闭着的眼皮下面进行着不规则的运动，而在非快速眼动睡眠期间，则没有这种类型的眼球运动，睡眠显得更加安静。图 16 显示了快速眼动睡眠和非快速眼动睡眠的平均时间（小时）的发展变化。当个体步入成年时，快速眼动睡眠约占夜间睡眠时间的 1/5，通常在非快速眼动睡眠 1 小时后出现。然而，婴儿的睡眠时间中约有一半是快速眼动睡眠，同时，婴儿的睡眠周期往往是从快速眼动睡眠开始，然后才出现非快速眼动睡眠（Sadeh, 2008）。婴儿期快速眼动睡眠的时间比例远高于个体一生中的任何其他时候。当婴儿 3 个月大时，他们的快速眼动睡眠时间降至 40%，同时，他们的睡眠周期也不再从快速眼动睡眠开始了。

为什么婴儿把这么多时间花在快速眼动睡眠上呢？研究者们对这个问题尚无确定的答案。由于婴儿处于清醒状态的时间少于年龄较大的儿童，这么多的快速眼动睡眠也许是为了给他们提供更多的自我刺激。另外，也许快速眼动睡眠能够促进婴儿脑的发展（Dereymaeker & others, 2017）。

当成年人在快速眼动睡眠期间被唤醒时，他们经常报告说刚才正在做梦；但是当他们在非快速眼动睡眠期间被唤醒时，很少有人报告说刚才正在做梦（Cartwright & others, 2006）。由于婴儿快速眼动睡眠的时间大幅高于成年人，我们能否说婴儿做了很多梦？事实上，我们并不知道婴儿是否会做梦，因为他们还无法告诉我们他们是否做梦。

母婴同睡 有些儿童专家认为母婴同睡有诸多好处：可以促进母乳喂养，让母亲对孩子的哭声做出更迅速的回应，并能及时发现有可能给孩子带来危险的呼吸暂停（Mileva-Seitz & others, 2017）。在许多国家，如在中国和危地马拉，婴儿和母亲同睡一张床是常见的做法；但在另一些国家，如在美国和英国，大多数婴儿是睡在婴儿床上的。婴儿床可以安置在父母的房间里，也可以安置在和父母分开的房间里。

虽然近来越来越多的人建议要避免父母和婴儿同睡一张床，尤其是当婴儿还不足 6 个月时，但母婴同睡仍然是个有争议的话题，有些专家支持，也有些专家反对（Mileva-Seitz & others, 2017）。美国儿科学会（Moon & Task Force on Sudden Infant Death Syndrome, 2016）就反对母婴同睡。该学会的专家们认为，母婴同睡在某些情况下可能会导致婴儿猝死综合征（SIDS），如由于母亲翻身而压到孩子。最近的研究发现，母婴同睡与婴儿猝死综合征之间确实存在较大关联，在父母抽烟的情况下，更是如此（Byard，2018）。另一项以2个月大婴儿为样本的研究显示，当父母和婴儿同睡时，婴儿会出现更多的睡眠问题，如呼吸紊乱（Kelmanson，2010）。

婴儿猝死综合征（SIDS） 婴儿猝死综合征是婴儿停止呼吸时发生的一种情况，通常发生在夜间，婴儿在没有明显原因的情况下突然死亡。婴儿猝死综合征仍然是美国婴儿死亡的最大杀手，每年有近3,000名婴儿死于此综合征（Montagna & Chokroverty，2011）。当婴儿2个月至4个月大时，出现此综合征的危险最大（National Institute of Child Health and Development，2013）。

1992年，美国儿科学会建议婴儿应当以仰卧姿势睡觉以降低发生婴儿猝死综合征的风险；从那时起，美国婴儿以俯卧姿势睡觉的比例已经大幅下降（Moon & Task Force on Sudden Infant Death Syndrome，2016）。研究者们确实已经发现，婴儿仰卧睡觉比俯卧或侧卧时发生猝死综合征的比例要低（Darrah & Bartlett，2013）。为什么俯卧姿势会成为导致婴儿猝死的高危因素呢？原因之一是俯卧姿势降低了婴儿心脏的输出，即每次心跳从左心室压出的血流量减少了（Wu & others，2017）。

除俯卧姿势外，研究者们还发现了以下可导致婴儿猝死综合征的危险因素：

- 对于那些患有和神经递质血清素有关的脑干功能异常的婴儿来说，婴儿猝死综合征的发生率比较高（Haynes & others，2017）。
- 在婴儿猝死综合征发生的病例中，和罕见基因变异相关的心律不齐者的比例高达15%；另外据估计，婴儿猝死病例中高达35%的婴儿患有其他基因缺陷（Baruteau & others，2017；Neubauer & others，2017）。
- 睡眠时有呼吸暂停现象的婴儿中有6%死于婴儿猝死综合征，呼吸暂停是指呼吸道被完全堵塞的时间达10秒或更长时间（Ednick & others；McNamara & Sullivan，2000）。
- 低出生体重的婴儿死于婴儿猝死综合征的可能性比正常体重的婴儿要高5到10倍（Horne & others，2002）。
- 曾有兄弟姐妹死于婴儿猝死综合征的婴儿发生该综合征的可能性是没有兄弟姐妹死于该综合征的婴儿的5到6倍（Corwin，2018）。
- 非裔美国婴儿和因纽特婴儿死于婴儿猝死综合征的概率是其他民族婴儿的4到6倍（Ige & Shelton，2004；Kitsantas & Gaffney，2010）。
- 婴儿猝死综合征在社会经济地位较低的群体中更为常见（Mitchell & others，2000）。
- 母乳喂养至少两个月的婴儿中发生婴儿猝死综合征的比例比较低，母乳喂养时间越长，对婴儿的保护作用就越大（Thompson & others，2017）。
- 与怀孕期间不吸烟母亲的婴儿相比，怀孕期间吸烟母亲的婴儿中出现婴儿猝死综合征的人数是2到3倍（England & others，2017）。
- 在那些和父母同床睡觉的婴儿当中，婴儿猝死综合征更容易发生（Senter & others，2010）。
- 在那些睡软床的婴儿当中，婴儿猝死综合征更为常见（Moon & Fu，2012）。

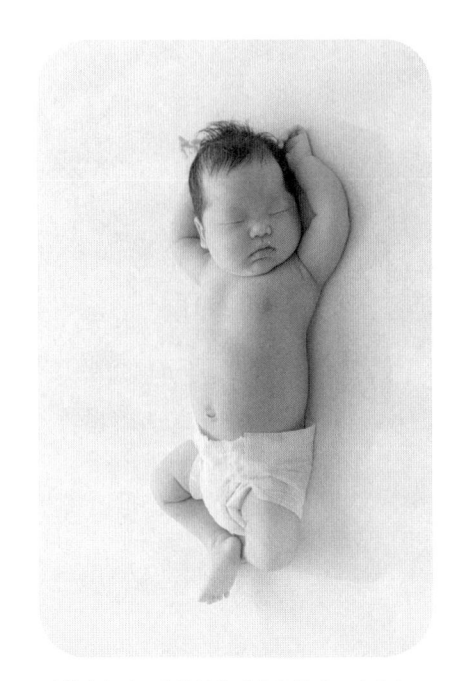

对婴儿来说，这是好的睡眠姿势吗？为什么？
图片来源：视觉中国

婴儿猝死综合征（sudden infant death syndrome，SIDS） 婴儿停止呼吸时发生的一种情况，通常发生在夜间，婴儿在没有明显原因的情况下突然死亡。

儿童的睡眠有什么特点？
图片来源：视觉中国

> **童年期**

夜间安睡是儿童发展的一个重要方面（El-Sheikh & Kelly, 2017）。美国睡眠医学会（The American Academy of Sleep Medicine）建议幼儿每天夜里应当睡 11 到 14 小时，一年级到五年级的学生每天应当睡 9 到 12 小时（Paruthi & others, 2016）。大多数幼儿晚上睡了一整夜，白天还要睡一会儿。不仅睡眠的总时间很重要，睡眠过程中不受干扰也很重要（Verschuren, Gorter, & Pritchard-Wiart, 2017）。但是有时候，让儿童入睡是件很困难的事，因为他们会拖延上床时间。

为了改善儿童的睡眠，莫娜·埃尔-谢赫（Mona El-Sheikh）和其他睡眠专家建议，要保证儿童有一个凉爽、舒适和光线昏暗的卧室，规律的上床和起床时间，以及积极的家庭关系（El-Sheikh & Kelly, 2017）。同时，要帮助儿童在上床睡觉前平静下来，这有助于降低儿童对上床睡觉的抵触情绪。给孩子读故事，和孩子在洗澡间安静地玩耍，让孩子坐在照料者腿上听音乐，都有助于让孩子平静下来。

儿童可能会遭遇各种各样的睡眠问题（Foley & Weinraub, 2017）。据估计，40% 以上的儿童在发展的某个时间点上会遇到睡眠问题（Boyle & Cropley, 2004）。下列研究显示，儿童的睡眠问题和诸多消极的发展结果之间存在关联：

- 12 岁时睡眠持续时间短的儿童到了青少年期更可能出现酗酒和吸食大麻的问题（Miller, Janssen, & Jackson, 2017）。
- 童年早期的睡眠问题可以预测后来出现情绪调节问题和注意问题，而后者又可以预测再后来出现睡眠问题，从而形成一个长期的恶性循环（Williams & others, 2017）。
- 一项综述研究得出结论，儿童期睡眠不足与脑组织及其功能的损伤存在关联（Dutil & others, 2018）。
- 对亲子关系及父母的婚姻关系具有安全感可以预测儿童具有较好的睡眠质量（El-Sheikh & Kelly, 2017）。

> **青少年期**

近年来，研究者对青少年睡眠模式的兴趣大幅上升（Tsai & others, 2018）。这一研究兴趣基于如下信念：许多青少年并没有得到充足的睡眠。许多青少年尤其是较年长的青少年晚上不肯上床，早上又赖在床上，这样的睡眠模式是有其生理基础的。如果能找出这些生理基础，将对我们理解青少年在学校里何时学习效率最高具有重要的启发意义（Agostini & others, 2017）。例如，一项全国性调查发现，由于早上睡过头而迟到或缺课的美国初中生占 8%，高中生占 14%（National Sleep Foundation, 2006）。这一调查还发现，在美国课堂上睡觉的初中生占 6%，高中生达 28%。另外，一些研究已经证实，其他国家的青少年也没有得到足够的睡眠（Leger & others, 2012; Short & others, 2012）。例如，和美国的青少年相比，亚洲的青少年晚上上床更晚，睡眠时间更少（Gradisar, Gardner, & Duhnt, 2011）。

青少年睡眠时间太少可能会导致许多问题，包括冒险行为、吸毒（Short & Weber, 2018）、成年早期出现睡眠障碍（Fatima & others, 2017）、注意效率低下（Beebe, Rose, & Amin, 2010）。在一项纵向研究中，研究者让 15 岁的墨西哥裔美国青少年每天晚上记睡眠日记，为期14天，一年后让他们再记14天。结果发现，比起和高学业成绩相关的睡眠时间，和心理健康（较少焦虑、较少抑郁、较少行为问题）相关的睡眠时间要长1小时左右，这表明和睡眠有关的不同方面的调整存在着复杂的取舍关系（Fuligni & others, 2018）。

玛丽·卡斯克顿（Mary Carskadon, 2011; Crowley & others, 2018）对青少年的睡眠模式进行了大量研究。她发现，如果有机会爱睡多久就睡多久，青少年的平均睡眠时间为9小时25分。大多数青少年的睡眠时间大幅低于这一平均值，在周一到周五，尤其如此。这就导致青少年欠下了睡眠债，他们往往试图在周末补觉。卡斯克顿还发现，和年少的青少年相比，年长的青少年在白天里往往更加昏昏欲睡，但原因并不是他们的学业任务重或社会压力大等因素。她的研究说明，当青少年年龄增加时，他们的生物钟经历着激素层面的变化，这使得他们清醒的时间比青少年早期时推迟了1个小时。卡斯克顿发现，这种变化是由叫作褪黑素（melatonin）的夜间激素的推迟分泌而导致的，这种激素由脑中的松果体产生，其作用就是让身体为睡眠做好准备。年龄较小的青少年晚上21:30左右开始分泌褪黑素，但年龄较大的青少年要到晚上22:30左右才开始分泌，这就推迟了他们睡眠的开始时间。

卡斯克顿坚持认为，早晨上课时间过早会导致学生出现头晕、课堂上注意力不集中、考试成绩差等结果。根据这一研究，有些学校现在已经将上课时间推迟（Gariépy & others, 2017）。美国睡眠医学会也发布了自己的立场声明，建议初高中开始上课的时间不要早于上午8:30（Watson & others, 2017）。在那些已推迟了上课时间的学校里就读的青少年睡眠时间比以前多了，身心健康状况比以前好了，诸如危险驾驶等风险行为也比以前少了。

在布朗大学玛丽·卡斯克顿的睡眠实验室里，研究人员正在对一位少女的脑活动进行监控。卡斯克顿说（2005）：早晨，缺少睡眠的青少年的"头脑告诉他们现在是夜晚……而周围的世界则对他们说是上学的时候了"（p. 19）。
图片来源：Jim LoScalzo

复习
- 婴儿期的睡眠具有什么特点？
- 童年期的睡眠有什么变化？
- 青少年期是如何影响睡眠的？

联想
- 在这一节中，你了解到婴儿接触二手烟可能会增加他们患婴儿猝死综合征的风险。你已经了解到吸烟对胎儿的发展会产生哪些影响？

反思你自己的人生之旅
- 当你成为青少年时，你的睡眠模式发生过变化吗？自从你进入青春期以后，你的睡眠模式有变化吗？如果有，是如何变化的？

复习、联想和反思

学习目标 3
概述睡眠模式是如何随着儿童和青少年的发展而变化的。

学习目标 4

描述儿童健康的特点。
- 儿童的疾病与伤害
- 营养和饮食行为
- 锻炼

第4节 健康

在当代，儿童健康面临的主要威胁有哪些呢？我们首先来了解儿童和青少年面

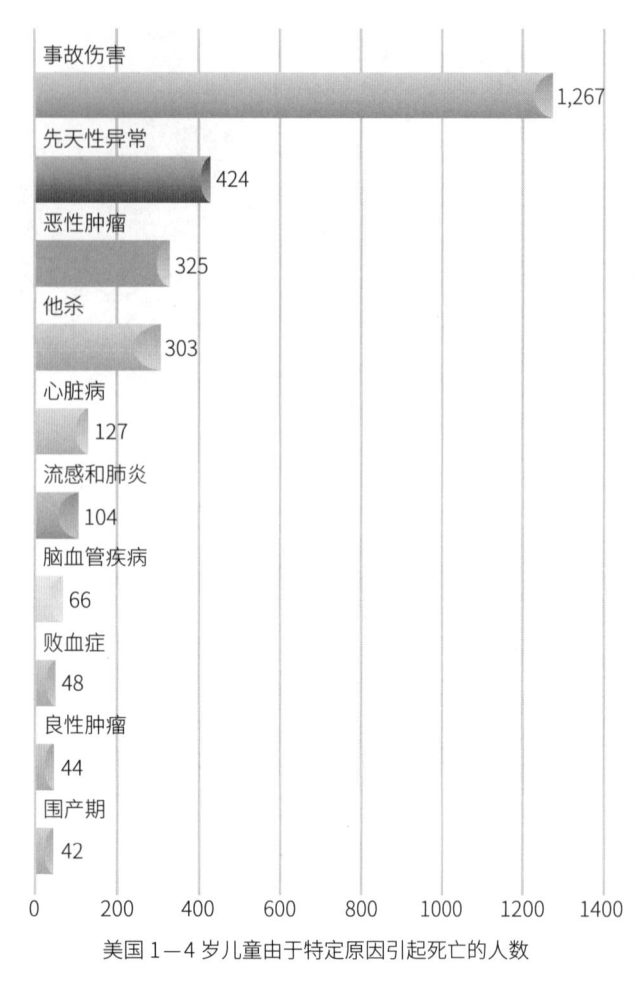

死因	人数
事故伤害	1,267
先天性异常	424
恶性肿瘤	325
他杀	303
心脏病	127
流感和肺炎	104
脑血管疾病	66
败血症	48
良性肿瘤	44
围产期	42

美国1—4岁儿童由于特定原因引起死亡的人数

图17 美国1至4岁儿童死亡的主要原因
图中数字显示的是2017年导致美国1至4岁儿童死亡的十项主要原因（National Vital Statistics Reports，2017）。

临的主要疾病和伤害，然后再来了解对健康发展不太明显的威胁：缺乏营养、饮食习惯不良、缺乏锻炼。童年期健康习惯（如多吃水果蔬菜和定期锻炼）的养成不仅能收获立竿见影的好处，而且有助于推迟或预防成年后由心脏病、中风、糖尿病、癌症等导致的过早残障和死亡。青少年期是养成行为习惯的关键阶段，青少年既可以选择许多有益于健康的行为，如定期锻炼；也可以选择一些有损于健康的行为，如吸烟（Dunne & others，2017）。

> **儿童的疾病与伤害**

在这一节，我们先考察儿童和青少年的疾病和死亡原因的基本情况，然后再考察美国和世界贫困儿童所面临的种种困难。

童年早期 幼儿天性好奇好动，在许多情况下意识不到危险，这经常使他们处于受伤的风险之中。幼儿遭受的大多数割伤、碰撞、压伤都很轻微，但有些意外伤害则可能会造成严重受伤甚至死亡。在美国，意外伤害（如机动车辆事故）是造成幼儿死亡的第一杀手，其次是先天性异常和癌症（Centers for Disease Control and Prevention，2016）（参见图17）。除了机动车辆事故外，导致儿童死亡的其他事故有溺水、坠落、火灾、中毒（McDonald & others，2018）。

越来越多的研究得出相同的结论，生活在父母吸烟的家庭中的孩子可能会出现健康问题（Been & others，2013；Hwang & others，2012）。他们比非吸烟家庭中的孩子更容易出现喘息症状或哮喘（Yi & others，2012）。同时，父母吸烟是造成孩子高血压的一个危险因素（Cabral & others，2017）。接触二手烟还可能导致幼儿出现睡眠问题（Plancoulaine & others，2018）。

据估计，美国约有400万家庭中的孩子面临铅中毒的风险（Centers for Disease Control and Prevention，2018）。血液中铅含量超标并需要干预的1至5岁美国儿童就有50万。儿童血液中铅含量过高会带来很多负面结果，包括较低的智力、较差的学业成绩、注意缺陷多动障碍和高血压（Hauptman, Bruccoleri, & Woolf，2017）。与生活在较高社会经济环境中的儿童相比，生活在贫困中的儿童面临着更大的铅中毒风险（Muller, Sampson, & Winter，2018）。

童年中晚期 对大多数儿童来说，童年中晚期是一个十分健康的阶段（Centers for Disease Control and Prevention，2018）。这一阶段中发生的疾病和死亡要少于童年早期和青少年期。

在童年中晚期，最常见的严重伤害或死亡原因是机动车辆事故，受害儿童可能是路上的行人，也可能是乘客（Centers for Disease Control and Prevention，2018）。使用安全带是减轻机动车辆事故伤害程度的重要方法。

大多数事故发生在儿童的家里或学校里，或家和学校附近。预防伤害的最有效的方法是要教育儿童，使他们了解冒险行为或不恰当地使用设备可能会带来的危险（Centers for Disease Control and Prevention，2018）。对于参加剧烈体育运动的儿童，要建议他们戴上安全头盔、防护面罩和防护垫。

癌症 儿童不仅容易受到伤害，还可能罹患威胁到生命的疾病。在童年期里，癌症是因疾病导致死亡案例中的第一杀手，美国每年约有 10,600 名儿童被首次诊断为患有癌症（National Cancer Institute, 2018）。

儿童癌症的情况与成人有所不同。成人癌症主要攻击肺、结肠、乳房、前列腺和胰腺，而儿童癌症主要攻击白细胞（白血病）、脑、骨骼、淋巴系统、肌肉、肾和神经系统。许多研究者正在加紧搜寻导致儿童癌症的有关基因（Karlsson & others, 2018）。

最常见的儿童癌症是白血病，即制造红细胞的组织发生了癌变（Kelly & others, 2013）。在罹患白血病的情况下，骨髓产生大量不能发挥正常功能的白细胞。它们排挤正常的红细胞，从而使儿童容易受到损伤和感染。

由于治疗癌症技术的进步，罹患癌症的儿童现在也可以生存比较长的时间（Loeffen & others, 2017）。目前，约 80% 患有急性淋巴细胞白血病的儿童可以用化疗法治愈（Wayne, 2011）。儿童癌症的死亡率在过去的 40 年里已经降低了 57%（National Cancer Institute, 2018）。

心血管疾病 心血管疾病在儿童中并不多见。不过，童年期的环境经验和行为可以为成年后的心血管疾病埋下种子。许多小学阶段的儿童就已经有了一个或多个可导致心血管疾病的风险因素，如高血压和肥胖症（Malatesta-Muncher & Mitsnefes, 2012; Peters & others, 2012）。童年期的过度紧张和高血压没有得到足够的认识和及时的诊断（Dionne, 2017）。然而，对这些疾病进行及时诊治是很重要的，不仅可以改善儿童的健康状况，而且可以预防由早期的过度紧张和高血压导致成年期的健康问题；否则，它们很可能会延续到成年期并进一步恶化（Baker-Smith & others, 2018）。

世界儿童的健康、疾病和贫困 据估计，美国约有 7% 的儿童没有医疗保健服务，这些儿童中的绝大多数生活在贫困中。保证儿童健康的一种方式是不仅治疗儿童的疾病，而且要设法改善该儿童整个家庭的状况。实际上，有些疾病预防项目就是力求先指出有问题风险的儿童，然后再努力改变相关的风险因素。

与美国相比，世界上许多发展中国家的贫困状况更为严重。联合国儿童基金会每年都要发布一份题为《世界儿童状况》的报告，根据近几年的报告，下列因素尤其受到贫困的影响并和 5 岁以下儿童的死亡率有关：母亲的健康知识和营养状况、接种疫苗的程度、是否缺水、是否有母婴保健服务、家庭收入和拥有食物的情况、是否有清洁的水源和安全的卫生条件、孩子所在环境的总体安全状况。

在那些贫困率高的国家中，贫困对幼儿的健康具有毁灭性的影响（UNICEF, 2017）。然而，在世界近五分之一的国家中，穷人占了人口的绝大多数（UNICEF, 2017）。他们经常需要面对饥饿、营养不良、疾病、缺乏医疗保健、没有安全的饮用水、缺乏对伤害的防护（Ahmed & others, 2017）。

在世界范围内，艾滋病病毒和艾滋病（HIV/AIDS）是威胁数百万儿童的严重问题。这些儿童的父母已死于艾滋病，并把病毒传染给了他们（UNICEF, 2018）。据估计，世界上约有 230 万儿童是艾滋病病毒的携带者，超过 1,500 万儿童父母中已有一人或双亲都死于艾滋病。

值得注意的是，世界上许多幼儿的死亡都可以通过减少贫困和改善营养、卫

世界上幼儿死亡的主要原因有哪些？
图片来源：Bojstudios/Shutterstock

生、教育以及医疗服务来避免（Riumallo-Herl & others, 2018）。

> 营养和饮食行为

贫困对健康的影响在一定程度上是通过其对营养的影响而发挥作用的。但是，并非只有低收入家庭的儿童才会出现和健康有关的营养问题。最近几十年里，美国儿童中过度肥胖者的比例急剧上升，各种收入水平家庭的儿童都没能幸免。

婴儿期 从出生到 1 岁，婴儿的体重增至原来的 3 倍，身长增加了一半。那么，他们需要什么来支持这样的生长呢？

营养需求和饮食习惯 由于每个婴儿的营养储备、身体构成、生长速度、活动模式各不相同，其实际的营养需求较难确定（Miles & Siega-Riz, 2017）。然而，父母们需要指导，营养学家们就建议说：婴儿每磅体重每天需要消耗约 50 千卡的热量，这是成人每磅体重所需热量的两倍多。

一项全国性的研究显示：6 个月大时，美国婴儿中已有 37% 开始吃零食；到 12 个月大时，美国婴儿每天摄入的能量中有 25% 来自零食（Deming & others, 2017）。和营养学家们推荐的食谱相比，婴儿们消费的垃圾食品过多，蔬菜和水果过少。例如，在一个覆盖全美的样本中，有 25% 6 至 11 个月大的婴儿以及 20% 12 至 23 个月大的婴儿，在研究进行期间没吃过任何蔬菜（Miles & Siega-Riz, 2017）。

在发展的早期，如此糟糕的饮食模式可能会造成更多的婴儿超重（Black & others, 2009；Thorisdottir, Gunnarsdottir, & Thorisdottir, 2013）。根据国家疾病控制和预防中心（The Centers for Disease Control and Prevention, 2018）制订的体重指数（BMI）标准，超重是指体重指数位于同性别同年龄组的 85% 至 95% 分位之间，肥胖症则是指体重指数位于同性别同年龄组的 95% 分位或高于 95% 分位。体重指数的计算方法是用个体的体重（以千克为单位）除以个体的身高（以米为单位）的二次方。

一项分析研究显示：1980 年，美国不到 6 个月大的婴儿中有 3.4% 超重，但到了 2001 年，这一百分比上升到了 5.9%（Kim & others, 2006）。同时，如图 18 所示，当幼小的婴儿成长为较大的婴儿时，超重的百分比就更大。另外，2001 年不到 6 个月大的婴儿中除了 5.9% 超重外，还有 11% 具有超重风险。

除了喂食过多的法式炸薯条、加糖饮料和甜点外，是否还有其他因素可用来解释为什么美国超重婴儿的百分比不断上升呢？母亲在孕期里体重增加或怀孕前自身超重也许就是其他相关因素（Rios-Castillo & others, 2013）。另一个重要的因素似乎是婴儿的喂养方式，即是用奶瓶喂养还是母乳喂养。和奶瓶喂养的婴儿相比，母乳喂养的婴儿到上学年龄时体重增加较少；据估计，母乳喂养可以将肥胖症的风险降低约 20%（Li & others, 2007）。

母乳喂养与奶瓶喂养 在出生后最初的 4 至 6 个月里，母乳或替代性配方奶是婴儿营养和能量的来源。大量的科学研究结果表明，和配方奶喂养相比，母乳喂养能够为婴儿提供更好的营养并带来多项其他好处（Hakala & others, 2017）。自从 20 世纪 70 年代以来，美国用母乳喂养婴儿的母亲的人数持续大幅上升。世界卫生组织（The

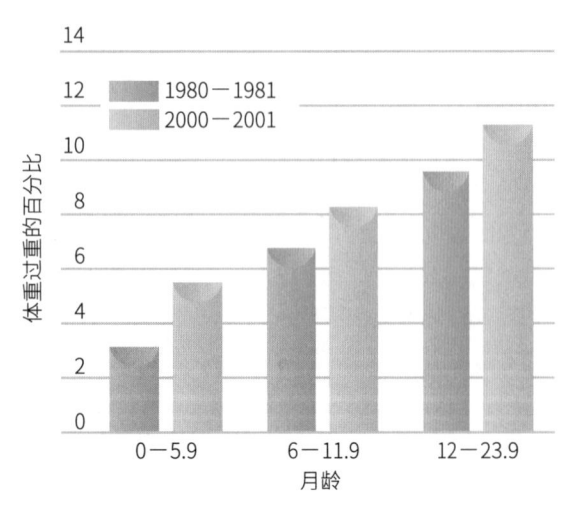

图 18 1980—1981 年和 2000—2001 年美国超重婴儿的百分比

World Health Organization, 2018)建议最初 6 个月里完全用母乳喂养,然后在增加辅食的同时仍然继续母乳喂养;如果母亲和婴儿双方都愿意,母乳喂养可以再持续 1 年或更久。图 19 显示的是目前美国出生的婴儿母乳喂养的比例。

母乳喂养到底有哪些好处呢?根据目前已有的研究成果,母乳喂养的优越性主要表现在如下几个方面:

对孩子影响的评价

- *胃肠感染*。母乳喂养的婴儿较少发生胃肠感染(Stuebe & others, 2017)。
- *下呼吸道感染*。母乳喂养的婴儿较少发生下呼吸道感染(Prameela, 2011)。
- *过敏*。美国儿科学会的一项综述研究显示,没有证据表明母乳喂养可以降低儿童的过敏风险(Greer & others, 2008)。此外,有一些证据表明,容易过敏的婴儿如果不全靠母乳喂养,可以喂些低敏的配方奶。
- *哮喘*。美国儿科学会近期一项综述研究得出结论,完全用母乳喂养 3 个月可以保护婴儿不出现喘息症状,但是还不清楚其是否能保护年龄较大的儿童不患哮喘病(Greer & others, 2008)。
- *中耳炎*。母乳喂养的婴儿发生中耳感染的可能性较小(Stuebe & others, 2017)。
- *特应性皮炎*。母乳喂养的婴儿出现这种慢性皮炎的可能性较小(Vaughn & others, 2017)。
- *超重和肥胖*。母乳喂养的婴儿在童年期、青少年期和成年期较少出现超重或肥胖(Uwaezuoke, Eneh, & Ndu, 2017)。
- *糖尿病*。母乳喂养的婴儿在童年期较少患一型糖尿病(Ping & Hagopian, 2006),在成年期较少患二型糖尿病(Villegas & others, 2008)。
- *婴儿猝死综合征*。母乳喂养的婴儿也较少患婴儿猝死综合征(Zotter & Pichler, 2012)。

另外,在一项大规模的综述研究中,没有发现确实的证据表明母乳喂养可以促进儿童的认知发展和心血管健康(Agency for Healthcare Research and Quality, 2007; Ip & others, 2009)。

对母亲影响的评价

- *乳腺癌*。一致的证据表明,用母乳喂养自己婴儿的妇女患乳腺癌的比例比较低(Unar-Munguía & others, 2017)。
- *子宫癌*。也有证据显示,用母乳喂养自己婴儿的妇女患子宫癌的概率有所降低(Danial & others, 2018)。
- *二型糖尿病*。有一些证据表明,用母乳喂养自己婴儿的妇女患二型糖尿病的概率稍有降低(Ip & others, 2009; Stuebe & Schwartz, 2010)。

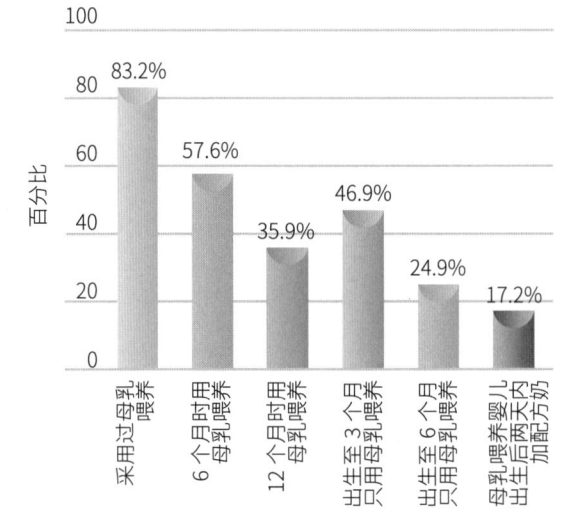

图 19 美国 2015 年出生的婴儿中母乳喂养的比例
统计图依据的是美国国家疾病控制和预防中心 2018 年发布的数据。
资料来源:https://www.cdc.gov/breastfeeding/data/reportcard.htm

母乳与替代性配方奶是婴儿最初 4 至 6 个月里的营养来源。虽然关于母乳喂养和奶瓶喂养仍存有争议,但越来越多的人赞成母乳喂养更有利于孩子的健康。
为什么儿科医生强烈建议母乳喂养?
图片来源:视觉中国

在一项大规模的综述研究中，研究者没有找到确实的证据证明母乳喂养能够帮助母亲回复到怀孕前的体重，或能够帮助她们避免骨质疏松症和产后抑郁症（Agency for Healthcare Research and Quality, 2007; Ip & others, 2009）。不过，采用母乳喂养的母亲们到中年时较少罹患代谢综合征（该综合征的特征是肥胖、高血压、胰岛素抵抗），罹患心血管疾病的风险也比较低（Nguyen, Jin, & Ding, 2017）。

许多卫生界专业人士认为母乳喂养能够促进母亲与婴儿之间依恋关系的发展（Gibbs, Forste, & Lybbert, 2018）。然而，一项综述研究发现，母乳喂养对母婴关系具有积极作用的观点并没有得到相关研究的支持（Jansen, de Weerth, & Riksen-Walraven, 2008）。该综述研究认为，母乳喂养的建议不应当基于母乳喂养能改善母婴关系，而应当基于它对母亲和婴儿的健康都具有积极的作用。

世界卫生组织（The World Health Organization, 2018）也全力支持在婴儿期的第一年里持续进行母乳喂养。那么，是否有母亲不应该进行母乳喂养的情况呢？有，下列情况下不应该进行母乳喂养：(1) 母亲感染了艾滋病病毒或其他可通过乳汁传播给孩子的传染病；(2) 母亲处于肺结核活跃期；(3) 母亲正在服用有可能对婴儿产生危害的药物（Goga & others, 2012）。

有些妇女由于身体状况欠佳而不能进行母乳喂养；也有些妇女会因为断奶早而感到愧疚；还有些妇女会担心，如果她们用奶瓶喂养而不是母乳喂养的话，可能会剥夺了孩子重要的情感和心理受益的机会。

一项大规模的综述研究中，研究者强调了解释母乳喂养好处存在的问题（Agency for Healthcare Research and Quality, 2007; Ip & others, 2009）。该研究肯定了母乳喂养对孩子和母亲的诸多好处，但是也指出，应当谨慎对待关于母乳喂养的研究，所有这些研究发现并不一定具有因果关系。母乳喂养和奶瓶喂养的对比研究都只是相关研究而不是实验研究；和采用奶瓶喂养的母亲们相比，那些采用母乳喂养的母亲们比较富裕，年龄比较成熟，受教育的程度比较高，并可能具有比较强的健康意识，这些因素也许能够解释为什么母乳喂养的孩子更加健康。

婴儿期营养不良　过早地停止母乳喂养而代之以不卫生的配方牛奶等不适当的营养源，可能会引起婴儿蛋白质缺乏和营养不良（World Health Organization, 2018）。有些看上去像牛奶而实际上通常是米粉或木薯粉制成的东西也常常被用来代替母乳。在世界许多发展中国家，过去母亲们至少会母乳喂养孩子两年。但现在不同了，为了成为"现代"女性，母亲们很早就给孩子断了奶，而以奶瓶喂养代替。在阿富汗、海地、加纳和智利等国家所做的研究中，研究者将母乳喂养的婴儿和奶瓶喂养的婴儿进行比较，结果显示，奶瓶喂养婴儿的死亡率是母乳喂养婴儿的 5 倍（Grant, 1997）。不过，在下面的"链接 多样性"专栏里，你可以了解到人们近来对母乳喂养的担忧。

可能对婴儿的生命构成威胁的两种营养不良状况分别是消瘦和夸希奥科症。**消瘦症**由蛋白质和热量严重缺乏引起，致使婴儿在第一年里身体组织日渐衰弱；这类婴儿体重偏低，肌肉萎缩。**夸希奥科症**由严重的蛋白质缺乏引起，一般发生在 1 至 3 岁。患有夸希奥科症的婴儿有时候看上去好像营养很好，而实际上不是，因为这种病会引起孩子的腹部和腿部水肿。夸希奥科症导致孩子的重要器官抢先吸收可得到的营养，而使得身体的其他部分得不到营养。孩子的头发变得稀、脆，没有颜色，

发展链接

研究方法
相关研究和实验研究有怎样的区别？链接"绪论"。

这位孟加拉孩子患有夸希奥科症。请注意夸希奥科症的明显体征：下腹部肿胀得很厉害。夸希奥科症还有哪些其他特征？
图片来源：视觉中国

消瘦症（marasmus）由蛋白质和热量严重缺乏引起，致使肌肉萎缩，看上去老气。

夸希奥科症（kwashiorkor）由严重的蛋白质缺乏的饮食引起，造成孩子的腹部和腿部水肿。

链接 多样性

拉托尼亚和拉莫娜的故事：非洲的母乳喂养和奶瓶喂养

拉托尼亚（Latonya）是加纳的一个新生儿。在出生后的头几天里，医护人员将她和她妈妈分开，并用奶瓶喂养她。婴儿配方奶生产商为拉托尼亚出生的医院提供了免费或打折的奶粉。医护人员劝她的妈妈采用奶瓶喂养而不是母乳喂养。拉托尼亚的妈妈用奶瓶喂她时，在配方奶中加进了过多不清洁的水，奶瓶也从没有消过毒。拉托尼亚生病了，病得很厉害，在她的第一个生日到来之前，她离开了人世。

拉莫娜（Ramona）出生在尼日利亚，她的家庭参与了当地的一个"爱婴"（baby friendly）项目。在这个项目中，婴儿出生后就待在母亲身边，并鼓励母亲采用母乳喂养。该项目让母亲了解使用不卫生的水和未消毒的奶瓶可能带来的危险，同时也让她们了解母乳喂养的优越性，包括母乳的营养和卫生方面的特点，母乳在婴儿形成常见病免疫力方面的作用，以及母乳喂养在降低母亲乳腺癌和卵巢癌风险方面的作用。拉莫娜的妈妈用母乳喂养她，1岁时，拉莫娜很健康。

多年来，医院的妇产科都偏爱奶瓶喂养，也并没有告诉母亲们关于母乳喂养好处的适当知识。近年来，世界卫生组织和联合国儿童基金会已致力于在许多贫困国家中扭转这种奶瓶喂养婴儿的趋势。他们在许多国家建立了"爱婴"项目。在政府支持爱婴项目的国家中，他们就劝说国际婴儿配方奶生产商协会（the International Association of Infant formula Manufacturers）停止向医院推销婴儿配方奶（Grant，1997）。对医院来说，由于婴儿配方奶、奶瓶、分开的护理室变得没有必要了，医院自己的运营成本实际上反而降低了。例如，菲律宾的爱婴医院——何塞法贝拉纪念医院（Jose Fabella Memorial Hospital）就报告说，该医院的年预算节省了8%。

在贫困国家中，母乳喂养的优越性是相当大的。但是，如果母亲染上了艾滋病病毒，她们就可能通过母乳把病毒传给婴儿，而大多数母亲并不知道她们已经被感染了（Fox & others，2018）。在非洲的某些地区，超过30%的母亲感染了艾滋病病毒。所以，在考虑母乳喂养优越性的同时，必须权衡它传播艾滋病病毒的风险。

在本专栏讨论的健康决策中，教育是如何发挥作用的？

孩子的行为通常也变得无精打采。

尽管严重而长期的营养不良并不致命，但会损害身体、认知和社会情感的发展（Schiff，2013）。一项针对印度儿童的研究显示，长期的营养不良对儿童的认知发展产生了负面的影响。和从未有过营养不良经历的儿童相比，那些曾经有过长期性营养不良历史的儿童在执行功能（控制行为的认知过程）方面存在更多问题（Selvam & others，2018）。

为了考察营养补充对儿童发展的影响，研究人员在不同国家进行了多项实验研究，将儿童随机分进实验组和控制组，实验组得到营养补充，控制组则没有营养补充。例如，在危地马拉的实验中，实验组儿童的母亲在怀孕期间和产后6个月内接受营养补充，儿童在出生后6至24个月里也得到营养补充；和没有得到营养补充的控制组儿童相比，实验组儿童发展受阻（和年龄相比个子矮小）的可能性较小（Olney & others，2018）。营养补充带来的好处不限于身体的生长，它还促进了认知和社会心理的发展。有一项综述研究考察了20个中低收入国家中的67个营养干预项目，结果显示营养补充促进了儿童的认知发展；除了针对儿童的营养补充可以受益外，在怀孕后的第一个三月期里为母亲提供营养补充也促进了孩子的认知发展（Ip & others，2017）。要进一步了解如何改善婴幼儿营养以及生活的其他方面，请阅读"链接 关爱"专栏。

适当的早期营养是健康发展的一个重要方面（Hurley & others, 2013; Schiff, 2013）。除了良好的营养外，孩子还需要一个充满教育氛围的和支持性的环境（Johnson & others, 2018）。那些忽视孩子，对孩子所需营养发展变化缺乏敏感的照料者以及贫困的生活条件，都可能引发婴儿饮食方面的问题（Galloway & others, 2018）。母亲缺乏敏感性是导致孩子肥胖症的一个风险因素，当孩子在遗传上比较容易受环境因素影响时，尤其如此（Levitan & others, 2017）。

在积极提倡关爱儿童方面，有一个人做得十分出色，他就是托马斯·贝里·布雷泽尔顿（T. Berry Brazelton），下文的"链接 职业生涯"专栏就是关于他的传略。

童年期　童年期营养不良可导致许多问题。和较高收入的家庭相比，低收入家庭更容易出现营养不良的情况。另一个值得特别关注的问题是儿童超重现象越来越普遍。

饮食行为和父母的喂食方式　对大多数美国儿童来说，关键的问题并不是食物缺乏，而是不健康的饮食习惯和超重，它们威胁着儿童现在和将来的健康。有人对2岁和3岁的孩子进行了研究，结果发现，法式炸薯条和其他油炸土豆可能是他们最常吃的蔬菜了（Fox, Levitt, & Nelson, 2010）。

儿童的饮食行为在很大程度上受照料者的影响（Campbell & others, 2018）。当照料者和儿童一起按时吃饭，带头吃健康的食物，设法让吃饭时间变得愉快，并采取某种适当的喂食方式时，儿童的饮食行为就会改善。应当尽量避免吃饭时看电视、争论或进行其他分散注意的活动，以便让孩子专心吃饭。照料者还应当采用敏感和回应式的喂食方式，在这种方式中，照料者是慈爱的长者，他（她）清楚地告诉孩子应当怎么做，并适当地回应孩子的暗示（Campbell & others, 2018）。同时，照料者应当避免强制性的和限制性的照料方式。例如，有研究发现，限制性的喂食方式和儿童超重之间存在着关联（Johnson & others, 2018）。

超重儿童　超重已经成为童年早期的一个严重的健康问题（Centers for Disease

链接 关爱

改善低收入家庭婴幼儿的营养

对低收入家庭的婴儿来说，营养不良是其生活中值得特别关注的问题。为解决这一问题，美国联邦政府的WIC计划（妇女、婴儿和儿童计划）向各州提供专项资金，为低收入家庭中处于孕期的妇女以及存在营养不良风险的5岁以下婴幼儿提供食品补助、保健服务和营养教育（Ng & others, 2018）。在全美国，WIC计划为大约750万参与者提供服务。

研究者们发现，WIC计划已为参与该计划的婴幼儿的营养和健康状况带来了积极的影响（Koleilat & others, 2017）。一项研究发现，那些为孕妇提供同伴咨询服务的WIC计划把新生儿母乳喂养的比例提高了27%（Olson & others, 2010a, b）。另一项研究则发现，让孕妇在第一个三月期里加入WIC计划降低了罗得岛州母亲们的吸烟率（Brodsky, Viner-Brown, & Handler, 2009）。洛杉矶一项WIC计划的部分内容是为讲西班牙语的参与者家庭提供数年的识字教育，结果不仅增加了家庭的文化资源和文化活动，而且后者又反过来提高了儿童的入学准备水平（Whaley & others, 2011）。

为什么WIC计划把提供哺乳期咨询作为其服务内容之一？

链接 职业生涯

儿科医生托马斯·贝里·布雷泽尔顿

在怎样做好父母和改善儿童健康方面，托马斯·贝里·布雷泽尔顿（T. Berry Brazelton）写了许多书，做了许多电视演讲，也发表了许多报刊文章，因此，他成为美国最有名的儿科医生。他采取以家庭为中心的模式，并以浅显易懂的语言和父母讨论儿童发展问题。

布雷泽尔顿医生创建了波斯顿儿童医院的儿童发展科，并编制了"布雷泽尔顿新生儿行为评估量表"（NBAS），该量表被广泛地用于新生儿健康状况的评价。他自己也做了很多关于婴儿和儿童的研究，并且是一家权威的研究组织"儿童发展研究协会"的会长。

儿科医生托马斯·贝里·布雷泽尔顿和一名幼儿在一起。
图片来源：Brazelton Touchpoints Center

要了解更多关于儿科医生的工作情况的信息，请阅读附录"儿童发展领域的相关职业"。

Control and Prevention，2018）。一项全国性的调查显示，儿童饭食中有45%超出了有关组织建议的饱和脂肪酸与反式脂肪酸的标准，这些脂肪酸会提高胆固醇的浓度和患心脏病的风险（Center for Science in the Public Interests，2008）。这一调查还发现，儿童每天摄入热量的1/3来自餐馆，比20世纪80年代的家庭外热量摄入水平增加了一倍。同时，在13种主要的快餐连锁店所提供的近1,500种食物中，有93%的热量超过了430千卡，而430千卡是国家医学研究所（the National Institute of Medicine）建议的4岁至8岁儿童每天摄入热量的1/3。肯德基、塔可钟（Taco Bell）、索尼克（Sonic）等快餐店提供的几乎所有儿童套餐都热量过高。

近几十年来，美国超重和具有超重风险的幼儿的比例急剧上升。除非儿童的生活方式发生变化，这一比例还可能进一步上升（Ward & others，2017）。

在美国，相较于亚裔（11%）和非拉丁裔白人（14%）儿童，拉丁裔（26%）和非裔（22%）美国儿童罹患肥胖症的比例更高（Centers for Disease Control and Prevention，2018）。

超重儿童日益增多并不是美国独有的现象。根据世界卫生组织的报告，童年期肥胖症已是21世纪最紧迫的公共健康挑战之一（World Health Organization，2018）。目前，大约有4,100万5岁以下儿童被归为肥胖，肥胖儿童所占的比例在世界各地以惊人的速度增长着。

超重的幼儿在长大后仍然有可能继续超重。一项研究显示，那些3岁时有超重风险的儿童，有80%到12岁时仍然有超重风险或已经超重（Nader & others，2006）。另一项研究也显示，那些超重的学前儿童到12岁时仍然有很大的风险继续超重或肥胖（Shankaran & others，2011）。

童年期超重也和成年后超重相关联。一项研究显示，和童年期不超重的女孩相

第四章　身体的发展和健康

比，那些童年期超重的女孩成年后肥胖的可能性要高出 11 到 30 倍（Thompson & others, 2007）。

近几十年来超重儿童的增加引起了人们很大的关注，因为超重会增加儿童罹患疾病或产生心理问题的风险（Anspaugh & Ezell, 2013）。糖尿病、高血压、血液中胆固醇含量过高是超重儿童身上常见的疾病（Pulgaron, 2013; Riley & Bluhm, 2012）。过去，患高血压的儿童很少，但现在超重儿童患高血压越来越普遍（Lytle, 2012）。童年期超重带来的社会和心理问题包括低自尊、抑郁以及同伴群体对肥胖儿童的排斥（Lin & others, 2018）。一项研究发现，肥胖儿童放学后和朋友在一起的时间较少，通过社交媒体和朋友的交流较少，受到的欺凌较多，把他们最好的朋友看成是知己的可能性也较低（Kjelgaard & others, 2017）。一个代表全美国儿童的样本显示，超重和许多后来的身体问题和心理问题相关联，部分原因是超重儿童受到欺凌的可能性更大（Lee, Jeong, & Roh, 2018）。

遗传和环境都会影响到孩子是否会超重。遗传分析表明，遗传是导致儿童超重的一个重要因素（Loos & Janssens, 2017）。超重的父母通常会有超重的孩子，即使他们并不生活在同一个屋檐下，也是如此（Schiff, 2013）。有研究发现，导致 9 岁儿童超重的最大风险因素是有一位超重的父亲或母亲（Agras & others, 2004）。父母双方都超重或肥胖更是显著地提高了儿童超重或肥胖的可能性（Xu & others, 2011）。

影响儿童是否会变得超重的环境因素包括是否容易获得食物（尤其是高脂肪的食物），是否有节省能量的设施，体育活动减少，父母的饮食习惯和对儿童饮食习惯的监控，儿童吃饭的情境，以及屏幕前时间的长短（包括看电视、玩电子游戏、发短信等）（Potter & others, 2018）。一项针对超重和肥胖儿童的行为矫正研究根据儿童参加锻炼的时间来决定他们看电视的时间（Goldfield, 2011），这一干预大幅增加了儿童锻炼的时间，同时也大幅减少了他们看电视的时间。

在预防儿童超重方面，父母发挥着重要作用（Wilson & others, 2017）。最近的研究显示，那些强调让父母自身采取更健康的生活方式，同时给孩子做更健康的饭菜并督促孩子更多地参与锻炼的干预项目，能够减轻超重儿童和肥胖儿童的体重（Campbell-Voytal & others, 2017）。例如，一项为期 3 个月的干预研究将超重儿童随机分配进不同的干预条件中，以便比较哪种干预条件的减肥效果最好。结果显示：如果儿童和他们的父母一起参加干预项目，儿童的减肥效果最好，同时，这种积极的效果在干预项目结束后还保持了两年之久（Yackobovitch-Gavan & others, 2018）。有些针对超重儿童的干预项目是通过学校进行的，往往侧重于教育儿童和父母建立健康的饮食习惯，进行更多的锻炼，并减少屏幕时间（Ward & others, 2017）。一个颇有前景的策略是为儿童提供更健康的校园食品。许多州目前已制定法律，要求学校里的自动售货机只出售健康食品。一项干预项目的结果显示，在学校里减少软饮料的消费量和随后的 7 至 11 岁超重儿童数量的减少有关（James & others, 2004）。

总之，健康的饮食和活动而不是久坐的生活方式对儿童的发展起着重要作用（Kotte, Winkler, & Takken, 2013; Wang & others, 2013）。儿科医生可以从多方面影响儿童的健康，包括

人们对超重儿童有哪些担忧？
图片来源：视觉中国

> **链接 职业生涯**

儿科医生费泽·穆斯塔法–因方特

费泽·穆斯塔法–因方特（Faize Mustafa-Infante）医生在南美洲哥伦比亚长大。她起初在哥伦比亚的一所小学里任教，后来获得了儿科专业的医学学位。获得医学学位后，她搬迁到了美国加州的圣贝纳迪诺市，以健康教育为职业，致力于预防和治疗低收入社区的儿童肥胖症。目前，穆斯塔法–因方特医生在加州里弗赛德市的儿科使团（Mission Pediatrics）工作，她的任务主要是治疗婴儿。她继续致力于预防儿童肥胖症，同时还担任阿亚库乔使团的志愿者，阿亚库乔使团是一个非营利组织，该组织的使命是为秘鲁阿亚库乔地区的贫困人口提供文化敏感性医疗服务。就文化背景来说，穆斯塔法–因方特医生把自己描绘成一位有着中东名字的拉丁裔医生，这反映了她对两种文化传统的认同。穆斯塔法–因方特医生说，努力工作和良好的教育是她获得成功和个人满足感的关键。

向父母们建议如何改善孩子的饮食习惯和提高孩子的活动水平。要了解儿科医生的工作情况，请阅读"链接 职业生涯"专栏里关于费泽·穆斯塔法–因方特（Faize Mustafa-Infante）医生的传略。

> **锻炼**

锻炼不仅可以显著地促进儿童的身体发展，也可以显著地促进儿童的认知发展和心理健康（Petruzzello & others, 2018）。在本小节中，我们将探讨儿童锻炼的发展方面以及父母、学校和屏幕暴露的影响。

童年早期 对幼儿来说，常规性体育活动应当每天进行。全国健康和体育协会发布的指导原则建议学前儿童每天进行 2 小时的身体活动，包括 1 小时有组织的活动和至少 1 小时的无组织的自由玩耍（Society of Health and Physical Educators, 2018）。儿童的生活应当以活动为中心，而不应当以吃饭为中心。

下面介绍几项关于幼儿锻炼和活动情况的研究：

- 研究者对学前 3 至 5 岁儿童室外玩耍进行观察，结果显示，这些学前儿童即使在室外玩耍时也主要是坐着的（Brown & others, 2009）。在这一研究中，从一天的开始到结束，这些学前儿童坐着的时间占 89%，进行低强度活动的时间占 8%，进行中等强度的活动和激烈活动的时间只占 3%。
- 参与体育运动和一起玩耍可以提高学前儿童的身体活动量，但母亲和幼儿待在一起的时间中只有不到 1% 的中等强度到激烈的身体活动（Dlugonski, DuBose, & Rider, 2017）。
- 当学前儿童生活在安全的邻里环境中并在户外活动时，他们的身体活动会更加活跃（Schmutz & others, 2017）。
- 一项综述研究得出结论，4 至 6 岁时较多的屏幕时间（看电视、用电脑）和整个学前阶段到青少年阶段的活动较少以及超重之间存在关联（te Velde & others, 2012）。

第四章 身体的发展和健康 **125**

想了解当前大多数学前儿童的活动量，请看"链接 研究"专栏。

童年中晚期 大量研究表明，锻炼对儿童身体的发展具有重要意义（Han & others, 2017）。充满活力的体育活动比强度不大的活动对儿童更加有益（Owens, Galloway, & Gutin, 2017）。较高程度的身体活动和较少的代谢疾病相关联（Nyström & others, 2017）。即使短暂地打断静坐行为（3小时内每隔30分钟以中等强度走3分钟）也能改善葡萄糖代谢并有效降低超重和肥胖儿童罹患代谢疾病的风险（Broadney & others, 2018）。

一项综述研究还得出结论，有氧运动和儿童认知技能之间的相关性越来越密切（Best, 2010）。研究者发现有氧运动可以改善儿童的注意、记忆以及那些需要努力的目标导向的思维和行为，还可以提高儿童的创造性（Fair & others, 2017）。

青少年期 在参与锻炼的人数比例上，存在着显著的性别差异和民族差异，它们也反映着从青少年早期到晚期锻炼日益减少的趋势。有一项研究显示，40%的女性青少年和57%的男性青少年达到了美国体育活动指导原则的要求（Butcher & others, 2008）。一项全国性研究也发现，男性青少年比女性青少年更可能进行每天60分钟或更长时间的比较激烈的运动（Butcher & others, 2012）。同时，如图20所示，在全国青少年危机调查中，非拉丁裔白人男孩参加锻炼的比例最高，而非裔美国女孩参加锻炼的比例则最低（Eaton & others, 2012）。

锻炼与青少年身心健康的许多方面都有联系，包括保持适度的体重，降低血压和降低罹患二型糖尿病的风险（Goldfield & others, 2012; So & others, 2013）。另外，一些研究还发现了如下一些由锻炼给青少年带来的正面的结果：

链接 研究

学前儿童的体育活动足够吗？

有一项研究考察了9所学前教育机构281名3至5岁幼儿的活动水平（Pate & others, 2004）。研究者让每个幼儿每天佩戴加速度传感器（一种小型的活动监测仪）4至5个小时，并测量他们的身高和体重，用来计算出每个幼儿的体重指数（BMI）。

全国健康和体育协会发布的指导原则建议学前儿童每天进行2小时的体育活动，包括1小时有组织的活动和1小时自由玩耍（Society of Health and Physical Educators, 2018）。这项研究发现，这些幼儿平均每小时有7.7分钟在进行中等强度和比较激烈的活动，这些活动通常发生在室外活动的一段时间里。待在学前教育机构的8小时里，这些幼儿总共约进行1小时中等强度和比较激烈的活动，只是所建议活动量的50%。研究者认为，这些幼儿在离开学前教育机构后的时间里，不可能再进行1小时中等强度和比较激烈的活动，因此，他们并没有获得充足的体育活动的机会。

另外，学前儿童的体育活动存在性别和年龄差异。男孩比女孩更可能参与中等强度和比较激烈的活动。和3岁的孩子相比，4岁或5岁的孩子更可能久坐不动。

所上的学前教育机构不同，幼儿的体育活动量也不同。就这9所学前教育机构来说，幼儿每小时进行中等强度和激烈活动的平均时间在4.4分钟和10.2分钟之间。所以，特定学前教育机构的政策影响着幼儿进行体育活动的程度。研究者的结论是，幼儿需要更多强度大的游戏和有组织的活动。不幸的是，美国的小学里出现了一种减少体育活动时间尤其是减少课间休息时间的趋势，这一趋势正在向幼儿园和学前教育阶段蔓延。同时，这一趋势也不是孤立的，而是更大趋势的一部分，那个更大的趋势便是使学前教育课程更加关注知识的学习而不是儿童的整体发展（Hyson, Copple, & Jones, 2006）。

- 那些进行较多体育锻炼的青少年对酒精、香烟和大麻的消费较少（Teery-McElrath, O'Malley, & Johnston, 2011）。
- 每天早晨跑步，持续3周，改善了青少年的睡眠质量、心情和注意力（Kalak & others, 2012）。
- 让心情抑郁但不经常锻炼的青少年参加一个为期12周的运动干预项目，结果发现，他们的抑郁程度降低了（Dopp & others, 2012）。
- 经常性的锻炼和更好的认知功能相关联，包括记忆能力、感知能力、创造性（Misuraca, Miceli, & Teuscher, 2017）。

父母、同伴、学校和媒体 在儿童和青少年锻炼习惯形成方面，父母起着重要作用（Lindsay & others, 2018）。那些经常锻炼的父母为他们身边的孩子和青少年树立了正面榜样。

同伴对儿童和青少年的体育活动也具有重要影响（Mollborn & Lawrence, 2018）。同伴或朋友对锻炼的支持、较深的友谊和接纳，以及没有受过同伴的欺凌都和青少年的体育活动相关联。

对儿童和青少年缺乏锻炼的一部分责任归咎于美国中小学，因为有许多学校没能为学生开设日常的体育课（Fung & others, 2012）。一项全国性调查显示，美国九至十二年级的学生中约50%每周只有一两天有体育课，周一至周五都有体育课的学生只占31.5%（Eaton & others, 2012）。

屏幕暴露（长时间看电视、用电脑、玩手机）和儿童与青少年较差的身体状况之间存在关联（Potter & others, 2018）。那些每天进行大量屏幕暴露活动（此研究中指电视、视频和电子游戏）的儿童和青少年进行日常锻炼的可能性较低（Sisson & others, 2010）；和比较活跃、静坐较少的同伴相比，那些屏幕暴露多而日常锻炼少的儿童和青少年身体超重的可能性几乎要多两倍（Sisson & others, 2010）。另一项综述研究得出结论，屏幕暴露和青少年的许多健康问题有关联（Costigan & others, 2013），包括超重、睡眠问题、较少的体育活动、较差的健康状况、较低的生活质量、较重程度的抑郁。

这里是一些激励儿童和青少年进行更多锻炼的方法：

- 改进中小学的体育课。
- 利用学校的设施，由志愿者为学生提供更多的体育活动项目。
- 让学生规划社区和学校里他们感兴趣的锻炼活动。
- 鼓励家庭关注体育活动，要求父母进行更多锻炼。

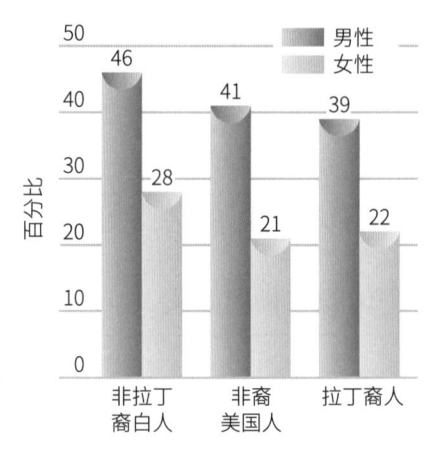

图20 美国中学生2011年参加锻炼的比例：性别和民族

注：数据显示的是调查实施前中学生主动进行任何使他们在每天60分钟的锻炼时间里有时心跳加快和呼吸吃力的体育活动，并且这样的锻炼每周中有5天或5天以上（After Eaton & others, 2012, Table 91）。

复习
- 儿童面临的主要健康问题是什么？
- 儿童的营养和饮食习惯有哪些重要方面？
- 锻炼对儿童的发展有什么作用？

联想
- 在本章的前面也讨论过营养问题，你在那些部分了解到营养对生长有什么影响？

反思你自己的人生之旅
- 你在童年时代的饮食习惯是怎样的？和你目前的饮食习惯有何相似和不同？你是否认为早期的饮食习惯能够预测你成年后的体重问题？

复习、联想和反思

学习目标 4

描述儿童健康的特点。

第四章 身体的发展和健康

> 达到你的学习目标

身体的发展和健康

身体的生长和变化

学习目标 1 讨论身体的发展性变化。

- **生长模式**

人类的生长遵循头尾模式和近远模式。在头尾模式中，生长最快的部位在上端——头。在大小、重量和特征分化方面，身体的生长都是逐渐地从上往下地进行。在近远模式中，生长从身体中部开始，然后向手足方向扩展。

- **婴儿期与童年期**

身高与体重在婴儿期增长迅速，然后在童年期增长相对较慢。北美新生儿平均身长 20 英寸，体重 7.5 磅。婴儿在第一年里每月约增长 1 英寸。在童年早期，女孩只比男孩稍微矮一点儿、轻一点儿。在童年中晚期，生长表现得缓慢而稳定，和身高相比，头围、腰围和腿长所占的比例下降。

- **青少年期**

青春期是一个身体快速成熟的时期，涉及激素和身体的变化，青春期发生在青少年期的开始阶段。在 20 世纪里，青春期开始出现在较小的年龄段。青春期开始的年龄存在很大的个体差异，遗传在决定青春期的开始时间方面起着重要作用。青春期涉及的重要激素有睾酮和雌二醇。男孩睾酮的增加导致他们声音变化、外生殖器变大、身高增长。女孩雌二醇水平的升高影响乳房和子宫的发育以及骨骼的变化。青春期的重要身体变化包括生长冲刺和性成熟。女孩的生长冲刺要比男孩平均早两年。青少年十分关注自己的身体，并形成他们的身体印象。女孩对自己的身体印象比男孩更加消极。青少年期里，较早成熟对男孩有利；但进入成年期后，较晚成熟的男孩则有更好的自我同一性。早熟女孩容易出现许多问题，包括饮食紊乱、吸烟和抑郁。

脑

学习目标 2 描述脑是如何变化的。

- **神经建构主义的观点**

老的观点认为基因决定了儿童的脑的"电路设计"，环境经验在脑的发展方面只起很小作用或不起作用。但是，神经建构主义观点认为：(1) 生理过程和环境条件都影响着脑的发展；(2) 脑具有可塑性，不能脱离环境；(3) 脑的发展和儿童的认知发展具有密切的关系。

- **脑生理**

大脑皮层的两个半球各有四个叶（额叶、枕叶、颞叶、顶叶），每个叶的主要功能有所不同。神经元是脑内进行信息加工的细胞。神经元间的交流是通过突触缝隙处的神经递质释放来实现的。多数轴突都包裹有髓鞘，髓鞘能加快神经元间的信息传递速度。称为神经回路的神经元群共同合作来处理特定类型的信息。大脑半球存在功能特殊化，如言语和语法，但是在一般情况下，两个半球都参与最复杂的综合功能，如阅读或音乐表演。

- **婴儿期**

研究者们发现，经验会影响脑的发展。而对脑的发展来说，早期经验十分重要，在剥夺性的环境中成长可能会损伤脑的发展。髓鞘化在整个童年期都在继续，在有些脑区域（如额叶），髓鞘化可能要持续到青少年期。在婴儿期，树突和突触连接急剧增加。这些连接先是大量产生，然后再修剪。

● 童年期		在童年早期，头部和脑的发展快于身体其他部分的发展。大脑的不同区域在 3 至 15 岁期间经历了快速的、爆发式的增长。在童年中晚期，脑的激活状态经历了一个转变过程，从扩散的较大的区域转变为更加集中和较小的区域，尤其是在认知控制方面。
● 青少年期		在青少年期，胼胝体变厚，这提高了信息处理效率。涉及愤怒等情绪的杏仁核比主管推理和自制的前额叶皮层发展较早。这一差距有助于解释为什么青少年期冒险行为增多。
睡眠	**学习目标 3** 概述睡眠模式是如何随着儿童和青少年的发展而变化的。	
● 婴儿期		正常情况下，新生儿每天睡 16 到 17 个小时。婴儿期的快速眼动睡眠比童年期和成年期都多。就睡眠的安排来说，不同文化之间存在着差异，在母婴同床睡眠的问题上，仍存在争议。婴儿猝死综合征是婴儿期开始阶段一个特别值得关注的问题。
● 童年期		大多数年幼儿童都是一觉睡到天亮，白天还要再睡一会儿。专家们建议学前儿童每天夜里应当睡 11 到 14 小时，5 至 12 岁儿童应当睡 9 到 12 小时。童年期的睡眠问题可能会导致儿童发展的其他领域出现负面结果。
● 青少年期		许多青少年比童年期时睡得更晚，而且没有得到他们所需的充足睡眠。研究者认为，随着青少年年龄的增长，夜间分泌褪黑素的时间往后推迟，从而改变了青少年的生物钟。睡眠不足有可能导致不健康的饮食习惯、锻炼减少、抑郁、压力调节能力降低。
健康	**学习目标 4** 描述儿童健康的特点。	
● 儿童的疾病与伤害		机动车辆事故是导致儿童死亡的第一杀手。父母抽烟是年幼儿童面临的一大危险。一般情况下，童年中晚期是最健康的时期。照料者在防止儿童受伤方面起着重要的作用。儿童期最令人担忧的两类疾病是癌症和心血管病。在美国和其他国家，贫困儿童的健康问题尤其值得关注。除了要消除贫困外，还需要改善卫生、营养、教育和保健服务。在低收入国家中，由父母将艾滋病病毒传染给儿童而导致儿童死亡的人数急剧上升。
● 营养和饮食行为		对婴儿来说，在一个充满关爱和支持的环境中获取足够的能量是再重要不过的事情。母乳喂养而不是奶瓶喂养得到了越来越多人的支持。消瘦症和夸希奥科症是由严重营养不良而导致的疾病。对童年期营养问题的关注点主要集中在不健康的食物选择和超重或肥胖上。在最近几十年里，超重或肥胖儿童的比例大幅上升。超重会增加儿童罹患多种疾病和心理问题的风险。在帮助儿童避免超重方面，父母发挥着重要作用。
● 锻炼		大多数儿童和青少年没有得到足够的锻炼。在青少年期开始时和整个青少年期里，男孩和女孩都变得不够活跃。父母、学校和屏幕暴露都会在很大程度上决定着儿童和青少年的身体是否健康。

重要术语

杏仁核 amygdala
雄性激素 androgens
头尾模式 cephalocaudal pattern
胼胝体 corpus callosum
雌二醇 estradiol
雌性激素 estrogens
激素 hormones
夸希奥科症 Kwashiorkor
单侧化 lateralization
消瘦症 marasmus
初潮 menarche
髓鞘化 myelination
神经建构主义观点 neuroconstructivist view
性早熟 precocious puberty
前额叶皮层 prefrontal cortex
近远模式 proximodistal pattern
青春期 puberty
婴儿猝死综合征（SIDS）sudden infant death syndrome
睾酮 testosterone

重要人物

玛丽·卡斯克顿 Mary Carskadon
莫娜·埃尔–谢赫 Mona El-Sheikh
马克·约翰逊 Mark Johnson
查尔斯·纳尔逊 Charles Nelson

第五章 运动、感觉和知觉的发展

本章纲要

第1节 运动的发展

学习目标 ❶

叙述运动技能如何发展。
- 动态系统的观点
- 反射
- 粗大运动技能
- 精细运动技能

第2节 感觉和知觉的发展

学习目标 ❷

概述感觉和知觉发展的过程。
- 什么是感觉和知觉
- 生态学观点
- 视觉
- 其他感觉
- 跨通道知觉
- 天性、教养和知觉的发展

第3节 知觉和运动的结合

学习目标 ❸

讨论知觉和运动的结合。

真人实事

1950年，刚出生的史蒂夫·旺达（Stevie Wonder）被放进恒温的保育箱里，箱内氧气过多，结果导致他永久性失明。1962年，作为一名12岁的歌手和音乐人，史蒂夫·旺达开始了他的演唱生涯。他演唱的歌曲很多，包括红极一时的《我亲爱的爱人》和《签名、盖章、发送》等。在21世纪，仍有人认为他的音乐是"令人惊叹的"。

12岁那年，安德烈·波切利（Andrea Bocelli）在一次足球事故中失明。经历短暂的律师生涯后，现今60多岁的波切利用他那美妙无比的古典风格嗓音迅速征服了音乐界。

虽然波切利和旺达的成就是伟大的，但可以想象，在他们小时候，对视觉正常的儿童来说毫不费力的事情，对他们来说却是多么困难。不过，丧失了一种感觉通道（如视觉）的儿童，另外的感觉通道（如听觉或触觉）能力通常会得到增强，以弥补前者的损失。例如，研究者发现，和视觉正常的人相比，盲人具有更精确的声源定位能力和更敏感的触觉能力（Lewald, 2012; Proulx & others, 2013）。在一项研究中，研究人员要求被试利用听觉来探测墙壁，结果显示，盲童比戴上遮眼罩的视觉正常的儿童更为熟练（Ashmead & others, 1998）。在这项研究中，当盲童距离墙壁不到1米时，听觉信息最为有用，因为在这个位置上，声压明显升高。

两位引起轰动的人：史蒂夫·旺达（左）和波切利（右）。失去视觉，他们是如何适应生活的？
图片来源：视觉中国

前言

请思考，儿童要在周围的环境中认路、进行体育运动或艺术创造，需要具备哪些条件呢？这些活动既需要感觉和知觉的积极参与，也需要有精确及时的动作。先天的、自发的动作或简单的感觉都不足以让儿童做好他们每天所做的事情。儿童的感知能力和运动能力是如何发展的呢？在这一章里，我们将探讨运动技能的发展、感觉和知觉的发展以及感知觉和运动技能的结合。

> 婴儿是由技巧拙劣的工匠制造出来的最复杂的东西。
>
> ——佚名

学习目标 1

叙述运动技能如何发展。
- 动态系统的观点
- 反射
- 粗大运动技能
- 精细运动技能

第1节 运动的发展

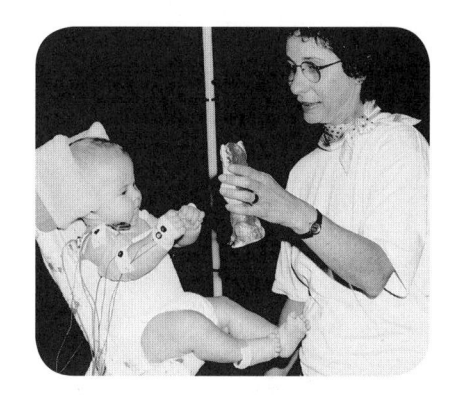

大多数成年人都能够做出需要相当技巧的、协调的、有目的的动作，如开车、打高尔夫球、在键盘上准确地打字等。有些成年人则具有非凡的运动技能，如赢得奥林匹克撑杆跳比赛、做心脏手术、绘出一幅杰作，或是像史蒂夫·旺达那样，在弹钢琴方面显露出非凡的才能。然而，当你从新生儿身上寻找这些能力的时候，你会发现什么也找不到，甚至连一点儿蛛丝马迹也找不到。那么，成年人的运动行为是如何产生的呢？

> 动态系统的观点

阿诺德·格塞尔（Arnold Gesell，1934a，b）认为，他的辛勤观察已揭示了人类个体的运动技能是如何发展的。他发现，婴儿与儿童总是以固定的顺序并在特定的时间框架内掌握翻身、坐、站以及其他的运动技能。格塞尔认为，他的观察结果表明运动能力的发展是依遗传制定好的计划或成熟而展开的。

然而，后来的研究表明，发展的重大事件的顺序并不是像格塞尔所说的那样固定不变，也不是像他所说的那样完全决定于遗传（Lee & others, 2018）。在过去的20多年里，由于心理学家对运动技能的发展形成了新的研究视角，有关运动能力发展的研究出现了复兴（Thelen & Smith, 2006）。其中一个影响力越来越大的理论是由埃丝特·西伦（Esther Thelen，1941—2004）提出的动态系统理论。

根据**动态系统理论**，婴儿将感知和动作技能整合在一起。请注意，根据这一理论，感知和动作是不可分开的（Thelen & Smith, 2006）。为了发展运动技能，婴儿首先必须对环境中激发他们做出动作的某个事物进行感知，然后再运用感知觉对动作进行适当的调整。运动技能则是婴儿达到自己目标的手段（Dineva & Schöner, 2018）。

根据这一理论，某一运动技能是如何发展的呢？当婴儿受到激发去做某事时，他们就可能创造出新的运动行为。这个新出现的行为是许多因素共同作用的结果：神经系统的发展，身体的生理特点和做出动作的可能性，儿童受激发所要达到的目标，以及环境为该技能提供的支持（von Hofsten, 2008）。例如，只有当婴儿的神经系统成熟到能够控制特定的腿部肌肉，腿部发育到足以支撑起身体的重量，并且婴儿想移动的时候，他们才会学习走路。

埃丝特·西伦（1941—2004）正在做实验，目的是探索婴儿是如何学会控制手臂来够到并抓住物体的。该实验运用电脑设备来监控婴儿的手臂运动并追踪肌肉的活动模式。西伦的研究是从动态系统的观点出发的。这一观点的本质是什么？
图片来源：Esther Thelen

动态系统理论（dynamic systems theory）由埃丝特·西伦提出，力求解释感知和动作行为是如何整合在一起的。

第五章 运动、感觉和知觉的发展 **133**

动态系统理论将如何解释婴儿学会走路的过程？
图片来源：Vitalinka/Shutterstock

发展链接

天性和教养

在渐成观看来，发展是遗传与环境之间不断的双向互动所产生的结果。链接"生物起源"。

反射（reflexes）对刺激的内在固有的反应。

觅食反射（rooting reflex）新生儿天生的一种反应，当婴儿的脸颊或嘴边受到触碰的时候就会出现。婴儿的反应是将头转向受到触碰的一侧，明显是想找到可以吮吸的东西。

吮吸反射（sucking reflex）新生儿天生的一种反应，婴儿对放入嘴中的物体自动地吮吸。吮吸反射使新生儿在将乳头与食物联系起来之前就能够获取营养。

莫罗反射（Moro reflex）当新生儿遇到突然的、强烈的声音刺激或位移刺激时，就会出现这种反射。受到惊吓的新生儿会拱起背部，头向后仰，胳膊和腿猛然张开，然后迅速向身体中心收拢。

抓握反射（grasping reflex）新生儿天生的一种反应。当某种东西轻触婴儿手掌时，婴儿会将其紧紧握住。

在掌握某种运动技能的过程中，婴儿必须积极努力地对该技能的若干组成部分加以协调。对于新的任务，婴儿会探索并选择可能的解决办法。他们会修改自己目前已有的动作模式，从而形成新的能适应新任务要求的动作模式。例如，当婴儿受到一个新挑战（如想横穿房间）的激发时，他迈出了第一步，再磕磕绊绊地走几步，他就进入了任务所要求的大概位置。接着，婴儿对这些动作加以调整，使其更为顺畅和有效。调整是通过动作的重复和对动作结果的感知之间的不断循环得以实现的。根据动态系统的观点，即使是那些具有普遍性的里程碑式的事件，如学会爬、够东西、走路等，也都是通过这一适应过程来实现的：婴儿通过探索，选择可能的动作方案，然后调整自己的动作模式来适应新的任务（Adolph & Berger, 2013）。在不同的国家和不同的文化中，动作的发展确实是类似的。例如，一项在阿根廷、印度、南非和土耳其进行的大规模研究就证实了这一点（Ertem & others, 2018）。

为了理解动态系统理论是如何解释动作行为的，让我们想象一下你要给一个叫加布里埃尔（Gabriel）的婴儿新玩具（Thelen & others, 1993）。实际上，我们并没有确切的办法事先告诉加布里埃尔如何移动他的胳膊、手和手指来抓住玩具，加布里埃尔必须自己去适应抓住玩具的目标和情境。从他坐的姿势出发，他必须快速做出调整，伸出胳膊的同时也要保持身体稳定，以防胳膊和躯干会扑在玩具上。他的胳膊和肩膀部位的众多肌肉联合并协调地收缩和伸展，从而产生各种不同方向和不同强度的力。他临场想出了一个办法，伸出一只胳膊并将手指环绕在玩具上。

因此，根据动态系统理论，运动的发展并不是各种技能按照基因规定的顺序逐步展开的消极过程，而是婴儿在其身体和环境的限制下，通过主动地整合技能来实现目标的过程。天性与教养，婴儿与环境，都是不断变化着的系统的一部分，它们一起发挥着作用。

在考察运动发展的过程时，我们将论述如何把动态系统理论应用于某些特定的技能。不过，让我们还是先了解一下运动发展的故事是如何从反射开始的。

> 反射

新生儿并不是完全无助的。新生儿具有一些基本的反射。例如，新生儿能自动地屏住呼吸并收缩喉咙以防止水进入。**反射**是对刺激的内在固有的反应，支配着新生儿的动作，是自动进行的，不受新生儿控制。反射是通过基因传递的生存机制，使婴儿在有机会学习之前就能对所处的环境做出适应性的反应。图1先对婴儿的反射进行概述，接下来再做具体讨论。

觅食反射和吮吸反射是两个重要的例子。这两种反射对哺乳动物的新生儿具有生存价值，因为哺乳动物的新生儿必须找到母亲的乳房以获取营养。在触碰婴儿的脸颊或嘴边的时候，婴儿就会出现**觅食反射**。婴儿的反应是将头转向受到触碰的一侧，明显是想找到可以吮吸的东西。**吮吸反射**是指婴儿对放入嘴中的物体自动地吮吸，它使新生儿在将乳头与食物联系起来之前就能够获取营养；同时，吮吸反射也是婴儿自我安慰的机制。

另一个例子是**莫罗反射**。当新生儿遇到突然的、强烈的声音刺激或位移刺激时，就会出现这种反射。受到惊吓的新生儿会拱起背部，头向后仰，胳膊和腿猛然张开，然后迅速向身体中心收拢。有人认为莫罗反射是一种跌落过程中抓住支撑物的方式，这对我们的灵长类祖先来说可能具有生存价值。

反射	刺激	婴儿的反应	发展模式
眨眼反射	闪光、吹气。	闭上双眼。	永久性的。
巴宾斯基反射	触摸脚底。	足趾呈扇形张开，脚向里弯。	9个月到1年后消失。
抓握反射	触碰手心。	紧紧抓握。	3个月后减弱，1年后消失。
莫罗（惊跳）反射	突然性刺激，如听到巨响或从高处跌落。	惊吓，背部拱起，头向后仰，胳膊和腿猛然张开，然后迅速向身体中心收拢。	3至4个月后消失。
觅食反射	触碰脸颊或触碰嘴边。	转头，张嘴，开始吮吸。	3至4个月后消失。
行走反射	将婴儿抱至平面上方，往下放低，让婴儿的脚触及平面。	脚移动，好像在走路。	3至4个月后消失。
吮吸反射	物体碰到嘴。	自动地吮吸。	3至4个月后消失。
游泳反射	将婴儿脸朝下放入水中。	做出协调的游泳动作。	6至7个月后消失。
强直性颈部反射	将婴儿仰卧放下。	两手握成拳头，通常将头转向右侧（有时被称作"击剑姿势"，因为婴儿看起来像是在模仿击剑者的姿势）。	2个月后消失。

图1 婴儿的反射
图中描述的是婴儿的一些反射。

有些反射将持续人的一生，如咳嗽、打喷嚏、眨眼、颤抖、打呵欠。它们对成人和婴儿来说都同样重要。而其他一些反射则会随着婴儿脑的成熟以及对许多行为的自主控制能力的发展在出生后几个月内消失（Gieysztor, Choińska, & Paprocka-Borowicz, 2018）。例如，觅食反射和莫罗反射一般在婴儿3至4个月时消失。

有些反射动作最终会合并到较复杂的自主动作之中，**抓握反射**便是一例。当某种东西轻触婴儿手掌时，婴儿会将其紧紧握住，这就是抓握反射。到第三个月月末时，婴儿的抓握反射减弱，但婴儿会表现出较为自主的抓握。当婴儿的运动技能变得更加顺畅时，他们就会抓住物体，仔细地把玩并探究其特点。

虽然反射是自动的、天生的，但反射行为的个体差异很快就出现了。例如，新生儿的吮吸能力就存在相当大的差异。有些新生儿能够高效地进行有力的吮吸，吃到乳汁；有些则不那么熟练，还没吃饱就已精疲力尽。大多数婴儿需要好几周时间才能建立起与母亲的搂抱方式、奶瓶或母乳喂养方式以及与自身气质相协调的吮吸风格。这种过渡也反映了婴儿神经系统和脑发生的变化（Muscatelli & Bouret, 2018）。同时，脑科学的跨文化研究表明，新妈妈的脑中也会发生相应的变化，以便更好地协调和回应婴儿的需要（Bornstein & others, 2017）。

有关反射的老的观点认为，反射完全是由遗传决定的支配着婴儿动作的内在机制。而新的观点则认为，反射并不是自动的，或并不是婴儿完全不能控制的。例如，婴儿可以控制性地交替两腿来产生轻轻的摇动，或根据听到的不同录音而改变他们的吮吸速度（Adolph & Berger, 2013）。

在一项经典而重要的研究中，儿科医生托马斯·贝里·布雷泽尔顿（Brazelton, 1956）对婴儿吮吸行为随年龄增长而变化的情况进行了观察。他发现，85%以上的婴儿表现出相当多的与喂食无关的吮吸行为，他们会吮吸自己的手指、拳头和橡皮

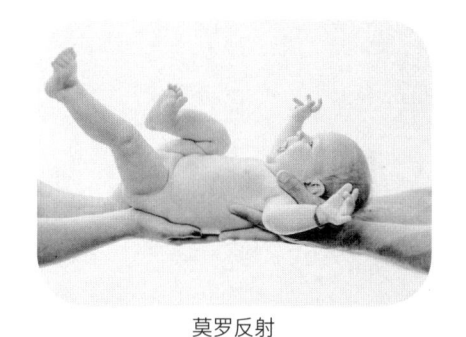

莫罗反射
莫罗反射通常在婴儿3个月大时消失。
图片来源：Volodymyr Tverdokhlib/Shutterstock

第五章 运动、感觉和知觉的发展 **135**

奶头。到1岁时，大多数婴儿已停止这类吮吸，但有40%的儿童在上学后仍会继续吮吸自己的拇指（Kessen, Haith, & Salapatek, 1970）。

> 粗大运动技能

向任何父母问起他们的孩子，你或早或迟都会听到与运动有关的里程碑事件，如"卡桑德拉（Cassandra）刚学会爬了"，"杰西（Jesse）终于能自己坐了"，或"安杰拉（Angela）上周迈出了她的第一步"。当孩子从不能抬头的小婴儿变成能够从杂货店货架上抓东西，追赶猫咪，并积极地参与家庭社会生活的学步儿时，父母们会很骄傲地宣布此类里程碑事件。这些里程碑事件都是粗大运动技能的例子，**粗大运动技能**指由大块肌肉参与活动的动作技能，如移动胳膊、走路。

在婴儿期里，姿势的发展变化有哪些？
图片来源：Serhiy Kobyakov/Shutterstock

粗大运动技能（gross motor skills）由大块肌肉参与活动的动作技能，如移动胳膊和走路。

姿势的发展 粗大运动技能是如何发展的呢？首先，这些技能需要以姿势控制能力作为基础（Hadders-Algra, 2018）。例如，要追踪移动的物体，你就必须能够控制住头部，才能稳定视线；在学会走路之前，你必须能够做到单腿平衡。保持某种姿势并不仅仅是保持静止和直立，而是与种种感觉信息相联系的动态过程。有些感觉信息来自皮肤、关节和肌肉，它们告诉我们所处的空间位置；有些感觉信息来自内耳中负责平衡调节的前庭器官；还有些感觉信息则来自视觉和听觉。

新生儿不能自主地控制姿势。但只是在短短几周内，他们就能直起脑袋；不久，他们就能在俯卧时抬起头来。两个月的婴儿能够在有支持的情况下坐在成人大腿上或婴儿座椅上，但要到6至7个月时才能独自坐。在第一年里，站立的能力也逐渐发展。到8个月或9个月时，婴儿通常会借助物体站起来或扶着椅子站立；而到了10至12个月时，许多婴儿都能够独自站立了。在不同的地域和文化中，上述进展基本上都是一致的。但是，照料者关于发展的理解和信念却存在着重大的文化差异，它们会影响父母如何激励和支持婴儿粗大运动技能的发展（van Schaik, Oudgenoeg-Paz, & Atun-Einy, 2018）。

学习走路 移动能力和姿势控制能力是密切关联的，尤其是直立行走时，更是如此（Adolph & Hoch, 2018）。要直立行走，婴儿一方面必须能够做到在一条腿向前摆动时用另一条腿保持平衡，另一方面也要具有将重心从一条腿转移到另一条腿的能力。

即使是很小的婴儿也会进行两腿交替运动，这是学会走路的前提条件。控制

图2 经验对爬行和步行婴儿判定是否要下坡的影响
卡伦·阿道夫（1997）发现，婴儿的移动经验而不是婴儿的年龄更能预测婴儿对不同陡峭程度的斜坡的适应性反应。刚学会爬和刚学会走的婴儿都不能判断各种斜坡的安全性。有了经验后，他们就会避免那些有可能摔倒的斜坡。当爬行很熟练的婴儿开始行走时，他们会再次犯错并会摔倒；即使他们曾在爬行时对同一斜坡做出准确的判断，也是如此。阿道夫把这一现象称为学习的特殊性，因为在爬行和步行之间没有发生学习的迁移。
图片来源：Dr. Karen Adolph，New York University

刚学会爬的婴儿　　有经验的步行婴儿

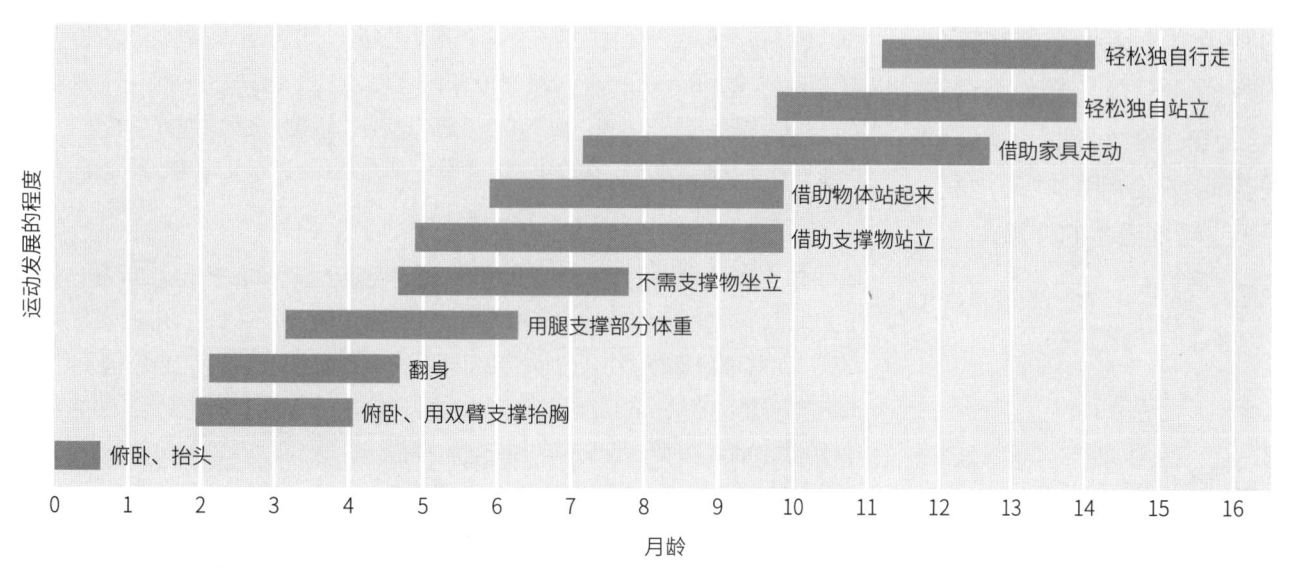

图 3　粗大运动技能发展的里程碑

两腿交替的神经通路在个体生长的早期就已经存在，甚至可能在出生时或出生前就已经存在。事实上，研究者们已发现婴儿在胎儿期和出生时就有了两腿交替的动作（van Merendonk & others，2017）。

当婴儿学习走路时，他们一般只是一小步一小步地走，因为他们控制平衡的能力和力量都很有限。但是，有一项研究显示，婴儿偶尔也迈出几个大步子，甚至能超过他们的腿长，这些大步子表明婴儿的平衡能力和力量都增强了（Hallemans & others，2018）。

在学习移动的过程中，婴儿也在学习哪些地方和表面是可以安全移动的。卡伦·阿道夫（Karen Adolph，1997）曾对有经验的和无经验的爬行婴儿与学步婴儿下陡峭斜坡的情况进行了研究（参见图 2）。刚学会爬的婴儿（通常是 8 个半月左右）会不加区别地在陡坡上往下爬，并常常在爬的过程中掉下来（他们的母亲会在斜坡的另一端接住他们）。但经过几周的练习后，爬行的婴儿开始能够比较熟练地判断哪些坡太陡，不能往下爬，哪些坡是可以安全通过的。刚会走路的婴儿也不能判断出坡的安全性，而走路经验丰富的婴儿就能准确地判断出坡的陡峭程度是否和自己的技能相适合。在下坡的时候，他们很少会摔倒，他们或者是拒绝下陡坡，或者是小心翼翼地倒着走。走路经验丰富的婴儿学会了通过知觉来评估情境，在下坡前，他们会看一看，晃一晃，踩一踩，并思考一下。有了经验以后，爬行者和步行者都学会了避免那些有可能摔下去的危险斜坡，他们会将感知觉信息与自己新动作技能的发展水平整合起来考虑。在一项追踪研究中，阿道夫和她的同事们（Adolph，2012）又对自由玩耍情境下的 12 至 19 个月的婴儿进行了观察。结果发现，这些婴儿行走的范围很大，每小时每个婴儿平均走 2368 步，平均跌倒 17 次。

从卡伦·阿道夫的经典研究（Adolph，1997）得出的一个重要结论是学习的*特殊性*，指那些在一种移动方式（如爬行）上已有经验的婴儿在过渡到另一种移动方式（如行走）时，似乎并不能指出另一种移动方式中潜在的危险。同时，从阿道夫的研究中，我们也再一次看到了感知觉和动作的结合在运动技能发展中的重要性。

练习对于学会行走特别重要。但是，练习并不是完全相同的重复。通过练习，

> 我们几乎完全丢失了最初三年里的经验，于是，当我们试图进入婴儿们的世界时，我们就像是忘记了当地的地形地貌、也不再讲当地语言的外邦人。
>
> ——塞尔玛·弗赖伯格
> 20世纪发展学家和儿童权利倡导者

发展链接

锻炼

儿童参与有氧锻炼和认知发展多方面的进步相关联。链接"身体的发展和健康"。

婴儿和学步儿积累了大量的有关平衡和移动的经验。用卡伦·阿道夫和她的同事们的话说（Adolph & others, 2003, p. 495）：

"每天要走成千上万步，由于地形不同以及身体所受生物约束的不断变化，每一步都与前一步稍有不同。这成千上万稍有不同的步子有助于婴儿建立起力量与平衡之间的适当联系，这是提高行走技能所必需的。"

第一年：运动发展的里程碑和差异 图3概括了第一年里粗大运动技能发展的重大成就，获得轻松行走的能力是此阶段发展的顶峰。对不同的婴儿来说，这些里程碑（尤其是后面的）出现的时间点可能存在高达几个月的差异，经验也会提前或推迟其开始时间（Hadders-Algra, 2018）。例如，一项经典研究发现，20世纪90年代儿科医生们开始建议父母们夜间让孩子仰卧睡觉，但从那以后，会爬的婴儿少了，会爬的时间也推迟了（Davis & others, 1998）。同时，有些婴儿并不遵循运动发展的标准顺序。例如，许多婴儿从来没有用腹部或用膝盖和手爬行过，这一现象在某些文化中比另一些文化中更加普遍。同时，这些不爬的婴儿在会走之前可能会发现某种不同的位移方式，如翻滚；或者他们也许就从不进行位移，直到能够站立起来（Adolph, Hoch, & Cole, 2018）。

最近，有研究者通过不断发短信的方法对一组3至12个月婴儿的母亲进行追踪调查，搜集了令人信服的证据。这些证据表明：第一年里粗大运动技能的里程碑成就存在着相当大的个体差异；同时，环境（如是否经常抱婴儿，是否放在婴儿车里推或放在学步车里）对这些运动技能的进展发挥了重要的作用（Franchak, 2018）。

第二年的发展 第一年的运动发展赋予了婴儿更多的独立性，使其能够更广泛地探索周边的环境，也更容易发起与他人的互动。第二年里涉及运动方面的活动对婴儿能力的发展至关重要，除了安全方面的考虑外，不应该对他们的探索行为加以限制。

到13至18个月时，学步儿能够拖着系着绳子的玩具，能够手腿并用爬好多级台阶。到18至24个月时，学步儿已经能够快速地行走或动作僵硬地跑上一小段距离，他们能够蹲着玩地上的玩具而保持双脚平衡，能够向后退着走而不失去平衡，能够站着踢球而不摔倒，能够站着扔球，也能够原地跳跃。

父母是否可以通过结构化的锻炼课程来帮助孩子在身体适应性和运动能力方面提前起步呢？大多数婴儿专家都反对结构化的锻炼课程。但是，还有其他引导婴儿运动发展的方法。正如我们在"链接 多样性"专栏里所讨论的，某些文化中的照料者对待婴儿确实很严格，这样做也许能促进运动能力的发展。

童年期 对童年期运动发展的探索，我们首先关注粗大运动技能的发展变化，然后再考察体育活动对儿童发展的影响。

发展性变化 和2岁时不同，学前儿童在直立和行走方面都不再需要做出努力。当儿童更自信地移动双腿并更有目的性地走动时，在环境中走来走去就成为更加自然而然的事了。

3岁时，儿童喜爱简单的运动，如单脚跳、双脚跳、来来回回地跑，这纯粹是为了享受这些活动本身带来的快乐。他们会相当自豪地展示自己如何能够从房间的一边跑到另一边，并且每一步跳起来都有6英寸高。这样的跑跑跳跳绝不会获得奥林匹克金牌，但对于3岁的孩子来说，这样的活动却是他们获得自豪感的源泉。

在童年早期和童年中晚期，儿童的运动技能有哪些发展变化？
图片来源：Charlie Edwards/Getty Images

链接 多样性

引导婴儿运动发展的文化差异

发展中国家的母亲们比工业化国家的母亲们更倾向于刺激孩子的运动发展。例如，在非洲、印度和加勒比海的许多文化中，母亲们每天给婴儿洗澡时会对其进行按摩和拉伸，其他时间也会这么做（Adolph, Karasik, & Tamis-LeMonda, 2010）。在非洲撒哈拉以南地区的许多村庄里，传统的做法之一便是母亲和兄弟姐妹激励孩子参加锻炼，如经常性地锻炼躯干和骨盆部位的肌肉（Super & Harkness, 2010）。

这些文化差异会导致婴儿运动发展的差异吗？当照料者通过一些特殊的物理方式（如拍打、按摩或拉伸）或通过给孩子锻炼机会来引导其身体发展的时候，这些婴儿一般比没有被提供此类机会的婴儿较早达到运动发展的里程碑（Adolph, Karasik, & Tamis-LeMonda, 2010）。这些实践上的差异通常也反映在父母对孩子运动发展所持有的不同期望上。

许多限制活动的方式在一定程度上导致了婴儿运动发展的滞后，如孤儿院的限制和襁褓的束缚。在关于襁褓包裹影响的研究中，有些显示了轻度的运动发展滞后，有些则显示没有滞后。那些用襁褓包裹婴儿的文化一般是在婴儿发展的早期用襁褓包裹，此时的婴儿不会移动，等到婴儿运动能力增强时，襁褓就不会包得那么紧了。

不过，即使活动受到限制，许多婴儿还是能够在正常年龄到达运动发展的里程碑。例如，加拿大魁北克阿尔冈昆文化的婴儿第一年的大多数时间都是被束缚在摇篮板中的。虽然这些婴儿不能够活动，但他们会坐、会爬、会走的年龄范围仍然和那些有着更多活动机会的文化中的婴儿差不多。

为了促进婴儿的运动发展，与参加结构化的训练相比，拍打、按摩或拉伸其胳膊和腿的策略是更好还是更糟糕？

4岁儿童仍然喜爱此类活动，但他们已经变得更具有冒险性。他们会攀爬幼儿园里低矮的丛林探险设施，以展示其高超的运动技能。虽然他们已能一步一个台阶地往上走，但刚刚能够以同样的方式往下走。

与4岁时相比，5岁儿童具有更强的冒险性。对满怀自信的5岁儿童来说，在各种物体上进行攀爬，表演吓人的"绝技"，并不是什么稀罕事。他们会使劲地奔跑，也很喜欢互相赛跑或与父母赛跑。

在童年中晚期，儿童的动作发展比童年早期更加流畅，也更加协调。例如，只有千分之一的3岁儿童能够把网球击过网，而绝大多数的10岁或11岁儿童都能学会打网球。跑步、攀爬、跳绳、游泳、骑自行车、滑冰等，仅仅是小学生所能掌握的许多身体技能中的一小部分。当掌握了这些身体技能时，儿童就会获得巨大的愉悦感和成就感。多项针对儿童和青少年的研究显示，那些体格比较好的儿童对运动技能的掌握也比较好（Weedon & others, 2018）。在涉及大肌肉参与的粗大运动技能方面，男孩一般胜过女孩；不过，在许多技能上，男孩和女孩之间有一个范围很大的重叠区。

随着小学生年龄的增长，他们对身体的控制能力越来越强，可以较长时间坐着并保持注意。但是，小学生的身体还远没有成熟，他们需要保持活跃状态。长时间的静坐比跑步、跳跃、骑车等更容易让小学生感到疲劳（Walton-Fisette & Wuest, 2018）。为了进一步完善发展中的技能，打球、跳绳、走平衡木等身体活动对儿童来说是非常必要的（Wuest & Fisette, 2012）。如果学校在周一到周五每天安排几次课间锻炼，儿童会受益不小。例如，一项跨文化研究将希腊、挪威和意大利的学龄儿童进行了对比，结果显示：这几国儿童在粗大和精细运动技能方面都有差异，部分原因就是这几国在体育活动和对锻炼的态度方面存在着跨文化差异（Haga & others, 2018）。总之，小学儿童应当参与积极的而不是消极的活动，因为这样做不但有益于运动技能的发展和身体健康，而且有益于认知功能和总体幸福感（Hillman, Erickson, & Hatfield, 2017）。

体育运动 有组织的体育运动是鼓励儿童保持活跃状态并发展运动技能的一种方式。学校和社区组织都会为儿童提供一些运动项目，包括棒球、足球、橄榄球、篮球、游泳、体操以及其他的体育活动。对于参与的儿童来说，这些体育项目可能会

链接 关爱

父母、教练和儿童体育运动

大多数体育心理学家都强调，父母应当对孩子参与体育运动表现出兴趣，这一点很重要。大多数儿童都希望父母观看他们在体育场上的表现。如果父母不到场观看，许多儿童会觉得父母没有给予他们足够的支持。但是，当父母在场时，也有些儿童会非常焦虑；或者当父母喝彩或抱怨的声音太大时，他们会感到很尴尬。如果孩子要求父母不去观看他们在赛场上的表现，父母就应当尊重孩子的愿望。

父母应当赞扬孩子在运动场上的表现；如果父母不过分地卷入其中，就可以帮助孩子发展运动技能，还可以在情绪方面帮助他们。例如，可以和孩子商讨如何应对一位难相处的教练，如何应对严重的失利，如何正确看待打得不好的比赛。以妇女体育基金会（the Women's Sports Foundation, 2009）的建议和《运动实验室里的家庭》一书为基础（Dorsch & others, 2014），我们整理了几条原则，它们对儿童的父母和教练都有帮助。这些原则如下：

应该做的：
- 让体育运动充满乐趣，儿童越是喜欢，就越想参与。
- 要记住，儿童犯错没什么大不了，这说明他们在努力尝试。
- 要允许儿童就体育运动提问，并用平静和支持的态度和他们讨论有关问题。
- 对儿童参与体育运动表示尊重。
- 保持积极的心态并认识到儿童正在努力。
- 为参与运动的儿童树立正面的榜样。

不应该做的：
- 对儿童大声吼叫。
- 因儿童在运动中表现不好而加以责备，或在失败事件过去很长时间后还经常提起它。
- 在他人面前指出儿童的错误。
- 期望儿童立刻学会某件事情。
- 期望儿童成为职业运动员。
- 嘲笑或戏弄儿童。
- 把儿童与兄弟姐妹或其他能力较强的儿童相比较。
- 把体育运动变成了纯粹做事而没有一点乐趣。

儿童参与体育运动有哪些潜在的积极面和消极面？

参与体育运动孩子的父母和教练都可以受益的指导原则有哪些？
图片来源：视觉中国

在他们的生活中扮演重要角色。

参与体育运动既可能给儿童带来积极影响，也可能带来消极影响（Foss & others, 2018）。参与体育运动可以提供锻炼和学习如何竞争的机会，也可以提高自尊心和忍耐力，还可以为发展同伴关系和友谊提供情境（Van Boekel & others, 2016）。此外，参与体育运动可以降低儿童变肥胖的可能性（Lee, Pope, & Gao, 2018）。一项针对澳大利亚儿童和少年的研究显示：和没有参与有组织的体育活动的儿童和少年相比，参与者的身体活跃程度要高得多，身体超重的可能性则低得多（Telford & others, 2016）。但是，体育运动也可能带来获胜的压力，造成身体受伤和过度疲劳，以及期望成为一名成功运动员的压力（Foss & others, 2018; Pelka & Kellmann, 2017）。在"链接 关爱"专栏里，我们将探讨父母和教练在儿童体育运动方面扮演的角色。

> 精细运动技能

粗大运动技能是由大块肌肉参与的，而**精细运动技能**则涉及精细调节的动作。抓玩具、用调羹、扣上衬衣的纽扣以及进行任何需要手指灵活性的活动都体现了精细运动技能。

精细运动技能（fine motor skills）涉及精细调节的动作技能，如需要手指灵活性的动作。

婴儿期　婴儿在出生时几乎不能控制任何精细运动，但他们却具备了许多将来能精细地协调胳膊、手和手指运动的要素。够物和抓物的出现标志着婴儿与周围环境互动的能力取得了重大的进展。在出生后的头两年内，婴儿都在不断地完善着够物和抓物的动作（Gonzalez & Sacrey, 2018）。开始时，婴儿通过笨拙地移动肩膀和肘部并将身子向物体倾斜来够物。后来，当婴儿够物时，他们会移动腕部，转动双手，并协调大拇指和食指的动作。另外，婴儿够物或人时不一定要看见自己的手（Clifton & others, 1993）。到 4 个月大时，指导婴儿够物行为的信息主要是来自肌肉、肌腱和关节的感觉信息而不是关于上肢的视觉信息（Corbetta & others, 2018）。

婴儿通过发展两种抓握方式来提升其抓握物体的能力。开始时，婴儿用整个手来抓物，这种方式叫作掌式抓握（palmer grasp）。后来，到第一年快结束时，婴儿开始用拇指和食指来抓小的物体，这种方式叫作钳式抓握（pincer grip）。婴儿的抓握系统很灵活。他们会根据物体的大小、形状、质地以及相对于物体来说自己手的大小来调整抓握的方式。他们用拇指和食指（有时也加上中指）来抓握较小的物体，而用一只手的全部手指或用两只手来抓握大的物体。

感知觉和运动的结合对于婴儿协调抓物动作是非常必要的。婴儿最可能用哪个感知系统来协调抓物动作会因年龄而不同。4 个月大的婴儿主要依赖触觉来决定如何抓握物体，而 8 个月大的婴儿则更可能以视觉为主导（Thomas, Karl & Whishaw, 2015）。这一发展性的变化可以提高效率，因为视觉信息可以让婴儿在够到物体之前就事先摆好手的形状。

经验对够物和抓物技能的发展具有一定影响。例如，在一项设计巧妙的实验中，研究者让 3 个月大的婴儿进行一种游戏，让他们戴上"黏性手套"，这种手套的手掌一面会粘住玩具，这样婴

一个小女孩正在用钳式抓握的方法捡起智力玩具的部件。
图片来源：视觉中国

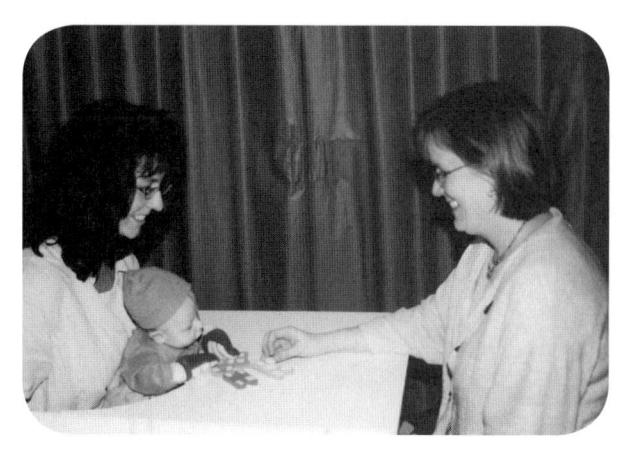

图 4　一个婴儿正在使用"黏性手套"探索物体
埃米·尼达姆（Amy Needham）和她的同事们（2002）发现，"黏性手套"提高了幼小婴儿探索物体的技能。
图片来源：Dr. Amy Needham

第五章　运动、感觉和知觉的发展　**141**

图 5 建塔的学步儿
这个 18 个月大的学步儿是陈和他的同事们所做研究的参与者（Chen & others，2011），她正在用积木搭建一座塔。请注意她手腕上的传感器，是用来收集她的动作的速度、位置和时间数据的。
图片来源：Rachel Keen

儿就可以抓起玩具（Needham, Barrett, & Perterman, 2002, p. 279）（参见图 4）。研究者让一组婴儿先后多次参与"黏性手套"实验，然后将他们和没有"黏性手套"经验的控制组比较，结果显示，实验组婴儿在发展日程上比控制组婴儿更早能够抓握和操纵物体；同时，实验组婴儿注视物体的时间更长，注视时有更多的拍打动作，也更可能用嘴去接触该物体。在一项后续研究中，研究者让父母训练他们 5 个月大的婴儿使用上述黏性手套，每天训练 10 分钟，持续 2 周。结束时，这些婴儿在够物行为方面表现出了明显的进步，而那些没有参与实验的婴儿则没有明显的进步（Libertus & Needham, 2011）。

由此可见，正如婴儿需要锻炼粗大运动技能那样，他们也需要锻炼精细运动技能。当婴儿能够进行钳式抓握时，他们很喜欢捡起小的物体。许多婴儿差不多是在同一时间点上学会爬行和钳式抓握的，这时的婴儿看见东西就捡，尤其是地板上的东西，并把捡起来的东西送进嘴里。所以，父母需要保持警惕，要经常性地检查有哪些东西在婴儿可以够到的范围内（Morrongiello & Cox, 2016）。

大约在 18 至 24 个月大时，学步儿的精细运动协调能力快速发展。例如，他们开始用积木搭建塔状建筑（参见图 5）。起初，他们只能搭成两三块积木的塔，但是用不了多久，塔就增加到了 4 块、5 块积木甚至更多。要搭成一座塔，学步儿必须进行制订计划的认知活动，在这种情况下，制订的计划要涉及一连串捡起和准确地叠放积木的动作（Keen, 2011）。同时，他们需要具有把积木平稳放下的运动技能，塔才不会被碰倒。一项研究发现，18 至 21 个月大的婴儿在建塔技能方面存在相当大的个体差异（Chen & others, 2010）。在这一研究中，那些在婴儿期里能够把塔搭建得比较高的学步儿，到 3 岁时在建塔技能方面仍然保持着优势。

童年期 随着儿童长大，他们的精细动作技能不断完善。3 岁时，儿童已经能够用拇指和食指夹住微小的物体，并保持一段时间，但这个动作仍然显得有些笨拙。许多 3 岁的儿童能够搭起相当高的积木塔，而且每一块都搭得很专心，但通常不在完美的直线上。当 3 岁的儿童玩模板或简单的拼图时，会显得比较粗暴。当他们试图把零件放进洞里时，常常会强行塞入或用力拍打零件。

到 4 岁时，儿童精细运动的协调性就精确得多了。有时候，4 岁儿童难以搭成较高的积木塔，因为他们希望每一块都搭得完美，所以会把已搭好的部分推倒。到 5 岁时，儿童的精细运动的协调性得到进一步提高。他们的手、胳膊、手指都在较好的眼睛控制下一起移动。单纯的塔已不再能够引起 5 岁儿童的兴趣，他们现在想要搭建的是房子或教堂。儿童的想象驱使着他们的建造活动。

中枢神经系统的不断髓鞘化也反映在童年中晚期精细运动技能的改善上。如第四章所述，髓鞘化是指轴突外面裹上一层髓鞘，这一过程可以提高神经元之间信息传递的速度。童年中期的儿童已能把手作为精巧的工具来使用。6 岁的儿童能够锤打、粘贴、系鞋带、系紧衣服。7 岁时，儿童的手更加稳定。在这个年龄段，他们更喜欢用铅笔而不是用蜡笔来写写画画，把字母写颠倒的现象并不常见，书写的字体也变小了。到了 8 至 10 岁，儿童能够更精确、更轻松自如地使用双手；他们现在已经能够写字，而不是涂涂画画，字体也更小、更整齐。到了 10 至 12 岁，儿童开始表现出与成人水平相近的操作技能。制作精细手工或在乐器上弹奏一首高难度的曲子所需要的复杂的、精准的和快速的动作，这时的儿童都能够掌握。在精细运动方面，虽然男孩群体内部和女孩群体内部也存在很大的个体差异，但平均说来，女孩胜过男孩。

复习

- 运动发展的动态系统观是什么?
- 婴儿的反射有哪些?
- 粗大运动技能是如何发展的?
- 精细运动技能是如何发展的?

联想

- 在这一节,你学习了婴儿发展粗大和精细运动技能时是如何探究其周围环境的。这样的经验是如何影响婴儿的神经连接的?

反思你自己的人生之旅

- 当你成为一位父亲或母亲时,如果你允许自己7岁的孩子加入足球队,并参加你们所在小镇或城市的联赛,你会如何评价这样做的优点和缺点?

复习、联想和反思

学习目标 1

叙述运动技能如何发展。

学习目标 2

概述感觉和知觉发展的过程。

- 什么是感觉和知觉
- 生态学观点
- 视觉
- 其他感觉
- 跨通道知觉
- 天性、教养和知觉的发展

第 2 节 感觉和知觉的发展

感觉和知觉是如何发展的呢?新生儿能看见东西吗?如果能,他们能看见什么呢?他们有听觉、嗅觉、味觉、触觉和其他感觉吗?这些感觉在新生儿身上是什么样子呢?它们又是如何发展的呢?新生儿能够将来自两种不同感觉通道的信息(如视觉和听觉的信息)结合起来吗?基因和环境的互动在知觉的发展中起什么作用?这些有趣的问题都是我们在这一节里要探讨的。

> 什么是感觉和知觉

新生儿是如何知道妈妈的皮肤是柔软的而不是粗糙的呢?5岁儿童是怎么知道自己头发的颜色的呢?新生儿与儿童是通过来自感觉的信息"知道"这些事情的。如果没有视觉、听觉、触觉、味觉和嗅觉,我们就会被隔离在这个世界之外;我们就将生活在寂静、黑暗、没有味道、没有颜色、没有感觉的真空里。

当信息和感觉器官发生相互作用时,**感觉**就产生了。人的感觉器官有眼睛、耳朵、舌头、鼻孔、皮肤等。例如,当振动的空气波被外耳收集并通过内耳的听小骨传给听神经时,听觉就产生了。当光线接触到眼睛,聚焦在视网膜上,然后由视神经将信息传递给大脑中的视中心时,视觉就产生了。

知觉是对感觉到的东西的解释。例如,作用于耳朵的空气波可能被解释为噪声也可能被解释为音乐。传递到眼睛视网膜的物理能量可能被解释为某种颜色,也可能被解释为某种图案或形状。

> 生态学观点

近几十年来,关于婴儿感知觉发展的多数研究都是以埃莉诺(Eleanor)和詹姆斯·杰尔姆·吉布森(James Jerome Gibson)的生态学观点为指导的(E. Gibson,

---

感觉(sensation)信息和感觉器官接触时发生的反应。人的感觉器官有眼睛、耳朵、舌头、鼻孔、皮肤等。

知觉(perception)对感觉的解释。

第五章 运动、感觉和知觉的发展 **143**

1989; J. Gibson, 2014)。他们认为，我们不必从感觉中获取零碎资料然后在头脑中形成对世界的表征，相反，我们的知觉系统能够从环境本身所提供的丰富信息中进行筛选。

吉布森的**生态观**认为，我们直接地感知周围世界中存在的信息。这一观点之所以被称为生态的，是因为它把感知者的感知能力和感知者周围世界中可获得的信息连接起来了（Kellman & Arterberry, 2006, p. 112）。知觉使我们与环境相接触，从而与环境相互作用并与之相适应。知觉是以行动为目的的。它告诉人们什么时候要低下头躲避，什么时候要侧过身子以通过狭窄的通道，什么时候要举起手来接住某件东西。

根据吉布森的观点，所有的物体都具有**提供性**（affordances），所谓提供性指由物体所提供的适合于我们行动的互动机会。例如，一口锅可以为你提供煮东西的机会，也可以为学步儿提供敲击的机会。成年人一般都知道何时椅子适合坐，何时表面是可以安全行走的，或何时一个物体是伸手可及的。通过觉察来自环境的信息（由周围世界的物体表面反射的光或声音）和来自我们自身的信息（如通过肌肉感受器、关节感受器和皮肤感受器等接收到的身体信息），我们对这些提供性进行直接而精确的感知（Ziemer, Plumer, & Pick, 2012），这些信息又反过来指导我们的行动（Plumert, 2018）。

在"运动的发展"一节中叙述的例子有助于我们理解提供性。面对陡峭的斜坡时，刚会爬或刚会走的婴儿不如那些有爬行或步行经验的婴儿谨慎（Adolph, 1997）。那些较有经验的爬行者或步行者会感知到，斜坡不仅提供了较快移动的可能，也提供了摔倒的机会。这里，婴儿也是将知觉与行动相结合，从而决定在环境中该做什么的。随着知觉的发展，婴儿能够越来越有效地发现和运用物体的提供性。

卡伦·阿道夫（Karen Adolph）在研究中，利用斜坡、缺口、缝隙和悬崖等装置，再结合对婴儿身体特点的实验操纵（如打滑的鞋子或地板），来考察婴儿将自己的行动决定和实际的提供性之间成功连接的程度。为了收集婴儿每天移动的信息，阿道夫和她的同事们使用了许多观察方法，如清单式日记、电话日记、自动计步器、视频追踪等（Adolph & Franchak, 2017; Adolph & Hoch, 2018）。她们发现，除了婴儿的身体特点和生理年龄外，所掌握经验的丰富程度在解释婴儿的发展性变化方面也具有良好的预测力。

研究婴儿的知觉并不容易。由于新生儿交流能力有限，不能告诉我们他们在看、在听、在闻或其他正在感觉的东西，我们该如何研究他们的知觉呢？下面的"链接 研究"专栏介绍几种研究婴儿知觉的巧妙方法。

你将如何应用吉布森的知觉的生态观和提供性的概念来解释知觉在这个男孩的活动中所起的作用？
图片来源：Oksana Kuzmina/Shutterstock

生态观（ecological view）吉布森提出，该观点认为，人们直接地感知周围世界中的信息。知觉使人和环境接触，以至于人们可以和环境互动并适应环境。

提供性（affordances）物体所提供的互动机会，这是人们进行活动所需要的。

视觉偏好法（visual preference method）由范茨（Fantz）发明，通过测量婴儿对不同刺激物的注视时间来考察婴儿是否能将某一刺激与其他刺激区别开来的研究方法。

习惯化（habituation）重复呈现某一刺激后对该刺激的反应减弱。

去习惯化（dishabituation）在刺激发生变化后，对已习惯化了的反应的恢复。

链接 研究

我们如何研究新生儿的知觉？

这小生灵的运动协调能力很差，它只能非常吃力地动一动自己的身体。虽然不舒服时会哭，但它几乎不会发出其他的声音。事实上，大部分时间它都在睡觉，每天要睡16至17个小时。你也许对小家伙很好奇，想更多了解它能做些什么。你可能对自己说："我想知道它能不能看见东西。但我怎样才能知道呢？"显然，你和小家伙之间存在交流问题。你必须发明一种方法使小家伙能够"告诉"你它能否看见。某一天，当你对小家伙进行琢磨的时候，你会

(接上页)

欣喜地发现：如果你在小家伙面前沿水平方向移动物体，它的眼睛就会随着物体移动。小家伙头部的运动说明它至少还是有一些视觉的。假如你还没有猜中的话，那我们就告诉你，你正在打量的这个小生物是人类的婴儿，你所扮演的角色就是那些迷恋于发明能了解婴儿视知觉的方法的研究者。经过几十年的努力，研究者们已发明了许多十分精巧的研究方法和工具，可用来研究婴儿的难以捉摸的能力，并解释他们复杂的行为。下面就讨论其中的几种方法。

视觉偏好法

罗伯特·范茨（Robert Fantz, 1963）是研究婴儿知觉的先驱者。他的一个重要发现提高了研究者们探究婴儿视知觉的能力，即婴儿注视不同物体时持续的时间有长有短。范茨首先把婴儿放进"观看室"，在婴儿头部上方的天花板上有两个视觉展示品。一位研究者通过窥视孔来观察婴儿的眼睛活动。如果婴儿正在注视两个展示品中的一个，研究者就能从婴儿眼睛中看到该展示品的反射形象。这就使研究者能够知道婴儿注视每一个展示品的时间长短。范茨（1963）发现，两天大的婴儿对带有图案的刺激物（如人脸和靶心）的注视时间比对红、白或黄色圆盘的注视时间更长些。和观看红、白或黄色圆盘相比，2至3周大的婴儿更喜欢观看图案（人脸、图画或靶心），对后者的注视时间长于对前者的注视时间（参见图6）。范茨发明的这种——通过测量婴儿对不同刺激物的注视时间来考察婴儿是否能将某一刺激与其他刺激区别开来——的研究方法称为**视觉偏好法**。

习惯化和去习惯化

研究婴儿知觉的另一种方法是重复地呈现某一刺激（如可见物或声音）。如果呈现几次后婴儿对该刺激的反应降低，就表明婴儿对该刺激不再感兴趣。如果此时研究者呈现一个新刺激，婴儿的反应就会恢复如初，这就表明婴儿能够区分新的和旧的刺激（Colombo, Brez, & Curtindale, 2013）

重复呈现某一刺激后婴儿对该刺激的反应减弱称为**习惯化**。在刺激发生变化后，婴儿对已习惯化了的反应的恢复称为**去习惯化**。新生儿能对反复出现的可见物、声音、气味或触摸产生习惯化（Addabbo & others, 2018）。在关于习惯化的研究中，研究者们的测量内容有吸吮行为（当幼小婴儿注意新刺激时，他们会停止吸吮）、心率和呼吸率、婴儿注视刺激物的持续时间等。图7展示的是一项

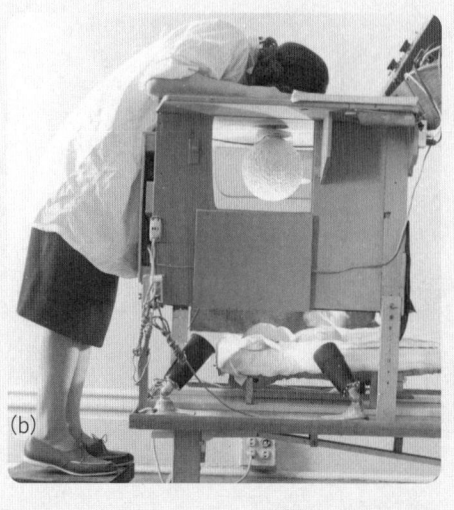

图6 范茨的婴儿视觉偏好实验
（a）2至3周大的婴儿更喜欢注视某些刺激物。在范茨的实验中，婴儿对图案的喜欢程度胜过颜色和光亮。例如，和注视红、白或黄色圆盘相比，他们对人脸、图画或靶心（bull's-eye）注视的时间更长。（b）范茨用"观看室"来研究婴儿对刺激的知觉。
图片来源：b: David Linton, the Linton Family

新生儿习惯化与去习惯化研究的结果（Slater, Morison, & Somers, 1988）。

大幅度吮吸

为了评估婴儿对声音的注意情况，研究者们经常使用一种称之为"大幅度吮吸"（high-amplitude sucking）的方法。此方法的步骤是：研究者给婴儿一个与营养无关的奶嘴（如奶瓶上的奶嘴或橡皮奶头）让他吮吸，奶嘴与一个发声系统相连接。研究者先计算出在安静情况下婴儿一分钟的吮吸频率作为参照的基准。然后，打开发声系统，伴随婴儿的每一次吮吸，都会发出一个声音。这声音很有趣，所以婴儿开始时吮吸的频率很快，同样的声音也就频频出现。逐渐地，他们对聆听这个相同的声音失去了兴趣，吮吸的频率开始下降。然后，研究者改变发出的声音。如果婴儿再次出现强劲有力的吮吸，就说明他们能辨别出声音的变化；吮吸次数增多是因为他们想听到有趣的新声音（Pelaez & Monlux, 2017）。

定向反应

另一种可用来判断婴儿能否看见或听见的方法是观察婴儿的定向反应，即将头转向光或声音。此外，婴儿的惊吓反应也可以看作是婴儿对声音回应的指标（Shultz, Klin, & Jones, 2018）。

设备

技术可以助力研究者应用多种方法研究婴儿知觉能力

第五章　运动、感觉和知觉的发展　**145**

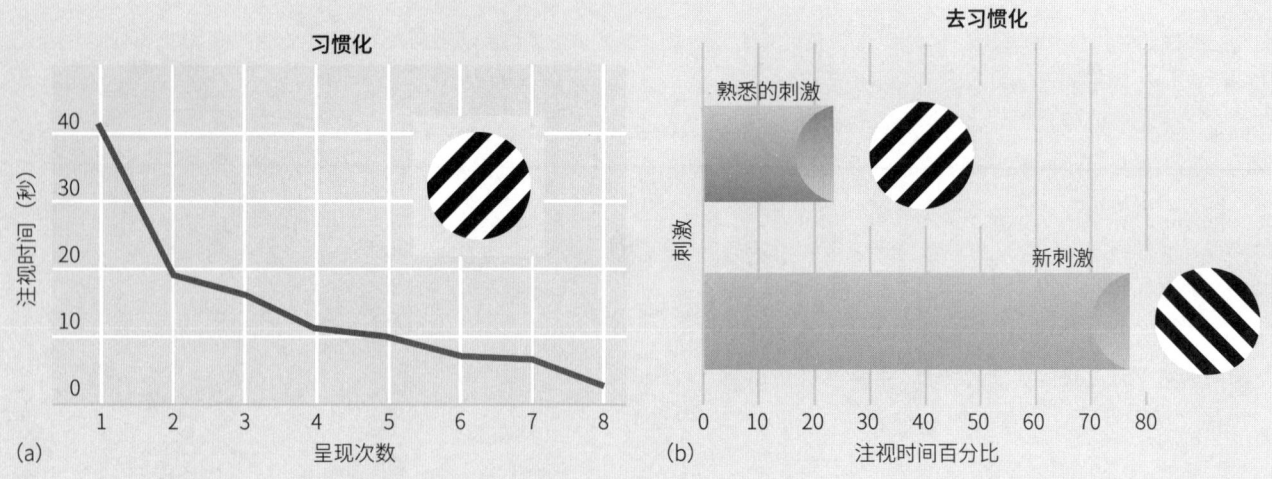

图7 习惯化和去习惯化

在研究的第一部分，研究者向出生后7个小时的新生儿呈现图（a）中的刺激。如图所示，第一次呈现时，新生儿平均注视时间为41秒（Slater, Morison, & Somers, 1988）；再将该刺激呈现7次，新生儿的注视时间则越来越短。在研究的第二部分，向新生儿同时呈现熟悉的刺激（他们刚刚习惯化了的图a中的刺激）和新的刺激（图b中的刺激，将a刺激旋转了90度）；结果，他们注视新刺激的时间是熟悉刺激的3倍。

的发展。录像设备使研究者可以考察那些不易觉察的行为，高速度的计算机使得复杂的数据分析变得十分便捷；还有些设备可以记录婴儿的呼吸、心率、身体运动、注视以及吮吸行为，这些记录可以为婴儿感知到了什么提供线索。例如，有些研究者应用设备来监测婴儿的呼吸是否会随着音高的变化而变化。如果会，就表明婴儿能听出音高的变化。

视觉追踪

在测量婴儿的知觉方面，一项重要的技术进展是精密的视觉追踪设备的问世（Franchak & others, 2011; Slone & others, 2018）。图8展示的是一个戴着视觉追踪帽的婴儿，他（她）是一项关于视觉指导运动和社会互动的研究中的参与者。

为什么婴儿知觉的研究者们对精密的视觉追踪设备表现出如此大的兴趣呢？主要原因之一是观看时间是婴儿知觉发展和认知发展的最重要的指标之一，但这一行为难以测量（Oakes, 2017）。在评估婴儿的观看和注视方面，这个新的视觉追踪设备要比人工观察准确得多。在婴儿知觉领域，研究者们正将这一设备应用于记忆、联合注意、面孔信息处理（face processing）等研究（Falck-Ytter & others, 2012）。此外，视觉追踪设备也能加深我们对发展非典型婴儿的了解，包括早产的婴儿和具有罹患自闭症风险的婴儿（Wagner & others, 2018）。

例如，一项采用视觉追踪技术的研究揭示了那些声称可用来教育婴儿的电视节目和视频的有效性（Kirkorian, Anderson, & Keen, 2012）。该研究让1岁的婴儿、4岁的幼儿和成年人观看《芝麻街》节目，视觉追踪设备准确地记录下他们观看了屏幕上的什么。结果显示，和较年长的参与者相比，1岁的婴儿很少能前后一致地观看屏幕的相同部分。这表明1岁的婴儿对《芝麻街》节目几乎没有什么理解，他们更可能是被那些刺激眼球的东西所吸引，而不是被有意义的内容所吸引。

图8 一个戴着视觉追踪帽的婴儿

使用图中婴儿头戴的超轻型无线视觉追踪设备，研究者可以记录婴儿自由移动时眼睛在往哪里看。

图片来源：Dr. Karen Adolph's laboratory, New York University.

> 视觉

新生儿能看见什么呢？婴儿期的视知觉是如何发展的呢？童年期的视知觉又是如何发展的呢？

婴儿期 随年龄增长而发生的一些重要的视觉变化是由眼睛自身功能的变化引起

的。例如，眼睛功能的变化可以影响到我们看物体的清晰程度，是否能分辨它的颜色，在多远的距离能分辨颜色，在什么样的光线下能分辨颜色。

视敏度 心理学家威廉·詹姆斯（William James, 1890/1950）称新生儿的知觉世界是一个"繁杂且嗡嗡作响的混乱世界"。一个多世纪后的今天，我们可以有把握地说，他错了（Maurer & Lewis, 2018）。即使新生儿也是以某种秩序来知觉这个世界的。不过，他们所知觉的世界和学步儿或成年人所知觉的世界大不相同。

婴儿到底能看到什么程度呢？出生时，眼睛的神经、肌肉和晶状体仍处于发展中，因此，新生儿无法看到远处的小物体。据估计，新生儿的视力在著名的斯内伦（Snellen）视力表上的成绩约是 20/240，也就是说，新生儿在 20 英尺远的地方看某物体的清晰度就相当于正常视力（20/20）的成年人在 240 英尺远的地方看该物体的清晰度（Aslin & Lathrop, 2008）。但到 6 个月大时，婴儿的视力就达到了 20/40（Aslin & Lathrop, 2008）。虽然这对新生儿来说似乎是一个最初的不利因素，但视敏度的发展是视觉和知觉发展的一个典型和重要的部分（Vogelsang & others, 2018）。

图 9 生命头几个月里的视敏度
这 4 张相片显示的是计算机所估算的 1 个月大、2 个月大、3 个月大和 1 岁大的婴儿所看到的人脸的样子（1 岁大婴儿的视敏度已接近成年人）。
图片来源：视觉中国

面孔知觉 婴儿出生后不久，就对人的面孔感兴趣（Sugden & Marquis, 2017）。图 9 展示的是计算机估算的不同月龄婴儿从 6 英寸远的地方所看到的人脸的样子。早在出生后 12 小时，婴儿看妈妈脸的时间就已长于看陌生人脸的时间。到 4 个月大时，婴儿已能够将面孔和声音匹配起来，能够将男性的脸和女性的脸区分开来，并能够将自己种族的人脸和其他种族的人脸区别开来（Lee, Quinn, & Pascalis, 2017; Otsuka, 2017）。

随着婴儿长大，他们从视觉世界收集信息的方式也随之改变，包括人的面孔。有一项反映这种变化的研究记录了 3 个月、6 个月、9 个月大的婴儿观看动画片《查理·布朗的圣诞节》片段时的眼球运动（Frank, Vul, & Johnson, 2009）。结果显示，从 3 个月大到 6 个月大时，婴儿逐渐地把注意集中到动画片中人物的面部，而对那些显眼的背景刺激的注意则越来越少。

> **发展链接**
>
> **研究方法**
>
> 一种叫作板脸模式（still-face paradigm）的研究方法已被用来研究婴儿和照料者之间面对面的互动。链接"情绪发展"。

图形知觉 正如我们在"链接 研究"专栏里讨论过的，幼小的婴儿能够感知一定的图形。借助于"观看室"，罗伯特·范茨（1963）发现，即使是 2 周或 3 周大的婴儿也更喜欢看带有图案的展示物而不喜欢看没有图案的展示物。例如，他们更喜欢看正常的人脸而不喜欢看带有杂乱特征的脸，更喜欢看靶心或带有黑白条纹的图案而不喜欢看空白的圆形。

颜色知觉 婴儿的颜色知觉也随着年龄增长而提高。到 8 周大时，也可能早在 4 周大时，婴儿已能辨别一些颜色。4 个月大的婴儿有时会表现出类似于成人的色彩偏好，

第五章 运动、感觉和知觉的发展 **147**

如更喜爱饱满的色彩。例如，和淡蓝色相比，他们更喜爱宝蓝色（Bornstein，2015）。一项针对4至5个月大的婴儿的研究发现，他们注视红色色调的时间最长，而注视绿色色调的时间最短（Franklin & others，2010）。在一定程度上，这些视觉的变化是成熟的反映。但是，经验对于正常的视觉发展也是必不可少的（Sugita，2004）。

知觉恒常性 知觉能力发展的某些现象特别有趣，因为它们表明婴儿的知觉超出了感官所提供的信息（Arterberry & Kellman，2016；Johnson，2013）。知觉恒常性就是一个例子。知觉恒常性是指婴儿获得的感觉刺激变化了，而他们关于物理世界的知觉仍然保持不变。如果婴儿没有知觉恒常性，那他们每次从不同距离或不同方位看某个物体时，都会把每次看到的那个物体知觉为不同物体。因此，知觉恒常性的发展有助于婴儿把世界知觉为稳定的。两种主要的知觉恒常性是大小恒常性和形状恒常性。

大小恒常性是指，当你走近或离开某个物体时，那个物体在你的视网膜上的成像变了，但你仍然把它看作是同一个物体（Chen，Sperandio & Goodale，2018）。物体离我们越远，作用于我们眼睛的成像就越小。因此，视网膜上某物体的大小不足以告诉我们它的真实大小。例如，尽管你面前的自行车在视网膜上的成像大于停在马路对面的轿车的成像，但你仍然会认为你面前的自行车比马路对面的轿车小。当你离开这辆自行车时，尽管它在视网膜上的成像不断缩小，但你却不会把自行车看成是在不断缩小，而会把它的大小知觉为恒定的。

那婴儿是什么情况呢？他们有大小恒常性吗？研究者们早已发现，3个月大的婴儿就有了大小恒常性（Bower，1966）。不过，在3个月大时，这一能力还没有完全成熟。它会继续发展，直到童年早期和童年中期（Johnson & Hannon，2015）。

形状恒常性是指，虽然某物体的方位发生了改变，但我们仍把它看作是同一个形状。环顾现在所处的房间，你可能会看到各种形状的物体，如桌子和椅子。如果你站起来，在房间中走动，你就将从不同的侧面和角度来看这些物体。尽管随着你的走动，这些物体的形状在视网膜上的成像不断变化，但你仍然会把它们知觉为同样的形状。

婴儿有形状恒常性吗？和大小恒常性一样，研究者们已发现3个月大的婴儿就有了形状恒常性（Bower，1966）。但是，3个月大的婴儿对具有特殊特征、特殊边缘和特殊投影的不规则形状的物体没有形状恒常性（Woods & Schuler，2014）。

被遮蔽物体的知觉 环顾现在所处的环境，你可能会看到某些物体被它们前面的物体部分地遮蔽了，如椅子后面的桌子，电脑后面的书，停在大树后面的轿车。当某个物体被前面物体部分遮蔽时，婴儿会把它知觉为完整的吗？

在出生后的头两个月里，婴儿不能把被部分遮蔽的物体知觉为完整的，而只能知觉可见的部分（Johnson，2013）。大约从两个月大起，婴儿开始发展将被遮蔽物体知觉为完整物体的能力。那么，婴儿知觉的完整性是如何发展的呢？在斯科特·约翰逊（Scott Johnson）的研究中（2004，2013，2019），学习、经验以及借助于眼睛运动的自我导向式探究活动在年幼婴儿知觉完整性的发展中都起着关键性作用。

许多物体会在距离我们比较近的物体后面时隐时现，就像你在大街上行走时，会看到楼房后面的汽车时隐时现一样，有时是由于你在移动，有时则是由于它们在移动。那么，婴儿能够预见性地追踪那些被短暂遮蔽的物体吗？大约在3个月到5个月大时，婴儿追踪被短暂遮蔽的物体的能力就开始发展了（Bremner & others，

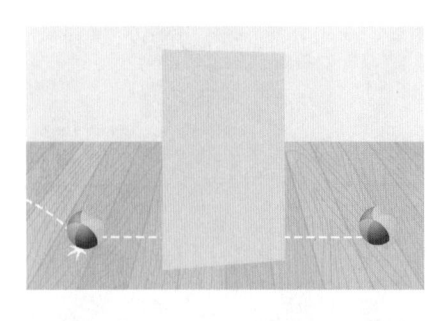

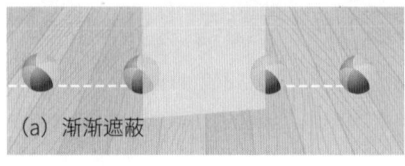

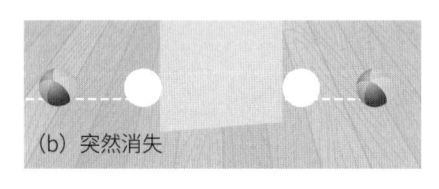

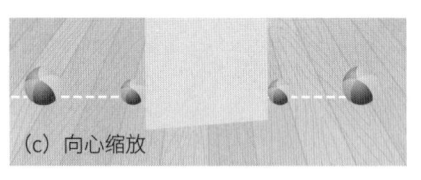

图10 婴儿对短暂遮蔽的滚动球的预见性追踪 最上面的图显示的是婴儿见到的场景。开始时，一个小球上下跳动，并伴有跳动的声音；然后，小球在地板上滚动，直到消失在挡板后面。下面的图显示的是5至9个月大的婴儿遇到的3种刺激事件：遮蔽、消失和向心缩放。（a）渐渐遮蔽：小球渐渐消失在图中挡板的右后方。（b）突然消失：当小球到达图中白色圆圈时便突然消失，2秒后又突然出现在挡板另一边的白色圆圈中。（c）向心缩放：当小球向挡板滚动时，体积迅速变小，当它在挡板另一边重新出现时，又迅速变大。

大小恒常性（size constancy）指虽然某个物体在观察者的视网膜上的成像变了，但观察者仍然把它看作是同一个物体。

形状恒常性（shape constancy）指虽然对观察者来说某物体的方位发生了改变，但观察者仍把它看作是同一个形状。

2016)。例如，有一项例证性研究探究 5 到 9 个月大的婴儿在 3 种情况下对消失的移动物体的追踪能力：(a) 渐渐消失在挡板后面；(b) 突然消失；(c) 向心缩放（体积迅速缩小）(Bertenthal, Longo, & Kenny, 2007)（参见图 10）。在这一研究中，当移动物体渐渐消失时，婴儿准确预见该物体移动路线的可能性大于移动物体突然消失或向心缩放时。

深度知觉 婴儿是否有深度知觉呢？为了弄清这一问题，埃莉诺·吉布森（Eleanor Gibson）和理查德·沃克（Richard Walk）设计了一个经典实验（Eleanor Gibson and Richard Walk, 1960）。他们在实验室里构造了一个小的悬崖模型，模型中的陡坡上面用玻璃覆盖着。他们把婴儿放在这个视觉悬崖的边上，让母亲逗引婴儿往玻璃另一边爬。结果，大多数婴儿都不肯往玻璃上爬，而是选择待在浅滩区。吉布森和沃克认为，这说明婴儿能够知觉到深度。但批评者认为，视觉悬崖所测试的也许只是婴儿的社会参照行为和对高度的恐惧，而不是深度知觉。

视觉悬崖实验中 6 至 12 个月大的婴儿已具有大量的视觉经验。那么，没有这种经验的更小的婴儿是否也能知觉到深度呢？由于更小的婴儿不会爬，这个问题便难以回答。当 2 至 4 个月大的婴儿被直接放在视觉悬崖深的一边而不是浅滩上时，他们出现了不同的心率（Campos, Langer, & Krowitz, 1970）。但是，这种不同也可能反映的是年幼婴儿对悬崖深浅部分不同视觉特点的反应，而不是真正意识到了深度（Adolph & Kretch, 2012）。虽然研究者们不能精确知道出生不久的婴儿何时能够知觉到深度，但我们确实已知在 3 到 4 个月大时，婴儿已经能够利用"双眼的"线索来辨别深度。

童年期 在童年期里，知觉继续发展（Johnson & Hannon, 2015; Vida & Maurer, 2012）。3 到 4 岁时，儿童能够更加准确地区分不同颜色（如红色和橘红色）之间的界限。到 4 岁或 5 岁时，大多数儿童眼部肌肉已经发育成熟，能够有效地扫视一连串的字母。许多学步儿眼睛远视，看近处的东西不如看远处的清楚（Mutti & others, 2018）。不过，等到他们进入幼儿园时，大多数儿童已经能够有效地注视近处的物体。

婴儿期过后，儿童关于物理世界的视觉预期进一步发展（Keen, 2011）。在一项研究中，研究者让 2 岁到 4.5 岁的儿童完成一项任务，即要求他们找到通过一根不透明的管子落下的玩具球（Hood, 1995）。如图 11 所示，如果将球放进不透明的管子里，它将落入下方距离最远的盒子里。但是，在这一任务中，大多数两岁甚至有些 4 岁的孩子会坚持到落入点正下方的盒子里找球。对他们来说，重力的认识占据了支配地位，他们没能知觉到弯曲管子的终点位置。

在一项后续研究中，研究者让 3 岁儿童完成类似于图 11 中的任务（Palmquist, Keen, & Jaswal, 2018）。研究者告诉一组儿童要想象球在管子里滚动的情况，这组儿童就更准确地预见了球的落点。在另一项研究中，还是让 3 岁儿童完成图 11 中的任务，当研究者教儿童眼睛跟着管子走到底端时，这些 3 岁儿童完成任务的成绩也比较好（Bascandziev & Harris, 2011）。由此可见，在这两项研究中，当 3 岁儿童从一位知识丰富的成人那里接受语言指导时，他们就能克服自己的重力偏差和冲动倾向。

儿童是如何学会应对类似于图 11 中的问题情境的呢？他们又是如何达到理解物理世界的其他规律的呢？关于儿童认知发展的研究就是回答这些问题的。我们将

图 11 关于物理世界的视觉预期
年幼儿童看到球落入管子里，他们中许多人会在落入点的正下方找球。知识丰富的成年人的口头指导可以怎样帮助年幼儿童克服重力偏差？
图片来源：Dr. Bruce Hood, University of Bristol

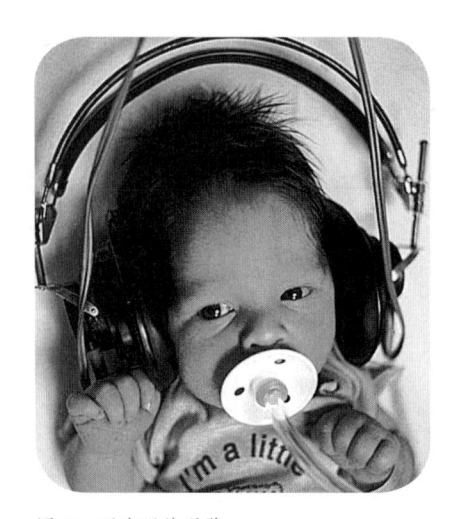

图 12　子宫里的听觉
怀孕的母亲在孕期的最后几个月里向胎儿朗读《戴帽子的猫》。出生后，从这些婴儿吮吸奶头的方式来看，他们更喜欢听他们妈妈朗读的《戴帽子的猫》的录音，而不是另一个故事《国王、老鼠和奶酪》。
图片来源：Dr. Melanie J. Spence

发展链接

生物过程

产前发展分为三个阶段：胚芽期（受孕后的最初 2 周）、胚胎期（受孕后的 2—8 周）和胎儿期（从受孕后两个月开始，平均持续 7 个月）。链接"出生前的发展和出生"。

在本书的"认知发展观"和"信息加工"两章讨论儿童的认知发展。

> 其他感觉

在婴儿期里，除视觉外，其他感觉系统也在发展。我们在这里将探讨听觉、触觉、痛觉、嗅觉和味觉的发展。

听觉　在孕期的最后两个月里，胎儿在母亲的子宫里是能够听到声音的，如妈妈的声音、音乐等（Moon, 2017）。在一项经典研究中，有两位心理学家想知道如果让胎儿在子宫里就听妈妈朗读苏斯（Seuss）博士的经典故事《戴帽子的猫》，那孩子出生后是否会特别喜欢听这个故事（DeCasper & Spence, 1986）？16 位母亲在怀孕的最后几个月里向她们的胎儿朗读《戴帽子的猫》。婴儿出生后不久，妈妈们又向他们朗读《戴帽子的猫》或另一个有着不同韵律和节奏的故事《国王、老鼠和奶酪》（怀孕期间没有向胎儿读过）。研究者们发现，当母亲向婴儿读这两个故事时，婴儿吮吸奶嘴的方式是不一样的，这说明婴儿能辨别出《戴帽子的猫》的风格（参见图 12）。这一研究说明了胎儿不仅能听到声音，而且在出生前就已经具有非凡的学习能力了。受这一经典研究启示，当代的脑影像研究已经证明胎儿的脑能够以复杂的方式感知和处理听觉信号（Draganova & others, 2018）。

胎儿也能识别妈妈和爸爸的声音，但他们更喜欢妈妈的声音（Lee & Kisilevsky, 2014）。在一项研究中，研究者让孕期快要结束的第三个三月期里的 39 个胎儿听妈妈和爸爸各自朗读的一段话的录音。声音的传递是通过一个靠近妈妈腹部上方的喇叭进行的。当放妈妈的声音时，胎儿的心跳加快，但是当放爸爸的声音时，胎儿心跳加快的幅度则较小。出生后，新生儿通过转头的动作显示了他们对妈妈声音的偏好。当放妈妈的声音时，新生儿会把头转向声源；当放爸爸的声音时，他们则没有转头反应。

婴儿期发生的听觉变化表现在哪些方面呢？这些变化涉及婴儿对音量、音高和声音位置的知觉：

- 音量。刚出生时，婴儿对轻柔声音的听觉不如成年人。如果想让新生儿听到，所需的声音刺激必须强于针对成年人的声音。例如，成年人可以听到 4 至 5 英尺远的耳语，而要让新生儿在这一距离上听到，则要求声音强度接近正常谈话水平。新生儿的这一特点使得医务人员难以准确评估他们是否患有潜在的听觉缺陷（Kanji, Khoza-Shangase, & Moroe, 2018）。
- 音高。新生儿对音高的感知也不如成年人灵敏。音高是对声音频率的知觉。女高音歌手的音高高，男低音歌手的音高低。婴儿对低音不太敏感，他们更容易听到高音（Aslin, Jusczyk, & Pisoni, 1998）。但在婴儿早期，婴儿已表现出区分不同音高的能力（Pietraszewski & others, 2017）。有一项研究显示，7 个月大时，婴儿在听到多种声音时能够处理不同的音高，但他们更可能对高音进行编码（Marie & Trainor, 2012）。到两岁时，婴儿区分不同音高声音的能力已有很大的提升。
- 声音定位。刚出生的新生儿就能确定声源的大概位置。到 7 个月大时，婴儿在声音定位或寻找声源方面变得更为熟练。这方面的能力在婴儿期和学步儿期继续不断提升（Kezuka, Amano, & Reddy, 2017）。

人工耳蜗是一个微小的电子装置，它直接刺激听神经。目前，对天生的聋童来说，植入人工耳蜗已成为惯例。甚至早在 12 个月大时，就进行植入手术。虽然传统的助听方法也可能有效，但许多早期接受人工耳蜗植入手术的听障儿童在言语学习和理解他人的言语方面表现出了很大的进步（Percy-Smith & others, 2018）。最有效的结果很可能出现在那些在家里经常接触手势语和发声口语的儿童身上（Lavelli & others, 2018）。

*中耳炎*是一种可能会暂时性地妨碍听觉的中耳感染，可造成暂时性听觉受损。但如果中耳炎持续时间过长，就可能干扰儿童的语言发展和社会化进程（Schilder & others, 2017）。全美国多达 1/3 的儿童在出生至 3 岁期间有过 3 次或以上中耳炎经历。有些情况下，这种感染可能会发展为慢性疾病，致使整个中耳里都充满液体，从而严重损害听觉。中耳炎的治疗包括使用抗生素，以及在中耳内放入管子将水抽出（Klopp-Dutote & others, 2018; Simon & others, 2018）。

触觉和痛觉　新生儿对触摸有反应吗？他们能感觉到疼痛吗？

新生儿对触摸确实有反应，触摸他们的脸颊会引起转头动作，触摸嘴唇会引起吮吸动作，这些动作都是"觅食"反射的组成部分。

新生儿也能感觉到疼痛（Gunnar & Quevado, 2007）。新生儿出生后，一个习惯化的医疗程序便是扎破足跟抽血化验；对于那些由于难产或早产而需要重点监护才能存活及康复的新生儿，往往还要插入针头或管子。有研究者对经历这些程序的新生儿的行为、生理活动甚至脑活动的情况进行了研究，结果表明他们有痛觉（Bellieni & others, 2018; Verriotis & others, 2018）。

在过去，医生给新生儿做手术时都不使用麻醉。这一做法之所以被接纳，一是因为麻醉有危险，二是因为人们盲目地认为新生儿感觉不到疼痛。不过，在最近几十年里，医疗技术已取得重大进步，现在已有可用于新生儿的有效的麻醉剂和止痛药（Steward, 2015）。

嗅觉　新生儿能够辨别气味（Schaal, 2017）。他们的脸部表情似乎说明他们喜欢香草和草莓的气味，但不喜欢臭鸡蛋和鱼的气味。在一项经典研究中，母乳喂养的 6 天大的婴儿明显表现出更喜欢闻母亲胸罩而不是干净胸罩的气味（MacFarlane, 1975）（参见图 13）。但是，他们在两天大时并没有表现出这种偏好，这说明他们需要几天的经验来识别这种气味。在这项研究之后，又有许多研究表明早期的气味经验对于嗅觉的发展具有重要作用（Schaal, 2017）。

味觉　对味道的敏感甚至在出生前就出现了。出生前的胎儿通过羊水学习味道，出生后的婴儿则通过乳汁学习味道（Podzimek & others, 2018）。在另一项经典研究中，即使只有 2 小时大的新生儿在品尝甜、酸、苦味溶液时也会表现出不同的面部表情（Rosenstein & Oster, 1988）（参见图 14）。在生命的最初几个月里，婴儿开始喜欢上咸味；鉴于盐在饮食中的重要角色，喜欢上咸味是一种适应性行为（Liem, 2017）。

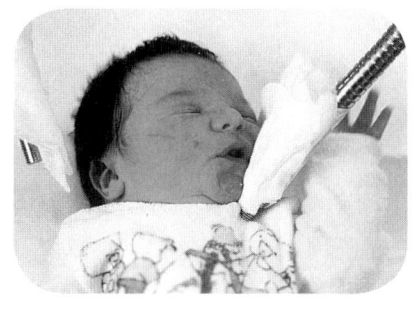

图 13　新生儿更喜欢母亲胸罩的气味
在麦克法兰（MacFarlane）的经典实验中，6 天大的婴儿更喜欢闻母亲的胸罩，而不是从未用过的新胸罩，但两天大的婴儿没有表现出这种偏好，这说明这一气味偏好需要几天的经验来形成。
图片来源：Jean Guichard

> 跨通道知觉

想象一下你正在打篮球或网球。你感受着许多视觉信息的输入：球来来去去，其他打球者四处走动，等等。同时，你也在感受着许多听觉信息的输入：球的撞击

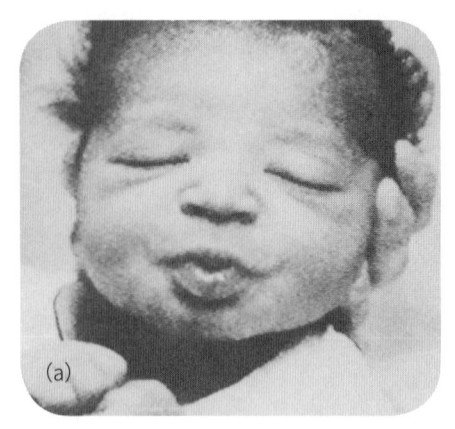

图 14　新生儿对基本味道的表情
由（a）甜味溶液、（b）酸味溶液、（c）苦味溶液引发的面部表情。
图片来源：Rosenstein, D & Oster, H (1988) Differential facial responses to four basic tastes in newborns. Child Development, 59, p.1561

什么是跨通道知觉？这个婴儿正在使用哪两种感觉来整合和积木有关的信息？
图片来源：Oksana Kuzmina/Shutterstock

跨通道知觉（intermodal perception）将来自两个或多个感觉通道的信息（如来自视觉和听觉的信息）整合起来的能力。

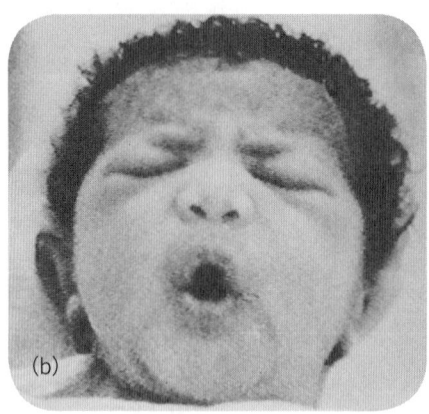

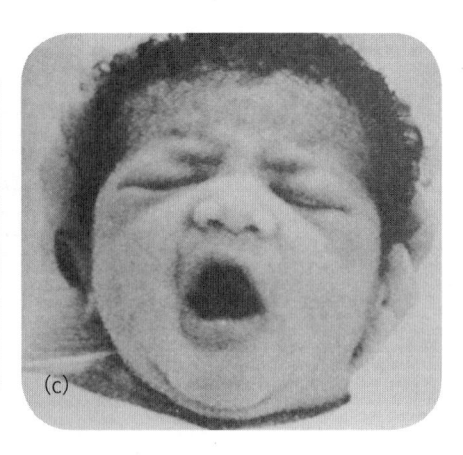

声，打球者的咕哝声和吆喝声，等等。很多视觉信息和听觉信息之间有着良好的对应关系：你看到球撞击的同时会听到撞击声，看到打球者伸长胳膊去击球时会听到吆喝声。当你在看和听正在发生的事情时，你体验到的并不只有声音或只有形象，你将所有的东西结合在一起，你所体验的是一个整体事件，这就是**跨通道知觉**。跨通道知觉涉及整合来自两个或多个感觉通道的信息，如来自视觉和听觉的信息。大多数知觉都是跨通道的（Bahrick, Todd, & Soska, 2018）。

甚至在新生儿身上，就已存在跨通道知觉的探究行为。例如，当拨浪鼓的声音或说话的声音持续数秒钟时，新生儿就会把眼睛和头转向拨浪鼓或说话的人；但这种定向行为是反射性的，只有等到脑在生命最初几个月里快速发展之后，这种定向行为才可控（Small, Ishida, & Stapells, 2017）。在另一项经典研究中，当 3 个月大的婴儿听到母亲的声音时就会延长注视母亲的时间，当听到父亲的声音时就会延长注视父亲的时间（Spelke & Owsley, 1979）。由此可见，即使幼小的婴儿也能够协调人的视觉和听觉信息。伴随着生命第一年里的经验和发展，这些早期形式的跨通道知觉也变得越来越敏锐（Hannon, Schachner, & Nave-Blodgett, 2017）。例如，在出生后的前半年里，婴儿难以将不同感觉通道的信息联系起来。但是在第一年的后 6 个月里，他们在头脑里完成连接的能力明显提高了。

将视觉信息和触觉信息连接起来的重要能力在婴儿期的早期阶段也是显而易见的。2 到 3 个月大的婴儿已表现出协调视觉和触觉信息的能力，这一能力在第一年里继续迅速发展（Bremner & Spence, 2017）。

总之，婴儿天生就具备了一些知觉不同感觉通道之间关系的能力，但跨通道知觉能力的大幅提高则是通过经验来实现的。正如所有发展一样，在知觉的发展中，天性与教养也是相互作用、彼此合作的。

> 天性、教养和知觉的发展

至此，我们已经讨论了知觉发展的许多方面，现在让我们来探讨发展心理学的关键问题之一"天性与教养"和知觉发展的关系。从历史上看，人们对天性、教养以及两者的互动在多大程度上影响知觉的问题有着经久不衰的兴趣（Aslin, 2009; Johnson, 2012, 2013）。在知觉发展领域，天性论的支持者被称为先天论者（nativists），而强调学习和经验的人则被称为经验论者（empiricists）。

在严格的先天论者看来，以一种有效和有秩序的方式来知觉世界的能力是天生的。我们在开始讨论感知觉的发展时，我们论述了吉布森的生态学观点，因为它在指导感知觉发展的研究方面发挥了十分重要的作用。吉布森的生态学观点倾向于用先天论来解释知觉的发展，因为该观点认为，知觉是直接的，是长期进化的结果，它使我们能够觉察形状和大小的恒常，觉察三维的世界和跨通道的感觉，等等。不过，吉布森的生态学观点并不是完完全全的先天论，因为吉布森等人也强调"知觉的发展涉及一些在不同年龄才表现出来的独有特征"。同时，吉布森还坚持认为，婴儿知觉发展的关键问题是环境中可获得的信息有哪些，婴儿是如何学会获取、分化和辨别这些信息的，这些看法肯定不属于先天论。

吉布森的生态学观点也完全不同于皮亚杰的建构主义观点，因为后者采用了经验论的方法来解释知觉的发展。在皮亚杰看来，婴儿期知觉发展的很多方面必须等待认知阶段的发展，只有后者的发展才能让不断从经验中学习的婴儿建构更加复杂的知觉任务。所以，根据皮亚杰的观点，在婴儿期里形状和大小恒常性、三维世界、跨通道知觉等方面知觉能力的发展要晚于吉布森所认为的。

如今看来，关于知觉发展的极端经验论显然是站不住脚的。如本章所述，很多早期知觉都是从天生的基础发展而来，许多知觉能力的基础在新生儿身上就可以觉察到，而有些知觉能力则要随着儿童的成长而逐步展现。但是，随着婴儿的发展，环境经验不断完善或修改着知觉功能，并且可能是某些知觉功能进一步发展的推动力量（Amso & Johnson, 2010）。

达夫妮·莫勒（Daphne Maurer）和她的同事们所做的纵向研究（Maurer, 2017; Maurer & Lewis, 2018）一直聚焦于生下来就患有白内障的婴儿。白内障使眼睛的晶状体变浑浊，从而导致视力受损、模糊或紊乱，严重地限制了婴儿感受视觉世界的能力。通过研究在发展的不同时间点上去除白内障的婴儿，莫勒和她的同事们发现，那些在出生后几个月内就去除白内障并植入晶状体的婴儿表现出了正常的视觉发展模式。但是，白内障去除得越晚，婴儿的视觉发展就越是受到损害。在他们的研究中，莫勒和她的同事们（Hadad, Maurer, & Lewis, 2017）已经发现，婴儿早期有关图形的视觉输入经验对孩子婴儿期以后对图案和轮廓的整体和详细感知具有重要意义。莫勒的研究展示了拥有经验和经验匮乏是如何影响视觉发展的，尤其是在早期的敏感阶段里，正常的视觉输入是正常的视觉发展不可或缺的条件。

总之，婴儿关于知觉世界的经验和知识的积累有助于他们对人和物形成连贯的知觉。对知觉发展的全面描述应当包括天性、教养以及对环境信息敏感性的不断提高这几个方面的相互作用。

在婴儿的知觉发展方面，天性和教养发挥了什么作用？
图片来源：Boris Ryaposov/Shutterstock

发展链接

认知发展

皮亚杰的理论认为儿童积极地建构他们对外部世界的理解，并经历四个认知发展阶段。链接"绪论"。

复习

- 什么是感觉和知觉？
- 关于知觉的生态学观点是什么？研究婴儿知觉的方法有哪些？
- 视觉是如何发展的？
- 视觉以外的其他知觉是如何发展的？
- 什么是跨通道知觉？它是如何发展的？
- 在知觉发展中，天性和教养起什么作用？

联想

- 视觉是我们这一节讨论的话题之一。在本章开头的故事中，你了解到了哪些关于发展、视觉丧失和其他感觉的知识？

反思你自己的人生之旅

- 想象你是一位1岁婴儿的父亲或母亲。你将采取哪些有效的措施来促进孩子的感觉发展？

复习、联想和反思

学习目标 2

概述感觉和知觉发展的过程。

第五章 运动、感觉和知觉的发展

第 3 节 知觉和运动的结合

学习目标 3
讨论知觉和运动的结合。

在本章快要结束时,让我们回到知觉和运动的结合这一重要话题。将知觉与动作区分开来已是心理学的悠久传统。然而,许多知觉与运动发展方面的专家都质疑这种区分是否真有意义。作为替代,他们把知觉和动作看成是结合在一起的(Adolph & Berger, 2013; Keen, 2011; Thelen & Smith, 2006)。在西伦的动态系统方法中,一个重要的创新点就在于探讨人们是如何将动作进行整合以便于感知和行动的。埃莉诺·吉布森和詹姆斯·杰尔姆·吉布森的生态方法的主题也是为了揭示知觉是如何指导动作的。动作可以引导知觉,知觉也可以引导动作。只有通过眼睛、头、手、胳膊的活动以及从一个位置移动到另一个位置,个体才能对其环境进行充分的知觉体验并学会如何适应。

例如,婴儿总是不断地将其动作与知觉信息相协调,从而学会如何保持平衡,如何够到空中的物体,如何穿越各种不同的地面和地形。知觉激发了他们的行动。试想一下,婴儿看到了房间的另一边有一个好玩的玩具。在这种情况下,婴儿必须对自己当前的身体状态有所知觉并学会如何用四肢去够玩具。虽然开始时的动作笨拙而不协调,但婴儿很快就学会了选择那些适合于够物目标的动作模式。

感知和运动结合的另一方面也同样重要,即动作可以影响和引导知觉(Adolph & Berger, 2013; Thelen & Smith, 2006)。例如,注视物体的同时用手触摸它有助于婴儿辨别物体的质地、大小和硬度。在某一环境中移动则告诉婴儿从不同角度看到的人和物体是什么样子,或者某个平面是否能承受住他们的重量。

婴儿是如何发展新的知觉和运动的结合的呢?让我们回到本章前面讨论过的以格塞尔为代表的传统观点。格塞尔认为,婴儿感知觉和运动的发展是由遗传决定的,按照固定的发展阶段依序展开。如今,这种遗传决定论已经被动态系统的观点所取代。根据动态系统的观点,婴儿是通过整合感知和动作技能来实现新的知觉和运动的结合。新的知觉和运动的结合并不是被动获得的;相反,婴儿总是在自己的身体和环境允许的范围内主动地发展某种技能来达到某种目的。

所以,儿童为运动而知觉,为知觉而运动。知觉与运动的发展不是彼此孤立的,而是相互结合在一起的。

在婴儿的发展过程中,知觉和动作是如何结合的?
图片来源:视觉中国

复习、联想和反思

学习目标 3
讨论知觉和运动的结合。

复习
- 知觉和运动在发展过程中是如何结合在一起的?

联想
- 在这一节里,你已经了解到知觉与运动的发展不是彼此孤立的,而是相互结合在一起的。另一方面,当心理学家描述发展时,一般会将天性和教养区分开来。那么,知觉和运动的区分与天性和教养的区分有何相似之处?

反思你自己的人生之旅
- 结合你自己童年期的发展情况,分别试举两个书上没有的知觉引导动作,以及动作引导知觉的例子。

达到你的学习目标

运动、感觉和知觉的发展

运动的发展

学习目标 1 叙述运动技能如何发展。

- **动态系统的观点**

  西伦的动态系统理论将运动技能的发展描述为知觉与运动行为的结合。知觉和运动是结合在一起的。根据这一理论,运动技能的发展依赖于神经系统、身体的生理特性及其运动潜能的发展,同时还依赖于儿童受激发而要达到的目标,以及环境为该运动技能所提供的支持。根据动态系统的观点,运动技能的发展远比一幅遗传蓝图的结果要复杂得多;婴儿或儿童在身体与环境条件允许的范围内为实现某项目标主动地组合出某种技能。

- **反射**

  反射是生来具有的对刺激的反应方式,它们支配着新生儿的行为。反射包括吮吸反射、觅食反射、莫罗反射,这几种反射一般都在出生后 3 至 4 个月后消失。有些反射会持续一生,如眨眼、打呵欠;其他反射的一些成分则合并到自主动作之中。

- **粗大运动技能**

  粗大运动技能是指大块肌肉参与的动作技能。婴儿期形成的重要粗大运动技能包括姿势的控制和走路。粗大运动技能在童年期大幅提高。平均说来,男孩在粗大运动技能方面通常优于女孩。

- **精细运动技能**

  精细运动技能涉及精细动作的调节。够物和抓物的出现标志着精细运动技能取得了显著的成就。精细运动技能在整个童年期都继续发展,到 4 岁时已经准确很多。到了童年中期,儿童已能够把手当工具使用;到 10 至 12 岁时,儿童开始表现出类似于成人的操作性精细运动技能。

感觉和知觉的发展

学习目标 2 概述感觉和知觉发展的过程。

- **什么是感觉和知觉**

  感觉是信息与感受器相互作用时发生的。知觉是对感觉的解释。

- **生态学观点**

  吉布森提出的生态学观点认为,人们对周围世界中的信息直接进行感知。知觉使人和环境联系起来,从而使人能够和环境相互作用并适应环境。提供性是物体给出的与之互动的机会,这些机会是行动所必需的。另一方面,研究者们发明了许多测评婴儿知觉的方法,包括视觉偏好法(范茨运用此法得出的结论是婴儿注视带有图案的展示品的兴趣高于没有图案的展示品)、习惯化与去习惯化法、大幅度吮吸法和视觉追踪法等。

- **视觉**

  婴儿的视敏度在出生后的第一年里大幅提高。出生后不久,新生儿就对人的面孔表现出兴趣,年幼的婴儿会系统性地扫描人的面孔。可能早在 4 周大时,婴儿就能区分某些颜色。到 3 个月大时,婴儿表现出大小恒常性和形状恒常性。大约 2 个月大时,婴儿形成了将被遮蔽的物体知觉为完整物体的能力。6 个月大的婴儿已有深度知觉。婴儿期后,儿童的视觉预期继续发展,颜色辨别能力也在 3 至 4 岁时进一步发展。但许多儿童存在视觉问题。

- **其他感觉** 　　胎儿在出生前的几周里就能听到声音。对音量、音高和声音定位方面的知觉在整个婴儿期都在发展变化。新生儿对触摸有反应，并能感到疼痛。新生儿能够辨别不同的气味，对味道的敏感性则可能在出生前已经出现。

- **跨通道知觉** 　　跨通道知觉是指将来自两个或多个感觉通道的信息联系起来并加以整合的能力。新生儿身上已出现粗略的、探究式的跨通道知觉；在第一年里，跨通道知觉变得越来越敏锐。

- **天性、教养和知觉的发展** 　　就知觉发展来说，天性论的支持者被称为先天论者，而教养论的支持者则被称为经验论者。当代对知觉发展的全面的描述应当包括天性、教养以及对信息敏感性的提高这几方面的交互作用。

知觉和运动的结合

学习目标 3 讨论知觉和运动的结合。

知觉和运动是结合在一起的，个体为移动而知觉，为知觉而移动。新的知觉和运动结合的出现并不是由遗传事先决定的，而是由于婴儿为知觉和行动主动地组合技能而产生的。

重要术语

提供性 affordances
去习惯化 dishabituation
动态系统理论 dynamic systems theory
生态学观点 ecological view
精细运动技能 fine motor skills
抓握反射 grasping reflex

粗大运动技能 gross motor skills
习惯化 habituation
跨通道知觉 intermodal perception
莫罗反射 Moro reflex
知觉 perception
反射 reflexes

觅食反射 rooting reflex
感觉 sensation
形状恒常性 shape constancy
大小恒常性 size constancy
吮吸反射 sucking reflex
视觉偏好法 visual preference method

重要人物

卡伦·阿道夫 Karen Adolph
托马斯·贝里·布雷泽尔顿 T. Berry Brazelton
罗伯特·范茨 Robert Fantz

埃莉诺·吉布森 Eleanor Gibson
詹姆斯·杰尔姆·吉布森 James J. Gibson
威廉·詹姆斯 William James
斯科特·约翰逊 Scott Johnson

达夫妮·莫勒 Daphne Maurer
埃丝特·西伦 Esther Thelen
理查德·沃克 Richard Walk

学习是成功时的点缀，逆境中的庇护。

——亚里士多德
公元前 4 世纪希腊哲学家

第三编
认知和语言

儿童如饥似渴地想要体验和理解。在致力于体验和理解的过程中，他们建构起自己的关于周围世界的观念。他们有着令人惊叹的好奇心和才智。在第三编里，你将阅读如下四章："认知发展观""信息加工""智力""语言发展"。

第六章 认知发展观

本章纲要

第1节 皮亚杰的认知发展理论

学习目标 ❶
讨论皮亚杰理论中的关键过程和四个阶段。
- 发展过程
- 感知运动阶段
- 前运算阶段
- 具体运算阶段
- 形式运算阶段

第2节 皮亚杰理论的应用和评价

学习目标 ❷
将皮亚杰的理论应用于教育并评价他的理论。
- 皮亚杰和教育
- 对皮亚杰理论的评价

第3节 维果斯基的认知发展理论

学习目标 ❸
指出维果斯基理论中的主要概念,并将其和皮亚杰的理论进行比较。
- 最近发展区
- 鹰架
- 语言和思维
- 教学策略
- 对维果斯基理论的评价

真人实事

让·皮亚杰是著名的瑞士心理学家,他对自己的三个孩子——洛郎(Laurent)、吕西安娜(Lucienne)和雅克利娜(Jacqueline)——进行了非常仔细的观察,并在自己的认知发展著作中呈现了这些观察。以下是皮亚杰对自己孩子婴儿期发展状况的一些观察(Piaget,1952):

- 21 天时,"洛郎在尝试了三次之后发现了自己的拇指:每次他都吮吸很长时间。但是,如果被仰卧放平,他就不知道该如何协调胳膊与嘴的动作,尽管嘴唇在寻找手,他却会将手收回"(p. 27)。
- 在第 3 个月里,吮吸拇指对洛郎来说已不再那么重要,因为他有了新的视觉和听觉兴趣。不过,在哭的时候,他还是会把拇指放入嘴巴。
- 在第 4 个月月末,当吕西安娜躺在婴儿床上时,皮亚杰在她脚的上方悬挂了一个玩偶,吕西安娜就抬起脚踢玩偶,使玩偶晃动起来。"然后,她看了一会儿自己不动了的这只脚,又重新开始踢玩偶。她并没有对脚进行视觉控制,因为在吕西安娜只注视玩偶或我把玩偶放在她头部上方时,她的动作都是一样的。而另一方面,她对脚的触觉控制很明显:在最初的晃动之后,吕西安娜把脚的动作放慢,仿佛是在理解和探索"(p. 159)。
- 11 个月时,"雅克利娜坐在那里摇一个小铃铛。突然,她停了下来,把铃铛放在右脚前方的特定位置,然后用力踢。无法再次抓到铃铛时,她就抓了一个球,然后把它放在同一位置上,准备再次踢出去"(p. 225)。
- 1 岁 2 个月时,"雅克利娜手里握着一个她没见过的新东西——扁平的圆盒子,她把它转来转去,摇晃着,在摇篮边上蹭了蹭……她松开手让盒子下落,并试着在半空抓住它,但她只是食指碰到了盒子,没有抓住它。不过,她还是碰到了盒子的边缘。盒子向上弹了一下,再次下落"(p.273)。雅克利娜对这一结果很感兴趣,对落在身边的盒子研究起来。

对皮亚杰来说,这些观察结果反映着婴儿认知发展过程中的重要变化。在本章的后面部分,你将了解到,皮亚杰认为婴儿期的发展要经历六个分阶段,你刚才读到的行为表现就是这六个分阶段的部分特征。

前言

认知发展观特别强调儿童如何积极主动地建构他们的思维，也相当重视思维是如何从发展的一个水平变化到另一个水平的。在本章中，我们将重点关注让·皮亚杰（Jean Piaget）和列夫·维果斯基（Lev Vygotsky）的认知发展观。

第1节 皮亚杰的认知发展理论

学习目标 1

讨论皮亚杰理论中的关键过程和四个阶段。
- 发展过程
- 感知运动阶段
- 前运算阶段
- 具体运算阶段
- 形式运算阶段

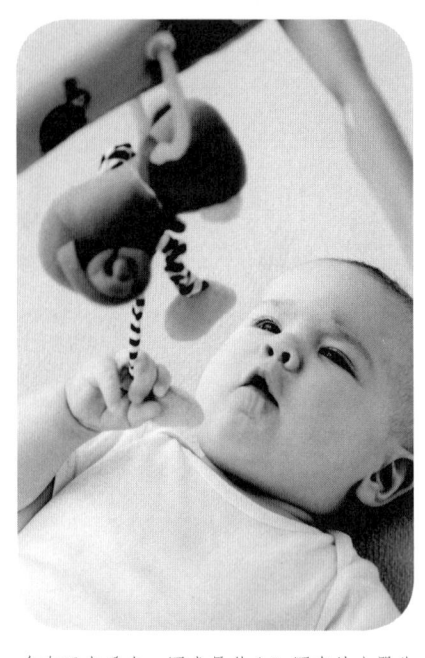

诗人诺拉·佩里（Nora Perry）问道："谁了解儿童的思维呢？"显然，任何人都不会比皮亚杰知道得更多。通过对自己三个孩子（洛郎、吕西安娜和雅克利娜）的细心观察，以及对其他儿童的观察与访谈，皮亚杰改变了人们关于儿童对世界的思维方式的看法。

皮亚杰的理论是关于生物因素和经验是如何塑造认知发展的一般性和系统性的理论。皮亚杰认为，正如我们的身体有着各种让我们适应世界的结构一样，我们也会建立各种心理结构来帮助我们适应世界。适应是指根据新的环境要求来调整自己。皮亚杰强调，儿童总是主动地建构自己的认知世界，信息并不能简单地从环境注入他们的头脑中。他试图揭示处于不同发展水平的儿童是如何思考这个世界的，他们的思维又是如何发生系统性变化的。

> 发展过程

当儿童建构关于世界的知识时，他们都运用了哪些过程呢？皮亚杰认为如下几个过程尤其重要：图式、同化、顺应、组织、平衡化。

图式　皮亚杰（1954）认为，当儿童努力建构对世界的理解时，发展中的大脑便创造出各种**图式**来。图式就是用来组织知识的动作或心理表征。在皮亚杰的理论中，行为图式（身体动作）是婴儿期的特点；而心理图式（认知活动）则在童年期里得以发展（Waite-Stupiansky, 2017）。婴儿的各种图式是通过可以操作于物体的简单动作来建构的，如通过吮吸、注视和抓握等动作来建构。较大儿童的图式中包括了用来解决问题的策略和计划。比如，某个5岁儿童可能有一个图式，该图式涉及根据物体的大小、形状或颜色来归类。进入成年期时，我们已经建构了非常多的各种各样的图式，从驾驶车辆到平衡预算，再到实现社会公正。

同化与顺应　为了解释儿童是如何运用图式以及如何使图式与环境相适应的，皮亚杰提出了两个概念：同化和顺应。让我们回忆一下，**同化**是指儿童将新的信息纳入现有图式中；**顺应**则是指儿童调整自己的图式以适应新的信息或经验。

让我们想象一下，一个学步儿已经学会用轿车这个词来表示自己家里的车。他（她）可能会把路上所有移动的车辆都叫作"轿车"，包括摩托车和卡车，这表明他

在皮亚杰看来，图式是什么？图中幼小婴儿表现的可能是什么图式？

图片来源：视觉中国

图式（schemes） 在皮亚杰的理论中，指用来组织知识的动作或心理表征。

同化（assimilation） 皮亚杰的概念，指儿童将新的信息纳入现有图式中。

顺应（accommodation） 皮亚杰的概念，指儿童调整自己的图式以适应新的信息或经验。

(她)已经将这些物体纳入了自己已有的图式中。但是，他（她）很快就会知道摩托车和卡车不是轿车，于是便对这一范畴进行微调，将摩托车和卡车排除在外，使图式做出顺应。

即使在很小的婴儿身上，也存在着同化和顺应的过程。新生儿对触及嘴唇的所有东西都会反射性地吮吸；这表明他们将各种各样的物体同化到了自己的吮吸图式中。通过吮吸不同的物体，他们了解到了物体的味道、质地、形状等等。但是，拥有了几个月的经验之后，他们就建构了对世界的不同认识：有些物体如手指和母亲的乳房是可以吮吸的，而其他物体如毛茸茸的毯子是不能吮吸的。也就是说，这些婴儿对自己的吮吸图式做出了顺应。

组织 皮亚杰认为，儿童为了理解他们所处的世界，会在认知上对经验加以组织。在皮亚杰的理论中，**组织**就是将孤立的行为和思想组合成较高层次的系统。组织的不断完善化是发展的内在构成部分。一个不太清楚如何使用锤子的男孩对如何使用其他工具也可能不太清楚。在学会了使用每一种工具后，他就会把各种使用方法联系起来，然后把它们归入不同的类别，并组织自己的知识。

平衡化与发展阶段 **平衡化**是皮亚杰提出的一种机制，用以解释儿童如何从思维的一个阶段转换到另一个阶段。当儿童在试图理解世界的过程中体验到认知冲突或不平衡时，就会出现这种转换。最终，儿童会解决冲突，达到思维的平衡状态。皮亚杰坚持认为，在同化与顺应共同作用下产生认知变化的同时，个体在平衡与不平衡状态之间发生了相当大的变化。例如，如果某个儿童认为仅仅把液体从一个容器倒入另一个形状不同的容器（如从一个矮而宽的容器倒入一个高而窄的容器），液体的量就会发生改变，那么，她就可能为这样的问题所困扰："额外的"液体是从哪里来的？是不是真有更多的液体可喝？随着思维的发展，这个儿童最终会解决这些困惑。在日常世界中，儿童会经常碰到这种反例和自相矛盾的状态。

同化与顺应总是将儿童带到一个更高的水平。在皮亚杰看来，儿童内心对平衡的追求是发展变化的动力。随着旧图式的调整和新图式的产生，儿童对旧图式和新图式不断地进行组织和再组织。最后，这一新组织与旧的组织已具有根本性的差别；它是一个新的思维方式，一个新的阶段。根据皮亚杰的观点，上述过程会导致个体跨越四个发展阶段。对世界的不同理解方式使得一个阶段比另一个阶段更高级。同时，一个阶段的认知与另一个阶段的认知相比，两者具有质的差异。也就是说，儿童在一个阶段的推理方式是不同于另一阶段的推理方式的。

皮亚杰理论中的每一个阶段都和年龄有关，并有其独特的思维方式。皮亚杰确定了四个认知发展阶段：感知运动阶段、前运算阶段、具体运算阶段、形式运算阶段（参见图1）。

> 感知运动阶段

感知运动阶段从出生持续到2岁左右。在这一阶段里，婴儿通过协调感觉经验（如视觉和听觉）与身体、肌肉的运动来建构对世界的理解，故称之为"感知运动"阶段。这一阶段开始时，婴儿使用的几乎都只是反射模式；而这一阶段结束时，2岁婴儿已能够形成复杂的感知运动模式并运用简单的符号。我们先概述皮亚杰关于婴儿如何发展的观点，然后再对其观点进行评论。

分阶段 皮亚杰将感知运动阶段分成六个分阶段：(1) 简单反射；(2) 最早的习惯

婴儿的吮吸包含了怎样的同化和顺应过程？
图片来源：视觉中国

我们天生就具有学习能力。

——让-雅克·卢梭
18世纪出生于瑞士的法国哲学家

组织（organization）皮亚杰的概念，指将孤立的行为组合成较高层次的、运行更顺畅的认知系统；将孤立的条目分门别类组成类别。

平衡化（equilibration）皮亚杰提出的一种机制，用以解释儿童如何从思维的一个阶段转换到另一个阶段。当儿童在试图理解世界的过程中体验到认知冲突或不平衡时，就会出现这种转换。最终，儿童会解决冲突，达到思维的平衡状态。

感知运动阶段（sensorimotor stage）皮亚杰认知发展阶段中的第一阶段，从出生持续到2岁左右。在这一阶段里，婴儿通过协调感觉经验（如视觉和听觉）与身体肌肉的运动来建构对世界的理解。

感知运动阶段

婴儿通过协调感觉经验与身体动作来建构对世界的理解。他们从出生时反射的、本能的动作发展到该阶段结束时初步的符号思维。

0 至 2 岁

前运算阶段

儿童开始运用词语和表象来表征世界。这些词语和表象反映了符号思维的发展,并超越了感觉信息与身体动作的连接。

2 至 7 岁

具体运算阶段

儿童能够对具体事件进行逻辑推理,能够将物体按类别进行分类。

7 至 11 岁

形式运算阶段

青少年能够以更加抽象化、理想化、逻辑化的方式进行推理。

11 岁至整个成年期

图 1　皮亚杰的认知发展的四个阶段
图片来源：视觉中国

与初级循环反应;(3) 次级循环反应;(4) 次级循环反应的协调;(5) 三级循环反应、新异、好奇;(6) 图式内化（参见图 2）。

- 简单反射是感知运动的第一个分阶段,对应出生后的第一个月。在这一分阶段里,感觉与动作的协调主要是通过反射行为（如觅食与吮吸反射）来实现的。不久,婴儿就能在没有惯常反射刺激的情况下产生类似于反射的行为。例如,新生儿只有当奶头或奶瓶直接放在嘴里或碰到嘴唇时才会吮吸。但不久,当奶瓶或奶头只是在婴儿的附近时,他（她）也能进行吮吸。婴儿在出生后的第一个月里不断地产生动作,主动地建构经验。
- 最早的习惯与初级循环反应是感知运动的第二个分阶段,对应于出生后的第 1 个月至第 4 个月。在这一分阶段里,婴儿将感觉与两种图式进行协调:习惯和初级循环反应。

习惯是一种基于反射的图式,但已经完全脱离了其诱发刺激。例如,分阶段 1 的婴儿会在奶瓶碰到嘴巴或看到奶瓶时进行吮吸,而分阶段 2 的婴儿即使在没有奶瓶出现的情况下也有可能进行吮吸。循环反应是指一种重复的动作。初级循环反应是一种图式,它建立在试图对最初偶然发生的事件进行重复的基础上。例如,假定一个婴儿在手指放在嘴边时偶然吮吸到了手指,那么他之后就会寻找手指再次吮吸,但手指并不配合,因为这个时候的婴儿还不能将视觉与手的动作协调起来。

习惯和初级循环反应都是刻板式的,也就是说,婴儿每次都是以同样的方式来重复它们。在这一分阶段里,婴儿自己的身体仍是他们注意的中心,外部的环境事件对他们没有吸引力。

- 次级循环反应是感知运动的第三个分阶段,出现在 4 至 8 个月之间。在这一分阶段里,婴儿变得更加客体导向,并超越了对自己的专注。一个婴儿可能偶然间摇动了拨浪鼓,然后他就会因为感到有趣而重复这一动作。婴儿也会

分阶段	年龄	特点描述	举例
1 简单反射	出生到 1 个月	通过反射行为来协调感觉和动作。	觅食、吮吸、抓握反射；当触碰新生儿嘴唇时，他们会反射性地吮吸。
2 最早的习惯与初级循环反应	1 至 4 个月	感觉与两类图式相协调：习惯（反射）和初级循环反应（重复最初偶然发生的事件）。婴儿注意的重点仍然是自己的身体。	重复第一次偶然经历的身体感觉（如吮吸拇指）；然后，婴儿可能会通过顺应来改变动作，用不同于吮吸奶头的方式吮吸他们的拇指。
3 次级循环反应	4 至 8 个月	婴儿变得更加客体导向，超越自我专注；重复那些会带来有趣或愉悦结果的动作。	一个婴儿发出咕咕声让另一个人靠近他（她），当那人开始离去时，婴儿又发出咕咕声。
4 次级循环反应的协调	8 至 12 个月	视觉和触觉的协调——手和眼的协调；图式和意向的协调。	婴儿手拿一根棍子以便够到一个想要的玩具。
5 三级循环反应、新异、好奇	12 至 18 个月	婴儿对物体的许多属性以及他们能对物体做的很多事情很感兴趣；他们不断地试验新的行为。	他们可以使一块积木落下、旋转、击打另一个物体，也可以让它滑过地面。
6 图式内化	18 至 24 个月	婴儿发展了使用简单符号的能力并能形成持久的心理表征。	一个从未发过脾气的婴儿看到一个玩伴大发脾气，该婴儿就记住了这件事，第二天，他（她）自己也大发脾气。

图 2　皮亚杰感知运动发展的六个分阶段

模仿一些简单的动作，如成人的儿语或打嗝声，以及一些身体姿势。不过，他们只对自己已经有能力做出的动作进行模仿。虽然他们已经能够直接指向环境中的客体，但婴儿的图式仍然缺乏意向性或目标指向性。

- *次级循环反应的协调*是皮亚杰感知运动的第四个分阶段，出现在 8 至 12 个月期间。要发展到这一分阶段，婴儿必须能够对视觉和触觉，手和眼进行协调。婴儿的动作更倾向于外部导向。这一分阶段的显著变化是能够对图式和意向进行协调。婴儿会轻松地将先前学会的图式以协调的方式加以联合或再联合。他们可能会在注视一个物体的同时也能抓住它，或者在审视一个玩具如拨浪鼓的同时也会用手指去拨弄它，用触觉去探究它。他们的动作比以前更具有外部导向性。与这种协调相联系的是另一项重大的进步，即意向的出现。比如，婴儿可能会使用棍子以便够到想要的玩具，或打翻一块积木以便将其与另外的积木搭配。

- *三级循环反应、新异、好奇*是皮亚杰感知运动的第五个分阶段，发生在婴儿期的 12 至 18 个月之间。在这一分阶段里，婴儿对物体的许多属性以及他们能对物体做的很多事情很感兴趣。例如，他们可以使一块积木下落、旋转、击打另一个物体，也可以让它滑过地面。三级循环反应是这样一种图式，在这一图式中，婴儿有目的地探究物体新的可能性，不断地对物体做一些新的事情并探究其结果。皮亚杰认为，这一阶段标志着个体对新异事物的好奇与兴趣的开始。

- *图式内化*是皮亚杰感知运动的第六个也是最后一个分阶段，出现在 18 至 24 个月之间。在这一分阶段里，婴儿形成了运用简单符号的能力。对皮亚杰来说，符号是指内化了的代表一个事件的感觉表象或词语。简单的符号使婴儿能够思考具体的事件而不必直接做出来或直接对其感知。同时，符号使婴儿能够以简单的方式操纵或改变它所代表的事件。在皮亚杰特别喜欢的一个例子中，皮亚杰的小女儿看到火柴盒被打开和关上。之后，她通过张开和闭上自己的嘴巴来模仿这件事情，这是她对这个事件表象的一个明显的表达。

这个 17 个月大的婴儿处于皮亚杰的三级循环反应分阶段，婴儿做出什么可以说明其正处于这一分阶段？
图片来源：视觉中国

第六章　认知发展观　**163**

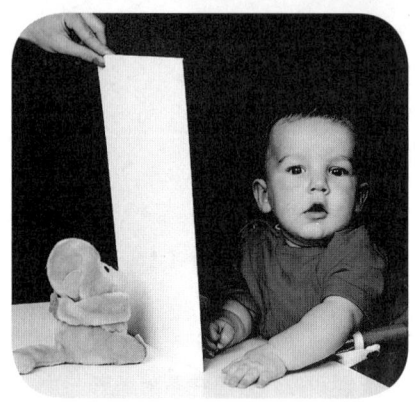

客体永久性 让我们想象一下，如果你不能把自己与这个世界区分开来，你的生活将会是怎样的混乱和不可预测。而在皮亚杰看来，新生儿的生活就是这个样子。对他们来说，自我与世界没有区分，客体也没有独立的、永久性的存在。

在感知运动阶段快结束时，儿童开始认识到客体不仅和自己是分开的，而且具有永久性。当儿童认识到即使客体或事件不能被看到、听到或触摸到，但它们仍然继续存在的时候，他们的这一认识就叫作**客体永久性**。获得客体永久性是婴儿最为重要的成就之一。皮亚杰认为，婴儿客体永久性的发展也经历六个阶段，分别与感知运动发展的六个分阶段相对应。

怎么知道婴儿是否发展了客体永久性呢？研究客体永久性的主要方法就是观察当婴儿喜欢的物体消失后，他们是如何反应的（参见图3）。如果婴儿寻找该物体，那我们就认为婴儿相信该物体还是继续存在的。

客体永久性只是儿童形成的关于物理世界的基本概念之一。在皮亚杰看来，儿童甚至婴儿在很大程度上就像是一个小小科学家，他们不断地探索这个世界以了解它是如何运行的。但是，成年的科学家们怎样才能确定这些小小科学家的发现呢，又怎样确定他们在多大年龄时有了这些发现呢？要回答这个问题，请阅读下面的"链接 研究"专栏。

对皮亚杰感知运动阶段的评价 皮亚杰认为婴儿的主要任务是使感觉印象和动作相协调，这一观点开创了一条新的看待婴儿的途径。但是，婴儿的认知世界并不像皮亚杰所描绘的那么有条理，同时，皮亚杰对认知发展过程中变化原因的某些解释也颇受争议。在过去的几十年里，研究者们已设计出了许多精巧的实验方法来研究婴儿，也涌现出了大量的婴儿发展方面的研究。很多新研究表明，皮亚杰关于感知运动发展的观点需要修正（Anderson, Hespos, & Rips, 2018; Krist & others, 2018; Meltzoff & Marshall, 2018）。

A 非 B 错误 皮亚杰认为，从一个阶段向另一个阶段过渡时，某些过程至关重要，他的这一观点是需要修正的，因为研究数据并不总是支持他的解释。例如，在皮亚杰的理论中，向第四个分阶段（即次级循环反应的协调）过渡的一个重要特征是婴儿倾向于在熟悉的位置而不是在新的位置寻找物体。例如，一个玩具被藏了两次，第一次被藏在 A 处，第二次被藏在 B 处，8 至 12 个月大的婴儿第一次是正确地到 A 处寻找。但接下来，当玩具被藏到 B 处时，他们却错误地继续到 A 处寻找。**A 非 B 错误**这一术语就是用来描述这一常见错误的。大一些的婴儿犯 A 非 B 错误的可能性比较小，因为他们的客体永久性观念更加成熟。

然而，研究者们已经发现，很多因素影响到婴儿是否会犯 A 非 B 错误。例如，如果婴儿只能看见实验人员的手和胳膊而不是整个身体的话，9 个月大的婴儿就较少犯 A 非 B 错误，从而说明婴儿犯错的部分原因可能是因为他们在模仿实验人员的身体动作（Boyer, Harding, & Bertenthal, 2017）。与此类似，A 非 B 错误很容易受到将物体藏在 B 处与婴儿试图发现该物体之间的时间间隔的影响（Buss, Ross-Sheehy, & Reynolds, 2018）。因此，A 非 B 错误也许是由于婴儿记忆失误造成的。另一种解释则是婴儿倾向于重复先前的动作（MacNeill & others, 2018）。

知觉的发展和预期 皮亚杰理论的主要贡献之一是它形成了一套关于认知和知觉发展过程的假设，这些假设可以在未来的研究中加以检验。自从皮亚杰的理论问世以来，研究者们已发现婴儿的知觉能力和认知能力的发展比皮亚杰理论所断言的更

图 3 客体永久性
皮亚杰认为，客体永久性是婴儿认知发展的里程碑式的成就。对这个 5 个月大的男孩来说，离开了他的视野就等于离开了他的头脑。这个婴儿看着玩具猴（上图），但是当他的视线被挡住时（下图），他并不寻找玩具猴。数月后，他将会寻找被藏起来的玩具猴，这反映了客体永久性的出现。
图片来源：Doug Goodman/Science Source

客体永久性（object permanence）皮亚杰用来描述婴儿最为重要的成就之一的术语：认识到即使客体或事件不能被看到、听到或触摸到，但它们仍然是继续存在的。

A 非 B 错误（A-not-B error）当婴儿在熟悉的位置 A 而不是在新的隐藏物体的位置 B 寻找某个物体时，就是犯了 A 非 B 错误；当婴儿向感知运动阶段的第四个分阶段过渡时，往往会犯这类错误。

链接 研究

研究者们如何确定婴儿对客体永久性和因果关系的理解？

皮亚杰探讨过婴儿发展的两个重要成就：客体永久性的形成和对因果关系的理解。现在，让我们了解一下与这些话题有关的两项研究。

在这两项研究中，勒妮·巴亚尔容（Renée Baillargeon）和她的同事们使用了一种叫作反预期的研究方法。在该方法中，婴儿先看到某个事件以常规方式发生；然后，研究者让事件以和婴儿预期相违背的方式发生变化。如果婴儿对违背他们预期的事件注视时间更长，就表明他们对此是感到惊讶的。

在一项侧重于客体永久性的研究中，研究者向婴儿展示一辆玩具车在倾斜的轨道上向下滑行，玩具车消失在屏幕后面，然后在另一边再次出现，但仍然行驶在轨道上（Baillargeon & DeVoe, 1991）。将这一过程重复数次后，出现了不同的情况：一个玩具鼠被放到了轨道的后面，但当玩具车滑行过来时，玩具鼠被屏幕挡住了。这是一个"可能"事件。接下来，研究者制造了一个"不可能"事件：玩具鼠被放在轨道上，但在屏幕放下的时候玩具鼠被偷偷拿走，这样一来，玩具车滑行时看上去好像是穿过了玩具鼠。该研究发现，3个半月大的婴儿对不可能事件的注视时间长于对可能事件的注视时间，从而说明他们感到了惊奇。他们的惊奇则说明他们不仅记得玩具鼠是仍然存在的（客体永久性），而且还记得它所在的位置。

另一项研究侧重于婴儿对因果关系的理解（Kotovsky & Baillargeon, 1994）。在这一研究中，一个圆柱体沿斜坡滚下，撞击坡底处的玩具昆虫。5个半月和6个半月大的婴儿在看到昆虫被中等大小的圆柱体撞击后所移动的距离后，他们接下来的反应表明，他们知道昆虫被较大圆柱体撞击后的移动距离要比被较小圆柱体撞击后的移动距离更远。因此，在出生后第一年的中期，婴儿就已懂得运动物体的大小决定了其所碰撞的静止物体的移动距离。

勒妮·巴亚尔容认为，婴儿有一种前适应的（preadapted）（Baillargeon, 2008; Baillargeon & others, 2012）天生的偏向，她称之为坚持的原则（principle of persistence），这一原则使得婴儿有了一个假定，即除非明显地受到外部因素的干预（如人将物体移动），物体不会改变它们的特性，包括坚固程度、位置、颜色和形状。稍后，我们将再次回到天性和教养的话题，即对于婴儿认知发展过程中发生的变化来说，天性和教养各自在多大程度上发挥了作用。

本专栏里讨论的研究以及其他的研究表明，婴儿形成客体永久性和因果推理的时间要比皮亚杰提出的早很多（Baillargeon, 2014; Baillargeon & others, 2012）。的确，正如你将在下一节里看到的，当前关于婴儿认知发展的一个重要话题就是婴儿在认知方面比皮亚杰所设想的更有能力。

快更早（Barrouillet, 2015）。

研究也表明婴儿在很小的时候就发展了理解世界运行规则的能力（Baillargeon & DeJong, 2017）。在那些用来检测婴儿对事物和人们将如何"行为"是否持有预期的实验中，研究者通常把婴儿们放到一个木偶戏台前，让他们看一系列的表演。根据个体对世界运行规则的理解，这些表演中的事件有些是符合预期的，有些则是违反预期的。婴儿观看每一个事件所花的时间被用来作为他们是否感到惊奇的指标，因为和符合预期的事件相比，婴儿们对感到惊奇的事件观看时间较长。对那些违反了物理世界或社会世界"行为"预期的实验，婴儿观看的时间长于那些符合他们预期的实验。例如，5个月大的婴儿就能理解固态物质和液态物质之间的"行为"差异，甚至对难以捉摸的颗粒物质（如沙子）将如何"行为"也持有预期（Hespos & others, 2016）。与此类似，生命早期的婴儿对其他人将怎样"行为"也持有预期。例如，在一个实验中，研究者让婴儿看视频，视频中有一个婴儿在啼哭，一个陌生人安慰婴儿或者是不予理睬。研究结果显示，与陌生人安慰啼哭婴儿的视频相比，4个月的婴儿对陌生人忽视啼哭婴儿的视频表现得更加惊奇（Jin & others, 2018）。

不过，这些研究都是把婴儿观看不同事件所用的时间作为他们理解世界运行规则的指标，这一做法也受到了批评。批评之一是：观看时间也许较好地反映了婴儿的知觉预期，而不是他们关于世界的知识。因此，研究者们倡导采用不同类型的方法来研究婴儿的认知，而不只是依赖任何一种单一的方法。新的神经影像技术和心理物理测量方法可以为评估婴儿的认知发展提供不同的选择（Ellis & Turk-Browne, 2018）。例如，婴儿的视觉注意就和心率的变化相联系（Reynolds & Richards, 2017）。

在生命的第一年里，婴儿已经了解和其他客体相联系以及和物理世界的规律如重力相联系时，客体会出现什么情况。婴儿也已经知道人们一般都是以目标导向的方式对待事物的（Corbetta & Fagard, 2017）。随着婴儿不断发展，他们的经验和作用于物体的动作有助于他们理解各种物理规律，他们关于人的经验则有助于他们理解社会世界（Ullman & others, 2018）。

天性和教养的问题　就婴儿的发展来说，天性和教养都发挥了重要的作用。**核心知识观**（core knowledge approach）认为婴儿出生时已具有先天的特定领域的知识系统。在这些先天的特定领域的知识系统当中，有些就涉及空间、数感、客体永久性和语言（本章较后部分将讨论语言）。在进化论的强烈影响下，学者们提出了先天核心知识领域的概念，用来解释婴儿理解世界的能力。归根到底，如果婴儿来到这个世界上而没有给他们配备核心的知识，他们如何能够理解这个他们生活在其中的复杂世界呢？根据这一观点，先天的核心知识领域形成了一个基础，更加成熟的认知功能和学习就在这个基础之上发展。核心知识观的支持者们认为，皮亚杰严重地低估了婴儿的认知能力，尤其是年幼婴儿的认知能力（Jin & Baillargeon, 2017）。

研究者们已对年幼婴儿进行考察的一个有趣的核心知识领域是他们是否有数感。采用我们在"链接　研究"专栏里讨论过的反预期法，卡伦·温（Karen Wynn, 1992）率先做了一项婴儿数感实验。实验者在一个玩偶小舞台上向5个月大的婴儿展示一个或两个玩偶米老鼠。然后，实验者用幕布挡住米老鼠，并在可见的情况下拿走一个或加上一个米老鼠。接下来，幕布移开，当婴儿看到数目不对的玩偶时，他们注视的时间更长。其他研究者也已发现婴儿能够区别不同数目的物体、动作和声音（Odic, 2018; Smith & others, 2017）。

不过，并非所有人都赞同年幼婴儿具有初步的数学能力。批评之一是，数感实验中的婴儿只是对违背他们预期的展示场景的变化产生了反应。

在批评核心知识观方面，英国发展心理学家马克·约翰斯顿（Mark Johnston, 2008）认为这些研究中所评估的婴儿已有几百小时，有的甚至已有上千小时的探究周围世界的经验，这就使得环境对婴儿认知发展产生影响有了一个相当大的运作空间。在约翰斯顿（Johnston, 2008）看来，当婴儿来到这个世界时，可能只具有"知觉和注意环境不同方面的模糊偏向，以及以特定方式了解世界的模糊偏向"。如今，虽然关于婴儿认知发展的原因和过程的辩论还在继续，但大多数发展心理学家都同意：皮亚杰低估了婴儿早期的认知发展成就；天性和教养在婴儿的认知发展过程中都发挥了作用（Baillargeon, 2014）。

结论　总之，许多研究者都认为皮亚杰的理论对于婴儿如何了解世界的解释不够明确，婴儿尤其是幼小婴儿的能力也比皮亚杰所认为的更强。由于研究者们对婴儿特定的学习方式已有较长时间的研究，婴儿认知领域的研究已变得非常专业化。许

发展链接

理论

埃莉诺·吉布森（Eleanor Gibson）是最早提出发展的生态学观点的学者。链接"运动、感觉和知觉的发展"。

发展链接

天性和教养

发展受到天性（生物遗传）和教养（环境经验）两个方面的影响。链接"绪论"和"生物起源"。

核心知识观（core knowledge approach）该观点认为婴儿出生时已具有先天的特定领域的知识系统，如涉及空间、数感、客体永久性和语言的知识系统。

多研究者都在探究不同的问题，但还没有产生一个总的理论可以将不同的研究发现联系起来。他们的理论通常都具有局域性，侧重于特定的研究问题，而不是像皮亚杰的理论那样宏观。如果说有什么统一的主题的话，那就是婴儿发展领域的研究者们都在努力了解婴儿的认知发展变化是如何发生的。而当研究者们试图更精确地确定天性和教养对婴儿发展的贡献时，他们就面临着一个难题：婴儿获得信息的过程（在有些方面非常之快）是用先天设定的偏向（即核心知识）来解释好呢？还是用婴儿接触到的大量的环境经验输入来解释更好（Aslin, 2012）？这显然是非常棘手的。如我们在第一章中提及，探究大脑、认知、发展之间的关系要涉及发展认知神经科学（Steinbeis & others, 2017）。

> 前运算阶段

学前儿童的认知世界是创造性的、自由的和充满幻想的。学前儿童的想象无所不在，他们对世界的心理把握能力也在不断提高。皮亚杰把学前儿童的认知描述为前运算的，他的意思是什么呢？

皮亚杰把这一阶段称为前运算阶段，以至于听起来好像不太重要。其实并非如此。前运算思维绝不是下一阶段即具体运算思维阶段的一个舒适的等候时期。不过，前运算这一名称强调儿童还没有进行运算。**运算**是内化了的动作，它们使儿童可以在心理上进行以前只能用身体进行的动作。同时，运算是具有可逆性的心理动作，对数字进行加法和减法的心算就是运算的例子。前运算思维则是在思想上重新建构那些行为中已经建立起来的东西的开始。

前运算阶段大约从2岁到7岁，是皮亚杰认知发展的第二阶段。在这一阶段里，幼儿开始用词、表象和图画来表征世界。他们的符号思维超越了感觉信息与身体动作的简单连接，形成了稳定的概念，出现了心理上的推理活动，表现出自我中心，并建构了一些不可思议的观念。前运算思维可分成两个分阶段：符号功能分阶段和直觉思维分阶段。

符号功能分阶段 **符号功能分阶段**是前运算思维阶段的第一个分阶段，大约发生在2岁至4岁之间。在这一分阶段里，幼儿获得了在心理上表征不在场的客体的能力。这一能力大大地拓展了他们的心理世界。儿童何时形成符号表征能力则和他们日常生活中接触到的符号（如看视频、看印刷品、和父母一起画画）有关（Salsa &

当代的研究者们认为皮亚杰感知运动发展的理论中有什么是需要修正的？天性和教养是如何影响婴儿的认知发展的？
图片来源：视觉中国

运算（operations）内化了的动作，它们可以使儿童在心理上进行以前只能用身体进行的动作。同时，运算是具有可逆性的心理动作。

前运算阶段（preoperational stage）皮亚杰认知发展的第二阶段，大约从2岁到7岁。在这一阶段里，幼儿开始用词、表象和图画来表征世界。

符号功能分阶段（symbolic function substage）前运算思维阶段的第一个分阶段，大约发生在2岁至4岁之间。在这一分阶段里，幼儿获得了在心理上表征不在场的客体的能力。

三山模型

儿童坐的位置

照片1（从A处看） 照片2（从B处看） 照片3（从C处看） 照片4（从D处看）

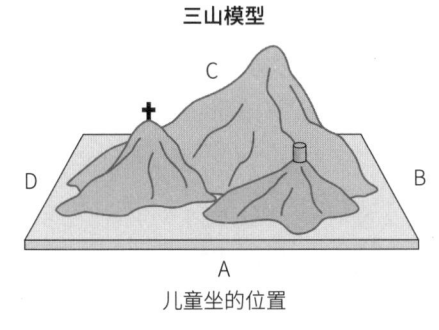

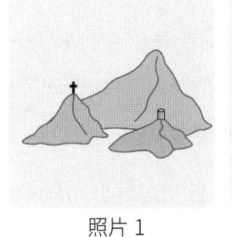

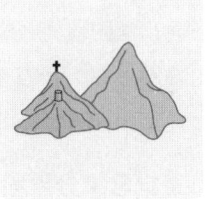

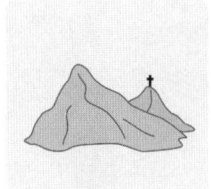

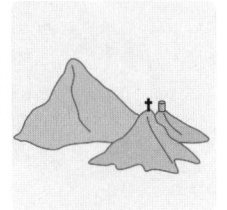

图4 三山任务

最左边的三山模型图显示的是儿童坐在A观察点看到的场景。右边4个方框里的照片显示的是从4个不同的观察点（A、B、C、D观察点）看到的三山景象。实验者要求儿童从4张照片中指认一张从B观察点将会看到的三山景象。要想正确识别出这张照片，儿童就得采取坐在B观察点的人的视角。用前运算思维方式思考的儿童总是不能完成这一任务。当问及从B观察点看到的山是什么样子时，儿童就会选择照片1而不是选择照片2。照片1是儿童此时从自己角度看到的景象，但照片2才是正确的选择。

自我中心（egocentrism）前运算阶段的一个重要特点，指不能将自己的视角和他人的视角区分开来。

泛灵论（animism）前运算思维的缺陷之一，指儿童相信无生命的物体具有生命的特性并能够活动。

直觉思维分阶段（intuitive thought substage）前运算思维的第二个分阶段，大约出现在4至7岁。在这一分阶段里，儿童开始使用初步的推理。

中心化（centration）将注意集中在一个特征上而忽视所有其他方面的特征。

守恒（conservation）认识到改变物体或物质的外表不会改变其基本性质。

Gariboldi，2018）。幼儿以涂鸦的方式来表征人、房子、车、云等等；他们开始使用语言并参与装扮游戏。不过，虽然幼儿在这一分阶段取得了显著的进步，但他们的思维仍存在不少重要的缺陷，自我中心和泛灵论就是其中的两个。

自我中心是指不能将自己的视角和他人的视角区分开来。下面是4岁的玛丽（Mary）在家中和正在公司上班的父亲之间进行的一段电话对话，这是玛丽自我中心思维的一个典型表现：

父亲：玛丽，妈妈在吗？
玛丽：（不出声地点头）
父亲：玛丽，让我跟妈妈说话好吗？
玛丽：（再一次不出声地点头）

玛丽的反应是自我中心的，因为她在回答之前没有考虑到父亲所在的地点。非自我中心思维的人会用言语来回答。

皮亚杰和巴贝尔·英赫尔德（Barbel Inhelder）（1969）率先通过三山任务来研究幼儿的自我中心（参见图4）。在三山任务中，研究者让幼儿在三山的模型周围走动，逐渐熟悉不同视角所看到的山的面貌，还可以看到山上有不同的物体。然后，让儿童坐在放置三山模型的桌子的某一侧，实验者将一个布娃娃放在桌子周围的不同位置上，布娃娃每到一处，就要求儿童从一组照片中选出最能精确反映布娃娃所看到的景象的照片。处于前运算阶段的儿童常常是选择自己所看到的景象，而不是选择布娃娃所看到的景象。大一些的学前儿童往往会在某些任务上表现出采用他人视角的能力而在其他任务上则没有。

泛灵论是前运算思维的另一缺陷，指儿童相信无生命的物体具有生命的特性并能够活动（Poulin-Dubois，2018）。一位幼儿的泛灵论可能会在说话中表现出来，如说"树把叶子推出来，叶子落到地上了"，或者说"人行道惹我生气了，它让我摔倒了"。具有泛灵论的幼儿不能区分适用于人类视角的场合与非人类视角的场合。

可能是因为儿童不太关注现实，所以他们的绘画充满幻想和创造性。在他们象征性的、想象的世界里，太阳是蓝色的，天空是黄色的，汽车漂浮在云朵上。一位3岁半的幼儿看着自己刚刚完成的涂鸦作品，将其描述为一只塘鹅在吻一只海豹（参见图5a）。其象征意义简单而强烈，就像是某些现代派艺术所表现的那样抽象。20世纪的西班牙画家巴勃罗·毕加索（Pablo Picasso）评论道："我过去习惯于像拉斐尔（Raphael）那样绘画，但我却用了毕生的时间学习像幼儿那样绘画。"在小学阶段，儿童的绘画就变得较为现实、整洁、准确（参见图5b）。精细动作控制和工作记忆的改善对儿童绘画中随年龄而增长的现实主义也起到了部分的作用（Morra & Panesi，2017）。

直觉思维分阶段　直觉思维分阶段是前运算思维的第二个分阶段，大约出现在4至7岁。在这一分阶段里，儿童开始使用初步的推理，他们想知道各类问题的答案。以4岁的汤姆为例，他处于直觉思维分阶段的初期。虽然他正在形成自己的对周围世界的看法，但他的看法仍然很简单，也不太善于仔细地思考。他对自己知道的正在发生但自己看不到的事情还是难以理解，同时，他的梦幻般的想法很少符合现实情况。他还不能对"如果……会怎么样？"的问题做出确定的回答。例如，他对如果汽车撞到自己后会发生什么情况只有模糊的看法。他对交通问题的解决也存在困

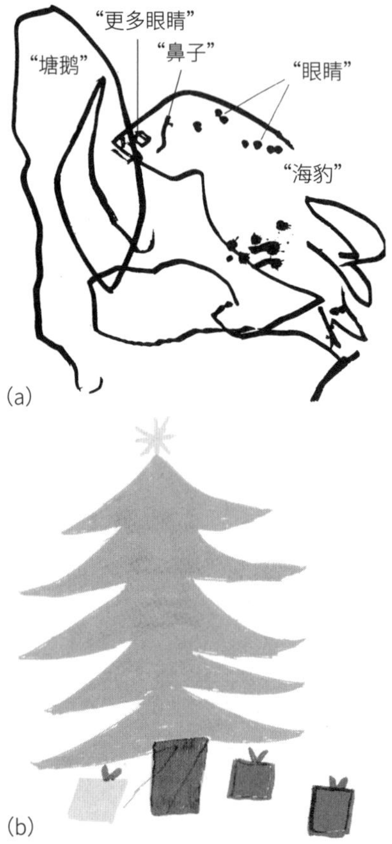

图5　幼儿的象征性绘画
（a）一个3岁半孩子的象征性图画。在绘画中途，这位3岁半的艺术家说，这是"一只塘鹅在吻海豹"。（b）一个11岁儿童的作品，看上去更加整洁，更为现实，但同时也较少创造性。

图片来源：Wolf, D., and Nove, J. "The Symbolic Drawings of Young Children." D. Wolf and J. Nove. Copyright Dennie Palmer Wolf, Annenberg Institute, Brown University. All rights reserved. Used with permission.

难，因为他对过马路时行驶过来的汽车是否会撞到自己还不能进行必要的心理估算。

到 5 岁时，儿童特别爱问"为什么"，几乎让他们身边的成年人感到精疲力尽。儿童的问题标志着他们对推理以及探究事情为什么是这个样子产生了兴趣。当儿童进入学前教育机构时，他们平均每小时提问 76 次以寻求信息；到 5 岁时，他们对自己想要学习的新概念的问题已表达得很清楚（Kurkul & Corriveau, 2018）。儿童问的问题中有些只要求简单的、一个词的回答，如不熟悉事物的名字，但是"为什么"和"怎么样"则要求比较复杂的解释。

皮亚杰之所以把这一分阶段称为直觉的，是因为幼儿对自己的知识和理解似乎很肯定，但是又不知道自己是怎么知道这些知识的。也就是说，他们知道一些事情，但却是在没有运用理性思考的情况下知道的。

中心化与前运算思维的局限性　前运算思维的一个局限性是**中心化**，即将注意集中在一个特征上而忽视所有其他方面的特征。幼儿缺乏守恒概念就是中心化的最好例证。**守恒**是指认识到改变物体或物质的外表不会改变其基本性质。例如，一定量的液体不管放在什么形状的容器里，液体的量都是相同的，这对成人来说是显而易见的。但对幼儿来说，这就完全不是显而易见的了。相反，他们会被容器中液体的高度所迷惑，他们会只注意高度这一特征而忽视其他特征。

皮亚杰设计的守恒研究情境是他所设计的任务当中最为著名的任务。在守恒任务中，研究者向儿童呈现两个相同的烧杯，烧杯里面装有等量的液体（参见图 6）。研究者问儿童杯子里的液体是否相等，儿童通常会回答说是相等的。接着，研究者将其中一个杯子里的液体倒入第三个较高、较细的杯子。然后问儿童这只细长杯子里的液体量是否和留在原来另一只杯子里的液体量相等。7 岁或 8 岁以下的儿童通常会说不相等，并以杯子的高度或宽度来证明自己的回答。大一点的儿童通常会说相等，并能给出合理的证明（"如果你把液体倒回去，液体的量还是和原来相同"）。

在皮亚杰的理论中，不能完成液体守恒任务就标志着儿童还是处于认知发展的前运算阶段。前运算阶段儿童不仅在液体方面，而且在数目、物质（matter）、长度、体积、面积等方面也没有形成守恒。图 7 显示的是其中的几种情况。

儿童在不同的守恒任务上常常会有不同的表现。因此，一个儿童可能会形成体积守恒却没有形成数目守恒。研究者们已发现儿童在皮亚杰任务上的表现和脑发展之间存在关联，尤其和前额叶皮层的发展有关联（Bolton & Hattie, 2017）。例如，一项研究采用功能性磁共振成像（fMRI）技术来研究数目守恒，结果显示，和没有达到守恒的 5 岁和 6 岁儿童相比，那些成功达到守恒的 9 岁和 10 岁儿童的大脑顶叶和额叶皮层中的神经网络更加发达（Houde & others, 2011）。

有些发展学家认为皮亚杰对儿童表现出守恒能力的时间估计并不完全正确。例如，罗切尔·格尔曼（Rochel Gelman, 1969）所做的早期研究显示，当儿童对守恒任务有关方面的注意有所提高时，儿童就更有可能形成守恒。格尔曼还证明，在某一方面如数目方面对儿童进行注意训练，会提高学前儿童在另一方面如在质量（mass）守恒方面的表现。因此，格尔曼相信：守恒的出现要比皮亚杰认为的早；对守恒的解释上，注意力尤其重要。

▶ 具体运算阶段

具体运算阶段是皮亚杰的第三个阶段，大约从 7 岁持续到 11 岁。在这一阶段中，只要推理可以应用于特定的或具体的事例，儿童就能够用逻辑推理代替直觉推

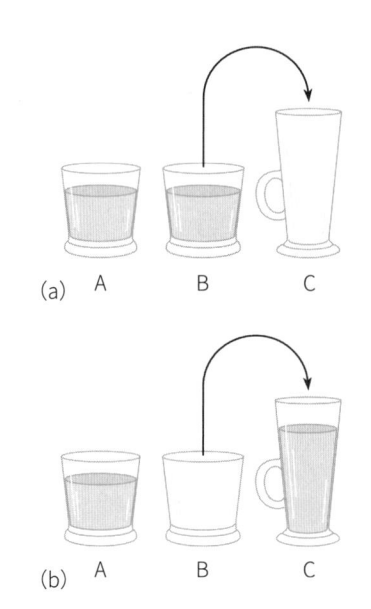

图 6　皮亚杰的守恒任务
烧杯测验是皮亚杰设计的一项著名的任务，用来确定儿童是否能够进行运算性的思考，也就是说，儿童能否在心理上将动作逆转，表现出物质守恒。（a）向儿童呈现两个相同的烧杯，然后实验者将液体从 B 倒入 C 中，C 杯比 A 杯或 B 杯更高但更细。（b）问儿童两只杯子（A 和 C）是否具有等量的液体。前运算阶段儿童会说不相等。当要求儿童指出哪只杯子的液体更多时，儿童会指认那只较高较细的杯子。

具体运算阶段（concrete operational stage）皮亚杰认知发展的第三阶段，大约从 7 岁持续到 11 岁。在这一阶段中，只要推理可以应用于特定的或具体的事例，儿童就能够进行具体运算，用逻辑推理代替直觉推理。

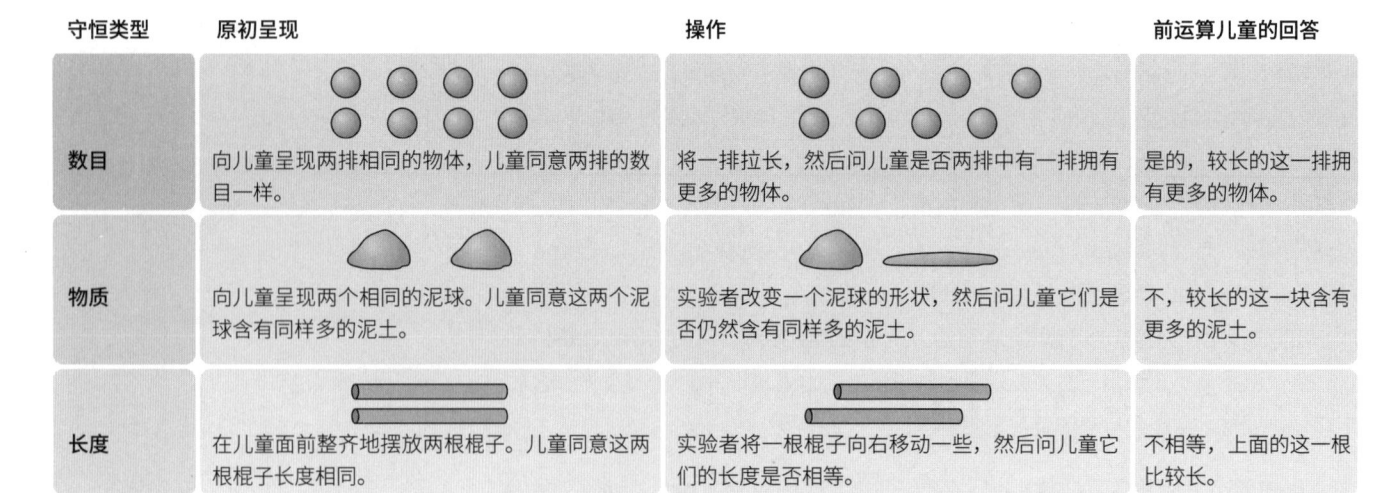

守恒类型	原初呈现	操作	前运算儿童的回答
数目	向儿童呈现两排相同的物体，儿童同意两排的数目一样。	将一排拉长，然后问儿童是否两排中有一排拥有更多的物体。	是的，较长的这一排拥有更多的物体。
物质	向儿童呈现两个相同的泥球。儿童同意这两个泥球含有同样多的泥土。	实验者改变一个泥球的形状，然后问儿童它们是否仍然含有同样多的泥土。	不，较长的这一块含有更多的泥土。
长度	在儿童面前整齐地摆放两根棍子。儿童同意这两根棍子长度相同。	实验者将一根棍子向右移动一些，然后问儿童它们的长度是否相等。	不相等，上面的这一根比较长。

图7 守恒的几个维度：数目、物质、长度
当儿童不能完成这些守恒任务时，他们会表现出前运算思维的哪些特点？

水平滞差（horizontal decalage）皮亚杰的概念，指相似的能力并不出现在某个发展阶段内的同一时间点上。

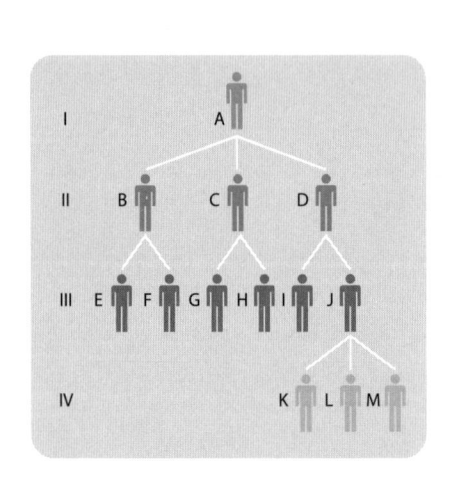

图8 分类：具体运算思维中的一项重要能力
这里展示的是一个家族的四代家谱图：前运算的儿童难以对四代成员进行分类；具体运算的儿童能够从纵向、横向以及交叉（既有垂直的也有水平的）方向给家庭成员分类。例如，具体运算的儿童知道，某个家庭成员可以同时是儿子、兄弟和父亲。

理。例如，具体运算思维的儿童还不能想象出解一道代数方程所必需的步骤，对处于这一发展阶段的儿童来说，这种思考还太抽象。但是，该阶段儿童能够进行具体运算，即针对真实的、具体的物体进行可逆的心理动作。

守恒 守恒任务可以证明儿童进行具体运算的能力。在涉及物质守恒的思维可逆性测验中（参见图7），实验者先向儿童呈现两个相同的泥球，然后将其中一个压成细长条形状，另一个仍保留原来形状。接着问儿童是泥球的泥多还是细长条的泥多。七八岁的儿童大多回答说二者的泥一样多。要正确回答这个问题，儿童必须把变动后的细长条形状再想象变回圆球形状，他们需要在心理上对泥球进行动作逆转。

具体运算使儿童能够将一个物体的若干特征进行协调而不只是侧重于单个特征。在泥球例子中，前运算阶段儿童可能会只注意高度或宽度，而具体运算阶段儿童则将这两个维度的信息加以协调。守恒需要认识到，物体或物质的长度、数目、质量、数量、面积、重量、体积等并不会仅仅因为物体或物质的外表发生变化而改变。

儿童并不是对所有的量的问题都同时形成守恒或同时能完成各种守恒任务。他们掌握的顺序依次为：数目、长度、液体的量、质量、重量、体积。相似的能力并不出现在某个发展阶段内的同一时间点上，皮亚杰称之为**水平滞差**。在具体运算阶段里，通常是最先出现数目守恒，最后出现体积守恒。另外，8岁儿童可能知道一个长形泥棒可以变回圆球形状，但却不知道球与棒的重量是相等的。到了9岁左右，儿童就会意识到球和棒一样重，最后，到了11至12岁左右，儿童就能够理解泥团形状的改变并没有改变泥团的体积。儿童最初掌握的是一些维度显而易见的守恒任务，到后来才能掌握那些维度不明显的守恒任务，如体积。

分类 在皮亚杰确定的具体运算中，有许多运算涉及儿童对物体属性的推理方式。有一项重要的能力是具体运算阶段儿童的特点，即能够对事物进行分类并考虑事物之间的关系。具体地说，具体运算的儿童能够理解：(1) 集合与子集合之间的相互关系；(2) 序列；(3) 传递性。

具体运算的儿童能够将事物分成集合与子集合并理解其相互关系的能力可以用一个家族的四代家谱图来说明（Furth & Wachs, 1975）。图8表示曾祖父（A）有三个孩子（B、C和D），这三个孩子各自有两个孩子（从E到J），其中的一个（J）又有三个孩子（K、L和M）。具体运算的儿童能够理解J这个人既是父亲，同时也是兄弟、孙子。理解这一分类系统的儿童能够在系统内进行上下（纵向）的、水平（横向）的以及上下与水平交错（交叉）的分类。

序列是指将刺激物按某种量的维度（如长度）进行顺序排列。要了解儿童是否能够排序，教师可以在桌子上随便摆放 8 根长度不同的细棍，然后要求儿童根据长度将它们排序。许多年幼儿童会将其分成"大"棍、"小"棍等两三个组，而不是对所有的 8 根棍子按正确的顺序排列；或者是，儿童按照棍子的顶端进行排序而忽略底部。而具体运算的儿童则懂得，每一根棍子必须比前面的一根长，同时又要比后面的一根短。

传递性涉及对关系进行推理并在逻辑上将多种关系结合起来。如果第一个物体与第二个物体有关系，第二个物体与第三个物体有关系，那么第一个物体与第三个物体之间也有关系。例如，有三根长度不同的棍子（A、B、C），A 最长，C 最短，B 处于中间。如果 A 比 B 长，B 比 C 长，那么 A 就比 C 长。儿童能否理解这种关系呢？在皮亚杰的理论中，具体运算阶段的儿童能，而前运算阶段的儿童则不能。

> **序列**（seriation）一种具体运算，指按某种量的维度（如长度）将刺激物按顺序排列。

> **传递性**（transitivity）如果第一个物体与第二个物体有关系，第二个物体与第三个物体有关系，那么第一个物体与第三个物体之间也有关系。皮亚杰认为理解传递性是具体运算思维的特点。

> 形式运算阶段

到目前为止，我们已经学习了皮亚杰认知发展的三个阶段：感知运动阶段、前运算阶段、具体运算阶段。那第四个阶段的特点是什么呢？

形式运算阶段是皮亚杰的第四个也是最后一个阶段，出现在 11 岁至 15 岁之间。在这一阶段里，儿童能够超越具体经验，以更加抽象和更具有逻辑性的方式进行思维。随着思维的逐渐抽象化，青少年也形成对其理想世界的想象。他们可能会思考理想的父母是什么样子并将自己的父母与理想的标准进行比较。他们开始考虑未来的种种可能性，并迷恋于自己可能成为的样子。在问题解决方面，形式运算阶段的个体更具有系统性并且能够运用逻辑推理。

抽象化、理想化和逻辑思维 在形式运算水平上，青少年思维的抽象性明显地表现在运用言语解决问题的能力上。具体运算的儿童需要看到具体的元素 A、B 和 C 才能进行"如果 A=B，B=C，那么 A=C"这样的逻辑推论。形式运算的个体仅仅通过言语表征就能解决这一问题。

青少年思维抽象性的另一个表现是他们发展了对思维本身进行思考的倾向。例如，一位青少年说："我曾开始思考我为什么要思考我是什么样的人，接下来，我又开始思考我为什么要对关于我是什么样的人的思考进行思考。"这听起来很抽象吧？是的。但这体现了青少年日益关注思维及思维抽象化的特点。

与青少年抽象化思维相伴随的是他们的思维充满了理想主义和种种可能性。儿童往往以具体的方式，或以真实和有限的方式来进行思考，而青少年则开始进行广泛的关于理想品质的思索，包括他们希望自己和他人所具有的品质。这样的思考常常导致青少年运用理想的标准来将自己和他人进行比较。青少年的思维也经常会跳跃到对未来可能性的幻想中。青少年会对新确立的理想标准失去耐心，并为难以决定采纳众多理想标准中的哪一种而感到困惑，这些都属于常见现象。

青少年在学习更加抽象、更加理想化地思考的同时，也在学习更加逻辑化地思考。儿童倾向于以试错的方式来解决问题，青少年则开始更像一个科学家在思考，即首先设计解决问题的方案，然后再对方案进行系统的检验。他们开始使用**假设演**

图中展示的是一次反对学校私有化的抗议活动。青少年进行假设推理的能力以及用理想标准来评价现实的能力有可能导致他们参与到诸如此类的抗议活动中吗？还有其他什么事件对刚形成假设演绎推理和理想化思考的认知能力的青少年具有吸引力？
图片来源：Jim West/Alamy Stock Photo

> **形式运算阶段**（formal operational stage）皮亚杰的第四阶段也是最后一个阶段，出现在 11 岁至 15 岁之间。在这一阶段里，儿童能够超越具体经验，以更加抽象和更具有逻辑性的方式进行思维。

> **假设演绎推理**（hypothetical-deductive reasoning）皮亚杰的形式运算的概念，即认为青少年有能力形成如何解决问题的各种假设，并有能力系统性地演绎出哪种假设是解决问题需要遵循的最佳路径。

第六章 认知发展观 **171**

许多青少年在镜子面前花费大量时间检查自己的外表。这种行为与青少年的认知发展和身体发展有什么可能的联系？
图片来源：视觉中国

青少年自我中心（adolescent egocentrism）青少年自我意识的增强，反映在总认为他人和自己一样对自己是感兴趣的，并感到自己是独特的、不可征服的。

想象中的观众（imaginary audience）青少年自我中心的一个方面，涉及获取注意的行为，其动机是希望受到注意、具有可见度、"在舞台上"。

个人神话（personal fable）青少年自我中心的一部分，指青少年感到自己是独特的、不可征服的。

绎推理，也就是说，先提出假设或最好的猜测，然后再进行系统性的演绎或总结，这是解决问题需要遵循的最佳路径。

同化（将新信息纳入已有的知识中）在形式运算思维的初期发展中起支配作用，这个时期的青少年倾向于主观地、理想化地感知世界。在青少年期的后期，随着理智平衡的重建，青少年对所发生的认知剧变表现为顺应（他们做出调整来适应新的信息）。

皮亚杰关于形式运算的一些观点正受到挑战（Blakemore & Mills, 2014）。形式运算思维方面的个体差异比皮亚杰想象的要大得多，只有约 1/3 的青少年能够进行形式运算思维。许多美国成年人从来就没有成为形式运算思维者，其他文化中的许多成年人也是如此。

青少年的自我中心　除了皮亚杰形式运算思维阶段的特征（思维更加逻辑化、抽象化、理想化）之外，青少年认知方面还有哪些变化呢？戴维·埃尔金德（David Elkind, 1978）曾描述过青少年的自我中心是如何决定他们关于社会事务的思考方式的。**青少年自我中心**是指青少年自我意识的增强，反映在总认为他人和自己一样对自己是感兴趣的，并感到自己是独特的、不可征服的。埃尔金德认为可以将青少年的自我中心剖析为两种类型的社会思维：想象中的观众和个人神话。

想象中的观众是指青少年自我中心的一个方面，即感到自己是所有的人注意的中心，如同在舞台上一样。男性青少年可能会认为他人会和他一样注意到他有几绺头发不在适当的位置上；女性青少年走进教室时则会认为所有的眼睛都在盯着她的外貌。在青少年期的早期阶段，青少年尤其觉得自己是"在舞台上"，自己是主角，而他人都是观众。

根据埃尔金德的观点，**个人神话**也是青少年自我中心的一部分，个人神话是指青少年感到自己是独特的、不可征服的。青少年的个人独特感使他们认为没有人能理解他们的真正感受。例如，女孩认为母亲不可能体会到男朋友与她分手所带给她的伤害。为了努力保持个人独特感，青少年可能会精心编织关于自己的充满幻想的故事，将自己沉浸在一个远离现实的世界中。个人神话会频频出现在青少年的日记中。

但是，有研究显示，青少年并不认为自己不会受到伤害，相反，许多青少年认为自己很容易受到伤害（Reyna, 2018）。例如，在一项研究中，12 岁至 18 岁的青少年在很大程度上过高地估计了他们在第二年和 20 岁前死亡的可能性（de Bruin & Fischhoff, 2017）。

有些研究者质疑那种把不易受伤害感（invulnerability）看成是一个统一概念的观点，而认为它包含两个维度（Kim, Park, & Kang, 2018; Potard & others, 2018）：

- 对危险的不易受伤害感，指青少年的不可毁灭的感觉和身体上冒险的倾向（如鲁莽地高速驾驶）；
- 心理的不易受伤害感，指青少年感到在个人的或心理的痛苦（如让某人的感情受到伤害）方面，自己不易受伤害。

与那些对某种行为的潜在危险感知灵敏的青少年相比，那些对潜在危险感知迟钝（即在对危险的不易受伤害感量表上得分高）的青少年更可能进行如下行为。例如，在那些不认为阿片类物质有潜在危险的青少年当中，滥用阿片类物质的比例较高（Voepel-Lewis & others, 2018）。那些具有受伤害经历从而打破了心理的不易受伤害感的青少年更可能形成抑郁、焦虑和其他心理问题（Chen & others, 2017）。就心理的不易受伤害感来说，青少年往往受益于正常的发展性挑战，包括探究同一性、交新朋友、邀请某人出去约会、学习新的技能。所有这些重要的青少年活动都有风险，都可能失败，但如果成功了，就会提升自我形象。

另一些研究者认为，导致上述现象的原因是分居和个体化的进程（指青少年和父母分居并形成独立性和同一性），而不是认知发展的变化（Lapsley & Woodbury, 2015）。至于个人神话，他们则认为不易受伤害感和独特感只是青少年自我陶醉的表现。

复习、联想和反思

学习目标 1
讨论皮亚杰理论中的关键过程和四个阶段。

复习
- 皮亚杰认知发展理论中的重要过程有哪些？
- 感知运动阶段的主要特点是什么？学者们对皮亚杰的感知运动阶段提出了哪些修改意见？
- 前运算阶段的主要特点是什么？
- 具体运算阶段的主要特点是什么？
- 形式运算阶段的主要特点是什么？皮亚杰的形式运算阶段受到了怎样的批评？

联想
- 皮亚杰的感知运动阶段和你学过的知觉和运动的结合之间有什么联系？

反思你自己的人生之旅
- 你认为自己是形式运算思维者吗？你是否有时候仍然觉得自己处于具体运算思维阶段？请举例说明。

学习目标 2
将皮亚杰的理论应用于教育并评价他的理论。
- 皮亚杰和教育
- 对皮亚杰理论的评价

第 2 节 皮亚杰理论的应用和评价

皮亚杰的理论在教育中有哪些应用？皮亚杰理论的主要贡献和受到的主要批评有哪些？

> 皮亚杰和教育

皮亚杰不是教育家，但他为如何看待学习和教育提供了一个很好的概念框架。以下是皮亚杰理论中可以应用于儿童教育的一些观点（Waite-Stupiansky, 2017）：

1. *采纳建构主义的观点。*皮亚杰强调：当儿童积极主动地寻求解决方案时，学习效果最好。皮亚杰反对那些将儿童看作被动接受者的教学方法。皮亚杰的观点对教育的启示是：在所有的科目上，都应当让学生去发现、思考和讨论，而不应当盲目地让他们模仿教师或死记硬背，这样才能取得最好的学习效果。

2. *促进学习而不是指挥学习。*优秀的教师致力于设计情境让学生在做中学。这些情境应当促进学生去思考、去发现。教师的工作是倾听、观察和提问学生，目的是帮助他们更好地理解。

3. *考虑学生的知识和思维水平。*学生不是带着空洞的头脑来到课堂的。他们有空间、时间、数量和因果关系的概念。他们的想法和成人的想法不同。教师

从皮亚杰的理论可以引申出哪些教育策略？
图片来源：视觉中国

需要理解学生所说的内容，并以接近学生现有水平的方式予以回应。同时，皮亚杰还建议：重要的是要考察学生思维过程中的错误，而不只是正确的答案，以便引导他们过渡到更高的理解水平。

4. *促进学生的智力健康*。皮亚杰在美国演讲时，有人问他："我能做些什么来让我的孩子提前进入较高的认知阶段呢？"同其他国家相比，皮亚杰在这里遇到这个问题的次数如此频繁，以至于他称之为美国问题。在皮亚杰看来，儿童的学习应当是自然发生的。在没有达到必要的成熟之前，不应当催促和逼迫儿童在发展中过早取得和过多取得成就。有些父母每天花费大量时间举着写有单词的卡片来提高孩子的词汇量。但按照皮亚杰的观点，这并不是婴儿学习的最好方法。过分强调加速智力发展，是一种消极被动的学习，是不会有积极效果的。

5. *把课堂变成探索和发现的场所*。当教师采纳皮亚杰的观点时，真实的课堂会是什么样子呢？可以采用基于皮亚杰理论的蒙台梭利方法（Povell, 2017）。教师强调让学生自己探索与发现。课堂结构没有我们想象的典型课堂那么严格。没有作业本也没有事先定好的作业。取而代之的是，教师观察学生的兴趣及其在活动中的参与情况，以此来决定学习的内容和进度。例如，一堂数学课可以围绕着计算当日的午餐花费来组织，或围绕着如何给学生分发物品来组织。课堂上也经常应用游戏来激发学生的数学思考。

> 对皮亚杰理论的评价

皮亚杰的主要贡献是什么？他的理论经受住时间的考验了吗？

贡献 皮亚杰是发展心理学领域的一位巨匠，是当今儿童认知发展领域的创始人。心理学家们感谢皮亚杰创造了许多有着持久力量与魅力的专业概念：同化、顺应、客体永久性、自我中心、守恒等等（Bjorklund, 2018）。心理学家们还感谢他将儿童看作是主动的、建构式的思考者，从而给心理学界带来了现代版的儿童形象。他创造的理论引发了大量的关于儿童认知发展的研究，心理学家们为此受惠颇深。

皮亚杰也是一个观察儿童的天才。他的细心观察向我们展示了许多可用来发现儿童是如何影响并适应他们周围世界的创造性的方法。皮亚杰也为我们指出了认知发展研究中应当探究的东西，如从前运算思维到具体运算思维的转换。他还告诉了我们儿童如何需要使他们的经验适应他们的图式（认知框架），但与此同时又要使他们的图式适应他们的经验。皮亚杰还揭示了：如果建构的环境能够使认知发展逐渐进入下一个较高水平，那么认知是如何发生变化的。概念不是突然间冒出来的，也不是立刻就成熟的，而是通过一步一步的积累和提高才达到充分理解的（Baillargeon & DeJong, 2017）。

批评 皮亚杰的理论并不是没有受到挑战。批评者们提出的质疑主要集中在四个方面：对不同发展水平的儿童能力的估计，发展阶段，训练儿童在较高水平上推理以及文化与教育的影响。

对儿童能力的估计 有些认知能力出现得比皮亚杰认为的早（Baillargeon, 2014; Bauer, 2013）。例如，如前文提及，客体永久性的某些方面就出现得比皮亚杰所认为的早。甚至2岁的儿童在某些情境中就能表现出非自我中心。当他们认识到另一个人会看不到某个物体时，他们就会去探究这个人是不是眼睛被蒙住了或者是不

让·皮亚杰，认知发展领域的主要设计师。
图片来源：视觉中国

是从一个不同的方向观看的。有证据表明,小至3岁的儿童就能对数目守恒有某种理解,而皮亚杰认为这种理解要到7岁才会出现。幼儿并不像皮亚杰认为的那样表现出千篇一律的"前"这"前"那(前因果的、前运算的)。

有些认知能力也可能出现得比皮亚杰认为的晚。许多青少年仍然采用具体运算的方式进行思维,或刚开始掌握形式运算。甚至许多成年人也不是形式运算思维者。例如,大学生们在自己的专业领域里解决形式运算的问题较好,但在其他不熟悉的领域里则较差(Bjorklund & Causey, 2018)。总之,最近的理论修正强调婴儿和幼儿有更强的认知能力,而青少年和成年人的认知能力则有更多的不足之处。

阶段 皮亚杰将阶段看作是思维的统一结构。因此,他的理论将发展看作是同步的,也就是说,一个阶段的不同方面应该是同时出现的。然而,有些具体运算的概念并不同步出现。例如,儿童在学会交叉分类时并不同时也学会守恒。因此,大多数当代发展学家一致认为,儿童的认知发展并不像皮亚杰认为的那么有阶段性(Bjorklund & Causey, 2017)。

训练的作用 处于某一认知阶段(如前运算)的儿童经过训练后,有些儿童便能够进行较高认知阶段(如具体运算)的推理。这就对皮亚杰的理论提出了质疑,因为皮亚杰认为这种训练是表面的、没有效果的,除非在成熟方面儿童正处于两个阶段的过渡期。例如,近年的一项研究针对儿童的空间想象能力进行干预,结果表明这一训练项目显著地提高了儿童早期的数学能力,如符号数字(symbolic number)的比较能力(Hawes & others, 2017)。

文化和教育 文化和教育对儿童发展的影响力大于皮亚杰的推断(Sternberg, 2018)。例如,儿童获得守恒能力的年龄和他们的文化为这种能力所提供的练习机会有关。不过,当把某种测试方法如标准的皮亚杰任务运用到一个新的文化情境中时,需要特别小心,因为在这些文化中,所用的材料甚至已知问题答案的成年人向儿童提问的态度都可能并非常态,从而导致儿童的回答并不反映他们在比较接近他们生活经验的环境中所拥有的知识(Rogoff, Dahl, & Callanan, 2018)。

新皮亚杰主义 **新皮亚杰主义者**认为,皮亚杰有些方面是正确的,但他的理论需要较大的修改。他们更加重视儿童是如何运用注意、记忆和策略来进行信息加工的(Morra & Panesi, 2017)。他们尤其相信,要对儿童思维进行更准确的描述,就需要关注儿童的策略、儿童加工信息的速度、所涉及的特定任务,并将问题分成较小较明确的步骤(Demetriou & others, 2018)。

新皮亚杰主义者(neo-Piagetians)一些对皮亚杰的理论进行详尽阐述的儿童心理学家,他们相信儿童的认知发展在许多方面比皮亚杰所认为的更加独特,也更加重视儿童是如何运用注意、记忆和策略来进行信息加工的。

优秀的教师、数学逻辑与科学逻辑方面的教学是促进儿童运算思维发展的重要文化经验。皮亚杰是否低估了文化和学校教育对儿童认知发展的影响?
图片来源:视觉中国

复习、联想和反思

复习
- 如何将皮亚杰的理论应用到儿童教育中?
- 皮亚杰理论的主要贡献和所受到的主要批评有哪些?

联想
- 在这一节里,你了解到文化对认知发展具有强大的影响力。你已经学习过的不同文化实践对婴儿运动技能的影响是怎样的?

反思你自己的人生之旅
- 以形式运算而不是具体运算的方式思维如何帮助你形成更好的学习技能?

学习目标 2
将皮亚杰的理论应用于教育并评价他的理论。

第六章 认知发展观

第 3 节 维果斯基的认知发展理论

学习目标 3

指出维果斯基理论中的主要概念,并将其和皮亚杰的理论进行比较。
- 最近发展区
- 鹰架
- 语言和思维
- 教学策略
- 对维果斯基理论的评价

皮亚杰的理论是发展领域的主要理论。另一个侧重于儿童认知发展的理论便是维果斯基的理论。和皮亚杰一样,列夫·维果斯基(Lev Vygotsky, 1962)也强调儿童总是主动地建构他们的知识和理解。不过,在皮亚杰的理论中,儿童是通过自己的行动以及和物理世界的互动来发展思维和理解方式的。但在维果斯基的理论中,儿童则更多地被描述为社会性的动物;他们主要通过社会互动来发展思维和理解方式(Bodrova & Leong, 2017);他们的认知发展依赖于社会为他们提供的工具;他们的心理世界则是他们生活于其中的文化环境塑造而成的(Legare, Sobel, & Callanan, 2017)。

我们曾在第一章简要地叙述过维果斯基的理论。在这里,我们将更详细地论述他关于儿童如何学习的观点,以及他对语言在认知发展中的作用的看法。

> 最近发展区

维果斯基关于社会影响尤其是教学对儿童认知发展具有重要作用的信念反映在他的最近发展区概念上。**最近发展区**是维果斯基用来描述某一任务范围的术语,这些任务对儿童来说太难,自己无法掌握,但在成人或比较熟练的儿童的帮助和指导下又是能够学会的。因此,最近发展区的下限是儿童通过独立学习已经达到的能力水平,上限则是在指导者帮助下儿童能够完成附加任务的水平(参见图9)。最近发展区中包括的是儿童的正处于成熟过程中的认知能力,只有在较熟练者的帮助下才能得以实现(Rowe, 2018)。维果斯基(1962)将它们称为发展的"蓓蕾"或"花朵",以区别于发展的"果实"(即儿童已经能够独立完成的)。

维果斯基的最近发展区概念(儿童通过和更有经验的成人和同伴的互动来学习,更有经验者可以帮助儿童在目前没有指导的情况下已能完成任务的区域之外思考)已被应用于学习,主要是学科知识的学习。但芭芭拉·罗戈夫(Barbara Rogoff)认为,对于理解儿童在课堂之外的日常生活中与成人或同伴的互动来说,维果斯基的许多观点包括最近发展区的观点都具有重要的意义(Rogoff, 2016; Rogoff & others, 2017)。要更多地了解罗戈夫的观点,请阅读"链接 多样性"专栏。

> 鹰架

与最近发展区概念紧密联系的是鹰架概念。**鹰架**是指改变支持的程度。在教学过程中,知识技能更丰富的人(教师或较高水平的同伴)要调整指导的程度以适应儿童当前的水平(Wright, 2018)。当学生学习新任务时,较高能力者可以进行直接的指导;当学生能力有所提高后,就要减少指导。

图 9 维果斯基的最近发展区

上限：在更有能力的指导者的帮助下,儿童能够接受的附加任务的水平。

最近发展区（ZPD）

下限：儿童独立完成任务时达到的问题解决水平。

维果斯基的最近发展区有一个下限和一个上限。最近发展区中的任务对儿童来说太难,自己无法单独完成,要求得到成人或比较熟练的儿童的帮助。当儿童得到帮助者的语言指导或演示后,他们会把这些信息组织到自己现有的心理结构中,以至于他们最终能够独立地完成任务或应用技能。

最近发展区(zone of proximal development,ZPD) 维果斯基用来描述一类任务的术语,这些任务对儿童来说太难,自己无法掌握,但在成人或比较熟练的儿童的帮助和指导下又是能够学会的。

鹰架(scaffolding) 就认知发展来说,维果斯基用这一术语来表示在教学过程中改变支持程度的做法,即知识技能更丰富的人要调整指导的程度以适应儿童当前的水平。

链接 多样性

指导下的参与和文化背景

在芭芭拉·罗戈夫（Barbara Rogoff）看来，儿童在指导下参与社会和文化活动就如同当上了思维的学徒。例如，当成人与儿童共同活动时，就可能出现指导下的参与。

父母决定何时让儿童接触书籍、电视和日托机构以及在多大程度上让他们接触这些东西，都可能会扩展或者限制儿童的发展机会。父母可以通过日常事务和游戏为儿童提供文化传统与实践的学习机会。例如，在赞比亚的切瓦（Chewa）文化中，儿童会玩许多游戏，如"捉迷藏、猜谜语、复杂的沙画游戏、反映当地工作与家务事的想象游戏、抓子游戏（Jacks）之类的技能游戏和需要大量策略规划与数量计算能力的规则游戏，以及用电线或泥巴制作模型的游戏"（Rogoff, 2003, p.297）。另外，通过观察学习，或通过罗戈夫称之为"潜移默化"式的学习，儿童只是在对同伴和成人的自然观察与倾听的过程中便获取了价值观、技能和举止习惯。

指导下的参与在世界各地都被广泛地运用，但在发展的目标（要学习的内容）和提供指导下参与的方式方法上，不同文化之间有所不同（Rogoff, Dahl, & Callanan, 2018）。在世界各地，照料者和儿童都会一起安排儿童的活动，并随着儿童知识和能力的进步而不断调整他们的任务。在成人的指导下，儿童会参与一些让他们能掌握一定技能的社会文化活动。例如，危地马拉的玛雅母亲们就通过指导下的参与来帮助她们的女儿学习编织。就全世界来说，学习都不是只有通过研究或进入课堂才能进行的，通过和有知识的人互动也能学习。

在儿童的注意和学习方面，跨文化差异集中地反映在两种对比强烈的模式上（Coppens & others, 2018）：(1) 让儿童广泛地参与家庭和社区的各种活动，这是南美和北美许多原住民传统社区的特点；(2) 将儿童隔离于家庭和社区的众多活动之外，为他们在特定的环境中如学校中设计活动，这一模式在中等社会经济地位的欧洲传统的社区里十分流行。在美国，儿童的校外时间只能为他们提供有限的机会来通过观察和参与各种有价值的家庭和社区活动来学习。而有关指导下参与的研究结果则显示，把儿童纳入有意义的家庭和社区活动中将会帮助他们更好地理解他们的文化所重视的工作和其他活动。

一位美国原住民妇女正在教她的女儿如何编织。儿童通过指导下的参与进行学习的方式还有哪些？
图片来源：视觉中国

罗戈夫的指导下的参与概念和维果斯基的最近发展区概念之间有什么联系？

对话是最近发展区中一个重要的支持工具（Muhonen & others, 2018）。维果斯基认为儿童具有丰富的概念，但这些概念是不系统的、无组织的、自发的。在对话过程中，儿童的这些概念就会和较高能力者的更具系统性、更具逻辑性、更合理的概念相遇。结果，儿童的概念就变得更加系统、更有逻辑性、更合理。例如，当教师运用鹰架来帮助儿童理解"运输"这样的概念时，就可以和儿童进行对话。

> 语言和思维

把对话作为搭建鹰架的工具之一，只是语言在儿童发展中发挥重要作用的一个例子。在维果斯基看来，儿童不仅运用言语进行社会交流，而且也用来帮助他们完成任务。维果斯基（1962）进一步得出结论：幼儿运用语言来计划、指导和监控自己的行为。这种用来自我调节的语言被称为私人言语（private speech）。对皮亚

发展链接

养育

鹰架法也是父母与婴儿互动时可采用的一种有效的策略。链接"家庭、生活方式和养育"。

杰来说，私人言语是自我中心的、不成熟的；但对维果斯基来说，它是儿童早期的一种重要的思维工具（Sawyer, 2017）。

维果斯基认为，语言与思维最初是各自独立发展的，然后融合在一起。他强调，所有的心理功能都有其外在的或社会的起源。儿童在能够关注自己内心的思维之前，必须用语言与他人交流。儿童也必须与外界交流并使用语言很长一段时间之后，才能够从外部言语过渡到内部言语。这一过渡期大概在3岁至7岁，表现为跟自己说话。不久，这种自我交谈退居第二位，儿童不需说出来也能够行动。这种情况下，儿童已经将自我中心的语言内化为*内部言语*，这就变成了儿童的思想。

维果斯基推测，使用大量私人言语的儿童比不使用私人言语的儿童有更强的社会能力。他论证道，私人言语表明儿童能够较早地进行更多的社会交流。对维果斯基来说，当幼儿跟自己说话时，就是在运用语言来管理自己的行为，并指导自己。例如，玩智力玩具的儿童会对自己说："我应该先拼哪一块呢？我先试试这些绿颜色的吧。现在，我需要一些蓝颜色的。不行呀，蓝颜色的不适合放在那里呀。那我把它放在这里试试看。"

与维果斯基不同，皮亚杰强调自己跟自己说话是自我中心，是不成熟的表现。然而，已有的研究发现则支持维果斯基的观点，即私人言语在儿童发展中发挥着积极的作用（Day & others, 2018）。那些使用私人言语的学前儿童能够更好地约束自己的行为和内化新的信息（Day & Smith, 2019）。使用积极的私人言语的学前儿童也有更强的动机去完成困难的任务（Sawyer, 2017）。

> 教学策略

维果斯基的理论受到许多教师的欢迎，并被成功地应用于教育实践中（Bodrova & Leong, 2017）。这里是将维果斯基的理论应用于课堂的几种方式：

1. *评估儿童的最近发展区*。和皮亚杰一样，维果斯基也认为正规的、标准化的测验不是评估学生学习效果的最佳途径。在他看来，更恰当的做法应当是把评估的侧重点放在鉴别儿童的最近发展区上。熟练的帮助者应当向儿童呈现多种不同难度的任务，以便决定进行指导的最佳起点水平。如今，标准化测验结果的报告常常被用来作为确定阅读教学和数学教学最近发展区的依据，如提供一个阅读成绩区间指导教师和学生选择水平适当的书，即选择对儿童来说既不是太难又不是太容易的书（Poehner, Davin, & Lantolf, 2017）。

2. *教学中应用儿童的最近发展区*。教学的出发点应当指向儿童最近发展区的上限，这样学生才能在帮助下实现目标，达到能力与知识的更高水平。提供的帮助要不多不少，最好是刚刚足够。你可以问："我能帮你做些什么吗？"或者只是观察儿童的意图和尝试，必要时再给予帮助。当儿童犹豫不决时，要予以鼓励。要鼓励儿童练习技能。你可以观察和评价儿童的练习活动，或者在儿童忘记了该做什么时给予支持。

3. *用较熟练的儿童做教师*。请记住，并不是只有成年人才能对儿童的学习提供重要帮助，儿童也可以受益于其他能力更强的儿童的支持和指导（Kirova & Jamison, 2018）。

4. *监控和鼓励儿童使用私人言语*。要认识到发展变化的过程，学前阶段解决问题时和自己说话可发出声音，而在小学低年级时应当私下与自己交谈。在小

维果斯基（1896—1934）和他的女儿。维果斯基认为，儿童的认知发展是在特定的社会文化背景下通过与知识技能丰富的个体的社会互动来提高的。

图片来源：James V. Wertsch, Washington University

发展链接

语言

在思考语言和认知之间的关系时，我们可以问两个问题：(1) 认知是否是语言发展的必要条件？(2) 语言是否是认知发展的必要条件？链接"语言发展"。

链接 职业生涯

多尼尼·波尔森,一位小学教师

多尼尼·波尔森（Donene Polson）在犹他州盐湖城市的华盛顿小学任教。华盛顿小学是一所创新型学校,它强调所有的人以学习共同体成员的身份一起学习的重要性。儿童和成人一起计划学习活动,在学校的所有时间里,儿童都以小组形式学习。

波尔森说她喜欢在这种共同体式的学校里工作。在这样的学校里,学生、教师和父母都作为学习共同体的成员一起帮助儿童学习。在新学年开始前,波尔森会对父母们家访,为开学做准备。通过家访,双方彼此熟悉,并商定父母参与课堂教学的时间表。在每月一次的教师和家长会上,波尔森与父母们一起制定课程计划,并讨论儿童学习的进展情况。另外,他们也会为如何有效地利用社区资源来促进儿童的学习而出谋划策。

要了解更多有关小学老师如何工作的信息,请阅读附录"儿童发展领域的相关职业"。

学阶段,要鼓励儿童将自我交谈内化并自我调节。

5. *把教学放在有意义的情境中*。今天的教育工作者正在从抽象材料的呈现中走出来,取而代之的是向学生提供在真实情境中体验学习的机会。例如,学生不只是简单地去背数学公式,而是解决与实际有联系的数学问题。

6. *用维果斯基的理论来改变课堂*。维果斯基式的课堂是什么样子呢?弹性课堂（Flipped classrooms）就是以维果斯基的理论为基础的。在弹性课堂上,学生为中心的学习活动（如小组问题解决）优先于教师为中心的信息陈述（Lo, Hew, & Chen, 2017）。通过为课堂内的实践提供时间,让学生能够从教师和同学那里获得即时的反馈,并帮助学生为自己的学习承担起更多的责任,弹性课堂使学生受益颇多。

要了解一位教师把维果斯基的理论应用于教学实践的情况,请阅读"链接 职业生涯"专栏,同时,"链接 关爱"专栏也进一步探讨了维果斯基的理论对儿童教育的启示。

> 对维果斯基理论的评价

尽管差不多是同时提出来的理论,但世界大多数地方对皮亚杰理论的了解早于维果斯基,所以,维果斯基的理论至今还没有得到透彻的评价。不过,维果斯基重视社会文化对儿童发展的影响,这一观点和当前重视学习的背景因素的理念是一致的（Gauvain, 2018）。

我们已经提到了皮亚杰理论和维果斯基理论的诸多不同之处,如维果斯基强调内部言语在发展中的重要作用,而皮亚杰则认为这种言语是不成熟的表现。虽然两个理论都是建构主义的,但维果斯基的理论属于**社会建构主义观点**,强调学习的社会环境和通过社会互动来建构知识（van Hover & Hicks, 2017）。

从皮亚杰到维果斯基,概念上的重心从个体转移到了合作、社会互动和社会文化活动（Bodrova & Leong, 2017）。对皮亚杰来说,认知发展的终点是形式运算思维;而对维果斯基来说,终点可以不同,取决于某个特定文化将什么界定为最重要的技能。皮亚杰认为儿童通过对先前的知识的转换、组织和再组织来建构知识;而维果斯基则认为儿童通过社会互动来建构知识（Bodrova & Leong, 2017）。皮

发展链接

教育和成绩

采用直接教学法还是采用建构主义教学法是儿童教育领域的一个重要问题。链接"学校教育与学业成绩"。

社会建构主义观点（social constructist approach）
该观点强调学习的社会环境和通过社会互动来建构知识。维果斯基的理论反映了这一观点。

第六章 认知发展观 **179**

> 链接 关爱

心智的工具

"心智的工具"（Tools of the Mind）是一种童年早期的教育课程，它强调发展儿童的自律和基本读写能力的认知基础（Diamond，2013）。这一课程是由埃琳娜·博德罗瓦（Elena Bodrova）和德博拉·莱恩格（Deborah Leong）创立的，已在 200 多个班级里实施（Elena Bodrova and Deborah Leong，2007）。大多数学习这一课程的儿童是由生活环境造成的风险儿童，多数情况涉及贫困和其他困难，如无家可归或父母吸毒。

"心智的工具"以维果斯基（1962）的理论为基础，尤其注重文化工具和自律能力的发展，注重最近发展区、鹰架、私人言语、共享活动，并把游戏当成重要的活动。在"心智的工具"的课堂上，戏剧式游戏占据中心的位置。教师指导儿童拟定符合儿童兴趣的主题，如寻宝、商店、医院、餐馆。在编排儿童游戏的过程中，教师也会结合书报、视频、来访者讲演和野外旅行。教师会帮助儿童制订游戏计划，这样可以提高他们的游戏的成熟性。游戏计划描述游戏时儿童应当做些什么，包括想象的背景、角色和要用的道具。游戏计划可提高儿童游戏的质量和儿童的自律能力。

鹰架写作是"心智的工具"课堂上的一个重要主题。教师先指导儿童计划他们的故事，方法是画一条条小横线代表儿童讲的话，每一条小横线代表一个单词。接着，儿童重复自己的故事，在说出每个单词的同时指着相应的横线。然后，儿童就在小横线上书写，努力用字母或符号来代表每个单词。图 10 展示的是这种鹰架写作方法在两个月里如何提高了一个 5 岁儿童的写作能力。

对"心智的工具"课堂上儿童写作的评价研究显示，这些儿童比参加其他早期教育项目的儿童具有更好的写作技能（Bodrova & Leong，2007）（参见图 10）。例如，他们写的故事更复杂、词汇更多、拼写更准确，同时表现出认识字母的能力更强，对句中概念的理解也更好。

一项实验通过随机方法将 29 所学校的 759 名幼儿园儿童分配进"心智的工具"的课程，并将他们和没有使用该课程的控制学校比较。结果显示，在幼儿园的一学年直到一年级，参加"心智的工具"课程的儿童在许多方面都比控制组儿童取得了更大的进步，包括执行功能、推理、注意控制、数学成绩、阅读成绩和词汇（Blair & Raver，2014）。"心智的工具"课程产生的积极效果在那些重度贫困学校的儿童身上表现得尤其明显。

在本节前面的部分，我们列出了将维果斯基的理论应用于教学的一些策略。请再次阅读前文列出来的策略，并说明"心智的工具"课程是如何应用这些策略的。

（a）5 岁的阿龙（Aaron）在应用鹰架写作方法前独立写的日记。

（b）在应用鹰架写作方法两个月后，阿龙写的日记。

图 10 "心智的工具"项目中一个 5 岁男孩使用鹰架写作方法两个月后取得的写作进步

图片来源：Bodrova, Elena and Leong, Deborah J. "Tools of the Mind: A Case Study of Implementing the Vygotskian Approach in American Early Childhood and Primary Classrooms." Geneva, Switzerland: International Bureau of Education, 2001, 36-38.

	维果斯基	皮亚杰
社会文化环境	极其强调。	不太强调。
建构主义	社会建构主义者。	认知建构主义者。
阶段	没有提出发展具有普遍的阶段。	特别强调阶段（感知运动、前运算、具体运算、形式运算）。
重要的过程	最近发展区、语言、对话、文化工具。	图式、同化、顺应、运算、守恒、分类。
语言的作用	重要作用；语言在思维的形成中发挥着强有力的作用。	语言的作用很小；认知从根本上引导语言。
教育观	教育起着中心作用，帮助儿童了解所在文化的工具。	教育只是完善儿童已经出现的认知能力。
对教学的启示	教师是促进者和引导者，不是指挥者；应当为儿童创造许多与教师和能力较强同伴一起学习的机会。	也认为教师是促进者和引导者，不是指挥者；应当为儿童探索世界和发现知识提供支持。

图 11　维果斯基理论与皮亚杰理论的比较

亚杰的理论对教学的启示是，应当支持儿童探索世界和发现知识；而维果斯基的理论对教学的重要启示则是，应当向学生提供许多与教师以及能力较强同伴一起学习的机会。不过，在皮亚杰和维果斯基的理论中，教师都是促进者和引导者，而不是指挥者和学习的塑造者。图 11 将维果斯基与皮亚杰的理论进行比较。

对维果斯基的理论也已出现了一些批评意见（Daniels, 2017）。有些批评者指出维果斯基的理论对那些与年龄相关的变化缺乏明确的解释。也有些批评者认为维果斯基没有适当地说明社会情绪能力的变化是如何促进认知发展的。另一些批评者则认为维果斯基过分强调了语言在思维中的作用。同时，他对合作和指导的强调也有潜在的缺陷。在某些情况下，如当父母过于专横和专制时，促进者是否会帮助得太多？还有，有些儿童可能会变得懒惰，自己能完成的任务也指望他人帮助，而如果自己独立完成的话，也许会学到更多的东西。

复习

- 什么是最近发展区？
- 什么是鹰架？
- 维果斯基是如何看待语言和思维的？
- 如何将维果斯基的理论应用到教育中？
- 维果斯基的理论和皮亚杰的理论之间有什么相似和不同之处？
- 对维果斯基的理论有哪些批评？

联想

- 上一节论述了将皮亚杰的理论应用于教学的策略，本节论述了将维果斯基的理论应用于教学的策略，两者之间有哪些相似和不同之处？

反思你自己的人生之旅

- 你认为是皮亚杰的理论还是维果斯基的理论更能有效地解释你自己儿童时代的认知发展？

复习、联想和反思

学习目标 3

指出维果斯基理论中的主要概念，并将其和皮亚杰的理论进行比较。

> 达到你的学习目标

认知发展观

皮亚杰的认知发展理论

学习目标 1 讨论皮亚杰理论中的关键过程和四个阶段。

● **发展过程**

根据皮亚杰的理论，儿童建构他们自己的认知世界，并通过建立自己的心理结构来适应周围的世界。图式是用来组织知识的动作或心理表征。行为图式（身体活动）是婴儿期的特点，而心理图式（认知活动）在童年期得以发展。适应涉及同化和顺应。同化是指儿童将新的信息纳入现有的图式中，顺应则是指儿童调整他们的图式以适合新的信息和经验。通过组织，儿童将孤立的行为组合成层次较高、功能更顺畅的认知系统。平衡化是皮亚杰提出的用来解释儿童如何从一个认知阶段转换到下一个阶段的机制。当儿童在努力认识世界的过程中体验到认知冲突时，就会寻求平衡，结果就会达到平衡化，把儿童带进一个新的思维阶段。在皮亚杰看来，思维有四个性质不同的阶段：感知运动阶段、前运算阶段、具体运算阶段、形式运算阶段。

● **感知运动阶段**

感知运动思维是皮亚杰四个阶段中的第一个阶段，其基本特点是婴儿将感觉经验和身体动作加以组织和协调。皮亚杰认为，该阶段从出生到 2 岁左右，完全是非符号化的。感知运动阶段有六个分阶段：简单反射；最早的习惯与初级循环反应；次级循环反应；次级循环反应的协调；三级循环反应、新异、好奇；图式内化。这一阶段的一个重要方面是客体永久性的形成，即尽管婴儿没有看着物体，但仍然能够认识到物体是继续存在的；另一个方面涉及婴儿对因果关系的理解。在过去 20 年里，学者们在研究的基础上对皮亚杰的观点提出了一些修正意见。例如，研究者们发现，婴儿形成一个稳定和分化的知觉世界的时间要比皮亚杰认为的早。不过，对于何时出现客体永久性的问题，学者们尚未达成一致的意见。另外，天性和教养的问题也是婴儿认知发展的一个关键问题，大多数发展学家认为天性和教养对于婴儿的认知发展来说都很重要。

● **前运算阶段**

前运算思维是在思维的水平上对行为中已经建立起来的东西进行重建能力的开始。它涉及简单的符号运用向比较复杂的符号运用的转化。在前运算思维中，儿童还不能以运算的方式进行思考。符号功能分阶段大约从 2 岁持续到 4 岁，其特点是符号思维、自我中心、泛灵论。直觉思维分阶段大约从 4 岁持续到 7 岁；之所以称其为直觉思维分阶段，是因为儿童看上去十分相信自己的知识但却不知道自己是怎么知道这些知识的。前运算阶段儿童缺乏守恒概念，爱问一连串的问题。

● **具体运算阶段**

具体运算思维大约出现在 7 至 11 岁。在这一阶段，儿童能够进行具体的运算，对具体的物体进行逻辑性的思考，能够将事物分类，并能够对事物类别之间的关系进行推理。具体运算思维没有形式运算思维那么抽象。

● **形式运算阶段**

形式运算思维出现在 11 至 15 岁。形式运算思维比具体运算思维更加抽象、更加理想化、更有逻辑性。皮亚杰认为青少年开始形成进行假设演绎推理的能力，但皮亚杰没有对青少年思维的个体差异予以足够的关注。许多青少年并没有以假设演绎的方式进行思考，而是继续巩固他们的具体运算思维。另外，埃尔金德认为，青少年形成了一种特殊类型的自我中心，它包含想象中的观众以及相信自己是独特和不易受伤害的个人神话。但是，近来的研究对个人神话中不易受伤害信念的准确性问题提出了质疑。

皮亚杰理论的应用和评价

学习目标 2 将皮亚杰的理论应用于教育并评价他的理论。

● **皮亚杰和教育**

皮亚杰不是教育家，但他的建构主义观点已被应用到教学中。这些应用包括强调促进式而不是指挥式的学习，考虑儿童的知识水平，运用形成性评估，促进学生的智力健康，以及努力将课堂转变为探索与发现的情境。

- 对皮亚杰理论的评价　　我们感谢皮亚杰创建了认知发展领域。皮亚杰是一位观察儿童的天才，他为我们提供了许多巧妙的概念，如同化、顺应、客体永久性和自我中心。批评者对皮亚杰的质疑有：他对不同发展水平儿童能力的估计、他的阶段概念以及其他一些观点。新皮亚杰主义者强调信息加工的重要性，强调儿童的认知要比皮亚杰描绘的更加具体。

维果斯基的认知发展理论

学习目标 3　指出维果斯基理论中的主要概念，并将其和皮亚杰的理论进行比较。

- 最近发展区　　最近发展区（ZPD）是维果斯基用来描述某一任务范围的术语，这些任务对儿童来说太难，自己无法掌握，但在成人或更加熟练的同伴的帮助和指导下又是能够学会的。

- 鹰架　　鹰架是一种教学方法，即更加熟练者调整指导的力度以适应儿童当前的表现水平。对话是搭建鹰架的一个重要方面。

- 语言和思维　　维果斯基强调语言在认知中发挥着关键作用。语言和思维最初各自独立发展，但之后儿童将他们的自我中心的言语内化为内部言语，从而变成了他们的思想。向内部言语的转变大约出现在3至7岁。

- 教学策略　　维果斯基的理论在教育中的应用包括使用儿童的最近发展区和搭建鹰架，让比较熟练的同伴做老师，监督并鼓励儿童使用私人言语，以及准确地评估儿童的最近发展区。这些做法可能会改变课堂形式，并建立起富有意义的教学情境。

- 对维果斯基理论的评价　　和皮亚杰一样，维果斯基也强调儿童是主动建构对世界的理解的。但和皮亚杰不同的是，维果斯基并没有提出发展的阶段性，同时，他强调儿童是通过社会互动来建构知识的。根据维果斯基的理论，儿童依赖于文化所提供的工具，文化决定着他们将要发展什么样的技能。维果斯基的一些观点和皮亚杰形成了鲜明的对照，后者认为幼儿的私人言语是不成熟和自我中心的表现。批评者认为，维果斯基的理论对和年龄相关的变化缺乏明确的解释，同时，它也过分强调了语言在思维中的作用。

重要术语

顺应 accommodation
青少年自我中心 adolescent egocentrism
泛灵论 animism
A 非 B 错误 A-not-B error
同化 assimilation
中心化 centration
具体运算阶段 concrete operational stage
守恒 conservation
核心知识观 core knowledge approach
自我中心 egocentrism
平衡化 equilibration
形式运算阶段 formal operational stage
水平滞差 horizontal decalage
假设演绎推理 hypothetical-deductive reasoning
想象中的观众 imaginary audience
直觉思维分阶段 intuitive thought substage
新皮亚杰主义者 neo-Piagetians
客体永久性 object permanence
运算 operations
组织 organization
个人神话 personal fable
前运算阶段 preoperational stage
鹰架 scaffolding
图式 schemes
感知运动阶段 sensorimotor stage
序列 seriation
社会建构主义观点 social constructivist approach
符号功能分阶段 symbolic function substage
传递性 transitivity
最近发展区（ZPD）zone of proximal development

重要人物

勒妮·巴亚尔容 Renée Baillargeon
戴维·埃尔金德 David Elkind
罗切尔·格尔曼 Rochel Gelman
巴贝尔·英赫尔德 Barbel Inhelder
让·皮亚杰 Jean Piaget
列夫·维果斯基 Lev Vygotsky
卡伦·温 Karen Wynn

第七章　信息加工

本章纲要

第1节　信息加工观
学习目标 ❶
解释信息加工观。
- 从信息加工观看发展
- 认知资源：信息加工的容量和速度
- 变化的机制
- 和皮亚杰理论的比较

第2节　注意
学习目标 ❷
解释注意的概念并概述注意的发展变化。
- 什么是注意
- 婴儿期
- 童年期
- 青少年期

第3节　记忆
学习目标 ❸
叙述什么是记忆以及记忆是如何变化的。
- 什么是记忆
- 婴儿期
- 童年期
- 青少年期

第4节　思维
学习目标 ❹
叙述思维及其发展变化的特点。
- 什么是思维
- 婴儿期
- 童年期
- 青少年期

第5节　元认知
学习目标 ❺
解释元认知的概念并概述它的发展变化。
- 什么是元认知
- 儿童的心理观
- 童年期的元认知
- 青少年期的元认知

真人实事

劳拉·比克福德（Laura Bickford）是加利福尼亚州拉昆塔中学（La Quinta High School）的资深教师和英语部主任。她最近谈到自己是如何鼓励学生进行思考的：

"我认为教学的中心任务就是要教学生如何思考。在鼓励学生进行批判性思考方面，文学作品本身发挥了不小的作用，但我们仍然需要对学生加以指导。我们必须提问一些有见地的问题，必须让学生知道自己提问、讨论和对话是多么重要。除了阅读和讨论文学作品外，激励学生批判性思考的最好方法就是让他们写作。我们经常以各种形式的文体进行写作练习，包括日志、正式论文、信件、纪实报告、新闻稿、演讲以及其他正式的口头报告。我们必须向学生指出他们的思考和写作中仅仅触及皮毛的地方，我把这种情况称为'肇事后逃逸'。每当我看到学生写作中出现'肇事后逃逸'的情况时，我就在他们的作业上画一扇窗子，告诉他们这是进行更深刻、更精辟、更清晰思考的'机会之窗'。许多学生在受到这样的激励之前是不会进行这种思考的。

"我还要求学生坚持阅读自己的日记，这样，他们就能在日记中观察到自己过去的思维活动。除此之外，我还要求学生通过给自己评分的方式来评价自己的学习。今年，一位学生写下了我从未从学生那里看到过的关于读者成长的最有见地的一句话，她写道：'我在阅读时不再千篇一律地思考了。'我不知道她是否抓住了那句话的真谛，也不知道她为何会出现这样的变化。但是，当同学们看到自己这样成长时，那真是太奇妙了。"

劳拉·比克福德（站着的那位）在指导学生写作。
图片来源：Laura Johnson Bickford

前言

儿童会注意周围环境中哪些东西？他们会记住什么？他们会如何思考这些东西？这些问题都是信息加工观的例子。从这种视角出发，研究者通常不把儿童描述为处于认知发展过程中的这个阶段或那个阶段。但是，他们确实会描述并分析信息加工方式、注意、记忆、思维以及元认知是如何随着时间的推移而变化的。

第1节 信息加工观

学习目标 1

解释信息加工观。
- 从信息加工观看发展
- 认知资源：信息加工的容量和速度
- 变化的机制
- 和皮亚杰理论的比较

> 人的大脑是一个迷人的东西。
>
> ——玛丽安·穆尔
> 20世纪美国诗人

> 从信息加工观看发展

信息加工观和我们前面讨论过的认知发展理论共有一个基本的特点。和那些理论一样，信息加工观摒弃了支配着20世纪前半叶心理学的行为主义观点。正如我们在第一章中曾讨论过的，行为主义者认为，要对行为做出解释，重要的是要考察刺激和行为之间的联系。与之形成对照的是，皮亚杰和维果斯基的理论以及信息加工观则聚焦于儿童是如何思维的。

信息加工观分析的是儿童如何处理和监控信息，以及如何为加工信息而制定策略（Siegler, 2013, 2016）。电脑的比喻可以说明信息加工观是如何应用于发展的。一台电脑的信息加工能力受制于它的硬件和软件。硬件的限制包括电脑所能处理的数据量（它的容量）和速度，软件则限制着有效数据输入的类型和处理数据的方式。例如，文本处理软件不能处理音乐。与此类似，儿童的信息加工能力也会受制于容量和速度，并受制于他们处理信息的能力，即受制于他们运用适当的策略来获得和应用知识的能力。在信息加工观看来，儿童的认知发展就源于儿童克服信息加工限制的能力的提高，而这种能力的提高则是不断地执行基本运算，扩大信息加工容量，获取新的知识和策略带来的结果。

> 认知资源：信息加工的容量和速度

信息加工能力的发展性变化很可能受到容量增加和处理速度提高的影响。这两个特点常被称为认知资源，因为它们对记忆和问题解决有着重要的影响。

生物因素和经验因素对认知资源的增加都有贡献（Bjorklund & Causey, 2017; Kuhn, 2013）。试想一下你用母语处理信息比用第二语言快多少，你就可以体会到经验的作用了。脑的发展性变化为认知资源的增加提供了生物学基础（Battista & others, 2018）。重要的生物学发展不仅发生在大脑的结构上，如额叶的变化，而且也发生在神经元水平上，如神经元之间连接的大量出现和修剪。同时，髓鞘化（在轴突外包裹髓鞘的过程）加快了大脑中电脉冲的传递速度。髓鞘化和连接的变化在整个童年期和青少年期都仍在继续进行（Oyefiade & others,

---

信息加工观（information-processing approach）
聚焦于儿童如何加工关于世界的信息：他们如何处理和监控信息，以及如何为加工信息而制定策略。

2018)。

大多数信息加工心理学家认为，容量的增加也会促进信息加工（Camos & Barrouillet, 2018; Kuhn, 2013）。例如，随着儿童信息加工容量的增加，他们就有可能在脑中同时考虑一个问题或一个话题的多个维度，而较年幼的儿童一般只能考虑单一的维度。

加工速度发挥着什么作用呢？儿童处理信息的速度通常影响着他们的思考能力（Bjorklund & Causey, 2017）。例如，儿童能够以多快的速度清晰地念出一串单词会影响到他们能够记住多少单词。这是因为儿童处理信息的速度通常影响着他们能对这些信息做怎样的处理（Robinson-Riegler & Robinson-Riegler, 2016）。再如，研究者们做了很多项研究，覆盖了英语、其他欧洲语言和中东地区的语言，结果显示，比较快的处理速度和比较快的阅读速度以及更可靠的阅读技能之间存在关联（Tibi & Kirby, 2018）。不过，通过创造一些有效处理信息的策略，由较慢加工速度带来的劣势可以在一定程度上得到补偿，包括阅读能力和许多其他领域的认知能力。

研究者们已经发明了很多种方法来评估加工速度。例如，可以通过反应时任务来评估加工速度。在反应时任务中，要求被试一看到某种刺激（如灯光）就按下按钮，或者也可以要求被试将出现在电脑屏幕上的数字或字母和特定的符号匹配起来。另一种方法是让被试尽可能快和尽可能准确地说出一连串刺激（如数字、字母、颜色）的名称。

大量证据表明，在整个童年期里，儿童完成此类任务的速度都在大幅提高（Kuhn, 2013）。例如，一项以8至13岁儿童为被试的跨时两年半的纵向研究显示，加工速度随年龄而提高；同时，加工速度方面的发展性变化预测了工作记忆的容量和复杂抽象的推理能力（Kail, Lervåg, & Hulme, 2016）。

> 变化的机制

罗伯特·西格勒（Robert Siegler, 2013, 2016）认为，对于儿童在认知发展方面取得的进步来说，变化的机制尤其重要。在西格勒看来，儿童认知技能的变化是由三种机制的共同作用产生的，这三种机制就是编码、自动化、策略建构。

编码是指信息进入记忆的过程。儿童认知能力的变化依赖于他们对相关信息进行编码并忽略无关信息能力的增强。例如，对4岁的儿童来说，草写体的 S 与印刷体的 S 在形状上是有很大区别的。但是，10 岁的儿童已经学会对相关的事实（即两者都是字母 S）进行编码，并忽略不相关的事实（即两者形状上的差异）。

自动化是指只需极小努力或不需任何努力就可以进行信息加工。练习使儿童能够对不断增多的信息进行自动编码。例如，一旦儿童能够熟练地阅读，他们就用不着把单词里的每个字母当成字母来考虑；相反，他们会对整个单词进行编码。某项任务一旦达到了自动化的程度，个体在执行时就不再需要有意识的努力。于是，当信息加工变得越来越自动化时，我们就能越来越快地完成任务，并能在同一时间内执行多项任务。请想象一下，如果你对本页不进行单词自动编码，而是把注意力集中在每个单词的每个字母上，那你读完这一页得花多长时间啊！

策略建构是指创造新的方法来进行信息加工。例如，当儿童在阅读过程中采取阶段性地停顿来回顾所读内容的策略时，就会提高他们的阅读理解能力（Dimmitt

编码（encoding）信息进入记忆的机制。

自动化（automaticity）只需极小努力或不需任何努力就可以进行信息加工的能力。

策略建构（strategy construction）是指创造新的方法来进行信息加工。

第七章 信息加工 **187**

元认知（metacognition）对认知的认知。

& McCormick，2012）。

另外，西格勒（Siegler，2013，2016）还认为，儿童的信息加工具有自我修正的特点，也就是说，儿童会利用先前环境中所学的知识来使他们的回应适合于新的环境。这种自我修正部分依赖于**元认知**。元认知是指对认知的认知（Flavell，2004；McCormick，Dimmitt，& Sullivan，2013）。元认知的一个例子就是儿童知道了记住所读内容的最好办法，如他们知道如果把所读内容以某种方式与自己的生活联系起来，这些内容就会记得更好。所以，当西格勒把信息加工观应用于发展时，他认为儿童在其认知发展中扮演着主动的角色。另外，在更广的范围上，当儿童学习新知识时，通过帮助儿童应用元认知策略"对思考进行思考"的干预方法已被证明是有效的；对于那些来自较低社会经济地位家庭的孩子，这些干预尤为有效（de Boer & others，2018）。

> 与皮亚杰理论的比较

信息加工观与皮亚杰的理论相比有何不同呢？在皮亚杰看来，儿童主动地建构着关于世界的知识和理解。他们的思维发展具有明显的阶段性。在每个阶段里，儿童都会形成具有质的差异的不同类型的心理结构（或图式），从而使儿童能够以新的方式来思考世界。

和皮亚杰的理论一样，有些版本的信息加工观也是建构主义的。它们把儿童看作指导自己认知发展的主体。和皮亚杰一样，信息加工心理学家会在发展的不同时间点上鉴别认知的能力和局限性（Siegler，2016）。他们也论述在生命的不同阶段个体如何能或不能理解一些重要的概念，并努力解释当我们获得思维是如何"工作"的元认知能力时，较低层次的理解是如何发展为较高层次的理解的（Demetriou & others，2018）。他们还强调在理解特定的知识时，已有的理解对获得新理解的作用。

但是，与皮亚杰不同的是，持信息加工观的发展学家并不认为发展是通过短暂的过渡期从一个阶段突然转换到另一个明显不同的阶段。相反，个体的信息加工能力是逐渐发展起来的，发展了的能力又使个体能够获得越来越复杂的知识和技能（Kuhn，2013）。与皮亚杰的理论相比，信息加工观注重对变化的更加精确的分析，并注重分析个体进行的认知活动（如编码和策略）对这些变化的促进作用。

发展链接

认知理论

皮亚杰的理论将认知发展分为四个阶段：感知运动阶段、前运算阶段、具体运算阶段、形式运算阶段。链接"认知发展观"。

发展链接

理论

在斯金纳的行为主义观点看来，决定行为的是外部的奖励和惩罚而不是思维。链接"绪论"。

复习、联想和反思

学习目标 1

解释信息加工观。

复习

- 什么是儿童发展的信息加工观？
- 信息加工的容量和速度在发展过程中是如何变化的？
- 信息加工过程中所涉及的三个重要的变化机制是什么？
- 如何将信息加工观与皮亚杰的理论进行比较？

联想

- 在这一节里，你了解到大脑中的变化和信息加工能力的提高有关。你已学习过哪些婴儿、儿童和青少年脑结构的变化以及认知能力的变化？

反思你自己的人生之旅

- 就你的学习能力来说，想一想你在学前、小学和初中阶段的情况。请说出一个任务，你在小学阶段对该任务的信息加工要快于学前阶段；然后再说出一个任务，你在初中阶段对该任务的信息加工要快于小学阶段。

学习目标 2

解释注意的概念并概述注意的发展变化。
- 什么是注意
- 婴儿期
- 童年期
- 青少年期

第 2 节 注意

这个世界上有着大量的信息供我们感知。此时此刻，你正在感知组成这个句子的字和词。现在，请环顾你的四周，拿起本书以外的某件东西看一看。然后，再翘起你右脚的脚趾。上述每个情形，都有注意参与其中。那么，什么是注意呢？它对信息加工有什么作用？它又是如何随着年龄的变化而变化的呢？

儿童有哪些不同的投放其注意的方式？
图片来源：视觉中国

> 什么是注意

注意是对心理资源的集中。注意可以促进许多任务的认知加工，从抓取玩具到击打棒球或累加数字。然而，与成年人相同，儿童在某一时刻也只能注意数量有限的信息。一项研究考察了 7 至 8 个月大的婴儿对一系列事件的视觉注意情况，发现信息的数量必须"正好"；婴儿一般也不喜欢看过于简单或过于复杂的事件，而是更喜欢看复杂程度中等的事件（Kidd, Piantadosi, & Aslin, 2012）。

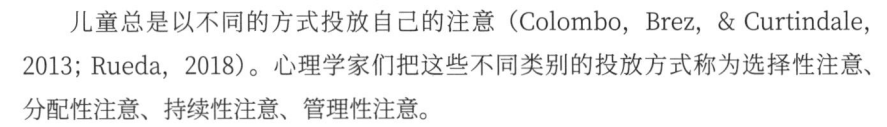

儿童总是以不同的方式投放自己的注意（Colombo, Brez, & Curtindale, 2013; Rueda, 2018）。心理学家们把这些不同类别的投放方式称为选择性注意、分配性注意、持续性注意、管理性注意。

- **选择性注意**聚焦于经验中某个相关的方面而忽略其他不相关的方面（Isbell & others, 2017）。例如，在一间挤满人的屋子里或在一家喧闹的餐馆里，只关注众多声音中的一个声音，这就是选择性注意。当你把注意力转移到右脚的脚趾时，你所进行的也是选择性注意。
- **分配性注意**是指同时关注一个以上的活动。如果你在阅读本书的同时也在听音乐或看电视，你所进行的就是分配性注意。
- **持续性注意**是指把注意长时间地保持在某个选定的刺激上。持续性注意也称为焦点注意（focused attention）或警觉（vigilance）。当你专注于老师布置的一组数学问题 30 分钟没有停顿或分神时，便是持续性注意的例子。
- **管理性注意**的概念含义较广，涉及对行动做出计划、把注意投放到目标上、发现和补救错误、监控任务进程，有时候还要应对新奇的或困难的情境。例如，当你在玩一个多人参与的复杂的游戏时，你必须想着各种各样的规则，必须应用多种策略，还必须迅速地调整你的计划和策略以应对其他玩家的行动。

注意（attention）对心理资源的集中。

选择性注意（selective attention）聚焦于经验中某个相关的方面而忽略其他不相关的方面。

分配性注意（divided attention）同时关注一个以上的活动。

持续性注意（sustained attention）把注意长时间地保持在某个选定的刺激上。注意也称为焦点注意（focused attention）或警觉（vigilance）。

管理性注意（executive attention）涉及对行动做出计划、把注意投放到目标上、发现和补救错误、监控任务进程，并应对新奇的或困难的情境。

> 婴儿期

婴儿注意某件事物的效率如何呢？即使是新生儿也能通过视觉探测到某个物体

第七章　信息加工　　189

> **发展链接**
>
> **脑的发展**
>
> 将注意指向某个物体或事件涉及大脑皮层的顶叶。链接"身体的发展和健康"。

> **发展链接**
>
> **研究方法**
>
> 在习惯化研究中，研究人员使用的测量方法有吮吸行为、心率和呼吸率、婴儿注视刺激物的持续时间等。链接"运动、感觉和知觉的发展"。

这个小婴儿的注意被刚放在他面前的黄色玩具鸭吸引住了。但这个小婴儿对玩具鸭的注意在很大程度上受习惯化与去习惯化过程的支配。这些过程的特点是什么？
图片来源：视觉中国

联合注意（joint attention）不同的个体同时注意相同的物体或事件。需要具备追踪他人行为如追随他人视线的能力，有一人引导着另一人的注意，以及有来有往的互动。

的轮廓并把视线转向它。大一点的婴儿能够更加全面地审视一些图形。到了 4 个月大时，婴儿就能够有选择地注意某件物品。

定向或探究过程 在出生后的第一年里，注意受定向或探究过程的支配（Colombo, Brez, & curtindale, 2013）。这一过程涉及把注意指向环境中可能重要的区域（即在哪里）并识别物体和它们的特点（即是什么，如颜色和形状）。从 3 个月大到 9 个月大时，婴儿更快更灵活调配自己注意的能力得到迅速发展（Xie, Mallin, & Richards, 2018）。

另一类重要的注意便是*持续性注意*，也称为焦点注意（Lewis & others, 2017）。新的刺激一般会引起定向反应，接着就是持续性注意。当某个刺激物变得熟悉时，正是通过持续性注意才使得婴儿能够了解和记住该刺激物的特点。3 个月大的婴儿已能够进行 5 到 10 秒钟的持续性注意。在婴儿出生后的第二年里，持续性注意的时长不断增加（Reynolds & Romano, 2016）。

习惯化与去习惯化 习惯化与去习惯化过程和注意有着密切的关系（Kavsek, 2013）。请回想一下，如果向婴儿连续多次地重复呈现某一刺激（光或声音），婴儿注意该刺激的时间通常会逐次减少，这表明他们对它厌烦了。这就是习惯化的过程，即重复呈现某一刺激后，婴儿对该刺激的反应减弱。去习惯化则是指在刺激换新之后，婴儿对习惯化了的反应的恢复。

婴儿的注意在很大程度上受新奇和习惯化的影响，以至于当物体变得熟悉时，注意时间会越来越短，婴儿也更容易分心。研究者可以通过研究习惯化来确定婴儿在多大程度上能够看、听、闻、尝和触摸（Colombo, Brez, & Curtindale, 2013）。

父母可以利用习惯化与去习惯化的知识来改善和婴儿的互动。如果父母总是重复同样的单词或动作，婴儿将会停止回应。重要的是，父母应当给婴儿新奇的东西，并经常性地重复，直到婴儿停止反应。敏感的父母能感觉到婴儿什么时候表现出感兴趣，并且知道需要多次重复呈现刺激物，以便让婴儿加工相关的信息。当婴儿注意转移时，父母就停止或改变自己的行为，并认识到这是敏感和负责任的养育方式的组成部分（Deák & others, 2018）。

联合注意 婴儿注意发展的另一个重要方面是**联合注意**（joint attention），即不同的个体同时注意相同的物体或事件。联合注意需要具备 3 个条件：(1) 追踪他人行为如追随他人视线的能力；(2) 有一人引导着另一人的注意；(3) 有来有往的互动。在婴儿期的早期阶段，联合注意通常涉及照料者通过手指或词语来引导婴儿的注意（Mundy, 2018）。在许多文化中，联合注意的雏形大约出现在 7 个月或 8 个月大时，但要等到第一年快结束时，才能经常性地观察到婴儿的联合注意能力（Kinard & Watson, 2015）。在一项例证性研究中（Brooks & Meltzoff, 2005），研究者发现，在 10 至 11 个月大时，婴儿刚开始进行"注视跟随"，即刚开始观看他人刚刚看过的地方（参见图 1）。到第一个生日时，婴儿已开始用发声和姿势来引导成人注意婴儿自己感兴趣的东西（Cochet & Byrne, 2016）。

联合注意在婴儿发展的许多方面都发挥着重要作用，它在很大程度上提高了婴儿向他人学习的能力（Carpenter, 2011）。尤其是当婴儿学习语言的时候，照料者和婴儿之间的互动把这一点表现得最为明显（Salo, Rowe, & Reeb-Sutherland,

图 1 婴儿期的注意跟随
研究者雷歇勒·布鲁克斯（Rechele Brooks）和她的同事安德鲁·梅尔策夫（Andrew Meltzoff）（2005）发现，婴儿在 10 至 11 个月大时开始出现"注视追随"的行为。为什么说注视追随可能是婴儿的一个重要成就？
图片来源：视觉中国

2018）。当照料者和婴儿之间频繁地进行联合注意时，婴儿会说第一个单词的时间就比较早，掌握的词汇量也比较大。这些差异和后继学步儿阶段的语言和非语言认知能力的发展都有关联（Miller & Marcovitch, 2015）。一项例证性研究显示，9 个月大的婴儿参与联合注意的程度和他们的长时记忆（延迟 1 周）有关联，可能是因为联合注意加强了所注意事物各部分间的联系（Kopp & Lindenberger, 2012）。另一项针对 12 至 14 个月大的婴儿的研究则发现，当婴儿和另一人进行互动和联合注意的时候，他们的颞叶皮层的一个区域就被激活了（Hakuno & others, 2018）。在本书后面讨论语言的章节里，我们还要进一步讨论联合注意可作为较大婴儿和学步儿语言发展的一个早期预测指标。

婴儿期及后继的联合注意能力也和日后童年期里自律能力的发展有关。例如，一项详细的观察研究显示：母亲和学龄儿童之间的联合注意和孩子的自律能力以及其他鹰架支持下的学习能力有关；这些母亲和孩子在游戏中的注意行为也是动态的和互相协调的（Leith, Yuill, & Pike, 2018）。

> 童年期

在学前阶段，儿童的注意能力显著提高，不但表现在儿童的行为上，而且表现在脑活动和脑功能的测量指标上（Rueda, 2018）。学步儿总是四处走动，注意从一种活动转移到另一种活动，看上去似乎都没花什么时间关注任何物体或事件。与之形成对照的是，学前儿童可以一次看半个小时的电视。在一项经典研究中，研究者对 99 个家庭进行了户内观察，总观察时间长达 4,672 个小时，结果发现，儿童对电视的视觉注意能力在学前阶段大幅提高（Anderson & others, 1985）。不过，当代的证据显示，童年早期花费的屏幕时间过多和儿童的注意调控问题有关联（Anderson & Subrahmanyam, 2017）。

幼儿注意能力的进步尤其表现在两个方面：管理性注意和持续性注意。玛丽·罗斯巴特（Mary Rothbart）和玛丽亚·加特斯坦（Maria Gartstein）（2008, p. 332）论述了为什么管理性注意和持续性注意的进步在童年早期是如此重要：

一位母亲和婴儿期的女儿正在进行联合注意。这幅照片的哪些地方能告诉你联合注意正在发生？为什么说联合注意是婴儿发展的一个重要方面？
图片来源：视觉中国

第七章　信息加工　　**191**

当儿童从童年早期进入童年中晚期时，他们的注意力有哪些提高？
图片来源：视觉中国

发展链接

脑的发展

在童年中晚期，大脑区域激活状态的变化之一便是从较大的扩散的区域变成较小的、比较集中的区域，尤其是更多地涉及前额叶皮层的比较集中的激活状态。链接"身体的发展和健康"。

"管理性注意系统的发展支持着学步阶段和学前阶段迅速提高的有意识控制。在一定程度上，注意力的提高得益于儿童理解力的提高和语言的发展。当儿童能够更好地理解环境时，这种对周围事物理解能力的提升有助于他们把注意保持更长的时间。"

在某些日常活动和学前教育课程中，可以让儿童参与专门为他们设计的提高注意力的锻炼项目（Posner & Rothbart, 2007）。例如，在一种叫作眼神接触的游戏中，儿童围成一圈，教师坐在中央，要求每一个儿童必须捕捉住教师的眼神，然后才可以离开这个小组。在另一种改善注意的锻炼中，教师让儿童参与一种叫作"时行时止"（stop-go）的游戏；在这个游戏中，儿童必须听到一个特殊的信号（如击鼓的声音或特定的敲打节奏），然后才可以停止当前的活动。其他锻炼注意力的游戏还有许多，如"红灯绿灯"和"我说你做"（Simon Says），这些活动可以帮助儿童练习注意相关的信息而不理会不相关的信息。当代的一些方法则利用数字媒体（如电脑化的任务和游戏）来训练注意力（Posner, Rothbart, & Tang, 2015）。目前，这类可购买的商品化的游戏和工具很多。这些游戏以及其他类型的训练认知能力的方法在训练特定的技能方面往往是有效的；但在所练习的特定技能之外，这类训练并没有表现出普遍的效果（Kassai & others, 2019）。

儿童控制注意的能力在童年中晚期里继续出现一些重要变化（Cragg, 2016; Jiang & others, 2018）。外界刺激很可能会决定学前儿童的注意目标，换句话说，引人注目的或显眼的东西吸引着学前儿童的注意力。例如，如果让一个新奇的互动智能玩具来指导孩子解决某个问题，学前儿童很可能只注意玩具的外观而忽视它指导的内容，因为他们会强烈地受到玩具的声音、外观和动作等显眼特征的影响。6岁或7岁以后，儿童开始更加注意与完成任务或解决问题有关的要素，如指导的内容。因此，学龄儿童不再被环境中吸引眼球的刺激所控制，而是能够将自己的注意指向更加重要和更加相关的信息。这种变化反映了注意向认知控制的转变，从而使儿童变得较少冲动和较多思考。请回顾一下，本书前面曾提及，小学阶段认知控制能力的增强和大脑中发生的变化有关，尤其和前额叶皮层中更加集中的激活状态有关（Rueda, 2018）。

学前儿童控制和保持注意的能力和入学准备状态以及学业成绩有关。例如，一项样本包括了1,000多名儿童的经典研究显示，儿童在4.5岁时保持注意的能力与其入学准备状态（入学准备状态包括学习能力和语言能力）相关联（NICHD Early Child Care Research Network, 2005）。在另一项追踪研究中，研究者在儿童4.5岁时让其父母和教师评价儿童的注意能力，结果，那些4.5岁时注意问题比较少的儿童到小学一年级和三年级时在同伴关系方面表现出了更强的社交能力（NICHD Early Child Care Research Network, 2009）。

> 青少年期

虽然青少年在投放注意的效率方面存在着很大的个体差异，但一般情况下，他们的注意能力强于儿童。对青少年的认知发展来说，管理性注意和持续性注意非常重要。由于青少年需要参与较长时间跨度内才能完成的更大和更复杂的任务，保持注意的能力就成为他们能否成功完成任务的关键。管理性注意能力的提高为有效完成复杂学习任务所要求的大量意志努力提供了支持（Kim-Spoon & others, 2019）。

一个涉及分配性注意的趋势是青少年的多项任务化；有些情况下，他们不仅要把注意分配在两个任务上，甚至要分配在三个或更多的任务上（Mills & others, 2015）。影响多项任务化增长的主要因素是多媒体电子设备的普及。许多青少年拥有众多电子设备。即使一位青少年一边做家庭作业，一边用手机听音乐、上网冲浪、发短信，也不是什么稀奇的事情。一项 2015 年的全国性调查显示，超过 1/3 的青少年在驾车时收发短信（Li & others, 2018）。

对青少年来说，多项任务化是有益的还是分心的呢？
图片来源：Monkey Business Images/Shutterstock

这种多项任务化是有益的还是分心的呢？多项任务化扩大了青少年需要注意的信息范围并强迫大脑分享可用于信息加工的资源，这就可能使青少年的注意不能集中到当前最重要的任务上（Toh & others, 2019）。如果关键任务既复杂又有挑战性，如试图想办法解出一道家庭作业题目，多项任务化就会大大降低青少年对关键任务的注意。总的说来，那些参与多项任务活动较频繁的青少年在学业和认知方面的表现都比较差（May & Elder, 2018）。

在青少年期和成年早期，控制注意的能力是影响学习和思考的一个关键因素（Bjorklund & Causey, 2017）。此阶段可能干扰注意的分心因素主要来自外部的环境，如某个学生在努力听教师讲课而其他的学生却在私下里讲话，或某个学生上课时打开笔记本电脑进入脸书（Facebook）查看消息和朋友的相片。其他干扰注意的分心因素则可能来自个体脑海中的竞争性想法，诸如担心、自我怀疑和强烈的情绪等自我取向的心理活动尤其会影响到个体将注意集中到思考的任务上，还有可能影响到个体的心理健康（Blake, Trinder, & Allen, 2018）。

复习、联想和反思

学习目标 2
解释注意的概念并概述注意的发展变化。

复习
- 什么是注意？儿童投放注意有哪四种方式？
- 婴儿期注意是如何发展的？
- 童年期注意是如何发展的？
- 青少年期注意有哪些特点？

联想
- 在这一节里，你学习了联合注意的概念。对于成功应用最近发展区的教学策略来说，儿童参与联合注意的能力有什么重要意义？

反思你自己的人生之旅
- 想象你是一位小学老师，请设计一些课堂上帮助儿童集中注意的策略。

学习目标 3
叙述什么是记忆以及记忆是如何变化的。
- 什么是记忆
- 婴儿期
- 童年期
- 青少年期

第 3 节 记忆

第七章　信息加工　193

20世纪美国剧作家田纳西·威廉斯（Tennessee Williams）曾经评论道：除了此刻这个转眼即逝而无法捕捉的瞬间外，生命剩下的就只是记忆了。但是，当我们记住某些东西时，我们会做些什么呢？我们的记忆能力又是如何发展的呢？

> 什么是记忆

记忆（memory）对过去的信息的保持。

记忆是对过去的信息的保持。如果没有记忆，你就不能把昨天发生过的事和今天正在发生的事联系起来。如果你想一想我们把多少信息储存到了记忆里，再想一想我们又得提取多少信息来进行日常活动，你就会感到人类的记忆是多么神奇。

记忆的过程和类型　信息最初是如何被放入或被编码而进入记忆中的？信息在编码后是如何被保留或存储的？后来出于某种目的，信息又是如何被检索或提取的？这就是研究者们经常研究的内容（参见图2）。编码、存储和提取是记忆所需的基本过程。任何一个过程都有可能出现失误。例如，某一事件的某些部分可能没有被编码，关于该事件的心理表征可能没有被储存，或者即使有关的记忆是存在的，但你却无法将它提取出来。

在研究存储过程时，心理学家们根据记忆的持久性对记忆进行分类。**短时记忆**是一种容量有限的记忆系统，信息通常被保持15到30秒钟，若想使其保持得更长久些则需运用策略。**长时记忆**是相对持久和长期存在的记忆类型。当人们谈到"记忆"时，通常都是指长时记忆。当你回想起童年时喜欢玩的游戏，或回想起你初次约会的情景时，你所依靠的就是长时记忆。但是当你想起几秒钟前刚刚读过的词语时，你所使用的是短时记忆。

短时记忆（short-term memory）一种容量有限的记忆系统，在没有复述的情况下，信息通常被保持至多30秒钟。通过复述，个体可以将短时记忆中的信息保持较长时间。

长时记忆（long-term memory）一种相对持久和长期存在的记忆类型。

当心理学家们刚开始对短时记忆进行分析时，将其描述为里面摆满了架子的被动型仓库，信息在进入长时记忆之前就储存在架子上。但是，我们能够运用短时记忆中的信息做很多事情。例如，这个句子中的词是你短时记忆的一部分，你正在操纵这些词以便将它们组成一个有意义的整体。

工作记忆（working memory）一种心理"工作台"，人们在进行决策、解决问题、理解书面和口头语言时，就在这里操作和整合信息。

工作记忆的概念是用来描述我们在短时记忆中如何对信息进行操作的。**工作记忆**是一种心理"工作台"，人们在进行决策、解决问题、理解书面和口头语言时，就在这里操作和整合信息（Baddeley，2018）。许多心理学家更喜欢用工作记忆而不是短时记忆的概念来描述记忆是如何运作的。

图3展示的是艾伦·巴德利（Alan Baddeley）的工作记忆模型。请注意，该模型包括两个短时储存和一个中央处理器。两个短时储存中一个储存言语，一个储存视觉和空间信息。中央处理器的任务则是监管和控制整个系统：确定储存中有什么信息，将长时记忆中的信息与短时记忆中的信息联系起来，并将信息转移进长时记忆。

编码	存储	提取
使信息 进入记忆	长期 保留信息	将信息 从存储中提取出来

图2　记忆中的信息处理
当你阅读本章中关于记忆的许多方面时，请以这三个主要活动来思考记忆的组织。

工作记忆与儿童发展的许多方面相关联（Camos & Barrouillet, 2018）。例如，和工作记忆较弱的儿童相比，工作记忆强的儿童在阅读理解、数学能力和问题解决方面都要胜出一筹（Gray & others, 2017; Kroesbergen, van't Noordende, & Kolkman, 2014）。

以下四个近期的研究从不同角度说明了工作记忆在儿童认知发展中的重要作用：

- 工作记忆和执行功能可以预测少数民族低收入家庭幼儿初步出现的读写能力（Chang & Gu, 2018）。
- 母语为英语的四年级学生的工作记忆容量预测了他们学习汉语普通话词语的速度，而学习汉语普通话则是这些学生的外语教育的组成部分（Wei, 2015）。
- 对9岁和11岁儿童实施一项计算机化的工作记忆训练提高了儿童的阅读成绩（Loosli & others, 2012）。
- 幼儿园儿童工作记忆的评估结果成为预测这些儿童一年级结束时阅读和数学成绩以及认知灵活性的关键因素（Vandenbroucke, Verschueren, & Baeyens, 2017）。

记忆的建构 人的记忆不像智能手机，也不像电脑内存；我们并不是像电脑那样以比特（bit）为单位储存和提取数据。无论是儿童还是成人，都在不断地建构和重新建构他们的记忆（Camos & others, 2018; De Brigard & Parikh, 2018）。

图式理论 **图式理论**认为，人们会按照已经存在于头脑中的信息来形成记忆。这个过程是在图式的指导下进行的，而**图式**则是用来组织概念和信息的心理框架。假定一位篮球迷和一位来自没有篮球运动的国家的游客正在同一家饭店里吃饭，并无意中听到别人在谈论昨天晚上的篮球比赛。因为这位游客头脑中没有关于篮球信息的图式，所以他（她）很可能会比那位球迷更容易听错别人的谈话。或许这位游客还可能用另外一项运动的图式来解释所听到的内容，从而建构了一条关于所听谈话的错误记忆。

图式影响着我们编码、解释和提取信息的方式。面对新的信息，我们总是从已有的图式出发来建构它，而不是对它进行精确记录。所以，当我们的头脑对某一事件的印象进行编码和储存时，就可能会歪曲事实。当提取信息时，我们通常也会用零碎的信息填补其中的空缺。

模糊痕迹理论 查尔斯·布雷纳德（Charles Brainerd）和瓦莱丽·雷纳（Valerie Reyna）（Holliday, Brainerd, & Reyna, 2011）提出了另外一种关于个体如何建构记忆的理论，即**模糊痕迹理论**。模糊痕迹理论认为，当个体对信息进行编码时，会创造两种类型的记忆表征：（1）逐字的记忆痕迹，由精确的细节组成；（2）模糊痕迹或要点，反映信息的核心内容。例如，假定向一位儿童呈现一个宠物店的信息：店里有10只鸟、6只猫、8条狗和7只兔子。然后问这位儿童两类问题：（1）逐字的问题，如"这个宠物店里有几只猫？是6只还是8只？"（2）要点问题，如"这个宠物店里是猫多还是狗多？"研究者发现，学前儿童更倾向于记住逐字信息而不是

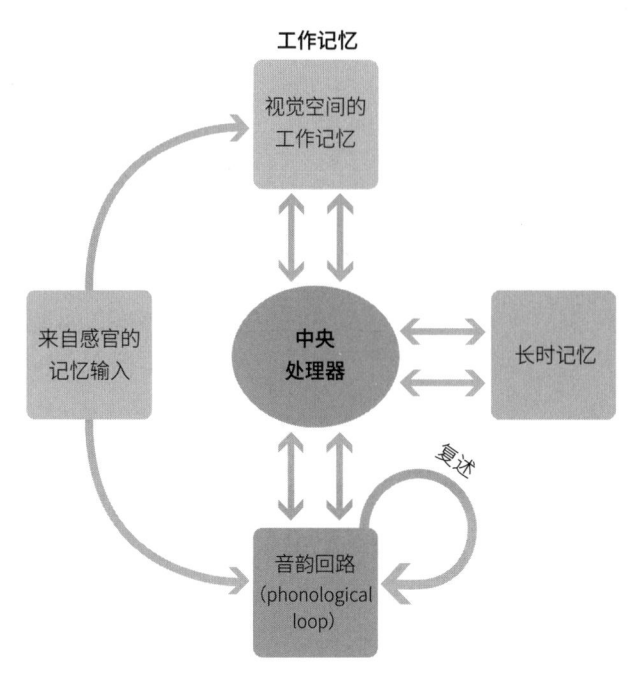

工作记忆

图3 工作记忆
在巴德利的工作记忆模型中，工作记忆就像是一个心理工作台，在这里进行着大量的信息加工工作。工作记忆包括三个主要的组成部分：音韵回路和视觉空间的工作记忆充当助手，共同辅助中央处理器工作。来自感官记忆的信息输入进入到音韵回路，关于言语的信息在此储存并被复述。视觉空间的工作记忆负责储存视觉和空间的信息，包括表象。工作记忆是一种容量有限的系统，信息在这里只作短暂的储存。工作记忆与长时记忆不断互动，利用来自长时记忆的信息进行工作，并把信息传递到长时记忆中以便长期储存。最近，巴德利在模型中又添加了"情节缓冲器"（episodic buffer），以帮助解释关于记忆的时间和位置的信息是如何被储存和使用的。

图式理论（schema theory）该理论认为，人们会按照已经存在于头脑中的信息来重新建构信息。

图式（schemas）用来组织概念和信息的心理框架。

发展链接

性别
性别图式理论强调儿童的性别图式，而性别图式依据男性和女性来组织世界。链接"性别"。

模糊痕迹理论（fuzzy trace theory）该理论认为，最好通过如下两种类型的记忆表征来理解记忆：（1）逐字的记忆痕迹；（2）模糊痕迹或要点。根据这一理论，较年长儿童较好的记忆可归因于他们通过概括信息的要点而创建的模糊痕迹。

第七章 信息加工 **195**

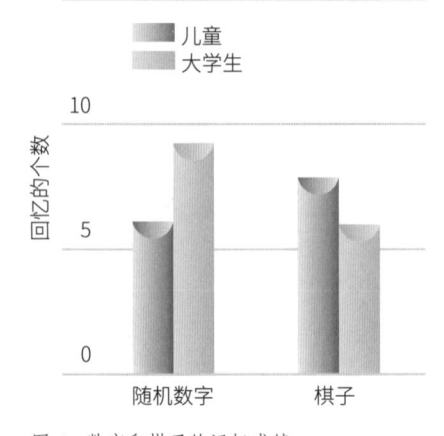

图 4　数字和棋子的记忆成绩

请注意，当研究者向两个组呈现一串随机数字，然后要求他们回忆记住的数字时，大学生组的成绩较好。但是，这些有着下棋经验的 10 岁和 11 岁儿童（"专家组"）对棋子在棋盘上所在位置的记忆成绩好于没有下棋经验的大学生（"新手组"）（Chi, 1978）。

要点信息，而小学儿童和成年人则更可能记住要点信息（Kiraly & others, 2017）。和学前儿童相比，小学儿童越来越多地使用要点信息这一特点可用来解释为什么他们的记忆能力比前者有所提高，因为模糊痕迹比逐字痕迹更不容易遗忘（Reyna & Rivers, 2008）。

内容知识和专长　我们对有关事物的新信息的记忆能力取决于我们对该事物的已有知识（Gobet, 2018）。很多研究通过对比专家和新手来考察知识对记忆的影响（Ericsson & others, 2018）。专家对特定的内容领域已有深入的了解；这些知识影响着他们注意什么，也影响着他们如何组织、表征和解释信息，这又反过来影响着他们的记忆、推理和解决问题的能力。当个体对某个特定的话题具有专长时，他们在记忆和这一话题相关的材料方面也会表现良好。

例如，一项例证性研究将一组 10 至 11 岁的精于下棋的儿童（"专家组"）和一组不会下棋的大学生（"新手组"）进行比较；结果发现，儿童组比大学生组能够记忆更多与棋有关的信息（Chi, 1978）（参见图 4）。不过，当改换与棋无关的记忆任务时，大学生组的记忆成绩则优于儿童组。因此，尽管儿童比大学生年龄小得多，儿童的下棋专长却使得他们在记忆棋子方面胜过了大学生，但是他们的优势也只是表现在和下棋有关的方面。

在专长方面，存在着发展性的变化。年龄较大的儿童在某个话题上的专业知识通常优于年龄较小的儿童，这就有助于前者在这一话题上的记忆也更好些。不过要记住，专业知识总是在家庭、学校、邻里和文化等更广泛的情境中获得的。在关于记忆的研究中，研究者们一般还没有深入地考察社会文化因素可能产生的影响。在"链接　多样性"专栏里，我们将探讨文化对儿童记忆的影响。

> 婴儿期

著名育儿专家佩内洛普·利奇（Penelope Leach, 2010）曾对父母们说，6 到 8 个月大的婴儿还不能在脑海中保留父母的样子。但是，如今儿童发展研究者们已经发现，小至 3 个月大的婴儿就已表现出一些记忆（Howe, Courage, & Rooksby, 2009）。

最初的记忆　卡罗琳·罗韦－科利尔（Rovee-Collier & Barr, 2010）的研究已经证明，婴儿能够记住感知运动信息。在一个很有特色的实验中，她把婴儿放在婴儿床上，床上方挂一件精美的可移动物品，带子的一端系在婴儿脚踝上，另一端系在可移动物品上。婴儿会踢腿以便使可移动的物品活动（参见图 5）。几周后，婴儿被再次放回婴儿床，但没有将婴儿的脚系在可移动物品上。尽管如此，婴儿仍然做出踢腿动作，这显然是想让物品活动。但是，如果物品的外观有所变化，哪怕是微小的变化，婴儿就不会踢腿。如果再将物品完全恢复到原来的样子，婴儿则又开始踢腿。根据罗韦－科利尔的研究结果，小至 2.5 个月大的婴儿就已经具有令人难以置信的关于细节的记忆了。

婴儿的记忆好到什么程度呢？有些研究者（如罗韦－科利尔）已经得出结论，婴儿到 1.5 至 2 岁时仍能记得 2 至 6 个月大时的某些经验（Rovee-Collier & Barr, 2010）。然而，在罗韦－科利尔的实验中，婴儿所表现出来的仅仅是内隐记忆（Jabès & Nelson, 2015; Mandler, 2012）。**内隐记忆**是指不需要有意识回忆的记忆，是练习和重复后形成的自动进行的技能和常规性程序的记忆，如对骑

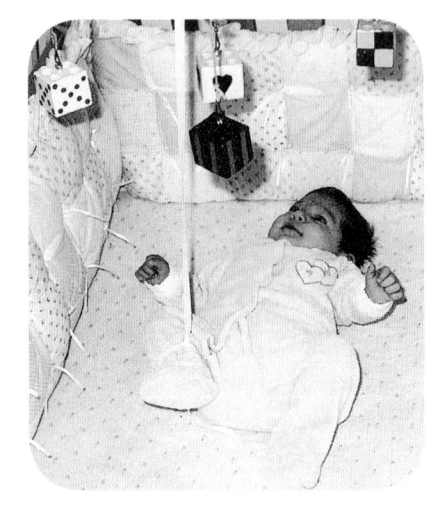

图 5　罗韦－科利尔使用的研究婴儿记忆的方法

在罗韦－科利尔的实验中，小至 2.5 个月大的婴儿就能保留条件反射学习中的经验信息。在这个实验中，婴儿回忆的是什么？

图片来源：Dr. Carolyn Rovee-Collier

链接 多样性

文化和儿童的记忆

文化可以使其成员对某些物体、事件和策略更加敏感，从而影响他们记忆的特点（Bauer & Fivush, 2013; Wagoner, 2017）。根据图式理论，儿童的背景因素会在图式中留下编码，从而反映在儿童重新建构故事的方式上。文化背景对记忆的这种影响被称为文化特殊性假说（cultural-specificity hypothesis）。该假说认为，文化经验决定了一个人生活中相关的东西，从而也就决定了这个人会记住什么。例如，请想象有一个孩子生活在太平洋的一个偏僻的小岛上，其父母靠打鱼为生。那么，这个孩子对于天气如何影响打鱼的记忆就可能特别发达。但是，如果要求他（她）记住并回忆大农场或山上伐木场里的一份工作的细节，他（她）就可能感到非常困难。

儿童使用什么样的记忆策略，不同文化之间也可能存在差异，这方面的差异有些是由学校教育造成的（Packer & Cole, 2016）。受过学校教育的儿童更可能将事物按照类别进行分组，这样做可以帮助他们记住这些事物。学校教育也为儿童提供了专门化的信息加工任务，如要求儿童在一个较短的时间内运用逻辑推理记住大量的信息，这就可能产生专门化的记忆策略。不过，还没有证据表明学校教育可以增加记忆容量本身，学校教育影响的只是记忆的策略（Packer & Cole, 2016）。

脚本是一个事件的梗概。在一项较早但很能说明问题的研究中，研究者让一组美国青少年和一组墨西哥青少年回忆基于脚本的故事（Harris, Schoen, & Hensley, 1992）。结果，在回忆关于约会的脚本时，如果故事情节中没有保护人陪伴，美国青少年的回忆成绩更好，但如果故事情节中有保护人陪伴，则是墨西哥青少年的回忆成绩更好，这和各自文化中的常见做法是一致的。

在另一项研究中，研究者比较美国儿童与来自中国和韩国的儿童的自传性叙述。结果，美国儿童尤其是美国女孩所做的叙述"比中韩儿童所做的叙述更长、更详细、更加个人化（既表现在提及自己方面，也表现在对内心状态的描述方面）。这一差异和各自的文化对过去事件的态度相一致。在谈论过去的事情时，美国的母亲和孩子都更加热心并侧重于独立自主的话题，而韩国的母亲和她们的孩子之间较少谈论过去的事情，即使谈论也不那么详细……"（Bauer, 2006, p. 411）

家族的叙事和故事把上代人的记忆传递给下代人。在那些个人之间高度相互依赖的文化中，这样的家族记忆也许特别重要（Reese & others, 2017）。

马里一所学校的学生在上课。学校教育可能如何影响这些学生的记忆？
图片来源：视觉中国

在许多不同的文化中都有指导下的参与。指导下的参与如何强化文化对记忆的影响？

自行车技能的记忆。与之形成对照的是，**外显记忆**是指对事实和经验的有意识的记忆。

当人们谈论长时记忆时，通常指的都是外显记忆。大多数研究者发现，婴儿直到出生后第一年的后半年才能表现出外显记忆（Bauer, 2013）。从那以后，外显记忆在第二年里显著发展（Bauer & others, 2000）。和较小的婴儿相比，较大的婴儿表现出更准确的记忆，需要的提示也比较少。图6总结了不同年龄的婴儿能够记得信息的时间跨度（Bauer, 2009）。6个月大的婴儿能够将信息保持24小时，但是到20个月大时，婴儿能够记得他们12个月前接触到的信息。

婴儿记忆的发展和头脑中的哪些变化有关呢？大约从6个月大到12个月大时，

内隐记忆（implicit memory）不需要有意识回忆的记忆，是对自动进行的常规性活动的记忆。

外显记忆（explicit memory）对事实和经验的有意识的记忆。

年龄组	延迟时间
6个月大	24小时
9个月大	1个月
10至11个月大	3个月
13至14个月大	4至6个月
20个月大	12个月

图6 记忆发生的时间跨度和年龄增长的关系

资料来源：Bauer, P. (2009). Learning and memory: Like a horse and carriage. In A. Needham & A. Woodward (Eds.), Learning and the infant mind. New York: Oxford University Press.

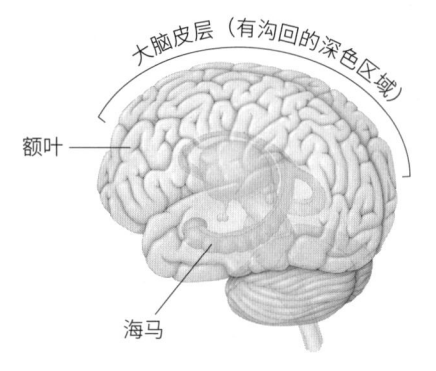

图7 和婴儿期外显记忆发展有关的重要脑组织

海马及其周围大脑皮层尤其是额叶皮层的成熟为外显记忆的出现提供了必要条件（Bauer & Fivush, 2013; Jabès & Nelson, 2015）（参见图7）。在出生后的第二年里，这些脑组织进一步成熟，它们之间的连接进一步增加，外显记忆也随之继续发展。但是，我们对涉及婴儿内隐记忆的大脑区域仍然知之不多。

婴幼儿健忘症 现在让我们考察长时记忆的另一方面。你记得自己的三岁生日聚会吗？可能不记得。大多数成年人都不记得生命头三年里发生的事，即使有些记忆，也只是一点点（Riggins & others, 2016）。这一现象被称为婴幼儿健忘症。成人对自己两三岁时有记忆的事例极少，所记忆的内容也非常粗略（Howe, Courage, & Rooksby, 2009）。小学儿童对童年早期的事情也记得不多。

婴幼儿健忘症的原因是什么？年龄较大的儿童和成人对婴儿期和童年早期发生的事情回忆困难的原因之一就是那时候大脑的前额叶尚未发育成熟，而大脑的前额叶及其与海马形成的连接网络被认为在长时记忆方面发挥着重要的作用（Jabès & Nelson, 2015; Riggins & others, 2016）。

总之，虽然大多数年幼婴儿对感知运动方面的内隐记忆发展得相当不错，但他们的有意识记忆显得比较弱，保留的时间也不长（Bauer, 2013; Mandler, 2004）。到婴儿期结束时，长时记忆开始变得更加重要和可靠。

> 童年期

婴儿期过后，儿童的记忆力显著提高（Bauer & Fivush, 2013; Bjorklund & Causey, 2017）。学前儿童的长时记忆有时会显得捉摸不定，不过，如果给予适当的线索和提示，幼儿就能够记住大量的信息。

儿童比成年人记得少的一个原因就是他们在大多数领域里不如成年人知道的多，但他们不断增长的知识会促进他们的记忆发展。例如，一个儿童对参观农场时所见所闻的叙述能力在很大程度上就取决于她对农场已有的了解，如在那里一般可以见到哪些动物，如何喂养和照看动物，等等。如果某个儿童对农场了解甚少，她在叙述农场之行的见闻时就会很吃力。

模糊痕迹理论使我们联想到了童年期记忆发展的另一种途径。让我们回顾一下前文中的有关论述，年幼儿童倾向于以逐字痕迹的方式编码、储存和提取信息，而小学儿童则开始更多地使用要点。越来越多地使用要点有可能产生更持久的信息记忆痕迹。另外，促使儿童记忆力提高的其他原因还包括记忆广度和记忆策略的变化。

记忆广度 和长时记忆不同，短时记忆的容量非常有限。评估容量的一种方法就是采用记忆广度的任务。这种任务颇为简单。你只需听他人快速（如一秒钟一个）念出一小串刺激（如数字），然后你来重复这些数字。

以记忆广度任务作为测试工具，研究者们发现，短时记忆在童年期里不断增长（Schneider, 2011）。例如，一项经典调查显示，记忆广度从2岁时的2个数字增长到7岁时的5个数字。在7岁到12岁期间，记忆广度仅仅增加了1.5个数字（Dempster, 1981）（参见图8）。但是请记住，不同的个体有着不同的记忆广度。

记忆广度为什么会随着年龄的增长而变化呢？信息加工的速度很重要，对记忆内容进行识别的速度尤其重要。例如，一项重要的早期研究测试了儿童对口头呈现的单词的重复速度（Case, Kurland & Goldberg, 1982）。重复速度是记忆广度的一个强有力的预测指标。确实，当重复速度被控制时，6岁儿童的记忆广度就和初成年者相同。对信息的复述也很重要，年长儿童比年幼儿童能进行更多次的数字复述。

策略　学会应用有效的策略是改善记忆的一个重要方面（Dawson & Guare, 2018）。复述仅仅是多种记忆辅助策略之一。复述对短时记忆的促进作用强于长时记忆，而如下几种策略则有助于儿童长期地保存信息。

组织　如果儿童对信息进行编码时能按照逻辑对信息加以组织，就会有助于记忆。让我们来看如下的证明：请你用最快的速度回忆出 12 个月的英文名称。你用了多长时间？是按什么顺序回忆的？你可能会说"用了几秒钟""按时间先后的顺序"。现在，请你按字母顺序回忆出这些月份的名称。你出错了没有？用了多长时间？很明显，你对 1 年中 12 个月份的记忆是按某种特定的方式加以组织的。

到了童年中期或晚期，组织成为年龄较大儿童（和成人）通常使用的策略，这可以帮助他们记忆信息。与此形成对照的是，年幼的学前儿童一般不使用组织之类的策略（Schneider & Ornstein, 2015）。

精细加工　另一种重要策略是精细加工，是指对信息进行更深入的处理。当个体运用精细加工策略时，记忆就会增强。对信息精细加工的方法之一是思考有关的事例。例如，自我参照便是对信息进行精细加工的一种有效途径。思考自己与信息之间的联系可以使信息更有意义，从而有助于儿童记住该信息。

精细加工策略的使用随年龄而变化，加强这一策略的使用可以对童年期的记忆和注意能力产生积极影响（Jonkman, Hurks, & Schleepen, 2016; Schneider, 2015）。与儿童相比，青少年更可能自发地使用精细加工策略。教师可以教会小学生在某项学习任务上使用精细加工策略，但与青少年相比，小学生在后继另外的学习任务上继续使用这一策略的可能性较小。不过，即使对年幼的小学生而言，言语上的精细加工也是一种有效的策略。

表象　创建心理表象是提高记忆力的另一种策略。然而，与年幼儿童相比，年长儿童运用表象来记忆语言信息的效果更好。不过，心理表象可以帮助年幼小学生记住图画（Schneider, 2015）。

教学策略　至此，我们已经叙述了好几种加强记忆的重要策略，成年人可以用这些策略来指导儿童更加有效地记忆那些需要长久保持的信息。这几种策略包括指导儿童组织信息、对信息进行精细加工和创建信息的表象。另一种有效的策略是鼓励儿童努力理解需要记忆的材料，而不是死记硬背。另外，有人又提出了两种成人可用以指导儿童保持记忆的策略：

- 用变化的形式重复所教的信息，将其和早先的信息链接起来并经常链接。这是记忆发展研究专家帕特里夏·鲍尔（Patricia Bauer, 2009）为巩固和再巩固儿童所学知识提出来的建议。围绕教学主题的变式增加了记忆储存中联系的数量，创建链接则扩展了记忆储存中的联系网络。这两种做法都可以增加从储存中提取信息的路径。
- 教学时埋置和记忆相关的语言。在使用和记忆相关的语言来鼓励学生记忆方面，教师之间差别很大。在一项研究中，彼德·奥恩斯坦（Peter Ornstein）和他的同事们

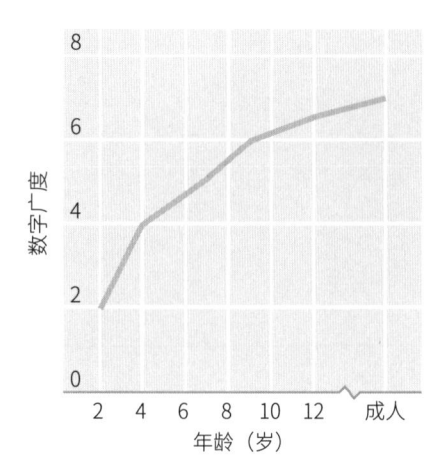

图 8　记忆广度的发展
一项经典研究显示：从 2 岁到 7 岁，记忆广度增加了约 3 个数字（Dempster, 1981）；到 12 岁，记忆广度平均又增加了 1.5 个数字。

在指导儿童长时记忆方面，有哪些好的教学策略？
图片来源：视觉中国

第七章　信息加工　　**199**

(Ornstein & others, 2010) 对许多一年级教师的课堂教学进行了深入的观察，结果发现，在研究者观察的时段里，教师很少提出策略性建议或元认知（对思考的思考）方面的问题。在这一研究中，当成绩差的学生被安排到那些教师教学时不断地埋置和记忆有关信息的班级时，这些学生的学习成绩提高了。

记忆重构和儿童作为目击证人　和成人的记忆一样，儿童的记忆也是通过建构和重新建构形成的。儿童具有各种信息的图式，这些图式影响着他们如何对信息进行编码、储存和提取。如果教师在课堂上给学生讲一个故事，故事中有两男两女在法国遭遇了火车碰撞事故。学生们不会记住故事的每个细节，而是会对故事进行重新建构，并且加上个人的印记。某个学生可能会把故事重构成主人公死于飞机失事，另一个学生可能会说故事里有三男三女，还有一个则可能会说事故发生在德国，等等。

　　重构和歪曲记忆最明显的例子莫过于庭审时目击证人提供相互矛盾的证词。研究者特别关注证人对暗示的易感性及其对记忆改变的影响（Otgaar & others, 2018）。让我们来看一项针对曾经游览过迪士尼乐园的人所做的研究（Loftus, 2003）。研究者让四组被试阅读关于迪士尼乐园的游览广告，然后回答调查问卷中的问题。第一组被试看的广告上没有卡通人物；第二组看的广告与第一组相同，但他们还看到一个厚纸板做的 4 英尺高的兔八哥；第三组看了一段假广告，说迪士尼乐园里有兔八哥；第四组的广告与第三组一样，但同时还看到了厚纸板做的兔八哥。研究者问被试是否曾经在迪士尼乐园里看到过兔八哥。第一组和第二组被试中不到 10% 的人说自己曾经在迪士尼乐园里看到过兔八哥，而第三组和第四组被试中大约 30% 到 40% 的人回忆说自己曾经在那里见到过兔八哥。虽然兔八哥是华纳兄弟公司的卡通人物，根本不可能在迪士尼主题公园里出现，但参与者们被广告说服了，于是相信自己曾经在迪士尼乐园里见到过兔八哥。

　　如下关于儿童作为目击证人的研究表明，众多的因素可能会影响到年幼儿童记忆的准确性：

- *儿童对暗示的易感性存在年龄差异。* 和年龄较大儿童或成人相比，学前儿童处于最容易受暗示影响的年龄段（Ceci, Hritz, & Royer, 2016）。例如，学前儿童更容易相信事件发生以后所给出的误导和错误信息。尽管存在着这样的年龄差异，但人们也关注年龄较大儿童在接受带有暗示性的访谈时的反应（La Rooy, Brown, & Lamb, 2013）。
- *在易感性方面存在个体差异。* 有些学前儿童以及年龄较大儿童对访谈者的暗示具有很强的抵抗力，而有些则会立刻屈从于哪怕是很小的暗示（Klemfuss & Olaguez, 2018）。
- *访谈方法有可能导致儿童对重要事件的报告产生很大的歪曲。* 儿童不仅在次要的细节上容易受暗示，在事件的主要方面也容易受暗示。当儿童确实准确地回忆起有关某事件的信息时，访谈者通常采用的是中立的语气，没有什么误导性的提问，儿童也没有任何做虚假陈述的动机（Malloy & others, 2012; Turoy-Smith & Powell, 2017）。

　　总之，年幼儿童作为目击证人能否提供准确的证词依赖于多种因素，包括儿童受到暗示的类型、次数，以及暗示的强度。

	语言任务			视觉空间任务	

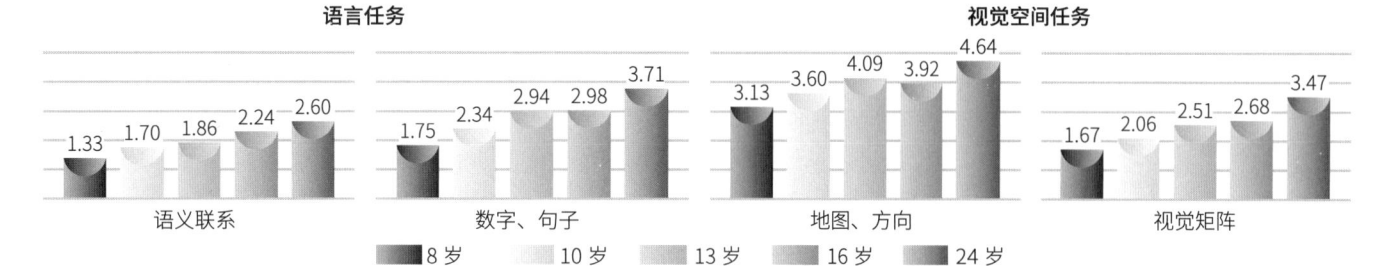

图中数据：
- 语义联系：1.33、1.70、1.86、2.24、2.60
- 数字、句子：1.75、2.34、2.94、2.98、3.71
- 地图、方向：3.13、3.60、4.09、3.92、4.64
- 视觉矩阵：1.67、2.06、2.51、2.68、3.47

图例：8岁　10岁　13岁　16岁　24岁

图 9　工作记忆的发展变化

注：图中的分数是每个年龄组的平均值，年龄也是各组的平均年龄。较高的分数表示工作记忆较强（Swanson，1999）。

> **青少年期**

和针对童年期的研究相比，针对青少年期记忆变化的研究很少。如图 8 所示，记忆广度（记忆广度是短时记忆的一个指标）在青少年期有所增长。也有证据表明工作记忆在这一阶段有所发展。一项深入的横向研究同时考察了 6 岁至 57 岁的被试完成语言和视觉空间工作记忆任务的情况（Swanson，1999），结果显示（参见图 9），从 8 岁到 24 岁，工作记忆大幅增强，不管是哪种任务，都是如此。另一采用脑影像技术的研究发现，青少年和初成年者工作记忆提高的原因是特定脑区域神经功能的转变（Simmonds, Hallquist, & Luna, 2017）。因此，青少年期很可能是工作记忆提高的一个重要发展阶段。同时，在向成年期过渡期间及以后，工作记忆仍然继续提高。

复习、联想和反思

学习目标 3　叙述什么是记忆以及记忆是如何变化的。

复习
- 什么是记忆？记忆有哪些重要的过程和类型？
- 婴儿期记忆是如何发展的？
- 儿童期记忆是如何变化的？
- 青少年期记忆是如何变化的？

联想
- 在这一节，我们学习了和记忆有关的图式概念。在前一章，我们讨论过皮亚杰发展理论中的图式概念。这两个概念之间有什么相同和不同之处？

反思你自己的人生之旅
- 你最早的记忆是什么？你认为你为什么能记住这一特定的情景？

第 4 节　思维

学习目标 4　叙述思维及其发展变化的特点。
- 什么是思维
- 婴儿期
- 童年期
- 青少年期

注意和记忆通常会迈向信息加工的另一个层次：思维。什么是思维？它是如何随着发展而变化的？儿童的科学思维是什么样子的？他们是如何解决问题的？现在就让我们来探讨这些问题。

第七章　信息加工　　201

思维（thinking）在记忆中对信息进行操作和转化。人们之所以要思考，目的是进行推理、反思、评价观点、解决问题以及做出决定。

概念（concepts）在认知上将相似的事物、事件、人或观点进行分类。

图10 9至11个月大婴儿的分类
这些是该研究使用的刺激物。结果显示：尽管鸟和飞机的知觉特点相似，但婴儿能把鸟归为动物，把飞机归为交通工具（Mandler & McDonough, 1993）。

> 婴儿不停地创造概念并将他们的世界组织成一个个概念域，这将成为他们一生思维的脊梁。
>
> ——琼·曼德勒
> 当代心理学家（加州大学圣迭戈分校）

> 什么是思维

思维是在记忆中对信息进行操作和转化，是图3巴德利工作记忆模型里的中央处理器的工作。我们之所以要思考，目的是进行推理、反思、评价观点、解决问题以及做出决定。现在就让我们来探讨思维是如何随着发展而变化的，首先从婴儿期开始。

> 婴儿期

研究者对婴儿期思维的兴趣主要集中在概念的形成和分类上（Gelman, 2013; Rakison & Lawson, 2013）。**概念**是在认知上将相似的事物、事件、人或观点进行分类。如果没有概念，你就会把每一件事物或事件都看成是独一无二的，你将无法进行任何概括。

婴儿有概念吗？有，虽然我们不知道婴儿最早在何时开始形成概念（Ferguson & Waxman, 2017）。

采用习惯化实验法，一些研究者已经发现，小至三四个月大的婴儿就能够根据类似的外部特征将物体进行分类，如将动物分类（Quinn, 2016）。这类研究所依据的原理是：和熟悉的物体相比，婴儿更可能注视新奇的物体。

琼·曼德勒（Jean Mandler, 2012）认为，这些早期的分类最多只能称为知觉分类。也就是说，这种分类是基于物体相似的知觉特点，如大小、颜色、运动状态，或者属于物体的一部分，如动物的腿。她认为，要到7至9个月大时，婴儿才能形成*概念*上的类别，而不只是从知觉上区分不同类别的物体。例如，在一项针对9至11个月大婴儿的例证性研究中，尽管鸟和飞机的知觉特点相似，即都有展开的翅膀，但婴儿能把鸟归入动物类，把飞机归入交通工具类（Mandler & McDonough, 1993）（参见图10）。

分类能力在出生后的第二年里进一步发展（Poulin-Dubois & Pauen, 2017）。婴儿期许多最初的概念在性质上都是很宽泛的，如"食物"或"动物"。随着第二年里认知发展的进步，这些类别变得更加准确和分化，如从"水果"到"苹果"，从"会飞的动物"到"鸟"。同时，在第二年里，婴儿通常依据物体的形状进行分类，这一策略一直要沿用到童年早期（Ware, 2017）。

学习将事物归入正确的类别（是什么使得某件东西属于这一类而不是那一类，比如是什么使这只鸟属于鸟，那条鱼属于鱼的）是学习的一个重要方面。正如婴儿发展研究者艾利森·戈普尼克（Alison Gopnik, 2010, p. 159）所指出的："如果你能够将世界归入正确的类别（把事物放进正确的盒子里），你就在理解世界方面取得了一个重大的进步。"

一些很年幼的儿童会不会对某类特定的事物或活动形成强烈和充满激情的兴趣呢？会的！从婴儿晚期到童年早期，这种兴趣频频出现。同时，一项研究还发现幼小儿童在类别偏爱上已经表现出明显的性别差异，男孩比女孩更容易对特定事物、特定类别和重复的步骤形成强烈的兴趣，而女孩比男孩更偏爱创造性的和交往性的活动（Neitzel, Alexander, & Johnson, 2019）。本书的一位作者的孙子亚历克斯（Alex）18至24个月大时，对车辆产生了浓厚的兴趣。例如，在这个阶段，他把车辆分成了几个亚类：轿车、卡车、推土车和巴士。按照常规的分类，他又进一步把轿车分为警车、吉普车、出租车等，把卡车分为救火车、垃圾车等。除此之外，亚历克斯的分类知识中还包括将推土车分为推土机和挖掘机，将巴士分为校车、伦敦巴士

亚历克斯两岁时对车辆表现出强烈和充满激情的兴趣。图中的他正在玩伦敦出租车和马耳他老式巴士。
图片来源：Dr. John Santrock

图 11　关于幼儿执行功能的研究
研究者斯特凡妮·卡尔森（Stephanie Carlson）已进行过多项关于幼儿执行功能的研究。在一项研究中，研究者向一组幼儿朗读幻想小说《颠倒的星球》（这个星球上所有东西都是颠倒的），向另一组幼儿朗读现实小说《有趣的小镇》（Carlson & White, 2013）。听完故事后，研究者让儿童完成一项叫作"少即是多"的任务。在这一任务中，研究者端出两盘糖果，一盘 2 块，一盘 5 块；让儿童挑出一盘，并告诉儿童他们挑出的这盘将给坐在桌旁的绒毛玩具动物吃。3 岁儿童完成该任务有困难，他们倾向于挑出自己想要的那一盘，结果反而给了玩具动物。在听了《颠倒的星球》故事的 3 岁儿童当中，60% 挑出了少的盘子，于是把多的盘子留给了自己；而那些听了比较现实的故事的儿童当中，只有 20% 挑选了糖果少的盘子。这一结果说明，可能是关于幻想的颠倒世界的知识帮助了幼儿更加灵活地思考。
图片来源：vwPix/Shutterstock

和马耳他老式巴士（指马耳他岛上的仿古巴士）。后来，到两三岁时，亚历克斯又对恐龙的分类产生了浓厚兴趣。

总之，婴儿在信息加工方面的进步（通过注意、记忆、模仿和概念形成）要比皮亚杰等早期理论家想象的更加丰富，更加渐进（阶段性更模糊），出现的也更早（Bauer, 2009; Bjorklund & Causey, 2017; Mandler, 2012; Quinn, 2016）。

> 童年期

为了探讨童年期的思维，我们将考察四种重要的思维类型：执行功能、批判性思维、科学思维、问题解决。

执行功能　最近，人们对儿童的**执行功能**发展的研究兴趣有所提高。执行功能是一个总的概念，它包括和大脑前额叶皮层的发展相联系的许多高级认知过程。执行功能涉及对思维进行管理，以便进行目标取向的行为和执行自我控制（Carlson, Zelazo, & Faja, 2013; Miller & Marcovitch, 2015）。在本章前面，我们叙述了最近人们对管理性注意的兴趣，管理性注意就是执行功能的一个方面。

在童年早期，执行功能尤其涉及认知性抑制（如抑制一个很强但不正确的意向）的发展、认知灵活性（如把注意转移到另一话题或事物）的发展、目标确立能力（如分享玩具或掌握某项技能，如接球）的发展和延迟满足能力（为后来的愉悦或奖励而放弃当前的）的发展（McDermott & Fox, 2018）。在童年早期里，主要受刺激驱动的学步儿逐渐转变为具有灵活的和目标取向的问题解决能力的儿童，这正是执行功能的特点（Zelazo, 2015）。图 11 描述了一项关于幼儿执行功能的研究（Carlson & White, 2013）。

研究者们已经发现，学前阶段的执行功能的进步和入学准备有关联（Ursache, Blair, & Raver, 2012）。父母和教师在执行功能的发展方面发挥着重要的作用。安·马斯藤（Ann Masten）和她的同事们（Masten, 2013; Masten & others, 2015）发现，执行功能与育儿技能、无家可归孩子在学校中的成功存在关联。马斯藤相信，执行功能和育儿技能之间存在着联系。用她的话说："当我们看到孩子有着

执行功能（executive function）一个总的概念，包括和大脑前额叶皮层的发展相联系的许多高级认知过程。涉及对思维进行管理，以便进行目标取向的行为和执行自我控制。

发展链接

大脑

大脑的前额叶皮层是许多执行功能发生的地方。链接"身体的发展和健康"。

良好的执行功能时,我们通常会看到孩子身边的成年人也是良好的自律者……父母是孩子的榜样,他们支持和引导着这方面的能力(Masten, 2012, p. 11)。"越来越多的证据支持马斯藤的观点(Deater-Deckard & Sturge-Apple, 2017)。

童年中晚期里执行功能是如何变化的?这方面的变化和儿童的学业成功可能存在怎样的联系?有研究表明,执行功能的如下几个方面对4岁至11岁儿童的认知发展和学业成功具有特别重要的影响(Diamond & Lee, 2011; Kassai & others, 2019):

- *自我控制／抑制*。儿童需要发展自制力才能够持续地在学习任务上集中注意,才能够抑制重复错误答案的倾向,也才能够抵制做出些日后可能后悔的事情的冲动。
- *工作记忆*。当儿童从低年级升向高年级以及离开学校以后,他们都需要高效率的工作记忆来处理将会遇到的大量的信息。
- *灵活性*。儿童需要具有思维的灵活性,才能考虑到不同的策略和观点。

有些研究者发现,与一般智商相比,执行功能以及与自制力的相关方面可以更好地预测入学准备程度(school readiness)(Duckworth & others, 2019)。也有些研究者发现,很多形式不同的活动可以改善儿童的执行功能,如用来提高工作记忆的电脑化游戏训练(CogMed, 2013)、有氧运动(Chu & others, 2017)、正念训练(mindfulness)(如"心智的工具"项目)(Blair & Raver, 2014),以及某些类型的学校课程,如蒙台梭利课程(Diamond, 2013; Lillard, 2016)。

此外,一项针对抑制性控制(即执行功能的另一重要层面)的长期的大规模纵向研究发现:那些具有较好抑制性控制能力(能够等待轮到自己、不容易分散注意、更能坚持、较少冲动)的3至11岁的儿童,到青少年期时更可能仍在学校里上学,较少参与冒险行为,并不大可能参与吸毒(Moffitt & others, 2011)。第一次评估后30年,那些原来具有较好抑制性控制能力的个体身体和心理健康状况都比较好(如他们肥胖的可能性较小),职业收入比较高,更加守法,也更加幸福。

一些批评者认为,把不同的认知过程都放到执行功能这一宽泛的概念之下并无益处。虽然我们在这里叙述了执行功能的许多要素(如工作记忆、认知性抑制、认知灵活性等等),但是执行功能到底有哪些要素,它们是如何发展的,它们之间又是如何联系的,学者们对这些问题还没有达成共识。另外,至今还难以通过训练特定的认知功能来普遍提高认知能力和学业能力。因此,需要进一步的研究来揭示执行功能及其如何发展的更加清晰的画面(Friedman & Miyake, 2017)。

批判性思维 执行功能也涉及以有效的方式进行批判性思考的能力。当前,心理学家和教育家们对批判性思维有着浓厚的兴趣。**批判性思维**涉及反思的、富有成效的思考,并对证据进行评估。如果你想进行批判性思考,你需要做到如下几点:

- 不仅要问发生了什么,还要问如何发生的以及为什么会发生。
- 对假定的"事实"进行考察,以确定是否有证据支持这些"事实"。
- 以一种理性的方式而不是凭感情进行论证。

批判性思维(critical thinking)涉及反思的、富有成效的思考,并对证据进行评估。

有哪些好的策略可用来引导学生进行批判性的思考?
图片来源:视觉中国

- 认识到有时候好的答案和解释不止一个。
- 对不同的答案进行比较并判断哪个是最好的。
- 评价别人的话，而不是别人一说就立即当成正确的东西接受。
- 超越已有知识提出问题和推测，创造新观点和新信息。

目前，几乎没有学校教学生进行批判性思考。学校总是鼓励学生给出唯一的正确答案，而不是鼓励他们创造新观点和重新思考已有的结论。教师最常见的做法就是让学生背诵、解释、描述、陈述、列清单，而不是让他们分析、推断、联系、综合、批评、创造、评价、思考和再思考。结果，许多学校的毕业生只会进行很浅薄的思考，他们只是停留在问题的表面，而不能进行深入而有意义的思考。

不过，教育的缺失可以通过重视批判性思维和创造性的教学来补救（Grigg & Lewis, 2019）。鼓励学生进行批判性思考的方法之一就是向他们呈现相互矛盾的论题或一个问题的正反两个方面让他们辩论（Litman & Greenleaf, 2018）。辩论能促使学生更深入地钻研和考察问题，尤其是当教师能够忍住不说出自己的观点时，学生就会自由地从多个角度探究问题。

正念（mindfulness）也是批判性思维的一个重要方面，所谓正念是指在进行日常活动和任务时，始终保持警觉，意识处于在场的状态，同时保持认知的灵活性（Farrar & Tapper, 2018; Langer, 2005）。正念的儿童和成人对他们的周围环境保持着积极的意识，总是致力于寻求完成任务的最佳方案。正念的个体不断创造新的观点，乐于接受新的信息，并能够从多个视角看问题。与他们形成对照的是，那些正念缺失（mindless）的个体总是摆脱不了旧观点的束缚，总是采取自动化的行为，并且只从一个视角看问题。

正念是一个重要的心理过程，儿童可以通过它来提高许多认知和社会情绪方面的能力，如执行功能、注意集中、情绪调节、移情（Roeser & Zelazo, 2012）。学校可以进行正念的训练，可以通过能够促进儿童对日常经验进行反思的并与儿童年龄相适合的活动来提高他们的自律能力（Carsley, Khoury, & Heath, 2018; Sheinman & others, 2018）。除了正念之外，还有人提议用瑜伽、冥想（meditation）、太极等训练方法来促进儿童的认知和社会情绪的发展。有一位发展心理学家运用自己在认知发展方面所受的教育和培训在应用领域追求自己的职业梦想。要了解她的工作情况，请阅读下面的"链接 职业生涯"专栏。

科学思维 思维的某些方面具有领域特殊性，如数学、科学或阅读。我们将在"语言发展"一章中探讨阅读问题。这里，我们将探讨儿童的科学思维。

与科学家一样，儿童也会问一些有关现实世界的基本问题，并会为在他人看起来琐碎或无法回答的问题寻求答案（如"天空为什么是蓝色的？"）。那么，儿童是否也会以类似于科学家的方式提出假设、进行实验并根据数据得出结论呢？

科学推理通常是为了鉴别因果关系。和科学家一样，儿童对因果关系也非常重视。但在关于因果关系的推论中，儿童更加重视的是他们对事件如何发生的理解，其重视的程度甚至高于结果应当紧跟在原因之后的时序关系。

儿童的推理与科学家的推理之间存在重要差异（Kuhn, 2011, 2013）。儿童受偶然事件影响的程度要大于整体模式的影响。许多时候，不管证据如何，儿童仍然会坚持他们的旧理论（Lehrer & Schauble, 2015）。

正念（mindfulness）在进行日常活动和任务时，始终保持警觉，意识处于在场的状态，同时保持认知的灵活性。

发展链接

锻炼

最近的研究表明，身体健康的儿童比身体不够健康的儿童具有更好的思维能力，包括涉及执行功能的思维能力。链接"身体的发展和健康"。

链接 职业生涯

发展心理学家和玩具设计师海伦·施韦

海伦·施韦（Helen Schwe）拥有斯坦福大学发展心理学专业的博士学位，但她现在整天和计算机工程师们打交道，为孩子们设计"智力"玩具，并把这些技术和加州儿童创造中心的孩子们的学习联系起来。设计智力玩具的目的是用来增强儿童的问题解决能力和符号思维能力。

读研究生时，海伦就已在孩之宝玩具公司（Hasbro toys）兼职，负责测试该公司为学前儿童开发的软件。研究生毕业后，海伦在佐维（Zowie）娱乐公司找到了她的第一份工作，该公司后来被乐高公司（LEGO）收购。在海伦看来，"即使在玩具开发的最初阶段，……你也能看到孩子们在挑战面前所表现出来的创造力，能感受到他们解决问题后的满足感，或只是因为玩具有趣而带来的快乐（Schlegel，2000，p. 50）"。除了在玩具开发的不同阶段做实验和参与产品评估讨论之外，海伦还要评估学习材料所适合的年龄段。

要了解更多关于研究人员工作情况的信息，请看附录"儿童发展领域的相关职业"。

发展心理学家海伦·施韦和她设计的一些玩具。这些玩具是她为儿童外语教学设计的。
图片来源：Helen Hadani

当儿童试图将看上去矛盾的新信息与旧信念相协调时，他们也许要经过反反复复的思量。儿童也难以设计出能够将事件的各种可能原因区分开来的实验。相反，他们倾向于对实验进行歪曲以支持自己的最初假设。有时候，即使实验结果与最初假设直接相矛盾，他们也会认为这些结果支持自己的最初假设。所以，虽然在好奇心和问题的种类上，儿童和科学家之间有着重要的相似之处，但是在将理论和证据区别开来的程度上，在能否设计出可得出清楚结论的实验的能力上，儿童和科学家之间仍然存在着重大的差别（Lehrer & Schauble，2015）。

通常情况下，学校的日常教学中并不教授科学家们使用的技能，如细心观察、制作图表、自律地思考，以及何时和如何应用自己的知识来解决问题（Zembal-Saul，McNeill，& Hershberger，2013）。儿童持有许多与科学、现实不相符的概念。优秀教师能够感知并理解儿童的潜在科学概念，然后应用这些概念作为儿童学习的鹰架。有效的科学教学能够帮助儿童区分什么是误解，什么是可带来积极效果的错误，并发现那些需要用更加准确的概念来取代的明显错误的想法（Harlen & Qualter，2018）。重要的是，教师在开始时应当为学生学习科学搭建鹰架，密切关注他们的进步，并确保他们也在学习科学的内容，因为这些做法对科学的推理和批判性思维是十分重要的（Novak & Treagust，2018）。所以，在进行科学探索方面，学生既需要学习探究的技能，也需要同时学习科学的内容（Lehrer & Schauble，2015）。

解决问题　不管是在校内还是在校外，儿童都会遇到许多问题。问题解决涉及寻找适当的方法从而达到某个目标。让我们先来探讨儿童解决问题的两种方式，即应用规则和类比，然后再考虑如何帮助儿童学会解决问题的有效策略。

应用规则解决问题 如前文提及,在童年早期里,主要受刺激驱动的学步儿逐渐转变成能够依据目标灵活解决问题的儿童。引起这种变化的原因之一是儿童对现实表征的能力不断发展。

例如,三四岁的儿童由于缺乏视角(perspectives)的概念,因而无法理解为什么同一个刺激物可以用不同的甚至矛盾的方式来描述(Perner & Leahy, 2016)。让我们假定在一个问题中儿童需要应用颜色规则对刺激物进行分类(Doebel & Zelazo, 2015)。在颜色分类过程中,儿童必须把一只红色兔子描述成红色的才能解决问题。但是在接下来的任务中,这个儿童可能需要发现一条把红色兔子描述成只是兔子的规则才能解决问题。如果三四岁儿童无法理解可以对同一刺激物进行多种描述,他们就会坚持将这个刺激物描述成一只红色的兔子。换句话说,三四岁儿童缺乏表征的灵活性。研究者已发现,儿童大约在四岁时获得视角的概念,从而使他们能够理解同一件东西可以用不同的方式进行描述。

随着年龄的增长,儿童还学会了应用较好的规则来解决问题(Li & others, 2017)。图12提供了一个例子,这是一个天平问题,用来考察儿童是如何应用规则来解决问题的。这架天平有一个支点和能够围绕支点转动的横臂。依据支点两侧横臂栓子上所放砝码(中间有孔的金属块)的重量,横臂可能向左倾斜、向右倾斜或保持水平。解决每个问题时,儿童的任务就是观察横臂栓子上砝码放置的情况,然后预测是横臂的左侧将会下沉还是右侧将会下沉,或者是横臂将保持平衡。

罗伯特·西格勒假定儿童会使用图12中列出的四条规则之一。他推断,给儿童呈现一些问题,如果应用不同的规则解决这些问题时会产生不同的结果,那就可以评估每个儿童所应用的规则了。因为通过分析儿童对此类问题的正确或错误回答的模式,研究者就能推断出该儿童所应用的潜在规则。从这一研究以及后继的许多研究得到的发现可以帮助我们了解儿童应用规则解决问题的能力是如何发展的(Lemaire, 2017)。

天平问题的研究得到的结果是什么呢?几乎所有的5岁儿童都应用了规则一,即只考虑天平上的砝码个数。几乎所有的9岁儿童解决问题的时候要么应用规则二,即既考虑砝码个数也考虑距离;要么应用规则三,即当砝码个数和距离产生相互冲突的信息时,就加以猜测。13岁和17岁的儿童一般都应用规则三。

换句话说,年长儿童在解决问题时之所以表现得较好,那是因为他们应用了较好的规则。但是,假如教5岁的儿童注意砝码到支点的距离,他们也能通过训练而学会使用规则三。当儿童对和问题相关的东西了解得越多并学会对相关信息进行编

皮特·卡尔佩克(Pete Karpyk)是一位化学教师,就职于西弗吉尼亚州韦尔顿(Weirton)。卡尔佩克在教学中应用大量的活动将科学和学生的生活联系起来。2015年,他获得了总统数学和科学优秀教学奖,该奖项是美国对教学技能的最高级别的认可。图中的他用收缩薄膜将自己包裹起来,以演示气压的作用。他让一部分学生到小学里做化学演示,结果发现,有些考试成绩不好的学生在教儿童时却教得很好。他也经常让以前的学生给他的教学提意见,并根据他们的反馈改进自己的教学,他还将这些学生在大学里的一些化学考试题目作为附加题放在中学生的试卷里(资料来源:Wong Briggs, 2005, p.6D)。
图片来源:Dale Sparks

规则一: 如果两侧砝码数相同,则预测天平会平衡。如果两侧砝码数不等,则预测砝码多的一侧会下沉。

规则二: 如果一侧砝码较多,则预测该侧会下沉。如果两侧砝码数相同,则选择砝码离支点较远的一侧会下沉。

规则三: 使用规则二,但如果一侧砝码数较多而另一侧砝码离支点较远,那就猜测哪一侧会下沉。

规则四: 从规则三开始,除非一侧砝码数较多而另一侧砝码离支点较远。在这种情况下,将每一侧的砝码数乘以该侧砝码到支点的距离得出力矩值,然后预测力矩值较大的一侧将会下沉。

天平装置

图12 西格勒使用的天平(1976)
砝码可放在支点两侧的横臂栓子上,力矩值(砝码数乘以该侧砝码到支点的距离)决定哪侧将会下沉。

码时，他们解决问题时应用规则的能力就会越强。

有趣的是，尽管 17 岁的少年在物理课上学过天平知识，但他们当中几乎没有人应用总是能产生正确答案的规则四。通过与教师讨论，我们找出了原因：原来这些学生学过的是挂盘天平（小挂盘可以挂在横臂的不同位置上），而不是实验中的横臂天平（放置砝码的栓子向上突出）。对这些中学生进行重新测试的结果表明，当使用他们熟悉的天平时，大多数人总是能把问题解决好。这个例子也说明了学生学习问题解决时经常出现的一些问题：学习的范围通常相当狭窄，学生很难超越自己现有的知识进行归纳，即使看上去十分直截了当的类比，他们往往也看不出来。

应用类比解决问题　　类比涉及在不相似的事物之间发现某些方面的一致之处。在有些情况下，即使是很小的儿童也能进行合理的类比并用来解决问题（Whitaker & others, 2018; Yuan, Uttal, & Gentner, 2017）。而在另一些情况下，即使大学生也无法找出看似明显的类比（如前面的中学生难以做到从熟悉的挂盘天平推知不熟悉的横臂天平）。

为了揭示幼儿采用类比法解决问题的发展性变化，乔迪·德洛亚克（Judy DeLoache, 2011）在一项例证性研究中创设了一种情境。在这个情境中，研究者先向 2.5 岁和 3 岁的儿童呈现藏在比例模型（scale model）房间里的一件小玩具，然后要求儿童在和比例模型相同的真实的大房间里找这件玩具。如果玩具在模型房间里是藏在扶手椅下面，那么真实的房间里，玩具也是藏在扶手椅下面。在这项任务中，儿童在 2.5 岁到 3 岁之间的 6 个月里表现出了相当大的进步。2.5 岁的儿童中很少有人能解决这个问题，但大多数 3 岁儿童都能完成这项任务。

为什么对 2.5 岁的儿童来说，这项任务会如此困难呢？问题并不在于 2.5 岁的儿童不能理解符号可以代表另外的情境。如果给 2.5 岁儿童展示大房间的素描或照片，他们可以毫不费力地找到所藏的物品。由此看来，问题在于学步儿既把比例模型看成是大房间的符号，但同时也把它看成是一件独立的物品。如果儿童在把比例模型用作符号之前被允许把玩模型，那么他们完成任务的表现会更差，这可能是因为把比例模型当玩具玩使得儿童更加把模型本身看成是一件物品。反之，如果把比例模型放到儿童完全触摸不到的玻璃盒里，就会有更多的儿童能够成功地利用它来找到藏在大房间里的物品。由此得出的结论是：幼儿能利用各种工具来进行类比，但他们很容易忘记某件物品是作为另一物品的符号，而把它本身看成是一件独立的物品 (Yuan, Uttal, & Gentner, 2017)。

应用策略解决问题　　善于思考的人总是经常性地使用策略和有效的计划来解决问题（Bjorklund & Causey, 2017）。一项研究显示，儿童解决数学和记忆问题时选择有效策略的能力在三年级和七年级期间明显地提高（Geurten, Meulemans, & Lemaire, 2018）。

儿童在解决问题时经常使用一种以上的策略（Pressley, 2007）。如果鼓励儿童制订多种可供选择的策略，并尝试用不同策略来解决问题，由此发现哪种策略效果不错，何时何地效果不错，那么，大多数儿童都可以从中受益。尤其是对于小学中年级以上的儿童来说，情况更是如此。有些认知心理学家还主张即使是幼儿也应当被鼓励应用多种不同的策略（Siegler, 2013, 2016）。要了解更多关于指导儿童学习有效策略的情况，请阅读"链接 关爱"专栏。

乔迪·德洛亚克已对儿童不断发展的认知能力做了许多研究。她已证明，儿童在 2.5 岁到 3 岁期间的符号表征能力使得他们能够在比模型房间大很多倍的真实房间里找到某个玩具。

图片来源：Judy DeLoache

> 年轻人的错误是相信聪明可以代替经验，而年长者的错误则是相信经验可以代替聪明。
>
> ——莱曼·布赖森
> 20 世纪美国作家

> 链接 关爱

帮助儿童学习策略

迈克尔·普雷斯莱（Michael Pressley，1951—2006）关于学业成功的观点已产生了很大的影响（Pressley，2007；Pressley & Hilden，2006）。在他看来，教育的关键就是要帮助儿童学习丰富的策略来解决问题。普雷斯莱认为，如果对儿童进行有效策略的教学，他们往往能够应用自己未曾独立应用过的策略。普雷斯莱还强调指出：如果教师（1）对适当的策略做出示范，（2）用语言描述策略的实施步骤，（3）并指导学生练习策略的使用和通过反馈来支持学生的练习，那么，儿童就会从中受益。在这里，"练习"是指儿童反复地应用策略，直到能自动化地应用它们。要想有效地应用策略，儿童就需要把策略保留在长时记忆中，通过强化练习便可以做到这一点。

只是让儿童学习某种新策略往往不足以使他们继续应用该策略并把它迁移到新的情境中去。需要不断地激励儿童学习和应用策略。为了有效地达到策略的保持和迁移，教师应当鼓励儿童通过比较自己在考试和其他评估中的成绩变化来监控新策略的有效性。

让我们来看一个有效策略教学的例子。优秀的阅读者会从课文中提取主要思想并加以总结。与此形成对照的是，没有经验的阅读者（如大多数儿童）通常并不记忆所读内容的主要思想。教师可以在已知的优秀阅读者策略总结的基础上进行如下干预：指导儿童（1）略读琐碎的信息，（2）忽视重复的信息，（3）用概括性较高的词语来替代概括性较低的词语，（4）用包含性更广泛的行动术语来整合一系列的事件，（5）选择一个主题句，（6）如果没有现成的主题句就自己编一个（Brown & Day，1983）。有研究显示，指导小学生运用这些总结性策略不仅提高了他们的阅读成绩，其他科目的成绩也跟着提高了。同时，这种干预也适用于年龄较大的儿童和青少年（Santi & Reed，2015）。

普雷斯莱和他的同事们（Pressley & Hilden，2006；Pressley & others，2007）花费了大量时间在中小学的课堂上观察教师的策略教学情况和学生的策略应用情况。他们得出的结论是：教师的策略应用教学在完整性和深入程度上都远远不够，不足以让学生学会如何有效地应用策略。普雷斯莱的同事们继续呼吁要对教育进行结构化改革，以便为学生成为有能力有策略的学习者提供更多的机会。

彼德·奥恩斯坦（Peter Ornstein）和他的同事们关于教师在课堂上应用策略的建议或提问元认知问题方面的研究发现（在本章前文中提及）与普雷斯莱和他的同事们关于策略教学的研究发现之间有什么共同和不同之处？

> 青少年期

到了青少年期，个体之间在认知功能方面出现了相当大的差异。这种差异佐证了这样一种观点，即青少年比儿童在更大程度上是自己发展的创造者。

青少年期最重要的认知变化是*执行功能*的提高。本章前面已讨论过执行功能的概念，我们这里关于青少年期执行功能的讨论主要侧重于监控和管理认知资源、批判性思维和决策三个方面。

监控和管理认知资源 执行功能不仅在童年期里得到加强，在青少年期里也进一步得到加强（Crone, Peters, & Steinbeis, 2017; Kuhn, 2009）。这种认知功能"承担的角色之一便是监控和管理认知资源的分配，使之适应任务的要求。这样一来，认知发展和学习本身也变得更加有效。……我们有理由相信，这种执行功能的出现和加强是出生后第二个十年里发生的唯一最重要和最有影响的理智发展（Kuhn & Franklin，2006，p. 987）。"

批判性思维 青少年期是批判性思维发展的重要过渡阶段（Sanders，2013）。这一阶段里能够促进批判性思维发展的主要认知变化有如下几个方面：

- 信息加工的速度、自动化程度以及容量都有所提高，从而可以把认知资源解放出来用作其他目的；
- 各个领域里的知识面变宽；
- 将知识进行新的组合的能力增强；
- 更加广泛、自发地使用获取知识和应用知识的策略和方法，如制订计划、考虑可供选择的其他方案以及认知监控。

哪些认知变化使青少年的思维比儿童更具批判性？
图片来源：视觉中国

虽然青少年期是批判性思维发展的一个重要阶段，但如果在童年期里没有牢固地打好基本技能（如语文和数学技能）的基础，批判性思维在青少年期里就不能充分地发展。不过，有些青少年可以在发展上"赶上"他们的同伴（Geary, Nicholas, & Sun, 2017; Huang, Moon, & Boren, 2014）。

决策 青少年期是个体决策不断增多的阶段，如选择什么样的朋友，和谁约会，是否发生性行为，是否买车，是否上大学，等等（Hartley & Somerville, 2015; Steinberg & others, 2018）。那么，青少年的决策能力如何呢？从总体上说，研究表明年长的青少年比年少的青少年决策能力更强些，同样，后者又比儿童的决策能力更强些（Keating, 2004）。与儿童相比，年龄较小的青少年更有可能形成不同的选择，更可能从不同的角度审视某个情境，也更可能预见决策带来的后果，并检查信息来源的可靠性。

然而，年龄较大的青少年（也包括成人）的决策能力也远不是完美的，具有做出明智决策的能力并不能保证他们在日常生活中就做出明智的决策，因为日常生活中有很多因素会对决策产生影响（Kuhn, 2009）。例如，驾驶培训课程能将青少年的认知和驾驶技能提高到和成年人相同有时甚至超过成年人的水平，但驾驶培训课程并不能有效地降低青少年居高不下的交通事故发生率。不过，研究者们已发现"渐进式发照"（graduated driver licensing）政策能够降低青少年驾车的事故率和死亡率（Alderman & Johnston, 2018）。"渐进式发照"政策的要点包括学习者的持照期限、驾车练习的证书、夜间驾车限制和乘客限制。目前，采用"渐进式发照"政策的地区有北美、欧洲、澳大利亚和其他洲的一些国家。

大多数人在情绪平静时比情绪激动时能够做出更好的决策，青少年尤其如此。我们曾在关于大脑发展的讨论中提及：青少年有情绪容易激动的倾向，部分原因是青春期带来的激素变化（Hoyt & others, 2015）。所以，同一个青少年，在情绪平静时能够做出明智的决策，而在情绪激动时则可能做出不明智的决策。在青少年情绪发作激烈的时刻，他们的情绪可能会压垮他们的决策能力。

社会情境在青少年的决策中扮演着重要角色（Silva, Chein, & Steinberg, 2016）。例如，在烈酒、毒品和其他诱惑随处可见的情境下，青少年更容易做出冒险的决策（Reyna, 2018）。有研究显示，在冒险的情境中同伴的存在也会增加青少年做出冒险决策

情绪和社会情境是如何影响青少年的决策的？
图片来源：视觉中国

的可能性。例如，在一项冒险驾驶行为的研究中，研究者设计了模拟驾车任务；结果显示，同伴的出现使得决定参与冒险驾车的青少年的比例提高了50%，但对成年人没有影响（Gardner & Steinberg, 2005）。对这一现象的一种解释是：同伴的出现激活了大脑中的奖励系统，尤其是激活了大脑中多巴胺的通路（Hartley & Somerville, 2015）。

同时还必须考虑到，情境中的压力水平以及甘冒风险的个体差异也会影响到青少年的决策。但到目前为止，考察青少年面临压力和危险情境时他们的个人特点和倾向是如何影响其决策类型的研究很少。有几项研究显示：青少年在有压力的情境中会比在无压力的情境中采取更多的冒险行为（Jamieson & Mendes, 2016; Johnson, Dariotis, & Wang, 2012），但是压力情境的影响力也取决于每个青少年在寻求刺激和冒险方面的一般倾向。

青少年需要更多讨论和练习实际决策的机会。许多关于吸毒、性行为、鲁莽驾车等真实世界的决策都是在时间限制和情绪参与的压力氛围中发生的。有一种方法可以提高青少年在这样的情境下做决策的能力，即为他们提供角色扮演和团队解决问题的机会。另一方法是父母让青少年更多地参与做正确决策的活动。

为了更好地理解青少年的决策过程，瓦莱丽·雷纳（Valerie Reyna）和她的同事们提出了一个**双过程模型**（Reyna, 2018; Reyna & Brainerd, 2011; Reyna & Rivers, 2008），该模型认为决策过程受两个认知系统的影响：一个是分析系统，一个是经验系统，两者之间互相竞争。双过程模型强调，有助于青少年做出决策的是经验系统（该系统负责监控和管理真实的经验）而不是分析系统。由此看来，青少年并不能从对某个决定进行反思性的、详细的和较高层次的认知分析中得到帮助，尤其是在高风险和真实世界的情境下，更是如此。在这样的情境下，青少年只需要知道：有些情境是如此地危险以至于他们应当不惜一切代价避免它们。

在经验系统中，在有风险的情境下，青少年必须迅速抓住正在发生的事件的要点或意义，并发觉这是一个危险的情境，这样做可以激活能够阻止他们不做出危险决策的个人价值观。另外，即使在有风险的情境下，那些具有较强抑制能力（能有效地帮助他们管理冲动的自制能力）的青少年参与危险行为的可能性要低于那些抑制能力较差的青少年。不过，有些青少年认知专家坚持认为：在许多情况下，青少年既可以得益于经验系统，也可以得益于分析系统，部分原因是他们的执行功能在不断改善（Kuhn, 2009）。

双过程模型（dual-process model）该模型认为决策过程受两个系统的影响：一个是分析系统，一个是经验系统，两者之间互相竞争。该模型强调，有助于青少年做出决策的是经验系统（该系统负责监控和管理真实的经验）而不是分析系统。

复习

- 什么是思维？
- 思维在婴儿期是如何发展的？
- 儿童的执行功能、批判性思维、科学思维和问题解决能力的发展有什么特点？
- 青少年期的思维有哪些重要方面？

联想

- 在这一节里，你了解到有一项研究发现男孩和女孩对一些特定类型的事物或活动的兴趣存在差异。为什么在和性别有关的发现方面，研究者做结论时需要持谨慎的态度？

反思你自己的人生之旅

- 你在青少年期的决策能力如何？你认为哪些因素影响到你在青少年期里能否做出好的决策？

复习、联想和反思

学习目标 4

叙述思维及其发展变化的特点。

第七章 信息加工

第 5 节
元认知

学习目标 5

解释元认知的概念并概述它的发展变化。
- 什么是元认知
- 儿童的心理观
- 童年期的元认知
- 青少年期的元认知

如本章前文所述，元认知就是关于认知的认知，或者说是"对认识过程的认识"（de Boer & others, 2018; Flavell, 2004）。它在一定程度上是巴德利模型中中央处理器的一项功能（参见图 3）。

> 什么是元认知

元认知可以表现为多种形式。它包括思考和了解何时、何处采用特定的策略来学习或解决问题。从概念上说，元认知包括了执行功能的许多方面，如做计划（如决定把多少时间用在任务上）、评价（如监控任务完成的进度）和自我调控（如在任务进展的过程中修改策略）（Dimmitt & McCornick, 2012）。

元认知有助于儿童更加有效地完成许多认知任务（McCormick, Dimmitt, & Sullivan, 2013）。在一项例证性研究中，研究者教学生一些元认知技能来帮助他们解数学题（Cardelle-Elawar, 1992）。在 30 天的所有数学课上，每当遇到数学应用题时，一位教师就指导成绩差的学生认识自己何时不知道某个单词的意思，何时没有掌握解某道题所需要的全部信息，何时不知道如何把问题再划分为具体的解题步骤或不知道如何进行计算。经过 30 天的课程，那些受到元认知训练的学生提高了数学成绩，也比原来更喜欢数学了。在这一研究之后，研究者们又做了许多研究用来考查元认知技能训练的效果，结果表明许多训练是有效的（de Boer & others, 2018）。

元认知有多种形式，包括关于何时、何处应当采用特定策略来学习或解决问题的知识。**元记忆**（Schneider, 2015）就是一种特别重要的元认知，它是个体关于记忆的知识。元记忆既包括关于记忆的一般知识，如知道再认性测验（如多项选择题）要比回忆性测验（如论述题）容易；也包括对自己记忆的认识，如知道自己是否已为即将到来的考试做好了充分的准备。

> 儿童的心理观

即使是年幼的孩子也对人类心理的特点充满好奇（Gelman, 2013; Low & others, 2016），也有自己的心理观。**心理观**是指对自己和他人的心理过程的认识。心理观的研究是探索儿童是如何获得注意、思考、解释并理解他人的思想和情感的技能的。

发展性变化 虽然对于婴儿是否具有心理观的问题还处于探索和辩论阶段（Burge, 2018; Fizke & others, 2017; Slaughter, 2015），但学者们的共识是有些变化在发展的很早阶段就出现了。从 18 个月大到 3 岁期间，儿童开始理解三种心理状态：

- 知觉。到 2 岁时，儿童便认识到他人看到的是他人眼前的东西，而不是儿童

认知发展学家约翰·弗拉维尔（John Flavell）是一位在儿童思维方面提出了许多洞见的先驱。他的贡献很多，包括创建元认知领域并在这一领域进行了大量的研究，如元记忆研究和儿童的心理观研究。

图片来源：Dr. John Flavell

元记忆（metamemory）关于记忆的知识。

心理观（theory of mind）对自己和他人的心理过程的认识。

自己眼前的东西（Lempers, Flavell, & Flavell, 1977）。到3岁时，儿童便认识到通过观察可以知道一个容器里面装的是什么。

- **情绪**。儿童能够区别积极的情绪（如高兴）和消极的情绪（如悲伤）。儿童可能会说："汤姆感觉很糟。"
- **愿望**。人都有一些愿望。但儿童何时开始认识到他人的愿望可能不同于自己的愿望呢？学步儿已经认识到：如果人们想要某种东西，他们就会想办法得到它。例如，儿童可能会说："我要妈咪。"

2岁至3岁的儿童能理解愿望和行动、简单情绪相联系的方式。例如，他们理解人们会寻找他们想要的东西，如果他们得到了，就可能会感到高兴，如果没有得到，就会继续寻找，并可能会感到失望或愤怒（Wellman & Woolley, 2011）。儿童提及愿望的时间早于提及认知状态（如思考和知道）的时间，提及前者的频率也高于后者（Bartsch & Wellman, 1995）。

在理解他人愿望方面的一个重大进步是认识到他人的愿望可能不同于自己的愿望（Wellman, 2011）。一项例证性研究发现：18个月大的婴儿便能理解他们自己的食物喜好可能和他人的食物喜好不一致，他们会把自己不喜欢的食物递给大人并说"好吃"（Repacholi & Gopnik, 1997）。随着年龄的增长，幼儿能够认识到并用言语说出自己不喜欢某件东西，但另一个人可能喜欢（Rostad & Pexman, 2015）。

在3岁到5岁期间，儿童开始懂得人的心理既能准确地也能不准确地表征物体或者事件（Low & others, 2016）。到5岁时，大多数儿童都能意识到人们可能持有错误的信念，即与事实不符的信念（参见图13）。这一认识通常被认为是理解人的心理的重要里程碑，标志着儿童不仅认识到人的观念并不是周围世界的直接复刻，而且不同的人可能持有不同的观念，有时还持有不正确的观念（Tomasello, 2018）。例如，在一项经典的关于错误信念的研究中，研究者向儿童出示一个邦迪创可贴盒子并问儿童里面是什么。让儿童惊讶的是，盒子里装的竟然是铅笔。然后研究者问儿童，一个从未见过该盒子的其他孩子可能会认为盒子里面是什么，3岁儿童的典型回答是"铅笔"；而4岁和5岁的儿童可能会笑嘻嘻地预见到其他未见过盒子里面东西的孩子将会产生错误的信念，他们更可能会回答"邦迪创可贴"。

在一项采用类似任务的研究中，研究者先让儿童听关于萨莉和安妮的故事：萨莉把一个玩具放进了篮子里，然后离开了房间（参见图14）。当她不在的时候，安妮从篮子里取出玩具，把它放进了一个箱子里。研究者问儿童：当萨莉回来时，她将会到哪里寻找玩具？这一研究的主要发现是：3岁儿童一般不能完成错误信念的任务，他们会回答说，萨莉将会到箱子里找玩具（尽管萨莉不可能知道玩具已经被移到了新的地方）。4岁或更大的儿童通常能完成任务，正确地回答说萨莉将会持有错误的信念，她会认为玩具还是在篮子里，尽管这个信念现在已经是错误的了。这一研究的结论是：4岁以下的儿童还不理解人们可能会持有错误的信念。

只有在大约5岁到7岁时，儿童才会对心理本身而不仅仅是心

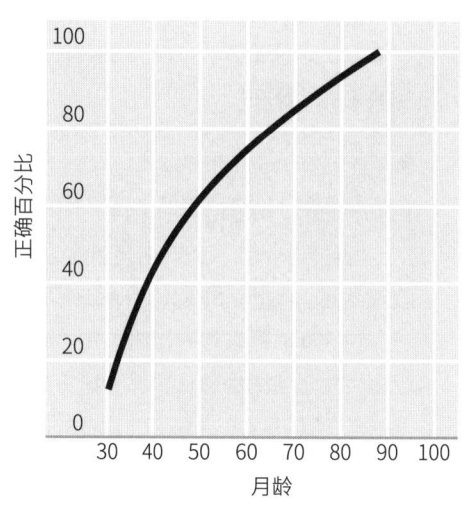

图13 儿童对错误信念认识的发展变化
从2岁半到小学中年级，儿童对错误信念的认识显著提高。一项对多项研究结果的总结显示：2岁半儿童做出错误回答的次数约占80%（Wellman, Cross, & Watson, 2001）；到3岁零8个月时，儿童做出正确回答的次数约占50%；从那以后，做出正确回答的比例越来越高。

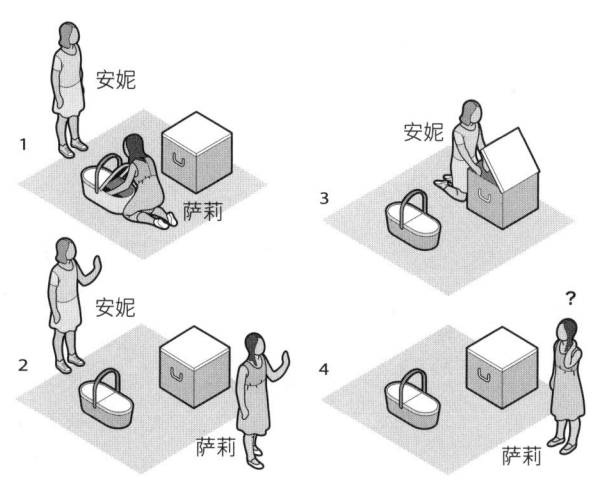

图14 安妮和萨莉错误信念任务
在这项任务中，研究者将此图展示给儿童看，安妮有一个篮子，萨莉有一个箱子。萨莉把一个玩具放进了篮子里，然后离开了。当萨莉不在的时候，安妮从萨莉的篮子里取出玩具，把它放进了自己的箱子里。然后，萨莉回来了，研究者问儿童他们认为萨莉将会到哪里寻找她的玩具。如果儿童回答说萨莉首先会到篮子里找，然后才知道玩具不在了，就"通过了"这项错误信念的任务。

第七章 信息加工 **213**

链接 研究

自闭症患儿的心理观有何不同？

据估计，大约每 59 名儿童中就有一人患有某种类型的自闭症（National Autism Association，2019）。自闭症一般在 3 岁时可以诊断出来，有时还可以更早些。和同龄儿童相比，自闭症患儿表现出许多行为异常，包括缺乏社会互动和交流以及重复某些行为和兴趣。他们通常对他人漠不关心，更喜欢独处，并且对物的兴趣超过对人的兴趣。目前广为接受的观点认为自闭症和遗传异常及脑异常有关（Tremblay & Jiang，2019）。患有自闭症的儿童和成人在社交方面有困难，这方面的缺陷往往比那些与他们心理年龄相同的智障儿童或成人还要严重（Greenberg & others，2018）。已有研究发现，自闭症患儿难以形成心理观，尤其是在理解他人的观点和情绪方面（Fletcher-Watson & Happé，2019）。虽然自闭症患儿在错误信念的任务上一般表现很差，但他们在那些要求理解物理因果关系的任务上的表现却要好得多。自闭症患儿难以理解他人的观点和情绪并不完全是因为他们缺乏心理观，他们的困难还和其他的认知缺陷有关，如和注意集中、眼神注视、面孔识别、记忆、语言、一般智力等方面的障碍或缺陷有关（Boucher，2017）。

不过，就心理观来说，重要的是要考虑到自闭症患儿各种能力方面的个体差异。自闭症患儿并不是一个同质的群体，有些患儿的社交问题轻于其他患儿。因此，如果某些轻度自闭症患儿在心理观任务上的表现好于另一些重度自闭症患儿，那是不足为奇的（Jones & others，2018）。在考虑自闭症和儿童心理观之间的关系时，重要的是要认识到：自闭症患儿在理解他人观点和情绪方面的困难也许并不只是由他们的心理观缺陷造成的，而是由其他方面的认知缺陷造成的，如集中注意方面的问题或一般智力的损伤。例如，执行功能的薄弱可能和自闭症患儿完成心理观任务时出现的问题有关。另一些理论则指出，正常儿童处理信息时一般是通过提取总的画面，而自闭症患儿则是以非常注重细节的、几乎强迫的方式来处理信息。在自闭症患儿身上，可能是由许多不同但相互关联的缺陷导致了社会认知的缺陷（Moseley & Pulvermueller，2018；Rajendran & Mitchell，2007）。

一名患有自闭症的幼儿。自闭症患儿有哪些特点？他们的心理观有哪些缺陷？
图片来源：视觉中国

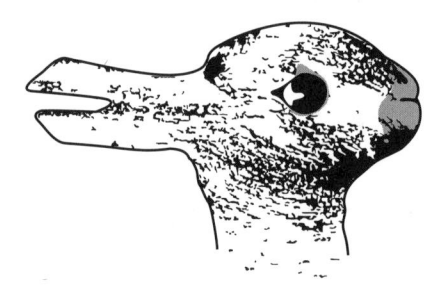

图 15 模棱两可的线描图

理状态有一个比较深刻的理解（Wellman，20011）。例如，他们开始认识到，人们的行为不一定反映人们的思想和情感。直到童年期的中后期，儿童才把心理看成是积极的知识建构或加工中心，并且从理解信念可以是错误的转向理解同一个事件可以有多种解释（Brandone & Klimek，2018；Magid & others，2018）。例如，在一项研究中，先让儿童看一张模棱两可的线描图（如一张图既可看成是鸭子，也可看成是兔子）；然后，一个木偶人告诉儿童她认为这图是一只鸭子，另一个木偶人则告诉儿童他认为这图是一只兔子（参见图 15）。7 岁前的儿童会说正确的答案只有一个，两个木偶人不应当有不同的看法。

虽然大多数关于儿童心理观的研究都侧重于学前阶段或学前阶段之前的儿童，但是在 7 岁和 7 岁以后，儿童在理解他人信念和思想方面仍有重要发展。同时，虽然理解人们可能具有不同的解释是重要的，但是也需要认识到某些解释和观点可依据其论点和证据的优劣来进行评价（Osterhaus，Koerber，& Sodian，2017）。

到了童年晚期和青少年期早期，儿童开始理解人们可能会有混杂和矛盾的情感；他们也开始认识到，人们的思想、情感和决定在不同的情境下可能是一致的，也可能是不一致的（Lagattuta, Elrod, & Kramer, 2016）。

个体差异 正如其他的发展领域一样，在儿童的心理观方面，不同个体达到某些里程碑的年龄也可能是不同的。例如，那些经常和父母交流愿望和情感的2岁的儿童在心理观任务上的表现就比较好（Ruffman & others, 2018），那些经常玩装扮游戏的儿童在心理观任务上的表现也比较好（Giménez-Dasí, Pons, & Bender, 2016）。

另外，如前文所述，执行功能的概念包括许多对灵活的、未来取向的行为来说十分重要的心理功能（如抑制和做计划），它也可能和儿童心理观的发展有关（Wade & others, 2018）。例如，在一项执行功能的任务中，研究者要求儿童看到太阳的图片时就说"夜里"，看到月亮和星星的图片时就说"白天"。对这项执行功能的任务完成比较好的儿童似乎对心理观也有比较好的理解。

在理解心理方面的另一种个体差异涉及自闭症儿童（Fletcher-Watson & Happé, 2019）。要了解自闭症患儿的心理观具有怎样的个体差异，请阅读上页的"链接 研究"专栏。

> 童年期的元认知

到了5岁或6岁时，儿童通常知道熟悉的东西比不熟悉的东西更容易学习，短的清单比长的清单更容易记忆，再认比回忆容易，间隔时间越长发生遗忘的可能性越大（Lyon & Flavell, 1993）。但是在其他方面，幼儿的元记忆仍有局限。他们不懂得相关的事物比不相关的事物更容易记忆，也不懂得故事的要点比逐字信息更容易记忆（Kreutzer & Flavell, 1975）。到了五年级时，学生才懂得要点回忆比逐字回忆更加容易。

学前儿童对自己的记忆能力往往也过于自信。例如，在一项研究中，大多数学前儿童都估计自己能够回忆起一张列有10件物品的清单上的所有物品；但测试结果表明没有人能够做到（Flavell, Friedrichs & Hoyt, 1970）。随着在小学里年级的升高，儿童对自己记忆能力的评估也越来越现实。

学前儿童对记忆线索的重要性也缺乏认识，如认识不到"当你想出有关的例子时，将对你很有帮助"。到7岁或8岁时，儿童能较好地认识到线索对于记忆的重要性。总的来说，在小学的开始阶段，儿童对自己记忆能力的了解以及对自己完成记忆任务时的表现进行评价的能力都比较差，但到11至12岁时，则有了相当大的提高（Bjorklund & Causey, 2017）。

> 青少年期的元认知

元认知在青少年期里发生了重要的变化（Kuhn, 2009）。与童年期相比，青少年监控和管理认知资源以便有效地满足学习任务需求的能力已有所增强。这种增强了的元认知能力使得他们的认知功能和学习都变得更有效率。

有两项研究说明了这样的发展模式。第一项研究显示，从12

元认知在童年期和青少年期里是如何变化的？
图片来源：视觉中国

岁到 14 岁，青少年越来越多地应用元认知技能，在数学和历史课上应用的效果也越来越好（van der Stel & Veenman, 2010）。例如，14 岁的少年会比那些较小的同伴更加频繁更加有效地监控自己对课本的理解。另一项研究则显示了元认知技能（如计划、策略、监控）对于大学生的批判性思维具有重要的影响（Magno, 2010）。

认知运作和学习的一个重要方面是决定将多少注意分配给某个可用资源。越来越多的证据表明，青少年比儿童能更好地懂得如何有效地将注意分配给任务的不同方面（Kuhn, 2009）。同时，青少年对策略也有一个更好的元认知水平上的理解，也就是说，他们在完成学习任务时知道应用最好的策略并知道何时应用这种策略。

但是请记住，青少年的元认知也存在相当大的个体差异。有些专家认为，元认知方面的个体差异在青少年期要比童年期更加明显（Kuhn, 2009），因为有些青少年在应用元认知来促进学习方面表现得相当出色，而有些则相当差。

复习、联想和反思

学习目标 5

解释元认知的概念并概述它的发展变化。

复习

- 什么是元认知？
- 什么是心理观？儿童的心理观是如何随发展而变化的？
- 童年期里元认知是如何变化的？

联想

- 请将你在本节中学习的经典错误信念任务研究和你在本书前面学过的 A 非 B 错误研究进行比较。这两个研究之间有什么相似和不同之处？它们评估的内容是什么？

反思你自己的人生之旅

- 你记得中小学阶段的老师有没有教过你更好地应用元认知（即对认识过程的认识或对思考过程的思考）的方法？为了帮助你进一步思考这个问题，请将本节关于元认知的讨论和本章前面关于策略的讨论联系起来思考。

达到你的学习目标

信息加工

信息加工观

学习目标 1 解释信息加工观。

- **从信息加工观看发展**

  信息加工观分析个体是如何操作和监控信息以及如何制定策略来处理信息的。注意、记忆和思维都参与有效的信息加工。计算机可作为人类如何加工信息的模型。在信息加工观看来,儿童的认知发展源于他们克服信息加工局限的能力,而局限的克服则是通过不断进行基本运算、扩大信息加工容量、获取新的知识和策略来实现的。

- **认知资源:信息加工的容量和速度**

  信息加工的容量和速度通常被称为认知资源,从童年期到青少年期不断增加。大脑的变化是认知资源发展变化的生物学基础。就加工容量来说,它的增加反映在较年长儿童能在脑海中同时考虑一个话题的多个维度。反应时任务常被用来评估加工速度。加工速度在青少年早期不断提高。

- **变化的机制**

  根据西格勒的观点,三个重要的变化机制是编码(信息如何进入记忆)、自动化(以极少努力或不用努力就能对信息进行加工的能力)和策略建构(创造出加工信息的新方法)。儿童信息加工的特点是自我调控,自我调控的一个重要方面就是元认知,即对认知的认知。

- **和皮亚杰理论的比较**

  与皮亚杰的理论不同,信息加工观并不把发展看成是以明显阶段的形式发生,而是认为个体的信息加工容量是逐渐发展的,这种发展使个体能够形成越来越复杂的知识和技能。与皮亚杰的理论相同的是,有些版本的信息加工观也是建构主义的,它们把儿童看作是引导自己认知发展的主体。

注意

学习目标 2 解释注意的概念并概述注意的发展变化。

- **什么是注意**

  注意是心理资源的集中。儿童有四种投放注意的方式,分别是:选择性注意(聚焦于经验中相关的某个方面而忽略其他不相关的方面)、分配性注意(同时注意一个以上的活动)、持续性注意(把注意长时间地保持在某个选定的刺激上,也称为焦点注意或警觉)、管理性注意(对行动做出计划,把注意投放到目标上,发现和补救错误,监控任务的进程,应对新奇的或困难的任务)。

- **婴儿期**

  即便是新生儿也能对轮廓进行注视,但随着婴儿长大,他们能够对图形进行更深入的审视。研究者通常运用习惯化和去习惯化法来研究婴儿的注意。习惯化可以作为婴儿成熟和健康状况的指标。联合注意可以提高婴儿向他人学习的能力。

- **童年期**

  显眼的东西更能吸引学前儿童的注意。六七岁之后,儿童对注意的认知控制能力增强。在整个童年期里,选择性注意能力不断提高。越来越多的研究发现儿童的注意能力可以预测未来的认知能力,如是否做好了入学准备。

- **青少年期**

  虽然在如何有效投放注意方面存在很大的个体差异,但总的说来,青少年的注意能力好于儿童。由于青少年需要参与较长时间跨度才能完成的更大和更复杂的任务,管理性注意和持续性注意就显得尤其重要。多项任务化是分配性注意的一个例子,但是当青少年参与具有挑战性的任务时,多项任务化可能会损害他们的注意。

第七章 信息加工

记忆

学习目标 3 叙述什么是记忆以及记忆是如何变化的。

● **什么是记忆**

记忆是对过去的信息的保持。心理学家研究了如下的记忆过程：信息开始时是如何被放进或被编码进入到记忆里的，它是如何被保持或存储的，后来出于某一目的它又是如何被检索或提取的。假如不进行复述，短时记忆中的信息最多可保留 30 秒钟。长时记忆是相对持久、容量相对无限的记忆类型。工作记忆是一种心理"工作台"，个体在做决策、解决问题、理解书面和口头语言时可以在这里对信息进行操作和整合。许多当代心理学家都更喜欢用工作记忆而不用短时记忆的概念。工作记忆与儿童的阅读理解能力和问题解决能力有关。人们总是对记忆进行建构和再建构。图式理论认为人们会按照头脑中已有的信息来塑造记忆。模糊痕迹理论认为，通过考虑两种类型的记忆表征，可以对记忆进行最好的解释：(1) 逐字的记忆痕迹和 (2) 模糊痕迹或要点。根据这一理论，年长儿童较强的记忆可以归因于他们通过提取信息要点而产生的模糊痕迹。儿童记忆某一事物的新信息的能力在很大程度上取决于他们对该事物已有的了解。内容知识对记忆的促进作用在专家身上表现得尤为明显。专家身上有许多特点，可用来解释为什么他们解决问题的能力比新手强。

● **婴儿期**

早在两三个月大时，婴儿就表现出内隐记忆，这是一种没有意识的记忆，如感知运动技能方面的记忆。但是，许多专家强调，外显记忆（对事实或经验的有意识记忆）要到出生第一年的后半年里才会出现。年长儿童和成人很少能记住出生后头三年里发生的事情。

● **童年期**

如果给予适当的线索和提示，幼儿就能记住大量的信息。评估短时记忆的方法之一是采用记忆广度任务，儿童在记忆广度任务上的表现在整个童年期里都会随年龄而发生显著变化。随着儿童开始更多地使用要点，获得更广泛的内容知识和专长，形成较大的记忆广度，以及使用更有效的策略，他们的记忆在小学阶段里不断改善。组织、精细加工、形成表象都是重要的记忆策略。当前的研究侧重于儿童长时记忆的准确性问题以及这种准确性对于儿童作为目击证人的含义。

● **青少年期**

在青少年期里，短时记忆（如记忆广度方面的评估）不断发展，工作记忆也不断发展。

思维

学习目标 4 叙述思维及其发展变化的特点。

● **什么是思维**

思维是在记忆中对信息进行操作和转化。我们可以思考过去、现实和幻想。思维帮助我们进行推理、反思、评价、解决问题和决策。

● **婴儿期**

学术界对婴儿期思维的研究聚焦于概念的形成和分类上。概念是在认知层面上将相似的事物、事件、人或观点进行分组。婴儿在发展早期就开始形成概念，早在 3 个月大时就出现了知觉分类。但曼德勒认为，婴儿要到 7 至 9 个月大时才会形成概念性的类别。婴儿最初的概念很宽泛。在出生后的头两年里，这些宽泛的概念逐渐变得比较分化。

● **童年期**

执行功能出现在童年期，它是一个总的概念，包括和大脑前额叶皮层的发展相联系的许多高级认知过程。执行功能涉及对思维进行管理，以便让其进行目标指导下的行为和实行自我控制。批判性思维是指进行深入和富有成效的思考，并对证据进行评价。学校中普遍不重视批判性思维的现象值得特别关注。儿童和科学家的思维有些方面相似，但有些方面不同。问题解决依赖于策略、规则和类比的应用。甚至幼儿在某些情况下也能使用类比来解决问题。

- 青少年期 　　青少年期信息加工方面的一些重要变化和执行功能有关，这些变化包括监控和管理认知资源，进行批判性思维和做决策。越来越多的研究者认为执行功能在青少年期里不断加强。青少年期也是批判性思维发展的一个重要过渡阶段，因为这一阶段里发生了许多认知方面的变化，如信息加工的速度、自动化程度和容量的提升，内容知识的扩展，建构新的知识结合的能力的增强，以及更多地应用自发性的策略。

元认知

学习目标 5 解释元认知的概念并概述它的发展变化。

- 什么是元认知 　　元认知是对认知的认知，或者说是对认识过程的认识。

- 儿童的心理观 　　心理观是指儿童对自己和他人的心理过程的认识。年幼儿童对人的心理充满了好奇，这一现象是在心理观的话题下进行研究的。儿童心理观的特点存在许多发展性的变化。例如，到5岁时，大多数儿童认识到人们可能持有错误的信念，即与事实不相符合的信念。心理观方面也存在个体差异。例如，患有自闭症的儿童难以形成心理观。

- 童年期的元认知 　　元记忆在童年中晚期里有所提高。在整个小学阶段，儿童都在不断进步，他们对自己的记忆能力有了比较符合实际的判断，并且越来越认识到记忆线索的重要性。

- 青少年期的元认知 　　在监控和管理认知资源以便有效地满足学习任务的要求方面，青少年的能力已有所提高。不过，在青少年期，元认知方面存在着相当大的个体差异。

重要术语

注意 attention
自动化 automaticity
概念 concepts
批判性思维 critical thinking
分配性注意 divided attention
双过程模型 dual-process model
编码 encoding
管理性注意 executive attention
执行功能 executive function
外显记忆 explicit memory

模糊痕迹理论 fuzzy trace theory
内隐记忆 implicit memory
信息加工观 information-processing approach
联合注意 joint attention
长时记忆 long-term memory
记忆 memory
元认知 metacognition
元记忆 metamemory
正念 mindfulness

图式 schemas
图式理论 schema theory
选择性注意 selective attention
短时记忆 short-term memory
策略建构 strategy construction
持续性注意 sustained attention
心理观 theory of mind
思维 thinking
工作记忆 working memory

重要人物

艾伦·巴德利 Alan Baddley
查尔斯·布雷纳德 Charles Brainerd
雷歇勒·布鲁克斯 Rechele Brooks
斯特凡妮·卡尔森 Stephanie Carlson
乔迪·德洛亚克 Judy DeLoache

玛丽亚·加特斯坦 Maria Gartstein
琼·曼德勒 Jean Mandler
安德鲁·梅尔策夫 Andrew Meltzoff
迈克尔·普雷斯莱 Michael Pressley
瓦莱丽·雷纳 Valerie Reyna

玛丽·罗斯巴特 Mary Rothbart
卡罗琳·罗韦-科利尔 Carolyn Rovee-Collier
罗伯特·西格勒 Robert Siegler

第七章　信息加工　　**219**

第八章 智力

本章纲要

第1节 智力的概念

学习目标 ❶
解释智力的概念。
- 什么是智力
- 智力测验
- 多元智力理论
- 智力的神经科学
- 遗传和环境的影响
- 群体比较

第2节 智力的发展

学习目标 ❷
讨论智力的发展。
- 婴儿智力测验
- 青少年期智力的稳定性和变化

第3节 智力和创造性的极端情况

学习目标 ❸
描述智力障碍、天才和创造性的特点。
- 智力障碍
- 天才
- 创造性

学校如何面对学生的智力差异

花几分钟想想多年来你所喜欢的老师。你最喜欢他们的什么呢？他们是如何促进你的学习的呢？学生通常喜欢的是那些根据学生的不同需要来调整自己教学方式的老师，而不是那些采用一刀切教学方式的老师。

最有效率的教师能够认识到学生会以不同的方式表现自己的智力，并为学生提供与其能力相匹配的学习机会。例如，有些学生可能以阅读和听课的方式学得很好，而另一些学生则以主动参与教学过程的方式学得更好。高效率的教师会运用创造性的方法来匹配学生不同类型的智力。例如，一位三年级教师不是让学生被动地吸收科学教科书的课文，而是让学生到教室外面去观察植物和动物并把他们的发现记录下来，以此来帮助学生学习科学。另一位教师的教法也很有趣，她不是让学生仅仅阅读戏剧故事，而是让学生制作服装并表演，以此来激励学生的身体活动和社会性互动。在这样的教学方式下，那些传统学科成绩一般的学生也可以通过其他的活动获得成功，如在动手能力或人际交往能力方面获得成功。

由于认识到了学生具有不同的学习方式和多种不同的能力结构，越来越多的学校把社会情感方面的内容引入课程，并把体育当成必修课。这些学校的教学不仅以学生已具有的不同技能为基础，而且采纳了整体教育的理念。目的是除了传统的认知方面的学习如阅读和数学外，还要促进学生更广泛的能力的发展。

前言

刚才描述的教学策略就是以我们将在本章里探讨的不同的智力理论为基础的。在这一章里，我们将要考察智力的概念和测评方法，追踪智力从婴儿期到青少年期的发展轨迹，并探讨智力和创造性的极端情况。

第1节 智力的概念

学习目标 1

解释智力的概念。
- 什么是智力
- 智力测验
- 多元智力理论
- 智力的神经科学
- 遗传和环境的影响
- 群体比较

> 有多少人，就有多少头脑，每一个都以自己的方式运作。
>
> ——泰伦提乌斯
> 公元前 2 世纪罗马剧作家

发展链接

信息加工

信息加工观强调的是儿童如何操作和监控信息，以及如何为处理信息而制定策略。链接"信息加工"。

智力是我们最宝贵的品质之一。然而，甚至那些最有智慧的人对如何定义和测量智力尚无一致的看法。

> 什么是智力

对心理学家来说，智力这一术语有什么含义呢？有些专家把智力描述为解决问题的能力。另一些专家把智力描述为适应经验并从经验中学习的能力。还有一些专家则主张智力应当包括创造性和人际交往技能等要素。

与身高、体重、年龄不同，智力的问题在于无法直接测量。我们只能通过研究和比较人们的智慧行为来*间接地*评估智力。

智力的要素与记忆和思维的认知过程相类似。但我们如何描述智力这一认知过程，如何讨论智力，都取决于个体差异的概念和测评方法（Bjorklund & Causey, 2018）。个体差异是指一个人不同于另一个人的稳定的、前后一致的特点。个体在智力方面的差异一般通过智力测验来测量，设计智力测验的目的是告诉我们某一个人的推理能力是否比已做过这一测验的其他人强。

我们在本书中把**智力**定义为解决问题、适应经验并从经验中学习的能力。但即使这样宽泛的定义也不能使所有人都满意。你马上就会看到，霍华德·加德纳建议应当把音乐能力看成是智力的组成部分。同时，基于维果斯基理论的智力定义肯定要包括在更熟练个体的帮助下应用文化工具的能力。因为智力是一个如此抽象而又宽泛的概念，所以，存在不同的定义也就不足为奇了。

> 智力测验

目前，两个使用最普遍的以测量个体为基础的智力测验是斯坦福-比奈测验和韦克斯勒量表。你将在下文了解到，早期版本的比奈测验是世界上的第一个智力测验。

比奈测验 1904 年，法国教育部长要求心理学家阿尔弗雷德·比奈（Alfred Binet）设计一种方法来鉴别出那些不能在普通学校里学习的儿童，因为学校的官员们希望

智力（intelligence）解决问题、适应经验并从经验中学习的能力。

把一些不能从普通的课堂教学受益的学生安置到特殊学校以缓解普通学校的拥挤。于是，比奈和他的学生泰奥菲勒·西蒙（Theophile Simon）便设计了一种智力测验。这一测验被称为1905年量表，共包括30个问题，涉及范围颇广，从要求受测者触摸自己的耳朵、根据记忆画图，到解释抽象的概念。

比奈提出了**心理年龄**（MA）的概念，它是指某个人相对于其他人而言的心理发展水平。1912年，威廉·斯特恩（William Stern）又发明了**智商**（IQ）的概念，智商是用一个人的心理年龄除以实际年龄（CA），然后再乘以100，也就是说：IQ = MA/CA × 100。

如果某个儿童的心理年龄和他的实际年龄相同，他的智商即为100。如果心理年龄大于实际年龄，他的智商就高于100。例如，如果一个6岁儿童有着8岁的心理年龄，那他的智商就是133。同理，如果心理年龄低于实际年龄，智商就低于100。例如，如果一个6岁儿童有着5岁的心理年龄，那他的智商就是83。

随着人们对智力和测试过程理解的进展，心理学家们对比奈测验进行了多次修订（Wasserman, 2018）。修订后的版本称为斯坦福–比奈测验，因为修订是在斯坦福大学进行的。通过对大量不同年龄、来自不同背景的儿童和成人实施斯坦福–比奈测验，研究者们发现被试的测验分数接近正态分布（参见图1）。**正态分布**是一个对称的曲线，大多数分数落在所有可能分数的中部，只有极少数分数处于曲线的两端。

目前的斯坦福–比奈测验适用于对2岁儿童至成年的个体进行个别测试。它包括很多题目，有些要求用语言回答，有些则要求用非语言回答。例如，测验中反映典型6岁儿童智力水平的题目包括语言能力测试题，如要求解释至少6个单词，如*橙子*和*信封*；也包括非语言能力测试题，如找到走出一个迷宫的路径。测试题中反映一般成年人智力水平的题目包括解释单词（如*不成比例*和*考虑*），解释一句谚语，比较*空闲*和*懒惰*的异同等。

斯坦福–比奈测验的第五版于2003年发表。这一新版本包括语言和非语言的分量表，用来测评知识、量的推理、视觉空间处理、工作记忆、流体推理（fluid reasoning）。但该测验仍然会计算出一个总分来代表被测人总的智力水平。斯坦福–比奈测验将继续作为广泛使用的测验之一用来评估个体的智力（Twomey & others, 2018）。

韦克斯勒量表　另一套被广泛用来评估智力的测验称为韦克斯勒量表，由心理学家戴维·韦克斯勒（David Wechsler）编制。这套测验包括：第四版韦克斯勒学前

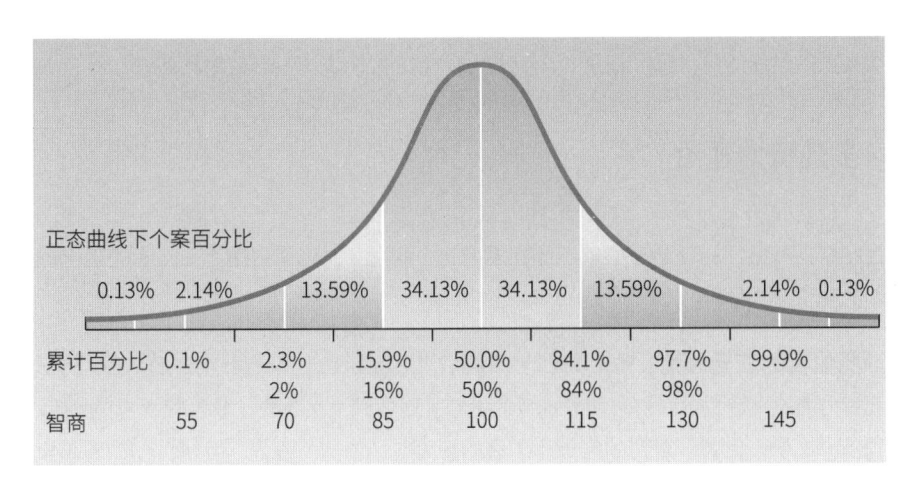

法国教育部长要求阿尔弗雷德·比奈设计一种测验来鉴别可以从法国普通学校的教学中受益和无法受益的儿童，于是，比奈设计了第一个智力测验。
图片来源：视觉中国

心理年龄（mental age，MA）某个人相对于其他人而言的心理发展水平。

智商（intelligence quotient，IQ）威廉·斯特恩（William Stern）于1912年发明的概念，等于某个人的心理年龄除以他（她）的实际年龄，然后再乘以100。

正态分布（normal distribution）一个对称的分布，大多数分数落在所有可能分数的中部，只有很少部分处于两端。

正态曲线下个案百分比	0.13%	2.14%	13.59%	34.13%	34.13%	13.59%	2.14%	0.13%
累计百分比	0.1%	2.3%	15.9%	50.0%		84.1%	97.7%	99.9%
		2%	16%	50%		84%	98%	
智商	55	70	85	100		115	130	145

图1　正态曲线和斯坦福–比奈智商分数
智商分数的分布接近正态曲线。大多数个体的分数落在中部，极高和极低的分数非常少，略高于2/3的分数在84分至116分之间。智商高于132分的个体大约只占1/50，智商低于68分的个体也只占1/50。

第八章　智力　**223**

语言分量表

类同
儿童必须通过逻辑的和抽象的思考来回答许多关于事物如何相似的问题。
举例："狮子和老虎在哪些方面相似？"

理解
此分量表用来评估个体的判断能力和常识。
举例："把钱存在银行里有什么好处？"

非语言分量表

积木设计
儿童必须把各种不同颜色的积木组合成实验者所呈现的图案。
评估的是儿童视觉与运动协调、知觉组织、空间视觉的能力。
举例："用左边的四块积木拼成右边的图形。"

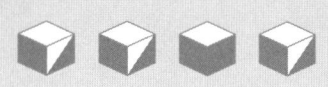

图2 第五版韦克斯勒儿童智力量表（WISC-V）的部分分量表

韦克斯勒儿童智力量表包括11个分量表——6个语言分量表和5个非语言分量表。这里展示的是3个分量表。

资料来源：Wechsler Intelligence Scale for Children®, Fifth Edition (WISC-V), Upper Saddle River, NJ: Pearson Education, Inc., 2014.

和小学智力量表（WPPSI-IV），适用于2岁6个月至7岁3个月大的儿童；第五版韦克斯勒儿童智力量表（WISC-V），适用于6岁至16岁的儿童和青少年；第四版韦克斯勒成人智力量表（WAIS-IV）。

韦克斯勒量表不仅给出总的智商分数和许多分测验的分数，而且产生好多综合指数（如语言理解指数、工作记忆指数、加工速度指数）。分测验成绩和综合指数上的得分使得测验者能够迅速确定被测儿童的优势领域和弱势领域。图2展示的是韦克斯勒测验的3个分量表。

斯坦福-比奈测验和韦克斯勒量表等智力测验是个别实施的。在进行个别测试时，心理学家通过施测者和儿童之间结构化的互动来评估儿童的智力。这就使得心理学家有机会对被测个体的行为进行抽样。同时，在测试过程中，施测者可以观察和儿童建立友好关系的难易程度，儿童的热情和兴趣，儿童的成绩是否受焦虑的干扰，以及儿童对挫折的容忍程度。

智力测验的应用和误用　智力测验具有实用性，可用来预测寿命、学业成绩和职业成功（Demetriou & Spanoudis, 2018）。研究者已发现，童年期较低的智商和普通疾病、慢性病以及寿命相关（Dobson & others, 2017）。同时，一般智力测验的分数与学业成绩和成就测验上的表现存在较高相关，这种相关不仅表现在实施测验时，多年后仍然如此（Yu & others, 2017）。智力测验的分数与工作表现也呈现出中度相关（Ones, Viswesvaran, & Dilchert, 2017）。

虽然智商与学业成绩或职业成功之间存在关联，但一定要记住，许多其他的因素也会对学业和工作的成功产生影响。这些因素包括获得成功的动机、身体和心理的健康状况、勇气以及社会交往能力等（Steinmayr, Weidinger, & Wigfield, 2018）。

另一方面，智力测验所提供的单一分数很容易导致人们对个体形成错误的期待。人们往往会根据一个IQ分数就做出一概而论的类推。如果IQ分数被误用，如果教师和其他相关人员为高智商的学生提供更多的学习机会，IQ分数就可能引起一系列自我实现的过程，而这些增多了的学习机会又会进一步提高IQ分数（Murdock-Perriera & Sedlacek, 2018）。

为了有效地使用智力测验的结果，我们需要把儿童某次智力测验的分数和有关该儿童的其他信息结合起来考虑（McCluskey, 2017）。例如，不应当仅凭一次智力测验就决定是否将某个儿童安置到特殊教育班或天才教育班。我们还应当考虑这个儿童的发展历史、医疗背景、学校表现、社交能力、家庭经验等因素。

> 多元智力理论

把儿童的智力看成一种一般能力更适当，还是多种特殊能力更适当呢？从20世纪早期开始，心理学家们就已经在思考这个问题了，但到目前为止，有关这个问题的辩论还在继续。

斯腾伯格的三元理论　根据罗伯特·斯腾伯格（Robert J. Sternberg, 2018b）的三元智力理论，智力表现为三种形式：分析的、创造的、实践的。分析的智力指分析、判断、评价、比较、对照的能力。创造的智力包括创造、设计、发明、创作和想象

三元智力理论（triarchic theory of intelligence）
斯腾伯格提出的理论，认为智力表现为三种形式：分析的、创造的、实践的。

的能力。实践的智力则侧重于利用（use）、应用（apply）、执行（implement）和将理论性的东西应用于实践的能力。

斯腾伯格（Sternberg, 2018a）指出，具有不同三元智力模式的学生在学校里的表现也不一样。那些具有良好分析能力的学生在传统的学校里受到青睐。在教师讲授并采用客观性考试的班级里，他们通常很成功。这些学生在各门课程上总是能获得好成绩，在传统智力测验和大学入学考试（SAT）上也能得到好分数，并在后来进入名牌大学。

创造性智力高的学生通常不是处于班级的上游。他们可能会不按照老师的期望来做作业。他们会给出独创的答案，而这些答案可能会让他们受到训斥或得到低分。

同创造性智力高的学生相类似，实践智力好的学生也往往和学校的要求格格不入。然而，在教室之外，他们经常获得成功。虽然上学时的学习成绩并不出色，但他们的社会技能和常识可能使他们成为成功的经理或企业家。

斯腾伯格（Sternberg, 2018b）认为，智慧（wisdom）既和学术性的智力有关，也和实践性的智力有关。在他看来，学术性智力在许多情况下只是智慧的一个必要条件而不是充分条件，有关真实生活的实用知识也是智慧所需要的。在自己的利益、他人的利益和环境之间达成平衡对大家都有好处。所以，明智的个体不只关心自己，他们也需要考虑他人的需要和看法，还要考虑所处的特定的环境。那么斯腾伯格如何来评估一个人的智慧呢？他通过呈现一些问题来评估，解决这些问题则需要考虑到各种个人的、人与人之间的以及环境的利益。他还强调，这些方面的智慧应当在学校里教授（Sternberg, 2018b）。

加德纳的多元智力理论 霍华德·加德纳（Howard Gardner, 1983; Chen & Gardner, 2018）认为存在许多特定类型的智力，或心智的框架（frames of mind）。我们在这里列出这些类型的智力，并列举一些分别反映这些智力优势的职业（Campbell, Campbell, & Dickinson, 2004）：

- 语言智力：凭借词汇进行思考和应用语言进行表达的能力。
  职业：作家、记者、发言人。
- 数学智力：进行数学运算的能力。
  职业：科学家、工程师、会计师。
- 空间智力：进行三维思考的能力。
  职业：建筑师、艺术家、水手。
- 身体-动觉智力：操作物体的能力和熟练掌握身体技艺的能力。
  职业：外科医师、工匠、舞蹈家、运动员。
- 音乐智力：能敏锐觉察音高、旋律、节奏和声调的能力。
  职业：作曲家、歌手、音乐治疗师。
- 内省智力：理解自己和有效地引导自己生活的能力。
  职业：神学家、心理学家。
- 人际智力：理解他人并有效地与他人互动的能力。
  职业：教师、心理健康专业人员。
- 自然智力：观察自然中的规则并理解自然系统和人造系统的能力。
  职业：农民、植物学家、生态学家、风景画家。

罗伯特·斯腾伯格，他提出了三元智力理论。

图片来源：Dr. Robert Sternberg

儿童不仅在课堂上学习，参与日常生活中有意义的活动也是在学习。
图片来源：视觉中国

情绪智力（emotional intelligence）准确和适宜地感知和表达情绪的能力，理解情绪和情绪知识的能力，利用情绪来促进思维的能力，以及调控自己和他人情绪的能力。

实体智力观和渐成智力观 和科学研究者们（如斯腾伯格和加德纳）提出理论不同，外行人则会持有一些隐性的关于智力的观点。持实体智力观（entity theories of intelligence）的人相信智力基本上是人一出生就具有的东西，出生后随时间变化的部分不多。相反，持渐成智力观（incremental theories of intelligence）的人则相信智力可以随时间而成长并可以通过努力学习来提升。那些持渐成智力观的学生在学校里努力学习的动力更强，那些持渐成智力观的教师和父母也会更加赞扬努力而不是能力，并以各种方式告诉儿童智力可以通过努力学习来改善（Gunderson & others, 2017）。

情绪智力 加德纳和斯腾伯格的理论都包括了一类或两类有关理解自己和他人的能力以及与世界相处的能力。在加德纳的理论中，此类能力被称为人际智力和内省智力；在斯腾伯格的理论中，被称为实践的智力。其他强调智力的人际、内省和实践层面的理论家则注重称之为情绪智力的东西，而情绪智力的概念又通过丹尼尔·戈尔曼（Daniel Goleman, 1995）的《情商》一书而广泛传播。

情绪智力的概念最初是由彼得·萨洛威和约翰·迈耶（Peter Salovey & John Mayer, 1990）提出来的。他们把**情绪智力**定义为能够准确和适宜地感知和表达情绪的能力（如从他人的视角来感知和表达情绪），理解情绪和情绪知识的能力（如理解情绪在友谊和其他关系中所起的作用），利用情绪来促进思维的能力（如保持积极的情绪，这和创造性思维有关），以及调控自己和他人情绪的能力（如能够控制自己的愤怒）。

今天，人们对情绪智力的概念仍然有着相当大的兴趣（Chen & Chen, 2018; Karle & others, 2018）。例如，有一项干预研究侧重于教儿童如何更有效地调节情绪来提升其情绪智力。结果显示，儿童不仅减少了愤怒和其他消极情绪，身体的和言语的攻击行为也减少了（Castillo-Gualda & others, 2018）。同时，对于那些遭到网暴的青少年来说，较高的情绪智力还可以发挥保护性的作用，可以减少和受欺凌有关的负面结果，如减少自杀的念头和低自尊的发生（Extremera & others, 2018）。

批评者们认为，情绪智力将智力的概念扩展得过于宽泛以至于没有什么作用了，同时，情绪智力也没有得到适当的评估和研究（Keefer, Parker, & Saklofske, 2018）。他们还认为，情绪智力是情绪的自我调节能力与觉察或预测他人情绪反应能力的结合，而不是智力本身。把某些正确或不正确的反应归进情绪领域会引起诸多挑战（Fiori & Vesely-Maillefer, 2018）。

人拥有一种智力还是多种智力？ 将加德纳、斯腾伯格、萨洛威和迈耶的观点进行比较，不难发现斯腾伯格理论独有的特点是强调创造性智力，加德纳的理论则包括了多个其他理论没有提及的智力类型。这些多元智力理论有很多值得借鉴的地方。它们激励我们更加广泛地思考人的智力和能力的构成（Sternberg, 2018b），也促使教育者开发了多种课程以便在不同领域教导学生。

多元智力理论也受到了批评。批评者们认为这些理论尚缺乏研究的基础（Jensen, 2008）。特别是有人指出加德纳的分类似乎是武断的。例如，如果音乐能力代表一

情绪智力有什么特点？
图片来源：视觉中国

种智力的话，那为什么不包括象棋智力、职业拳手智力呢？如此等等。

许多心理学家仍然支持一般智力的概念（Hill & others, 2018）。他们指出，在一种智力任务上表现出色的人在其他智力任务上也很可能表现出色（Zaboski, Kranzler, & Gage, 2018）。因此，那些记忆数字串能力出众的个体一般也擅长解决语言问题和空间问题。这种一般智力包括抽象推理或抽象思维的能力、获取知识的能力和问题解决能力（Schneider & McGrew, 2018）。

一般智力概念的拥护者们还指出，一般智力能够成功地预测在校期间和工作后的表现（Demetriou & Spanoudis, 2018）。例如，一般智力测验的分数和在校期间的成绩或学科测验的分数有着相当高的相关，不管是在测验时还是数年之后，都是如此（Yu & others, 2017）。同时，智力测验分数和工作表现之间也存在中度相关（Ones, Viswesvaran, & Dilchert, 2017）。在测量一般智力的测验中得分较高的个体通常也能得到较高的工资和更有声望的工作（Ones, Viswesvaran, & Dilchert, 2017）。不过，除智力因素外，许多其他的因素（如动机）也影响着工作岗位上的成功（Van Iddekinge & others, 2018）。

有些主张存在一般智力的专家也承认个体拥有特殊能力（Zaboski, Kranzler, & Gage, 2018）。总之，把智力定义为一般能力，还是特殊能力，又或是两者兼有更准确呢？目前对这个问题的回答还存在争议（Flanagan & McDonough, 2018）。

> 智力的神经科学

随着当前对大脑研究的深入，人们对智力的神经科学基础也产生了更加浓厚的兴趣（Haier, 2017）。对于大脑在智力中发挥了什么作用的问题，目前的研究主要集中在以下几个方面：体积大的脑是否和较高的智力有关？智力是否位于大脑的某些区域？智力是否和大脑加工信息的速度有关？

智力会不会和脑的特定区域有关呢？早期的共识认为额叶可能是智力的所在区域。然而，目前研究者们已同意智力在脑区域的分布更为广泛，依赖于不同脑区域之间的连接和合作（Avena-Koenigsberger, Misic, & Sporns, 2017）（参见图3）。阿尔伯特·爱因斯坦（Albert Einstein）的整个脑的大小属于平均水平，但是他的大脑顶叶的一个区域（该区域在处理数学和空间信息时非常活跃）比平均水平大15%（Witelson, Kigar, & Harvey, 1999）。近期采用较新技术的研究不再到某个特定的脑区域去寻找主管智力的部位，而是考察脑的功能，不只是脑的大小。例如，脑影像研究已发现：语言智力较高的6至18岁的儿童和青少年在脑结构方面不同于语言智力较低的同伴，不仅在脑的某些区域有差别，而且在脑区域之间的连接模式上也有差别，从而说明较聪明的儿童能够跨越不同的脑区域进行更有效率的信息处理（Khundrakpam & others, 2017）。

对智力的神经学基础的关注也导致了一些研究者研究信息处理速度对智力可能产生的影响（DiTrapani & others, 2016）。近期的神经科学研究表明：一般智力方差中高达80%可以用个体处理信息的速度来解释，因为高的信息处理速度使得负责注意、工作记忆和长期储存的脑区域之间的交流更有效率（Schubert, Hagemann, & Frischkorn, 2017）。

由于研究脑功能的技术在未来的几十年里将继续进步，我们可能会看到关于脑在智力中作用的更加明确的结论（Haier, 2017）。当这类研究不断进展时，请不要

发展链接

脑的发展

额叶在青少年期和成年早期继续发展。链接"身体的发展和健康"。

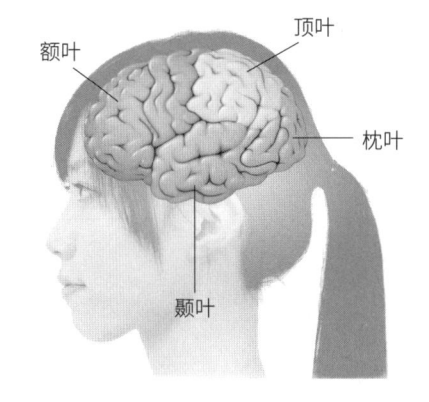

图3 智力和脑
研究者们已发现，较高的智力水平与分布在额叶和顶叶的一个神经网络有关。颞叶、枕叶和小脑虽然在影响程度上低于额叶和顶叶的神经网络，但它们也都和智力有关。目前的共识是：智力可能分布于各个脑区域，而不是位于某个特定的区域（如额叶）。

图片来源：Photo: Takayuki/Shutterstock

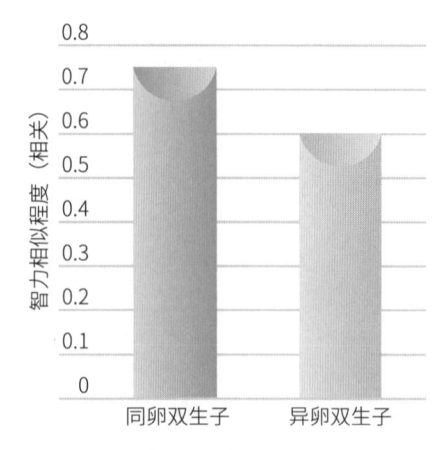

图4 双生子类型和智力测验分数的相关分析
此柱形图展示的是多项研究发现的总结，这些研究比较了同卵双生子和异卵双生子智力测验分数的相关程度。如图所示，同卵双生子之间存在 0.75 的相关，异卵双生子之间是 0.60，两者相差 0.15。

遗传力（heritability）总体的方差中可以由基因解释的部分。

忘记遗传和环境都对大脑和智力之间的联系做出了贡献。

> **遗传和环境的影响**

我们已了解到智力是一个模糊的概念，有着不同的相互竞争的定义、测验和理论。所以，对于智力概念的理解充满争议也就不足为奇了。就遗传和环境之争来说，研究者们同意这两者都影响智力；遗传因素和环境因素的影响相互作用，从而使得遗传倾向在不同的环境中表现出可塑性，也使得环境能够影响基因（Sauce & Matzel, 2018）。

基因的影响 我们的智力在多大程度上是由基因决定的呢？最近一项综述研究发现，同卵双生子之间的智力相关程度和异卵双生子之间的智力相关程度差别不太大，相关系数之间的差异只有 0.15（Grigorenko, 2000）（参见图4）。

科学家们是否已经能够准确地识别那些和智力有关的特定基因了呢？全基因组关联分析法是一种研究个体的全部基因和观察到的特征之间的关系的方法，采用这一方法，研究者们发现和智力有关的基因序列多达数千个（Plomin & von Stumm, 2018）。

研究者们也试图用领养研究来分析智力中遗传因素和环境因素的相对重要性（Haier, 2017）。在大多数领养研究中，研究者主要考察被领养孩子的行为究竟是更像亲生父母还是更像养父母。有两项研究显示：与养父母的智商相比，亲生父母的教育水平能够更好地预测孩子的 IQ 分数（Petrill & Deater-Deckard, 2004; Scarr & Weinberg, 1983）。但是，一些领养研究也证明了环境的影响。例如，里查德·尼斯比特（Richard Nisbett）和他的同事们（2012）所做的一项研究分析显示，低收入家庭孩子被中等或上等收入的家庭领养后，他们的智商增加了 12 到 18 分。

遗传对智力的影响究竟有多大呢？学者们提出了遗传力的概念，试图将遗传和环境的影响分解开来。**遗传力**指某个总体的方差中可以由基因解释的部分；遗传力通过相关方法来计算，遗传力最高为 1.00，0.7 以上的相关系数即表明基因影响很强。全基因组关联分析研究表明基因序列可以解释智力的总体方差的 20% 到 50%（Plomin & von Stumm, 2018）。

但是，有一点必须记住，遗传力所指的是一个特定的群体（总体）而不是指某个个体。研究者用遗传力的概念来说明为什么人们之间存在智力差异，但它并不能说明某个个体为什么具有某种水平的智力，也不能说明不同群体之间的差异。

大多数关于遗传和环境影响力的研究都没有包括那些具有重大差异的环境。因此，许多基因研究显示环境对智力的影响不大，也就不足为奇了。

遗传力指数有很多缺陷（Sandoval-Motta & others, 2017）。它的信度和效度完全依赖于用来分析并对其做出解释的数据的质量。但这些数据几乎全部来自传统的智力测验，而有些专家认为传统智力测验并不能很好地反映智力（Sternberg, 2018b）。同时，遗传力指数的前设是：我们可以将遗传和环境的影响当作两种可以分开的因素，每一种因素都产生了特定量的影响。然而，基因与环境总是一起发挥作用。基因总是在某种环境中存在，环境总是时时刻刻影响着基因的活动。

环境的影响 环境对智力也有着重要的影响（Haier, 2017）。这就意味着改善儿童的环境可以提高他们的智力（McLeod & others, 2018）。支持环境对智力具有

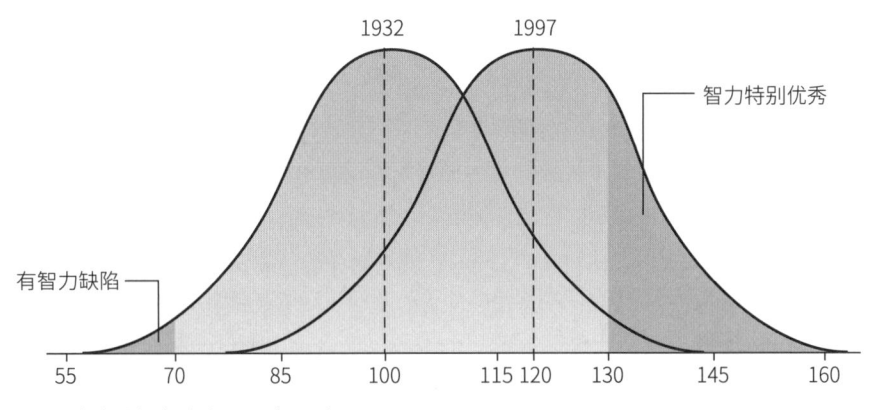

图5 智商的提高（从1932到1997）

斯坦福-比奈智力测验的结果表明，美国的儿童似乎变得越来越聪明了。在1932年，一组被测者的分数落在钟形曲线下，半数人智商高于100分，半数人低于100分。有研究发现，如果今天使用1932年的测验对儿童施测，半数儿童的成绩将高于120分，很少有人处于有智力缺陷的区域，大约有25%儿童的得分将落在"特别优秀"的区域里。

重要影响的论据之一是世界各地总体智力测验分数的提高。智力测验分数提高得如此之快，以至于很大一部分在20世纪早期属于中等智力的人在今天看来都成了低智商者（Flynn, 2018）（参见图5）。如果用1932年的斯坦福-比奈测验来测试当代儿童的代表性样本，那将有约25%的儿童被划入特别优秀的等级，而能获得这一等级的儿童通常只占总体的3%。因为这种提高发生在一个相对较短的历史阶段里，所以它不可能是由遗传引起的（Bratsberg & Rogeberg, 2018）。更确切地说，它可能是由环境因素引起的，如受教育水平的提高和接触信息的增加。怀孕期间和出生后的营养状况等因素都和智力相关（Freitas-Vilela & others, 2018），因而有学者认为可用这些因素的改善来解释智力测验分数的历史性提高（Bratsberg & Rogeberg, 2018）。全世界的智力测验分数在短期内普遍提高的现象被称之为弗林效应，即以发现这一效应的研究者詹姆斯·弗林（James Flynn, 2018）的名字命名。

关于学校教育的研究也显示出教育对智力的影响。一项元分析研究对42个数据集进行综合分析，包括了60多万名参与者。分析结果表明，正规教育每增加1年，儿童的智商便可提高1到5分，即使考虑到智商较高的儿童待在学校的时间也较长这一事实，结果仍然如此（Ritchie & Tucker-Drob, 2018）。当大量儿童在相当长的一段时间里被剥夺了正规教育而导致智力下降的情况下，学校教育的作用就表现得最为明显。例如，在2004年和2016年期间，苏丹喀土穆6至9岁的儿童智商提高了8到13分，造成这一结果的原因可能是那里没有针对较低年龄段的义务教育（Dutton & others, 2018）。

研究者、教育者和政策制定者们对于改变那些有智力受阻风险的儿童的早期环境很有兴趣（Dunst, 2017）。这里的重点是预防而不是补救。许多低收入父母难以为他们的孩子提供富有智力刺激的环境。那些教育父母成为孩子更敏感的照料者、更好的老师，同时也为父母提供支持性服务的干预计划（如优质保育计划）能够促进儿童的智力发展（McLeod & others, 2018）。

我们能够从早期干预对智力影响的研究中学到什么呢？要了解这方面的信息，请阅读"链接 研究"专栏。

南非一所小学的学生。学校教育会如何影响儿童的智力发展？
图片来源：视觉中国

如果受到早期干预，高风险儿童在认知发展方面往往获益最多。

——克雷格·雷米
当代心理学家（美国乔治城大学）

发展链接

天性和教养

渐成观强调，发展是遗传与环境之间不断的双向互动所产生的结果。链接"生物起源"。

第八章 智力　229

> **链接 研究**

启蒙干预项目

北卡罗来纳大学教堂山分校有一项启蒙干预项目，由克雷格·雷米（Craig Ramey）和他的同事们负责实施（Ramey, 2018）。该项目从低收入、低教育水平的家庭中选取了 111 名幼儿，随机将他们安排在干预组或控制组。干预组儿童全年接受全天的保育，并且为他们提供医疗和社会福利；控制组儿童也接受医疗和社会福利，但没有保育。儿童保育项目包括游戏类的学习活动，旨在促进儿童的语言、运动、社会和认知能力的发展。

这一项目提高智商的效果在儿童 3 岁时就明显地表现出来了。此时，实验组的平均智商为 101 分，属于正常水平，比控制组高了 17 分。最近的追踪研究显示，这种积极影响是长久的。十多年后，即在儿童 15 岁时，原实验组儿童的平均智商仍然比控制组高 5 分（分别为 97.7 分和 92.6 分）（Ramey, 2018）。在阅读和数学标准测验上，原实验组的儿童表现得更好，留级的可能性也更小。IQ 分数提高幅度最大的是那些母亲智商低于 70 分的儿童。15 岁时，和控制组中母亲智商同样低于 70 分的儿童相比，实验组中这些儿童的平均智商比控制组高出 10 分。到 30 岁时，原来接受早期干预的实验组成员完成高等教育学业的人数是控制组的 4 倍，他们更可能有全职工作，也较少依赖于社会福利（Ramey, 2018）。这一干预项目的成本收益比是 1 比 7.3，说明在儿童早期的投资可以获得高额的回报（Ramey, 2018）。

启蒙干预项目的结果并不是史无前例的。关于早期干预项目的一项综述研究得出如下结论（Brooks-Gunn, 2003）：

- 高质量的保育干预与儿童智力和学业成绩的提高相关。
- 针对贫困儿童和父母受教育程度低的儿童的早期干预最为成功。
- 这种积极的影响一直持续到青少年期，但强度不如童年早期或小学初期。
- 那些持续到童年中晚期的项目具有最好的长期效果。

再谈天性与教养问题　总之，心理学家们有一个共识，即遗传和环境都影响着智力（Sauce & Matzel, 2018）。与其他方面的发展一样，遗传因素和环境因素的互动影响着智力的发展。

> 群体比较

数十年来，围绕智力测验的许多争论是由人们将不同群体进行比较的倾向引起的。

跨文化比较　不同文化群体和不同文化中的个体对什么叫作聪明的描述是不同的（Sternberg, 2017）。在西方文化中，人们倾向于把智力看作是推理和思维的能力。但是，个体也可以用不同的方式表现出智慧。例如，加拿大某因纽特人社区的孩子们在传统课堂上的表现不佳，但他们却能够在北极的冬季里没有可见地标的情况下独自来往于相距很远的村庄（Sternberg, 2017）。同样，那些在学校里成绩差的肯尼亚儿童却能够用数百种草药来治病。这些事例说明人的智力包含更广泛的智慧和能力，而不只是传统智力测验所捕获的那些特性（Sternberg, 2017）。

智力测验的文化偏见　许多早期的智力测验都存在文化偏见，它们偏向于城市居民而不是来自农村的人，偏向于中等社会经济阶层而不是低收入阶层，偏向于白人而不是非裔美国人。因此，那些来自非测验编制人所在群体的人们对智力和能力的看法在测验中没有得到反映（Rogoff & others, 2017）。例如，早期的某个测验中有这样一道题：如果你在街上发现了一个 3 岁的小孩，你应当怎样做？正确答案是

链接 多样性

为什么设计文化公平测验如此困难？

为什么设计文化公平测验如此困难呢？大多数测验倾向于反映主流文化认为最重要的东西（Sternberg, 2018b）。如果测验有时间限制，那它就不利于那些不怎么关注时间的群体。如果测验的语言有差异，那么相同的词语对不同语言群体的人来说就可能具有不同的含义。甚至图画也会产生偏向，因为有些文化对绘画和照片不怎么熟悉。即使在同一文化背景下，不同的群体也可能持有不同的态度、不同的价值观和不同的动机，这些都可能影响人们在智力测验上的表现（Barnett & others, 2011）。如果有一道题目是问儿童为什么房子要用砖头来砌，那么这道题就不利于那些从来没有见过或很少见到砖房的孩子。关于铁路、炉子、一年四季、城市间的距离等问题也都可能具有文化偏向，它们有利于具有相关经验的群体，而不利于没有相关经验的群体。因为设计文化公平测验有这么多的困难，所以罗伯特·斯腾伯格（Sternberg, 2018b）得出的结论是：世界上没有真正的文化公平测验，只有一些降低了文化偏向的测验。

"找警察"。但是在那些城市贫民区里视警察为魔鬼的家庭中长大的儿童一般不会选择这个答案。同时，那些母语非英语或者只会说非标准英语的少数民族成员在理解用标准英语表述的问题时也处于不利地位（Romstad & Xiong, 2017）。

心理学家们已开发了一些力求避免文化偏见的智力测验——**文化公平测验**。目前已有两类文化公平测验。第一类测验中包括的问题是来自所有社会经济地位和民族背景的人都熟悉的。例如，有一道题目可能是问儿童鸟和狗有什么区别，在这里，编题者的假设是几乎所有儿童都熟悉鸟和狗。第二类文化公平测验中不包括语言问题。如要进一步了解文化公平测验，请阅读"链接 多样性"专栏。

民族比较 有时候，研究者用智力测验来比较不同的群体。无论比较的是哪些群体，都应当记住比较的只是平均分，个体分数的分布在群体之间存在着很大范围的重叠。同时，群体的平均分有时候也有利于一些群体而不利于另一些群体，如将男孩的数学能力与女孩比较或将白种美国人的智力测验得分与非裔美国人比较。

对智力测验成绩的另一个潜在影响是**刻板印象威胁**，指的是个体因害怕自己的行为可能会证实关于自己群体的负面刻板印象而产生的焦虑（Wasserberg, 2017）。例如，当非裔美国人参加智力测验时，他们可能会感到非常焦虑，害怕自己的成绩证实"黑人智力低"的陈旧刻板印象。有些研究已证实了刻板印象威胁的存在（Van Loo & Boucher, 2017）。例如，当非裔学生认为测验是在评价他们时，他们在标准智力测验上的表现就比较糟糕，而当他们认为测验不计分时，他们的表现就和白人学生一样好（Aronson, 2002）。不过，刻板印象威胁对非裔美国学生测验分数差异的解释力不如其他因素，如学校中的种族氛围、教师的文化宽容能力、教学人员的多样性（Whaley, 2018）。

文化公平测验（culture-fair tests）旨在避免文化偏见的智力测验。

刻板印象威胁（stereotype threat）个体因害怕自己的行为可能会证实关于自己群体的负面刻板印象而产生的焦虑。

刻板印象威胁会如何影响少数民族学生在标准化考试上的成绩？
图片来源：视觉中国

第八章 智力

复习、联想和反思

学习目标 1

解释智力的概念。

复习

- 什么是智力?
- 重要的个体智力测验有哪些?
- 已有的多元智力理论有哪些?人具有一种智力还是多种智力?
- 脑和智力有什么联系?
- 哪些证据表明遗传影响 IQ 分数?哪些证据表明环境影响 IQ 分数?
- 就不同文化群体和不同民族的智力来说,已有的知识有哪些?

联想

- 在这一节中,你了解到不同文化具有不同的智力概念,在第五章中,你了解到文化对运动发展的影响。这两方面的发现有什么共同之处?

反思你自己的人生之旅

- 市场上在出售可以让父母测孩子智商的测量工具。好多父母告诉你他们购买了该产品并测了自己孩子的智商。为什么你会对测量自己孩子的智商并解释其结果抱有怀疑的态度?

第 2 节 智力的发展

学习目标 2

讨论智力的发展。

- 婴儿智力测验
- 青少年期智力的稳定性和变化

我们如何能够测量婴儿的智力呢?童年期智力是稳定的吗?我们将在考察智力发展时对这些问题以及其他一些问题进行探讨。

> 婴儿智力测验

婴儿测试运动源于 IQ 测试的传统。但是,与年长儿童的 IQ 测验相比,评估婴儿的测验必然较少地涉及言语,而包括更多的知觉和运动发展的题目。它们也包括一些社会性互动的指标。如果要了解有关儿童测评专家的工作情况,请阅读"链接 职业生涯"专栏。

在婴儿测验的早期开发方面,阿诺德·格赛尔(Arnold Gesell, 1934)做出了最重要的贡献。他研发了一种测量方法,有助于将正常婴儿和异常婴儿区分开来。这对于领养机构特别有用,因为那里有大量的婴儿等待安置。格赛尔的测验曾被广泛应用了好多年,并仍然经常地被许多儿科医生用来鉴别正常婴儿和异常婴儿。格赛尔测验的现行版本测试四类行为:运动、语言、适应性和人际-社会性。**发展商数**(DQ)就是将这几类行为的分测验分数综合起来的总分。

广泛使用的**贝利婴儿发展量表**是由南希·贝利(Nancy Bayley)编制的(Bayley, 1969),用于评估婴儿的行为并预测后来的发展。该量表目前的版本是第三版(Bayley-Ⅲ),有五个分量表组成:认知、语言、运动、社会情绪、适应性(Bayley, 2006)。前面三个分量表直接对婴儿进行测试,后面两个是问卷,由照料者作答。贝利第三版也比先前的两个版本更加适合于门诊情境(Lennon & others, 2008)。

那么,6 个月大的婴儿在贝利的认知分量表上应当如何表现呢?6 个月大的婴

发展商数(developmental quotient,DQ)格赛尔婴儿发展评估的一个综合分数,综合了运动、语言、适应性和人际-社会性四个方面分测验的分数。

贝利婴儿发展量表(Bayley Scales of Infant Development)最初由南希·贝利(Nancy Bayley)编制,该量表被广泛地用来评估婴儿的发展。目前的版本有五个分量表:认知、语言、运动、社会情绪、适应性。

链接 职业生涯

婴儿评估专家图斯亚·蒂森·范贝弗伦

图斯亚·蒂森·范贝弗伦（Toosje Thyssen van Beveren）拥有儿童临床心理学硕士学位和人类发展学博士学位。目前，她主要参与为期12周的叫作"新连接"（New Connections）的项目，该项目对一些在孕期受到药物滥用影响的婴儿及其照料者进行综合性干预。

在"新连接"项目中，范贝弗伦负责评估婴儿的发展状况和进步情况。她有时候需要把婴儿委托给言语治疗师、物理治疗师或专业治疗师，并监控婴儿的医疗服务和进展情况。范贝弗伦负责培训该项目的工作人员并鼓励他们使用她所建议的锻炼方法。她还和孩子的主要照料者讨论孩子存在的问题，建议一些合适的活动，同时帮助他们为婴儿选择合适的项目。

在得克萨斯大学达拉斯分校读研究生期间，范贝弗伦曾连续四年担任本书作者约翰·桑特洛克（John Santrock）为本科生开设的课程"毕生发展"的助教。作为一名助教，她要参与上课，批改试卷，为学生提供咨询，偶尔也要讲课。现在，范贝弗伦每学期都要回到大学做一次关于孕期和婴儿期发展的讲座。她也在得克萨斯大学达拉斯分校的心理学系任教多门课程，包括"儿童发展"。用范贝弗伦的话说："我每天都忙碌而充实。这项工作往往充满挑战。虽然有时也有令人失望的地方，但总的来说，这项工作是相当令人满意的。"

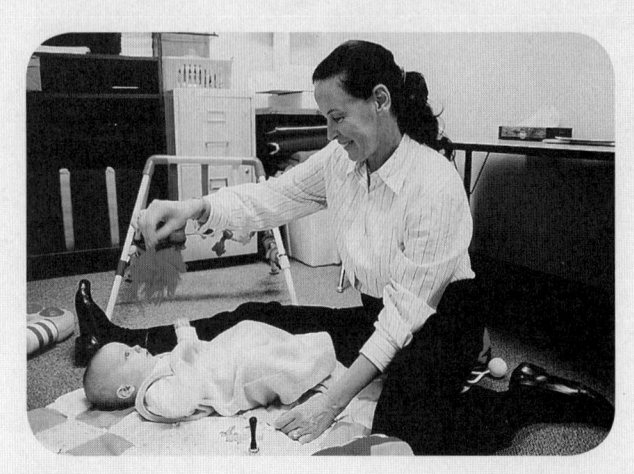

图斯亚·蒂森·范贝弗伦在评估婴儿。
图片来源：Dr. John Santrock

儿应当能够用声音表示出高兴和不高兴，能够坚持寻找刚刚够不到的物体，能够接近实验者放在他面前的镜子。到12个月大时，婴儿应当能够根据指令抑制自己的行为，应当能够模仿施测者说的单词（如"妈妈"），并能够对一些简单的要求做出回应（如"喝一口水"）。

许多研究发现，婴儿期智力测验的结果和后继童年期里智力测验的结果相关。例如，婴儿玩耍的效率（这一指标是用婴儿玩耍一件新玩具的时间除以婴儿发现的该玩具所具有的功能个数）可以预测3岁时较大的词汇量和较高的智商（Muentener, Herrig, & Schulz, 2018）。9个月大时内隐记忆的测试结果和3岁时内隐记忆的测试结果相关（Vöhringer & others, 2018）。

不过，重要的是要记住，不要过分地认为婴儿期的认知发展和日后的认知发展相关很强以至于没有间断性发生。在婴儿期之后，认知发展还将发生一些重要的变化。

> ### 青少年期智力的稳定性和变化

1至2岁时测得的智商和学前期智商之间的相关系数约是0.90，和童年期智商的相关系数是0.69，和青少年期智商的相关系数是0.57；两次测试的时间间隔越短，相关程度就越高（Yu & others, 2018）。从发展的角度看，导致时间间隔越短相关程度越高现象的部分原因是所采用的测验本身更加相似。例如，婴儿智力测验

发展链接

信息加工
习惯化和去习惯化是婴儿期里注意的重要方面。链接"信息加工"。

第八章 智力 233

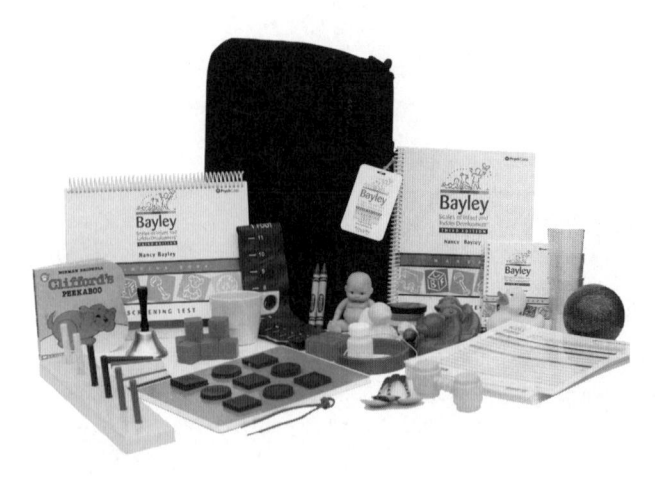

贝利婴儿发展量表中使用的测试项目
图片来源：Amy Kiley Photography

与学前儿童智力测验之间的相似度要高于前者与青少年智力测验的相似度。在发展的不同时间点上，生活经验（如入学的先后）既可以增强智商的稳定性也可以干扰智商的稳定性。

我们上面所说的智力稳定性都是以群体的测量为基础的。智力稳定性也可以通过研究个体来评价。罗伯特·麦考尔（Robert McCall）和他的同事们（Mccall, Applebaum & Hogarty, 1973）追踪研究了 140 个儿童，时间跨度从 2.5 岁到 17 岁。结果发现，这些儿童的 IQ 分数波动很大，平均波动幅度是 28 分，有 1/3 儿童 IQ 分数的变化高达 40 分。

最后，就童年期智力的稳定性和变化来说，我们可以得出什么结论呢？在整个童年期，智力测验分数都可能出现很大的波动，从而说明智力并不像智力理论家们最初设想的那样稳定。儿童是具有适应性的个体，他们有能力改变智力，但他们不会成为拥有完全不同智力的人。在一定程度上，儿童的智力是变化的，但仍然与发展早期各个时间点上的智力保持着联系。

复习、联想和反思

学习目标 2
讨论智力的发展。

复习
- 婴儿期的智力是如何评估的？
- 从童年期到青少年期，智力变化了多少？

联想
- 在这一节里，你了解了一些关于智力发展的研究。请指出本节所介绍的研究采用的是什么研究方法和研究设计，并结合研究内容来评价这些方法和设计的优点和不足。

反思你自己的人生之旅
- 作为父母，你是否愿意用智力测验来测自己孩子的智力？为什么愿意或为什么不愿意？

第 3 节 智力和创造性的极端情况

学习目标 3
描述智力障碍、天才和创造性的特点。
- 智力障碍
- 天才
- 创造性

智力障碍（intellectual disability）和天才是智力的极端情况。研究人员通常使用智力测验来鉴别超常儿童或特殊儿童。在这一节里，我们将首先讨论智力障碍和天才，然后再探讨智力和创造性有怎样的不同。

> 智力障碍

智力障碍以前叫作心理滞后（mental retardation），最典型的特征是智力不能发挥适当的功能。在用来评估智力的正式量表问世前很久，人们就通过观察个体在学习和照顾自己方面是否缺乏与其年龄相当的能力来鉴别患有智力障碍的个体。

234　第三编　认知和语言

当智力测验问世后，人们就用它来鉴别智力障碍的程度。然而，两个 IQ 分数同样低的患有智力障碍的个体，一个可能已经结婚，有工作，并融入到了社区之中，而另一个则可能需要在专门机构中一直受人照顾。这种社会能力方面的差异促使心理学家把适应性行为缺陷也包括在智力障碍的定义之中。

智力障碍 智力障碍是一种心理能力受限的状态，患者表现为：(1) 智商低，通常在传统智力测验上的得分低于 70 分；(2) 难以适应日常生活；(3) 在 18 岁之前已表现出这些特征（Hodapp, 2016）。为什么要在智力障碍的定义中包含年龄限制呢？因为如果一个大学生在某次车祸中大脑受到严重损伤，智商降为 60 分，我们通常不认为他患有智力障碍。低智商和低适应能力应当在童年期里就明显表现出来而不是在获得正常功能后因某种损伤而遭到破坏。大约有 500 万美国人符合这一智力障碍的定义。

确定智力障碍严重程度的方法有多种（Hodapp, 2016）。大多数学校系统采用图 6 所示的分类标准，即根据 IQ 分数把智力障碍分为轻度、中度、重度、极重度。

请注意，绝大多数被诊断为患有智力障碍的个体属于轻度。但是，这种分类并不能准确地预测个体的心理功能。另一种不同的分类系统以智力障碍儿童达到其最高水平的生活功能所需的支持程度为基础。所需支持的程度分为间歇性支持（在需要时给予支持）、有限性支持（比较密集比较持久的支持）、广泛性支持（常规性地需要支持，通常每天都需要）、全面性支持（经常的、全面的、所有情境都需要支持）。

有些智力障碍是由器质性原因引起的。器质性智力障碍是指由基因异常或脑损伤而引起的心理功能低效。唐氏综合征就是器质性智力障碍的一种，当个体身上出现多余的一条染色体时，此症就会发生。导致器质性智力障碍的原因还包括脆性 X 染色体综合征，这是一种 X 染色体异常引起的疾病。另外，孕期畸形、代谢紊乱和影响大脑的疾病都可能引起器质性智力障碍。大多数罹患器质性智力障碍的个体智商在 0 至 50 分之间。

当智力障碍找不到器质性脑损伤的证据时，就称为文化家族性智力障碍（cultural-familial intellectual disability）。患有此类智力障碍的个体智商一般在 55 分至 70 分之间。心理学家们猜测这种障碍可能是由于成长在一个低于平均水平的智力环境中造成的。患有此类智力障碍的儿童可以在学校中鉴别出来，因为他们在学校中经常失败，需要物质奖励（更喜欢糖果而不是夸奖），并且对别人对他们的期望非常敏感。然而，成年以后，此类智力障碍的患者通常难以察觉，可能是因为成年人的生活环境并不十分需要运用到认知能力，也可能是因为他们进入成年期后智商提高了。

智力障碍类型	IQ 范围	百分比
轻度	55—70	89
中度	40—54	6
重度	25—39	4
极重度	低于 25	1

图 6 基于 IQ 分数的智力障碍分类

智力障碍（intellectual disability）一种心理能力受限的状态，患者表现为：(1) 智商低，通常在传统智力测验上低于 70 分；(2) 难以适应日常生活；(3) 在 18 岁之前已表现出这些特征。

这个小男孩患有唐氏综合征。引起唐氏综合征的原因是什么？在智力障碍的主要类别中，唐氏综合征属于哪一类？
图片来源：视觉中国

> 天才

总有一些人在能力和成就方面胜过其他人，如班级中的神童、明星球员、天生音乐家。**天才**一般具有高智商（IQ 130 分或以上）或（和）在某一方面具有卓越的才能。就天才教育项目来说，大多数学校系统挑选出来的都是智力超常或是学术能力突出的儿童，而忽略那些在视觉和表演艺术（美术、戏剧、舞蹈）、体育或其他特殊才能上特别优秀的儿童（Gubbels & others, 2016）。据估计，美国学生当中大约有 3% 到 5% 的天才儿童（National Association for Gifted Children, 2015）。这个百分比还可能是保守的，因为这类估计多是侧重于那些智力和学业上

天才（gifted）具有高智商（IQ 130 分或以上）或（和）在某一方面具有卓越的才能。

第八章 智力　　**235**

的天才儿童，通常不包括那些在创造性方面以及视觉和表演艺术方面的天才儿童（Ford，2012）。

天才儿童有哪些特点呢？尽管有人怀疑天才和某种心理失调有关，但至今并没有发现天才和心理失调之间有什么联系。与此类似，那种认为天才儿童多是适应不良的看法也是没有依据的。例如，刘易斯·特曼（Lewis Terman，1925）曾对1,500名天才儿童做过深入的调查，这些儿童在斯坦福−比奈智力测验上的平均成绩是150分。结果发现：这些儿童社会适应良好，其中很多人后来成了成功的医生、律师、教授和科学家。实际上，许多研究都表明天才儿童往往比一般儿童更加成熟，情绪问题更少，并成长在一个积极的家庭环境中（Worrell & others，2019）。

近年来，非认知因素对天才的积极影响也受到越来越多的关注（Reis & Renzulli，2011）。创造性、动机、乐观以及身体和心理上精力充沛等非认知因素都可能影响到儿童是否表现出超常的才能。

鉴别天才儿童特征的标准主要有三条，无论是在艺术、音乐，还是在学术领域，这三条标准都普遍适用（Winner & Drake，2018）：

1. *早熟*。天才儿童成熟早，他们会比同伴提前掌握某一领域。对他们来说，在这些领域里的学习比普通儿童要轻松得多。在大多数情况下，天才儿童的早熟是因为他们在一个或多个领域里天生就具有很强的能力。
2. *不守常规*。天才儿童往往以性质上不同于普通儿童的方式学习。例如，他们很少需要成人的帮助或指导。在许多场合中，他们会拒绝任何形式的明显的指导。他们常常会自己发现并以独特的方式解决问题。
3. *酷爱掌握*。天才儿童总是有一种内在的动力驱使着他们去理解自己具有很强能力的领域。他们会表现出强烈而痴迷的兴趣以及集中注意的能力。他们自我激励，不需要父母"催促"。

天性和教养问题 和其他方面的发展一样，天才也是遗传和环境两者相互作用的结果。许多能力超常的个体在很小的时候，甚至是在正式训练之前，就表现出了在某一领域具有很强能力的征兆（Comeau & others，2018）。这表明天生能力对于成为天才十分重要。但是，研究者也已发现，在艺术、数学、科学和体育运动领域里的世界级名人都表示得到了强有力的家庭支持和多年的训练和练习（Ericsson & others，2018）。有意识的练习是那些成为某一特定领域专家的个体的最重要特征。例如，有一项研究发现，那些最优秀的音乐家一生中用于有意练习的时间比最不成功的音乐家要多1倍（Ericsson，Krampe & Tesch-Romer，1993）。

发展性变化和领域特定性才能 我们能否在婴儿期就预测出哪些婴儿将成为天才儿童、天才青少年和天才成人呢？约翰·科隆博（John Colombo）和他的同事们（Colombo and his colleagues，2004，2009）发现，婴儿的注意和习惯化的测量指标并不能有效地预测后期发展的高水平认知能力。不过，他们发现，18个月大时通过家庭观察得到的环境状况指标和学前期的高水平认知能力之间存在关联，而18个月大时对学前期高水平认知能力的最好的预测指标是家庭为孩子提供的各种材料和经验。这些发现说明父母所提供的认知环境对孩子才能的发展具有重要作用。

那些具有超常才能的个体一般不会在多个领域里都具有超常的才能，因此，有

2岁时，美术奇才亚历山德拉·内基塔（Alexandra Nechita）（这里展示的是她十几岁时的相片）就能连续几个小时给图片上色，并能用墨水笔画画，但她对玩具娃娃和朋友不感兴趣。到5岁时，她开始用水彩绘画。上学之后，她一回到家就开始作画。8岁时，她的作品第一次参加画展。接下来的几年里，她痴迷而快速地在长9英尺宽5英尺的画布上作画，并且已经完成了数百幅这样的作品，其中有些已能卖到近10万美元一幅。现在，她已成年，她继续不懈地充满激情地作画。她说，绘画就是她喜欢做的事情。天才儿童有哪些特点？
图片来源：视觉中国

> **链接 职业生涯**
>
> **斯特林·琼斯，一位天才教育的督学**
>
> 斯特林·琼斯是底特律公立学校系统天才教育计划的督学。他从事有关天才儿童的工作已有30多年。他认为学生对技能的掌握主要取决于用于教学的时间和允许学生学习的时间。因此，他相信，许多原本用于激励天才和发展其才能的基本策略也可以应用到比以往所认为的更加广泛的学生群体。他为父母和教师编写了许多小册子，包括《如何帮助你的孩子成功》和《针对所有人的天才教育》。
>
> 琼斯拥有韦恩州立大学的本科和硕士学位，在参与天才儿童教育计划前做过多年的英语教师。他也写过关于非裔美国人的教材，如《黑人心声》。这本书被底特律的许多学校采用。
>
> 斯特林·琼斯和底特律公立学校系统天才教育计划中的部分儿童。
> 图片来源：Helen Dove-Jones
>
> 要更多地了解特殊教育教师的工作情况，请阅读附录"儿童发展领域的相关职业"。

关天才的研究正日益聚焦于领域特定性的发展轨迹（Chang & Lane, 2018）。个体具有特定领域的超常才能一般在童年期里就显露出来。所以，在童年期的某个时间点上，那些将成为天才音乐家或天才数学家的儿童便开始在相应的领域里崭露头角。就领域特定性才能来说，软件天才、微软公司创始人、当今世界顶级富豪之一比尔·盖茨（Bill Gates, 1998）评论道："当你擅长于某事时，你就必须抵制一种冲动，即认为你可能擅长所有事情的冲动。"盖茨说，因为他在软件开发领域如此成功，人们便期望他在其他领域里也才华横溢，而实际上，他在那些其他领域里与天才相差甚远。

鉴别出个体的领域特定性才能并为个体提供适当的可选择的教育机会需要尽早进行，最迟不能晚于青少年期（Lo & Porath, 2017）。在青少年期里，有才华的个体变得较少依赖父母，并越来越多地追求他们自己的兴趣。

有些天才儿童成长为天才的成人，但许多天才儿童并没有成长为才华横溢和富有创造性的成人。在特曼那项针对智力超常儿童的研究中，那些儿童一般都成了一些确立已久的领域的专家，如医学、法律或贸易领域的专家。但是，他们没有成为重要的创新者（Winner, 2000），也就是说，他们并没有开创出一个新领域或革新一个旧领域。

天才儿童的教育 很多专家呼吁，需要对美国的天才儿童教育进行重大的改革（Ecker-Lyster & Niileksela, 2017）。缺乏挑战的天才儿童会变得调皮捣蛋，逃课，并失去成就动机。有时候，他们就这样变得默默无闻，对学校也变得被动和冷淡。所以，对教师来说，激励天才儿童达到崇高的目标是相当重要的。

在许多情况下，天才儿童在班级里不仅缺乏挑战，而且会受到孤立（Winner & Drake, 2018）。天才儿童被排斥、被称为"蠢蛋"或"怪人"的情况屡见不鲜。真正具有天才的儿童往往是班上唯一一个没有机会和能力相似的人一起学习的人。

年轻时的比尔·盖茨，微软公司创始人，世界顶级富豪之一。和许多具有超常才能的学生一样，盖茨也不怎么喜欢学校。13岁时，他还是一名中学生，就非法侵入了一个电脑安全系统，并被允许修学大学的一些数学课程。后来，他从哈佛大学辍学，开始酝酿创业计划，为后来的微软公司奠定了基础。学校有哪些方式可以丰富像盖茨这样具有超常才能的学生的教育，使教育成为更具挑战性、更加有趣和更有意义的经验？
图片来源：视觉中国

第八章　智力　237

玛格丽特·佩格·卡格尔（Margaret Peg Cagle）在位于加州查茨沃思（Chatsworth）的劳伦斯中间学校教数学，图中的她正在辅导七年级和八年级的一些天才学生。卡格尔特别赞成给那些有才能的学生挑战，以激励他们探索。为了鼓励合作，她经常让学生组成四人小组一起学习，并经常在午餐时间辅导学生。13岁的马德琳·刘易斯（Madeline Lewis）评论道："如果用一种方法没让你搞懂，她会用另一种方法为你解释和演示，直到你搞懂为止。"卡格尔说，重要的是要对数学教学充满激情，并为学生打开一个世界，让他们看到学习数学是多么美好（Wong Briggs, 2007, p.6D）。
图片来源：Scott Buschman

许多才华卓越的成年人常常说学校是他们一生中消极体验的组成部分，他们在学校里感到无趣，有时甚至比他们的老师知道得更多（Bloom, 1985）。如果提高学业标准，那将对所有儿童都有好处，但是当有些学生仍然"吃不饱"时，就应当允许他们在其具有超常能力的领域里修学高级课程（Worrell & others, 2019）。例如，应当允许某些特别成熟的初中生在他们擅长的领域里学习大学课程。微软公司创始人比尔·盖茨13岁时就开始修学大学的数学课程，并非法侵入了一个电脑安全系统。著名大提琴演奏家马友友（Yo-Yo Ma）15岁时就已中学毕业，并进入了纽约市的茱莉亚音乐学院学习。

还有一件令人担忧的事是非裔、拉丁裔和原住民美国儿童在天才教育项目中所占的比例过小（Worrell & others, 2019），主要原因之一是这些民族儿童的测验分数低于亚裔和非拉丁裔白人儿童。造成他们测验分数低的原因一方面可能是由于测验本身的偏向，另一方面则可能是由于这些儿童缺少发展语言能力的机会，如缺少发展词汇和理解能力的机会（Owens & others, 2018）。

许多人在学校系统中从事各种和天才儿童教育有关的工作。要了解天才儿童教育专家斯特林·琼斯（Sterling Jones）的工作情况，请阅读"链接 职业生涯"专栏。

> 创造性

在讨论智力和天才时，我们曾多次提到了"创造性"这一术语。具有创造性是什么意思呢？**创造性**是以新的和不同常规的方式思考问题，并提出独特的解决方案的能力。

智力并不等于创造性（Sternberg, 2018a）。大多数具有创造性的人也相当聪明，但反过来就不一定对了。许多高智商的人（传统智力测验上得分很高）创造性并不强（Sternberg, 2018a），他们的许多成果都没有什么新意。

为什么IQ分数不能预测创造性呢？创造性要求发散思维（Cortes & others, 2019）。**发散思维**是指对同一个问题产生多种不同的答案。与此形成对照的是，传统智力测验所要求的是一种**聚合思维**。例如，传统智力测验中一个典型的问题是"60个1角的硬币可以兑换多少个25分的硬币？"这个问题的正确答案只有一个。相比之下，如果问题是"当你听到'独自坐在黑暗的屋子里'这句话时，你的脑海里浮现出了什么？"那就会有很多可能的答案，因为这个问题要求的是发散思维。

正如超常才能一样，儿童也只是在某些领域表现出创造性，在其他领域则没有多少创造性（Huang & others, 2017）。例如，一个在数学方面表现出创造性的儿童在艺术方面可能很一般。

值得特别关注的是，美国儿童的创造性思维能力显露出下降的趋势。有一项研究调查了约30万美国儿童和成人，结果显示：1990年前，创造性的分数一直都在上升，但从那以后，就开始持续地下降（Kim, 2010）。造成下降的原因之一可能是美国儿童把过多的时间用在了看电视和玩电子游戏上而不是用在创造性的活动上，另一原因则可能是学校不重视创造性思维能力（Gregorson, Kaufman, & Snyder, 2013; Kaufman & Sternberg, 2012, 2013）。然而，有些国家的学校正

创造性（creativity）能够以新的和不同常规的方式思考问题，并提出独特的解决方案的能力。

发散思维（divergent thinking）对同一个问题产生多种不同答案的思维，是创造性的重要特点。

聚合思维（convergent thinking）只产生一种正确答案的思维，是传统的智力测验所要求的思维特点。

头脑风暴（brainstorming）一种讨论方式，以小组的形式进行，鼓励小组中的儿童提出各种创造性的想法，互相争论和比较提出来的想法，想到什么就说什么。

链接 关爱

引导儿童的创造性

帮助儿童发展创造性是教师最重要的目标之一（Bereczki & Kárpáti, 2018）。达到这一目标的最好策略是什么呢？我们下面就列举几种策略。

以小组或个人的形式鼓励创造性思维

头脑风暴以小组的形式进行，教师鼓励小组中的儿童提出各种创造性的想法，互相争论和比较提出来的想法，凡是似乎和特定问题有关的，想到什么就说什么。同时，教师通常要告诉参与者暂时不要批评他人的想法，至少要等到讨论结束时。

提供激发创造性的环境

有些环境能够助长创造性，而有些环境则会抑制创造性。那些鼓励创造性的父母和教师常常依赖于儿童天生的好奇心（Moore, Tank, & English, 2018）。他们会给孩子提供一些练习和活动来激发孩子富有洞察力地发现问题的解决方案，而不是问很多要求死记硬背的问题（Jónsdóttir, 2017）。教师也可以带领儿童参观一些重视创造性的地方来激励他们的创造性，如科学博物馆、探索博物馆、儿童博物馆等，这些地方都能提供许多激发儿童创造性的机会。

不要过分地控制学生

准确无误地告诉儿童该如何做事会使他们觉得独创是一种错误，探索是浪费时间。如果成人允许儿童选择自己感兴趣的活动并支持他们的选择，而不是规定他们应当参加哪些活动，那就不大可能破坏他们的好奇心（Bereczki & Kárpáti, 2018）。当父母和教师总是在儿童周围转来转去时，儿童在学习时就会感到自己不断地受到监视，他们的创造性探索行为和冒险精神就会减弱。另外，当成人对儿童的表现期望过高，希望他们把什么都做得完美无缺时，儿童的创造性也会降低。

激发内在动机

过多地使用金星奖章、钱或玩具等物质奖励会削弱创造性活动本身给儿童带来的愉悦，从而抑制儿童的创造性（Malik & Butt, 2017）。创造性儿童的动机是创造活动本身所产生的满足感。对于奖品或正式评价结果的竞争会削弱内在动机和创造性。不过，这并不意味着要完全取消物质奖励。

教师可以用哪些好策略来引导儿童更具创造性地思考？
图片来源：视觉中国

引导和帮助儿童灵活思考

创造性思维者往往以许多不同的方式来思考问题，而不是死抱住某种僵化的思考方式。所以，应当给儿童练习灵活思考的机会。

帮助儿童建立自信

为了提高儿童的创造性，就需要鼓励他们相信自己有能力创造出新的和有价值的东西。让儿童对自己的创造能力形成自信和班杜拉（Bandura, 2018）的*自我效能感*概念是一致的，因为自我效能感也就是指个体相信自己能够掌控环境并产生积极的成果。

引导儿童坚持不懈和延迟满足

大多数非常成功的创造性成果都需要很多年的努力。大多数富有创造性的个体也总是成年累月地沉浸于自己的工作或研究中，并且没有回报（Sternberg, 2018a）。儿童不可能在一夜之间就成为体育、音乐或美术方面的行家，通常要经过多年的努力才能成为某一方面的行家。具有创造性的人要创造出独特的和有价值的成果，也是如此。

鼓励儿童甘冒智力风险

有创造性的个体在理智方面甘冒风险，并追求发现或发明一些从未有过的东西（Sternberg, 2018a）。他们冒着风险把大量的时间花费在一个也许不能产生任何结果的想法或研究上。在创造的过程中，失败也可能是有用的（Sternberg, 2012a, b），故具有创造性的人常常把失败看成是学习的机会。在产生一个新的想法之前，他们可能已经走入死胡同 20 次了。

上面叙述的策略中哪一条是专门鼓励发散思维的？

第八章 智力　239

越来越重视创造性思维能力。例如，在历史上，中国的学校不鼓励创造性思维。但现在，中国的教育家们正在鼓励教师把更多的课堂时间用于创造性活动（Plucker, 2010）。要了解帮助儿童提高创造性的策略，请阅读"链接 关爱"专栏。

复习、联想和反思

学习目标 3

描述智力障碍、天才和创造性的特点。

复习

- 什么是智力障碍？智力障碍是由什么原因引起的？
- 是什么造就了个体的超常才能？
- 是什么造就了个体的创造性？

联想

- 在本节里，你了解到智力障碍是如何评估和分类的。唐氏综合征在人口中发生的比例是多少？导致婴儿一出生就患有唐氏综合征的因素可能有哪些？

反思你自己的人生之旅

- 如果你是一位小学老师，你将如何鼓励学生的创造性？

达到你的学习目标

智力

智力的概念

学习目标 1 解释智力的概念。

● 什么是智力

智力是由解决问题、适应经验和从经验中学习的能力组成。智力关注的一个重要方面是个体之间的差异。在传统上,智力是通过比较人们在认知任务上的不同表现的测验来测量的。

● 智力测验

阿尔弗雷德·比奈编制了第一个智力测验并提出了心理年龄的概念。威廉·斯特恩为比奈测验的应用提出了智商(IQ)的概念。比奈测验的修订版称为斯坦福-比奈智力测验,斯坦福-比奈智力测验的分数接近正态分布。由戴维·韦克斯勒编制的韦克斯勒量表是另一种主要的测验,该测验能够分别提供总的 IQ 分数、多个分量表的分数和多个综合指标。当测验被谨慎使用时,可以成为确定个体智力差异的有价值的工具。测验分数应当只是用来评价个体智力的一种信息。IQ 分数可能产生不适当的成见和错误的期待。

● 多元智力理论

斯腾伯格的三元理论认为,存在三种主要类型的智力:分析的、创造的和实践的。他据此编制了三元智力测验来评估这三类智力,并提出将三元理论应用于儿童教育。加德纳认为存在 8 种类型的智力:语言智力、数学智力、空间智力、身体动觉智力、音乐智力、人际智力、内省智力、自然智力。情绪智力主要包括能够准确和适当地感知和表达情绪的能力,理解情绪和情绪知识的能力,利用情绪来促进思维的能力,以及控制自己和他人情绪的能力。多元智力理论拓宽了智力的定义,促使教育者开发多种课程和项目来教导不同领域的学生。但批评者们坚持认为加德纳的多元智力理论的分类似乎是武断的,他们也认为目前还没有足够的证据支持多元智力的概念。

● 智力的神经科学

大脑影像技术的进步激起了人们探究脑和智力之间关系的兴趣。神经影像研究已发现智力并不位于大脑的某个特定部位而是取决于那些使人能够有效和快速处理信息的不同脑区之间连接的模式。

● 遗传和环境的影响

基因的相似性可以解释为什么同卵双生子比异卵双生子在智力测验上的分数表现出更强的相关。一些研究表明领养儿童的 IQ 分数和他们亲生父母 IQ 分数的相关高于和养父母 IQ 分数的相关。许多研究表明,智力受遗传因素的影响比较大,但环境的影响也是很重要的。在最近几十年当中,全世界智力测验分数都大幅度地提高,这一现象被称为弗林效应。弗林效应支持环境对智力具有重要影响的观点。另外,研究者们已经发现,被剥夺正规教育的儿童会降低 IQ 分数。雷米的研究则显示,教育性的保育对儿童的智力发展具有积极的影响。

● 群体比较

文化的差异表现在对智力的定义上。早期的智力测验有利于白人、中等社会经济地位和居住在城市的人。智力测验对于不熟悉标准英语、测验内容和测试情境的一些群体来说是不公平的。智力测验反映的可能只是主流文化的价值观和经验。

智力的发展

学习目标 2 讨论智力的发展。

● 婴儿智力测验

格赛尔编制的测验对测量婴儿的早期发展状况做出了重要的贡献。用来评估婴儿的智力测验还包括广泛使用的贝利量表。涉及婴儿注意，尤其是涉及习惯化和去习惯化的信息加工任务与童年期的标准智力测验分数相关联。

● 青少年期智力的稳定性和变化

在童年期和青少年期，智力并不像早期的智力理论家们所认为的那样稳定。许多儿童的智力测验分数在相当大的范围内波动。

智力和创造性的极端情况

学习目标 3 描述智力障碍、天才和创造性的特点。

● 智力障碍

智力障碍是一种心理功能受限的状态，患者表现为：（1）智商低，通常低于 70 分；（2）难以适应日常生活；（3）在 18 岁之前就已出现这些特点。大多数患有智力障碍的个体智商在 55 分到 70 分之间，属于轻度智力障碍。智力障碍可能由器质性的原因引起（称为器质性智力障碍），也可能由社会的和文化的原因引起（称为文化家族性智力障碍）。

● 天才

天才儿童具有远高于平均值的智商（IQ 分数 130 或以上）或（和）某方面超常的才能。天才儿童的三个特点是早熟、不守常规、酷爱掌握。天才是遗传和环境两方面作用的结果。天才的特点之一是有着发展性的变化。天才的领域特定性正受到越来越多的重视。人们对天才儿童的教育问题存在担忧。

● 创造性

创造性是以新的和不同常规的方式思考问题，并提出独特的解决方案的能力。虽然大多数有创造性的人很聪明，但智商高的人却不一定有创造性。有创造性的人多为发散思维者，而传统的智力测验测量的则是聚合思维。父母和教师可以使用许多策略来提高儿童的创造性思维能力。

重要术语

贝利婴儿发展量表 Bayley Scales of Infant Development
头脑风暴 brainstorming
聚合思维 convergent thinking
创造性 creativity
文化公平测验 culture-fair tests
发展商数（DQ） developmental quotient
发散思维 divergent thinking
情绪智力 emotional intelligence
天才 gifted
遗传力 heritability
智力障碍 intellectual disability
智力 intelligence
智商（IQ） intelligence quotient
心理年龄（MA） mental age
正态分布 normal distribution
刻板印象威胁 stereotype threat
三元智力理论 triarchic theory of intelligence

重要人物

南希·贝利 Nancy Bayley
阿尔弗雷德·比奈 Alfred Binet
约翰·科隆博 John Colombo
詹姆斯·弗林 James Flynn
阿诺德·格赛尔 Arnold Gesell
丹尼尔·戈尔曼 Daniel Goleman
约翰·迈尔 John Mayer
罗伯特·麦考尔 Robert McCall
克雷格·雷米 Craig Ramey
彼得·萨洛威 Peter Salovey
泰奥菲勒·西蒙 Theophile Simon
罗伯特·斯腾伯格 Robert J. Sternberg
刘易斯·特曼 Lewis Terman
戴维·韦克斯勒 David Wechsler

第九章 语言发展

本章纲要

第 1 节 什么是语言

学习目标 ❶
界定语言并描述语言的规则系统。
- 语言的定义
- 语言的规则系统

第 2 节 语言是如何发展的

学习目标 ❷
描述语言是如何发展的。
- 婴儿期
- 童年早期
- 童年中晚期
- 青少年期

第 3 节 生物因素和环境因素的影响

学习目标 ❸
讨论生物因素和环境因素对语言发展的影响。
- 生物因素的影响
- 环境因素的影响
- 语言发展的交互作用观

第 4 节 语言和认知

学习目标 ❹
评价语言和认知是如何联系的。

真人实事

在脱离主流语言的儿童当中，最令人惊叹的例子莫过于海伦·凯勒（Helen Keller，1880—1968）了。18个月大时，聪明可爱的学步儿海伦正在学说最初的词汇，而此时的她却生了一场大病。病魔不仅使她双耳失聪，而且双目失明，海伦的世界突然间便只剩下黑暗和寂静。在随后的五年里，海伦所生活的世界让她学会了恐惧，因为她既看不见也听不见。

即使伴随着恐惧，海伦还是自发地发明了许多姿势来表达她的愿望和需要。例如，当她想要冰激凌时，她就会转向冰库并做出发抖的样子。而当她想要面包和黄油时，就模仿切面包和涂黄油的动作。但是，这种自制的语言系统还是极大地限制着她与周围人的沟通，因为人们并不理解她那些特有的姿势。

在著名的电话发明家亚历山大·格雷厄姆·贝尔（Alexander Graham Bell）的建议下，海伦的父母为她雇了一位名叫安妮·沙利文（Anne Sullivan）的家庭教师来帮助她克服恐惧。安妮教会了海伦通过手语与他人交流。安妮意识到语言的学习需要自然地发生，所以她并没有强迫海伦去死记硬背脱离具体情境的词汇，而这种死记硬背的训练方法在当时是相当流行的。沙利文的成功不仅在于儿童有根据形式和意义来组织语言的天生能力，还在于她能在关于物体、事件及情感的交流情境之中向海伦介绍语言。海伦最后毕业于哈佛大学的雷德克利夫学院，成为一位非常成功的教育家，并出版了多本著作叙述自己的生活和经历。她对语言的看法是：

"无论过程如何，结果都是无比美妙的。从说出物体的名字开始，我们一步一步地前进，终于跨越了从最初结结巴巴的音节到理解莎士比亚作品中磅礴的思想之间的遥远距离。"

前言

在这一章里，我们将讲述语言及其如何发展的奇妙故事。我们将要探讨的问题包括：什么是语言？语言的发展过程是怎样的？生物因素如何影响语言？经验如何影响语言？语言和认知是如何联系的？

学习目标 1

界定语言并描述语言的规则系统。
- 语言的定义
- 语言的规则系统

第 1 节
什么是语言

1799 年，有人看到一个裸体男孩在法国的森林里奔跑。这个男孩在 11 岁时被抓住，并被称为阿韦隆野孩。人们相信他已经独自在森林里生活 6 年了（Lane, 1976）。被发现时，他没有交流的愿望。后来，他也一直没有学会有效交流。可悲的是，1970 年在洛杉矶也发现了一个名叫吉尼（Genie）的现代版野孩。尽管对其进行了深入的干预，吉尼还是只获得了有限的口头语言。阿韦隆野孩和吉尼的例子提出了语言主要是由生物因素还是环境因素决定的问题，这个问题我们将在本章后面探讨。首先，让我们来界定什么是语言。

语言使我们能够和他人交流。语言有哪些重要的特点？
图片来源：LiandStudio/Shutterstock

> 语言的定义

语言是一种以符号系统为基础的交流形式，包括口语、书面语、手语。语言由某个群体所使用的词汇以及这些词汇变化和组合的规则构成。

语言在我们的日常生活中是多么重要！很难想象如果海伦·凯勒从没有学会语言，她的生活将会是什么样子。我们需要借助语言和他人交流，包括听、说、读、写。语言使我们能够详细地描述过去发生的事件，也使我们能够规划未来。语言还使我们能够把信息一代代地传下去，从而创造丰富的文化遗产。

所有的人类语言都有一些共同的特点（Berko Gleason & Ratner, 2017）。这些特点包括组织规则和无限生成力。**无限生成力**是指我们可以运用有限的词汇和规则生成无限多的有意义的句子。而当我们谈到"规则"时，我们的意思是说语言是有序的，语言规则描述了语言的运作方式。现在，让我们进一步探讨语言规则包含哪些内容。

> 语言对我们的影响不是暂时的；它们改变着我们，使我们适应社会生活，也使我们不适应社会生活。
>
> —— 戴维·赖斯曼
> 20 世纪美国社会科学家

> 语言的规则系统

19 世纪美国作家拉尔夫·沃尔多·爱默生（Ralph Waldo Emerson）说过："世界是井然有序的，原子是和谐共处的。"当爱默生说此话时，他心里一定想到了语言。语言具有高度的有序性和组织性（Berko Gleason & Ratner, 2017）。语言的组织包含五个规则系统：语音体系、词法、句法、语义学、语用学。

语音体系 每一种语言都是由基本的发音构成的。**语音体系**就是语言的发音系统，包括所使用的发音以及这些发音的组合规则（Kuhl, 2017）。例如，英语中有 sp、ba 和 ar 这些发音，但没有 zx 和 qp 的发音序列。音素是语言中最基本的发音单位，也是影响到意义的最小的发音单位。英语中关于音素的一个好例子是 /k/，代表单词

语言（language）一种以符号系统为基础的交流形式，包括口语、书面语、手语。

无限生成力（infinite generativity）能够用有限的词汇和规则生成无限多的有意义的句子。

语音体系（phonology）语言的发音系统，包括所使用的发音以及这些发音的组合规则。

第九章 语言发展 **245**

ski 中字母 *k* 的发音和单词 *cat* 中字母 *c* 的发音。在这两个单词中，/k/ 的发音稍有一些区别。在有些语言（如阿拉伯语）中，这两个发音就是两个音素。但在英语中，这两个发音的差别不明显，所以，/k/ 的发音就是一个音素。

词法 词法是某种语言中指导单词如何构成的规则系统。词素（morpheme）是最小的意义单位，它可以构成一个独立的单词也可以是单词的一部分，但无法再分为更小的具有意义的单位。英语中的每一个单词都是由一个或多个词素构成的。有些单词由单一词素构成（如 *help*），而其他单词则包含多个词素（例如，单词 *helper* 就是由 *help* 和 *er* 两个词素构成的，词素 *-er* 的意思是"人"，*helper* 则指"帮助他人的人"）。因此，并非所有的词素本身就是单词，如 *-pre*、*-tion*、*-ing* 都是词素，但它们本身不是单词。

在一种语言中，语音体系的规则规定了可以发生的语音组合；与此类似，词法规则也规定了意义单位（词素）可以如何结合为单词（Stump, 2017）。词素在语法中起着许多作用，如可以表示时态的变化（例如，*she walks* 和 *she walked*）和数（*she walks* 和 *they walk*）的变化，有些语言中还可以表示性别的变化（Stump, 2017）。

句法 句法涉及如何把单词组合成可接受的短语和句子。句法（syntax）这一术语常常和语法（grammar）交替使用。假如有人对你说"鲍勃揍了汤姆（Bob slugged Tom）"或者"鲍勃被汤姆揍了（Bob was slugged by Tom）"，你会明白在每个场景中谁揍了人和谁挨了揍，因为你已经能够按照句法来理解这两个句子的结构。同样，你也会理解"You didn't stay, did you?"这个句子是合乎语法的句子，而句子"You didn't stay, didn't you?"则是模棱两可和不可接受的。

如果你学习另一种语言，那么英语句法对你的帮助就不会很大。例如，在英语中，形容词通常放在名词前面（如蓝色的天空 *blue sky*），而在西班牙语中，形容词通常放在名词后面（如天空蓝色的 *cielo azul*）。尽管句法结构不同，但世界上的语言还是具有很多共性的（Lyovin, Kessler, & Leben, 2017）。例如，请思考下面的短句：

猫杀死了老鼠。（The cat killed the mouse.）
老鼠偷吃了奶酪。（The mouse ate the cheese.）
农夫追赶猫。（The farmer chased the cat.）

在许多语言中，上面的句子可以组合成更为复杂的句子。例如：

农夫追赶那只杀死了老鼠的猫。（The farmer chased the cat that killed the mouse.）
被猫杀死的那只老鼠偷吃了奶酪。（The mouse the cat killed ate the cheese.）

但是，在我们所知道的语言中，没有一种语言会允许出现下面的句子：

老鼠猫农夫追赶杀死吃奶酪。（The mouse the cat the farmer chased killed ate the cheese.）

词法（morphology） 某种语言中指导单词如何构成的规则系统。

句法（syntax） 涉及如何把单词组合成可接受的短语和句子。

规则系统	描述	举例
语音体系	指语言的发音系统，音素是语言中最小的语音单位。	单词 chat 有三个音素或发音：/ch//a//t/。英语语音规则的一个例子是音素 /r/ 可以跟在 /t//d/ 的后面组成复辅音（如 track 或 drab），而音素 /l/ 则不能跟在这两个音素后面。
词法	指构成单词的具有意义的单位系统。	最小的并且有意义的发音单位称为词素或意义单位。单词 girl 是一个词素，或一个意义单位，它不能进一步分解为仍有意义的单位。而当它后面加了 s 时，就变成 girls，就有了两个词素，因为 s 使词意发生了变化，表示不止一个女孩。
句法	涉及如何把单词组合成可接受的短语和句子的规则系统。	英语中单词的顺序对于决定句子的意思是很重要的。例如，句子"塞巴斯蒂安推自行车"和"自行车推塞巴斯蒂安"意思是不同的。
语义学	此规则系统涉及词和句子的意义。	了解每个单词即词汇的含义。例如，语义学包括了解橙子、交通、聪明等词的意义。
语用学	此规则系统涉及如何在特定情境中进行正确的交流和有效地使用语言。	一个例子就是在适当的场合使用礼貌用语，如与老师有礼貌地交谈。轮流发言也涉及了语用学。

图 1　语言的规则系统

你能理解上面这个句子吗？如果你能理解，你大概已经绞尽脑汁想了好一会儿了。如果有人在和你交谈时说出这样的话来，你恐怕完全不能理解。显然，如果一个句子中主语和宾语的排列过于复杂，语言使用者就不能处理这样的句子。对于学习语言的人来说，这倒是一个好消息，因为这意味着世界上各种语言的句法系统都有一些共同的基础。对于那些热衷于研究句法普遍特点的学者来说，这一发现也具有重要意义（Berman, 2018）。

语义学　语义学（semantics）关注的是词和句子的意义。每个词都有一系列的语义特征或具有和意义相关的属性。例如，女孩和妇女这两个词在语义的很多方面是相同的，但是在年龄上它们的语义是不一样的。

词语在句子中的应用受到语义学规则的限制。例如，"自行车对男孩说去买一块糖（The bicycle talked the boy buying a candy bar）"这句话在句法上是正确的，但在语义上是不正确的，因为它违反了自行车不会说话的语义知识。

语用学　语言的最后一套规则是语用学方面的，**语用学**涉及在不同的情境中恰当地应用语言。语用学覆盖了许多领域（Jaszczolt, 2016）。例如，在讨论中轮到你发言时你就发言，或当你用一个问题来传达指令（"这里为什么这么吵啊？""这是什么？是最大的中央车站吗？"）时，你都会表现出你的语用学知识。在一些适当的场合，你使用礼貌用语（如与老师交谈时），或者讲些有趣的故事、幽默的笑话、说些令人信服的谎言，你都在应用英语的语用学规则。在上述各种情境下，当你调整语言以适应不同的情境时，也就显示了你对自己文化中语用规则的理解。

语用学的规则可以比较复杂，在不同的文化中也不尽相同（Jaszczolt, 2016）。如果你要学日语，你就将面对不计其数的语用学规则，这些规则涉及与不同社会地位以及与你具有不同关系的人该如何交谈。这些规则中有些是关于如何说"*谢谢*"的。事实上，即使在美国文化中，说"*谢谢*（thank you）"的语用学规则也是很复杂的。不过，学前儿童已经能够根据对方的性别、社会经济地位以及年龄的不同而改变"谢谢"这一短语的说法了。

至此，我们已经讨论了语言的五个重要的规则系统。图 1 是对这些规则系统的概括。

语义学（semantics）关注的是词和句子的意义。

语用学（pragmatics）涉及在不同的情境中恰当地应用语言。

第九章　语言发展　　**247**

复习、联想和反思

学习目标 1

界定语言并描述语言的规则系统。

复习
- 什么是语言?
- 语言的五个主要规则系统是什么?

联想
- 请说明在本章开头海伦·凯勒和安妮·沙利文的故事中是如何体现搭建鹰架时的对话作用的?

反思你自己的人生之旅
- 在语言的应用方面,你的家人和朋友的表现如何?请举一个某人显示出语用学技能的例子,再举一个某人缺乏语用学技能的例子。

第 2 节 语言是如何发展的

学习目标 2

描述语言是如何发展的。
- 婴儿期
- 童年早期
- 童年中晚期
- 青少年期

发展链接

情绪发展

婴儿表现出来的啼哭主要有三种:基本啼哭、生气啼哭、痛苦啼哭。链接"情绪发展"。

根据一位古代文明史专家的说法,13 世纪时,德国皇帝弗雷德里克二世(Frederick Ⅱ)有一个残酷的想法,他想知道如果没有人和婴儿讲话,那么他们会讲什么语言。于是,他选了一些新生儿,并且威胁婴儿的照料者不能跟婴儿说话,否则就处以死刑。弗雷德里克并没有发现这些孩子讲什么语言,因为他们都死了。让我们把目光转移到 21 世纪,我们仍然对婴儿的语言发展感到好奇,但我们的实验法和观察法却比邪恶的弗雷德里克仁慈多了。

> 婴儿期

无论学习哪一种语言,全世界婴儿的语言发展都遵循着相似的轨迹。那么,婴儿的语言发展有哪些重要的里程碑呢?

咿呀声和其他发声 早在在婴儿能够说出可辨别的单词之前,他们就能够发出多种声音了(Lee & others, 2017)。这些早期发声的目的在于练习发声技能、与他人交流和吸引注意。在出生后的第一年里,婴儿的发声会按照如下顺序出现:

1. 哭。婴儿一出生就会哭,哭可以传达痛苦的信号。不过,我们将在"情绪发展"一章里讨论到,不同类型的哭传达不同的信号。
2. 咕咕声(Cooing)。婴儿最初的咕咕声大约出现在 1 到 2 个月里。它们是由喉咙后部发出的表示愉快的咯咯声,通常发生在与照料者互动的时候。
3. 咿呀声(Babbling)。在出生后第一年的中期,婴儿开始发出咿呀声,即发出一串串的辅音和元音的组合,

早在婴儿说出可辨别的单词之前,他们就通过多种发声和姿势来交流。大约在多大时婴儿开始分别产生不同类型的发声和姿势?
图片来源:视觉中国

如 *ba，ba，ba，ba*。

如果聋童的父母是使用手语的聋哑人，聋童也会在与听觉正常儿童发出咿呀声差不多相同的时段里用他们的手和手指发出"咿呀声"（Wille & others，2018）。手势"咿呀声"和声音"咿呀声"在出现时间和结构方面如此相似，说明手语和口头语在深层次上有着统一的语言能力。

姿势 在 8 至 12 个月大时，婴儿开始用手指（pointing）和展示（showing）等姿势来表达自己。例如，他们会用摆手表示"再见"，用点头表示"是"，展示空了的杯子表示想再加一些牛奶，或指着一条狗让他人注意它。这些早期的姿势中有些是符号性的，例如，当婴儿用咂嘴唇表示想要食物或水时，咂嘴唇的动作便是一种符号。另外，语言专家们认为"用手指"是婴儿语言社会性发展的重要指标，它的发展顺序是：用手指但不检查成人的眼神；一边用手指，一边反复地将自己的视线在物体和成人之间来回移动（Goldin-Meadow，2018）。在这里，只是伸出手指本身并不是里程碑，但在伸出手指的同时又把他人的注意吸引到某样东西上就是一个重大的人际交流里程碑了。

不会用手指是婴儿交流系统存在问题的一个重要指标（Goldin-Meadow，2018）。用手指是联合注意发展的一个关键方面，是语言社会性发展的重要指标之一（Lucca & Wilbourn，2019）。不会用手指也是许多自闭症患儿的特点。在出生后的第二年里，伴随着语言交流其他方面的进步，婴儿用手指的能力大幅度提高（Goldin-Meadow，2018）。

一项关于婴儿用手指的功能研究发现：如同较大的儿童提问一样，婴儿通过用手指的方式来获取信息（Lucca & Wilbourn，2019）。有一项实验设计了两种情境：第一种情境是婴儿指向一个新物体时实验者便说出该物体的名称；第二种情境是婴儿指向一个新物体时实验者不说出该物体的名称。18 个月大的婴儿在第二种情境中指向物体的坚持时间长于第一种情境，从而说明婴儿是通过用手指来获取信息。

识别语音 在婴儿开始学习词汇之前很久，他们已能很好地辨别出语音。在帕特里夏·库尔（Patricia Kohl，2017）所做的研究中，研究者通过一个喇叭播放全世界各种语言的音素给儿童听（见图 2）。一个装有玩具熊的盒子放在婴儿看得见的地方。先播放一串相同的音节，然后改变音节，如先放 *ba ba ba ba*，然后放 *pa pa pa pa*。如果当音节发生变化时婴儿转头去看装有玩具熊的盒子，盒子就会亮起来，里面的小熊就会边跳舞边敲鼓，以此来奖励婴儿发现了语音的变化。

库尔的研究表明，大约从出生到 6 个月大时，婴儿都是"世界公民"。大多数情况下，当语音发生变化时，他们都能够识别出来，不管这些音节来自世界上的哪种语言。但在接下来的 6 个月里，婴儿对他们"自己的"语言（即他们的父母所用的语言）更敏感，更容易觉察到语音的变化，并逐渐丧失对那些母语中不重要的语音差异的识别能力（Kuhl，2017）。

婴儿必须从人们日常谈话时没有停顿的语音流中找出单个的词汇（Karaman & Hay，2018）。要做到这一点，他们必须找出单词间的分界线，这对于婴儿来说是很困难的，因为成人讲话时并不在词之间停顿。尽管如此，婴儿在 8 个月大时开始能觉察单词的分界。例如，在一项研究中，研究人员让讲英语家庭的 8 个月大的婴儿听意大利语句子，这些句子中埋置了 4 个目标词（Karaman & Hay，2018）。先

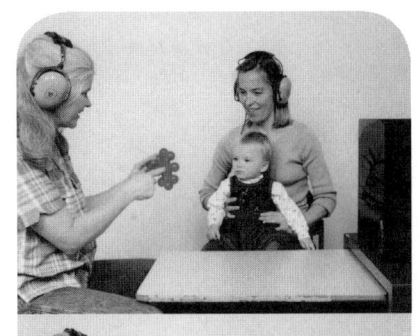

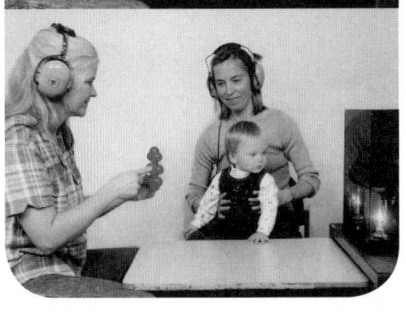

图 2 从世界性语言学家到特定语言的听众
在帕特里夏·库尔的实验室里，研究者让婴儿听录音机播放的重复音节。当声音变化时，婴儿很快学会转头去看玩具熊。通过这种方法，库尔已证明：6 个月大之前，婴儿是世界性的语言学家，但在接下来的 6 个月里，他们逐渐成为特定语言的听众。库尔的研究是支持语言由天性获得的观点还是支持语言由经验获得的观点？
图片来源：Dr. Patricia Kuhl, Institute for Learning and Brain Sciences, University of Washington

第九章 语言发展 **249**

花一段时间让婴儿熟悉目标词汇，然后对婴儿进行测试。结果发现，婴儿听熟悉单词（即目标词汇）的时间比听新单词的时间要长。这一行为变化说明他们能够利用词汇的特点将它们从周围的语音流中识别出来。

最初的词汇 婴儿理解单词先于他们能够说出这些单词。例如，当别人叫他们的名字时，许多婴儿早在 5 个月大时就能辨别出自己的名字。但是父母们热切期待的一个发展里程碑，即婴儿说出第一个单词，通常要到 10 至 15 个月大时才能出现，平均约在 13 个月时出现。然而，在婴儿会说最初的词汇之前，他们一直通过姿势和自己特殊的发音与父母进行交流。会说最初的词汇只是之前交流过程的延续（Berko Gleason & Ratner，2017）。

儿童的最初词汇包括对重要人物的称呼（如爸爸）、熟悉的动物（如小猫）、交通工具（如轿车）、玩具（如球）、食物（如牛奶）、身体部位（如眼睛）、衣物（如帽子）、家庭用品（如闹钟）、问候语（如再见）。这些是 50 年前的婴儿最初会说的词汇，也是现今的婴儿最初会说的词汇。儿童经常会用单个词来表达不同的意图，所以，当某个孩子说"饼干"时，意思可能是"那是一块饼干"，也可能是"我要吃饼干"。

如上文指出，婴儿理解最初的词汇先于他们能够说出这些词汇。一般情况下，婴儿在 13 个月大时大约能理解 50 个词汇，但要到 18 个月大时才能说出这么多词汇（Berko Gleason & Ratner，2017）。因此，婴儿期里的接受性词汇（婴儿能理解的词汇）远多于口头词汇（婴儿能说出的词汇）。一项研究显示，当父母一边抚摸婴儿的身体一边说这些部位的名称时，小至 4 个月大的婴儿就已能理解关于特定身体部位的特定词汇（Tincoff & others，2019）。

一旦婴儿说出第一个词后，他们的口头词汇就会迅速增加（Berko Gleason & Ratner，2017）。普通的 18 个月大的婴儿能说大约 50 个词，而到了 2 岁时，就能说大约 200 个词。这种从 18 个月前后开始的词汇迅速增长现象被称之为词汇爆发（*vocabulary spurt*）（Chow & others，2019）。

如同说出第一个单词的时间点存在个体差异一样，词汇爆发的时间点也是因人而异的。图 3 显示的是 14 名儿童出现这两个语言发展里程碑的月龄范围。平均说来，这些儿童在 13 个月大时说出了第一个词，19 个月大时出现词汇爆发。不过，儿童初次说出单词的月龄在 10 到 17 个月之间，出现词汇爆发的月龄则在 13 到 25 个月之间。

在词汇学习方面也存在跨语言差异。例如，在词汇发展的早期，学习汉语普通话、朝鲜语和日语的儿童比学习英语的儿童掌握了更多的动词（Tardif，2016）。导致这一跨语言差异的原因之一是亚洲语言中动词的使用较多；另外，主语在英语句子中是不可缺少的，而在其他语言中则可有可无。

有时候，儿童会过分拓宽或者过分缩小他们所说的词汇的含义（Berko Gleason & Ratner，2017）。过分拓宽词义（overextension）是指儿童将词语用到不恰当的对象上。例如，儿童刚开始说"爸爸"这个词时，可能不仅指他们的"父亲"，还可能指其他男性、陌生人或男孩。有时候，儿童拓宽词义是因为他们想不起来或不知道适当的词。随着儿童长大，过分拓宽词义的现象会日渐减少并最终消失。过分缩小词义（underextension）指的是儿童过窄地使用词汇的倾向。当儿童不能用某个词来指代相关的事物时，就属于过分缩小词义。例如，某个儿童可能仅会用"男孩"这个词指他 5 岁大的邻居，而不会用这个词来指男婴或 9 岁大的

婴儿最初的词汇学习有什么特点？

图 3 语言发展里程碑的个体差异

男孩。对过分缩小词义现象的最常见的解释是儿童听到过的某个词只在小范围使用，缺乏代表性。

双词句　到了18至24个月大时，儿童通常会使用双词句（Tomasello, 2011）。只用双词句表达意义有很多缺陷，所以，儿童大量地依靠手势、语调和情境的帮助。儿童通过双词句交流的范围包括以下几个方面（Slobin, 1972）：

- 指认：看小狗。（"See doggie."）
- 定位：书那里。（"Book there."）
- 重复：更多牛奶。（"More milk."）
- 所有：我的糖。（"My candy."）
- 属性：大车。（"Big car."）
- 主体动作：妈妈走。（"Mama walk."）
- 疑问：球哪里？（"Where ball?"）

上面这些例子来自第一语言是英语、德语、俄语、芬兰语、土耳其语或萨摩亚语的儿童。

请注意，这类双词句省略了语言的许多成分，并且非常简洁。实际上，在每一种语言里，儿童开始时的组词都具有这种经济性的特点，它们是电报式言语。**电报式言语**（telegraphic speech）是用简短而准确的词语来表达意义的言语，省略了许多语法成分，如冠词、助动词、连词。另外，电报式言语不局限于两个词的表达，"妈妈给冰激凌（Mommy give ice cream）"和"妈妈给汤米冰激凌（Mommy give Tommy ice cream）"也属于电报式言语。

至此，我们已经讨论了婴儿期里的好几个语言发展里程碑。图4概括了普通婴儿到达这些里程碑的年龄。不过，图4展示的只是总的模式，不同的婴儿达到每个里程碑的年龄也存在个体差异，既取决于家庭社会经济地位和其他环境输入因素的影响，也取决于婴儿自身的能力，如持续性注意的能力（Brooks, Flynn, & Ober, 2018）。

> 童年早期

学步儿会快速地从说双词句过渡到说3个、4个、5个词的句子。2岁到3岁时，他们又开始从表达单一意思的简单句向复杂的句子过渡（Berko Gleason & Ratner, 2017）。

有时候，幼儿对语言的理解能力远远超过他们说的能力。例如，当夏天突然刮来一阵风，吹拂着一个3岁孩子的头发和皮肤的时候，他高兴地笑着说："风抓住我了！"幼儿言语中许多稀奇古怪的表达在成人看来是错误的。然而，从孩子的角度看，它们并不是错误的。它们代表着幼儿感知和理解世界的方式。当儿童度过童年早期阶段后，他们对语言的规则系统的掌握程度也会有所提高。

当幼儿学习自己母语的独有特征时，在如何习得特定的语言方面却有着很多共同规律（Berko Gleason & Ratner, 2017）。例如，所有英语儿童最先学会的介词都是on和in。那些学习汉语和俄语等其他语言的儿童在习得相应母语的独有特征方面也表现出一致的顺序性。

儿童学习汉语普通话和学习英语之间有什么差异？
图片来源：视觉中国

电报式言语（telegraphic speech）用简短而准确的词来表达意义的言语，省略了诸如冠词、助动词、连词等语法成分。

典型的年龄	语言发展的里程碑
出生	哭
2至4个月	开始发出咕咕声
5个月	开始理解单词
6个月	开始发出咿呀声
7至11个月	从世界性语言学家转变为特定语言的听众
8至12个月	用姿势来表达（如用手指）开始理解多词句
13个月	说出第一个词
18个月	词汇爆发开始
18至24个月	使用双词句 对词汇的理解迅速扩展

图4　婴儿期的语言发展里程碑
尽管婴儿接受到的语言输入差异很大，但世界各地的婴儿在学习语言方面都遵循着相似的轨迹。

第九章　语言发展　　**251**

然而，有些儿童会出现语言问题，包括听和说的问题。要了解一位帮助有听说等语言问题儿童的专业人员的工作情况，请阅读"链接 职业生涯"专栏。

理解语音体系和词法 在学前期，大多数儿童对口语中单词的发音变得越来越敏感，并渐渐能够发出母语的所有语音。到3岁时，他们已能发出母语的所有元音和大多数辅音（Prelock & Hutchins, 2018）。

在母语是英语等复辅音普遍的语言中，幼儿甚至能发出复杂的复辅音，如 *str-* 和 *-mpt*。他们会注意到押韵，喜欢诗歌，经常用一个音代替另一个音来给事物起些荒唐的名字（如 bubblegum，bubblebum，bubbleyum），或根据短语的音节拍手。

当双词句阶段结束时，儿童已表现出一些词法规则的知识（Stump, 2017）。他们开始用复数和名词所有格（如 *dogs* 和 *dog's*）；给动词加上适当的后缀（如当主语是第三人称单数时加 *-s*，过去时就加上 *-ed*）；开始用介词（如 *in* 和 *on*）、冠词（如 *a* 和 *the*），以及动词"*to be*"的不同形式（如"I was going to the store"）。学前儿童在词法规则使用方面出现变化的最好证据之一是他们对规则的过度类推，例如，一位学前儿童可能会说"foots"而不是"feet"，或"goed"而不是"went"。

琼·贝尔科（Jean Berko, 1958）设计了一项经典实验来研究儿童对词法规则的了解，如怎样将单数名词变成复数名词。在实验中，贝尔科向学前和一年级的儿童呈现一些如图5中所展示的卡片。当实验人员大声朗读卡片上的文字时，要求儿童看着卡片。然后要求儿童做卡片上的填空题。这个任务听起来似乎很简单，但是贝尔科感兴趣的是要测试儿童是否具有适当地应用词法规则的能力。在图5的例子中，正确答案是说出"wugs"，词尾读作 z，以表示复数。

虽然儿童的答案并不完全正确，但正确率还是远远高于随机猜测的概率。贝尔科的研究给人留下深刻印象的是实验材料中多数单词都是专门为实验而编造的。这样，儿童就不能根据回忆过去听到过的单词实例来回答问题。如果儿童能够将他们过去从未听到过的单词变成复数或过去时态，那就证明他们知道了有关的词法规则。

句法和语义学规则的掌握 学前儿童也学习和应用句法规则（Messenger & Fisher, 2018）。他们对句子中单词该如何组织的复杂规则的掌握程度不断提高。

以 wh- 问句为例，如"Where is Daddy going?"（爸爸要到哪里去?）或"What is that boy doing?"（那个男孩在做什么?）要正确地提出这些问题，儿童必须知道 wh- 问句与肯定句"Daddy is going to work"（爸爸去上班）和"That boy is waiting on the school bus"（那个男孩在等校车）之间有两个重要差别。第一，以 wh- 开头的疑问词必须放在句首；第二，助动词必须倒装，即助动词与句子主语交换位置。幼儿很早就学会了 wh- 开头的疑问词该放在哪里，但是他们要花长得多的时间才能学会助动词倒装的规则。所以，学前儿童可能会这样提问，"Where Daddy is going?"或"What that boy is doing?"。

童年早期的另一个特点是语义学方面的进步。词汇发展非常迅速。有些专家估计，从18个月到6岁期间，除睡眠时间外，幼儿大约每小时学会1个新单词（Carey, 1977; Gelman & Kalish, 2006）！当他们进入小学一年级时，儿童大概已知道 14,000 单词（Clark, 1993）。那些入学时词汇量少的儿童有可能会出现阅读问题（McLeod, Hardy, & Kaiser, 2017）。

图5 贝尔科的幼儿对词法规则理解的研究
在琼·贝尔科（1958）的研究中，先让幼儿看一些卡片，如上面这张有"wug"的卡片。然后要求幼儿填缺失的单词，并要求幼儿正确地说出来。这里的填空题的正确答案是"wugs"。

资料来源：Gleason，Jean Berko. "The Child's Learning of English Morphology," Word, vol. 14, no. 2-3, 1958, 150-177. Copyright ©1958 by Jean Berko Gleason. All rights reserved. Used with permission.

链接 职业生涯

言语病理学家莎拉·佩尔蒂埃

言语病理学家属于医疗卫生专业人员，他们的工作对象是患有交流障碍的个体。莎拉·佩尔蒂埃（Sharla Peltier）是加拿大安大略省马尼图林岛上的一名言语病理学家。她的工作对象是第一民族中小学校里美洲原住民的孩子。她负责筛查小至6个月大的婴儿以及学龄儿童的言语（语言）和听觉问题。她和社区护士紧密合作，一起鉴别儿童的听觉问题。

诊断听觉问题大约只是佩尔蒂埃工作的一半。她尤其热衷于治疗言语（语言）和听觉问题。她还举办父母培训班帮助父母了解孩子的听觉问题并为孩子提供支持。培训内容之一是指导父母改进和孩子交流的技能。

言语治疗师莎拉·佩尔蒂埃正在帮助一位幼儿提高她的语言和交流技能。
图片来源：Sharla Peltier

要了解更多关于言语治疗师工作情况的信息，请看附录"儿童发展领域的相关职业"。

为什么儿童能够如此快地学会这么多的新词汇呢？一个可能的解释是**快速映射**（fast mapping）能力，指儿童在有限地接触某个单词后，就能在这个单词和它的指代物之间建立起初步的连接（Eviatar & others, 2018）。不过，快速映射所建立起来的连接更可能是关于一个单词所指的直接的情境而不是真正学会了单词本身，因为儿童很少能回忆出他们在快速映射情境中显然已经学过的单词（McMurray, Horst, & Samuelson, 2012）。另外，研究者还发现，如果在多个场合并在数天里接触某些单词，其学习效果要好于同样多的接触次数但在一天里接触这些单词（Slone & Sandhofer, 2017）。

语言研究者们提出，幼儿可能使用了多种工作假设来学习新词汇（Pan & Uccelli, 2009）。幼儿所用的工作假设之一是给新的事物新的符号。在学习给新事物新符号方面，父母的帮助可能特别有用。例如，当一位母亲和她的年幼孩子一起看画册时，她知道孩子理解轿车指的是什么，但不理解巴士指的是什么，于是她就说："那是一辆巴士，不是轿车，巴士比轿车大。"幼儿使用的另一工作假设是一个词指的是某事物的整体，而不是该事物的部分，如用老虎一词来指整只老虎，不是指尾巴或爪子。有时候，儿童开始时的映射是不正确的。在这种情况下，他们可以受益于聆听熟练的人如何使用这些词，来检验和修改他们关于词语和指代物之间的连接（McMurray, Horst, & Samuelson, 2012）。

要使幼儿的词汇学习取得最佳的效果，需要注意哪些重要的方面呢？凯西·赫什-帕塞克（Kathy Hirsh-Pasek）和罗伯塔·戈林考夫（Roberta Golinkoff）（Harris, Golinkoff, & Hirsh-Pasek, 2012；Hirsh-Pasek & Golinkoff, 2013）对儿童的词汇发展着重提出了六条重要原则：

1. 儿童容易学会他们最常听到的词汇。他们学习那些和父母、兄弟姐妹、同伴互动时遇到的词汇，也从书上学习词汇。尤其是当他们遇到自己不知道的词

快速映射（fast mapping）用来帮助解释幼儿如何能如此快速地在词和它的指代物之间建立起连接的过程。

第九章 语言发展

在童年早期里，儿童的语言能力是如何发展的？
图片来源：视觉中国

汇时，最能从中受益。

2. 儿童容易学会那些他们感兴趣的事物或事件的词汇。父母和老师可以引导幼儿在他们感到有趣的情境中体验词汇；在这方面，游戏式的同伴互动特别有效。

3. 儿童在应答和互动的情境中学习词汇的效果最好，而不是在被动的情境中。那些和成人有轮流说话机会、联合注意经验以及积极的、敏感的社会化情境的儿童可以得到最佳词汇学习所需的鹰架。而当他们只是被动的学习者时，词汇学习的效率就比较低。另外，儿童从看电视节目中学习词汇也难于从与成人的互动过程中学习词汇。

4. 儿童在有意义的情境中学习词汇的效果最好。当幼儿在一个完整的情境中遇到新词而不是孤立地学习新词时，学习效果更好。

5. 当儿童接受到有关词汇意义的清楚信息时学习效果最好。如果儿童的父母和老师对儿童可能不理解的词汇具有敏感性，并为儿童提供支持，详细解释词义或提供有关词义的线索，那么，儿童学习词汇的效率就比较高。如果儿童的父母和老师只是很快地说出新词，但并不关注儿童是否理解新词的意义，他们学习词汇的效率就比较低。

6. 当儿童思考语法和词汇时新单词学习的效果最好。那些接触到大量词汇和各种各样语言刺激的儿童能够形成更加丰富的词汇量并对语法有更深的理解。在很多情况下，词汇和语法的掌握是密切相关的。

> 儿童学习词汇就像鸽子啄食豌豆一样容易。
>
> ——约翰·雷
> 17 世纪英国博物学家

父母和孩子的交谈方式和家庭的社会经济地位有关，也和儿童的词汇增长有关。要了解家庭环境是如何影响孩子的语言发展的，请阅读"链接 研究"专栏。

语用学方面的进步　语用学方面的变化也是幼儿语言发展的重要特点（Papafragou, 2018）。一个 6 岁的孩子要比 2 岁的孩子健谈得多。那么，学前阶段里幼儿在语用学方面主要有哪些进步呢？

幼儿开始参与较长较广泛的会话（Akhtar & Herold, 2017）。例如，他们开始学习他们的文化所特有的会话和礼貌规则，并能够使他们的言语越来越适应不同的情境。他们的语言学能力不断提高，理解他人视角的能力也不断提高，这两方面的提高又促进了他们叙述能力的发展。

随着儿童长大，他们越来越有能力谈论不在身边的事物（如奶奶的家）和不是此时发生的事情（如他们昨天发生的事情或明天可能发生的事情）。一位学前儿童能够告诉你她明天的午餐想吃什么，这是处于语言发展双词句阶段的儿童做不到的。

大约 4 岁时，儿童在会话中能够相当敏感地觉察到他人的需求。他们表达这种敏感的方式之一便是通过使用冠词 the 和 an（或 a）。当成人讲故事或描述一个事件时，初次提到某一动物或某一物体时通常会用不定冠词 an（或 a），而随后再提到这一动物或物体时会用定冠词 the。例如，有两个男孩在丛林里走，突然出现了一头凶猛的狮子（a fierce lion），那头狮子（the lion）扑向了一个男孩，另一个男孩慌忙找地方躲藏。甚至 3 岁的小孩就已经能够理解这个规则的一部分，当指先前提到过的事物时，他们会始终如一地用定冠词 the。但是，用不定冠词 a 来表示初次提到的事物的能力发展较慢。5 岁的儿童在某些场合会遵照这一规则，但在另一些场合则不会。

在童年早期，儿童在语用学方面主要有哪些进步？
图片来源：视觉中国

链接 研究

家庭环境是如何影响幼儿的语言发展的？

家庭的哪些特点会影响孩子的语言发展呢？家庭的社会经济地位会影响父母与孩子交谈的量，也影响儿童的词汇量。贝蒂·哈特（Betty Hart）和托德·里斯利（Todd Risley）(Hart and Risley, 1995) 观察了两类儿童的语言环境，一类儿童的父母是专业人员，另一类儿童的父母靠福利救济生活。结果发现：和专业人员的父母相比，依靠福利救济的父母与自己年幼孩子的交谈要少得多，他们较少谈过去的事情，也较少为孩子做详细的解释。如图6所示，父母是专业人员的儿童在36个月大时所掌握的词汇量比父母靠福利救济的儿童要多得多。

较近期的一些研究采用 LENA 设备（LENA device）来收集儿童接触到的语言输入信息。该设备是个不大的数字录音机，放在特制的儿童衣服里。它能够长达16小时录下所有靠近儿童的、清晰的谈话；它不仅能自动计算所有成人谈话的总量，也能自动计算儿童谈话的数量以及某个儿童和照料者之间轮流发言的次数。因此，这个录音设备能够提供一幅儿童听到的所有谈话的完整的图画。

LENA 设备能够记录婴儿18个月大时由于家庭社会经济地位不同而造成的谈话量的显著差异（Fernald, Marchman, & Weisleder, 2013）。同时，家庭的社会经济地位也和儿童早期实时处理语言的能力相关联，后者是儿童早期语言理解能力的重要指标并对儿童未来的发展有着长期的影响（Marchman & Fernald, 2008）。

还有一些研究采用结构和功能磁共振影像技术来考察4至6岁儿童的大脑，结果显示：和那些听到谈话次数较少的儿童相比，那些参与谈话次数较多的儿童的脑白质具有不同的特性（Romeo & others, 2018）。另外，婴儿在18至24个月大时听到的谈话数量和青少年期的语言发展及认知发展状况相关联（Gilkerson & others, 2018）。

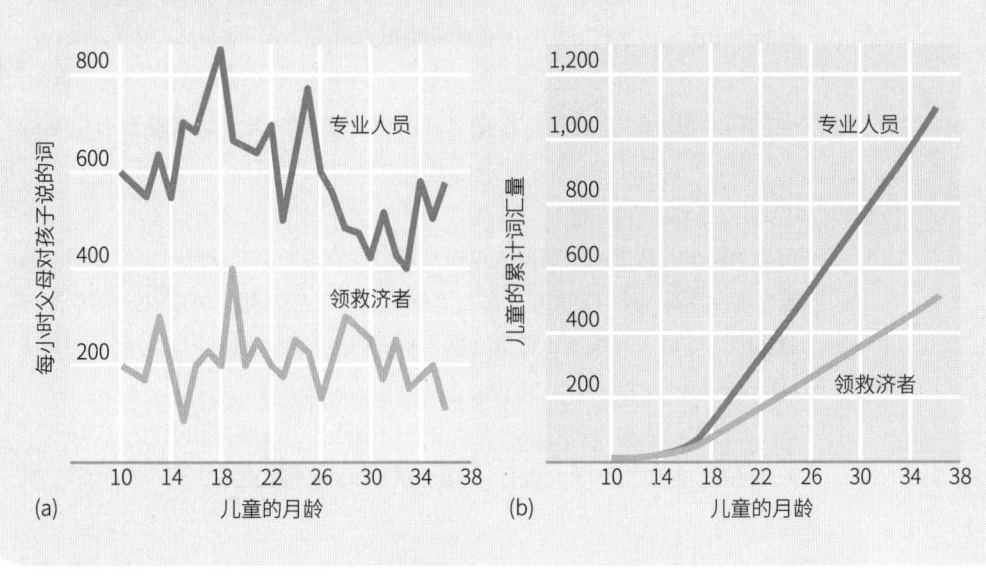

图6 专业人员家庭与福利救济家庭的语言输入和儿童的词汇发展 (a) 在这一研究中（Hart & Risley, 1995），专业人员父母和孩子交谈的量远多于依靠救济的父母。(b) 所有儿童都学会了交谈，但父母是专业人员的儿童所掌握的词汇量远远多于父母依靠救济生活的儿童，前者是后者的两倍。因此，当进入学前教育机构时，儿童在自己家中接受的语言输入已经有了相当大的差异，并形成了与他们的社会经济环境相关联的不同的词汇水平。这一研究是否表明贫困导致了儿童词汇发展的缺陷？

大约在4到5岁时，儿童开始学会改变自己的言语风格以适应不同的情境。例如，4岁的儿童和2岁小孩说话时的风格已经不同于和4岁同伴说话时的风格，与2岁孩子交流时他们会用更短的句子。他们和成人谈话的方式也不同于和同伴谈话的方式；与成人交谈时，他们会使用更多的礼貌用语和正式用语（Ikeda, Kobayashi, & Itakura, 2018）。

早期读写 对美国儿童阅读和写作能力的担忧已引起研究者们仔细考察学前和幼儿园儿童的教育经验，希望儿童能在生命的早期阶段就对阅读和写作形成一种积极的倾向（Dickinson & others, 2019）。那么，针对学前儿童的读写课程应当是什么样子呢？读写教学应当建立在儿童已经知道的口语以及已有读写知识的基础之上。同时，读写能力和学业成功的早期预兆包括语言技能、语音和句法知识、字母

第九章 语言发展

帮助幼儿发展读写技能的有效策略有哪些？
图片来源：Monkey Business Images/Shutterstock

识别能力，以及对文字的常规和功能的概念性知识（Pavelko & others, 2018）。父母和教师需要为儿童提供一个支持性的环境，以帮助儿童发展读写技能（Tamis-LeMonda & others, 2018）。一项研究显示，儿童刚萌芽的读写技能和父母的读写技能之间高度相关（Taylor, Greenberg, & Terry, 2016）。另一项研究则发现：在低收入家庭中，读写经验（如成人是否经常读书给孩子听）、母亲激励孩子的质量（如试图为孩子提供认知刺激的情况）以及提供学习材料的状况（如与孩子年龄相适应的学习材料和图书）都是重要的家庭读写经验，这些经验和儿童的语言发展呈正相关（Wood, Fitton, & Rodriguez, 2018）。

对学前儿童来说，有哪些策略可以使图书更好地发挥作用呢？埃伦·加林斯基（Ellen Galinsky, 2010）强调了如下几条策略：

- *用图书发起和幼儿的会话。*要求幼儿把自己放在书中主人公的位置上，想象他们可能会想什么或者会有什么样的感受。
- *提出是什么和为什么的疑问。*问幼儿他们认为故事的下一步将会发生什么，然后看是否真像他们所认为的那样发生了。
- *鼓励儿童问有关故事的问题。*
- *选择一些语言游戏的图书。*那些充满创造性的字母游戏的图书，包括带有节奏的字母游戏，通常对幼儿有很大的吸引力。

下面的两项纵向研究发现，儿童早期的语言能力对于入学准备具有重要的影响：

- 父母为学步儿读书的语言输入可以预测小学阶段的语言发展和读写成绩，甚至在控制了父母的其他语言输入的情况下，仍然如此。造成这一现象的部分原因可能是因为读书比日常会话含有更加多样化的词汇和更加复杂的句法（Demir-Lira & others, 2019）。
- 与18个月大的孩子一起阅读图画书时母亲回应的敏感度和语言输入预测了孩子4.5岁时的初步学习能力（Wade & others, 2018）。

到此为止，我们关于早期读写的讨论一直聚焦于美国的儿童。然而，语音意识对有效阅读的支持作用在一定程度上会随语言的不同而不同（McBride, 2016）。语音意识对于早期阅读能力发展的重要性在表意文字的语言中（如汉语）不如在表音文字的语言中那么明显（Ruan & others, 2018）。同时，诵读困难（dyslexia）的发生率在不同国家里也有所不同，与各国语言的拼写和读音规则有关（McBride, Wang, & Cheang, 2018）。英语是比较难学的语言之一，因为英语的拼写和读音不规则。在那些讲英语的国家中，诵读困难的发生率要高于那些其文字的拼写和读音比较一致的国家。

> 童年中晚期

当儿童进入小学后，他们获得了一些新的技能，从而为他们学习读写准备了必要的条件，或者为他们在童年早期里已形成的读写技能的进一步发展提供了必要的条件。这些新的技能包括越来越多地用语言叙述不在眼前的事物，对单词特性的认识，以及对如何识别和发出语音的知识的了解（Berko Gleason & Ratner，2017）。他们必须学习有关字母的规则，认识到字母代表着语言的发音。随着儿童在童年中晚期里的发展，他们的词汇和语法也发生了变化（Suggate & others，2018）。

词汇、语法和元语言意识　在童年中晚期里，儿童心理词汇的组织方式发生了变化。如果要求儿童在听到一个单词时说出心里最先想到的另一个单词，学前儿童的典型反应是说出在句子里经常跟在刺激词后面的词。例如，当要求学前儿童对单词"狗"做出反应时，他们可能会说出"叫"；对于刺激词"吃"，他们会说"午饭"。但到了大约7岁时，儿童可能会说出一个和刺激词属于语言等位的词。例如，儿童这时对于刺激词"狗"的回应可能是"猫"或"马"；对于"吃"的回应可能是"喝"。这表明7岁的儿童已经开始用语言的各个部分来归类他们的词汇（Berko Gleason & Ratner，2017）。

随着儿童词汇量的增加，这一归类的过程也变得更加容易（Russell，2017）。6岁时，儿童的平均词汇量大约有14,000，而到了11岁时，平均词汇量已增加到了40,000左右。

在语法方面，儿童也取得了类似的进步（Hoff, Quinn, & Giguere，2018）。在小学阶段里，儿童逻辑推理和分析能力的提高有助于他们理解比较复杂的语法结构，如适当地使用比较级（如较短、较深）和虚拟语气（如"如果你是总统的话……"）。在小学阶段里，儿童逐渐能够理解和应用复杂的语法，如这样的句子"吻他妈妈的那个男孩戴着帽子（The boy who kissed his mother wore a hat）。"他们也开始学会用语言来组织连贯的话语。逐渐地，他们能够把句子互相连接起来做出有意义的叙述、定义和解说。儿童首先必须能够在口头上完成这些任务，然后才可能在书面作业上完成这些任务。

在小学阶段里，与词汇和语法的进步相伴随的是**元语言意识**的发展，元语言意识是关于语言的知识，如理解什么是介词或能够讨论一种语言的发音。元语言意识使得儿童能够"思考他们自己的语言，理解单词是什么，甚至对单词进行解释"（Berko Gleason，2009，p. 4）。在小学期间，儿童的元语言意识有了很大的进步（Winne，2017）。解释词汇成为课堂讨论的常规部分，另外，当儿童学习和讨论句子的成分如主语和动词时，他们也增加了句法知识（Grain，2012）。

在理解如何以适合文化规则的方式应用语言方面，也就是在语用学方面，儿童也有所进步（Papafragou，2018）。当他们开始进入青少年期时，大多数儿童都已知道日常情境中使用语言的规则，即知道什么适合说而什么不适合说。

阅读　有人提出了一个阅读能力发展的五阶段模型（Chall，1979）（参见图7）。模型中的年龄界限是近似的，并不适合所有的儿童。但是，这些阶段能使我们感受到学习阅读的过程所包含的发展性变化。

在学习阅读之前，儿童先学习使用语言来谈论不在眼前的事物；他们学习某个单词是什么，学习如何识别语音并讨论有关语音的问题（Berko Gleason & Ratner，2017）。如果他们掌握了大量的词汇，那学习阅读就变得容易了。反之，那些进入小学时词汇量少的儿童学习阅读时就会面临困难（Berko Gleason & Ratner，2017）。

发展链接

信息加工
元认知是关于认知的认知。链接"信息加工"。

元语言意识（metalinguistic awareness）关于语言的知识。

第九章　语言发展　**257**

阶段	年龄范围（年级）	描述
1	出生到一年级	儿童掌握了阅读的一些先决条件。大部分儿童学会了从左到右的阅读顺序，学会了识别字母表里的字母，学会了写自己的名字。有些儿童还学习阅读指示牌上的词语。由于《芝麻街》(Sesame Street)之类的电视节目的出现以及学前和幼儿园教育的普及，今天的许多幼儿比过去的幼儿有了更多的阅读知识，掌握这些知识的时间也比过去更早了。
2	一二年级	在这个阶段，许多儿童都在学习阅读。在学习过程中，他们获得了朗读词语（即把字母转化为语音，再把语音结合成单词）的能力。他们也完成了字母名称和发音的学习。
3	二三年级	儿童提取单词的技能和其他阅读技能变得更加熟练。但是在这个阶段，阅读仍然并不都是为了学习有关的内容。阅读本身的要求对这个阶段的儿童来说是如此繁重，以至于他们几乎没有剩余的认知资源来处理所读的内容了。
4	四到八年级	从四年级到八年级，儿童逐渐能够从出版物里获得新的信息。换言之，他们阅读是为了学习。但是他们仍然难以理解同一个故事从多种视角呈现的信息。如果儿童没有学会阅读，那么，呈螺旋下降的趋势就会导致他们在多门学科上出现严重的困难。
5	中学	许多学生成了完全胜任的读者。他们对于从多视角叙述的材料的理解能力不断发展，从而使得他们有时能够参与比较复杂文学、历史、经济学和政治学的讨论。

图7　阅读能力发展的五阶段模型

这位教师正在帮助学生读出单词。研究者们已发现，语音教学是阅读教学的关键，尤其对那些刚开始阅读的学生和阅读技能差的学生来说，更是如此。

图片来源：视觉中国

在一年级最可能遇到阅读困难的是这样一些儿童：他们入学时语言技能较差，对语音的意识程度较低，关于字母的知识较少，对阅读的基本目的和机制也不够熟悉。

——凯瑟琳·斯诺
哈佛大学

词汇发展在阅读理解方面发挥着重要的作用（Reutzel & Cooter, 2018）。例如，一项纵向研究显示，19个月大时的词汇量预测了12岁时的阅读理解成绩（Suggate & others, 2018）。拥有丰富的词汇量可以帮助阅读者不费气力地理解阅读材料中词语的含义。

里奇·迈耶（Rich Mayer, 2008）所做的分析聚焦于阅读印刷材料所经历的认知过程。在他看来，阅读需要经历三个认知过程：(1) 要意识到词中的语音单位，也就是识别词中的音素；(2) 将单词解码，这涉及将印刷的词转变为声音；(3) 获取词的含义，这涉及找出词义的心理表征。

什么是教儿童阅读的最有效方法呢？教育和语言专家们仍然在争论应当如何教儿童阅读。当前的争论主要集中在读音教学法和整体语言教学法谁优谁劣的问题上（Fox, 2012; Reutzel & Cooter, 2013; Vacca & others, 2012）。

读音教学法强调，阅读教学应当侧重于教学生把书面符号转化为语音的基本规则。早期的阅读教学应当使用简化了的教材。只有等儿童学会了如何将口语中的音素与代表它们的字母对应起来的规则后，才能给他们复杂的阅读材料，如书和诗歌（Fox, 2012）。

与读音教学法不同，**整体语言教学法**强调阅读教学应当和儿童的自然语言学习相平行。阅读的材料应当是整体的、有意义的。也就是说，给儿童的阅读材料应当具有完整的结构，如故事和诗歌；这样，他们就能够学会理解语言的交流功能。阅读还应当与听力和书写技能结合起来。虽然各种整体语言教学法的项目之间有些变化，但是大多数项目都认为阅读应当与其他的学科和技能（如科学和社会课）结合起来，同时，阅读教学应当侧重于真实世界的材料。因此，课堂上可以让学生读些报纸、杂志或者书籍，然后再要求学生把读后感写出来并加以讨论。在一些采用整体语言教学法的课堂上，教师会教初级阅读者去识别整个词语甚至整个句子，并且让他们根据正在阅读的上下文来猜测自己不熟悉的单词。

这两种教学法当中哪一种更好呢？在发展的早期，坚实的口语基础（如词汇）对形成前阅读技能很重要；然后，读音变得重要起来；再后来，当儿童将阅读材料各个部分整合起来的时候，综合理解和语言知识又变得重要了。因此，并不是这两种教学法谁优谁劣，而是在发展序列的不同时间点上，一种教学法比另一种更加重要。

在学习阅读方面，除了读音教学法和整体语言教学法之争外，要成为良好的阅读者还包括学会流利阅读（Jamshidifarsani & others, 2019）。许多初学者或能力差的阅读者不能自动识别词汇。他们的信息加工能力被耗费在词汇识别上，以至于只剩下少部分的加工能力可用于划分词组或理解句子。随着他们对词语和段落的加工日益自动化，他们的阅读也会变得更加流利（Swain, Leader-Janssen, & Conley, 2017）。此外，学会监控自己的阅读过程，找出阅读材料的要点和做总结等元认知策略对于成为一名优秀的阅读者也很重要（Winne, 2017）。

如同学习其他重要的技能一样，学习阅读也需要付出时间和努力。一项全国性的评估显示，那些每天在学校里和做家庭作业时阅读11页以上的四年级儿童在全国阅读测试中的分数较高（National Assessment of Educational Progress, 2000）（参见图8）。那些要求学生每天都要大量阅读的教师和那些很少要求学生阅读的教师相比，前者的学生比后者的学生拥有更加熟练的阅读技能。

书写和写作 儿童大约在2到3岁时开始涂鸦，他们的书写技能就是从涂鸦发展来的。在童年早期，动作技能的发展使得儿童能够开始书写字母。大多数4岁儿童能够写出他们自己的名字。5岁的儿童能够抄写字母，并且会抄写多个短单词。他们逐渐地能够区分每个字母的独有特征，如字母的线条是弯曲的还是直的，是开口的还是闭合的。不过，在小学低年级，许多儿童仍然会把一些字母弄颠倒了，如 *b* 和 *d*、*p* 和 *q*（Feldgus, Cardonick, & Gentry, 2017）。在这个年龄上，如果其他方面发展正常，字母颠倒现象并不意味着儿童将会出现读写问题。

当儿童刚开始学习写字时，他们经常会自己发明一些拼写。一般情况下，这些拼写是根据他们所听到的单词发音来写的（Ouellette & Sénéchal, 2017）。父母和教师应当鼓励儿童的早期书写，而不要过度地关注字母的形式或拼写。

如同要成为一名优秀的阅读者一样，要成为一名优秀的写作者也需要花费多年的时间并进行大量的练习（Feldgus, Cardonick, & Gentry, 2017）。所以，在中小学阶段里，应当给儿童更多写的机会（Graham, Harris, & Chambers, 2016）。通过有效的教学，儿童的语言和认知技能得到了提高，他们的写作能力也随之提高。例如，如果儿童对句法和语法有了更加准确的理解，就会有助于他们写作能力的提高（Graham & Harris, 2018）。

组织和逻辑推理等认知技能的发展也同样重要。当学生从小学进入初中，然后再进入高中时，他们组织自己观点的方法变得越来越复杂。在小学低年级，他们能够讲述故事或写短诗。到了小学高年级和初中，他们已能够把叙述、思考和分析结合起来，写出读书报告之类的作文。进入高中后，他们就能够更加熟练地进行说明文的写作，这种文体并不依赖于记叙体的结构（Conley, 2008）。一项元分析（用统计方法把多项研究的结果结合起来）显示，以下几项干预能够非常有效地提高四年级至十二年级学生的写作质量：（1）策略教学；（2）做总结；（3）同伴帮助；（4）确立目标（Graham & Perin, 2007）。

优秀的写作者所需要的元认知策略与优秀的阅读者所需要的元认知策略是紧密

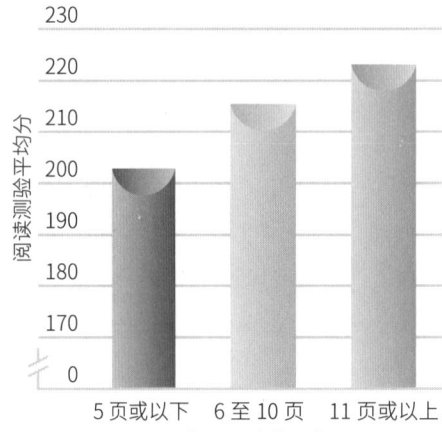

图8 阅读成绩和每天阅读量的关系
全国教育进步评估（2000）项目对四年级阅读成绩的分析表明，每天在学校里和做家庭作业时阅读较多的页数和阅读测验上的得分相关（该测验得分的全距是0分到500分）。

发展链接

条件、疾病和紊乱
诵读困难是严重的阅读和拼写能力障碍；书写困难则是严重的手写能力障碍。链接"学校教育与学业成绩"。

读音教学法（phonics approach） 强调阅读教学应当侧重于教学生把书面符号转化为语音的基本规则。

整体语言教学法（whole-language approach） 强调阅读教学应当和儿童的自然语言学习相平行。阅读材料应当是整体的和有意义的。

贝弗利·加拉格尔（Beverly Gallagher）是三年级的老师，在新泽西州普林斯顿工作。图中显示的是她的学生在写作。加拉格尔创立了"想象多种可能性"项目，从而吸引了许多全国知名的诗人和作家来到她的学校。加拉格尔定期地给每个学生的父母打电话，告诉他们孩子的进步情况和新的兴趣。她还邀请一些高年级学生来指导她班上的学习小组，这样，她就有更多的时间用于一对一的指导。她的每一个学生都有一个写作笔记本，用来随时记录自己的想法、灵感和特别感兴趣的词汇。班上设有一把"作家椅"，学生有机会坐在这个椅子上向全班朗读他们的作品（资料来源：*USA Today*，2000。）

图片来源：Darrin Henry/Shutterstock

联系的，因为写作和修改的过程涉及反复地阅读和评价自己所写的文章（Feldgus, Cardonick, & Gentry, 2017）。同时，研究者们已经发现，在计划、打草稿、修改和编辑的过程中进行策略教学可以提高小学高年级学生的元认知意识和写作能力（Graham & Harris, 2018）。

如同阅读一样，教师在学生写作能力的发展方面也起着重要的作用（Adger, Snow, & Christian, 2018）。迈克尔·普雷斯莱（Michael Pressley）和他的同事们（2007）所做的课堂观察显示，当教师把相当多的时间用于写作教学并充满激情地进行写作教学时，他们的学生就形成了良好的写作能力。他们的观察还发现，在那些有学生在写作评估中得到高分的班级里，墙上张贴了许多范文；而在那些有许多学生在写作评估中得低分的班级里，墙上就很难找到这样的范文。

双语和第二语言学习 儿童何时以及如何学习两种或多种语言存在许多不同情况。有些人学习第一语言很多年后才开始学习第二语言，也有些人一出生就同时学习两种语言。那么，学习第二语言有敏感期吗？也就是说，如果个体想学习第二语言，他们开始学习的年龄有多重要呢？许多年来，人们一直认为，如果个体在青春期前还没有学习第二语言，那他们在第二语言上将永远达不到母语人那样的熟练程度（Johnson & Newport, 1991）。但是，近来的研究得出了更加复杂的结论：敏感期很可能随语言系统的不同而发生变化（Frankenhuis & Fraley, 2017）。所以，对青少年和成人等后期才开始学习第二语言的人来说，新的词汇要比新的语音或新的语法更容易学习（DeKeyser, 2018）。例如，儿童在第二语言上说出母语人那样地道口音的能力一般随年龄而下降，尤其是在10岁到12岁以后，这一能力会大幅下降。另一方面，成年人学习第二语言的速度通常要快于儿童，但最终达到的水平却不如儿童。同时，儿童和成人学习第二语言的方式也存在一些差异。和成年人相比，儿童对反馈不太敏感，较少使用明显的策略，并且更可能从大量的语言输入中学习第二语言（Thomas & Johnson, 2008）。

儿童学习第一语言能力的某些方面比其他方面更容易迁移到第二语言（Culpeper, Mackey, & Taguchi, 2018）。能够流利地讲两种语言的儿童在注意控制、概念形成、分析推理、抑制、认知灵活性、认知复杂性和认知监控方面的表现都好于他们的单语同伴（Bialystok, 2018）。他们对于口头和书写语言的结构有更强的意识，并更容易注意到语法和意义的错误，这些有助于提高他们的阅读能力（Bialystok, 2018）。双语儿童的词汇量和多种因素有关，包括元语言意识以及他们是否更喜欢两种语言中的一种（Altman, Goldstein, & Armon-Lotem, 2018）。

在学习第二语言方面，美国的儿童远远落后于许多其他发达国家的儿童。例如，俄罗斯的学校有10个等级（forms），大致相当于美国学校的12个年级。俄罗斯儿童7岁开始上学，三年级时开始学英语。因为如此重视英语教学，所以，如今40岁以下的俄罗斯公民至少都会讲一些英语。美国是技术先进的西方国家中唯一一个中学里没有设置外语必修课的国家，甚至对那些学习严格学术课程的学生也没有外语学习的要求。

在美国，许多移民儿童从母语单语人变成既讲母语又讲英语的双语人，但最后成了只讲英语的单语人。这种现象被称为削减性双语（subtractive bilingualism），如果儿童对他们的母语感到羞耻的话，这种双语就可能对他们产生负面影响。

目前和英语语言学习者（English Language Learners, ELLs）有关的争论是：教授那些母语非英语的但在美国上学的儿童，什么方法最为有效（Gonzalez, 2009; Oller & Jarmulowicz, 2010）？要了解 ELLs 教师萨尔瓦多·塔马约的工作情况，请阅读"链接 职业生涯"专栏；要了解有关该如何教授 ELLs 学生的争论，请阅读后面的"链接 多样性"专栏。

> ## 青少年期

青少年期的语言发展主要表现为词汇使用的进一步完善（Berman, 2017）。随着抽象思维的发展，青少年能够比儿童更好地分析单词在句子中的功能。

青少年对词也有了更微妙的处理能力。他们在理解**隐喻**（metaphor）方面迈进了一大步，而隐喻则是将不相似的事物进行含蓄的对比。例如，某人"在沙地上画一条线（draw a line in the sand）"表示划清界限，没有商量的余地；一场政治竞选被称为"马拉松而不是短跑"；某人的信仰"粉碎了"。同时，青少年也能更好地理解和应用**讽刺**（satire）。讽刺是通过反话、嘲笑或妙语来揭露愚蠢或邪恶，漫画就是讽刺的例子。另外，高级逻辑思维的发展也使青少年从 15 岁到 20 岁起能够理解复杂的文学作品。

大多数青少年的阅读和写作能力比儿童要强得多。如图 7 所示，许多青少年对于从不同视角叙述的材料的理解能力有所提高，从而使得他们能够对各种话题进行更复杂的讨论。在写作方面，他们比以前更善于在写之前先组织好自己的观点，写作时分清总的观点和具体的观点，把句子串联起来形成有意义的陈述，也更善于把

发展链接

认知理论

皮亚杰认为，在 11 岁至 15 岁期间，出现了一个新的阶段，即形式运算阶段。形式运算思维的特点是更加抽象、更加理想化、更有逻辑性。链接"认知发展观"。

隐喻（metaphor）将不相似的事物进行含蓄的对比。

讽刺（satire）通过反话、嘲笑或妙语来揭露愚蠢或邪恶。

链接 职业生涯

英语语言学习者教师萨尔瓦多·塔马约

萨尔瓦多·塔马约（Salvador Tamayo）在西芝加哥印第安诺尔小学（Indian Knoll Elementary School）教五年级。2000 年，因为在西芝加哥图纳小学（Turner Elementary School）工作时在英语语言学习者教学方面取得了出色的成绩，他获得了米尔肯家族基金会颁发的全国教育奖。塔马约尤其擅长把信息技术整合到自己的课堂上。他和他的学生创建了多个获奖的网站，其内容主要是关于西芝加哥的博物馆、当地的拉丁裔群体，以及西芝加哥的历史。他的学生还创建了一个"我想成为美国公民"的网站，用来帮助那些准备参加美国公民身份考试的家庭和社区成员。此外，塔马约还在惠顿学院（Wheaton College）教授一门关于英语语言学习者教学的课程。

萨尔瓦多·塔马约在指导英语语言学习者。
图片来源：Salvador Tamayo

要更多了解小学教师工作情况的信息，请阅读附录"儿童发展领域的相关职业"。

第九章 语言发展

链接 多样性

英语语言学习者

对于教授英语语言学习者（English Language Learners）来说，什么学习方法最为有效呢？到目前为止，英语语言学习者主要通过两种方式接受教育：(1) 只用英语教学；(2) 双语教学，即用学生的母语和英语教学（Kuo & others, 2017）。双语教学模式就是在不同的年级按照不同的时间比例把学生的母语和英语用作教学语言。支持双语教学模式的证据之一便是上文讨论过的一些研究，这些研究表明双语儿童比单语儿童具有更好的信息加工技能（Bialystok, 2018）。

如果采用双语教学，人们通常认为移民的儿童只需要 1 年或 2 年这样的教学。然而，一项针对洛杉矶公立学校移民儿童的纵向研究发现：大多数儿童需要 4 到 7 年的时间才能熟练地使用英语；甚至在 9 年以后，还有 25% 的学生的英语没有达到完全熟练的水平（Thompson, 2015）。还有一点也很重要，有研究显示，双语教学可以缩小来自较高和较低社会经济背景儿童之间在执行功能和自律能力方面的差异（Hartanto, Toh, & Yang, 2018）。因此，尤其是对于那些来自较低社会经济背景的儿童来说，他们实际上需要比目前所接受的双语教学长好几年的双语教学。

那么，关于英语语言学习者项目效果的研究有什么发现呢？遗憾的是，关于这些项目效果的研究尚难以得出结论，因为这些项目在很多方面存在差异，包括项目实施的年数、教学类型和英语语言学习者教学项目以外的学校特点，如教师、儿童以及许多其他因素。不过那些关于单一英语教学和双语教学效果的比较研究显示：双语教学给学生的学业成绩带来的好处要大于给他们的英语水平带来的好处（MacSwan & others, 2017）。

一般说来，专家们支持将家庭语言和英语结合起来的教学模式，主要理由是：(1) 当用儿童不懂的语言教学时，他们难以学习学科的内容；(2) 当课堂整合两种语言时，儿童学习第二语言更加容易，参与也更加积极。多数大规模的研究已发现，双语教学项目的儿童在学业成绩上优于单一英语教学项目的儿童（MacSwan & others, 2017）。

在加州奥克兰市，一位小学低年级"英语粤语"双语老师正在教英语语言学习者汉语课程。根据已有的研究发现，针对英语语言学习者的教学模式效果如何？
图片来源：视觉中国

在本专栏里，你了解到来自较低社会经济地位（SES）背景的移民儿童学习英语时会面临较多的困难。在本章前面的"链接 研究"专栏里，你了解到 SES 和词汇发展有着怎样的关系？通过比较这两方面的发现，你认为有哪些问题值得进一步研究？

方言（dialect） 标准语言的一种变式，有其独特的词汇、语法和发音。

自己所写的文章组织成前言、主体部分和总结性的评论。

日常用语在青少年期不断变化，而成为一名成功青少年的必要条件之一就是要"能够像青少年那样说话"（Berko Gleason, 2005, p.9）。少年和同伴说话时通常使用一种"**方言**"，其特点是含有许多行话和俚语（Cave, 2002）。方言是标准语言的一种变式，有其独特的词汇、语法和发音。例如，当和朋友碰面时，一个少年可能会说"喂，哥们，近来如何呀（hey, dude, 'sup）？"而不是说"你好（hello）"。取一些捉弄和讽刺他人的绰号（如"木头""冰箱""笨蛋"等）也是青少年方言的特点之一。使用这些方言也许是为了表示他们属于某个群体，或为了缓和严肃的气氛（Cave, 2002）。

复习、联想和反思

学习目标 2
描述语言是如何发展的。

复习
- 婴儿期语言发展有哪些重要的里程碑？
- 童年早期语言技能是如何发生变化的？
- 童年中晚期语言是如何发展的？
- 青少年期语言是如何发展的？

反思你自己的人生之旅
- 你能够说和能够阅读的语言有几种？如果你有孩子或当你有了孩子的时候，你希望他们在年轻时学习一种以上的语言吗？为什么？

联想
- 你认为基于维果斯基理论的哪些教学策略和本节讨论的整体语言教学法有关？

第 3 节 生物因素和环境因素的影响

学习目标 3
讨论生物因素和环境因素对语言发展的影响。
- 生物因素的影响
- 环境因素的影响
- 语言发展的交互作用观

至此，我们已经描述了语言是如何发展的，但我们还没有分析是什么让这种令人惊叹的发展成为可能的。每一个使用语言的人都或多或少地"知道"它的规则，并具有创造出无数话语和句子的能力。那么，这些知识是从哪里来的呢？它是生物因素的产物，还是通过经验习得并受经验影响的呢？

> 生物因素的影响

一些语言学家认为，尽管儿童接收到的言语输入有诸多差异，但全世界的儿童在习得语言方面仍然具有很大的相似性，这正好有力地证明了语言发展有其生物学基础。那么，进化在语言的生物学基础的形成中扮演了怎样的角色呢？

进化和大脑对语言的作用 说和理解语言的能力不仅要求具有一定的发声器官，还要求具有一定能力的神经系统。人类祖先的发声器官和神经系统在千百万年的进化过程中慢慢地发生了变化。随着神经系统和发声器官的进步，智人（Homo sapiens）超越了其他动物的咕哝声和尖叫声而形成了言语。虽然学者们估计的时间点有些不同，但大多数专家认为人类大约在 100,000 年前获得了语言。从进化的时间表来看，这是很近期的收获。语言给人类带来了其他动物所没有的巨大优势，提高了人类生存的机会（Arbib, 2017）。

脑影像研究表明语言依赖于连接大脑不同区域的神经网络（Alemi & others, 2018）。和语言有关的两个区域起初是在研究脑损伤病人的过程中发现的：**布洛卡区**位于大脑左侧的额叶，涉及言语产出和语法处理；**威尔尼克区**也位于大脑左半球，涉及语言的理解（参见图 9）。这两个区域中的任何一个遭到伤害都会引起不同类型的**失语症**，即语言加工能力丧失或受到损伤。布洛卡区受到损伤的个体难以说出正确的词；而威尔尼克区受到损伤的个体则对语言的理解能力差，常常说出一些流利的但却让人难以理解的话语。

布洛卡区（Broca's area）位于大脑左半球的额叶，涉及言语产出和语法处理。

威尔尼克区（Wernicke's area）位于大脑左半球，涉及语言的理解。

失语症（aphasia）由大脑布洛卡区或威尔尼克区的损伤造成的语言使用或词汇理解能力的丧失或损伤。

在野外，黑猩猩通过叫喊、姿势和表情来交流。进化心理学家认为这些交流方式可能是真正语言的根源。
图片来源：Patrick Rolands/Shutterstock

第九章 语言发展 263

语言习得装置（language acquisition device，LAD）
语言学家乔姆斯基使用的术语，用来描述使得儿童能够觉察语言的特征和规则（包括语音系统、句法和语义学规则）的生物学天赋。

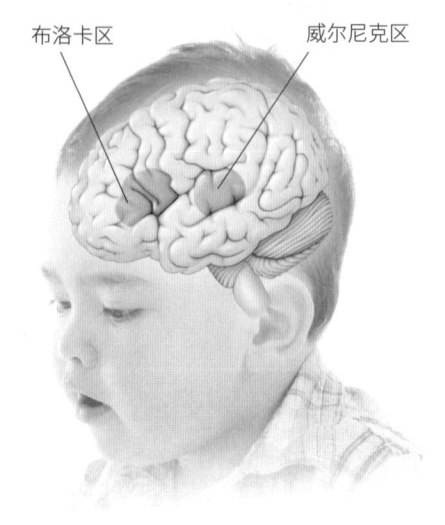

图9 布洛卡区和威尔尼克区
布洛卡区位于大脑左侧的额叶，它涉及言语的控制；威尔尼克区是大脑左半球颞叶的一部分，它涉及语言的理解。这些脑区域的作用和单侧化有什么联系？
图片来源：Photo: Swissmacky/Shutterstock

图10 社会互动和咿呀学语
有一项研究聚焦于两组母亲和她们的8个月大的婴儿（Goldstein, King, & West, 2003）。研究人员指示一组母亲当她们的孩子发出咕咕或咿呀学语声时立刻对孩子微笑并抚摸他们；研究人员也指示另一组母亲对孩子微笑并抚摸他们，不过是以随机的方式，和孩子发出的声音无对应关系。结果，那些咿呀学语时得到母亲即刻积极回应的婴儿在随后的时间里发出了更多复杂的言语状的声音，如"da"和"gu"。这一研究凸显了照料者在婴儿早期的语言发展中的重要作用，图中展示的是该研究的情境。
图片来源：Michael Goldstein

乔姆斯基的语言习得装置（LAD） 语言学家诺姆·乔姆斯基（Noam Chomsky, 1957）认为：人类具有一种在特定时间并以特定方式习得语言的生物设计，儿童是带着**语言习得装置**（LAD）来到这个世界的，这种生物学的天赋使儿童能够觉察语言的某些特征和规则，包括语音系统、句法和语义学规则。例如，儿童天生就具有辨别语音的能力，并能遵循诸如构成复数的规则和提问的规则。

乔姆斯基的 LAD 是一种理论构想，并不是大脑的物理组成部分。那么，是否有证据证明 LAD 的存在呢？LAD 概念的支持者们所援引的论据有：在不同文化和不同语言中语言习得的里程碑是一致的；儿童即使缺乏规范的语言输入也能产生语言；语言具有生物学基础。但是，正如我们将要看到的，批评者们认为，即使婴儿确实具有类似于 LAD 的东西，它也无法解释语言习得的全部故事。

> 环境因素的影响

数十年前，行为主义者反对乔姆斯基的假说，认为语言只不过是通过强化而习得的连锁反应（Skinner, 1957）。婴儿偶然地发出了"妈妈"的声音，母亲就用拥抱和微笑来奖励他，于是婴儿就会越来越多地说"妈妈"。渐渐地，婴儿的语言就建立起来了。在行为主义者看来，语言在很大程度上就像弹钢琴或跳舞一样，也是一种复杂的习得的技能。

行为主义的语言学习观有许多问题。首先，它不能解释人们是如何创造出新的句子的，即如何创造出那些他们以前从没有听到过也从没有说过的句子。其次，即使没有得到强化，儿童也能够学会他们的母语的句法。社会心理学家罗杰·布朗（Roger Brown, 1973）曾花费大量时间来观察父母和孩子的交流情况。他发现，在大多数情况下，父母并没有直接或明显地表扬或纠正儿童的句法。也就是说，父母并没有说"很好""正确""对的""错了"等等。同时，父母也没有给出诸如"You should say two shoes, not two shoe.（你应当说一双鞋，要用复数。）"这样直接的纠正。但是，正如我们即将看到的，许多父母确实会向孩子说明他们话语中语法不正确的地方并在许多时候做出纠正（Brito, 2017）。

今天，对于儿童如何获得语言的问题，人们已不再把行为主义的观点看作是可行的解释。但是，已有大量的研究描述了儿童的环境经验是如何影响他们的语言能力的（Berko Gleason & Ratner, 2017）。许多语言专家认为，儿童的经验、所学的特定的语言和学习赖以发生的情境都可能强有力地影响着儿童的语言习得（Brito, 2017）。

语言并不是在社会真空中习得的。相反，大多数儿童从很早开始就浸泡在语言之中了（Kuhl, 2017）。阿韦隆野孩与社会隔绝几年后，就再没能学会有效的语言交流。因此，照料者以及教师的支持和参与都极大地促进了儿童的语言发展（Morgan, 2019）。例如，在一项研究中，一组8个月大的婴儿咿呀学语时他们的妈妈立刻对他们微笑并抚摸他们，另一组同龄婴儿咿呀学语时妈妈们只是随机地回应他们，结果发现：在随后的时间里，前一组婴儿比后一组婴儿发出了更多的言语状的声音（Gildstein, King, & West, 2003）（参见图10）。另一项样本覆盖11个国家的研究考察了母亲和婴儿的双边互动情况，结果发现：妈妈和婴儿之间的回应是相互伴随的，婴儿更可能在妈妈刚刚结束谈话时发出声音，而妈妈也更可能在婴儿刚刚结束发声时对着她们的孩子说话（Bornstein & others, 2015）。

迈克尔·托马塞洛（Michael Tomasello, 2018）着重指出，幼小儿童对他们的社会世界有着强烈的兴趣，他们在其发展早期就能理解他人的意向。托马塞洛的互动语言观强调：儿童是在具体的情境中学习语言的。例如，当一名学步儿和父亲一起看书时，父亲可能会说："看这只小鸟。"在这种情况下，即使学步儿也明白父亲是想叫出某种事物的名称，应当顺着父亲的手指所指的方向看过去。通过这种联合注意，儿童在他们的发展早期就能够利用他们的社会技能来习得语言（Moberg & others, 2017）。

年幼儿童语言环境中一个有趣的组成部分是**儿向言语**（child-directed speech），指成人同儿童说话时趋向于使用高于正常的音调和简单化的词句（Peter & others, 2016）。如果没有婴儿在场的话，成人要使用儿向言语是很困难的。但是，一旦你开始与婴儿交谈，你就会切换成儿向言语。这种言语的转换很多是自然而然的，因而许多父母并没有意识到自己的言语发生了变化。同时，如本章前文中提及，甚至4岁的小孩对2岁小孩讲话时所使用的言语也要比对自己4岁同伴讲话时简单些。儿向言语对于吸引婴儿的注意和维持交流过程具有重要的作用（Spinelli, Fasolo, & Mesman, 2017）。

除了儿向言语外，成人一般还会使用一些策略来促进儿童的言语习得，包括改述、扩充、标注。

- **改述**就是重新表述儿童说过的话，也许把它变成问句或者把儿童不成熟的话语重新表述为完全符合语法形式的句子。例如，如果孩子说："The dog was barking.（狗在叫。）"，成人可以问："When was the dog barking?（何时狗在叫?）"成功有效的改述能够激发孩子的兴趣，然后成人就可以进一步培养这些兴趣。
- **扩充**指对孩子说过的话进行重新叙述，把它叙述成语言更复杂的句子。例如，如果孩子说"Doggie eat（小狗吃）"，父母可以回答"Yes, the doggie is eating.（是的，小狗正在吃东西。）"。
- **标注**就是指认物体的名称。成人总是不停地让年幼儿童识别物体的名称。罗杰·布朗（Roger Brown, 1958）称之为"最初的词汇游戏（original word game）"，并认为儿童早期的大部分词汇就是在成人要求他们指认物体的压力下习得的。

父母一般会自然地应用这些策略与孩子进行有意义的交谈，他们一般不用（也不应该用）刻意的方法来教孩子说话，即使在孩子学习语言比较慢的情况下，也是如此。同时，当父母引导儿童发现语言而不是给儿童过重的语言学习负担时，儿童可以从中受益。不要忘记，坚持循序渐进的原则反而可以促进孩子的语言学习。如果孩子尚未准备好接受某些信息，他们可能会告诉你，也许就是通过转过脸去的方式来告诉你。因此，给孩子的信息并不总是越多越好。另外，如果成人把注意完全集中在儿童身上，也有助于儿童的语言学习。在一项实验中，研究者让母亲在实验室情境中教两岁的孩子两个新词。实验设计了两种条件，一种条件是实验人员给正在教孩子的母亲打电话，另一条件是没有干扰。结果显示：在打电话干扰的条件下，孩子没有学会新词；在没有干扰的条件下，孩子学会了新词；即使两种条件下母亲说新词的次数一样多，结果仍然如此（Reed, Hirsh-Pasek, & Golinkoff, 2017）。

如果成年人经常读书给婴儿、学步儿和幼儿听并和他们一起读书（共享阅读），

儿向言语（child-directed speech）成人同儿童说话时使用高于正常的音调和简单化的词和句子。

改述（recasting）重新表述儿童说过的话，也许把它变成问句，或者把儿童不成熟的话语重新表述为完全符合语法形式的句子。

扩充（expanding）对孩子说过的话进行重新叙述，把它叙述成语言上更复杂的句子。

标注（labeling）指认物体的名称。

这对他们的语言发展很有好处（Gilkerson, Richards, & Topping, 2017）。一项分析发现，每天读书给6个月大的婴儿听能够预测他们12个月大时具有更好的词汇理解和词汇产出能力，更好的认知发展和社会情绪能力（O'Farrelly & others, 2018）。共享阅读特别有助于儿童的语言习得，因为与日常会话相比，阅读会用到更丰富的词汇和更复杂的句法（Demir-Lira & others, 2019）。

虽然人们对低收入儿童所接触到的语言输入的性质还在争论不休（Sperry, Sperry, & Miller, 2018），但大多数研究显示：低收入儿童不仅接触到的语言输入总量较少，而且也较少接触到那种能提高他们入学准备度和学业成绩的语言输入（Golinkoff & others, 2019）。要进一步了解父母可用来促进孩子语言发展的策略，请阅读"链接 关爱"专栏。

至此，我们关于环境对儿童语言发展影响的讨论主要聚焦于父母。但

什么是共享阅读？它对婴儿和学步儿可能有什么好处？
图片来源：视觉中国

链接 关爱

父母该如何促进婴儿和学步儿的语言发展

语言学家内奥米·巴伦（Naomi Baron, 1992）在《伴随语言的成长》（*Growing Up with Language*）一书中，以及埃伦·加林斯基（Ellen Galinsky, 2010）最近又在《成长中的心智》（*Mind in the Making*）一书中提出了一些帮助父母促进孩子语言发展的策略。下面是对策略的总结：

- 做一个积极主动的谈话伙伴。从你的孩子一出生开始，就和孩子说话。主动地发起和孩子的谈话。如果孩子上全日制保育中心，那就要确保孩子能够从成年人那里获得足够的语言刺激。
- 以减慢了的速度和孩子说话，不要在意别人如何看待你和孩子说话的声音。慢速和孩子说话有助于你的孩子从所听到的声音海洋中辨别出词汇。孩子们喜欢并且会注意高音调的儿向言语。
- 使用父母表情和父母姿势，说出你所看东西的名称。当你想要你的孩子注意某样东西时，你就看着它并用手指着它，然后说出它的名称。例如，你可以说："亚历克斯，看呀！这里有一架飞机。"
- 当你与婴儿和学步儿说话时，要简单、具体、重复。不要试图和他们讲抽象的或高级认知水平的话，也不要认为每次都要说新的不同的内容。使用熟悉的词汇通常有助于他们记住这些词汇。
- 做游戏。用一些如"peek-a-boo（躲躲猫）"和"pat-a-cake（做蛋糕）"之类的词汇游戏帮助婴儿学习词汇。

父母从孩子一出生起就和他们说话是一个不错的主意。最好的语言教学应该在婴儿能够说出可听懂的话之前就开始。父母还需要遵循哪些其他的指导原则来发展婴儿和学步儿的语言能力？
图片来源：视觉中国

- 善于倾听。由于学步儿说话一般比较慢也比较费力，父母常常忍不住地给他们提供一些词汇和想法。请记住，不管孩子说的过程多么吃力，也不管你有多忙，你都要保持耐心，让孩子自己表达。
- 扩展婴儿和学步儿的语言能力和视野。问一些鼓励孩子不用"是"或"不是"回答的问题。主动地重复、扩充、改述孩子的话语。例如，学步儿可能说："爸爸。"你可以接着说："爸爸在哪里呀？"然后你可以再加上一句："让我们去找他。"
- 适应你的孩子的特质而不要与之作对。很多学步儿有发音方面的困难，也很难让人理解他们的言语。但在可能的情况下，你应当让孩子觉得你听懂了他们说的话。

(接上页)

- 不要和常模对比。留意你的孩子在哪个年龄达到了特定的语言发展里程碑（如会说第一个词、第50个词）。但是，不要生硬地用其他儿童的标准来衡量你的孩子的发展。这样的对比可能会带来不必要的焦虑。

以本节前面讨论过的内容为基础，如果父母将此处的策略和一些刻意的方法结合起来教孩子说话，你认为是否是明智之举？

是，儿童还和许多他人互动，包括教师和同伴，这些人都可能影响儿童的语言发展。一项针对幼儿园双语和单一英语学习者的纵向研究显示：同伴的词汇丰富程度和句法复杂程度影响着班上同学的词汇丰富程度和句法复杂程度（Gámez & others, 2019）。

> 语言发展的交互作用观

如果语言的习得仅仅依赖于生物因素，那么，吉尼和阿韦隆野孩（本章开头部分讨论过）就应当能够毫无困难地进行会话。由此可见，儿童的经验影响着语言的习得。但是，我们也知道语言的发展的确有着很强的生物基础（Arbib, 2017）。无论你和一条狗说多少话，狗还是不会说话。相比之下，儿童天生就具备学习语言的生物学条件。全世界的儿童都在差不多相同的时间点上并以差不多相同的顺序达到语言发展的里程碑。然而，在对儿童语言发展的支持方面，不同文化之间有着很大的差异。例如，在巴布亚新几内亚的卡鲁里（Kaluli）文化中，照料者总是鼓励儿童大声说话并使用一些特定的词素，鼓励儿童学习一些和群体的过去经验以及儿童有关的人名、亲属关系和地名（Roque & Schieffelin, 2018）。

相互作用观强调生物因素和经验因素都对儿童的语言发展做出了贡献（Sinha, 2017）。生物因素和经验因素的相互作用可以从儿童习得语言的差异中得到佐证。儿童学习语言的能力各不相同，这种差异很难完全用环境输入的不同来解释。然而，几乎所有的儿童都从与人交谈和倾听他人的经验中受益匪浅。那些其父母和教师为他们提供了丰富的语言环境的儿童在语言发展方面表现出了许多积极的结果（Pace & others, 2017）。当父母和教师注意儿童试图说什么、扩充儿童的话语、读书给儿童听、描述环境中事物的名称时，他们就是在为儿童的语言发展提供也许是无意识的但却是十分有价值的帮助（Golinkoff & others, 2019）。

儿童必须解决的语言问题总是植根于个人的或人际的情境之中。

——洛伊丝·布卢姆
当代心理学家（哥伦比亚大学）

同伴的语言能力可能怎样影响儿童的语言发展？
图片来源：视觉中国

复习、联想和反思

复习
- 语言的生物学基础是什么？
- 影响语言习得的行为和环境方面的因素有哪些？
- 交互作用观是如何解释语言发展的？

联想
- 在这一节里，你了解到大脑左半球的两个区域涉及语言的产出和理解。与此相关，你已学习了哪些与婴儿的脑半球专门化有关的内容？

反思你自己的人生之旅
- 如果你是或当你成为父母时，你和孩子会话时将如何对待孩子话语中的语法错误？你是打算允许错误继续下去并假定孩子自己会逐渐摆脱错误，还是打算仔细监控孩子的语法并在听到错误时就纠正它们？为什么？

学习目标 3

讨论生物因素和环境因素对语言发展的影响。

第九章 语言发展

第4节
语言和认知

学习目标 4

评价语言和认知是如何联系的。

10多岁的时候，温迪·韦罗格施特雷特（Wendy Verougstraete）觉得自己正向职业作家的道路迈进。"你正在看着的是一位职业作家，"她说，"我的书将有着复杂的情节、惊险的动作和激动人心的场面。每个人都想看我的书。我打算一页一页地、一摞一摞地写书。"

听了这番话后，给你留下深刻印象的也许不仅是温迪的乐观和决心，还有她的口头表达能力。事实上，年轻时，温迪的确显露出了写作和讲故事的才能。温迪拥有丰富的词汇，能够为情歌创作抒情诗，也喜欢讲故事。你也许很难立刻猜到她的智商只有49分，她不能系鞋带，不能单独过马路，不能读或写超过一年级水平的单词，也不会做简单的算术题。

温迪·韦罗格施特雷特患有威廉姆斯综合征（Williams syndrome），这是一种先天的遗传缺陷，它在1961年首次被发现，大约每7,500个新生儿中会出现一例（Cashon & others, 2016）。威廉姆斯综合征是由第7号染色体上的部分缺失引起的（Lew & others, 2017），患者最显著的特征包括很好的口头表达能力、极低的智商、有限的视觉空间技能和有限的动作控制能力（Cashon & others, 2016）。患有威廉姆斯综合征的儿童天生就善于讲故事，能够把故事描绘得栩栩如生（Rossi & Giacheti, 2017）。图11展示了一个威廉姆斯综合征患者的口头表达能力和动手能力之间的巨大差距。威廉姆斯综合征患者通常还具有良好的情绪识别能力和人际交往能力（Ibernon, Touchet, & Pochon, 2018）。有一项研究显示，患有威廉姆斯综合征的儿童能够和正常发展的儿童同样好地识别通过面部表情表达的6种情绪（Ibernon, Touchet, & Pochon, 2018）。威廉姆斯综合征还有许多身体方面的特点，如心脏缺陷和小精灵般调皮的面部表情。尽管具有很好的口语能力和相当不错的社交能力，但大多数威廉姆斯综合征患者都不能独立生活（Copes, Pober, & Terilli, 2016）。例如，温迪·韦罗格施特雷特就生活在一个专门为智力障碍患者服务的看护院里。

威廉姆斯综合征患者的口头表达能力与唐氏综合征（一种器质性智力障碍）患者截然不同（Ibernon, Touchet, & Pochon, 2018）。在词汇测验上，威廉姆斯综合征患儿偏爱使用不常用的单词。当要求他们在1分钟之内说出尽可能多的动物名称时，威廉姆斯综合征患儿会说出诸如阿尔卑斯野山羊、吉娃娃狗、剑齿虎、鼬鼠、鹤和蝾螈等动物。而唐氏综合征患儿只会说出一些简单的动物名称，如狗、猫和老鼠。在讲故事时，威廉姆斯综合征患儿的声音会随剧情和情感而变化，并不时地加上一些吸引听众注意的词，如"真该死！"或"哎呀，你瞧！"。相比之下，唐氏综合征患儿只会没有感情地讲些简单的故事。

除了令人惊奇的基因紊乱外，威廉姆斯综合征还为思维和语言的正常发展提供了许多启示（Rossi & Giacheti, 2017）。在我们的社会中，人们通常把语言能力好与高智商联系在一起。但是，威廉姆斯综合征为我们指出了另一种可能性：思维和语言之间的联系也许并不那么紧密。威廉姆斯综合征是由基因缺陷引起的，这种基因缺陷似乎并没有伤害口语表达能力，但却伤害了阅读和许多其他的认知能力（Rossi & Giacheti, 2017）。因此，温迪这样的例子对把智力归类为语言能力这种一般的分类法提出了质疑，也令人产生这样的追问：思维和语言之间到底是什么关系？

就语言和认知之间的关系来说，有两个最基本而又相互独立的问题。第一个问题是：认知是否是语言发展的必要条件？虽然一些研究者发现，不管是正常儿童还是患有智力障碍的儿童，其语言的某些方面的发展总是在掌握了一些特定的认知能力之后，但是我们仍然不清楚语言的发展到底依赖于这些认知能力的哪些方面（Perlovsky & Sakai, 2014）。语言和认知发展也可能是平行发生但以分离的方式存在的。

第二个问题是：语言是否是认知发展的必要（或重要）条件？这个问题的提出源于对聋童的研究。在多种多样的思维能力和问题解决能力测验上，聋童的成绩和听力正常的同龄儿童的成绩处于同一水平。虽然在学习习惯和特定学习方法的应用方面聋童和听力正常儿童之间有许多差别，但两类儿童的认知能力本身却没有差别（Antoñanzas & Lorente, 2017）。因此，从这些针对聋童的研究来看，口语并不是认知发展的必要条件。

然而，也有证据表明儿童的认知世界和语言世界之间存在着许多联系（Slot & von Suchodoletz, 2018）。一项为期1年的针对德国3至4岁儿童的纵向研究发现：语言的发展水平可以较好地预测执行功能的发展水平，但执行功能的发展水平也可以预测语言的发展水平，只是后一种情况下预测的力度要差一些（Slot & von Suchodoletz, 2018）

另有一项研究考察信息加工能力的四个方面（记忆、表征能力、加工速度、注意）是否和婴幼儿的语言发展有关（Rose, Feldman, & Jankowski, 2009）。在这一研究中，婴儿12个月大时测评的记忆和表征能力能够预测儿童36个月大时的语言发展水平，不管其出生状况如何，都是如此；同时，记忆和表征能力也能预测孩子12个月大时的语言发展水平以及在贝利发展量表上的得分。就记忆来说，对语言发展水平预测效果最好的是回忆和再认的能力而不是短时记忆能力。就表征能力来说，最能预测语言发展水平的是跨通道迁移（触觉和视觉匹配）和客体永久性。还有一项研究则发现婴儿期的联合注意能力和童年期的词汇发展水平之间存在关联（Moberg & others, 2017）。

画的大象图

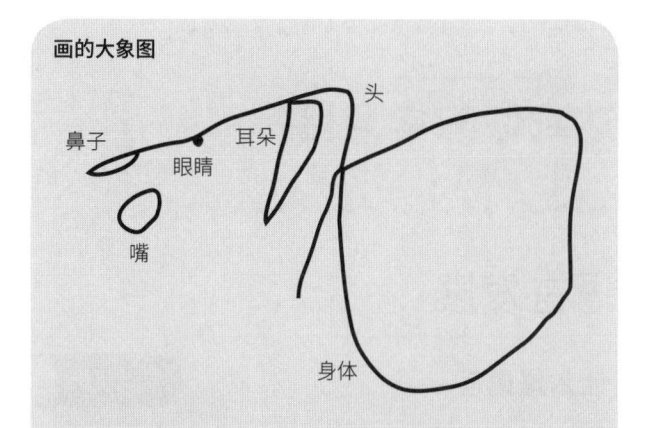

对大象的口头描述

大象是什么？它是一种动物。大象做什么？它生活在丛林中，也可以生活在动物园里。它身上有什么呢？它有长长的灰色的耳朵，如同扇子一般，可以随风扇动。它还有一个长长的鼻子，能卷起青草，还有干草……要是它心情不好，那是很可怕的……要是它们发脾气，就会乱踩乱踏，还会发起攻击。有时候大象是会发起攻击的。它们有又大又长的象牙，可以踩坏一辆小轿车……它们可能很危险。当它们处在危急关头或心情不好时，那是很可怕的。你不要把大象当宠物养，你可以养猫或狗、小鸟也行……

图 11　一位威廉姆斯综合征患者的口头表达能力和动手能力的差距

复习

- 患有威廉姆斯综合征的儿童有什么特点？在多大程度上语言和认知是相互联系的？它们是一个单一的认知系统的组成部分吗？

联想

- 你已了解到唐氏综合征在分类上被归入智力障碍，但威廉姆斯综合征在分类上并没有被归入智力障碍。为什么？

反思你自己的人生之旅

- 你在成长过程中总是用语言进行思考吗？请解释。

复习、联想和反思

学习目标 4

评价语言和认知是如何联系的。

第九章　语言发展　　**269**

达到你的学习目标

语言发展

什么是语言

学习目标 1 界定语言并描述语言的规则系统。

● 语言的定义

语言是交流的一种形式,不论这种交流是口头的、书面的或手势的,它们都基于一种符号系统。语言是由特定群体所使用的所有词语以及改变和结合这些词语的规则构成的。无限生成力指用有限的词汇和规则来产生无限的有意义的句子的能力。

● 语言的规则系统

语言的五个主要规则系统是语音体系、词法、句法、语义学、语用学。语音体系是语言的发音系统,包括所使用的语音以及语言中可以发生的特定的语音序列。词法涉及单词是如何构成的。句法是将单词组合成可接受的短语和句子的方式。语义学涉及词汇和句子的意义。语用学则是指在不同的情境中适当地使用语言。

语言是如何发展的

学习目标 2 描述语言是如何发展的。

● 婴儿期

婴儿语言发展的里程碑包括哭（刚出生时）、咕咕声（1 到 2 个月）、咿呀声（6 个月）、从世界性语言学家转变为特定语言的听众（6 到 12 个月）、使用姿势（8 到 12 个月）、识别自己的名字（早到 5 个月）、说出第一个词（10 到 15 个月）、词汇爆发（18 个月）、可理解词汇的迅速增长（18 到 24 个月）、双词句（18 到 24 个月）。

● 童年早期

在童年早期,语音体系、词法、句法、语义学和语用学继续发展。向复杂句子的过渡开始于 2 到 3 岁,并贯穿于整个小学阶段。当前,人们对早期读写很感兴趣。

● 童年中晚期

在童年中晚期,儿童对词汇和语法的应用更有分析性和逻辑性。有学者提出了阅读的五阶段模型,从出生延续到中学。目前关于如何教儿童阅读的争论聚焦于读音教学法和整体语言教学法。研究者已发现有力的证据支持阅读教学中应用读音教学法,尤其是在幼儿园和小学一年级以及针对阅读困难的儿童,但儿童也可以受益于整体语言教学法。儿童的书写开始于涂鸦。儿童的语言和认知发展的进步为提高书写能力打下了基础。策略教学对提高儿童的写作能力非常有效。熟练掌握两种语言的儿童在信息加工方面更有优势。针对英语语言学习者的教学有两种主要的方式：(1) 只用英语教学,(2) 用儿童的母语和英语进行双语教学。绝大多数大规模的研究已发现,使用双语教学模式时,儿童的学业成绩更好。

● 青少年期

在青少年期,语言的发展包括更加有效地使用词汇,对隐喻、讽刺和成人文学作品的理解能力的提高,以及写作能力的提高。少年通常和他们的同伴讲一种方言,使用许多行话和俚语。

生物因素和环境因素的影响

学习目标 3 讨论生物因素和环境因素对语言发展的影响。

- **生物因素的影响**

在进化过程中,语言显然给人类带来了超越其他动物的巨大优势,从而提高了人类生存的机会。语言加工的主要部分发生在大脑的左半球,尤其是布洛卡区和威尔尼克区。乔姆斯基认为儿童天生就具有觉察语言的基本特点和规则的能力。换句话说,他们生理上已配备了一个用来学习语言的语言习得装置(LAD)。

- **环境因素的影响**

行为主义者认为儿童语言的习得是强化的结果,这一观点已不再得到支持。成人可以通过儿向言语、改述、扩充和说出名称来帮助儿童学习语言。由于家庭中语言环境不同的儿童的语言发展也不同,这就证明了环境的影响力。父母应当尽可能多地和婴儿说话,尤其是关于婴儿正在注意的东西。

- **语言发展的交互作用观**

交互作用观强调生物因素和经验因素对语言发展都做出了贡献。

语言和认知

学习目标 4 评价语言和认知是如何联系的。

威廉姆斯综合征患儿的心理特点是一个独特的组合:很好的口头表达能力、极低的智商、有限的视觉空间技能和有限的动作控制能力。针对这些儿童的研究也为思维和语言的正常发展提供了许多启示。两个基本而又独立的问题是:(1)认知是语言发展的必要条件吗?(2)语言是认知的必要条件吗?在极端情况下,这两个问题的答案都可能是否定的,但是有证据表明语言和认知之间是有联系的。最近一项研究显示,婴儿期的信息加工能力和童年早期的语言发展水平之间存在相关。

重要术语

失语症 aphasia
布洛卡区 Broca's area
儿向言语 child-directed speech
方言 dialect
扩充 expanding
快速映射 fast mapping
无限生成力 infinite generativity
标注 labeling
语言 language
语言习得装置(LAD) language acquisition device
隐喻 metaphor
元语言意识 metalinguistic awareness
词法 morphology
读音教学法 phonics approach
语音体系 phonology
语用学 pragmatics
改述 recasting
讽刺 satire
语义学 semantics
句法 syntax
电报式言语 telegraphic speech
威尔尼克区 Wernicke's area
整体语言教学法 whole-language approach

重要人物

内奥米·巴伦 Naomi Baron
琼·贝尔科 Jean Berko
罗杰·布朗 Roger Brown
诺姆·乔姆斯基 Noam Chomsky
埃伦·加林斯基 Ellen Galinsky
罗伯塔·戈林考夫 Roberta Golinkoff
贝蒂·哈特 Betty Hart
凯西·赫什–帕塞克 Kathy Hirsh-Pasek
海伦·凯勒 Helen Keller
帕特里夏·库尔 Patricia Kuhl
托德·里斯利 Todd Risley

我就是我的希望和付出的产物。

—— 艾瑞克·埃里克森
20世纪生于欧洲的美国心理治疗师

第四编
社会情绪的发展

在发展的过程中，儿童需要关爱。他们把世界分成两个部分："我"和"非我"。他们不断地调整着自己的意愿和可达成程度之间的矛盾。他们也想奔跑，但很快就发现首先得学会爬、站立、行走和跳跃。进入青少年期后，他们一次又一次地尝试着不同的面孔，以便找到那张属于自己的面孔。在第四编里，你将阅读到以下四章："情绪发展""自我与同一性""性别""道德发展"。

第十章 情绪发展

本章纲要

第 1 节 探索情绪

学习目标 ①

讨论情绪的基本方面。
- 什么是情绪
- 情绪的功能主义观点
- 情绪能力

第 2 节 情绪的发展

学习目标 ②

讨论情绪的发展。
- 婴儿期
- 童年早期
- 童年中晚期

第 3 节 气质

学习目标 ③

叙述各种不同的气质及其意义。
- 气质的描述和分类
- 生物基础和经验
- 契合度和养育

第 4 节 社会取向与理解、依恋和儿童保育

学习目标 ④

解释社会取向与理解、依恋的早期发展,以及不同形式的儿童保育。
- 社会取向与理解
- 依恋
- 父母作为照料者
- 儿童保育

真人实事

今天，越来越多的父亲留在家里照料他们的孩子（Parke & Cookston，2019）。让我们来看 17 个月大的达里厄斯（Darius）的例子。从周一到周五，达里厄斯的妈妈都要上班，因为她是一位全职的景观设计师；而达里厄斯的父亲是个作家，于是，白天的时候达里厄斯就由父亲照顾。达里厄斯的父亲把孩子照顾得很好。当他写作时，就让孩子待在身边，并花很多时间和孩子说话、玩耍。从他们的互动情况可以看出，他们真的都很喜欢对方的陪伴。

从上个月开始，达里厄斯每周会去一家儿童保育中心待上一天。他的父母先是考察了好多家中心并与中心的教师和主任交谈，然后选择了这家中心。他的父母让他每周在保育中心待一天，一方面可以让达里厄斯获得和同伴相处的经验，另一方面也可以给他的父亲一些自由活动的时间。

达里厄斯的父亲在计划着未来的事情，他在考虑达里厄斯将会参加少年棒球联合会的比赛，以及可以和达里厄斯一起分享的许多其他的活动。他记得自己小时候和父亲一起度过的时间非常少，因此他下决心一定要让达里厄斯拥有一个有父亲参与的、充满教育意义的早期经验。

达里厄斯的母亲晚上回家后，也花相当多的时间陪伴他。达里厄斯对他的父亲和母亲都形成了安全型依恋。

和过去相比，今天许多父亲把更多的时间用于陪伴自己的孩子。
图片来源：视觉中国

前言

在很长一段时间里，情绪在儿童发展的研究中被忽视了。如今，情绪对于发展的概念化越来越重要。即使是婴儿也会表现出不同的情绪类型，显示出不同的气质，并开始和他们的照料者形成情绪联结。在这一章里，我们将研究气质和依恋在发展中的作用。但我们将首先考察情绪本身，探索情绪在儿童生活中的功能以及从婴儿期到童年中晚期的情绪发展。

学习目标 1

讨论情绪的基本方面。
- 什么是情绪
- 情绪的功能主义观点
- 情绪能力

第1节 探索情绪

让我们想象一下，假如你的生活中没有情绪，你的生活将会是什么样子？情绪是生活的色彩和音乐，也是将人们联系在一起的纽带。那么，心理学家们是如何定义情绪并对情绪分类的呢？为什么说情绪对发展具有重要意义呢？

> 什么是情绪

出于我们的目的，我们将把**情绪**定义为感情（feeling）或情感（affect），它是人们在一种对他们来说很重要的情境或互动中产生的，尤其是那些影响到他们的福祉的情境或互动。在许多情况下，情绪涉及人们和世界的交流。虽然交流并不构成情绪的全部，但是在婴儿期里，交流一直处于情绪的中心位置（Walle & others, 2017）。

心理学家们以许多方式来对多种多样的情绪进行分类，但几乎所有的分类都把情绪分成积极的或消极的（Christenfeld & Mandler, 2013; Izard, 2009）。积极的情绪包括热情、高兴和爱。消极的情绪包括焦虑、生气、内疚和悲伤。

情绪受生物基础和经验的影响（Hanford & others, 2018）。在进化论看来，进化过程赋予了人类情绪的生物学基础。情绪的生物学基础涉及神经系统的发展。情绪和人类神经系统的早期发展区域有关，包括边缘系统和脑干（Ng & others, 2018）。婴儿表现出痛苦、激动和生气的能力便是涉及情绪的生物学脑系统出现的早期反映。在婴儿期和童年期里，那些能够对更原始的边缘系统实施控制的神经生物系统（包括大脑皮层的前额区域）发生了重要的变化，因此，儿童的情绪回应能力也显著提高（Xie, Mallin, & Richards, 2019）。随着儿童的发展，大脑皮层的成熟使他们能够减少不可预测的情绪波动，并增强对情绪的自我调控。但是，情绪波动在青少年期里又有所上升，这可能是由于额叶皮层（在很大程度上涉及推理和自我调控）发展迟缓而边缘系统尤其是杏仁核（在相当大的程度上涉及情绪的处理）发展较早造成的（Lee, Hollarek, & Krabbendam, 2018）。

另一方面，社会关系为各种情绪的发展提供了情境（Zachary & others, 2019）。当学步儿听到自己的父母吵架时，他们通常的反应是表现出痛苦并中止玩耍。运转良好的家庭中的成员会让彼此感到心情愉快，同时可以营造一种轻松的氛围来化解冲突。

> 花朵被风吹散，风并不在意，但心灵的花朵，任何风都不能触及。
>
> ——吉田兼好
> 14世纪日本佛教僧人

发展链接

脑的发展

在青少年期，前额叶皮层的发展尚未达到成年期的水平。对青少年来说，他们的大脑仿佛缺少能够让情绪减速的控制闸。链接"身体的发展和健康"。

情绪（emotion）即感情（feeling）或情感（affect），是人们在对他们来说很重要的情境或互动中产生的，尤其是那些影响到他们福祉的情境或互动。

第十章 情绪发展 **275**

和非拉丁裔白人母亲相比，日本母亲在应对她们的婴儿和儿童的情绪发展方面有什么不同？
图片来源：视觉中国

文化之间的差异也揭示了经验对情绪的影响（Savina & Wan, 2017）。例如，情绪表达的规则（应当在什么时候、什么地方、以何种方式来表达情绪）在不同文化中是不同的。研究者已发现，和非拉丁裔的白人婴儿相比，东亚婴儿积极的和消极的情绪表达不仅频率较低，强度也较低（Chen, 2018）。在整个童年期里，东亚的父母都鼓励自己的孩子在情绪表达上要有所保留，不要张扬（Krassner & others, 2017）。另外，日本的父母会努力防止孩子经受消极的情绪，而非拉丁裔的白人母亲则更加倾向于等孩子经历了痛苦的体验之后再帮助他们应对（Cole & Tan, 2007）。

照料者在婴儿的情绪调控中具有一定的作用（Zimmer-Gembeck & others, 2017）。例如，当婴儿啼哭或痛苦时，照料者的抚慰能帮助婴儿缓和情绪，并降低应激激素的水平（Gunnar & Hostinar, 2015）。

总之，生物的进化过程使人类成了有情绪的物种，但文化以及与他人的关系为情绪体验提供了多样性（Labella, 2018）。正如我们接下来将要看到的，强调人际关系对情绪的重要性正是功能主义情绪观的核心思想。

> 情绪的功能主义观点

如今，许多发展学家把情绪看作是个体试图适应特定的情境要求的产物（Raval, Walker, & Daga, 2018）。因此，不能把儿童的情绪反应和激起情绪反应的情境分离开来。在许多情况下，情绪在人际互动的情境中发生。例如，情绪表达的重要功能在于向他人传递自己的感受，调节自己的行为，并在社交中发挥关键作用。

功能主义情绪观的一个含义是：情绪是处于关系中的而不是完全内部的、内在的心理现象（Batki, 2018）。让我们来看看亲子关系中情绪的一些作用。开始时，父母和婴儿之间的情绪联结是以充满情感的声调交流为基础的，如当婴儿啼哭时照料者做出敏感的回应。到第一年结束时，父母的表情（微笑或害怕）会影响到婴儿是否去探索一个不熟悉的环境。当父母引发孩子积极情绪时，孩子就更容易听从父母的教导。

功能主义情绪观的第二个含义是：情绪以多种方式和个体的目标相联系（Tamir, 2016）。无论是什么目标，那些克服了障碍达成了目标的个体会感到愉快。相反，那些因为无法实现而不得不放弃目标的个体则会感到悲伤。在追求目标的过程中遇到障碍的个体通常会体验到挫折感，如果个体觉得这些障碍不公平，或者觉得是有人故意设计来阻止他（她）实现目标的，他（她）可能就会很生气。

目标的特有性质可能影响到对某一特定情绪的体验。例如，避免威胁和害怕的情绪有关，补偿的愿望和内疚的情绪有联系，避开他人审视的目光则和害羞的情绪相关联。

> 情绪能力

在本书前面，我们简要叙述了情绪智力的概念。在这里，我们将考察一个与之紧密联系的概念，即情绪能力（emotional competence），它关注的是情绪体验的适应性质。情绪能力的形成涉及在多种社会情境中发展多种技能（Camras & Halberstadt, 2017）。图 1 列出了这些技能和举例。随着儿童在多种多样的情境中

发展链接

智力

情绪智力涉及准确和适宜地感知和表达情绪的能力，理解情绪并具有情绪的知识，利用情绪促进思维，并有效地管理情绪。链接"智力"。

技能	举例
意识到自己的情绪状态。	能够区分自己是感到悲伤还是焦虑。
觉察他人的情绪。	理解何时他人是悲伤而不是害怕。
以社会和文化适当的方式应用有关情绪的术语。	适当地描述所在文化中一个人感到痛苦的情境。
对他人的情绪体验具有敏感的移情和同情。	能敏锐地感受到他人的痛苦体验。
认识到内部的情绪状态不一定和外部的表情相一致。	认识到一个人可能感到非常愤怒，但他（她）可以控制住自己的情绪表达，以至于看上去比较平和。
通过应用一些自我控制的、可降低消极情绪强度或时间的策略，来适应性地应对这些消极情绪。	通过离开令人厌烦的情境和参与可分散对厌烦情境注意的活动来降低怒火。
意识到情绪的表达在人际关系中发挥着重要作用。	知道经常对朋友发火很可能会损害友谊。
总的说来对自己的情绪状态感到满意。	感到自己能够有效地应对生活中的压力，感到自己在这方面是成功的。

图 1　情绪能力包含的技能

获得这些技能，他们就可以更加有效地管理自己的情绪，在充满压力的环境面前变得富有承受力，并形成更积极的人际关系。

复习、联想和反思

学习目标 1
讨论情绪的基本方面。

复习
- 情绪是如何定义的？
- 功能主义情绪观有什么特点？
- 情绪能力有哪些组成部分？

联想
- 图1列出的情绪能力包含的技能和情绪智力的四个方面有什么联系？

反思你自己的人生之旅
- 回顾你的童年和青少年时代，对照图1中的条目，你将如何描述你在童年期和青少年期里的情绪能力？

第 2 节　情绪的发展

学习目标 2
讨论情绪的发展。
- 婴儿期
- 童年早期
- 童年中晚期

年长儿童的情绪生活是否不同于年幼儿童？幼儿的情绪生活是否不同于婴儿？婴儿是否真有情绪生活？在这一节里，我们将概述从婴儿期到童年中晚期的情绪变化，不仅考察情绪体验的变化，也将考察情绪能力的发展变化。

高兴　　　悲伤

害怕　　　惊奇

图2　婴儿不同情绪的表达
图片来源：（高兴）Kozak_O_O/Shutterstock；（悲伤）视觉中国；（害怕）Stanislav/Shutterstock；（惊奇）视觉中国。

初级情绪（primary emotions）人类和其他动物共有的，出现在生命的早期。高兴、愤怒、悲伤、害怕和厌恶都是初级情绪的例子。

自我意识情绪（self-conscious emotions）该情绪的前提是自我意识，尤其涉及意识和"我"的感觉。嫉妒、同情、尴尬便是自我意识情绪的例子。

图3　这是早期嫉妒的表情吗？
在这项由哈特和卡林顿（Hart and Carrington，2002）所做的研究中，研究人员得出结论：6个月大的婴儿看到他们的母亲把注意转移到玩具娃娃身上时的情绪反应也许能说明早期嫉妒的出现，因为婴儿们表现出了消极情绪，如生气和悲伤。然而，约瑟夫·坎波斯（Joseph Campos，2009）和杰罗姆·卡根（Jerome Kagan，2018）等情绪发展专家则认为，像嫉妒这样的情绪在出生后的第一年里不会出现。为什么他们得出嫉妒在第一年里不会发生的结论？
图片来源：Kenny Braun/Braun Photography

> 婴儿期

早期的情绪有哪些发展性变化？婴儿的啼哭发挥着什么样的功能？婴儿什么时候开始微笑？

早期的情绪　迈克尔·刘易斯（Michael Lewis，2014）是婴儿情绪发展领域的权威专家之一，他把情绪分为初级情绪和自我意识情绪两大类。**初级情绪**是人类和其他动物共有的，出现在人类婴儿发展的前6个月里。初级情绪包括惊奇、兴趣、高兴、愤怒、悲伤、害怕、厌恶（图2展示的是一些婴儿早期情绪的面部表情）。在刘易斯的分类中，**自我意识情绪**的前提是自我意识，而自我意识涉及意识和"我"的感觉。自我意识情绪包括嫉妒、同情、尴尬、自豪、羞愧、内疚。刘易斯认为，这些自我意识情绪的首次出现发生在第一年的下半年或第二年的某个时候。有些情绪专家把尴尬、羞愧、内疚和自豪等自我意识情绪称为他人意识情绪（other-conscious emotions），因为它们的产生涉及他人的情绪反应（Saarni & others，2006）。例如，当学步儿成功完成任务时，来自父母的赞许和他们开始表现出自豪有关。

约瑟夫·坎波斯（Joseph Campos，2009）和迈克尔·刘易斯（Lewis，2014）等有影响的研究者一直在争论到底在婴幼儿期的什么时间点上，上文描述的情绪第一次出现，出现的顺序又是如何。就某种情绪何时在婴儿身上第一次出现的争论来说，让我们以嫉妒为例；有些研究者认为嫉妒在18个月之前一般不会出现（Lewis，2014），而其他研究者则认为嫉妒首次出现的时间要早得多（Hart，2018）。例如，在一项研究中，研究者让6个月大的婴儿看到他们的母亲把注意投向一个逼真的玩具娃娃（如拥抱或轻轻摇晃她）或一本书（Hart & Carrington，2002）。当母亲们把注意转向玩具娃娃时，婴儿更可能显示出生气和悲伤等消极情绪，这就可能说明他们表现出了嫉妒（参见图3）。然而，还存在其他的解释，例如，婴儿生气和悲伤的表情所反映的也许只是他（她）不能和新奇的娃娃一起玩所带来的挫折感。

有关嫉妒等情绪开始时间的辩论说明了寻找早期情绪指标的复杂性和困难。尽管如此，杰罗姆·卡根（Jerome Kagan，2018）等婴儿社会情绪发展方面的专家仍然得出结论：婴儿的大脑结构不成熟，从而使他们在第一年里不可能体验到那些需要思维参与的情绪，如内疚、骄傲、绝望、羞愧、同情、嫉妒。因此，卡根（Kagan，2018）和坎波斯（Campos，2009）都认为，所谓的"自我意识"情绪在第一年里不会发生，这一观点越来越受到大多数发展心理学家的支持。因此，就图3的照片来说，6个月大的婴儿产生嫉妒的体验是不可能的。

情绪表达和人际关系　婴儿的情绪表达牵涉到他们最初的人际关系。婴儿的情绪交流能力使得他们能与照料者进行协同互动，并开始建立起他们之间的情感纽带（Broesch & others，2016）。不仅父母对婴儿的情绪表达做出反应时会改变自己的情绪表达，婴儿也能够调整自己的情绪表达来对父母的情绪表达做出反应。换言之，这些互动是相互协调的（Kokkinaki & others，2017）。因为存在这种协调，所以，当一切进行顺利时，这些互动就被称为互惠的或同步的。敏感的和有责任心的父母总是帮助他们的婴儿在情绪方面健康地成长，无论婴儿是以高兴还是痛苦的方式来回应（Zimmer-Gembeck & others, 2017）。一项归纳了22项研究的元分析显示，当父母经常和他们年幼的孩子谈论心情时，孩子们就能更好地理解情绪（Tompkins & others, 2018）。

啼哭和微笑是婴儿和父母互动时显示的两种情绪表达，它们是婴儿情绪交流的最初形式。

啼哭 啼哭是新生儿与世界交流的最重要的机制。第一声啼哭证明婴儿的肺已充满了空气。哭也可以为我们提供婴儿中枢神经系统健康状况的信息。当新生儿听到其他新生儿啼哭时，他们甚至也会报以啼哭和消极的面部表情（Hay, Caplan, & Nash, 2018）。小至4个月大的婴儿就已经期望不熟悉的成人对另一个啼哭的婴儿做出回应（Jin & others, 2018）。

啼哭有哪些不同的类型？
图片来源：视觉中国

婴儿的啼哭至少有三种类型：

- **基本啼哭**：这类啼哭表现出一种有节奏的模式，它通常包括哭一声，然后是短暂的安静，接着是声调稍高于主要哭声的较短促的口哨声，然后是下一个哭声之前的又一个短暂的休息。有些婴儿专家认为饥饿是诱发基本啼哭的原因之一。
- **生气啼哭**：这是基本啼哭的一种变式，在这类啼哭中，有更多的多余空气被挤压通过声带。
- **痛苦啼哭**：开始时发出一声突然的、响亮而拖长的哭声，接着屏住呼吸。这类啼哭没有预备性的呻吟声。痛苦啼哭是由高强度的刺激引起的。

大多数成人都能够确定婴儿的哭声表达的是生气还是痛苦（Esposito & others, 2015）。与识别其他婴儿的哭声相比，父母能够更好地识别自家孩子的哭声。

微笑 微笑是婴儿发展新的社会技能的一种重要方式，也是一种重要的社会性信号（Martin & Messinger, 2018）。在婴儿身上可以区分出两种类型的微笑：

- **反射性微笑**：这种微笑并不是对外部刺激做出的回应，它出现在出生后的第一个月里，通常在婴儿睡着时发生。
- **社会性微笑**：这是一种对外部刺激做出回应的微笑，对幼小婴儿来说，典型的外部刺激是人的面孔。社会性微笑早在4到6周大时就会出现，一般是对照料者声音的回应（Campos, 2005）。

婴儿的微笑遵循着一个可预测的发展过程（Martin & Messinger, 2018）。在出生后的2至6个月里，婴儿的社会性微笑大幅增加，既表现在自己发起的微笑方面，也表现在对他人微笑的回应方面。6至12个月大时，在与父母非常愉快地互动或玩耍时，婴儿会出现伴有嘴张开的动作和称之为迪歇恩标志（Duchenne marker）（即眼收缩）的笑（参见图4）。在第二年里，微笑继续出现在与父母的积极互动的场合，同时，在许多情况下，与同伴互动时的微笑也增加了。此外，在第二年里，

> 谁要是抓住欢乐不放，便会将展翅的生活毁光；谁要是亲吻擦身飞过的欢乐，谁就将生活在永恒的太阳升起的地方。
>
> ——威廉·布莱克
> 19世纪英国诗人

基本啼哭（basic cry）这类啼哭表现出一种有节奏的模式，通常包括哭一声，然后是短暂的安静，接着是声调稍高于主要哭声的较短促的口哨声，然后是下一个哭声之前的又一个短暂的休息。

生气啼哭（anger cry）这类啼哭和基本啼哭类似，但有更多的多余空气被挤压通过声带。

痛苦啼哭（pain cry）开始时是一声突然的、响亮而拖长的哭声，没有预备性的呻吟声，接着屏住呼吸相当长的一段时间。

反射性微笑（reflexive smile）这种微笑并不是对外部刺激做出的回应，它出现在出生后的第一个月里，通常发生在婴儿睡着时。

社会性微笑（social smile）一种对外部刺激做出回应的微笑，是幼小婴儿典型的面部表情之一。

第十章 情绪发展

图4 一个6个月大的婴儿的高强度微笑
这种笑呈现出迪歇恩标志（眼收缩）和嘴张开的动作。
图片来源：视觉中国

陌生人焦虑（stranger anxiety）婴儿对陌生人表现出害怕和警惕，一般在第一年的后半年里出现。

分离抗议（seperation protest）婴儿与照料者分开时感到害怕，从而导致婴儿在照料者离开时啼哭。

学步儿变得越来越意识到微笑的社会意义，尤其是在他们与父母的关系方面。

婴儿也会进行*预期微笑*（anticipatory smiling），他们先微笑地看着一个物体，然后微笑地看着成人，这样，他们就交流了一种预先存在的积极情绪。最近的一项研究显示，婴儿9个月大时的预期微笑与2岁半时父母对孩子的社会能力评分相关联（Parlade & otners, 2009）。

害怕 害怕是婴儿最早的情绪之一，一般在6个月大时初次出现，并在18个月大时达到峰值。但是，受到虐待和忽视的婴儿可能早在3个月大时就表现出害怕（Witherington & others, 2010）。研究者们已发现婴儿的害怕和6至7岁时的内疚、移情以及较低的攻击性有关（Rothbart, 2011）。

婴儿害怕的最常见表达是**陌生人焦虑**，指婴儿对陌生人表现出害怕和警惕。陌生人焦虑通常是逐渐出现的。初次发生在大约6个月大时，以谨慎反应的形式出现。到了9个月大时，婴儿对陌生人的害怕通常会变得更加强烈，并会继续逐步增强，直到婴儿1周岁（Finelli, Zeanah, & Smyke, 2019）。

不过，并不是所有婴儿遇到陌生人时都会表现出不自在。除了个体差异外，婴儿是否会表现出陌生人焦虑还取决于社会情境、婴儿的气质和陌生人自身的特点（Shapiro, 2018）。

当处在熟悉的情境中时，婴儿就表现出较少的陌生人焦虑。例如，在一项研究中，10个月大的婴儿在自己家中见到陌生人时几乎没有表现出陌生人焦虑，而当他们在实验室里见到陌生人时则表现出更多害怕（Sroufe, Waters & Mdtas, 1974）。同时，坐在母亲腿上时要比坐在离母亲几步远的婴儿座位上时表现出较少的陌生人焦虑（Bohlin & Hagekull, 1993）。由此可见，当婴儿感到安全时，他们表现出陌生人焦虑的可能性就较小。

陌生人是谁以及陌生人的表现如何也影响到婴儿的陌生人焦虑。与陌生成人相比，婴儿对陌生儿童的害怕程度较低。与冷漠、没有笑容的陌生人相比，婴儿对友好、开朗和微笑的陌生人害怕程度较低（Bretherton, Stolberg & Kreye, 1981）。

除了陌生人焦虑外，婴儿也害怕与照料者分开（Keeton, Schleider, & Walkup, 2017），由此便导致了**分离抗议**，即婴儿在照料者离开时啼哭。美国婴儿的分离抗议在15个月大时达到峰值（Keeton, Schleider, & Walkup, 2017）。实际上，有一项研究发现，在4种不同文化中分离抗议大约都在13至15个月大的时候达到峰值（Kagan, Kearsley, & Zelazo, 1978）。虽然做出分离抗议的婴儿所占的百分比具有跨文化的差异，但个体达到抗议峰值的年龄大致相同，即都在临近1.5岁的时候。

情绪的调控和应对 在出生后的第一年里，婴儿抑制或降低情绪反应强度和持续时间的能力逐渐发展（Calkins, 2012）。早在婴儿期的早期阶段，婴儿就会把拇指放到嘴巴里以安慰自己。但在开始时，婴儿主要依靠照料者来帮助他们缓和情绪，如照料者轻轻地摇动婴儿入睡、唱摇篮曲、轻轻地拍打婴儿等等。

照料者的行为影响着婴儿对情绪的神经生物学调节（Hanford & others, 2018）。婴儿的啼哭也同样会引起母亲的神经生物学过程，那些能够较好地调控自己情绪来应对婴儿啼哭的母亲也能够以更敏感的方式回应婴儿（Firk & others, 2018）。一项纵向研究从婴儿10个月大追踪到18个月大，结果发现：那些受到母亲敏感照料的婴儿表现出了较好的情绪调控能力，需要较长的时间才会变得苦恼；对那些持续性注意处于中低水平的婴儿来说，母亲的敏感性显得特别重要，这说明缺乏内在资源来调控自己情绪的婴儿尤其能够从外部支持获益（Frick & others, 2018）。

在出生后的第二年里，当婴儿的情绪变得激动时，他们有时候会改变注意方向或者分散注意以降低激动程度（Schoppmann, Schneider, & Seehagen, 2019）。到了两岁时，学步儿就能够使用语言来描述情绪状态和令他们苦恼的情境（Kopp & Neufeld, 2002）。一个学步儿可能会说："感觉很糟糕，狗很吓人。"这类交流或许有助于照料者帮助儿童调节情绪。

情境也影响着情绪调控（Easterbrooks & others, 2013）。婴儿常常会受疲劳状态、饥饿程度、什么时间、哪些人在他们身边以及他们在哪里等因素的影响。婴儿必须学会适应那些要求情绪调节的不同情境。同时，随着婴儿长大和父母期待的变化，新的要求会不断出现。例如，如果6个月大的婴儿在杂货店里尖声喊叫，父母或许不很在意，但若是2岁的婴儿在杂货店里大喊大叫，父母的反应可能就很不一样了。

抚慰和不抚慰的问题一直是心理学家们讨论的一个热点。应当关注啼哭的婴儿并抚慰他们吗？这样的抚慰会不会把他们宠坏了？很多年以前，行为主义者约翰·华生（John Watson, 1928）认为，父母在回应婴儿的啼哭方面花费了过多的时间，其结果便是父母奖励了啼哭从而增加了啼哭的发生次数。但是，婴儿专家玛丽·安斯沃思（Mary Ainsworth, 1979）和约翰·鲍尔比（John Bowlby, 1989）强调：在出生后的第一年里，你对婴儿啼哭的回应很有价值。他们认为，对婴儿啼哭的快速抚慰是发展婴儿和照料者之间强有力的情感纽带的重要因素。在安斯沃思所做的一项研究中，那些在3个月大时一啼哭其母亲就赶快抚慰的婴儿在第一年的后期啼哭较少（Bell & Ainsworth, 1972）。

在父母是否应当回应或应当如何回应婴儿啼哭的问题上，争论仍在继续，尤其是当婴儿学习整夜睡眠时，问题更加突出。不过，越来越多的发展学家认为婴儿在第一年里不会被宠坏，这就说明父母应当安抚啼哭的婴儿。这样的回应可以帮助婴儿对照料者形成信任感和安全型的依恋。当母亲被唤醒但情绪反应失控时，婴儿会处于痛苦之中，难以形成安全型依恋，产生行为问题的风险也会增加（Leerkes & others, 2017）。一项研究发现，6个月大时难以被安慰的婴儿与这些婴儿12个月大时的不安全型依恋相关联（Mills-Koonce, Propper, & Barnett, 2012）。

应当给予啼哭的婴儿关注和安慰吗，这样做是否会宠坏婴儿？是否应当考虑到婴儿的年龄、啼哭的类型和情境？
图片来源：视觉中国

> 童年早期

幼儿自我意识的日益增强和他们感受更多情绪的能力相关联。和成人一样，幼儿在一天当中也会体验到许多情绪。有时候，幼儿也试图理解他人的情绪反应并试图控制自己的情绪。父母和同伴在幼儿的情绪发展中扮演着重要的角色。

表达情绪 让我们回顾一下前文中有关婴儿期情绪发展的讨论：在婴儿何时能够体验到迈克尔·刘易斯（Lewis, 2014）称之为*自我意识情绪*的问题上，目前还存在争议。要体验到诸如自豪、羞愧、尴尬、内疚这样的自我意识情绪，儿童必须能够做到自我参照并意识到自己不同于他人（Lewis, 2014）。婴儿18个月前后才出现自我意识，在这之前，自我意识情绪不会出现和发展。

在童年早期里，诸如自豪和羞愧这样的情绪变得更加常见。这些情绪尤其受到父母对儿童行为的回应方式的影响。例如，如果父母说"你咬了你妹妹，应当感到不好意思"，儿童就可能体验到羞愧。在不同的文化情境中，父母往往采用不同的

图中的儿童表达了羞愧的情绪，当儿童觉得自己的行为没有达到要求时，便会产生羞愧情绪。为什么羞愧被叫作自我意识情绪？
图片来源：视觉中国

管教方法来引起孩子的羞愧感（Fung, Li, & Lam, 2017）。

理解情绪　在童年早期里，幼儿情绪发展的最重要的变化之一就是对情绪的理解有所加深（Camras & Halberstadt, 2017）。在这一阶段里，幼儿越来越认识到：某些特定的情境可能会引发特定的情绪，特定的表情表示特定的情绪，情绪影响到行为，可以用自己的情绪来影响他人的情绪（Cole & others, 2009）。一项元分析显示，情绪知识（如理解情绪线索，例如，一个幼儿了解到他的一个同伴会因为没能参加游戏而感到悲伤）和3至5岁幼儿的社会能力（如对没能参加游戏的同伴表示同情）呈正相关，和他们情绪内化的问题（如高度的焦虑）或外化的问题（如高度的攻击性行为）呈负相关（Trentacosta & Fine, 2009）。在一项干预研究中，研究者让学步儿听和情绪有关的故事，听完故事后让一部分学步儿参与关于情绪的会话，另一部分学步儿则不参与，结果发现：在干预项目结束后，那些参与了情绪会话的学步儿比没有参与者表现出了更多的亲社会行为（Ornaghi & others, 2017）。

在2到4岁期间，儿童用以描述情绪的词汇在数量上大幅增加。在这期间，他们也在了解情绪的原因及后果（Salmon & others, 2016）。

到4至5岁时，儿童对情绪的反思能力有所提高。他们也开始理解同样的事件对不同的人来说可能引起不同的情绪。同时，他们还逐渐意识到自己需要控制情绪以符合社会的标准。到5岁时，大多数儿童已经能够准确地识别由挑战性的情境引起的各种情绪，并能说出他们可以使用哪些策略来应对日常的压力（Cole & others, 2009）。

调控情绪　在和他人互动的过程中，情绪调控能力是儿童处理要求和冲突能力的关键（Di Giunta & others, 2017）。许多研究者认为，儿童情绪调控能力的发展是其社会能力发展的基础（Camras & Halberstadt, 2017）。从概念上讲，可以把情绪调控看作是自我调节能力或执行功能的重要组成部分。如本书前文中提及，越来越多的人认为执行功能是描述幼儿高级认知功能的一个关键概念（Merz & others, 2016）。现在，就让我们来探讨父母和同伴在儿童的情绪调控方面所发挥的作用。

父母的养育方式和孩子的情绪发展　在帮助幼儿调控情绪方面，父母可以发挥重要的作用（Zimmer-Gembeck & others, 2017）。根据他们如何与孩子谈论情绪，可以把父母分为两类：一类采取情绪教练（*emotion-coaching*）的方式，另一类则采取情绪摒除（*emotion-dismissing*）的方式（Gottman, 2013）。这两种方式最明显的区别表现在父母如何处理孩子的消极情绪（如愤怒、沮丧、悲伤等）。情绪教练式父母监控孩子的情绪，把自己孩子的消极情绪看作是教导孩子的机会，帮助他们用语言标识情绪，并手把手地教他们如何有效地应对情绪。与此形成对照的是，那些情绪摒除式父母把自己的角色看成是否认、忽略或改变消极情绪。和情绪摒除式的父母相比，情绪教练式父母较少拒绝与孩子互动，更多地使用鹰架和表扬，也给予孩子更多的抚慰（Gottman & DeClaire, 1997）。此外，和情绪摒除式父母的孩子相比，情绪教练式父母的孩子在烦恼时能够较好地安慰自己，能更有效地调整自己的消极情绪，能更好地集中自己的注意力，行为问题也比较少。总的来说，父母影响孩子情绪的机制主要有三种：(1) 孩子对父母的情绪状态和情绪调控行为的观察；(2) 和情绪有关的养育实践；(3) 家庭的情绪氛围（Morris & others, 2017）。孩子从父母双方那里受到的情绪社会化模式与孩子的社会能力和行为问题相关联（Miller-Slough & others, 2018）。

一位情绪教练式母亲。情绪教练式父母和情绪摒除式的父母之间有什么不同？
图片来源：视觉中国

父母对孩子情绪世界的了解可以帮助父母引导孩子的情绪发展,并告诉孩子如何有效地应对问题。母亲对安慰孩子方式方法的了解能够预测孩子自己应对苦恼情境的能力(Sherman, Grusec, & Almas, 2017)。

父母面临的一个问题是年幼的孩子通常不愿意谈论有关困难情绪的话题,如感到苦恼或参与了不良行为。幼儿避免这类话题的策略是干脆不说、改换话题、推脱或走开等。在一项研究中,罗斯·汤普森(Ross Thompson)和他的同事们(2009)发现,当幼儿和他们的母亲建立起安全型的依恋关系时,或者当幼儿的母亲以尊重和接受孩子看法的方式和孩子交谈时,幼儿就更有可能坦率地讨论自己的困难的情绪状况。童年早期教育项目和父母已采用了多种干预方法来提高儿童的社会情绪功能(Britto & others, 2017)。

情绪的调控和同伴关系 情绪在决定儿童同伴关系成功方面发挥着重要的作用(Sette & others, 2018)。具体来说,调控自己情绪的能力是有利于儿童建立友好同伴关系的一项重要技能。喜怒无常和情绪消极的儿童更容易受到同伴的排斥,而情绪积极的儿童则更受欢迎(Hernández & others, 2017)。情绪调控能力通常随儿童的成长而提高。例如,和3岁的孩子相比,4岁的孩子更能认识到并使用一些策略来控制自己的愤怒(Cole & others, 2009)。

> **发展链接**
>
> **同伴**
> 既受到同伴排斥又具有攻击性通常预示着诸多问题。链接"同伴"。

> 童年中晚期

在童年中晚期里,许多儿童在理解和控制情绪方面表现出显著的进步(Cole & Jacobs, 2018)。不过,有些情况下(如处于压力情境中),他们调控情绪的能力仍然会受到挑战。

情绪的发展性变化 这里列出的是童年中晚期里情绪的一些重要的发展性变化(Cole & Jacobs, 2018):

- *情绪理解能力提高。*小学儿童理解诸如自豪或羞愧等复杂情绪的能力显著提高。这些情绪和他人反应的关系不再那么紧密;它们更加成为自我产生的情绪,并和个人责任感整合在一起。
- *更能理解在某个特定情境中可能会体验到多种情绪。*例如,一个三年级孩子也许已认识到获得某种东西既可能带来欢乐,又可能带来焦虑。
- *更能意识到导致情绪反应的事件。*一个四年级的孩子也许开始意识到她今天感到忧伤是由于她的一个朋友上星期搬到了另一个小城。
- *克制或隐藏消极情绪反应的能力提高。*当被同学激怒时,一个五年级孩子已经学会了比过去更好地压住自己的怒火。
- *能自发地使用策略来调整情绪。*在小学里,儿童对他们的情绪生活有了更深入的思考,越来越多地使用一些策略来控制自己的情绪。他们也能从认知上更有效地调控自己的情绪,如遇到烦恼后进行自我安慰。
- *有了真正的移情能力。*例如,一个四年级学生能对苦难的人感到同情,并能共鸣式地感受到苦难者的感受。

应对压力 儿童成熟的一个重要方面便是学会如何应对压力(Power & Lee, 2018)。

在童年中晚期里,儿童的情绪有哪些发展性变化?
图片来源:kdshutterman/Shutterstock

第十章 情绪发展 **283**

随着孩子年龄的增长，他们能够更准确地评估有压力的情境，并评估他们有多大的控制能力。年龄较大的儿童能针对压力情境做出更多的应对方案，并能更多地使用认知性应对策略（Skinner & Zimmer-Gembeck, 2016）。例如，与年龄较小的儿童相比，年龄较大的儿童更能够有意识地把思想转移到一些压力较小的事情上。年龄较大的儿童也更善于从不同角度来改变自己对压力情境的看法。例如，如果年龄较小的孩子到校时老师没有和他们打招呼，他们就可能非常失望。而年长儿童则可能会换个角度来思考这样的事情，认为"她可能一直忙于其他事情，只是忘了和我打招呼"。

到10岁时，大多数儿童能够应用这些认知性策略来应对压力（Skinner & Zimmer-Gembeck, 2016）。不过，如果儿童的家庭一直缺乏支持性并经常动荡或伤害儿童，那么这些儿童就可能被压力击垮，以至于不能应用这些策略（Eruyar, Maltby, & Vostanis, 2018）。

灾难尤其会阻碍儿童的发展并使他们产生适应性的问题（Acharya, Bhatta, & Assannangkornchai, 2018）。经历灾难的儿童可能产生的不良后果包括急性应激反应（acute stress reactions）、抑郁、惊恐障碍、创伤后应激障碍（post-traumatic stress disorder）等（Dorsey & others, 2017）。在灾难之后儿童是否会出现这些问题取决于多种因素，如灾难的性质和严重程度，以及儿童可得到的支持的类型。

有些研究探索了伤害性事件和灾难的各个方面是如何影响儿童的，下面是对这些研究的概述：

- 有一项研究以直接经历了纽约"9·11"恐怖袭击事件的母亲和她们的5岁或5岁以下的孩子为对象。结果发现，和那些仅有创伤后应激障碍（PTSD）或抑郁症的母亲相比，那些既有PTSD又有抑郁症的母亲不太可能帮助孩子调控他们的情绪和行为（Chemtob & others, 2010）。这一结果与他们的孩子出现焦虑、抑郁、攻击性和睡眠问题相关联。
- 在尼泊尔2015年地震灾难之后1年，51%的儿童仍然表现出中度或重度的创伤后应激障碍症状，年龄较小儿童表现出的PTSD症状比年龄较大的儿童更严重（Acharya, Bhatta, & Assannangkornchai, 2018）。
- 一项综述研究表明，与正常儿童相比，残障儿童更可能生活在贫困之中，从而增加他们遭受危险和灾难的可能性（Peek & Stough, 2010）。当灾难发生时，残障儿童更加难以从灾难中逃脱。

在关于灾难或伤害的研究中，人们经常使用剂量响应效应（*dose-response effects*）这一术语。在这一研究领域得到广泛支持的发现是：灾难或伤害的程度越严重（剂量），灾难或伤害过后的适应和调整就越困难（响应）（Masten, 2013）。

研究者们对涉及灾难事件或恐怖袭击事件的父母、教师和其他儿童照料者提出了如下几条建议（Gurwitch & others, 2001, pp. 4–11）：

- 向儿童保证他们是安全的，如有需要，可作多次保证。
- 允许儿童讲述事件的经过，并耐心听他们讲述。
- 鼓励孩子谈论任何令人不安的或混乱的感觉，告诉他们在可怕事件之后，有这种感觉是正常的。
- 防止儿童再次接触到可怕事件和可怕事件的提醒物，例如，在孩子面前不讨论有关的事件。
- 帮助孩子理解所发生的事件。请记住，孩子对发生了什么可能会产生误解。例如，幼儿"可能会责怪自己，相信发生过的事情并没有发生，相信恐怖分子就在学校里，等等。要温和地帮助孩子形成对事件的真实的认识"(p. 10)。

复习、联想和反思

学习目标 2
讨论情绪的发展。

复习
- 情绪在婴儿期里是如何发展的？
- 童年早期的情绪发展有什么特点？
- 童年中晚期里发生了哪些情绪变化？

联想
- 在本节中，你了解到儿童是如何发展识别并适当回应他人情绪的能力的。这一能力和儿童的心理观有什么联系？

反思你自己的人生之旅
- 假定你是一位 8 个月大的婴儿的父母，你难以得到充足的睡眠，因为孩子在夜里经常把你吵醒。你将如何应对这种情况？

第 3 节 气质

学习目标 3
叙述各种不同的气质及其意义。
- 气质的描述和分类
- 生物基础和经验
- 契合度和养育

你经常心烦意乱吗？是否要费很大气力才能让你生气或发笑呢？甚至在刚出生时，宝宝们似乎就已经有了不同的情绪风格。有的婴儿大部分时间里都开朗而快乐，另一些婴儿则似乎经常哭哭啼啼。这些不同的倾向反映了不同的**气质**，而气质则是指不同个体在行为风格、情绪和特定回应方式方面的差异。就气质和情绪的联系来说，气质的个体差异表现在情绪表现的速度、强烈程度、持续时间和消失速度方面（Campos, 2009）。

> 气质的描述和分类

你将如何描述自己的气质或朋友的气质呢？研究者们已用多种不同的方式对个体的气质进行描述和分类。我们在这里将考察其中的三种方式。

切斯和托马斯的分类　精神病学家亚历山大·切斯（Alexander Chess）和斯特拉·托马斯（Stella Thomas）(Chess & Thomas, 1977; Thomas & Chess, 1991) 鉴别了气质的三种基本类型：

- **容易型儿童**一般有着积极的心境，在婴儿期里很快建立有规律的常规，容易适应新的经验。
- **困难型儿童**反应消极，啼哭频繁，生活常规显得没有规律，接受变化慢。
- **慢热型儿童**活动水平低，有点儿消极，情绪表现的强度也低。

气质（temperament）不同个体在行为风格、情绪和特定回应方式方面的差异。

容易型儿童（easy child）一种气质类型，容易型儿童一般有着积极的心境，很快建立有规律的常规，容易适应新的经验。

困难型儿童（difficult child）一种气质类型，困难型儿童反应消极，啼哭频繁，生活常规显得没有规律，接受新经验缓慢。

慢热型儿童（slow-to-warm-up child）一种气质类型，慢热型儿童活动水平低，有点儿消极，情绪表现的强度也低。

第十章　情绪发展　　**285**

发展心理学家们采用什么方法给婴儿的气质分类？基于你对婴儿的观察，你认为哪种分类法最有意义？
图片来源：视觉中国

切斯和托马斯所做的纵向调查发现，他们所研究的儿童中有 40% 可归为容易型、10% 可归为困难型、15% 可归为慢热型。请注意，还有 35% 的儿童不符合这三种类型中的任何一种。研究者们已经发现，这三种基本的气质类型在整个童年期里具有中等程度的稳定性。与低质量的幼儿保育相比，所有儿童都可以从高质量的儿童保育中获益更多；但是，儿童保育的质量对困难型儿童来说特别重要（Johnson, Finch, & Phillips, 2019）。

卡根的行为抑制　另一种气质分类法聚焦于害羞、抑制、胆怯的儿童和好交际、外向、大胆的儿童之间的差异（Clauss & Blackford, 2012）。杰罗姆·卡根（Jerome Kagan, 2002, 2008, 2010, 2013）把儿童对陌生人（同伴或成人）的害羞看作是一般气质类型的重要特征，称为陌生抑制。抑制型儿童在开始时对陌生事物的许多方面会做出逃避、痛苦或抑制性的情感反应，这类反应约在婴儿 7 到 9 个月大时开始出现。

卡根发现抑制在婴儿期和整个童年早期里都具有很大的稳定性。有一项研究把学步儿分成极端抑制型、极端缺乏抑制型和中间型三组（Pfeifer & others, 2002）。研究人员在 4 岁和 7 岁时对儿童进行追踪评估。结果发现，虽然有相当一部分抑制型儿童在 7 岁时转变为中间型，但是抑制型组和缺乏抑制型组的儿童都表现出了连续性。

罗斯巴特和贝茨的分类　新的气质分类仍在不断出现。玛丽·罗斯巴特（Mary

Rothbart）和约翰·贝茨（John Bates）（2006）认为，三个广泛的维度可以很好地体现研究者们已经发现的气质的结构：外向性、消极情感、努力控制（自我调控）。

- *外向性*（*extraversion/surgency*）包括"积极预期、冲动、活跃、感觉追求"（Rothbart, 2004, p. 495）。卡根的缺乏抑制型儿童和这个类型相符合。
- *消极情感*（*negative affectivity*）包括"害怕、失意、忧伤、不安"（Rothbart, 2004, p. 495）。这些儿童很容易苦恼，他们可能经常发愁和啼哭。卡根的抑制型儿童符合这个类型。消极的情绪反应和容易激怒也是切斯和托马斯分类中困难型儿童的关键特征（Bates & Pettit, 2007）。
- *努力控制*（*自我调控*）包括"注意的集中和转换，抑制性控制，知觉敏感性和低强度的愉悦"（Rothbart, 2004, p. 495）。努力控制程度高的婴儿能够使自己避免过于激动，并能应用策略抚慰自己。相反，努力控制程度低的儿童常常不能控制激动的水平，他们很容易被激怒并处于强烈的情绪状态中（Bates, McQuillan, & Hoyniak, 2019）。一项研究发现，儿童 4.5 岁时较好的努力控制预测了他们在幼儿园到六年级期间外部行为问题较少，部分原因是他们在这一发展阶段和老师的冲突较少（Crockett & others, 2018）。

罗斯巴特（2004, p. 497）认为："早期的气质理论模型强调的是我们如何受积极的和消极的情绪或唤醒水平的影响，强调我们的行为被这些倾向所驱使。"然而，近年来对努力控制的重视则强调个体能够采取更多认知的和灵活的方式来应对压力情境。

就切斯和托马斯、罗斯巴特和贝茨等人的气质分类来说，其重点是强调不应当把儿童的气质看成只有一个维度，如"困难"或"消极情感"。在试图给儿童的气质分类时，一个好的策略是认为气质是由多个维度组成的（Bates, McQuillan, & Hoyniak, 2019）。例如，一个孩子可能属于外向型，很少表现出消极情绪，并具有良好的自我调控能力。而另一个孩子可能是内向型，很少有消极情绪，但自我调控水平低。

罗斯巴特和玛丽亚·加特斯坦（Maria Gartstein）（2008, p. 323）描述了婴儿期里气质的一些发展性变化：在婴儿期的早期阶段，出现了微笑和大笑，它们成为气质的积极情感维度的一部分。到 2 个月大时，当婴儿的动作没有产生有趣的结果时，他们会表现出生气和失望。在此阶段，婴儿往往很容易经受痛苦和过度刺激。

为什么有些儿童很拘谨？
图片来源：视觉中国

第十章　情绪发展　　**287**

4至12个月大时，害怕和激怒变得更加分化，害怕越来越和新的以及不可预测的经验相联系。即使到第1个生日时，也不是所有的气质特点都已出现。在婴儿期的后期阶段，积极的情绪变得更加稳定，外向型的特点可以在学步儿阶段里确定。在学步儿和学前阶段，儿童注意力的提高和主动控制能力的提高相关联，后者又成为自我调控能力提高的基础。

上述的发展性变化反映的是儿童能力发展的一般情况，而不是儿童的个体差异。诸如努力控制等能力的发展也是会出现个体差异的（Bates, McQuillan, & Hoyniak, 2019）。例如，虽然大脑前额叶皮层的成熟是所有儿童的注意力和努力控制能力提高的必要条件，但有些儿童发展了努力控制的能力而另一些儿童则没有。然而，儿童之间的个体差异正是气质的核心所在（Bates, McQuillan, & Hoyniak, 2019）。

> 生物基础和经验

某个儿童是如何获得某种气质的呢？儿童通过遗传获得了一种生理倾向，成为他们形成某种特定气质类型的基础。但是，通过经验的学习，他们也可能学会在某种程度上调整他们的气质。例如，儿童可能通过遗传获得了害怕和拘谨倾向的生理基础，但他们可以学会在一定程度上降低害怕和拘谨。

生物的影响 不同的生理特点和不同的气质联系在一起（Diaz & Bell, 2012; Mize & Jones, 2012）。具体地说，抑制型气质和一种独特的生理模式相关，这种生理模式包括高而稳定的心率、高浓度的皮质醇、大脑右侧额叶皮层的高度激活状态（Kagan, 2003, 2010, 2013）。这种模式可能与对害怕和抑制起重要作用的脑组织杏仁核的易兴奋性紧密相关（Kagan, 2003, 2010, 2013）。抑制型气质或消极情感也可能和低水平的神经递质5-羟色胺有关，后者也许会提高个体对害怕和挫折的易感性（Brumariu & others, 2016）。

遗传在气质的生物基础中起什么作用？双生子和领养研究显示，遗传对一个群体中的气质差异具有中等程度的影响（Knopik & others, 2016）。当代的观点认为，气质属于以生物学为基础的但不断演化的行为；当儿童的经验被纳入体现他们人格特点的自我认知和行为偏好的网络中时，气质也会随之演化（Easterbrooks & others, 2013）。

但是，在很多时候，气质的生物基础被错误地解释成气质不能发展或不能改变。然而，气质的重要的自我调节维度（如适应性和坚持性等）在1岁和5岁儿童的身上表现出很大差异（Easterbrooks & others, 2013）。随着与自我调控能力有关的神经生物学基础的成熟，这些气质维度也随之发展和变化。

性别、文化和气质 性别也可能是塑造那些对气质产生影响的情境的一个重要因素（Hummel & Kiel, 2015）。父母可能会根据婴儿是男孩或女孩而对他们的气质采取不同的回应方式。例如，在一项研究中，母亲对易怒的女孩的啼哭比对易怒的男孩的啼哭更加敏感（Crockenberg, 1986）。

与此类似，对婴儿气质的反应在一定程度上也取决于文化（Chen & others, 2011; Fung, 2011）。例如，活跃的气质在某些文化中可能受到高度的重视（如美国），但在其他文化中就不那么受重视（如中国）。行为的抑制在中国要比在北美更加受到重视（Chen & others, 1998）。有一项研究将智利、波兰、韩国、美国的

发展链接

研究方法
双生子研究和领养研究被用来分离遗传和环境对发展的影响。链接"生物起源"。

婴儿的气质可能随不同的文化而变化。父母需要了解孩子气质的哪些方面？
图片来源：视觉中国

学步儿的气质进行了比较，结果显示：学步儿气质方面的多种差异可能和各自文化的价值观相一致。例如，韩国的学步儿在努力控制能力方面得分最高（Krassner & others，2017）。

发展的联系 初成年者会表现出和他们的婴儿期或童年早期里一样的行为风格和情绪反应特点吗？活动水平是气质的一个重要维度。儿童的活动水平和成年早期的人格之间有联系吗？在一项纵向研究中，那些4岁时活动水平高的儿童到23岁时更可能具有开朗的性格，这反映了连续性（Franz，1996）。另一方面，从青少年期进入成年早期后，大多数个体表现出更少情绪波动，更有责任感，也更少参与冒险行为，这反映了非连续性（Shiner，2019）。

童年期的气质和成年期的适应能力有联系吗？基于这个话题的为数不多的纵向研究，如下便是我们所知道的（Shiner，2019）：在一项纵向研究中，3至5岁时有着容易型气质的儿童在成年早期更可能具有良好的适应能力（Chess & Thomas，1977）；与此形成对照的是，许多在3至5岁时有着困难型气质的儿童在成年早期里出现了适应不良的问题。另外，其他研究者也已发现，那些童年期里属于困难型气质的男孩在成年期里继续接受正规教育的可能性较小，而童年期里属于困难型气质的女孩在成年期里则更可能经历婚姻冲突（Wachs，2000）。

抑制是另一个研究得比较深入的气质特征（Bates, McQuillan, & Hoyniak, 2019）。一项纵向研究发现：儿童42个月大时的抑制性控制能力越强，84个月大时的害羞行为便减少得越多（Eggum-Wilkens & others，2016）。另一项研究发现：2岁时的害怕抑制预报了6岁时内化的行为问题；但是，如果儿童自己具有良好的抑制调控能力或母亲的负面行为比较少，儿童则不会出现内化的行为问题（Liu, Calkins, & Bell, 2018）。还有一项研究表明，那些皮质醇调节不良的害羞的孩子或其母亲认可无缘由情绪反应的孩子更可能进行较多不良的玩耍行为（Davis & Buss, 2012）。此外，研究还表明，那些在童年期里有着抑制型气质的个体成年之后不太可能成为果断的人，不容易得到社会支持，并更可能推迟进入稳定的工作轨迹（Asendorph，2008）。在瑞典乌普萨拉纵向研究中，婴儿期或童年期里的害羞或抑制和21岁时的社交焦虑相关联（Bohlin & Hagekull, 2009）。

气质的另一个方面涉及情绪激动和控制自己情绪的能力。在一项纵向研究中，那些在3岁时表现出良好的自我情绪控制能力，并在压力面前表现出良好承受力的个体，成年后更可能继续有效地应对自己的情绪（Block，1993）。相反，那些3岁时情绪控制能力差和承受力差的个体，进入成年后更可能出现相应的情绪问题。

总之，这些研究显示了童年期气质的某些方面和成年早期适应能力之间的一些连续性。但不可忘记，童年期气质和成人适应之间存在联系的结论仅以少数研究为基础，仍需要更多的研究来证实这些联系（Shiner，2019）。

发展的情境 是什么原因造成了童年期气质和成人人格之间的连续性和非连续性呢？连续性可能与生理的、遗传的因素有关（Kagan，2008，2010，2013）。西奥多·瓦克斯（Theodore Wachs，1994，2000）指出，童年期气质和成年期人格之间的联系或许会因为个体所经历的情境不同而发生变化。图5概括了一种气质特点如何因不同的情境而以不同的方式发展。

总之，儿童所处环境的许多方面能够鼓励或阻碍某种气质特点的持续（Bates,

发展链接

文化和民族

跨文化研究试图确定发展的哪些方面具有普遍性，哪些方面具有文化特定性。链接"绪论"。

	原初的气质特点：抑制	
	儿童 A	儿童 B
	干预情境	
照料者	照料者（父母）表现得敏感和接受，让儿童按照自己的步调行事。	照料者使用不适当的"低度控制"，试图强迫儿童进入新情境。
物理环境	有"刺激防护所"或者"可防御空间"，刺激过多时儿童可以撤入其中。	儿童持续遭遇喧闹而混乱的环境，无法逃离刺激。
同伴	同伴群体中有共同兴趣的其他抑制型儿童，所以儿童感到自己被接纳。	同伴群体由一些活跃的性格外向者组成，所以儿童感到被拒绝。
学校	学校资源充足，所以抑制型儿童更可能被宽容，并感到自己能做出贡献。	学校过于拥挤，所以抑制型儿童受到宽容的可能性较低，更可能感到自己不受重视。
	人格结果	
	成年后，个体更接近外向（对人友好、爱交际），情绪稳定。	成年后，个体更接近内向，有更多的情绪问题。

图 5　童年期气质、成年期人格和干预情境
儿童与照料者、物理环境、同伴和学校的不同经验可能会改变童年期气质和成年期人格之间的联系。这里以抑制为例。

McQuillan, & Hoyniak, 2019）。思考这些关系的一种有用的方式是应用契合度概念，我们下面就讨论这一概念。

> 契合度和养育

契合度是指儿童的气质与儿童必须应对的环境要求之间的匹配程度。假定贾森（Jason）是一位活跃的学步儿，但经常被要求静坐好长一段时间；杰克（Jack）是一位反应缓慢的学步儿，但经常被突然地扔到新情境中。贾森和杰克都面临着气质和环境要求之间的不契合。缺乏契合会引起儿童的适应问题（Newland & Crnic, 2017）。

有些气质特点会比其他气质特点带来更多的养育挑战，至少在现代的西方社会里是这样（Bates, McQuillan, & Hoyniak, 2019）。当儿童容易忧伤时，如表现为频繁的啼哭和易怒，他们的父母最终可能会忽略儿童的忧伤，或试图迫使儿童"变乖"。然而，在一项研究中，为具有忧伤倾向婴儿的母亲提供额外的支持和培训改善了母婴互动的质量（van den Boom, 1989）。培训引导母亲们调整她们对儿童的要求，从而改善了儿童的气质和环境之间的契合度。一项综合了 84 项研究的元分析发现：与容易型气质的儿童相比，那些具有比较困难气质的儿童更容易受到消极养育方式的伤害，但也更容易从积极的养育方式中受益（Slagt & others, 2016）。

许多父母直到第二个孩子出生后才相信气质的重要性。他们把第一个孩子的行为看作是他们如何对待孩子而产生的结果。然而，他们很快就发现，用在第一个孩子身上的一些挺灵验的策略用在第二个孩子身上却不怎么有效。养育第一个孩子时所遇到的一些问题（如喂食、睡觉和应对陌生人）在第二个孩子身上并不存在，但新的问题出现了。这样的经验有力地说明了儿童在生命的早期阶段就各不相同，这种不同对亲子互动具有重要的影响（Bates, McQuillan, & Hoyniak, 2019）。

要进一步了解一些考虑到儿童气质特点的积极养育策略，请阅读"链接 关爱"专栏。

契合度（goodness of fit）儿童的气质与儿童必须应对的环境要求之间的匹配程度。

当父母应对婴儿的气质特点时，可以采取哪些好的策略？
图片来源：视觉中国

链接 关爱

儿童的气质和养育

儿童气质的差异对养育有什么影响呢？虽然对这个问题的回答必然是推测性的，但这里关于和儿童气质相关的最佳养育策略的结论是由气质专家安·桑松（Ann Sanson）和玛丽·罗斯巴特（1995）提出来的：

- *注意和尊重个性*。这一策略的含义之一是，很难对"好的养育"方式做出一般的规定。由于儿童的气质不同，对某个儿童可以用某种方式达到目标，而对另一个儿童则要用另一种方式来达到目标。父母需要敏感地觉察婴儿发出的信号，并做出调整以适应他（她）的需要。
- *营造适合儿童的环境*。拥挤、喧闹的环境可能导致一些儿童（如"困难型儿童"）比另一些儿童（如"容易型儿童"）产生更多的问题。我们也可以预见到，一个害怕和退缩的孩子将会从较慢地进入新情境的方式中受益。
- *"困难型儿童"和成套的养育方案*。为父母提供的方案通常侧重于应对那些困难型气质的儿童（如那些容易生气、经常发怒和不怎么听话的儿童）。认识到有些儿童比另一些儿童更难养育是有好处的，如何应对一些特定的困难特点的建议也是有用的。但是，某个气质特点是否困难还取决于它与环境的契合度。给儿童贴上"困难型"的标签有变成自我实现预言的危险。因为如果一个儿童被贴上"困难型"的标签，人们就可能以真正会诱发"困难型"行为的方式来对待儿童。近来的一项研究发现：让低收入家庭的困难型气质儿童参与公费的学前教育项目能够特别有效地提高他们的入学准备度并减少行为问题（Johnson, Finch, & Phillips, 2019）。

在很多情况下，人们只是把儿童归入不同的类别而没有考察具体的情境（Bates, McQuillan, & Hoyniak, 2019）。不过，照料者需要考虑到儿童的气质。虽然有关研究还不能提出十分具体的建议，但总的来说，照料者应当（1）对儿童的个性特点保持敏感，（2）灵活地对待这些个性特点，（3）并避免给儿童贴上消极的标签。

"营造适合儿童的环境"这一建议是如何反映"契合度"的概念的？

至此，我们已经讨论了情绪和情绪能力如何随着儿童的发展而变化。我们也已经考察了情绪类型的作用；实际上，我们已经看到情绪在很大程度上设定了我们生活经验的基调。但是，情绪也在书写着我们生活的抒情诗，因为它们是我们感兴趣的社会世界的核心，也是我们与他人关系的核心。

复习、联想和反思

学习目标 3

叙述各种不同的气质及其意义。

复习
- 可以怎样对气质进行描述和分类？
- 气质怎样受生物基础和经验的影响？
- 什么是契合度？有哪些积极的应对儿童气质的养育策略？

联想
- 在这一节，你了解到双生子研究和领养研究表明遗传对气质的差异具有中度影响。在第二章中，你了解到哪些因素使双生子研究的解释复杂化了？

反思你自己的人生之旅
- 请想想你自己的气质，我们叙述了多种气质分类，哪一种能最好地描述你的气质？在长大后，你的气质变化了吗？如果你的气质已经发生了变化，那么是哪些因素引起这些变化的？

第 4 节 社会取向与理解、依恋和儿童保育

学习目标 4

解释社会取向与理解、依恋的早期发展，以及不同形式的儿童保育。

- 社会取向与理解
- 依恋
- 父母作为照料者
- 儿童保育

发展链接

生理过程、认知过程和社会情绪过程

关于生理过程、认知过程和社会情绪过程的讨论提醒我们要注意发展的一个重要方面——这些过程是内在地交织在一起的（Diamond，2013）。链接"绪论"。

> 社会取向与理解

作为具有社会情绪的生物，婴儿对他们周围的社会世界表现出了浓厚的兴趣，并积极地面向它、理解它（Lowe & others, 2016）。在本书前面的章节中，我们叙述了许多促进婴儿社会取向与理解发展的生物学的和认知的基础。在我们探索社会取向时，我们将侧重讨论相关的生物学和认知的因素，移动能力，意向、目标导向的行为和合作，以及社会参照。

社会取向 从发展的早期开始，婴儿就被他们周围的社会世界吸引住了。正如我们在关于婴儿感知觉的讨论中提及的，婴儿会专心地注视人脸，并调整自己以适应人的声音，尤其是照料者的声音（Lowe & others, 2016）。后来，他们变得善于解读人的面部表情的含义。

当婴儿 2 至 3 个月大时，面对面的玩耍通常开始成为照料者与婴儿互动的特点。面对面玩耍过程中的社会互动主要包括发声、触摸和姿势（Beebe & others, 2018）。对许多母亲来说，这一类玩耍的动机是要在孩子身上营造一种积极的情绪状态（Thompson, 2013a, d）。

在一定程度上，正是因为这种照料者和婴儿之间的积极的互动，到 2 至 3 个月大时，婴儿对人的回应方式已不同于对物的回应方式，他们对人比对诸如木偶等无生命的东西表现出更加积极的情绪（Legerstee, 1997）。此时，当婴儿发起微笑或发声等行为时，大多数婴儿期待着周围的人能够做出积极的回应。这一发现是通过应用一种叫作板脸模式（still-face paradigm）的研究方法获得的；所谓板脸模式就是让照料者和婴儿一会儿面对面互动，一会儿板着面孔不做任何回应，如此反复进行（Qu & Leerkes, 2018）。早在 2 至 3 个月大时，当照料者板着面孔不做回应时，婴儿就表现出更多退缩、情绪消极和自我导向的行为（Adamson & Frick, 2003）。在应用板脸模式的冷漠阶段和恢复阶段里，婴儿自主神经系统的活动都会发生一定的变化（Jones-Mason & others, 2018）。一项元分析显示，婴儿在诸如板脸模式的研究中表现出较多的积极情感和较少的消极情感与 1 岁时的安全型依恋相关联（Mesman, van IJzendoorn, & Bakersman-Kranenburg, 2009）。

除了与照料者面对面玩耍外，婴儿也通过其他情境来了解周围的社会（Easterbrooks & others, 2013）。尽管小至 6 个月大的婴儿就能表现出对同伴感兴趣，但要到第二年的后半年里，婴儿与同伴的互动才显著地增加。在 18 个月到 24 个月期间，婴儿明显地增加了模仿和互惠的玩耍，如模仿跳和跑等非语言行为（Kupán & others, 2017）。在一项研究中，研究者向 1 到 2 岁大的婴儿呈现一项要求简单的合作任务，该任务是同时拉动两个把手来激活一个吸引人的音乐玩具（Brownell, Ramani, & Zerwas, 2006）（参见图 6）。1 岁孩子的任何协调行动

一位母亲和她的宝宝在面对面地玩耍。面对面的玩耍通常在婴儿多大时开始？

图片来源：视觉中国

大多是出于巧合而不是合作，但 2 岁孩子的行为更多是为了达到目标而积极合作。随着越来越多的美国婴儿进入家庭以外的儿童保育中心，他们正把更多的时间用于和同伴之间的社会性玩耍（Lamb & Lewis, 2013）。在本章的后面，我们将进一步讨论儿童保育的问题。

移动能力　如本章前面提及，独立对婴儿来说十分重要，尤其是在出生后的第二年。随着婴儿发展了爬、走、跑的能力，他们就能够探索和扩展自己的社会世界。这些新发展的自我移动的技能使得婴儿能够独立发起更加频繁的社会互动（Thurman & Corbetta, 2017）。当然，这些粗大运动技能的习得是许多因素共同作用的结果，包括神经系统的发展、婴儿想达到的目标，以及环境对这些技能的支持（Adolph & Franchak, 2017）。

婴儿和学步儿对独立的追求会受到移动能力发展水平的制约。移动能力也对移动的动机有着重要的影响。一旦婴儿有了进行目标导向行为的移动能力，从这些目标导向行为中获得的回报就会导致进一步探索的努力和移动能力的进一步发展。在一项研究中，一些 15 个月大的婴儿在没有玩具的房间里没走几步，基本上待在离他们的照料者不远的地方；而在另一个放满玩具的房间里，为了探索房间，婴儿不仅走的步数比前者多，移动的范围也比前者大（Hoch, O'Grady, & Adolph, 2018）。

意向、目标导向行为与合作　感知到人们进行意向性和目标导向的行为是婴儿取得的一项重要的社会认知成就，而这最初发生在第一年结束时（Thompson, 2013a, d）。联合注意和视线追随可以帮助婴儿认识到其他人是有意向的（Mateus & others, 2013）。让我们回顾一下，当照料者和婴儿同时关注同一个对象或事件时，联合注意就发生了。我们也已指出，联合注意的某些方面一般出现在婴儿 7 至 8 个月大时，但大约要到 10 至 11 个月大时，联合注意才显著增强，婴儿才开始追随照料者的视线。到 1 岁时，婴儿已开始能够将照料者的注意引导到婴儿自己感兴趣的事物上（Salo, Rowe, & Reeb-Sutherland, 2018）。

社会参照　婴儿期里另一项重要的社会认知成就是不断发展"解读"他人情绪的能力（DeQuinzio & others, 2016）。**社会参照**这一术语用来描述个体"解读"他人身上的情绪线索，以帮助自己确定在特定情况下该如何行动。社会参照的发展有助于婴儿更准确地理解模糊的情况，如他们遇到一个陌生人时，需要知道是否应该害怕这个人（Walle, Reschke, & Knothe, 2017）。到 12 个月大时，母亲的表情（微笑或害怕）会影响婴儿是否去探索某个陌生的环境。

在出生后的第二年里，婴儿的社会参照能力有所提高。在这个年龄段，他们往往先"检查"一下他们的母亲，看她是高兴、生气还是害怕，然后再采取行动。在第二年里，婴儿也开始能够更准确地理解成年人的情绪是针对某人态度的反应，还是提供了更加一般化的信息（Hoehl & Striano, 2018）。

婴儿的社会敏感性和洞察力　总而言之，研究人员发现婴儿具有的社会敏感性和洞察力比以往所认为的更早（Thompson, 2013a, d）。到 1 岁时，婴儿的社会敏感性和洞察力一方面体现在他们能够把他人的行动感知为受意向驱动和目的引导的，另一方面则体现在他们自己也有了分享和参与那个意向的动机。可以预期，婴儿更

图 6　合作任务

这项合作任务是：一个箱子上有两个把手，箱子上面是一个卡通音乐玩具，当两个把手都被拉动时，实验者就通过遥控器暗中启动音乐玩具。两个把手之间的距离比较远，以至于一个孩子够不到两个把手。实验者演示了任务，说："看！如果你们同时拉两个把手，小狗就会唱歌"（Brownell, Ramani, & Zerwas, 2006）。
图片来源：Celia A. Brownell, University of Pittsburgh

> **发展链接**
>
> **动态系统理论**
>
> 人们日益认识到动态系统理论是理解儿童发展的重要方法。链接"运动、感觉和知觉的发展"。

社会参照（social referencing）个体"解读"他人身上的情绪线索，以帮助自己确定在特定情况下该如何行动。

高级的社会认知能力将促进他们对照料者依恋的理解和认识。

> 依恋

什么是依恋? **依恋**是两个人之间紧密的情感联结。人们对依恋的兴趣尤其侧重于婴儿和照料者之间的关系。

依恋的理论　为什么婴儿会依恋照料者呢?这方面的理论很多。三个理论家(弗洛伊德、埃里克森、鲍尔比)对依恋提出过很有影响的观点。

弗洛伊德认为婴儿会对提供口部满足感的人或物形成依恋。对大多数婴儿来说,这个人就是他们的母亲,因为母亲最有可能喂养婴儿。喂养真的像弗洛伊德所认为的那么重要吗?由哈里·哈洛(Harry Harlow, 1958)所做的经典研究表明,答案是否定的(参见图7)。

哈洛把刚出生的幼猴从猴妈妈身边带走,让它们由替代妈妈喂养6个月。一个替代妈妈是金属丝做成的,另一个是布做成的。一半幼猴由金属猴喂食,另一半由布猴喂食。每过一段时间,就计算幼猴和金属猴妈妈或布猴妈妈待在一起的时间。不管是哪个猴妈妈给它们喂食,幼猴跟布猴妈妈待在一起的时间都要多得多。即使是由金属猴妈妈提供食物,幼猴也是和布猴妈妈待在一起的时间更多。当哈洛吓唬幼猴时,那些由布猴妈妈"抚养"的幼猴会跑向它并抱住它,但由金属猴妈妈抚养的幼猴则不会这么做。由此看来,猴妈妈是否能提供舒适感似乎决定了幼猴是否会把妈妈和安全联系在一起。这一研究清楚地表明,喂食并不是依恋形成过程中的关键因素,接触的舒适感才是重要的。后续研究进一步发现替代妈妈的另一些特点(如温暖)可能提供了舒适感和安全感(Harlow & Suomi, 1970)。

身体的舒适感在艾瑞克·埃里克森(1968)的婴儿发展观中也发挥着一定作用。让我们回顾一下埃里克森的观点:出生后的第一年所代表的是信任对不信任的阶段。在埃里克森(1968)看来,身体的舒适和体贴的照料是婴儿建立基本信任的关键。婴儿的信任感反过来又成为依恋的基础,也为他们形成"世界是美好和令人愉快的地方"这一毕生的预期提供了基础。

英国精神病学专家约翰·鲍尔比(John Bowlby, 1969, 1989)的行为学观点也强调出生后第一年里的依恋和照料者响应的重要性。鲍尔比指出,婴儿和主要照料者形成依恋都有其生物学的预先设置。他认为,从生物学基础看,新生儿有能力引起依恋行为。婴儿会啼哭、依附、发出咕咕声和微笑。后来,婴儿会爬、走和跟着母亲。直接结果是让主要照料者不要走远,长期效益则是提高了婴儿存活的机会。

依恋并不是突然产生的,而是要经历一系列的发展阶段,即从开始时婴儿对人的一般性偏好逐渐发展为和主要照料者之间的伙伴关系。基于鲍尔比的观点,依恋的发展过程可分为如下四个阶段(Schaffer, 1996):

- *阶段1:出生到2个月*。婴儿本能地把他们的依恋指向人。陌生人、兄弟姐妹和父母都同样可以引发婴儿的哭和笑。
- *阶段2:2个月到7个月*。随着婴儿逐渐学会把熟悉和不熟悉的人区分开来,依恋也开始集中到一个人身上,通常是主要的照料者。
- *阶段3:7个月到24个月*。特定的依恋形成。随着移动能力的提高,婴儿主动寻求与日常照料者接触,如母亲或父亲。

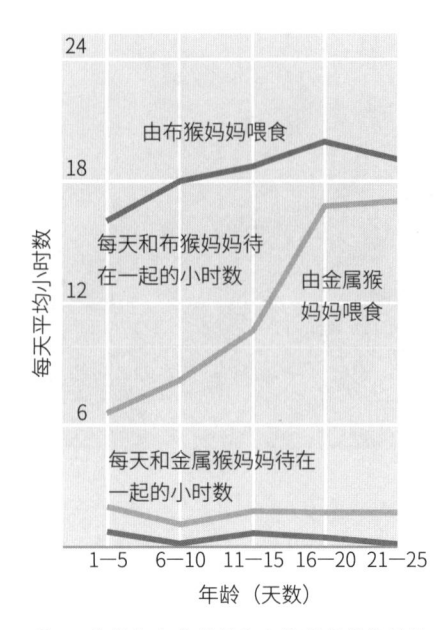

图7　幼猴与布猴妈妈和金属猴妈妈接触的时间

不管是由金属猴妈妈还是由布猴妈妈给它们喂食,幼猴都明显地更喜欢与布猴妈妈待在一起。与弗洛伊德、埃里克森的理论相比,这一研究结果对人类的婴儿能做出什么不同的预测?

依恋(attachment)指两个人之间紧密的情感联结。

- *阶段4*: 24个月以后。儿童开始意识到他人的情感、目标和计划，并开始在发起自己的行为时考虑到这些因素。研究者们最近发现，婴儿的社会敏感性和洞察力比以往设想的要好，这一发现意味着鲍尔比的阶段4的一些特点（如理解所依恋的人的目标和意图）似乎在阶段3里就已在形成，因为此时依恋安全感正在形成（Thompson, 2008）。

鲍尔比认为，婴儿形成了一个依恋的*内部工作模型*（internal working model）：这是一个关于照料者、婴儿和照料者之间的关系、婴儿值得被照顾的自我的简单心理模型。婴儿对照料者依恋的内部工作模型会影响婴儿以及他们成长为儿童后对他人的回应方式（Fearon & Roisman, 2017）。依恋的内部模型在婴儿发现依恋与后继的情绪理解、良知形成，以及自我概念之间的联系方面也发挥着举足轻重的作用（Thompson, 2013a）。

总之，依恋的出现源于社会认知的进步，这种进步使得婴儿能够对照料者的行为形成预期，并确定他们之间关系的情感质量（Thompson, 2013a）。这些社会认知的进步包括识别照料者的面孔、声音和其他特征，以及发展一种内部工作模型，期待照料者在社会互动中为他们提供愉悦和减轻痛苦。

依恋的个体差异 虽然婴儿对照料者的依恋在第一年的中期开始增强，但不同婴儿依恋体验的质量是否会各不相同呢？玛丽·安斯沃思（Mary Ainsworth, 1979）就是这样认为的。安斯沃思编制了**陌生情境测验**，用来对婴儿的依恋进行观察测量，在测试过程中，研究者让婴儿按照事先规定好的顺序经历与照料者和另一个陌生成人的相见、分离和重逢。在使用陌生情境测验时，研究者希望他们的观察将会揭示婴儿接近照料者的动机，以及在多大程度上照料者的出现给婴儿带来了安全感和信心。

基于婴儿在陌生情境中的反应情况，研究者将他们分为对照料者具有安全型依恋或不安全型依恋：

- **安全型依恋婴儿**把照料者作为探索周围环境的安全基地。当照料者在场时，安全型依恋婴儿会探索房间和玩放在房间里的玩具。当照料者离开时，安全型依恋婴儿可能会表示轻度的抗议；当照料者返回时，这些婴儿再次和她建立起积极的互动，或许通过微笑或者爬到她的腿上。然后，这些婴儿通常重新开始玩房间里的玩具。
- **不安全回避型婴儿**通过回避母亲而显示出不安全感。在陌生情境中，这些婴儿和照料者之间几乎没有什么互动；当照料者离开房间时，婴儿并不忧伤；而当她返回时，婴儿通常也没有和她重新建立联系，甚至可能背对着她。如果联系重新建立，婴儿通常看着别的地方或并不紧密地靠着她。
- **不安全反抗型婴儿**通常紧抓着照料者，然后又通过踢或推的方式来反抗她靠近。在陌生情境中，这些婴儿通常焦虑地抓住照料者，并不探索游戏房。当照料者离开时，他们通常大声哭闹，而如果照料者返回后试图安抚他们时，他们又会把照料者推开。
- **不安全混乱型婴儿**表现为混乱和没有方向。在陌生情境中，这些婴儿可能表现为茫然、迷惑和害怕。要把婴儿归为混乱这一类别，婴儿必须表现出强烈的回避和反抗的模式，或表现出某些特定的行为，如在照料者身边时非常害怕。

在鲍尔比的模型中，依恋有哪四个阶段？
图片来源：视觉中国

安全型和不安全型依恋的本质是什么？
图片来源：视觉中国

陌生情境测验（Strange Situation）由玛丽·安斯沃思（Mary Ainsworth）编制的测验，用来观察测量婴儿对照料者的依恋；在测试过程中，研究者让婴儿按照事先规定好的顺序经历与照料者和另一个陌生成人的相见、分离和重逢。

安全型依恋婴儿（securely attached babies）把照料者作为探索周围环境的安全基地的婴儿。

不安全回避型婴儿（insecure avoidant babies）通过回避母亲而显示出不安全感的婴儿。

不安全反抗型婴儿（insecure resistant babies）通常紧抓着照料者，然后又通过踢或推的方式来反抗她靠近的婴儿。

不安全混乱型婴儿（insecure disorganized babies）表现为混乱和没有方向而显示出不安全感的婴儿。

第十章 情绪发展 **295**

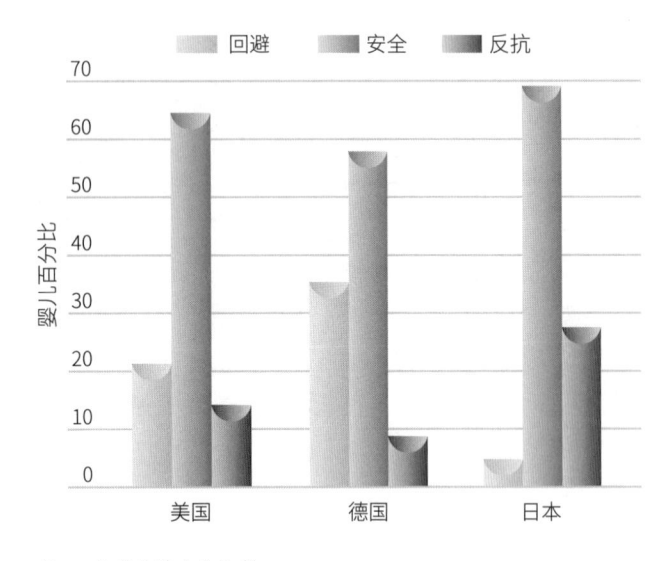

图 8　依恋的跨文化比较

在一项研究中，研究者用安斯沃思的陌生情境测验对美国、德国和日本三国的婴儿进行依恋测试（van IJzendoorn & Kroonenberg, 1988）。在这三个国家中，占主导地位的依恋模式都是安全型依恋。但是，与美国婴儿相比，德国婴儿较多地表现出回避依恋的模式，日本婴儿则较少表现出回避模式但较多地表现出反抗型模式。对美国、德国和日本婴儿在陌生情境测验上的不同表现有哪些解释？

资料来源：van IJzendoorn, M.H., and Kroonenberg, P.M. 1988. Cross-cultural patterns of attachment: A meta-analysis of the Strange Situation. Child Development, 59, 147-156）

对陌生情境测验的评价　陌生情境测验抓住婴儿之间的重要差异了吗？作为一种依恋测验，它也许是带有文化偏见的。例如，德国和日本的婴儿通常表现出与美国婴儿不同的依恋模式。如图 8 所示，与美国婴儿相比，德国婴儿较多地表现出回避型的依恋模式，而日本婴儿则较少地表现出这一模式（van IJzendoorn & Kroonenberg, 1988）。德国婴儿回避型模式产生的原因可能是因为他们的照料者鼓励他们独立（Grossmann & others, 1985）。同样，如图 8 所示，日本婴儿比美国婴儿更可能被划分为反抗型，这可能是与用作依恋测量工具的陌生情境有关，而不是与依恋不安全本身有关。日本母亲很少会让任何和婴儿不熟悉的人来照顾婴儿。因此，对于日本婴儿来说，陌生情境可能制造了比美国婴儿大得多的压力，因为后者更适应于和他们的母亲分开（Kondo-Ikemura & others, 2018）。尽管在依恋分类上存在着文化差异，但至今为止，在被研究的各种文化中，频数最高的依恋类型仍然是安全型依恋（Thompson, 2006, 2012; van IJzendoorn & Kroonenberg, 1988）。

　　一些批评者强调，如同其他实验室里进行的测评一样，陌生情境测验可能并不能反映婴儿在自然环境中的行为。但是，研究者已经发现，婴儿在陌生情境测验中的行为表现与婴儿在家里对母亲的离开和返回的反应情况紧密相关（Bailey & others, 2017）。因此，许多婴儿研究者认为，陌生情境测验将继续作为婴儿依恋测验的一种而发挥它的长处。

对依恋差异的解释　个体在依恋方面的差异重要吗？安斯沃思认为出生后第一年里的安全型依恋为后来的心理发展提供了重要的基础。安全型依恋的婴儿能自由地离开照料者但不断地通过警视追踪照料者的行踪。当被其他人抱起来的时候，安全型依恋的婴儿能积极地回应；当被放回时，又能自由地走开去玩耍。相比之下，一个不安全型依恋的婴儿会回避母亲或者对她的态度很矛盾，害怕陌生人，并会因日常短暂的分离而烦恼。

　　如果对照料者的早期依恋是重要的，那么依恋就应当影响儿童后期社会行为的发展。对许多儿童来说，早期依恋确实预示了后期的心理功能（Woodhouse, 2018）。例如，艾伦·斯罗夫（Alan Sroufe）和他的同事们所做的一项深入的纵向研究发现（Sroufe, 2005; Sroufe, Coffino, & Carlson, 2010）：早期的安全型依恋（用陌生情境测验在 12 和 18 个月大时评估）与整个青少年里积极的情绪健康、高度自尊、自信相关联，也与和同伴、老师、学校咨询师、恋爱情侣之间的社会互动能力相关联。另一项研究发现，儿童 24 和 36 个月大时的安全型依恋与他们 54 个月大时较强的社会性问题解决能力相关联（Raikes & Thompson, 2009）。一项元分析表明：与回避型或反抗型依恋相比，混乱型依恋与外化问题（如攻击性和敌意）有着更强的相关（Fearon & others, 2010）。

　　很少有研究分别评价婴儿对母亲的安全型依恋或对父亲的安全型依恋。然而，有一项研究表明：和那些对父母中至少一人形成安全型依恋的儿童相比，那些 15 个月大时对父母双方都形成了不安全型依恋（"双重不安全"）的儿童在小学阶段里出现了更多的外化问题（如行为失控）（Kochanska & Kim, 2013）。

　　有关依恋的一个重要问题是，婴儿期是否是依恋形成的关键期或敏感期。虽然不是全部，但有许多研究显示了婴儿期的依恋对儿童的后续发展具有预测力（Fearon & Roisman, 2017）。一项元分析研究显示：早期的依恋预测了与同伴交往的能力、内化的行为问题（如焦虑）和外化的行为问题（如攻击性）。但研究者认为，许多其他的风险因素和保护性因素都可以加强或减弱早期依恋与后来发展之间的联系（Groh & others, 2017）。

长达数年且前后一致的积极照料很可能是连接儿童早期依恋和后来心理发展的一个重要因素。事实上，研究人员已经发现：早期的安全型依恋和随后的经验，特别是父母的照顾和生活压力的经验，与儿童后来的行为和适应能力相关联（Sutton, 2019）。例如，一项纵向研究发现：从婴儿期到成年期，个体依恋的变化（安全或不安全）与社会情绪环境中的支持因素和压力因素相关联（Van Ryzin, Carlson, & Sroufe, 2011）。这些结果表明，依恋的连续性可能既反映早期的工作模型（early working models），也反映社会环境的稳定性。刚才叙述的研究（Van Ryzin, Carlson, & Sroufe, 2011）反映了一个日益受到认可的关于依恋的自身发展及依恋对一般发展的影响的观点。也就是说，重要的是要认识到婴儿期的安全型依恋本身并不总是能产生长期的积极的结果，而是要通过后继儿童和青少年在其发展过程中所经历的各种社会情境的连接，早期依恋和后来发展结果之间的联系才表现出来。

范里津（Van Ryzin）、卡尔森（Carlson）和斯罗夫（2011）的研究反映了**发展的串联模型**，该模型涉及那些影响发展路径和发展结果的跨领域跨时间的各种联系（DePasquale, Handley, & Cicchetti, 2018）。发展的串联可包括范围广泛的生物的、认知的和社会情绪过程之间的联系（如依恋），也可以涉及各种社会情境，如家庭、同伴、学校和文化。此外，在发展的不同时间点上，如在婴儿期、童年早期、童年中晚期、青少年期或成年期，这些联系可能产生积极的结果，也可能产生消极的结果。

有些发展学家认为婴儿期的依恋被过分地强调了（Newcombe, 2007）。他们指出，婴儿具有高度的承受力和适应性，即使遇到不同的养育方式和不同的情境，也能如此（Masten, 2018）。遗传因素、气质、所接触到的范围广泛的风险因素和保护因素在儿童发展中所起的作用也许要大于依恋。例如，如果某些婴儿遗传了对压力的低承受性，这可能才是他们没有能力与同伴友好相处的原因，而不是不安全型的依恋。一项研究发现具有短版的羟色胺递质基因（5-HTTLPR）的婴儿容易苦恼和忧虑，但该基因和不安全型依恋并没有联系（Brumariu & others, 2016）。

对依恋理论的另一批评是它忽视了存在于婴儿世界中的社会化动因和情境的多样性。文化的价值体系可以影响依恋的性质以及什么叫作敏感的养育（Mesman & others, 2016）。德国北部的母亲们对婴儿独立性的期望很高，而日本母亲们更强烈的愿望则是将婴儿留在身边（Grossmann & others, 1985; Rothbaum & Trommsdorff, 2007）。因此，当与母亲分离时，德国北部的婴儿一般比日本的婴儿表现出较少的痛苦，这就不足为奇了。同时，在一些文化中，婴儿可能会对多人产生依恋。例如，在尼日利亚的豪萨人（Hausa）当中，祖母和哥哥姐姐都给婴儿提供很多照料（Harkness & Super, 1995）。总的来说，农业社会中的婴儿倾向于对哥哥姐姐形成依恋，因为他们承担着照看弟弟妹妹的主要责任。当然，研究者们并不否认有能力的、关怀备至的照料者对婴儿发展具有重要的影响（Grusec & others, 2013）。但争论的要点在于：安全型依恋，尤其是对单一照料者的安全型依恋，是否真的很重要（Fraley, Roisman, & Haltigan, 2013; Thompson, 2013c, d）。

发展的串联模型（developmental cascade model）该模型涉及那些影响发展路径和发展结果的跨领域跨时间的各种联系。

发展链接

天性和教养

在基因和环境的互动中涉及哪些因素？链接"生物起源"。

在豪萨文化中，哥哥姐姐和祖母为婴儿提供了很大一部分照料。这种做法会如何影响依恋？
图片来源：视觉中国

第十章 情绪发展 **297**

尽管有这些批评，仍然有充分的证据表明安全型依恋对发展具有重要意义（Zimmer-Gembeck & others, 2017）。婴儿期安全型依恋之所以重要是因为它既反映了积极的亲子关系，又为随后儿童社会情绪的健康发展提供了基础。

照料类型和依恋　照料的类型是否与婴儿依恋的性质有关呢？安全型依恋的婴儿有着对他们的需求信号做出敏感和及时反应的照料者（Bohr & others, 2018）。在出生后的第一年里，这些照料者经常让婴儿主动决定互动的开始和节奏。一项覆盖了687篇文章的综述研究显示：大量的证据表明母亲对婴儿敏感的回应和婴儿的安全型依恋以及发展状况相关联（Deans, 2018）。另一项研究发现，婴儿6个月大时，母亲对他们苦恼程度的敏感度和婴儿气质的交互作用可预测婴儿12个月大时的安全型依恋（Leerkes & Zhou, 2018）。还有一项研究发现，孩子养育过程中母亲的敏感度在四种不同的文化（哥伦比亚、墨西哥、秘鲁、美国）中都和婴儿的安全型依恋相关联（Posada & others, 2016）。不过请注意，虽然婴儿期里母亲的敏感度和婴儿安全型依恋的发展呈现出正相关，但相关的强度都不是特别高（Campos, 2009）。

不安全型依恋的婴儿是如何和他们的照料者互动的呢？回避型婴儿的照料者通常会不在身边或拒绝婴儿的需求（Groh & others, 2019）。她们往往对婴儿发出的信号不做回应，与婴儿的身体接触也很少。当她们真的与婴儿互动时，她们也可能会摆出一副生气和容易激怒的样子。反抗型婴儿的照料者倾向于前后不一致，有时候对婴儿的需求做出回应，而有时候则不做回应。但总体上讲，她们倾向于对婴儿不怎么亲热，与婴儿互动时也很少具有同步性。混乱型婴儿的照料者通常忽视婴儿或者对他们实施身体上的虐待（Granqvist & others, 2017）。在有些情况下，这类照料者患有抑郁症。总之，照料者和婴儿之间的互动影响着婴儿能否对她们形成安全型或不安全型的依恋（Leerkes & Zhou, 2018）。

到目前为止，在我们关于依恋的讨论中，我们一直侧重于婴儿期安全型依恋的重要性以及悉心的养育对依恋形成的作用（Bohr & others, 2018）。在童年中晚期里，对父母的依恋仍然显著地和儿童多方面的发展结果相关联（Boldt & others, 2016）。在童年中期，对父母形成了安全型依恋的儿童能够更好地调控自己的情绪（Movahed Abtahi & Kerns, 2017）；同时，他们的安全型依恋可以预测更好的学校适应能力、更强的同伴交往能力、更高的自尊水平、较少的行为问题（Brumariu & others, 2018）。另外，在童年中晚期里，随着儿童和同伴、老师以及其他人待在一起的时间增多，核心家庭之外的依恋也变得重要起来。在本书的"家庭"一章里，你将会读到依恋对青少年发展的影响。

发展社会神经科学与依恋　在第一章中，我们描述了作为新兴研究领域的发展社会神经科学，该领域考察社会情绪过程、发展和大脑之间的关系（Telzer & others, 2018）。依恋是发展社会神经科学的理论和研究关注的重要领域之一。依恋和大脑的联系涉及脑的神经解剖、神经递质和激素。

脑影像研究揭示了婴儿的提示（如啼哭）、母亲的回应和脑活动之间存在着联系（Esposito & others, 2017）。在一项实验中，母亲们被分配进降低养育压力干预的实验组或无干预的控制组，结果表明：干预组的母亲们在涉及社会回应、自我意识以及决策的脑区域呈现出改善迹象（Swain & others, 2017）。这些脑区域包括楔前叶、楔前叶与前扣带回皮层以及杏仁核（位于颞极的功能连接）之间的功能连接（Swain & others, 2017）。

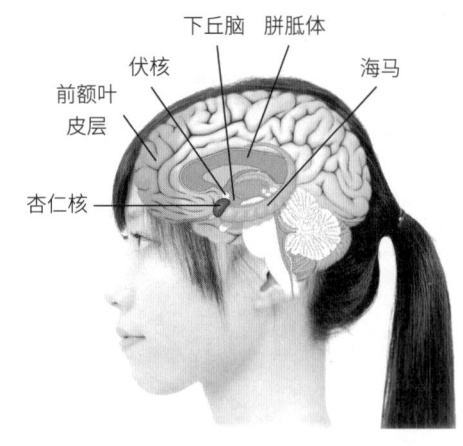

图9　研究者认为在母婴依恋中起重要作用的脑区域

此图显示的是大脑左半球。胼胝体是连接大脑两个半球的神经纤维束。

图片来源：Photo: Takayuki/Shutterstock

关于激素和神经递质对依恋影响的研究一直强调两种神经肽激素对形成母婴联结的重要性，这两种激素即是后叶催产素和血管加压素（Kohlhoff & others, 2017）。后叶催产素是哺乳动物的激素，也是大脑中的一种神经递质，在哺乳期间通过接触和温暖行为而分泌（Bos, 2017）。后叶催产素尤其被认为可能是形成母婴依恋的激素（Kohlhoff & others, 2017）。近期的一项研究显示，较高水平的后叶催产素可以预测母亲敏感的照料，从而说明存在着某种加强依恋关系的生物途径（Kohlhoff & others, 2017）。

这些神经肽在伏核（前脑中神经元的连接，和愉悦有关）中对神经递质多巴胺的影响可能具有驱使个体向依恋对象靠近的作用（Bos, 2017）。图9显示的是上文叙述过的大脑中很可能对母婴依恋产生重要影响的区域。

> 父母作为照料者

至此，我们关于依恋的讨论一直聚焦于母亲作为照料者的情况。母亲和父亲在照看孩子方面有区别吗？

平均说来，母亲花在婴儿和儿童身上的时间要比父亲多很多（Blakemore, Berenbaum, & Liben, 2009; Shwalb, Shwalb, & Lamb, 2013）。母亲更可能承担起管理孩子的角色，协调孩子的活动，并保证他们的健康需要得到满足，等等（Parke & Buriel, 2006）。

不过，越来越多的美国父亲全天留在家里照看他们的孩子（Livingston, 2018）。如图10所示，从1996年到2013年，美国留在家里照看孩子的父亲增加了400%以上。有很大一部分全天照顾孩子的父亲有着热衷于事业的妻子，她们是家庭收入的主要提供者。即使不能全天留在家里照看孩子，父亲们在孩子的发展中仍然发挥着许多至关重要的作用（Cabrera, Volling, & Barr, 2018）。

研究人员对父亲和母亲分别和婴儿互动的情况进行了观察，结果表明：在总的依恋安全性指标上，父亲照看和母亲照看之间没有差别（Fernandes & others, 2018）。当父亲主动地承担起照料者的角色时，孩子就更可能以类似的方式与父母互动（McHale & Sirotkin, 2019）。许多因素可以预测父亲的参与程度，包括社会地位、受教育程度、收入、关于性别角色的信念、夫妻关系的质量（Macon & others, 2017）。

在非洲阿卡族（Aka）俾格米人的文化中，父亲和婴儿互动所花的时间差不多与母亲和婴儿互动的时间一样多（Meehan, Hagen, & Hewlett, 2017）。不过请记住，虽然父亲们都有能力像阿卡俾格米人父亲那样成为婴儿活跃的、体贴的和热心的照料者，但许多文化中的男人还没有选择这么做（Lynn, Grych, & Fosco, 2016）。另外，如果父亲有心理健康问题，他们与婴儿的互动就可能不那么有效。例如，和健康的父亲相比，抑郁的父亲和婴儿互动时就不那么投入，缺乏趣味性，也较少抚摸婴儿（Sethna & others, 2018）。

父亲和婴儿的互动行为是否不同于母亲？母亲的互动通常围绕着照料的活动，如喂食、换尿布、洗澡。父亲的互动更可能涉及玩耍（Kuhns & Cabrera, 2018）。父亲常常进行一些较为粗鲁和扭打类的玩耍。他们颠动婴儿、把婴儿抛向空中、挠痒痒等等。母亲们也和婴儿玩耍，但她们的玩耍在动作幅度和刺激性方面都要低于父亲。

在一项研究中，当样本中的孩子分别为6、15、24、36个月大的时候，研究者对他们的父亲就照料孩子的情况进行了访谈（NICHD Early Child Care Research

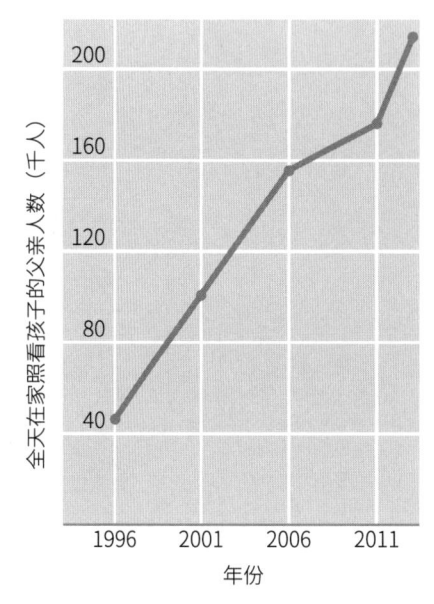

图10 美国留在家里照看孩子的父亲的人数增长情况

资料来源：U.S. Government.

Network, 2000)。在孩子 6 个月和 36 个月大时，还对一部分父亲与孩子玩耍时的情景进行了录像。结果发现：当父亲的工作时间较短而母亲的工作时间较长，父亲和母亲都年轻，母亲报告说夫妻关系亲密，孩子是男孩时，父亲们就会更多地参与照料孩子的事情，包括给孩子洗澡、喂食、穿衣、送孩子到保育中心等等。

当父亲积极参与照顾孩子时，孩子就会从中受益。一项纵向研究对 7,000 多名儿童从婴儿期到成年期进行了追踪评估，结果显示：那些父亲广泛地参与了他们的生活的儿童（如参与他们的各种活动，并对他们的教育有浓厚的兴趣）在学校里更加成功（Flouri & Buchanan, 2004）。

> 儿童保育

如今，许多美国儿童有多个照料者。大多数儿童并不是由父亲或母亲待在家里照顾，而是得到其他人提供的某种形式的照料，如"儿童保育"（child care）服务。许多父母担心这些儿童保育服务会降低婴儿对他们的情感依恋，妨碍婴儿的认知发展，没有教婴儿如何控制愤怒，并允许他们受同伴的不当影响。父母对儿童保育服务的利用程度如何呢？这些父母的担心有依据吗？

父母休假　与历史上任何一个时期相比，如今接受保育服务的儿童在数量上要多得多。大约 1,500 万 6 岁以下的美国儿童在接受保育服务（Child Care Aware, 2018）。在一定程度上，这个数字反映了美国成人不能带薪休假照顾他们的年幼孩子的事实。然而，正如"链接 多样性"专栏里所描述的，许多国家制定了详细的父母休假政策。

链接 多样性

世界各地的儿童保育政策

世界各地的儿童保育政策差异很大（Bartel & others, 2018）。欧洲在制定父母休假新标准方面起了带头作用，欧盟（EU）早在 1992 年就规定了 14 周的带薪产假。目前，在大多数欧洲国家中，上班的父母平均有大约 16 周的带薪休假，在此期间可得到原来工资的 70% 到 100%（Bartel & others, 2018）。美国目前的政策是允许上班的父母不带薪休假 12 周照料新生儿，但条件是他们所在的公司在 75 英里半径的范围内有 50 个以上的雇员。这就意味着许多美国人既没有法定的带薪假期，也没有法定的不带薪假期。

大多数国家对于产前上班时间有限的妇女的合法福利有一定限制。但是在丹麦，即使失业的母亲也享有和生产有关的长假。在德国，养育孩子的假期适用于几乎所有的父母。北欧国家（丹麦、芬兰、冰岛、挪威、瑞典）则拥有更广泛的性别平等的新生儿照料政策，旨在强调男女双方的贡献（Eydal & Rostgaard, 2016）。例如，在瑞典，父母可以分享 18 个月的保留工作的育儿假，既适用于全职上班的父母，也适用于兼职上班的父母。

瑞典等许多欧洲国家的儿童保育政策和美国的相关政策有什么不同？
图片来源：视觉中国

根据图 11 中的数据，为什么说如果美国的休假政策更像北欧国家的政策的话，对父母的帮助会更大？

儿童保育服务的多样性　由于美国没有父母带薪休假照料儿童的全面的政策，儿童保育在美国已经成为一个全国关注的重要问题（Isaacs, Healy, & Peters, 2017）。很多因素会影响儿童保育服务的效果，包括保育服务的类型、保育项目的质量、孩子的年龄以及孩子接受保育服务的时间长短。

儿童保育服务的类型非常广泛（Bratsch-Hines & others, 2017）。有些由大规模的拥有良好设施的保育中心提供，有些则由私人家庭提供。有些保育中心以商业模式运作，有些则是由教堂、民间团体以及雇主兴办的非营利中心。有些儿童保育服务的提供者是专业人员，另一些则是想挣些额外收入的未受过培训的成年人。图11展示的是职业母亲们的5岁以下孩子的主要保育安排（Clarke-Stewart & Miner, 2008）。

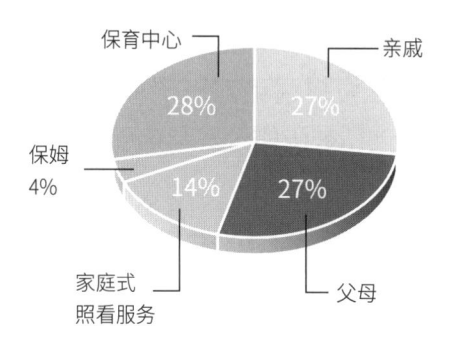

图11　美国职业母亲们的5岁以下孩子的主要保育安排

在美国，大约15%的5岁和5岁以下的儿童接受一个以上的保育安排。许多因素决定着这些保育安排是否以及怎样对儿童的入学准备和行为调整产生影响，如保育的质量和保育的连贯性（Dearing & Zachrisson, 2017）。

民族、社会经济地位、居住区域以及儿童的年龄都会影响到父母利用哪一类保育服务。这些因素也影响到父母能否找到好的儿童保育服务以及他们可以有哪些好的选择。例如，对收入较高的家庭来说，费用就不太可能成为选择的障碍；与婴儿相比，保育点距离较远对年龄较大的儿童来说也不是很大的问题（U.S. Department of Education, National Center for Education Statistics, 2018）。

儿童保育服务的质量很重要。对于婴儿来说，高质量的保育有什么特点呢？在高质量的保育项目中（Clarke-Stewart & Miner, 2008, p. 273），"保育人员鼓励孩子积极参与各种活动，并和孩子进行频繁而积极的互动，包括微笑、抚摸、拥抱以及与孩子平视说话，适当地提问或回答孩子的问题，并鼓励孩子说出他们的体验、感受和想法。"

高质量的儿童保育服务也包括为孩子提供一个安全的环境，使孩子能够得到与其年龄相适合的玩具，并能够参加与其年龄相适应的活动。同时，保育人员和儿童的人数比要低。这样，保育人员就可以把相当多的时间用于和孩子进行一对一的互动。

链接　职业生涯

儿童日托中心主任万达·米切尔

万达·米切尔（Wanda Mitchell）是北卡罗来纳州威尔逊市哈蒂丹尼尔斯儿童日托中心（the Hattie Daniels Day Care Center）的主任。她的职责主要是指导中心的日常工作，包括营造和保持一个使幼儿能有效学习的环境，并确保该中心达到本州的发证要求。万达从北卡罗来纳州农工大学获得学士学位，主修儿童发展。在从事目前的工作之前，她曾是提前开端教育计划的协调员，也曾是威尔逊社区技术学院的讲师。在描述她的职业生涯时，万达说："我真的很喜欢在这里工作。这正是我的激情所在。大学毕业后，我的目标就是在这一领域里不断获得提升。"

儿童日托中心主任万达·米切尔和中心里的部分儿童在一起活动。
图片来源：Wanda Mitchell

要进一步了解儿童早期教育者工作情况的信息，请阅读附录"儿童发展领域的相关职业"。

第十章　情绪发展

> 我们拥有一切必要的知识为美国儿童提供绝对一流的保育服务，所缺少的只是承诺和意愿。
>
> ——爱德华·齐格勒
> 当代发展心理学家（耶鲁大学）

如果儿童来自资源（心理的、社会的、经济的）很少的家庭，他们就更容易体验到低质量的儿童保育服务（Krafft, Davis, & Tout, 2017）。许多研究者考察了贫困对儿童保育质量的影响（Carlin & others, 2019）。多项研究表明，高质量的儿童保育服务可以让低收入家庭的孩子受益。例如，低收入儿童花更多的时间待在保育中心降低了家庭的混乱对他们5岁时的认知发展和社会能力发展产生的负面影响（Berry & others, 2016）。

要了解一位为贫困家庭的儿童提供高质量保育服务的人，请阅读"链接 职业生涯"专栏中关于万达·米切尔（Wanda Mitchell）的简介。另外，低收入家庭的孩子在儿童中心能获得优质的保育服务吗？为了回答这个问题并进一步了解儿童保育服务对儿童发展影响的其他信息，请阅读"链接 研究"专栏。

就儿童保育来说，父母可以采用哪些策略呢？儿童保育专家凯瑟琳·麦卡特尼（Kathleen McCartney, 2003, p. 4）提出了如下几条建议：

- 认识到你的养育质量是你的孩子发展的一个关键因素。
- 做出一些将提高你成为好父母概率的决策。"对有些人来说，这将意味着从事全职工作。"可能是为了实现个人价值，也可能是为了增加收入，或两者兼而有之。"对另一些人来说，这将意味着从事兼职工作或不在家庭之外工作。"
- 监控孩子的发展。"父母自己首先应当观察孩子是否有行为问题。"父母需要与儿童保育服务的提供者以及儿科医生讨论自己孩子的行为。
- 花些时间寻找可获得的最好的儿童保育服务。观察不同的儿童保育机构，确保你喜欢你所看到的情况。高质量的儿童保育服务是比较昂贵的，因此，并不是所有的父母都负担得起他们想要的儿童保育服务。但是，困难家庭可以得到国家补贴或参加"提前开端"（Head Start）之类的学前教育项目。

链接 研究

儿童保育的质和量是如何影响儿童的？

1991年，国家儿童健康和人类发展研究所（NICHD）开始了一项关于美国儿童保育状况的全面的纵向研究。数据收集来自一个多样化的大样本，样本包括了近1,400名儿童及其家庭，覆盖美国10个地区，时间跨度为7年。研究者使用了多种方法（观察、访谈、问卷调查和测验）来测量儿童发展的许多方面，包括身体健康、认知发展、社会情绪发展。这项研究如今被称为"NICHD 儿童早期保育和青少年发展研究"，或简称为"NICHD SECCYD 研究"，以下是该研究的一些结果（NICHD Early Child Care Network, 2001, 2002, 2003, 2004, 2005, 2006, 2010）：

- 使用方式。许多家庭在婴儿出生后不久就让孩子接受儿童保育服务，在儿童保育的安排方面存在很大的不稳定性。到4个月大时，将近3/4的婴儿已接受某种形式的非母亲照料的儿童保育服务。当婴儿第一次接受保育服务时，近半数是由亲戚照料，只有12%的婴儿被送进儿童保育中心。社会经济因素与保育服务的类型和量相关联。例如，在母亲收入比较高且家庭更为依赖母亲收入的情况下，婴儿很小时就被会被安排接受保育服务。与其他母亲相比，那些认为自己的工作对儿童有积极影响的母亲更可能让婴儿由其他人照料更长的时间。低收入家庭比富裕家庭更可能使用儿童保育服务，但来自低收入家庭的婴儿接受儿童保育服务的平均时间与其他家庭的婴儿相同。在学前阶段，单亲母亲、受教育程度较高的母亲和高工资的家庭比其他家庭使用更多基于中心的儿童保育服务。少数民族家庭和受教育程度较低的母

(接上页)

亲则使用更长时间的亲戚照料。

- **保育质量**。保育质量的评估基于这样一些因素，如群体大小、儿童与成人比、物理环境、保育人员的特点（如正规教育、专业训练和儿童照看经验）和行为（如对儿童的敏感性）。一个令人吃惊的结论是，儿童出生后最初3年里所经历的儿童保育服务的质量绝大多数都低得不能接受。母亲以外提供的保育服务当中积极照料（如积极地和孩子说话、不和孩子疏远或冷漠、有足够的语言刺激）的比例很低，在被研究的儿童中只占12%。同时，和来自高收入家庭的婴儿相比，来自低收入家庭的婴儿所接受的是质量更低的儿童保育服务。当保育服务的质量高时，儿童完成认知和语言任务的成绩更好，和母亲玩耍时更具有合作性，和同伴的互动更积极和熟练，出现的行为问题也较少。保育人员的培训和良好的儿童与职员比例跟儿童54个月大时较强的认知能力和社交能力相关联。

  在那些使用母亲外儿童保育服务的家庭中，较高质量的儿童保育也与较高质量的母子互动相关联。同时，低质量的保育与婴儿15个月大时对母亲不安全型依恋的增加相关，但只有在母亲对婴儿缺乏敏感和及时回应的情况下，这种相关才会出现。不过，儿童保育的质量与婴儿36个月大时的依恋安全之间不存在相关。较高质量的儿童保育和接受保育的小时数较少预测了学前儿童较好的执行功能，后者又转而预测了学前和幼儿园阶段较好的学习技能和社会技能（Son & Chang, 2018）。一项时间跨度很长的纵向研究显示：高质量的儿童早期保育预测了高中阶段较好的考试成绩和较高考取名牌大学的可能性。在控制了一系列家庭背景因素的情况下，仍然如此（Vandell, Burchinal, & Pierce, 2016）。

- **儿童保育服务的量**。儿童保育服务的量也能预测一些儿童发展的结果。当儿童从婴儿期开始就长时间地接受保育服务时，他们与母亲之间互动体验的敏感度就降低了，并出现了更多的行为问题和更高的生病率。这方面的比较研究中有许多是将每周接受保育服务少于30小时的儿童组与每周接受保育服务多于45小时的儿童组进行对比。一般情况下，当儿童每周接受保育服务达到30小时或更多时，他们的发展就达不到最佳状态（Ramey, 2005）。

- **家庭和父母养育的影响**。家庭和父母养育的影响并没有因大量的儿童保育服务而有所减弱。父母在帮助孩子调节自己的情绪方面仍然发挥着重要的作用。尤其重要的父母影响表现在对孩子的需求敏感、对孩子关心并给予孩子适当的认知刺激方面。事实上，父母的敏感度一直是安全型依恋的最一致的预测指标，在很多情况下，只有当母亲的养育方式对孩子缺乏敏感时，保育服务的影响才得以表现出来（Friedman, Melhuish, & Hill, 2010）。从如此深入的NICHD研究得到的一个很重要的发现：和儿童保育服务的经历（如质、量、类型）相比，家庭因素始终是儿童各种发展结果的更有力和更一致的预测指标。当家庭和儿童保育服务双方面的质量都低劣时，儿童发展就会出现最糟糕的结果。例如，最近一项研究引用了NICHD研究的数据，结果显示：当儿童的家庭环境和保育服务的环境都具有风险时，儿童社会情绪的发展就比较糟糕（更多问题行为，较少亲社会行为）（Watamura & others, 2011）。

这项研究进一步佐证了本小节前面引用的其他研究人员得出的结论：儿童接受的保育服务的量远不如保育服务的质重要。另外，该研究强调，家庭和父母也能够对孩子接受到的儿童保育服务经验产生积极的影响，认识到这一点也具有重要的意义。

国家儿童健康和人类发展研究所（NICHD）所做的全国儿童保育状况的纵向研究有哪些重要的发现？
图片来源：视觉中国

第十章 情绪发展

复习、联想和反思

学习目标 4

解释社会取向与理解、依恋的早期发展，以及不同形式的儿童保育。

复习
- 社会取向和社会理解的早期发展的特点是什么？
- 依恋在婴儿期里是如何发展的？
- 父亲和婴儿是如何互动的？母亲和婴儿又是如何互动的？
- 儿童保育的特点是什么？

联想
- 在这一节里，你了解到母亲敏感的回应和婴儿的安全型依恋相关联。你已经了解到母亲的敏感和孩子的语言发展之间有什么关系？

反思你自己的人生之旅
- 假定你的一位朋友正准备把她的孩子送进儿童保育中心。你将会对她提什么建议？你认为她应当留在家里照顾孩子吗？为什么应当？又为什么不应当？你将会向她推荐哪一类儿童保育中心？

达到你的学习目标

情绪发展

探索情绪

学习目标 1 讨论情绪的基本方面。

● 什么是情绪

情绪指情感或感情，发生于人们与他人互动的过程中，而这些互动对他们来说具有重要意义，尤其是那些影响到他们福祉的互动。情绪可分为消极情绪和积极情绪。心理学家们强调，情绪尤其是情绪的面部表达具有生物基础。情绪的面部表达在各种文化中都是相似的，但表达的规则在不同文化中是不同的。生物进化使人类成为了有情绪的物种，但文化以及与他人的关系为情绪体验提供了多样性。

● 情绪的功能主义观点

情绪的功能主义观点强调情境和人际关系在情绪中的重要性。例如，当父母引发孩子积极情绪时，孩子就更容易听从父母的教导。在这种观点看来，目标以多种方式体现在情绪中，目标的具体性质可能影响个体对某种特定情绪的体验。

● 情绪能力

具有情绪能力涉及许多技能的发展，如对自己情绪状态的意识，察觉出他人的情绪，适应性地应对消极情绪，以及理解情绪在人际关系中的作用。

情绪的发展

学习目标 2 讨论情绪的发展。

● 婴儿期

婴儿在发展的早期就已表现出多种情绪，尽管研究者们仍在争论这些情绪的开端时间和出现顺序。刘易斯将情绪区分为初级情绪和自我意识情绪。初级情绪包括高兴、生气、害怕，而自我意识情绪则包括自豪、羞愧和内疚。啼哭是新生儿与世界交流的最重要的机制。婴儿至少有三种类型的啼哭：基础的、生气的、痛苦的。回应照料者声音的社会性微笑早在 4 至 6 周大时就已出现。婴儿形成的两种害怕是陌生人焦虑以及与照料者分离（反映在分离抗议中）。当婴儿啼哭时，是否应该抚慰他们还存在争论，虽然越来越多的专家建议在出生后的第一年里要以爱抚的方式立即做出回应。婴儿逐渐发展了抑制情绪反应的时间和强度的能力。

- ● 童年早期

　　幼儿在情绪方面的进步包括表达情绪、了解情绪和调节情绪。当幼儿越来越多地体验到骄傲、羞愧和内疚等自我意识情绪时，他们的情绪范围也随之扩展。2 至 4 岁的幼儿使用越来越多的描述情绪的术语，并了解了更多有关情绪的原因和后果的知识。4 到 5 岁时，儿童思考情绪的能力有所提高，能够理解同一个事件在不同的人身上可以引起不同的情绪。他们越来越意识到需要管理情绪以符合社会标准。和情绪摒除式的父母相比，情绪教练式父母的孩子能够更有效地自我调控他们的情绪。那些与母亲有着安全型依恋关系的幼儿更愿意谈论有关困难情绪的情况。情绪调控对于成功的同伴关系具有重要的作用。

- ● 童年中晚期

　　在童年中晚期里，儿童越来越意识到要控制和管理情绪以符合社会的标准。在这个阶段里，儿童的情绪理解能力不断提高，他们抑制和控制消极情绪的能力显著改善，能够用自发的策略来转移情绪，也越来越能全面地考虑导致情绪反应的事件，并发展了真正移情的能力。

气质

学习目标 3 叙述各种不同的气质及其意义。

- ● 气质的描述和分类

　　气质是指个体在行为风格、情绪和特定回应方式方面的差异。发展学家对婴儿的气质尤其感兴趣。切斯和托马斯把婴儿的气质类型分为：(1) 容易型；(2) 困难型；(3) 慢热型。卡根认为对陌生的抑制是一个重要的气质类型。罗斯巴特和贝茨的气质观则强调如下的气质分类：(1) 外向性；(2) 消极情感；(3) 努力控制（自我调控）。

- ● 生物基础和经验

　　人的生理特点与不同的气质相关联，关于气质遗传性的双生子和领养研究表明，遗传对气质具有中等程度的影响。儿童通过遗传继承了使他们易于形成某种特定气质类型的生理特点，但通过经验，他们可以在一定程度上学习改变自己的气质。很活跃的儿童可能成为外向的成年人。有些情况下，困难型气质与成年早期的适应问题有关联。童年期气质和成年期人格之间的联系部分取决于情境，因为情境在很大程度上塑造了对儿童的回应方式及儿童的体验。例如，对儿童的气质如何回应在一定程度上取决于儿童的性别和所在的文化。

- ● 契合度和养育

　　契合度指儿童气质与儿童必须应对的环境要求之间的匹配。契合度可能是儿童适应的一个重要方面。虽然到目前为止研究证据还只是粗略的，但总体上的建议是：养育者应当 (1) 对儿童的个性特征保持敏感，(2) 灵活地对待这些特征，(3) 避免给儿童贴上消极的标签。

社会取向与理解、依恋和儿童保育

学习目标 4 解释社会取向与理解、依恋的早期发展，以及不同形式的儿童保育。

- ● 社会取向与理解

　　婴儿对他们的社会世界表现出浓厚的兴趣，并主动地去理解它。婴儿在其发展的早期就面向自己的社会世界。与照料者面对面玩耍出现在 2 至 3 个月大时。新发展的自主移动能力显著扩大了婴儿发起社会互动的能力，以及更独立地探索其社会世界的能力。感知到人们进行着意向性和目标导向的行为是婴儿取得的一项重要的社会认知成就，而这最初发生在 12 个月时。社会参照在第二年里不断增加。

第十章　情绪发展　　305

● 依恋

依恋是两个人之间紧密的情感联结。在婴儿期里，接触的舒适感和信任对于依恋的发展很重要。鲍尔比的行为学理论强调婴儿和照料者形成依恋都有一定的生物基础。婴儿期的依恋发展经历四个阶段。安全型依恋的婴儿把照料者（通常是母亲）作为探索环境的安全基地。三种不安全的依恋类型是不安全回避型、不安全反抗型和不安全混乱型。安斯沃思编制了陌生情境测验，该测验是通过观察对依恋进行测量。安斯沃思指出，出生后第一年的安全型依恋为儿童后来的心理发展提供了重要的基础。早期依恋和后期发展之间联系的强度在不同的研究中有些差异。有些批评者认为，依恋理论家们没有对遗传特点和气质给予足够的重视。另一些批评者则强调他们没有充分重视社会力量和情境的多样性。研究者也发现依恋存在文化差异，但到目前为止，已有的研究都表明各种文化中安全型依恋都是最普遍的依恋类型。混乱型依恋婴儿的照料者通常忽视婴儿或者对他们进行身体上的虐待。近年来，研究者们把更多的兴趣转向了大脑在依恋形成中的作用。催产素可能是影响母婴依恋发展的关键因素。安全型依恋在童年期里仍然是重要的。

● 父母作为照料者

近年来，父亲和孩子互动的时间有所增长，但母亲在照料孩子方面仍然比父亲花费了多得多的时间。和孩子互动时，许多美国家庭的母亲的主要角色是为他们提供照料，而父亲的主要角色则是和他们玩耍。

● 儿童保育

目前，美国接受儿童保育服务的儿童数量多于历史上任何一个时期。儿童保育服务的质量存在差异，儿童保育也还是个有争议的话题。优质的儿童保育服务是可以获得的，对儿童似乎没有什么不利影响。在 NICHD 儿童保育研究中，来自低收入家庭的婴儿更可能接受质量最低劣的儿童保育服务。同时，高质量的儿童保育服务与儿童较高的认知发展水平和较少的行为问题相关联。

重要术语

生气啼哭 anger cry
依恋 attachment
基本啼哭 basic cry
发展的串联模型 developmental cascade model
困难型儿童 difficult child
容易型儿童 easy child
情绪 emotion
契合度 goodness of fit

不安全回避型儿童 insecure avoidant babies
不安全混乱型儿童 insecure disorganized babies
不安全反抗型儿童 insecure resistant babies
痛苦啼哭 pain cry
初级情绪 primary emotions
反射性微笑 reflexive smile

安全型依恋儿童 securely attached babies
自我意识情绪 self-conscious emotions
分离抗议 separation protest
慢热型儿童 slow-to-warm-up child
社会参照 social referencing
社会性微笑 social smile
陌生人焦虑 stranger anxiety
陌生情境测验 Strange Situation
气质 temperament

重要人物

玛丽·安斯沃思 Mary Ainsworth
约翰·鲍尔比 John Bowlby
约瑟夫·坎波斯 Joseph Campos
亚历山大·切斯 Alexander Chess
艾瑞克·埃里克森 Erik Erikson

哈里·哈洛 Harry Harlow
杰罗姆·卡根 Jerome Kagan
迈克尔·刘易斯 Michael Lewis
凯瑟琳·麦卡特尼 Kathleen McCartney
玛丽·罗斯巴特 Mary Rothbart

艾伦·斯罗夫 Alan Sroufe
斯特拉·托马斯 Stella Thomas
西奥多·瓦克斯 Theodore Wachs
约翰·华生 John Watson

第十一章 自我与同一性

本章纲要

第1节 自我理解和理解他人

学习目标 ❶
描述自我理解和理解他人的发展。
- 自我理解
- 理解他人

第2节 自尊和自我概念

学习目标 ❷
解释自尊和自我概念。
- 什么是自尊和自我概念
- 评估
- 发展性变化
- 自尊的差异

第3节 同一性

学习目标 ❸
描述同一性及其发展。
- 什么是同一性
- 埃里克森的观点
- 发展性变化
- 社会情境

真人实事

汤亭亭（Maxine Hong Kingston）对她的中国祖先以及中国移民在美国艰难的生存状况的生动描述，使她成为世界上最著名的亚裔美国作家之一。汤亭亭的父母都是中国移民，她于 1940 年出生在加利福尼亚州，每天要和父母及五个兄弟姐妹在家庭洗衣店里工作数小时。在青少年时代，汤亭亭的父母努力艰难地适应着美国文化，并经常讲述他们的中国传统，这些都对汤亭亭产生了很大的影响。

在成长的过程中，汤亭亭感受到了两种截然不同的文化对她的吸引力。她对中国女性的故事尤其感兴趣，这些女性不是被视为享有特权，就是被视为低人一等。

她的第一本书是《女勇士：一个生活在鬼怪中的少女的回忆》（*The Woman Warrior: Memoirs of a Girlhood Among Ghosts*）（Kingston，1976）。在这本书中，汤亭亭叙述了她的中国姑姑产下私生子的故事。由于生育非婚生子女是一种禁忌并被认为将会扰乱村庄的安宁，因此全村人都谴责她，迫使她杀死了自己的孩子并最终自杀。从那以后，就连她的名字也被禁止提及。汤亭亭说她喜欢引导人们发现他们生活的意义，尤其是通过探索他们的文化背景来发现生活的意义。

童年的汤亭亭
图片来源：Glenda Hyde

前言

汤亭亭的生活和作品提醒我们考虑每个人成长过程中的重要方面：我们都努力理解自己并努力发展反映我们文化传统的同一性。本章的话题是关于自我和同一性。当我们讨论这些话题时，请你思考一下在你成长的不同时间点上，你对自己的理解有多深，并思考你是如何获得你的同一性特征的。

学习目标 1

描述自我理解和理解他人的发展。
- 自我理解
- 理解他人

第1节 自我理解和理解他人

自我由一个人的所有特征组成。那些专注于自我的理论家和研究者们通常认为，自我是个体人格的最重要方面，自我也为我们提供了一个理解不同人格特点的综合维度（Harter, 2012, 2015; Rochat, 2013）。到目前为止，人们已对自我的多个方面进行了比较深入的研究。这些方面包括自我理解、自尊和自我概念。

许多研究显示，幼儿在心理上要比过去所认为的更能认识自己和他人（Thompson, 2013）。这种心理意识反映了幼儿的心理成熟度在不断提高。

> 自我理解

自我理解是儿童对自我的认知表征，是自我概念的实质和内容。例如，一个11岁的男孩知道自己是一名学生、男孩、校足球队队员、家庭的一员、电子游戏爱好者、摇滚音乐迷。一个13岁的女孩认识到自己是一名初中生、处于青春期、女孩、校啦啦队队长、学生会干部、影迷。在一定程度上，儿童的自我理解是建立在那些决定着儿童是谁的各种角色和各类成员关系的基础之上的（Harter, 2012, 2015）。虽然自我理解不是个人同一性的全部，但它为同一性提供了理性的基础。

发展性变化 儿童的自我不只是父母或文化给予的，更确切地说，他们建构着自我。随着儿童的成长，他们的自我理解也随之变化。

婴儿期 研究婴儿期的自我是很困难的，这主要是因为婴儿不能告诉我们他们是如何体验自我的。婴儿无法用言语表达他们对自我的看法，也不能理解研究者的复杂的指导语。

自我识别的一种初步形式是注意并积极地对待自己在镜子中的形象，这种能力早在3个月大时就出现了。不过，自我识别能力更加重要和更加全面的指标是能够识别自己的身体特征，但这一能力要到第二年里才会出现（Filippetti & Tsakiris, 2018; Thompson, 2006）。

测试婴儿视觉自我识别能力的一个巧妙的方法是镜像法。应用这一方法时，婴儿的母亲首先趁孩子不注意时在他（她）的鼻子上涂上一点口红。然后，研究者观察并记录婴儿用手触摸自己鼻子的频率。接着，把婴儿放到镜子前，研究者再观察婴儿用手触摸自己鼻子的频率，看是否有所增加。触摸频率增加为什么重要呢？研究者们认为，婴儿触摸鼻子的频率增加表明他们认识了镜子中的自己，并试图触摸或擦掉口红，因为口红点不符合婴儿关于自己是什么样子的知觉。也就是说，触摸

> 当我说"我"时，我是指某种完全独特的，不会和任何其他人相混淆的东西。
>
> ——乌戈·贝蒂
> 20世纪意大利剧作家

自我（self）由一个人的所有特征组成。

自我理解（self-understanding）儿童对自我的认知表征，是自我概念的实质和内容。

第十一章 自我与同一性 **309**

频率增加表明婴儿认识到镜子中的婴儿不是别人，正是自己，但也觉得事情有些不对，因为真正的自己鼻子上没有口红点。

图1展示了采用镜像法的两项早期调查的结果。研究者发现，1岁前的婴儿并不认识镜子中的自己（Amsterdam, 1968; Lewis & Brooks-Gunn, 1979）。部分婴儿在15至18个月大时开始表现出自我识别能力。到2岁时，大多数婴儿都能识别出镜子中的自己。总之，大约在18个月大时，婴儿开始发展一种被称为视觉自我识别的自我理解能力（Filippetti & Tsakiris, 2018）。

在第二年末和第三年初（不同文化在时间点上稍有差异），学步儿表现出其他新形式的体现"我"（me）的自我意识。例如，他们能通过说"我大"（Me big）来指自己；他们能用符号表示自己的内部体验，如情绪；他们能够监控自己，如一个学步儿说"我自己做"；他们也能够说东西是他们的（Davoodi, Nelson, & Blake, 2018; Ross & others, 2017）。一项研究表明，婴儿要到第二年才能形成关于自己身体的自觉的意识（Waugh & Brownell, 2015）。在身体意识方面的这一发展性变化标志着婴儿开始能够表征自己的三维体形和外表，这为他们发展自我形象和同一性迈出了最初的一步。

童年早期　由于儿童已能够用言语进行交流，因而关于童年期的自我理解的研究已不再像婴儿期那样局限于视觉自我识别（Harter, 2012, 2015）。主要通过访谈法，研究者们已经探究了儿童自我理解的众多方面（Starmans, 2017; Thompson, 2013）。下面是幼儿自我理解的五个主要特点：

- *混淆自我、心理与身体*。幼儿一般会将自我、心理（mind）和身体相混淆。大多数幼儿认为自我是身体的一部分，通常是指头部。对他们来说，自我可以用许多物质性的维度加以描述，如大小、形状、颜色。
- *具体描述*。学前儿童主要用具体性的词汇来思考和描述自己。一个幼儿可能会说"我认识字母表中的字母""我会数数"或"我住在一所大房子里"（Harter, 2012）。虽然幼儿主要用具体的、可观察到的特征和行为来描述自己，但到了4岁至5岁前后，当他们听到其他人使用心理特点和情绪方面的词汇时，他们也开始在自我描述时使用这些词汇（Thompson, 2013）。因此，在自我描述时，一个4岁的孩子可能会说："我不害怕。我总是很快乐。"
- *物理性描述*。幼儿也通过许多物理性和物质性的特征将自己和他人区分开来。例如，4岁的安德烈亚说："我和萨菲亚不同，因为我是棕发而她是金发。"4岁的达雷恩说："我和弟弟不同，因为我比他高；我和妹妹不同，因为我有一辆自行车。"
- *活动性描述*。活动维度是童年早期自我的核心成分。例如，学前儿童常常会用玩耍等表示活动的词汇来描述他们自己。
- *不切实际的过高的正向估计*。童年早期的自我评价往往表现为不切实际的正向性以及对个人特点的过高估计（Harter, 2012）。造成这一现象的原因在于：（1）幼儿难以区分他们希望拥有的能力和实际拥有的能力；（2）尚未形成与现实自我相区别的理想自我；（3）很少进行社会比较，即很少探究如何与他人相比较。这种对自我特点的过高估计有助于幼儿保护自己免受负面自我评价的伤害。

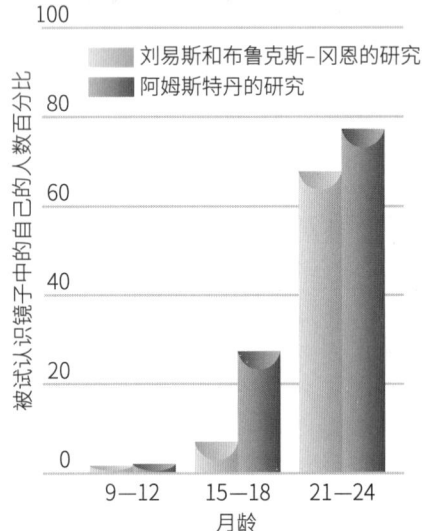

图1　婴儿期自我识别能力的发展
图中展示了两项研究的结果：不到1岁的婴儿不认识镜子中的自己；15至18个月大的婴儿识别自己的百分比略有增长；到2岁时，大多数婴儿能够识别自己。为什么研究者要研究婴儿是否能识别镜子中的自己？
图片来源：视觉中国

> 生命的自我只有一个目标：达到自身存在的圆满，就像树木开满鲜花，鸟儿呈现出春天的美丽，老虎成为百兽之王。
>
> ——D.H. 劳伦斯
> 20世纪英国作家

但是，如同儿童发展的几乎所有领域一样，幼儿的自我概念也有个体差异，而且有越来越多的证据表明，有些儿童很容易受到消极的自我认识的影响（Müller & others, 2015）。例如，有一项研究发现：如果学前儿童和父母形成了不安全型依恋，他们就会形成较低的自我概念；如果受到同伴的排斥，情况则更加糟糕（Pinto & others, 2015）。这项研究说明，幼儿普遍乐观的自我估计并不能使他们免受不利的、有压力的家庭状况以及同伴群体的影响。

童年中晚期 在童年中晚期里，儿童的自我评价变得更加复杂（Harter, 2012, 2015）。这种变化主要表现在以下五个方面：

- *心理特征*。在童年中晚期里，特别是从8岁到11岁，儿童越来越多地用心理特征来描述自己，这和较年幼儿童比较具体的自我描述形成了对照。年龄较大的儿童更可能把自己描述为受欢迎、友好、乐于助人、刻薄、聪明或愚笨的。和年幼的儿童相比，年龄较大的儿童也不太可能高估自己的能力，或只是列举自己的优点。相反，他们现在有了辩证的认知能力，能够认识到他们既友好又刻薄，既聪明又愚笨。
- *社会性描述*。在童年中晚期里，儿童开始将社会群体参照等社会层面的内容包括进他们的自我描述中（Harter, 2012）。例如，小学儿童越来越意识到社会对某些群体的歧视，也意识到权力的不平等影响着他们的自我理解和社会交往（Killen, Rutland, & Yip, 2016）。
- *社会比较*。在童年中晚期，儿童的自我理解中包括了越来越多的社会比较和参照。在这一发展阶段，儿童更倾向于用比较级而不是绝对的词汇来区分自己和他人。也就是说，小学年龄段的儿童更可能会思考与别人相比自己能做些什么。如果他们觉得自己不如别人，他们对自己的评价就可能是否定的。
- *现实自我和理想自我*。在童年中晚期，儿童开始区分现实自我和理想自我。这涉及将他们的实际能力与他们期望拥有的并且最看重的能力之间做出区分。这两者之间的差距也可能会引起否定的自我评价。
- *现实主义*。在童年中晚期，儿童的自我评价变得更加现实。这一变化可能是由更多的社会比较和观点采择带来的。

青少年期 青少年期里自我理解的发展更加复杂，涉及自我的许多方面（Harter, 2012, 2015）。

- *抽象和理想主义*。让我们回忆一下第六章中讨论过的皮亚杰的认知发展理论：许多青少年开始以*抽象*和*理想主义*的方式进行思考。当要求他们描述自己时，青少年比儿童更可能使用抽象的、理想主义的语言。例如，让我们来看14岁的劳丽对自己的抽象描述："我是人，我有些优柔寡断。我不知道我是谁。"再看她对自己理想主义的描述："我是一个天生敏感的人，十分在意人们的感受。我觉得自己长得很漂亮。"尽管并不是所有的青少年都会用理想主义的方式描述自己，但大多数青少年都能区分现实自我和理想自我。
- *自我意识*。和儿童相比，青少年对自我的理解更可能具有*自我意识*和*自我专注*的特点。自我意识和自我专注反映了青少年的自我中心主义。
- *自我内部的矛盾*。随着青少年开始将他们的自我概念分化为不同关系背景下

幼儿的自我理解有什么特点？
图片来源：视觉中国

> **发展链接**
>
> **认知理论**
>
> 在皮亚杰认知发展的第四阶段，思维变得更加抽象、更加理想化、更有逻辑性。链接"认知发展观"。

第十一章 自我与同一性 **311**

的多重角色，他们会感到分化了的各种自我之间存在着潜在的矛盾。例如，某个青少年可能会这样描述自己："我是固执和随和的"或"我是安静和饶舌的"。与年龄较大的青少年相比，这种充满矛盾的自我描述在年龄较小的青少年身上表现得更加明显。

- *波动的自我*。青少年的自我理解会随着情境和时间的改变而波动。在建构起更为统一的自我观念之前，青少年的自我一直是不稳定的，而这种建构通常要到青少年后期甚至成年早期才能完成（Michikyan, Dennis, & Subrahmanyam, 2015）。

- *现实的自我和理想的自我*。除了现实的自我之外，青少年建构理想自我的能力逐渐产生，这可能使他们感到困惑和苦恼。从一个角度看，理想的自我或想象的自我的一个重要方面便是**可能的自我**，即个体可能成为什么样的人，希望成为什么样的人，以及惧怕成为什么样的人（Markus & Kitayama, 2010, 2012）。未来的积极的自我特性（如进入名牌大学、受人钦佩、拥有成功的职业生涯）能够引导青少年进入积极的未来状态，而未来的消极的自我特性（如失业、孤独、没有进入好的大学）则可以指出哪些是他们需要努力避免的（Oyserman, Destin, & Novin, 2015）。

- *社会比较*。在青少年时期，个体将自己和他人比较的倾向继续上升。但是，当询问他们是否进行社会比较时，大多数青少年都否认这一点，因为他们都知道这样做不太好。也就是说，他们认为承认自己的社会比较动机将危及他们的受欢迎程度。个体关于别人如何看他（她）的信念被称之为镜中自我（*looking glass self*）。

- *自我整合*。在青少年期的后期和成年期的开始阶段，随着自我的各个不同方面更为系统地组合在一起，自我理解也变得更具有完整性。当年龄较大的青少年试图建构关于自我的总的看法和完整的同一性时，他们更可能会发现自己以前所做的自我描述中不一致的地方。

> 理解他人

幼儿在理解自己和理解他人方面比人们以往所认为的更加老练（Thompson, 2013）。**社会认知**这一术语涉及我们理解周围世界的过程，尤其涉及我们是如何思考他人的。发展心理学家们则主要研究儿童是如何发展对他人的理解的（Mills, 2013; Slaughter, 2015）。

在"情绪发展"一章中，我们描述了婴儿期里社会理解的发展。请回顾一下，感知到人们进行有意和目标导向的行为是一项重要的社会认知成就，这发生在12个月大时。社会参照在出生后的第二年里有所发展，它涉及"阅读"他人身上的情绪线索，以帮助自己确定在特定的情况下该如何采取行动。在这里，我们将叙述童年期和青少年期里社会理解方面的进一步变化。

童年早期 在童年早期，儿童在理解他人方面不断进步（Mills, 2013）。正如我们在"信息加工"一章中了解到的，幼儿的心理观包括理解其他人也具有情绪和愿望（Lagattuta, Elrod, & Kramer, 2016; Wellman, 2011）。大约在4至5岁时，儿童不仅开始从心理特征的角度描述自己，也开始从心理特征的角度来感知他人。因此，一个4岁的孩子可能会说："我的老师很亲切。"

自我理解在青少年期里是如何变化的？
图片来源：视觉中国

了解你自己，因为一旦我们了解了自己，我们就可以知道如何关心自己，否则，我们将永远不知道如何关心自己。

——苏格拉底
公元前5世纪希腊哲学家

青少年的可能的自我有什么特点？
图片来源：视觉中国

发展链接

注意
联合注意和视线追随有助于婴儿理解其他人也是有意向的。链接"情绪发展"。

可能的自我（possible self）个体可能成为什么样的人，希望成为什么样的人，以及惧怕成为什么样的人。

社会认知（social cognition）这一术语涉及我们理解周围世界的过程，尤其涉及我们是如何思考他人的。

儿童发展的重要一步就是开始明白人们并不总是准确地说出他们的想法（Quintanilla, Giménez-Dasí, & Gaviria, 2018）。研究人员发现，甚至4岁的孩子就已明白，人们可能会做出与事实不符的陈述，以获得他们想要的东西或避免麻烦（Nancarrow & others, 2018）。例如，一项例证性研究显示，当4岁和5岁的儿童被告知某个儿童不愿意参加野营活动时，他们对那个儿童声称自己生病的说法就越来越持怀疑态度（Gee & Heyman, 2007）。

关于心理观的深入研究以及近年来关于幼儿社会理解的研究都强调，幼儿并不总是像皮亚杰和其他一些学者设想的那么自我中心（Fizke & others, 2017; Slaughter, 2015）。但皮亚杰的自我中心主义概念在人们关于幼儿的思考中已变得如此根深蒂固，以至于目前的关于婴幼儿社会意识的研究成果往往被忽视了。越来越多的研究表明，幼儿比以往所设想的具有更高程度的社会敏感性和洞察力，从而表明父母和老师可以通过与婴幼儿的互动方式来帮助他们更好地理解社会世界，并使他们在这个社会世界里与人互动（Thompson, 2013）。如果幼儿正在寻求更好地理解人们行为背后的各种心理状态和情绪状态（如意图、目标、情感、愿望），那么与他们谈论这些内部状态就可以提高幼儿对它们的理解（Ruffman & others, 2018）。不过，关于幼儿是具有社会敏感性还是基本上以自我为中心的问题，争论还在继续。

理解他人的另一个重要方面涉及理解共同的承诺和合作（Warneken, 2018）。一项研究发现：当儿童和合作伙伴都致力于相同目标的联合活动时，5岁儿童比3岁儿童更能够认识到这样的活动包含着对合作伙伴的责任（Kachel & Tomasello, 2019）。

幼儿的社会理解存在个体差异（Laurent & others, 2018）。例如，有些幼儿能够比其他幼儿更好地理解人们的感受和愿望。在一定程度上，这些个体差异与照料者和幼儿谈论人的情感和愿望相关联，也与幼儿有多少观察别人谈论人的情感和愿望的机会相关联（Ruffman & others, 2018）。例如，一位母亲也许会对一个3岁的孩子说："下次你打拉斐尔之前，先要想想他的感受。"

要理解他人，就得从他人的视角看问题。**观点采择**是指对他人的观点做出假设并理解他人的想法和感受的社会认知过程。执行功能在观点采择过程中发挥着重要作用（Galinsky, 2010）。当儿童进行观点采择时，他们需要应用的执行功能是认知抑制（控制自己的想法以便考虑他人的观点）和认知灵活性（以不同的方式看待各种情境）。

童年中晚期 在童年中晚期，儿童在观点采择和理解他人的观点方面有所进步（Lagattuta & others, 2015）。童年中期的儿童开始明白其他人可能持有不同的观点，因为有些人能够比另一些人获得更多的信息。在这一发展阶段，儿童越来越意识到每个人都可以采纳他人的观点，将自己放在他人的立场上思考是评判他人的意图、目的和行动的一种方法。

观点采择在决定儿童是否形成亲社会或反社会的态度和行为方面尤为重要。就亲社会行为来说，从他人的观点看问题可以提高儿童理解他人的能力，并能在他人处于痛苦或困境的时候同情他们。

一项研究显示，让一组10岁的儿童进入消极的情绪状态并让他们聆听一些处于困境的人的故事，那些具有较好情绪调控能力的儿童更可能进行较多的移情和亲

发展链接

认知理论
心理观指个体对自己和他人的心理过程的意识。链接"信息加工"。

幼儿比人们以前所认为的更能够从心理上认识自己和他人。有些幼儿比别的幼儿能够更好理解人们的情感和愿望。在一定程度上，这些个体差异受到照料者和幼儿之间关于情感和愿望的谈话的影响。
图片来源：视觉中国

观点采择（perspective taking）对他人的观点做出假设并理解他人的想法和感受的社会认知过程。

第十一章 自我与同一性 **313**

童年中晚期的儿童在理解他人方面有哪些变化?
图片来源：视觉中国

社会行为（Hein, Röder, & Fingerle, 2018）。

我们在前文中指出，甚至4岁的孩子就已对他人的自我表露表现出一些怀疑（Gee & Heyman, 2007）。在童年中后期，儿童对某些有关心理特征的信息源越来越持怀疑态度。例如，一项研究显示：与幼儿相比，8至11岁的儿童更有可能不相信他人的自我吹嘘（Lockhart, Goddu, & Keil, 2018）。与5至7岁的儿童相比，10至11岁的儿童心理上更成熟，他们也表现出了能够更好地理解为什么需要核查他人自我报告中迎合社会赞许的倾向。

小学年龄段的儿童开始理解他人的动机以及这些动机是如何适应文化许可的行为标准的。在童年中期，儿童越来越理解公开的和私下的慷慨行为背后的动机（Heyman & others, 2016）。

青少年期 要成为一个有能力的青少年，不仅要理解自己，还要理解他人。就理解他人来说，青少年期里的发展主要表现在三个方面：观点采择、感知他人的特点、社会认知监控。

观点采择 如前文所述，观点采择的发展始于童年早期的自我中心主义，随后逐渐成熟；到了青少年期，个体已经能够进行深入的观点采择。以下是关于这一话题的几项研究：

- 在13至15岁的青少年当中，那些移情行为较多的青少年往往把朋友的苦恼当成自己的痛苦，虽然这样做使他们觉得和朋友的关系亲近了，但他们自己也更可能体验到抑郁的情感（Schwartz-Mette & Smith, 2018）。
- 一项纵向研究从九年级追踪至十二年级，结果显示：非裔和拉丁裔青少年在形成社会公正观方面有所进步，从而使他们越来越认识到有关种族主义和性别歧视的弱势社会群体和较为优势的社会群体之间的差距（Seider & others, 2019）。
- 在初中生中，较低的观点采纳水平和他们一年后较多的人际关系方面的攻击性行为（如用散布恶意谣言的方法来伤害他人）相关联（Batanova & Loukas, 2011）。

感知他人的特点 研究青少年如何感知他人特点的一种方式就是问他们感觉别人的自我报告准确到什么程度。有一项例证性研究将6岁和10岁的儿童进行比较，结果显示，10岁的儿童比6岁的儿童更加怀疑别人关于智力和社交能力的自我报告（Heyman & Legare, 2005）。在这项研究中，10岁的孩子明白，其他人有时可能会扭曲自己的真实特点以便给别人一个更好的印象。

随着青少年期的进展，青少年对他人的理解也变得更加复杂。他们认识到，他人是复杂的，往往有着公开的和私下的两副面孔（Harter, 2012, 2015）。

社会认知监控 元认知的一项重要活动是认知监控，这在社交场合也很有用（McCormick, Dimmitt, & Sullivan, 2013）。随着青少年对自己和他人理解的深入，他们比儿童更广泛地监控着周围的社会世界。在日常

青少年期的社会理解有哪些重要的方面？
图片来源：视觉中国

生活中，青少年几乎每天都进行多种社会认知监控的活动。某个青少年可能会这样想："我想更好地了解这个家伙，但他不是很坦率。也许我可以和其他同学谈谈他是什么样的人。"另一个青少年可能会查看收到的关于某个俱乐部或某个新的同伴群体的信息，以确定是否与自己先前的印象相一致。还有一个青少年可能会询问某人或转述对方刚刚说的感受，以确保他准确地理解了这些感受。青少年的社会认知监控能力也许是他们社会性成熟的一个重要方面（Bosacki，2016）。

复习、联想和反思

学习目标 1
描述自我理解和理解他人的发展。

复习
- 什么是自我理解？从婴儿期到青少年期，自我理解是如何变化的？
- 对他人的理解是如何发展的？

反思你自己的人生之旅
- 如果有一位心理学家在你 10 岁和 16 岁时两次对你进行访谈，你的自我理解会发生什么变化？

联想
- 在这一节里，你了解到儿童的观点采择能力在童年中晚期里有所提高。哪些疾病谱系会导致儿童难以理解他人的观点和情绪？

第 2 节 自尊和自我概念

学习目标 2
解释自尊和自我概念。
- 什么是自尊和自我概念
- 评估
- 发展性变化
- 自尊的差异

自我概念比自我理解包含了更多的内容。儿童不仅试图解释并描述自我的特性（自我理解），同时也对这些特性进行评价。这些评价便产生了自尊和自我概念，它们对儿童的发展具有深远的影响。

> 什么是自尊和自我概念

有时候，*自尊*和*自我概念*这两个术语被互换使用，或者说它们没有精确的定义（Harter，2012，2015）。在这里，我们用**自尊**来指一个人的自我价值感或自我形象，这是个体对自我的整体评价。例如，一个儿童可能不仅认识到她是一个人，而且是一个好人（如果要评估你的自尊，请参见图 2）。我们用**自我概念**来指具有领域特殊性的自我评价。儿童可以对他们生活中的许多领域做出自我评价，如学业、运动、外貌等等。总之，自尊是指整体性的自我评价，自我概念则是指更加领域特殊性的评价。具有高度的自尊和积极的自我概念是儿童健康发展的重要方面（Kadir, Yeung, & Diallo, 2018）。

自尊和自我概念的基础起源于婴儿期和童年早期亲子互动的质量。因此，如果孩子在童年中晚期出现低自尊，他们很可能是在发展的早期受到了父母的忽视或虐待。高自尊的孩子更可能对他们的父母形成安全型依恋，并有着为他们提供体贴照料的父母（Thompson，2006，2013）。

对大多数儿童来说，高度的自尊和积极的自我概念是他们健康发展的重要方

自尊（self-esteem）个体对自我的整体评价，也叫作自我价值感或自我形象。

自我概念（self-concept）具有领域特殊性的自我评价。

> 这些题目选自一个使用广泛的自尊测量工具：罗森伯格自尊量表（the Rosenberg Scale of Self-Esteem）。这些题目测量的是你对自己的整体感觉。请在最符合你自我感觉的栏里打钩。

	非常同意	同意	不同意	非常不同意
1. 我觉得我是一个有价值的人，至少和其他人处于相同水平。				
2. 我觉得我拥有许多优秀的品质。				
3. 总的说来，我倾向于认为自己是一个失败者。				
4. 我能把事情做得和大多数人一样好。				
5. 我觉得我没有多少值得自豪的东西。				
6. 我对自己持有积极的态度。				
7. 整体而言，我对自己感到满意。				
8. 我希望我能更尊重自己。				
9. 有时我觉得自己没有什么价值。				
10. 有时我觉得自己一无是处。				

> 量表中的题目分四级评分："非常同意"计4分，"同意"计3分，"不同意"计2分，"非常不同意"计1分。为了计算出你的自尊分数，请将第3、5、8、9、10题反向计分（就是说，如果你在第3题上的选择是"非常不同意"，那就给你计4分，以此类推）。将3、5、8、9、10题的得分与1、2、4、6、7题的得分相加，就得到了你总的自尊得分。总分在10分到40分之间。如果你的总分不足20分，那就建议你与所在院校的心理咨询中心联系，以便帮助你提高自尊。

图2 自尊的评估

面。然而，对有些儿童来说，自尊反映的只是自我感觉，与现实并不总是相符合，但拥有一个清楚和前后一致的自我概念和自尊是健康发展的关键（Becht & others, 2017）。例如，儿童的自尊可能反映的是儿童认为自己是否聪明、是否吸引人的信念，但这一信念不一定是恰当的。因此，高自尊既可能是个体准确而合理地感知自己作为人的价值及取得的成就，也可能是骄傲自大、沾沾自喜，或毫无依据的高人一等的优越感（Brummelman, Thomaes, & Sedikides, 2016）。同样，低自尊既可能反映了对自身缺点的准确认识，也可能是一种扭曲的甚至是病态的不安全感和自卑感（Paxton & Damiano, 2017; Stadelmann & others, 2017）。

> 评估

测量自尊和自我概念往往不是容易的事情（Buhrmester, Blanton & Swann, 2011）。测量儿童自我评价的有效工具之一是苏珊·哈特（Susan Hatter, 1985）编制的"儿童自我印象量表"（the Self-Perception Profile for Children）。该量表测量总的自我价值感以及五个特殊领域的自我概念：学业能力、运动能力、社会接纳、身体外貌、行为表现。

儿童自我印象量表是为三至六年级的儿童编制的。后来，哈特又专门为青少年编制了一份量表，即"青少年自我印象量表"（Harter, 1989）。该量表也测量总的自我价值感和儿童量表中包括的五个领域的自我概念，但又添加了亲密友谊、异性吸引力和工作能力这三个领域。

哈特的量表能将个人生活中不同领域的自我评价分开。那么，这些特殊领域的自我评价和总的自尊水平之间有什么关系呢？即使对儿童来说，他们的生活中也存在总体水平的自尊，以及各个特殊领域的不同水平的自我概念两个方面（Cvencek & others, 2018; Harter, 2012, 2015）。例如，某个儿童可能会表现出中上水平的总体自尊，但是在特殊领域的自我概念则不尽相同：运动能力、社会接纳、身体外貌和行为表现领域的自我概念都处于高水平，但学业能力领域的自我概念处于低水平。

自尊与一个领域的自我概念的联系尤其紧密，这个领域就是身体外貌。研究者发现，青少年的总体自尊与他们感知的身体外貌之间的相关高于总体自尊与学业能力、社会接纳、行为表现或运动能力的相关（Broc, 2014; Harter, 2012, 2015; Nagai & others, 2018）（参见图3）。值得注意的是，在图3中，身体外貌与总体自尊的相关已在许多国家的研究样本中呈现出来。同时，身体外貌与总体自尊的相关并不局限于青少年期，而是贯穿于儿童早期至成年中期（von Soest, Wichstrom, & Kvalem, 2016; Wichstrøm & von Soest, 2016）。

领域	哈特的美国样本	其他国家的样本
身体外貌	0.65	0.62
学业能力	0.48	0.41
社会接纳	0.46	0.40
行为表现	0.45	0.45
运动能力	0.33	0.30

图3 总体自尊与自我评价的各领域之间的相关

注：图中的相关系数是综合多个研究得到的平均值。参与这一评价的其他国家包括英国、爱尔兰、澳大利亚、加拿大、德国、意大利、希腊、荷兰、日本。如第一章中所述，相关系数的取值范围从 –1.00 到 +1.00。身体外貌和总体自尊之间的相关系数（0.65 和 0.62）属于中等偏高。

> 发展性变化

就自尊在多大程度上随年龄变化的问题，研究者们尚未达成一致意见。有一项大规模研究发现：个体的自尊水平在童年期较高，青少年期有所下降，成年早中期再次上升，成年晚期再次下降（Robins & others, 2002）（参见图4）。另一大规模研究是一项元分析，覆盖了世界各地300多个样本，总参与人数超过16万人（Orth, Erol, & Luciano, 2018）。这一研究显示：自尊在童年期持续上升，在青少年期早期一直比较稳定，但在青少年期晚期和成年早期再度上升，成年中期保持稳定直到老年，只是到了很大年纪（90岁以上）时才稍有下降。

从图4可见，在人的一生的大部分时间里，男性的自尊水平都高于女性。对这种性别差异的一种解释是：自尊水平的下降是由消极的身体印象造成的，而女孩在青春期变化时对自己身体的印象比男孩更加消极。另一种解释则强调女性青少年在社会关系方面比男性青少年有着更浓厚的兴趣，而社会却未能对这一兴趣予以奖励（Peets & Hodges, 2018）。不过，从图4可见，尽管女性青少年的自尊水平有所下降，但她们的自尊平均分（3.3分）仍然高于量表的中性分值（3.0分）[1]。青少年是如何给他们的自我形象的不同方面（如心理的自我、社会的自我、应对中的自我、家庭的自我、性的自我等）评分的呢？要了解这一问题的答案，请看"链接 研究"专栏。

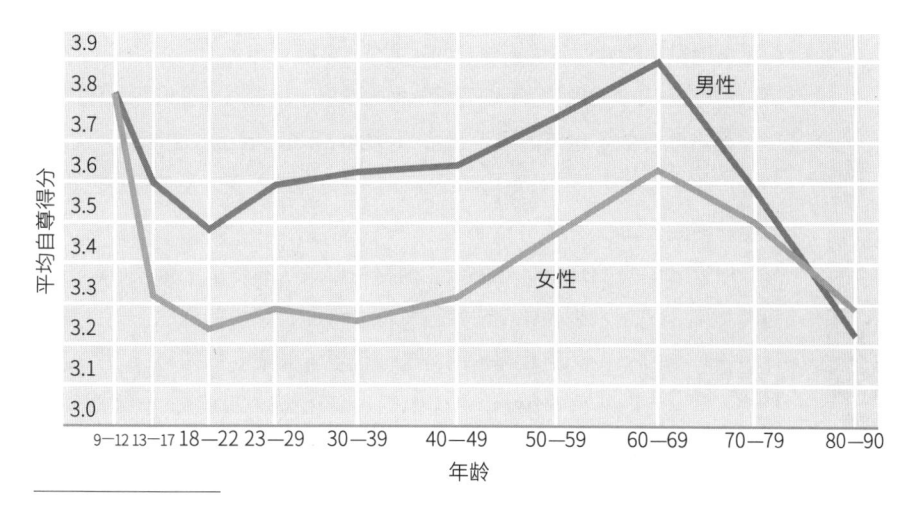

图4 人的一生中自尊的变化

一项大规模的研究调查了30多万人，让他们在5分制的量表上给高度自尊的陈述打分，5分表示"非常同意"（即非常符合自己），1分表示"非常不同意"。分析结果表明自尊水平在青少年期和成年晚期有所下降。女性的自尊水平在一生的大部分时间里都低于男性。

资料来源：Robins, R.W., Trzesniewski, K.H., Tracev, J.L., Potter, J., and Gosling, S.D. 2002. Age differences in self-esteem from age 9 to 90. *Psychology and Aging*, 17, 423–434. The American Psychological Association, Inc.

---

[1] 译者注：此量表的中性分值（3.0分）表示自尊水平既不高也不低。

链接 研究

青少年在五个不同领域是如何给他们的自我形象评分的？

有一项例证性研究调查了意大利那不勒斯市（Naples）675名13至19岁青少年（男289名、女386名）的自我形象情况（Bacchini & Magliulo, 2003）。自我形象是通过奥弗尔自我形象问卷（the Offer Self-Image Questionnaire）来评估的，该问卷包括130个题目，分为11个分量表，分别用来测量自我形象的五个不同方面：

- 心理自我（由评估冲动控制、情感调整、身体形象的分量表组成）；
- 社会自我（由评价社会关系、道德、职业和教育志向的分量表组成）；
- 应对自我（由评价对世界的掌控、心理问题、适应状况的分量表组成）；
- 家庭自我（只有一个评估青少年如何看待他们父母的分量表）；
- 性的自我（只有一个考察青少年对性的感觉和态度的分量表）。

调查结果表明，青少年具有积极的自我形象，在所有11个分量表上，他们的平均得分都高于中性分值（3.5分）[1]。例如，青少年关于身体的自我形象平均分为4.2分。在生活的诸多方面，青少年最积极的自我形象是他们的教育和职业志向（平均4.8分），最低的自我形象得分是冲动控制（平均3.9分）。这些发现支持这样一种观点：青少年对自己的看法比人们普遍认为的更加积极。

性别差异出现在好几个自我形象分量表上，男性的自我形象总是比女性的更加积极。这一发现在近期的一些研究中得到了印证（例如，Nelson & others, 2018）。不过请记住，正如我们在前文中指出的，尽管青少年期的女性比男性报告了较差的自我形象，但大多数情况下，她们的自我形象仍然处在积极的范围内。

---

[1] 译者注：此量表的中性分值（3.5分）表示自我形象既不积极也不消极。

> 自尊的差异

许多研究发现自尊的个体差异与儿童发展的多个方面相联系，但这一类研究大多属于相关研究而不是实验研究。正如我们在绪论中指出的，相关并不等于因果关系。因此，如果一项相关研究发现儿童低自尊和低的学业成绩之间存在关联，那么，其原因既可能是低的学业成绩引起了低自尊，也可能是低自尊导致了低的学业成绩（Scherrer & Preckel, 2018）。覆盖世界各地青少年的若干研究显示，学校表现与自尊之间存在中等程度的相关（Körük, 2017），但这些相关并不能说明高自尊能够引起更好的学校表现。

再看发展的其他方面，高自尊儿童有时候表现出更大的主动性，这既可以引起积极的结果，也可以引起消极的结果。高自尊儿童的行为倾向既可能是亲社会的，也可能是反社会的（Barry & others, 2018）。例如，和低自尊儿童相比，他们更可能出手保护受欺凌的儿童，但他们自己也更可能恃强凌弱。

研究者们也发现自尊与快乐之间存在着紧密的联系。看来可能是高自尊提高了快乐水平。许多研究已发现，与高自尊个体相比，低自尊个体报告说他们感受到更大程度的抑郁，也更可能蒙受情绪和行为紊乱的折磨（Masselink & others, 2018; Reed-Fitzke, 2019）。一项时间跨度很长的研究也显示，那些低自尊的青少年30岁时对生活的满意度较低（Birkeland & others, 2012）。

理解儿童在学校里的自尊会牵涉到哪些问题？
图片来源：视觉中国

链接 关爱

提高儿童的自尊

当前一个令人忧虑的问题是，太多的儿童和青少年成长在空洞的赞美声中，从而导致他们形成了膨胀的自尊。虽然出发点可能是好的，但这种过度的赞美会促使低自尊的儿童逃避一些重要的学习经验，如应对具有挑战的任务（Brummelman, Thomaes, & Sedikides, 2016）。成年人尤其倾向于夸赞低自尊儿童的个人特征（如你很聪明），而不是他们的行为（如努力学习）。不过，这种特征取向的夸赞也许会得到事与愿违的结果。那些受到特征夸赞而不是行为夸赞的儿童在困难面前往往不能坚持到底。如果儿童一直受到聪明的赞美但失败了，他们就可能认为他们在未来也没有办法改进自己的表现。反之，如果儿童因为努力学习而受到表扬但遇到了失败，他们就可能会认为以后要更加努力。持有渐成智力观（即相信智力可以通过努力来提高）和明确的学习目的（是为了更好地理解学习材料而不只是为了得到好的分数）这两个因素都和较好的学业表现相关（Gunderson & others, 2018）。

可以通过以下策略来提高儿童的自尊：(1) 鉴别出对儿童来说重要的能力领域；(2) 提供情感支持和社会赞许；(3) 表扬成绩；(4) 鼓励应对。当儿童在对他们来说重要的领域里表现出色时，他们就会拥有最高水平的自尊。因此，应当鼓励儿童找出自己胜任的领域，并重视这些领域的价值。

情感支持和社会赞许也强有力地影响着儿童的自尊。有些低自尊的儿童来自不和睦的家庭，或者有过被虐待、被忽视的经历，这样的生活环境缺乏情感支持。对有些儿童来说，"大哥哥大姐姐"之类的正式项目可以为他们提供替代性的情感支持和社会赞许；对另一些儿童来说，来自老师、教练或其他重要人物的鼓励可以为他们提供非正式的支持。在青少年期，同伴的赞许变得越来越重要，但成人的支持也和同伴的支持一样，在整个青少年期里都是影响自尊的重要因素。

成绩也能提高儿童的自尊。直接教授实用的技能常常可以帮助儿童提高成绩，从而提高自尊。当儿童知道了哪些任务是实现目标所必需完成的，并拥有完成这些任务或类似任务的经验后，他们的自尊就会提高。

当儿童遇到问题时，如果他们努力去解决问题而不是回避问题，通常也能提高他们的自尊。如果儿童应对问题的决心战胜了回避的倾向，他们就会用现实的眼光如实地、真诚地、不带防卫性地面对问题。这样做可以产生赞许性的自我评价，即导致儿童自我赞许，从而提高儿童的自尊。低自尊的情况则与此相反：负面的自我评价引起拒绝、欺骗和回避，从而导致自我否定。

父母如何能帮助儿童提高自尊？
图片来源：视觉中国

在本节关于自尊的个体差异这一部分，你了解到自尊和学业表现之间有什么关系？

虽然历史上一直认为自尊源于个人在其看来对自己重要的活动上表现良好，但跨文化研究说明与自尊联系更为紧密的则是个人在其所属的文化群体认为重要的活动上表现良好。在一项覆盖了19个国家、5,000多名年轻人参与的研究中，自尊和个人的价值观没有相关，和自尊相关的是个人对所在文化中其他人的价值观的实现程度。例如，在西欧国家和一部分南美国家中，和自尊相关的变量是个人自由以及掌控自己生活道路的感觉；但在中东、非洲和亚洲国家中，和自尊相关的变量则是觉得自己履行了义务并尽到了对他人的责任（Becker & others, 2014）。另外，不同文化对自尊的重视程度也有所不同。例如，欧裔美国母亲们经常自发地提到建立孩子的自尊对提高孩子积极的适应能力具有重要意义；与此形成对照的是，中国台湾的母亲们很少提到自尊，如果提及，她们就把自尊描绘成一种缺点，可导致粗鲁、

固执、自控能力差（Miller & Cho, 2018）。

要了解提高儿童自尊的一些方法，请看"链接 关爱"专栏。

复习、联想和反思

学习目标 2

解释自尊和自我概念。

复习

- 什么是自尊和自我概念？
- 评估自尊和自我概念有哪两个指标？
- 自尊和年龄是如何联系的？
- 自尊有哪些个体差异？它们和儿童发展有何联系？亲子关系对自尊有什么影响？

联想

- 根据我们在第十章"情绪调控"部分所做的讨论，什么样的养育方式可能有助于实施本节"链接 关爱"专栏中提及的第四条提高儿童自尊的策略？

反思你自己的人生之旅

- 请复习一下青少年期自我理解的特点。这些特点中的哪些和你自己青少年时代的自我理解有着最密切的联系？

第 3 节 同一性

学习目标 3

描述同一性及其发展。

- 什么是同一性
- 埃里克森的观点
- 发展性变化
- 社会情境

"你是谁？"毛毛虫问道。爱丽丝很不好意思地回答说："我……眼下很难说，先生……至少今天起床时，我还是知道我是谁的，但从那时起，我肯定已经变了好几回了。"

——刘易斯·卡罗尔
19 世纪英国作家

我是谁？我究竟在做些什么？我将怎样规划我的生活？我有什么不同之处吗？我怎样才能靠自己获得成功呢？这些问题都反映了个体对同一性的探索。

迄今为止，关于同一性发展的最全面也最有争议的理论是由埃里克森提出来的。在这一节里，我们将探讨埃里克森的同一性理论、当代有关同一性发展的研究，以及社会环境对同一性发展的影响。

> 什么是同一性

同一性（identity）某个人是谁，自我理解的整合。

同一性是指某个人是谁，是自我理解的整合。它是一幅由许多部分组成的自画像，这些部分包括：

- 想从事的职业和工作（职业生涯认同）；
- 属于保守派、自由派还是中间派（政治认同）；
- 个人的精神信仰（宗教认同）；
- 是单身、已婚、离异还是其他（关系认同）；
- 个体在多大程度上具有成就动机和理智取向（成就、理智认同）；
- 是异性恋者、同性恋者、双性恋者还是跨性别者（性取向认同）；
- 来自世界哪个地区或国家，对自己文化传统的认同程度如何（文化或民族认同）；
- 喜欢做的事情，包括运动、音乐、业余爱好等（兴趣）；
- 个体的人格特征，如内向或外向、焦虑或冷静、友好或敌对等（人格）；

- 个人的身体形象（身体认同）。

我们在一定的社会环境里把上述各部分整合成具有时间连续性的关于自我的感觉。将同一性的各个部分综合起来可能是一个漫长而复杂的过程，在这个过程中，个体对自己的各种角色和不同侧面要进行多次的否定与肯定。同一性的发展是一点一滴积累起来的，发展过程中的决策并不是一次就决定终生，而是需要反反复复进行。同一性的发展既不是整齐划一的，也不是像大地震那样突然发生的（Arnold, 2017; Negru-Subtirica, Pop, & Crocetti, 2017）。

> 埃里克森的观点

关于同一性的种种问题是青少年期共有的非常普遍的问题。但艾瑞克·埃里克森（Erikson, 1968）首先认识到了这些问题对理解青少年发展的重要性。正是由于埃里克森独到的思考和分析，人们现在都相信同一性是青少年发展的关键方面。实际上，个体在青少年期所经历的正是埃里克森的第五个发展阶段：**同一性对同一性混乱**。在这一阶段里，青少年面临着太多的选择。当青少年逐渐认识到他们将要对自己和自己的生活负责时，他们就试图决定将来的生活是什么样子。

在青少年期，社会一般允许青少年尝试不同的同一性，埃里克森把这叫作**心理社会延缓偿付**。青少年确实在搜索他们所处文化中的各种同一性，并尝试各种不同的角色和人格。他们可能这个月想要从事一种职业（如律师），而下个月又想从事另一种职业（如医生、演员、教师、社会工作者、宇航员）。他们某一天可能着装考究，而第二天却着装马虎。实际上，青少年故意通过这些尝试来寻找他们在社会中的合适位置。

那些成功地处理了同一性冲突的青少年会产生一种新的和社会认可的自我意识。而那些未能成功解决同一性危机的青少年则会陷入埃里克森所说的*同一性混乱*。这种混乱会沿着以下两条道路中的一条继续发展：(1) 个体退缩，把自己与同伴、家庭孤立开来；(2) 将自己浸没在同伴的世界中，在人群中丧失自己的同一性。

青少年有千百种角色可以尝试，同时也许有同样多的方式去追求每种角色。埃里克森强调，到青少年期的后期阶段，职业角色成为同一性发展的中心，在世界上许多工业化和新兴经济体高度技术化的社会里，尤其如此。在这个同一性发展的阶段，如果青少年进入了高等教育的轨道，并准备进入具有高自尊潜能的行业，他们体验到的压力就会很小。青少年对他们的家庭、同伴、学校和社区也可以做出很多贡献；当青少年走向成年时，对做贡献的需要便是他们初步形成的同一性中的一个关键成分（Fuligni, 2019）。

在过去几十年里，随着对教育和培训时间期待的增长，许多社会已经将青少年期延长到了20多岁（Stetka, 2017）。这一趋势也引起了人们的担忧：当前很多青少年没有向任何同一性发展。例如，戴蒙（Damon, 2008）认为，很多年轻人都得靠自己来应对生活中的一些重大的问题："我想从事的职业是什么？我能为社会做些什么？我生活的目的是什么？"戴蒙承认成年人不能代替青少年做决定，但他强调：父母、老师、导师和其他成年人要为青少年提供能够帮助他们发展积极同一性的指导、反馈和环境，这是非常重要的。青少年需要一种文化氛围来激励他们而不是使他们意志消沉，并能够为他们实现自己的抱负提供各种机会。在一定程度上，这种文化氛围可以通过这样的方式来实现，即把青少年和初成年者的成长看成是一

同一性对同一性混乱（identity versus identity confusion）埃里克森的第五个发展阶段，是个体在青少年期所经历的。在这一阶段，青少年要回答自己是谁，到底有什么特点，生活目标是什么的问题。

心理社会延缓偿付（psychosocial moratorium）埃里克森的专门术语，用来描述童年期安全感与成年期自主性之间的一种状态，是青少年探索同一性时带来的部分体验。

	个体是否已经做出了承诺？	
	是	否
个体是否已经就同一性问题探索了各种有意义的选择？ 是	同一性完成	同一性延缓
否	同一性排斥	同一性扩散

图5 马西亚的同一性的四种状态

危机（crisis）个体在各种有意义的选择中进行探索的同一性发展阶段。

承诺（commitment）个体对同一性的投入。

同一性扩散（identity diffusion）马西亚的术语，指个体尚未经历危机（即尚未探索各种有意义的选择）也尚未做出任何承诺的状态。

同一性排斥（identity foreclosure）马西亚的术语，指个体已经做出了承诺但没有经历过危机的状态。

同一性延缓（identity moratorium）马西亚的术语，指个体正处于危机中，但还没有做出承诺或只有模糊不清的承诺。

同一性完成（identity achievement）马西亚的术语，指个体已经历过危机并已做出承诺的状态。

个学习的、灵活的、增强力量的发展阶段（Lerner，2017）。

> 发展性变化

虽然关于同一性的问题在青少年期里特别容易出现，但同一性的形成既不是从青少年期开始，也不是在这一时期结束（McLean & others, 2018; Syed & Mitchell, 2016）。同一性的发展开始于婴儿期里依恋的产生、自我意识的发展和独立性的出现；它的最后阶段是老年时对一生的回顾与整合。那么，为什么青少年期特别是青少年后期对同一性的发展尤其重要呢？原因在于在这一时期，个体的身体发展、认知发展和社会情绪发展都第一次达到了一个新的高度，以至于个体能够开始梳理和综合童年期以来的各种同一性与认同，并设计一条通往成熟的成年的可行之路。

青少年期所做的一些决定看起来也许有点琐碎：和谁约会、是否分手、学哪个专业、去学习还是去玩、政治上是否要活跃等等。但是，在青少年期的这些年里，这些决定开始形成个体作为人的所有特点的核心部分，也就是他（她）的同一性。

一项覆盖了许多纵向和横向研究的系统综述显示：那些拥有成熟同一性的青少年表现出了高水平的适应能力和积极的个性特征（Meeus, 2011）。例如，那些非常努力地发展自己同一性的青少年表现出了更高水平的责任心和情绪稳定性（Meeus, 2018）。

随着个体从青少年早期到成年早期的不断成熟，他们越来越深入探索自己的同一性（Klimstra & others, 2010）。研究者深入考察同一性变化的一种方式是使用叙事法，该方法要求个体讲述自己的生活故事，然后研究者评价他们的故事是否具有意义和故事整合的程度（Fivush, 2019; McAdams & McLean, 2013; McLean & Lilgendahl, 2019）。例如，一项采用叙事法的同一性研究显示：从11岁到18岁，男孩越来越多地思考自己生活的意义，尤其是有关变化中的自我的意义（McLean, Breen, & Fournier, 2010）。

同一性的状态 每个青少年的同一性形成过程是怎样的呢？埃里克森理论的研究者詹姆斯·马西亚（James Marcia, 1993, 1994）认为埃里克森的同一性发展理论包含了四种同一性状态，或者说四种解决同一性危机的方式：同一性扩散、同一性排斥、同一性延缓、同一性完成。是什么决定了个体的同一性状态呢？马西亚根据危机与承诺是否存在，或两者程度的不同对个体进行分类（参见图5）。**危机**是指个体探索各种可供选择的同一性的发展阶段。因此，大多数研究者更倾向于用探索而不用危机一词。**承诺**是指个体对同一性的投入。

同一性的四种状态如下：

- **同一性扩散**指个体尚未经历危机也尚未做出任何承诺的状态。他们不仅没有确定自己的职业选择和意识形态倾向，而且可能对这类事情没有什么兴趣。
- **同一性排斥**指个体没有经历过危机但已经做出了承诺的状态。发生这种状态的最常见的情况是，在青少年自己还没有机会探索不同的意识形态、职业和发展方向时，父母已经用专断的方式把自己的承诺强加给了孩子。
- **同一性延缓**指个体正处于危机中，但还没有做出承诺或只有模糊不清的承诺。
- **同一性完成**指个体已经历过危机并已做出承诺的状态。

请仔细思考这里列出的各个领域中你的探索和承诺的情况，在每个领域里，你是属于同一性扩散、同一性排斥、同一性延缓还是同一性完成，并在相应的格子里打钩。

同一性组成部分	同一性状态			
	扩散	排斥	延缓	完成
职业生涯				
政治				
宗教				
关系				
成就				
性取向				
性别				
民族或文化				
兴趣				
人格				
身体				

图 6　探索你的同一性
如果你在某些领域里钩选了扩散或排斥，那就请花点工夫思考一下，你需要做些什么以便在这些领域里达到延缓的状态。

如果要评估你在不同领域的同一性发展状态，请看图 6。让我们来看几个和马西亚的同一性状态有关的例子。13 岁的米娅既没有实质性地开始探索她的同一性，也没有做出同一性承诺——她处于同一性扩散状态。奥利弗现在 18 岁，他的父母要他将来成为一名医生，所以他正计划主修医学预科，但他还没有尝试过其他选择——他属于同一性排斥状态。萨莎现年 19 岁，她不太确定自己想走什么样的生活道路，但她最近去她的学院咨询中心了解了不同职业的情况——她属于同一性延缓状态。21 岁的马赛洛在大学期间深入地探索了好几种可选的职业，最终获得中学科学教育专业的学位，目前正期待着到高中任教——他属于同一性完成状态。这几个例子都侧重于职业维度，但是请记住，同一性有许多维度。

马西亚认为，年龄较小的青少年基本上都处于同一性扩散、排斥或延缓的状态。要达到同一性完成的状态，他们需要具备三个条件：(1) 他们必须确信有父母的支持，(2) 必须已经确立勤奋的意识，(3) 并能够以自我反思的立场面向未来。

有些研究者和理论家对同一性状态理论提出了批评，认为这一理论过分强调了在青少年期和成年早期通过做出各种决定来完成同一性的发展。当代的观点则更倾向于采纳埃里克森的理论，即把同一性的发展看成是一个涉及不断承诺、不断探索、不断对承诺重新思考的贯穿人一生的过程（Crocetti, 2017）。

成年初期及以后　越来越多的研究者一致认为，最重要的同一性变化很可能要到成年期开始（18 至 25 岁）或青少年期过后才会发生（Schwartz, Luyckx, & Crocetti, 2015; Syed & Mitchell, 2016）。从青少年期过渡到成年初期最关键的变化是进入高等学校。为什么高校会使同一性发生关键性的变化呢？一方面，大学生思维能力的复杂性提高了；另一方面，家庭和高校的反差以及自己和他人的反差给大学生带来了广泛的新经验，这两方面的结合便促使大学生在更高的水平上将他们的同一性的不同方面整合起来（Murray & Arnett, 2019）。如前文提及，对新的任务和转变发起挑战可以促进同一性的发展，但这是一个贯穿青少年期和成年初

只要不停地求索，就一定会找到答案。

——琼·贝兹
20 世纪美国流行歌手

成年初期里同一性是如何变化的？
图片来源：Monkey Business Images/Shutterstock

期的连续的过程（Crocetti，2017）。

同一性在成年期比青少年期稳定（Meeus，2018），但青少年期和成年初期里同一性问题的解决并不意味着在以后的生活中同一性将始终保持稳定。许多形成了积极同一性的个体通常遵循"MAMA"循环模式，也就是说，他们的同一性状态会从延缓到完成，从完成到延缓，再从延缓到完成。这种循环可能贯穿人的一生。马西亚（Marcia，2002）指出：第一次同一性就是第一次同一性而已，它不是也不应该期望它成为最终的结果。

> 社会情境

社会情境在同一性形成中发挥着重要的作用。让我们来考察家庭、文化、民族是如何影响同一性发展的。

家庭的影响 父母是青少年同一性发展中的重要人物（Cooper & Seginer，2018）。正是在青少年期，寻求独立自主和与父母保持联系之间的平衡对同一性的发展变得尤为重要。发展学家凯瑟琳·库珀（Catherine Cooper）和哈罗德·格罗特温特（Harold Grotevant）证明（Grotevant & Cooper，1998），既支持个性发展又保持紧密联系的家庭氛围是青少年统一性发展的重要条件：

- **个性**包括两个维度：主见（具有形成和交流某种观点的能力）和区别性（能够使用交流模式来表达自己和他人有怎样的不同）。
- **紧密联系**也包括两个维度：相互性和渗透性（permeability）。前者指对他人的观点保持敏感和尊重，后者指以开放的态度对待他人的观点。

总之，库珀的研究表明，鼓励个性化（鼓励青少年形成自己的观点）但又保持紧密联系（为青少年探索广阔的社会环境提供安全保障）的家庭关系有助于同一性的形成。当联系强而个性化弱时，青少年往往处于同一性排斥状态。而当联系弱时，青少年常常表现为同一性混乱。

研究者们也对依恋在同一性发展中可能发挥的作用产生了比以往更大的兴趣。一项元分析发现，青少年对父母的依恋和他们的同一性发展之间存在微弱或中等强度的相关（Arseth & others，2009）。一项包括了日本、意大利和立陶宛青年的大规模的跨文化研究也证实了这一元分析研究的发现（Sugimura & others，2018）。

同伴和恋爱关系 研究人员已发现，个体在青少年期和成年早期里探索同一性的能力与友谊、恋爱关系的质量相关联。例如，一项关于牙买加初成年者的研究发现，同一性完成的年轻人对朋友和伙伴的亲密关系持更开放的态度，并较少害怕亲密关系（Strudwick-Alexander，2017）。在另一项研究中，当青少年与亲密朋友相处舒适时，对同一性的公开和积极的探索提高了友谊的质量（Deamen & others，2012）。正是在个人亲密的友谊关系之中，青少年可以通过对话和亲密情感来探索他们的同一性（Albarello, Crocetti, & Rubini，2018）。

就青少年期和成年初期里同一性与恋爱关系之间的联系来说，恋爱的双方都处

发展链接

依恋

即使在青少年寻求独立自主时，对父母的依恋仍然是重要的；青少年期的安全型依恋和诸多积极的结果相关联。链接"家庭"。

个性（individuality） 包括两个维度：主见，即具有形成和交流某种观点的能力；区分性，即能够用交流模式表达个体和他人有怎样的不同。

紧密联系（connectedness） 包括两个维度：相互性，即对他人的观点保持敏感和尊重；渗透性（permeability），即以开放的态度对待他人的观点。

在建构自己同一性的过程之中，彼此都为对方提供了一个探索同一性的情境。他们之间互相依恋的安全程度可能会影响到彼此如何建构自己的同一性（Kerpelman & Pittman, 2018）。

文化和民族 到目前为止，大多数关于同一性的研究都是以美国和加拿大的青少年和初成年者为样本的，并且样本中大部分个体是非拉丁裔白人（Schwartz, Luyckx, & Crocetti, 2015）。其中许多人一直在强调个人价值是在文化环境中成长的。然而，目前研究正快速转向对同一性有影响的文化和经验多样性方面。在世界各地的许多国家中，青少年和初成年者是在重视集体影响的文化中成长的，这些文化强调个体要适应群体并要和他人处好关系。对集体主义的强调在亚洲国家（如日本）特别普遍（Sugimura & others, 2018）。研究人员发现，在亚洲文化中，自我主导的同一性探索也许并不是青少年赖以达到同一性完成状态的主要途径（Schwartz & others, 2013）。相反，这些文化环境中的青少年和初成年者可能会通过既发展自我独立性又忠实于他们文化群体中他人的方式来形成自己的同一性（Hatano & Sugimura, 2017; McCabe & Dinh, 2016）。在亚洲文化和拉丁美洲文化中，这种对相互依赖的强调包括期待青少年和初成年者接受社会和家庭所安排的角色（Berman & others, 2011）。因此，某些模式的同一性发展，如同一性排斥状态，在非西方的文化中也许具有更强的适应性（Cheng & Berman, 2013; Hassan, Vignoles, & Schwartz, 2018; Stein & others, 2015）。

属于主流文化的青少年和初成年者不太可能把他们的主流文化身份看作是他们同一性的组成部分。但是，对于许多来自别国的移民群体或作为美国少数民族群体的成员而长大的青少年和初成年者来说，文化维度可能是他们的同一性的一个重要方面。例如，研究者们发现：无论是在高中还是在大学里，拉丁裔学生都比非拉丁裔白人学生更可能认为文化认同是他们的总体自我概念的一个重要方面（Urdan, 2012）。

民族认同是自我的一个持久的组成部分，包括某个民族的成员意识，以及和该成员身份相关的态度和情感（Phinney, 2006; Verkuyten, 2018）。在世界各地，少数民族群体总是面临这样的挑战，即如何在融入主流文化的同时保持自己的民族认同。所以，许多青少年发展了**双文化认同**。也就是说，他们在某些方面认同自己的民族文化而在其他方面则认同主流文化（Cooper & Seginer, 2018; Feliciano & Rumbaut, 2018; Vietze & others, 2018）。一项针对墨裔美籍大学生的调查发现，他们既认同美国主流文化，也认同自己的传统文化，在认同墨西哥文化的强度方面的个体差异与个体的政治和社会态度相关联（Naumann, Benet-Martínez, & Espinoza, 2017）。

社会文化环境的诸多方面都可能影响到民族认同。少数民族成员的民族认同要强于主流民族成员。例如，在一项研究中，与非拉丁裔白人大学生相比，少数民族大学生当中有更多的人探索自己的民族认同（Phinney & Alipuria, 1990）。

时间是影响民族认同的另一个社会文化环境。在连续几代的移民中，每一代移民的民族认同的表达通常都有所不同（Huynh, Benet-Martínez, & Nguyen, 2018; Phinney & Ong, 2007）。以那些移居美国的移民为例，第一代移民可能觉得保持原有的民族认同更具有安全感，一般不会做出太多的改变；他们也许会形成新的民族认同，也许不会。他们感受到自己"美国化"的程度取决于他们有没有学习英语、有没有形成除自己民族群体以外的社会网络，以及他们适应新国家主流文化的能力。第二代移民更可能把自己看成"美国人"，这也许是因为他们一出生就

青少年同一性的发展如何受父母的影响？
图片来源：视觉中国

民族认同（ethnic identity）自我的一个持久的组成部分，包括某个民族的成员意识，以及和该成员身份相关的态度和情感。

双文化认同（bicultural identity）个体同一性形成的一个方面，即在某些方面认同自己的民族文化而在其他方面则认同主流文化。

米歇尔·金（Michelle Chin）是一位16岁的少女，她对民族认同的发展做了这样的评论："我的父母不理解青少年需要发现自己是谁，这意味着很多的尝试、很多的情绪波动、很多的激动和尴尬。和其他青少年一样，我也面临着同一性危机。我仍然在努力思索我究竟是华裔美国人还是一个有着亚洲人眼睛的美国人。"青少年期民族认同的发展还涉及哪些其他方面？
图片来源：视觉中国

第十一章　自我与同一性　　325

拥有了美国公民的身份。例如，本章开头介绍的华裔美籍作家汤亭亭就曾说过："我一直生活在美国，中国文化对我来说只是一种外国文化"（Powellsbooks.blog, 2006）。对第二代移民来说，民族认同可能与他们本民族语言以及社会网络的保留程度有关。到了第三代及以后的各代，问题变得更加复杂。广泛的社会因素都会影响着每一代人对他们的民族认同的保留程度。例如，媒体形象也许会鼓励某个少数民族群体的成员认同本民族并保留自己的一部分文化传统。歧视也可能迫使人们将自己与主流群体分开，并促使他们从自己的民族文化中寻求支持。这种文化适应的压力对个体的同一性和健康都有影响（Cavanaugh & others, 2018; Romero & Piña-Watson, 2017）。

研究者也越来越多地发现，积极的民族认同与少数民族青少年的积极表现相关（Neblett, Rivas-Drake, & Umana-Taylor, 2011; Umaña-Taylor & others, 2018）。例如，有一项研究表明：美国原住民青少年积极的民族认同源于父母和社区成员在民族身份以及如何应对歧视方面的社会化，这样的准备保护了青少年免遭抑郁症状的伤害（Yasui & others, 2015）。同时，一项针对主体民族和少数民族青少年的干预研究表明：更深入地探索同一性和自尊的提高相关联，也和较少的抑郁症状相关联（Umaña-Taylor & others, 2018）。另一项研究还发现：拉丁裔美国青少年积极的民族认同受邻里环境（如居住区域有无其他拉丁裔家庭）以及家中父母关于民族身份的社会化的影响（White & others, 2018）。

要了解一位指导拉丁裔青少年发展积极同一性的人，请阅读"链接 职业生涯"专栏中阿曼多·龙基略（Armando Ronquillo）的故事。

琼·菲尼（Jean Phinney, 2006）描述了民族认同在成年初期可能会发生怎样的变化，尤其强调少数民族个体的某些经验可能会缩短或延长成年初期阶段。对于那些必须承担家庭责任而不能去上大学的少数民族个体来说，同一性的形成可能发生得较早。相比之下，特别是那些进入了大学的少数民族个体，其同一性的形成可能需要较长的时间，因为探索和理解双文化认同是相当复杂的。高等教育提供的认知挑战可能会激发少数民族个体反思自己的同一性，并仔细考察他们试图认识自己的过程中所发生的种种变化。这种增加了的反思可能会侧重于如何将自己少数民族文化的一些元素同主流文化的一些元素整合起来。例如，在大多数工业化和技术化的社会和文化中，一些初成年者不得不着手解决他们的少数民族文化和主流文化之间的冲突，前者强调家庭忠诚和相互依赖，而后者则强调独立和自我决断（Arnett, 2015）。要进一步了解青少年期个体民族认同的发展，请阅读"链接 多样性"专栏。

这里展示的是研究员玛格丽特·比尔·斯宾塞（Margaret Beale Spencer）正在与青少年交谈。斯宾塞强调，青少年期往往是少数民族个体同一性发展的关键阶段。在青少年期里，大多数少数民族个体第一次有意识地面对自己的民族归属问题。
图片来源：Margaret Beale Spencer

成年初期民族认同的发展有什么特点？
图片来源：视觉中国

链接 职业生涯

高中心理咨询师阿曼多·龙基略

30多年来，阿曼多·龙基略（Armando Ronquillo）一直是亚利桑那州图森市（Tucson）低收入地区普韦布洛高中（Pueblo High School）的心理咨询师和招生顾问。该校大多数学生有拉丁背景。2000年，龙基略被评为亚利桑那州年度最佳高中心理咨询师。

龙基略的工作重点是指导拉丁裔学生发展积极的同一性。他和学生谈论他们的文化背景，告诉他们拥有双文化认同会是什么样子，也就是说，既保留拉丁传统文化中的

(接上页)

重要元素，同时也吸取当代美国文化中有助于成功的元素。

他相信，帮助拉丁裔青少年爱上学校并在中学里取得成功，同时促使他们思考高等教育可以为他们一生提供的种种机会将有助于他们同一性的发展。龙基略也为父母提供咨询，帮助他们理解送自己的孩子上大学是可行的，经济上也是承担得起的。

要进一步了解学校咨询师的工作情况，请看附录"儿童发展领域的相关职业"。

阿曼多·龙基略正在为一名拉丁裔高中生提供有关大学情况的咨询。
图片来源：Dr. Armando Ronquillo

链接 多样性

民族认同发展的环境

少数民族青少年所处的环境影响着他们同一性的发展（Derlan & Umaña-Taylor, 2015）。在许多国家，少数民族青少年生活在社会经济地位有高有低、对积极同一性的发展缺乏支持的都市环境中。农村和城市的环境中也可能有一些贫困区，这些贫困区中毒品、黑帮和犯罪活动屡见不鲜，辍学或失业的成年人人数也大幅高于平均水平。在这样的环境下，支持性的组织和支持性的项目就可以为青少年同一性的发展提供特别重要的帮助。

当进入大学或工作岗位时，可能会重新审视自己的民族认同。在本节的前面，你了解到为什么少数民族青少年的同一性形成可能需要更长的时间？

社会环境如何影响青少年同一性的发展？
图片来源：视觉中国

复习

- 什么是同一性？
- 埃里克森的同一性观点是什么？
- 个体是如何发展他们的同一性的？哪些同一性状态可用来对个体进行分类？
- 家庭、同伴和恋爱关系、文化和民族等社会环境是如何影响同一性的？

联想

- 埃里克森发展理论的第五阶段是同一性对同一性混乱。为了能够成功地进入第五阶段解决同一性对同一性混乱的危机，儿童在第四阶段里需要解决哪些危机？

反思你自己的人生之旅

- 在青少年期，你的同一性是如何变化的？你目前的同一性和你青少年期的同一性有什么不同？为了指导你对自己的同一性的变化进行评价，请回到图6并思考你的同一性可能有哪些重要的方面？

复习、联想和反思

学习目标 3

描述同一性及其发展。

第十一章 自我与同一性　　327

达到你的学习目标

自我与同一性

自我理解和理解他人

学习目标 1 描述自我理解和理解他人的发展。

● 自我理解

自我理解是儿童对自我的认知表征,是自我概念的实质和内容。它为个体的同一性提供理性的基础。早在3个月大时,婴儿就已形成了初步形式的自我识别,大约在18个月大时,婴儿形成了更复杂的自我理解。童年早期自我理解的特点是:混淆自我、心理与身体;具体的、物理性的、活动性的描述;不切实际的过高的正向估计。童年中晚期的自我理解包括更多地使用心理特征、社会性描述和社会比较;区分现实自我和理想自我;自我评价也更加符合实际。青少年发展了抽象的、理想主义的自我概念,对自我理解的自我意识有所提高,并比童年期进行更多的社会比较。他们的自我理解常处于波动状态,他们也建构了多个自我,包括可能的自我。

● 理解他人

年幼儿童在自我理解和理解他人方面比人们以往所认为的更加老练。甚至4岁大的孩子就能理解人们为了得到想要的东西或为了避免麻烦,可能会做出虚假的陈述。在童年中晚期里,儿童的观点采择能力提高了,他们对别人说的话也更加持怀疑态度。青少年期理解他人的三个重要方面是观点采择、感知他人的特点和社会认知监控。

自尊和自我概念

学习目标 2 解释自尊和自我概念。

● 什么是自尊和自我概念

自尊也称为自我价值感或自我形象,这是个体对自我的整体评价。自我概念指具有领域特殊性的自我评价。

● 评估

哈特的儿童自我印象量表适用于三至六年级的儿童,该量表测量总的自我价值感以及五个特殊领域的自我概念。哈特的青少年自我印象量表也测量总的自我价值感和五个领域的自我概念,但又添加了亲密友谊、异性吸引力和工作能力这三个领域。

● 发展性变化

一些研究者发现自尊水平在青少年期有所下降,女生的降幅大于男生,但对于自尊在多大程度上随年龄变化的问题还存在争议。

● 自尊的差异

研究者发现自尊与学业成绩之间只存在中等程度的相关。与低自尊个体相比,高自尊个体表现出更大的主动性,这既可能引起积极的结果,也可能引起消极的结果。自尊与身体外貌及快乐相关联。低自尊和抑郁、自杀企图及神经性厌食症存在关联。

同一性

学习目标 3 描述同一性及其发展。

● 什么是同一性

同一性的发展相当复杂,是逐步发生的。在最低限度上,同一性涉及对职业发展方向、意识形态立场和性取向的探索与承诺。对同一性组成部分的整合可能是一个长期和复杂的过程。

328　第四编　社会情绪的发展

- **埃里克森的观点**　　埃里克森认为同一性对同一性混乱是人的一生发展的第五阶段，出现在青少年期。个体在这一阶段进入童年安全感与成人自主性之间的心理社会延缓偿付状态。人格和角色的尝试是同一性发展的重要方面。在像北美这样的技术型社会里，职业角色尤其重要。

- **发展性变化**　　同一性的发展始于婴儿期，并一直延续到老年。詹姆斯·马西亚以危机（探索）和承诺为基础提出了同一性的四种状态：同一性扩散、同一性排斥、同一性延缓、同一性完成。一些专家认为同一性主要的变化发生于成年期开始时，而不是青少年期。个体的同一性发展通常遵循"延缓—完成—延缓—完成"（MAMA）的循环模式。

- **社会情境**　　父母是青少年同一性发展过程中的重要人物。个性化和家庭关系中的联系都与同一性发展有关。同伴和恋爱关系也是影响青少年同一性发展的社会情境。全世界少数民族群体在融入主流文化的同时，也都在努力保持自己的民族认同。积极的民族认同与少数民族青少年的良好发展相关联。

重要术语

双文化认同 bicultural identity
承诺 commitment
联系 connectedness
危机 crisis
民族认同 ethnic identity
同一性 identity
同一性完成 identity achievement
同一性扩散 identity diffusion

同一性排斥 identity foreclosure
同一性延缓 identity moratorium
同一性对同一性混乱 identity versus identity confusion
个性 individuality
观点采择 perspective taking
可能的自我 possible self
心理社会延缓偿付 psychosocial moratorium

自我 self
自我概念 self-concept
自尊 self-esteem
自我理解 self-understanding
社会认知 social cognition

重要人物

凯瑟琳·库珀 Catherine Cooper
艾瑞克·埃里克森 Erik Erikson

哈罗德·格罗特温特 Harold Grotevant
苏珊·哈特 Susan Harter

詹姆斯·马西亚 James Marcia
琼·菲尼 Jean Phinney

第十二章 性别

本章纲要

第1节 什么是性别

学习目标 ❶
概述性别涉及哪些方面。

第2节 影响性别发展的因素

学习目标 ❷
讨论影响性别的主要生物、社会和认知因素。
- 生物因素
- 社会因素
- 认知因素

第3节 性别的刻板印象、相似性和差异性

学习目标 ❸
描述性别的刻板印象、相似性和差异性。
- 性别刻板印象
- 性别的相似性和差异性

第4节 性别角色分类

学习目标 ❸
指出性别角色可以如何分类。
- 什么是性别角色分类
- 童年期和青少年期的性别认同
- 性别角色的超越
- 性别和情境

迪士尼公主

让我们来看 20 世纪流行的迪士尼公主影片：《白雪公主和七个小矮人》（1937）、《灰姑娘》（1950）、《睡美人》（1959）、《小美人鱼》（1989）。所有这些影片都是以性别刻板印象来描绘这些公主的，每一位公主都是先遇到危难，然后被王子解救，最后结局也都是和王子相爱、喜结良缘。相比之下，让我们来看近年来的迪士尼公主影片：《公主与青蛙》（2009）、《勇敢传说》（2012）、《冰雪奇缘》（2013）、《海洋奇缘》（2016）。近年来的影片中性别刻板印象就不那么严重了，公主自己也可能实施救援行动，结局也可能还是单身（Hine & others，2018）。

当代面向较年长观众的影片也不再像过去那样按照刻板印象来描绘性别角色了，而是试图反映性别角色的社会变化：常常把女主人公描绘得更加坚强，把男主人公描绘得更加乐意表达他们的情绪。例如，在影片《饥饿游戏》中，女主人公凯妮丝·埃夫狄恩（Katniss Everdeen）是一位勇敢、果断、精明的猎手，而男主人公皮塔·梅拉克（Peeta Mellark）则比凯妮丝更加不掩饰自己的情绪。正如我们将在本章后面看到的，性别研究专家们已在考察在多大程度上性别刻板印象是由男性和女性的实际信念和行为造成的。

前言

在这一章，我们首先考察性别（gender）涉及哪些方面，然后我们把注意转向影响性别发展的各种因素：生物的、社会的、认知的。接着，我们将探究性别的刻板印象、相似性和差异性。最后，我们将着重讨论性别角色是如何分类的。

第1节 什么是性别

学习目标 1

概述性别涉及哪些方面。

> 温柔、耐心、机智、谦逊、诚实、勇敢，这些品质并非专属于男性或女性，而是"人"之共性。
>
> ——简·哈里森
> 20世纪英国作家

儿童何时知道自己是男孩或女孩？
图片来源：视觉中国

性别是指作为男性或作为女性的特征。**性别认同**是指个体关于自己性别的意识，包括关于男性或女性的知识、理解，以及对作为男性或女性状态的认可（Liben, 2017）。**性别角色**是指人们对男性或女性应当如何思考、如何感受以及如何行动的期待。在学前阶段，大多数儿童的行为方式越来越和他们的文化所提倡的性别角色相符合。**性别化**则是指习得了传统的男性化或女性化的角色。例如，打斗在更大程度上是传统男性角色的一个特征，而哭泣在更大程度上则是传统女性角色的一个特征。

性别认同的一个方面涉及是否知道自己是男孩还是女孩（Liben, 2017）。直到最近，人们仍认为这方面的性别认同大约在2.5岁时出现。然而，一项研究考察了婴儿对性别符号和性别类外表的认识和使用情况，结果发现，性别认同在2岁前就可能出现了（Halim & others, 2018）。在这项研究中，母亲的性别角色态度和他们2岁孩子的性别类外表没有相关，但2岁孩子自己认识和使用性别符号的能力却和他们的性别类外表相关联。这一研究说明，儿童很小时就开始有了性别意识，并倾向于按照传统的男孩或女孩的着装方式来坚持性别刻板印象。

一项研究显示，学前期性别类玩具游戏（如男孩玩汽车，女孩玩布娃娃）可以预测儿童5岁时的性别类行为，不管他们是由同性恋父母还是由异性恋父母抚养的，结果都是如此（Li, Kung, & Hines, 2017）。

复习、联想和反思

学习目标 1

概述性别涉及哪些方面。

复习

- 什么是性别？性别有哪些组成部分？

联想

- 当你在本章后面阅读更多关于性别及其发展的研究时，你应当记住从绪论中学到的哪些有关性别和研究的内容？

反思你自己的人生之旅

- 当你开始阅读本章时，请想一想在你成长的过程中，性别在你的生活中起了什么作用？请举例说明你在童年时代的行为是如何反映男性或女性角色的？

第2节 影响性别发展的因素

学习目标 2

讨论影响性别的主要生物、社会和认知因素。

- 生物因素
- 社会因素
- 认知因素

332　第四编　社会情绪的发展

> 生物因素

直到 20 世纪 20 年代，科学家们才证实了性染色体的存在，性染色体所包含的遗传物质决定了我们的生理性别（sex）。人类正常含有 46 条互相配对的染色体。如果个体的第 23 对染色体是 XX，则是女性；如果是 XY，则是男性。

激素 对性别产生最大影响的激素有两类：雌性激素和雄性激素。无论是男性还是女性，身体内都含有这两类激素，但浓度不同。

雌性激素的主要作用是促进女性性征的发育并帮助调节月经周期。雌性激素是一个总的激素类别，雌二醇就是一种重要的雌性激素。对女性来说，雌性激素主要由卵巢产生。

雄性激素的主要作用是促进男性生殖器和第二性征的发育。睾酮是一种重要的雄性激素。男性和女性的雄性激素都由肾上腺分泌，但男性的雄性激素还通过睾丸产生。

在受孕后最初的几个星期里，女性和男性的胚胎看起来差不多。但是当 Y 染色体上的基因指导胚胎中的一小块组织变成睾丸时，男性性器官便开始不同于女性的性器官了。一旦该组织变成了睾丸，就开始分泌睾酮。因为女性胚胎中没有 Y 染色体，这个组织就变成卵巢。为了探讨生物因素对性别的影响，研究人员已经对那些在发展早期经历了性激素分泌异常的个体展开了研究（Eme, 2015）。以下列举了几种可能出现的问题（Lippa, 2005, pp. 122-124, 136-137）：

- *先天性肾上腺增生症*（Congenital adrenal hyperplasia, CAH）。有些女孩患有这种病症，它是由基因缺陷造成的。患者的肾上腺增大，从而导致雄性激素分泌过多。虽然患有 CAH 的女性携带 XX 性染色体，但她们的外生殖器与正常男女的外生殖器都有不同程度的差异。通过外科手术，她们的外生殖器可以变得和正常女性的差不多。CAH 女孩喜欢玩传统的男孩玩具，也喜欢进行传统的男孩活动，她们比正常女孩具有更强的跨性别认同（Pasterski & others, 2015）。此外，CAH 女孩的攻击性也强于正常的女孩（Spencer & others, 2017）。
- *男性雄性激素失敏症*（androgen insensitive males）。由于基因出错，一小部分携带 XY 染色体的男性体内没有雄性激素细胞（androgen cells）。他们的身体表现为女性体型，他们形成了女性的性别认同，并且通常对其他男性具有吸引力。
- *骨盆区缺陷*（Pelvic field defect）。少数新生儿患有叫作骨盆区缺陷的病症。患有此症的 XX 型女孩一般有阴道但没有阴蒂，通常被当作女孩抚养。患有此症的男孩的症状是阴茎缺失。出生前，这些 XY 型男孩具有正常水平的睾酮，但出生后通常被立即阉割并被以女孩的方式抚养。一项研究显示，尽管父母十分努力地以女孩方式抚养他们，但大多数 XY 型儿童仍然坚持认为自己是男孩（Reiner & Gearhart, 2004）。显然，对他们的性别认同来说，出生前正常水平的雄性激素比出生后的阉割和女孩抚养方式具有更强的影响力。
- 在一个极不正常并最终导致悲剧结果的病例中，一对同卵双胞胎男孩中的一个由于包皮环切手术失败而失去了阴茎。失去阴茎的男孩原名叫布鲁斯·雷默（Bruce Reimer），事故后医生对他实施了阉割手术，让他服用雌性激

> **发展链接**
>
> **生理过程**
>
> 激素是由内分泌腺分泌的强大的化学物质，通过血液流动输送到身体的各个部分。链接"身体的发展和健康"。

性别（gender）作为男性或作为女性的特征。

性别认同（gender identity）个体关于自己是男性或女性的意识，大多数儿童在 3 岁时获得了性别意识。

性别角色（gender roles）人们对男性或女性应当如何思考、如何感受和如何行动的一系列期待。

性别化（gender typing）指习得了传统的男性角色或女性角色。

雌性激素（estrogens）一个总的激素类别，雌二醇是重要的雌性激素。雌性激素的主要作用是促进女性性征的发育并帮助调节月经周期。

雄性激素（androgens）一个总的激素类别，睾酮是一种重要的雄性激素。雄性激素的主要作用是促进男性生殖器和第二性征的发育。

素，父母将他当作女孩来抚养，更名为"布兰达"（Brenda）。起初，处理这一案例的心理学家约翰·莫尼（John Money, 1975）报告说这一性别重置的做法产生了积极的结果。但后来，"布兰达"没能顺利地适应女孩的生活，受到了同学们的欺凌和孤立（Diamond & Sigmundson, 1997）。成为青少年后，"布兰达"被告知了性别重置的事情，"布兰达"决定作为男性生活，取名戴维（David）。他接受了激素和手术治疗，结了婚，领养了妻子的孩子（Colapinto, 2000）。2004年，戴维38岁，他的婚姻破裂，他自杀了。

虽然性激素本身并不能单独决定行为，但研究人员已经发现了性激素水平与某些行为之间的联系（McEwen & Milner, 2017）。睾酮对人最常见的影响涉及攻击行为和性行为（Hyde & Else-Quest, 2013）。在青春期里，男孩的睾酮水平与性行为相关（Geniole & Carré, 2018）。还有一项研究表明，从羊水中测得睾酮水平较高的胎儿与他们学前期进行较多的典型男性游戏相关（Jones, 2018）。

进化心理学的观点　进化心理学的观点强调人类进化过程中的适应机制是造成男女心理差异的原因（Buss, 2016）。进化心理学家们认为，主要是因为男女在生殖过程中扮演着不同的角色，所以，当人类进化时，他们在原始环境中面对着不同的压力。尤其是，因为男性通过增加性伴侣的数目更可能提高自身基因传递的机会，故自然选择的机制更有利于那些采取短期配偶策略的男性。男性通过和其他男性竞争以获取更多的资源来吸引女性。所以，男性便进化出了喜欢暴力、竞争和冒险的倾向。

反之，根据进化心理学家们的观点，女性对人类基因库的贡献可以通过为她们的后代获取资源的方式来提高，这又可以通过获取能养家的长期配偶来实现。结果，自然选择就青睐于这样的女性，她们努力养育后代，并选择有能力为后代提供资源和保护的配偶。所以，女性也就形成了喜欢能够提供资源的成功男性和胸怀抱负的男性的倾向（Buss, 2016）。

但是，批评者认为，进化心理学的上述观点只是建立在对史前事件的猜测上，并没有实际的证据。无论在哪一方面，人类都不会完全死抱住那些在过去的进化过程中曾经具有适应功能的行为。他们还指出，进化心理学的观点忽略了性别差异中的文化因素和个体差异（Brannon, 2017）。

> 社会因素

许多社会学家认为男女之间的心理差异并不只是由生物倾向造成的，还受到社会经验的影响。反映这一观点并有着广泛影响的理论有两种，即社会角色理论和社会认知理论。

艾丽斯·伊格利（Alice Eagly）提出了**社会角色理论**，该理论认为性别差异是由男女角色的明显差异造成的（Eagly & Wood, 2016）。在世界大多数文化中，女性的权力和地位低于男性，她们的可控资源也少于男性（OECD, 2017）。和男性相比，女性参与更多的家务劳动，从事有偿工作的时间少于男性，得到的报酬低于男性，也较少出现在最高层次的组织中。根据伊格利的观点，当女性适应权力和社会地位较低的角色时，她们会表现得比男性更加合作、更少专断。所以，社会上的等级制和劳动分工是造成男女之间在权力、果断性和养育方式方面差异的重要原因（Eagly & Wood, 2016）。

发展链接

理论

进化心理学强调适应、生殖和"适者生存"对行为形成的重要性。链接"生物起源"。

社会角色理论（social role theory）该理论认为性别差异是由男女角色的明显差异造成的，社会上的等级制和劳动分工强有力地影响着男女之间在权力、果断性和养育方式方面的差异。

性别的社会认知理论（social cognitive theory of gender）该理论强调儿童的性别发展通过两种途径实现：一是通过观察和模仿性别类行为；二是通过体验成人对他们适当或不适当的性别类行为进行的奖励和惩罚来学习。

理论	过程	结果
社会角色理论	观察和采纳特定的文化情境中普遍的性别社会角色。	性别类行为符合等级制社会对角色的期待。
社会认知理论	成人和同伴对儿童的适当的性别类行为进行奖励，不适当的进行惩罚；观察和模仿男性角色榜样的行为和女性角色榜样的行为。	特定文化情境奖励的性别行为更加普遍。

图1 父母的行动和示范对孩子性别发展的影响

社会认知理论为儿童如何发展性别类行为提供了另一种不同的解释（参见图1）。在**性别的社会认知理论**看来，儿童的性别发展主要通过两种途径实现：一是通过观察和模仿来学习；二是通过体验成人对他们适当或不适当的性别类行为进行的奖励和惩罚来学习（Spinner, Cameron, & Calogero, 2018）。社会认知理论强调情境对儿童性别发展的重要性，情境则包括父母的养育方式、同伴关系、学校、媒体等。

父母的影响　父母通过行动和榜样的作用来影响儿童的性别发展（Liben, 2017）。一旦婴儿被贴上女孩或男孩的标签后，几乎所有人，包括父母、兄弟姐妹和陌生人，就开始以性别特定的方式来对待婴儿（参见图2）。父母经常使用奖励和惩罚来教他们的女儿要像女孩（"凯伦，你真是布娃娃的好妈妈！"），教他们的儿子要有男子气（"好啦！基思，大男孩是不哭的。"）。

母亲和孩子的互动方式往往不同于父亲和孩子的互动方式。虽然在拥有儿子的情况下父亲用于照顾孩子的时间有所增加并且离婚的可能性也有所降低，但总的说来，母亲对孩子的照顾比父亲更加投入（Galambos, Berenbaum, & McHale, 2009）。从历史上看，母亲与孩子的互动往往围绕着照料和教育活动，而父亲的互动则往往涉及休闲活动（Galambos, Berenbaum, & McHale, 2009）。

父母亲和儿子的互动方式也不同于和女儿的互动方式，这种带有性别偏向的互动从婴儿期就已开始，并且通常持续到整个童年期和青少年期。在综述了有关这一话题的多项研究后，菲莉斯·布龙斯坦（Phyllis Bronstein，2006）得出如下结论：

- *母亲的社会化策略*。在许多文化中，母亲对女儿的社会化总是要求她们比儿子更加顺从和负责。她们也更多地限制女儿的自主权。
- *父亲的社会化策略*。父亲对儿子的关注超过对女儿的关注，参与儿子活动的时间更多，并付出更多的努力来促进儿子的智力发展。

因此，布龙斯坦（Bronstein, 2006, pp. 269-270）指出："尽管美国和其他西方文化对性别刻板印象危害的认识有所提高，但许多父母仍然致力于培养那些与传统的性别角色规范相一致的行为和观念。"

同伴的影响　随着儿童长大，同伴显得越来越重要。同伴在相当大的程度上不断地奖励和惩罚具有性别倾向的行为（Leaper, 2018）。例如，如果儿童以符合文化赞许的与其性别相适合的方式玩耍，就会受到同伴的奖励。那些进行被认为与其性别角色不符合的活动的儿童，则会受到同伴的批评或冷落。总的来说，如果女孩的行为更像男孩，一般还可以被接受，但如果男孩的行为更像女孩，则难以被同伴接受；因此，用假小子（*tomboy*）一词来描述那些带有男子气的女孩时，其

发展链接

社会认知理论

社会认知理论认为：行为、环境和认知因素是发展的关键因素。链接"绪论"。

母亲和孩子的互动与父亲和孩子的互动有怎样的不同？
图片来源：视觉中国

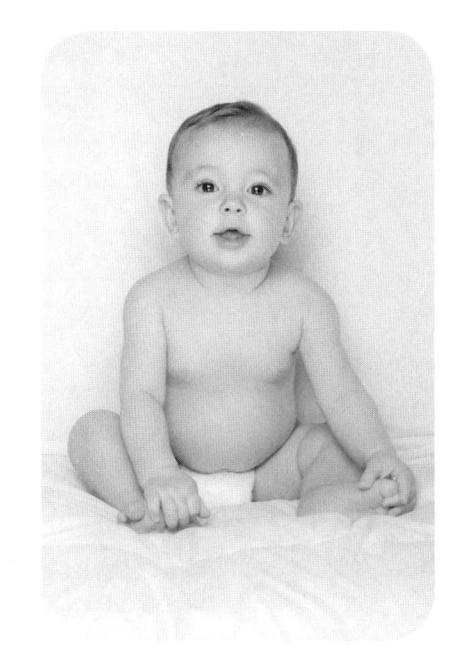

图2 对男孩和女孩的期望
先想象这照片是一个小女孩。你对她有什么期望呢？然后想象这照片是一个小男孩。你对他有什么期望呢？
图片来源：视觉中国

第十二章　性别　　335

贬损的程度要低于用女人气（sissy）一词描述那些带有女性特点的男孩（Pasterski, Golombok, & Hines, 2011）。

儿童会明显地表现出亲近和喜爱同性伙伴的倾向，这一倾向在童年中晚期里表现得特别强烈（Maccoby, 2002）（参见图3）。那么，在同性的玩伴群体中，会发生什么样的社会化呢？在一项研究中，研究者对学前儿童进行了为期6个月的观察（Martin & Fabes, 2001）。结果发现：男孩和男孩之间互动的时间越长，他们的活动强度、打斗性玩耍、对男孩类型玩具和游戏的选择就越是增加，待在成人身边的时间也越少。与此形成对照的是，学前女孩和其他女孩互动的时间越长，她们的活动强度和攻击性就越是降低，女孩类型的游戏和活动以及待在成人身边的时间也越是增加。同时，女孩与同性别伙伴组成两人团互动的偏好比男孩更加明显（Gasparini & others, 2015）。

在青少年期，同伴的赞许或责备对个体的性别态度和行为具有强大的影响力（Shin, 2017）。和童年期相比，青少年期的同伴团体更可能是男孩和女孩混合组成的。然而，一项研究显示，性别隔离仍然是青少年和成年人社会生活的某些方面的特点（Mehta & Smith, 2019）。在这项研究中，甚至成年人也报告说他们偏爱并感到更亲近的是同性别的朋友而不是异性别的朋友。

学校和教师 有些观察者担心学校和教师对男孩和女孩都存在性别偏见（Glock & Kleen, 2017）。哪些证据可以表明教室和课堂对男孩存在歧视呢？这里是需要考虑的几个因素（DeZolt & Hull, 2001）：

- 许多教室和课堂都提倡和强化顺从、守规则、整洁和有序。而这些行为特点通常更可能是女孩的而不是男孩的。
- 大多数教师是女性，尤其是在小学里。这一趋势使男孩比女孩更难以认同和学习教师的榜样行为。有一项研究显示，和女教师相比，男教师对男孩的印象更加积极，对他们的学习能力的评价也更加积极（Mullola & others, 2012）。
- 男孩比女孩更可能患有学习障碍或注意缺陷多动障碍，因而更容易辍学。
- 男孩比女孩更容易受到批评。
- 学校的工作人员趋向于忽视这样一个事实，即许多男孩有明显的学业问题，尤其是在语言文学方面。
- 学校的工作人员往往持有男生有行为问题的刻板印象。

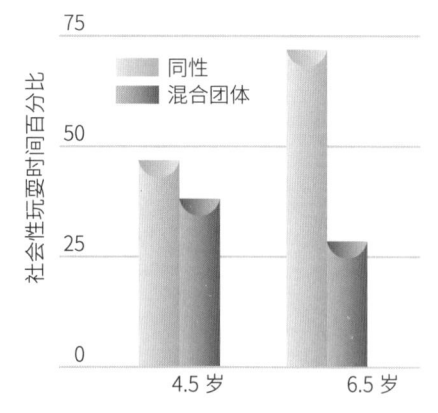

有哪些证据表明教室和课堂对女孩也存在性别偏见呢？请考虑如下几个方面（Sadker & Sadker, 2005）：

- 在典型的课堂上，女孩比较听话，男孩比较粗野。男孩不断地引起老师的注意，女孩则更可能安静地等待着轮到她们的时候。教师更经常地责备和训斥男生，并把他们送到教导处接受纪律惩罚。教育家们担心，女孩的顺从和安静会损害她们的果断性。
- 在许多课堂上，教师把更多的时间用来观察男孩并和他们互动，而女孩则安

在性别方面，儿童的同伴关系有什么发展性的变化？
图片来源：视觉中国

图3 在同性别团体和混合团体中玩耍时间的发展性变化
对儿童的观察显示，和男女混合团体相比，儿童更愿意在同性团体中玩耍。这一趋势在4岁至6岁期间有所增长。

静地依靠自己学习。大多数教师并不是故意要在男孩身上多花时间来照顾他们，然而课堂上却经常不知不觉地出现这种具有性别偏向的情况。
- 当男孩遇到难题时，教师会给他们更多的指导和帮助。教师也会给男孩更长的时间来回答问题，提供更多关于正确答案的提示，如果他们回答错了，也会让他们再次尝试。
- 与女孩相比，男孩更容易得到较低的分数或成为留级生；然而，女孩对她们在大学里获得学业成功的信心却低于男孩。
- 进入小学一年级时，男孩和女孩的自尊水平基本相同，然而到了初中阶段，女孩的自尊水平就变得低于男孩。
- 当要求小学生列出自己长大后想从事什么职业时，男孩会比女孩列出更多的职业选择。

因此，有证据表明男孩和女孩都会在学校中受到性别偏见的负面影响。许多教育工作者并没有意识到自己存在性别偏见，因为这种偏见深深地扎根于一般文化中，并受到一般文化的支持。显然，提高对学校中性别偏见的认识是降低学校性别偏见的重要途径。

那么，单一性别的学校是否会比男女同校的学校好一些呢？支持单一性别学校的一个论据是：它可以消除由异性引起的注意力分散情况并减少性骚扰。近年来，单一性别的公立学校急剧增加。在2002年，美国只有12所公立学校提供单一性别教育；而在2014—2015学年，单一男孩的公立学校上升到了170所，单一女孩的公立学校上升到了113所。在这些学校中就读的男孩有17,000人，女孩有21,000人（Mitchell & others, 2017）。

虽然提供单一性别教育的学校增加了，但一项覆盖21个国家184项研究，包括了160万学生的综述研究得出的结论是：高质量的研究表明单一性别教育并不能带来混合教育所没有的特别的好处（Pahlke & others, 2014）。在一篇题为《单一性别学校的伪科学》的综述文章中，黛安娜·哈尔彭（Diane Halpern）和她的同事们（2011）得出的结论是：单一性别教育在很大程度上被误导和误解了，它并没有得到任何可靠的科学证据的支持。他们强调指出：在反对单一性别教育的诸多论据中，最强有力的一条便是单一性别教育减少了男孩和女孩在有监督、有目的的环境下一起学习的机会。

对于非裔美国男孩群体来说，倒是有单一性别公立教育的需求，因为他们在历史上一直是学业成绩差、辍学率高（Mitchell & Stewart, 2013）。2010年，都市青年男子预科学校（the Urban Prep Academy for Young Men）成为美国第一所单一男性和单一非裔学生的公立特许学校。自从2010年以来，它的每一届毕业生都100%地被四年制的大学和学院录取。目前，都市青年男子预科学校在芝加哥高需求的社区设立了3所公开注册的公立特许中学，采用随机抽签的方式招收学生，3个校区一共可容纳2,000名学生。

媒体的影响 大众媒体所传播的关于性别角色的信息也对儿童和青少年的性别发展有着重要的影响（Coyne & others, 2016）。在许多电视节目中，男性总是被描绘成比女性更有力量。一项综合了135项研究的综述文章指出：无论是在实验室情境还是在日常生活中，接触那些把女性当成性目标的媒体描述会强化男性和女性的传统观念，即认为女性能力低于男性，道德水平也低于男性，从而提高了人们

美国的单一性别教育发生了哪些变化？有关研究对单一性别教育的好处得出了什么结论？
图片来源：Tammy Ljungblad/KRT/Newscom

第十二章 性别　　337

链接 研究

幼儿如何应用性别图式来判断不同职业？

在一项研究中，研究者就 10 个传统的男性职业（飞行员、汽车机械师等）和女性职业（服装设计师、秘书等）对 3 至 7 岁的儿童进行了访谈，提问的问题大致如下（Levy, Sadovsky, & Troseth, 2000）：

- 一个传统男性职业的例子：飞行员就是为乘客开飞机的人。你认为谁能把这个工作做得更好？是男性还是女性呢？
- 一个传统女性职业的例子：服装设计师就是为人们剪裁并制作衣服的人。你认为谁能把这个工作做得更好？是男性还是女性呢？

如图 4 所示，幼儿已具有发展良好的性别图式。在这种情况下，所反映的是关于职业的陈旧观念。他们"认为男性比女性更胜任男性职业，女性比男性更胜任女性职业"（p. 993）。同时，"女孩认为女人更胜任女性职业的比例高于认为男人更胜任男性职业的比例。反之，男孩则认为男性更胜任男性职业的比例高于认为女性更胜任女性职业的比例"（p. 1002）。这些发现说明，小至 3 到 4 岁的儿童对与性别相关的职业胜任能力的判断就已经有了很强的性别图式。

研究者还要求这些儿童从一组情绪词汇中选择对如下问题的答案：如果你将来——从事上述 10 种职业，最能表达你情绪的词汇是什么？女孩说她们会开心地从事女性职业，对男性职业感到厌恶或愤怒。和研究者事先设想的一样，男孩则说他们长大后会开心地从事男性职业，对女性职业感到厌恶或愤怒。不过，在试图避免女性职业时，男孩表现的生气或厌恶情绪比女孩要避免男性职业的情绪更加强烈。那么，性别刻板印象在过去几十年中有没有发生变化呢？一项针对 20 世纪 80 年代早期和 2014 年期间的分析表明：2014 年美国人关于男性和女性应当具有的典型特征、角色行为、职业和身体特点的描述和 20 世纪 80 年代早期同样刻板化（Haines, Deaux, & Lofaro, 2016）。

	男孩	女孩
"男性职业"		
判断男性更胜任的百分比	87	70
判断女性更胜任的百分比	13	30
"女性职业"		
判断男性更胜任的百分比	35	8
判断女性更胜任的百分比	64	92

图 4 儿童就性别刻板化职业对男性和女性胜任能力的判断

在这一研究中，儿童的性别刻板印象非常强烈。但大多数年龄较大的儿童、青少年和成人对职业角色的态度已变得比较灵活（Barth & others, 2018）。你认为这种灵活说明教育在消除性别的陈旧观念方面能发挥什么作用？

对那些欺压妇女的性暴力行为的宽容度（Ward, 2016）。媒体也影响着青少年的身体印象，有些研究还表明在这方面存在着性别差异（Tatangelo & Ricciardelli, 2017）。例如，两项针对 10 至 15 岁女孩的研究发现：她们内化媒体中性感形象的程度越深，就越是会穿性感的衣服，越是会为自己的身体形象感到羞愧，越是会把自己的身体当成他人观看和评价的对象（McKenney & Bigler, 2016）。另一项研究则显示，青少年男女花在大众媒体的时间越多，他们的身体印象就越是消极（Fardouly & Vartanian, 2016）。尤其是在那些含有职业运动员的广告节目和电子游戏节目中，男性青少年看到的往往都是一些肌肉高度发达的完美的男人形象（Near, 2013）。

> 认知因素

社会认知理论认为，观察、模仿、奖励和惩罚是性别角色发展的机制。根据这一观点，儿童和社会环境的互动是影响他们性别角色发展的最关键的因素。但批评者们争辩说，这样的解释把儿童习得性别角色的过程描绘成完全被动的，从而忽视了儿童自己的意愿和理解（Martin, Ruble, & Szkrybalo, 2002）。

一个颇有影响的认知理论是**性别图式理论**。该理论认为，当儿童逐渐形成他们的文化所认可的性别合适和不合适的性别图式时，他们的性别特征就出现了（Starr & Zurbriggen, 2017）。图式是一种认知结构，是指导个体感知活动的网络联结。性别图式则是指个体从男性和女性的角度来组织世界的框架。个体在内部动机的驱使下以与他们形成的图式相一致的方式来感知世界和采取行动。通过一点一点地积累，儿童逐渐掌握了他们的文化所认可的性别合适或性别不合适的标准，也就形成了影响他们的感知方式和记忆内容的性别图式（Conry-Murray, Kim, & Turiel, 2015）。儿童被激励着按照性别图式的方式去行动，这样，性别图式也就促进了性别特征的形成。

那么，幼儿如何应用性别图式来判断不同职业呢？要了解这一问题的答案，请阅读"链接 研究"专栏。

总之，认知因素促成了儿童按照男性和女性的方式思考和行动。通过生物的、社会的和认知的过程，儿童形成了他们的性别态度和行为（Liben, 2017）。

性别图式理论（gender schema theory）根据这一理论，当儿童逐渐形成他们的文化所认可的性别合适和不合适的图式时，他们的性别特征就出现了。

复习、联想和反思

学习目标 2

讨论影响性别的主要生物、社会和认知因素。

复习
- 生物因素可能会以哪些方式影响性别？
- 关于性别的两种社会理论是什么？社会环境将如何影响性别的发展？
- 认知理论是如何解释性别发展的？

联想
- 在本节，你了解到在世界大多数文化中，女性的权力和地位都不如男性，她们控制的资源也比较少。在"绪论"一章的"链接 多样性"专栏里，你阅读过性别和教育的关系，这和女性的从属地位可能存在何种联系？

反思你自己的人生之旅
- 你认为你的父母是如何影响你的性别发展的？你的同伴又是如何影响你的性别发展的？

学习目标 3

描述性别的刻板印象、相似性和差异性。
- 性别刻板印象
- 性别的相似性和差异性

第 3 节 性别的刻板印象、相似性和差异性

性别刻板印象普遍到何等程度？男孩和女孩之间有哪些真正的差异呢？

> 性别刻板印象

性别刻板印象是指人们对男性和女性的总的印象及看法。例如，男人是强壮的，女人是柔弱的；男人擅长技术，女人擅长护理；男人善于和数字打交道，女人善于和文字打交道；女人是感性的，男人不是。所有这些都是刻板印象，它们是对一个群体的概括，反映的是人们普遍持有的看法（Miller & others, 2018）。研究人员发现，男孩的性别刻板印象比女孩的更加僵化（Spinner, Cameron, & Calogero, 2018）。

性别刻板印象（gender stereotypes）人们关于什么行为对男性合适和什么行为对女性合适的总的印象及看法。

第十二章 性别　339

> 如果你要概括女人，你就会发现你自己即属于例外。
>
> ——多洛雷斯·希钦斯
> 20世纪美国侦探小说家

传统的男性和女性特征　20世纪70年代初期的一项经典研究调查了大学生们认为哪些特征和行为是女性的特点，哪些是男性的特点（Broverman & others, 1972）。与男性相联系的特点被称为**工具性的**（instrumental），包括独立性、攻击性、权力取向等。与女性相联系的特点被称为**表现性的**（expressive），包括温柔、敏感等。

因此，与男性相关的工具性特征使得他们能够承担起传统的男性角色，即到社会上闯荡并养家糊口的人。与女性有关的表现性特征也和传统的女性角色相匹配，即待在家里的敏感的照顾者。然而，这些角色和特征不只是不同，它们在社会地位和权力方面也是不平等的。传统女性的特点是孩子气的，适合于那些依赖和从属于他人的人。传统的男性特征则使得一个人能够成功地应对比较广阔的世界并行使权力。

刻板印象和文化　性别刻板印象普遍到何等程度呢？一项大规模研究调查了30个国家的大学生，结果发现性别刻板印象十分普遍（Williams & Best, 1982）。男性普遍地被认为具有支配欲、独立性、进取心，并具有成就导向和坚持不懈的品质。而女性则普遍地被认为是慈爱、有亲和力、谦卑、乐于助人的人。

当然，在这项研究之后的几十年来，传统的性别刻板印象和性别角色已在许多社会中受到挑战，男女之间的社会不平等现象已有所减少。那么，当男人和女人之间的关系发生变化后，性别刻板印象会随之改变吗？在社会的层面上，有证据表明：性别平等程度较高国家（以男女教育程度、政府高层就职比例等为指标）中的男女在家庭中对性别角色的刻板印象比较淡薄，孩子与父亲或母亲的互动也比较相似（Bartel & others, 2018）。不过，一项包括了36个国家八年级学生的调查显示：在每一个国家中，女孩们都比男孩们持有更加平等的对性别角色的态度（Dotti Sani & Quaranta, 2017）。在这一研究中，那些社会层面上性别平等程度较高国家的女孩则更可能持有性别平等的态度。

性别刻板印象的发展性变化　在上文中，我们叙述了幼儿是如何依据性别刻板印象将职业分为男性职业和女性职业的。那么，幼儿什么时候开始出现性别刻板印象呢？有一项研究考察了幼儿和他们的母亲进行性别刻板分类的程度（Gelman, Taylor, & Nguyen, 2004）。研究者让2岁、4岁、6岁的幼儿和他们的母亲讨论画册中的性别刻板行为（如男孩踢足球）和非刻板行为（如女孩开赛车），并对他们的讨论进行录像。结果发现，孩子比母亲进行了更大程度的性别刻板分类。但是，母亲会通过提及性别类型（如"你为什么认为只有男人才能当消防员"）、性别符号（如"那看上去像爸爸"）和将两性对比（如"那是男孩的还是女孩的工作？"）的方式向孩子传递性别角色的概念。小至2岁的孩子就出现了性别刻板印象，到4岁时大幅增强。这项研究表明，即使成人和孩子交谈时并不公开地表露出自己的性别刻板印象，他们仍然会通过讨论性别类型、性别符号，以及将两性对比的方式向儿童传递关于性别刻板印象的信息。儿童便利用这些线索来建构他们对性别角色的理解，并指导自己的行为（Halim & others, 2018）。

在童年中晚期和青少年期里，性别刻板印象持续不断地变化（Brannon, 2017）。5岁时，男孩和女孩说那些女孩"真聪明"的可能性等同于说那些男孩"真聪明"的可能性；但到6岁时，女孩说那些男孩"真聪明"的可能性就大于说那些女孩"真聪明"的可能性了，并会避开那些被描述为适合"真聪明"孩子的活动（Bian, Leslie, & Cimpian, 2017）。在一项综述研究中，研究者回顾了过去不同

儿童的性别刻板印象有哪些发展性变化？
图片来源：（上图）Anna.danilkova/Shutterstock；（下图）视觉中国

时期的 78 项研究。在所涉及的研究中，幼儿园到十二年级孩子的任务是画一幅科学家的像。回顾研究的结果显示存在着群组差异：近年来，儿童画出女科学家的可能性高于几十年前（Miller & others，2018）；不过，即使时至今日，儿童也还是更可能画出一位男性科学家，尤其是年龄较大的儿童，从而说明把科学和男性联系起来的刻板印象还在继续。另一项研究发现，经常看迪士尼公主系列影片和相关作品的 5 岁孩子一年后表现出更多将女性刻板印象化的行为（Coyne & others，2016）。

为了考察儿童对性别刻板印象的抵制能力，研究人员向他们讲述两组孩子的故事，其中一组按照性别刻板印象行事（女孩练习芭蕾舞，男孩踢足球），另一组不按性别刻板印象行事（男孩练习芭蕾舞，女孩踢足球）。研究中的被试认为：对女孩来说，挑战性别刻板印象要比男孩容易；挑战性别刻板印象带来的后果可能是遭到同伴的排斥；但他们也相信自己有能力抵制性别刻板印象（Mulvey & Killen，2015）。

> 性别的相似性和差异性

性别刻板印象背后的真相是什么呢？让我们来考察两性之间的一些差异，但是请记住：(1) 这里的差异是平均差异，不能应用于所有女性或所有男性；(2) 即使性别差异确实存在，男性和女性之间也往往有相当大的重叠；(3) 差异可能主要是由于生物因素、社会文化因素或两者兼而有之。

生理的相似性和差异性 我们可以用许多篇幅来描述男性和女性之间平均的生理差异。例如，女性体内的脂肪约是男性的 2 倍，大部分集中在胸部和臀部；而在男性身上，脂肪更容易集中到腹部。平均而言，男性身高比女性高 10%，这是因为雄性激素（"男性"激素）会促进长骨生长，而雌性激素（"女性"激素）则在青春期阻止这种生长。

男性和女性之间的许多生理差异和健康有关。从受孕开始计算，女性的寿命预期长于男性，女性罹患身体或精神疾病的可能性也低于男性。女性抵抗疾病感染的能力更强，她们的血管比男性的血管更富有弹性。男性有较高水平的应激激素，这会导致较快的凝血速度和较高的血压。

大脑的结构和活动状态是否也与性别有关呢？不管是男性的还是女性的大脑，人类的大脑都十分相似（Ruigrok & others，2014）。但是，研究者们也已经发现两性大脑之间的一些差异。以下便是部分已发现的差异：

- 平均而言，不考虑身体大小的前提下，女性的大脑大约比男性的大脑小 10%，但这一脑体积的差异一般是在成年期里而不是在童年期里表现出来。
- 男性一些特定的脑区域比女性的大，而另一些特定的脑区域则女性的更大些。
- 女性的胼胝体（连接大脑两半球的传输信息的神经纤维束）的某些部分可能比男性的大，但有些研究不支持这一结论（Shiino & others，2017）。
- 大脑特定区域平均化的性别差异和这些区域所控制的功能之间的性别差异存在对应关系。

值得注意的是，虽然已发现脑的结构和功能有些差异，但这些差异中有许多要么不大，要么就是没有得到多个研究的一致支持。同时，当大脑中的性别差异被发现时，在许多情况下，这些脑差异和心理差异之间并没有直接的关联（Blakemore，

发展链接

脑的发展

人的大脑有两个半球（左半球和右半球）。在一定程度上，神经元处理什么类型的信息有赖于该神经元是位于大脑的左半球还是右半球。链接"身体的发展和健康"。

Berenbaum, & Liben, 2009)。从总体上说，男性和女性大脑之间的相似程度远远高于差异程度。还有一点值得注意：脑的解剖学方面的性别差异可能是由于生物因素、行为经验（表明脑的持续可塑性）或这些因素的联合作用。

认知和社会情绪的相似性和差异性　为了考察多个心理领域中是否存在性别差异，一项至今规模最大的元分析综合了有关认知和社会情绪性别差异的 2 万项研究的数据，总参与人数达 1,200 万人（Zell, Krizan, & Teeter, 2015）。分析结果显示：当发现存在性别差异时，其中 46% 属于小差异，39% 则属于很小的差异。在所有考察过的认知和社会情绪领域，男性和女性在变量上得分的频数分布有 84% 是重叠的。不过，性别差异是一个跨年龄、跨代际、跨文化的存在。

虽然这个总体模式说明性别之间的相似远大于不同，但仍有 10 个领域显示出男性和女性之间存在中度至高度的差异（Zell, Krizan, & Teeter, 2015）。在攻击性、男子气概、空间旋转能力、注重配偶外貌、对身体能力的自信以及在同性别组中的表现方面，男性的得分高于女性。在害怕、对痛苦刺激的反应、对同伴的依附、对人比对物更感兴趣方面，女性的得分高于男性。

在上述综合研究中，男女之间出现中度至高度差异的一个领域是视觉空间能力，这一能力包括能够在内心将物体旋转，并确定它们旋转后是什么样子。这种类型的能力在平面几何、立体几何和地理等课程中很重要。不过，尽管存在性别差异，但大多数男性和女性在视觉空间能力上的得分在分布图上是重叠的（Hyde, 2014）（参见图 5）。

在阅读和写作能力方面存在性别差异吗？已有可靠证据表明，女性的阅读和写作能力均优于男性。在多项全国性的研究中，女孩的阅读分数都高于男孩（National Assessment of Educational Progress, 2018）。在四年级、八年级和十二年级的全国教育进步评估中，女生的写作分数也都前后一致地比男生高。

让我们进一步探讨性别差异与学校教育以及学业成绩的关系。在美国，男生和女生辍学的比例没有差别（National Center for Education Statistics, 2018）。在中学班级里成绩最差的 50% 学生当中，绝大多数是男生。在半个世纪前的 1961 年，只有不到 40% 的女生高中毕业后上大学。不过，从 1996 年开始，女生比男生更有可能进入大学学习。目前，美国在校大学生中约 56% 是女生，但这一有利于女性的差异在某些种族和民族群体中更加明显（National Center for Education Statistics, 2018）。

总之，从辍学比例、男生在中学班级里成绩最差学生中的比例、进入大学学习的人数比例来看，我们可以得出结论：目前美国的女性总体上比男性表现出更大的学术兴趣和更好的学业成绩。女性更有可能钻研学习材料，在课堂上注意听讲，付出更多的学术努力，更积极地参与课堂活动（DeZolt & Hull, 2001）。最近的一次大规模研究显示，女生对学校的态度比男生积极（Orr, 2011）。同时，女生对学校的积极态度与她们较好的成绩相关联；而男生对学校的消极态度则与他们较差的成绩相关联。

尽管女孩有这些积极的特点，尽管越来越多的证据表明女孩和男孩的数学和科学能力很相似，以及近年来在立法方面争取男女平等的努力，但在科学、技术和数学职业生涯方面的性别差异仍然有利于男性（Lawton, 2018）。高中阶段快结束时，女孩不太可能选修高等数学课程，也不太可能计划进入所谓的 "STEM"（科学、技术、工程、数学）领域。最近的一项综述研究得出结论：女孩对数学持有比较消

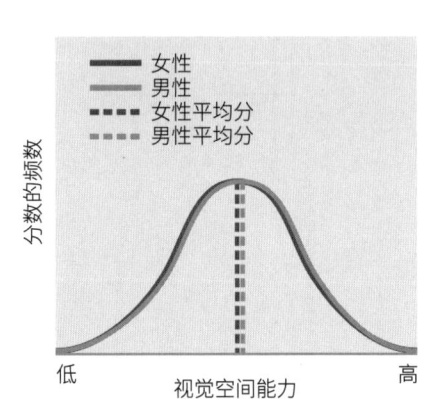

图 5　男性和女性的视觉空间能力

请注意，虽然男性视觉空间能力的平均分高于女性的平均分，但总的说，男性和女性的分数分布几乎完全重叠。这种重叠表明，虽然男性的平均分数较高，但并不是所有男性的视觉空间能力都好于女性，实际上，许多女性在这些任务上的表现好于大多数男性。

极的态度，父母和教师对孩子数学能力的期望也往往带有性别偏见，往往更看好男孩（Gunderson & others, 2012）。

在社会情感发展的四个领域中，性别的相似性和差异性已经得到了广泛的研究，即攻击性、人际交往、情绪、亲社会行为。

攻击性　最为一致的性别差异之一便是男孩比女孩更具有身体上的攻击性（Dayton & Malone, 2017）。这一差异在所有的文化中都存在，并在儿童发展的早期就开始出现。当儿童被激怒时，身体攻击性的性别差异表现得尤其明显。生物因素和环境因素都可能和攻击性方面的性别差异有关。生物因素包括遗传和激素。环境因素包括文化的期望、成人和同伴的榜样作用，以及社会机构对男孩攻击性的奖励和对女孩攻击性的惩罚。

尽管男孩在身体上的攻击性一直比女孩强，女孩在言语上（如叫喊）会不会表现出至少和男孩一样强的攻击性呢？的确，当考察言语攻击性时，性别差异通常会消失（Björkqvist, 2018）。

近年来，人们对关系的、社会的和间接的攻击性的研究兴趣有所增长，这类攻击性涉及通过操纵关系来伤害他人（Casper & Card, 2017; Underwood, 2011）。关系攻击性包括这样一些行为，如试图通过散布关于某人的恶意谣言而使大家都不喜欢这个人。关系攻击性行为在童年中晚期里有所增加（Murray-Close & others, 2016）。那么，女孩是否会比男孩表现出更强的关系攻击性呢？这方面的研究结果很不一致，但是有一样发现是一致的，即在男孩或女孩各自所有的攻击性行为之中，女孩的关系攻击性行为所占比例要大于男孩（Björkqvist, 2018）。

人际交往　多年前，有人在一本畅销书中说"男人来自火星""女人来自金星"（Gray, 1992）。男人和女人之间真的有如此显著的差异吗？也许对人们最有吸引力的性别差异来自男性和女性如何彼此沟通。

在人际交往方面，社会语言学家德博拉·坦嫩（Deborah Tannen, 1990）总结了友好谈话（rapport talk）和报告式谈话（report talk）的区别：

- **友好谈话**是建立关系和友谊的交谈。女孩比男孩更喜欢友谊取向的友好谈话。
- **报告式谈话**是传达信息的谈话，公众场合的演讲就是一个例子。男性通过讲故事、开玩笑、信息发布等报告式谈话来成为大众注意的中心。

坦嫩认为，男孩和女孩是在不同的谈话世界里成长的：父母、兄弟姐妹、同伴、老师和其他人对男孩说话的方式都不同于对女孩说话的方式。男孩和女孩玩的游戏也不同。男孩趋向于在一个大的具有等级结构的群体中玩耍，这个群体通常有一个领导人来告诉其他人玩什么、怎么玩。男孩的游戏会分出获胜者和失败者，这些通常也是他们争论的话题。男孩常常会吹嘘自己的技能，争论谁最有本事，最擅长什么。相反，女孩比较喜欢在小群体中或两个人玩耍，在她们心目中占据中心位置的通常是她们最好的朋友。在女孩的朋友或同伴圈中，成员间的关系都很亲密。和男孩的游戏相比，女孩游戏更具有角色轮流的特点。同时，在许多时间里，女孩喜欢只是坐着互相交谈，更加关心如何让别人喜欢自己，而不是以某种明显的方式争夺地位。

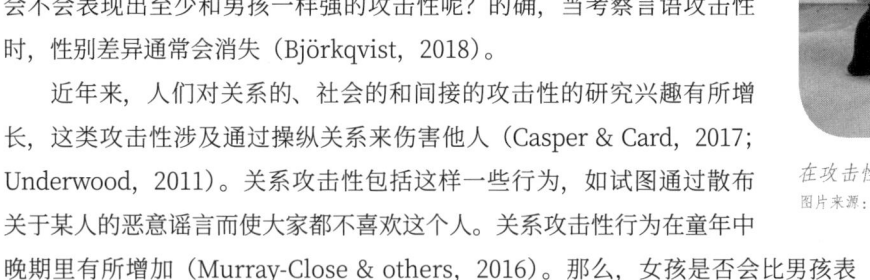

在攻击性方面有哪些性别差异？
图片来源：视觉中国

友好谈话（rapprot talk）建立关系和友谊的交谈。女孩比男孩更喜欢友谊取向的友好谈话。

报告式谈话（report talk）传达信息的谈话。男性比女性更趋向于进行报告式谈话。

在人际交往方面，性别间的异同可得出什么结论？
图片来源：视觉中国

第十二章　性别　**343**

总之，坦嫩的结论是女性比男性更加注重人际关系，这种人际关系取向应该被当代文化当作一种能力在更大程度上加以提倡。然而，有些批评者认为坦嫩将问题过分简单化了，男性和女性之间的交往比坦嫩所说的更加复杂（Palczewski, DeFrancisco, & McGeough, 2017）。在一项研究中，研究人员对本科生同性别配对和异性别配对时的谈话录音进行分析，结果发现在自我表露和谈判方面存在许多性别差异（Leaper, 2019）。例如，在谈判时，女孩更多使用提出要求和间接建议等鼓励性的策略，而男孩则更可能直接地提出建议；女孩更可能自我表露并以复杂的态度回应同伴的自我表露，而男孩则更可能对他人的自我表露做出消极的评论。不过，所有这些性别差异在程度上都不大。

研究人员发现，女孩更加"以人为导向"（people oriented），男孩更加"以物为导向"（things oriented）（Hyde, 2014）。这一结论得到了最近一项关于性别与青少年发展的综述研究的支持。这项综述研究发现：女孩把更多时间花在人际关系方面，而男孩则把更多的时间用于独处、玩电子游戏、做体育运动；女孩更可能做以人为导向的兼职工作，如服务员和照看孩子的保姆，而男孩则更可能做涉及体力劳动和使用工具的兼职工作；女孩感兴趣的职业也多是以人为导向的，如教学和社会工作，而男孩更感兴趣的多是以物为导向的职业，如机械和工程（Perry & Pauletti, 2011）。此外，和坦嫩的观点相一致，研究人员也发现少女在亲密朋友面前会做出更多的自我表露（交谈关于自己私事的细节），她们也比男孩更善于积极地聆听他人的谈话（Leaper, 2019）。

情绪和情绪调控 在情绪的某些方面也存在性别差异（Deng & others, 2016）。女性的情绪表达多于男性，对情绪的理解好于男性，笑得更多，哭得更多，也更加快乐（Chaplin, 2015）。男性比女性报告了更多愤怒情绪的体验和表达（Kring, 2000）。一项元分析发现：总的说来，儿童情绪表达的性别差异不大，但女孩比男孩表现出较多的积极情绪（如同情）和较内化的情绪（如悲伤和焦虑）（Chaplin & Aldao, 2013）。这项分析还发现，积极情绪的性别差异会随着年龄增长而变得更加明显，到了童年晚期和青少年期，女孩会比男孩更加强烈地表达积极情绪。

能够调节和控制自己的情绪和行为是一项重要的能力（Di Giunta & others, 2018）。但和女孩相比，男孩自我调控情绪的能力往往发展得比较迟也比较慢（Montroy & others, 2016）。男孩较差的自控能力可能会转变为行为问题。

亲社会行为 在亲社会行为方面是否存在性别差异呢？女性认为自己比男性更亲社会，更富有同情心（Eisenberg & Spinrad, 2016）。在整个童年期和青少年期里，女性的亲社会行为都多于男性（Eisenberg & Spinrad, 2016）。最大的性别差异表现在善意和体贴的行为上，分享行为上的性别差异则比较小。

有关性别差异的争论 关于性别差异的程度以及性别差异原因的争论仍在继续（Liben, 2017）。如前文所述，进化心理学家戴维·巴斯（David Buss, 2016）等人认为性别差异普遍存在，它们是在进化的历史过程中由人类所面临的适应问题造成的。艾丽斯·伊格利也认为性别差异是实质性的，但她关于其原因的结论却完全不同（Eagly & Wood, 2016），她强调性别差异是由那些致使女性在权力和可控资源方面都不如男性的社会条件造成的。

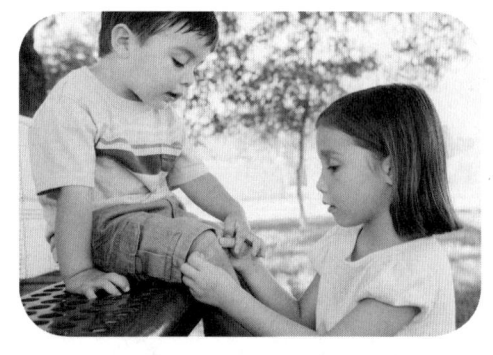

儿童的亲社会行为有哪些性别差异？
图片来源：视觉中国

发展链接

道德发展
亲社会行为涉及目的是有益于他人的行为。
链接"道德发展"。

与上述观点形成对照的是，珍妮特·希贝莱·海德（Janet Shibley Hyde）（Hyde & others, 2019）认为性别差异在很大程度上被夸大了，尤其是约翰·格雷（John Gray, 1992）的《男人来自火星，女人来自金星》（*Men Are from Mars, Women Are from Venus*）和德博拉·坦嫩（1990）的《你只是不理解而已》（*You Just Don't Understand*）两本畅销书，又为性别差异的夸大火上浇油。她争辩说有关研究显示男性和女性在大多数心理因素上是相似的，并提供了心理学研究5个领域的事例用以说明将男性和女性二元化并没有足够的研究证据。海德（2005）对44个关于性别相似性和差异性的元分析结果进行了概括（元分析是将许多不同研究的结果结合起来的一种统计分析方法），得出的结论是：在大多数领域，包括数学能力和人际交往，性别差异不是没有就是不大。最大的差异表现在运动技能方面（男性占优势），然后是性行为（男性比女性自慰多，也更可能发生随便的、没有承诺的性关系）和身体攻击性（男性比女性有更强的攻击性）。近期的一项综述研究也得出结论：在大多数功能领域，两性之间的差异都不大（Zell, Krizan, & Teeter, 2015）。

然而，海德对这么多元分析的总结仍然不能平息人们关于性别相似性和差异性的争论，进一步的研究将会为我们对这一话题做出更中肯的判断提供依据。

至此，我们已经讨论了儿童发展过程中的性别刻板印象、相似性、差异性和争论。在下面的"链接 关爱"专栏里，我们就儿童的性别发展问题为家长和教师提供一些建议。

链接 关爱

指导儿童的性别发展

男孩

1. *鼓励男孩在人际关系方面变得敏感，多进行亲社会行为*。一项重要的社会化任务就是要帮助男孩更加注重积极的、亲密的人际关系，并更好地关爱他人。父亲在这方面尤其可以发挥重要的榜样作用。

2. *鼓励男孩减少身体上的攻击性*。在很多情况下，人们总是鼓励男孩要坚强，要具有攻击性。一个积极的策略是鼓励他们要果敢，但不要有身体上的攻击性。

3. *鼓励男孩更有效地调控情绪*。这就需要不仅帮助他们调节情绪和控制愤怒，而且还要将担忧和焦虑表达出来，而不是闷在心里。

4. *帮助男孩提高学业成绩*。女孩比男孩努力，成绩比男孩好，也不太会被分配到特殊班级或被要求补课。父母和老师可以通过强调学校教育的重要性和期待男孩更加努力地学习来帮助他们。

女孩

1. *鼓励女孩为她们的人际交往能力和爱心感到自豪*。女孩在人际关系方面的强烈兴趣应当受到父母和老师的支持。

2. *鼓励女孩发展自我胜任感*。在指导女孩保持她们人际交往的优势时，成人应当帮助她们确立志向和成就目标。

3. *鼓励女孩要更加主动*。女孩通常比男孩被动，鼓励她们主动可以让她们受益。

4. *激发女孩的成就感*。这可能包括鼓励女孩形成更高的学业期望，并让她们有机会接触广泛的职业选择。

男孩和女孩

帮助儿童消除性别刻板印象和性别歧视。首先就是你自己不能有性别刻板印象或性别歧视的行为。否则，你就在为儿童树立一个性别刻板印象或性别歧视的负面榜样。

这里指导男孩性别发展的第2条建议是要鼓励他们减少身体上的攻击性。在本章接近开头的部分，你了解到激素和男孩的攻击性有什么关系？

复习、联想和反思

学习目标 3

描述性别的刻板印象、相似性和差异性。

复习

- 什么是性别刻板印象？性别刻板印象普遍到什么程度？
- 在生物的、认知的和社会情绪发展领域，男女之间有哪些相似性和差异性？

联想

- 在本节，你了解到父母可能有意或无意地以性别刻板印象看待自己的孩子。在第十章中，你了解到父母自己也不得不面对性别刻板印象的问题。例如，你已了解到家庭中父亲和母亲的角色是什么？

反思你自己的人生之旅

- 如果你是女性，你的性别行为和思维与你的母亲以及祖母有何相似或不同？如果你是男性，你的性别行为和思维与你的父亲以及祖父有何相似或不同？

第4节 性别角色分类

学习目标 4

指出性别角色可以如何分类。

- 什么是性别角色分类
- 童年期和青少年期的性别认同
- 性别角色的超越
- 性别和情境

双性化（androgyny） 同一个人身上同时具有男性和女性的特点。

男性气质题目举例
- 捍卫自己的信念
- 有力量
- 甘愿冒险
- 支配他人
- 有攻击性

女性气质题目举例
- 不说粗鲁的话
- 热情
- 喜欢小孩
- 善解人意
- 温顺

计分法：这些题目按照男性、女性的分类维度独立计分。

图 6 贝姆性别角色量表

这些题目来自贝姆性别角色量表（BSRI）。该量表共有60道题，在施测时，要求个体用1至7分来表示每道题所说的特点在多大程度上描述了自己。1分表示完全不像或基本不像自己，7分表示总是像或基本总是像自己。这些题目按照女性气质和男性气质的维度独立计分。在男性气质题目上得分高于女性气质题目的个体就归为男性气质类型；在女性气质题目上得分高于男性气质题目的个体就归为女性气质类型；在男性题目和女性题目上得分都高的个体则归为双性化气质类型。

不久前，人们普遍接受的观点是男孩应当成长为具有男性气质的人，女孩应当成长为具有女性气质的人；男孩是由"青蛙、蜗牛和小狗的尾巴"做成的，女孩则是由"蜜糖、香料和一切美好的东西"做成的。让我们进一步探索以"男性气质"（masculine）和"女性气质"（feminine）来区分男孩和女孩的性别分类。

> 什么是性别角色分类

过去，人们期望一个适应良好的男孩应当独立、进取、充满力量，而一个适应良好的女孩则应当温顺、小鸟依人、对权力不感兴趣。同时，社会对男性特点的重视远远高于对女性特点的重视。

到了20世纪70年代，由于女性和男性都不满意传统性别角色强加给自己的负担，于是有人便提出了代替男性气质和女性气质的新观点。新的观点不再把男性特点和女性特点看成是排他性的，即一种多了就意味着另一种少了，而是认为一个人身上可以同时拥有男性和女性的特点。这样的思考导致了**双性化**概念的产生，双性化就是指同一个人身上可以同时具有男性和女性的特点（Bem, 1977; Spence & Helmreich, 1978）。例如，双性化的男孩可能是自信的（男性特点）和体贴的（女性特点）。双性化的女孩可能是有力量的（男性特点）和善解人意的（女性特点）。在1974年至2012年期间，女大学生们报告了她们的女性特点有所减少而双性化程度有所提升，但男大学生们报告的男性特点和双性化程度则没有变化（Donnelly & Twenge, 2017）。

有些学者编制了一些评估双性化程度的测验。应用得最为广泛的是贝姆性别角色量表（the Bem Sex-Role Inventory）。要了解你的性别角色在分类上是属于男性气质、女性气质还是双性气质，请看图6。

桑德拉·贝姆（Sandra Bem）等性别专家认为，与男性气质类型或女性气质类型的个体相比，双性化气质类型的个体更灵活，更能干，心理也更健康。但是，在一定程度上，要确定哪种性别角色类型最好还需要取决于所处的情境（Mustafa & Nazir, 2018）。例如，在亲密关系中，女性和双性化的类型可能更受欢迎，因为亲密关系具有表达的特点。但是，在传统的学习和工作情境中，男性和双性化气质类型也许更加理想，因为这些情境对绩效有一定要求。例如，有一项研究发现：与女性和性别未分化（既不是男性也不是女性气质）类型的个体相比，男性和双性化的个体更加希望能够掌控自己学业努力的结果（Choi, 2004）。

> 童年期和青少年期的性别认同

性别认同指儿童依据文化定义的男性和女性来理解自己。性别认同在童年期里已经有了雏形，青少年期里更加突出。研究性别认同时，最重要的问题涉及对两类儿童的理解：一类儿童的性别认同和他们出生时的生理性别一致（顺性别儿童），另一类儿童的性别认同和他们出生时的生理性别不一致（跨性别儿童）。由于泄密的种种不便，很难获得准确的统计数据；但据估计，13 至 17 岁的青少年中大约有 0.7% 属于跨性别儿童（Herman & others, 2017）。

在针对社会性跨性别儿童（这些儿童使用他们所认同性别的人称代词而不是出生性别来称呼自己，但他们并未接受激素或手术干预）的一些研究中，这些儿童报告说他们 3 岁时就认可了目前的性别（Olson & Gülgöz, 2018）。一项针对 5 至 12 岁跨性别儿童的研究发现：跨性别男孩和跨性别女孩的认知模式与他们所认同性别的一致程度高于与其出生性别的一致程度（Olson, Key, & Eaton, 2015）。在服装、玩具以及其他具有典型性别特征的物品和活动的偏好方面，跨性别儿童和具有一样性别认同的顺性别儿童之间没有差别。与没有血缘关系的儿童相比，跨性别儿童和他们的同胞兄弟姐妹支持性别刻板印象的可能性较低，他们也会更友善地对待同伴中不合主流的性别认同者（Olson & Enright, 2018）。

偏见、歧视、欺凌、家庭排斥以及自我排斥都是跨性别儿童可能会遇到的困扰（Adelson, Stroeh, & Ng, 2016）。家庭支持对跨性别儿童的心理健康尤其重要。有研究发现，社会性跨性别儿童的焦虑和压抑程度远低于那些仍然按照其出生性别生活的跨性别儿童（Olson & others, 2016）。

> 性别角色的超越

双性化的批评者们指出：人们就性别问题的讨论太多了，双性化的概念也不像原初想象的那么有用，它并不是万应灵丹。解决问题的另一种选择便是采取*性别角色超越*（gender-role transcendence）的立场，即当人们谈论某个人的能力时，要从个体本身，而不是从男性、女性或双性的角度来看问题（Pleck, 2018）。也就是说，首先要把我们自己看成是人，而不是男人、女人或双性化的人。这些批评者们说，父母应当把自己的孩子养育成具有胜任能力的男孩和女孩，而不是具有男性气质、女性气质或双性气质的孩子。他们还强调，这种性别角色分类会导致太多的刻板印象。

> 性别和情境

性别角色分类的概念牵涉到按照人格特点对个体进行分类。但是，如果从人和环境相互作用的角度而不只是从个人特点的角度来考虑人格，也许对我们更有帮助

发展链接

理论

布朗芬布伦纳的生态学理论强调环境的重要性；在他的理论中，宏观系统包括跨文化的比较。链接"绪论"。

链接 多样性

不同文化中的性别角色

近几十年来，美国男性和女性承担的角色越来越相似，也就是说，已变得更加双性化。但是，在许多其他国家，性别角色仍然是传统的男性角色和女性角色（UNICEF, 2018）。例如，在中东地区的很多国家，男女的社会分工极度鲜明：男性在家庭外面工作，女性则在家里做家务活和照顾孩子；男性的职责是供养家庭，女性的职责则是在家里相夫教子。任何偏离传统性别角色的行为都会受到严厉的非难。

世界各国女孩的受教育机会已有一定程度的增加，但女孩的教育仍然落后于男孩。例如，虽然大多数国家小学阶段的教育已经实现了男女平等，但男女之间的差距在中学阶段却在扩大（UNESCO, 2016）。在初中阶段，54%的国家没有达到男女平等；在高中阶段，没有达到男女平等的国家占77%。与富裕的儿童相比，男女不平等现象在贫困儿童当中更加严重。教育缺乏减少了许多女孩发展她们全部潜能的机会。

尽管大多数国家仍然存在偏向男性的性别差异，但已有证据表明性别不平等的现象正在不断减少（United Nations, 2019）。北欧国家就是性别平等的榜样，不管是在家庭内部还是家庭之外，都是如此（Eydal & Rostgaard, 2016）。在许多国家中，女性的就业率和职业机会正在逐步上升。此外，对未成年女孩的社会关系尤其是恋爱关系的限制在一些国家中也在减弱。

文化和民族背景也影响着美国男孩和女孩的社会化方式（Cheah & Yeung, 2011）。例如，拉丁裔男孩和拉丁裔女孩在成长过程中所接受的社会化是不同的（Tyrell & others, 2016）。拉丁裔女孩比拉丁裔男孩在很多方面受到更加严厉的限制，包括宵禁、与异性交往、考驾照、找工作、参与课外活动等。

虽然女孩的受教育机会已有所提高，但世界上男孩仍然比女孩多接受大约4.4年的教育。此图展示的是非洲的一所面向男孩的私立学校。
图片来源：视觉中国

上文中最后提及的一项研究是关于青少年的。你已了解到青少年期里男孩和女孩对自己身体的知觉有什么不同？

（Cloninger, 2013）。因此，当我们讨论性别角色分类时，应当依据特定的情境或背景来判断为什么某些性别角色可能比别的性别角色更加适合。

为了理解应当在具体情境中考虑性别问题的重要性，让我们来看助人行为和情绪的例子。人们一般认为女性比男性更乐于助人。然而，这种性别差异还要取决于特定的情境。例如，当发生欺凌行为时，女孩比男孩更可能注意到，也更可能同情受欺凌者并出手干预（Jenkins & Nickerson, 2019）。但是，当男性感到自己能够胜任，尤其是当涉及危险时，男性比女性更可能伸出援助之手（Eagly & Crowley, 1986）。例如，当看到有人因车子爆胎被困在路边时，男性比女性更可能停下来上前帮忙。

"她是情绪化的，他不是"是最典型的情绪刻板印象。然而，正如助人行为的差异一样，男性和女性的情绪差异也依赖于所涉及的特定情绪以及情绪得以表达的情境（Chaplin & Aldao, 2013）。与女性相比，当男性认为自己受到挑战时，更容易对陌生人表示愤怒，尤其是针对陌生的男性；男性也更容易把愤怒变为攻击性的行为。在那些凸显社会角色和人际关系的情境中，男性和女性之间的情绪差异通常会表现出来。例如，女性更可能讨论人际交往方面的情绪，也更可能表现出害怕和悲伤。

当我们考察世界上不同的文化对男性和女性行为的规定性时，结合具体情境考虑性别问题的重要性就清楚地显现出来（Best, 2010; Matsumoto & Juang, 2013）。要进一步了解性别角色在不同文化中的情况，请阅读"链接 多样性"专栏。

复习

- 什么是性别角色分类？
- 从童年期到青少年期，性别认同的一致性如何？
- 什么是性别角色超越？
- 如何从情境的角度对性别进行诠释？

联想

- 早熟或晚熟对性别认同可能产生怎样的影响？

反思你自己的人生之旅

- 如果你有了孩子，你将如何注意培养孩子的男性气质、女性气质或双性化气质？为什么？

复习、联想和反思

学习目标 4　指出性别角色可以如何分类。

达到你的学习目标

性别

什么是性别

学习目标 1　概述性别涉及哪些方面。

性别是指作为男性或作为女性的特征。性别的组成部分包括性别认同、性别角色、性别刻板印象。最近的研究表明，大多数儿童在两岁时知道自己是男孩或女孩。

影响性别发展的因素

学习目标 2　讨论影响性别的主要生物、社会和认知因素。

- **生物因素**

  第 23 对染色体决定了我们的生理性别。正常情况下，女性有 2 条 X 染色体，男性则是 1 条 X 和 1 条 Y 染色体。男性和女性分别产生不同浓度的雄性激素和雌性激素。早期的激素分泌和后期的性别发展相关联。进化心理学家认为，进化过程中的适应机制产生了男女性心理的差异，尤其表现在性行为和配偶策略方面。染色体决定了解剖上的性别，而社会和文化却对心理性别产生重大影响。

- **社会因素**

  社会角色理论认为性别差异是由男女角色的明显差异造成的。在大多数文化中，妇女的权力和地位低于男性，可控资源也少于男性。这种社会等级制和劳动的性别分工是导致性别分化行为的重要原因。社会认知理论强调性别榜样以及对性别适当和性别不适当行为进行的奖励和惩罚。同伴尤其擅长奖励性别适当的行为。学校、教师、媒体都影响着儿童的性别发展。

- **认知因素**

  性别图式理论强调认知在性别发展中的作用。在这一理论看来，当儿童形成他们的文化认可的性别合适和不合适的性别图式时，他们的性别特征就逐渐显现了。

性别的刻板印象、相似性和差异性

学习目标 3 描述性别的刻板印象、相似性和差异性。

● **性别刻板印象**

性别刻板印象是指人们对男性和女性的总的印象及看法。性别刻板印象普遍存在。性别刻板印象随儿童发展而变化，它甚至在婴儿 2 岁时就已出现，并在童年早期迅速加强。在童年中晚期，儿童对性别的态度变得比较灵活，但是在青少年期的早期阶段，性别刻板印象可能会再次加强。到了青少年期的晚期阶段，性别态度通常变得比较灵活。

● **性别的相似性和差异性**

男性和女性在身体和生理上存在实质性的差异。女性的身体脂肪约是男性的 2 倍，她们罹患身体疾病和精神疾病的可能性小于男性，寿命预期长于男性。男孩和女孩的数学成绩相似，尽管男孩在视觉空间能力方面稍好于女孩。女孩在阅读和写作方面优于男孩。但是，一些专家如海德认为人们夸大了男性和女性之间的认知差异。男性比女性具有更强的身体攻击性，而女性在青少年期则更可能表现出在人际关系方面有较浓厚的兴趣，公开和广泛地表达情绪，对情绪的控制较好，并进行较多亲社会的行为。但在很多领域，关于男性和女性之间相似性和差异性的争论仍然相当激烈。

性别角色分类

学习目标 4 指出性别角色可以如何分类。

● **什么是性别角色分类**

过去，人们总认为适应良好的男性应当表现出男性特点，适应良好的女性则应当表现出女性特点。到了 20 世纪 70 年代，人们对男女角色有了不同的看法。于是有人提出有能力的个体可以同时具有男性特点和女性特点。这一看法导致了双性化概念的产生，即一个人身上同时具有男性特点和女性特点。性别角色的一些测量工具通常将个体分为男性气质、女性气质、双性化、未分化几种类型。虽然特定的情境和个体所属的文化也决定着性别角色取向的适应性，但大多数双性化的个体心理健康，并具有灵活性。

● **童年期和青少年期的性别认同**

性别认同在青少年期变得突出，但其雏形在童年期就已形成。研究者发现跨性别儿童和具有相同性别认同的顺性别儿童之间在认知模式和偏好方面没有差别。

● **性别角色的超越**

可代替双性化概念的另一种理论是性别角色超越，该理论认为性别角色被过分地强调了，更好的策略是从个人特点而不是从性别的角度来看待胜任能力。

● **性别和情境**

在考虑性别问题时，很重要的一点就是要注意到性别行为出现的环境。在许多国家，传统的性别角色观念仍然占主导地位。

重要术语

雄性激素 androgens
双性化 androgyny
雌性激素 estrogens
性别 gender
性别认同 gender identity

性别角色 gender role
性别图式理论 gender schema theory
性别刻板印象 gender stereotypes
性别化 gender typing
友好谈话 rapport talk

报告式谈话 report talk
性别的社会认知理论 social cognitive theory of gender
社会角色理论 social role theory

重要人物

桑德拉·贝姆 Sandra Bem
菲莉斯·布龙斯坦 Phyllis Bronstein
戴维·巴斯 David Buss

艾丽斯·伊格利 Alice Eagly
黛安娜·哈尔彭 Diane Halpern
珍妮特·希贝莱·海德 Janet Shibley Hyde

德博拉·坦嫩 Deborah Tannen

第十三章 道德发展

本章纲要

第1节 道德发展的领域

学习目标 ❶
讨论关于道德发展领域的理论和研究。
- 什么是道德发展
- 道德思维
- 道德行为
- 道德情感
- 道德人格
- 社会认知的领域理论

第2节 道德发展的情境

学习目标 ❷
解释养育和学校是如何影响道德发展的。
- 养育
- 学校

第3节 亲社会和反社会行为

学习目标 ❸
描述亲社会和反社会行为的发展。
- 亲社会行为
- 反社会行为

第4节 宗教和灵性的发展

学习目标 ❹
总结儿童和青少年的宗教和灵性的发展。
- 童年期
- 青少年期

真人实事

朱厄尔·卡什（Jewel Cash）是波士顿地区的一名年轻的职业女性。波士顿市市长曾说过：这个女孩"无处不在"。16岁时，她就说服该市的学校委员会考虑停止将迟到的学生关在教室门外。她还曾说服邻里团体支持她的冬季就业计划。据一位市议员介绍："她强有力的论据和老练的辩论手法确实给人们留下了深刻的印象"（Silva，2005，pp. B1，B4）。

朱厄尔由单亲母亲抚养长大，住在波士顿市住房计划提供的公寓里。读高中时，她是波士顿学生顾问委员会的成员，她曾参与多种社会活动，包括指导儿童，在妇女收容所做志愿者，管理两个小艺术团并参加舞蹈表演，同时还是邻里犯罪监督团的志愿者。朱厄尔曾对《波士顿环球报》（*Boston Globe*）的采访记者说：

"当我看到一个问题时，我就对自己说：'我怎样才能让事情变好呢？'……不管我怎么努力，我都不可能承担起世界……我将不断往前走，但我要确保人们和我走在一起（Silva，2005，pp. B1，B4）。"

朱厄尔远不是一个普通的孩子，但她帮助他人的动机却是道德发展积极面的一个典型事例。

前言

大多数人不仅对道德和非道德的行为有着坚定的信念，而且对如何培养儿童的道德行为有着深刻的见解。在本章中，我们首先探索道德发展的主要领域，接着考察影响道德发展的一些重要情境。然后，我们讨论儿童的亲社会和反社会行为。最后，我们将概述儿童的宗教和灵性的发展。

第1节 道德发展的领域

学习目标 1 讨论关于道德发展领域的理论和研究。
- 什么是道德发展
- 道德思维
- 道德行为
- 道德情感
- 道德人格
- 社会认知领域的理论

什么是道德发展？它的主要领域是什么呢？

> 什么是道德发展

道德发展牵涉到和对与错的标准有关的思维、情感和行为的变化。道德发展有个体内部和人与人之间两个维度，前者和个体没有介入社会互动时的活动有关，后者和社会互动有关，包括合作与冲突（Walker, 2006）。为了理解道德发展，我们需要考虑五个基本问题：

第一，儿童和青少年对道德行为的规则是如何推理或思考的？例如，我们可以给他们讲一个故事，在故事中，一个人在某个特定的情境中（如在学校里考试）遇到了是否要作弊的冲突。然后要求儿童决定故事中的主人公该怎样做才适当，理由是什么。我们的关注点是儿童和青少年用来为他们的道德决定做辩护的推理过程。

第二，儿童和青少年在道德情境中实际是如何做的？例如，就作弊来说，我们可以在那种会产生作弊诱惑的情境中观察他们是否能抵抗住作弊的诱惑。我们可以在他们考试的时候通过单向镜观察他们。这样，我们就可以看到他们是否掏出夹带的纸条，是否偷看其他学生的答案，等等。

第三，儿童和青少年对道德事件是如何体验的？在作弊的例子中，他们是否有足够强的负罪感来抵抗住诱惑？如果他们确实作弊了，事后的负罪感能否在下一次面临诱惑时阻止他们再次做出作弊的行为？

第四，儿童和青少年的道德人格有哪些组成部分？还是用作弊的例子，他们是否具有强大到足以抵抗作弊诱惑的道德认同和道德品格？

第五，儿童和青少年的道德领域和他们的社会习俗以及个人领域有怎样的不同？根据社会认知领域理论（将在本章后面讨论），作弊、说谎、偷窃、伤害他人都属于道德领域；插队或不按顺序发言属于社会习俗领域而不是道德领域；如何择友则属于个人领域。

现在就让我们来讨论道德发展的不同领域。我们先从认知领域开始。

道德发展（moral development）和对与错的标准有关的思维、情感和行为的变化。

第十三章 道德发展 **353**

根据皮亚杰的他律或自律阶段，这个男孩对偷饼干行为的道德思考可能会产生怎样的不同？
图片来源：视觉中国

> 道德思维

个体如何思考对与错的问题？儿童能用和成人相同的方式来评价道德问题吗？对于这些问题，皮亚杰和科尔伯格都给出了自己的答案。

皮亚杰的理论 让·皮亚杰（1932）曾经观察儿童玩弹珠游戏的情形，目的是了解儿童如何使用和思考游戏规则。他也询问了儿童对一些伦理问题的看法，如对偷窃、说谎、惩罚和公正的看法。皮亚杰得出结论：就道德发展来说，儿童要经历两个不同的阶段，这两个阶段之间还有一个过渡阶段。

- 从4岁至7岁，儿童表现出**他律道德**（heteronomous morality），这是皮亚杰理论中道德发展的第一阶段。在这一阶段里，儿童把公正和规则看作是世界上不可改变的特性，不受人们的控制。从7岁到10岁，儿童逐渐过渡到下一个阶段。
- 从10岁左右起，儿童表现出**自律道德**（autonomous morality），这是皮亚杰的道德发展第二阶段。儿童开始意识到规则和法律是人们创造的，在判断行为时既要考虑后果也要考虑行动者的意图。

因为幼儿是他律道德者，所以，他们总是通过考虑行为的后果来判断该行为的对错或好坏，并不考虑行动者的意图。例如，在他律道德者看来，无意中打破12只杯子要比故意打破1只杯子更坏些。当儿童进入自律道德阶段后，意图就变得更加重要。

他律思维者也相信规则是不可改变的，是由全能的权威传下来的。相比之下，较大的儿童（道德自律者）则接受了改变，并意识到规则仅仅是人们的约定，是可以改变的。他律思维者也相信存在着**内在公正**（immanent justice），即相信如果不守规则，就会立即受到惩罚。幼小儿童认为违规跟惩罚自动联系在一起。因此，年幼儿童在做错事情后往往会很担心地四处张望，等待着不可避免的惩罚。而已成为道德自律者的较年长的儿童则能够认识到：惩罚只是在不道德的行为被他人看到时才会发生，即使在这种情况下，惩罚也不是不可避免的。他们还认识到，不幸的事也会发生在无辜的人身上。

那么，这些道德推理方面的变化是如何发生的呢？皮亚杰认为，随着儿童长大，他们对社会事件的思考越来越世故，尤其是关于合作的可能性和条件的思考。皮亚杰推断，这种社会理解是通过同伴关系中的相互妥协而产生的。在同伴群体中，其他儿童拥有的权力和地位与儿童自己类似，因此，计划的制订要经过磋商和协调才能进行，分歧要通过讨论才能最终获得解决。但在亲子关系中，父母有权力而儿童没有，这种状况不大可能促进道德推理的发展，因为规则通常是以权威的方式下达的。

但是，幼儿并不像皮亚杰所断言的那么自我中心。罗斯·汤普森（Ross Thompson，2012）指出：最近的研究表明，幼儿经常表现出对他人的目的、情感和愿望的非自我中心的意识，以及对这些内部状态如何受到他人行为影响的非自我中心的意识。道德理解的进步和儿童心理观发展之间的联系说明，幼儿拥有的认知资源已能够使他们意识到他人的意图并知道何时有人违反了道德禁令。一项针对3至5岁儿童的研究发现，他们不太可能奖励那些他们曾看到过对他人很自私的木偶剧中的人物（Vogelsang & Tomasello，2016）。

不过，由于幼儿在自我控制能力、社会理解和认知灵活性方面的局限性，他们

发展链接

认知理论

一个5岁的他律思维的儿童可能处于皮亚杰的哪个认知发展阶段？链接"认知发展观"。

他律道德（heteronomous morality）皮亚杰理论中道德发展的第一阶段，发生在4岁到7岁。在这一阶段里，儿童把公正和规则看作是世界上不可改变的特性，不受人们的控制。

自律道德（autonomous morality）皮亚杰理论中道德发展的第二阶段，表现在年龄较大（10岁或以上）的儿童身上。此阶段的儿童开始意识到规则和法律是人们创造的，在判断行为时既要考虑后果也要考虑行动者的意图。

内在公正（immanent justice）皮亚杰关于儿童的一种期待的概念，即相信如果破坏了规则，就会立即受到惩罚。

的道德进步经常表现出前后不一致,并会因情境而不同。要形成稳定的道德品质和做出前后一致的道德判断,他们还有很长的路要走。

科尔伯格的理论　关于道德发展的第二个重要理论是由劳伦斯·科尔伯格(Lawrence Kohlberg, 1958, 1986)提出来的。科尔伯格的理论以皮亚杰的理论为基础,但科尔伯格认为道德发展可分为六个阶段,并断言这些阶段具有普遍性。如果有机会采择他人的观点,或有机会体验自己当前阶段的道德思维和他人较高阶段的道德思维之间的冲突,就可以促使个体从一个阶段向另一个阶段发展。

科尔伯格的理论是他历时20年使用独特的访谈法对儿童进行访谈才得出的结论。在这样的访谈中,研究人员给儿童呈现一系列主人公面临着道德两难困境的故事。下面就介绍一个最著名的科尔伯格的道德两难故事:

"在欧洲某个小镇上,有一个妇女身患癌症,快要死了。医生认为有一种药或许能够救她。那是这个镇上的一个药剂师最近发现的一种镭。这药的造价很昂贵,但药剂师要以成本10倍的价钱卖药。他买镭花了200美元,而一小剂药却要卖2,000美元。患病妇女的丈夫海因兹向所有认识的人借钱,但是他一共只筹到1,000美元,只是药价的一半。他向药剂师说明妻子快要死了,请他卖得便宜些或者让他迟点付账。但是药剂师却说:'不行,我发现了这个药,我就是要用它来赚钱。'所以,海因兹绝望了,他强行进入药店偷走了能给妻子治病的药(Kohlberg, 1969, p. 379)。"

读完这个故事后,被访谈的儿童需回答一系列关于道德两难故事的问题。海因兹应该偷药吗?偷药是对的还是错的?为什么?如果丈夫没有其他方法为妻子拿到药,丈夫有偷药的义务吗?一个好的丈夫应该偷药吗?当没有法律限定价格时,药剂师有权要那么高的价吗?为什么?

科尔伯格的阶段　基于被访谈儿童给出的答案,科尔伯格界定了道德思维的三个水平,每个水平又包含两个阶段(参见图1)。儿童跨越不同水平和阶段的标志是他们的道德逐渐变得更加内化,不再以他们年龄较小时给出的那些外在的或肤浅的理由为基础。

- **水平1: *前习俗推理*** 前习俗推理是科尔伯格理论中最低水平的道德推理,由两个阶段组成:惩罚和服从取向(阶段1);个人主义、工具性目的和交换(阶段2)。

  *阶段1. 惩罚和服从取向*是科尔伯格道德发展的第一阶段。在这个阶段,道德思维通常和惩罚联系在一起。例如,儿童和青少年服从成人,因为成人告诉他们要服从。

  *阶段2. 个人主义、工具性目的和交换*是科尔伯格理论中的第二阶段。在这个阶段,个体追求他们自己的兴趣,但也让其他人追求自己的兴趣。所以,他们认为所谓的"对"就是一种平等交换。某人对别人好,别人也会对他(她)好。

- **水平2: *习俗推理*** 习俗推理是科尔伯格道德发展理论的第二个水平或中间水平。在这一水平上,个体会遵从某些标准(内在的),但这些标准是他人

劳伦斯·科尔伯格
图片来源: UAV 605.295.8 Box 7, Harvard University Archives

前习俗推理(preconventional reasoning)科尔伯格理论中最低水平的道德推理。在这一水平上,道德通常注重于奖励和惩罚。这一水平由两个阶段组成:惩罚和服从取向(阶段1);个人主义、工具性目的和交换(阶段2)。

习俗推理(conventional reasoning)科尔伯格道德发展理论的第二个水平或中间水平。在这个水平上,个体会遵从某些标准(内在的),但这些标准是他人制定的(外在的),如来自父母或社会的法律。习俗水平包含两个阶段:人际间的相互期望、人际关系和人际遵从(阶段3);社会制度道德(阶段4)。

第十三章　道德发展　　**355**

水平 1 前习俗水平 阶段 1 惩罚和服从取向 儿童服从成人，因为成人告诉他们要服从。个体的道德决策基于对惩罚的害怕。 阶段 2 个人主义、工具性目的和交换 个体追求他们自己的兴趣，但也让其他人追求自己的兴趣。"对"就是一种平等交换。	水平 2 习俗水平 阶段 3 人际间的相互期望、人际关系和人际遵从 个体把对其他人的信任、关心和忠诚作为道德判断的基础。 阶段 4 社会制度道德 道德判断是基于对社会秩序、法律、公正和责任的理解。	水平 3 后习俗水平 阶段 5 社会契约或效用和个人权利 个体认为价值观、权利和原则是法律的基础或超越法律的。 阶段 6 普遍的伦理原则 个体已形成了基于普遍人权的道德标准。当面临法律和良心的冲突时，他（她）将服从自己的良心。

图 1 科尔伯格的道德发展的三个水平和六个阶段

制定的（外在的），如来自父母或社会的法律。习俗水平包含两个阶段：人际相互期望、人际关系和人际遵从（阶段 3）；社会制度道德（阶段 4）。

阶段 3. 人际间的相互期望、人际关系和人际遵从是科尔伯格道德发展的第三阶段。在这个阶段，个体把对其他人的信任、关心和忠诚作为道德判断的基础。这阶段的儿童和青少年通常采纳父母的道德标准，努力让父母把自己看作是"好孩子"。

阶段 4. 社会制度道德是科尔伯格道德发展理论的第四阶段。在这个阶段，个体的道德判断是基于其对社会秩序、法律、公正和责任的理解。例如，青少年可能会说，为了使一个社区有效运转，就需要通过该社区成员共同遵守的相关法律来保证。

后习俗推理（postconventional reasoning）科尔伯格道德发展理论的第三也是最高水平。在这个水平上，道德更加内在。后习俗水平包含两个阶段：社会契约或效用和个人权利（阶段 5）；普遍的伦理原则（阶段 6）。

- **水平 3：*后习俗推理*** 后习俗推理是科尔伯格道德发展理论的第三个水平，也是最高水平。在这个水平上，道德更加内在。后习俗水平也包含两个阶段：社会契约或效用和个人权利（阶段 5）；普遍的伦理原则（阶段 6）。

阶段 5. 社会契约或效用和个人权利是科尔伯格道德发展理论的第五个阶段。在这个阶段，个体认为价值观、权利和原则是法律的基础或超越法律的。个体会从是否坚持了基本价值观、是否保护了基本人权的角度，来评价实际法律的有效性和社会制度的合理性。

阶段 6. 普遍的伦理原则是科尔伯格道德发展理论中的第六和最高阶段。在这个阶段，个体已经形成了基于普遍人权的道德标准。当面临法律和良心的冲突时，他（她）将服从自己的良心，哪怕这样的决定可能会给自己带来风险。

科尔伯格认为当考虑道德选择时，大多数 9 岁前的儿童会使用基于外部奖励和惩罚的第一阶段的前习俗推理。到了青少年期的早期，他们的道德推理便越来越以应用他人制定的道德标准为基础。大多数青少年的推理处于阶段 3，并具有阶段 2 和阶段 4 的一些迹象。到了成年早期，一小部分个体开始以后习俗的方式进行道德推理。

一项经典的持续了 20 年的纵向研究发现，个体对阶段 1 和阶段 2 推理的使用随年龄增长而减少（Colby & others, 1983）（参见图 2）。在 10 岁儿童的身上，完全没有表现出阶段 4 的道德推理；但在 36 岁的成年人当中，62% 表现出了阶段 4 的道德思维。阶段 5 的道德推理一直要到 20 至 22 岁才会出现，而且最多也只有 10% 的个体表现出了这种道德推理。

这一研究表明大多数道德阶段比科尔伯格起初设想的要出现得晚一些，同时，能够达到较高阶段尤其是阶段 6 道德推理的个体很少。虽然阶段 6 已经从科尔伯格的道德判断评分手册中删除，但一些发展学家仍然认为它在科尔伯格的道德发展理论体系中享有重要的地位。

科尔伯格阶段的影响因素　虽然每个阶段的道德推理都需要一定水平的认知发展作为前提条件，但是科尔伯格认为儿童认知发展的进步并不能保证其道德推理的进步。道德推理还反映着儿童处理道德问题和道德冲突的经验。

许多研究者曾尝试向儿童呈现比他们目前已有的道德思维水平高一个阶段的道德推理论证（或观察儿童的父母在和儿童讨论道德冲突时是否也这样做）来提高个体的道德发展水平。这种方法应用了皮亚杰用来解释认知发展的平衡和冲突的概念。通过向儿童呈现稍高于他们道德推理水平的论证，研究者就创造了一种不平衡，从而激发儿童重新建构他们的道德思维。使用这一方法的研究结果表明：几乎所有超前阶段的讨论，无论时间长短，似乎都能够促进个体进入更高级的道德推理水平（Walker, 1982; Walker & Taylor, 1991）。

科尔伯格强调同伴互动是促使儿童改进道德推理的重要的社会刺激。然而，成人典型的做法却是把规则、规范强加给儿童。同伴之间的相互妥协为儿童提供了采纳他人观点和民主地制订规则的机会。科尔伯格强调，一般情况下，和任何同伴相处都能产生可以提高儿童道德推理的观点采择的机会。一项涉及科尔伯格理论并采用类似评估方法的跨文化研究综述显示：强有力的证据表明观点采择能力和比较高级的道德判断之间存在关联（Gibbs, 2019）。

对科尔伯格的批评　科尔伯格的理论引发了许多争论、研究和批评（Gray & Graham, 2018; Hoover & others, 2018; Killen & Dahl, 2018; Narváez, 2018; Railton, 2016; Turiel & Gingo, 2017）。

道德思维和道德行为　科尔伯格理论的批评者们认为，该理论过分重视道德思维，却不够重视道德行为。道德推理有时候可能会成为不道德行为的保护伞。腐败的官员和政客在他们的行为被曝光之前，在公开场合都会高调支持最崇高的道德。不管是最近的哪一件公众丑闻，你都可能发现当事人满口说的都是仁义道德，但却做出了不道德的行为。没有人会喜欢一群能够在后习俗水平上进行道德推理的骗子和小偷。这些骗子和小偷或许知道什么是对的，然而他们还是做坏事。美德的披风可能会掩盖邪恶的行为。

道德脱离（moral disengagement）是一种允许个体将自己和行为的有害结果区别开来的心理过程（Bandura, 2016）。通过责怪受害人和混淆责任，个体能够在做不道德事情的同时依然保持良好的自我感觉。

文化和道德推理　文化对道德发展的影响要强于科尔伯格的设想（Tappan, 2013; Wainryb, 2013）。科尔伯格强调他的道德推理阶段具有普遍性，但是一些批评者则声称他的理论具有文化偏见（Christen, Narváez, & Gutzwiller, 2017; Graham & Valdesolo, 2017; Gray &

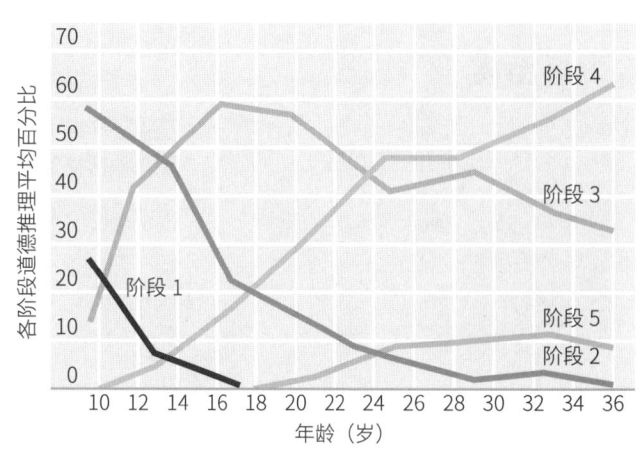

图 2　年龄和处于科尔伯格各阶段的个体人数百分比
在一项经典的以男性为样本的纵向研究中（从 10 岁到 36 岁），10 岁时大多数个体的道德推理处于阶段 2（Colby & others, 1983）。在 16 至 18 岁期间，阶段 3 成为最常见的道德推理类型；但直到 25 岁前后，阶段 4 的人数才成为最多。阶段 5 直到 20 至 22 岁才开始出现，但达到这一阶段的个体从未超过 10%。在这项研究中，道德阶段的出现稍微晚于科尔伯格的设想，阶段 6 也没有出现。

为什么皮亚杰和科尔伯格都认为同伴关系对道德发展具有十分重要的影响？
图片来源：Alys Tomlinson/Image Source

> **发展链接**
>
> **研究方法**
>
> 跨文化研究可以让研究者知晓不同文化中儿童的发展在多大程度上具有相似性和普遍性，或在多大程度上具有文化特定性。链接"文化与多样性"。

一项包括 20 位尼泊尔青少年佛教僧侣的研究表明，公正是科尔伯格理论的基本主题，但它在僧侣们的道德观中并不明显（Huebner & Garrod, 1993）。僧侣们关注的是慈悲和救苦救难，而科尔伯格的理论并没有覆盖这些内容。

图片来源：视觉中国

Graham, 2018）。在一定程度上，科尔伯格和他的批评者们也许都是正确的。

一篇综述文章覆盖了 45 项研究，这些研究是在世界各地 27 种文化中进行的，而这些文化中的大多数属于非欧洲文化。该综述的结果表明，科尔伯格的前 4 个阶段确实具有普遍性（Snarey, 1987）。不同文化中的个体在前 4 个阶段上的发展顺序正如科尔伯格所预言的。另一项比较近期的研究也说明，不同文化中的个体从阶段 2 到阶段 3 的过渡都具有质的变化，但是向阶段 5 和阶段 6 的过渡没有出现在所有的文化中。同时，科尔伯格的评分系统不能鉴别某些文化中道德推理的较高水平。所以，道德推理要比科尔伯格所预想的具有更高程度的文化特定性（Gibbs, 2019; Snarey, 1987）。例如，有证据表明不同文化对个人领域的道德行为（如做了好事却不声张以避免受到表扬）具有不同的看法，取决于自利行为在特定文化中是受到鼓励还是贬抑（Helwig, 2017）。

一项包括 20 位尼泊尔青少年佛教僧侣的研究也说明了不同文化的重要影响（Huebner & Garrod, 1993）。公正是科尔伯格理论的基本主题，但公正在僧侣们的道德观中并不明显，僧侣们关注的是慈悲和救苦救难，而科尔伯格的理论并没有覆盖这些内容。

约翰·吉布斯（John Gibbs, 2019）认为：世界上大多数青少年采用互惠性作为道德判断的依据（阶段 3）以使亲密友谊成为可能。到了青少年期的后期，许多个体也都开始认识到协商一致的标准和制度对共同利益的重要性（阶段 4）。不过，这方面有一些例外，主要是那些经常从事违法活动的道德发展滞后的青少年。

另一项研究探讨了文化、心态和道德判断之间的联系（Narváez & Hill, 2010）。在这项研究中，较高程度的多元文化体验与成长的心态（即认为个人的品质可以通过努力来改变和提升）以及较高水平的道德判断相关联，也与较低程度的封闭式心态（即更加灵活的认知）相关联。纳瓦埃斯（Narváez）和她的同事们强调（Christen, Narváez, & Gutzwiller, 2017）：人类的社会世界正变得越来越复杂，在应对越来越多的诱惑和可能不道德的行为方面，我们需要取得更大的进步。

总之，虽然科尔伯格的理论确实包含了世界上许多不同文化中呈现出来的大多数道德推理，但他的理论忽视或误解了特定文化中的一些重要的道德概念（Gibbs, 2019）。要进一步了解不同文化和道德推理的关系，请阅读"链接 多样性"专栏。

情绪的作用 科尔伯格认为情绪对道德推理的影响是消极的。但是，情绪在道德思考中发挥着重要的作用（Gui, Gan, & Liu, 2016; Schalkwijk & others, 2016）。那些大脑前额叶皮层特定区域受到损伤的人就难以将情绪和道德判断整合起来（Damasio, 1994）。在失去了关于"对与错"的直觉后，他们便很难在涉及道德的问题上做出选择。同时，针对健康人的研究也显示，道德决策与前额叶皮层特定区域以及杏仁核的激活程度相联系（Shenhav & Greene, 2014）。

有意识（故意）推理和无意识（自动）回应 社会心理学家乔纳森·海德特（Jonathan Haidt, 2013, 2017）指出：科尔伯格理论的一个重要漏洞便是假定道德推理都是有意识进行的，即假定我们总是频繁地推理和思考我们的道德决定。在海德特看来，道德思考通常是直觉的"本能反应"，有意识的反思通常发生在事后。因此，道德开始于对他人的快速判断，而不是慢条斯理的策略性推理（Graham & Valdesolo, 2017）。

家庭和道德发展 科尔伯格认为，家庭过程从本质上讲对儿童的道德发展没有重

链接 多样性

美国和印度的道德推理

世界上各种文化的意义系统是不同的,这些意义系统塑造着儿童的道德观念(Gibbs,2019;Shiraev & Levy,2016)。让我们将美国儿童和印度的印度教婆罗门儿童做一个比较(Choudhuri & Basu,2013)。如同许多其他非西方社会一样,信奉印度教的人把道德规则看成自然秩序的一部分。这就意味着,印度人并不一定像美国人那样将身体的、道德的以及社会的规则区别开来。例如,在印度,违反饮食禁忌和婚姻限制可以被看成与故意伤害他人一样严重。在印度,社会规则被看作是不可避免的,就如同自然法则一样。

根据威廉·戴蒙(William Damon,1988)的观点,在那些具体的文化实践承载着深刻的道德意义和宗教意义的地方(如在印度),儿童的道德发展在很大程度上就表现为遵守习俗和惯例。相比之下,西方的道德学说倾向于抬高抽象的原则(如公平和福祉),赋予它们比习俗或惯例更高的道德地位。和印度一样,许多国家中的社会化就是积极地让儿童学会尊重自己文化传统的规范和做法。

印度儿童和美国儿童思考道德问题时可能有怎样的不同?
图片来源:视觉中国

为了更好地适应其他文化,你将如何修改科尔伯格的道德发展阶段?

大影响。理由便是前文提及的亲子关系通常不能为儿童提供相互磋商或观点采择的机会,而儿童的同伴关系则更可能提供这样的机会。

科尔伯格是否低估了家庭关系对道德发展的影响呢?许多发展学家强调:父母的基本道德观影响着儿童道德思维的发展,父母在日常生活中和孩子进行的有关道德两难问题的谈话对孩子的道德发展具有重要的意义(Carlo & others,2018;Eisenberg,Spinrad,& Knafo-Noam,2015;Wainryb & Recchia,2014)。此外,家庭还将儿童与宗教组织、社区服务以及其他可以促进道德发展并减少反社会行为的经验连接起来(Guo,2018)。

性别与关爱视角 对科尔伯格理论最强烈的批评来自卡罗尔·吉利根(Carol Gilligan,1992,2007),她认为科尔伯格的理论存在性别偏见。在吉利根看来,科尔伯格的理论以男性常模为基础,把抽象的原则置于人际关系和关爱他人之上,把个体看作是孤立无援并独立做出道德决定的人,同时把公正作为道德的核心。和科尔伯格侧重于个人权利的**公正视角**形成对照的是,吉利根则强调**关爱视角**的重要性。关爱视角也是一种道德视角,但它从人们相互联系的角度来看待人,并重视人际交流、人际关系和关爱他人。因此,在吉利根看来,科尔伯格在很大程度上贬低了关爱的视角,其原因或许是因为他本人是男性,或许是因为他的大部分研究是针对男性而不是女性,也或许是因为他采用男性被试的回答来作为他的理论原型。

吉利根和她的同事们曾对6至18岁的女孩进行深入访谈,发现女孩们一致地从人情关系的角度来解释道德两难问题,并把这种解释放在观察和聆听他人的基础之上(Gilligan,1992)。然而,一项元分析(一种将许多不同研究的结果综合起来的统计分析方法)的结果对吉利根的道德判断存在着重大性别差异的断言提出了质疑(Jaffee & Hyde,2000)。总的说来,这项分析发现:在基于关爱的道德推理

发展链接

性别

珍妮特·希贝莱·海德(Janet Shibley Hyde)认为许多关于性别的观点和研究夸大了两性之间的差异。链接"性别"。

公正视角(justice perspective) 一种道德视角,其关注点是个人的权利和个人独立地做出道德决定。

关爱视角(care perspective) 卡罗尔·吉利根(Carol Gilligan)提出的道德视角,主张根据人与人之间的联系、人际交流的质量、与他人的关系以及对他人的关心程度来评价人。

第十三章 道德发展 **359**

方面只存在着不大的有利于女性的性别差异，但这一差异在青少年期要大于童年期。同时，当出现差异时，用两难困境的特点解释比用性别解释更为有效。例如，男性和女性都倾向于用基于关爱的推理来应对人际关系的两难困境，用基于公正的推理来应对社会的两难困境。另一项研究综述的结论是"女孩们在某种程度上更可能从关爱他人的视角而不是从抽象的公正原则的视角来考虑道德问题，但是当需要时，她们也能够和男孩一样应用两种视角"（Blakemore, Berenbaum, & Liben, 2009, p. 132）。

> 道德行为

道德行为是由哪些基本过程引起的？自我控制和抵抗诱惑的本质是什么？社会认知理论是如何看待道德发展的？

基本过程 人们用强化、惩罚和模仿过程来解释个体如何学习某种反应及个体之间的反应为什么有所不同（Grusec, 2017）。当个体的某种行为因为其与法律和社会习俗一致而得到强化时，他们就更可能重复这一行为。当个体看到有人做出道德榜样行为时，个体就可能采纳榜样的行为。最后，当个体因为不道德的行为而受到惩罚时，这些行为就可能减少，但要以认可惩罚的使用以及引起个体的负面情绪为代价。

这些一般的结论需要一些重要的伴随条件。奖励和惩罚的有效性取决于实施的前后一致性和时机。例如，一般情况下，在道德行为发生后不久实施奖励要比后来奖励更加有效。榜样的有效性则取决于榜样的特点和观察者的认知能力。例如，如果一位母亲做出向慈善机构捐赠的榜样行为，那她的孩子必须年长到能够理解这样的行为，母亲的榜样行为才能对孩子的道德发展产生影响。

同时，行为具有情境性。因此，个体在不同的情境中并不都会做出道德的行为。那么，道德行为在多大程度上具有一致性呢？在一项经典研究中，休·哈茨霍恩和马克·梅（Hugh Hartshorne and Mark May, 1928—1930）曾对道德行为做了观察。研究者让11,000名儿童有机会在各种情境中说谎、作弊和偷窃，包括在家里、学校里、社会事件和体育运动的现场，然后观察他们的道德反应。结果显示：很难找到完全诚实或完全不诚实的儿童，最常见的情况是儿童的行为因情境而不同；在朋友施压要他们作弊同时被抓住的机会又很小的情境下，儿童就更可能做出作弊行为。不过，虽然道德行为受到特定情境的影响，但有些儿童还是比另一些儿童更可能作弊、说谎和偷窃（Hertz & Krettenauer, 2016）。

另一项研究也进一步说明道德情境具有决定性的影响力。该研究发现，在看了联合国儿童基金会关于贫困儿童受苦受难的影片后，7岁的孩子很少愿意捐钱（van IJzendoorn & others, 2010）。然而，在成人温和的催促下，大多数孩子都愿意捐出一些自己的零花钱。

社会认知理论 道德的社会认知理论强调要将道德胜任能力（做出道德行为的能力）和道德表现（在特定情境中做出那些行为）区别开来。*道德胜任能力*（moral competencies）包括个体有能力做什么、知道什么、他们的技能、对道德规则的认识，以及建构行为的认知能力。然而，*道德表现*（moral performance）或道德行为则是由个体的动机和特定道德行为受到的嘉奖和激励决定的。许多研究表明，儿童具有进行道德行为的社会能力和认知能力通常并不能预测谁将以道德上可接受或不

卡罗尔·吉利根。*吉利根的道德发展观是什么？*
图片来源：Dr. Carol Gilligan

道德的社会认知理论（social cognitive theory of morality）该理论主张要将道德胜任能力（做出道德行为的能力）和道德表现（在特定情境中做出那些行为）区别开来。

发展链接

社会认知理论
班杜拉的社会认知理论的主要思想是什么？链接"绪论"。

可接受的方式行事（Gasser & Keller，2009）。

艾伯特·班杜拉（Albert Bandura，2002，2016）也强调，道德发展反映了社会因素和认知因素的共同作用，尤其是那些涉及自我控制的因素。在道德自我的发展过程中，个体采纳了一套对与错的标准，用来引导和制止自己的行为。在这个自我调控的过程中，个体监控着自身的行为及其赖以发生的情境，判断行为与道德标准的关系，并通过设想这些行为可能带来的后果来调整自己的行为。他们做能获得满意感和自我价值感的事情，并制止那些违反自己道德标准的行为，因为这样的行为会带来自我谴责。这种自我约束使得行为与内部标准保持一致（Bandura，2002）。由此可见，在班杜拉看来，自我调控而不是抽象的道德推理才是道德行为和道德发展的关键因素。

> 道德情感

请思考一下，当你觉得自己做了错事时，你的感觉如何？它会影响你的情绪吗？或许你会感到一阵内疚。而当你送人礼物时，你可能感到很愉快。情绪在道德发展中起什么作用？这些情绪又是如何发展的呢？

根据弗洛伊德的观点，负罪感和力图避免负罪感是道德行为的基础。研究者们已考察了儿童行为出错时所产生的负罪感的程度。格拉日娜·科汉斯加（Grazyna Kochanska）和她的同事们（Kochanska & others，2009；Kim & Kochanska，2017）做了许多探索儿童良心发展的研究。在一项关于儿童负罪感和良心的综述研究中，她得出结论：从许多研究获得的证据表明，幼儿能够意识到对与错，有能力对其他人表示同情和亲社会行为，能体验到负罪感，做了违规的事情后会感到不舒服，对违规行为也很敏感（Malti，2016）。在一项例证性研究中，科汉斯加和她的同事们（Kochanska，2002）在实验室情境下观察了106个学前儿童。在实验室里，研究者先让儿童相信他们损坏了价值不菲的东西。在这些事故情境中，观察者把显示儿童负罪感的行为表现记录下来，包括避开他人的目光（往别处看或往下看）、身体紧张（蠕动、后退、把头低下、用手把脸遮住）和忧伤（显得不舒服，哭泣）。结果发现：女孩比男孩表达了更多的负罪感，有害怕气质的儿童也表达了更多的负罪感，但那些母亲使用强力管教方式（如打屁股、打手心、大声训斥）的儿童则表现出较少的负罪感。

移情 负罪感显然是道德情感及其发展的一个方面，但诸如移情之类的积极情感也有助于儿童的道德发展（Eisenberg, Spinrad, & Sadovsky，2014）。**移情**意味着以类似于他人的情感对他人的情感做出回应。移情不只是同情，它还从情绪上把自己放在他人的位置上。

虽然移情是一种情绪状态，但它也有认知的成分，它需要理解他人的内部心理状态，即我们在前文中所说的观点采择（Decety, Meidenbauer, & Cowell，2018）。婴儿已具有一些单纯的移情反应的能力，但对于有效的道德行为来说，儿童必须学会识别他人的各种情绪状态，并能够预见到采取哪些行动会改善他人的情绪状态。

儿童的移情发展有哪些里程碑呢？根据威廉·戴蒙（William Damon，1988）的经典分析，移情的重大变化出现在婴儿早期、1到2岁、童年早期、10到12岁。

总体移情（global empathy）是婴儿的移情回应，在这种回应中，婴儿自己的

儿童的良心有什么特点？
图片来源：视觉中国

移情（empathy）以类似于他人的情感对他人的情感做出回应。

发展链接

社会认知

罗伯特·塞尔曼（Robert Selman）认为，观点采择在决定儿童是否形成亲社会或反社会的态度和行为方面尤为重要。链接"自我和同一性"。

第十三章 道德发展 **361**

图 3　戴蒙关于移情的发展性变化的描述

年龄阶段	移情的特点
婴儿早期	主要特点是总体移情，婴儿的移情回应不能区分自己的情感和需要与他人的情感和需要。
1 至 2 岁	对他人痛苦的未分化的不愉快情感发展为真正的关切之情，但是婴儿还不能将对他人不愉快情感的认识转变为有效的行动。
童年早期	儿童开始意识到每个人的观点都是独特的，他人对同一情境可能会有不同的反应。这种意识使得儿童能够对他人的痛苦做出更适当的回应。
10 至 12 岁	儿童开始形成对处境不幸的人们的移情倾向，包括穷人、残疾人和被社会遗弃的人。在青少年期，这种新获得的敏感性可能会提升个体的思想意识和政治观点。

移情有哪些发展性变化？
图片来源：视觉中国

情感和需要与他人的情感和需要之间的清晰边界还没有建立起来。例如，当看到另一个儿童摔倒受伤后，一个 11 个月大的婴儿也掉下眼泪、吸吮拇指、把头伏到母亲的膝上。然而，并不是所有的婴儿每次看到其他婴儿受伤时都会哭。在许多情况下，婴儿可能只是好奇地注视着他人的痛苦。虽然在有些儿童身上可以观察到总体移情现象，但并不是所有的婴儿都会表现出这一特点。

到了 1 至 2 岁，婴儿对他人的痛苦可能会产生真正的关心，但只有到了童年早期，儿童才能对他人的痛苦做出适当的回应。这种能力依赖于儿童新产生的意识，即意识到人们对各种情境有不同的反应。到了童年晚期，他们开始能够对他人的不幸进行移情。

在 10 至 12 岁时，儿童发展了对那些处境不幸的人的同情。儿童的关注点不再局限于他们直接观察到的特定环境下的人们的情感。相反，10 至 12 岁的儿童已能够把关注点扩大到生活在不幸情境下的人们的一般问题，包括穷人、残疾人、被社会遗弃的人等等。这种新建立的敏感性可能导致年龄较大的儿童表现出利他主义的行为，再后来可能会促进青少年思想和政治观的发展。要进一步了解戴蒙关于婴儿期至青少年期移情的发展性变化的描述，请看图 3。

虽然每个青少年都有能力进行移情回应，但并非所有青少年都这么做。青少年的移情行为存在很大的个体差别。例如，在年龄较大的儿童和青少年身上，移情的缺失可能会导致反社会行为。一些被定罪的实施暴力犯罪的少年犯表现出缺乏对受害者的痛苦的感知。例如，一个被定罪的 13 岁的男孩用暴力抢劫了好多老年人，当被问及他给一位失明妇女带来多大痛苦时，他回答说："我关心这个干什么？我又不是她。"（Damon，1988）

情绪对道德发展所起作用的当代观点　我们已了解到，经典的精神分析理论强调潜意识的负罪感在道德发展中的影响力，但戴蒙等其他理论家则强调移情的作用。目前，许多儿童发展学家认为，积极的情感（如移情、同情、敬佩和自尊）和消极的情感（如生气、愤怒、害羞和负罪感）都可以促进儿童的道德发展（Eisenberg, Spinrad, & Sadovsky, 2014; Thompson, 2015）。当体验强烈时，这些情感会驱使儿童依据对与错的标准采取行动（Malti & others, 2017）。

> 道德人格

至此，我们已考察了道德发展的三个主要维度：思维、行为、情感。最近，人们又对第四个维度产生了浓厚的兴趣：人格（Meindl & others, 2015; Walker,

2014)。道德人格的三个方面受到了高度的重视：(1) 道德认同；(2) 道德品格；(3) 道德模范。

道德认同　最近人们对人格在道德发展中作用的兴趣主要聚焦于**道德认同**。当道德观念和道德承诺成为生活的中心时，个体就有了道德认同。在这一观点看来，违背道德承诺的行为就会给自我的完整性带来危机（Matsuba, Murazyn, & Hart, 2014; Walker, 2014）。

不久前，达西亚·纳瓦埃斯（Darcia Narváez, 2010）得出结论：一个道德成熟的个体很注重道德问题并努力做一个有道德的人。对这些个体来说，道德责任是他们的自我同一性的核心。道德成熟的个体经常进行道德元认知，包括道德上的自我监控和自我反思。道德上的自我监控涉及监控自己和道德情境有关的思想和行动，并在必要时进行自我控制。道德上的自我反思包括对自我判断进行批评性评价，并努力减少偏见和自欺。具有坚定的道德认同可以预测个体在许多情境中会表现出符合道德规范的行为（Hertz & Krettenauer, 2016）。

道德品格　**道德品格**（moral character）包括坚定的信念、坚持不懈、克服分心和障碍。如果个体没有道德品格，他们在压力或疲劳面前就会退缩，不能坚持到底，或变得分心和泄气，从而不能按照道德标准行事。道德品格的前提条件是个体已经确立了道德目标，并已承诺按照目标来行动以便实现它们（Cohen & Morse, 2014）。

劳伦斯·沃克（Lawrence Walker, 2014）通过考察人们对美德的看法来研究道德品格。人们所强调的美德中有"诚实、正直和值得信赖，也有关心、同情、亲切、体谅。其他一些重要的特点则围绕着可靠、忠诚、良心"（Walker, 2002, p. 74）。

道德模范　**道德模范**是指按照道德标准生活的人。道德模范具有道德人格、道德认同和道德品格，以及一系列反映美德和承诺的优点（Vos, 2018; Walker, 2014）。

在一项研究中，研究者考察了三种不同类型的道德模范：勇敢型、关爱型和公正型（Walker & Hennig, 2004）。这三种类型的道德模范显示了不同的人格特征。勇敢型模范的特点是具有支配倾向和喜欢交际；关爱型模范的特点是关怀他人并和蔼可亲；公正型模范的特点是讲究良心和尊重事实。不过，这三种道德模范有许多共同的特点，研究者认为这些共同特点可能反映了道德的核心要素。这一核心要素包括诚实和可靠。

> 社会认知的领域理论

朱迪思·斯梅塔娜（Jambon & Smetana, 2018; Smetana, Jambon, & Ball, 2014）提出了**社会认知的领域理论**（social-cognitive domain theory），该理论认为：存在着不同的社会知识和推理的领域，包括道德领域、社会习俗领域和个人领域。根据社会认知的领域理论，儿童和青少年的道德的、社会习俗的以及个人的知识都源于他们试图理解和应对各种形式的社会经验的努力（Killen & Dahl, 2018; Turiel, 2015）。

社会习俗推理（social conventional reasoning）聚焦于那些为了控制人们的行为和维持社会系统而由社会共识建立起来的日常规则。规则本身是人为的，如课堂上想发言要先举手，某学校里使用一个楼梯下楼另一个楼梯上楼，排队买电影票

发展链接

同一性

詹姆斯·马西亚（James Marcia）认为同一性的发展有哪四种状态？链接"自我和同一性"。

道德认同（moral identity）人格的一个方面，当道德观念和道德承诺成为生活的中心时，个体就有了道德认同。

罗莎·帕克斯（Rosa Parks, 1913—2005）是一位道德模范。她是美国亚拉巴马州蒙哥马利市的一名黑人女裁缝，于1955年在公共汽车上拒绝给白人男子让座，这一沉默的革命性的举动使她一举成名。她的英勇行为被许多历史学家表述为美国现代民权运动的开始。在那以后的40年里，帕克斯继续为民权的进步而努力。图中记录了在美国最高法院判决她所在城市公交系统的种族隔离非法后，帕克斯坐在公共汽车前部的场景。
图片来源：视觉中国

道德模范（moral exemplars）过着不平常生活的人，这些人具有道德人格、道德认同和道德品格，以及一系列反映美德和承诺的优点。

社会认知的领域理论（social-cognitive domain theory）该理论认为，存在不同的社会知识和推理的领域，包括道德的、社会习俗的和个人的领域。这些领域源于儿童和青少年试图理解和应对不同形式的社会经验。

社会习俗推理（social conventional reasoning）社会习俗推理注重的是那些由社会共识建立起来的日常规则，而道德推理强调的则是伦理问题和道德规则。

时不能插队，开车时遇到红灯要停下来，等等。虽然日常规则可以通过共同协商来改变，但如果我们违反了这些规则，则要受到一定的处罚。

与此形成对照的是，道德推理聚焦于伦理问题和道德规则。和社会习俗不同，道德规则不是人为的。他们是强制性的，被广泛接受的，而且在一定程度上是客观的（Killen & Dahl, 2018; Turiel & Gingo, 2017）。有关撒谎、作弊、偷窃和伤害他人身体的规则属于道德规则，因为违反这些规则也冒犯了那些不依赖于社会共识和约定而存在的道德标准。道德判断涉及公正的概念，而社会习俗判断是社会组织的概念。违反道德规则通常比违反习俗规则更为严重。例如，在一项针对2岁至5岁的幼儿的研究中，幼儿能够依据多种标准将违反社会习俗规则和违反道德规则区别开来；但年龄较大的幼儿区分得更加清楚，并对违反社会习俗规则表现得比较宽容（Smetana & others, 2018）。

社会习俗规则的概念对科尔伯格的理论是一个严重的挑战，因为科尔伯格认为，社会习俗推理是走向更高的道德成熟的中途站点。但在社会习俗推理的倡导者看来，社会习俗推理在层次上并不低于后习俗推理，只不过是需要从道德的绳索上解下来的东西（Dahl & Killen, 2018; Smetana, Jambon, & Ball, 2014; Turiel & Gingo, 2017）。

最近，有些学者还主张将习俗和道德问题与个人问题区别开来，认为习俗和道德问题属于成人的社会性规定的范围，而个人问题则应当由儿童或青少年自主决策和自由裁量（Dahl & Killen, 2018; Turiel & Gingo, 2017）。个人问题包括对自己的身体、隐私、朋友选择和活动的控制。因此，有些属于个人领域的行为并不受道德规则或社会规范的约束。

社会习俗推理和道德推理有怎样的不同？社会习俗推理有哪些事例？
图片来源：视觉中国

复习、联想和反思

学习目标 1
讨论关于道德发展领域的理论和研究。

复习
- 什么是道德发展？
- 什么是皮亚杰和科尔伯格的道德发展理论？对科尔伯格的理论有哪些批评？什么是社会习俗推理？
- 道德行为涉及哪些过程？什么是道德发展的社会认知理论？
- 道德情感与道德发展是如何联系的？
- 道德人格有什么特点？
- 道德发展的社会认知领域理论有什么特点？

联想
- 你在本节中了解到，皮亚杰认为7至10岁的儿童处于他律道德向自律道德过渡的道德发展阶段。根据皮亚杰的理论，这些孩子正处于认知发展的哪个阶段？

反思你自己的人生之旅
- 认知理论、精神分析理论、行为或社会认知理论、人格理论、社会认知的领域理论这五种理论中，你认为哪一种能更好地描述你自己的道德发展？为什么？

第2节 道德发展的情境

学习目标 2
解释养育和学校是如何影响道德发展的？
- 养育
- 学校

对道德发展来说，其他情境还能发挥什么作用呢？尤其是父母和学校能发挥什么作用呢？

364　第四编　社会情绪的发展

> 养育

皮亚杰和科尔伯格都坚持认为，父母对儿童道德发展没有提供独特或必不可少的输入。按照他们的观点，父母只是提供了角色采择的机会和认知挑战，而同伴在道德发展中才起着主要的作用。然而，有关研究显示，父母和同伴都对儿童的道德成熟做出了贡献（Walker, Hennig, & Krettenauer, 2000）。例如，一项研究发现，意大利3至6岁儿童的道德脱离心态以及他们父母的道德脱离心态预测了这些儿童具有较强的攻击性和较多的行为问题（Camodeca & Taraschi, 2015）。另一项研究则显示，权威的养育方式（如回应性、自主性和要求相结合的方式）预测了这些青少年比其他青少年具有更坚定的道德认同（Rote & Smetana, 2015）。

在罗斯·汤普森（Ross Thompson, 2014, 2015）看来，幼小的儿童就是道德学徒，他们总是努力地了解什么是道德。在这样的探索中，家庭中成人的指导能够为他们提供帮助，因为家庭中的成人通过日常经验为他们提供了道德的课堂（Thompson, Meyer, & McGinley, 2013）。就亲子关系来说，对儿童的道德发展最为重要的三个方面是亲子关系质量、父母管教方法和预防不当行为的策略。

亲子关系质量 亲子关系把儿童带入亲密关系的相互义务中（Thompson, 2014, 2015）。父母的义务包括积极的照料儿童并引导儿童成为具有胜任能力的人。儿童的义务则包括对父母发起的互动予以适当的回应，并和父母保持积极的关系。

就亲子关系的质量而言，安全型依恋也许在儿童和青少年的道德发展中发挥着重要的作用。安全型依恋能促使儿童内化父母的社会化目标和家庭的价值观。在一项纵向研究中，早期的安全型依恋减少了个体因适应不良而走上反社会道路的危险（Kochanska, Barry, & others, 2010）。在另一项研究中，安全型依恋儿童心甘情愿的合作态度和未来积极的社会化结果相关联，如较少的亲子冲突、较少的不服从、较少的攻击性行为（Goffin, Boldt, & Kochanska, 2018）。

父母管教方法 根据不同的理论，可以用多种方式对父母使用的管教方法进行分类。一种经典的分类法将其分为三类：收回关爱、使用权力、引导（Hoffman, 1988）。

- **收回关爱**是一种管教方法，即父母暂停对孩子的关注或爱，如父母拒绝跟孩子说话或者说明不喜欢孩子的某种状态。例如，父母可以说："如果你再那样做的话，我就离开你"或"你那样做时，我一点也不喜欢你"。
- **使用权力**是指父母试图获得对孩子或孩子拥有资源的控制。这方面的例子包括打屁股、威胁或取消特权。
- **引导**也是一种管教方法。使用这一方法时，父母以理服人，向孩子解释他们的行为可能对其他人产生的影响。引导的例子包括"不要打他，他本来是好意帮你的"或"你为什么对她吼叫呢？她并不是故意绊倒你的"。

与收回关爱和使用权力相比，引导更可能使儿童产生中等程度的唤醒水平，使得儿童能够聆听父母告诉他们的道理。同时，引导让儿童把注意力放在自己的行为对其他人造成的后果上，而不是放在儿童自身的缺点上。相比之下，收回关爱和使用权力可能引起儿童高度的唤醒水平和沮丧，从而使儿童听不进父母的任何解释和理由。因此，儿童发展学家建议父母对孩子进行管教时最好用引导的方法而不是用收回关爱或使用权力的方法。一项例证性研究探究了引导的管教方法对青少年道德

> 理论和实证研究的数据都支持这样的结论：父母在孩子的道德发展中起着重要的作用。

——南希·艾森伯格
当代心理学家（亚利桑那州立大学）

收回关爱（love withdrawal）一种管教方法，即父母为了控制孩子的行为而暂停对孩子的关注或爱。

使用权力（power assertion）一种管教方法，指父母力求获得对孩子或孩子拥有的资源的控制。

引导（induction）一种管教方法。使用这一方法时，父母以理服人，向孩子解释他们的行为可能对其他人产生怎样的影响。

父母采用的管教方法和儿童的道德发展有怎样的联系？父母可用哪些预防策略来预防儿童潜在的不当行为？
图片来源：视觉中国

链接 关爱

关于养育有道德的孩子的建议

一项很有影响的研究综述（Eisenberg & Valiente, 2002, p.134）得出的结论是，那些行为举止符合道德标准的孩子一般有如下的父母：

- 温暖和支持的，而不是惩罚性的；
- 使用引导式的管教方法；
- 为孩子提供了解他人的观点和感受的机会；
- 让孩子参与家庭决策和思考道德决定的过程；
- 自己为孩子树立道德行为和道德思维的榜样，并为孩子提供做的机会；
- 为孩子提供哪些行为是合适的以及为什么的信息；
- 培养孩子内在的而不是外在的道德感。

具有上述行为的父母可能培养出关心他人的孩子，并建立起积极的亲子关系。此外，以罗斯·汤普森（Ross Thompson, 2014）的亲子关系分析为基础的育儿建议意味着：当亲子之间有着包含温情和责任的相互义务时，当父母使用一些预防性而不是惩罚性的策略时，儿童的道德发展就可以受益。

父母可用来促进孩子道德发展的有效策略有哪些？
图片来源：视觉中国

上述策略之一建议父母为孩子树立道德行为和道德思维的榜样。根据本章道德模范部分所引用的研究，道德模范有哪两个共同特点？

发展的影响（Patrick & Gibbs, 2012）。在这项研究中，青少年认为父母的引导和父母对期待感到失望的表达比收回关爱和使用权力更加有效；与父母使用其他方法相比，青少年对父母引导的回应情绪更积极，负罪感也更强。同时，这一研究还显示，父母的引导和青少年较高水平的道德认同相关联。不过，如果父母过多地或经常性地使用引起孩子负罪感的方法来促进青少年道德观和道德行为发展的话，其结果就可能适得其反（Rote & Smetana, 2017）。

预防策略 养育孩子的一个重要策略是在不当行为发生前对孩子的潜在行为进行预防（Chang & others, 2015; Wainryb & Recchia, 2017）。对于年龄较小的儿童，预防策略包括采用转移注意的方法，如分散他们的注意或者把他们的注意转移到其他活动上。对于年龄较大的儿童，预防策略包括和他们谈话，告诉他们父母认为重要的价值观。传递这些价值观有助于年龄较大的儿童和青少年抵制住那些可能超出父母直接监控范围的情境中的各种不可避免的诱惑，如同伴交往过程中和媒体中出现的诱惑。

要进一步了解父母可用来促进孩子道德发展的策略，请阅读"链接 关爱"专栏。

> 学校

不管父母在家里如何对待孩子，他们可能会感到几乎无法控制对孩子的道德教育的很多方面，这是因为儿童和青少年相当长的时间是在学校里度过的，学校环境也影响着儿童的道德发展（Berkowitz & others, 2006; Narváez & Lapsley,

2009; Nucci, 2014)。

隐性课程　60多年前，教育家约翰·杜威（John Dewey, 1933）就认识到：即使学校没有开设专门的道德教育课程，学校也在通过"隐性课程"提供道德教育。这种**隐性课程**是通过学校的道德氛围传递的，而道德氛围则是每一所学校的组成部分。学校和教室里的各种规则，教师和管理人员的道德倾向以及教材都在营造着道德氛围。教师既是道德行为也是不道德行为的范例。教室里的规则和学校里的同伴关系则传递着对作弊、说谎、盗窃以及为他人考虑等行为的态度。通过制定和强化各种规则和规章制度，学校管理者便将学校浸入了某种价值体系之中。

品格教育　道德教育的另一种模式称为**品格教育**，这是一种直接的教育模式，内容包括教学生一些基本的道德知识以防止他们做不道德的行为，也防止他们伤害自己或他人（Arthur & others, 2016）。这一模式的基本论据是：说谎、偷窃、作弊等行为是不对的，应当通过教育让学生掌握这些知识（Berkowitz & others, 2006; Pattaro, 2016）。

　　每一所学校都应该有一套明确的道德准则，并将它们清晰地传达给学生。任何违反这些准则的行为都应当受到惩处。关于特定道德概念（如作弊）的教学可以通过事例和讲解、课堂讨论和角色扮演，或奖励学生正确行为的方式来进行。不久前，有些学者强调重要的是要鼓励学生发展关爱的视角，因而这方面的内容已被采纳为品格教育的组成部分。关爱视角的拥护者们认为：与其只是教导青少年不要做道德上越轨的行为，不如通过涵盖多个道德问题的一个学期的课程来教育学生亲社会行为（如考虑他人的感受、关心他人、帮助他人）的重要性。人们希望这样的课程能够让学生更好地理解一些道德概念，如合作、信任、责任、共同体等（McCarty & others, 2016）。目前，已有20个州规定将品格教育包含在儿童教育课程之中，但联邦政府的教育指南中还没有这样的要求（O'Conner, Peterson, & Fluke, 2014）。

认知道德教育　**认知道德教育**模式基于这样的信念：随着学生道德推理的发展，他们应该学会珍视民主和公正之类的价值观。科尔伯格的理论已成为许多认知道德教育项目的基础。在一个典型的认知道德教育项目中，中学生在一门一学期的课程中共同讨论许多道德问题。教师只是课堂的促进者而不是课堂的指挥者。这种教育希望学生能够对合作、信任、责任感、共同体等概念形成更高层次的认识（Power & Higgins-D'Alessandro, 2008）。

服务学习　在本章的开头，我们介绍了强烈希望把社区变得更好的朱厄尔·卡什。朱厄尔·卡什具有一种社会责任感，这正是越来越多的教育计划试图通过**服务学习**来培养的。服务学习就是通过让学生参与社区服务来培养他们的社会责任感。在服务学习项目中，学生参加诸如家庭辅导、帮助老年人、在医院中帮忙、在儿童看护中心帮忙或打扫可用作运动场地的空地之类的活动。大多数让学生参与服务学习的努力是通过国家和社区服务协会（Corporation for National and Community Service）组织和协调的，大的项目有美国服务团（Americorps）和高年级学生服务团（Senior Corps）等。要了解有关的项目简介和做志愿者的机会，请查看如下网站：www.nationalservice.gov。

　　服务学习的一个重要目标就是帮助学生克服自我中心，并形成更强的帮助他人

和其他任何东西相比，12岁的凯蒂·贝尔最想要的是在自己生活的新泽西小镇能有一个运动场。她知道其他孩子也想要，于是她建立了一个小组商量为运动场筹款的方法。他们向镇委会提出了他们的想法。她的小组也吸引了更多的青少年来参与。他们通过挨家挨户售卖糖果和三明治来筹集资金。凯蒂说："我们学会了作为一个共同体来工作。这个运动场将是一个重要的地方，人们可以去野餐，并结交新朋友。"凯蒂建议："如果你不尝试，那就什么也不能实现。"
图片来源：视觉中国

隐性课程（hidden curriculum）通过学校中弥漫的道德氛围传递的，而道德氛围则是每一所学校都具有的特点之一。

品格教育（character education）一种直接的道德教育模式，内容包括教学生一些基本的道德知识以防止他们做不道德的行为，也防止他们伤害自己或他人。

认知道德教育（cognitive moral education）这一教育模式基于这样的信念：随着学生道德推理的发展，他们应该学会珍视民主和公正之类的价值观；科尔伯格的理论已成为许多认知道德教育模式的基础。

服务学习（service learning）一种教育方式，即通过让学生参与社区服务来培养他们的社会责任感。

第十三章　道德发展　　367

的动机（Chung & McBride, 2015; Schmidt, Shumow, & Kackar, 2012）。服务学习让教育走进社区。青少年志愿者往往是外向的、关心他人的并具有高水平的自我理解（Eisenberg & others, 2009）。另外，有些研究显示：青少年在参与服务学习和社区服务活动以及从这样的经验中能收获什么方面，可能存在复杂的性别差异（Flanagan & others, 2015）。

研究者们发现服务学习给青少年带来了多方面的好处（Hart & Wandeler, 2018）。服务学习对青少年发展的促进作用部分地体现在他们的学业成绩有所提高，生活目标变得更明确，自尊水平得到了提高，更加感到自己有力量影响他人，并提高了将来再做志愿者的可能性。一项以4,000多名高中生为样本的研究表明，那些直接为需要帮助的个体服务的学生在学业方面适应性提高了，而那些为组织机构服务的学生则成了更好的公民（Schmidt, Shumow, & Kackar, 2007）。在另一项研究中，74%的非裔和70%的拉丁裔青少年说，服务学习项目对防止学生辍学具有"相当大或非常大的作用"（Bridgeland, Dilulio, & Wulsin, 2008）。

志愿者活动对青少年的同一性发展和道德发展也可能有着积极的影响（Malin, Ballard, & Damon, 2015）。一项研究发现，和拥有同一性扩散状态的青少年相比，那些同一性完成的青少年更多地参与了他们所在社区的志愿者活动（Crocetti, Jahromi, & Meeus, 2012）。在这项研究中，青少年志愿者活动也和他们的价值观相关联，如和社会责任感以及认为自己和他人一道可以对社区产生一定影响的信念相关联。另一项包括了5,000名智利青少年的研究表明：青少年参与社区活动的程度和类型受多种因素影响，但学校项目的影响是主要的（Martínez & others, 2019）。

服务学习对志愿者和受益人双方都有好处，这说明应该要求更多的青少年参加这样的项目（Enfield & Collins, 2008）。不过，一些设计严格的纵向研究显示：要使服务学习具有长期效果，参与必须是自愿的，并且在青少年期得到支持。虽然强制性地让青少年参与可以在短期内增加参与人数，但不能获得可以延伸至成年期的长期效果（Henderson, Brown, & Pancer, 2019; Kim & Morgül, 2017）。

作弊　道德教育的一个关注点是学生是否作弊，以及如果教师发现了学生作弊该如何处理的问题（Ramberg & Modin, 2019）。学术上的作弊可以采取多种形式，包括剽窃、考试期间使用"小抄"或从邻座学生那里抄袭、花钱买论文、伪造实验结果等。美国2008年的一项大规模研究调查了近3万名高中生，结果显示，64%的学生表示他们在过去的一年里有过考试作弊行为；36%的学生报告说他们在过去一年里曾从互联网上剽窃来完成老师布置的作业（Josephson Institute of Ethics, 2008）。在过去的十年里，许多国家都有越来越多的证据表明存在类似程度的学术不诚信问题（Pan & others, 2019）。

学生为什么要作弊呢？学生给出的原因很多，包括获得高分的压力、时间紧、教学差、缺乏兴趣等。不断增多的跨国跨文化研究发现了一些一致的模式：那些在道德上主张诚实，认为作弊是错误的，并能控制自己的决定和行动的青少年实施作弊的可能性最小（Chudzicka-Czupała & others, 2016）。

学生是否作弊受到情境的影响（McCabe, 2016）。例如，当考试监考不严时，当他们知道自己的同学在作弊时，当他们知道别的学生作弊没有被抓住时，当学校公布学生的考试分数时，学生就更可能作弊。一般来说，学校文化发挥着主导的作用。例如，一项以瑞典高中生为样本的大规模研究发现：在那些学校文化强调公正和诚实、领导和教师也都很关心学生的学校里，很少发生学生作弊的情况

（Ramberg & Modin，2019）。

可用来减少学术不诚信的策略包括一些预防措施，如确保学生知道什么是作弊，如果作弊将有什么后果；考试时严密监控学生的行为；并强调对一个有道德的、负责任的个人来说，保持学术诚信所具有的重要意义。在促进学术诚信方面，许多高校已经制定了强调自我责任、公平、信任和学术诚信的荣誉守则政策。然而，已制定荣誉守则政策的中学非常少。从学术诚信中心网站（www.academicintegrity.org/）上可以得到大量材料，用来帮助学校制定学术诚信政策。为了取得更好的效果，达西亚·纳瓦埃斯（Darcia Narváez, 2010, 2018; Lee, 2018）提出了综合道德教育模式，该模式既包括科尔伯格理论所提倡的反思型道德思考和对正义的追求，也包括品格教育模式所强调的具体的品格培养方法。

学生为什么作弊？教师可以用哪些策略来防止学生作弊？
图片来源：视觉中国

复习
- 父母的管教方法是如何影响道德发展的？有哪些有效的养育策略可促进儿童的道德发展？
- 什么是隐性课程？当代的道德教育模式有哪些？

联想
- 在本节中，你了解到婴儿期的安全型依恋与良心的早期发展相关联。安全型依恋有什么特点？

反思你自己的人生之旅
- 你的父母对你使用的是什么类型的管教方法？你认为这样的方法对你的道德发展产生了怎样的影响？

复习、联想和反思

学习目标 2
解释养育和学校是如何影响道德发展的。

学习目标 3

描述亲社会和反社会行为的发展。
- 亲社会行为
- 反社会行为

第 3 节 亲社会和反社会行为

服务学习鼓励正面的道德行为。这种行为不仅仅是道德行为，而且是有意识地帮助他人的行为，心理学家称之为亲社会行为（Caprara & others, 2015; Eisenberg, Spinrad, & Sadovsky, 2014）。本章开头介绍的朱尼尔·卡什的故事便是致力于亲社会行为的范例。当然，也总是有人参与反社会行为。在这一节里，我们将比较仔细地考察亲社会行为和反社会行为，并侧重于考察每种行为的发展过程。

> 我们仅仅拥有我们为之付出的。
>
> ——伊莎贝尔·阿连德
> 20 至 21 世纪智利作家

> 亲社会行为

关心他人的福祉和权利、关心并同情他人、以有利于他人的方式行动都属于亲社会行为。亲社会行为的最纯粹形式是由**利他主义**激发的，而利他主义是指无私地帮助另一个人的倾向（Dahl & Brownell, 2019）。我们在下文将会看到，学会分享便是亲社会行为的一个重要方面。

威廉·戴蒙（William Damon, 1988）描述了儿童分享行为的发展顺序。在出生后的头三年里，大多数分享行为都不是出于移情，而是为了体验社会游戏的乐趣或出于模仿。然后，大约在 4 岁前后，移情意识和成人鼓励的共同作用使儿童产生了与他人分享的责任感。不过，大多数 4 岁的儿童都不是无私的圣徒。儿童相信他

利他主义（altruism） 无私地帮助他人的倾向。

从学前阶段到小学阶段，儿童的分享是如何变化的？
图片来源：视觉中国

们有责任分享，但不一定认为他们应该对他人与对自己一样慷慨。同时，他们的行为也并不总是符合自己的信念，尤其是当他们垂涎某个东西时，更是如此。但是，从发展的角度看，重要的是儿童形成了一种信念，即相信分享是社会关系中责任的组成部分，并涉及对与错的问题。这些关于分享的早期看法为儿童随后的重大进步铺平了道路。在许多不同文化中进行的大量研究都揭示了童年早期具有相当类似的发展模式（Callaghan & Corbit, 2018）。

到小学阶段初期，儿童开始表达关于公平的更为复杂的看法。在人类历史上，各式各样的公平定义被用来作为分配财物和解决冲突的依据。这些定义涉及平等、功绩和仁慈的原则：平等意味着每个人都受到同样的对待，功绩（merit）意味着给繁重工作、有才能的表现或其他值得赞赏的行为额外的奖赏，仁慈则意味着对那些处于不利条件下的个体给予特殊的照顾。

在这三条原则当中，平等是小学儿童常用的第一原则。我们经常听到6岁儿童把"公平"作为"平等"和"一样"的同义词使用。到了小学中高年级，儿童相信公平也意味着给予那些应得的人特殊待遇，显然，这一信念已应用了功绩和仁慈的原则。许多深入的跨文化观察和分析揭示了不同文化中的儿童具有一致的发展模式。不过，在转变发生的年龄上存在重要的跨文化差异，这取决于特定的文化对个人主义或集体主义的重视程度（Huppert & others, 2019）。

毫无疑问，父母的建议和激励能够培养孩子分享的价值标准，但是同伴之间来来回回的要求和争论提供了最直接的关于分享的刺激。儿童可以把父母的榜样行为带到自己和同伴的互动和交流之中，但是在儿童与同伴交流的整个过程中，父母并不在场。所以，公平标准的日常建构通常是在儿童之间的相互合作和相互妥协中完成的。一项研究发现，由母亲而不是父亲提供的权威型养育增加了青少年一年后的亲社会行为（Padilla-Walker & others, 2012）。其他研究也发现母亲比父亲更可能影响青少年的亲社会行为（Carlo & others, 2011）。

从童年期到青少年期，个体的亲社会行为是如何变化的呢？虽然学前儿童就已表现出关心他人、安慰悲伤者的事例，但亲社会行为在青少年期里要比童年期里更经常性地发生（Ball, Smetana, & Sturge-Apple, 2017）。一项针对5岁至13岁儿童的研究发现，随着年龄的增长，儿童会对那些牺牲自己的愿望而帮助穷人的人表现出更多积极的情绪，他们也能更好地鉴别出那些要求采取利他行动的情境（Weller & Lagattuta, 2013）。另外，在亲社会行为方面存在性别差异，女孩认为自己比男孩更亲近社会、更具有同情心，也比男孩进行更多的亲社会行为（Van der Graaff & others, 2018）。

是否存在不同类型的亲社会行为呢？古斯塔沃·卡洛（Gustavo Carlo）和他的同事们（Carlo, 2010）探讨了这个问题，证实了来自墨西哥裔和欧裔美国家庭的青少年有六种类型的亲社会行为：

- 利他主义型（"做善事的最大好处是它看起来很不错"）；
- 公众型（"当有人看看我帮助别人时，我做事的效率最高"）；
- 情绪型（"当别人很难过时，我通常会帮助他们"）；
- 急救型（"我倾向于帮助那些伤得很重的人"）；
- 匿名型（"我更喜欢在没有人知道的情况下捐钱"）；
- 应允型（"当有人请求帮忙时，我会立即帮助他们"）。

在这项研究中，女性青少年报告了更多的情绪型、急救型、应允型和利他主义型的行为，而男性青少年则报告了更多的公众型亲社会行为。父母的监督和情绪型、急救型、应允型的行为之间存在正相关，但和其他类型的行为没有相关。应允型、匿名型和利他主义型的亲社会行为与虔诚的宗教信仰呈正相关。

大多数关于亲社会行为的研究趋向于以整体的和一维的方式来探讨这一概念。而卡洛及其同事的研究以及其他一些研究则说明了在思考和研究亲社会行为时，考虑到多个维度是很重要的（Mesurado, Richaud, & Rodriguez, 2018）。亲社会行为的另外两个方面是宽恕和感恩。**宽恕**就是受害人不对加害人实施可能的报复行为。对有关宽恕发展研究的文献回顾显示：宽恕涉及很多因素，包括个人特点、同伴和家庭的影响（van der Wal, Karremans, & Cillessen, 2017）。例如，一项研究显示，当青少年在学校情境中受到伤害时，如果他们不喜欢肇事者，他们就会比喜欢肇事者的情况下表现出更敌对的想法、更愤怒的情绪和更强的报复或回避的倾向（Peets, Hodges, & Salmivalli, 2013）。

感恩是感谢和感激的情感，特别指对他人做的好事或帮助的回应（Tudge & Frietas, 2018）。目前，人们对青少年的感恩或缺乏感恩的研究兴趣正在上升。请看下面几项研究的发现：

- 感恩和青少年发展的许多积极方面有关，包括对自己的家庭感到满意、乐观和亲社会行为（Bausert & others, 2018）。
- 青少年对感恩的表达与较少的抑郁症状之间存在关联（Rey, Sánchez-Álvarez, & Extremera, 2018）。
- 感恩程度较高的青少年不太可能有自杀的念头或自杀的尝试（Li & others, 2012）。
- 一项纵向研究评估了美国青少年初中到高中期间的感恩程度（Bono & others, 2019）。在青少年发展的这一阶段，感恩程度的提高预测了亲社会行为的增多以及反社会行为的减少，但后者也同样预测了前者。在一定程度上，这两者之间的紧密联系是由于总体生活满意度的提高和感恩程度的提高之间存在互为因果的关联。

与青少年犯罪等反社会行为相比，研究者对青少年亲社会行为的关注较少。虽然研究文献正在增多，但对于青少年如何感知亲社会的规则，学校政策和同伴如何影响亲社会行为等问题，我们仍然没有足够的研究信息（Dijkstra & Gest, 2015）。

> 反社会行为

大多数儿童和青少年都曾在某个时候做过给自己或他人带来破坏性或麻烦的事情。如果这些行为经常发生，心理医生就会把它们诊断为行为失调；如果这些行为导致青少年做出了违法的举动，社会就把它们称为青少年犯罪；如果这些行为不断升级并继续到成年期，它们就越过了界线而被认为是犯罪了。反社会行为问题在男性中的发生率高于女性（Choy & others, 2017）。

行为失调 **行为失调**指那些违反家庭期待、违反社会规范、损害他人的人身或财产权利的与年龄不适应的行为或态度。有行为问题的儿童表现出广泛的违反规则的行

宽恕（forgiveness）亲社会行为的一种，指受害人不对加害人实施可能的报复行为。

感恩（gratitude）一种感谢和感激的情感，特别指对他人做的好事或帮助的回应。

行为失调（conduct disorder）违反家庭期待、违反社会规范、损害他人的人身或财产权利的与年龄不适应的行为或态度。

第十三章 道德发展 **371**

为，从骂人、发脾气到严重的故意破坏、偷窃和攻击（Freitag & others, 2018）。行为失调问题在男孩中要比在女孩中普遍得多（Mohan & Ray, 2019）。

据估计，约5%的儿童有严重的行为问题。这些儿童经常表现出外化的（*externalizing*）或缺乏控制的行为模式。表现出这种行为模式的儿童往往容易冲动、过度活跃、具有攻击性，并从事违法犯罪活动。

儿童的行为问题通常是由多种原因或多种风险因素长期联合作用导致的（Thio, Taylor, & Schwartz, 2018）。这些因素可能包括由遗传带来的困难型气质、不适当的父母养育、住在暴力行为频发的社区、低效率的学校。一项元分析研究显示，少年的学校归属感可以防止他们在青少年期里行为问题增多（Allen & others, 2018）。

虽然人们在帮助行为失调儿童方面做出了巨大的努力，但仍然难以找到有效的应对方法，因为要减少儿童接触反社会行为的诱因不是一件容易的事情，这涉及许多个人的、家庭的和同伴的因素（Mohan & Ray, 2019）。有时候，学者们建议使用多系统干预的方法，由所有家庭成员、学校工作人员、少年司法工作者以及儿童生活中的其他人共同实施。

青少年犯罪 什么是青少年犯罪？青少年犯罪有什么前兆？哪些类型的干预措施已被用来防止或减少青少年犯罪？

什么是青少年犯罪？ **青少年犯罪**所指的行为范围广泛，从社会不可接受的行为（如在学校行为不当），身份过错（如离家出走），到犯罪行为（如盗窃）。从法律的角度考虑，人们对一般犯罪和身份过错做了区分：

- **一般犯罪**指青少年或成人实施的犯罪行为，包括抢劫、严重的人身侵犯、强奸和杀人之类的行为。
- **身份过错**指一些不太严重的行为问题，如出走、逃学、未成年饮酒、性混乱和失去自控力等。这些行为是由未达到特定年龄的青少年实施的，故在分类上归入青少年违法。

青少年司法的一个问题便是青少年犯了罪是否应该作为成年人来审判。一些心理学家提议，12岁或12岁以下的个体不应当使用成年人刑法来评判，而那些17岁或17岁以上的个体则应使用成年人刑法（Steinberg, 2009）。他们还建议，应当对13岁至16岁的个体实施一些个性化的评估，以确定他们应当在未成年人法庭还是在成年人刑事法庭受审。这一框架强烈反对仅根据犯罪的性质来安排受理法院，主张还应当考虑到罪犯发展的成熟性。直到2005年（in Roper vs. Simmons），美国最高法院才做出死刑不可用于未成年人的裁决。从国际上讲，大多数国家都签署了联合国的《公民权利和政治权利国际公约》（ICCPR），该公约禁止判处未成年人死刑。不过，不同国家对这一规定的支持力度存在很大差异（DPIC, 2019）。

从1960年到1996年，美国未成年人法庭受理的犯罪案件数量急剧增加，但自1996年以后又大幅度地下降（参见图4）（Hockenberry, 2019）。请注意，这里的数字不包括那些虽被逮捕但没有分配给未成年人法庭审理的犯罪案件，也不包括那些犯了罪但没有被抓获的未成年人犯罪案件。

男性比女性更可能从事青少年犯罪活动（Thio, Taylor, & Schwartz, 2018）。

行为失调有哪些特点？
图片来源：视觉中国

青少年犯罪（juvenile delinquency）青少年的多种不当行为，从社会不可接受的行为到犯罪行为。

一般犯罪（index offenses）青少年或成人实施的犯罪行为，包括抢劫、严重的人身侵犯、强奸和杀人之类的行为。

身份过错（status offenses）一定年龄以下的青少年所犯的一些不太严重的违法行为，可能包括未成年饮酒、逃学、性混乱等。

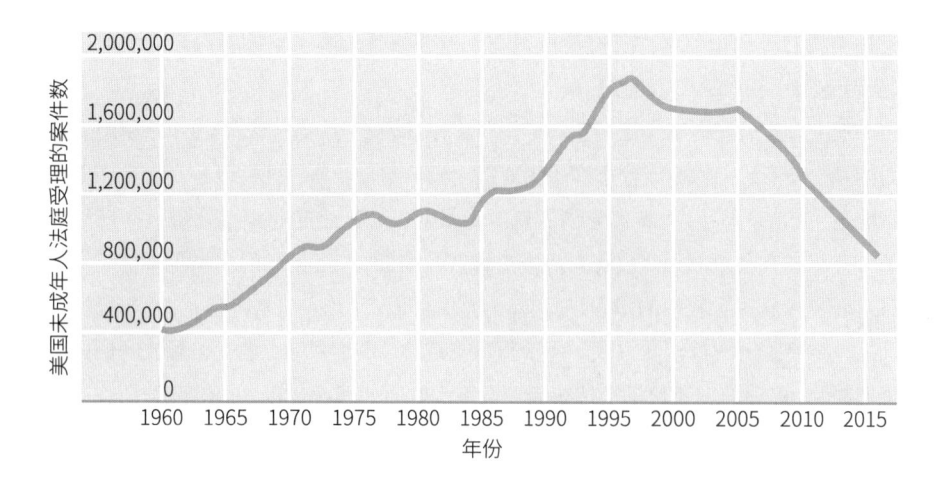

图4 1960至2016年美国未成年人法庭受理的犯罪案件的数量

资料来源：Hockenberry, S. (March, 2019). Juvenile justice statistics: National report series fact sheet. Washington DC: US Department of Justice. https://www.ojjdp.gov/pubs/252473.pdf.

不过，美国官方统计数据显示，青少年犯罪案件中涉及女性的比例有所上升，从1985年的19%上升到了2005年的27%，但在2005至2016年期间有所下降，其下降的幅度和男性相同（Hockenberry, 2019）。

当青少年进入成年时，他们的违法犯罪率会发生变化吗？最近的分析表明：盗窃、财产破坏和身体攻击的犯罪率在18岁时出现峰值。财产破坏的峰值男孩出现在16至18岁，女孩出现在15至17岁。但暴力犯罪的峰值男性是18至19岁，女性是19至21岁（Farrington, 2009; Hockenberry, 2019）。

反社会行为分为早发（11岁以前）和晚发（11岁及11岁以上）两个大类。和晚发的反社会行为相比，早发的反社会行为与更多的负面发展结果相关联。早发的反社会行为更可能会持续到成年早期，并与心理健康问题和人际关系等问题的增多相关联（McGee & Moffitt, 2019）。

青少年犯罪的前兆和影响因素 青少年犯罪的前兆很多：和权威发生冲突；先是隐蔽的行动，然后是财物破坏和其他更严重的行为；先是轻微的攻击，然后是斗殴和暴力行为；自制能力差；消极的自我和同一性；以自我为中心的认知扭曲；犯事年龄小；男性；低年级时学习成绩差；教育期望低；同伴或哥哥姐姐中有犯事者；家庭社会经济地位低；父母对孩子漠不关心，管教粗暴无效；居住在犯罪率高的城市街区；等等。

家庭支持系统也与青少年犯罪行为的增加或减少有关（Farrington, 2009; Nkuba, Hermenau, & Hecker, 2019）。父母的监控在决定青少年是否会犯罪方面尤其重要。例如，一项包括中低收入国家（如哥伦比亚、菲律宾、肯尼亚）的针对年龄较小青少年的大规模国际纵向研究发现：父母低度的监控以及粗暴的拒绝式养育方式很可能导致儿童处于混乱和危险的家庭和邻里环境之中，从而导致青少年犯罪行为增多（Deater-Deckard & others, 2019）。另一项例证性研究发现：父母对青少年的早期监控和持续不断的支持与他们成年早期里较少发生犯罪行为相关联（Johnson & others, 2011）。此外，一项跨国的文献综述显示：权威型的养育方式（温暖但坚定，并设定界限）能够最有效地防止青少年的犯罪行为，部分原因是这种养育方式提高了青少年对父母权威的合法性的认可（Ruiz-Hernández & others, 2019）。

越来越多的研究表明，家庭疗法（family therapy）往往能有效地减少犯罪行为（Henderson, Hogue, & Dauber, 2019）。一项元分析发现：在个案管理、个别教育、未成年人法庭、恢复性司法（restorative justice）、家庭疗法这

影响青少年是否会犯罪的因素有哪些？
图片来源：视觉中国

第十三章 道德发展　　**373**

发展链接

父母养育

父母的忽视型养育风格和孩子自我控制能力差相关联。链接"家庭"。

五种类型的干预项目中，家庭疗法是唯一能够减少未成年犯事者再犯的干预项目（Schwalbe & others, 2012）。

很少有实验研究确实证明童年期里养育方式的变化能够导致青少年期里犯罪行为的减少。不过，家庭干预类实验正变得比较普遍。一项例证性研究（Forgatch & others, 2009）将一些养育男孩的离婚母亲随机分配进实验组（让母亲接受深入的育儿培训）和对照组（没有对母亲进行育儿培训）。当孩子们在小学一至三年级时，研究人员对实验组的母亲进行育儿方法培训。育儿方法培训包括14次集体培训，主要着眼于改善育儿方式（包括巧妙的鼓励、设定限制、监控、解决问题、积极参与）。培训内容还包括了情绪调控训练、如何处理好父母之间冲突的训练，以及如何和孩子说明离婚的事情。9年后的追踪评估显示，和对照组相比，实验组母亲们改善了的育儿实践以及孩子与不正常同伴接触的减少与较低比例的青少年犯罪相关联。

越来越多的研究发现，兄弟姐妹对青少年的犯罪行为可以产生很强的影响。有关这一话题的一项规模最大跨时最长的纵向研究发现：哥哥或姐姐有犯罪行为与弟弟或妹妹青少年期的犯罪行为相关联，在控制了其他的相关因素后，仍然如此（Huijsmans & others, 2018）。

拥有具有犯罪行为的同伴会提高青少年自己变成犯罪者的风险，这方面的研究文献更多。例如，研究者发现，7岁至13岁时遭到同伴的排斥和拥有行为不端的朋友与青少年14至15岁时较多的犯罪行为相关联（Vitaro, Pedersen, & Brendgen, 2007）。此外，对有关研究的一项非常深入的综述既包括了社会经济地位低的家庭，也包括了社会经济地位高的家庭，还包括了多种种族和民族，结果发现：对这些来自不同背景的青少年来说，拥有具有犯罪行为的同伴都是一个强有力的和一致性的

链接 职业生涯

健康心理学家罗德尼·哈蒙德

在描述他的大学经历时，罗德尼·哈蒙德（Rodney Hammond）回忆道："当我开始在伊利诺伊大学香槟分校（the University of Illinois at Champaign-Urbana）读本科时，我还没有决定我的主修专业。但为了挣些钱帮助支付我的教育费用，我就在心理学系主持的儿童发展研究项目中做兼职。在那里，我观察到城市贫民区儿童被安置在为促进他们学习而专门设计的情境中。我亲眼看到了心理学所做的贡献，于是我明白了，我想成为一名心理学家。"（American Psychological Association, 2003, p.26）

本科毕业后，罗德尼·哈蒙德继续攻读学校与社区心理学专业的博士学位，并专注于研究儿童发展。有好几年他在俄亥俄州莱特州立大学（Wright State University）负责培训临床心理学工作者，并负责一个旨在减少少数民族青少年暴力行为的研究项目。在那个项目中，他和他的同事指导具有高风险的青少年学习如何应用社交技能有效地解决冲突，以及如何识别可能导致暴力的情境。目前，哈蒙德是亚特兰大疾病控制和预防中心暴力预防分部的主任，他在这个职位上已经工作了近20年。哈蒙德的职业生涯说明：如果你对人和问题解决都感兴趣的话，心理学就是把这两个方面结合在一起的很好的途径。

罗德尼·哈蒙德
图片来源：Rodney Hammond

犯罪行为预测指标，对男孩来说尤其如此（McCoy & others, 2019）。

虽然青少年犯罪可能发生在各种社会经济地位的家庭和邻里之中，但是较低社会经济地位环境的一些特点确实会在很大程度上助长青少年犯罪。许多低社会经济地位的同伴群体和帮派的规则具有反社会的性质，或者和整个社会的目标与规则相抵触。陷入或躲避麻烦往往是生活在低收入邻里的青少年生活的重要特征。来自低收入背景的青少年可能觉得他们可以通过反社会的行为而获得关注和地位。对于低社会经济地位的男孩来说，"粗野"和"男子气概"是地位高的特征，而通常衡量男孩是否具有这些特征的标准就是看他们能否成功地实施犯罪并成功地逃脱。一项研究显示，父母参与性的养育方式和加强母亲一方社会网络的支持与低收入家庭青少年较低的犯罪率相关（Ghazarian & Roche, 2010）。另一项研究总结则显示：长期贫困是青少年犯罪率增加的一个强有力的预测指标，部分原因是长期贫困对父母养育方式和家庭环境都会带来有害的影响，包括压力水平的提高（Wadsworth & others, 2016）。

社区的特点有可能助长青少年犯罪（Howell & Griffiths, 2019）。在一个高犯罪率的社区里，青少年可以观察到很多从事犯罪活动并从犯罪活动中获得好处的负面榜样。这样的社区往往具有贫困、失业率高和疏离感强的特点。学校质量差、教育经费不足、缺乏有组织的社区活动等因素也可能与青少年犯罪行为相关联。再看学校的环境，缺乏学业成功也与青少年犯罪有关。一项深入的研究综述显示：早期的学业失败以及由此引起的厌学逃学可以预测较高程度的青少年违法行为。在那些惩罚严厉并把捣蛋的青少年开除的学校环境里，这些负面效应可能更加严重（Hirschfield, 2018）。

自制能力差、智力低下、缺乏持续的注意等认知因素也和青少年的犯罪行为有关联。例如，"青少年和成年健康"是美国的一项持续时间很长的纵向研究，这一研究已经获得的数据显示：自制能力差不仅预测了青少年期违法行为较多，而且会继

链接 研究

童年期的干预能够减少青少年期的犯罪行为吗？

快车道（Fast Track）是一个试图减少青少年犯罪和其他问题的干预项目（Conduct Problems Prevention Research Group, 2011, 2013）。基于邻里犯罪和贫困状况的数据，位于四个地方（北卡罗来纳州达勒姆、田纳西州的纳什维尔、华盛顿州的西雅图、宾夕法尼亚州中部农村地区）的学校被确认为高风险学校。研究人员从这些学校中筛选出9,000多名幼儿园儿童，并将891名高风险和中等风险的儿童随机分配进干预组或控制组。干预开始时，儿童的平均年龄为6.5岁。干预时间长达10年，内容包括针对父母的行为管理训练、针对儿童的社会认知技能训练、阅读辅导、家访和个别指导，以及为提高社会情绪能力和减少攻击性而修订的一套课程。

这一范围广泛的干预最成功的部分是那些在幼儿园时被确认为具有最高风险的儿童和青少年，他们的行为失调、注意缺陷多动障碍、各种外化的问题以及反社会行为的发生率都降低了。干预的积极效果早在小学三年级时就已出现，并一直持续到九年级。例如，在九年级，干预项目使得幼儿园时风险最高的儿童可能会发生的行为失调降低了75%，注意缺陷多动障碍降低了53%，各种外化的问题则降低了43%。这项长期的追踪研究（直到25岁）表明：快车道综合干预项目成功地降低了风险儿童的心理障碍，降低了被捕率，也降低了被定罪的人数（Dodge & others, 2015）。导致这些积极效果的主要原因是干预项目提高了儿童和青少年的社会技能和自我调控能力（Sorensen & others, 2016）。

续发展为成年期的犯罪和反社会行为（Bekbolatkyzy & others, 2019）。另一项研究追踪了 1,000 多名有粗暴行为历史记录的儿童，结果发现：较差的智力和执行功能提高了个体在青少年期和成年期违法犯罪行为发生的概率（Nikulina & Widom, 2019）。

罗德尼·哈蒙德（Rodney Hammond）的人生目标和职业目标就是要减少青少年犯罪和帮助青少年更有效地应对生活的挑战。要了解他的工作情况，请阅读"链接 职业生涯"专栏。另外，要了解对早期表现出行为问题的儿童进行生活干预是否能降低他们青少年期的犯罪风险，请阅读"链接 研究"专栏。

复习、联想和反思

学习目标 3

描述亲社会和反社会行为的发展。

复习

- 利他主义是如何界定的？亲社会行为是如何发展的？
- 什么是青少年犯罪？什么是行为失调？有哪些关键因素影响青少年犯罪的发展？

联想

- 在本节，你了解到对于低社会经济地位的男孩来说，表现出"粗野"和"男子气概"是地位高的象征，而这可能会导致犯罪行为。在青少年期里，"男子气概"可能导致青少年犯罪行为增加的途径有哪些？

反思你自己的人生之旅

- 你在青少年期里是否有过违法行为？大多数有过一次或多次违法行为的青少年并没有成为习惯性的罪犯。反思你自己是否有过违法行为的经历，然后复习书中可能引起青少年犯罪的各种因素的讨论，并用它们来解释你自己的发展过程。

第 4 节 宗教和灵性的发展

学习目标 4

总结儿童和青少年的宗教和灵性的发展。
- 童年期
- 青少年期

我们能否将宗教、宗教信奉和灵性区分开来呢？帕梅拉·金（Pamela King）和她的同事们分析了已有的研究和理论（King, Ramos, & Clardy, 2012; King & others, 2017），对这三个概念做了如下的区分：

- **宗教**是一套有组织的信仰、实践、仪式和符号，它们增进人们和神圣的或超然的他者（上帝、更高权力或终极真理）之间的联系。
- **宗教信奉**指加入一个有组织的宗教的程度，包括参与它规定的各种仪式和实践，接受它的各种信念，并加入它的信徒团体。
- **灵性**涉及以超然的态度体验某种自身以外的东西，并以有益于他人和社会的方式生活。

＞ 童年期

父母是如何影响孩子的宗教思想和行为的呢？社会使用了主日学校、教堂教育、父母教育等多种方法来确保儿童继承某个宗教传统。在美国，家里有孩子的父母中大约有 2/3 报告说他们经常和孩子一起参与宗教活动和宗教教育项目（Pew

---

宗教（religion） 一套有组织的信仰、实践、仪式和符号，它们增进人们和神圣的或超然的他者（上帝、更高权力或终极真理）之间的联系。

宗教信奉（religiousness） 指加入一个有组织的宗教的程度，包括参与它规定的各种仪式和实践，接受它的各种信念，并参与它的信徒团体。

灵性（spirituality） 涉及以超然的态度体验某种自身以外的东西，并以有益于他人和社会的方式生活。

Research Center, 2019）。这样的宗教社会化有效吗？在许多情况下确实有效，大多数孩子都采纳了他们的父母的宗教信仰。一项研究发现，父母自己青少年期里的宗教信奉程度和他们的青少年孩子的宗教信奉程度存在正相关，而青少年孩子的宗教信奉程度又和这些孩子进入成年后的信奉程度相关（Spilman & others, 2013）。另一项至今规模最大的研究考察了37国40,000多名由双亲家庭抚养大的个体，结果显示：那些童年期里就有了宗教经验的个体长大后最可能具有宗教信念和参与宗教活动；但如果父母中只有一人严格遵守教规，这一效应就表现得弱一些（McPhail, 2019）。

> 青少年期

对世界各地的许多青少年和初成年者来说，宗教问题是重要的（King & others, 2017; Sugimura & others, 2019）。然而，21世纪的千禧一代中出现了宗教兴趣下降的趋势。2015年，美国初成年者参与宗教活动的人数比例比中年人低了15%，这一差距还在不断扩大。不过，世界各地的差异很大，赤道国家和南半球国家中各代人的宗教参与率仍然很高（Pew Research Center, 2018）。

一项纵向研究表明，美国青少年的宗教信奉程度在14岁到20岁期间呈现出下降的趋势（Koenig, McGue, & Iacono, 2008）（参见图5）。在这项研究中，宗教信奉程度是用多项指标评估的，包括祈祷的频率、讨论宗教教义的频率、出于宗教原因做出道德行为决定的频率、宗教在日常生活中的一般重要性。如图5所示，14岁至18岁期间发生的宗教信奉程度的变化要大于20至25岁期间的变化。此外，个体报告的参加宗教活动的频率在14岁时最高，14岁至18岁期间呈下降趋势，20岁时又有所上升。总的情况是，参与宗教活动方面的变化大于宗教信奉程度的变化。

研究人员发现：在新西兰、澳大利亚、中国、非洲南部、大部分欧洲、几乎整个南北美洲，女性都比男性更加信奉宗教，这一差异在青少期里开始出现（Pew Research Center, 2016）。但就是否经常性地参与宗教活动来说，性别差异的模式又明显不同：在伊斯兰教和犹太教为主的国家，男性更经常参与；在基督教为主的国家，女性更经常参与（Pew Research Center, 2016）。遗憾的是，我们对世界上佛教和印度教地区宗教活动参与情况的性别差异和年龄差异知道得很少。

研究者进一步分析了哪些因素可能影响青少年和成年人的宗教信奉程度，发现贫困、健康风险、寿命预期等因素具有重要影响。皮尤研究中心（Pew Research Center, 2018）的数据表明：2015年尼日利亚出生的孩子的寿命预期是52岁，丹麦出生的孩子的寿命预期是81岁，尼日利亚人当中有89%虔诚信教，而丹麦人当中只有5%虔诚信教。

宗教和认知发展 青少年期和成年早期可能是宗教意识发展的特别重要的阶段（Good & Willoughby, 2008; Lerner, Roeser, & Phelps, 2009）。即使孩子在父母的灌输下接受了某种宗教，但随着认知能力的发展，青少年和初成年者也可能会追问他们自己的宗教信仰究竟是什么。

许多可能影响宗教发展的认知变化涉及皮亚杰的认知发展阶段。和儿童相比，青少年的思维变得更加抽象、更加理想化、更有逻辑性。抽象思维能力的提高使得青少年能够思考有关宗教和灵性概念的各种观点。例如，青少年可能会问：鉴于世界上这么多人都长期生活在苦难之中，慈爱的上帝怎么会真的存在呢？青少年越来

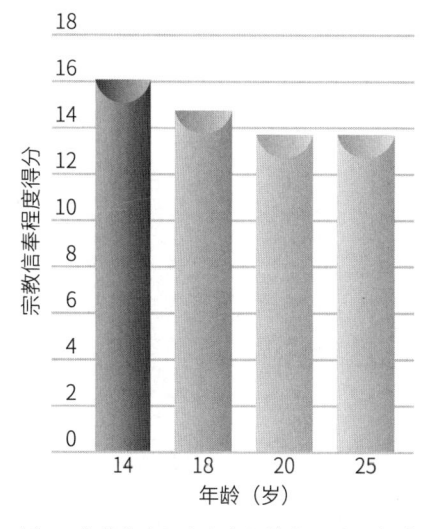

图5 宗教信奉程度的发展性变化（14岁到25岁）

注：宗教信奉程度量表的分值从0分到32分，较高的分数表示较强的信奉程度。

越理想化的思维使得他们有能力追问,宗教是否能提供一条通向更好、更理想世界的最佳途径呢?青少年逻辑推理能力的提高也使得他们有能力提出不同的假设,并系统地梳理对灵性问题的种种不同的回答(Good & Willoughby, 2008)。

宗教和同一性的发展　在青少年期,特别是在成年早期,同一性的发展成为个体关注的中心(Erikson, 1968; Schwartz & others, 2015)。青少年和初成年者正在寻求诸如"我是谁?""作为人,我存在的意义究竟是什么?""我想过怎样的生活?"等问题的答案。作为他们寻求同一性的一部分,青少年和初成年者开始努力以更复杂和逻辑性更强的方式来思索这样一些问题:"我为什么来到这个星球?""是否真有上帝或更高的精神存在,或者我只是相信了我的父母和教会灌输在我脑海里的东西?""我自己的宗教观点是什么?"在青少年期向成年期过渡的阶段,个体变得更加具有自主性,他们的同一性也变得更加巩固,这正是寻求上述问题答案的时候。

宗教在青少年生活中的积极作用　研究人员发现,宗教的诸多方面都与青少年积极的发展结果相关联,成年人也是如此(Chen & VanderWeele, 2018; Harakeh & others, 2012)。一项研究表明:那些童年时曾受过虐待的青少年晚期的女性如果持有上帝是仁慈的观念,他们的自尊水平就比较高,人际关系也比较好(Waldron, Scarpa, & Kim-Spoon, 2018)。

宗教也对青少年的健康和福祉具有一定的影响,并在一定程度上决定着他们是否会产生问题行为(Eskin & others, 2019)。有一项研究随机抽取了一个包括17,000多名12至17岁青少年的全国性样本,结果发现:那些虔诚信教的青少年在思维方面受到了积极的影响,他们的朋友的生活也受到了积极的影响,他们也不太可能经历抑郁性紊乱(King, Topalian, & Vidourek, 2019)。

最近的一项元分析发现,灵性(或虔诚度)与幸福感、自尊以及五大人格因素中的尽责性(conscientiousness)、亲和性(agreeableness)、开放性(openness)呈正相关(Yonker, Schnabelrauch, & DeHaan, 2012)。在这项元分析中,灵性(或虔诚度)与冒险行为和抑郁症状呈负相关。

认知发展的哪些变化可能会影响宗教意识的发展?
图片来源:视觉中国

一群参加教堂唱诗班的青少年。宗教在青少年的生活中有哪些积极的方面?
图片来源:视觉中国

复习、联想和反思

学习目标 4
总结儿童和青少年的宗教和灵性的发展。

复习
- 对宗教和灵性的兴趣在童年期是如何发展的?
- 青少年期宗教和灵性的发展有什么特点?

联想
- 在本节,你了解到许多被认为影响青少年宗教发展的认知变化和皮亚杰的认知发展阶段有关。在皮亚杰的理论中,青少年处于什么认知发展阶段,该阶段还有其他什么特点?

反思你自己的人生之旅
- 反思你的宗教观和灵性发展的过程。在你的童年期和青少年期里,你的宗教观和灵性是如何变化或保持不变的?青少年期以后,你的宗教观和灵性有没有发生变化?为什么?

达到你的学习目标

道德发展

道德发展的领域

学习目标 1 讨论关于道德发展领域的理论和研究。

● **什么是道德发展**

道德发展牵涉到与对错标准有关的思维、情感和行为的变化。道德发展有个体内部和人与人之间两个维度。

● **道德思维**

皮亚杰区分了年龄较小儿童的他律道德和年龄较大儿童的自律道德。科尔伯格发展了一个有影响的道德推理理论。他认为道德推理的发展有三个水平（前习俗、习俗、后习俗）和六个阶段（每一水平包含两个阶段）。科尔伯格认为这些阶段是和年龄相关的。影响科尔伯格阶段的因素包括认知发展，处理道德问题和道德冲突的经验，同伴关系和观点采择的机会。科尔伯格的理论也受到了批评，尤其是受到卡罗尔·吉利根的批评，后者支持更强的关爱视角。其他批评则侧重于道德推理不能有效地预测道德行为，不能解释文化和家庭的影响。

● **道德行为**

强化、惩罚和模仿的过程被用来解释道德行为的习得，但只能提供部分解释。行为主义者强调情境的变化性，社会认知理论则强调道德能力和道德表现之间的区别。

● **道德情感**

根据某些理论家的观点，负罪感是儿童道德行为的基础。移情是道德情感的重要部分，并随着年龄增长而变化。根据当代的观点，积极情感和消极情感都促进了道德的发展。

● **道德人格**

最近，人们对道德人格的研究兴趣急剧增长。这一兴趣侧重于道德认同、道德品格和道德模范。道德品格包括持有坚定的信念，坚持和克服分心和障碍，并具有诚实、可靠、忠诚、同情等美德。道德模范具有道德特征、道德认同、道德人格以及一系列反映美德和承诺的优点；他们既诚实又可靠。

● **社会认知的领域理论**

社会认知的领域理论认为社会知识和推理存在不同的领域，包括道德领域、社会习俗领域、个人领域。

道德发展的情境

学习目标 2 解释养育和学校是如何影响道德发展的。

● **养育**

在亲子关系的相互义务中，情感温暖和责任感为儿童积极道德的成长提供了重要基础。收回关爱、使用权力和引导是实施管教的方法。引导更可能与积极的道德发展相关联。父母可以采用一系列的养育策略来促进孩子的道德发展，这些策略包括提供温暖和支持而不是惩罚，采用引导式的管教，提供了解他人观点和感受的机会，让孩子参与家庭决策，做道德行为的榜样，在不良行为发生前就采取预防措施。

● **学校**

隐性课程最早由杜威提出，指学校的道德氛围。当代道德教育的模式包括品格教育、认知道德教育、服务学习、综合道德教育。道德教育的一个重要关注点是作弊，它可能表现为多种形式。学校情境的不同方面都可能影响到学生是否会作弊。

第十三章 道德发展 379

亲社会和反社会行为

学习目标 3 描述亲社会和反社会行为的发展。

● **亲社会行为**

亲社会行为的一个重要方面是利他主义，即无私地帮助他人的倾向。戴蒙描述了儿童对公平的理解和越来越一致的分享意愿的发展顺序。同伴在这种发展中起着关键的作用。宽恕和感恩是亲社会行为的另外两个方面。

● **反社会行为**

行为失调是一个心理诊断的类别，用来指发生时段超过 6 个月的多种过失行为。青少年犯罪包括范围广泛的行为，从社会不可接受的行为到身份过错。从法律的角度考虑，人们对一般犯罪和身份过错作了区分。青少年犯罪的前兆和影响因素包括抵触权威、说谎等较轻的隐蔽的行为，公开的攻击行为，消极的自我同一性，认知歪曲，自我控制能力差，犯罪起始年龄早，男性，对教育和学校成绩期望低，父母支持不够并采用了无效的管教方法，有青少年犯罪的哥哥或姐姐，同伴影响强并且对同伴影响的抵抗力差，社会经济地位低，生活在犯罪率高的城市贫民区。研究人员已确定了一些能够有效地预防和干预青少年犯罪的项目。

宗教和灵性的发展

学习目标 4 总结儿童和青少年的宗教和灵性的发展。

● **童年期**

许多儿童和青少年对宗教表现出兴趣。许多儿童采纳了他们父母的宗教信仰。

● **青少年期**

在 21 世纪，青少年的宗教兴趣呈下降趋势。和来自发达国家的初成年者相比，来自欠发达国家的初成年者对宗教可能更加虔诚。青少年期的认知变化（如抽象的、理想化的和逻辑思维能力的提高）使得青少年能够寻求对宗教和灵性的更好的理解。作为他们寻求同一性的一部分，许多青少年和初成年者开始努力思索更复杂的宗教问题。宗教的诸多方面都与青少年积极的发展结果相关联。

重要术语

利他主义 altruism
自律道德 autonomous morality
关爱视角 care perspective
品格教育 character education
认知道德教育 cognitive moral education
行为失调 conduct disorder
习俗推理 conventional reasoning
移情 empathy
宽恕 forgiveness
感恩 gratitude
他律道德 heteronomous morality
隐性课程 hidden currilum

内在公正 immanent justice
一般犯罪 index offenses
引导 induction
公正视角 justice perspective
青少年犯罪 juvenile delinquency
收回关爱 love withdrawal
道德发展 moral development
道德模范 moral exemplars
道德认同 moral identity
后习俗推理 postconventional reasoning
使用权力 power assertion
前习俗推理 preconventional reasoning

宗教 religion
宗教信奉 religiousness
服务学习 service learning
社会认知的领域理论 social-cognitive domain theory
道德的社会认知理论 social cognitive theory of morality
社会习俗推理 social conventional reasoning
灵性 spirituality
身份过错 status offenses

重要人物

艾伯特·班杜拉 Albert Bandura
古斯塔沃·卡洛 Gustavo Carlo
威廉·戴蒙 William Damon
约翰·杜威 John Dewey
卡罗尔·吉利根 Carol Gilligan

休·哈茨霍恩 Hugh Hartshorne
帕梅拉·金 Pamela King
格拉日娜·科汉斯加 Grazyna Kochanska
劳伦斯·科尔伯格 Lawrence Kohlberg
马克·梅 Mark May

达西亚·纳瓦埃斯 Darcia Narváez
让·皮亚杰 Jean Piaget
朱迪思·斯梅塔娜 Judith Smetana
罗斯·汤普森 Ross Thompson
劳伦斯·沃克 Lawrence Walker

父母只是理解孩子是不够的,他们还必须赋予孩子理解他们的特权。

—— 米尔顿·萨皮尔斯坦
21 世纪美国心理学家

第五编
发展的社会环境

父母是孩子生活的"摇篮",但孩子的成长还受到兄弟姐妹、同伴、朋友和老师等人的持续影响。每当孩子发现新的庇护所和他人时,他们的小小世界就有所扩展。最后,父母只能给孩子两个永久性的遗产:一个是根,另一个是翅膀。在这一编里,我们将学习四章:"家庭""同伴""学校教育与学业成绩""文化与多样性"。

第十四章 家庭

本章纲要

第1节 家庭过程

学习目标 ❶
讨论家庭过程。
- 家庭系统中的互动
- 家庭过程中的认知和情绪
- 多条发展轨迹
- 领域特定的社会化
- 社会文化和历史变迁

第2节 养育

学习目标 ❷
解释父母的养育是如何与青少年的发展相联系的。
- 父母角色和做父母的时间安排
- 养育方式对儿童发展性变化的适应
- 父母作为孩子生活的管理者
- 养育风格和管教
- 父母和青少年的关系
- 代际关系

第3节 同胞

学习目标 ❸
指出同胞是如何影响儿童发展的。
- 同胞关系
- 出生顺序

第4节 变迁的社会世界中家庭的变化

学习目标 ❹
概括变迁的社会世界中家庭变化的特点。
- 上班的父母
- 离婚家庭
- 再婚家庭
- 家庭的文化、民族和社会经济地位的差异

真人实事

谢利·彼得曼·施瓦兹（Shelley Peterman Schwarz, 2004）和丈夫戴维（David）结婚4年后，两人决定要孩子。他们生了两个孩子，杰米和安德鲁。当杰米5岁、安德鲁3岁时，谢利被诊断患上了多发性硬化症。两年以后，由于病情恶化，谢利不得不辞掉了听障儿童教师的工作。当两个孩子一个7岁一个9岁时，谢利的病情进一步恶化，她已经无法单独为家人做饭，所以戴维开始承担起做饭的责任，做饭时也让孩子们做做帮手。

虽然身患多发性硬化症，谢利还是坚持参加孩子们的学校组织的父母养育培训班和工作坊。她还主动发起了"10岁孩子母亲"支持小组的活动。但是，多发性硬化症给谢利养育孩子带来了很多挫折。用她的话说：

"对我来说，参加学校典礼、教师会议以及运动会通常都是很大的挑战，因为学校的设施有时并不方便轮椅到达。但如果我不'尽力'参加的话，我就会感到很内疚。我不希望孩子们觉得我对他们不够重视，没有尽力……

"当杰米19岁、安德鲁17岁时，我开始感到轻松了一些。我逐渐看到孩子们变得很独立，也很有能力。我的疾病并没有毁坏他们的生活。事实上，在某些方面，我的疾病对他们的成长还起到了积极的作用。他们学会了相信自己，学会了应对自己面临的挑战。当他们离开家庭开始大学生活时，我知道他们已经准备好了。

"至于我，我现在明白了身患残疾对父母来说并不是世界上最可怕的事情。但如果让你的残疾削弱了你参与孩子生活的能力，那将是一场悲剧。父母对子女的养育不仅仅是和他们一起乘车、一起参加学校的运动会或为家庭招待会烤饼干，而是爱、关心、倾听、指导和支持你的孩子。养育意味着当孩子因为朋友说她的发型难看而哭泣时你给她安慰，意味着当孩子因为他的12岁的朋友喝酒而担忧时你为他提供建议，还意味着你帮助孩子理解人际关系和爱是什么（Schwarz, 2004, p.5）。"

谢利·彼得曼·施瓦兹（左）和全家人在一起。
图片来源：Shelley Peterman Schwarz, *Making Life Easier*

前言

本章是关于多种不同文化的儿童在家庭中发展的情况。我们将要探究家庭的运行机制、养育儿童的方式、兄弟姐妹之间的关系,以及变迁的社会世界中家庭的变化。与此同时,我们将考察诸如儿童虐待、上班的父母、离婚和再婚家庭中的儿童,以及许多其他有关的话题。

第1节 家庭过程

学习目标 1

讨论家庭过程。
- 家庭系统中的互动
- 家庭过程中的认知和情绪
- 多条发展轨迹
- 领域特定的社会化
- 社会文化和历史变迁

发展链接

理论

布朗芬伦纳生态学理论的重要贡献是其对一系列影响儿童发展的社会环境的关注。链接"绪论"。

当我们考察儿童发展的家庭环境和其他社会环境时,布朗芬布伦纳(Urie Bronfenbrenner, 2000, 2004)的生态学理论可以为我们提供一个思考问题的框架。请回顾一下,布朗芬布伦纳从五个环境系统的角度分析儿童发展的社会环境:

- *微观系统*指个体生活于其中的情境,如家庭、同伴群体、学校、工作场所等。
- *中观系统*指微观系统之间的联系,如家庭过程和同伴关系之间的联系。
- *外围系统*指来自个体没有直接经历的其他社会情境的影响,如父母的职场经验可能会影响到他们在家里如何养育孩子。
- *宏观系统*指个体生活于其中的文化,如某个国家或某个民族群体。
- *年代系统*指社会历史环境的变化,如在过去的30年或40年里,美国上班母亲的人数、离婚父母的人数和再婚家庭的数量都越来越多。

现在,就让我们先从微观系统的水平来考察家庭。

> 家庭系统中的互动

每一个家庭都是一个系统,一个由许多相互联系、相互作用的部分组成的复杂整体。这些部分之间的联系从来都不只是单向的。例如,母亲和婴儿之间的互动有时被比作跳双人舞,在这一过程中,双方的动作是紧密协调的。这种协调可以保证*相互同步性*,相互同步性即意味着一方的动作要取决于另一方先前的动作。或者说,这种互动是一个准确意义上的*相互过程*,即双方的动作是能够匹配的。如一方模仿另一方,或相互微笑(Cohn & Tronick, 1988),这种模式在不同文化和民族群体中都可见到(Kuchirko, Tafuro, & Tamis-LeMonda, 2018)。早期同步互动的一个重要例子是互相注视或眼神接触。在面对面的交流过程中,这种"配对行为"实际上也反映着母婴双方脑活动的交互作用(Leong & others, 2017)。

同步化的另一个例子是鹰架,**鹰架**就意味着父母要不断调整自己的指导水平以适应孩子的表现(Melzi, Schick, & Kennedy, 2011)。父母通过搭建鹰架回应孩子的行为,它反过来又影响孩子的行为。在任何年龄,都可以采用搭建鹰架的

鹰架(scaffolding) 意味着父母要不断调整自己的指导水平以适应孩子的表现,从而使得孩子能够比完全依靠自己能力的情况下发展得更好。

交互社会化(reciprocal socialization) 社会化过程的双向性,即如同父母对孩子实施社会化一样,孩子也对父母实施社会化。

方法来支持儿童的努力。例如，在一项针对生活在美国的赫蒙族家庭的研究中，研究者让母亲们在孩子进入幼儿园前的夏季里用搭建鹰架的方法帮助他们解决问题，尤其是为他们提供认知上的支持。结果显示：这些母亲的努力对孩子进入幼儿园后的思维能力产生了积极影响（Stright, Herr, & Neitzel, 2009）。另一项研究发现：低收入的美国拉丁裔父母在搭建鹰架过程中使用复杂的语言预测了他们的年幼孩子语言能力的提高（Schick, Melzi, & Obregon, 2017）。

躲猫猫游戏也体现了搭建鹰架的概念。在躲猫猫游戏中，父母先以手蒙面或隐匿于遮挡物后，然后移开手或遮挡物，当再次"出现"在婴儿面前时表现出"惊奇"的样子。当婴儿比较熟练时，他们逐渐能够自己做遮挡和移开遮挡物的事情。父母会努力调整发起动作的时间，以让婴儿和父母轮流进行游戏。

除了躲猫猫外，拍手帮腔（patty-cake）等照料者游戏也反映了鹰架和轮流。一项经典研究发现：那些在父母那里拥有更广泛的鹰架经验尤其是轮流参与经验的婴儿，与同伴互动时也更可能轮流参与（Vandell & Wilson, 1988）。玩躲猫猫等轮流规则的游戏反映了婴儿和照料者之间联合注意的发展（Tomasello, 2009）。

儿童与父母之间的相互影响并不局限于躲猫猫游戏之类的互动游戏，而是扩展到了整个社会化的过程（Crouter & Booth, 2013; Grusec, 2017）。儿童与父母之间的社会化也不是一个单向的过程。虽然父母确实在对儿童实施社会化，但家庭成员之间的社会化总是相互的（Capaldi, 2013; McHale & Crouter, 2013）。**交互社会化**（reciprocal socialization）的概念就是指社会化的双向性，即如同父母对孩子实施社会化一样，孩子也对父母实施社会化。这种相互交换和相互影响的过程有时被称为交易型过程（*transactional*）（Sameroff, 2009）。

当然，在父母与孩子互动的同时，父母之间也在互动。要更好地理解这些互动和关系，我们可以把家庭看成是一个由一组根据代际、性别和角色等变量界定的子系统组成的大系统。家庭的每个成员都参与了多个子系统，这些子系统中有些是二人系统（只涉及两个人），有些是多人系统（涉及两个人以上）。父亲和一个孩子组成了一个二人系统，父亲和母亲组成了另一个二人系统；父母和孩子组成了一个多人系统，而母亲与两个孩子又组成了一个多人系统（Fiese, Jones, & Saltsman, 2018）。

这些子系统之间相互作用、相互影响（Carlson & others, 2011）。所以，如图1所示，父母的婚姻关系、养育方式、孩子的行为这三者之间既可能发生直接的相互影响，也可能发生间接的相互影响（Belsky, 1981; Berryhill & others, 2016）。婚姻关系和养育之间的关系受到了越来越多的关注。研究者们一致发现，与婚姻不幸福的父母相比，婚姻幸福的父母对孩子更敏感、体贴、温暖、有感情，他们的孩子也较少发生适应的问题（Knopp & others, 2017）。

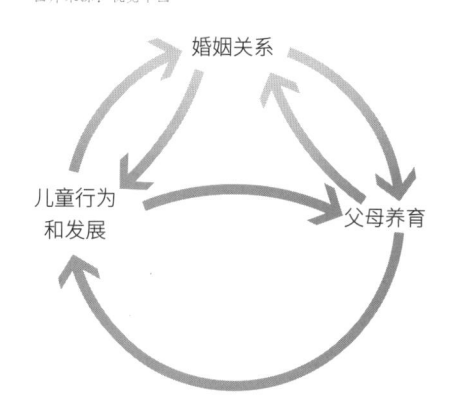

研究者已发现提高父母婚姻的满意度通常会带来良好的养育效果。婚姻关系为养育孩子提供了重要支持（Cowan & others, 2013; Cummings & others, 2012）。当父母们报告婚姻中双方关系越亲密、交流越多时，他们对孩子就越有爱心（Grych, 2002）。因此，那些婚姻强化项目有助于改善父母的养育方式，从而有益于儿童的发展。那些侧重于提高父母养育技巧的项目也可以通过将关注父母婚

躲猫猫游戏是如何体现鹰架概念的？
图片来源：MIA Studio/Shutterstock

发展链接

注意

联合注意在照料者和婴儿之间的互动过程中可以发挥重要作用。链接"信息加工"。

正如父母对孩子实施社会化一样，孩子也对父母实施社会化。
图片来源：视觉中国

图1 儿童与父母之间的互动：直接和间接的影响

第十四章 家庭 **385**

在理解家庭过程对儿童发展的影响方面,应当如何考虑认知和情绪的作用?
图片来源:视觉中国

发展链接

父母养育
和情绪摒除式的父母相比,情绪教练式的父母和孩子互动时较多采用表扬和搭建鹰架的方法。链接"情绪发展"。

姻状况的内容包含其中而受益。

> 家庭过程中的认知和情绪

越来越多的研究者认为认知和情绪是理解家庭过程如何运作的核心(Crockenberg & Leerkes, 2013; Thompson, 2015a, b)。在家庭的社会化过程中,认知的作用表现为多种形式,包括父母对于他们养育角色的认知、信念和价值观,以及父母如何感知、组织和理解孩子的行为和想法。例如,有一项研究发现,母亲的观念与学前儿童的社交问题解决能力之间存在关联(Rubin, Mills, & Rose-Krasnor, 1989)。如果母亲比较重视孩子交朋友、与其他小朋友分享以及领导或影响其他小朋友的技能,那么,她们的孩子通常比那些不怎么重视这些技能的母亲的孩子更加自信,更具有亲社会倾向,社交问题解决能力也更强。

儿童的社交能力与他们父母的情绪生活也有联系(Ablow, 2013)。例如,一项研究发现,那些经常表达积极情绪的父母的孩子具有较强的社交能力(Eisenberg & others, 2001)。通过与父母互动,儿童逐渐学会了如何以适当的方式表达自己的情绪。

研究者还发现,父母对儿童情绪的敏感性与儿童以积极方式管理自己情绪的能力相关联(Thompson, 2015a, b)。请回忆一下情绪教练式父母和情绪摒除式父母的区别(Gottman, 2012)。情绪教练式父母监控自己孩子的情绪,把孩子的消极情绪看作是教导孩子的机会,帮助他们用语言标识情绪,并手把手地教他们如何有效地应对情绪。与此形成对照的是,那些情绪摒除式父母把自己的角色看成是否认、忽略或改变消极情绪。

> 多条发展轨迹

多条发展轨迹的概念指的是:成年人遵循一条发展轨迹,儿童和青少年遵循另一条发展轨迹(Parke & Buriel, 2006; Parke & Clarke-Stewart, 2011)。所以,追踪成人、儿童、青少年的发展轨迹对于了解开始不同家庭任务的合适时机具有重要意义。成人的发展轨迹包括何时同居、何时结婚、何时做父母;儿童的发展轨迹包括何时需要照料、何时进入初中。有些家庭任务和变化是事先计划好的,如重新进入劳动力市场或推迟生儿育女;而有些家庭任务和变化则没有事先计划,如失业或离婚(Parke & Buriel, 2006)。

请看青少年的发展阶段。大部分青少年的父母已进入成年中期或正在接近这一人生阶段。然而,在过去的 20 年里,美国人的生育年龄已发生了一些戏剧性的变化(Beal, Crockett, & Peugh, 2016)。和过去相比,有些人开始生育的时间提前了,而有些人则推迟了。首先,在 20 世纪 70 年代和 80 年代,美国青少年怀孕的数量大大增加。尽管从那以后青少年怀孕率已有所下降,但美国青少年女性的怀孕率仍然是发达国家当中最高的国家之一。其次,与此同时,把生育年龄推迟到 30 多岁和 40 出头的美国妇女的人数也有所增加。

早育或晚育有哪些优势呢?早育(20 多岁生育)的主要优势是:(1)父母可能拥有更充沛的精力,因而可以更好地应对这样一些事情,如午夜起床照料婴儿,晚上等待很久直到青少年子女回家;(2)母亲在怀孕和生产方面可能较少出现医疗方面的问题;(3)和许多等待了很多年才生孩子的夫妇相比,年轻夫妇不太可能对自

多条发展轨迹(multiple developmental trajectories)指成年人遵循一条发展轨迹,儿童和青少年遵循另一条发展轨迹。理解这些发展轨迹的相互协调具有重要意义。

己的孩子抱有过高的期待。

晚育（30多岁生育）也有一些优势：(1) 父母将有更多的时间来考虑他们的人生目标，如他们希望从家庭和事业中得到什么；(2) 父母将更加成熟，孩子可以得益于父母更有成效的养育方式；(3) 父母的职业生涯更加巩固，因而有更多的收入来支付抚养孩子的费用。

> 领域特定的社会化

当人们讨论父母如何对孩子实施社会化时，通常是采用笼统的术语来描述社会化过程和孩子身上出现的结果，如"那些热情、敏感、参与孩子生活的父母往往拥有社交能力强的孩子"。在这样宽泛的描述中，父母社会化和儿童结果的特异性和复杂性通常都丢失了。

最近，研究者对儿童社会化的领域特定性的兴趣有所增长。琼·格鲁斯克（Joan Grusec）和玛丽莲·达维多夫（Marilyn Davidov）(2010) 提出了父母养育的领域特定观，强调父母通常在具有不同关系类型的不同领域里进行养育活动。她们列出了五个领域：

- *保护*。包括人类在内的许多物种在进化的过程中形成了一种特性：年幼一代总是和照料者保持亲近，当遇到压力或危险时，更是如此。在这一领域，父母有效的养育方式涉及这样一种回应态度，它能够让孩子形成安全感和被安慰的感觉。适当的父母保护给孩子带来的结果包括适当地应对危险的能力，以及对紧张进行自我调控的能力。
- *对等交流*（reciprocity）。当孩子处于痛苦状态时，一般不涉及对等交流，但是当父母和孩子都以合作伙伴的身份互动时，如在游戏情境中时，就会涉及对等交流。对等交流领域给儿童带来的结果包括合作能力的发展，以及遵从父母要求的意愿。
- *控制*。在控制领域，父母与子女之间的互动通常涉及冲突，因为父母所希望的和孩子所希望的不同。当孩子表现出不良行为时，往往会激起父母的控制。在这种情况下，父母可以利用自己的权力优势，通过各种手段（如说理、不理睬孩子和体罚）来阻止不良行为。控制领域给儿童带来的结果包括道德行为和符合规范的行为的发展。
- *指导学习*。在这一领域，父母通过有效的策略和反馈指导孩子学习知识和技能。在指导学习领域，父母扮演教师的角色，他们的孩子就是学生。指导学习领域带给儿童的结果包括知识和技能的获得。
- *群体参与*。在这一领域，社会化涉及让儿童参与更多的文化活动。给儿童带来的结果包括可以使他们产生社会认同感的符合文化群体习俗的行为和价值观。

格鲁斯克和达维多夫（Grusec and Davidov, 2010）承认，现实的家庭生活中的互动往往涉及跨领域的重叠，但这种重叠的程度尚未被确定（Dunn, 2010）。此外，这些不同的领域在儿童发展的不同时间点上是如何展开的？这个问题也尚未得到充分研究。

发展链接

道德发展
道德发展的领域观强调存在着不同的社会知识和推理的领域，包括道德的、社会常规的和个人的领域。链接"道德发展"。

> 社会文化和历史变迁

家庭发展并不是发生在社会真空中的。正如布朗芬布伦纳的宏观系统和年代系统的概念所表明的那样，重要的社会文化因素和历史因素都影响着家庭过程（Bronfenbrenner & Morris, 2006）。一方面，战争、饥荒和大规模移民等社会巨变可能会促成家庭的变化；另一方面，生活方式上的微小变化也可能促使家庭发生变化（Fuligni, 2012）。一个著名的巨变的例子是20世纪30年代的大萧条对美国家庭的影响。在最严重的时候，那场大萧条造成了经济匮乏、不满情绪、普遍性的失业。它也增加了婚姻矛盾、儿童抚养方式的不一致，以及不健康的生活方式（如酗酒、不道德的态度、健康问题），后者在父亲群体中表现得尤其严重（Elder & Shanahan, 2006）。在近年的一些重大经济衰退事件中，美国、加拿大、韩国以及几乎所有的欧洲国家也都出现了十分类似的效应（Brooks-Gunn, Schneider, & Waldfogel, 2013; Solantaus, Leinonen, & Punamäki, 2004; UNICEF, 2014）。

文化中的微小和逐渐发生的变化也会对家庭产生影响（Mistry & Dutta, 2015）。在世界上几乎所有的国家中，这一类变化正在发生，包括人口的寿命延长和老龄化、大量人口向城镇和郊区流动、科学技术的进步以及生活的许多其他方面的变化。

例如，在20世纪早期，那些从婴儿期存活下来的个体一般都是比较强壮的，他们在一生中都和家庭保持着紧密的联系，并经常帮助维持家庭的运转。如今，个体的寿命更长，这就意味着中年子女得承担起照顾年迈父母的责任，或是将年迈父母送入敬老院（Fingerman, Secrest, & Birditt, 2013）。在20世纪，年龄较大的父母可能已经失去了部分家庭中的社会化角色，因为他们的子女当中有许多住到了很远的地方。不过，在21世纪，照料孙辈的祖父母的人数越来越多（Hayslip, Fruhauf, & Dolbin-MacNab, 2017）。

在过去的100年里，许多家庭搬离了农村和小镇，来到了都市和市郊。在农村或小镇，个体的周围是相处一辈子的邻居、亲戚和朋友。如今，邻居和扩展家庭的支持系统已经不多了。在大多数工业化的国家中，如在美国、加拿大、澳大利亚以及许多欧洲国家中，家庭频繁搬迁，经常使孩子离开他们已经度过了相当一段时间的学校和同伴群体。由于父母工作的变换，这样的搬迁在孩子的童年期和青少年期里往往要发生多次（Hanushek, Kain, & Rivkin, 2004）。

科技和媒体也在家庭变化中扮演着重要的角色（Blumberg & Brooks, 2017）。许多看电视或网络视频节目的孩子发现他们的父母忙于工作，很少有时间与他们分享这种体验。儿童越来越觉得父母不再是自己生活的参与者。每天放学回家后，他们不是参加社区同伴群体的活动，而是看电视、上社交网站、玩在线电子游戏。

家庭的另一变化是家庭结构的多样化，这反映了社会上文化的、宗教的、法律的转变。在世界许多地方，社会有着形形色色的家庭结构。例如，在美国、加拿大、澳大利亚、瑞典、英国等工业化国家中，离婚和再婚家庭的数量远远超过历史上的任何时期（Lansford, 2009; Ganong & Coleman, 2017）。

实际上，我们这里描述的许多变化不仅适用于美国的家庭，也适用于世界上许多国家的家庭。在本章的后面，我们还要更加详细地讨论儿童和家庭所面对的一些社会世界的变化。

家庭的两个重要变化是家庭流动性的提高和看电视时间的增多。还有哪些其他方面的变化？
图片来源：视觉中国

发展链接

媒体

在21世纪，儿童和青少年花费在媒体上的时间急剧上升，花费在涉及媒体的多任务处理上的时间也急剧上升。链接"文化与多样性"。

复习、联想和反思

学习目标 1

讨论家庭过程。

复习
- 怎样才能将家庭看作是一个系统？什么是交互社会化？
- 家庭过程是如何涉及认知和情绪的？
- 多条发展轨迹的特点是什么？
- 五种领域特定的社会化实践是什么？
- 影响家庭的社会文化的和历史的变化主要有哪些？

联想
- 在本节中，搭建鹰架被用作同步的例子。维果斯基的哪个概念也和搭建鹰架有关？

反思你自己的人生之旅
- 反思你自己成长过程中的家庭经验，列举几个本节中讨论过的你在自己的家里也体验过的家庭过程。

第 2 节 养育

学习目标 2

解释父母的养育是如何与青少年的发展相联系的。
- 父母角色和做父母的时间安排
- 养育方式对儿童发展变化的适应
- 父母作为孩子生活的管理者
- 养育风格和管教
- 父母和青少年的关系
- 代际关系

为人父母不仅要求一系列人际交流的技巧，还有很多情绪方面的要求，但正规教育几乎没有涉及应当如何完成这些任务。大多数父母都是从他们的父母那儿学习如何养育自己的孩子的。当然，他们不是全盘照搬，而是抛弃了一部分，保留了一部分。夫妻双方就是带着这些不同的养育观念步入婚姻殿堂的。

不幸的是，当父母的养育方式代代相传的时候，那些适宜的和不适宜的做法都被保留了下来。那么，发展学家对父母的养育方式有多少了解？父母应当如何使他们的做法适应儿童的发展变化？父母做孩子生活的有效管理者有什么重要意义？不同的养育方式和管教策略又是如何影响儿童的发展的？

> 为人父母是一个重要的专业，但社会从来没有从孩子的利益出发对准父母们进行合适与否的资格考试。
>
> ——萧伯纳
> 20 世纪爱尔兰剧作家

> 父母角色和做父母的时间安排

对许多成人来说，何时做父母是经过精心计划的，并且考虑到了家庭的经济能力。但对另一些成人来说，却是在毫无准备的状态下得知自己即将成为父母的。无论属于哪种情况，这些准父母们对即将出生的孩子都可能有着复杂的情绪和浪漫的想象（Carl，2012）。父母们的需要和期待已激起了许多关于养育孩子的神话。

目前出现了一个趋势，即父母们生育孩子的数量比过去少了。独生子女家庭的数量正在上升（Carl，2012）。那么，是否存在生育孩子的最好时间呢？当个体成为父母时，他们又会面临哪些限制呢？我们现在就来考虑这些问题。

就像人们初婚的年龄一样，个体开始生育孩子的年龄也提高了（Lauer & Lauer，2012）。2014 年，美国妇女生育第一胎的平均年龄是 27 岁，而 1970 年则是 21 岁（Mathews & Hamilton，2016）。

由于生育控制已成为普遍的做法，许多人会选择何时生育以及生育多少。他们不仅结婚较晚，开始生育的年龄也较晚，或者干脆不生育。例如，在 40 到 44 岁的

> 在我们自己成为父母之前，我们从来都不知道父母对我们的爱。
>
> ——亨利·沃德·比彻
> 19 世纪美国牧师

向父母角色的转变有哪些特点？
图片来源：视觉中国

美国妇女当中，无孩者的比例在 1976 年是 10%，而在 2006 年至 2010 年期间是 24%；2015 年，美国 15 岁至 44 岁的女性中无孩者的比例是 45%，为历史上最高（Martinez & others, 2018）。

> 养育方式对儿童发展性变化的适应

当儿童从婴儿期进入童年早期，然后再进入童年中晚期和青少年期时，他们的变化是巨大的。5 岁儿童和 2 岁儿童有着不同的需要和能力，胜任的父母总是不断地适应着孩子的发展性变化（Maccoby, 1984）。不过，父母需要做出的最大的适应也许是向父母角色的转变。

向父母角色的转变 无论是通过怀孕、领养，还是通过继父母的途径进入父母角色，这些新父母都会面临心理失衡，都需要进行调适（Maas & others, 2018）。父母希望和婴儿发展紧密的依恋关系，但也希望与配偶和朋友保持亲密的关系，同时可能还希望继续他们的职业生涯。父母们会问自己，这个新生命将会如何改变自己的生活呢？孩子给父母带来了新的限制，他们不再能随性地跑去看电影，也许不再有钱去度假或用于其他奢侈的享受。双职工的父母会问："如果把孩子放到儿童保育中心，会对孩子造成伤害吗？我们能否找到一位有责任心的保姆呢？"

在一项很有影响的纵向研究中，研究者对处于怀孕后期的夫妇进行调查，并追踪到孩子 3.5 岁时，结果发现：与孩子出生后相比，这些夫妇在孩子出生前享有更积极的婚姻关系（Cowan & Cowan, 2000, 2009; Cowan, Cowan, & Barry, 2011; Cowan & others, 2005）。尽管如此，仍然有近 1/3 夫妇的婚姻满意度在孩子出生后有所提高。有些夫妇说，孩子既使他们的关系更紧密，又使他们的关系更疏远；成为父母增强了他们的自我意识，给了他们一个新的、更稳定的夫妇身份。孩子使得男人更加注重亲密关系，繁杂的家务活和主妇角色的要求则激励女人更有效地管理家务，并注意自己的个人成长。后续的研究显示：当新妈妈的婚姻满意度较低时，通常会导致和丈夫一起度过的时间质量下降，并会产生家务活分配不公的感觉（Dew & Wilcox, 2011; Maas & others, 2018）。

"带宝宝回家"项目是一个新父母培训工作坊，目的是帮助新父母加强与配偶的关系、了解和熟悉自己的孩子、化解矛盾、发展育儿技能。有关该项目的评估显示：参加培训的父母提高了与配偶的合作能力，父亲更多地参与了照料婴儿的事务并对婴儿的行为更加敏感，母亲发生产后抑郁症的比例较低，同时婴儿也比对照组的婴儿表现出了更好的整体发展（Gottman, 2013; Gottman Relationship Institute, 2009; Gottman, Gottman, & Shapiro, 2009; Shapiro & Gottman, 2005）。

其他一些研究也探讨了向父母角色过渡的情况（Brown, Feinberg, & Kan, 2012）。多项研究发现，已婚或同居的妇女在向父母角色过渡期间和配偶的关系满意度都出现了类似的积极变化和消极变化（Carlson & Van Orman, 2017; Mortensen & others, 2012）。另一些研究则显示：母亲们在过渡期体验到了许多未满足的期待，原因是父亲们所做的没有达到她们的预期（Biehle & Mickelson, 2012），但父亲们也有不公平的感觉（Newkirk, Perry-Jenkins, & Sayer, 2017）。

婴儿期 在婴儿出生后的第一年里，亲子互动的内容逐渐发生变化，开始时主要侧重于对婴儿的日常照料，包括喂食、换尿布、洗澡、哄孩子；然后逐渐包括较多非照料性的活动，如玩耍、视觉和声音的交流、对婴儿行为的管理（Bornstein,

2002）。

童年早期 童年早期的亲子互动主要侧重于这样一些方面：培养谦虚和顺从的态度、有规律的上床时间、良好的饮食习惯和态度、控制脾气、调解与同胞或同伴之间的争吵、训练孩子自己穿衣服以及集中注意的能力（Edwards & Liu, 2002）。虽然与同胞争吵等问题会一直持续到小学阶段，但从 7 岁起，会出现许多新的问题，如是否让孩子做些家务活，如果让孩子做的话，是否要付给他们报酬；如何帮助孩子自己学会娱乐而不要事事依赖父母；如何监控孩子家庭以外的生活，包括学校和同伴环境中的生活。

童年中晚期 当孩子进入童年中晚期后，父母与孩子待在一起的时间开始减少。一项调查表明：和 5 岁前的孩子相比，父母对 5 岁到 12 岁的孩子进行日常照料、指导、与孩子一起阅读、交谈和玩耍的时间减少了一半以上（Del Giudice, 2014）。虽然与童年早期相比，父母与童年中晚期的孩子待在一起的时间减少了，但父母仍然是孩子生活中极其重要的人物。最近一项研究对童年中晚期父母的贡献做了分析，该研究得出的结论是："当孩子自己承担起更多的责任和……管理他们自己的生活时，父母便扮演起守门员的角色并为孩子提供鹰架式的支持"（Huston & Ripke, 2006, p. 422）。

在童年中晚期里，父母在支持和激励孩子的学业方面所起的作用特别重要（Cowan & Heming, 2013; Huston & Ripke, 2006）。父母对教育的重视程度可能决定着孩子在学校里能否成功。父母不仅影响着孩子的在校成绩，他们也对孩子的课外活动做出决策（Eccles & Roeser, 2013）。例如，孩子是否参与体育、音乐或其他活动，都在很大程度上取决于父母是否为孩子报名并鼓励他们参与（Simoncini & Caltabiono, 2012）。

与学前儿童相比，小学阶段的儿童一般受到的身体约束较少。父母一般不再采用打屁股或强制管束的方法，而是更倾向于使用剥夺特权、唤起孩子自尊、提高孩子内疚感的评论，或让孩子明白要为自己的行为负责等说服教育的方法。虽然有些国家（如美国、韩国、中国）之间存在着很大的文化差异，但父母管教模式的这一变化却是到处可见的（Gershoff & others, 2010）。

在童年中晚期里，父母会将一部分控制权移交给孩子。这个过程是渐进的，它产生的结果是一种协同控制，而不是由儿童或父母单独控制。父母继续进行总的监督和控制，并允许儿童进行即时的自我调控（Koehn & Kerns, 2017）。一直要到青少年期开始时，父母才会把一些重要的自主权交给孩子。儿童走向自主的一个关键的发展性任务是要学会和家庭以外的成年人（如教师）保持经常性的联系，他们和儿童的互动方式是不同于父母的。

总之，随着儿童的发展，父母必须对自己的养育方式进行相当大的调整。在本章的后面，当讨论家庭对青少年发展的影响时，我们将进一步探讨养育方式的适应问题。

在童年中晚期里，亲子关系的侧重点有哪些变化？
图片来源：视觉中国

> 父母作为孩子生活的管理者

父母可以成为孩子各种机会的重要管理人，成为孩子生活的重要监控人，并成为各种社会活动的重要发起人和安排者（Bradley & Corwyn, 2013; Parke & Buriel, 2006; Parke & Clarke-Stewart, 2011）。从发展的角度看，儿童和青少

第十四章 家庭 **391**

家人的爱是无法用语言来形容的，这是一种真切而没有雕饰的爱，其他的一切都沐浴在这种爱的阳光中，而所有其他的爱也都在这种爱中得到体现。这是一种默默无声的爱。

——艾略特
20世纪美国出生的英国诗人

年的一个重要任务便是要形成以日益独立的方式做出适当决策的能力。为了帮助儿童和青少年充分发挥其潜力，父母需要成为一个有效的管理者，一个能及时发现信息、建立联系、帮助安排选择、提供指导的人。那些成功履行了这一重要管理角色的父母能够帮助儿童和青少年避开种种陷阱，在无数的选择和决策中找到适合自己的道路（Beckmeyer & Russell, 2018）。在养育孩子的过程中，母亲比父亲更可能担当起管理者的角色。

从婴儿期到青少年期，父母可以在管理孩子的经验和机会中发挥重要作用。在婴儿期，这也许涉及给孩子选择看病的医生和安排照料者；在童年早期也许涉及为孩子选择什么样的幼儿园；在童年中晚期可能包括指导孩子洗澡、搭配衣服和穿干净的衣服，以及放好玩具；在青少年期就可能涉及参加家长会、督促孩子做家庭作业、帮助孩子安排自由活动。

管理和指导婴儿的行为 除了能够促使婴儿对父母形成安全型依恋的充满温暖和关怀的体贴照料外，婴儿养育的其他重要方面还涉及管理和指导婴儿的行为，目的是尽可能地减少或消除不良行为（Holden, Vittrup, & Rosen, 2011）。这个管理过程包括：(1) 父母要保持积极主动的心态并创建一个保护性的环境，使婴儿不会遇到具有潜在危险性的物体或情况；(2) 当婴儿出现如过度大惊小怪、过度哭泣、摔打物品等不良行为时，父母要使用一些纠正的方法。

一项很详细的研究对父母在婴儿12个月和24个月大时所使用过的管教方法和行为纠正方法进行了评估（Vittrup, Holden, & Buck, 2006）（参见图2）。如图2所示，在婴儿12个月大时，父母使用过的纠正方法主要是转移婴儿的注意力，其次是说服、忽视和协商。不过，超过1/3的父母曾对着他们的婴儿大喊大叫，约1/5的父母打过婴儿的手或威胁过婴儿，约1/6在婴儿第一个生日前打过他们的屁股。

进入出生后的第二个年头，婴儿已成为能够到处走动和探索更广阔环境的学步儿。此时，父母对孩子行为的管理往往涉及更多的纠正性反馈和管教（Holden, Vittrup, & Rosen, 2011）。如图2所示，大声喊叫的父母从1岁时的36%上升到2岁时的81%，打婴儿手心的父母从1岁时的21%上升至2岁时的31%，而打屁股的父母则从1岁时的14%上升到2岁时的45%（Vittrup, Holden, & Buck, 2006）。

特别值得注意的是，这样的纠正性管教策略不应当发展为滥用。在很多情况下，父母开始时只是采用一些轻微的或中度的管教策略，后来却发展为高强度的愤怒。在本章的后面，我们还将更详细地讨论惩罚的应用和儿童虐待的问题。

童年期和青少年期的父母监控 父母管理角色的一个关键方面是有效的监控。当孩子进入青少年期后，有效监控就变得更加重要（Bradley & Corwyn, 2013）。监控的内容包括监督青少年对社会情境、活动和朋友的选择。一项至今规模最大的包括了36,000多名八年级和十年级学生的研究显示：父母较高程度的监控与孩子较低的酒精和大麻使用相关联，这一效应在女孩和具有高风险的青少年身上表现得最为明显（Dever & others, 2013）。此外，另一项关于家庭功能对非裔美国学生学习成绩影响的综述研究发现：当非裔美国父母通过确保他们的儿子完成作业来监督他们儿子的学习成绩，限制儿子用于学习以外的其他活动（如打电子游戏和看电视）的时间，并和教师及学校负责人进行持续的、积极的对话时，他们儿子的学习成绩便提高了（Mandara, 2006）。类似的效应也出现在拉丁文化群体中，对男孩和女

方法	12个月大	24个月大
用手打屁股	14%	45%
打婴儿手心	21%	31%
愤怒地叫喊	36%	81%
威胁	19%	63%
收回特权	18%	52%
隔离思过	12%	60%
说服	85%	100%
转移注意力	100%	100%
协商	50%	90%
忽视	64%	90%

图2 父母管理和纠正婴儿不良行为的方法
图中显示的是婴儿12个月和24个月大时曾使用过各种纠正方法的父母的百分比。
资料来源：Based on data presented in Table 1 in vittrup, Holden, & Buck (2006).

孩都有效果（Jeynes，2017）。

当前，有关父母监控的一个研究兴趣侧重于青少年是如何控制父母获取他们的个人信息的，尤其是青少年在何种程度上透露或隐藏有关他们的活动的信息（Chan, Brown, & Von Bank, 2015; Rote & others, 2012）。研究人员发现，青少年向父母透露他们的行踪、活动、朋友的信息与青少年较好的的适应能力和学习成绩相关联（Laird & Marrero, 2011; Smetana, 2011a, b）。在不同的文化中，这一效应可能具有类似的运作机制。例如，一项包括美国和中国青少年的研究发现，青少年向父母透露信息总是和他们较高水平的学术能力（较好的学习方法、自主动机、较好的成绩）相关联（Cheung, Pomerantz, & Dong, 2013）。

有一个人一直在帮助父母成为他们孩子生活的有效管理者，要了解她的工作情况，请阅读"链接 职业生涯"专栏。

研究人员还发现：家庭管理的实践与学生的学习成绩和自我责任感呈正相关，与学校有关的问题呈负相关（Degol & others, 2017; Eccles & Roeser, 2013）。就这方面来说，最重要的家庭管理实践是保持一个结构化的和有条理的家庭环境，如建立做家庭作业、做家务、睡觉等日常规则，并有效地监控孩子的行为。

哪些因素影响到青少年是否会自愿地向父母透露他们的信息？
图片来源：视觉中国

> 养育风格和管教

良好的养育需要投入时间和努力。你不能一会儿在这里一会儿在那里地养育孩子，你也不能一边看在线视频一边养育孩子。当然，对孩子的发展来说，不仅父母在他们身上花费的时间很重要，养育本身的质量显然也很重要（Grusec, 2013; Grusec & others, 2013）。为了理解不同的养育方式，让我们先考虑父母和孩子互动时采用的风格、父母如何管教孩子、父母如何协同抚养孩子。

鲍姆林德的养育风格 戴安娜·鲍姆林德（Diana Baumrind, 1971, 2013）强调：父母对孩子不可过分严厉也不可放任自流。相反，父母应当既对孩子充满慈爱，又要为孩子制定规则。为此，鲍姆林德将父母的养育风格分成了四个类别，为了检验她的分类的正确性，研究者们已在世界各地许多文化和国家中做了上千次验证性研究（Larzalere, Morris, & Harrist, 2013）。鲍姆林德的四类养育风格是：

链接 职业生涯

父母教育者贾尼斯·凯泽

贾尼斯·凯泽（Jarlis Keyser）是一名父母教育工作者，她同时也在加州卡布利洛学院（Cabrillo College）学前教育系担任教学工作。除了在学院授课和主持父母养育方式培训工作坊以外，贾尼斯还和劳拉·戴维斯（Laura Davis, 1997）合著了一本书，书名为《如何成为理想的父母：最初五年的教养策略大全》。

另外，贾尼斯还是一家有关父母养育的网站（http://www.parents-place.Com）的专家撰稿人，同时也是全美报业辛迪加主办的父母养育专栏"共同成长"的撰稿人之一。

贾尼斯·凯泽（右）正在主持父母养育工作坊。
图片来源：Janis Keyser

第十四章 家庭　　**393**

专制型养育（authoritarian parenting）一种限制型和惩罚型的养育风格，采用这种风格的父母会劝诫孩子要听父母的话，要尊重父母的劳动和努力。专制型父母对孩子进行严格的限制和控制，几乎不允许言语交流。这种类型的养育和孩子较差的社交能力相关联，包括缺乏主动性和交流能力。

权威型养育（authoritative parenting）鼓励孩子独立，但对他们的行为保持一定的限制和控制。父母允许广泛深入的言语交流，对孩子温和并充满感情。这种养育风格和孩子较强的社交能力、成就动机和依靠自己的倾向相关联。

忽视型养育（neglectful parenting）父母很少参与孩子的生活，这种养育方式与孩子社交能力差相关，尤其与自控和自尊水平差相关。

溺爱型养育（indulgent parenting）父母很积极地参与孩子的生活，但对孩子几乎没有什么要求和控制。这一养育风格和孩子社交能力差相关，尤其与孩子自我控制能力差和不尊重他人相关。

- **专制型养育**是一种限制型和惩罚型的养育风格，采用这种风格的父母会劝诫孩子要听父母的话、要尊重父母的劳动和努力。专制型父母对孩子进行严格的限制和控制，几乎不允许言语交流。例如，专制型父母会对孩子说："你必须按我说的做，否则……"专制型父母也可能经常打孩子屁股，严格地强化规则但不解释为什么，他们还会对孩子发火。专制型父母的孩子往往不快乐、感到恐惧、将自己和他人比较时会觉得焦虑、很少发起活动、缺乏交流能力，男孩的行为还可能表现出攻击性。

- **权威型养育**鼓励孩子独立，但对他们的行为保持一定的限制和控制。父母允许广泛深入的言语交流，对孩子温和并充满感情。一个权威型的父母也许会以舒适的方式搂住孩子说："你知道你不应该那么做。让我们来谈谈你下次遇到相同情况的时候怎样能做得更好些。"权威型父母对孩子的建设性行为会表示支持和高兴。他们也期待孩子表现出成熟、独立、与其年龄相适合的行为。权威型父母的孩子通常很快乐、具有良好的自控能力、能够依靠自己、具有成就动机；他们一般和同伴有着友好的关系，能够与成人合作，并能很好地应对压力。

- **忽视型养育**指父母很少关注孩子的生活。那些忽视型家庭的孩子会认为父母生活中的其他方面要比自己重要。这些孩子通常社交能力差，其中有许多自控和独立能力都较差。同时，他们往往自尊水平低、不成熟并可能与家庭疏远。进入青少年期后，他们可能会出现逃学和犯罪行为。

- **溺爱型养育**指父母很积极地参与孩子的生活，但对孩子没有什么要求和控制。这些父母让孩子想做什么就做什么。结果，孩子从不学习控制自己的行为，总是期望能够为所欲为。有些父母是有意识地采用这种风格来抚养自己的孩子的，因为他们相信将热情参与和很少的限制结合起来能够培养出具有创造力和自信心的孩子。然而，这样养育出来的孩子很少懂得尊重他人，也难以控制自己的行为。他们可能会变得霸道、自我中心、固执、很难和同伴相处。

这四类养育风格涉及两个维度，一是接纳和回应，二是要求和控制（Larzelere, Morris, & Harrist, 2013）。如图3所示，这两个维度不同水平间的结合便产生了专制型、权威型、忽视型、溺爱型的养育风格。

养育风格和情境 权威型养育风格给儿童带来的益处能否超越民族、社会经济地位和家庭结构的界限呢？虽然已偶尔发现一些例外，但在一些跨越多种民族、社会阶层、文化，以及家庭结构的研究中，都有证据表明权威型养育风格总是与儿童各方面能力的较好发展相关联（Low, Snyder, & Shortt, 2012; Morris, Cui, & Steinberg, 2013; Prevoo & Tamis-LeMonda, 2017; Steinberg & Silk, 2002）。

不过，研究者已发现在某些民族群体中，专制型养育风格的一些元素给儿童带来的结果比鲍姆林德所预测的要积极一些（Parke & Buriel, 2006）。专制型养育风格的一些元素在不同的情境下可能会获得不同的意义，对儿童的影响也不同。

例如，美国的亚裔父母通常延续亚洲传统的育儿方式中的一些元素，这些方式有时被人们称为专制型，因为父母对孩子生活的控制相当严格。但是，鲁思·曹（2001; Chao & Otsuki-Clutter, 2011; Chao & Tseng, 2002）指出，许多亚裔

	接纳、回应	拒绝、不回应
要求、控制	权威型	专制型
无要求、不控制	溺爱型	忽视型

图3 养育风格的分类

这四类养育风格（权威型、专制型、溺爱型、忽视型）涉及两个维度，一是接纳和回应，二是要求和控制。例如，权威型养育风格既涉及接纳和回应，也涉及要求和控制。

图片来源：视觉中国

美国父母所采用的养育风格不同于专制型养育风格中霸道式的控制。反之，曹认为这样的控制反映了父母对孩子生活的关心和参与，最好把它理解为一种训练。亚裔美国儿童优异的学业成绩也许就是他们的父母训练的结果（Stevenson & Zusho, 2002）。在一项涉及华裔美国青少年及其父母的研究中，父母控制受到支持，被认为父母的目的是让孩子养成儒家思想中的不屈不挠、勤奋、服从并对父母的期望保持敏感的品质（Russell, Crockett, & Chao, 2010）。在针对中国大陆家庭的研究中也呈现出与此类似的模式（Zhang & others, 2017）。

强调对父母的尊重和服从也和专制型养育风格相联系。但是在拉丁裔家庭中，这种强调可能是积极的而不是处罚性的。它不但不会压抑儿童的发展，还可能会促进儿童发展那种植根于家庭的并要求得到尊重的自我和同一性（Harwood & others, 2002; Prevoo & Tamis-LeMonda, 2017）。

体罚是专制型养育风格的另一个特点。但即使是体罚，在不同的情境下也可能产生不同的效果。非裔美国父母比非拉丁裔白人父母更倾向于使用体罚（Deater-Deckard, Dodge, & Sorbring, 2005）。对非拉丁裔白人家庭来说，体罚的使用往往和儿童的外化行为问题的增多（如攻击性行为增加）相关联，但非裔家庭不会出现这种情况。对这一发现的一种解释是美国的非裔家庭更可能生活在危险的环境中，所以，父母需要用体罚来强化规则（Harrison-Hale, McLoyd, & Smedley, 2004）。在危险环境下，要求儿童服从父母权威可能是一种适应性策略，可以防止孩子参与那些可能给他们的发展带来严重后果的反社会行为（McElhaney & Allen, 2012）。

关于养育风格的进一步思考　就养育风格来说，有几点需要说明。首先，养育风格没有抓住交互社会化和同步的重要思想（Crouter & Booth, 2013）。请记住，就像父母对孩子实施社会化一样，孩子也对父母实施社会化（Capaldi, 2013; Shanahan & Sobolewski, 2013）。第二，许多父母使用多种而不是单一的方法，尽管某一种方法可能占主导地位。虽然专家们通常会建议采用前后一致的养育风格，但明智的父母会感觉到某些情况下需要比较宽容，某些情况下需要比较专制，而另一些情况下则需要比较权威的方法。此外，一些批评者认为，养育风格的概念过于宽泛，需要更多的研究来探究各种风格的不同要素，以便进一步充实养育风格的内容（Grusec, 2011; Maccoby, 2007）。例如，究竟是父母的监控还是父母的温情能够更有效地预测儿童和青少年的行为？

惩罚　许多世纪以来，体罚（如打屁股）都被认为是父母对孩子必要甚至是理想的管教方法。在美国的每一个州，父母采用体罚手段都是合法的。一项针对美国3岁和4岁儿童的父母的全国性调查显示，26%的父母报告说经常打孩子的屁股，67%的父母报告说经常大声训斥孩子（Regalado & others, 2004）。最近的一项跨文化比较研究发现：美国和加拿大的受调查者对体罚的态度属于最为积极的一类，也最容易回忆起自己的父母曾采用体罚的情况（Curran & others, 2001）（参见图4）。然而，支持体罚的态度在许多国家正在不断减弱。例如，在塞拉利昂、黑山、北马其顿、乌克兰这些相互差异很大的国家中，支持体罚的态度也都在减弱（Lansford & others, 2017）。

关于体罚会给儿童带来什么结果的研究在数量上不断增加，但已有的研究都是相关性研究。显然，如果按照实验研究的方式随机地抽取一部分父母让其对自己的孩

根据鲁思·曹的观点，许多美国的亚裔父母采用的是哪种类型的养育风格？
图片来源：视觉中国

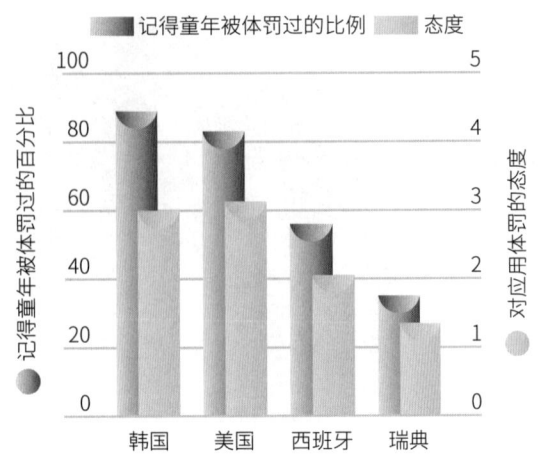

图 4 不同国家中的体罚情况

研究者采用了分值为 5 的量表来评估对体罚的态度，分值接近 1 表示反对使用体罚，分值接近 5 表示赞成使用体罚。为什么关于体罚的研究只是相关研究？这对研究结果的解释有什么影响？

子施以体罚或不体罚，那将是很不道德的事情。但是，如我们在绪论中所述，相关研究不能确定原因和结果。在一项相关研究中，父母打孩子屁股的行为与孩子的反社会行为相关，包括作弊、说谎、对人刻薄、恃强凌弱、打架、不服从（Strauss, Sugarman, & Giles-Sims, 1997）。

一项综述研究得出的结论是：父母实施体罚与孩子更高程度的立即服从和攻击行为相关（Gershoff, 2002）。该综述还发现，体罚与较低水平的道德内化和较低水平的心理健康相关。一项包括了八个国家（美国、哥伦比亚、中国、菲律宾、泰国、意大利、格鲁吉亚、肯尼亚）的大规模研究表明：父母使用体罚和孩子高比例的攻击性和非攻击性行为问题相关（Alampay & others, 2017）。多项纵向研究还发现：幼儿受体罚的经验与后来儿童期和青少年期里更高程度的攻击性相关（Berlin & others, 2009; Gershoff & others, 2012; Lansford & others, 2011; Taylor & others, 2010; see Pinquart, 2017, for an overview）。

有哪些理由表明父母应当避免打孩子屁股或类似的惩罚呢？主要理由如下：

- 当父母以大声训斥或打屁股的方式惩罚孩子时，他们便为孩子树立了在压力面前失控的负面榜样。孩子可能会模仿这种失控的和攻击性的行为。
- 父母的惩罚会导致孩子害怕、愤怒或回避。例如，打孩子屁股可能会使孩子躲避和害怕父母。
- 惩罚只是告诉孩子不应该做什么而不是告诉孩子应该做什么。而父母应当给孩子一些正面的反馈，如"你为什么不这样试试？"。
- 体罚可能会发展为虐待。当父母体罚孩子时，他们可能无意间变得非常情绪化，以至于虐待孩子（Durrant, 2008; Knox, 2010）。

大多数心理学家都建议父母通过和孩子讲道理的方法来处理不良行为，特别是要向孩子说明他们的行为对他人造成的后果。隔离思过（*Time out*）的方法也可能很有效果，所谓隔离思过就是让孩子暂时离开强化过错的情境反省自己的行为。例如，当孩子做出不良行为时，父母可以在特定时间内不让孩子看电视。

最后还需要指出的是，有关体罚对儿童发展影响的争论仍在继续（Gershoff & others, 2012; Grusec, 2011; Lansford & Deater-Deckard, 2012）。有些专家（包括黛安娜·鲍姆林德）指出：许多有关体罚负面影响的证据都是基于这样一些研究，在这些研究中，父母以虐待的方式体罚孩子（Baumrind, Larzelere, & Cowan, 2002）。她从自己做的研究中得出结论：当父母用冷静、理性的方式实施体罚（她说在她的研究中，大多数权威型的父母就是这么做的）时，对儿童的发展是有益的。因此，她强调体罚并不需要让儿童看到的是一个失控的、大喊大叫的，还打他们屁股的成年人。一项覆盖了多项研究的综述研究得出结论：只有在那些严厉的或主要使用打屁股（而不是温和打屁股）的方法来管教孩子的案例中，体罚的效果才不如其他替代的方法（Larzelere & Kuhn, 2005）。

事实上，将轻度体罚和重度体罚适当区分开来的纵向研究很少。因此，有些专家认为，现有的研究证据还不足以判断体罚的影响是否有害于儿童的发展，尽管这种看法可能会使一些人感到不愉快（Grusec, 2009）。

链接 研究

婚姻冲突和个体的敌对态度是否能预测养育实践中体罚的使用？

一项纵向研究以一组即将成为父母的夫妇为样本，目的是调查父母的婚姻冲突、个人的敌对态度与幼儿受到的体罚之间是否存在联系（Kanoy & others，2003）。在第一个孩子出生前，研究人员对夫妇之间的婚姻冲突程度进行观察，方法是和夫妇进行婚姻问题解决方式的讨论；同时，研究人员通过问卷调查获得了有关个人特点的资料。因为孩子尚未出生，故夫妇的这些特点没有受到孩子特点的影响。当孩子2岁和5岁时，研究人员再次对夫妇进行访谈，以了解父母对孩子实施体罚的频率和强度。在这两次访谈进行时，研究人员又通过婚姻问题解决方式的讨论观察了父母的婚姻冲突程度。

研究结果表明，敌对态度和婚姻冲突都与体罚的使用相关。那些孩子出生前被测评为有高度敌意的父母对孩子实施了更严厉更频繁的体罚。婚姻冲突的影响也是如此：当婚姻冲突程度严重时，父亲和母亲都更可能使用体罚来管教他们的年幼的孩子。

除了要考虑体罚是轻度的还是失控的以外，关系到体罚对儿童发展影响的另一个因素涉及文化背景。研究表明：在肯尼亚等国家，体罚被认为是处理孩子不良行为的正常的和必要的手段；而在泰国等国家，体罚则被认为是有害于儿童的发展的；就这两类国家来说，体罚对儿童发展的负面影响在前一类国家中会轻于后一类国家（Lansford & others，2005，2013）。不过，有关体罚的文化特定效应的研究结果并不一致（Gershoff & Grogan-Kaylor，2016）。

从有关儿童体罚的研究来看，有一点是清楚的，即如果使用体罚的话，就必须是轻度的、不经常使用的、与年龄相适应的并在积极的亲子关系的情况下使用（Grusec，2011）。同样清楚的是，当体罚涉及虐待时，就可能严重危害儿童的发展（Cicchetti，2013；Garcia，McKee，& Forehand，2012）。

在本章的前面，我们把家庭看成了一个系统，并讨论了婚姻关系与养育实践之间可能存在的联系（Cox & others，2004）。那么，婚姻冲突和个体的敌对态度是否能预测养育实践中体罚的使用情况呢？要了解这一点，请阅读"链接 研究"专栏。

协同养育 婚姻冲突和使用惩罚之间的关联凸显了**协同养育**的重要性。协同养育指父母为共同抚养孩子而相互支持。如果父母之间协调不力，相互拆台，缺乏合作和温暖，或者有一方不闻不问，都可能增加孩子出现问题的风险（Padilla & others，2017；Young，Riggs，& Kaminski，2017）。例如，一项研究发现，协同养育导致幼儿形成了超越母亲单方或父亲单方养育范围的自我控制能力（Karreman & others，2008）。而另一项研究则发现，父亲更多地参与幼儿的游戏与支持性协同养育的增多相关联（Jia & Schoppe-Sullivan，2011）。

如果父母在孩子身上没有花费足够的时间或遇到了孩子养育方面的问题，都可以从咨询师和治疗师那里得到帮助。要了解婚姻家庭咨询师达拉·博特金（Darla Botkin）的工作情况，请阅读"链接 职业生涯"专栏。

儿童虐待 不幸的是，惩罚常常导致婴儿和儿童虐待的发生（Cicchetti，2011，2013）。在2015年，大约683,000美国儿童成为儿童虐待的受害者，他们在这一年里至少受过一次虐待（U.S. Department of Health and Human Services，2017）。这些儿童中大多数受到了父母一方或双方的虐待。现在，美国许多州的法

协同养育（coparenting）父母为共同抚养孩子而相互支持。

协同养育的特点是什么？
图片来源：视觉中国

第十四章 家庭 **397**

链接 职业生涯

婚姻与家庭治疗师达拉·博特金

达拉·博特金（Darla Botkin）是一名婚姻与家庭问题治疗师，她的工作包括教学、做研究、从事婚姻与家庭问题治疗。她目前是美国肯塔基大学的专业教师。博特金曾获得小学教育专业的学士学位，主修特殊教育，之后她又获得了早期教育专业的硕士学位。接着，她在日托中心、小学以及"提前开端"计划等许多涉及儿童及其家庭的环境中工作了6年。这些经验使她认识到儿童和父母所经历的各种发展环境（如家庭、学校、工作场所）之间是相互依赖的。然后，她重新回到研究生院继续深造，并获得了田纳西大学家庭研究专业的博士学位。从那以后，她成为肯塔基大学家庭研究项目的专业教师。继续修完婚姻与家庭治疗方面的课程和临床培训后，她获得了婚姻与家庭治疗师的执业资格证书。

博特金目前的兴趣包括在家庭治疗中为幼儿服务、研讨家庭治疗中的性别和民族问题、探究精神因素对家庭健康的作用。

达拉·博特金（左）在进行家庭治疗。
图片来源：Dr. Darla Botkin

要进一步了解婚姻与家庭治疗师的工作情况，请阅读附录"儿童发展领域的相关职业"。

> 粗暴对待儿童包含养育过程中极其不适当的和破坏性的做法。
>
> ——丹蒂·赛切蒂
> 当代发展心理学家（明尼苏达大学）

律要求教师和医生报告儿童虐待的疑似案例，但是仍然有许多虐待案例没有被报告，特别是那些涉及殴打婴儿的案例。

虽然公众和许多专业人士用儿童虐待（child abuse）这一术语既指对儿童的虐待又指对儿童的忽视，但发展学家却越来越多地使用粗暴对待儿童（child maltreatment）这一术语（Cicchetti, 2011, 2013; Cicchetti & Toth, 2011）。粗暴对待（maltreatment）这个词不像虐待（abuse）那样带有强烈的情绪色彩，同时它也意含虐待情况的多样性。

儿童虐待的类型 儿童虐待主要分为四种类型：身体虐待、儿童忽视、性虐待和情感虐待（Child Welfare Information Gateway, 2016）。

- **身体虐待**以身体蒙受损伤为特征，通常是由拳击、殴打、踢、咬、烫、摇晃或其他伤害儿童的行为造成的。父母和其他人也许并不是故意要伤害孩子，这些损伤可能是由过度体罚造成的（Milot & others, 2010）。
- **儿童忽视**的特点是没有满足儿童的基本需要（Newton & Vandeven, 2010）。儿童忽视可以是身体的（如遗弃）、教育的（如允许孩子经常旷课）、情感的（如对儿童的需要不予关注）。到目前为止，儿童忽视是最为普遍的儿童虐待形式。在所有收集了有关数据的国家中，儿童忽视的发生率约是其他儿童虐待形式的3倍（Benoit, Coolbear, & Crawford, 2008）。
- **性虐待**包括抚弄儿童的性器官、性行为、乱伦、强奸、鸡奸、暴露癖、强迫儿童卖淫、拍摄色情材料用于牟利等（Bahali & others, 2010）。
- **情感虐待**（言语、心理或精神伤害）包括父母和其他照料者的一些行为或不作为，这些行为或不作为已经引起了或可能引起儿童严重的行为问题、认知问题或情感问题（van Harmelen & others, 2010）。

虽然任何一种儿童虐待形式都可能单独出现，但它们通常会结合在一起。当其他类型的虐待发生时，情感虐待几乎总是伴随出现。

影响儿童虐待的因素 儿童虐待不是由单一因素导致的（Cicchetti, 2011, 2013）。包括文化、家庭、孩子自身发展特点在内的多因素的结合可能是导致儿童虐待的原因（Cicchetti & Toth, 2011）。

充斥在美国文化中的暴力，包括电视暴力，在家庭暴力中得到了反映（Durrant, 2008）。当然，家庭本身也是儿童虐待情境中的一个关键部分。一项包括美国、智利、澳大利亚、尼日利亚、老挝、越南等多种不同文化的研究显示：家庭和家庭相关的因素影响着儿童虐待行为；养育带来的压力、吸毒、社会孤立、单亲养育、经济困难（特别是贫困）等因素都可能成为儿童虐待的诱因（Cicchetti, 2013; Laslett & others, 2017）。此外，还需要考虑到家庭成员之间的互动情况，不管谁是儿童虐待的施虐者。例如，虽然对儿童实施身体虐待的是父亲，但是母亲、受虐儿童和其他兄弟姐妹的行为也需要一一考量。

那些虐待孩子的父母是否曾经受过自己父母的虐待？大约 1/3 童年时受过虐待的父母会虐待自己的孩子（Guild, Alto, & Toth, 2017）。因此，一部分而不是大多数虐待孩子的父母参与了儿童虐待现象的代际传递。

虐待给儿童发展带来的后果 虐待可能会给儿童的心理发展带来许多负面的影响，如童年期和青少年期情绪调控能力差、难以形成安全型依恋、同伴关系问题、学校适应困难、抑郁甚至青少年犯罪。出现这些负面效果的原因是虐待改变了儿童心理发展的正常途径，从而提高了情绪紊乱、思维紊乱和行为紊乱发生的风险（Jaffee, 2017）。一项纵向研究发现：早期的虐待和儿童 7 岁时的消极情绪相关联，后者加重了 8 岁时的情绪调控困难，这又反过来预测了 8 岁和 9 岁时较多的内化问题（Kim-Spoon, Cicchetti, & Rogosch, 2013）。另外，如图 5 所示，和那些生活在中等社会经济地位的亲生父母家庭中的幼儿相比，那些在寄养家庭中受到虐待的幼儿更可能表现出异常的应激激素水平（Gunnar, Fisher, & The Early Experience, Stress, and Prevention Network, 2006）。在这项研究中，异常的应激激素水平主要表现在那些受到忽视的寄养儿童身上，这种忽视更准确地说是一种"制度性忽视"（Fisher, 2005）。后续研究显示：那些童年期曾受过虐待或忽视的青少年更可能出现暴力式恋爱、青少年犯罪、性冒险、吸毒（Kaufman-Parks & others, 2017; Shin, Hong, & Hazen, 2010）。童年期里反复受到虐待甚至和个体 18 岁前的自杀企图相关联（Jonson-Reid, Kohl, & Drake, 2012）。

进入成年期后，那些在童年期里曾受过虐待的个体更可能出现身体健康、心理健康和性功能方面的问题（Lacelle & others, 2012）。一项创记录的历时 30 年的纵向研究发现：那些童年期里受过虐待的中年人罹患糖尿病、肺病、营养不良和视力疾病的风险明显提高（Widom & others, 2012）。另一项对多个研究的综合性分析显示：童年期受虐待的经历和成年期的抑郁症相关，同时也和抑郁症的治疗效果不佳相关（Nanni, Uher, & Danese, 2012）。此外，童年期里受虐待的个体成年后往往难以建立和保持健康亲密的人际关系（Dozier, Stovall-McClough, & Albus, 2009）。他们对其他成人尤其是对约会和结婚对象更可能表现出暴力行为，

这个家庭有 4 个孩子，住在一间破旧的旅馆房间里。无家可归群体的支持者们说，很多家庭正面临被剥夺住所。儿童虐待有哪些不同的类型？
图片来源：视觉中国

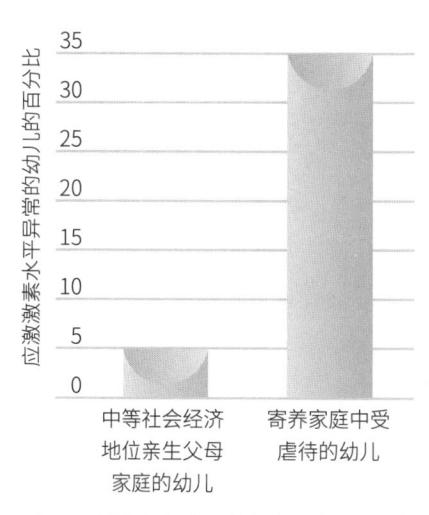

图 5 不同养育条件下幼儿的异常应激激素水平

父母可以采用哪些策略来指导青少年有效地应对他们日益强烈的自主动机？
图片来源：视觉中国

也更可能出现吸毒、焦虑和抑郁问题（Miller-Perrin, Perrin, & Kocur, 2009）。

需要提到议事日程上的一项重要任务是如何预防高风险情境和高风险家庭中发生儿童虐待，或者当儿童已经受到虐待时如何尽早尽快地采取干预措施（Guild, Alto, & Toth, 2017; Jaffee, 2017）。采用"公共卫生"的方式来完成这一任务也许能取得最好的效果：一方面扩展对积极和丰富的父母养育实践的支持，另一方面则消除粗暴和虐待性的养育实践。目前，世界上最广泛采用的预防和干预计划是"3P"计划。"3P"计划把重点放在提高父母的自控能力、胜任感以及承担养育角色的自我价值感上，以此来强化积极的养育实践（M. Sanders, 2008; Shapiro, Prinz, & Sanders, 2012）。

> 父母和青少年的关系

即使最好的父母也会发现他们和青少年子女的关系很紧张。父母和青少年子女关系的重要方面包括自主性、依恋、冲突。

自主性和依恋 对大多数青少年来说，他们的父母可能会发现自己在从事一项微妙的平衡工作，即在孩子的自主要求和控制之间以及独立的要求和依恋之间谋求平衡。

对自主的追求 青少年对自主和责任的追求使许多父母感到困惑甚至愤怒。大多数父母能够预见孩子将面对青少年期带来的种种变化，可能会出现一些适应上的困难，但是几乎没有父母能够想象并预见到青少年和同伴待在一起的愿望有多么强烈，或青少年想表明只有他们自己而不是父母才能对他们的成功或失败负责的愿望有多么强烈。

青少年获得自主性和对自身行为控制的能力是通过成人适当地回应他们自我控制的愿望而实现的（Laursen & Collins, 2009; McElhaney & Allen, 2012）。当青少年期开始时，一般的个体尚不具备对生活的各个方面做出适当或成熟决策的知识。在他们奋力追求自主的时候，明智的成年人应当在孩子能够做出合理决策的领域赋予他们控制权，而在孩子知识不足的领域继续给予决策方面的指导。逐渐地，青少年便获得了依靠自己做出成熟决策的能力。在针对美国多个民族群体的两项纵向研究中，那些觉得他们的父母在心理上给予了他们更多自主权和较少控制的少年在后继的发展中出现抑郁症状的比例较低。不过，这一效应在各民族群体中的强度有所不同，说明文化因素发挥了重要作用（Eagleton, Williams, & Merten, 2016; Sher-Censor, Parke, & Coltrane, 2011）。

性别差异是青少年期自主权授予的一个重要特点。父母给予男孩的独立自主权总是多于女孩；在那些持有传统性别角色观念的美国家庭里，尤其是这样（Bumpus, Crouter, & McHale, 2001）。不过，一项综合了许多研究的元分析显示，这方面的性别差异不大（Endendijk & others, 2016）。同时，与非拉丁裔白人父母相比，拉丁裔父母对他们的女儿的监控和保护更加严密（McElhaney & Allen, 2012; Updegraff & others, 2010）。虽然拉丁文化也许更加强调父母权威并限制青少年的自主性，但一项研究显示，无论在哪里出生，生活在美国的墨西哥裔青少年女孩对自主权的期待年龄都早于她们的母亲所主张的年龄（Bamaca-Colbert & others, 2012）。

依恋的作用 如本书前面提及，在婴儿期的社会情绪发展方面，讨论得最广泛的一个话题便是婴儿对照料者形成安全型依恋的重要性。近年来，研究人员也探讨了安全型依恋是否也是青少年期亲子关系的一个重要方面（Laursen & Collins,

16岁的斯泰西·克里斯坦森（Stacey Christensen）评论道："我很幸运，我可以坦率地和父母交流。无论何时我有需要或只是想说说话，我的父母都在身边。我对父母们的建议是：让你们的青少年孩子按自己的速度成长，但要坦诚地对待他们，以便在他们需要时提供帮助。我们需要指导，父母应当帮助我们但不要给我们太大的压力。"
图片来源：视觉中国

2009)。例如，约瑟夫·艾伦（Joseph Allen）和他的同事们发现：那些 14 岁时对父母有着安全型依恋的青少年，在 21 岁时更可能报告说他们的人际关系非常好、很适应亲密关系、经济上的独立性也提高了（Szwedo & others, 2017）。一项深入的分析得出结论：青少年期安全型依恋带来的最一致的结果包括青少年积极的同伴关系和情绪调控能力的提高（Allen & Miga, 2010）。

平衡自由和控制 我们已经了解到父母在青少年的发展中扮演着非常重要的角色（McKinney & Renk, 2011）。虽然青少年正在走向独立，但他们仍然需要与家庭保持联系（McElhaney & Allen, 2012）。例如，全国青少年健康研究追踪调查了 12,000 多名青少年，结果发现：那些每周多次与父母一起吃晚饭的青少年出现行为问题的比例较低，较少发生吸烟、喝酒、吸食大麻、攻击性、抑郁症状以及其他违法活动；在关系亲密的家庭里，这些效应更加显著（Meier & Musick, 2014）。

父母和青少年的冲突 虽然父母与进入青少年早期的孩子之间的冲突有所增加，但这类冲突并没有斯坦利·霍尔（G. Stanley Hall）在 20 世纪初所设想的那么激烈（Laursen & Collins, 2009）。相反，多数冲突只是有关家庭生活的日常小事，如保持卧室干净、穿着整齐、在一定的时间之前回家、不要一次通话或发短信数小时。冲突很少涉及重大问题，如吸毒或犯罪。

青少年与父母之间的冲突通常在青少年期的早期阶段不断升级，在高中阶段保持相对稳定，当青少年达到 17 至 20 岁时又开始缓和。如果青少年上大学后住校而不是仍然住在家里的话，亲子关系就会变得更加积极（Sullivan & Sullivan, 1980）。

实际上，父母和青少年关系中典型的日常冲突可能有着积极的发展功能。这些不大的争论和协商有助于青少年从依赖父母向独立自主的个体过渡。认识到冲突和协商具有积极的发展功能可以减缓父母的敌对情绪。

有关父母与青少年关系的旧模式认为：随着青少年的成熟，他们便脱离父母而进入独立自主的世界。旧的模式还认为：亲子之间的冲突在整个青少年期里都很激烈和紧张。而新的模式则强调：在青少年探索更广泛、更复杂的社会世界时，父母仍然是他们重要的依恋对象和支持系统。新模式还强调：在大多数家庭里，父母与青少年之间的冲突都是温和而不是严重的，日常协商和小争论不仅是正常的，而且具有积极的发展功能，它们可以帮助青少年从童年期的依赖向成年期的独立过渡（参见图 6）。

不过，在有些父母与青少年的关系中，仍然会出现高强度的冲突。而这种长期的、激烈的冲突往往与青少年的各种行为问题有关，如离家出走、辍学、怀孕、早婚、参加邪教、吸毒、青少年犯罪（Brook & others, 1990）。此外，较近期的一项研究显示：父母与青少年之间高强度的冲突与同伴报告的攻击性和犯罪行为相关联（Ehrlich, Dykas, & Cassidy, 2012）。

跨文化的研究表明，有些国家中父母与青少年的冲突程度低于美国，有些则高于美国。在迄今为止规模最大的一项关于积极和消极亲子关系的国际比较研究中，研究人员发现：当儿童从童年期进入青少年初期时，亲子敌对情绪在五大洲的 9 个国家之间存在重大差异。敌对程度从高到低的顺序是：格鲁吉亚、肯尼亚、中国、菲律宾、泰国、哥伦比亚、瑞典、意大利、美国（Deater-Deckard & others, 2018; Putnick & others, 2012）。

当全家移民到另一个国家时，儿童和青少年对新国家的规范和价值观的适应通常快于他们的父母（Fuligni, 2012）。这可能是因为移民儿童和青少年接触到所

发展链接

依恋

形成了安全型依恋的婴儿把照料者作为探索周围环境的安全基地。链接"情绪发展"。

在我 14 岁时，我的父亲是如此地无知，以至于我几乎不屑于和他待在一起。但当我到了 21 岁时，我十分惊讶地发现，他在 7 年里竟然学会了这么多。

——马克·吐温
19 世纪美国作家和幽默大师

在青少年期的早期阶段，和父母的冲突不断增加。对大多数美国家庭来说，这种冲突的特点是什么？

图片来源：视觉中国

第十四章 家庭 **401**

旧模式
自主性、与父母分离；父母的世界和同伴的世界是相互隔离的。 整个青少年期都有激烈和紧张的冲突；父母和青少年关系充满经常性的激烈碰撞和紧张。

新模式
依恋和自主性并存；父母是重要的支持系统和依恋对象；亲子关系和同伴关系之间存在一些重要的联系。 轻度亲子冲突是常见现象，可具有积极的发展性功能；青少年期的早期阶段冲突比较激烈。

图6 父母和青少年关系的新旧模式

每一代生物都转瞬即逝，就像在接力赛中传递生命的火炬。

——卢克莱修
公元前1世纪罗马诗人

在国的学校和语言（Titzmann & Gniewosz, 2017）。移民儿童和青少年体验到的规范和价值观可能使他们和父母产生分歧，尤其是在自主性和恋爱关系的领域。这种分歧有可能提高移民家庭的父母和青少年之间的冲突程度。安德鲁·富利尼（Andrew Fuligni, 2012）认为：这些冲突并不总是表现为公开的冲突，而往往表现为含蓄的和内心的感受。例如，移民青少年可能会感受到他们的父母希望他们为了家庭而放弃个人利益，但觉得这是不公平的。这种基于文化适应的冲突一般反映在涉及核心文化价值观的问题上，很可能发生在移民家庭中，如来到美国生活的拉丁裔和亚裔移民的家庭中（Gassman-Pines & Skinner, 2018; Juang & Umana-Taylor, 2012）。

> ## 代际关系

代际关系在人的一生的发展中发挥着重要作用（Antonucci, Birditt, & Ajrouch, 2013; Fingerman & others, 2012）。随着新一代的出生和成长，老一代的个性特征、态度和价值观便通过家庭关系、故事、共享的记忆得到复制或改变（Pratt & others, 2008; Shore & Kauko, 2017）。而当年老的家庭成员逝世时，他们的下一代便接过了其生物的、理智的、情感的和个人的遗产；他们的孩子成为最老的一代，他们的孙辈则成了第二代。在许多家庭中，女性的代际关系要比男性的更加紧密（Etaugh & Bridges, 2010）。

以下研究证明了代际关系在儿童发展中的重要作用：

- 童年期里支持性的家庭环境和养育（儿童3至15岁时的评估）和孩子26岁时与其中年父母更积极的关系相关联，表现在接触程度、亲密程度、冲突程度和相互援助方面（Belsky & others, 2001）。
- 与来自完整的、从未离异的家庭的孩子相比，来自离婚家庭的孩子可能结束自己婚姻的概率更高。虽然离婚的跨代传递现象近年来有所下降（Wolfinger, 2011），但如果把未婚同居的也计算在内，这一代际传递效应并没有减弱（Amato & Patterson, 2017）。
- 那些吸烟早、频率高、持续不断并成为日常吸烟者的父母，其青少年孩子也更可能成为吸烟者（Chassin & others, 2008），即使出现诸如气管炎等有损健康的情况，仍然如此（Clawson & others, 2018）。
- 有证据表明，行为失调问题（多种违法活动）会出现跨越三代的代际传递，男性之间的代际传递强于女性（D'Onofrio & others, 2007）。

复习、联想和反思

学习目标 2

解释父母的养育是如何与青少年的发展相联系的。

复习

- 父母角色和做父母的时间安排有什么特点？
- 父母的行为需要在哪些方面适应他们孩子的发展变化？
- 父母如何成为孩子生活的有效管理者？
- 有哪些主要的养育风格和管教方法？
- 养育青少年有哪些重要的方面？
- 代际关系如何影响孩子的发展？

联想

- 在本节中，我们学习了鲍姆林德的四种养育风格。在上一章中，我们了解了三类管教方法。对采用每一种养育风格的父母来说，他们更有可能使用哪一类管教方法？

反思你自己的人生之旅

- 在初中和高中的时候，你和你父母的关系有什么特点？从那时起，你和你父母的关系有什么变化？今天你和父母之间的冲突是否减少了？你认为一个称职的青少年的父母有哪些最重要的特点？

学习目标 3

指出同胞是如何影响儿童发展的。
- 同胞关系
- 出生顺序

第3节 同胞

> 同胞关系

大约77%的美国儿童有一个或多个同胞，即兄弟姐妹（Dunn, 2007）。如果你从小和兄弟姐妹一起长大，你就可能有很多互相攻击和敌对相处的记忆。当2岁至4岁的兄弟姐妹在一起时，平均每10分钟会发生一次冲突。从5岁至7岁，这类冲突会少一些（Kramer, 2006）。一项研究显示，兄弟姐妹之间较多的冲突和较多的儿童抑郁症状相关，而兄弟姐妹之间较多的亲密则和儿童积极的和亲社会的行为相关（Kim & others, 2007）。一项综述研究发现：青少年期的兄弟姐妹关系没有童年期那样亲近，也没有童年期那样激烈，但比童年期更加注重平等（East, 2009）。

平等和公平以及侵犯他人隐私是同胞关系中常见的问题。最近一项针对年龄较小的青少年的研究显示，涉及平等与公平的同胞冲突与一年后比较抑郁的心情相关，而涉及侵犯他人隐私的冲突则与一年后较高的焦虑水平和较低的自尊水平相关（Campione-Barr, Bassett Greer, & Kruse, 2013）。

当父母遇到兄弟姐妹之间正在进行口头或身体对抗时，他们会怎么做呢？多项研究发现父母会选择如下三种做法之一：(1) 干预，努力鼓励孩子们通过相互交流来解决冲突，这是最常见的父母帮助孩子解决冲突的做法；(2) 忽视和故意地不干预，以便让孩子们自己解决；(3) 训斥孩子或告诉他们要互相支持（Kramer & Perozynski, 1999; Tucker & Kazura, 2013），这是最不常见的做法。许多父母相信孩子们应当学会依靠自己来解决冲突。

但是，对同胞关系问题做了许多研究的劳里·克雷默（Laurie Kramer, 2006）认为：父母采取不干预、听任兄弟姐妹之间冲突升级的做法并不是一个好的策略。她开发了现在已经成为经典的叫作"更有趣的兄弟姐妹"的课程，用来教4岁到8岁的儿童与兄弟姐妹相处的技能以促进积极的互动（Kramer & Radey, 1997）。该课程所教授的社交技能中包括如何适当地发起游戏、如何接受和拒绝玩耍的邀请、如何理解另一个人的观点、如何对付愤怒的情绪、如何处理冲突。另一项针对5至10岁的兄弟姐妹及其父母的研究发现，对父母进行如何调解孩子们之间纠纷的培训提高了儿童对冲突的理解，并减少了兄弟姐妹间的冲突（Smith & Ross, 2007）。有关这类家庭干预的一项研究综述发现：已有证据清楚地表明这类干预对兄弟姐妹的关系和儿童的发展产生了积极的影响（Tucker & Finkelhor, 2017）。

尽管冲突可能很激烈，但冲突只是兄弟姐妹关系中众多方面中的一个（Dunn, 2013; McHale, Updegraff, & Whiteman, 2011; Milevsky, 2011; Whiteman, Jensen, & Bernard, 2012）。兄弟姐妹关系还包括帮助、分享、指导、玩耍、竞争，兄弟姐妹可以成为情感的支持者、竞争对手和交谈的伙伴（East, 2009）。这些方面的经验也会影响与同伴的关系（Smorti & Ponti, 2018）。

朱迪·邓恩（Judy Dunn, 2007）是兄弟姐妹关系领域的权威专

兄弟姐妹关系有哪些特点？
图片来源：视觉中国

第十四章 家庭 403

家，根据多年来针对多种文化背景下多种家庭的研究所获得的证据，她指出兄弟姐妹关系具有三个重要的特点：

- **关系的情感特点。** 兄弟姐妹经常相互表达强烈的积极情绪，也经常相互表达强烈的消极情绪。许多儿童和青少年对他们的兄弟姐妹有着混合的情感。
- **关系的熟悉和亲密程度。** 兄弟姐妹通常都非常了解对方，这种熟悉意味着他们既可以互相提供支持，也可以互相取笑或互相拆台，视具体情况而定。
- **兄弟姐妹关系存在差异。** 有些兄弟姐妹描述他们之间的关系比别的兄弟姐妹更加积极。因此，兄弟姐妹关系存在着相当大的差异。如我们刚才指出，许多兄弟姐妹对彼此关系有着混合的情感，但有些儿童和青少年主要以温存和深情的方式描述他们的兄弟姐妹关系，而有些则主要描述他们的兄弟姐妹是多么刻薄和令人讨厌。

兄弟姐妹关系中的消极方面（如高强度冲突）与青少年身上的负面结果相关联。这些负面结果不仅可以由冲突引起，而且可以通过直接模仿兄弟姐妹的行为而产生。例如，当一个弟弟或妹妹拥有一个有着不良学习习惯和违法行为的哥哥或姐姐时，就可能出现模仿。相比之下，亲密的和支持性的兄弟姐妹关系则可以缓冲青少年生活中由压力情境带来的负面影响（East, 2009; Hollifield & Conger, 2015）。在多种文化中进行的涉及不同年龄兄弟姐妹的研究都一致地显示兄弟姐妹在相互的生活中发挥着积极的作用。与西方文化相比，非西方文化中的哥哥姐姐往往更加正式地承担起照顾和教导弟弟妹妹的角色（Hughes, McHarg, & White, 2018）。

> 出生顺序

儿童是否拥有哥哥姐姐或弟弟妹妹与某些个性特点的发展具有一定的联系。例如，一篇详尽的研究综述得出结论："第一胎出生的孩子最聪明、最有事业心、最认真负责，而后来出生的则叛逆、自由、随和"（Paulhus, 2008, p. 210）。与后出生的儿童相比，第一胎出生的儿童也被描述为更具有成人倾向、乐于助人、顺从、自制。然而，当研究者报告出生顺序的影响时，它们往往都不大。的确，对很多套研究数据进行的一次大规模的严格的分析表明：出生顺序的效应不大，并且只是表现在智力上（Rohrer, Egloff, & Schmukle, 2015）。

当发现出生顺序的效应时，是什么原因造成了这些差异呢？现有的解释通常认为孩子在家庭中的特定位置导致了不同的亲子互动和同胞互动模式。对第一胎的孩子来说，情况尤其如此（Teti, 2001）。在其他孩子出生前（一般要间隔2到3年），他们是唯一一个不用和同胞分享父母的爱和情感的孩子。婴儿通常比年龄较大的孩子要求更多的关注，这就意味着当弟弟或妹妹出生后，排行第一的孩子将得到较少的关注。这是否会导致第一胎孩子和父母之间的冲突呢？一项经典研究显示：在第二个孩子出生后，母亲对第一个孩子的态度变得比较消极，强制和限制多了，与之玩耍的时间则减少了（Dunn & Kendrick, 1982）。

那么，独生子女的情况又是怎样的呢？人们通常认为他们是被宠坏了的群体，身上有许多缺点，如依赖性强、自控能力差、自我中心等。但一些经典研究却为我们呈现了比较积极的独生子女的形象：他们通常有较高的成就动机，同时具有良好的人格特点，特别是与后出生的孩子或大家庭中的孩子相比，更是如此（Falbo & Poston,

总的来说，研究者们发现独生子女有什么样的特点？

图片来源：视觉中国

1993; Jiao, Ji, & Jing, 1996)。近年来，研究者们注意到独生子女和多胎子女之间的认知差异与行为差异可能具有对应的脑组织的差异（Yang & others, 2017）。

再次强调一下，不管出生顺序的话题多么流行，但研究者们已得出的结论是：当考虑了所有影响行为的因素时，出生顺序或独生子女这一变量对儿童行为的预测力是非常有限的。

除了出生顺序外，儿童生活中还有许多影响其行为的其他的重要因素。这些因素包括遗传、父母日常生活中为儿童树立的适当或不适当的榜样、同伴的影响、学校的影响、社会经济因素、社会历史因素、文化差异。因此，当某人说排行老大的孩子总是这样，排行最小的孩子总是那样时，那他（她）就过分简单化了，没有充分考虑到影响儿童发展的因素的复杂性。

复习、联想和反思

学习目标 3
指出同胞是如何影响儿童发展的。

复习
- 该如何概括同胞关系的特点？
- 出生顺序在儿童发展方面发挥着什么样的作用？

联想
- 在本节中，你了解到父母通常采用三种做法中的一种来回应兄弟姐妹之间的冲突。这三种做法和本章前面讨论过的鲍姆林德的养育风格有什么一致的地方？

反思你自己的人生之旅
- 如果你是和另一个兄弟或姐妹一起长大的，你可能会表现出对你的兄弟或姐妹有些嫉妒，反之亦然。如果你有一个或更多的兄弟姐妹，你的父母是如何处理兄弟姐妹之间的冲突的？如果你是或当你自己成为父母并有两个或更多的孩子时，你会用什么策略来减少孩子们之间的冲突？

第 4 节 变迁的社会世界中家庭的变化

学习目标 4
概括变迁的社会世界中家庭变化的特点。
- 上班的父母
- 离婚家庭
- 再婚家庭
- 家庭的文化、民族和社会经济地位的差异

如今美国儿童所生活的家庭环境比以往任何时候都更加多样化，接受的照看服务也有许多种：不仅有全天在家照看的母亲，也有全天在家照看的父亲，还有不同类型的儿童保育项目，以及多种放学后的服务项目。此外，美国家庭的结构也在发生变化。如图 7 所示，与其他几个经济和技术发展水平类似的国家相比，美国单亲家庭所占的百分比最高。许多美国儿童成长在父母离异后的再婚家庭中。家庭生活的这些以及其他变化是如何影响儿童的呢？

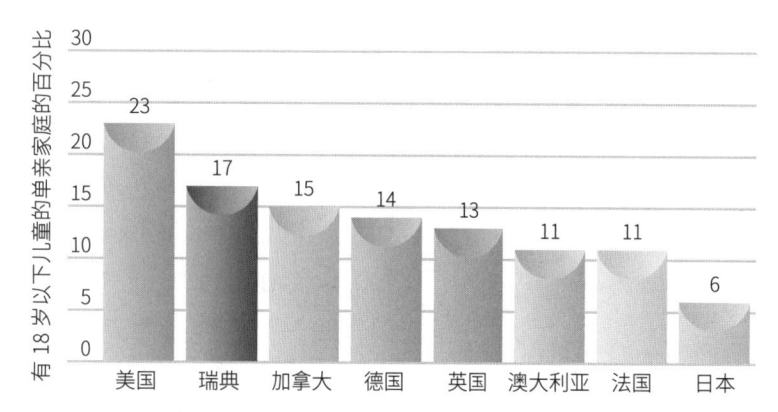

有 18 岁以下儿童的单亲家庭的百分比

国家	百分比
美国	23
瑞典	17
加拿大	15
德国	14
英国	13
澳大利亚	11
法国	11
日本	6

图 7　不同国家中的单亲家庭比例

▶ 上班的父母

进入劳动力市场的母亲人数的增加是引起美国家庭和社会变化的原因之一

发展链接

家庭过程

有关研究一致表明，家庭因素比儿童保育经验能够更好地预测儿童发展的结果。链接"情绪发展"。

（Goodman & others, 2011; Grzywacz & Demerouti, 2013）。许多母亲白天很大一部分时间里不能和孩子甚至不能和婴儿待在一起。在家里有一个 5 岁以下孩子的母亲当中，外出工作的人数超过一半；而在家里有一个 6 至 17 岁孩子的母亲当中，外出工作的人数超过 2/3。这样的变化对儿童的发展产生了什么样的影响呢？

大多数有关父母上班的研究都侧重于幼儿和母亲就业的关系（Brooks-Gunn, Han, & Waldfogel, 2010）。关于母亲就业和儿童发展的研究通常显示母亲的工作状态和儿童的认知、社会情绪发展之间几乎没有联系（Goldberg & Lucas-Thompson, 2008）。不过，母亲的就业状况可能在孩子出生后的最初几年里尤其具有影响力。例如，一项针对低收入家庭 7 岁儿童的研究发现，与那些其母亲一直处于失业状态的儿童相比，那些其母亲早就上班，特别是在孩子 8 个月大之前就已上班的儿童表现出了更好的社会情绪能力（Coley & Lombardi, 2013）。最近一些在美国、加拿大、澳大利亚、英国等众多工业化国家中进行的大规模研究也发现了相同的证据（Lightbody & Williamson, 2017; Lombardi & Coley, 2017）。

然而，必须认识到，当考虑到上班的时间表和上班家庭的压力时，上班父母的影响就不仅涉及母亲，也涉及父亲（O'Brien & Moss, 2010; Parke & Clarke-Stewart, 2011; Peeters & others, 2013）。深入的研究表明，与父母双方或父母之一是否外出上班相比，父母工作的特点（如工作的紧张度、能否控制工作时间）对孩子的发展具有更强的影响力（Goodman & others, 2011; Han, 2009; Parke & Clarke-Stewart, 2011）。值得注意的是，在已发表的所有涉及父亲和母亲比较的研究中，母亲们所经历的工作岗位要求和照顾家庭需要之间的冲突与父亲们所经历的基本类似，差别不大（Shockley & others, 2017）。

安·克鲁特（Ann Crouter, 2006）对上班夫妇和孩子养育做过数十年的研究，她描述了父母是如何把他们的工作体验带回自己家中的。她得出的结论是，和那些工作条件较好的父母相比，那些工作条件恶劣的父母（如工作时间长、加班、紧张和缺乏自主性的工作）更容易在家里发火，在孩子的养育方面也比较低效。另一重要的发现是，上班母亲的孩子（尤其是女孩）对性别的刻板印象较弱，具有更加平等的性别观（Goldberg & Lucas-Thompson, 2008）。有趣的是，斯堪的纳维亚国家制定的新的家庭和工作政策要求上班的父亲和母亲分别申请差不多相同天数的假期用来照顾家人，近年来的研究证据表明这一政策对儿童的学业和社会情绪功能产生了积极的影响（Cools, Fiva, & Kirkebøen, 2015）。

▶ 离婚家庭

20 世纪后期，美国和世界上许多国家的离婚率都大幅上升（Amato & Dorius, 2010）。在 60 和 70 年代，美国的离婚率急剧上升，从 80 年代起有所下降。但是，美国的离婚率仍然高于大多数国家；即使只与欧洲或南美洲具有类似经济和家庭政策的国家相比，也是如此（OECD, 2016）。

据估计，在美国离婚率处于峰值水平的年代，美国婚生儿童中大约有 40% 要经历父母离异（Hetherington & Stanley-Hagan, 2002）。近几十年来这一比例只是稍有上升，部分原因是更多儿童的父母只是同居而没有结婚（这意味着从法律上讲，他们分手比结婚的夫妇容易）。让我们来考察有关离婚家庭中儿童的一些重要问题：

- 完整、从未离婚家庭的儿童是否比离婚家庭的儿童适应情况更好？大多数研

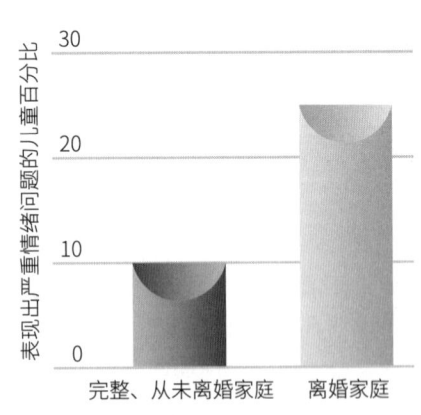

图 8 父母离婚和儿童的情绪问题

在赫瑟林顿（Hetherington）的研究中，25% 来自离婚家庭的儿童表现出严重的情绪问题；相比之下，完整、从未离婚家庭的儿童的比例只有 10%。不过，需要注意是，大多数（75%）离婚家庭的儿童并没有表现出严重的情绪问题。

究者对这个问题的回答是一致的，即认为离婚家庭儿童的适应能力不如未离婚家庭的儿童（Amato & Dorius, 2010; Hetherington, 2006; Lansford, 2009, 2012; Wallerstein, 2008）（参见图8）。那些经历过多次父母离婚的儿童处于风险更高的状态中。与未离婚家庭的儿童相比，离婚家庭的儿童更容易有学业问题、外化的问题（如违法）和内化的问题（如焦虑和抑郁），更可能出现社会责任感低、难以和他人建立亲密的关系、辍学、较早地发生性行为、吸毒、与反社会的同伴交往、低自尊、难以形成安全型依恋等问题（Lansford, 2009）。例如，一项研究显示，其父母离婚的女孩尤其容易出现抑郁症状（Oldehinkel & others, 2008）。另一项研究发现，个体在童年期里经历过一次父母离婚事件和其成年早期不安全型依恋相关联（Brockmeyer, Treboux, & Crowell, 2005）。此外，一项研究发现，来自离婚家庭的青少年女孩表现出了较差的恋爱能力（Shulman & others, 2012）。近年的一项概括了许多已发表研究的综合性元分析也显示父母离婚提高了孩子日后罹患抑郁症的风险（Sands, Thompson, & Gaysina, 2017）。不过，特别需要提请注意的是，大多数离婚家庭的儿童并不存在严重的适应问题，离婚的统计学效应通常不大。

- 父母是否应当为了孩子而维持婚姻？在不幸福和冲突不断的婚姻中，父母是否应当为了孩子而维持这样的婚姻？这是人们最经常思考的有关离婚的问题（Deutsch & Pruett, 2009; Hetherington, 2006; Ziol-Guest, 2009）。如果不幸婚姻所造成的家庭关系的紧张和冲突已经威胁到孩子的身心健康，而离婚和成为单亲家庭能够减轻这一威胁，那么离婚便是明智的决定。但是，如果离婚可能带来经济困难和危机增加，并可能导致不适当的养育方式以及持续和加剧的矛盾（不仅是离婚夫妻之间的矛盾，还包括父母、孩子、同胞兄弟姐妹之间的矛盾），那么对孩子来说，最好的选择便是父母维持不幸福的婚姻（Hetherington & Stanley-Hagan, 2002）。当然，不管父母是决定离婚还是决定继续维持冲突不断的婚姻，他们都难以确定各种可能性最后呈现出来的是什么结果。

需要注意的是，不管是维持婚姻还是离婚，婚姻冲突都可能对儿童带来负面的影响（Cummings & Davies, 2010; Kleinsorge & Covitz, 2012）。一项纵向研究表明，在没有离婚的家庭中，父母的婚姻冲突也和儿童的情绪问题相关联（Amato, 2006）。事实上，离婚家庭的孩子经历的很多问题在父母离婚之前就开始了，而此时他们的父母往往处于频繁冲突的状态中。当儿童进入青少年期时，父母的婚姻冲突便增加了儿童适应不良的风险，部分原因是父母的冲突对其他的社会关系产生了影响（Davies, Martin, & Cummings, 2018）。因此，当离婚家庭的儿童表现出问题时，这些问题可能不仅仅是由父母离婚引起的，父母婚姻冲突也是导致问题的原因（Thompson, 2008）。

卡明斯（E. Mark Cummings）和他的同事们（Cummings & Davies, 2010; Cummings, El-Sheikh, & Kouros, 2009; Cummings & Kouros, 2008; Davies & others, 2019）提出了一个情绪安全理论，该理论以依恋理论为基础，认为儿童是从自己在家庭中是否具有安全感的角度来评价父母的婚姻冲突的。这些研究人员将那些可能对儿童产生消极影响的婚姻冲突（如

父母是否应当为了孩子而维持婚姻？离婚涉及哪些考虑？
图片来源：视觉中国

敌对情绪的发泄和破坏性的冲突）和可能对儿童产生积极影响的婚姻冲突（如婚姻分歧引起冷静地讨论每个人的看法并一起达成解决方案）做了区分。在最近的一项研究中，卡明斯和他的同事（2018）发现：幼儿园阶段父母的冲突和孩子童年中晚期的情绪不安全相关，后者又与青少年期的适应不良相关，包括较高程度的抑郁和焦虑。

- *离婚家庭中家庭过程的重要性有多大？* 在离婚的家庭中，家庭互动过程非常重要（Hetherington, 2006; Lansford, 2009, 2012; Parke & Clarke-Stewart, 2011; Sigal & others, 2011）。当离婚后的父母彼此关系融洽，同时使用权威型的养育方式时，青少年的适应状况便能得到改善（Hetherington, 2006）。如果离婚后的父母能够就孩子抚养策略达成一致意见，同时保持相互友好的关系时，非监护父母一方经常性的探望通常有利于孩子的发展（Fabricius & others, 2010）。离婚后，和母亲相比，父亲对孩子养育的参与会减少得更多，女孩的父亲尤其如此。同时，一项针对离婚家庭的实验显示，侧重于改善母子关系的干预项目提高了母子关系的质量，后者又提高了孩子近期的（6个月）和远期的（6年）应对能力（Velez & others, 2011）。

- *有哪些因素会使得离婚家庭中的儿童容易受到负面后果的困扰呢？* 导致儿童脆弱和高风险的因素包括儿童在父母离婚前的适应状况，以及儿童的人格特点、气质特点、性别、受监护的状况（Hetherington, 2005, 2006）。离婚家庭的儿童在父母离婚之前通常会表现出比较差的适应能力（Amato & Booth, 1996; Lansford, 2009），这可能是由父母之间的冲突引起的。但那些社会性发展成熟、有责任心、行为问题很少，并具有容易型气质的儿童能够比较好地应对父母的离婚。那些困难型气质的儿童往往难以应对父母的离婚（Hetherington, 2005）。

    赫瑟林顿（Hetherington）等人早期所做的研究发现，儿童对父母离婚的反应具有性别差异，在母亲监护的孩子中，离婚对女孩的负面影响超过男孩。然而，比较近期的研究则显示性别差异并不像人们原先认为的那么显著和一致。这种不一致也许是因为近年来父亲监护、联合监护的情况增多，以及非监护的父亲更加积极地参与孩子的生活，尤其是参与男孩的生活（Ziol-Guest, 2009）。一项针对已有研究的分析发现，与离婚后父母单方监护的孩子相比，父母联合监护的孩子的适应状况较好（Bauserman, 2002）。这一效应虽然不强，但很多发表了的研究都报告了这一效应的存在（Baude, Pearson, & Drapeau, 2016）。然而更重要的是，如果离婚后父母能够友好相处，联合监护的效果就更加理想（Parke & Clarke-Stewart, 2011）。有些研究还发现男孩在父亲监护的家庭中适应得较好，女孩在母亲监护的家庭中适应得较好，但另一些研究并没有发现这一效应（Maccoby & Mnookin, 1992; Santrock & Warshak, 1979）。

- *离婚家庭中社会经济地位的变化对儿童的生活有什么影响？* 几十年前，研究者们发现获得监护权的母亲离婚后收入减少的幅度远远大于获得监护权的父亲的收入减幅（Emery, 1994），今天的情况仍然如此。不过，由于就业形式的变化以及离婚、结婚、监护安排方面的变化，离婚后父母之间收入减幅的差距正在缩小（Tamborini, Couch, & Reznik, 2015）。另外，离婚后母亲在收入减少的同时，还面临着家务负担加重、工作更加不稳定的问题；她们往往会搬到条件较差的社区居住，而那里的学校通常也比较差（Lansford, 2009）。

总之，许多因素决定着离婚事件将对儿童的发展产生怎样的影响（Amato & Dorius, 2010; Lansford, 2012）。要了解一些帮助儿童成功地应对父母离婚事件的策略，请阅读"链接 关爱"专栏。

> 再婚家庭

在美国，不仅离婚已经变得很平常，再婚也一样平常（Ganong, Coleman, & Jamison, 2011）。从结婚、生育、离婚到再婚，往往需要许多年。所以，与婴儿和学前儿童相比，生活在再婚家庭中的小学生和中学生的人数要多得多。

由于离婚和再婚在一些文化中变得更容易接受，很多地方的相关法律程序也不再那么复杂，近年来涉及孩子的父母再婚数量不断上升。同时，再婚家庭的离婚率比初

链接 关爱

如何向孩子说明父母离婚的事情

30多年前，埃伦·加林斯基（Ellen Galinsky）和朱迪·戴维（Judy David）（1988）提出了一些父母该如何与孩子说明离婚事件的指导原则，这些原则在今天仍然有用。

说明父母离婚

当家庭的日常生活明显地表现出父母中的一方已经离开时，应当尽快地告诉孩子。如果可能的话，父母双方应当一起告知孩子父母将要离婚的事实。孩子们可能很难理解父母分开的原因。无论怎样解释，孩子们都能找出反对父母分开的理由。尤其重要的是要告诉孩子父母中的哪一方将继续照顾他们，同时也要说明另一方探视他们的具体安排。

说明父母离婚并不是孩子的错

年龄较小的孩子通常会认为父母的分居或离婚是由于自己的过错造成的。重要的是要告诉孩子离婚的原因并不是由他们造成的。父母需要多次地重复这一点。

说明可能要过一阵才能忘记痛苦

告诉年幼的孩子在父母分开后感到难过是正常的事，许多别的孩子在父母分开后也会这样。离婚父母也可以与孩子们分享一些情绪，例如，可以对孩子说："自从离婚后我也像你一样感到难受，但我知道过一段时间会好起来的。"这类说明最好简明扼要，同时不应当在孩子面前批评另一方。

欢迎进一步讨论

告诉孩子如果他们想进一步了解父母离婚的事情，随时可以来找自己。通过与父母讨论时说出自己压抑的情感并知道父母随时愿意倾听自己的感受和恐惧，有利于孩子的心理健康。

尽力保持生活的连续性

孩子生活的世界受到父母离婚事件的干扰越小，他们向单亲家庭的过渡就越容易。这意味着父母应当尽量保持已有的规则。孩子不仅需要父母给予他们温暖和照顾，还需要父母为他们设定合理的限制。

为孩子和父母本人提供支持

在父母离婚或分居后，父母对孩子来说仍然像原来一样重要。离婚后的父母需要为孩子提供尽量多的支持。当父母自己可以得到其他成人支持的时候，他们就能很好地履行父母的职责。离婚的父母可以寻找一些能够为自己提供实际帮助并且能够和自己讨论问题的人。

上面的第三条建议和我们在本书前面学过的情绪教练有什么联系？

生活在再婚家庭中对儿童的发展有怎样的影响？
图片来源：视觉中国

婚家庭的离婚率又要高出许多（Cherlin & Furstenberg, 1994）。大约一半离婚家庭的儿童在四年之内将要有一位继父或继母。近年来美国的趋势是年龄较大的成年人比年龄较小的成年人更可能再婚（虽然这一差距正在缩小），非拉丁裔白人比其他种族和民族背景的人更可能再婚（Livingston, 2014）。

再婚父母面临着一些独特的任务。夫妻双方在确认和加强婚姻关系的同时，还必须理顺多种关系，包括处理好亲生父亲或母亲与孩子之间的关系、继父或继母和孩子之间的关系，以及不同父母所生的兄弟姐妹之间的关系（Ganong & Coleman, 2017）。再婚家庭复杂的历史和多重关系往往使得再婚家庭成员的适应出现困难（Goldscheider & Sassler, 2006）。因此，大多数再婚父母都难以维持再婚关系。有些再婚者更加重视成人，比较注意配偶的需求；而另一些再婚者则更加重视孩子，更加关注孩子的需求（Anderson & Greene, 2011）。

有时候，再婚家庭的组建可能是由于一方或双方丧偶。但至今为止，大多数美国再婚家庭的组建是由于离婚而非丧偶；离婚后的再婚要比丧偶后的再婚快得多，男性尤其如此（Watkins & Waldron, 2017）。再婚家庭的结构一般有三种类型：(1) 继父型；(2) 继母型；(3) 混合型或复杂型。继父型家庭一般是负责监护孩子的母亲再婚，把继父引入孩子的生活中。继母型家庭通常是负责监护孩子的父亲再婚，把继母引入孩子的生活中。而在混合型或复杂型的再婚家庭中，夫妻双方都把各自先前婚姻的孩子带进新组建的家庭中生活。

赫瑟林顿（E. Mavis Hetherington, 2006）所做的一项经典的纵向研究显示：在简单型（继父型或继母型）再婚家庭中生活数年的孩子比刚进入再婚家庭的最初几年适应得更好；同时，他们也比那些生活在混合型再婚家庭或冲突不断但没有离婚的家庭中的儿童和青少年适应得更好。在建立已久的简单型再婚家庭中，超过75%的青少年认为他们和继父母的关系"亲密"或"很亲密"。赫瑟林顿（2006）的结论是：在建立已久的简单型再婚家庭中，青少年似乎可以最终从继父母的陪伴以及继父母所提供的资源中受益。

长期的研究证据表明儿童与继父或继母的关系通常不如负责监护自己的亲生父亲或母亲（母亲在继父的家庭或父亲在继母的家庭）（Santrock, Sitterle, & Warshak, 1988）。同时，简单型再婚家庭中孩子的适应状况要好于复杂型（混合型）再婚家庭的孩子（Anderson & others, 1999; Hetherington & Kelly, 2002）。正如一项覆盖100多篇研究报告的综述所显示的，今天的情况仍然如此（Saint-Jacques & others, 2018）。

很多研究都表明：如同离婚家庭的儿童，再婚家庭的儿童也比未离婚家庭的儿童表现出更多的适应问题（Hetherington, 2006）。适应问题的种类也和离婚家庭的儿童类似，如学业和低自尊问题（Anderson & others, 1999）。但是，值得注意的是，绝大多数再婚家庭的儿童并没有适应问题。一项分析显示，只有25%再婚家庭的儿童表现出适应问题，而从未离婚家庭的儿童表现出适应问题的比例是10%（Hetherington & Kelly, 2002）。一项综合性文献综述也发现平均差异并不大（Saint-Jacques & others, 2018）。

> 家庭的文化、民族与社会经济地位的差异

养育方式受文化、民族和社会经济地位的影响。在布朗芬布伦纳的理论中，这些影响因素构成了宏观系统的组成部分。

跨文化研究 父亲应当在家庭中扮演怎样的角色？家庭可以得到哪些支持系统的帮助？子女应当如何管教？对于这样的基本问题，不同的文化给出了不同的答案（Conger & others, 2012; Hewlett & McFarlen, 2010; Mistry, Contreras, & Dutta, 2013）。在养育儿童方面，存在着很大的跨文化差异（Bornstein & Lansford, 2010）。在有些国家，专制型养育方式十分普遍。例如，在阿拉伯国家中，许多家庭如今仍然非常专制，仍然处于父亲的统治下，孩子们所受家庭教育的内容主要是严格的行为准则和对家庭的忠诚（Booth, 2002）。一项针对学前儿童母亲的跨文化研究显示，与美国的母亲们相比，中国的母亲们报告说她们对学前孩子使用了更多身体强制的方法、更多唤起羞耻心和收回关爱的方法，更加鼓励谦虚，对孩子较少温柔，也较少给孩子民主参与的机会（Wu & others, 2002）。在最近一项关于父母养育方式和青少年发展关系的大规模的跨文化纵向研究中，研究者发现在父母养育方式的诸多方面存在着明显的跨国和跨文化的差异，尤其是在强调权威和严厉的控制方面（Deater-Deckard & others, 2018）。

那么，哪一种养育方式最为普遍呢？有一项经典研究调查了世界上186种文化中的父母养育行为，结果发现，最常见的养育风格是既温暖又控制的风格，即一种既不完全放纵又不完全限制的养育模式（Rohner & Rohner, 1981）。调查者评论道：经过许多世纪的探索，大多数文化都已经发现，促进儿童社会性健康发展的最有效的养育方式就是将父母的爱和一定程度的控制结合起来。

世界上许多国家的文化变迁正在进入家庭内部（Pieterse, 2020）。已出现的趋势包括家庭的流动性增大、城镇化移民、由部分家庭成员到遥远的城市或国家工作而带来的分居、小家庭增多、扩展家庭减少、上班族母亲增多等（Abela & Walker, 2013）。这些趋势可能会改变孩子们所能够获得的资源。例如，当几代同堂的大家庭不复存在时，孩子们便会失去来自祖父祖母、叔伯婶婶等亲人的支持和指导。同时，规模较小的家庭也许可以为父母和孩子们之间的交流创造更多的机会。

民族 不同民族的美国家庭在规模、结构、组成部分、对亲属关系的依赖程度、收入和受教育水平等方面都存在着差异（Conger & others, 2012; Livas-Dlott & others, 2010），这些差异反映了由文化和社会经济因素带来的复杂的影响。扩展家庭在少数民族中比在非拉丁裔白人主流民族中更加普遍（Wright & others, 2012）。例如，在2013年，26%的拉丁裔个体拥有5口或以上的家庭（通常有3个或更多的孩子），而这种情况在非裔个体中占14%，在非拉丁裔白人中只占10%（Pew Research Center, 2015）。与非拉丁裔白人美国儿童相比，非裔美国儿童和拉丁裔美国儿童与祖父母、叔叔、阿姨、堂兄弟姐妹、表兄弟姐妹以及其他关系较远的亲戚之间进行的互动更多。

单亲家庭在非裔和拉丁裔美国人当中比白种美国人更加普遍（Zeiders, Roosa, & Tein, 2011）。2017年，美国18岁以下的非裔青少年中有49%与单亲母亲生活在一起，拉丁裔青少年的相应比例是25%，而非拉丁裔白人青少年则是19%（U.S. Census Bureau, 2018）。与父母双全的家庭相比，单亲父母拥有的时间、金钱

> **发展链接**
>
> **文化和民族**
> 在近几十年来移民美国的墨西哥裔和亚裔等移民家庭当中，有许多来自集体主义的文化，这些文化强调对家庭的责任和义务。链接"文化与多样性"。

不同民族群体的家庭有哪些特点？
图片来源：视觉中国

以及精力等资源都比较少（Wright & others, 2012）。同时，与非拉丁裔白人父母相比，少数民族的父母受教育水平较低，他们也更可能生活在低收入的社区环境中。尽管如此，许多贫困的少数民族家庭仍然培养出了健康和发展良好的孩子（Masten, 2018; McLoyd & others, 2009）。

家庭生活的某些方面有助于保护少数民族儿童免受社会不公带来的伤害。家庭可以屏蔽一些有害的种族主义言论，父母也可以向孩子呈现和主流社会所提供的不同的参照框架。例如，大众媒体也许呈现的是充满种族偏见的关于少数民族个体的故事和图片，但少数民族儿童的家庭和他们生活的其他社会情境可以告诉孩子这些媒体信息并不适用于他们。当少数民族青少年经受的压力远远高于社会平均水平时，直系亲属和扩展家庭也可以作为重要的压力缓冲区（McAdoo, 2006; Sanders, Munford, & Boden, 2017）。

当然，在如何应对压力方面，每个家庭都有所不同；就这一点来说，主流民族家庭和少数民族家庭之间并没有什么差别（Nieto & Bode, 2012; Schaefer, 2013; Urdan, 2012）。例如，父母是移民还是本地出生，这个家庭在美国的时间有多久，他们的社会经济地位如何，原先的国籍是什么，所有这些都会产生重要的影响（Cooper, 2011）。此外，家庭所处社会环境的特点也会影响家庭的适应状况。例如，家庭所生活的城市或社区对家庭所属的民族群体持怎样的态度？家庭的孩子是否能够进入好的学校？社区中有没有对家庭所属民族的人持欢迎态度的群体？家庭所属民族群体的成员是否组成了他们自己的社区群体？要进一步了解少数民族家庭养育儿童的情况，请阅读"链接 多样性"专栏。

社会经济地位 低收入家庭的可用资源少于收入较高的家庭（Duncan, 2012; Duncan & others, 2013）。可用资源方面的差异包括营养、医疗保健、对危险的防范以及丰富的教育机会和社会化机会，如各种辅导和培训活动。在那些长期贫困的低收入家庭中，这些差异往往是复合性的（Santiago & others, 2012）。

在美国和大多数西方国家，不同社会经济地位（SES）的群体在儿童抚养方式上也存在着差异。这些差异在20年前就已经受到人们的关注（Hoff, Laursen, &

> **发展链接**
>
> **社会经济地位**
> 贫困对父母和孩子都会产生许多不利影响。链接"文化与多样性"。

链接 多样性

文化适应和少数民族的养育方式

主流社会总是期望少数民族儿童和他们的父母超越自己的文化背景，并将主流文化的各个方面纳入孩子的发展中（Garcia Coll & Pachter, 2002, p.7）。所以，少数民族儿童和他们的父母都要经历不同程度的**文化适应**，而文化适应则是指两种文化接触时发生的文化变化。例如，由于亚裔父母遇到了主流文化中典型的比较宽松的养育方式，他们就被迫修改传统的强调父母控制的养育风格。

家庭文化适应的程度可以通过影响亲子互动、对孩子发展的期待，以及扩展家庭的角色来影响养育方式（Cooper, 2011; Fuligni, 2012）。例如，在一项研究中，拉丁裔家庭的文化适应程度和母亲的教育水平成了母婴互动模式最强有力的预测指标（Perez-Febles, 1992）。

家庭的文化适应程度也会影响有关儿童照看和早期教育的重大决策。例如，"一位非裔母亲可能更愿意在自己上班时将孩子交给扩展家庭照看，因为亲属关系网络被看作是母亲不在家时的一种自然的应对方式。然而，这种善意的、文化上适宜的决定却可能使孩子在教育和社会发展方面处于相对劣势的地位，因为和孩子年龄相仿的其他孩子进了学前教育机构，他们可以从重要的学前教育经验中受益，从而为顺利过渡到小学阶段铺平道路"（Garcia Coll & Pachter, 2002, pp.7–8）。文化适应程度高低不同的家庭成员可能会在哪种儿童照看方式更适当的问题上持有不同意见，并可能导致冲突或混乱。

年幼孩子体验文化适应的机会主要取决于他们的父母和扩展家庭。如果父母送孩子到幼儿保育中心、学校、教堂或其他社区环境，孩子就会学习主流文化的价值观和行为，他们也会被期待适应主流文化的规范。因此，传统的拉丁裔家庭认为家庭利益重于个人兴趣，但是在这样的家庭中成长的孩子却可能会进入一所奖励孩子自我兴趣的幼儿园。那些其父母重视行为克制的传统价值观的华裔美国儿童，在家庭以外可能会因为活跃和善于表达情感而得到奖励。随着时间的推移，儿童、他们的父母以及扩展家庭在文化适应程度上的差异可能会越来越大（Garcia Coll & Pachter, 2002）。

在这个专栏里，你了解到学前教育机构可能会鼓励与某些少数民族群体的养育风格相冲突的行为。世界各地都有这一现象吗？世界各地最常用的养育风格是什么？

Tardif, 2002, p.246），但它们今天仍然存在：

- 较低社会经济地位的父母（1）对孩子遵从社会期望更加关注；（2）往往营造一种父母对孩子拥有绝对权威的家庭氛围；（3）管教孩子时更多地使用体罚；（4）对孩子发出的指令较多而和孩子的交谈较少。
- 较高社会经济地位的父母（1）更加关注的是如何发展孩子的主动性和孩子延迟满足的能力；（2）营造的家庭氛围是让孩子几乎平等地参与讨论规则的制定，而不是以专断的态度将规则强加给孩子；（3）较少使用体罚；（4）向孩子发布的指令较少但和孩子进行的交谈较多。

不同社会经济地位的父母所持有的教育观也有所不同（Brazil, 2016; Huston & Ripke, 2006）。中高收入的父母更经常地把孩子的教育看成是父母与教师相互支持的事情。相比之下，低收入的父母则更加倾向于把孩子的教育看成是教师的责任。因此，增进学校和家庭的联系对来自低收入家庭的学生来说往往特别有帮助。在本书后面的章节中，我们还将进一步论述社会经济地位的差异对儿童发展的影响，尤其是贫困给儿童发展带来的负面影响。同时，我们还将讨论文化的其他方面及其对父母养育方式和儿童发展的影响。

文化适应（acculturation）一种文化和另一种文化接触时发生的文化变化。

复习、联想和反思

学习目标 4

概括变迁的社会世界中家庭变化的特点。

复习
- 上班的父母是如何影响孩子的?
- 父母离婚对孩子发展的影响有什么特点?
- 生活在父母再婚的家庭里是如何影响孩子发展的?
- 家庭的文化、民族和社会经济地位以哪些方式影响儿童的发展?

联想
- 在本节,你了解到低收入家庭在营养、医疗保健、对危险的防范以及丰富的教育机会和社会化机会方面的可用资源较少。你已了解到生活在贫困中的儿童可能有哪些具体的健康问题?

反思你自己的人生之旅
- 在这一章,你已经研究了家庭的许多方面,请想象你已决定写一本有关自己家庭的书。你将关注自己家庭的哪些方面?书的题目是什么?书的主题又是什么?

达到你的学习目标

家庭

家庭过程

学习目标 1 讨论家庭过程。

- **家庭系统中的互动**

  家庭是由相互联系和相互影响的个体组成的系统,有些系统是二人的,有些是多人的。家庭的子系统之间的相互影响可以是直接的,也可以是间接的。父母幸福的婚姻关系可能对他们的养育方式产生积极的影响。交互社会化是一个双向的过程,在这个过程中,正如父母对孩子实施社会化一样,孩子也对父母实施社会化。

- **家庭过程中的认知和情绪**

  认知和情绪是理解家庭过程如何运行的关键。认知的作用包括父母对他们的父母角色的认识、信念和价值观,以及父母如何感知、组织和理解儿童的行为和想法。情绪的作用包括对儿童情绪的调控、对儿童情绪的理解,以及父母履行养育角色的过程中情绪的作用。通过与情绪教练式的父母的互动,儿童学习适当地表达和管理自己的情绪,他们拥有的行为问题也少于那些情绪摒除式的父母的孩子。

- **多条发展轨迹**

  成人遵循一条发展轨迹,儿童和青少年遵循另一条发展轨迹。理解成人、儿童、青少年的发展轨迹是如何交织在一起的,对于了解开始不同家庭任务的合适时机具有重要意义。

- **领域特定的社会化**

  儿童社会化的领域特定性观点日益受到重视。最近有人提出了一个侧重于五个领域的观点,每个领域和儿童特定的发展结果相联系。这五个领域是保护、对等交流、控制、指导学习、群体参与。

- **社会文化和历史的变迁**

  家庭中的变化可能由社会巨变引起,如战争;也可能由微小的社会变化引起,如技术的进步和家庭的更大流动性。如今,再婚家庭的比例比历史上任何一个时期都要高。

养育	**学习目标 2** 解释父母的养育是如何与青少年的发展相联系的。
● 父母角色和做父母的时间安排	目前的一个趋势是成人生育较少的孩子并主动选择生育孩子的时间。许多成人等待较长的时间才生育或干脆不生育。研究者发现较年长和较年轻父母之间在养育方式方面存在差异。
● 养育方式对儿童发展性变化的适应	进入父母角色要求父母不断地做出适应和调整。随着孩子长大,父母在管教孩子时越来越多地采用讲道理或收回特权的方式。在童年中晚期,父母和孩子待在一起的时间减少,而在童年中晚期,父母对孩子的学业成绩有着十分重要的影响。同时,在童年中晚期里,对行为的约束也更多采用协同控制的方式。
● 父母作为孩子生活的管理者	最近的趋势是从概念上将父母看成是孩子生活的管理者。养育婴儿的一个重要方面就是管理和引导婴儿的行为。作为孩子生活的管理者,父母在为孩子提供机会、有效地监控孩子的人际关系、发起和安排孩子的社会活动方面都起着重要的作用。父母的有效的监控与青少年较少的犯罪行为相关联,同时,父母的有效的管理和孩子较好的学业成绩相关联。
● 养育风格和管教	专制型、权威型、溺爱型和忽视型是四种主要类型的父母养育风格。与其他养育风格相比,权威型养育风格最能促进儿童社会能力的发展。然而,父母养育风格的民族差异表明:在非裔和亚裔美国家庭中,专制型养育风格的某些方面可能对儿童的发展有利。拉丁父母对子女的教育通常强调对家庭的忠诚以及对父母的尊重和服从。在管教孩子方面不应当使用体罚的原因有很多:过度体罚向儿童呈现了父母行为失控的负面榜样;体罚也会导致孩子产生恐惧、愤怒、逃避等消极情绪;体罚告诉儿童的是不应当做什么而不是应当做什么;体罚还可能会发展为虐待。协同养育对孩子有积极的效果。儿童虐待是一个复杂的问题,涉及文化背景和家庭的影响。虐待很可能导致儿童产生很多心理发展问题。
● 父母和青少年的关系	当青少年追求独立自主时,许多父母会经历一段困难时期。对父母的安全型依恋使得青少年更可能发展良好的社会适应能力。亲子冲突在青少年期的早期阶段不断增加,但这类冲突一般是轻度的而不是严重的。这类冲突的增加可能对青少年的发展起到一定的积极作用,可能有助于青少年自主性和同一性的形成。但是,部分青少年与父母之间的冲突比较激烈,这种状况和青少年发展的不良结果相关联。
● 代际关系	和父母的联系在人的一生中都具有重要的作用。越来越多的研究表明代际关系影响着儿童的发展。父母的婚姻关系、支持性的家庭环境、父母离婚和家庭中的行为问题等因素都和儿童的发展相关联。
同胞	**学习目标 3** 指出同胞是如何影响儿童发展的。
● 同胞关系	同胞关系涉及三个重要的方面:(1) 关系的情感特点;(2) 关系的熟悉和亲密程度;(3) 关系的多样性。同胞关系不仅包括冲突和争斗,还包括帮助、分享、指导和玩耍,兄弟姐妹可以成为竞争对手、情感的支持者、交谈的伙伴。
● 出生顺序	出生顺序和儿童特点之间存在一定的联系。和后来出生的孩子相比,第一胎出生的孩子更加自制、顺从、喜欢争论;他们的内疚感和焦虑感更强;学业和事业也更成功。但是,有些批评者认为出生顺序对儿童行为的预测力被过分夸大了。

变迁的社会世界中家庭的变化

学习目标 4 概括变迁的社会世界中家庭变化的特点。

● 上班的父母

总的来说，父母双方都外出上班对孩子没有产生消极影响。然而，根据不同的情况，父母上班可能会对养育方式产生积极或消极的影响。和工作条件好的父母相比，如果父母的工作条件差，他们就可能减少对孩子的关注，孩子就可能表现出更多的行为问题，在学校里的表现也比较差。

● 离婚家庭

离婚家庭的儿童比未离婚家庭的儿童表现出更多的适应问题。父母是否应该为了孩子而维持不幸福和矛盾重重的婚姻是一个很难决定的问题。如果离婚后的父母彼此关系融洽并使用权威型的养育方式，孩子就会表现出较好的适应。影响离婚家庭中孩子的适应的因素很多，包括在父母离婚之前的心理调整、人格和气质、发展状况、性别和监护安排。离婚母亲的收入减少可能会产生多种压力，从而影响孩子的适应。

● 再婚家庭

与离婚家庭一样，再婚家庭的儿童也比未离婚家庭的儿童表现出更多的适应问题。再婚家庭稳定的恢复比离婚家庭需要更长的时间。孩子与继父或继母的关系通常不及自己亲生的父亲或母亲，混合型再婚家庭也会比简单型再婚家庭出现更多的问题。对于经历父母的再婚事件来说，青少年期是一个特别困难的阶段。

● 家庭的文化、民族和社会经济地位的差异

就家庭来说，不同文化在许多问题上表现出不同的影响。在美国，与白人儿童相比，非裔和拉丁裔儿童更可能生活在单亲家庭、较大的家庭以及有着许多扩展性联系的家庭。高收入家庭更加倾向于避免体罚，并努力营造一种民主的家庭氛围，在这种氛围中，规则的制定是大家讨论的结果；高收入家庭也注重发展孩子的主动性和延迟满足的能力。然而，低收入家庭的父母在管教孩子时更可能使用体罚，发出的指令较多而交谈较少，并希望他们的孩子服从社会的期望。

重要术语

文化适应 acculturation
专制型养育 authoritarian parenting
权威型养育 authoritative parenting
协同养育 coparenting

溺爱型养育 indulgent parenting
多条发展轨迹 multiple developmental trajectories
忽视型养育 neglectful parenting

交互社会化 reciprocal socialization
鹰架 scaffolding

重要人物

约瑟夫·艾伦 Joseph Allen
戴安娜·鲍姆林德 Diana Baumrind
尤里·布朗芬布伦纳 Urie Bronfenbrenner
鲁思·曹 Ruth Chao

安·克鲁特 Ann Crouter
玛丽莲·达维多夫 Marilyn Davidov
朱迪·邓恩 Judy Dunn
安德鲁·富利尼 Andrew Fuligni

琼·格鲁斯克 Joan Grusec
E. 梅维斯·赫瑟林顿 E. Mavis Hetherington
劳里·克雷默 Laurie Kramer

第十五章 同伴

本章纲要

第 1 节 同伴关系

学习目标 ❶
讨论童年期的同伴关系。
- 探究同伴关系
- 童年期同伴关系的发展过程
- 亲子关系与同伴关系的区别和协调
- 社会认知和情绪
- 同伴地位
- 欺凌

第 2 节 游戏

学习目标 ❷
讨论儿童的游戏。
- 游戏的功能
- 游戏的类型
- 游戏的趋势

第 3 节 友谊

学习目标 ❸
解释友谊。
- 友谊的功能
- 相似性和亲密关系
- 性别和友谊
- 跨年龄友谊
- 异性友谊

第 4 节 青少年期的同伴关系

学习目标 ❹
概括青少年期同伴关系的特点。
- 同伴压力和遵从
- 小团体和群体
- 约会和恋爱关系

女孩们的故事

林恩·布朗（Lynn Brown）和卡罗尔·吉利根（Carol Gilligan）（1992）对100名10到13岁正在从童年期向青少年期过渡的女孩进行了深入的访谈。他们耐心地倾听了这些女孩们的倾诉。

女孩们说她们当中的许多人常常会说一些讨人喜欢而事实上自己并不赞同的好听的话。她们知道被别人认为自己是完美、快乐的女孩能给她们带来好处。有一个叫朱迪（Judy）的女孩叙说了她对恋爱关系的兴趣。虽然她和她的女孩朋友都只有13岁，但她们渴望恋爱的关系，她叙述了和这些朋友在一起长时间私下谈论有关男孩的事情。诺拉（Noura）说她体验到了作为大家都不喜欢的人是多么地痛苦。

在这些女孩的生活中往往会出现一些小团体。小团体为那些追求完美但又知道自己并不完美的女孩们提供了情感上的支持。维多利亚（Victoria）说：有时候，像她这样不怎么受欢迎的女孩也可以被小团体接纳，她和另外三个女孩就组成了一个"小俱乐部"。现在，当她感到忧伤或压抑的时候，她就可以到这个"小俱乐部"寻找安慰和支持。虽然她们几个属于"剩下的"，没能够加入最受欢迎的小团体，但在她们的小团体里，她们知道自己是受欢迎的。

通过这些访谈，我们可以看到这些女孩对她们生活的世界充满好奇。她们密切地注意着她们的同伴和朋友身上发生的事情。这些女孩详细叙说了人际交往过程中的亲密和乐趣给她们带来的愉悦，同时，她们也谈到了人际交往中可能遇到的伤害以及朋友的重要性（Brown & Gilligan，1992）。

前言

本章讨论的是同伴关系。显然，正如刚才故事中所描述的，同伴在青少年女性的生活中是非常重要的。同伴在儿童的生活中也非常重要。本章首先探讨有关儿童的同伴关系的一些观点，包括同伴关系的功能和种类。接下来我们将探讨儿童的游戏以及朋友在儿童发展中所起的作用。最后，我们将讨论青少年期的同伴关系。

学习目标 1

讨论童年期的同伴关系。
- 探究同伴关系
- 童年期同伴关系的发展过程
- 亲子关系与同伴关系的区别和协调
- 社会认知和情绪
- 同伴地位
- 欺凌

第 1 节 同伴关系

随着儿童长大，他们和同伴待在一起的时间越来越多。那么，同伴关系有哪些重要的方面呢？

> 探究同伴关系

同伴指年龄相仿或成熟程度相当的儿童。他们在儿童的发展中发挥着独特的作用。其中最重要的一项功能就是为儿童提供了一个家庭以外关于世界的信息源和比较的参照。儿童从同伴群体那里接收到关于自己能力的反馈意见。他们通过与其他儿童比较来评估自己所做的事情是比别人好，和别人一样好，还是不如别人。这一点在家庭里很难做到，因为兄弟姐妹通常不是比自己年长就是比自己年幼。

同伴是儿童发展必需的吗？ 对儿童社会性的正常发展来说，同伴关系也许是必不可少的（Bukowski, Laursen, & Rubin, 2018; Brown & Larson, 2009; Rubin & others, 2013）。社会性隔离或没有能力"融入"社会网络往往和种种问题相关联，包括违法行为、酗酒、抑郁（Benner, Hou, & Jackson, 2019; Bornstein, Jager, & Steinberg, 2013; Yearwood & others, 2019）。

积极的和消极的同伴关系 同伴的影响既可以是积极的，也可以是消极的（Bauman & Bellmore, 2015; Rubin & others, 2013; Wentzel, 2018）。例如，一项研究发现，在青少年初期，个体的同伴和好友的认知能力或缺陷也许对他们自己的认知能力或缺陷的发展具有重要的影响（Boutwell, Meldrum, & Petkovsek, 2017）。儿童和青少年通过解决同伴之间的分歧来探讨公平和正义的原则。他们也学会了敏锐地观察同伴的兴趣和看法，以便顺利地融入同伴正在进行的活动中。儿童和青少年还通过选择性地与一些同伴建立亲密友谊来学习如何成为人际关系中老练和敏感的伙伴。这些技巧将成为他们日后建立恋爱和婚姻关系的基础。

有些研究者强调同伴关系对青少年发展的消极影响（McGloin & Thomas, 2019）。被同伴拒绝或忽视可能会导致一些儿童感到孤独或产生敌意。同时，这种拒绝和忽视与个体日后的心理健康相关联（Hymel & Espelage, 2018）。对某些青少年来说，同伴文化成了一种错误的影响力，它削弱父母的价值观和控制。此外，

> 你看到他早些年无所事事，你会困惑不解。为什么这样啊！难道没有什么值得高兴的事情？难道没有什么值得追求、值得玩耍的东西吗？而如今，他却忙得不可开交，他从没有像现在这么忙呀。
>
> ——卢梭
> 18 世纪生于瑞士的法国哲学家

同伴（peers） 年龄相仿或成熟程度相当的儿童。

同伴关系还和青少年吸毒、犯罪以及抑郁的问题相关联。越来越多的研究发现，父母监控力度低和青少年较多的吸毒和犯罪行为相关联，其原因之一是他们加入了具有越轨行为的同伴团体（Deutsch, Wood, & Slutske, 2016）。

当你进一步阅读有关同伴关系的研究时，请记住随着同伴经验的定义和测量方法的变化，有关同伴影响的研究发现也会随之变化（Marks & others, 2019）。"同伴"和"同伴群体"都是宽泛的概念。某个青少年的"同伴群体"可能指一个邻里群体，也可能指一群教友、一个对照组、一支运动队、一个朋友群或几个朋友（Crosnoe, Pivnick, & Benner, 2018）。

同伴的情境　同伴关系受情境的影响，情境包括儿童和青少年与什么类型的同伴（如一个熟人、一群人、一个小团体、一个朋友或恋人）交往，交往的环境或场所（如学校、邻里、社区中心、舞会、宗教场所、体育赛事等），以及儿童和青少年生活于其中的文化（Crosnoe, Pivnick, & Benner, 2018; Rubin & others, 2013）。当儿童和青少年在这些不同的情境中和同伴互动时，他们就可能接触到不同的信息，以及不同的机会让他们做出适应良好或适应不良的行为，这些都可能影响他们的发展（Milledge & others, 2018）。

就情境来说，在所有的文化中，同伴都对个体的发展具有重要的作用。然而，正如"链接 多样性"专栏所显示的，在不同的文化中，同伴的社会化作用的意义有所不同（Persike & Seiffge-Krenke, 2016; Way & Silverman, 2012）。

个体差异　在理解同伴关系方面，同伴之间的个体差异也是需要考虑的重要因素（Cipra, 2019; Kulig & others, 2019）。在众多个体差异当中，可能对同伴关系产生影响的一个重要因素便是人格特点，如儿童害羞或外向的程度。例如，和一个爱交际的孩子相比，一个很害羞的孩子更容易被同伴忽视，在向新同伴做自我介绍时也更容易感到焦虑。可能损害同伴关系的一个个性特点是消极的情绪特征，即个体体验到生气、害怕、焦虑、愤怒情绪的阈限比较低。例如，一项研究显示：容易愤怒和发脾气的学步儿在小学里的同伴关系和社交能力一般都比较差，这又反过来预测了他们在青少年早期的学校表现和适应能力也比较差（Dollar & others, 2018）。

> 童年期同伴关系的发展过程

有些研究者认为，婴儿期里同伴互动的质量可以为儿童日后社会情绪的发展提供有价值的信息（Hay, Kaplan, & Nash, 2018）。例如，一项调查发现：8个月大的婴儿不仅表现出了对啼哭的同伴的关心，而且有时候他们的回应行为能够帮助痛苦的婴儿安静下来（Liddle, Bradley, & McGrath, 2015）。今天，随着越来越多的儿童进入儿童保育中心，婴儿期的同伴互动也就发挥着更加重要的促进发展的作用。

到了3岁左右，儿童开始变得更愿意与同性而不是异性儿童一起玩耍，这一倾向在童年早期得到进一步加强。最近一项针对4岁儿童的研究发现，性别对于儿童选择谁做玩伴具有很强的影响力（Martin & others, 2013）。在这一研究中，儿童选择了同性的并且性别类型活动水平相似的玩伴，其中儿童性别的影响力大于儿童的活动。

在学前阶段，同伴互动的频率增加了很多，无论是积极的还是消极的互动，都是如此（Bukowski. Laursen, & Rubin, 2018; Rubin & others, 2013）。虽然攻击性互动和扭打式玩耍有所增加，但是与友好的互动相比，攻击性互动所占的比

> **链接 多样性**
>
> **同伴关系的跨文化比较**
>
> 在有些国家中，儿童与同伴的交往受到成人的限制。例如，在阿拉伯国家和印度的许多乡村，青少年与同伴交往的机会受到严格的限制，女孩更是如此（Makhlouf Obermeyer, 2015）。这些地区的学校当中有许多是男女隔离的。在这样的情境下，与异性交往或发展恋爱关系的机会就比较少（Gibbons & Poelker, 2019）。
>
> 在一项覆盖18个国家的跨文化研究中，研究人员调查了世界各地近5,000名青少年，目的是了解他们与父母、同伴、朋友交往过程中体验到怎样的愉悦和压力（Persike & Seiffge-Krenke, 2016）。总的来说，青少年们认为父母是比同伴更大的压力来源。不过，不同地区的青少年对压力的感知和应对也表现出特定的模式；相比之下，男女之间的差别则相当小。
>
> 与美国等西方工业化文化中的儿童相比，有些文化中的儿童在早年阶段被安置在同伴群体中的时间要长得多。例如，在印度东部的摩利安文化（Murian culture）中，男孩和女孩从6岁起直到结婚前都住在宿舍里（Barnouw, 1975）。这种宿舍是一个宗教庇护所，其成员致力于劳作和精神上的和谐。孩子们帮助父母干活，父母安排孩子的婚姻。
>
> 在有些文化环境中，同伴甚至承担了通常由父母承担的责任（Way & Silverman, 2012）。例如，巴西街头的流浪青年往往依靠同伴网络来帮助自己在都市环境中谋生（Ursin, 2015）。
>
> ---
>
> 跨文化研究就是将两个或多个文化的某些方面进行比较，这样的比较可以告诉我们不同文化中的发展在多大程度上是类似或普遍的，在多大程度上是文化特定的。

例逐渐下降。许多学前儿童把相当多的时间都用在了与同伴互动方面，主要是与玩伴磋商游戏规则以及各自在游戏中扮演什么角色，互相争论，并达成一致意见（Rubin, Bukowski, & Parker, 2006）。

在童年早期，儿童还对朋友和非朋友之间做了区分（Howes, 2009）。对大多数幼儿来说，朋友就是和自己一起玩的人。年龄较小的学前儿童比年龄较大的学前儿童更可能拥有不同性别或不同民族的朋友（Howes, 2009）。

随着儿童进入小学阶段，互惠在同伴互动中变得尤其重要。儿童在一起玩游戏，参加小群体的活动，并发展友谊。在童年中晚期和青少年期里，个体用于和同伴互动的时间也在增加。研究者们估计：在2岁时，个体花在与同伴社会互动上的时间约占10%，而在童年中晚期，约占30%以上。童年中晚期同伴关系的另一个变化还包括同伴群体中人数的增多以及没有成年人监管的互动的增多（Rubin, Bukowski, & Parker, 2006）。现代技术又助长了这些发展性变化，年龄较大儿童和青少年之间通过媒体进行的"线上"互动急剧增加（Pew Research Center, 2018a）。

同伴互动有多种形式，合作的和竞争的、喧闹的和安静的、令人愉快的和让人出丑的等等。越来越多的证据表明：性别在这些互动中发挥着重要的作用。性别不仅影响到儿童群体的构成状况，还影响到群体的大小以及群体内的互动类型（Corsaro, 2018）。大约从5岁起，男孩就比女孩更趋向于组成较大的同伴群体；女孩则更喜欢在只有两到三人组成的小团体里玩耍。男孩群体和女孩群体也倾向于喜欢不同类型的活动。男孩群体更可能进行扭打式玩耍、竞争、冲突、自我展示、冒险以及追求领导权的游戏。与此形成对照的是，女孩群体则更可能开展合作性的交谈和活动（Mehta & Strough, 2009）。

> 亲子关系与同伴关系的区别和协调

父母可以从许多方面影响孩子的同伴关系，这些影响有些是直接的，有些是间接的（Updegraff & others, 2010）。父母通过怎样与孩子互动，如何管理孩子的生活，以及为孩子提供哪些机会来影响孩子的同伴关系（Brown & Bakken, 2011）。例如，一项覆盖了10个纵向研究的分析显示：父母体贴和支持性的养育方式和青少年较好的同伴关系相关联，同时，父母的养育方式与同伴关系这两个因素又一起预测了青少年较少的反社会行为（Walters, 2019）。

通过选择邻里、宗教组织、学校、自己的朋友圈等基本生活方式的决策，父母在很大程度上决定了孩子选择同伴的可能范围。因为父母的这些决策影响到孩子会遇到哪些儿童，他们交往的目的是什么，并最终决定哪些儿童将成为孩子的朋友。

这些结果是否表明亲子关系总是决定着儿童的同伴关系呢？虽然亲子关系影响孩子日后的同伴关系，但孩子也通过他们与同伴的关系学习其他的互动模式。例如，扭打式的玩耍主要发生在与其他孩子互动时，一般不会发生在亲子互动中。当遇到压力时，儿童通常会求助于父母，而不是求助于同伴。在亲子关系中，儿童学习如何与权威人物交往。而在同伴关系中，儿童则可能在更加平等的基础上与其他儿童互动，从而学会一种以相互影响为基础的交往模式。通过这些和其他的途径，同伴便为儿童提供了多种与家庭关系不同的独特的互动机会。

此外，有关青少年依恋研究的最一致的发现便是对父母的安全型依恋与积极的同伴关系相关联（Allen & others, 2018）。一项大规模的元分析还发现：青少年对母亲的依恋与同伴关系的相关程度比其对父亲的依恋与同伴关系的相关程度要高得多（Gorrese & Ruggieri, 2012）。

不过，虽然青少年对父母的依恋与青少年的同伴关系之间存在相关，但相关的程度不是特别高，表明青少年对父母依恋的成功（或失败）并不一定能保证其同伴关系方面的成功（或失败）。当然，对父母的安全型依恋是青少年的一笔财富，可以在此基础上培养与他人建立亲密关系所需的信任感，并为建立亲密关系所需的技能打下基础。然而，有相当一部分青少年拥有相当不错的和支持性的家庭，却被同伴关系所困扰，其原因有多种，如外貌缺乏吸引力、成熟晚以及文化和社会经济地位的差异。相反，有些来自问题家庭的青少年却因为同伴关系而找到了一个积极的新的开始，因为同伴关系可以弥补他们的家庭环境的一些缺陷。

> 社会认知和情绪

同伴关系不仅仅涉及情绪和行为，还受到社会认知的影响，而社会认知则涉及有关社会状况的思考和看法（Carpendale & Lewis, 2015; Dodge, 2011a, b）。例如，小女孩玛丽安娜（Mariana）期望她的玩伴在任何时候都答应她分享他们的玩具的请求；当乔希（Josh）在操场上没有被选入球队时，他觉得他的朋友都在和他作对。儿童的社会认知是如何影响他们的同伴关系的呢？可能的影响包括儿童的观点采择能力、社会信息处理技能、社会知识、情绪调控能力。

观点采择 随着儿童进入小学阶段，他们与同伴互动的能力以及观点采择的能力

青少年和父母的关系与他们和同伴的关系之间有哪些联系？
图片来源：视觉中国

发展链接

依恋
形成了安全型依恋的婴儿把照料者作为他们探索周围环境的安全基地。链接"情绪发展"。

发展链接

社会认知
社会认知指涉及理解我们周围世界的过程，尤其涉及我们是如何思考他人的。链接"自我和同一性"。

都随之提高。观点采择涉及感知他人观点的能力。已有研究证据表明，在观点采择能力与同伴关系的质量之间存在着关联，尤其是在小学阶段（Slaughter & others, 2015）。

观点采择能力之所以重要，部分原因是它能够帮助儿童更加有效的沟通。在一项经典调查中，研究者对幼儿园、一年级、三年级和五年级儿童与同伴沟通的技能进行了评估（Krauss & Glucksberg, 1969）。实验中的任务是让儿童教他（她）的同伴如何搭积木。一个儿童坐在课桌的一边，同伴坐在他（她）的对面，课桌中间用不透明的屏风隔开，两个儿童所拥有的积木相似（参见图1）。结果发现，幼儿园的儿童在告诉同伴如何复制自己的新作品的过程中会犯很多错误。而较年长的儿童，特别是五年级的儿童，在和同伴沟通如何搭积木的过程中就显得高效得多。他们的观点采择能力要优越得多，能够琢磨出该如何对同伴叙说以便同伴能够理解他们的意思。在小学阶段里，儿童理解复杂信息的能力也不断提高，所以，在这个实验中，同伴听的能力也可能帮助了负责说的儿童。

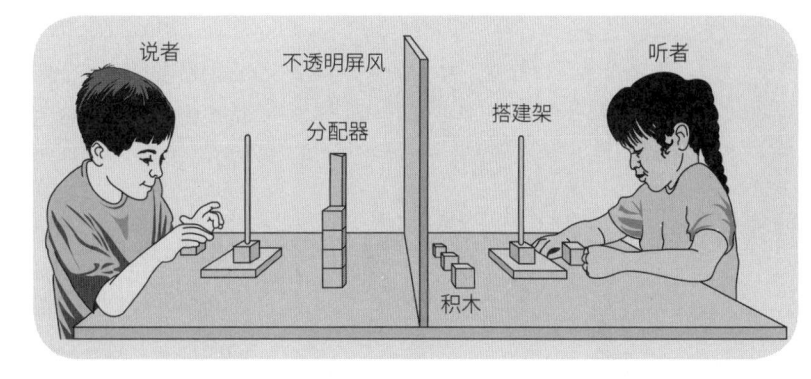

图1 沟通技能的发展
研究者通过说者和听者的实验安排来调查沟通技能的发展。

社会信息处理技能 儿童如何处理有关同伴关系方面的信息也影响着同伴关系（Dodge, 2011a, b; Thomas, Connor, & Scott, 2018）。例如，假定安德鲁无意中被绊倒并碰翻了亚历克斯手里的饮料。亚历克斯错误地将这一事件解释为敌意行为，从而导致他对安德鲁进行报复性攻击。如果其他同伴多次看到亚历克斯这么做，就会渐渐地认为亚历克斯是个习惯于不当行为的孩子。

同伴关系研究者肯尼思·道奇（Kenneth Dodge, 1993）认为儿童对有关他们社会世界的信息的处理要经历五个阶段：解码社会性线索、解释、寻找反应、选择最佳反应、做出反应。道奇发现：当另一个孩子的意图不明确时，具有较强攻击性的男孩往往会把对方的行为看成是敌意的；与非攻击性儿童相比，当攻击性儿童寻找线索以确定同伴的意图时，他们的反应往往更加急促、低效、缺乏思考。这些发现在跨文化的情境中具有相当程度的一致性。例如，在一项包含9个国家的大规模纵向研究中，儿童处理社会信息的偏向预测了他们向青少年期过渡时的攻击性行为（Dodge & others, 2015）。

社会知识 随着儿童和青少年的发展，他们也日益获得更多的社会知识（有时也被称为社会智力）；但在多大程度上知道如何结交朋友、如何获得同伴的喜欢等方面，个体之间存在着相当大的差异（Knopp, 2019）。一项包括了近7,000名3至12岁儿童的元分析显示：儿童较丰富的社会知识与他们在学校里较好的社会和学业适应存在着明显的相关（Voltmer & von Salisch, 2017）。

情绪调控 在同伴关系中，不仅认知起着重要的作用，情绪也起着重要的作用（Calkins, 2012; Lindsey, 2019）。较强的情绪调控能力和成功的同伴关系相关联，而情绪调控能力差则是导致社会问题、行为问题和情绪问题的一个主要因素（Thompson, 2019）。例如，在一项研究中，那些在同伴互动中表现出高度攻击性的学前儿童也表现出较差的自我调控能力（Olson & others, 2011）。喜怒无常和情绪消极的个体更容易受到同伴的排斥，而情绪积极的个体则更容易受到同伴的

攻击性强的男孩是如何处理有关他们社会世界的信息的？
图片来源：视觉中国

第十五章 同伴 **423**

儿童和同伴相处时有哪几种地位？
图片来源：视觉中国

受欢迎儿童（popular children）经常被同伴提名为最好的朋友，但几乎没有被同伴讨厌的儿童。

一般儿童（average children）受到同伴正面提名和负面提名的次数都属于平均水平的儿童。

被忽视儿童（neglected children）被提名最好朋友的次数不多，但也没有被同伴厌恶的儿童。

被排斥儿童（rejected children）很少被提名为最好的朋友，但受到同伴强烈厌恶的儿童。

争议儿童（controversial children）经常被某些儿童提名为最好的朋友，又被其他儿童提名为讨厌的人的儿童。

> 被同伴排斥会导致日后的适应问题，包括反社会行为。
>
> ——约翰·柯伊
> 当代心理学家（杜克大学）

欢迎（Riley & others, 2019）。早在学前阶段和进入小学时，即使在容易激起强烈情绪的情境中，如面对一个刻薄的和具有攻击性同伴时，自我调控能力强的儿童也能够调整好自己的情绪表达（Denham & Bassett, 2019）。

> ## 同伴地位

哪些类型的儿童会受到同伴的欢迎，哪些类型的儿童则容易受到同伴的厌恶呢？发展心理学家们通过考察社交地位（sociometric status）来回答这一类问题，社交地位这一术语是指某个儿童受到同伴群体喜欢或不喜欢的程度（Cillessen & van den Berg, 2012; van der Wilt & others, 2018）。评估社交地位的典型的方法是要求儿童逐一评价对班上每一个人的喜欢程度；或者通过让儿童说出自己最喜欢和最不喜欢的同伴的姓名来评估。

发展学家已区分了如下五类同伴地位（Wentzel & Asher, 1995）：

- **受欢迎儿童**是经常被同伴提名为最好的朋友，几乎没有被同伴讨厌的儿童。
- **一般儿童**指受到同伴正面提名和负面提名的次数都属于平均水平的儿童。
- **被忽视儿童**被提名最好朋友的次数不多，但也没有被同伴厌恶。
- **被排斥儿童**很少被提名为最好的朋友，但受到同伴强烈厌恶。
- **争议儿童**经常被某些儿童提名为最好的朋友，又被其他儿童提名为讨厌的人。

受欢迎儿童掌握了许多有助于他们得到同伴喜爱的社交技能。同时，研究者发现受欢迎儿童具有如下特点：他们会给同伴一些恩惠、善于倾听、与同伴交流时显得虚心、快乐、能够控制自己的消极情绪、真诚、热情、关心他人、自信但不傲慢。在加拿大、美国、中国、整个欧洲以及其他的地区，研究者在青少年和中小学学生身上都观察到了这些模式（Rytioja, Lappalainen, & Savolainen, 2019; Zhang & others, 2018）。有研究显示：和其他优先考虑的事情（如友谊、成绩、恋爱的兴趣）相比，成为受欢迎的人的重要程度在青少年期早期达到了峰值（LaFontana & Cillessen, 2010）；在青少年期里，年轻人逐渐能够比较熟练地在受欢迎与其他重要的事情之间达成平衡（Yau & Reich, 2019）。

被忽视儿童与同伴的互动很少，同伴通常把他们描述为害羞。被排斥儿童比被忽视儿童有更加严重的适应问题（McDonald & Asher, 2018）。一项历时7年的经典研究考察了112名男孩，从小学五年级一直追踪到高中结束（Kupersmidt & Coie, 1990）。结果发现：对于被排斥儿童是否会在未来的青少年期里从事违法活动或出现辍学的问题，最好的预测指标便是这些儿童在小学阶段里有没有攻击同伴的行为。另一项包括男孩和女孩的纵向研究从幼儿园一直追踪到高中毕业，结果发现：受到同伴的排斥和伤害是一个一致和强有力的预测指标，可以预测个体的学校参与度和学业成绩越来越差（Ladd, Ettekal, & Kochenderfer-Ladd, 2017）。

同伴排斥和攻击性 儿童既受到同伴排斥又表现出攻击性尤其会成为日后问题的预兆（Vitaro, Boivin, & Poulin, 2018）。一系列包括多种文化群体和亚群体的研究发现：无论是男孩还是女孩，受排斥和攻击性的结合都与他们较多的心理和学业问题相关联。

既受同伴排斥又有外显身体攻击性的情况在男孩当中的普遍程度远远高于女孩。为什么这类男孩在社交方面会遇到问题呢？约翰·柯伊（John Coie, 2004, pp. 252–253）的分析指出了如下三个原因：

- 第一，这类男孩通常比较冲动，也难以保持注意。因此，他们更可能打断和破坏课堂上正在进行的活动或正在进行的集体游戏。
- 第二，他们对刺激的反应更加情绪化，更容易被激怒，并且在激怒后很难平静下来。因此，他们更容易对同伴发火，并对同伴实施身体上和言语上的攻击。
- 第三，他们在交友以及与同伴保持积极关系方面的技能较差。

并不是所有被排斥的儿童都具有攻击性（Rubin & others, 2018）。虽然在大约一半的情况下，攻击性及其相关的冲动和扰乱性的特点是导致同伴排斥的原因，但约有10%到20%被排斥的儿童具有害羞的特点。

什么是同伴排斥的前兆呢？杰拉尔德·帕特森（Gerald Patterson）、汤姆·迪歇恩（Tom Dishion）和他们的同事们（Dishion & Snyder, 2016; Patterson, 2016）认为，父母在童年早期和小学阶段低劣的育儿技能是孩子受到同伴排斥的根源。这些研究人员特别强调：监管不力和严厉的惩罚（某些情况下由孩子的困难型气质引起）使孩子产生了攻击性和反社会倾向。孩子带着这些倾向进入了同伴的世界，但在同伴世界里，他们受到了那些比较沉着、自控能力较强、经历了比较积极的父母养育（如权威型养育）的同伴的排斥。

该如何教被排斥儿童学会更有效地与同伴互动呢？可以教被排斥儿童更准确地评估他们同伴的意图是否是不良的。也可以让被排斥儿童参加角色扮演游戏，讨论假设情境中该如何应对同伴的冒犯，如排队时同伴插到了自己的前面。在有些培训项目中，教员先让儿童观看关于适当的同伴互动的录像，然后要求儿童讨论从刚才看到的录像中可以学到什么经验。如今，有很多可用于个别的、小群体的甚至全校的社会技能培训工具和干预措施（DiPerna & others, 2018）。

虽然有些试图改善社会技能的培训项目取得了积极的效果，但研究者发现：对于那些受到同伴强烈厌恶和排斥的青少年来说，培训项目很难改善他们的社会技能。这类青少年之所以受到排斥，大多是因为攻击性或冲动，并缺乏对这些行为的自我控制。但是，仍有一些干预项目成功地改善了这类青少年的社会性行为（Yeager, Dahl, & Dweck, 2018）。

在青少年期里，随着小团体和同伴群体的地位变得更加突出，个体在同伴群体中的名声也变得更加固定化了。一旦个体在同伴间获得了诸如"吝啬""古怪""不合群"等消极的名声，同伴群体的态度往往就难以改变；即使当个体已经纠正了问题行为时，仍然如此。因此，最有效的干预项目还要把同伴群体（班级或学校）包括在内，旨在增强同伴群体成员对他们相互支持的角色的意识和理解（Taylor & others, 2017）。

▷ 欺凌

在世界各地（主要是北美和欧洲，也包括亚洲、非洲、南美洲）所做的众多研究显示：相当数量的学生是欺凌现象的受害者（Chen & others, 2017）。最近一个全美国范围的调查样本覆盖了6岁至17岁的儿童和青少年（Lebrun-Harris & others, 2018），所得数据显示：近1/4的青少年报告说被别人欺凌过，但只有1/16报告说自己欺凌过别人。儿童当中受害者较多，青少年当中受害者较少。

欺凌行为有什么特点呢？欺凌者往往报告说他们的父母是专制的、缺乏温暖、体罚他们并对他们漠不关心（Espelage & Holt, 2012）。欺凌者常常表现出愤怒和敌对情绪，在许多情况下道德意识很淡薄（Chen & others, 2018）。

哪些人容易受到欺凌呢？多项研究显示了一些基本的模式（Green, Collingwood, & Ross, 2010; Smith, Shu, & Madsen, 2001）：男孩尤其是中间学校低年级的男孩最容易成为受害者。受到欺凌的儿童报告说自己更容易感到孤独，交朋友也更加困难。而欺凌他人的儿童则更可能学习成绩差并有违法行为。研究者还发现，焦虑水平高、孤僻、好斗的孩子常常成为欺凌的受害者。焦虑水平高和孤僻的儿童容易成为受害者可能是因为他们没有威胁力，受欺凌后通常不会报复；而好斗的儿童容易成为欺凌的对象可能是因为他们的行为常常激怒欺凌者（Rubin & others, 2018）。一项研究显示：拥有朋友支持的儿童较少欺凌他人，也较少被他人欺凌（Kendrick, Jutengren, & Stattin, 2012）。

社会情境也影响着欺凌行为，70%到80%的受害者和欺凌者都是同一学校同一班级的同学（Salmivalli & Peets, 2009）。班上的同学通常都知道欺凌事件，而且在许多情况下也是目击者。同伴群体的较大的社会场景更容易引发欺凌事件（Zych, Farrington, & Ttofi, 2018）。大众媒体使用人数的剧增使儿童更容易接触和观看网络欺凌行为（Bauman & Bellmore, 2015; Zych, Farrington, & Ttofi, 2018）。在许多情况下，欺凌者折磨受害人就是为了在同伴群体中获得更高的地位，因而欺凌者需要别人观看他们的力量展示。许多欺凌者并没有受到同伴群体的排斥（Pouwels, Lansu, & Cillessen, 2018）。在一项研究中，只是那些受到欺凌者潜在威胁的同伴才排斥他们（Veenstra & others, 2010）。另一项研究发现：两个具有攻击性的青少年甚至初次见面时就相互喜欢和合作，这说明了为什么有些欺凌者会抱团（Andrews & others, 2019）。

欺凌行为会导致什么样的结果呢？研究人员发现：相对于未受欺凌的同伴，被欺凌的儿童更容易患抑郁症、产生自杀的念头或试图自杀（Fisher & others, 2012; Lemstra & others, 2012）。一项包括6,000多名儿童的纵向研究发现，那些在4岁至10岁期间受欺凌的儿童在11岁时更有可能产生自杀的念头（Winsper & others, 2012）。针对这一样本的另一项分析也显示：那些11岁时受到同伴欺凌的儿童更有可能出现边缘性人格障碍（Borderline personality disorder）的症状（一种普遍的人际关系不稳定的状况，包括自我形象差和情绪问题）（Wolke & others, 2012）。多项覆盖众多研究的元分析表明受欺凌和学业成绩不良之间存在不高但显著的关联（Nakamoto & Schwartz, 2010; Schoeler & others, 2018）。另一项包括27,000多名澳大利亚青少年的研究则显示：和同伴相比，受害者有更多的健康问题（如头痛、头晕、睡眠问题、焦虑）（Agostini, Lushington, & Dorrian, 2019）。

一项研究要求过去曾被欺凌的18岁的青少年说明实际上是什么原因使得对方停止了欺凌行为（Frisen, Hasselblad, & Holmqvist, 2012）。这些青少年给出的最常见的原因是学校工作人员的干预；其次是升入了新的学级；第三个原因是他们改变了应对欺凌的方式，尤其是通过表现得更加自信或不予理睬的方式来应对。研究人员发现，许多受害者不能适当地应对被欺凌的情境，往往是通过哭或退缩来

发展链接

科技

近年互联网上青少年网络欺凌和骚扰现象急剧增加。链接"文化与多样性"。

哪些策略可减少欺凌行为？
图片来源：视觉中国

应对。所以，教他们一些比较有效的应对策略也许有助于减少欺凌现象。欺凌者、受害者和亲社会儿童往往会表现出什么样的观点采择能力和道德动机呢？要了解问题的答案，请参阅"链接 研究"专栏。

目前，研究人员正在广泛地寻找预防欺凌和治疗受害者的方法（Smith, 2019）。以学校为基础的干预差别很大，从涉及整个学校的反欺凌宣传，到提供个别化的社交技能训练（Divecha & Brackett, 2019; Huang & others, 2019）。其中最有前途的欺凌干预项目是由丹·奥尔沃斯（Dan Olweus）创建的。该项目侧重于6岁到15岁的儿童，目标是减少实施欺凌的机会和对欺凌行为的奖励。在这一项目中，研究者对学校工作人员进行改善同伴关系和使学校更安全方面的策略培训。如果实施得当的话，该项目可以将欺凌现象减少30%至70%（Olweus, Limber, &

链接 研究

欺凌者、欺凌与受害者、受害者以及亲社会儿童的观点采择与道德动机

有一项例证性研究探讨了观点采择和道德动机在欺凌者、欺凌与受害者、受害者以及亲社会儿童生活中所发挥的作用，研究结果如下（Gasser & Keller, 2009）：

- 欺凌者对其他儿童具有高度的攻击性，但自己不是欺凌行为的受害者。
- 欺凌与受害者不仅对其他儿童具有高度的攻击性，而且自己也是欺凌的受害者。
- 受害者是被动的，对欺凌者的回应也是非攻击性的。
- 亲社会儿童表现出诸如分享、助人、安慰、同情之类的积极的行为。

研究者让教师和同伴为34个班级的212名7岁和8岁的学生评分，并根据评分结果将这些男生和女生分成上述的四种类别。在一个5分制的量表（从"从没有"到"一周好几次"）上，教师评分的内容包括：（1）该儿童欺凌他人的情况；（2）该儿童受他人欺凌的情况。评分侧重于三种类型的欺凌或被欺凌：身体动作、言语攻击、排斥他人。在一个4分制的量表上（从不适合到明显适合），教师也对儿童的亲社会状况进行评分。评分内容包括三项："乐意与他人分享"、"必要时安慰他人"、"同情他人"。同伴评分的内容是让儿童提名哪些儿童是班上的欺凌者、哪些是受欺凌者、哪些经常表现出亲社会行为。在剔除了那些自相矛盾的评价后，研究者将教师和儿童的评分综合起来。最终的样本包括49个欺凌者、80个欺凌与受害者、33个受害者、50个亲社会的儿童。

研究者采用了心理观任务来评估儿童的观点采择能力；采用访谈法来评估儿童的道德动机，访谈的过程是先讲关于其他儿童违反道德的故事，然后问该儿童对故事中各方对与错的看法。在一个心理观任务中，研究者对儿童进行了测试，看他们是否了解某个人对另一个人可以持有错误的看法。在另一项心理观任务中，研究者也对儿童进行了测试，以确定他们是否了解人们有时会隐藏自己的情绪，而表现出来的则是和他们真正感受到的不同的情绪。在关于道德动机的访谈中，先给儿童讲4个违反道德的故事（内容分别是不愿与同学分享、从同学那里偷糖果、将同学的鞋子藏了起来、用言语欺负同学），然后要求儿童判断这些行为是对还是错，并说明故事中的人物的感受可能是怎样的。

这项研究的结果表明：只有欺凌与受害者（而不是欺凌者）缺乏观点采择能力。进一步分析发现：两组具有攻击性的儿童（欺凌者、欺凌与受害者）都有道德动机缺陷。该分析结果与人们对于欺凌者的一般看法相一致，即认为欺凌者有社交能力，也具有观点采择的能力，并具有和同伴有效互动的能力。但是，欺凌者只是利用这些社会知识为自己操纵他人的目的服务。该分析还证实了欺凌者缺乏道德的敏感性。近年来在多国进行的研究也清楚地表明：道德意识缺乏在伤害他人的行为中起着关键的作用（Chen & others, 2018）。

研究者如何能保证可用来帮助预防欺凌行为的研究结果被适当地应用于学校情境中（而不是被用来标识潜在的欺凌者或用来隔离潜在的受害者）？

第十五章 同伴

Breivik, 2019)。

为了减少欺凌行为的发生,学校可以采取如下措施(Cohn & Canter, 2003; Hyman & others, 2006; Limber, 2004):

- 让年龄较大的儿童负责监督欺凌行为,当看到欺凌行为发生时就进行干预。
- 制定预防和惩罚欺凌行为的校规,在全校范围内张贴。
- 让经常受到同伴欺凌的青少年组成友谊互助小组。
- 将反欺凌项目的信息散布到青少年参与的学校活动场所、礼拜场所以及其他社区活动场所。
- 鼓励父母强化自己的青少年孩子的积极行为,并为他们树立适当的人际互动的榜样。
- 及早确认欺凌者和受害者,进行相关社会技能的培训以改善他们的行为。
- 鼓励父母就欺凌和受害者等问题与学校心理学家、咨询师和社会工作者取得联系,请求他们帮助。

复习、联想和反思

学习目标 1

讨论童年期的同伴关系。

复习
- 同伴关系有哪些重要的方面?
- 童年期里同伴关系的发展过程是什么?
- 父母的世界和同伴的世界是以什么方式相区别但又相协调的?
- 社会认知是如何影响同伴关系的?情绪又是如何影响同伴关系的?
- 儿童有哪五类同伴地位?
- 欺凌的性质是什么?

联想
- 在本章前面部分,你了解到大多数发展学家认为同伴对于儿童道德推理的发展具有重要的作用。在本节,你了解到在同伴地位方面存在五类群体,你认为哪一类群体的儿童充分发展其道德推理能力的机会最小?为什么?

反思你自己的人生之旅
- 请回想你的初中和高中阶段。你和你父母的关系属于哪种类型?你对他们的依恋是安全型的还是不安全型的?你认为你和父母的关系是如何影响你的同伴关系和友谊的?

第 2 节 游戏

学习目标 2

讨论儿童的游戏。
- 游戏的功能
- 游戏的类型
- 游戏的趋势

当儿童和同伴互动时,大多数时间里都是在玩游戏,幼儿尤其是这样。**游戏**是令人愉快的活动,儿童参与游戏就是为了游戏本身,社会性游戏只是游戏的一种。

> 游戏的功能

游戏对幼儿的认知和情绪发展有着重要的贡献(Fromberg & Bergen, 2015)。理论家们各自侧重于游戏的不同方面列出了一长串的功能。

弗洛伊德和埃里克森认为,游戏有助于儿童克服焦虑和冲突。儿童通过游戏发

游戏(play)令人愉快的活动,儿童参与游戏就是为了游戏本身。

泄了身体中多余的能量，从而释放了被压抑的紧张。由于紧张在游戏中得到了缓解，儿童就可以更好地应对生活中的问题。心理治疗师可以采用**游戏疗法**来达到两个目的：一是使儿童消除挫折感，二是分析儿童的冲突和他们应对冲突的方式（Ariel，2019）。在游戏情境中，儿童可能感到威胁较小，也更可能表达自己真实的感受。

游戏也为认知发展提供了重要的情境（Hirsh-Pasek & Golinkoff，2013）。皮亚杰和维果斯基都得出了游戏就是儿童的学习的结论。皮亚杰（Piaget，1962）认为游戏促进了儿童的认知发展，但与此同时，儿童的游戏方式也受到儿童认知发展水平的制约。游戏使得儿童能够以一种轻松愉快的方式练习并获得自己的能力和技能。皮亚杰还认为认知结构的发展需要练习，而游戏则为这种练习提供了完美的情境。

维果斯基（Vygotsky，1962）也认为游戏为认知发展提供了绝佳的情境。他尤其感兴趣的是游戏的象征和装扮因素，如儿童将木棍当马，骑在木棍上就仿佛骑在马上。对幼儿来说，这种想象中的情境具有真实性。父母应该鼓励这种想象式的游戏，因为它可以促进儿童的认知发展，尤其是促进创造性思维的发展。

丹尼尔·伯莱因（Daniel Berlyne，1960）为游戏提供了另一个经典的理论，他把游戏描述成一种自身就使人兴奋和愉悦的活动，因为它满足了我们的探索的内驱力。这种内驱力涉及好奇心以及了解新奇或不寻常事物信息的愿望。游戏为儿童提供了多种新奇、复杂、不确定、惊喜和不一致的可能性，从而激励着儿童的探究行为。

当代的发展科学认为：通过讨论和磋商游戏中的角色和规则，游戏为儿童的语言和交流技能的发展提供了重要的情境（Hirsh-Pasek & Golinkoff，2013）。游戏过程中这种类型的社会互动可以促进幼儿识字能力的发展（Germeroth & others，2019；Theodotou，2019）。游戏在儿童中心的幼儿园里十分重要，并被看成是儿童早期教育的基本组成部分（Lillard，2018；Neuman，2019）。

一个日益令人担忧的问题是儿童把大量的时间花在了电视和电脑等电子媒体上，以至于没有多少时间可用于游戏了（Fromberg & Bergen，2015）。因此，父母应当优先考虑如何在孩子的生活中安排充足的游戏时间。

> **游戏的类型**

有关游戏的当代观点既强调游戏对儿童认知发展的作用，也强调游戏对儿童社会性发展的作用（Riede & others，2018；Tunçgenç & Cohen，2018）。今天，心理学家们研究得最为普遍的儿童游戏有感知运动游戏与练习游戏、装扮游戏（象征游戏）、社会性游戏、建构游戏（Fromberg & Bergen，2015）。

感知运动游戏与练习游戏　**感知运动游戏**是指婴儿通过练习他们的感知运动图式而获得愉悦的行为。感知运动游戏的开发以皮亚杰对感知运动思维特点的描述为基础。在 4 至 6 个月大时，婴儿开始主动地进行探究性和玩耍性的视觉与运动方面的活动。到 9 个月大时，婴儿开始选择新奇的物体供自己探索和玩耍，尤其是那些能够做出回应的物体，如能发声或跳动的玩具。到了 12 个月大时，婴儿喜欢操作玩具并探究原因和结果。

练习游戏牵涉到重复某种行为，当学习一些新的技能或要达到体育运动所要求的身体和心理的高度协调和熟练时，就需要反复地练习。感知运动游戏通常也包含练习游戏，但感知运动游戏主要限于婴儿期，而练习游戏却可以贯穿人的一生。在

游戏疗法（play therapy）可以使儿童消除挫折感，也是一种媒介，治疗师可以通过它来分析儿童的冲突和儿童应对冲突的方式。在游戏的情境中，儿童可能感到威胁较小，他们更可能表达自己真实的感受。

发展链接

认知理论

维果斯基强调，儿童主要通过社会互动来发展他们的思维和理解方式。链接"认知发展观"。

发展链接

教育

由于游戏对儿童的发展非常重要，儿童中心的幼儿园总是强调对儿童实施全面的教育，而不只是强调儿童的认知发展。链接"学校教育与学业成绩"。

感知运动游戏（sensorimotor play）婴儿通过练习他们已有的感知运动图式而获得愉悦的行为。

练习游戏（practice play）牵涉到重复行为，当学习一些新的技能或要达到体育运动所要求的身体和心理的高度协调和熟练时，就需要反复练习。练习游戏可以贯穿人的一生。

游戏有哪些不同的种类？
图片来源：视觉中国

装扮/象征游戏（pretense/symbolic play）当儿童将物质环境转变成符号时，装扮/象征游戏就发生了。

社会性游戏（social play）涉及与同伴互动的游戏。

建构游戏（constructive play）这种游戏结合了感知运动/练习游戏和观点的符号表征。当儿童自己进行主动的创造活动或建构一个作品或解决方案时，他们就是在进行建构游戏。

规则游戏（games）按照一定规则进行的娱乐性活动，通常涉及两人或多人之间的竞争。

一位正在游戏的学前"超人"。
图片来源：Michelle D.Milliman/Shutterstock

学前阶段，儿童常常玩一些练习不同技能的游戏。在小学阶段，练习游戏有所减少，但是像跑、跳、滑、旋转、投球等涉及练习游戏的活动仍然经常出现在小学的操场上。

装扮/象征游戏 当儿童将物质环境转变成符号时，**装扮/象征游戏**就发生了。在9个月大到30个月大期间，儿童开始把越来越多的物体用于象征游戏（Lillard & Taggart, 2019）。他们学习改变物体，用一些物体来代替另一些物体，并在行动上把这些物体当作另一些物体来对待（Hopkins & others, 2016）。例如，某个学前儿童把一张桌子当成一辆小汽车来对待，抓着桌子的腿说："我正在修理这辆小汽车。"

许多游戏领域的专家认为象征性游戏或装扮游戏具有戏剧或社会戏剧的性质，而学前期正是这类游戏的"黄金时期"（Rubin, Bukowski, & Parker, 2006）。装扮游戏大约出现在18个月大时，4岁到5岁时达到峰值，然后逐渐下降。有些儿童心理学家认为装扮游戏是幼儿发展的一个重要标志，往往反映他们认知发展方面的进步，尤其是对于符号的理解能力的进步（Lillard & Taggart, 2019）。潜藏在幼儿装扮游戏叙述后面的是非凡的角色扮演能力、社会角色平衡能力、元认知（关于认知的认知）能力、将现实和装扮区别开来的能力以及多种非自我中心的能力，这些能力展示了幼儿的令人吃惊的认知进步。一项分析发现：儿童在童年早期取得的主要成就之一便是发展了与其同伴分享他们的装扮游戏和创造一种游戏"文化"的能力（Breathnach, Danby, & O'Gorman, 2018）。

社会性游戏 **社会性游戏**指那些涉及与同伴互动的游戏；它可以涉及装扮或想象，也可以不涉及装扮或想象。在学前阶段，儿童的社会性游戏急剧增长，这些游戏包含了多种形式的互动，如轮换、多种话题的交谈、社会规则游戏和日常活动、身体互动。社会性游戏常常能给参与者带来高度的愉悦（Sumaroka & Bornstein, 2008）。

建构游戏 **建构游戏**将感知运动/练习游戏和观点的符号表征结合了起来。当儿童自己主动地创造一个作品或解决方案时，那他（她）就是在进行建构游戏。在学前阶段，随着感知运动游戏的减少和象征游戏的增加，建构游戏也不断增多。同时，在学前阶段，有些练习游戏也被建构游戏所取代。例如，学前儿童已经很少用指头在纸上一遍又一遍地画圈圈（练习游戏），而是更可能画房子和人的轮廓（建构游戏）。建构游戏是小学阶段儿童在教室内外经常进行的一种游戏形式。在以学习为中心的课堂上，建构游戏也是少数被允许存在的类似游戏的活动之一。例如，如果儿童编了一个关于社会学习话题的滑稽短剧，那他们就是在进行建构游戏。

规则游戏 **规则游戏**是按照一定规则进行的娱乐性活动，通常涉及两人或多人之间的竞争。学前儿童可能已开始参加一些涉及简单的轮流规则或互惠规则的社会性游戏。然而，在小学儿童的生活中，规则游戏扮演着重要得多的角色。在童年中期，规则游戏变得越来越普遍（Fromberg & Bergen, 2015）。随着移动设备上数字游戏的出现，规则游戏变得触手可及，年龄较大的儿童、青少年和成年人都在广泛地使用（Pew Research Center, 2018a）。

总之，游戏包括的形式非常广泛，从婴儿对新的感知运动能力的简单练习到学前儿童骑三轮车，再到较年长儿童的有组织的规则游戏。需要着重指出的是，儿童的游戏可能是以上叙述的几类游戏的结合。例如，社会性游戏可能同时包含了感知运动游戏（如扭打）、象征游戏和建构游戏的成分。

> 游戏的趋势

凯西·赫什-帕赛克（Kathy Hirsh-Pasek）、罗伯塔·葛林可夫（Roberta Golinkoff）和多萝西·辛格（Dorothy Singer）（Singer, Golinkoff, & Hirsh-Pasek, 2006）报告说，幼儿自由游戏的时间在近几十年里已经大幅减少了，她们对此十分担心。她们尤其担心的是幼儿的游戏时间受到了家庭和学校的限制，目的是让他们把更多的时间花在学术性科目的学习上。她们还指出，许多学校已经取消了课间休息，这一趋势已在许多工业化国家的学校系统中扩散（American Academy of Pediatrics, 2013）。此外，困扰她们的还不只是分配给自由游戏的时间减少了。她们强调指出：在游戏的情境中学习可以高度地激活儿童的头脑，从而促进儿童的认知发展和社会情绪的发展。因此，辛格、葛林可夫和赫什-帕赛克（2006）将她们的第一本论述游戏的书取名为《游戏 = 学习》。她们所列举的游戏的认知好处包括创造性、抽象思维、想象、注意高度集中、坚持性、问题解决、社会认知、移情和观点采择、语言、新概念的掌握。在社会情绪的体验和发展方面，她们相信游戏可以使人愉快、放松和自我表达，可以促进合作、分享和轮流，也可以减少焦虑和提高自信。因为游戏可以为认知发展和社会情绪的发展带来如此多积极的结果，所以，我们应当为幼儿的生活寻找更多的游戏时间，这显然是十分重要的（Yogman & others, 2018）。

复习、联想和反思

学习目标 2
讨论儿童的游戏。

复习
- 游戏有哪些功能？
- 游戏有哪些不同的类型？
- 游戏有什么趋势？

反思你自己的人生之旅
- 你是否认为当今儿童的生活过分结构化了？如果你是父母或当你成为父母时，你将如何管理你的孩子的发展从而为他们提供足够的游戏时间？

联想
- 装扮/象征游戏发生在皮亚杰称之为前运算阶段的符号功能分阶段。根据皮亚杰的观点，处于这一分阶段的儿童的思维有哪两个重要的缺陷？

第 3 节 友谊

学习目标 3
解释友谊。
- 友谊的功能
- 相似性和亲密关系
- 性别和友谊
- 跨年龄友谊
- 异性友谊

第十五章 同伴 431

儿童总是和熟悉程度不同的人一起玩耍。他们每天用于玩耍的时间有数小时，有时和几乎不认识的儿童互动，有时和非常熟悉的孩子玩耍。现在就让我们来讨论后一类互动，即和朋友的互动。

> 友谊的功能

根据一项现在已成为经典研究的分析结果，友谊有如下六种功能（Gottman & Parker, 1987）：

1. *陪伴功能*：友谊为儿童提供了一个熟悉的伙伴，一个愿意与自己待在一起并参与合作性活动的人。
2. *刺激功能*：友谊可以为儿童带来有趣的信息、激动和欢乐。
3. *物质支持功能*：友谊可以提供资源和帮助。
4. *自我激励功能*：友谊可以使儿童形成得到朋友支持、鼓励和反馈的期望，这种期望能够促使儿童努力保持他人对自己的良好印象，即一个有能力、有吸引力、有价值的个体的印象。
5. *社会比较功能*：友谊为儿童提供了与他人相比自己处于什么位置的信息，以及自己是否"做得不错"的信息。
6. *亲密或情感功能*：友谊为儿童提供了温暖、亲密和信任的人际关系，一种涉及自我表露的人际关系。

虽然拥有朋友对发展有利，但并不是所有的友谊都是相同的，因此，友谊的质量也需要认真考虑（Wentzel, 2013）。人们所交往的朋友是不同的，或者说他们的朋友之间是有差别的。

青少年期积极的友谊与许多积极的结果相关联，包括较低比例的犯罪、吸毒、受欺凌或高风险性行为，以及较好的学业成绩（Heinze & others, 2018; Kendrick, Jutengren, & Stattin, 2012; Way & Silverman, 2012; Wentzel, 2013）。反之，和最好的朋友也缺乏亲密关系、与朋友接触较少、拥有抑郁的朋友、遭到同伴排斥都会增强青少年的抑郁倾向（Brendgen, 2018a; Schwartz-Mette & Smith, 2018）。研究人员还发现，与违法的同伴或朋友交往会大大增加青少年自己成为违法者的风险（McGloin & Thomas, 2019）。

哈丽·斯塔克·沙利文（Harry Stack Sullivan, 1953）是强调友谊重要性的最有影响力的早期理论家。不同于其他理论家狭隘地强调亲子关系的重要性，沙利文主张朋友在儿童和青少年的健康和发展方面也发挥着重要的影响。

在沙利文看来，每个人都具有许多基本的社会性需要，包括对温情（安全型依恋）、玩伴、社会接纳、亲密关系、性关系的需要。这些需要能不能得到满足在很大程度上决定了我们的情绪健康状况。例如，如果对玩伴的需要没有得到满足，我们就会觉得无聊和压抑；如果社会接纳的需要没有得到满足，我们的自我价值感就会降低。沙利文强调，在青少年期的早期阶段，个体对亲密关系的需要变得非常强烈，这一需要驱使着青少年寻找亲密的朋友。

沙利文的许多观点得到了研究证据的支持。例如，在一系列经典研究中，青少年报告说他们比年龄较小的儿童更经常地告诉朋友自己的私密的个人信息（Buhrmester, 1990; Buhrmester & Furman, 1987）（参见图2）。青少年还说他们更依赖朋友而不是父母来满足他们交往的需要、保持自我价值感的需要和亲密关系的需要（Furman & Buhrmester, 1992）。

朋友关系往往是获得支持的重要来源（Holder & Coleman, 2015; Wentzel, 2013）。沙利文描述了青少年朋友是如何彼此支持个人的价值感的。当亲密朋友相互透露自己的恐惧和不安全感时，他们就会发现自己并没有什么"不正常"，没有什么可羞愧的。通过提供情感支持和信息咨询，朋友也扮演着帮助儿童和青少年度过困难时期（如与父母出现矛盾或恋爱关系分手）的重要知心人的角色。

要进一步了解合适与不合适的交友策略，请阅读"链接 关爱"专栏。

> 相似性和亲密关系

儿童和青少年关注朋友身上的哪些特点呢？对这个问题的回答可能会随着儿童的成长而有所不同，但是在整个童年期和青少年期里，朋友之间都有一个特点是显而易见的，即朋友之间基本上是相似的，包括年龄、性别、民族和许多其他方面的相似（Giordano, 2009）。相似性也被称之为*趋同性*（*homophily*），是一种把自己和相似的他人联系起来的倾向（Laninga-Wijnen & others, 2019; Richmond, Laursen, & Stattin, 2019）。

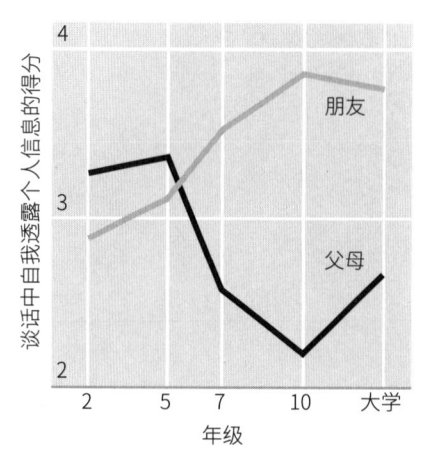

图 2 自我表露性谈话的发展性变化
在青少年期，和朋友的自我表露性谈话急剧增加，而与父母的自我表露性谈话则急剧减少。不过，到了大学阶段，与父母的自我表露性谈话又有所回升。自我表露程度是通过让儿童和青少年完成一个5分制的量表来测量的，较高的分数代表较高程度的自我表露。图中的曲线表示的是各个年龄组的平均值。

链接 关爱

交友策略

成年人可以建议儿童和青少年应用如下的交友策略（Wentzel, 1997）：

- *主动发起互动*。主动地了解对方，询问对方姓名、年龄、最喜欢的活动等。同时使用一些与对方亲近的策略：做自我介绍，发起谈话，邀请对方一起做些事情。
- *友善待人*。做到和蔼、体贴、敬重对方。
- *表现出亲社会行为*。做到诚实可靠、说真话、遵守诺言。做到慷慨、乐意分享、乐意与他人合作。
- *尊重自己和他人*。做到谦虚、有礼貌，对方说话时耐心倾听。有一个积极的心态和人格。

- *提供社会性支持*。表现出你关心和在乎对方。

有哪些适当的和不适当的交友策略？
图片来源：视觉中国

另一方面，成年人也应该劝告儿童和青少年避免使用如下的不适当的交友策略（Wentzel, 1997）：

- *心理上带有攻击性*。不礼貌，不尊重对方。利用他人，缺乏合作精神，不愿分享，忽视他人，讲他人闲话，传播谣言。
- *消极地呈现自己*。以自我为中心，势利，妒忌，自高自大；炫耀，只关心自己。态度恶劣，刻薄，易怒，爱发脾气，喜欢惹是生非。
- *行动上有反社会倾向*。身体上表现出攻击性，对人大声吼叫，找碴，戏弄他人，不诚实，搬弄是非，不守诺言。

上述建议来源于一项深入的文献综述（Wentzel, 1997）。基于你在这里以及本章前面阅读过的内容，你将对青少年接近潜在的朋友提出哪些建议？

第十五章 同伴

朋友通常对学校有着相似的态度，也有着相似的教育志向和比较一致的成就目标。朋友常常喜欢相同的音乐，穿同一类型的服饰，偏爱相同的休闲活动。朋友间的差异可能会导致冲突，从而削弱友谊。例如，如果两个朋友对学习有着不同的态度，一个经常想打篮球或逛商场，而另一个则坚持要完成家庭作业，这两个人就可能会分道扬镳（Flynn, 2018）。

随着儿童进入青少年期，友谊的重点也随之发生变化。近二十年来，关于青少年友谊研究的最一致的发现便是亲密关系成为友谊的重要特点（Hall, 2011; van Rijsewijk & others, 2019）。在大多数研究中，**亲密友谊**被狭隘地定义为朋友之间透露或分享个人的想法，对朋友的隐私和个人信息的了解被用作衡量亲密友谊的指标。当问及青少年他们想从朋友那儿得到什么或他们如何判断谁是自己最好的朋友时，最普遍的回答便是最好的朋友能与自己分忧解愁，能理解自己并愿意倾听自己的想法和感受。而当年幼儿童谈论自己的友谊时，他们很少提到亲密的自我表露或相互理解。让我们再回忆一下图 2 所展示的研究结果：和 10 岁至 13 岁的儿童相比，亲密友谊在 13 岁至 16 岁的青少年中间显得更加重要（Buhrmester, 1990）。

> 性别和友谊

女孩的友谊和男孩的友谊有什么不同吗？越来越多的研究表明，它们的确有许多不同之处；这些不同从童年晚期开始，一直持续到青少年期、成年期甚至年老的时候（Dunbar, 2018）。在青少年期里，女孩间的友谊比男孩间的友谊更亲密吗？一项元分析的结果确实表明女孩间的友谊更亲密（Gorrese & Ruggieri, 2012）。在这项元分析中，女孩的友谊更深，更相互依赖，表现出更多移情，需要更多的培养，并涉及更强的维持亲密关系的愿望。相比之下，男生则更重视能交上意气相投的朋友，以便与他们共同分享感兴趣的嗜好或体育活动，男孩在友谊关系中也比女孩表现出更强的合作性。此外，这项元分析还发现，青少年女孩比男孩表现出了更高的同伴依恋，尤其是在信任和沟通方面（Gorrese & Ruggieri, 2012）。除了这些差别外，对男孩和女孩来说都同样重要的是要拥有亲密友谊和一个支持他们的同伴关系网（Flynn, Felmlee, & Conger, 2017）。

让我们进一步考察友谊亲密程度方面的性别差异。当要求女孩们描述最好的朋友时，她们会比男孩更多地提到朋友之间的忠诚以及亲密的谈话（Rose & others, 2012）。例如，女孩更有可能把自己最好的朋友描述成和自己一样敏感、一样热情、一样值得信赖。当出现问题时，女孩更可能以积极和支持的态度讨论它们；而男孩则更可能以幽默的方式来讨论问题（Rose & others, 2016）。虽然在青少年期女孩更倾向于重视友谊的亲密感，但男孩则更倾向于重视力量和刺激（Rose & Smith, 2009）。男孩可能不赞成朋友之间公开表露自己的问题，因为在他们看来，自我表露显得没有男子气（Pollastri & others, 2018）。如果男孩不能应对自己的问题和不安全感，他们就很可能被称为"懦夫"。人们一般认为，这些性别差异反映了女孩比男孩更倾向于以人际关系为导向。

正如"链接 关爱"专栏里指出的，朋友之间往往会提供社会性支持。然而研究者最近发现，友谊（尤其是女孩的）的某些方面也许和青少年的情绪问题相关联（Carlucci & others, 2018）。例如，一项针对三年级至九年级学生的例证性纵向研究显示：女孩的"共同反刍"（co-rumination）现象（如过度地讨论种种问题）

在青少年的同伴关系和友谊方面，存在哪些性别差异？
图片来源：视觉中国

亲密友谊（intimacy in friendship）朋友之间自我表露或分享个人的想法。

不仅预测了友谊质量的提高，也预测了进一步共同反刍的增多，还预测了抑郁和焦虑症状的增多（Rose, Carlson, & Waller, 2007）。这项研究的含意之一是：有些容易形成焦虑和抑郁症状的女孩很可能没有被发现，因为她们拥有支持性的友谊。

> 跨年龄友谊

虽然大多数青少年和自己年龄相仿的个体发展友谊关系，但有些青少年却成了比自己年长或比自己年幼的个体的最好的朋友。许多人尤其是父母担心的是，那些较年长的朋友将会鼓励青少年从事违法活动或过早的性行为。有关研究确实已发现与较年长者交友的青少年发生这些行为的频率较高，但是尚无法确定究竟是较年长者诱导了较年幼者参与了异常行为，还是年幼者与年长者交友之前自身就已经具有了某些异常行为的倾向（Jaccard, Blanton, & Dodge, 2005）。一项纵向研究也显示：从六年级到十年级，女孩更容易与较年长的男性交友，这导致某些女孩进入了参与问题行为的发展轨迹（Poulin & Pedersen, 2007）。不过，另一项针对年龄较小的青少年的研究发现，对那些没有同龄朋友的女孩来说，跨年龄的友谊也许具有一定的保护作用，可以使她们不再感到孤单；跨年龄友谊也可以保护没有同龄朋友的焦虑退缩型的男孩免遭他人欺凌（Bowker & Spencer, 2010）。

> 异性友谊

虽然青少年更可能结交同性的朋友，但他们与异性朋友的联系也是相当普遍的（Weger, Cole, & Akbulut, 2019; Wilson & Jamison, 2019）。异性朋友的人数在向青少年期的过渡阶段和整个青少年期里不断增加，女孩报告的异性朋友人数多于男孩（Grard & others, 2018）。异性友谊和参与男女混合群体的活动为青少年提供了学习与异性交往的情境，并可以降低在社会互动中以及与异性约会时的焦虑。

然而，研究人员发现，异性友谊有时与较早的性行为等消极行为相关联，也会导致酒精使用和犯罪行为的增加（Grard & others, 2018; Jacobs & others, 2016; Mrug, Borch, & Cillessen, 2011）。一般说，父母对自己女儿的异性友谊的监控力度高于对儿子的监控，因为他们认为男孩有更多的负面影响，特别是在发起问题行为方面。父母们的这一看法在一项例证性研究中得到了支持，该研究发现较高力度的父母监控导致了较少的异性朋友，而后者又和日后较低水平的酒精使用相关联（Poulin & Denault, 2012）。

复习、联想和反思

学习目标 3

解释友谊。

复习

- 友谊有哪六种功能？沙利文关于友谊的观点是什么？
- 相似性和亲密关系在友谊中起什么作用？
- 性别是如何影响友谊的？
- 跨年龄友谊会带来什么发展性结果？
- 青少年期的异性友谊有什么特点？

联想

- 我们在"性别"一章中讨论了关系攻击性。父母养育可能以什么途径影响关系攻击性？

反思你自己的人生之旅

- 请仔细阅读本节关于友谊的六种功能的清单。并根据你自己在童年早期、童年中晚期和青少年期的发展状况，分别对这些功能按照重要程度排序，用 1 表示最重要，用 6 表示最不重要。

第 4 节 青少年期的同伴关系

学习目标 4

概括青少年期同伴关系的特点。
- 同伴压力和遵从
- 小团体和群体
- 约会和恋爱关系

> 在童年时代，我不属于任何小团体，这件事一直使我很烦恼。如果我那时就知道我的不同之处将是一个优点的话，我的童年生活将变得容易得多。
>
> ——贝特·迈德尔
> 当代美国女演员

至此，我们已经讨论了青少年同伴关系的许多变化，包括友谊变得越来越重要。由于同伴关系在青少年生活中发挥着特别重要的作用，所以我们在这里进一步讨论另外一些相关的话题。

同伴关系在青少年期里经历着一系列重要的变化（Flynn, 2018; Gibbons & Poelker, 2019）。在童年期里，同伴关系的侧重点是得到同学的喜欢并能够参与游戏或午餐时的交谈。被忽视可能给儿童的发展带来有害的影响，被拒绝带来的伤害则更大，有时候这些有害的影响会被一直带进青少年期。在青少年期开始时，青少年一般喜欢结交数量较少的朋友但友谊的强度和亲密度都高于较年幼的儿童。当青少年开始一起"闲逛"时，小团体便形成了，并开始影响青少年的生活。恋爱关系则是青少年生活中的一个更加重要的方面。

> 同伴压力和遵从

刚进入青少年期的个体比童年期里更加遵从同伴的行为标准。大约在八年级和九年级期间，遵从同伴的行为达到了峰值，在反社会的行为标准方面尤其如此（Closson, Hart, & Hogg, 2017）。在这一阶段，青少年最容易和同伴一起去偷汽车的轮毂罩，一起在墙上乱涂乱画，或一起到商店里偷化妆品。多项研究显示，14至18岁期间是个体发展独立信念并抵制同伴压力的特别重要的阶段（Goliath & Pretorius, 2016; Steinberg & Monahan, 2007）。

哪些青少年最有可能遵从同伴呢？米切尔·普林斯坦（Mitchell Prinstein）和他的同事们（Brechwald & Prinstein, 2011; Cohen & Prinstein, 2006; Prinstein, 2007; Prinstein & Dodge, 2008）就这个问题进行了一系列的研究和分析，他们的结论是：那些不能确定自己社会认同的青少年最有可能服从同伴，而社会认同不确定往往表现为低自尊和高度的社会焦虑。这种不确定性在过渡时期往往有所增强，如在转换学校或家庭搬迁时。此外，当青少年认为某些比自己地位高的同伴在场时，同伴遵从现象就更可能发生。

> 小团体和群体

与童年期相比，小团体和群体在青少年期里具有更加重要的作用（Jordan & others, 2019）。**小团体**指2到12个人组成的一小群人，平均为5到6个人。小团体的成员一般有着相同的性别和相近的年龄。小团体之所以得以形成，可能是由于青少年参加相同的活动，如在同一个俱乐部或同一个运动队。有些小团体的形成则是由于友谊。几个青少年可能经常待在一起分享相互的陪伴，从而形成小团体。当然，开始时大家不一定是朋友，但如果他们待在小团体里时间长了，通常就会发展成朋友。

小团体（cliques）2到12人组成的一小群人，平均为5到6个人。小团体之所以得以形成，可能是由于友谊或由于个体参加了相同的活动，小团体成员之间一般有着相同的性别和相近的年龄。

那么，青少年在小团体里干些什么呢？他们一起交流想法，一起出去闲逛。他们通常还会形成一种小团体内部的认同感，相信自己的小团体优于其他的小团体。小团体会建立和强化一些亲社会的或反社会的态度和行为规则。青少年必须发展足以维持友谊的遵从技能，但也要磨炼自己的意志；当小团体的价值观违背了自己的价值标准时，就应拒绝遵从（Ellis & Zarbatany, 2017）。

德克斯特·邓菲（Dexter Dunphy, 1963）在一项经典的观察研究中详细地记录了男女混合群体形成的情况。图3概括了他关于男女混合群体发展过程的观点。在童年晚期，男孩和女孩分别参与同性别的、规模不大的小团体。当他们进入青少年期不久的时候，这些分别由男孩和女孩组成的小团体之间开始相互交往。逐渐地，同性别小团体的领导者和小团体内地位较高的成员开始组成新的混合性别的小团体。最后，新组建的混合性别的小团体取代了原来的同性别的小团体。这些男女混合的小团体之间也在更大的群体活动中彼此互动，如在舞会和体育活动中彼此互动。到了青少年期的晚期阶段，这些群体开始消失，此时，一对对男女开始了更加认真的关系并制订长远的计划，这些计划中也许包括订婚和结婚的计划。

群体指比小团体大的同伴组织。一般情况下，青少年是基于名声而成为某一群体的成员，但不一定花很多时间待在一起。同时，群体内的人际关系也不如小团体内那么紧密。许多群体是由青少年进行的活动界定的，如"运动员"即是由擅长体育运动的成员组成，而"书呆子"则是由那些喜欢读书和重视学习的成员组成（Brown, 2011; Moran & others, 2017）。

群体和群体成员身份有时候会给发展带来严重的后果。在一项研究中，研究人员调查了某个帮派活动频繁的城区的中间学校学生对反社会群体及其成员身份的看法，调查持续了一个学年（Schwartz & others, 2017）。结果显示：这些年龄不大的青少年很明确地认识到了这些群体具有帮派的特点；群体成员身份的影响也比较复杂，虽然反社会群体的成员具有攻击性并在学校里表现不佳，但他们却在这一学年里提高了知名度。

> **群体**（crowds）在结构上比小团体大。一般情况下，青少年是基于名声而成为某一群体的成员，但不一定花很多时间待在一起。许多群体是由青少年所进行的活动界定的。

> 约会和恋爱关系

青少年把相当一部分时间用于恋爱关系或思考有关恋爱关系的事情（Flynn, Felmlee, & Conger, 2017; Lantagne & Furman, 2017）。"约会"可以是一种消遣的方式、提高地位的方式或学习亲密关系的情境，也可以是一种寻找配偶的途径。

约会的类型和发展性变化　约会和恋爱关系的特点是具有多种形式，并随着个体的发展而变化。在许多但不是所有的国家和文化群体中，青少年期恋爱关系的发展一般经历三个阶段（Connolly & McIsaac, 2009）：

1. *开始感到恋爱关系的吸引力*（约11至13岁）。这一初始阶段往往由青春期引起。从11到13岁，青少年开始对恋爱关系产生强烈的兴趣，这方面的话题成了同性别朋友之间许多谈话的主要内容。对某人产生迷恋是普遍的事情，并往往和同性朋友迷恋上同一个人。但这些年龄不大的青少年不一定真的和自己迷恋的对象互动。如果发生约会的话，通常也是在群体的情境中进行。
2. *探究恋爱关系*（约14至16岁）。在青少年期的这一阶段里，通常会发生两类恋爱关系：（1）偶尔约会一般出现在相互吸引的个体之间。这一类约会往往是

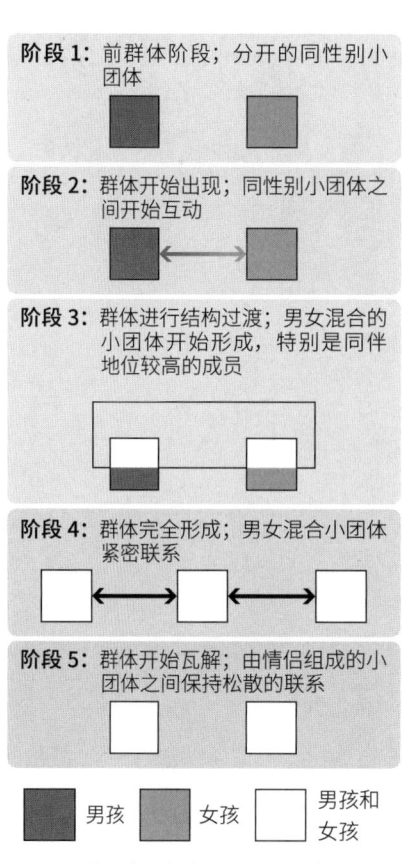

阶段1：前群体阶段；分开的同性别小团体

阶段2：群体开始出现；同性别小团体之间开始互动

阶段3：群体进行结构过渡；男女混合的小团体开始形成，特别是同伴地位较高的成员

阶段4：群体完全形成；男女混合小团体紧密联系

阶段5：群体开始瓦解；由情侣组成的小团体之间保持松散的联系

■ 男孩　■ 女孩　□ 男孩和女孩

图3　邓菲的青少年期同伴群体的发展阶段

青少年期的恋爱关系有哪些发展性变化？
图片来源：视觉中国

恋爱关系和青少年的调适有怎样的联系？
图片来源：视觉中国

短命的，至多持续几个月，一般只能持续几个星期。(2) *群体约会*是常见的形式，反映了同伴情境的包容性。朋友常常扮演着潜在约会关系的第三方促进者的角色：传达他们的朋友的恋爱兴趣，并确认这种吸引是否是相互的。

3. **巩固两人的恋爱关系**（约 17 至 19 岁）。到高中快结束时，更加认真的恋爱关系开始形成。其特点是更加接近成人的恋爱关系，这些关系比早先的关系更加稳定和持久，往往持续一年或更久。

在青少年期里，恋爱关系的发展有两种不同于上述阶段的情况，即早恋和晚恋（Connolly & McIsaac, 2009）。早恋者（*Early bloomers*）指 11 岁至 13 岁的群体中那些报告说自己目前正处在恋爱中的个体，他们占 15% 到 20%；以及表示自己已经有过一些恋爱关系初步经验的个体，他们约占 35%。晚恋者（*Late bloomers*）指 17 岁至 19 岁群体中报告说他们从没有过恋爱关系经验的个体，大约占 10%；以及那些报告说自己没有过任何持续 4 个月以上的恋爱关系的个体，他们约占 15%。

在早期的恋爱关系中，今天的青少年并不是为了得到恋情或满足性的需求。相反，早期恋爱关系的作用只是提供了一种情境，使得青少年能够了解他们具有多大的吸引力，如何在恋爱关系中互动，以及同伴群体将如何看待这些事情。只是在青少年掌握了一些基本的与恋爱伙伴互动的能力之后，青少年晚期和成年早期的恋爱关系才开始变得和成年期一样，即满足依恋和性的需求（Birnbaum & Ries, 2019; van de Bongardt & others, 2015）。关于早期约会和"跟某人出去"的一个重要的担忧是与此相联系的青少年怀孕以及出现各种家庭和学校问题的风险（Low & Shortt, 2017）。

恋爱关系和调适 研究人员已将约会和恋爱关系与青少年调适情况的多种指标联系起来（Golden, Furman, & Collibee, 2018）。过早的约会和恋爱关系可能会导致很多问题（Chen, Rothman, & Jaffee, 2017; Connolly & McIsaac, 2009）。许多研究者发现（例如，Garthe, Sullivan, & Behrhorst, 2018）：早期约会或"与某人在一起"与青少年怀孕、青少年违法、亲子关系紧张、同伴关系不和、学业不良、情侣暴力等问题相关联。

让我们来看以下几项将青少年的恋爱关系与调适情况联系起来的研究的结果：

- 社交焦虑程度较高的青少年（如避免社交场合和担忧人际关系）一般也会逃避恋爱和非恋爱的朋友关系。如果这种逃避是长期性的，又会进一步加重社交焦虑（Starr & Davila, 2015）。
- 进行共同反刍活动（与朋友反复地讨论某些问题）的青少年女性更可能介入恋爱关系，而共同反刍和介入恋爱关系这两者的结合又可以预测青少年期早期的女孩出现多种抑郁症状（Starr & others，2013）。
- 从青少年期到成年初期，那些伴有妒忌和冲突的恋爱关系更可能增加当事人涉及暴力和毒品的风险（Collibee，Furman，& Shoop，2019）。
- 与介入恋爱关系程度较低的同伴相比，那些介入恋爱关系程度较深的青少年更可能从事违法活动（Cui & others，2012）。

亲子关系和青少年的恋爱关系 青少年与父母的关系影响着他们的约会和恋爱关系（Cheshire，Kaestle，& Miyazaki，2019；Ivanova，Veenstra，& Mills，2012；Low & Shortt，2017）。依恋的历史也与青少年期和成年早期的情侣关系有联系（Sroufe，Coffino，& Carlson，2010）。例如，与婴儿期里形成了安全型依恋的同伴相比，那些婴儿期里对照料者形成了不安全型依恋的个体在青少年期里发展积极的恋爱关系的可能性较小。其原因可能是具有安全型依恋史的青少年能够更好地控制自己的情绪，在恋爱关系中也能够更加自如地进行自我表露。一项研究显示：那些与父母形成了安全型和亲密依恋关系的西班牙青少年一般也拥有更积极更有益的朋友和浪漫的情侣关系（Viejo & others，2018）。

青少年对父母婚姻关系的观察也有助于他们对自身约会关系的处理。一项针对以色列17岁女孩及其母亲的例证性研究发现：那些报告自己的婚姻满意度比较高的母亲也拥有在恋爱关系方面比较能干的女儿（此评价基于多种维度，如成熟、连贯性以及对恋爱关系的现实性的认识）（Shulman，Davila，& Shachar-Shapira，2011）。

父母的婚姻冲突和离婚也都与青少年和初成年者的约会或恋爱关系相关。那些其母亲有了离婚和恋爱关系变化（包括离婚和再婚）的青少年自己也更可能发生恋爱对象的变化，这种效应在一定程度上取决于总的母子（女）关系的质量（Cui，Gordon，& Wickrama，2016）。另一项研究还发现：与来自未离婚的完整家庭的青少年相比，离婚家庭的青少年初恋的时间较早，但只有当父母的离婚事件发生在青少年期的早期阶段时，才会出现这种情况（Ivanova，Veenstra，& Mills，2012）。

一项纵向研究调查了青少年的人格特点及其对婚姻的信念是如何影响他们成年早期的恋爱关系的（Masarik & others，2013）。在这项研究中，个体在九年级时较高程度的情绪不稳定与其青少年后期或成年早期持有婚姻不可能导致成年人生活圆满和幸福的信念相关联。反过来，不太认可婚姻的圆满功能又预测了与恋爱伙伴的积极互动较少，自我感觉到的恋爱关系的质量也比较低。这种恋爱关系和婚姻方面冲突的"代际传递"反映了经验和遗传因素之间的复杂的相互影响（Salvatore & others，2018）。

社会文化背景和约会 社会文化背景对青少年约会的模式具有强大的影响力（Stein & others，2018）。我们可以从很多国家内不同地区、不同社会经济地位、不同族群的不同约会模式上看到这种影响。例如，在美国至今规模最大的一项研究中，研究者发现：如果年龄较大的青少年来自较低社会经济地位和较大的家庭，他们就更可能约会并进行其他"成人般"的行为（Twenge & Park，2019）。另一项研究将世界各地5个城市（美国的巴尔的摩、厄瓜多尔的昆卡、英国的爱丁堡、比利时的根特、肯尼亚的内罗毕）的城区低收入人群进行了比较，研究者发现：11至13岁青少年对恋爱关系和性别角色的看法具有一致性；但是，城市之间也有一些特点，如内罗毕的青少年更加担心约会暴力，而根特、巴

不同民族在青少年约会方面有什么差异？
图片来源：视觉中国

第十五章 同伴 **439**

尔的摩、内罗毕的青少年更担心父母不允许约会（De Meyer & others, 2017）。

价值观、宗教信仰和传统往往决定着约会开始的年龄，约会双方有多少自由，约会是否必须由成人或父母陪伴，以及男女双方在约会中扮演的角色（Taggart & others, 2018）。例如，就青少年约会来说，拉丁裔和亚裔美国人的文化要比非裔和英裔美国人的文化保守一些。如果父母是来自保守文化的移民，他们的文化传统通常主张约会开始的年龄比较晚，约会没有多少自由，约会要有成人陪护，尤其要限制少女参加约会。在这种情况下，约会就可能成为导致家庭内部冲突的一个根源。当移民青少年选择采用美国主流文化的约会方式（如没有成人陪伴的约会）时，他们往往会与价值观念比较传统的父母或扩展家庭的成员发生冲突（Shenhav, Campos, & Goldberg, 2017）。

复习、联想和反思

学习目标 4

概括青少年期同伴关系的特点。

复习
- 同伴压力和遵从现象在青少年期里是如何表现的？
- 小团体和群体是如何影响青少年的发展的？
- 青少年的约会和恋爱关系有什么特点？

联想
- 在本章的"链接 多样性"专栏里，你了解到了印度东部的摩利安文化（Murian culture）。基于本节的信息，你认为生活在美国的摩利安移民对他们青少年子女的约会将会做出怎样的反应？

反思你自己的人生之旅
- 在你的青少年期里，你的同伴关系是什么样子？你曾参加过哪些同伴群体？它们对你的发展产生了什么影响？如果你能够改变你在青少年期里应对同伴关系的方式，你将会改变哪些？

> **达到你的学习目标**

同伴

同伴关系

学习目标 1 讨论童年期的同伴关系。

- **探究同伴关系**

  同伴指年龄相仿或成熟水平相当的儿童。同伴为儿童提供社会比较以及了解家庭以外的世界的渠道。良好的同伴关系可能是儿童社会性能力正常发展的必要条件。缺乏介入社会网络的能力和许多问题相关联。同伴关系可以是积极的也可以是消极的。皮亚杰和沙利文都认为同伴关系为儿童学习处理人际关系的重要方面提供了情境，如了解他人的兴趣和观点以及通过解决不一致的意见来探讨公平与正义的原则。随着同伴经验的测量方法、经过的发展轨迹以及考察的特定结果的变化，同伴关系的研究结果也随之发生变化。情境和个体差异影响着同伴关系。

- **童年期同伴关系的发展过程**

  有些研究者认为，婴儿期里与同伴社会互动的质量提供了儿童社会情绪发展的重要信息。随着越来越多的儿童进入保育中心，婴儿的同伴关系也随之增加。学前阶段里同伴互动的频率不断增加，包括积极和消极的互动。当儿童进入小学和中学后，他们和同伴待在一起的时间更长。男孩的同伴群体大于女孩的同伴群体，他们也比女孩参与更多的组织性更强的游戏。女孩比男孩更喜欢在同伴群体中开展合作性的活动。

- **亲子关系与同伴关系的区别和协调**

  健康的家庭关系通常能促进健康的同伴关系。父母可以教孩子如何与同伴互动并为孩子树立榜样。父母对邻里、宗教组织、学校和自己的朋友的选择都影响着他们的孩子可从中选择朋友的同伴范围。扭打式的玩耍主要发生在同伴关系而不是亲子关系中。当遇到压力时，儿童则通常会求助于父母而不是同伴。同伴关系比亲子关系具有更加平等的基础。

- **社会认知和情绪**

  观点采择能力和社会信息处理能力是同伴关系中社会认知的重要维度。观点采择有助于儿童有效地沟通。情绪的自我调控能力与积极的同伴关系相关联。

- **同伴地位**

  受欢迎儿童是多次被同伴提名为最好的朋友，几乎没有受到同伴讨厌的儿童。一般儿童指受到同伴正面提名和负面提名的次数都属于平均水平的儿童。被忽视儿童得到的最好朋友的提名次数不多，但也没有被同伴厌恶。被排斥儿童很少提名为最好的朋友，但受到同伴厌恶。争议儿童经常被同伴提名为最好的朋友，也经常提名为讨厌的人。

- **欺凌**

  欺凌指有意识地对比自己弱小的个体进行言语或身体上的骚扰。有相当一部分学生是欺凌现象的受害者，欺凌行为可导致欺凌者、受害者以及既是欺凌者也是受害者的儿童产生许多适应问题。

游戏

学习目标 2 讨论儿童的游戏。

- **游戏的功能**

  游戏的功能包括结交同伴、释放压力、促进认知发展和探究行为。

- **游戏的类型**

  当代的观点既强调游戏对认知发展的作用，也强调游戏对社会性发展的作用。研究得最为普遍的游戏有感知运动游戏与练习游戏、装扮/象征游戏、社会性游戏、建构游戏、规则游戏。

- **游戏的趋势**

  近年来儿童自由玩耍的时间大幅度下降。这一趋势值得特别重视，因为儿童在游戏情境中的学习往往最有效率。游戏也对社会情绪发展的许多方面具有促进作用。

友谊

学习目标 3 解释友谊。

- **友谊的功能** — 友谊的功能包括陪伴、提供刺激、物质支持、自我支持、社会比较和亲密感。沙利文指出，友谊的这些功能是得以实现在很大程度上决定着我们的情绪是否健康。沙利文认为，在成年早期，友谊在心理上的重要性急剧提高，好朋友之间的亲密感也急剧提高。已有的研究发现支持他的观点。

- **相似性和亲密关系** — 相似性和亲密关系是友谊的两个最普遍的特点。朋友通常对学校有着相似的态度、相似的教育志向等等。与儿童相比，亲密友谊在青少年当中更为普遍。

- **性别和友谊** — 越来越多的研究表明女孩的友谊不同于男孩的友谊。友谊对女孩的影响可能更强，包括积极和消极的影响。亲密关系在女孩的友谊中发挥着强有力的作用，而力量、刺激和控制则在男孩的友谊中发挥重要作用。

- **跨年龄友谊** — 相对于和同龄人交友的同伴，那些和比自己年长的人交友的儿童和青少年表现出了较多的越轨行为。那些拥有比自己年长的男性朋友的青少年女孩更可能出现问题行为。

- **异性友谊** — 随着青少年期的进展，异性朋友的人数也随之增加。异性友谊为青少年学习如何与异性交往提供了情境，从而能降低约会情境或其他社交情境中的焦虑。然而，异性友谊的某些方面与一些负面的结果相关联，如过早的性行为或吸毒。

青少年期的同伴关系

学习目标 4 概括青少年期同伴关系的特点。

- **同伴压力和遵从** — 要求遵从同伴的压力在青少年期很强，尤其是在八年级和九年级，这种压力可以产生积极的影响，也可以产生消极的影响。

- **小团体和群体** — 与儿童相比，小团体和群体在青少年的生活中占有更加重要的地位。小团体在青少年期里越来越成为男女混合的团体。成为某些群体的成员与自尊水平的提高相关联。

- **约会和恋爱关系** — 虽然在青少年约会方面存在文化差异，但青少年期恋爱关系的发展一般经历三个阶段：(1) 开始感到恋爱关系的吸引力（大约在 11 至 13 岁时）；(2) 探究恋爱关系（大约在 14 至 16 岁时）；(3) 巩固两人的恋爱关系（大约在 17 至 19 岁时）。特别令人担忧的是过早的约会，它和很多问题相关联。和没有约会的青少年相比，那些约会的青少年拥有较多的问题（如吸毒），但他们在同伴中的认可度也比较高。亲子关系影响到青少年和初成年者的约会和恋爱关系。文化对约会具有强大的影响力。许多移民家庭的青少年往往在约会问题上和父母发生冲突。

重要术语

一般儿童 average children
小团体 cliques
建构游戏 constructive play
争议儿童 controversial children
群体 crowds
规则游戏 games
亲密友谊 intimacy in friendship
被忽视儿童 neglected children
同伴 peers
游戏 play
游戏疗法 play therapy
受欢迎儿童 popular children
练习游戏 practice play
装扮/象征游戏 pretense/symbolic play
被排斥儿童 rejected children
感知运动游戏 sensorimotor play
社会性游戏 social play

重要人物

丹尼尔·伯莱因 Daniel Berlyne
肯尼思·道奇 Kenneth Dodge
德克斯特·邓菲 Dexter Dunphy
艾瑞克·埃里克森 Erik Erikson
西格蒙德·弗洛伊德 Sigmund Freud
罗伯塔·葛林可夫 Roberta Golinkoff
凯西·赫什–帕赛克 Kathy Hirsh-Pasek
让·皮亚杰 Jean Piaget
米切尔·普林斯坦 Mitchell Prinstein
多萝西·辛格 Dorothy Singer
哈丽·斯塔克·沙利文 Harry Stack Sullivan
列夫·维果斯基 Lev Vygotsky

第十六章 学校教育与学业成绩

本章纲要

第1节 探索儿童的学校教育

学习目标 ❶

讨论学校教育和发展的观点。
- 当代有关学生学习及评估的观点
- 童年早期的教育
- 小学
- 青少年教育
- 社会经济地位和民族

第2节 残障儿童

学习目标 ❷

概括残障儿童及其教育的特点。
- 残障范围
- 教育问题

第3节 学业成绩

学习目标 ❸

解释儿童学业成绩的发展。
- 外在动机和内在动机
- 认知过程
- 民族和文化

瑞吉欧教育模式

瑞吉欧教育模式是一种幼儿教育项目，该项目是在意大利北部的城市瑞吉欧艾米利亚（Reggio Emilia）发展起来的。单亲家庭的儿童和残障儿童享有加入该项目的优先权，其他儿童则视其需要的程度而决定是否允许加入。父母根据家庭的收入状况支付或多或少的费用。

瑞吉欧教育模式鼓励儿童通过探究自己感兴趣的话题来学习。在学习的过程中，儿童可以使用多种多样富于刺激性的媒介和材料，如音乐、运动、绘画、雕塑、拼贴画、摄影、化装用具和木偶等（Edwards & Gandini，2018）。

在这个教育项目中，儿童通常在小组里探索各种话题，这样做可以培养儿童的集体意识、对多样性的尊重以及以合作方式解决问题的习惯（Edwards & Gandini，2018）。现场有两位合作教学的教师为儿童提供指导。瑞吉欧教师把儿童的活动项目看作是一项探险，它可以源于成人的建议、儿童自己的主意或者如下雪这样的气象事件或其他意想不到的事件。所有活动项目都以儿童的做和说为基础。教师给予儿童足够的时间思考和策划活动项目。

瑞吉欧教育模式的核心是相信儿童的能力和尊重他们的权利，尤其是尊重他们获得优质保育和优质教育的权利。父母的参与被认为是必不可少的，而合作则应当是学校的一个重要主题。许多学前教育领域的专家认为，瑞吉欧模式提供了一个支持性和富于刺激的情境，这样的情境可以激励儿童以胜任和自信的姿态探索他们周围的世界（Edwards & Gandini，2018）。

这是一个瑞吉欧课堂，幼儿正在探索他们感兴趣的话题。
图片来源：Ruby Washington/The New York Times/Redux Pictures

前言

本章的内容是关于教育和学业成绩。我们将要探讨的话题包括当代有关学生学习的观点、学校的转换、社会经济地位和民族对学校教育的影响、残障儿童的教育问题、实现目标的动机。

学习目标 1

讨论学校教育和发展的观点。
- 当代有关学生学习及评估的观点
- 童年早期的教育
- 小学
- 青少年教育
- 社会经济地位和民族

第1节 探索儿童的学校教育

我们已经在本书中讨论过许多与学校有关的问题，特别是在"认知和语言"部分。请回顾一下，我们探讨了皮亚杰和维果茨基的理论在教育中的应用，讨论了在学校里鼓励儿童批判性思维的策略，探讨了加德纳和斯腾伯格的智力理论在教育中的应用，并论述了双语教育。在本节，我们将进一步考察当代美国学校中关于学生学习的观点，从童年早期到高中阶段教育的变化，以及社会经济地位和民族对儿童教育的影响。

对于大多数儿童来说，进入一年级便意味着新的义务。他们开始形成新的人际关系和新的衡量自己的标准。学校为儿童提供了新的丰富的思想来源，塑造着他们的自我观念。他们将花费许多年扮演学校里小社会成员的角色；在这些小社会里，有许多任务需要完成，人们相互进行着社会化，也有许多规定和限制行为、情感和态度的规则。到学生高中毕业时，他们已在课堂上花费了 12,000 小时。

> 当代有关学生学习及评估的观点

什么是最好的教学方法？如何让学校和教师为学生的学习结果负责？在这些问题上，人们还在争论不休（Borich, 2017）。

建构主义教学法和直接教学法 **建构主义教学法**是一种以学生为中心的教学法，该法强调在教师指导下学生主动建构知识和理解的重要性。在建构主义者看来，教师不应当试图将知识灌进学生的头脑，而是应当细心地监督和指导学生，鼓励他们探究周围的世界，发现知识，深刻思考并批判性地思考（Kauchak & Eggen, 2017）。建构主义者认为，美国的学校长期以来一直要求学生安静地坐着，要求他们做一个被动的学习者，死记硬背一些相关或不相关的信息（Johnson & others, 2018）。

今天，建构主义教学法也许还包括对合作的强调，即强调儿童为学习和理解知识而一起努力（Daniels, 2017）。持有建构主义教学理念的教师不会让儿童死记信息，而是在指导儿童学习的同时给予他们富有意义地构建自己的知识和理解材料的机会（Cruikshank, Jenkins, & Metcalf, 2012）。

相比之下，**直接教学法**是一种结构化的、以教师为中心的方法，其特点是强调教师的指导和控制、教师对学生进步的高期望、学生把时间最大限度地用

发展链接

认知理论

皮亚杰和维果斯基的理论可以应用于儿童教育。链接"认知发展观"。

全部的教学艺术就在于唤醒年幼心灵的好奇天性。

——阿纳托尔·法朗士
20世纪法国小说家

建构主义教学法（constructivist approaches）
一种以学生为中心的教学法，该法强调在教师指导下学生主动建构知识和理解的重要性。

在这个课堂上，教学理念是更像建构主义教学还是更像直接教学？为什么？
图片来源：视觉中国

直接教学法（direct instruction approach）一种以教师为中心的方法，其特点是强调教师的指导和控制、对学习材料的掌握、对学生进步的高期望，并把时间最大限度地用在学习任务上。

教育便是传播文明。

——阿里尔·杜兰特和威尔·杜兰特
20 世纪美国作家和哲学家

在学习任务上，教师努力把消极情感控制在最低限度。直接教学法的一个重要目标便是最大限度地增加学生学习的时间（Parkay，2016）。

建构主义教学法的支持者们认为直接教学法使学生成了被动的学习者，没有充分地激励他们以批判和创造性的方式思考（Borich，2017）。而直接教学法的拥护者们则认为建构主义教学法对学科内容（如历史和科学）重视不够。他们还认为建构主义教学法过于含糊，带有浓厚的相对主义色彩。

教育心理学领域的一些专家认为，许多优秀教师既使用建构主义教学法也使用直接教学法，而不是完全依赖其中的一种（Johnson & others，2018）。此外，某些情况下可能要求主要采用建构主义教学法，而另一些情况下则要求主要采用直接教学法。例如，在教授患有阅读和书写障碍的儿童时，越来越多的专家建议采用明确的、鼓励儿童智力努力的直接教学法（Temple & others，2018）。

问责制 20 世纪 90 年代以来，美国的民众和各级政府都要求加强对学校的问责。其结果之一便是越来越多的州强制规定对学生进行考试，用以测量学生哪些学会了哪些还没有学会（Popham，2017）。许多州为本州学生制订了教育目标，并编制测验来考查学生是否达到了这些目标。这种做法在 2002 年变成了国家政策。在这一年里，《不让一个孩子掉队法》（NCLB）由时任总统签署成为法律，并继续体现在 2015 年的《每个学生成功法》中。虽然后者的规模有所缩减，但并没有取消标准化考试。

2009 年，"州共同核心标准倡议"（Common Core State Standards Initiative）得到了全美州长协会的支持，其目的是致力于执行州为学生制定的比较严格的大纲。州共同核心标准明确规定了各年级学生在不同的内容领域应当知道的知识和应当掌握的技能（Common Core State Standards Initiative，2019）。绝大多数州都已同意执行这些标准，但它们也引起了相当大的争议。批评者们认为这些标准只是联邦政府试图控制教育的又一次努力，这些标准强调的是一刀切而很少考虑学生的个体差异。支持者们则认为核心标准提供了一个迫切需要的详细的大纲，为学生树立了应当达到的重要里程碑。

州共同核心标准的支持者们认为，全州范围内的标准化考试将会带来许多积极的结果：学生学业成绩的提高；教师把更多的时间用于教授所考的科目；对所有学生都抱有高的期望；鉴别出表现差的学校、教师和管理人员；随着考试分数的提高，人们对学校的信心也会随之提高。

标准化考试可以帮助教育者鉴别出那些苦苦挣扎的学生以及需要更多教学时间的内容领域。例如，在最近的一次全国性考试中，只有 37% 四年级学生和 36% 八年级学生的阅读达到了熟练或更好的水平，40% 四年级学生和 34% 八年级学生的数学达到了熟练或更好的水平（McFarland & others，2018）。这些数字表明学生的成绩比前些年有所提高，但仍然存在不小的差距（Ladd，2017）。

然而，上述项目的批评者们认为，标准化考试带来的弊大于利（Ladd，2017）。批评者们强调，用单一测验的结果作为学生进步和能力的唯一指标只能反映学生能力的一个狭隘的方面（Lewis，2007）。这一批评与智力测验受到的批评相似。为了较好地评估学生的进步和成绩，许多心理学家和教育家强调应当采用多种测评方法，包括考试、小测验、小

《每个学生成功法》的特点是什么？对这一立法的批评有哪些？
图片来源：视觉中国

型研究、档案袋、课堂观察等等。此外，标准化考试并不考察学生的创造性、动机、坚持性以及灵活思考的能力和社交能力（Stiggins, 2008）。批评者还指出：为了让学生在统考中取得好分数，教师最终采取的方法就是把很多课堂时间用于应试教学，对学生进行应试训练，让学生死记硬背一些孤立的知识，从而忽视侧重于发展思维能力的教学，而后者才是学生在未来生活中取得成功所需要的（Ladd, 2017）。此外，还有一个担忧是天才儿童受到了忽视，因为学校和教师都把气力用在了提高那些标准化考试成绩不佳的学生的分数上了（Ballou & Springer, 2017）。

标准化考试除了用来让学校为学生的成绩负责外，还经常被用来比较不同国家的学生在数学、科学以及其他学科上的表现。例如，"国际学生评估项目"（PISA）、"国际数学和科学学习趋势"（Trends in International Math and Science Study, TIMSS）项目已经被用来将某些年级学生的测验分数进行国家排名（McFarland & others, 2018）。2015年有54个国家参加了TIMSS评估项目，美国四年级学生的数学成绩排名第15，科学成绩排名第20。在这些国际测验上表现好的国家的教育方法已经被其他国家采纳，目的是改善本国学生的学习状况并提高学业成绩。例如，因为新加坡学生的数学和科学考分一直名列前茅，所以其他一些国家就将新加坡的小学数学课程整合到自己国家的课程内容和教学实践中（Jaciw & others, 2016）。

现在让我们来看看不同发展水平的学生所上的学校是什么样子。我们首先从童年早期教育开始。

> 童年早期的教育

如本章开头所述，对瑞吉欧教育项目中的教师来说，学前儿童是主动的学习者，他们和同伴一起探索世界，在集体合作中建构他们关于世界的知识，而教师则是儿童的帮助者而不是发号施令者。在许多方面，瑞吉欧模式的教育理念与我们在"认知发展观"一章中讨论过的皮亚杰和维果斯基的观点是一致的。我们对童年早期教育的探索侧重于不同的教育项目、处境不利幼儿的教育策略以及有关童年早期教育的一些争论。

童年早期教育的不同形式　进入学前教育机构已经成为美国儿童的普遍的选择。幼儿所接受的教育有许多不同的形式（Feeney, Moravcik, & Nolte, 2018）。但早期教育的基本形式是以儿童为中心的幼儿园。

以儿童为中心的幼儿园　保育是**以儿童为中心的幼儿园**的工作重点。保育强调对儿童实施全面的教育，关注儿童身体的、认知的、社会情绪的发展（Segal & others, 2012）。教学围绕儿童的需要、兴趣和学习风格来组织，重点放在学习过程而不是放在学习内容上（Richards, 2017）。以儿童为中心的幼儿园一般遵循三条原则：(1) 每个儿童都有自己独特的发展模式；(2) 幼儿通过与人和事物接触的第一手经验学习效果最好；(3) 游戏在儿童的整体发展中起着非常重要的作用。在优秀的幼儿园课程中，实验、探索、发现、尝试、重新建构、听和说都是常见的活动形式。这样的课程也根据5岁儿童的发展状况进行适当的调整。

蒙台梭利教育法　蒙台梭利学校是以玛丽亚·蒙台梭利（Maria Montessori, 1870—1952）的教育哲学为指导的学前教育机构。蒙台梭利原是意大利的一名医

发展链接

认知理论

皮亚杰和维果斯基都认为游戏是幼儿认知发展的极好情境。链接"同伴"。

以儿童为中心的幼儿园（child-centered kindergarten）强调对儿童实施全面的教育，关注儿童身体的、认知的以及社会情绪的发展，并考虑到儿童的需要、兴趣和学习风格。

蒙台梭利教育法（Montessori approach）一种教育哲学，它主张让儿童在相当大的程度上拥有选择和主动参加活动的自由，并允许儿童根据自己的意愿由一项活动转向另一项活动。

第十六章　学校教育与学业成绩　　**447**

生，后来投身教育，于20世纪初创立了具有革命性的幼儿教育法。**蒙台梭利教育法**实际上是一种教育哲学，它主张让儿童在相当大的程度上拥有选择和主动参加活动的自由。儿童可以根据自己的意愿由一项活动转向另一项活动。教师的角色是帮助者而不是教导者。教师为儿童示范如何进行益智游戏，演示如何用有趣的方式探究课程材料，并在儿童要求时为他们提供帮助（Marshall，2017）。通过让儿童幼小时就做决定，蒙台梭利教育法鼓励儿童独立地解决问题并有效地管理自己的时间。近年来，美国蒙台梭利学校的数量急剧增加，1959年只有1所，1970年增加到355所，如今已有4,000多所。世界各国蒙台梭利学校的总数大约是7,000所。

有些发展学家赞成蒙台梭利教育法，但有些发展学家认为这种教育法忽视了儿童的社会情绪的发展。例如，虽然蒙台梭利教育法重视培养儿童的独立性和发展儿童的认知能力，但它不重视师生之间和儿童之间的言语互动。此外，另一些批评者认为蒙台梭利教育法限制了想象性游戏，对儿童自我纠正的过度依赖也许会妨碍儿童创造性的发挥，或不能包容多种不同的学习风格。

发展上适宜和不适宜的教育　许多教育者和心理学家认为，学前和小学低年级儿童最有效的学习方式是通过主动的、动手操作的教学方法，如游戏和戏剧表演。他们知道每个儿童的发展速度不同，学校应当考虑到这些个体差异。他们还认为，学校既要重视儿童的认知发展，也要重视儿童的社会情绪的发展。教育者把这一类型的学校教育称为**发展适宜性教育实践**。它建立在对某一年龄段儿童典型的发展状况（年龄适宜性）了解的基础之上，也建立在对每一个儿童的独特性（个体适宜性）了解的基础之上（Cobanoglu, Capa-Aydin, & Yildirim, 2019）。相比之下，对幼儿来说发展上不适宜的教育实践则依赖抽象的、以大群体为单位进行的纸笔活动。发展适宜性教育希望得到的结果包括批判性思维、合作的习惯、问题解决能力、自我调控能力以及乐学的态度。发展适宜性教育强调的是学习的过程而不是学习的内容（Cobanoglu, Capa-Aydin, & Yildirim, 2019）。图1展示的便是全美幼儿教育协会（NAEYC）为多个领域如何实施发展适宜性教育提出的建议（NAEYC, 2009）。

许多研究（但不是所有的研究）表明发展适宜性教育产生了显著的正面效益（Sanders & Farago, 2018）。但是，我们仍然难以对有关的研究结果进行概括，其原因主要是这一类教育项目之间通常存在一定差异，同时"发展适宜性教育"也是一个不断演变的概念。这个概念最近的变化主要是更加关注社会文化因素、教师积极参与、实施系统的目标以及在多大程度上应当重视学业能力和教学方法。

处境不利幼儿的教育　长期以来，美国低收入家庭的儿童在进入小学一年级之前通常没有受过任何教育。在很多情况下，当进入小学一年级时，他们的学习准备度已经比班上的同学落后了许多。1965年夏天，美国联邦政府发起了**提前开端计划**，目的是打破贫困和幼儿教育落后之间的恶性循环。这项计划是补偿性的，旨在使低收入家庭的儿童有机会习得学校中取得成功所需要的重要技能和经验（Morris & others, 2018）。半个多世纪过去了，提前开端计划仍然是由联邦政府资助的最大的幼儿教育项目，每年约有100万儿童注册加入该计划（Administration for Children and Families, 2019）。2018年，提前开端计划中5岁儿童占1%，4岁儿童占38%，3岁儿童占35%，其余为3岁以下的儿童（Administration for Children and Families, 2019）。

发展适宜性教育实践（developmentally appropriate practice，DAP）重视某一年龄段儿童典型的发展状况（年龄适宜性），也重视每一个儿童的独特性（个体适宜性）。相比之下，对幼儿来说发展上不适宜的教育实践则依赖抽象的、以大群体为单位进行的纸笔活动。

提前开端计划（Project Head Start）一种补偿教育，旨在使低收入家庭的儿童有机会习得学校中取得成功所需要的重要技能和经验。

发展适宜性教育实践需要重点考虑的事项

1 决策时的考虑
在有关儿童教育的各个方面，童年早期的教育工作者需要考虑如下三个方面的知识：(1) 已有的关于儿童发展和儿童学习的知识，尤其是关于儿童年龄特点的知识；(2) 对每个儿童个人特点的了解；(3) 关于儿童生活于其中的社会文化背景的知识。

2 挑战和可实现的目标
当教师为促进儿童的发展和学习而制订计划和组织经验时，要时刻记住想要达到的目标以及这些儿童的群体特征和个体特征。

对教育实践具有指导意义的儿童发展规律和学习规律

1. 发展和学习的所有领域（身体的、认知的、情感的）都是重要的，它们是联系在一起的。
2. 儿童学习和发展的许多方面遵循着一定的顺序，后来的能力、技能和知识总是建立在那些已经获得的能力、技能和知识的基础之上。
3. 儿童之间发展和学习的速度不同，同一个儿童在自己不同领域的发展和学习的速度也不同。
4. 发展和学习的结果来自儿童的生理成熟和经验的互动。
5. 早期经验对儿童的发展和学习具有强大的影响，包括累积性影响和延迟性影响两个方面；对某些类型的发展和学习来说，存在着最佳阶段。
6. 儿童的发展越来越复杂，他们的自我调节能力、使用符号和表征的能力也越来越强。
7. 当儿童与照顾他们的成人具有安全和稳定的关系并同同伴形成积极的关系时，他们发展得最好。
8. 发展和学习发生在多种社会和文化的情境中并受这些情境的影响。
9. 儿童总是主动寻求理解他们周围的世界，他们以多种方式学习；多元化的教学策略可以有效地指导儿童的学习。
10. 游戏是儿童发展自我调控能力与提高语言、认知和社交能力的重要情境。
11. 当儿童面临的挑战刚好超过他们目前已掌握的水平并有机会练习新学到的技能时，他们的发展和学习都会进步。
12. 儿童的经验影响着他们的学习动机和学习方式，如坚持性、主动性、灵活性；反过来，这些特点也影响他们的发展和学习。

发展适宜性教育实践的主要指导原则

1 建构充满关爱的学习者共同体
共同体的每个成员都应该受到他人的尊重；人际关系是儿童赖以学习的一个重要情境；教师应当确保共同体的成员在心理上感到安全。

2 教学要促进发展和学习
教师应当为每个儿童提供所需要的经验，用来激励、指导和支持儿童的学习。

3 为实现重要的目标而计划课程
要对课程进行规划，以帮助儿童实现发展上适宜和具有重要教育意义的目标。

4 对儿童的发展状况与学习结果进行评估
在发展适宜性教育实践中，评价应当与各个项目的儿童发展目标联系起来。

5 与家庭建立相互联系
教师和家庭之间良好的合作伙伴关系有利于儿童的学习和发展。

图1 全美幼儿教育协会对发展适宜性教育实践的建议，适合于 0—8 岁儿童的早期教育项目

资料来源：Adapted from NAEYC (2009). Developmentally appropriate practice in early childhood programs serving children from birth through age 8.

1995 年，又分立了早期提前开端计划（Early Head Start），专门面向从出生到 3 岁的儿童。2007 年，在新增的拨给开端计划的资金中，一半被用于扩大早期提前开端计划。研究人员已发现早期提前开端计划产生了许多积极的影响；通过为父母和儿童双方提供支持，早期提前开端计划可以保护儿童免受家庭风险因素的伤害（Paschall, Mastergeorge, & Ayoub, 2019）。

提前开端计划下的各种项目并不相同。由于提供的服务有不同的类型，参与的儿童有不同的特点，儿童所能得到的其他照看服务也不同，因而提前开端计划的效果也存在差异（Morris & others, 2018）。因此，需要把更多的注意力放在全面开发高质量的提前开端项目上（Berlin, Martoccio, & Jones Harden, 2018）。约兰达·加西亚（Yolanda Garcia）是一名教育工作者，她一直致力于使提前开端计划成为处境不利儿童的一种有价值的学习经验。要了解她的工作情况，请阅读"链接 职业生涯"专栏。

评估结果表明，优质的早期教育项目对处境不利幼儿的认知和社会能力的发展都有积极的影响（Yazejian & others, 2017）。一项针对提前开端计划的全国性评价研究显示，该计划对 3 岁和 4 岁参与者的语言发展和认知发展都产生了积极的影响（National Head Start Association, 2016）。然而，到一年级结束时，早期

> **链接 职业生涯**
>
> **儿童服务和提前开端计划负责人约兰达·加西亚**
>
> 1980年以来，约兰达·加西亚（Yolanda Garcia）一直担任美国加州圣克拉拉（Santa Clara）县教育局儿童服务部主任。作为主任，她的职责是管理127个班级2,500名3至5岁儿童的早期教育项目。她曾获得两个硕士学位，一是芝加哥大学公共政策与儿童福利专业的硕士，二是圣何塞州立大学教育管理专业的硕士。
>
> 加西亚曾在许多全国性顾问委员会任职，这些委员会改善了提前开端计划的工作人员配置。最值得注意的是，她曾是提前开端计划质量委员会的成员，该委员会提出了创建早期提前开端计划的建议，并修订了提前开端计划的评价标准。加西亚目前是美国科学院科学和早期教育一体化委员会（American Academy of Science Committee on the Integration of Science and Early Childhood Education）的成员。

教育的这些积极影响几乎没有保持下来，此时，3岁时加入提前开端教育项目的儿童保持下来的优势只剩下较好的口语理解能力，而4岁时加入提前开端项目的儿童保持下来的优势只剩下较多的词汇量。但是，许多对小学阶段考试分数没产生积极影响的童年早期教育项目却表现出了延迟的积极效应，这些项目的参与者在成年期收入较高，其原因可能是提前开端之类的早期教育项目改善了参与者的社会情绪功能以及其他具有长期效应的因素，但考试分数反映不出这些改善（National Head Start Association，2016）。

一个高质量的早期教育项目（虽然不属于提前开端计划）是密歇根州伊普西兰蒂（Ypsilanti）的佩里学前项目（Perry Preschool program），这一项目为期两年，项目的工作人员每周进行家访。在一项关于该项目的长期影响的分析中，研究者将曾经在佩里学前项目就读过的成人组与一个背景相同但没有受过丰富早期教育的成人控制组进行了比较（Schweinhart，2019）。结果显示：曾经在佩里学前教育项目就读过的成人组的少女怀孕率较低、高中毕业率较高；在40岁时，他们更可能有工作、有自己的房子、有储蓄账户，而有过被捕经历的可能性较低。

关于早期教育的争议 目前，有关早期教育的争议主要围绕两个问题：(1) 早期教育应当采用什么样的课程（Auld & Morris，2019）？(2) 美国是否应当普及学前教育（Greenberg，2018）？

课程争议 当前有关早期教育课程的争议主要涉及两种主张。一部分人赞成以儿童为中心的建构主义的课程，在很大程度上与全美幼儿教育协会所强调的发展适宜性教育实践类似。而另一部分人则赞成学术性课程和直接教学法。

在现实中，许多高质量的早期教育项目既包括学术性的课程也包括建构主义的课程。但是，许多教育领域的专家们担心，学术性课程对幼儿施加了太大的成就压力，而没有提供任何主动建构知识的机会（Faas, Wu, & Geiger，2017）。这些专家们还指出，好的早期教育项目不仅应当关注认知发展，也应当关注社会情感的发展，而不能只关注认知发展（Tager，2017）。

有关早期教育的两个争议是什么？
图片来源：视觉中国

普及学前教育的争议 另一个有关早期教育的争议聚焦于是否应该从制度上规定让所有 4 岁的美国孩子接受学前教育。普及学前教育的拥护者们强调，优质的学前教育可以为儿童在学校里取得成功做好准备（Cascio, 2017）。例如，当接受了优质学前教育的儿童进入小学和中学时，他们留级或辍学的可能性将会降低。拥护者们还指出，许多分析表明普及学前教育将会减少补偿教育和司法服务的需求，从而每年可以节约数十亿美元的公共开支（van Huizen, Dumhs, & Plantenga, 2019）。

另一方面，普及学前教育的批评者们则认为，可归因于幼儿园和学前教育的有益影响往往被过分夸大了。他们特别强调，研究并没有证明处境良好的儿童可以得益于学前教育。因此，批评者认为更加重要的是要提高处境不利儿童的学前教育的质量，而不是强制所有 4 岁的儿童都接受学前教育。另一些批评者，尤其是家庭学校的倡导者，则强调幼儿应当由父母教育而不是学校。因此，围绕学前教育普及问题的争论还在继续。

在许多国家中，早期教育的某些目标和美国早期教育项目的目标有着很大的不同。要进一步了解有关的信息，请阅读"链接 多样性"专栏。

> 小学

对许多儿童来说，进入小学一年级即标志着从"家庭儿童"转变成了"学校儿童"，而进入学校则意味着新的角色和义务。儿童开始承担起学生这个新角色，与同伴和老师互动，建立新的人际关系，采纳新的参照群体，并发现新的评判自己的标准。学校也为儿童形成自我感提供了新的丰富的观点来源。

通常，小学阶段给予儿童的反馈主要是消极的。例如，一项综合了 107 个研究的元分析发现：小学高年级儿童的自尊和动机水平通常都低于小学低年级儿童；降低最明显的是内部动机，关于语文和数学能力的自我概念，学术类的成就目标，技能类的成就目标（Scherrer & Preckel, 2019）。

> 青少年教育

从小学过渡到中间学校（middle school）或初中（junior high school）是什么样子？对青少年来说，高效率的学校有什么特点？如何鼓励青少年留在学校里？

向中间学校或初中的过渡 对许多学生来说，中间学校或初中的第一年可能是比较困难的（Coelho, Marchante, & Jimerson, 2017）。例如，学生的学术性动机和努力程度通常会降低，特别是那些觉得自己在控制力和效能方面难以应对新的学术挑战的学生，更是如此（Anderson & others, 2019）。对那些和教师关系温暖且冲突少的学生来说，从小学升入中学就不那么紧张（Hughes & Cao, 2018）。90% 以上的美国学生还报告说在他们的升学过渡中父母给予了很大的帮助（Fite & others, 2019）。对升学过渡感到困难的原因之一是它打乱了儿童的朋友关系。例如，在一项包括美国 26 所中间学校的纵向研究中，新生在第一年里新建立的或失去的朋友关系超过 2/3。朋友关系的稳定程度越低，儿童的学校参与度就可能越低，学习成绩也可能越差（Lessard & Juvonen, 2018）。

当儿童向中间学校或初中过渡时，许多个人的、家庭的、学校方面的其他变化也在同时发生（Gazelle & Faldowski, 2019）。这些变化包括青春期的到来以及与此相关的对身体形象的担忧；至少在某些方面出现了形式运算思维，以及与之伴

当儿童进入小学后，他们便和新的重要他人互动并发展友谊。学校为他们提供了丰富的影响其自我感的新观点。

图片来源：视觉中国

链接 多样性

日本和发展中国家的早期教育

如同美国一样，日本的幼儿教育也是多种多样。有些日本幼儿园的目标是特定的，如早期音乐训练或实施蒙台梭利教育法。在大城市里，有些幼儿园附属于一些拥有小学和中学的大学。然而，大多数日本学前教育机构都几乎不重视学术性教学。

在一项研究中，研究者就早期教育的不同方面询问了300名日本的和210名美国的幼儿教师、儿童发展专家和父母（Tobin, Wu, & Davidson, 1989）。日本的受访者当中只有2%把"给孩子一个良好的学术开端"作为社会应当兴办学前教育的最重要的三大理由之一。相比之下，超过半数的美国受访人选择了这一条作为他们的最重要的三大理由之一。日本的幼儿园不教阅读、写字和数学，但注重坚持、集中注意以及做好群体成员等方面能力的发展。绝大多数日本幼儿是由父母在家里教他们阅读。

将日本的父母和美国的父母做比较，超过60%的日本父母说幼儿园的目的是给予孩子作为群体一员的经验，而美国父母做出这一回答的只占20%（Tobin, Wu, & Davidson, 1989）（参见图2）。关于一起生活和工作的训导是日本文化的很自然的组成部分。在很多日本的幼儿园里，孩子们穿着同样的制服，只是用不同颜色的帽子来表示他们所属的班级。孩子们都拥有一套相同的用具，并存放在相同的抽屉里和架子上。这样做的目的并不是像有些美国评论家所说的那样要把幼儿变成机器人，而是要让幼儿牢牢地记住：就像他们自己的需求和愿望一样，其他人

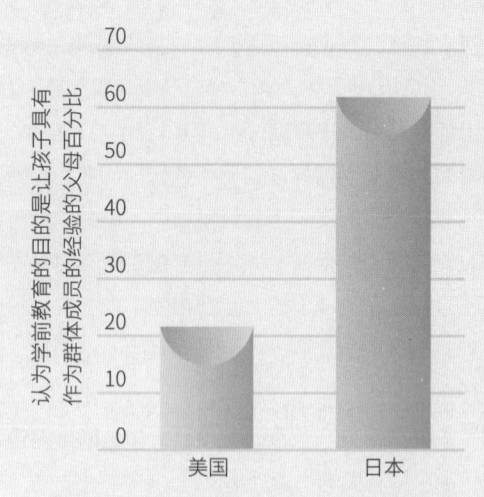

图2 日本父母和美国父母学前教育目的观的比较

的需求和愿望也是同样重要的（Hendry, 1995）。

日本是一个高度发达的工业化国家。中低收入国家的早期教育情况怎样呢？就全球范围来说，大约一半的学前儿童没有参与任何学前教育项目（UNICEF, 2019）。在低收入国家，学前阶段儿童中只有约20%能进入学前教育机构，这些学前教育机构的教室通常很拥挤，没有受过培训的教师，也没有刺激丰富的课程。联合国儿童基金会主张应当优先普及学前教育，因为学前教育为早期学习提供了条件，可以帮助学生在学校里取得成功并最终进入劳动力市场，后者又反过来促进经济的增长。联合国《可持续发展目标》是指导全球2030年前发展议程的文件，该文件要求世界各国至少普及1年的学前教育。

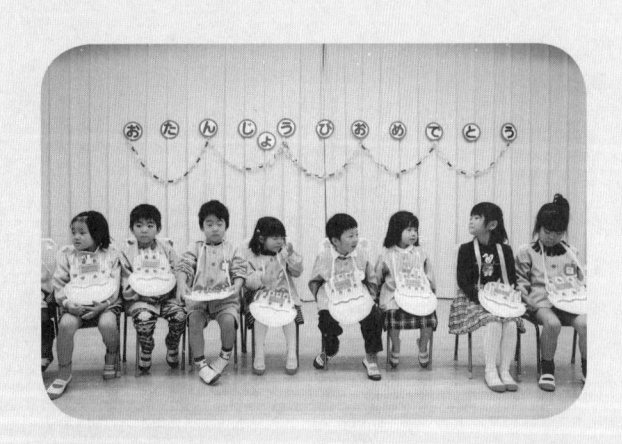

日本早期教育的特点是什么？
图片来源：Andreas Meichsner/Laif/Redux Pictures

许多像牙买加这样中低收入的国家的幼儿园有什么特点？
图片来源：视觉中国

随的社会认知的变化；责任的增加和对父母依赖的减少；进入了一个更大的、个人化程度更低的学校结构；从一个老师到多个老师，从小圈子的同质同伴到更大圈子的异质的同伴；越来越注重学业成绩和表现。此外，当儿童过渡到中间学校或初中时，他们会体验到**权威失落现象**，即从小学里最权威的老大的地位，一下子滑落到了中间学校或初中里最没有权威、最年幼和最弱小的地位。

当然，过渡到中间学校或初中也有积极的方面。儿童更容易觉得自己长大了，学校提供了更多可供选择的科目，有更多的机会与同伴待在一起并找到志趣相投的朋友，并可以享受到更多的独立性而不再受父母的直接监控。他们还可能会在学习方面受到更大的认知挑战。

面向少年的高效的学校　批评者认为，中间学校和初中应当提供反映少年生理和心理发展方面广泛的个体差异的多种活动。1989年，卡内基公司发表了一篇关于美国中间学校的极其负面的评价报告。该报告的结论是：大多数少年上的是大规模的、缺乏人情味的学校；学习的是一些不合时宜的课程；他们几乎不信任学校中的成人；学校也缺乏医疗保健服务和咨询服务。该报告建议国家发展较小的"共同体"或"家庭般的"学校，以改变大型中间学校没有人情味的缺点；降低学生与咨询师的比例（达到十比一而不是几百比一）；让父母和社区领导参与学校工作；开发新的课程；让教师团队教授更加灵活设计的整合了多个学科内容的模块课程；通过更多的校内项目来增强学生的健康和体能；并帮助有需要的学生获得公共医疗服务。30年过去了，但专家们仍然认为，如果想有效地教育青少年，全美国的中间学校在很大程度上都需要重新设计（Yeager, Dahl, & Dweck, 2018）。

高中　正如美国的初中教育引起人们的担忧一样，美国的高中教育也同样引起人们的担忧（Roundfield, Sánchez, & McMahon, 2018）。批评者强调，许多高中对学生成功的期望和学业标准都太低。批评者还指出，高中往往培养学生的被动性，高中应当为学生创造多种多样的实现同一性的途径。许多学生高中毕业时在阅读、写作和数学方面的能力都不够，以至于许多升入高等学校的学生还不得不参加基础知识补习班。一些高中生则中途辍学，他们并没有具备获得体面职业所必须的技能，更不用说成为有知识的公民了（Lee-St. John & others, 2018）。

美国高中中的另一个重要问题是青少年社会生活的负面影响降低了他们的学业成绩。例如，有些青少年开始沉浸在各种要求他们服从的同伴文化中（Crosnoe, Pivnick, & Benner, 2018）。高中应当是接受教育的地方，但是对现实中的许多青少年来说，高中也是面对和体验各种同伴关系的地方，而这些同伴关系可能重视也可能不重视教育和学业成绩。那些不能融入同伴群体的青少年可能会受到指责或侮辱。

在20世纪后半叶和21世纪初，美国高中的辍学率大幅度下降（National Center for Education Statistics, 2018）。20世纪40年代，美国16岁至24岁的青少年中辍学者占一半以上；而到了2016年，这一比例降到了6.1%。但拉丁裔青少年的辍学率一直保持在较高的水平，尽管在新世纪里也一直在下降（从2000年的28%下降到2016年的8.6%）。在2016年，美国辍学率最低的是亚裔青少年（2.0%），然后是非拉丁裔白人青少年（5.2%）、非裔青少年（6.2%）、拉丁裔青少年（8.6%）、原住民青少年（11.0%）。

当儿童向中间学校或初中过渡时，很多其他方面的发展性变化也同时发生。其他的发展性变化主要有哪些？
图片来源：视觉中国

权威失落现象（top-dog phenomenon）指从处于小学里最权威的老大的地位，一下子变成了处于中间学校或初中里最低的地位的现象。

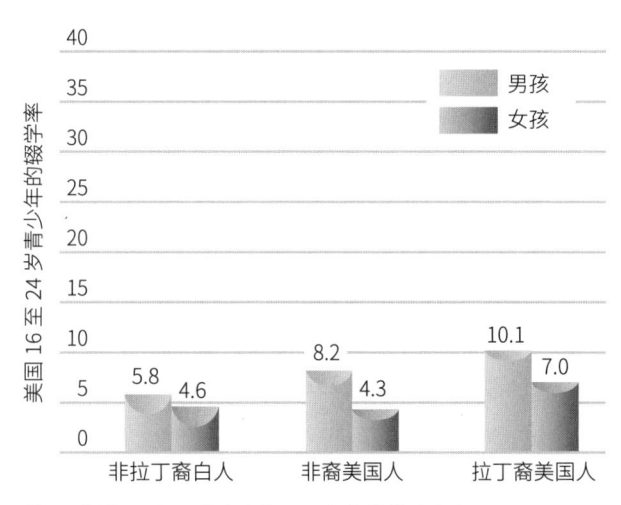

图 3 美国 16 至 24 岁青少年 2016 年的辍学百分比

美国辍学率的特点之一是具有性别差异，总的倾向是男孩比女孩更容易辍学（2016年的数据是男生 7.1%，女生 5.1%）（National Center for Education Statistics, 2018）。图 3 展示了 2016 年美国 16 至 24 岁不同性别和不同民族青少年的辍学情况。

我们刚才叙述的美国高中的平均辍学率会掩盖一些都市贫民区非常高的辍学率。例如，在底特律、克利夫兰、芝加哥等城市，辍学率高达 50% 以上。此外，图 3 中显示的是 16 至 24 岁的青少年的辍学比例。但有些学生完成高中学业的时间超过了 4 年，如果把他们也包括在内的话，辍学青少年的比例就会比图 3 中显示的要高得多。因此，在考虑高中学生的辍学率时，还需要考虑年龄和完成高中学业所用的年数以及不同民族、性别、学校所在位置等背景因素。

学生辍学的原因是多方面的。在一项研究中，近 50% 的辍学者提及了和学校相关的原因，如不喜欢学校或被开除或被停学（Rumberger, 1995）。20% 的辍学者（但拉美裔学生中为 40%）提及了经济的原因。辍学的女生中有 1/3 是出于个人原因，如怀孕或结婚。相比于普通学生以及留在学校里的高风险学生，那些从高中辍学的学生近期里遭遇重大生活压力事件的可能性要高 3 倍（Dupéré & others, 2018）。

许多干预措施已用来预防学生从高中辍学；那些涉及定期家访和个别辅导的干预项目特别有效。那些有效地降低了辍学率的高中还很重视营造关爱的环境和人际关系，采用延长课时减少次数的排课方式（block scheduling），并提供社区服务的机会。

尽早发现儿童的与学校教育相关的困难，并以积极的方式让儿童参与学校活动，是降低辍学率的重要策略。比尔和梅琳达·盖茨基金会已经对辍学率高的学校降低辍学率的努力进行了资助。盖茨基金会强调的防止高风险儿童辍学的策略之一便是让整个高中阶段都一直由相同的教师任教。这样一来，教师能够更深入地了解这些学生，改善与学生的关系，也能够监督和引导学生顺利地完成高中学业。要了解一个试图降低辍学率的干预项目，请阅读"链接 关爱"专栏。

课外活动 在美国的中小学里，青少年除了要修习学术性课程外，通常还可以从范围广泛的课外活动中选择自己感兴趣的活动。这些成人认可的课外活动通常安排在放学后，可以由学校也可以由社区主办。它们种类很多，如体育运动、学术俱乐部、乐队、戏剧、美术俱乐部等。研究人员发现：参加课外活动与较高的分数、较高程

链接 关爱

"我有一个梦想"

"我有一个梦想"（IHAD）项目是由位于纽约的全国"我有一个梦想"基金会管理的一项创新性和综合性的预防辍学的长期计划。该基金会成立于1986年，此后不断发展，如今已经为5,000多名从幼儿园到中学后（post-secondary education）的学生提供服务，分布在美国9个州和新西兰（"I Have a Dream" Foundation，2019）。美国各地的IHAD分项目接受公立小学各年级的学生（通常是三、四年级的学生），或者从公共住房项目的居住者中接收相应年龄组的儿童进入该项目。参与IHAD项目的儿童被称为"梦想者"。在整个小学、初中和高中阶段，IHAD项目为"梦想者"提供各种学业的、社会的、文化的和娱乐性的活动。该项目的一个重要特点在于它是个人性的而不是机构性的，即IHAD项目的赞助者和工作人员与参与项目的儿童之间建立长期和亲密的个人关系。当参与者高中毕业时，IHAD项目还为他们进入州立高校、当地高校或职业学校提供必要的学费帮助。

IHAD项目创建于1981年。在这一年里，慈善家尤金·朗（Eugene Lang）临时决定为纽约东哈勒姆区一所学校的一个六年级毕业班全体学生提供将来上大学的学费。

"我有一个梦想"是一项综合性的预防辍学的长期项目，该项目非常成功。图中的青少年就是这一项目的参与者。其他还有哪些降低高中辍学率的策略？

图片来源："I Have a Dream" Foundation of Boulder County (www.ihadboulder.org)

对IHAD项目的评价发现，"梦想者"们的学科成绩、考试分数、学校出勤率都有很大提高，同时行为问题也有所减少。90%的项目参与者获得了高中毕业文凭，而他们的没有参与该项目的低收入同伴的高中毕业率是74%。此外，参与者获得学士学位的可能性比没参与的同伴高3倍（"I Have a Dream" Foundation，2019）。

度的学校参与、较高程度的自尊和进入大学可能性的提高相关联，也和较低的辍学率、较低程度的抑郁、较少违法行为和较少吸毒行为相关联（Knifsend & others，2018）。参与多种课外活动比参与单一课外活动对青少年的帮助更大。

当然，课外活动的质量十分重要（Knifsend & others，2018）。那些可促进青少年发展的高质量的课外活动往往配备能力强和支持性的成人指导老师，并提供增强参与者学校归属感的机会、对参与者来说既有挑战性又有意义的活动以及提高技能的机会。

> 社会经济地位和民族

与来自中产阶级白人家庭的儿童相比，那些来自低收入和少数民族家庭的儿童在学校中往往会遇到更多的困难（Koppleman，2017）。原因是什么呢？批评者们认为学校在教育低收入或少数民族学生方面没能有效发挥其功能（Troppe & others，2017）。让我们进一步探索社会经济地位和民族对学校教育的影响。

低收入家庭背景学生的教育 许多贫困儿童面临着种种妨碍他们学习的问题（Gardner, Brooks-Gunn, & Chase-Lansdale，2016）。他们的父母可能没有为他们设定高的教育标准，没有能力指导他们阅读，或没有足够的钱为他们支付教育

发展链接

社会经济地位

社会经济地位的差异代表的是家庭内外的物质资源、人力资本和社会资本方面的差异。链接"文化与多样性"。

参与课外活动是如何影响青少年和初成年者的发展的？
图片来源：视觉中国

材料和教育经验的费用，如没有足够的钱给他们购买图书或带他们参观动物园和博物馆。他们也可能营养不良，或居住在犯罪和暴力事件频发的地方。有一项研究发现：出生在贫困家庭的儿童3岁、5岁、7岁时的测验分数都比较低；和从未生活在贫困中的儿童相比，那些长期生活在贫困中的儿童7岁时的认知发展分数要低20个百分位，即使采用统计学方法控制了多种可能影响儿童认知发展的因素后，仍然如此（Dickerson & Popli, 2016）。

与高收入社区的学校相比，贫困儿童所上的学校通常拥有较少的资源（Curtis & Bandy, 2016），更倾向于聘请缺乏教学经验的年轻教师（Gollnick & Chinn, 2017），也更倾向于鼓励机械学习，而高收入社区的学校往往更倾向于努力提高学生的思维能力（Gollnick & Chinn, 2017）。总之，太多低收入社区的学校都没能为学生提供一个有利于高效学习的环境（Duncan, Magnuson, & Votruba-Drzal, 2017）。

学校中的民族 就整个美国来说，超过1/3的非裔和近1/3的拉丁裔学生在美国47个最大的城市学区中上学，但只有5%的白人和22%的亚裔学生在这些学区中上学。

这些城市贫民区学校中有许多仍然受到民族隔离和资金不足的困扰，它们不能为学生提供适当的和有效的学习机会。因此，社会经济地位因素和民族因素往往交织在一起（Chaudry & others, 2017）。

即使在城市贫民区学校以外，种族隔离仍然是美国学校教育的特征（Gollnick & Chinn, 2017）。在差不多1/3的非裔和拉丁裔学生所上的学校中，少数民族学生所占的比例高达90%或更多（Banks, 2018）。

来自不同族群的学生的学校经验差别很大（Koppleman, 2017）。与非拉丁裔白人学生或亚裔学生相比，非裔学生和拉丁裔学生参加学术性的大学预科课程的可能性要小得多，而进入补习班和接受特殊教育的可能性却要大得多。与其他少数民族相比，亚裔学生在高中阶段修学高等数学和高等科学课程的可能性要大得多。此外，非裔学生被停学的可能性则是白人学生、拉丁裔学生和原住民学生的2倍。

这些民族之间的教育差距是由什么造成的呢？对非裔和拉丁裔等少数民族学生来说，许多人是在贫困中长大的，所上的学校经费较少，并且要承受许多歧视和偏见（U.S. Department of Education, Office of Civil Rights, 2018）。例如，就非裔学生比其他民族学生更容易被停学来说，最近的一项研究发现非裔学生比欧裔白人学生更容易被看成是捣蛋鬼，受到的处罚也更严厉（Jarvis & Okonofua, 2020）。

下面是改善多民族学生之间互动的一些策略：

七巧板课堂有什么特点？
图片来源：视觉中国

- *将课堂变成七巧板*。在埃利奥特·阿伦森（Elliot Aronson）任得克萨斯大学奥斯汀分校教授期间，当地学区请求阿伦森为如何减少教室中日益加剧的种族冲突提点建议。于是，阿伦森（Aronson, 1986）提出了"七巧板课堂"的概念。在"七巧板课堂"中，来自不同文化背景的学生被安排在同一个合作小组中，他们必须承担一项任务中不同部分的工作以实现一个共同的目标。阿伦森之所以使用"七巧板"这一术语，就是由于他觉得这种方法就像一组学生共同合作来完成一项拼图游戏。那么"七巧板课堂"该如何运作呢？团队体育竞赛、戏剧演出、音乐表演等都能为"七巧板课堂"提供很好的情境，在这样的情境中，同学们合作性地参与各项工作以达到一个共同的目标。不仅如此，七巧板方法也适用于小组科学研究项目、历史报告以及其他涉及多种学科内容的学习活动。

- *鼓励学生积极接触不同民族的同学*。仅仅是相互接触并不能改善不同民族学生之间的关系。例如，用校车把少数民族学生拉到白人学生为主的学校里上学，或把白人学生拉到少数民族学生为主的学校里上学，并没有降低彼此的民族偏见或改善民族之间的关系。问题的关键是儿童进入学校后发生了什么。对改善民族关系特别有帮助的是与其他民族身份的人一起分享兴趣、担忧、成功、失败、应对问题的策略以及其他的个人信息。当人们做到了这些时，他们就会把其他人当作个体来看待，而不是把其他人看作是属于某个同质群体的成员。

- *降低偏见*。教师可以通过多种途径来降低儿童的民族偏见，如展示多种民族和多种文化群体的儿童形象，选择可以促进文化理解的游戏材料和班级活动，帮助学生克服刻板印象，以及与家长合作以减少儿童在家里接触偏见的机会。

- *做一个胜任的文化协调员*。教师也可以通过多种途径承担起文化协调员的重要角色，如对教材中和班级互动过程中带有偏见的内容保持敏感，进一步深入了解不同民族群体的特点，时刻关注学生的民族态度，对有色人种的学生持积极的态度，并以积极的方式鼓励少数民族学生的父母更多地作为教师的伙伴而参与到孩子的教育中来（Cushner, McClelland, & Safford, 2019）。

- *将学校和社区看作一个团队*。詹姆斯·科默（2010）认为全社区范围的团队工作法是教育儿童的最佳途径。科默教育改革项目有三个要素：(1) 管理团队制定一份综合的学校计划、评估策略和学校员工发展计划；(2) 组建心理健康或学校支持团队；(3) 开办针对父母的项目。科默认为，整个学校社区

第十六章 学校教育与学业成绩 **457**

链接 职业生涯

儿童心理医生詹姆斯·科默

詹姆斯·科默（James Comer）是在印第安纳州东芝加哥的贫民区里长大的；幸运的是他的父母很重视教育。科默在印第安纳大学获得了学士学位，接着在霍华德大学（Howard University）医学院获得医学学位，然后又在密歇根大学公共卫生学院获得公共卫生专业硕士学位，并在耶鲁大学医学院儿童研究中心接受了精神治疗方面的培训。如今，他是耶鲁大学儿童研究中心儿童精神病学的莫里斯·福尔克讲座教授（Maurice Falk professor），并担任耶鲁大学医学院副院长。在耶鲁任教期间，詹姆斯·科默致力于研究如何通过促进儿童发展来改善学校。他在支持年轻人健康发展方面所做的努力享有国际声誉。

科默最出名的工作也许是他在1968年创立的学校发展项目，该项目鼓励父母、教育工作者和社区相互合作，共同促进儿童的学业、情绪和社会性的发展。

要进一步了解心理医生的工作情况，请阅读附录"儿童发展领域的相关职业"。

图中显示的是詹姆斯·科默和一些城市贫民区的儿童在一起。由于科默的干预，这些儿童所上学校的学习环境得到了改善。
图片来源：John S. Abbott

应当持有合作而不是对抗的态度。目前，科默项目已经在美国26个州和华盛顿特区、特立尼达和多巴哥、南非、英格兰以及爱尔兰的1,000多所学校中实施。上面的"链接 职业生涯"专栏进一步叙述科默的工作情况。

复习、联想和反思

学习目标 1
讨论学校教育和发展的观点。

复习
- 当代关于学生学习的观点有哪些？
- 童年早期教育有哪些不同的形式？
- 小学教育有哪些特点？
- 美国青少年的教育状况如何？在教育青少年方面有哪些挑战？
- 社会经济地位和民族是如何影响儿童的教育的？

联想
- 在本节，你学习了社会经济地位（SES）和教育的关系。你在本书前面了解到SES和父母的教育观念有怎样的关系？这与"我有一个梦想"这样的项目以及比尔和梅琳达·盖茨基金会资助的干预项目的重要性有什么关系？

反思你自己的人生之旅
- 你认为你在童年期和青少年期里所上的学校在教育观念上有什么特点？你认为你的学校是高效率的学校吗？为什么？

第2节 残障儿童

学习目标 2
概括残障儿童及其教育的特点。
- 残障范围
- 教育问题

儿童患有的残障有哪些？残障儿童的教育有什么特点？

> 残障范围

在2015—2016学年，美国所有3至21岁的儿童和青少年当中有13.1%接受特殊教育或相关的服务，比1980—1981学年增长了3%（Condition of Education, 2018）。图4显示的是2015—2016学年接受联邦特殊教育计划服务的四类最大的残障学生群体（Condition of Education, 2018）。

如图4所示，患有学习障碍的学生是至今人数最多的一类接受特殊教育的学生，然后依次是患有言语和语言障碍的学生、其他健康障碍学生、自闭症学生。美国政府关于残障学生分布情况的评估报告中将注意缺陷多动障碍（ADHD）也包括在学习障碍的类别之中。

学习障碍　美国政府在1997年给出了学习障碍（learning disabilities）的定义，在2004年又做了一些微小的修改。以下是政府对某个儿童是否应该被归类为学习障碍患者的定义。患有**学习障碍**的儿童有学习困难，这些困难包括理解或使用口头或书面语言方面的困难，可以表现在听、思考、读、写、拼写方面。学习障碍也可以包括数学方面的困难（Werner, Berg, & Höhr, 2019）。但是，将儿童归类为学习障碍的前提条件是他们的学习问题主要不是由视觉、听觉或肢体残障造成的，不是由智力障碍或情绪紊乱造成的，也不是由环境、文化或经济上的不利条件造成的。

被归类为患有学习障碍的男孩约是女孩的3倍。对这一性别差异的解释主要包括男孩更大的生物学脆弱性和诊断提名偏见（*referral bias*）。诊断提名偏见指教师更可能提议男孩去接受治疗，因为男孩令人头痛的行为更多。

大约80%的患有学习障碍的儿童有阅读问题（Shaywitz, Gruen, & Shaywitz, 2007）。学习障碍主要有三类：诵读困难、书写困难、计算困难。

- **诵读困难**指个体在阅读和拼写能力方面存在严重的损伤（Gelbar & others, 2018）。
- **书写困难**涉及用手写字方面的困难（Berninger & others, 2017）。患有此类障碍的儿童可能写得很慢，写出的字词可能难以识别；同时，由于他们难以将语音和字母匹配，他们写出的字词中可能有很多拼写错误（Hayes & Berninger, 2013）。
- **计算困难**也叫作发展性算术障碍（developmental arithmetic disorder），主要表现为数学计算困难（Fuchs & others, 2013）。

目前，有关学习障碍的确切原因尚不清楚，但已有不少有效的方法可用来改善学习障碍患者的学习结果（Alquraini & Rao, 2019）。研究者们已使用磁共振成像等脑成像技术来揭示学习障碍与大脑任何区域之间的联系（Jagger-Rickels, Kibby, & Constance, 2018）（参见图5）。这些研究表明，学习障碍不可能只与某一个特定的大脑区域有关。在很大程度上，学习障碍更可能是由整合来自多个脑区域信息的过程中出现的问题造成的，或者是由脑结构和脑功能方面的微小异常造成的。

对学习障碍的干预往往侧重于改善儿童的阅读能力（Fletcher & others, 2018）。在一段时间里由优秀教师进行强化教学对许多儿童是有帮助的（Swanson &

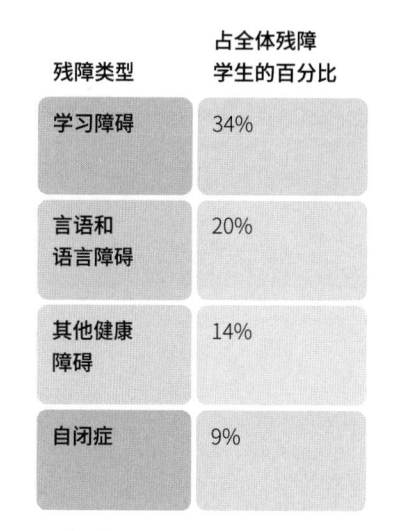

残障类型	占全体残障学生的百分比
学习障碍	34%
言语和语言障碍	20%
其他健康障碍	14%
自闭症	9%

图4　美国接受特殊教育服务的残障儿童
这里展示的是2015—2016学年的数字，列出的是残障学生人数最多的四类残障的人数比例。学习障碍中包括了注意缺陷多动障碍和学习障碍两个分类（Condition of Education, 2018）。

学习障碍（learning disabilities） 涉及理解或使用口头或书面语言方面的困难，这些困难可以表现在听、思考、读、写、拼写或数学方面。但是，将儿童归类为学习障碍的前提条件是他们的学习问题主要不是由视觉、听觉或肢体残障造成的，不是由智力障碍或情绪紊乱造成的，也不是由环境、文化或经济上的不利条件造成的。

诵读困难（dyslexia） 学习障碍的一种，涉及阅读和拼写能力方面的严重损伤。

书写困难（dysgraphia） 学习障碍的一种，涉及用手写字方面的困难。

计算困难（dyscalculia） 也叫作发展性算术障碍，是涉及数学计算困难的一种学习障碍。

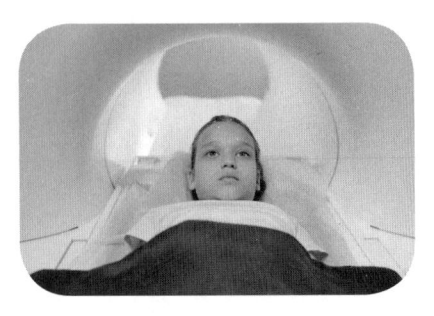

图5 脑扫描和学习障碍
越来越多的研究采用磁共振脑扫描技术来检查和学习障碍有关的大脑通路。这里显示的是9岁的帕特里克·普赖斯（Patrick Price），他患有诵读困难。帕特里克正在通过磁共振扫描仪。这台机器已用帘子伪装，看起来像一座儿童喜欢的城堡。在扫描仪里面，儿童必须几乎一动不动地躺着，当文字和符号在屏幕上闪烁时，工作人员要求儿童通过点击不同的按钮来识别它们。
图片来源：视觉中国

> **发展链接**
>
> **注意**
> 注意涉及心理资源的集中，可以在许多任务上提高认知加工的效率。链接"信息加工"

许多患有ADHD的儿童表现出冲动的行为。如果你是一位教师，这样的事情发生在你的课堂上，你将如何处理？
图片来源：视觉中国

注意缺陷多动障碍（attention deficit hyperactivity disorder，ADHD） 一种障碍，指儿童持续地表现出如下三个特征中的一个或多个：(1) 注意力不集中；(2) 多动；(3) 冲动。

Berninger，2018）。

注意缺陷多动障碍（ADHD） 注意缺陷多动障碍（ADHD）是指儿童在一段时间里持续地表现出如下三个特征中的一个或多个：(1) 注意力不集中；(2) 多动；(3) 冲动。注意力不集中的儿童无法把注意力集中在任何一件事情上，通常在几分钟甚至在几秒钟之后就对眼前的任务感到厌倦。多动的儿童身体一直处于高度活动的状态，看上去似乎在不停地动来动去。冲动的儿童很难控制他们的反应，在行动之前不做什么思考。根据儿童在这些特征上的表现不同，可以把ADHD患者诊断为以下三类：(1) 以注意力不集中为主的ADHD；(2) 以多动或冲动为主的ADHD；(3) 同时具有注意力不集中和多动特征的ADHD。

最近几十年来，被诊断为ADHD并接受治疗的儿童数量大幅度地增长。男孩比女孩有此障碍的人数高出3倍到9倍。不过，对于ADHD确诊人数增多的问题，学术界还存在着争议（Friend, 2018）。有些专家把人数的增多归因为人们对ADHD意识的提高，而另一些专家则担心许多儿童被错误地诊断为ADHD（Friend, 2018）。

一项研究调查了ADHD可能误诊的情况（Bruchmiller, Margraf, & Schneider, 2012）。在这项研究中，研究者给儿童心理学家、精神病学专家和社会工作者一些ADHD儿童的简介（有些简介符合这一情况的诊断标准，而另一些则不符合）。每个儿童的性别在简介中是人为变化的。研究人员评估的是这些心理卫生专业人员是否会将简介中的孩子诊断为ADHD患者。结果显示，这些专业人士将儿童过度诊断为ADHD患者的比例几乎高达20%；同时，不管简介中描述的症状如何，男孩被诊断为ADHD患者的可能性都是女孩的2倍。

ADHD的确切病因还没有找到。然而，研究者们已提出了许多遗传和环境的原因。有些儿童可能是从他们的父母那里继承了罹患ADHD的倾向（Huang & others, 2019）。另一些儿童可能是在产前或产后发展阶段中大脑受到了损伤，从而罹患了ADHD（Van den Bergh, Dahnke, & Mennes, 2018）。可能引起ADHD的早期因素包括胎儿发育过程中接触到了香烟和酒精，以及母亲压力大和低出生体重（He & others, 2017）。例如，一项综合了88个研究的元分析显示，出生体重较低和罹患ADHD的风险较高之间存在微小但显著的相关（Momany, Kamradt, & Nikolas, 2018）。

和学习障碍一样，脑成像技术的发展也加深了人们对ADHD的理解（Bessette & Stevens, 2019）。一项研究显示，ADHD患者大脑皮层的厚度峰值（峰值出现在10.5岁）比正常儿童（峰值出现在7.5岁）要晚3年出现（Shaw & others, 2007）。在大脑前额叶区域，这一推迟更加明显，而该区域对于注意和做计划尤其重要（参见图6）。最近的另一项研究还发现，ADHD患儿大脑额叶的发育迟缓可能是由髓鞘化的推迟或减少造成的（Bouziane & others, 2018）。目前，有些研究人员正在探索不同的神经递质可能对ADHD产生的影响，如5-羟色胺和多巴胺可能产生的影响（Wiers & others, 2018）。

刚才叙述的大脑发育延迟正好发生在与执行功能相关的区域。在研究患有ADHD的儿童和青少年时，研究人员越来越关注患者执行功能方面的困难，如必要时对行为进行抑制、应用工作记忆以及有效地规划（Kofler & others, 2019）。研究人员还发现，患有ADHD的儿童在心理观方面也有缺陷（Pineda-Alhucema & others, 2018）。

患有 ADHD 的儿童也难以获得良好的适应能力和最佳发展水平，因而准确的诊断是很重要的。被诊断为患有 ADHD 的儿童辍学、少女怀孕、吸毒问题和反社会行为的风险会进一步增加（Adisetiyo & Gray，2017）。

利他林（Ritalin）或阿得拉（Adderall）（其副作用小于利他林）等兴奋类药物能够有效地改善许多 ADHD 患儿的注意力，但这些药物通常不能把患儿的注意力提高到正常儿童的水平（Cortese & others，2018）。行为干预也能有效地降低 ADHD 患儿的行为问题（Papadopoulos & others，2019）。但研究人员常常发现，相比于单独使用药物或单独使用行为管理，药物（如利他林）和行为管理相结合的治疗方案对改善 ADHD 患儿的行为更加有效，虽然并非所有情况下都是这样（Caye & others，2019）。

瑜伽、冥想、正念训练（mindfulness training）已被用于 ADHD 患儿，并取得了一定的效果，但这些方法不是治疗 ADHD 的第一选择。一项包括 11 项研究的元分析表明：通过瑜伽、冥想和正念训练，ADHD 患儿的症状、多动、注意力不集中、执行功能以及专注于任务的行为能够得到改善（Chimiklis & others，2018）。

情绪和行为障碍　大多数儿童在学校里的某个阶段都会出现一些轻微的情绪困扰。但有一小部分儿童的问题很严重也很持久，他们便被归类为具有情绪障碍或行为障碍（La Salle & others，2018）。

情绪和行为障碍指与个人或学校事务有关的人际关系、攻击性、抑郁、恐惧等严重和持久的问题，以及其他不适当的社会情绪特点。在需要个别化教育计划（本章后面将要讨论）的特殊儿童当中，约有 8% 的儿童属于这一类别。男孩罹患此类疾病的可能性是女孩的 3 倍。

自闭症谱系障碍　自闭症谱系障碍也称为广泛性发育障碍，范围从严重的自闭症到比较轻的阿斯伯格综合征。自闭症谱系障碍的特征包括社会交往问题、语言和非语言沟通问题以及重复行为（Klinger & Dudley，2019）。患有此类疾病的儿童对感官经验也可能会出现非典型的反应（Klinger & Dudley，2019）。自闭症谱系障碍通常在孩子 1 至 3 岁时便可以检测出来。

据估计，自闭症谱系障碍正在不断增加或正在越来越多地被发现和标记（Centers for Disease Control and Prevention，2018）。人们过去以为此类病症的发生率在 2,500 人当中只有 1 例，而 2014 年的估计是每 59 名儿童中就有 1 例（Centers for Disease Control & Prevention，2018）。

自闭症是一种严重的发展性自闭症谱系障碍，它在儿童出生后的最初 3 年里发生，其症状包括社交缺陷和沟通异常，以及限制性的、重复性的和刻板性的行为模式。

阿斯伯格综合征是一种较轻的自闭症谱系障碍，患有此病的儿童具有相对较好的口头表达能力，轻度的非语言问题，以及范围有限的兴趣和人际关系（de Giambattista & others，2019）。阿斯伯格综合征的患儿经常表现出强迫性的、重复的行为模式，并专注于某个特定的事物。例如，某个患儿可能会痴迷于棒球赛分数或火车时刻表。

是什么原因导致自闭症谱系障碍的呢？目前的共识是，自闭症是一种涉及脑结构和神经递质异常的大脑功能障碍（Yu & others，2016）。大脑区域之间联系的缺乏可能是引起自闭症的一个关键因素（McKinnon & others，2019）。遗传因素在

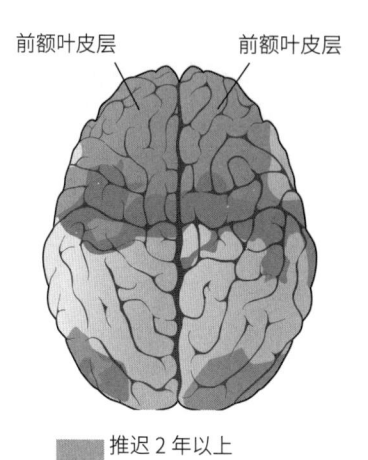

前额叶皮层　　前额叶皮层

■ 推迟 2 年以上
■ 推迟 0 至 2 年

图 6　ADHD 患者脑皮层的厚度峰值出现推迟的区域
请注意，更严重的推迟出现在前额叶。

情绪和行为障碍（emotional and behavioral disorders）与个人或学校事务有关的人际关系、攻击性、抑郁、恐惧等严重和持久的问题，以及其他不适当的社会情绪特点。

自闭症谱系障碍（autism spectrum disorders，ASDs）也称为广泛性发育障碍，范围从严重的自闭症到比较轻的阿斯伯格综合征。自闭症谱系障碍的特征包括社会交往问题、语言和非语言沟通问题以及重复行为。

自闭症（autistic disorder）一种严重的发展性自闭症谱系障碍，它在儿童出生后的最初 3 年里发生，其症状包括社交缺陷和沟通异常，以及限制性的、重复性的和刻板性的行为模式。

阿斯伯格综合征（Asperger syndrome）一种比较轻的自闭症谱系障碍，患有此病的儿童具有相对较好的口头表达能力，轻度的非语言问题，以及范围有限的兴趣和人际关系问题。

第十六章　学校教育与学业成绩　　**461**

图 7 巴伦-科恩和他的同事们（2007）在研究中使用的动画视频的一个场景
他们是如何提高自闭症患儿解读面部表情的能力的？
图片来源：The Autism Research Trust

自闭症谱系障碍的发展中起着重要的作用（Carrascosa-Romero & De Cabo-De La Vega, 2017）。双生子研究的证据表明遗传因素的影响约占 80% 到 90%，但环境因素在自闭症谱系障碍的表现过程中也起一定的作用（Willfors, Tammimies, & Bölte, 2017）。不过，没有任何证据表明家庭的社会化过程会导致自闭症。有些自闭症患儿同时患有智力障碍，而另一些自闭症患儿则具有中等或中等以上的智力（Clarke & others, 2016）。

据估计，男孩罹患自闭症谱系障碍的可能性是女孩的 4 倍（Centers for Disease Control and Prevention, 2018）。西蒙·巴伦-科恩（Simon Baron-Cohen）和他的同事们将自闭症与男性特征的联系进一步扩展，而认为自闭症反映的就是一种极端的男性大脑，尤其表现为男性表达移情与解读人的面部表情和体势语的能力较差（Greenberg & others, 2018）。为了改善一组 4 至 8 岁自闭症患儿的这些技能，巴伦-科恩和他的同事们（2007）制作了一些动画视频，这些视频中的玩具火车和拖拉机上放置了表达不同情绪的人脸，每天在男孩的卧室里播放（参见图 7）（除了图 7 所示的面部表情动画外，请见 www.thetransporters.com 网站进一步了解更多面部表情的动画）。研究者让自闭症患儿每天观看这些动画 15 分钟，持续一个月后，他们在不同的情境下认识真人面部表情的能力和没有自闭症的儿童相同。

患有自闭症的儿童可以从结构良好的课堂、个别化教学和小组教学中受益。行为矫正技术有时能够有效地促进自闭症儿童的学习（Davis & Rispoli, 2018）。一项综述研究得出的结论是：如果在自闭症患儿生命的早期阶段就高强度地提供和应用这些行为矫正技术，它们的效果则更好（Howlin, Magiati, & Charman, 2009）。

＞ 教育问题

直到 20 世纪 70 年代，美国的大多数公立学校不是拒绝残障儿童入学，就是不能为他们提供适当的服务。1975 年公法 94—142《全体残障儿童教育法案》(the Education for All Handicapped Children Act) 的颁布改变了这种情况，这项法案要求教育系统为所有的残障儿童提供免费的、适当的公共教育。1990 年，公法 94—142 改为《残障个体教育法案》(the Individuals with Disabilities Education Act, IDEA)。IDEA 在 1997 年修订，2004 年重新授权并重新命名为《残障个体教育改善法案》(the Individuals with Disabilities Education Improvement Act)。

IDEA 明确规定了必须为所有的残障儿童提供广泛的服务（U.S. Department of Education, 2019）。这些服务包括对残障儿童进行评估和资格确认，为他们提供适当的教育和个别化教育计划（IEP），并让他们在最小限制的环境（LRE）中接受教育。

个别化教育计划（IEP） 是一份书面文件，该文件详细叙述了专门为某位残障学生量身定制的教育方案。**最小限制环境（LRE）** 是指一种尽可能和正常儿童的课堂相似的教育情境。IDEA 中的这一条款为力求让残障儿童在普通班级接受教育的努力提供了法律依据。**融合**的概念则是指让有特殊教育需要的儿童在普通班级里接受教育（U.S. Department of Education, 2019）。如图 8 所示，在最近的学年里，63.1% 的美国残障学生在普通班级里度过的时间已占他们在校时间的 80% 以上。

许多有关残障儿童的法律改变已产生了非常积极的影响（Friend & Bursuck,

特殊儿童越来越多地在普通班级里接受教育，就像图中这位轻度智力障碍的孩子一样。
图片来源：视觉中国

个别化教育计划（individualized education program，IEP） 一份书面文件，该文件详细叙述了专门为某位残障学生量身定制的教育方案。

最小限制环境（least restrictive environment，LRE） 指残障儿童应当在尽可能和正常儿童的课堂相似的教育情境中接受教育。

融合（inclusion） 指让有特殊教育需要的儿童在普通班级里接受教育。

2012; McLeskey, Rosenberg, & Westling, 2013)。与几十年前相比，如今更多的儿童正在接受优质的和特殊化的服务。对许多儿童来说，融入普通班级并接受一些变通或辅助服务是适宜的。但是，一些特殊教育的权威专家认为，在某些情况下，让残障儿童在普通班级就读的做法已变得过于极端化了。例如，有时候将残障儿童安置在普通班级里并不总是对他们有利（Maag, Kauffman, & Simpson, 2019）。更有效的做法也许是提供个别化的教育，不要总是采用完全融合的方式，而是要给残障儿童一些选择，如在普通班级之外接受特殊教育。詹姆斯·考夫曼（James Kauffman）和他的同事们（2004, p. 620）承认，残障儿童"确实需要经过特别训练的专业人员的服务"，"有时确实需要对课程进行修改或调整以便使他们的学习成为可能"。但是，"当我们假装残障儿童与一般儿童没有差别时，我们便低估了残障儿童的困难。如果我们假装没必要期望残障儿童完成某项任务（或者使用不同的方式完成某项任务）时做出额外的努力，那我们也犯了相同的错误。"就像普通教育一样，特殊教育也应当激励残障学生"充分发展他们的潜能"。

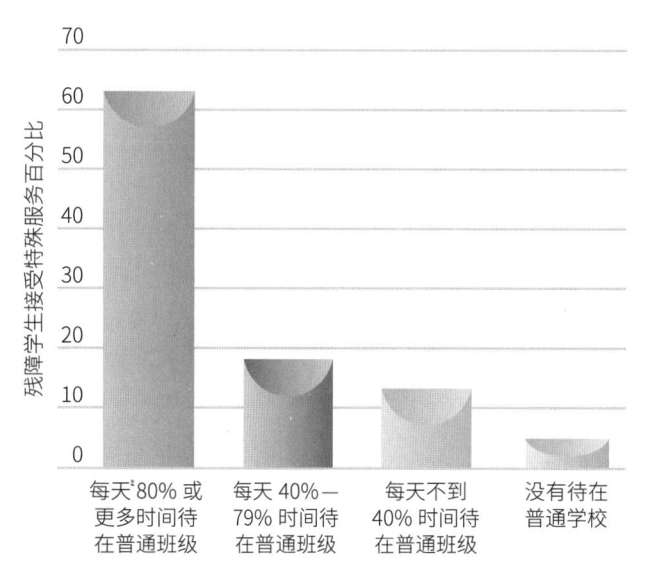

图8 美国 6 至 21 岁残障学生在普通班级接受特殊服务的百分比
注：图中数据为 2016—2017 学年的数据（National Center for Education Statistics，2018）。

复习、联想和反思

学习目标 2
概括残障儿童及其教育的特点。

复习
- 谁是残障儿童？患有学习障碍的儿童有什么特点？你将如何描述患有注意缺陷多动障碍的儿童？什么是情绪和行为障碍？什么是自闭症谱系障碍？它们是由什么引起的？患儿有什么特点？
- 残障儿童教育涉及的问题有哪些？

联想
- 在本节中，你了解到母亲在胎儿发育过程中抽烟可能与儿童注意缺陷多动障碍相关联。哪个术语是用来表示那些可能会导致出生缺陷或消极地改变儿童的认知和行为的影响因素的？

反思你自己的人生之旅
- 想想你自己的学校教育以及患有学习障碍或注意缺陷多动障碍的儿童是如何被诊断或没有得到诊断的。你曾意识到你所在的班级中有这样的个体吗？他们得到了专业人员的帮助了吗？你也许认识一个或多个患有学习障碍或注意缺陷多动障碍的人。请问一问他们的教育经历，也问一问他们是否认为学校本可以做更多的事情来帮助他们。

第 3 节 学业成绩

学习目标 3
解释儿童学业成绩的发展。
- 外在动机和内在动机
- 认知过程
- 民族和文化

无论哪个班级，无论教师是谁，也无论采用何种教学方法，有些孩子的学业成绩总是比另一些孩子好（O'Dea & others, 2018）。为什么呢？引起学业成绩差异的原因很多，包括动机、期望、目标、孩子的其他特点以及社会文化背景。

第十六章　学校教育与学业成绩　　463

人生是一种馈赠……接受它吧。

人生是一种冒险……挑战它吧。

人生是一个秘密……解开它吧。

人生是一场斗争……面对它吧。

人生是一道难题……解决它吧。

人生是一个机会……抓住它吧。

人生是一项使命……完成它吧。

人生是一个目标……实现它吧。

——佚名

教师给了这些学生编写和演出他们自己的戏剧的机会。这种自我决定的机会可以加强学生的成就动机。
图片来源：视觉中国

外在动机（extrinsic motivation）对外部诱因的回应，如对奖励和惩罚的回应。

内在动机（intrinsic motivation）基于内部因素，如自我决定、好奇、挑战和努力。

> 外在动机和内在动机

外在动机涉及外部诱因，如奖励和惩罚。**内在动机**则是基于内部因素，如自我决定、好奇、挑战和努力。认知观强调内在动机对学业成绩的重要性。有些学生努力学习是因为他们想得到好分数或避免父母的责怪（外在动机）。另一些学生努力学习则是因为他们内心想达到学业的高标准（内在动机）。

现有的证据强烈支持营造能够激发学生内在动机的课堂气氛（Fong & others, 2019）。例如，在一项实验中，成年人给予儿童积极的或者消极的反馈，给予反馈的方式也分为两种：一种是控制型的，一种是自主支持型的。结果发现：当成年人对儿童先前的活动给予积极的反馈并以自主支持型的方式给予反馈时，儿童在未来就更有内在的动机来完成类似的任务，遇到挑战时也能够坚持更长的时间（Mabbe & others, 2018）。一项日记研究也显示了中学生在科学课堂上的学习动机和教师的教学方式相关（Patall & others, 2018）。更具体地说，当教师给予学生更多选择，考虑到学生的兴趣和偏好，说明学习的内容为什么重要，并给予学生提问的机会时，学生就更有内在的动机参与到课堂学习中。反之，当教师表现出更强的控制性，压制学生的看法，采用枯燥无趣的活动时，学生学习的内在动机就较弱。

当学生有选择的自由，被适合他们能力的挑战深深吸引，并受到含有鼓励信息但不是以控制为目的的奖励时，他们的学习动机就更强。表扬也可以强化学生的内在动机。为了说明为何如此，让我们首先探讨有关内在动机的三种观点：(1) 自我决定和个人选择；(2) 兴趣；(3) 认知投入和自我责任感。然后，我们将讨论外部奖励是如何强化或削弱内在动机的。最后，我们将就内在和外在动机的问题提出一些结论性的思考。

自我决定和个人选择 有关内在动机的一种观点强调自我决定的作用（Deci & Ryan, 2000; Ryan & Deci, 2009）。根据这一观点，学生希望相信他们正在做的事情是因为他们自己的意愿，而不是因为外部的成功或奖励（Vansteenkiste & others, 2009）。自我决定理论的建构者理查德·瑞安（Richard Ryan）和爱德华·德西（Edward Deci）（2009）将那些为学生创造自我决定情境的教师称为*自主性支持教师*（autonomy-supportive teachers）。一项包括 34 个高中课堂的研究发现：那些在新学期开头的几周里感到他们的课堂允许和鼓励自主性的学生提高了他们后继对课程的投入程度，直到课程结束（Hafen & others, 2012）。

研究人员还发现，当学生有一定的选择权并有机会对自己的学习负责时，他们完成学习任务的内在动机和内在兴趣都会有所提高（Li & others, 2018）。

认知投入和自我责任感 另一种有关内在动机的观点强调，重要的是要营造一种鼓励学生认知上投入并对自己的学习负起责任的学习环境（Järvelä & others, 2018）。这样做的目的是激励学生主动努力和坚持不懈，以达到对知识的熟练掌握，而不是满足于刚能及格就行。鼓励学生认知上投入并对自己的学习负起责任的最重要的途径便是将学科内容和技能的学习放在有意义的情境中，特别是放在学生感兴趣的真实世界的情境中（Eccles & Roeser, 2011, 2013）。

关于内在动机和外在动机的进一步思考 对父母和教师来说，重要的是要鼓励学生发展内在动机，并营造促进学生认知投入和自我责任感的学习环境（Good & Lavigne, 2017）。即便如此，在现实世界中并非只有内在动机，在很多情况下，内在动机和外在动机只是互相竞争的两极。在学生生活的许多方面，内在动机和外在动机都在发挥着影响（Schunk, 2019）。但是请记住，很多心理学家都认为依靠外在动机本身并不是好的策略。

> 认知过程

我们关于内在动机和外在动机的讨论为叙述激励学生学习的其他认知过程打好了基础。当我们探讨这些其他的认知过程时，请注意内在动机和外在动机仍然是非常重要的。这些认知过程是：(1) 持续性注意、努力和对任务的坚持性；(2) 掌握的动机和心态；(3) 自我效能感；(4) 期望；(5) 目标设定、计划和自我监控；(6) 目的。

持续性注意、努力和对任务的坚持性　当然，重要的是不仅要把努力看成是获得成就的一个重要因素，而且要在学校、工作和职业生涯中真正实施持续性注意、努力和对任务的坚持性（Moilanen, Padilla-Walker, & Blaacker, 2019）。请回忆一下，*持续性注意*（*sustained attention*）是指在一段较长的时间里将注意保持在选定的刺激上的能力。持续性注意需要努力；当个体进入青少年期后，学校中的任务、课程和事务都变得更加复杂，因而要求比童年期里更长时段的持续性注意力、努力和对任务的坚持性。

青少年对任务的坚持性和他们成年后职业生涯的成功程度是否相关呢？最近的一项研究表明，13岁时对任务的坚持性与中年时的职业成功相关联（Andersson & Bergman, 2011）。

掌握动机和心态　在认知上的投入和自我激励的提高体现在具有掌握动机的青少年身上。这些个体也有一种成长的心态，即相信只要自己付出努力，就能取得积极的成果。

掌握动机　发展心理学家卡罗尔·德韦克（Carol Dweck, 2006, 2013）发现，儿童对困难或具有挑战性的情境经常表现出两种截然不同的反应。那些具有**掌握动机**的儿童以任务为导向，他们专心于学习策略和取得成就的过程，而不是专心于自己的能力或结果。而那些有着**无助倾向**的儿童则似乎被困难的体验所困扰，他们把他们的困难归因为缺乏能力。他们经常说这样的话，"我不是很擅长这个"，尽管他们以前也曾获得过多次成功，证明他们有这种能力。同时，一旦他们认为自己的行为是失败的，他们通常就会感到焦虑，他们的表现也更加糟糕。图9描述了一些可能反映无助倾向的行为（Stipek, 2002）。

相比之下，掌握导向的儿童会经常提醒自己要集中注意、要认真思考，并要记住以前的场合下曾经有效的学习策略。他们经常报告说困难的任务使他们感到挑战和兴奋，而不是被这些任务所吓倒（Dweck & Yeager, 2018）。

动机方面的另一个问题涉及儿童采纳的是掌握导向还是业绩导向。采纳**业绩导向**的儿童关注的是获胜，而不是成就带来的结果，并相信获胜可以带来快乐。这是否就意味着掌握导向的孩子不喜欢获胜，业绩导向的孩子不想从成功而受到的称赞中体验到自我效能感呢？答案是否定的，但这里涉及重点或程度的问题。对于掌握导向的个体来说，获胜并不是最重要的；而对于业绩导向的个体来说，发展能力和自我效能感的重要性排在获胜的后面。

最后，就掌握导向和业绩导向来说，还有一点需要说明：它们并不总是互相排

学生：
- 说"我做不到"
- 不注意听教师的指导
- 不请求帮助，即使需要时也是这样
- 什么也不做（如看着窗外）
- 做题时猜测或随机地选择答案，而没有真正地努力思考
- 成功时没有自豪感
- 看上去很厌烦，没有感兴趣的事
- 对教师的敦促不做回应
- 容易沮丧
- 不主动回答教师的问题
- 找借口离开或逃避学习（如借口不得不到校医室去）

图9　一些反映无助倾向的行为

掌握动机（mastery motivation）具有掌握动机的儿童以任务为导向，专心于学习策略和取得成就的过程，而不是专心于自己的能力或结果。

无助倾向（helpless orientation）具有无助倾向的儿童似乎被困难的体验所困扰，并把他们的困难归因为缺乏能力。

业绩导向（performance orientation）业绩导向的儿童关注的是获胜，而不是成就带来的结果，并认为获胜可以带来快乐。

心态 (mindset) 卡罗尔·德韦克的概念，指个体形成的对自己的认知观点。个体或是持有不变的心态或是持有成长的心态。

斥的。学生可以同时具有掌握导向和业绩导向，研究人员发现，掌握目标与业绩目标的结合往往能使学生更加成功（Schunk, 2019）。

心态 卡罗尔·德韦克（2006, 2013）在一项关于成就动机的分析中强调儿童形成积极**心态**的重要性，她将心态定义为儿童形成的对自己的认知观点。她的结论是个体持有如下两种心态之一：(1) 不变的心态 (*fixed mindset*)，即认为他们的各种素质就像是刻在石头上一样，不能改变；(2) 成长的心态 (*growth mindset*)，即认为他们的素质可以通过努力来改变和提高。不变的心态类似于无助的倾向，而成长的心态则在很大程度上像是拥有掌握的动机（Dweck, 2013）。

在《心态》一书中，德韦克（2006）认为，个体的心态影响到他们是乐观的还是悲观的，影响到他们确立怎样的目标以及在多大程度上为实现这些目标而努力，也影响到他们生活的许多方面，包括学业和体育方面的成绩和成功。德韦克指出，在与父母、老师和教练互动时，儿童的心态便开始形成，而父母、老师和教练自身也都持有一种不变的心态或成长的心态。德韦克对帕特里夏·米兰达（Patricia Miranda）的成长的心态做了如下的描述：

"她曾是一个胖乎乎的、一点也不像运动员的女生，但她却想成为一名摔跤手。在垫子上和人打斗了一阵后，有人告诉她'你的动作很好笑'。她先哭了一会儿，然后她觉得：'这事真的要下决心了……我必须坚持下去，必须弄清楚我的努力、执着、信念和训练是否会在一定程度上帮助我成为一名合格的摔跤手。'她的决心是从哪里来的呢？

"米兰达生长在一个一切顺利的家庭环境中。但是，当她的母亲在 40 岁时因动脉瘤而病逝后，10 岁的米兰达想：'如果你一生中只做一些很容易的事情，那多叫人害羞呀。'于是，当摔跤向她提出了挑战时，她已经做好了应对的准备。她的努力终于得到了回报。在她 24 岁那年的雅典奥运会上，米兰达笑到了最后，为美国代表队赢得了一枚铜牌，凯旋而归。下一个挑战是什么呢？耶鲁大学法学院。人们劝她留在她已经达到了最高水平的位置上，但米兰达觉得再次从底层开始更让她兴奋，并让她想知道这一次将成长为什么样子（Dweck, 2006, pp. 22-23）。"

与鼓励学生形成成长的心态相关联，德韦克和她的同事们（Blackwell & Dweck, 2008; Blackwell, Trzesniewski, & Dweck, 2007; Dweck, 2013）已将大脑可塑性的知识结合到他们提高学生成就动机的努力之中。在一项研究中，他们对两组学生分别进行了 8 次培训，培训内容分为两类：(1) 学习技巧培训；(2) 学习技巧培训，外加有关为什么要形成成长的心态的知识（在此研究中称之为增量理论）（Blackwell, Trzesniewski, & Dweck, 2007）。成长的心态培训组所做的练习之一叫作"你可以让你的大脑生长"，该练习强调的是：大脑就像是一块肌肉，当它得到锻炼和形成新的连接时，就可以变化和生长。研究者告诉学生：你越是通过学习挑战你的大脑，你的脑细胞就会生长得越好。在这次干预前，两组学生的数学成绩都呈现出下降的趋势。干预后，只接受学习技巧培训的一组学生的数学分数继续呈下降趋势；但学习技巧培训与成长心态培训相结合的一组学生扭转了下降的趋势，提高了他们的数学成绩。

在另一项研究中，德韦克创建了一个以计算机为基础的工作坊，取名"脑科学"，用来教导学生他们的智力是可以改变的（Blackwell & Dweck, 2008; Dweck, 2012）。在工作坊中，学生学习六个模块的课程，了解大脑是如何工作的以及他们怎样能改善他们的大脑（参见图10）。纽约市20所学校参加了工作坊，同学们高度评价了这个基于计算机的大脑模块课程。一名学生说："我会更加努力，因为我知道了你越是努力，你的大脑知道的就越多。"（Dweck & Master, 2009, p. 137）

德韦克和她的同事们（Good, Rattan, & Dweck, 2012）还发现，成长的心态可以防止负面刻板印象对学生的学业产生消极影响。例如，他们发现，认为数学能力可以通过学习获得的信念能保护女生免受数学能力方面的负面性别刻板印象的影响。另一研究则表明：如果人们认为意志力是一种几乎无限的资源，那他们就更能在压力情境下坚持工作并抵制住种种诱惑（Bernecker & others, 2017）。

图10 德韦克的脑科学项目
图中显示的是卡罗尔·德韦克的脑科学课程的一个视频画面，用来培养儿童的成长的心态。
图片来源：Carol S. Dweck，Brainology

自我效能感 自我效能感是指一个人觉得自己能够掌控局面并产生好结果的信念。如同成长的心态一样，自我效能感也是儿童应当形成的一种重要的认知观点。我们在本书前面曾讨论过艾伯特·班杜拉（Albert Bandura, 2018）的社会认知理论，班杜拉认为自我效能感是学生能否取得好成绩的一个关键因素。自我效能感与掌握动机有很多共同之处。自我效能感是"我能"的信念，而无助倾向者的信念则是"我不能"（Stipek, 2002）。自我效能感高的学生会认同这样的陈述："我知道这节课我能够学会这些材料"，"我期待着我能在这次活动中做得很好"，等等。

戴尔·申克（2019）将自我效能感的概念应用到了学生成就的许多方面。他认为自我效能感影响着学生对任务的选择。自我效能感低的学生可能会逃避许多学习任务，尤其是那些具有挑战性的任务。反之，自我效能感高的学生则渴望着完成学习任务。与自我效能感低的学生相比，自我效能感高的学生更可能为完成学习任务而付出更多的努力，并坚持更长的时间。自我效能感也影响着学生的职业志向。例如，对科学自我效能感高的九年级学生更可能追求科学、技术、工程、数学领域的职业生涯（Mau & Li, 2018）。

此外，儿童和青少年的发展还受到其父母自我效能感的影响。例如，那些其父母自我效能感比较高的青少年也具有比较高的自我效能感（Di Giunta & others, 2018）；当父母在问题行为管理方面自我效能感较高时，他们的青少年子女也较少出现问题行为（Babskie, Powell, & Metzger, 2017）。

期望 正如儿童的表现一样，儿童的动机也受到其父母、老师和其他成人对儿童学业成绩所持有的期望的影响。当父母和老师对儿童都持有很高期望，并为他们提供达到这些期望所需的支持时，儿童就可以从中受益。来自低收入家庭的成绩差的学生所面临的一个特别重要的困难便是缺乏足够的资源，如家里没有用来支持学生学习的新式电脑，甚至连一台电脑也没有（Schunk, Pintrich, & Meece, 2008）。

教师的期望也影响着学生的动机和表现（Zhu, Urhahne, & Rubie-Davies, 2018）。"当教师对学生的成绩普遍持有较高期望的同时学生也感受到了这些期望，学生就能取得更好的成绩，体验到更强的作为学习者的自尊和能力，并且在童年期

> **发展链接**
>
> **社会认知理论**
> 社会认知理论认为：行为、环境、人/认知的因素对发展有着关键的影响。链接"绪论"。

他们能，因为他们认为他们能。

——维吉尔
公元前1世纪罗马诗人

自我效能感（self-efficacy） 一个人觉得自己能够掌控局面并产生好结果的信念。

第十六章 学校教育与学业成绩 **467**

和青少年期里都能够拒绝参与问题行为。"（Wigfield & others, 2006, p. 976）一项涉及 12 个课堂的观察研究显示：和那些对学生持有中等或低期望的教师相比，那些对学生持有高期望的教师花费了更多的时间为学生的学习提供引导，提问了较高层次的问题，也能更有效地管理学生的行为（Rubie-Davies, 2007）。

在考虑学生的动机和成绩时，学生的、教师的和父母的期望都是需要考虑的重要因素。例如，如果教师或父母对学生在学校中获得成功持有高期望，这些高期望可以减轻学生自己的低期望带来的负面影响（Wigfield & Gladstone, 2019）。当教师和父母对学生持有高期望时，他们可以鼓励学生并提供各种机会来帮助他们成功。

与能力差的学生相比，教师往往对能力强的学生抱有更积极的期望，这些期望很可能影响到教师自己对学生的行为（Legette, 2018）。例如，与能力差的学生相比，教师往往要求能力强的学生更加努力学习，让他们回答问题时等待更长的时间，教师对他们的回应也含有更多的信息并采用更详尽的方式，较少批评他们，较多表扬他们，对他们更亲切，更经常叫他们，往往让他们坐在更靠近教师办公桌的位置上，而且在评分的关键时刻遇到怀疑时也更可能做出对他们有利的决定（Brophy, 2004）。因此，对教师来说，重要的是要监控自己的期望，要保证自己对能力差的学生也持有积极的期望。幸运的是，研究人员发现，在得到支持的条件下，教师们能够做出调整并提高他们对能力差的学生的期望（National Research Council, 2004）。

目标设定、计划和自我监控　　目标设定、计划和自我监控是影响儿童和青少年取得好成绩的重要因素（Won, Wolters, & Mueller, 2018）。研究者发现，当学生设定的目标明确、近期，同时又富有挑战性的时候，他们的自我效能感和学业成绩都会有所提高（DiBenedetto & Schunk, 2018）。一个模糊和不明确的目标的例子是"我要成功"，而一个比较明确和比较具体的目标的例子是"我要在这个学期结束时上光荣榜"。

个体可以同时设立长期目标和短期目标。设立一些长期目标是有好处的，如"我要从高中毕业"或"我要上大学"，但学生也必须设立一些更具体的短期目标，以便一步一步地实现长期目标。"下次数学考试我要得 A"就是短期的、临近的目标的例子，"星期天下午 16:00 前我要做完所有的家庭作业"则是另一个例子。

另一个好的策略就是设立富有挑战性的目标。富有挑战性的目标是一种自我提高的承诺。活动中强烈的兴趣和高度的投入往往是由挑战激起的。那些容易达到的目标不能引起兴趣和努力。但是，目标应当尽可能与青少年的能力水平相匹配。如果目标定得不切实际地过高，那就可能导致反复失败，从而降低自我效能感。

还有一个很好的策略是设立未来理想环境下和不理想环境下的个人目标（Höchli, Brügger, & Messner, 2018）。个人目标可以成为一个人面对生活中的挑战和抓住机遇的重要动力来源（Burns, Martin, & Collie, 2019）。

仅仅设立目标是不够的，制订如何达到目标的计划也很重要（Höchli, Brügger, & Messner, 2018）。一个好的计划者也就意味着能够有效地管理时间、确定重点并安排得有条有理。

研究人员发现，学业优秀的个体往往也是自我监控能力强的学习者（Winne, 2018）。例如，与学业不良的学生相比，学业优秀的学生更能监控自己的学习情况，并根据目标系统地评估自己的进步。当父母和老师鼓励学生监控自己的学习情况时，他们便向学生传达了这样的信息：你们应该对自己的行为负责，学习需要主动地和全身心地投入（Zimmerman, Bonner, & Kovach, 1996）。

图中的他们是芝加哥兰斯顿休斯小学（Langston Hughes Elementary School）的教师和学生，该校的教师对学生持有高期望。教师的期望是如何影响学生的学业成绩的？

图片来源：视觉中国

自我监控的一种方式叫作有意识自我监控（intentional self-regulation），它涉及个体选择目标或结果，采用优化的手段来达到预期的结果，并补救实现目标过程中遇到的挫折（Stefansson & others, 2018）。一项研究发现，有意识自我监控对来自低收入背景的青少年特别有帮助（Urban, Lewin-Bizan, & Lerner, 2010）。在这项研究中，那些有意识自我监控程度高的青少年更可能主动地寻找课外活动，从而带来更加积极的发展成果，如学业成绩的提高。研究者采用"当我决定一个目标后，我就坚持下去"这样的题目来评估目标或结果的选择；采用"我考虑我究竟如何做才能最好地实现我的计划"这样的题目来评估是否使用了优化手段来实现预期的目标；用诸如"当事情不像以前那样顺利时，我就寻找其他方式来实现目标"这样的题目来评估补救挫折的情况。

巴里·齐默尔曼（Barry Zimmerman）和他的同事们（Zimmerman, 2002, 2012; Zimmerman & Kitsantas, 1997; Zimmerman & Labuhn, 2012）提出了一个学业成绩背景下的三阶段自我监控模型：

- *筹划*。青少年评估任务的要求、设定目标并估计其达到目标的能力。
- *执行*。青少年制定自我监控的策略，如怎样管理时间、集中注意力、寻求帮助、进行元认知。
- *自我反思*。青少年评估执行情况，包括分析影响结果的因素，对自己行为表现的满意度。

> **发展链接**
>
> **同一性**
>
> 威廉·戴蒙（William Damon, 2008）认为今天的年轻人中有很多没有向任何同一性完成的方向发展。链接"自我与同一性"。

除了计划和自我监控外，延迟满足是实现目标尤其是实现长期目标的重要因素（Rung & Madden, 2018）。延迟满足是指为了在以后的时间点上获得更大、更有价值的奖励而推迟眼前的奖励。但是，和参与数天后才需要完成的小型研究项目相比，青少年可能会觉得今天和朋友一起出去逛街更有吸引力，这种不愿延迟满足的决定可能会对他们的学业成绩造成不良的影响。

目的 威廉·戴蒙（William Damon, 2008）认为目的在同一性的发展中具有重要意义，我们已在"自我与同一性"一章中讨论过他的观点。我们在这里要探讨的是：就许多青少年和初成年者的成就来说，目的是如何成为一个缺失的要素的。

对戴蒙来说，*目的*（purpose）是打算完成一些对自己有意义并对自己以外的世界有贡献的事情的意图。寻找目的时需要回答这样一些问题："我为什么要做这件事？它为什么有意义？它为什么对我和我之外的世界来说是重要的？为什么我要努力实现这个目的？"（Damon, 2008, pp. 33-34）。

在对12至22岁青少年的访谈中，戴蒙发现，他们之中只有约20%的人明确知道他们的生活目的是什么，他们想要实现什么，以及为什么。比例最大的一组（约60%）曾参与过一些具有潜在目的的活动，如服务学习或与职业咨询师进行过富有成效的讨论，但他们仍然没有一个真正的承诺，或没有任何实现自己目的的合理的计划。略超过20%的人表示没有任何志向，其中有些人还说他们没有看到任何需要有志向的理由。

哈里·普拉巴卡（Hari Prabhakar，坐在后排）创建了印度的一个筛查营地（screening camp），该营地是他的印度部族卫生基金会的一部分。哈里·普拉巴卡体现了威廉·戴蒙的寻找人生目的的观点。哈里的志向是成为一名国际卫生专家。哈里于2006年从约翰霍普金斯大学毕业，他同时修学了公共卫生专业和写作专业。作为一名优秀生（平均绩点3.9），他主动参与了卫生领域里的各种校外活动。从高中升入大学后，哈里创建了印度部族卫生基金会（www.rihf.org），该基金会的目的是为印度农村地区获得低价的医疗保健服务提供援助。在读本科的4年里，他既是一名大学生，同时又是基金会的负责人，他每星期将15个小时用于基金会的领导工作。在描述他的工作时，哈里说（Johns Hopkins University, 2006）："我发现协调国际化的运作非常具有挑战性，……工作量非常大，没有多少空闲时间。但当我访问我们的病人，看到他们和社区都在变好时，我就觉得我的付出是值得的。"

资料来源：Johns Hopkins University (2006); Prabhakar (2007).Courtesy of Hari Prabhakar

第十六章 学校教育与学业成绩 **469**

加利福尼亚大学洛杉矶分校的教育心理学家桑德拉·格雷厄姆（Sandra Graham）正在和青少年男孩讨论动机问题。格雷厄姆已做了许多研究，她的研究显示，那些中等社会经济地位的非裔美国学生和他们的白人同学一样有着较高的成就期望，并将成功归因于努力等内部因素而不是幸运等外部因素。

图片来源：Dr. Sandra Graham

戴蒙认为，大多数教师和父母向孩子传达了勤奋学习和取得好成绩等目标的重要性，但却很少讨论这些目标可能带来什么，也就是说，很少讨论勤奋学习和取得好成绩的目的是什么。戴蒙强调，在很多情况下，学生往往只注重短期的目标，而不去探究他们一生想实现什么大的、长期的目的。戴蒙在他的研究中使用了下面的访谈问题（Damon, 2008, p. 135），这些问题可以有效地促使学生思考他们的目的：

- 你认为在你的生活中什么是最重要的？
- 你为什么在乎这些东西？
- 你有没有长远的目标？
- 为什么这些目标对你来说很重要？
- 好的生活意味着什么？
- 做一个好人意味着什么？
- 如果你现在回头看你的生活，你希望哪些事情被记住？

> 民族和文化

就民族和文化来说，美国人一直特别关注的问题有两个：第一，美国人的民族身份是否会妨碍少数民族儿童在学校里取得好的成绩？第二，美国儿童在数学和科学上表现较差是否是由美国文化的某些特点造成的？

民族 少数民族儿童和青少年之间在学业成绩方面的差异是显而易见的（Chen & Graham, 2018）。例如，许多亚裔学生有着很强的学业成绩取向，但有些却没有。

对于很多少数民族的学生来说，一个特殊的挑战便是要应对负面的成见和歧视。学校的种族氛围、教师的民族构成、教师的文化能力都会影响学生可能遇到怎样的偏见和期待，后者又转而影响学生的成绩（Whaley, 2018）。许多生活在贫困中的少数民族学生还必须面对他们邻里的价值观与主流文化之间的冲突；缺乏积极上进的角色榜样；同时如前文所述，他们所上的学校也很糟糕（McLoyd, 2019）。因此，即使学生具有强烈的学习动机并希望取得好的成绩，他们也会发现在这样的环境下难以有效地学习。

跨文化比较 从20世纪90年代初开始，美国儿童和青少年在数学和科学方面的成绩较差已广为人知。在最近一项覆盖73个国家或地区的针对15岁儿童的大规模国际比较研究中，新加坡包揽了阅读、数学、科学成绩的第1名；亚洲国家或地区包揽了数学成绩的前7名；阅读和科学成绩排名榜的前部也有许多是亚洲国家或地区（OECD, 2018）。在这项研究中，美国15岁儿童的阅读成绩排在第24位、数学成绩第40位、科学成绩第25位。图11展示了这项研究中阅读和数学成绩的国际比较结果。

为什么美国学生在数学上表现得如此糟糕呢？要了解一位研究者对这个问题的看法，请阅读"链接 研究"专栏。

数学		阅读	
1. 新加坡	564	1. 新加坡	535
2. 香港（中国）	548	2. 香港（中国）	527
3. 澳门（中国）	544	3. 加拿大	527
4. 台湾（中国）	542	4. 芬兰	526
5. 日本	532	5. 爱尔兰	521
6. 北京-上海-江苏-广东（中国）	531	6. 爱沙尼亚	519
7. 韩国	524	7. 韩国	517
8. 瑞士	521	8. 日本	516
9. 爱沙尼亚	520	9. 挪威	513
10. 加拿大	516	10. 新西兰	509
11. 荷兰	512	11. 德国	509
12. 丹麦	511	12. 澳门（中国）	509
13. 芬兰	511	13. 波兰	506
14. 斯洛伐克	510	14. 斯洛伐克	505
15. 比利时	507	15. 荷兰	503
16. 德国	506	16. 澳大利亚	503
17. 波兰	504	17. 瑞典	500
18. 爱尔兰	504	18. 丹麦	500
19. 挪威	502	19. 法国	499
20. 奥地利	497	20. 比利时	499
21. 新西兰	495	21. 葡萄牙	498
22. 越南	495	22. 英国	498
23. 俄罗斯	494	23. 台湾（中国）	497
24. 瑞典	494	**24. 美国**	**497**
25. 澳大利亚	494	25. 西班牙	496
26. 法国	493	26. 俄罗斯	495
27. 英国	492	27. 北京-上海-江苏-广东（中国）	494
28. 捷克共和国	492	经合组织平均分	493
29. 葡萄牙	492	28. 瑞士	492
经合组织平均分	490	29. 拉脱维亚	488
30. 意大利	490	30. 捷克共和国	487
31. 冰岛	488	31. 克罗地亚	487
32. 西班牙	486	32. 越南	487
33. 卢森堡	486	33. 奥地利	485
34. 拉脱维亚	482	34. 意大利	485
35. 马耳他	479	35. 冰岛	482
36. 立陶宛	478	36. 卢森堡	481
37. 匈牙利	477	37. 以色列	479
38. 斯洛伐克	475	38. 布宜诺斯艾利斯	475
39. 以色列	470	39. 立陶宛	472
40. 美国	**470**	40. 匈牙利	470

图11 15岁儿童阅读和数学成绩的国际比较

资料来源：OECD (2018). PISA 2015 results in focus. Paris, France: OECD.

链接 研究

影响不同国家或地区儿童的数学成绩的主要因素有哪些?

哈罗德·史蒂文森（Harold Stevenson）从事儿童学习方面的研究长达50年。他的研究探索了美国学生成绩差的原因。史蒂文森和他的同事们（Stevenson, 1995; Stevenson & others, 1990）曾对美国、中国大陆、中国台湾和日本的学生进行了五项跨文化比较研究。在这些研究中，亚洲学生的学业成绩一直都比美国学生好。同时，学生在校时间越长，亚洲和美国学生之间的成绩差距就越大：一年级时的差距最小，十一年级（研究中的最高年级）时的差距最大。

为了更深入地了解出现如此大的跨文化差距的原因，史蒂文森和他的同事们花费了数千小时在教室里观察，并访谈和调查教师、学生和父母。他们发现亚洲教师比美国教师在数学教学方面花费了更多的时间。例如，日本一年级总教学时间的1/4以上被用于数学教学，而美国一年级用于数学教学的时间只占总教学时间的1/10。同时，亚洲学生一年里上学的时间平均为240天，而美国学生只有178天。

此外，亚洲的父母和美国的父母之间也存在着差异。和亚洲的父母相比，美国的父母对孩子的教育和学业成绩的期望要低得多。同时，美国的父母更可能认为孩子的数学成绩是天生能力的结果，而亚洲的父母则更可能认为孩子的数学成绩是努力和练习的结果（参见图12）。亚洲学生比美国学生更有可能做数学家庭作业，亚洲的父母也比美国的父母更可能帮助孩子做数学家庭作业（Chen & Stevenson, 1989）。

有些专家把亚洲和亚裔美国人的养育方式说成是专制的风格，而另一些人则把它说成是"训练"的风格。那些支持训练风格观的人认为，这种风格反映了父母对孩子生活的高度关心和参与，他们孩子的良好学业成绩可能就来自这种训练。

另一些研究表明，父母越是更多地参与孩子的学习，孩子取得的学业成绩就越好（Wei & others, 2019）。如前文所述，东亚父母比美国父母花费了更多的时间帮助孩子完成家庭作业（Chen & Stevenson, 1989）。东亚父母对孩子学习的更多参与早在学前阶段就已开始，并在小学阶段里继续（Cheung & Pomerantz, 2012; Siegler & Mu, 2008）。与美国父母相比，东亚的父母更倾向于将帮助孩子学习视为自己的责任（Pomerantz, Kim, & Cheung, 2012）。不过，研究者们发现，当美国父母更多地参与孩子的学习时，孩子的成绩也提高了（Cheung & Pomerantz, 2012）。在这项研究中，无论是美国的还是中国的孩子，父母更多的参与都更加激励了孩子为了父母而在学校里努力学习的动机，这种学习动机的提高加强了自我监控的学习，也带来了更好的学业成绩。

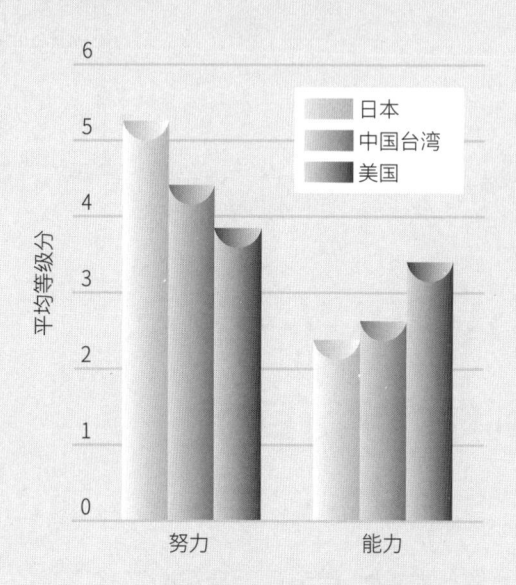

图12 母亲们关于孩子数学成绩主要影响因素的看法
在一项研究中，日本和中国台湾的母亲更可能相信孩子的数学成绩是由于努力而不是天生能力，而美国的母亲则更可能相信他们孩子的数学成绩是天生能力的结果（Stevenson, Lee, & Stigler, 1986）。如果父母相信他们孩子的数学成绩是由天生能力决定的，同时孩子的数学成绩不好，这就意味着他们不太会认为孩子可以从付出更多的努力中受益。

亚洲的小学常用一些小活动把学习时间分隔开来。这种方法有助于儿童保持注意力，也可以使学习变得更愉快。这里显示的是日本的四年级学生正在制作可戴的面具。与美国的儿童相比，许多亚洲国家的儿童面对的教学方式有什么不同？
图片来源：Eiji Miyazawa/Stock Photo/Black Star

与美国的儿童相比，许多亚洲国家的儿童面对的教学方式有什么不同？

复习、联想和反思

学习目标 3

解释儿童学业成绩的发展。

复习

- 什么是内在动机和外在动机？它们和学业成绩有怎样的联系？
- 掌握动机和心态对儿童的学业成绩起什么作用？
- 什么是自我效能感，它是如何与学业成绩相联系的？期望与儿童的成绩有何关系？为什么目标设定、计划和自我监控对学业成绩来说很重要？什么是目的，它是如何影响学业成绩的？
- 文化、民族和社会经济地位的差异是如何影响学业成绩的？

联想

- 在本节中，你了解到目的对青少年和初成年者的成就具有重要影响。在"自我和同一性"一章，戴蒙列出了缺乏目的可能带来哪些不良的后果？

反思你自己的人生之旅

- 请回想你过去的同学中缺乏学习动机的几个人。你觉得他们为什么会那样？哪些教学策略也许可以帮助他们？

达到你的学习目标

学校教育与学业成绩

探索儿童的学校教育

学习目标 1 讨论学校教育和发展的观点。

- **当代有关学生学习及评估的观点**

  当代关于学生学习的观点主要包括以教师为中心的直接教学法和以学习者为中心的建构主义教学法。有些专家建议根据情境的不同而灵活地使用两种教学法。美国民众和政府对教育关注的提高导致了政府指令性的统一考试，对这一做法的利弊尚存争议。

- **童年早期的教育**

  以儿童为中心的幼儿园强调对儿童实施全面教育，尤其关注个体差异、学习过程以及游戏在发展中的重要性。蒙台梭利教育法是一种日益流行的童年早期的教育选择。发展适宜性教育实践侧重于儿童的典型模式（年龄适宜性）和每个孩子的独特性（个体适宜性）。这种做法与发展上不适宜的教育实践形成了对照，后者主要依赖于纸笔活动。美国政府一直试图通过提前开端计划等早期教育项目来打破贫困的循环。优质的早期教育项目已被证明对生活在贫困中的儿童具有积极的影响。有关早期教育的争论之一是围绕着课程展开的。有些人倡导儿童中心的建构主义课程，另一些人则主张学术性课程和直接教学法。另一个争论的焦点是学前教育是否应当全面普及。

- **小学**

  进入小学意味着儿童开始承担起学生这个新角色，与同伴和老师互动，建立新的人际关系，并发现各种新观点的来源。一个特别的担忧是，在很多情况下，小学阶段给予儿童的反馈主要是消极的，低年级更是如此。

- **青少年教育**

当儿童向中间学校或初中过渡时，许多个人的、家庭的、学校方面的其他变化也在同时发生，这种过渡往往充满压力。压力的来源之一便是从小学里权威的地位变成了中间学校或初中里最没有权威的地位。一些批评者认为，美国的中间学校在很大程度上需要重新设计。批评者指出，美国的高中培养被动性而没有适当地发展学生的学术能力。人们已经提出了许多策略来改进美国的高中，包括更高的期望和更多的支持。美国高中的整体辍学率已在20世纪后半叶里大幅度下降，但拉丁裔和美国原住民青少年的辍学率仍然很高。参加课外活动与积极的学习和心理发展结果有关。青少年受益于各种高质量的课外活动。

- **社会经济地位和民族**

生活在贫困中的儿童在家里和学校里都面临着诸多的问题，这些问题构成了他们学习的障碍。邻里充斥着危险，许多学校的校舍老化得摇摇欲坠。教师有可能鼓励死记硬背的学习，而家长往往没有提出高的教育标准。来自不同民族的儿童在学校里的经验有着很大不同。教师往往对有色人种的儿童抱有低期望。许多策略可以用来改善与不同他人的关系。

残障儿童

学习目标 2 概括残障儿童及其教育的特点。

- **残障范围**

美国约13%的3岁至21岁的儿童和青少年接受特殊教育或相关的服务。患有学习障碍的儿童有学习困难，这些困难包括理解或使用口头或书面语言方面的困难，可以表现在听、思考、读、写和拼写方面。学习障碍也可以包括数学方面的困难。但是，将儿童归类为学习障碍的前提条件是他们的学习问题主要不是由视觉、听觉或肢体残障造成的，不是由智力障碍或情绪紊乱造成的，也不是由环境、文化或经济上的不利条件造成的。诵读困难指个体在阅读和拼写能力方面存在严重的损伤。书写困难指难以用书写来表达思想的一种学习障碍。而计算困难则是涉及数学计算困难的一种学习障碍。

注意缺陷多动障碍（ADHD）是指儿童持续地表现出如下三个特征中的一个或多个：(1) 注意力不集中；(2) 多动；(3) 冲动。被诊断为ADHD的儿童数量已大幅增长。情绪和行为障碍指与个人或学校事务有关的不良人际关系、攻击性、抑郁症、恐惧等严重和持久的问题，以及其他不适当的社会情绪特点。自闭症谱系障碍（ASDs）也称为广泛性发育障碍，范围从严重的自闭症到比较轻的阿斯伯格综合征。目前的共识是自闭症是一种涉及脑结构和神经递质异常的脑功能失调。患有自闭症谱系障碍的儿童的特征包括社交问题、语言和非语言沟通问题以及重复行为。

- **教育问题**

1975年公法94—142《全体残障儿童教育法案》要求教育系统为所有的残障儿童提供免费的、适当的公共教育。1990年，公法94—142被重新命名为《残障个体教育法案》（IDEA）并在2004年重新授权。IDEA的内容之一便是要求为残障儿童提供个别化教育计划（IEP）。个别化教育计划是一份书面文件，它详细叙述了专门为某位残障生量身定制的教育方案。IDEA也要求让残障儿童在最小限制的环境（LRE）中接受教育，而最小限制的环境则是指一种尽可能和正常儿童的课堂相似的教育情境。融合的概念是指让残障儿童在普通班级里接受教育。

学业成绩

学习目标 3 解释儿童学业成绩的发展。

- **外在动机和内在动机**

外在动机涉及外部诱因，如奖励和惩罚。内在动机则是基于内部因素，如自我决定、好奇、挑战和努力。有一种观点认为，给予学生一些选择自由和自我负责的机会可以增强他们的内在动机。对教师来说，重要的是要营造一种鼓励学生认知上投入并对自己的学习负起责任的学习环境。总的结论是，明智的策略是要营造能够激发学生内在动机的学习环境。但在现实世界的许多情境中，内在动机和外在动机都在发挥作用，尽管在很多情况下，内在动机和外在动机成了互相竞争的两极。

● 认知过程

儿童和青少年的持续性注意、努力和对任务的坚持性与他们的学业成绩相关联。对学业成绩来说，掌握导向优于无助或业绩导向。心态是个体形成的对自己的认知观点。德韦克认为青少年发展的一个关键方面便是要引导他们形成成长的心态。自我效能感是指一个人觉得自己能够掌控局面并产生好结果的信念。班杜拉认为自我效能感是学生能否取得好成绩的一个关键因素。申克则认为自我效能感影响着学生对任务的选择，低自我效能感的学生可能会逃避许多学习任务。儿童对成功的期望影响着他们的动机。当儿童的父母、教师和其他成人对他们的学业成绩持有高的期望时，儿童便可以从中受益。当学生设定的目标明确、近期同时又富有挑战性的时候，他们的自我效能感和学业成绩都会有所提高。一个善于计划的人意味着能够有效地管理时间，明确重点，并做到有条有理。自我监控是自我管理的关键方面，它有助于学生学习。最近，戴蒙指出目的是取得良好学业成绩的特别重要的方面，但许多青少年的生活中缺少目的。目的是打算完成一些对自己有意义并对自己以外的世界有贡献的事情的意图。个体要寻找到自己的目的，就需要回答许多问题。

● 民族和文化

大多数调查发现，与民族因素相比，社会经济地位能够更好地预测学业成绩。美国儿童在数学和科学测验上的得分低于新加坡、中国、日本等亚洲国家的儿童。

重要术语

阿斯伯格综合征 Asperger syndrome
注意缺陷多动障碍（ADHD）attention deficit hyperactivity disorder
自闭症谱系障碍（ASDs）autism spectrum disorders
自闭症 autistic disorder
以儿童为中心的幼儿园 child-centered kindergarten
建构主义教学法 constructivist approach
发展适宜性教育实践（DAP）developmentally appropriate practice

直接教学法 direct instruction approach
计算困难 dyscalculia
书写困难 dysgraphia
诵读困难 dyslexia
情绪和行为障碍 emotional and behavioral disorders
外在动机 extrinsic motivation
无助倾向 helpless orientation
融合 inclusion
个别化教育计划（IEP）individualized education program

内在动机 intrinsic motivation
学习障碍 learning disabilities
最小限制环境（LRE）least restrictive environment
掌握动机 mastery motivation
心态 mindset
蒙台梭利教育法 Montessori approach
业绩导向 performance orientation
提前开端计划 Project Head Start
自我效能感 self-efficacy
权威失落现象 top-dog phenomenon

重要人物

埃利奥特·阿伦森 Elliot Aronson
艾伯特·班杜拉 Albert Bandura
詹姆斯·科默 James Comer

威廉·戴蒙 William Damon
卡罗尔·德韦克 Carol Dweck
玛丽亚·蒙台梭利 Maria Montessori

戴尔·申克 Dale Schunk
哈罗德·史蒂文森 Harold Stevenson

第十七章　文化与多样性

本章纲要

第1节　文化与儿童发展

学习目标 ❶

讨论文化在儿童发展中的作用。
- 文化与儿童研究的关系
- 跨文化比较

第2节　社会经济地位与贫困

学习目标 ❷

描述社会经济地位和贫困如何影响儿童的生活。
- 什么是社会经济地位
- 家庭、邻里和学校的社会经济地位差异
- 贫困

第3节　民族

学习目标 ❸

解释民族和儿童发展的联系。
- 移民
- 民族与社会经济地位
- 差异与多样性
- 偏见与歧视

第4节　科技

学习目标 ❹

总结科技对儿童发展的影响。
- 媒体的使用和屏幕时间
- 电视和电子媒体
- 数字设备和互联网

真人实事

十六岁的索尼亚（Sonya）是一个日裔美国女孩，她交了个白人男友，但她的家人对此反应强烈，她感到很烦恼。"索尼亚的父母拒绝和这个白人小伙子见面，并多次威胁要和索尼亚断绝关系。"（Sue & Morishima，1982，p. 142）索尼亚的哥哥们也对她和白人约会的事情十分生气，还扬言要揍那个男孩。同时让她的父母感到不安的是，索尼亚原来的成绩在学校里属于中上水平，现在开始下降了。

代沟问题加剧了索尼亚和她的家人之间的冲突（Nagata，1989）。索尼亚的父母年轻时，曾被严厉禁止和白人约会，并在法律上不允许和日本人以外的任何人结婚。当索尼亚的哥哥们长大时，他们形成了民族自豪和团结的价值观。他们觉得索尼亚和白人约会是一种"出卖"自己民族的行为。显然，索尼亚和她的家人持有不同的文化价值观。

迈克尔（Michael）是一名 17 岁的华裔美国中学生。他得了抑郁症并常有自杀的念头，于是学校咨询师让他求助于心理治疗师（Huang & Ying，1989）。迈克尔好几门功课不及格，并且经常旷课。但迈克尔的父母都是成功的专业人士，他们希望迈克尔成绩优异，将来成为一名医生。迈克尔在学校里的失败让他的父母很生气，尤其是因为他是家里的长子，中国的家庭往往对长子抱有最高的期望。

心理治疗师鼓励迈克尔的父母减轻对迈克尔的学习压力，并对他们的儿子持比较现实的期望（他没有成为医生的兴趣）。迈克尔的父母采纳了治疗师的建议，他们发现迈克尔旷课的次数少了，对学校的态度也有所改善。这个例子说明了亚裔父母期望孩子成为"神童"的想法有时也许是有害的。

前言

在索尼亚的约会和迈克尔的学校教育引起的家庭冲突中，我们可以看到文化的强烈影响。当然，一个家庭的文化背景并不总是会引起孩子和其他家庭成员之间的冲突，但是这两个案例凸显了文化在儿童发展中的重要性。在本章中，我们将探讨文化的许多方面，包括儿童发展的跨文化比较、贫困的有害影响、民族因素的作用以及科技进步可能给儿童的生活带来的好处和风险。

学习目标 1

讨论文化在儿童发展中的作用。
- 文化与儿童研究的关系
- 跨文化比较

第1节 文化与儿童发展

在绪论中，我们将**文化**定义为某一特定群体世代相传的行为模式、观念和所有其他的产品。而这些产品则是特定群体与他们的环境之间长期互动的结果。在这一节，我们将考察文化在儿童发展中的作用。

> 文化与儿童研究的关系

文化与儿童研究相联系的原因是文化反映在人们对儿童持有的态度以及人们与儿童互动的方式之中。例如，文化体现在父母的信念、价值观以及为自己的孩子设定的目标上，这些又反过来影响到孩子发展所处的环境（Bornstein & Lansford, 2018; White, Nair, &Bradley, 2018）。

尽管不同的文化之间存在很多差异，但美国心理学家唐纳德·坎贝尔（Donald Campbell）和他的同事们（Brewer, 2018; Brewer & Campbell, 1976）所做的研究表明：所有文化中的人们往往都认为发生在自己文化中的事情是"自然的"和"正确的"，而发生在其他文化中的事情是"不自然的"和"不正确的"；并认为他们自己的文化习俗具有普遍的有效性，也就是说，他们认为对他们来说好的东西对所有的人来说都是好东西；并在行为上表现出喜爱自己的文化群体，而对别的文化群体怀有敌意。换句话说，所有文化中的人们往往都是民族中心主义者，即对自己文化群体的喜爱超过别的文化群体。

未来将给不同文化和民族背景的人们带来更加广泛的接触（Sernau, 2013; Sue & others, 2013; Wright & others, 2012）。因此，如果儿童发展研究要在21世纪的剩余时间里成为一个有意义的学科，就需要更加重视文化和民族的问题。全球相互依存已不再是一个信念或选择的问题，它已是一个不可回避的现实。儿童和他们的父母都不只是美国、加拿大或其他某个国家的公民，他们也都是世界的公民。而由于交通和技术的进步，这个世界相互交往和相互依存的程度已变得越来越深。

> 跨文化比较

跨文化研究将一种文化与另一种或多种文化进行比较，可以提供有关其他文化的信息，并考察文化对儿童发展的影响。更具体地说，这样的比较可以让研究者知晓不同文化中儿童的发展在多大程度上具有相似性和普遍性，或在多大程度上具有文化特定性（Deater-Deckard & others, 2018; Molitor & Hsu, 2019）。例

> 我们最基本的共同联系在于我们都居住在这个星球，我们都呼吸相同的空气，我们也都珍视我们孩子的未来。
>
> ——约翰·肯尼迪
> 20世纪美国总统

发展链接

理论

在布朗芬布伦纳的生态学理论中，宏观系统涉及对儿童发展产生影响的文化。链接"绪论"。

文化（culture）某一特定群体世代相传的行为模式、观念和所有其他的产品。

跨文化研究（cross-cultural studies）将一种文化与另一种或多种文化进行比较，可以提供有关其他文化的信息，并考察文化对儿童发展的影响。

第十七章 文化与多样性　　477

如，就性别来说，某些文化中不同性别的儿童和青少年仍然有着截然不同的成长经验（Sernau, 2013）。许多国家的男性比女性拥有多得多的受教育机会，也比女性拥有更多职业选择的自由和较少性行为的限制（Hyde & Else-Quest, 2018; UNICEF, 2017）。

在跨文化研究中，学者们对文化基本特点的探索一直侧重于个人主义和集体主义的二分法（Oyserman, 2017; Triandis, 2007）：

- **个人主义**优先考虑的是个人目标而不是集体目标，强调为自我服务的价值观，如追求幸福感、追求个人的成就和认可度、坚持和维护个人的独立性。
- **集体主义**强调的是为群体服务的价值观，要求个人目标服从群体的总目标，提高群体成员之间的相互依赖性，并促进和谐关系的形成。

图 1 概述了个人主义和集体主义的一些主要特点。许多西方文化都被称为个人主义文化，包括美国文化、加拿大文化、英国文化、荷兰文化等。许多东方文化则被称为集体主义文化，如中国文化、日本文化、印度文化、泰国文化。墨西哥文化也属于集体主义文化。不过，每个国家以及许多文化内部都存在着相当大的差异。

研究人员发现，自我概念与文化有关。在一项经典研究中，研究人员让一些美国的和中国的大学生各自完成 20 个以"我是……"开头的句子（Trafimow, Triandis, & Goto, 1991）。如图 2 所示，美国大学生更加倾向于用个人的特点来

跨文化研究涉及将一种文化与另一种或多种文化进行比较。图中展示的是康文化（!Kung culture）的儿童，青少年犯罪和暴力事件的发生频率在非洲康文化中要比世界各地大多数其他文化中低得多。
图片来源：视觉中国

发展链接

文化和民族

在哈罗德·史蒂文森和他的同事所做的研究中，学生在学校的时间越长，亚洲学生和美国学生之间数学成绩的差距就越大。链接"学校教育与学业成绩"。

个人主义（individualism）优先考虑的是个人目标而不是集体目标，强调为自我服务的价值观，如追求幸福感、追求个人的成就和认可度、坚持和维护个人的独立性。

集体主义（collectivism）强调的是为集体服务的价值观，要求个人目标服从群体的总目标，提高群体成员之间的相互依赖性，并促进和谐关系的形成。

个人主义	集体主义
侧重于个人。	侧重于集体。
自我由独立于群体的个人特点界定；自我具有跨越情境的稳定性。	自我由自己在群体中的关系界定；自我可以因情境而变化。
个人的自我更加重要。	公共的自我更加重要。
个人成就、竞争、权力很重要。	成就是为了群体的利益；强调合作。
认知上的不一致经常发生。	认知上的不一致较少发生。
情绪（如愤怒）以自我为基础。	情绪（如愤怒）以人际关系为基础。
最受欢迎的是自信的人。	最受欢迎的是谦虚的人。
价值观：快乐、成就、竞争、自由。	价值观：安全、服从、群体内和谐、个人化的关系。
许多随意的人际关系。	人际关系较少但较亲密。
保护自己的脸面。	保护自己和他人的脸面。
独立的行为：游泳、拥有独立卧室、个人隐私。	相互依存的行为：一起洗澡、同宿。
母亲和孩子之间的身体接触相对较少。	母亲和孩子之间的身体接触（如拥抱、怀抱）频繁。

图 1　个人主义和集体主义文化的特点

描述自己（如"我是自信的"），而中国大学生则更加倾向于用群体的隶属关系来描述自己（如"我是数学俱乐部的成员"）。另一项研究则显示了墨西哥一些特定文化中的群体取向和合作行为（CorreaChavez, Mangione, & Mejia-Arauz, 2016）。该研究侧重于考察两组8岁至10岁的儿童玩游戏时的互动情况，一组儿童来自一个大都市文化，另一组来自一个农村土著文化。结果发现：与都市文化的儿童相比，土著文化儿童在游戏中的合作水平要高出许多；同时，更加合作和群体取向的游戏方式还包括范围更广的激励成员参与的行为和策略。

人类一直以来都是生活在或大或小的群体之中，也总是相互依靠才能生存。西方心理观的批评者认为，西方对个人主义的强调也许贬低了人类依赖群体关系的基本需要（Hitokoto & Uchida, 2018; Sernau, 2013）。有些社会科学家还认为，西方对个人主义的强调加剧了西方文化中的许多问题。与集体主义文化相比，个人主义文化中有着更高频率的自杀、吸毒、犯罪、少女怀孕、离婚、儿童虐待、心理障碍。

一项基础性的分析表明，就如何有效地发展孩子的自主性来说，有四种价值观反映了个人主义文化中父母的信念：（1）个人选择；（2）内在动机；（3）自尊；（4）自我的最大化，即实现个人的全部潜能（Tamis-LeMonda & others, 2008）。该分析还提出，有三种价值观反映了集体主义文化中父母的信念：（1）与家庭和其他亲密关系保持联系；（2）以较大的群体为取向；（3）尊重和服从。近期的理论还强调这些类型的文化特性影响着儿童的社会化和情绪表达的方式（Raval & Walker, 2019）。

个人主义和集体主义文化概念的批评者认为，这两个概念过于宽泛和简单化，尤其是在日益全球化的时代，更是如此（Greenfield, 2018; Vignoles & others, 2016）。无论儿童来自何种文化背景，要成为全面发展的人，他们都需要积极的自我感觉，也需要和他人保持联系。由凯瑟琳·塔米斯–莱蒙德（Catherine Tamis-LeMonda）和她的同事所做的分析（2008）强调：在许多家庭中，儿童的成长环境并不完全赞同个人主义或完全赞同集体主义的价值观、思想和行为。相反，许多家庭"都期望孩子表现出安静、坚毅、尊重、好奇、谦虚、自信、独立、团结和热情，或根据具体的情境、在场的人、孩子的年龄以及社会政治和经济状况有选择地表现出这些特性"。

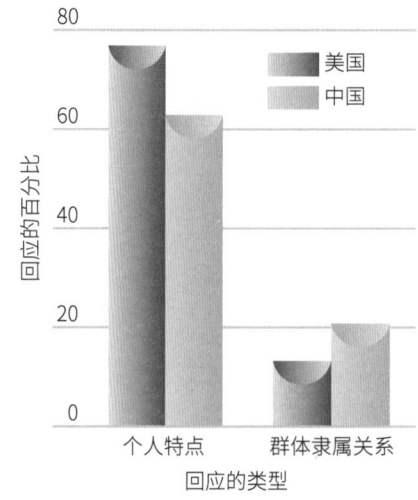

图2 美国和中国大学生的自我概念
美国和中国大学生各自完成了20个以"我是……"开头的句子。总的来说，两国的大学生都更多地以个人特点来完成句子。但相对而言，美国大学生更多地用个人特点来完成句子，而中国大学生则更多地用群体的隶属关系来完成句子。

复习

- 文化和儿童研究有什么联系？
- 什么是跨文化比较？
- 个人主义文化和集体主义文化有什么特点？对个人主义文化和集体主义文化的概念有哪些批评？

联想

- 请根据你在本书前面各章阅读到的内容给个人主义和集体主义的行为或信念举例。

反思你自己的人生之旅

- 在你成长的过程中，你的家庭的成就导向是什么？你父母的文化背景是如何影响这一导向的？

复习、联想和反思

学习目标 1

讨论文化在儿童发展中的作用。

学习目标 2

描述社会经济地位和贫困如何影响儿童的生活。
- 什么是社会经济地位
- 家庭、邻里和学校的社会经济地位差异
- 贫困

第2节 社会经济地位与贫困

第十七章 文化与多样性   479

每个国家的内部也存在着多种亚文化。例如，如本章开头所述，索尼亚的家庭和迈克尔的家庭就有着不同的信念和生活方式。有些亚文化与民族或社会经济特征或两者具有某种绑定的关系。例如，在城市贫民窟和阿巴拉契亚乡村长大的儿童在价值观和态度方面就可能不同于那些在富裕的城郊或小城镇长大的儿童。总之，这些不同环境下长大的儿童可能有着不同的社会经济地位，而这种不平等则会影响他们的发展（Bradbury, Waldfogel, & Washbrook, 2019; Rivenbark & others, 2019）。

> **发展链接**

社会经济地位
美国社会政策的重要目标便是降低贫困程度和改善贫困儿童的生活。链接"绪论"。

社会经济地位（socioeconomic status，SES）指依据相似的职业、教育、经济特点将人们划分为不同的群组。

> 什么是社会经济地位

我们将**社会经济地位**（SES）定义为依据相似的职业、教育、经济特点来将人们划分为不同的群组。社会经济地位这一概念就意味着某种不平等。总的来说：(1) 社会成员会从事社会声望不同的职业，而有些人能够比他人更容易谋得高声望的职业；(2) 社会成员所受的教育程度不同，有些人比他人获得了更好的教育；(3) 社会成员之间享有的经济资源不同；(4) 在影响社会制度的变化方面，社会成员之间所拥有的权力也有大有小。人们在控制资源和分享社会报酬方面的能力差异造成了机会的不平等（Hurst, Gibbon, & Nurse, 2016; McLoyd, Jocson, & Williams, 2016）。

一个社区中重要的社会经济地位种类的多少取决于社区的规模和复杂程度。大多数有关社会经济地位的研究把它们分为两类——低等和中等，但有些研究把它们分为六类之多。有时候，低等社会经济地位的群体也被称为低收入群体、工人阶层或蓝领；中等社会经济地位的群体则被称为中等收入群体、管理阶层或白领。低等社会经济地位的职业有工厂工人、体力劳动者、维修工人等。中等社会经济地位的职业包括熟练工人、经理、专业技术人员（医生、律师、教师、会计等等）等（Smith & Son, 2014）。

> 家庭、邻里和学校的社会经济地位差异

儿童的家庭、邻里和学校都具有社会经济地位的特点。父母的社会经济地位很可能与儿童生活的邻里以及所上的学校相关联（Hurst, Gibbon, & Nurse, 2016; McLoyd, Jocson, & Williams, 2016）。邻里环境的不同又反过来影响到儿童的适应状况（Manduca & Sampson, 2019）。例如，一项针对6个中低收入国家（如哥伦比亚、肯尼亚）青少年的研究显示：危险的邻里环境和混乱无序的家庭往往与粗暴和支持性较少的养育方式相关联，从而最终导致儿童较差的社会情绪功能和学业成绩（Deater-Deckard & others, 2019）。让我们再看学校的情况，与高收入地区相比，贫困地区的学校不仅资源较少，而且有更多学生学业考试分数较差，毕业率较低，升入高校的百分比也较低（Owens & Candipan, 2019）。

让我们进一步考察不同社会经济地位对家庭生活的影响。有研究表明：社会经济地位较低的父母更关注孩子对社会期望的遵从，往往采用专制型的养育风格，管教孩子时更依赖于体罚，对孩子发出的指令较多但与孩子的交谈较少。反之，社会经济地位较高的父母往往更注重发展孩子的主动性，努力营造让孩子有平等参与机会的家庭氛围，较少使用体罚，对孩子发出的指令较少但与孩子的交谈较多（Bornstein & Lansford, 2018; Ramdahl & others, 2018）。

如同他们的父母一样，来自低社会经济地位背景的儿童通常有心理健康问题的隐患（Hurst, Gibbon, & Nurse, 2016）。与经济地位良好的儿童相比，社会经济地位低下家庭的儿童出现抑郁、缺乏自信、同伴冲突、青少年犯罪等问题的可能性较大（Reiss & others, 2019; Rivenbark & others, 2019）。

当然，来自所有社会经济地位背景的儿童在智力和心理发展方面都存在着相当大的个体差异。例如，有相当一部分来自社会经济地位低下背景的儿童在学业上表现良好，有些甚至好于许多来自中产阶级家庭的儿童。有一项研究发现，低收入父母高的教育期望和参与和孩子比较好的学业成绩相关联（Day & Dotterer, 2018）。当来自社会经济地位低下背景的儿童在学校里取得好成绩时，他们的父母、祖父母或其他成年人往往做出了特别的牺牲以便为孩子提供有助于他们学业成功的生活条件和支持。

到目前为止，我们关注的都是许多低收入家庭的儿童和青少年所面临的挑战。然而，苏尼娅·卢塔尔（Souniya Luthar）和她的同事们（Ebbert, Kumar, & Luthar, 2019; Luthar, Small, & Ciciolla, 2018; Lyman & Luthar, 2014）所做的研究表明，来自富裕家庭的青少年也面临着种种挑战。在她们的研究中，来自富裕家庭的青少年更容易成为吸毒者。此外，在她们所研究的富裕家庭中，男性往往比女性有更多的适应困难，富裕的女性青少年比男性青少年更容易达到学业优异的水平。不过，另一项研究发现，是邻里的富裕而不是家庭的富裕和青少年的问题行为有关联（Lund & Dearing, 2013）。在这项研究中，相比于中产阶级的邻里，富裕邻里的男孩有较多的违法行为，而富裕邻里的女孩则有较高程度的焦虑和抑郁。家庭的影响并没有给青少年带来这些方面的风险，但每所学校内同伴之间富裕程度的相对差异与儿童内化和外化的问题模式相关联（Coley & others, 2018）。

新埃拉（Nueva Era）的儿童在玩耍，新埃拉是墨西哥新拉雷多市近郊的一个低收入区。社会经济地位会如何影响这些儿童的生活？
图片来源：视觉中国

> 贫困

当研究人员要求圣路易斯市一个特困区的六年级儿童描述自己完美的一天时，一个男孩说他希望有一天把世界忘却，然后坐下来思考（Children's Defense Fund, 1992）。当问他是否想出去玩时，他回答说："你开玩笑吧，能到哪里玩呢？"

如前文提及，有些儿童具有良好的心理承受力，他们能够应对贫困的挑战而没有出现任何大的适应问题，但非常多的贫困儿童却未能成功地适应。任何一个成年后健康不佳、没有技能或疏远社会的贫困儿童都会"拖国家的后腿"，使我们的国家不能达到其应有的强盛和繁荣（Edelman, 2017）。

在贫困中成长的儿童和青少年值得特别关注（Duncan, Kalil, & Ziol-Guest, 2017）。在2017年（可获得全国数据的最近的年份），近20%的美国儿童和青少年生活在收入水平低于贫困线的家庭（Children's Defense Fund, 2017）。这一数字比其他工业化国家要高得多。例如，加拿大青少年的贫困率为14%，丹麦只有3%。

贫困在美国有着明显的家庭结构和族群的界线。超过1/3的贫困儿童和青少年来自有色种族。收入和财富的不平等不断扩大，以至于白人家庭拥有的财富是非裔美国家庭的7倍，是拉丁裔美国家庭的5倍（Children's Defense Fund, 2017）。

持续和长期的贫困可能对儿童产生严重的破坏性的影响（McLoyd, Jocson, & Williams, 2016; Manduca & Sampson, 2019）。一系列研

邻里的社会经济差异有什么特点？
图片来源：视觉中国

第十七章　文化与多样性　481

究显示：儿童生活在贫困中的时间越长，他们的与压力相关的生理指标就变得越高或转变成其他的形式（Kim & others, 2018）。另一项研究则发现，持续的经济困难和早期的贫困与儿童 5 岁时较差的认知功能相关联（Schoon & others, 2011）。此外，由收入不稳和家庭变故引起的断断续续的贫困可能会造成长期的有害影响（Comeau & Boyle, 2018; Pryor & others, 2019）。

贫困给心理发展带来的后果 生活在贫困之中给成人和儿童都带来了许多心理上的不良影响（Pryor & others, 2019; Reiss & others, 2019）。第一，穷人几乎没有什么决策权。在职业生涯中，他们很少是决策者，规则都是以一种专制的方式自上而下地强加给他们。第二，穷人对不幸事件的抵御能力差。在被解雇之前，他们很少会事先接到通知。当问题出现后，他们通常也没有可退守的经济资源。第三，穷人的选择范围通常会受到限制。可供他们选择的工作非常少。有时即使有了可选择的机会，但由于所受的教育少、阅读能力差，他们也常常不知晓这样的机会或者没有为抓住这样的机会做好准备。第四，贫困意味着没有什么声望。儿童在很小的时候就意识到了这一点。贫困家庭的儿童会看到许多其他儿童穿的衣服比自己好，住的房子也比自家的好。

虽然贫困儿童的生活中也有一些积极的事情，但他们经历的许多负面体验比起中等社会经济地位的儿童更加糟糕。这些负面的体验包括体罚、家庭生活无规律、邻里的暴力、所住公寓楼里的家庭暴力等。一项深入的综述研究总结了几十年的研究成果，该研究得出的结论是：和经济上比较富裕的同伴相比，贫困儿童会经历到多种多样的环境不平等，主要包括以下几个方面（Evans, 2004, p.77）：

- 遭遇更多或更大程度的家庭变故、家庭暴力、与家庭分离、生活不稳定、家里无秩序；
- 较少社会支持，父母应答较少，但专制较多；
- 不经常阅读，看电视的时间较多，较少接触到书籍和电脑；
- 所上的学校和保育机构条件较差，父母也较少参与孩子的学校活动；
- 生活区周围的空气和水污染比较严重，家里比较拥挤、吵闹、条件差；
- 所生活的社区设施日益破旧，安全隐患越来越多，市政服务也比较差。

要进一步了解生活在贫困中的儿童是否更容易面临这些危机，请阅读"链接 研究"专栏。

由于认知发展水平的提高，生活在贫困中的青少年比儿童更加意识到自己的社会劣势以及相关的污名（Rivenbark & others, 2019）。加上青少年期对同伴敏感性的增强，这样的意识会导致他们努力尽可能地向他人隐瞒自己的贫困状况。

尤其值得关注的是单身母亲的贫困率非常高（Hurst, 2013）。超过 1/3 的单身母亲生活在贫困中，而单身父亲生活在贫困中的比例只有十分之一。冯妮·麦克洛伊德（Vonnie McLoyd）和其他研究人员（2016）得出的结论是：由于贫困，单身母亲会比中等经济地位的母亲更容易感到沮丧，她们往往会对孩子表现出较少的支持、体贴和关注。导致单身母亲贫困率高的原因主要是女性收入较低、抚养费不足，以及父亲对孩子的支持较少（Hurst, Gibbons, & Nurse, 2016; Nieuwenhuis & Maldonado, 2018）。

经济上比较富裕的儿童和青少年生活的环境与贫困儿童和青少年生活的环境有怎样的不同？
图片来源：视觉中国

链接 研究

生活在贫困中的儿童面临哪些风险？

一项经典研究考察了贫困家庭和中等收入家庭的儿童在生活中所面临的各种风险（Evans & English, 2002）。在这项研究中，研究者调查了居住在纽约州北部农村地区的287名8到10岁的非拉丁裔白人儿童所经历的六种风险：家庭变故、儿童分离（家里的一个亲密成员经常不在家）、遭受暴力侵害、住房拥挤、吵闹、住房质量差。家庭变故、儿童分离、遭受暴力侵害的指标依据的是母亲关于孩子所经历的生活事件的报告；拥挤程度以每个房间的平均人数来计算；吵闹程度用家中测定的分贝水平来表示；住房质量则由访问家庭的观察员根据房屋的建筑水平、清洁度、拥挤度、为儿童提供的资源、安全性和通风状况来评分。这六个因素中的每一个都以呈现出风险（记1分）或没有呈现出风险（记0分）来评定，然后将6项分数相加得出一个总分。因此，儿童面临的多种压力源的总分便在0分和6分之间。另一方面，如果某个家庭的收入水平低于联邦政府规定的贫困线，就将其定义为贫困家庭。该研究的结果发表于2002年，当年美国的贫困线是四口之家的年收入等于18,100美元（2019年的相应标准是25,750美元）。

上述研究的结果表明：和中等收入的家庭相比，贫困家庭的儿童接触到的风险更多。如图3所示，贫困家庭的

风险因素（压力源）	贫困儿童接触比（%）	中等收入儿童接触比（%）
家庭变故	45	12
儿童分离	45	14
遭受暴力侵害	73	49
住房拥挤	16	7
吵闹	32	21
住房质量差	24	3

图3 贫困儿童和中等收入儿童接触六种压力源的百分比

儿童在所有这六个风险因素（家庭变故、儿童分离、遭受暴力侵害、住房拥挤、吵闹、住房质量差）上接触到风险的人数比都更高。

那么，儿童接触这些风险因素的程度是否与他们的适应状况相关呢？研究者通过儿童及其母亲的报告来评估他们的心理压力水平。用儿童完成任务时是选择立即满足还是延迟满足来判定他们是否具有自律行为问题。同时通过测量静止血压和夜间神经内分泌的激素水平来表示儿童的心理生理压力的大小。

分析结果显示：与中等收入家庭的儿童相比，贫困儿童的心理压力水平较高，有较多的自律行为问题，心理生理压力的水平也更高。进一步的分析表明，累积性地接触压力源可能给贫困儿童的社会情绪发展带来障碍。

反击贫困的影响 扶贫项目的一个发展趋势是同时对两代人实施干预（Smith & Coffey, 2015; Sommer & others, 2018）。也就是说，这些项目既为儿童提供服务（如提供教育性的儿童保育或学前教育），也为父母提供服务（如成人教育、识字培训、职业技能培训等）。

在一项例证性实验研究中，阿莱莎·休斯顿（Aletha Huston）和她的同事们（Huston & others, 2008）评估了"新希望"扶贫项目对青少年发展的影响，该项目的目的是提高父母的就业率和减轻家庭的贫困。研究者将拥有6至10岁孩子的贫困家庭随机分配进"新希望"项目组和控制组。"新希望"项目为每周受雇至少30个小时的贫困父母提供如下福利：医疗保险；工资补贴，以确保家庭纯收入随父母挣得的钱的增长而上升；保育服务补贴，用来为父母工作提供支持（针对所有13岁以下的孩子）。此外，还为"新希望"项目的参与者提供协助他们寻找工作等方面的管理服务。

"新希望"项目为实验组家庭提供三年的支持（直到孩子9至13岁）。在项目开始5年后（结束2年后），当孩子们11岁至16岁时，研究人员考察了该项目对他们的影响。与控制组相比，"新希望"组的青少年阅读能力较强，学业成绩较好，进入特殊教育班的可能性较小，具有更积极的社交技能，更可能参与正规的课后活

链接 关爱

昆腾机会项目

贫困青少年走上不求上进的道路并不是不可避免的。这些青少年摆脱贫困的一条可行的道路便是接触一位关爱导师（caring mentor）。昆腾机会项目（The Quantum Opportunities program）就是关爱导师的例子，它由福特基金会资助，是一项为期 4 年每年 365 天的导师指导计划（Carnegie Council on Adolescent Development，1995）。这一项目的参与者是刚升入九年级的贫困高中生，来自少数民族群体，其家庭接受政府救济。在 4 年中的每一天里，他们的关爱导师都为他们提供持续的支持、指导和具体的帮助。

这一项目要求学生参与 3 种活动：(1) 与学业有关的课外活动，包括阅读、写作、数学、科学、社会课、同伴辅导，以及电脑技能的培训；(2) 社区服务，包括辅导小学生、清扫邻里，以及到医院、图书馆和幼儿园做志愿者；(3) 文化提高和个人发展的活动，包括生存技能训练、为上大学做准备、职业规划。为了鼓励学生积极参与项目，坚持到底，并制订长期的计划，该项目为他们提供了经济上的奖励。每参加 1 小时活动，就得到 1.33 美元的补助。另外，每参加 100 小时教育、服务和发展性活动，学生还获得 100 美元的奖金。这样一来，4 年里用于每个参与者的总花费平均为 10,600 美元，这只相当于监狱中犯人半年的花费。

一项针对昆腾机会项目的评价研究将接受导师指导的学生和没有接受导师指导的控制组学生进行了比较。结果发现，接受导师指导的学生中有 63% 顺利地从高中毕业，而控制组的这一比例是 42%；受导组中 42% 的学生升入了高校，而控制组的这一比例只有 16%。此外，与曾经接受导师指导的学生相比，原来控制组的学生接受政府救济的可能性要高出 1 倍，被逮捕的案例也更多。显然，这样的干预项目能够有效地克服贫困的代际传递及其负面影响。后来，艾森豪威尔基金会对原初的昆腾机会项目做了一些调整，该基金会于 2018 年开始在马里兰州、俄亥俄州、马萨诸塞州、新墨西哥州、威斯康星州、佛罗里达州复制昆腾机会项目（Learn more at www.eisenhower-foundation.org/qop.）。

这些研究结果进一步证明降低高中辍学率的最有效的方案是提供辅导和指导，重视建构关爱的环境和人际关系，并提供社区服务的机会。这项研究还强化了这样一种教育理念：目标设定（如计划上大学或制订职业生涯规划）是成功的一个必要组成部分。

动。"新希望"组的父母也比控制组父母报告了更好的心理健康状况以及管教孩子方面较高的自我效能感。在一项追踪评估研究中，研究人员评估了"新希望"项目结束后对 9 至 19 岁青少年和初成年者的影响（McLoyd & others，2011）。积极的影响尤其表现在男性非裔美国青少年身上，他们对自己未来的就业和职业前景更为乐观。最近的一次关于"新希望"项目的评估发现，在这一项目开始 8 年后（结束 5 年后），该项目仍然对青少年的未来目标具有积极的影响（Purtell & McLoyd，2013）。在这项评估中，男孩的积极的教育期望与他们对未来就业悲观情绪的降低相关联。要了解另一项有益于贫困青少年的干预项目，请阅读"链接 关爱"专栏。

复习、联想和反思

学习目标 2

描述社会经济地位和贫困如何影响儿童的生活。

复习

- 什么是社会经济地位？
- 家庭、邻里和学校有哪些社会经济地位的差异？
- 生活在贫困中的儿童有什么特点？

联想

- 在本节，你了解到有些反击贫困的项目采取了两代人干预方式。这和改善贫困儿童健康状况的努力有什么相似之处？

反思你自己的人生之旅

- 你觉得你成长时期的家庭社会经济地位属于哪一类？你认为你的家庭的社会经济地位以哪些方式影响了你的发展？

第3节 民族

学习目标 3
解释民族和儿童发展的联系。
- 移民
- 民族与社会经济地位
- 差异与多样性
- 偏见与歧视

民族是指根植于文化遗产的各种特点，包括国籍、种族、宗教和语言。在达卡、马尼拉、洛杉矶、香港等世界最大的一批城市中，都有着许多种（常常有100多种）不同的语言。这种不断增加的多样性给人们带来了学习的机会，也随之带来了冲突以及对未来的担忧（Schaefer, 2019）。

民族（ethnicity） 文化的一个方面，指根植文化遗产的各种特点，包括国籍、种族、宗教和语言。

> 移民

高移民率是美国少数民族青少年和初成年者在总人口中所占比例不断上升的原因之一（Frey, 2019）。移民家庭是指那些父母中至少有一人出生在居住国以外的国家的家庭。移民家庭的差异涉及在外国出生的是父母中的一方还是父母双方，孩子是否出生于东道国，移民发生时父母和孩子的年龄有多大（Titzmann & Fuligni, 2015）。

相对于儿童和青少年总人口来说，移民家庭的儿童和青少年是更加脆弱还是更加成功呢？关于这个问题，已有学者提出了不同的模型（Zhou & Gonzales, 2019）。从历史上看，不少人强调的是*移民风险模型*（*immigrant risk model*），认为移民青少年的健康水平较低，容易出现更多的问题。例如，一项研究发现，相比于居住在多米尼加共和国国内的青年，那些来自多米尼加共和国的移民青年在美国居住的时间越长，他们自杀或试图自杀的风险就越高（Peña & others, 2016）。

有些学者也提出了移民悖论模型，该模型强调：尽管移民家庭要面对许多文化、社会经济、语言和其他方面的障碍，但移民青少年比本土出生的青少年表现得更加健康，问题也更少（Marks & Garcia Coll, 2018）。根据目前的研究成果，上述两种模型都得到了一些支持（Brady & Stevens, 2019）。罗伯特·克罗斯洛（Robert Crosnoe）和安德鲁·富利尼（Andrew Fuligni）得出了如下结论（2012, p. 1473）：

> "有些来自移民家庭的儿童表现得相当好，有些则差一些，这取决于移民本身的特点（包括来源国）以及他们的家庭在新国家中所处的环境（包括他们的社会经济地位以及在种族-民族的等级系统中所处的位置）。"

如今，美国总人口中少数民族人口的比例越来越高（Frey, 2019），在整个21世纪剩余的时间里，美国的少数民族人口都将继续增长。亚裔青少年将是增长速度最快的群体，到2100年时，其增长幅度将接近600%。拉丁裔青少年人口到2100年时也将

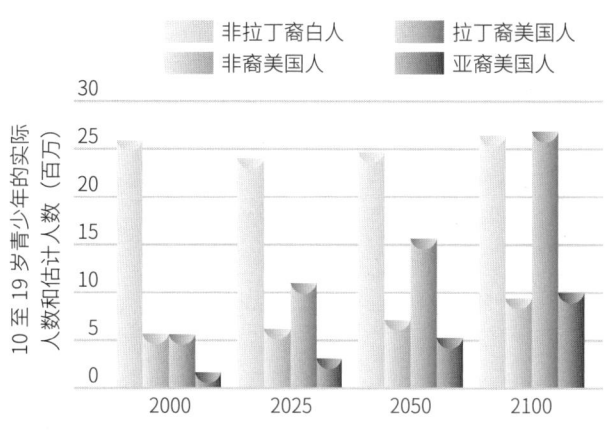

图4 美国10至19岁青少年的实际人数和估计人数（2000年至2100年）

2000年，美国10至19岁青少年中非拉丁裔白人超过了2,500万，而相应年龄段的少数民族青少年的人数则少了很多。但是，根据美国人口增长的趋势对2025年和2100年的人口状况进行预测，拉丁裔和亚裔青少年的人口将大幅度地增长；到2100年，美国拉丁裔青少年的人数将超过非拉丁裔白人青少年的人数，亚裔青少年的人数将超过非裔青少年的人数。

第十七章 文化与多样性　485

增长近400%。图4展示的是不同族群青少年在2000年的实际人数和2100年的估计值。值得注意的是,到2100年,拉丁裔青少年的人数将超过非拉丁裔白人青少年的人数。

近期的移民家庭可能面临特殊的问题。移民家庭中许多人都受非法移民问题的困扰。生活在一个非法移民的家庭会影响孩子的发展,因为父母都不愿意为孩子申请他们原本可得到的合法服务。同时,父母仅限于从事一些高压力、低工资和低福利的工作,家里也缺乏认知刺激(Kang, 2019; Yoshikawa, 2011)。

移民所面临的对他们的适应构成挑战的情况有哪些呢?移民经常遇到一些对长期居民来说不常见或不明显的压力源,如语言障碍、与支持网络分离、社会经济地位的变化、既想保留同一性又要做出文化适应的矛盾(Gollnick & Chinn, 2016; Sheikh & Anderson, 2018)。因此,当咨询师为青少年和他们的移民家庭服务时,就需要对干预计划做出调整,以提升文化的敏感性(Suárez-Orozco, Suárez-Orozco, & Qin-Hilliard, 2014; Sue & others, 2016, 2019)。

许多近期移民到美国的家庭的成员往往采取双文化取向,即接纳美国文化中一些能够帮助他们生存和取得成功的特点,同时仍旧保留其原籍文化的一些方面(Schwartz & others, 2019; Titzmann & Fuligni, 2015)。移居他国还可能导致文化中介现象,如移民家庭的儿童和青少年为他们的父母扮演文化和语言中介的角色,这种现象在美国越来越多(Shen, Kim, & Benner, 2019)。

虽然很多少数民族或移民家庭采取了双文化取向,但许多少数民族家庭的父母还注重增强儿童的民族自豪感、有关他们族群的知识以及对歧视的意识(Liu, Simpkins, & Lin, 2018; Mehta, 2017)。由于接纳了美国文化的一些特点,拉丁裔家庭越来越认识到教育的重要性(McDermott, Umaña-Taylor, & MartinezFuentes, 2018)。虽然与其他族群相比,他们的辍学率仍然比较高,但在过去的20年里,他们的辍学率已大幅下降(NCES, 2018)。当拉丁裔家庭移民到美国后,尽管面临着经济上的挑战,他们仍然对家庭保持着很强的承诺。例如,就社会经济地位类似的拉丁裔家庭和非拉丁裔白人家庭来说,前者的离婚率就低于后者。

近几十年里来自墨西哥、中美洲和许多亚洲国家的移民家庭当中,有许多来自集体主义的文化,这些文化强调个人对家庭的责任和义务(Choi & others, 2018; Oyserman, 2017)。为了履行这种家庭责任和义务,青少年往往要协助父母工作以增加家庭收入(van Geel & Vedder, 2011)。这种类型的协助通常发生在服务

(上图)2009年6月11日,来自12个国家的移民儿童正在参加纽约市皇后区的美国公民入籍仪式。(下图)一个最近移民到得克萨斯州里奥格兰德河谷(Rio Grande Valley)的拉丁裔家庭。近期移民到美国的儿童及其家庭有一些什么特点?
图片来源:视觉中国

> **链接 职业生涯**

移民研究领域的学者和教授卡萝拉·苏亚雷斯–奥罗斯科

卡萝拉·苏亚雷斯–奥罗斯科（Carola Suárez-Orozco）目前是加州大学洛杉矶分校移民、全球化和教育研究所的教授和副所长。她以前在哈佛大学和纽约大学任教。卡萝拉曾在加州大学伯克利分校获得儿童发展研究专业的学士学位和临床心理学专业的博士学位。

在加州和马萨诸塞州，卡萝拉同时在诊所和公立学校的环境中工作。在哈佛期间，她做了一项历时五年的纵向研究，探讨青少年移民（来自中美洲、中国和多米尼加共和国）对美国学校和社会的适应问题。她尤其重视研究文化与心理因素对少数民族青少年移民的适应的影响（Suárez-Orozco, Suárez-Orozco, & Qin-Hilliard, 2014）。

要进一步了解研究人员和教授的工作情况，请阅读附录"儿童发展领域的相关职业"。

性和体力劳动的工作上，如建筑、园艺、保洁、餐饮业。

不过，移民家庭的经历不尽相同，儿童和青少年在接触到美国文化后发生改变的程度也存在差异。一项例证性研究发现，墨裔青少年在移民美国后与他们的家人待在一起的时间减少了，对家庭价值观的认同程度也降低了（Updegraff & others, 2012）。但是，在这项研究中，青少年期早期具有较强家庭观念的个体在青少年期晚期阶段表现出不良行为的可能性较低。

家庭之间各不相同，少数民族家庭如何应对压力取决于很多因素（Burnette & others, 2019; Non & others, 2019）。父母是土生土长的还是移民，家庭移居美国的时间长短，家庭在美国的社会经济地位如何，家庭的原国籍是什么等因素都在发挥着影响（Gonzales & others, 2012）。研究表明，父母移民前的教育程度和孩子的学业成绩相关（Feliciano & Lanuza, 2017）。

家庭所处的社会环境的特点也影响着家庭的适应。例如，家庭所在的城市或邻里对家庭所属的族群有着怎样的态度？家里的孩子能否进入好的学校？是否存在欢迎来自家庭所属族群的社会团体？家庭所属族群的成员是否建立了自己的社团？要了解一位致力于研究移民青少年的学者的工作情况，请阅读"*链接 职业生涯*"专栏。

> 民族与社会经济地位

在很多情况下，关于少数民族儿童的研究未能把民族的影响和社会经济地位（SES）的影响区分开来。民族和社会经济地位是相互作用的，这种相互作用是如此密切以至于可能会夸大民族的消极影响，因为美国绝大多数少数民族群体的社会经济地位都处于社会的较低水平（Hurst, Gibbon, & Nurse 2016; McLoyd, Jocson, & Williams, 2016）。民族常常决定着哪些人、在多大程度上、以怎样的方式享有公民特权。在许多情况下，个体的民族背景决定着他是否会被疏远或是否会处于不利的地位。

有些情况下，研究人员往往从民族的角度来解释儿童发展方面的差异，而事实上，这些发展差异是由社会经济地位的差别而不是由民族差异造成的。例如，数十年来，在研究自尊水平的群体差异时，研究人员都没有考虑到美国非裔儿童和白人

在很多情况下，美国人对非裔男性青少年持有负面的刻板印象。15岁的贾森·伦纳德（Jason Leonard）评论道："我希望美国人知道，我们黑人青少年中的大多数并不是来自破碎家庭的、有很多问题的、将要进入监狱的人……在我与父母的关系中，我们彼此尊重，我们家里有一定的价值观。我们也有一起庆祝的传统节日，包括圣诞节和宽扎节（Kwanzaa）。"

图片来源：视觉中国

让我们来看一看花园里的花朵：虽然它们由同样的泉水浇灌，由同样的春风唤醒，也是由同一个太阳发出的光芒赋予它们活力，但它们品种不同、颜色不同、式样和形状也都不同；这些多样性增添了它们的魅力，也增添了它们的美丽。……如果这个花园中所有的花和植物、叶子和花朵、果实和枝条都是相同的形状和相同的颜色，那看上去是多么无趣啊！正是色彩、式样和形状的多样性丰富和美化了这个花园，使它更加迷人。

——阿博都·巴哈
19/20世纪波斯巴哈伊教领袖

儿童在社会经济地位上的差异（Hare & Castenell, 1985）。当研究者将来自低收入家庭的非裔儿童的自尊水平与来自中产阶级家庭的白人儿童的自尊水平相比较时，往往会发现很大的差异，但这样的发现并没有多大意义，因为民族和社会经济地位的影响是混合在一起的（Scott-Jones, 1995）。

一项纵向研究说明了将社会经济地位（SES）变量和民族变量分离开来的重要性。在这项研究中，较高的社会经济地位预测了所有民族14至26岁青少年较高的教育期望和职业期望（Mello, 2009）。同时，在控制了SES变量后，非裔青少年所报告的教育期望最高，然后依次为拉丁裔和亚裔或太平洋岛民、非拉丁裔白人、本土或阿拉斯加原住民青少年；而在职业期望方面，非裔和亚裔或太平洋岛民青少年的职业期望最高，然后依次为拉丁裔、本土或阿拉斯加原住民、非拉丁裔白人青少年。

即使是来自中等社会经济背景的少数民族儿童，也不能完全逃避少数民族地位带来的问题（Cushner, McClelland, & Safford, 2019）。中等社会经济地位的少数民族儿童仍然会遇到许多与他们的少数民族身份有关的偏见和歧视（Chou & Feagin, 2015）。

贫困加剧了许多少数民族儿童的生活压力（Doob, 2013）。冯妮·麦克洛伊德（Vonnie McLoyd）和她的同事们（McLoyd, 2019）得出的结论是：在今天的美国，少数民族儿童仍然在更大的比例上承受着贫困和失业带来的负面影响。因此，许多少数民族儿童仍然要面对双重劣势：和他们的少数民族身份相联系的偏见和歧视，以及贫困带来的压力。

> 差异与多样性

历史的、经济的、社会的经验造成了美国少数民族群体和白人主流民族之间的差异（Bornstein & Lansford, 2018; Molitor & Hsu, 2019）。特定民族或特定文化的个体适应了他们文化的独特的价值观、态度和压力。在多元文化的世界中，认识并尊重这些差异对于个体和他人友好相处十分重要。和所有的人一样，儿童需要学会采纳与自己的民族和文化群体不同的他人的观点，需要学会思考这样一些问题："如果我处在他的位置，我将会有怎样的体验？""如果我是他们的民族或文化中的一员，我将会有怎样的感受？""假如我在他们的世界中长大，我将会如何思考和行动？"这样的观点采择通常能够增进个体对来自不同民族和不同文化群体的他人的移情和理解。

长期以来，任何少数民族群体与白人群体的差异在理论上都被认为是少数民族群体的缺陷或劣势。对少数民族群体的研究也往往只关注某个群体的消极方面。例如，关于非裔美国青少年女性的研究总是侧重于贫困、未婚产子、辍学等话题。因此，我们迫切地需要一些关于非裔美国青少年女性心理优势的研究。同样，不同少数民族群体儿童的自尊、成就、动机和自我控制能力也都值得大力度地和深入地研究。目前，一些姗姗来迟的研究凸显了不同少数民族群体的一些优势（Raval & Walker, 2019; Updegraff & Umaña-Taylor, 2015）。例如，许多少数民族群体的特点之一是有一个扩展的家庭支持系统，这种系统如今被认为具有重要的应对和兴盛的功能。

少数民族群体之间存在着相当大的差异。不同的少数民族群体有着不同的社会、历史和经济背景（Spring, 2016）。例如，来自墨西哥和古巴的移民都属于拉丁文化，但他们移居北美的理由不同，在他们本国的社会经济背景不同，在美国和加拿大的就业率和就业类型也不同。美国联邦政府如今承认了 511 个原住民部族，每个部族都有他们独特的祖先，不同的价值观和特点。亚裔美国人包括来自中国、日本、菲律宾、韩国以及东南亚（本身又是一个大而多样的群体）等国家的移民，这些移民群体也都有自己独特的祖先和语言。亚裔移民的多样性还体现在他们的受教育程度上：一部分人受过很好的教育，另一部分人却几乎没有受过多少教育（Hurst, Gibbon, & Nurse, 2016）。例如，韩裔美国男性青少年的高中毕业率是 90%，而越裔美国男性青少年的相应比例只有 71%。

没有一个族群是同质的。有时候，一些善意的人没有意识到族群内部的多样性（Sue & others, 2016）。有关这一话题的一项大规模研究调查了青少年在一系列家庭环境变量和心理结果变量上的差异程度，样本包括了来自 9 个国家众多民族和文化群体的 1,000 多名青少年。结果显示：所观察到的总变异中绝大部分是由每个族群内部青少年之间的差异造成的，从而说明族群内部存在着相当大的异质性（Deater-Deckard & others, 2018）。

> **发展链接**
>
> **同一性**
>
> 社会文化环境的许多方面都影响着儿童和青少年的民族认同。链接"自我与同一性"。

> 偏见与歧视

偏见是指由于个体是某个群体的成员而对个体产生不公正的负面的态度。偏见所指向的群体可以是某个民族群体，也可以是某种性别、年龄、宗教或具有其他明显差异的群体（Brandt & Crawford, 2019）。但我们在这里关注的是针对少数民族群体成员的偏见。

偏见（prejudice）由于个体是某个群体的成员而对个体产生不公正的负面的态度。

关于偏见的研究很多，这些研究在一定程度上揭示了美国少数民族儿童和青少年受到的偏见和歧视（Benner & others, 2018; Hughes & others, 2016; Thakur & others, 2017）。请看下面的几项研究：

- 一项基础性的研究发现：对七年级至十年级非裔学生的歧视与这些学生较低水平的心理功能相关联，包括对压力的意识、抑郁的症状、较低的幸福感；反之，对非裔美国青少年的比较积极的态度则与这些青少年更积极的心理功能相关联（Sellers & others, 2006）。图 5 展示的是非裔美国青少年报告的曾在过去一年中经历过的各类种族歧视的百分比。
- 亚裔第二代移民青少年比白人和拉丁裔青少年更容易感觉到歧视，这类歧视和他们较多的抑郁症状相关联（Lo & others, 2017）。
- 遭遇较多歧视的非裔和拉丁裔美国青少年也随时间推移而抑郁症状不断增加。在那些对自己的种族或民族积极情感水平较低的青少年身上，这种效应特别强烈（Stein & others, 2016）。

在处理少数民族关系方面，社会已经取得了不小的进步，但偏见和歧视依然存在，平等还没有真正实现，很多工作还等待着人们去完成（Umaña-Taylor, 2016）。要进一步深入了解多样性和民族的问题，请阅读"链接 多样性"专栏。

种族歧视的类型	青少年报告在过去一年中经历过种族歧视的百分比
曾被指责或被作为怀疑对象看待	71.0
被作为"蠢人"对待，被训斥	70.7
别人见到你时仿佛害怕或恐惧	70.1
在公共场所时被监视或跟踪	68.1
被粗鲁地或不敬地对待	56.4
受到忽视或轻视，得不到服务	56.4
别人期待你的作品质量低劣	54.1
受到侮辱、谩骂或骚扰	52.2

图 5 非裔美国青少年报告的过去一年中经历过的种族歧视

第十七章 文化与多样性

链接 多样性

美国和加拿大：多元文化的国家

美国一直是并将继续是一个民族群体吸纳国。美国吸纳了多种文化的新成分。这些文化往往相互碰撞并交叉传播，从而使不同观念和不同身份相互融合。在这个过程中，原初文化的一些成分被保留下来，一些消失了，还有一些则与更加普遍的美国文化融合在一起。

许多国家也经历过不同民族移民的过程。也许我们可以通过考察这些国家的经验来更深入地了解移民潜在的好处、问题以及不同的应对方式。加拿大就是一个突出的例子。加拿大由许多文化混合而成，这些文化又依据经济资源和历史阶段而松散地组合在一起。加拿大文化包括以下几个部分（Chavez, 2019; Guo & Wong, 2019）：

- 原住民，或称为"第一民族"，他们是加拿大最初的居民；
- 17 世纪和 18 世纪期间来到加拿大定居的法国人的后裔；
- 17 世纪以及后来定居加拿大的英国人的后裔，或者是在 18 世纪后期美国独立后从美国移居加拿大的英国人的后裔；
- 19 世纪后期和 20 世纪前期来自亚洲（主要来自中国）的移民的后裔，他们主要定居在加拿大的西海岸；
- 19 世纪来自欧洲其他国家的移民的后裔，他们主要定居在加拿大中部和大草原省份；
- 20 世纪以及目前由于其祖国经济动荡和政治动乱而移居加拿大的移民，主要来自拉丁美洲、加勒比海地区、亚洲、非洲、苏联加盟国和中东国家。他们散居于加拿大各地。

加拿大有两种官方语言：英语和法语。主要讲法语的加拿大人基本上居住在魁北克省；而主要讲英语的加拿大人则基本上居住在其他省份。除了讲英语和法语的人口外，加拿大还有一个很大的多元文化群体。这个文化群体包括国外出生的移民和他们的孩子所讲的数百种语言，也包括原住民所讲的五花八门的土著语言和方言。

以两个人口最多的民族为基础，加拿大规定了两种官方语言。如果美国以 2100 年可能出现的人口最多的民族为基础来规定官方语言的话，美国的官方语言将是哪些（参见图 4）？

复习、联想和反思

学习目标 3

解释民族和儿童发展的联系。

复习
- 移居别国是如何影响儿童的发展的？
- 民族和社会经济地位有怎样的联系？
- 就差异和多样性来说，重要的是要了解哪些信息？
- 偏见和歧视是如何影响儿童的发展的？

联想
- 在本节，我们了解到学会采纳与自己民族和文化群体不同的他人的观点可以帮助儿童（和成人）在多元文化的世界里更加尊重他人并更好地和他人相处。你已了解到观点采择能力和小学儿童的交往技能有什么关系？

反思你自己的人生之旅
- 不管儿童的愿望多么美好，但他们的生活环境总是会让他们产生一些偏见。如果你是一位父母或当你成为父母时，你将如何试图减少你的孩子的偏见？

学习目标 4

总结科技对儿童发展的影响。
- 媒体的使用和屏幕时间
- 电视和电子媒体
- 数字设备和互联网

第4节 科技

在过去50年里，几乎没有什么社会发展因素对儿童和青少年的影响能比得上电视、数字游戏和互联网了（Blumberg & others, 2019; Gross, 2013; Roblyer, 2016）。电视、游戏软件和互联网的诱惑力是惊人的。今天的许多青少年从婴儿期开始花费在屏幕前的时间多于和父母待在一起或待在教室里的时间。现在人们把这些称之为"屏幕时间"（screen time），用来表示他们一共花了多少时间观看或使用电视、电脑、电子游戏系统、智能手机等移动媒体。

> 媒体的使用和屏幕时间

数字技术正在从积极的和消极的两个方面影响着儿童和青少年。数字技术可以提供广阔的知识，可以通过建设性的方式用来促进儿童和青少年的教育（Maloy & others, 2016）。然而，一本有争议的书凸显了技术潜在的消极面，这本书名为《最愚蠢的一代：数字时代是如何让美国年轻人变得愚蠢并危及我们的未来的（或者说，不要相信任何30岁以下的人）》，出自埃默里大学的英语教授马克·鲍尔莱因（Mark Bauerlein）之手（2009）。这本书的主题之一是：今天的许多年轻人更加感兴趣的是检索信息而不是创造信息，他们不读书也缺乏读书的动机，他们离开了拼写检查软件就不会拼写，并沉迷在手机、短信、优兔网（YouTube）和其他社交媒体的世界中。我们真地应当为此担忧吗？就思维和推理等认知能力来说，自20世纪30年代以来青少年的智商一直在大幅提高（Flynn, 2013）。此外，也没有研究证据表明沉浸在游戏和视频网站等技术世界里会损害思维能力（Blumberg & others, 2019）。不过，确实有证据表明用于社交媒体某些特定方面的屏幕时间对青少年的心理健康和行为具有消极影响（Twenge & Campbell, 2019）。同时，人们也担心屏幕时间的静坐行为会带来消极影响，如扰乱睡眠和增加肥胖症的风险（Pearson & others, 2014）。

如果在某种活动上花费的时间总量就是该活动重要性的指标的话，那么毫无疑问，媒体在儿童和青少年的生活中扮演着非常重要的角色。为了更好地了解美国儿童和青少年对各种媒体的使用情况，凯泽家庭基金会（Kaiser Family Foundation）分别于1999年、2004年和2009年资助了三次全国性调查。2009年的调查访谈了2,000多名8至18岁的儿童和青少年，结果表明，这些儿童和青少年的媒体使用量比10年前大幅度上升（Rideout, Foehr, & Roberts, 2010）。今天的青少年生活在一个被媒体包围的世界里。在2009年的调查中，8至11岁儿童每天使用媒体的平均时间是5小时29分，而11至14岁儿童每天使用媒体的平均时间长达8小时40分，15至18岁青少年每天的平均时间是7小时58分（参见图6）。比较近期的数据表明这些趋势更加严重。2018年（Pew Research Center,

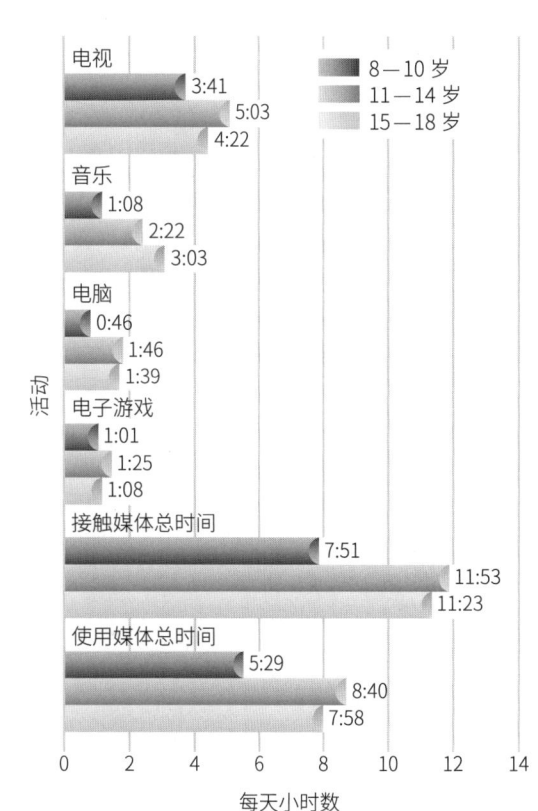

图6 美国8岁至18岁儿童和青少年每天用于不同活动的时间

2018a），美国95%的青少年报告说持有智能手机，近一半的人不停地上网。

在使用技术方面的一个重要发展趋势是多任务处理（multitasking）的急剧增加（Aagard, 2019; Wang, Sigerson, & Cheng, 2019）。在2009年的凯泽家庭基金会调查中，当把多任务处理所花的时间也列入总的媒体使用时间时，11至14岁的青少年每天接触媒体的时间便达到了近12小时，而不包括多任务处理时的媒体使用时间为每天9小时（Rideout, Foehr, & Roberts, 2010）。在这次调查中，七至十二年级学生中有39%的人表示"在大部分时间里"，他们会同时使用两种或多种媒体，如一边浏览网页，一边听音乐。在某些情况下，他们在做家庭作业的同时也在使用媒体进行多任务处理，如发短信、听音乐、更新优兔网。不难想象，这样做必然使得学生无法专心地做功课，虽然关于媒体多任务处理的研究还非常少。

但是，多方面的证据表明多任务处理具有负面影响。一项包括2,000多名美国青少年的纵向研究发现多任务处理预测了注意问题（Baumgartner & others, 2017）。在另一项研究中，面对面互动时出现电话干扰降低了社交过程的参与度和趣味性（Misra & others, 2016）。

手机等移动媒体是促使青少年媒体使用时间和多任务处理增加的主要推手。例如，在2004年的调查中，青少年当中只有39%拥有手机；而在2009年，拥有手机的比例已上升到了66%（Rideout, Foehr, & Roberts, 2010）；目前，这一比例还在继续上升。

> 电视和电子媒体

在20世纪里，几乎没有什么技术发明对儿童和青少年的影响能超过电视（Maloy & others, 2016）。而最近20年来，青少年又越来越多地迷恋上了电子游戏（Blumberg & others, 2019）。

电视 许多儿童在电视机前度过的时间超过了他们与父母互动的时间。虽然电视只是影响儿童行为的众多大众媒体中的一种，但它的影响力可能是最强的。电视的诱惑力是十分惊人的。到高中毕业时，美国青少年平均花费了20,000小时看电视，多于他们花费在教室里的小时数。

电视对儿童和青少年发展的影响可以是积极的，也可以是消极的。通过提供激励性的教育节目，增加儿童和青少年对超越其直接环境的广大世界的知识，并呈现亲社会行为的榜样，电视可以带来积极的影响。然而，电视也可能会带来许多消极的影响，如使儿童和青少年成为被动的学习者，分散他们做作业时的注意力，教授他们陈旧的刻板印象，为他们树立攻击性暴力行为的负面榜样，并向他们呈现不符合实际的世界形象（Lillard, Li, & Boguszewski, 2015）。此外，研究人员还发现，童年早期看电视过多能够预测数年后青少年的习惯和发展结果。加拿大的一项大规模纵向研究显示，儿童早期看电视影响到他们数年后的体重、饮食习惯、学业投入程度（Simonato & others, 2018）。一项深入的文献综述发现多看电视会带来许多行为和健康问题的风险，尤其反映在睡眠和起床习惯方面（LeBourgeois & others, 2017）

一系列的综述研究得出结论：与那些较少观看媒体暴力的同伴相比，那些观看了大量媒体暴力的儿童和青少年更容易把世界看成是危险的地方，也更容易认为暴力行为是可以接受的（Escobar-Chaves & Anderson, 2008; Wilson, 2008）。这

青少年观看电视上的攻击行为和玩暴力电子游戏与他们的攻击性有怎样的联系？
图片来源：视觉中国

一效应可能是由于观看媒体暴力强化了儿童对他人的看法，从而引起了他们的攻击性意向和行为；随着儿童发展和持续地接触媒体暴力，这一效应也许会不断加强并继续到成年（Bushman, 2016）。这些研究中所说的媒体暴力主要来自电视，但我们将在下文中见到，媒体暴力也包括电子游戏中的暴力。

电子游戏 暴力电子游戏，尤其是那些非常逼真的暴力电子游戏，也引起了人们对其对儿童和青少年影响的关注（Anderson & others, 2017）。一些相关研究和元分析表明：与那些较少玩或完全不玩电子游戏的同伴相比，那些经常玩暴力电子游戏的儿童和青少年具有更强的攻击性（Calvert & others, 2017）。不过，就这些影响的强度和意义来说，研究者们还没有达成共识（Ferguson, 2015）。

青少年玩电子游戏是否能带来一些正面的结果呢？大多数有关青少年电子游戏的研究都侧重于这类游戏可能带来的负面结果，但越来越多的研究正在考察这些游戏可能带来的正面结果（Adachi & Willoughby, 2017）。荷兰的研究人员发现：那些玩友好竞争但非暴力性电子游戏的小学生和初中生随后表现出了更多的亲社会行为（Lobel & others, 2019）。另一项针对小学生和初中生的研究则发现，玩亲社会游戏与更多的移情和更好的社会关系相关联（Harrington & O'Connell, 2016）。

此外，研究人员发现，那些要求运动的电子游戏（健身游戏）可以帮助超重的青少年减轻体重（Calvert, Bond, & Staiano, 2014）。例如，一项实验研究发现，当超重青少年参加了为期 10 周的竞争性健身游戏（这类游戏要求粗大运动，此研究中使用的是任天堂 Wii 平台上的 EA 公司健身游戏）后，他们的体重减轻的幅度大于那些玩合作性健身游戏的超重的同伴或那些没有玩电子游戏的控制组同伴（Staiano, Abraham, & Calvert, 2012）。在一项针对超重儿童的后续实验中，持续半年的健身游戏为儿童带来了代谢指标方面的显著改善（Staiano & others, 2018）。

电子媒体、学习和成绩 电子媒体对儿童的影响取决于儿童的年龄和媒体的类型。十多年前的一项基础性综述研究得出了如下关于婴幼儿的结论（Kirkorian, Wartella, & Anderson, 2008）：

- 婴儿期：对婴儿和学步儿来说，从电子媒体学习是困难的；直接和成人互动可以让他们的学习变得容易得多。
- 童年早期：如果采用一些有效的策略，幼儿约 3 岁时可以通过电子媒体学习教育材料；有效的策略包括多次重复概念，用图像和声音吸引幼儿的注意，说话用童音而不用成人声音等。遗憾的是，幼儿接触到的绝大多数媒体是娱乐取向而不是教育取向的。

美国儿科学会（American Academy of Pediatrics, 2016）提出建议：2 岁以下的婴儿不应当看屏幕（在线视频通话除外），因为看屏幕有可能减少他们与父母的直接互动。这一建议的依据来自很多先前的研究。例如，一项研究发现 1 至 3 岁的儿童每天看电视的时间越多，他们 7 岁时越有可能有注意问题（Christakis & others, 2004）。另一项研究表明婴儿 18 个月大时每天看电视的行为与他们 30 个月大时注意分散或多动行为的增加相关联（Cheng & others, 2010）。一项针对 2 到 48 个月大的婴幼儿的研究显示，接触可听得见的电视节目的小时数和婴幼儿发声行为的减少相关联

研究者采用哪些方法来探究玩某些类型的电子游戏可能会带来正面的结果？
图片来源：Duplass/Shutterstock

关于婴儿看电视的研究有什么发现？
图片来源：视觉中国

第十七章 文化与多样性 493

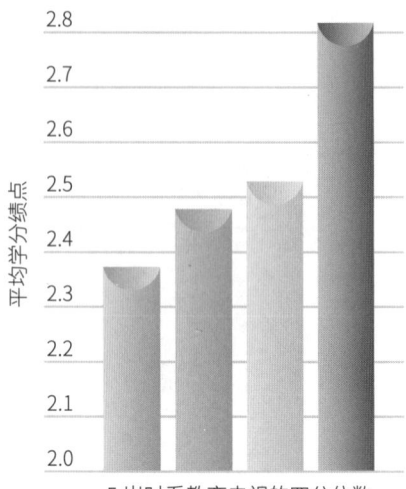

图7 男孩5岁时看教育电视的时间和高中时的平均学分绩点

那些在学前阶段看过较多教育电视节目（尤其是《芝麻街》）的男孩在高中阶段的平均学分绩点也比较高。图中展示的是男孩观看电视的时间（用四分位数表示）和他们的平均学分绩点。最左边的柱形表示在学前阶段观看教育电视时间最少的25%男孩，最右边的柱形表示在学前阶段观看教育电视时间最多的25%男孩，其余类推。

对青少年来说，网络的社会环境有什么特点？
图片来源：视觉中国

（Christakis & others, 2009）。还有一项研究则发现，那些8到16个月大时看婴儿视频的儿童语言发展较差（Zimmerman, Christakis, & Meltzoff, 2007）。

电视对儿童的注意力、创造力和智力有怎样的影响呢？总体而言，人们尚未发现媒体使用会导致注意缺陷多动障碍，但已发现大量看电视和非临床性的注意力降低之间存在微弱的相关；目前这方面的证据不仅来自对人的实验研究，还包括以小鼠为被试的实验研究（Christakis & others, 2018）。

媒体使用和屏幕时间与儿童和青少年的创造性有关吗？一项综述研究的结论是：儿童和青少年看电视与他们的创造性之间呈负相关（Calvert & Valkenberg, 2011）。不过，这方面有一个例外，即儿童和青少年观看的是那些通过想象的人物来教他们如何创造的教育电视节目（Calvert & Valkenberg, 2013）。另外，数字媒体选择的多样化确实也为激励和教授创造性提供了很大的潜能，包括在正规和不正规的学习情境中激励和教授创造性（Vishkaie, Shively, & Powell, 2018）。

儿童看屏幕的时间越多，他们的学业成绩就越差。为什么屏幕时间和儿童的学业成绩会出现负相关呢？三种可能的原因包括干扰、替代和不利的兴趣爱好（Comstock & Scharrer, 2006）。就干扰来说，儿童做作业时家里开着电视会分散儿童的注意力，使他们难以把注意力集中到认知任务上。就替代来说，看电视会花费儿童本可以用来进行和学业成绩相关的活动（如做家庭作业、阅读、写作和学习数学）的时间和精力。就不利的兴趣爱好来说，电视节目把儿童的兴趣爱好吸引到了娱乐、体育、商业以及其他活动上，这些活动比学习更能引起他们的兴趣。因此，那些大量看电视的儿童往往把书本看作是枯燥乏味的东西（Comstock & Scharrer, 2006）。这些方面的影响可以引起一系列延续到青少年期的变化。例如，一项针对德国青少年的大规模纵向研究显示了这些影响的长期性，从而导致这些青少年在学校里较差的学业成绩（Poulain & others, 2018）。

不过，有些种类的电视内容可以提高学业成绩，如面向幼儿的教育电视节目。在一项经典的纵向研究中，儿童在学前阶段观看诸如《芝麻街》和《罗杰先生的街坊》（Mr. Rogers' Neighborhood）之类的教育节目和他们进入高中后的许多积极的结果相关联，包括较好的学习成绩、阅读较多的书籍和较强的创造性（Anderson & others, 2001）（参见图7）。一些较新的技术，尤其是触摸屏互动游戏，具有良好的教育前景，可用来激励儿童学习并成为更好的问题解决者（Blumberg & others, 2019）。另外，越来越多的证据表明：通过数字技术来提高儿童某方面技能的培训（如提高记忆力、注意力、反应时的培训）对儿童的认知能力并不能产生一般的或长期的积极效应，尽管这些培训对某些很特定的技能具有短期的效果（Sala, Tatlidil, & Gobet, 2018）。

> 数字设备和互联网

文化包含着改变，但再没有什么改变比人们正在经历的以数字设备应用（如平板电脑、笔记本电脑、台式电脑、智能手机）和互联网普及为标志的技术革命更明显了（Maloy & others, 2016）。社会仍然依赖于一些基本的非技术性的能力，如良好的沟通技能、积极的态度、解决问题的能力、深入思维和创造性思维的能力，但人们追求这些能力的方式和速度正在发生史无前例的变化。为了让青少年为明天的工作做好充分的准备，技术就必须成为他们的生活中不可缺少的组成部分（Edwards, 2013; Gross, 2013; Ikenouye & Clarke, 2018）。

青少年的以数字技术为中介的社会环境包括电子邮件、短信、各种聊天室、照片墙（Instagram）和色拉布（Snapchat）等社交网站、视频分享和照片分享、多人在线电脑游戏和虚拟世界。社交网站人气急剧上升，表现在这些网站的访问率已经和使用最广的互联网搜索引擎谷歌、必应（Bing）不差上下。这些以数字技术为中介的社会互动大多数是在电脑上开始的，但最近也已转移到了智能手机上。

如本章前文所述，青少年将智能手机用于交流、游戏、学习的情况在过去20年里已急剧上升。如今，在美国、加拿大以及许多其他的工业化国家中，几乎所有的青少年都持有智能手机。同时，在那些经济快速崛起的国家，持有智能手机的青少年人数也在快速上升（Pew Research Center, 2018a, b）。

对于儿童和青少年接触基本上不受管制的互联网信息的问题，人们已有一些特别的担忧。例如，青少年可以获取到关于成人性行为的材料，如何制造炸弹和武器的说明，以及其他对他们来说不适当的信息。另一个担忧是互联网上的同伴欺凌和骚扰（称为*网络欺凌*）(Rosa & others, 2019; Selkie, Fales, & Moreno, 2016)。多项调查和观察研究发现，网络欺凌是青少年遭遇的最频繁的同伴欺凌形式之一。一项深入的研究综述显示：不同研究中青少年实施和遭受网络欺凌的百分比差别很大，估计高达41%实施过欺凌、72%遭受过欺凌（Selkie & others, 2016）。有关预防网络欺凌（以及其他各种欺凌）的信息可以在下面的网站上查找到：https://www.stopbullying.gov/。

让我们来看看大学生（他们中大多数是20岁左右的初成年者）的情况。从研究证据来看，人们越来越担忧成长在智能手机和互联网时代创造了太多"网络偷懒"（cyber-slacking）的机会，如一边学习和记笔记一边娱乐和交流（Flanigan & Kiewra, 2018）。如果过多地使用非学术性的网络，就可能给人际关系带来消极的影响，还可能增加吸毒之类的有损健康的冒险行为。但是，如果大学生把互联网用作学习的工具，就会给学习过程、自我价值感和学业成绩带来积极的影响（Padilla-Walker & others, 2010）。

显然，青少年使用互联网需要父母的监督和约束（Collier & others, 2016; Van Petegem & others, 2019）。下面几项例证性研究探讨了父母在指导青少年使用互联网和其他媒体方面所起的作用：

- 父母倾向于把网络看成是危险的，但他们在监督和限制青少年子女的网络活动方面却不愿付出足够的努力（Rosen, Cheever, & Carrier, 2008）。此外，在这项研究中，那些认为其父母的养育方式属于放纵型（高度温情和参与但缺少限制和监督）的青少年报告了自己正在进行风险极大的网络行为，如与网上结识的人见面。这一研究以及其他研究使我们认识到，有必要对父母进行教育，使他们能够与青少年子女就网上接触和行为进行有效沟通（Vanwesenbeeck & others, 2018）。
- 父母双方权威型的养育方式预测了父母能够主动地监控青少年子女的媒体使用，包括限制青少年子女使用某些媒体，以及与青少年子女就有问题的媒体内容展开讨论（Padilla-Walker & Coyne, 2011）。后续的研究印证了这些发现，表明父母加强对子女上网行为的监控有益于青少年的心理健康和总体适应能力（Fardouly & others, 2018）。

> **发展链接**
>
> **媒体**
> 相当数量的儿童是欺凌现象的受害者，而欺凌现象会给儿童带来许多负面的结果。链接"同伴"。

- 母亲与青少年子女关系不好（如不安全型依恋和由自主性引起的冲突）预测了初成年子女更偏爱网上社交，并更可能与网上结识的人发展低质量的朋友关系（Szwedo, Mikami, & Allen, 2011）。进一步的研究也说明有问题的家庭关系不仅会触发有问题的网上关系，而且会提高网瘾和上网过多的风险（Ko & others, 2015）。

复习、联想和反思

学习目标 4
总结科技对儿童发展的影响。

复习
- 大众媒体在儿童和青少年的生活中起什么作用？
- 电视和电子媒体是怎样影响儿童的发展的？
- 电脑和互联网在儿童的发展中起什么作用？

联想
- 在本节中，你学习了网络欺凌现象，你另外还了解到欺凌行为会给被欺凌者带来怎样的后果？

反思你自己的人生之旅
- 你在童年时代花了多少时间看电视？你认为看电视对你的发展产生了哪些影响？

达到你的学习目标

文化与多样性

文化与儿童发展

学习目标 1 讨论文化在儿童发展中的作用。

● 文化与儿童研究的关系

文化指某一特定人群世代相传的行为模式、信念和所有其他的产品。如果儿童研究在未来几十年里要成为和社会适切的学科，就必须更加注重文化。今后，儿童将成为世界公民。因此，我们越是了解其他文化的价值观和他人的文化行为，我们就越是能够有效地和他人互动。

● 跨文化比较

跨文化比较就是将一种文化与另一种或多种文化进行对照，这样做可以提供某些文化特点在多大程度上具有普遍性或文化特定性的信息。儿童赖以发展的社会环境（性别角色、家庭、学校）在不同文化中可能会表现出重要的差异。跨文化比较的一种分析认为，与那些在集体主义文化中成长的儿童相比，那些在个人主义文化中长大的儿童接受的是不同的价值观和自我概念的教育。但是，批评者指出，把文化分类为集体主义的或个人主义的做法过于宽泛和简单化。在许多家庭中，父母期望他们的孩子在思维和行动方面既体现个人主义的价值观，也体现集体主义的价值观。

社会经济地位与贫困

学习目标 2 描述社会经济地位和贫困如何影响儿童的生活。

● 什么是社会经济地位

社会经济地位（SES）是指依据相似的职业、教育、经济特点将人们划分为不同的群组。社会经济地位意味着不平等。

- 家庭、邻里和学校的社会经济地位差异

儿童的家庭、邻里和学校具有与儿童的发展相关的社会经济地位的特点。与中等社会经济地位的父母相比，低社会经济地位的父母在很大程度上更加强调服从，也更可能使用体罚来管教孩子。与低社会经济地位的儿童相比，高社会经济地位的儿童生活在更漂亮的房子和更安全的邻里之中。低社会经济地位的儿童更容易出现抑郁、低自尊和违法犯罪的问题。当低社会经济地位的儿童在学校里取得成功时，往往是因为他们的父母做出了牺牲，为孩子提供了有助于学业改善的生活条件和支持。

- 贫困

贫困是指经济困难。但穷人除了面临经济困难外，通常还面临着社会的和心理上的困境。贫困儿童会遭遇更多的家庭暴力，较少接触书籍和电脑，所上的儿童保育机构和学校质量低下，接受到的社会支持也较少。当贫困持续不断并长期存在时，它特别容易对儿童的身心发展带来有害的影响。

民族

学习目标 3 解释民族和儿童发展的联系。

- 移民

民族是指根植于文化遗产的各种特点，包括国籍、种族、宗教和语言。移居美国和其他国家的移民家庭在帮助儿童适应新文化方面面临着许多挑战。移民儿童在艰难地保持自己的民族身份并适应主流文化的同时，还往往面临着语言障碍、社会经济地位的变化以及与支持网络的分离等困难。父母和孩子的文化适应可能处于不同的阶段，这种差异会导致代际冲突。

- 民族与社会经济地位

很多情况下，研究人员在研究少数民族儿童时未能把民族的影响和社会经济地位的影响区分开来。许多少数民族儿童既遭受偏见和歧视，又要面对由贫困带来的种种困难。虽然并不是所有的少数民族家庭都贫困，但贫困问题困扰着许多少数民族家庭，并扩大了少数民族群体和主流白人群体之间的差异。

- 差异与多样性

对于生活在多元文化社会中的人们来说，认识并尊重民族间的差异十分重要。很多情况下，人们往往把民族群体间的差异看成是少数民族个体身上的缺陷。少数民族群体并不是同质性的，忽视民族群体内部的多样性会导致刻板印象。

- 偏见与歧视

偏见是指由于个体是某个群体的成员而对个体产生不公正的负面的态度。尽管人们在对待少数民族群体方面有所进步，但少数民族群体的儿童仍然经常性地遇到偏见和歧视。

科技

学习目标 4 总结科技对儿童发展的影响。

- 媒体的使用和屏幕时间

在接触媒体方面，青少年的媒体使用和屏幕时间近年来显著增加，尤其是11至14岁的青少年。青少年花费在媒体多任务处理方面的时间也正在增加。青少年的社会环境日益以数字技术为中介。

- 电视和电子媒体

电视的一个消极面是它涉及被动学习。观看暴力电视和儿童较高程度的攻击性相关联。此外，青少年玩暴力电子游戏也引起了人们的担忧。最近，研究人员已发现亲社会游戏和健身游戏具有一定的积极影响。儿童的认知技能和能力影响到他们观看电视的体验。观看电视与儿童的心理能力和学业成绩呈负相关。但是，教育电视节目能够提高儿童的学业成绩。

- 数字设备和互联网

通过使用电脑和其他数字设备、互联网以及复杂的智能手机，今天的儿童和青少年正在经历着一场技术革命。儿童和青少年的社会环境日益以数字化为媒介。互联网继续是青少年数字化社会互动的主要焦点，但他们也越来越多地涉足其他种类的数字设备。青少年的上网时间可以带来正面的或负面的结果。大批青少年参与了网络社交活动。特别值得关注的是，父母往往难以监控孩子接触到了哪些信息。

重要术语

集体主义 collectivism
跨文化研究 cross-cultural studies
文化 culture
民族 ethnicity
个人主义 individualism
歧视 prejudice
社会经济地位（SES） socioeconomic status

重要人物

唐纳德·坎贝尔 Donald Campbell
阿莱莎·休斯顿 Aletha Huston
苏尼娅·卢塔尔 Souniya Luthar
冯妮·麦克洛伊德 Vonnie McLoyd
凯瑟琳·塔米斯–莱蒙德 Catherine Tamis-LeMonda

术语汇编

A

A-not-B error　A 非 B 错误　当婴儿在熟悉的位置 A 而不是在新的隐藏物体的位置 B 寻找某个物体时，就是犯了 A 非 B 错误；当婴儿向感知运动阶段的第四个分阶段过渡时，往往会犯这类错误。

accommodation　顺应　皮亚杰的概念，指儿童调整自己的图式以适应新的信息和经验。

acculturation　文化适应　一种文化和另一种文化接触时发生的文化变化。

active (niche-picking) genotype-environment correlations　主动式（选窝式）基因型与环境的关联　当儿童找到了适合自己并充满刺激的环境时，主动式（选窝式）基因型与环境的关联就会发生。

adolescence　青少年期　从童年向成年早期过渡的发展阶段，大约从 10 至 12 岁开始，18 至 19 岁结束。

adolescent egocentrism　青少年自我中心　青少年自我意识的增强，反映在总认为他人和自己一样对自己是感兴趣的，并感到自己是独特的、不可征服的。

adoption study　领养研究　领养研究者力求发现被领养儿童的行为和心理特征是更像养父母还是更像亲生父母，前者为他们提供了家庭环境，后者则为他们提供了遗传素质。领养研究的另一种方式是将有领养关系的兄弟姐妹与有血缘关系的兄弟姐妹进行比较。

affordances　提供性　物体所提供的互动机会，这是人们进行活动所需要的。

afterbirth　胞衣阶段　出生过程的第三阶段，在这段时间里，胎盘、脐带和其他膜状物都被剥离母体并排出体外。

altruism　利他主义　无私地帮助他人的倾向。

amnion　羊膜　出生前的生命支持系统，呈袋状或包膜状，装有透明液体，胚胎就漂浮在液体中。

amygdala　杏仁核　大脑中主管情绪的组织。

androgens　雄性激素　一个总的激素类别，睾酮是一种重要的雄性激素。雄性激素的主要作用是促进男性生殖器和第二性征的发育。

androgyny　双性化　同一个人身上同时具有男性和女性的特点。

anger cry　生气啼哭　这类啼哭和基本啼哭类似，但有更多的多余空气被挤压通过声带。

animism　泛灵论　前运算思维的缺陷之一，指儿童相信无生命的物体具有生命的特性并能够活动。

Apgar Scale　阿普伽量表　该量表被广泛地用来评估出生后 1 到 5 分钟的新生儿的健康状况。阿普伽量表评估婴儿的心率、呼吸力、肌肉张力、肤色以及反射应激性。

aphasia　失语症　由大脑布洛卡区或威尼克区的损伤造成的语言使用或词汇理解能力的丧失或损伤。

Asperger syndrome　阿斯伯格综合征　一种比较轻的自闭症谱系障碍，患有此病的儿童具有相对较好的口头表达能力，轻度的非语言问题，以及范围有限的兴趣和人际关系问题。

assimilation　同化　皮亚杰的概念，指儿童将新的信息纳入现有图式中。

attachment　依恋　两个人之间紧密的情绪连接。

attention　注意　对心理资源的集中。

attention deficit hyperactivity disorder, ADHD　注意缺陷多动障碍　一种残障，指儿童持续地表现出如下三个特征中的一个或多个：(1) 注意力不集中；(2) 多动；(3) 冲动。

authoritarian parenting　专制型养育　一种限制型和惩罚型的养育风格，采用这种风格的父母会劝诫孩子要听父母的话，要尊重父母的劳动和努力。专制型父母对孩子进行严格的限制和控制，几乎不允许言语交流。这种类型的养育和孩子较差的社交能力相关联，包括缺乏主动性和交流能力。

authoritative parenting　权威型养育　这种养育风格鼓励孩子独立，但对他们的行为保持一定的限制和控制。父母允许广泛深入的言语交流，对孩子温和并充满感情。这种养育风格与孩子较强的社交能力、成就动机和依靠自己的倾向相关联。

autism spectrum disorders（ASDs）　自闭症谱系障碍　也称为广泛性发育障碍，范围从严重的自闭症到比较轻的阿斯伯格综合征。自闭症谱系障碍的特征包括社会交往问题、语言和非语言沟通问题以及重复行为。

autistic disorder　自闭症　一种严重的发展性自闭症谱系障碍，在儿童出生后的最初 3 年里发生，其症状包括社交缺陷和沟通异常，以及限制性的、重复性的和刻板性的行为模式。

automaticity　自动化　只需极小努力或不需任何努力就可以进行信息加工的能力。

autonomous morality　自律道德　皮亚杰理论中道德发展的第二阶段，表现在年龄较大（10 岁或以上）的儿童身上。此阶段的儿童开始意识到规则和法律是人们创造的，在判断行为时既要考虑后果也要考虑行动者的意图。

average children　一般儿童　受到同伴正面提名和负面提名的次数都属于平均水平的儿童。

B

basic cry　基本啼哭　这种啼哭表现出一种有节奏的模式，通常包括哭一声，然后是短暂的安静，接着是声调稍高于主要哭声的较短促的口哨声，然后是下一个哭声之前的又一个短暂的休息。

Bayley Scales of Infant Development　贝利婴儿发展量表　最初由南希·贝利（Nancy Bayley）编制，该量表被广泛地用来评估婴儿的发展。目前的版本有五个分量表：认知、语言、运动、社会情绪、适应性。

behavior genetics　行为遗传学　一个研究领域，探究遗传和环境对个体之间的特征差异和发展差异产生的影响。

bicultural identity　双文化身份　个体同一性形成的一个方面，即在某些方面认同自己的民族文化而在其他方面则认同主流文化。

biological processes　生理过程　个体身体上的变化。

blastocyst　胚泡　胚芽期里发育成的细胞团。其内层细胞群最终会发育成胚胎。

bonding　亲子联结　出生后不久父母与新生儿之间形成的亲密联系，尤其是生理联系。

brainstorming　头脑风暴　一种讨论方式，以小组的形式进行，鼓励小组中的儿童提出各种创造性的想法，互相争论和比较提出来的想法，想到什么就说什么。

Brazelton Neonatal Bahavioral Assessment Scale（NBAS）　布雷泽尔顿新生儿行为评估量表　该测量工具可在出生后的第一个月里使用，评估新生儿的神经系统发展、反射，以及对人和物的反应情况。

breech position 臀位 指胎儿在子宫中的位置引起分娩时屁股先进入产道。

Broca's area 布洛卡区 位于大脑左半球的额叶，涉及言语产出和语法处理。

Bronfenbrenner's ecological theory 布朗芬布伦纳的生态学理论 一种环境系统理论，侧重于五个环境系统：微观系统、中观系统、外围系统、宏观系统、年代系统。

C

care perspective 关爱视角 卡罗尔·吉利根（Carol Gilligan）提出的道德视角，主张根据人与人之间的联系、人际交流的质量、与他人的关系以及对他人的关心来评价人。

case study 个案研究 深入了解某一个体的研究。

centration 中心化 将注意集中在一个特征上而忽视所有其他方面的特征。

cephalocaudal pattern 头尾模式 一种生长顺序，即生长最快的部位总是在上端——头。身体大小、重量以及特征的分化也遵循从上到下逐渐发展的顺序。

cesarean delivery 剖腹产 在母亲腹部做一个切口，把胎儿从母亲的子宫里取出。

character education 品格教育 一种直接的道德教育模式，内容包括教学生一些基本的道德知识以防止他们做不道德的行为，也防止他们伤害自己和他人。

child-centered kindergarten 以儿童为中心的幼儿园 强调对儿童实施全面的教育，关注儿童身体的、认知的以及社会情绪的发展，并考虑到儿童的需要、兴趣和学习风格。

Child-directed speech 儿向言语 成人同儿童说话时使用高于正常的音调和简单的词和句子。

chromosomes 染色体 一种类似线状的结构体，有23对，每对中的一条来自父亲，一条来自母亲。染色体含有遗传物质DNA。

cliques 小团体 2到12人组成的一小群人，平均为5到6个人。小团体之所以得以形成，可能是由于友谊或由于个体参加了相同的活动，小团体成员之间一般有着相同的性别和相近的年龄。

cognitive moral education 认知道德教育 这一教育模式基于这样的信念：随着学生道德推理的发展，他们应该学会珍视民主和公正之类的价值观；科尔伯格的理论已成为许多认知道德教育模式的基础。

cognitive processes 认知过程 个体思维、智力和语言能力方面的变化。

cohort effects 群组效应 来源于个体出生的时间、年代和属于哪一代人，而不是来源于实际年龄。

collectivism 集体主义 强调为集体服务的价值观，要求个人目标服从群体的总目标，提高群体成员之间的相互依赖性，并促进和谐关系的形成。

commitment 承诺 个体对同一性的投入。

concepts 概念 在认知上将相似的事物、事件、人或观点进行分类。

concrete operational stage 具体运算阶段 皮亚杰认知发展的第三阶段，大约从7岁持续到11岁。在这一阶段中，只要推理可以应用于特定的或具体的事例，儿童就能够进行具体运算，用逻辑推理代替直觉推理。

conduct disorder 行为失调 违反家庭期待、社会规范或损害他人的人身或财产权利的与年龄不适应的行为或态度。

connectedness 紧密联系 包括两个维度：相互性，即对他人的观点保持敏感和尊重；渗透性（permeability），以开放的态度对待他人的观点。

conservation 守恒 认识到改变物体或物质的外表不会改变其基本性质。

constructive play 建构游戏 这种游戏结合了感知运动／练习游戏和观点的符号表征。当儿童自己进行主动的创造活动或建构一个作品或解决方案时，他们就是在进行建构游戏。

constructivist approaches 建构主义教学法 一种以学生为中心的教学法，该法强调在教师指导下学生主动建构知识和理解的重要性。

context 背景 发展得以发生的情境，受历史、经济、社会、文化的因素的影响。

continuity-discontinuity issue 连续性和非连续性问题 该问题探讨发展在多大程度上涉及逐渐的、日积月累的变化（即连续），或涉及可以明确区分的阶段（即非连续）。

controversial children 争议儿童 经常被某些儿童提名为最好的朋友，又被其他儿童提名为讨厌的人的儿童。

conventional reasoning 习俗推理 科尔伯格道德发展理论的第二个水平或中间水平。在这个水平上，个体会遵从某些标准（内在的），但这些标准是他人制定的（外在的），如来自父母或社会的法律。习俗水平包含两个阶段：人际间的相互期望、人际关系和人际遵从（阶段3）；社会制度道德（阶段4）。

convergent thinking 聚合思维 只产生一种正确答案的思维，是传统的智力测验所要求的思维特点。

coparenting 协同养育 父母为共同抚养孩子而相互支持。

core knowledge approach 核心知识观 该观点认为婴儿出生时已具有先天的特定领域的知识系统，如涉及空间、数感、客体永久性、语言的知识系统。

corpus callosum 胼胝体 连接大脑左右两半球的神经纤维组织。

correlation coefficient 相关系数 用来描述两个变量之间关联程度的数值。

correlational research 相关研究 目的是描述两个以上事件或特点之间的关联程度。

creativity 创造性 能够以新的和不同常规的方式思考问题，并能够提出独特的解决方案的能力。

crisis 危机 个体在各种有意义的选择中进行探索的同一性发展阶段。

critical thinking 批判性思维 涉及反思的、富有成效的思考，并对证据进行评估。

cross-cultural studies 跨文化研究 将一种文化与另一种或多种文化进行比较，可以提供有关其他文化的信息，并考察文化对儿童发展的影响。

cross-sectional approach 横向研究 在同一时间点上对不同年龄的个体进行比较的研究策略。

crowds 群体 在结构上比小团体大。一般情况下，青少年是基于名声而成为某一群体的成员，但不一定花很多时间待在一起。许多群体是由青少年所进行的活动界定的。

culture 文化 某一特定群体世代相传的行为模式、信念和所有其他的产物。

culture-fair tests 文化公平测验 旨在避免文化偏见的智力测验。

D

descriptive research 描述研究 一种对行为进行观察和记录的研究。

development 发展 个体从受精卵形成开始并持续一生的运动或变化的模式。

developmental cascade model 发展的串联模型 该模型涉及那些影响发展路径和结果的跨领域跨时间的各种联系。

developmental quotient（DQ）发展商数

格赛尔婴儿发展评估的一个综合分数，综合了运动、语言、适应性和人际-社会性四个方面分测验的分数。

developmentally appropriate practice (DAP) 发展适宜性教育实践 此类教育实践重视某一年龄段儿童典型的发展状况（年龄适宜性），也重视每一个儿童的独特性（个体适宜性）。相比之下，对幼儿来说发展上不适宜的教育实践则依赖抽象的、以大群体为单位进行的纸笔活动。

dialect 方言 标准语言的一种变式，有其独特的词汇、语法和发音。

difficult child 困难型儿童 一种气质类型，困难型儿童反应消极，频繁哭泣，生活常规显得没有规律，接受新经验缓慢。

direct instruction approach 直接教学法 一种以教师为中心的方法，其特点是强调教师的指导和控制、对学习材料的掌握、对学生进步的高期望，并把时间最大限度地用在学习任务上。

dishabituation 去习惯化 在刺激发生变化后，对已习惯化了的反应的恢复。

divergent thinking 发散思维 对同一个问题产生多种不同答案的思维，是创造性的重要特点。

divided attention 分配性注意 同时关注一个以上的活动。

DNA 脱氧核糖核酸，一种含有遗传信息的复杂分子。

doula 导乐 照顾产妇的人，她们在产妇分娩前、分娩时和分娩后持续地为产妇提供生理上、情感上以及知识经验方面的支持。

Down syndrome 唐氏综合征 一种由染色体传递的智力障碍，由第21对染色体上多出一条染色体造成。

dual-process model 双过程模型 该模型认为决策过程受两个系统的影响：一个是分析系统，一个是经验系统，两者之间互相竞争。该模型强调，有助于青少年做出决策的是经验系统（该系统负责监控和管理真实的经验）而不是分析系统。

dynamic systems theory 动态系统理论 由埃丝特·西伦提出，力求解释感知和动作的动作行为是如何整合在一起的。

dyscalculia 计算困难 也叫作发展性算术障碍，是涉及数学计算困难的一种学习障碍。

dysgraphia 书写困难 学习障碍的一种，涉及用手写字方面的困难。

dyslexia 诵读困难 学习障碍的一种，涉及阅读和拼写能力方面的严重损伤。

E

early childhood 童年早期 从婴儿期结束到5岁至6岁的发展阶段。这一阶段有时也被称为学前期。

early-later experience issue 早期经验和后来经验问题 该问题探讨早期经验（尤其是婴儿期的）或后来经验在多大程度上对儿童的发展发挥着关键影响。

easy child 容易型儿童 一种气质类型，容易型儿童一般有着积极的心情，很快建立有规律的常规，容易适应新的经验。

eclectic theoretical orientation 折中的理论取向 该理论取向不是只听从某个理论，而是博采众长。

ecological view 生态观 吉布森提出，该观点认为，人们直接地感知周围世界中的信息。知觉使人和环境接触，以至于人们可以和环境互动并适应环境。

egocentrism 自我中心 前运算阶段的一个重要特点，指不能将自己的视角和他人的视角区分开来。

embryonic period 胚胎期 受孕后第2到第8周之间的一段时间。在这段时间里，细胞分化的速度加快，细胞的支持系统形成，器官也出现了。

emotion 情绪 即感情（feeling）或情感（affect），是人们在对他们来说很重要的情境或互动中产生的，尤其是那些影响到他们福祉的情境或互动。

emotional and behavioral disorders 情绪和行为障碍 与个人或学校事务有关的人际关系、攻击性、抑郁、惧怕等严重和持久的问题，以及其他不适当的社会情绪特点。

emotional intelligence 情绪智力 准确和适宜地感知和表达情绪的能力，理解情绪和情绪知识的能力，利用情绪来促进思维的能力，以及管理自己和他人情绪的能力。

empathy 移情 以类似于他人的情感对他人的情感做出回应。

encoding 编码 信息进入记忆的机制。

epigenetic view 渐成观 该观点认为发展是遗传与环境之间不断的双向互动的结果。

equilibration 平衡化 皮亚杰提出的一种机制，用以解释儿童如何从思维的一个阶段转换到另一个阶段。当儿童在试图理解世界的过程中体验到认知冲突或不平衡时，就会出现这种转换。最终，儿童会解决冲突，达到思维的平衡状态。

Erikson's theory 埃里克森理论 该理论认为人的一生要经历八个发展阶段。在每个阶段，个体都会面临一项独特的发展任务，并伴随着一个必须解决的危机。

estradiol 雌二醇 一种雌性激素，是女孩青春期发育中的关键激素。

estrogens 雌性激素 一个总的激素类别，雌二醇是一种重要的雌性激素。雌性激素的主要作用是促进女性性征的发育并帮助调节月经周期。

ethnic gloss 民族称呼语 肤浅地为某个民族贴上诸如"非裔美国人"或"拉丁裔美国人"这样的标签，把某个民族看成是比现实中的该民族更加同质的群体。

ethnic identity 民族认同 自我的一个持久的方面，包括某个民族的成员意识，以及和该成员身份相关的态度和情感。

ethnicity 民族 文化的一个方面，指根植于文化遗产的各种特点，包括国籍、种族、宗教和语言。

ethology 习性学 强调行为在很大程度上受生物因素影响，与进化紧密联系，并具有关键期或敏感期的特点。

evocative genotype-environment correlations 唤起式基因型与环境的关联 当儿童的遗传特征引发出某种类型的环境时，唤起式基因型与环境的关联就会出现。

evolutionary psychology 进化心理学 心理学的一个分支，强调适应、生殖和"适者生存"在行为形成中的重要性。

executive attention 管理性注意 涉及对行动做出计划，把注意投放到目标上，发现和补救错误，监控任务进程，并应对新奇的或困难的情境。

executive function 执行功能 一个总的概念，包括和大脑前额叶皮层的发展相联系的许多高级认知过程。涉及对思维进行管理，以便进行目标取向的行为和执行自我控制。

expanding 扩充 对孩子说过的话进行重新叙述，把它叙述成语言上更复杂的句子。

experiment 实验 一种严格控制的程序。在实验中，研究者操纵一个或多个被认为对所要研究的行为产生影响的因素，同时把所有其他的因素保持在不变的状态。

explicit memory 外显记忆 对事实和经验的有意识的记忆。

extrinsic motivation 外在动机 对外部诱因的回应，如对奖励和惩罚的回应。

F

fast mapping 快速映射 用来帮助解释幼儿如何能如此快速地在词和它的指代物之间建立起连接的过程。

fertilization 受孕 生殖过程的一个阶段，在这个阶段，一个卵子和一个精子结合形成一个单独的细胞，称为受精卵。

fetal alcohol spectrum disorders (FASD) 胎儿酒精综合征 由于母亲在怀孕期间酗酒而引起其后代一系列的异常和问题。

fetal period 胎儿期 此阶段始于受孕后2个月，直到婴儿出生，持续时间一般为7个月。

fine motor skills 精细运动技能 涉及比较精细调节的动作技能，如需要手指灵活性的动作。

forgiveness 宽恕 亲社会行为的一种，指受害人不对加害人实施可能的报复行为。

formal operational stage 形式运算阶段 皮亚杰的第四阶段也是最后一个阶段，出现在11岁至15岁之间。在这一阶段里，儿童能够超越具体经验，以更加抽象和更具有逻辑性的方式进行思维。

fragile X syndrome 脆性X染色体综合征 该综合征是由X染色体异常导致的遗传紊乱，患者X染色体被压皱并常常断裂。

fuzzy trace theory 模糊痕迹理论 该理论认为，最好通过如下两种类型的记忆表征来理解记忆：(1)逐字的记忆痕迹；(2)模糊痕迹或要点。根据这一理论，较年长儿童较好的记忆可归因于他们通过概括信息的要点而创建的模糊痕迹。

G

games 规则游戏 按照一定规则进行的娱乐性活动，通常涉及两人或多人之间的竞争。

gender 性别 作为男性或女性的特征。

gender identity 性别认同 个体关于自己是男性或女性的意识，大多数儿童在3岁时获得了性别意识。

gender role 性别角色 人们对男性或女性应当如何思考、如何感受和如何行动的一系列期待。

gender schema theory 性别图式理论 根据这一理论，当儿童逐渐形成他们的文化所认可的性别合适和不合适的图式时，他们的性别特征就出现了。

gender stereotypes 性别刻板印象 人们关于什么行为对男性合适和什么行为对女性合适的总的印象及看法。

gender typing 性别化 习得了传统的男性角色或女性角色。

gene × environment interaction 基因×环境的相互作用 DNA中某种特定的可测量的变化与环境中某种特定的可测量的因素之间的互动。

genes 基因 由DNA组成的遗传信息单位。基因指导着细胞的自我复制和蛋白质合成。

genotype 基因型 一个人的所有遗传基因，即每个细胞中实际含有的遗传物质。

germinal period 胚芽期 出生前的一个发展阶段，指怀孕后的最初2周。包括受精卵（合子）的形成、细胞分裂以及受精卵在子宫壁上着床。

gifted 天才 具有高智商（IQ 130分或以上）或（和）在某一方面具有卓越的才能。

goodness of fit 契合度 儿童的气质与儿童必须应对的环境要求之间的匹配程度。

grasping reflex 抓握反射 新生儿天生的一种反应。当某种东西轻触婴儿手掌时，婴儿会将其紧紧握住。

gratitude 感恩 一种感谢和感激的情感，特别指对他人做的善事或帮助的回应。

gross motor skills 粗大运动技能 由大块肌肉参与活动的动作技能，如移动胳膊和走路。

H

habituation 习惯化 重复呈现某一刺激后对该刺激的反应减弱。

helpless orientation 无助倾向 具有无助倾向的儿童似乎被困难的体验所困扰，并把他们的困难归因为缺乏能力。

heritability 遗传力 总体的方差中可以由基因解释的部分。

heteronomous morality 他律道德 皮亚杰理论中道德发展的第一阶段，发生在4岁到7岁。在这一阶段里，儿童把公正和规则看作是世界上不可改变的特性，不受人们的控制。

hidden curriculum 隐性课程 通过学校中弥漫的道德氛围传递，而道德氛围则是每一所学校都具有的特点之一。

horizontal decalage 水平滞差 皮亚杰的概念，指相似的能力并不出现在某个发展阶段内的同一时间点上。

hormones 激素 由内分泌腺分泌的强有力的化学物质，通过血液流动输送到身体的各个部分。

hypotheses 假设 具体的可以检验其准确性的假定或预测。

hypothetical-deductive reasoning 假设演绎推理 皮亚杰的形式运算的概念，即认为青少年有能力形成如何解决问题的各种假设，并有能力系统性地演绎出哪种假设是解决问题需要遵循的最佳路径。

I

identity 同一性 某个人是谁，自我理解的整合。

identity achievement 同一性完成 马西亚的术语，指个体已经历过危机并已做出承诺的状态。

identity diffusion 同一性扩散 马西亚的术语，指个体尚未经历危机（即尚未探索各种有意义的选择）也尚未做出承诺的状态。

identity foreclosure 同一性排斥 马西亚的术语，指个体已经做出了承诺但没有经历过危机的状态。

identity moratorium 同一性延缓 马西亚的术语，指个体正处于危机中，但还没有做出承诺或只有模糊不清的承诺。

identity versus identity confusion 同一性对同一性混乱 埃里克森的第五个发展阶段，是个体在青少年期里所经历的。在这一阶段，青少年要解答自己是谁，到底有什么特点，生活目标是什么的问题。

imaginary audience 想象中的观众 青少年自我中心的一个方面，涉及获取注意的行为，其动机是希望受到注意、具有可见度、"在舞台上"。

immanent justice 内在公正 皮亚杰关于儿童的一种期待的概念，即相信如果破坏了规则，就会立即受到惩罚。

implicit memory 内隐记忆 不需要有意识回忆的记忆，是对自动进行的常规性活动的记忆。

inclusion 融合 指让有特殊教育需要的儿童在普通班级里接受教育。

index offenses 一般犯罪 青少年或成人实施的犯罪行为，包括抢劫、严重的人身侵犯、强奸、杀人之类的行为。

individualism 个人主义 个人主义优先考虑的是个人目标而不是集体目标，强调为自我服务的价值观，如追求幸福感、追求个人的成就和认可度、坚持和维护个人的独立性。

individuality 个性 包括两个维度：主见，

即具有形成和交流某种观点的能力；区别性，即能够用交流的模式表达个体和他人有怎样的不同。

individualized education program（IEP）个别化教育计划 一份书面文件，该文件详细叙述了专门为某位残障学生量身定制的教育方案。

induction 引导 一种管教方法。使用这一方法时，父母以理服人，向孩子解释他们的行为可能对其他人产生怎样的影响。

indulgent parenting 溺爱型养育 父母很积极地参与孩子的生活，但对孩子几乎没有什么要求和控制。这一养育风格和孩子社交能力差相关，尤其与孩子自我控制能力差和不尊重他人相关。

infancy 婴儿期 从出生到18个月至24个月之间的发展阶段。

infinite generativity 无限生成力 能够用有限的词汇和规则生成无限多的有意义的句子。

information-processing approach 信息加工观 聚焦于儿童如何加工关于世界的信息：他们如何操作和监控信息，以及如何为加工信息而制定策略。

information-processing theory 信息加工理论 该理论强调个体对信息的操纵、监控和适当策略的使用。其核心内容是记忆和思维的过程。

insecure avoidant babies 不安全回避型婴儿 通过回避母亲而显示出不安全感的婴儿。

insecure disorganized babies 不安全混乱型婴儿 表现为混乱和没有方向而显示出不安全感的婴儿。

insecure resistant babies 不安全反抗型婴儿 通常紧抓着照料者，然后又通过踢或推的方式来反抗她靠近的婴儿。

intellectual disability 智力障碍 一种心理能力受限的状态，患者表现为：(1) 智商低，通常在传统智力测验上低于70分；(2) 难以适应日常生活；(3) 在18岁之前已表现出这些特征。

intelligence 智力 解决问题、适应经验并从经验中学习的能力。

intelligence quotient（IQ）智商 威廉·斯特恩（William Stern）于1912年发明的概念，等于某个人的心理年龄除以他（她）的实际年龄，然后再乘以100。

intermodal perception 跨通道知觉 将来自两个或多个感觉通道的信息（如来自视觉和听觉的信息）整合起来的能力。

intimacy in friendship 亲密友谊 朋友之间自我表露或分享个人的想法。

intrinsic motivation 内在动机 基于内部因素，如自我决定、好奇、挑战和努力。

intuitive thought substage 直觉思维分阶段 前运算思维的第二个分阶段，大约出现在4至7岁。在这一分阶段里，儿童开始使用初步的推理。

J

joint attention 联合注意 不同的个体同时注意相同的物体或事件。需要具备追踪他人行为如跟随他人视线的能力，有一人引导着他人的注意，对等的互动。

justice perspective 公正视角 一种道德视角，其关注点是个人的权利和个人独立地做出道德决定。

juvenile delinquency 青少年犯罪 青少年的多种不当行为，从社会不可接受的行为到犯罪行为。

K

kangaroo care 袋鼠式护理法 针对早产儿的一种护理方法，强调皮肤与皮肤的接触。

Klinefelter syndrome 克兰费尔特氏综合征 一种性染色体紊乱，男性多了一条X染色体，从而使他们的性染色体变成了XXY而不是XY。

kwashiorkor 夸希奥科症 由严重的蛋白质缺乏的饮食引起，造成孩子的腹部和腿部水肿。

L

labeling 标注 指认物体的名称。

laboratory 实验室 一种控制的情境，其中许多"真实世界"里的复杂因素已经被去除了。

language 语言 一种以符号系统为基础的交流形式，包括口语、书面语、手语。

language acquisition device（LAD）语言习得装置 语言学家乔姆斯基使用的术语，用来描述使得儿童能够觉察语言的特征和规则（包括语音系统、句法和语义学规则）的生物学天赋。

lateralization 单侧化 单个脑半球功能特殊化的现象。

learning disabilities 学习障碍 涉及理解或使用口头或书面语言方面的困难，这些困难可以表现在听、思考、读、写、拼写或数学方面。但是，将儿童归类为学习障碍的前提条件是他们的学习问题主要不是由视觉、听觉或肢体障碍造成的，不是由智力障碍或情绪紊乱造成的，也不是由环境、文化或经济上的不利条件造成的。

least restrictive environment（LRE）最小限制环境 指残障儿童应当在尽可能和正常儿童的课堂相似的教育情境中接受教育。

longitudinal approach 纵向研究 在一段时间里对同一组个体进行追踪的研究策略，追踪时间一般长达数年。

long-term memory 长时记忆 一种相对持久和长期存在的记忆类型。

love withdrawal 收回关爱 一种管教方法，即父母为了控制孩子的行为而暂停对孩子的关注或爱。

low birth weight infants 低出生体重儿 出生时体重不足5.5磅的婴儿。

M

marasmus 消瘦症 由蛋白质和热量严重缺乏引起，致使肌肉萎缩，看上去老气。

mastery motivation 掌握动机 具有掌握动机的儿童以任务为导向；专心于学习策略和取得成就的过程，而不是专心于自己的能力或结果。

meiosis 减数分裂 卵子和精子（也叫配子）特有的一种分裂方式。

memory 记忆 对过去的信息的保持。

menarche 初潮 女孩的第一次月经。

mental age（MA）心理年龄 某个人相对于其他人而言的心理发展水平。

metacognition 元认知 对认知的认知。

metalinguistic awareness 元语言意识 关于语言的知识。

metamemory 元记忆 关于记忆的知识。

metaphor 隐喻 将不相似的事物进行含蓄的对比。

middle and late childhood 童年中晚期 介于6岁至11岁的发展阶段。这一阶段有时也被称为小学阶段。

Millennials 千禧一代 1980年以后出生的人，他们中的第一波在新千年到来时刚进入成年早期。

mindfulness 正念 在进行日常活动和任务时，始终保持警觉，意识处于在场的状态，同时保持认知的灵活性。

mindset 心态 卡罗尔·德韦克的概念，指个体形成的对自己的认知观点。个体或是持有不变的心态或是持有成长的心态。

mitosis 有丝分裂 细胞繁殖的一种方式。在有丝分裂过程中，细胞进行自我复制，形成两个新的细胞。每个新细胞中都包含与原细胞相同的 DNA，并以相同的方式排列成 23 对染色体。

Montessori approach 蒙台梭利教育法 一种教育哲学，它主张让儿童在相当大的程度上拥有选择和主动参加活动的自由，并允许儿童根据自己的意愿由一项活动转向另一项活动。

moral development 道德发展 和对与错的标准有关的思维、情感和行为的变化。

moral exemplars 道德模范 过着不平常的生活的人，这些人具有道德人格、道德认同和道德品格，以及一系列反映美德和承诺的优点。

moral identity 道德认同 人格的一个方面，当道德观念和道德承诺成为生活的中心时，个体就有了道德认同。

Moro reflex 莫罗反射 当新生儿遇到突然的、强烈的声音刺激或位移刺激时，就会出现这种反射。受到惊吓的新生儿会拱起背部，头向后仰，胳膊和腿猛然张开，然后迅速向身体中心收拢。

morphology 词法 某种语言中指导单词如何构成的规则系统。

multiple developmental trajectories 多条发展轨迹 指成年人遵循一条发展轨迹，儿童和青少年遵循另一条发展轨迹。理解这些发展轨迹的相互协调具有重要意义。

myelination 髓鞘化 轴突被髓鞘包裹的过程，髓鞘能加快信息处理的速度。

N

natural childbirth 自然分娩法 这种方法试图通过分娩知识的学习来减轻产妇的恐惧，并教会产妇分娩时采用放松技术，以达到减轻疼痛的目的。

naturalistic observation 自然观察法 在真实的生活情境中观察人的行为。

nature-nurture issue 天性和教养问题 该问题探讨发展主要是受天性还是受教养影响。天性论的拥护者们认为，对发展来说最重要的影响因素是生物遗传，而教养论的拥护者们则认为环境经验才是最重要的影响因素。

neglected children 被忽视儿童 被提名最好朋友的次数不多，但也没有被同伴厌恶的儿童。

neglectful parenting 忽视型养育 父母很少参与孩子的生活，这种养育方式与孩子社交能力差相关，尤其与自控和自尊水平差相关。

Neonatal Intensive Care Unit Network Neurobehavioral Scale（NNNS）新生儿重症监护病房网络神经行为评估量表 该量表是在布雷泽尔顿新生儿行为评估量表的基础上编制成的，用来评估"高风险"新生儿的行为、应激反应和调整能力。

neo-Piagetians 新皮亚杰主义者 一些对皮亚杰的理论进行详尽阐述的儿童发展学者，他们相信儿童的认知发展在许多方面比皮亚杰所认为的更加具体，也更加重视儿童是如何运用注意、记忆和策略来进行信息加工的。

neuroconstructivist view 神经建构主义观点 一种关于脑发展的理论，该理论强调如下几点：（1）生理过程和环境条件都影响脑的发展；（2）脑具有可塑性，它不能脱离环境；（3）脑的发展和儿童的认知发展密切相关。

neurons 神经元 即神经细胞，它们在细胞水平上进行着人脑中的信息处理。

nonshared environmental experiences 非共享的环境经验 一个儿童与其兄弟姐妹们不同的独特的经验，可以发生在家庭内，也可以发生在家庭外。

normal distribution 正态分布 一个对称的分布，大多数分数落在所有可能分数的中部，只有很少部分处于两端。

O

object permanence 客体永久性 皮亚杰用来描述婴儿最为重要的成就之一的术语：认识到即使客体或事件不能被看到、听到或触摸到，但它们仍然是继续存在的。

operations 运算 内化了的动作，它们可以使儿童在心理上进行以前只能用身体进行的动作。同时，运算是具有可逆性的心理动作。

organization 组织 皮亚杰的概念，指将孤立的行为组合成较高层次的、运行更顺畅的认知系统；将孤立的条目分成或排列为类别。

organogenesis 器官发生 产前发展过程中最初 2 个月里的器官形成情况。

P

pain cry 痛苦啼哭 开始时是一声突然的、响亮而拖长的哭声，没有预备性的呻吟声，接着屏住呼吸相当长的一段时间。

passive genotype-environment correlations 被动式基因型与环境的关联 当与儿童有遗传关系的亲生父母给儿童提供养育环境时，被动式基因型与环境的关联就会发生。

peers 同伴 年龄相仿或成熟程度相当的儿童。

perception 知觉 对感觉的解释。

performance orientation 业绩导向 这一导向的儿童关注的是获胜，而不是成就带来的结果，并认为获胜可以带来快乐。

personal fable 个人神话 青少年自我中心的一部分，指青少年感到自己是独特的、不可征服的。

perspective taking 观点采择 对他人的观点做出假设并理解他人的想法和感受的社会认知过程。

phenotype 表现型 个体的基因型得以表达的可以观察和测量到的性状。

Phenylketonuria（PKU）苯丙酮尿症 该症是一种遗传紊乱，症状为患者不能正常代谢苯丙氨酸。该症目前可以很容易地检测出来。但如果不及时治疗，就会导致智力障碍和注意缺陷多动障碍。

phonics approach 读音教学法 强调阅读教学应当侧重于教学生把书面符号转化为语音的基本规则。

phonology 语音体系 语言的发音系统，包括所使用的发音以及这些发音的组合规则。

Piaget's theory 皮亚杰的理论 该理论认为，儿童积极地建构对外部世界的理解，并经历四个认知发展阶段：感知运动阶段、前运算阶段、具体运算阶段、形式运算阶段。

placenta 胎盘 出生前的生命支持系统，一个碟子形状的组织，在胎盘中，来自母体和来自胚胎或胎儿的细小血管相互缠绕。

play 游戏 一种令人愉快的活动，儿童参与游戏就是为了游戏本身。

play therapy 游戏疗法 可以使儿童消除挫折感，也是一种媒介，治疗师可以通过它来分析儿童的冲突和儿童对付冲突的方式。在游戏的情境中，儿童可能感到威胁较小，他们更可能表达自己真实的感受。

popular children 受欢迎儿童 经常被同伴提名为最好的朋友，但几乎没有被同伴讨厌的儿童。

possible self 可能的自我 个体可能成为什么样的人，他们希望成为什么样的人，以及他们惧怕成为什么样的人。

postconventional reasoning 后习俗推理 科尔伯格道德发展理论的第三也是最高水平。在这个水平上，道德更加内化。后习俗水平包含两个阶段：社会契约或效用和个人权利（阶段5）；普遍的伦理原则（阶段6）。

postpartum depression 产后抑郁症 产后抑郁症患者有着强烈的悲伤感、焦虑感或失望感，以至于她们在产后难以处理日常事务。

postpartum period 产后期 婴儿出生后的一段时间，产妇从生理和心理上适应孩子出生的过程。这一阶段大约持续6周，或者直到产妇身体完成调适，回到接近怀孕前的状态。

power assertion 使用权力 一种管教方法，指父母力求获得对孩子或孩子拥有的资源的控制。

practice play 练习游戏 牵涉到重复行为，当学习一些新的技能或要达到体育运动所要求的身体和心理的高度协调和熟练时，就需要反复练习。练习游戏可以贯穿人的一生。

pragmatics 语用学 涉及在不同的情境中恰当地应用语言。

precocious puberty 性早熟 指青春期开始很早并且进展很快。

preconventional reasoning 前习俗推理 科尔伯格理论中最低水平的道德推理。在这一水平上，道德通常注重于奖励和惩罚。这一水平由两个阶段组成：惩罚和服从取向（阶段1）；个人主义、工具性目的和交换（阶段2）。

prefrontal cortex 前额叶皮层 在额叶的最前端，参与人的推理、决策和自我控制。

prejudice 偏见 由于个体是某个群体的成员而对个体产生不公正的负面的态度。

prenatal period 胎儿期 从受精卵形成到出生这一时期。

preoperational stage 前运算阶段 皮亚杰认知发展的第二阶段，大约从2岁到7岁。在这一阶段里，幼儿开始用词、表象和图画来表征世界。

prepared childbirth 有准备分娩法 由法国产科医生费迪南·拉梅兹（Ferdinand Lamaze）创立的一种与自然分娩法相似的方法，但此法包括一种特别的呼吸技术来控制分娩末期的挤压，还包括比较详细的解剖学和生理学知识的教学。

pretense/symbolic play 装扮/象征游戏 当儿童将物质环境转变成符号时，装扮/象征游戏就发生了。

preterm infants 早产儿 足月前3周或3周以上出生的婴儿，也就是受孕后不足37周出生的婴儿。

primary emotions 初级情绪 人类和其他动物共有的，出现在生命的早期。高兴、愤怒、悲伤、害怕和厌恶都是初级情绪的例子。

Project Head Start 提前开端计划 一种补偿教育，旨在使低收入家庭的儿童有机会习得学校中取得成功所需要的重要技能和经验。

proximodistal pattern 近远模式 一种生长顺序，指生长先从身体中部开始，然后逐渐向手足方向扩展。

psychoanalytic theories 精神分析理论 该理论把发展描绘成主要是潜意识的，并在很大程度上受情绪的影响。行为只是表面的现象，要想理解行为，就必须分析行为的象征意义和内心的运行机制。精神分析学家还强调早期亲子经验的重要性。

psychoanalytic theory of gender 性别的心理分析理论 该理论源于弗洛伊德的观点：学前儿童对他们的异性父母形成了情欲之念。最终，这种情感引起了焦虑，于是，到5岁或6岁时，儿童开始摒弃这种情感并认同和自己同性的父亲或母亲，在潜意识中逐渐采纳与同性父母相似的特点。

psychosocial moratorium 心理社会延缓偿付 埃里克森的专门术语，用来描述童年期安全感与成年期自主性之间的一种状态，是青少年探索同一性时带来的部分体验。

puberty 青春期 身体快速成熟的阶段，既包括激素的变化，也包括身体的变化，这些变化主要发生在青少年期的开始阶段。

R

rapprot talk 友好谈话 建立关系和友谊的交谈。女孩比男孩更喜欢友谊取向的友好谈话。

recasting 改述 重新表述儿童说过的话，也许把它变成问句，或者把儿童不成熟的话语重新表述为完全符合语法形式的句子。

reciprocal socialization 交互社会化 社会化过程的双向性，即如同父母社会化孩子一样，孩子也社会化父母。

reflexes 反射 对刺激的内在固有的反应。

reflexive smile 反射性微笑 这种微笑并不是对外部刺激做出的回应，它出现在出生后的第一个月里，通常发生在婴儿睡着时。

rejected children 被排斥儿童 很少被提名为最好的朋友，但受到同伴强烈厌恶的儿童。

religion 宗教 一套有组织的信仰、实践、仪式和符号，它们促进人们和神圣或超然的他者（上帝、高级的力量、或终极真理）之间的联系。

religiousness 宗教信奉 指加入一个有组织的宗教的程度，包括参与它规定的各种仪式和实践，接受它的各种信念，并参与它的信徒团体。

report talk 报告式谈话 传达信息的谈话。男性比女性更趋向于进行报告式谈话。

rooting reflex 觅食反射 新生儿天生的一种反应，当婴儿的脸颊或嘴边受到触碰的时候，就会出现。婴儿的反应是将头转向受到触碰的一侧，明显是想找到可以吮吸的东西。

S

satire 讽刺 通过反话、嘲笑或妙语来揭露愚蠢或邪恶。

scaffolding 鹰架 就认知发展来说，维果斯基用这一术语来表示在教学过程中改变支持程度的做法，即知识技能更丰富的人要调整指导的程度以适应儿童当前的水平。

schema theory 图式理论 该理论认为，人们会按照已经存在于头脑中的信息来重新建构信息。

schemas 图式 用来组织概念和信息的心理框架。

schemes 图式 在皮亚杰的理论中，指用来组织知识的动作或心理表征。

scientific method 科学方法 通过下面四个步骤来获取准确信息的方法：(1) 将研究问题概念化；(2) 收集数据；(3) 分析数据；(4) 得出结论。

securely attached babies 安全型依恋婴儿 把照料者作为探索周围环境的安全基地的婴儿。

selective attention 选择性注意 聚焦于经验中某个相关的方面而忽略其他不相关的方面。

self 自我 由一个人的所有特征组成。

术语汇编 **505**

self-concept 自我概念 具有领域特殊性的自我评价。

self-conscious emotions 自我意识情绪 该情绪的前提是自我意识，尤其涉及意识和"我"的感觉。嫉妒、同情、尴尬便是自我意识情绪的例子。

self-efficacy 自我效能感 一个人觉得自己能够掌控局面并产生好结果的信念。

self-esteem 自尊 个体对自我的整体评价，也叫作自我价值感或自我形象。

self-understanding 自我理解 儿童对自我的认知表征，是自我概念的实质和内容。

semantics 语义学 关注的是词和句子的意义。

sensation 感觉 信息和感觉器官接触时发生的反应。人的感觉器官有眼睛、耳朵、舌头、鼻孔、皮肤等。

sensorimotor play 感知运动游戏 指婴儿通过练习他们已有的感知运动图式而获得愉悦的行为。

sensorimotor stage 感知运动阶段 皮亚杰认知发展阶段中的第一阶段，从出生持续到2岁左右。在这一阶段里，婴儿通过协调感觉经验（如视觉和听觉）与身体肌肉的运动来建构对世界的理解。

seperation protest 分离抗议 婴儿与照料者分开时感到害怕，从而导致婴儿在照料者离开时啼哭。

seriation 序列 一种具体运算，指按某个量的维度（如长度）将刺激进行顺序排列。

service learning 服务学习 一种教育方式，即通过让学生参与社区服务来培养他们的社会责任感。

shape constancy 形状恒常性 指虽然对观察者来说某物体的方位发生了改变，但观察者仍把它看作是同一个形状。

shared environmental experiences 共享的环境经验 兄弟姐妹们都有的环境经验，如父母的个性和智力状况、家庭的社会经济地位、居住地的邻里状况等。

short-term memory 短时记忆 一种容量有限的记忆系统，在没有复述的情况下，信息通常被保持至多30秒钟。通过复述，个体可以将短时记忆中的信息保持较长时间。

sickle-cell anemia 镰刀型细胞贫血症 一种影响红细胞的遗传病，在非裔美国人中最容易出现。

size constancy 大小恒常性 指虽然某个物体在观察者的视网膜上的成像变了，但观察者仍然把它看作是同一个物体。

slow-to-warm-up child 慢热型儿童 一种气质类型，慢热型儿童活动水平低，有点儿消极，情绪表现的强度也低。

small for date infants 小于胎龄儿 出生体重低于相同胎龄婴儿正常水平的婴儿。小于胎龄儿可能是早产儿也可能是足月儿。

social cognition 社会认知 这一术语涉及理解我们周围世界的过程，尤其涉及我们是如何思考他人的。

social cognitive theory 社会认知理论 心理学家持有的一种观点，强调行为、环境、认知是发展过程中的关键因素。

social cognitive theory of gender 性别的社会认知理论 该理论强调儿童的性别发展通过两种途径实现：一是通过观察和模仿性别类行为；二是通过体验成人对他们适当或不适当的性别类行为进行的奖励和惩罚来学习。

social cognitive theory of morality 道德的社会认知理论 该理论主张要将道德胜任能力（做出道德行为的能力）和道德表现（在特定情境中做出那些行为）区别开来。

social constructist approach 社会建构主义观点 该观点强调学习的社会环境和通过社会互动来建构知识。维果斯基的理论反映了这一观点。

social conventional reasoning 社会习俗推理 社会习俗推理注重的是那些由社会共识建立起来的日常规则，而道德推理强调的则是伦理问题和道德规则。

social play 社会性游戏 涉及与同伴互动的游戏。

social policy 社会政策 政府为提高公民福利而开展的一系列行动。

social referencing 社会参照 个体"解读"他人身上的情绪线索，以帮助自己确定在特定情况下该如何行动。

social role theory 社会角色理论 该理论认为性别差异是由男女角色的明显差异造成的，社会上的等级制和劳动分工强有力地影响着男女之间在权力、果断性和养育方式方面的差异。

social smile 社会性微笑 一种对外部刺激做出回应的微笑，是幼小婴儿典型的面部表情之一。

social-cognitive domain theory 社会认知的领域理论 该理论认为，存在不同的社会知识和推理的领域，包括道德的、社会习俗的、个人的领域。这些领域源于儿童和青少年试图理解和应对不同形式的社会经验。

socioeconomic status（SES）社会经济地位 指依据相似的职业、教育、经济特点将人们划分为不同的群组。

socioemotional processes 社会情绪过程 个体和他人之间关系、情绪、人格的变化。

spirituality 灵性 涉及以超然的态度体验某种自身以外的东西，并以有益于他人和社会的方式生活。

standardized test 标准化测验 此类测验具有统一的施测和评分步骤。许多标准化测验允许将个体测验结果和其他人进行比较。

status offenses 身份过错 一定年龄以下的青少年所犯的一些不太严重的违法行为，包括未成年饮酒、逃学、性混乱等。

stereotype threat 刻板印象威胁 个体因害怕自己的行为可能会证实关于自己群体的负面刻板印象而产生的焦虑。

Strange Situation 陌生情境测验 由玛丽·安斯沃思（Mary Ainsworth）编制的测验，用来观察测量婴儿对照料者的依恋；在测试过程中，研究者让婴儿按照事先规定好的顺序经历与照料者和一个陌生成人的相见、分离和重逢。

stranger anxiety 陌生人焦虑 婴儿对陌生人表现出害怕和警惕，一般在第一年的后半年里出现。

strategy construction 策略建构 创造新的方法来进行信息加工。

sucking reflex 吮吸反射 新生儿天生的一种反应，婴儿对放入嘴中的物体自动地吮吸。吮吸反射使新生儿在将乳头与食物联系起来之前就能够获取营养。

sudden infant death syndrome（SIDS）婴儿猝死综合征 婴儿停止呼吸时发生的一种情况，通常发生在夜间，婴儿在没有明显原因的情况下突然死亡。

sustained attention 持续性注意 把注意长时间地保持在某个选定的刺激上的能力。持续性注意也称为焦点注意（focused attention）或警觉（vigilance）。

symbolic function substage 符号功能分阶段 前运算思维阶段的第一个分阶段，大约发生在2岁至4岁之间。在这一分阶段里，幼儿获得了在心理上表征不在场的客体的能力。

syntax 句法 涉及如何把单词组合成可接受的短语和句子。

T

Telegraphic speech 电报式言语 用简短而准确的词来表达意义的言语，省略了诸如冠词、助动词、连词等语法成分。

temperament 气质 不同个体在行为风格、情绪和特定回应方式方面的差异。

teratogen 致畸物 这一术语源于希腊语 tera，意思是"怪物"，指任何能导致先天缺陷的物质因素。畸形学则是考察导致先天缺陷原因的研究领域。

testosterone 睾酮 一种雄性激素，是男孩青春期发育中的关键激素。

theory 理论 一组相互联系的概念，可用来解释或预测某种现象。

theory of mind 心理观 对自己和他人的心理过程的认识。

thinking 思维 在记忆中对信息进行操作和转化。人们之所以要思考，目的是进行推理、反思、评估观点、解决问题以及做出决策。

top-dog phenomenon 权威失落现象 从处于小学里最权威的老大的地位，一下子变成了处于中间学校或初中里最低的地位的现象。

transitivity 传递性 如果第一个物体与第二个物体有关系，第二个物体与第三个物体有关系，那么第一个物体与第三个物体之间也有关系。皮亚杰认为理解传递性是具体运算思维的特点。

triarchic theory of intelligence 三元智力理论 斯腾伯格提出的理论，认为智力表现为三种形式：分析的、创造的、实践的。

trophoblast 滋养层 胚芽期里发育成的细胞团的外层，这些细胞将为胚胎提供营养和支持。

Turner syndrome 特纳氏综合征 该综合征是见于女性的一种染色体紊乱。患者缺少一条X染色体，成为XO而不是XX，或者是她的第二条X染色体被部分地删除了。

twin study 双生子研究 将同卵双胞胎之间的行为相似性与异卵双胞胎之间的行为相似性进行比较的一种研究。

U

umbilical cord 脐带 出生前的生命支持系统，含有两条动脉和一条静脉，将胚胎或胎儿连接到胎盘。

V

visual preference method 视觉偏好法 由范茨（Fantz）发明，通过测量婴儿对不同刺激物的注意时间来考察婴儿是否能将某一刺激与其他刺激区别开来的研究方法。

Vygotsky's theory 维果斯基的理论 一种社会文化认知理论，强调文化和社会互动引导着认知发展。

W

Wernicke's area 威尔尼克区 位于大脑左半球，涉及语言的理解。

Whole-language approach 整体语言教学法 强调阅读教学应当和儿童的自然语言学习相平行。阅读材料应当是整体的和有意义的。

working memory 工作记忆 一种心理"工作台"，人们在进行决策、解决问题、理解书面和口头语言时，就在这里操作和整合信息。

X

XYY syndrome XYY综合征 该综合征是染色体紊乱，患此病症的男性多出了一条Y染色体。

Z

zone of proximal development（ZPD）最近发展区 维果斯基用来描述一类任务的术语，这些任务对儿童来说太难，自己无法掌握，但在成人或比较熟练的儿童的帮助和指导下又是能够学会的。

zygote 受精卵 通过受孕形成的一个细胞。

参考文献

A

Aagaard, J. (2019). Multitasking as distraction: A conceptual analysis of media multitasking. *Theory and Psychology, 29*(1), 87–99.

ABC News. (2005, December 12). Larry Page and Sergey Brin. Retrieved September 16, 2007, from http://abcnews.go.com?Entertainment/12/8/05

Abela, A., & Walker, J. (2013). Global changes in marriage, parenting and family life. In A. Abela & J. Walker (Eds.). Contemporary issues in family studies: Global perspectives on partnerships, parenting and support in a changing world. Oxford UK: John Wiley & Sons.

Ablow, J.C. (2013). When parents conflict or disengage: Children's perception of parents' marital distress predicts school adaptation. In P. A. Cowan & others (Eds.), The family context of parenting in children's adaptation to elementary school. New York: Routledge.

Abreu-Villaça, Y., & others (2018). Hyperactivity and memory/learning deficits evoked by developmental exposure to nicotine and/or ethanol are mitigated by cAMP and cGMP signaling cascades activation. Neurotoxicology, 66, 150–159.

Acharya, S., Bhatta, D.N., & Assannangkornchai, S. (2018). Post-traumatic stress disorder symptoms among children of Kathmandu 1 year after the 2015 earthquake in Nepal. Disaster Medicine and Public Health Preparedness, 12, 486–492.

Ackerman, J.P., Riggins, T., & Black, M.M. (2010). A review of the effects of prenatal cocaine exposure among school-aged children. Pediatrics, 125, 554–565.

Adachi, P.J., & Willoughby, T. (2013). Do video games promote positive youth development? Journal of Adolescent Research, 28(2), 155–165.

Adachi, P.J., & Willoughby, T. (2017). The link between playing video games and positive youth outcomes. Child Development Perspectives, 11(3), 202–206.

Adamson, L., & Frick, J. (2003). The still face: A history of a shared experimental paradigm. Infancy, 4, 451–473.

Addabbo, M., Longhi, E., Marchis, I.C., Tagliabue, P., & Turati, C. (2018). Dynamic facial expressions of emotions are discriminated at birth. PloS One, 13(3), e0193868.

Adelson, S.L., Stroeh, O.M., & Ng, Y.K.W. (2016). Development and mental health of lesbian, gay, bisexual, or transgender youth in pediatric practice. Pediatric Clinics, 63, 971–983.

Adger, C.T., Snow, C.E., & Christian, D. (2018). What teachers need to know about language. Bristol, UK: Multilingual Matters.

Adisetiyo, V., & Gray, K.M. (2017). Neuroimaging the neural correlates of increased risk for substance use disorders in attention-deficit/hyperactivity disorder: A systematic review. The American Journal on Addictions, 26, 99–111.

Administration for Children and Families (2019). Head Start program facts fiscal year 2018. Retrieved from https://eclkc.ohs.acf.hhs.gov/about-us/article/head-start-program-facts-fiscal-year-2018.

Adolph, K.E., & Berger, S.E. (2013). Development of the motor system. In H. Pashler, T. Crane, M. Kinsbourne, F. Ferreira, & R. Zemel (Eds.), Encyclopedia of the mind. Thousand Oaks, CA: Sage.

Adolph, K.E., & others (2012). How do you learn to walk? Thousands of steps and dozens of falls per day. Psychological Science, 23(11), 1387–1394.

Adolph, K.E., Karasik, L.B., & Tamis-LeMonda, C.S. (2010). Moving between cultures: Cross-cultural research on motor development. In M. Bornstein (Ed.), Handbook of cross-cultural developmental science, Vol. 1: Domains of development across cultures. New York: Psychology Press.

Adolph, K.E., & Kretch, K.S. (2012). Infants on the edge: Beyond the visual cliff. In A. Slater & P. Quinn (Eds.), Developmental psychology: Revisiting the classic studies. Thousand Oaks, CA: Sage.

Adolph, K.E., Vereijken, B., & Shrout, P.E. (2003). What changes in infant walking and why. Child Development, 74, 475–497.

Adolph, K.E. (1997). Learning in the development of infant locomotion. Monographs of the Society for Research in Child Development, 62 (3, Serial No. 251).

Adolph, K.E., & Franchak, J.M. (2017). The development of motor behavior. Wiley Interdisciplinary Reviews: Cognitive Science, 8(1–2), e1430.

Adolph, K.E., & Hoch, J.E. (2018). Motor development: Embodied, embedded, enculturated, and enabling. Annual Review of Psychology, 70, 26.1–26.24.

Adolph, K.E., Hoch, J.E., & Cole, W.G. (2018). Development (of walking): 15 suggestions. Trends in Cognitive Sciences, 22(8), 699–711.

Agency for Healthcare Research and Quality. (2007). Evidence report/Technology assessment Number 153: Breastfeeding and maternal and health outcomes in developed countries. Rockville, MD: U.S. Department of Health and Human Services.

Agostini, A., Carskadon, M.A., Dorrian, J., Coussens, S., & Short, M.A. (2017). An experimental study of adolescent sleep restriction during a simulated school week: Changes in phase, sleep staging, performance and sleepiness. Journal of Sleep Research, 26, 227–235.

Agostini, A., Lushington, K., & Dorrian, J. (2019). The relationships between bullying, sleep, and health in a large adolescent sample. Sleep and Biological Rhythms, 17(2), 173–182.

Agras, W.S., Hammer, L.D., McNicholas, F., & Kraemer, H.C. (2004). Risk factors for childhood overweight: A prospective study from birth to 9.5 years. Journal of Pediatrics, 145, 20–25.

Ahmed, M., Mirambo, M.M., Mushi, M.F., Hokororo, A., & Mshana, S.E. (2017). Bacteremia caused by multidrug-resistant bacteria among hospitalized malnourished children in Mwanza, Tanzania: A cross sectional study. BMC Research Notes, 10(1), 62.

Ahring, K.K., & others (2018). Comparison of glycomacropeptide with phenylalanine free-synthetic amino acids in test meals to PKU patients: No significant differences in biomarkers, including plasma Phe levels. Journal of Nutrition and Metabolism, 2018. Retrieved from https://doi.org/10.1155/2018/6352919

Ainsworth, M.D.S. (1979). Infant-mother attachment. American Psychologist, 34, 932–937.

Akhtar, N., & Herold, K. (2017). Pragmatic development. Reference module in Neuroscience and Biobehavioral Psychology. doi:10.1016/B978-0-12-809324-5.05868-5

Alampay, L.P., & others (2017). Severity and justness do not moderate the relation between corporal punishment and negative child outcomes: A multicultural and longitudinal study. International Journal of Behavioral Development, 41(4), 491–502.

Albarello, F., Crocetti, E., & Rubini, M. (2018). I and us: A longitudinal study on the interplay of personal and social identity in adolescence. Journal of Youth and Adolescence, 47(4), 689–702.

Alderman, E.M., & Johnston, B.D. (2018). The teen driver. Pediatrics, 142(4), e20182163.

Alemi, R., Batouli, S.A.H., Behzad, E., Ebrahimpoor, M., & Oghabian, M.A. (2018). Not single brain areas but a network is involved in language: Applications in presurgical planning. Clinical Neurology and Neurosurgery, 165, 116–128.

Allen, J.P., & Miga, E.M. (2010). Attachment in adolescence: A move to the level of emotion regulation. Journal of Social and Personal Relationships, 27, 181–190.

Allen, J.P., Grande, L., Tan, J., & Loeb, E. (2018). Parent and peer predictors of change in attachment security from adolescence to adulthood. Child Development, 89(4), 1120–1132.

Allen, K., Kern, M.L., Vella-Brodrick, D., Hattie, J., & Waters, L. (2018). What schools need to know about fostering school belonging: A meta-analysis. Educational Psychology Review, 30, 1–34.

Alquraini, T.A., & Rao, S.M. (2019, in press). Developing and sustaining readers with intellectual and multiple disabilities: A systematic review of literature. International Journal of Developmental Disabilities.

Altman, C., Goldstein, T., & Armon-Lotem, S. (2018). Vocabulary, metalinguistic awareness and language dominance among bilingual preschool children. Frontiers in Psychology, doi:10.3389/fpsyg.2018.01953

Alvarez, O., & others (2012). Effect of hydroxyurea on renal function parameters: Results from the multi-center placebo controlled Baby Hug clinical trial for infants with sickle cell anemia. Pediatric Blood and Cancer, 59(4), 668–674.

Amato, P.R., & Booth, A. (1996). A prospective study of divorce and parent-child relationships. Journal of Marriage and the Family, 58, 356–365.

Amato, P.R., & Dorius, C. (2010). Fathers, children, and divorce. In M. E. Lamb (Ed.), The role of the father in child development (5th ed.). New York: Wiley.

Amato, P.R. (2006). Marital discord, divorce, and children's well-being: Results from a 20-year longitudinal study of two generations. In A. Clarke-Stewart & J. Dunn (Eds.), Families count. New

York: Cambridge University Press.

Amato, P.R., & Patterson, S.E. (2017). The intergenerational transmission of union instability in early adulthood. Family Relations, 79, 723–738.

American Academy of Pediatrics (2013). The crucial role of recess in school. Pediatrics, 131(1), 183–188.

American Academy of Pediatrics (2016). Media and young minds. Pediatrics, 138(5), e20162591.

American Pregnancy Association (2018). Mercury levels in fish. Retrieved November 23, 2018, from www. americanpregnancy.org/pregnancy-health/ mercury-levels-in-fish/ **American Psychological Association.** (2003). Psychology: Scientific problem solvers. Washington, DC: Author.

Amso, D., & Johnson, S.P. (2010). Building object knowledge form perceptual input. In B. Hood & L. Santos (Eds.), The origins of object knowledge. New York: Oxford University Press.

Amsterdam, B.K. (1968). Mirror behavior in children under two years of age. Unpublished doctoral dissertation, University of North Carolina, Chapel Hill.

Anderson, A.J., & Perone, S. (2018). Developmental change in the resting state electroencephalogram: Insights into cognition and the brain. Brain and Cognition, 126, 40–52.

Anderson, C.A., & others (2017). Screen violence and youth behavior. Pediatrics, 140(Suppl. 2), S142–S147.

Anderson, D.R., Huston, A.C., Schmitt, K., Linebarger, D.L., & Wright, J.C. (2001). Early childhood viewing and adolescent behavior: The recontact study. Monographs of the Society for Research in Child Development, 66(1), Serial No. 264.

Anderson, D.R., Lorch, E.P., Field, D.E., Collins, P.A., & Nathan, J.G. (1985, April). Television viewing at home: Age trends in visual attention and time with TV. Paper presented at the biennial meeting of the Society of Research in Child Development, Toronto.

Anderson, D.R., & Subrahmanyam, K. (2017). Digital screen media and cognitive development. Pediatrics, 140(Suppl. 2), S57–S61.

Anderson, E.R., & Greene, S.M. (2011). "My child and I are a package deal": Balancing adult and child concerns in repartnering after divorce. Journal of Family Psychology, 25, 741–750.

Anderson, E., Greene, S.M., Hetherington, E.M., & Clingempeel, W.G. (1999). The dynamics of parental remarriage. In E. M. Hetherington (Ed.), Coping with divorce, single parenting, and remarriage. Mahwah, NJ: Erlbaum.

Anderson, E.M., Hespos, S.J., & Rips, L.J. (2018). Five-month-old infants have expectations for the accumulation of nonsolid substances. Cognition, 175, 1–10.

Anderson, R.C., & others (2019). Student agency at the crux: Mitigating disengagement in middle and high school. Contemporary Educational Psychology, 56, 205–217.

Andersson, H., & Bergman, L.R. (2011). The role of task persistence in young adolescence for successful educational and occupational attainment in middle adulthood. Developmental Psychology, 47, 950–960.

Andrews, N.C., Hanish, L.D., Updegraff, K.A.,

DeLay, D., & Martin, C.L. (2019). Dyadic peer interactions: The impact of aggression on impression formation with new peers. Journal of Abnormal Child Psychology, 47(5), 839–850.

Anspaugh, D., & Ezell, G. (2013). Teaching today's health (10th ed.). Upper Saddle River, NJ: Pearson.

Antoñanzas, J.L., & Lorente, R. (2017). Study of learning strategies and cognitive capacities in hearing and non-hearing pupils. Procedia–Social and Behavioral Sciences, 237, 1196–1200.

Antonopoulos, C., & others (2011). Maternal smoking during pregnancy and childhood lymphoma: A meta-analysis. International Journal of Cancer, 129, 2694–2703.

Antonucci, T.C., Birditt, K., & Ajrouch, K. (2013). Social relationships and aging. In I. B. Weiner & others (Eds.), Handbook of psychology (2nd ed., Vol. 6). New York: Wiley.

Apperley, L., & others (2018). Mode of clinical presentation and delayed diagnosis of Turner syndrome: A single centre UK study. International Journal of Pediatric Endocrinology, 4.

Arbib, M.A. (2017). Toward the language-ready brain: Biological evolution and primate comparisons. Psychonomic Bulletin & Review, 24, 142–150.

Arck, P.C., Schepanski, S., Buss, C., & Hanganu- Opatz, I. (2018). Prenatal immune and endocrine modulators of offspring's brain development and cognitive functions later in life. Frontiers in Immunology, 9, 2186.

Ariel, S. (2019). Integrative play therapy with individuals, families, and groups. London: Routledge.

Arnett, J.J. (2015). Identity development from adolescence to emerging adulthood: What we know and (especially) don't know. In K. McLean & M. Syed (Eds.), The Oxford handbook of identity development (pp. 53–64). New York: Oxford University Press.

Arnold, M.E. (2017). Supporting adolescent exploration and commitment: Identity formation, thriving, and positive youth development. Journal of Youth Development, 12(4), 1–15.

Aronson, E. (1986, August). Teaching students things they think they already know about: The case of prejudice and desegregation. Paper presented at the meeting of the American Psychological Association, Washington, DC.

Arseth, A., Kroger, J., Martinussen, M., & Marcia, J.E. (2009). Meta-analytic studies of identity status and the relational issues of attachment and intimacy. Identity, 9, 1–32.

Arterberry, M.E., & Kellman, P.J. (2016). Development of perception in infancy: The cradle of knowledge revisited. Oxford, UK: Oxford University Press.

Arthur, J., Kristjánsson, K., Harrison, T., Sanderse, W., & Wright, D. (2016). Teaching character and virtue in schools. New York: Routledge.

Arya, S., Mulla, Z.D., & Plavsic, S.K. (2018). Outcomes of women delivering at very advanced maternal age. Journal of Women's Health, 27, 1378–1384.

Asarnow, J.R., Kolko, D.J., Miranda, J., & Kazak, A.E. (2017). The pediatric patient-centered medical home: Innovative models for improving behavioral health. American Psychologist, 72(1), 13–27.

Asendorph, J.B. (2008). Shyness. In M. M. Haith & J. B. Benson (Eds.), Encyclopedia of infant and early childhood development. Oxford, UK: Elsevier.

Ashmead, D.H., & others (1998). Spatial hearing in children with visual disabilities. Perception, 27, 105–122.

Aslin, R.N., & Lathrop, A.L. (2008). Visual perception. In M. M. Haith & J. B. Benson (Eds.), Encyclopedia of infant and early childhood development. Oxford, UK: Elsevier.

Aslin, R.N. (2009). The role of learning in cognitive development. In A. Woodward & A. Needham (Eds.), Learning and the infant mind. New York: Oxford University Press.

Aslin, R.N. (2012). Infant eyes: A window on cognitive development. Infancy, 17, 126–140.

Aspen Institute (2018). Ascend/2Gen. Retrieved August 24, 2018, from https://ascend.aspeninstitute.org/

Athanasiadis, A.P., & others. (2011). Correlation of second trimester amniotic fluid amino acid profile with gestational age and estimated fetal weight. Journal of Maternal-Fetal and Neonatal Medicine, 24, 1033–1038.

Auld, E., & Morris, P. (2019). The OECD and IELS: Redefining early childhood education for the 21st century. Policy Futures in Education, 17, 11–26.

Avena-Koenigsberger, A., Misic, B., & Sporns, O. (2017). Communication dynamics in complex brain networks. Nature Reviews Neuroscience, 19, 17–33.

Avent, N.D. (2012). Refining noninvasive prenatal diagnosis with single-molecule next generation sequencing. Clinical Chemistry, 58, 657–658.

B

Babbar, S., Parks-Savage, A.C., & Chauhan, S.P. (2012). Yoga during pregnancy. American Journal of Perinatology, 29(06), 459–464.

Babskie, E., Powell, D.N., & Metzger, A. (2017). Variability in parenting self-efficacy across prudential adolescent behaviors. Parenting, 17, 242–261.

Bacchini, D., & Magliulo, F. (2003). Self-image and perceived self-efficacy during adolescence. Journal of Youth and Adolescence, 32, 337–349.

Baddeley, A. (2018). Working memories: Postmen, divers and the cognitive revolution. London: Routledge.

Bahali, K., Akcan, R., Tahiroglu, A.Y., & Avci, A. (2010). Child sexual abuse: Seven years into practice. Journal of Forensic Science, 55(3), 633–636.

Bahrick, L.E., Todd, J.T., & Soska, K.C. (2018). The Multisensory Attention Assessment Protocol (MAAP): Characterizing individual differences in multisensory attention skills in infants and children and relations with language and cognition. Developmental Psychology, 54(12), 2207–2225.

Bailey, H.N., & others (2017). Deconstructing maternal sensitivity: Predictive relations to mother- child attachment in home and laboratory settings. Social Development, 26, 679–693.

Baillargeon, R., & Carey, S. (2013). Core cognition and beyond: The acquisition of physical and numerical knowledge. In S. Pauen & M. Bornstein (Eds.), Early childhood development and later achievement. New York: Cambridge University Press.

Baillargeon, R., & DeJong, G.F. (2017). Explanation-based learning in infancy. Psychonomic Bulletin & Review, 24, 1511–1526.

Baillargeon, R., & Devoe, S.J. (1991). Object permanence in young children: Further evidence. Child Development, 62, 1227–1246.

Baillargeon, R., & others (2012). Object individuation and physical reasoning in infancy: An integrative account. Language, Learning, and Development, 8, 4–46.

Baillargeon, R. (2008). Innate ideas revisited: For a principle of persistence in infants' physical reasoning. Perspectives on Psychological Science, 3, 2–13.

Baillargeon, R. (2014). Cognitive development in infancy. Annual Review of Psychology (Vol. 65). Palo Alto, CA: Annual Reviews.

Bakeman, R., & Brown, J.V. (1980). Early interaction: Consequences for social and mental development at three years. Child Development, 51, 437–447.

Baker-Smith, C.M., & others (2018). Diagnosis, evaluation, and management of high blood pressure in children and adolescents. Pediatrics, 142, e20182096.

Ball, C.L., Smetana, J.G., & Sturge-Apple, M.L. (2017). Following my head and my heart: Integrating preschoolers' empathy, theory of mind, and moral judgments. Child Development, 88(2), 597–611.

Ballard, S. (2011). Blood tests for investigating maternal well-being. 4. When nausea and vomiting in pregnancy becomes pathological: Hyperemesis gravidarum. Practicing Midwife, 14, 37–41.

Ballou, D., & Springer, M.G. (2017). Has NCLB encouraged educational triage? Accountability and the distribution of achievement gains. Education Finance and Policy, 12, 77–106.

Bamaca-Colbert, M., Umana-Taylor, A.J., Espinosa-Hernandez, G., & Brown, A.M. (2012). Behavioral autonomy expectations among Mexican-origin mother-daughter dyads: An examination of within-group variability. Journal of Adolescence, 35, 691–700.

Bandura, A. (1998, August). Swimming against the mainstream: Accentuating the positive aspects of humanity. Paper presented at the meeting of the American Psychological Association, San Francisco.

Bandura, A. (2002). Selective moral disengagement in the exercise of moral agency. Journal of Moral Education, 31, 101–119.

Bandura, A. (2012). Social cognitive theory. Annual Review of Clinical Psychology (Vol. 8). Palo Alto, CA: Annual Reviews.

Bandura, A. (2016). Moral disengagement: How people do harm and live with themselves. New York: Worth.

Bandura, A. (2018). Toward a psychology of human agency: Pathways and reflections. Perspectives on Psychological Science, 13(2), 130–136.

Banks, J.A. (2018). Introduction to multicultural education (6th ed.). Upper Saddle River, NJ: Pearson.

Barbieri, R.L. (2019). Female infertility. In Yen and Jaffe's reproductive endocrinology (8th ed., pp. 556–581). Amsterdam: Elsevier.

Barišić, L.S., Stanojević, M., Kurjak, A., Porović, S., & Gaber, G. (2017). Diagnosis of fetal syndromes by three-and four-dimensional ultrasound: Is there any improvement? Journal of Perinatal Medicine, 45, 651–665.

Barnett, S.M., Rindermann, H., Williams, W.M., & Ceci, S.J. (2011). Society and intelligence. In R. J. Sternberg & S. B. Kaufman (Eds.), Cambridge handbook of intelligence. New York: Cambridge University Press.

Barnouw, V. (1975). An introduction to anthropology: Vol. 2. Ethnology. Homewood, IL: Dorsey Press.

Baron, N.S. (1992). Growing up with language. Reading, MA: Addison-Wesley.

Baron-Cohen, S., Golan, O., Chapman, E., & Granader, Y. (2007). Transported to a world of emotions. The Psychologist, 20, 76–77.

Barrouillet, P. (2015). Theories of cognitive development: From Piaget to today. Developmental Review, 38, 1–12.

Barry, C.T., McDougall, K.H., Anderson, A.C., & Bindon, A.L. (2018). Global and contingent self- esteem as moderators in the relations between adolescent narcissism, callous-unemotional traits, and aggression. Personality and Individual Differences, 123, 1–5.

Bartel, A.P., Rossin-Slater, M., Ruhm, C.J., Stearns, J., & Waldfogel, J. (2018). Paid family leave, fathers' leave-taking, and leave-sharing in dual-earner households. Journal of Policy Analysis and Management, 37, 10–37.

Bartel, M.A., Weinstein, J.R., & Schaffer, D.V. (2012). Directed evolution of novel adeno-associated viruses for therapeutic gene delivery. Gene Therapy, 19, 694–700.

Barth, J.M., Kim, H., Eno, C.A., & Guadagno, R.E. (2018). Matching abilities to careers for others and self: Do gender stereotypes matter to students in advanced math and science classes? Sex Roles, 79, 83–97.

Bartsch, K., & Wellman, H.M. (1995). Children talk about the mind. Oxford, UK: Oxford University Press.

Baruteau, A.E., Tester, D.J., Kapplinger, J.D., Ackerman, M.J., & Behr, E.R. (2017). Sudden infant death syndrome and inherited cardiac conditions. Nature Reviews Cardiology, 14, 715–726.

Basanez, T., Unger, J.B., Soto, D., Crano, W., & Baezconde-Garbanati, L. (2012). Perceived discrimination as a risk factor for depressive symptoms and substance use among Hispanic students in Los Angeles. Ethnicity and Health, 18(3), 244–261.

Bascandziev, I., & Harris, P.L. (2011). The role of testimony in young children's solution of a gravity- driven invisible displacement task. Cognitive Development, 25, 233–246.

Bassett, H.H., Denham, S.A., Mincic, M.M., & Graling, K. (2012). The structure of preschoolers' relationship knowledge: Model equivalence and validity using an SEM approach. Early Education and Development, 23(3), 259–279.

Batanova, M.D., & Loukas, A. (2011). Social anxiety and aggression in early adolescents: Examining the moderating roles of empathic concern and perspective taking. Journal of Youth and Adolescence, 40, 1534–1543.

Bates, J.E., & Pettit, G.S. (2007). Temperament, parenting, and socialization. In J. E. Grusec & P. D. Hastings (Eds.), Handbook of socialization. New York: Guilford.

Bates, J.E., McQuillan, M.E., & Hoyniak, C.P. (2019). Parenting and temperament. In M.H. Bornstein (Ed.), Handbook of parenting (3rd ed.). New York: Taylor and Francis.

Batki, A. (2018). The impact of early institutional care on emotion regulation: Studying the play narratives of post-institutionalized and early adopted children. Early Child Development and Care, 188, 1801–1815.

Battista, C., & others (2018). Mechanisms of interactive specialization and emergence of functional brain circuits supporting cognitive development in children. NPJ Science of Learning, 3(1), 1.

Baude, A., Pearson, J., & Drapeau, S. (2016). Child adjustment in joint physical custody versus sole custody: A meta-analytic review. Journal of Divorce & Remarriage, 57(5), 338–360.

Bauer, P.J., & Fivush, R. (Eds.). (2013). Wiley-Blackwell handbook of children's memory. New York: Wiley.

Bauer, P. (2006). Remembering the times of our lives: Memory in infancy and beyond. New York: Psychology Press.

Bauer, P. (2009). Learning and memory: Like a horse and carriage. In A. Needham & A. Woodward (Eds.), Learning and the infant mind. New York: Oxford University Press.

Bauer, P. (2013). Memory. In P. D. Zelazo (Ed.), Oxford handbook of developmental psychology. New York: Oxford University Press.

Bauman, S., & Bellmore, A. (2015). New directions in cyberbullying research. Journal of School Violence, 14(1), 1–10.

Baumeister, R.F. (2013). Self-esteem. In E. Anderson (Ed.), Psychology of classroom learning: An encyclopedia. Detroit: Macmillan.

Baumgartner, S.E., van der Schuur, W.A., Lemmens, J.S., & te Poel, F. (2017). The relationship between media multitasking and attention problems in adolescents: Results of two longitudinal studies. Human Communication Research, 44(1), 3–30.

Baumrind, D., Larzelere, R.E., & Cowan, P.A. (2002). Ordinary physical punishment: Is it harmful? Comment on Gershoff. Psychological Bulletin, 128, 590–595.

Baumrind, D. (1971). Current patterns of parental authority. Developmental Psychology Monographs, 4(1, Pt. 2).

Baumrind, D. (2013). Authoritative parenting revisited: History and current status. In R. Larzelere, A.S. Morris, & A.W. Harist (Eds.), Authoritative parenting. Washington, DC: American Psychological Association.

Bauserman, R. (2002). Child adjustment in joint-custody versus sole-custody arrangements: A meta-analytic review. Journal of Family Psychology, 16, 91–102.

Bausert, S., Froh, J.J., Bono, G., Rose-Zornick, R., & Rose, Z. (2018). Gratitude in adolescence. In J. Tudge & L. Freitas (Eds.), Developing gratitude in children and adolescents. Cambridge, UK: Cambridge University Press.

Bayley, N. (1969). Manual for the Bayley Scales of Infant Development. New York: Psychological Corporation.

Bayley, N. (2006). Bayley Scales of Infant and Toddler Development (3rd ed.). San Antonio: Harcourt Assessment.

Beal, S.J., Crockett, L.J., & Peugh, J. (2016). Adolescents' changing future expectations predict the timing of adult role transitions. Developmental Psychology, 52(10), 1606–1618.

Becht, A.I., & others (2017). Clear self, better relationships: Adolescents' self-concept clarity and relationship quality with parents and peers across 5 years. Child Development, 88(6), 1823–1833.

Becker, M., & others (2014). Cultural bases for self-evaluation: Seeing oneself positively in different cultural contexts. Personality and Social Psychology Bulletin, 40(5), 657–675.

Beckmeyer, J.J., & Russell, L.T. (2018). Family structure and family management practices: Associations with positive aspects of youth well-being. Journal of Family Issues, 39(7), 2131–2154.

Beebe, B., & others (2018). Family nurture intervention for preterm infants facilitates positive mother–infant face-to-face engagement at 4 months. Developmental Psychology, 54, 2016–2031.

Beebe, D.W., Rose, D., & Amin, R. (2010). Attention, learning, and arousal of experimentally sleep-restricted adolescents in a simulated classroom. Journal of Adolescent Health, 47, 523–525.

Bekbolatkyzy, D.S., Yerenatovna, D.R., Maratuly, Y.A., Makhatovna, A.G., & Beaver, K.M. (2019). Aging out of adolescent delinquency: Results from a longitudinal sample of youth and young adults. Journal of Criminal Justice, 60, 108–116.

Belizán, J.M., & others (2018). An approach to identify a minimum and rational proportion of caesarean sections in resource-poor settings: A global network study. The Lancet Global Health, 6(8), e894–e901.

Belk, C., & Maier, V.B. (2013). Biology (4th ed.). Upper Saddle River, NJ: Pearson.

Bell, M.A., & Cuevas, K. (2013). Psychobiology of executive function in early development. In J. A. Griffin, L. S. Freund, & P. McCardle (Eds.), Executive function in preschool children. Washington, DC: American Psychological Association.

Bell, S.M., & Ainsworth, M.D.S. (1972). Infant crying and maternal responsiveness. Child Development, 43, 1171–1190.

Bellieni, C.V., & others (2018). Pain perception in NICU: A pilot questionnaire. The Journal of Maternal-Fetal & Neonatal Medicine, 31(14), 1921–1923.

Belsky, J., & Pluess, M. (2009). Beyond diathesis stress: Differential susceptibility to environmental influences. Psychological Bulletin, 135, 885–908.

Belsky, J., Jaffe, S., Hsieh, K., & Silva, P. (2001). Child-rearing antecedents of intergenerational relations in young adulthood: A prospective study. Developmental Psychology, 37, 801–813.

Belsky, J., Steinberg, L., Houts, R.M., Halpern-Felsher, B.L., & The NICHD Child Care Research Network. (2010). The development of reproductive strategy in females: Early maternal harshness → earlier menarche → increased sexual risk. Developmental Psychology, 46, 120–128.

Belsky, J. (1981). Early human experience: A family perspective. Developmental Psychology, 17, 3–23.

Belsky, J. (2013). Commentary on perspectives and counter perspectives. In D. Narvaez & others (Eds.), Evolution, early experience, and development. New York: Oxford University Press.

Bem, S.L. (1977). On the utility of alternative procedures for assessing psychological androgyny. Journal of Consulting and Clinical Psychology, 45, 196–205.

Benner, A.D., & Graham, S. (2013). The antecedents and consequences of racial/ethnic discrimination during adolescence: Does the source of discrimination matter? Developmental Psychology, 49(8), 1602–1613.

Benner, A.D. (2011). Latino adolescents' loneliness, academic performance, and the buffering nature of friendships. Journal of Youth and Adolescence, 5, 556–567.

Benner, A. (2017). The toll of racial/ethnic discrimination on adolescents' adjustment. Child Development Perspectives, 11(4), 251–256.

Benner, A.D., & others (2018). Racial/ethnic discrimination and well-being during adolescence: A meta-analytic review. American Psychologist, 73(7), 855.

Benner, A.D., Hou, Y., & Jackson, K.M. (2019, in press). The consequences of friend-related stress across early adolescence. The Journal of Early Adolescence, 0272431619833489.

Bennett, C.I. (2018). Comprehensive multicultural education: Theory and practice (9th ed.). New York: Pearson.

Benoit, D., Coolbear, J., & Crawford, A. (2008). Abuse, neglect, and maltreatment of infants. In M. M. Haith & J. B. Benson (Eds.), Encyclopedia of infant and early childhood development. Oxford, UK: Elsevier.

Benowitz-Fredericks, C.A., Garcia, K., Massey, M., Vassagar, B., & Borzekowski, D.L. (2012). Body image, eating disorders, and the relationship to adolescent media use. Pediatric Clinics of North America, 59, 693–704.

Bereczki, E.O., & Kárpáti, A. (2018). Teachers' beliefs about creativity and its nurture: A systematic review of the recent research literature. Educational Research Review, 23, 25–56.

Berko Gleason, J., & Ratner, N.B. (Eds.). (2017). The development of language (9th ed.). Boston: Pearson.

Berko Gleason, J. (2005). The development of language: An overview and a preview. In J. Berko Gleason (Ed.), The development of language (6th ed.). Boston: Allyn & Bacon.

Berko Gleason, J. (2009). The development of language. An overview. In J. Berko Gleason & N. B. Ratner (Eds.), The development of language (7th ed.). Boston: Allyn & Bacon.

Berko, J. (1958). The child's learning of English morphology. Word, 14, 15–177.

Berkowitz, M.W., Sherblom, S., Bier, M., & Battistich, V. (2006). Educating for positive youth development. In M. Killen & J.G. Smetana (Eds.), Handbook of moral development. Mahwah, NJ: Erlbaum.

Berlin, L.J., & others (2009). Correlates and consequences of spanking and verbal punishment for low-income, White, African-American, and Mexican American toddlers. Child Development, 80, 1403–1420.

Berlin, L.J., Martoccio, T.L., & Jones Harden, B. (2018). Improving Early Head Start's impacts on parenting through attachment-based intervention: A randomized controlled trial. Developmental Psychology, 54, 2316–2327.

Berlyne, D.E. (1960). Conflict, arousal, and curiosity. New York: McGraw-Hill.

Berman, R.A. (2017). Language development and literacy. Encyclopedia of Adolescence, 1–11.

Berman, R.A. (2018). Development of complex syntax: From early clause-combining to text-embedded syntactic packaging. In A. Bar-On & D. Ravid (Eds.), Handbook of communication disorders. Boston: DeGruyter.

Bernecker, K., Herrmann, M., Brandstätter, V., & Job, V. (2017). Implicit theories about willpower predict subjective well-being. Journal of Personality, 85, 136–150.

Berninger, V., & Swanson, H.L. (2013). Diagnosing and treating specific learning disabilities in reference to the brain's working memory system. In H. L. Swanson & others (Eds.), Handbook of learning disabilities (2nd ed.). New York: Guilford.

Berninger, V., Abbott, R., Cook, C.R., & Nagy, W. (2017). Relationships of attention and executive functions to oral language, reading, and writing skills and systems in middle childhood and early adolescence. Journal of Learning Disabilities, 50, 434–449.

Berry, D., & others (2016). Household chaos and children's cognitive and socio-emotional development in early childhood: Does childcare play a buffering role? Early Childhood Research Quarterly, 34, 115–127.

Berry, D., Deater-Deckard, K., McCartney, K., Wang, Z., & Petrill, S.A. (2012). Gene-environment interaction between DRD4 7-repeat VNTR and early maternal sensitivity predicts inattention trajectories across middle childhood. Development and Psychopathology, 56(3), 373–391.

Berryhill, M., Soloski, K., Durtschi, J., & Adams, R. (2016), Family process: Early child emotionality, parenting stress, and couple relationship quality. Personal Relationships, 23, 23–41.

Bertenthal, B.I., Longo, M.R., & Kenny, S. (2007). Phenomenal permanence and the development of predictive tracking in infancy. Child Development, 78, 350–363.

Bessette, K.L., & Stevens, M.C. (2019). Neurocognitive pathways in attention-deficit/hyperactivity disorder and white matter microstructure. Biological Psychiatry: Cognitive Neuroscience and Neuroimaging, 4, 233–242.

Best, D.L. (2010). Gender. In M. H. Bornstein (Ed.), Handbook of cultural developmental science. New York: Psychology Press.

Bialystok, E. (2018). Bilingualism and executive function: What's the connection? In D. Miller, F. Bayram, J. Rothman, & L. Serratrice (Eds.), Bilingual cognition and language: The state of the science across its subfields. Amsterdam: John Benjamins.

Bian, L., Leslie, S.-J., & Cimpian, A. (2017). Gender stereotypes about intellectual ability emerge early and influence children's interests. Science, 355, 389–391.

Biehle, S.N., & Mickelson, K.D. (2012). First-time parents' expectations about the division of childcare and play. Journal of Family Psychology, 26, 36–45.

Birkeland, M.S., Melkevick, O., Holsen, I., & Wold, B. (2012). Trajectories of global self-esteem development during adolescence. Journal of Adolescence, 35, 43–54.

Birnbaum, G.E., & Reis, H.T. (2019). Evolved to be connected: The dynamics of attachment and sex over the course of romantic relationships. Current Opinion in Psychology, 25, 11–15.

Björkqvist, K. (2018). Gender differences in aggression. Current Opinion in Psychology, 19, 39–42.

Bjorklund, D.F., & Pellegrini, A.D. (2002). The origins of human nature. New York: Oxford University Press.

Bjorklund, D.F., & Causey, K.B. (2018). Children's thinking (6th ed.). Thousand Oaks, CA: SAGE.

Bjorklund, D.F., Hernández Blasi, C., & Ellis, B.J. (2017). Evolutionary developmental psychology. In D. M. Buss (Ed.), Handbook of evolutionary psychology (pp. 904–925). New York: Wiley.

Bjorklund, D.F. (2018). A metatheory for cognitive development (or "Piaget is dead" revisited). Child Development, 89, 2288–2302.

Blackwell, L.S., & Dweck, C.S. (2008). The motivational impact of a computer-based program that teaches how the brain changes with learning. Unpublished manuscript, Department of Psychology, Stanford University, Palo Alto, CA.

Blackwell, L.S., Trzesniewski, K.H., & Dweck, C.S. (2007). Implicit theories of intelligence predict achievement across an adolescent tradition: A longitudinal study and an intervention. Child Development, 78, 246–263.

Blair, C., & Raver, C.C. (2014). Closing the achievement gap through modification of neurocognitive and neuroendocrine function: Results from a cluster randomized controlled trial of an innovative approach to the education of children in kindergarten. PloS One, 9(11), e112393.

Blake, M.J., Trinder, J.A., & Allen, N.B. (2018). Mechanisms underlying the association between insomnia, anxiety, and depression in adolescence: Implications for behavioral sleep interventions. Clinical Psychology Review, 63, 25–40.

Blakemore, J.E.O., Berenbaum, S.A., & Liben, I.S. (2009). Gender development. Clifton, NJ: Psychology Press.

Blakemore, J.E.O., Berenbaum, S.A., & Liben, L.S. (2009). Gender development. New York: Psychology Press.

Blakemore, S-J., & Mills, K. (2014). The social brain in adolescence. Annual Review of Psychology (Vol. 65). Palo Alto, CA: Annual Reviews.

Block, J. (1993). Studying personality the long way. In D. Funder, R. D. Parke, C. Tomlinson-Keasey, & K. Widaman (Eds.), Studying lives through time. Washington, DC: American Psychological Association.

Blumberg, F., & Brooks, P. (Eds.) (2017). Cognitive development in digital contexts. New York: Academic Press.

Blumberg, F.C., & others (2019). Digital games as a context for children's cognitive development: Research recommendations and policy considerations. Social Policy Report, 32(1), 1–33.

Bodrova, E., & Leong, D.J. (2007). Tools of the mind (2nd ed.). Geneva, Switzerland: International Bureau of Education, UNESCO.

Bodrova, E., & Leong, D.J. (2017). The Vygotskian and post-Vygotskian approach: Focusing on "the future child." In L.E. Cohen & S. Waite-Stupiansky (Eds.), Theories of early childhood education. New York: Routledge.

Boghossian, N.S., Geraci, M., Edwards, E.M., & Horbar, J.D. (2018). Morbidity and mortality in small for gestational age infants at 22 to 29 weeks' gestation. Pediatrics, 141(2), e20172533.

Bohlin, G., & Hagekull, B. (1993). Stranger wariness and sociability in the early years. Infant Behavior and Development, 16, 53–67.

Bohlin, G., & Hagekull, B. (2009). Socio-emotional development from infancy to young adulthood. Scandinavian Journal of Psychology, 50, 592–601.

Bohr, Y., Putnick, D.L., Lee, Y., & Bornstein, M.H. (2018). Evaluating caregiver sensitivity to infants: Measures matter. Infancy, 23, 730–747.

Boldt, L.J., Kochanska, G., Grekin, R., & Brock, R.L. (2016). Attachment in middle childhood: Predictors, correlates, and implications for adaptation. Attachment & Human Development, 18, 115–140.

Bolton, S., & Hattie, J. (2017). Cognitive and brain development: Executive function, Piaget, and the prefrontal cortex. Archives of Psychology, 1(3).

Bono, G., & others (2019). Gratitude's role in adolescent antisocial and prosocial behavior: A 4-year longitudinal investigation. The Journal of Positive Psychology, 14(2), 230–243.

Booth, M. (2002). Arab adolescents facing the future: Enduring ideals and pressures to change. In B. B. Brown, R. W. Larson, & T. S. Saraswathi (Eds.), The world's youth. New York: Cambridge University Press.

Borich, G.D. (2017). Effective teaching methods (9th ed.). Upper Saddle River, NJ: Pearson.

Borle, K., Morris, E., Inglis, A., & Austin, J. (2018). Risk communication in genetic counseling: Exploring uptake and perception of recurrence numbers, and their impact on patient outcomes. Clinical Genetics, 94, 239–245.

Bornstein, M.H., Jager, J., & Steinberg, L. (2013). Adolescents, parents/friends/peers: A relationship model. In I. B. Weiner & others (Eds.), Handbook of psychology (2nd ed., Vol. 6). New York: Wiley.

Bornstein, M.H., & Lansford, J.E. (2010). Parenting. In M. H. Bornstein (Ed.), Handbook of cultural developmental science. New York: Psychology Press.

Bornstein, M.H. (2002). Parenting infants. In M. H. Bornstein (Ed.), Handbook of parenting (2nd ed., Vol. 1). Mahwah, NJ: Erlbaum.

Bornstein, M.H., & Lansford, J.E. (2018). Culture and family functioning. In B. Fiese & others (Eds.), Handbook of contemporary family psychology. Washington, DC: American Psychological Association.

Bornstein, M.H., & others (2017). Neurobiology of culturally common maternal responses to infant cry. Proceedings of the National Academy of Sciences, 114(45), E9465–E9473.

Bornstein, M.H., Putnick, D.L., Cote, L.R., Haynes, O.M., & Suwalsky, J.T.D. (2015). Mother-infant contingent vocalizations in 11 countries. Psychological Science, 26, 1272–1284.

Bornstein, M.H. (2015). Emergence and early development of color vision and color perception. In A.J. Elliott & others (Eds.), Handbook of color psychology (pp. 149–179). Cambridge, UK: Cambridge University Press.

Bornstein, M.H. (Ed.) (2018). The SAGE encyclopedia of lifespan human development. Thousand Oaks, CA: SAGE.

Bos, P.A. (2017). The endocrinology of human caregiving and its intergenerational transmission. Development and Psychopathology, 29, 971–999.

Bosacki, S. (2016). Social cognition in middle childhood and adolescence: Integrating the personal, social, and educational lives of young people. New York: Wiley.

Bouchard, T.J., Lykken, D.T., McGue, M., Segal, N.L., & Tellegen, A. (1990). Source of human psychological differences: The Minnesota Study of Twins Reared Apart. Science, 250, 223–228.

Boucher, J.M. (2017). Autism spectrum disorder: Characteristics, causes and practical issues (2nd ed.). Thousand Oaks, CA: SAGE.

Boutwell, B.B., Meldrum, R.C., & Petkovsek, M.A. (2017). General intelligence in friendship selection: A study of preadolescent best friend dyads. Intelligence, 64, 30–35.

Bouziane, C., & others (2018). ADHD and maturation of brain white matter: A DTI study in medication naive children and adults. NeuroImage: Clinical, 17, 53–59.

Bower, T.G.R. (1966). Slant perception and shape constancy in infants. Science, 151, 832–834.

Bowker, J.C., Rubin, K., & Coplan, R. (2012). Social withdrawal during adolescence. In J. R. Levesque (Ed.), Encyclopedia of adolescence. New York: Springer.

Bowker, J.C., & Spencer, S.V. (2010). Friendship and adjustment: A focus on mixed-grade friendships. Journal of Youth and Adolescence, 39, 1318–1329.

Bowlby, J. (1969). Attachment and loss (Vol. 1). London: Hogarth Press.

Bowlby, J. (1989). Secure and insecure attachment. New York: Basic Books.

Boyer, T.W., Harding, S.M., & Bertenthal, B.I. (2017). Infants' motor simulation of observed actions is modulated by the visibility of the actor's body. Cognition, 164, 107–115.

Boyle, J., & Cropley, M. (2004). Children's sleep: Problems and solutions. Journal of Family Health Care, 14, 61–63.

Bradbury, B., Waldfogel, J., & Washbrook, E. (2019). Income-related gaps in early child cognitive development: Why are they larger in the United States than in the United Kingdom, Australia, and Canada? Demography, 56(1), 367–390.

Bradley, R.H., & Corwyn, R.F. (2013). From parent to child to parent. . . . Paths in and out of problem behavior. Journal of Abnormal Child Psychology.

Brady, S.E., & Stevens, M.C. (2019). Is immigration a culture? A qualitative approach to exploring immigrant student experiences within the United States. Translational Issues in Psychological Science, 5(1), 17–28.

Brandone, A.C., & Klimek, B. (2018). The developing theory of mental state control: Changes in beliefs about the controllability of emotional experience from elementary school through adulthood. Journal of Cognition and Development, 19(5), 509–531.

Brandt, M.J., & Crawford, J.T. (2019, in press).

Studying a heterogeneous array of target groups can help us understand prejudice. Current Directions in Psychological Science.

Brannon, L. (2017). Gender. New York: Routledge.

Bratsberg, B., & Rogeberg, O. (2018). Flynn effect and its reversal are both environmentally caused. Proceedings of the National Academy of Sciences, 115, 6674–6678.

Bratsch-Hines, M.E., Mokrova, I., Vernon-Feagans, L., & Family Life Project Key Investigators (2017). Rural families' use of multiple child care arrangements from 6 to 58 months and children's kindergarten behavioral and academic outcomes. Early Childhood Research Quarterly, 41, 161–173.

Brazelton, T.B. (1956). Sucking in infancy. Pediatrics, 17, 400–404.

Brazil, N. (2016). The effect of social context on youth outcomes: Studying neighborhoods and schools simultaneously. Teachers College Record, 118(7).

Breathnach, H., Danby, S., & O'Gorman, L. (2018). 'We're doing a wedding': producing peer cultures in pretend play. International Journal of Play, 7(3), 290–307.

Brechwald, W.A., & Prinstein, M.J. (2011). Beyond homophily: A decade of advances in understanding peer influence processes. Journal of Research on Adolescence, 21, 166–179.

Breedlove, G., & Fryzelka, D. (2011). Depression screening in pregnancy. Journal of Midwifery and Women's Health, 56, 18–25.

Bremner, A.J., & Spence, C. (2017). The development of tactile perception. Advances in Child Development and Behavior, 52, 227–268.

Bremner, J.G., Slater, A.M., Mason, U.C., Spring, J., & Johnson, S.P. (2016). Perception of occlusion by young infants: Must the occlusion event be congruent with the occluder? Infant Behavior and Development, 44, 240–248.

Brendgen, M. (2018). Peer victimization and adjustment in young adulthood: Introduction to the special section. Journal of Abnormal Child Psychology, 46(1), 5–9.

Bretherton, I., Stolberg, U., & Kreye, M. (1981). Engaging strangers in proximal interaction: Infants' social initiative. Developmental Psychology, 17, 746–755.

Brewer, M.B., & Campbell, D.T. (1976). Ethnocentrism and intergroup attitudes. New York: Wiley.

Brewer, M. (2018). Intergroup discrimination: Ingroup love or outgroup hate? In F. Barlow & C. Sibley (Eds.), The Cambridge handbook of the psychology of prejudice (Concise Student Edition) (pp. 15–39). New York: Cambridge University Press.

Bridgeland, J.M., Dilulio, J.J., & Wulsin, S.C. (2008). Engaged for success. Washington, DC: Civic Enterprises.

Brion, M., & others. (2012). Sarcomeric gene mutations in sudden infant death syndrome (SIDS). Forensic Science International, 219(1–3), 278–281.

Brito, N.H. (2017). Influence of the home linguistic environment on early language development. Policy Insights from the Behavioral and Brain Sciences, 4, 155–162.

Britto, P.R., & others (2017). Nurturing care: Promoting early childhood development. The Lancet, 389, 91–102.

Broadney, M.M., & others (2018). Effects of interrupting sedentary behavior with short bouts of moderate physical activity on glucose tolerance in children with overweight and obesity: A randomized crossover trial. Diabetes Care, 41, 2220–2228.

Broc, M.Á. (2014). Harter's self-perception profile for children: An adaptation and validation of the Spanish version. Psychological Reports, 115(2), 444–466.

Brockmeyer, S., Treboux, D., & Crowell, J.A. (2005, April). Parental divorce and adult children's attachment status and marital relationships. Paper presented at the meeting of the Society for Research in Child Development, Atlanta.

Brockmeyer, T., & others. (2012). The thinner the better: Self-esteem and low body weight in anorexia nervosa. Clinical Psychology and Psychotherapy, 20(5), 394–400.

Brodsky, J.L., Viner-Brown, S., & Handler, A.S. (2009). Change in maternal cigarette smoking among pregnant WIC participants in Rhode Island. Maternal and Child Health Journal, 13, 822–831.

Brodzinsky, D.M., & Pinderhughes, E. (2002). Parenting and child development in adoptive families. In M. H. Bornstein (Ed.), Handbook of parenting (Vol. 1). Mahwah, NJ: Erlbaum.

Brodzinsky, D.M., & Goldberg, A.E. (2016). Contact with birth family in adoptive families headed by lesbian, gay male, and heterosexual parents. Children and Youth Services Review, 62, 9–17.

Broesch, T., Rochat, P., Olah, K., Broesch, J., & Henrich, J. (2016). Similarities and differences in maternal responsiveness in three societies: Evidence from Fiji, Kenya, and the United States. Child Development, 87, 700–711.

Bronfenbrenner, U. (1986). Ecology of the family as a context for human development: Research perspectives. Developmental Psychology, 22, 723–742.

Bronfenbrenner, U. (2000). Ecological theory. In A. Kazdin (Ed.), Encyclopedia of psychology. Washington, DC, & New York: American Psychological Association and Oxford University Press.

Bronfenbrenner, U. (2004). Making human beings human. Thousand Oaks, CA: Sage.

Bronfenbrenner, U., & Morris, P.A. (2006). The ecology of developmental processes. In W. Damon & R. Lerner (Eds.), Handbook of child psychology (6th ed.). New York: Wiley.

Bronstein, P. (2006). The family environment: Where gender role socialization begins. In J. Worell & C. D. Goodheart (Eds.), Handbook of girls' and women's psychological health. New York: Oxford University Press.

Brook, J.S., Brook, D.W., Gordon, A.S., Whiteman, M., & Cohen, P. (1990). The psychological etiology of adolescent drug use: A family interactional approach. Genetic, Social, and General Psychology Monographs, 116, 110–267.

Brooker, R.J., Widaier, E.P., Graham, L., & Stiling, P. (2017). Biology (4th ed.).

Brooks-Gunn, J., Schneider, W., & Waldfogel, J. (2013). The Great Recession and the risk for child maltreatment. Child Abuse & Neglect, 37(10), 721–729.

Brooks, P.J., Flynn, R.M., & Ober, T.M. (2018). Sustained attention in infancy impacts vocabulary acquisition in low-income toddlers. Proceedings of the 42nd annual Boston University Conference on Language Development. Somerville, MA: Cascadilla Press.

Brooks.R., & Meltzoff.A.N. (2005). The development of gaze following and its relation to language. Developmental Science, 8, 535–543.

Brooks-Gunn, J., Han, W-J., & Waldfogel, J. (2010). First-year maternal employment and child development in the first seven years. Monographs of the Society for Research in Child Development, 75(2), 1–147.

Brooks-Gunn, J., & Warren, M.P. (1989). The psychological significance of secondary sexual characteristics in 9- to 11-year-old girls. Child Development, 59, 161–169.

Brooks-Gunn, J. (2003). Do you believe in magic?: What we can expect from early childhood programs. Social Policy Report, Society for Research in Child Development, XVII (1), 1–13.

Brophy, J. (2004). Motivating students to learn (2nd ed.). Mahwah, NJ: Erlbaum.

Broverman, I., Vogel, S., Broverman, D., Clarkson, F., & Rosenkranz, P. (1972). Sex-role stereotypes: A current appraisal. Journal of Social Issues, 28, 59–78.

Brown, A.L., & Day, J.D. (1983). Macrorules for summarizing texts: The development of expertise. Journal of Verbal Learning and Verbal Behavior, 22, 1–14.

Brown, B.B., & Bakken, J.P. (2011). Parenting and peer relationships: Reinvigorating research on family- peer linkages in adolescence. Journal of Research on Adolescence, 21, 153–165.

Brown, B.B., & Larson, J. (2009). Peer relationships in adolescence. In R. L. Lerner & L. Steinberg (Eds.), Handbook of adolescent psychology (3rd ed.). New York: Wiley.

Brown, B.B. (1999). Measuring the peer environment of American adolescents. In S. L. Friedman & T. D. Wachs (Eds.), Measuring environment across the life span. Washington, DC: American Psychological Association.

Brown, B.B. (2011). Popularity in peer group perspective: The role of status in adolescent peer systems. In A. H. N. Cillessen, D. Schwartz, & L. Mayeux (Eds.), Popularity in the peer system. New York: Guilford.

Brown, D. (2013). Morphological typology. In J. J. Song (Ed.), Oxford handbook of linguistic typology. New York: Oxford University Press.

Brown, J., & others (2018). Fetal alcohol spectrum disorder (FASD): A beginner's guide for mental health professionals. Journal of Neurology and Clinical Neuroscience, 2(1), 13–19.

Brown, L.D., Feinberg, M., & Kan, M.L. (2012). Predicting engagement in a transition to parenthood program for couples. Evaluation and Program Planning, 35, 1–8.

Brown, L.M., & Gilligan, C. (1992). Meeting at the crossroads: Women's and girls' development. Cambridge, MA: Harvard University Press.

Brown, R. (1958). Words and things. Glencoe, IL: Free Press.

Brown, R. (1973). A first language: The early stage. Cambridge, MA: Harvard University Press.

Brown, W.H., & others (2009). Social and en-

vironmental factors associated with preschoolers' nonsedentary physical activity. Child Development, 80, 45–58.
Brownell, C.A., Ramani, G.B., & Zerwas, S. (2006). Becoming a social partner with peers: Cooperation and social understanding in one- and two-year-olds. Child Development, 77, 803–821.
Brownell, C.A., Svetlova, M., Anderson, R., Nichols, S.R., & Drummond, J. (2012). Socialization of early prosocial behavior: Parents' talk about emotions is associated with sharing and helping in toddlers. Infancy, 18(1), 91–119.
Bruchmiller, K., Margraf, J., & Schneider, S. (2012). Is ADHD diagnosed in accord with diagnostic criteria? Overdiagnosis and influence of client gender on diagnosis. Journal of Consulting and Clinical Psychology, 80, 128–138.
Bruck, M., & Ceci, S.J. (2012). Forensic developmental psychology in the courtroom. In D. Faust & M. Ziskin (Eds.), Coping with psychiatric and psychological testimony. New York: Cambridge University Press.
Brumariu, L.E., Kerns, K.A., & Siebert, A.C. (2012). Mother-child attachment, emotion regulation, and anxiety symptoms in middle childhood. Personal Relationships, 19(3), 569–585.
Brumariu, L.E., Bureau, J.F., Nemoda, Z., Sasvari- Szekely, M., & Lyons-Ruth, K. (2016). Attachment and temperament revisited: Infant distress, attachment disorganisation and the serotonin transporter polymorphism. Journal of Reproductive and Infant Psychology, 34, 77–89.
Brumariu, L.E., Madigan, S., Giuseppone, K.R., Movahed Abtahi, M., & Kerns, K.A. (2018). The Security Scale as a measure of attachment: Meta- analytic evidence of validity. Attachment & Human Development, 20, 600–625.
Brummelman, E., Thomaes, S., & Sedikides, C. (2016). Separating narcissism from self-esteem. Current Directions in Psychological Science, 25(1), 8–13.
Brummelte, S., & Galea, L.A. (2016). Postpartum depression: Etiology, treatment and consequences for maternal care. Hormones and Behavior, 77, 153–166.
Brunstein-Klomek, A., & others (2019). Bidirectional longitudinal associations between different types of bullying victimization, suicide ideation/attempts, and depression among a large sample of European adolescents. Journal of Child Psychology and Psychiatry, 60(2), 209–215.
Bryck, R.L., & Fisher, P.A. (2012). Training the brain: Practical applications of neural plasticity from the intersection of cognitive neuroscience, developmental psychology, and prevention science. American Psychologist, 67, 87–100.
Buckingham-Howes, S., Berger, S.S., Scaletti, L.A., & Black, M.M. (2013). Systematic review of prenatal cocaine exposure and adolescent development. Pediatrics, 131(6), e1917–1936.
Budani, M.C., & Tiboni, G.M. (2017). Ovotoxicity of cigarette smoke: A systematic review of the literature. Reproductive Toxicology, 72, 164–181.
Buhrmester, D. (1990). Friendship, interpersonal competence, and adjustment in preadolescence and adolescence. Child Development, 61, 1101–1111.
Buhrmester, D., & Furman, W. (1987). The development of companionship and intimacy. Child Development, 58, 1101–1113.

Buhrmester, M.D., Blanton, H., & Swann Jr, W.B. (2011). Implicit self-esteem: Nature, measurement, and a new way forward. Journal of Personality and Social Psychology, 100(2), 365.
Bukasa, A., & others (2018). Rubella infection in pregnancy and congenital rubella in United Kingdom, 2003 to 2016. Euro surveillance: Bulletin Europeen sur les Maladies Transmissibles (European Communicable Disease Bulletin), 23(19), 17-00381.
Bukowski, R., & others (2008, January). Folic acid and preterm birth. Paper presented at the meeting of the Society for Maternal-Fetal Medicine, Dallas.
Bukowski, W., Laursen, B., & Rubin, K. (2018). Handbook of peer relationships, interactions, and groups (2nd ed.). New York: Guilford.
Bulbena-Cabre, A., Nia, A.B., & Perez-Rodriguez, M.M. (2018). Current knowledge on gene-environment interactions in personality disorders: An update. Current Psychiatry Reports, 20, 74.
Bumpus, M.F., Crouter, A.C., & McHale, S.M. (2001). Parental autonomy granting during adolescence: Exploring gender differences in context. Developmental Psychology, 37, 161–173.
Burge, T. (2018). Do infants and nonhuman animals attribute mental states? Psychological Review, 125(3), 409–434.
Burnette, C.E., & others (2019, in press). The Family Resilience Inventory: A culturally grounded measure of current and family-of-origin protective processes in Native American families. Family Process.
Burns, C., Dunn, A., Brady, M., Starr, N., & Blosser, C. (2017). Pediatric primary care (6th ed.). New York: Elsevier.
Burns, E.C., Martin, A.J., & Collie, R.J. (2019). Understanding the role of personal best (PB) goal setting in students' declining engagement: A latent growth model. Journal of Educational Psychology, 111(4), 557–572.
Bushman, B.J. (2016). Violent media and hostile appraisals: A meta-analytic review. Aggressive Behavior, 42(6), 605–613.
Buss, A.T., Ross-Sheehy, S., & Reynolds, G.D. (2018). Visual working memory in early development: A developmental cognitive neuroscience perspective. Journal of Neurophysiology, 120, 1472–1483.
Buss, D.M. (2018). Evolutionary psychology (6th ed.). New York: Routledge.
Butcher, K., Sallis, J.F., Mayer, J.A., & Woodruff, S. (2008). Correlates of physical activity guideline compliance for adolescents in 100 cities. Journal of Adolescent Health, 42, 360–368.
Buttermore, E.D., Thaxton, C.L., & Bhat, M.A. (2013). Organization and maintenance of molecular domains in myelinated axons. Journal of Neuroscience Research, 91, 603–622.
Byard, R.W. (2018). The autopsy and pathology of Sudden Infant Death Syndrome. In SIDS Sudden Infant and Early Childhood Death: The Past, the Present and the Future. Adelaide, Australia: University of Adelaide Press.
Byrou, S., & others (2018). Fast temperature-gradient COLD PCR for the enrichment of the paternally inherited SNPs in cell free fetal DNA: An application to non-invasive prenatal diagnosis of β-thalassaemia. PLos ONE, 13(7), e0200348.

C

Cabral, M., & others (2017). Maternal smoking: A life course blood pressure determinant? Nicotine and Tobacco Research, 20, 674–680.
Cabrera, N.J., Volling, B.L., & Barr, R. (2018). Fathers are parents, too! Widening the lens on parenting for children's development. Child Development Perspectives, 12, 152–157.
Caldwell, S. (2013). Statistics unplugged (4th ed.). Boston: Cengage.
Calkins, S.D. (2012). Regulatory competence and early disruptive behavior problems: Role of physiological regulation. In S. L. Olson & A. J. Sameroff (Eds.), Biopsychosocial regulatory processes in the development of childhood behavioral problems. New York: Cambridge University Press.
Callaghan, T., & Corbit, J. (2018). Early prosocial development across cultures. Current Opinion in Psychology, 20, 102–106.
Calvert, S.L., Bond, B.J., & Staiano, A.E. (2013). Electronic game changers for the obesity crisis. In F. Blumberg (Ed.), Learning by playing: Frontiers of video gaming in education. New York: Oxford University Press.
Calvert, S.L., & others (2017). The American Psychological Association Task Force assessment of violent video games: Science in the service of public interest. American Psychologist, 72(2), 126–143.
Calvert, S.L., & Valkenburg, P.M. (2013). The influence of television, video games, and the Internet on children's creativity. In M. Taylor (Ed.), Handbook of the development of imagination. New York: Oxford University Press.
Calvert, S.L., Bond, B.J., & Staiano, A.E. (2014). Electronic game changers for the obesity crisis. In F. Blumberg (Ed.), Learning by playing: Frontiers of video gaming in education. New York: Oxford University Press.
Camodeca, M., & Taraschi, E. (2015). Like father, like son? The link between parents' moral disengagement and children's externalizing behaviors. Merrill-Palmer Quarterly, 61(1), 173–191.
Camos, V., & Barrouillet, P. (2018). Working memory in development. London: Routledge.
Camos, V., & others (2018). What is attentional refreshing in working memory? Annals of the New York Academy of Sciences. doi:142410.1111/nyas.13616 **Campagne, D.M.** (2018). Antidepressant use in pregnancy: Are we closer to consensus? Archives of Women's Mental Health, 1–9.
Campbell-Voytal, K., & others (2017). Evaluation of an evidence-based weight loss trial for urban African American adolescents and caregivers. Journal of Nutrition and Health, 3(2), 6.
Campbell, K.L., & others (2018). Factors in the home environment associated with toddler diet: An ecological momentary assessment study. Public Health Nutrition, 21, 1855–1864.
Campbell, L., Campbell, B., & Dickinson, D. (2004). Teaching and learning through multiple intelligences (3rd ed.). Boston: Allyn & Bacon.
Campione-Barr, N., Bassett- Greer, K., & Kruse, A. (2013). Differential associations domain of sibling conflict and adolescent emotional development. Child Development, 84(3), 938–954.
Campolong, K., & others (2018). The association of exercise during pregnancy with trimester-specific and postpartum quality of life and depressive

symptoms in a cohort of healthy pregnant women. Archives of Women's Mental Health, 21(2), 215–224.

Campos, J.J. (2005). Unpublished review of J. W. Santrock's Life-span development, 11th ed. (New York: McGraw-Hill).

Campos, J.J. (2009). Unpublished review of J. W. Santrock's Life-span development, 13th ed. (New York: McGraw-Hill).

Campos, J.J., Langer, A., & Krowitz, A. (1970). Cardiac responses on the visual cliff in prelocomotor human infants. Science, 170, 196–197.

Camras, L.A., & Halberstadt, A.G. (2017). Emotional development through the lens of affective social competence. Current Opinion in Psychology, 17, 113–117.

Capaldi, D.M. (2013). Parental monitoring: A person-environment interaction perspective on this key parenting skill. In A. C. Crouter & A. Booth (Eds.), Children's influence on family dynamics. New York: Routledge.

Capogna, G., Camorcia, M., Coccoluto, A., Micaglio, M., & Velardo, M. (2018). Experimental validation of the CompuFlo® Epidural Controlled System to identify the epidural space and its clinical use in difficult obstetric cases. International Journal of Obstetric Anesthesia, 36, 28–33.

Caprara, G.V., Kanacri, B.P.L., Zuffianò, A., Gerbino, M., & Pastorelli, C. (2015). Why and how to promote adolescents' prosocial behaviors: Direct, mediated and moderated effects of the CEPIDEA school-based program. Journal of Youth and Adolescence, 44(12), 2211–2229.

Cardelle-Elawar, M. (1992). Effects of teaching metacognitive skills to students with low mathematics ability. Teaching and Teacher Education, 8(2), 109–121.

Carey, S. (1977). The child as word learner. In M. Halle, J. Bresman, & G. Miller (Eds.), Linguistic theory and psychological reality. Cambridge, MA: MIT Press.

Carl, J.D. (2012). Short introduction to the U.S. Census. Upper Saddle River, NJ: Pearson.

Carlin, C., Davis, E.E., Krafft, C., & Tout, K. (2019, in press). Parental preferences and patterns of child care use among low-income families: A Bayesian analysis. Children and Youth Services Review.

Carlo, G., & others (2018). Longitudinal relations among parenting styles, prosocial behaviors, and academic outcomes in U.S. Mexican adolescents. Child Development, 89(2), 577–592.

Carlo, G., Knight, G.P., McGinley, M., Zamboanga, B.L., & Jarvis, L.H. (2010). The multidimensionality of prosocial behaviors and evidence of measurement equivalence in Mexican American and European American early adolescents. Journal of Research on Adolescence, 20, 334–358.

Carlo, G., Mestre, M.V., Samper, P., Tur, A., & Armenta, B.E. (2011). The longitudinal relations among dimensions of parenting styles, sympathy, prosocial moral reasoning, and prosocial behaviors. International Journal of Behavioral Development, 35, 116–124.

Carlson, M.J., Pilkauskas, N.V., McLanahan, S.S., & Brooks-Gunn, J. (2011). Couples as partners and parents over children's early years. Journal of Marriage and the Family, 73, 317–334.

Carlson, M.J., & Van Orman, A.G. (2017). Trajectories of relationship supportiveness after childbirth: Does marriage matter? Social Science Research, 66, 102–117.

Carlson, S.M., & White, R. (2013). Executive function and imagination. In M. Taylor (Ed.), Handbook of imagination. New York: Oxford University Press.

Carlson, S.M., Zelazo, P.D., & Faja, S. (2013). Executive function. In P. D. Zelazo (Ed.), Oxford handbook of developmental psychology. New York: Oxford University Press.

Carlucci, L., D'Ambrosio, I., Innamorati, M., Saggino, A., & Balsamo, M. (2018). Co-rumination, anxiety, and maladaptive cognitive schemas: When friendship can hurt. Psychology Research and Behavior Management, 11, 133–144.

Carmina, E., Stanczyk, F.Z., & Lobo, R.A. (2019, in press). In J. Strauss & R. Barbieri (Eds.), Yen and Jaffe's reproductive endocrinology (8th ed., pp. 887–914). Amsterdam, The Netherlands: Elsevier.

Carnegie Council on Adolescent Development. (1995). Great transitions. New York: Carnegie Foundation.

Carpendale, J.I., & Lewis, C. (2015). The development of social understanding. In W. Damon (Ed.), Handbook of child psychology and developmental science (7th ed.). New York: Wiley.

Carpenter, M. (2011). Social cognition and social motivations in infancy. In U. Goswami (Ed.), Wiley- Blackwell handbook of childhood cognitive development (2nd ed.). New York: Wiley.

Carrascosa-Romero, M.C., & De Cabo-De La Vega, C. (2017). The genetic and epigenetic basis involved in the pathophysiology of ASD: Therapeutic implications. In M. Fitzgerald & J. Yip (Eds.), Autism: Paradigms, recent research and clinical applications. London: IntechOpen.

Carskadon, M.A. (2005). Sleep and circadian rhythms in children and adolescents: Relevance for athletic performance of young people. Clinical Sports Medicine, 24, 319–328.

Carsley, D., Khoury, B., & Heath, N.L. (2018). Effectiveness of mindfulness interventions for mental health in schools: A comprehensive meta-analysis. Mindfulness, 9(3), 693–707.

Cartwright, R., Agargun, M.Y., Kirkby, J., & Friedman, J.K. (2006). Relation of dreams to waking concerns. Psychiatry Research, 141, 261–270.

Cascio, E.U. (2017). Does universal preschool hit the target? Program access and preschool impacts. NBER Working Paper No. 23215.

Case, R., Kurland, D.M., & Goldberg, J. (1982). Operational efficiency and the growth of short-term memory span. Journal of Experimental Child Psychology, 33, 386–404.

Cashon, C.H., Ha, O.R., Estes, K.G., Saffran, J.R., & Mervis, C.B. (2016). Infants with Williams syndrome detect statistical regularities in continuous speech. Cognition, 154, 165–168.

Casper, D.M., & Card, N.A. (2017). Overt and relational victimization: A meta-analytic review of their overlap and associations with social- psychological adjustment. Child Development, 88, 466–483.

Caspi, A., & others. (2003). Influence of life stress on depression: Moderation by a polymorphism in the 5-HTT gene. Science, 301, 386–389.

Cassoff, J., Knauper, B., Michaelsen, S., & Gruber, R. (2013). School-based sleep promotion programs: Effectiveness, feasibility, and insights for future research. Sleep Medicine Reviews, 17(3), 207–214.

Castillo-Gualda, R., & others (2018). A three-year emotional intelligence intervention to reduce adolescent aggression: The mediating role of unpleasant affectivity. Journal of Research on Adolescence, 28, 186–198.

Castle, J., & others (2010). Parents' evaluation of adoption success: A follow-up study of intercountry and domestic adoptions. American Journal of Orthopsychiatry, 79, 522–531.

Caughey, A.B., Hopkins, L.M., & Norton, M.E. (2006). Chorionic villus sampling compared with amniocentesis and the difference in the rate of pregnancy loss. Obstetrics and Gynecology, 108, 612–616.

Causadias, J.M., & Umaña-Taylor, A.J. (2018). Reframing marginalization and youth development: Introduction to the special issue. American Psychologist, 73(6), 707.

Cavanagh, S.E. (2009). Puberty. In D. Carr (Ed.), Encyclopedia of the life course and human development. Boston: Gale Cengage.

Cavanaugh, A.M., Stein, G.L., Supple, A.J., Gonzalez, L.M., & Kiang, L. (2018). Protective and promotive effects of Latino early adolescents' cultural assets against multiple types of discrimination. Journal of Research on Adolescence, 28(2), 310–326.

Cave, R.K. (2002, August). Early adolescent language: A content analysis of child development and educational psychology textbooks. Unpublished doctoral dissertation. University of Nevada–Reno, Reno, NV.

Caye, A., Swanson, J.M., Coghill, D., & Rohde, L.A. (2019). Treatment strategies for ADHD: An evidence-based guide to select optimal treatment. Molecular Psychiatry, 24, 390–408.

Caylak, E. (2012). Biochemical and genetic analyses of childhood attention deficit/hyperactivity disorder. American Journal of Medical Genetics B: Neuropsychiatric Genetics, 159(6), 613–627.

Ceci, S., Hritz, A., & Royer, C. (2016). Understanding suggestibility. In W. O'Donohue & M. Fanetti (Eds.), Forensic interviews regarding child sexual abuse. New York: Springer.

Center for Science in the Public Interest. (2008, August). Kids' meals: Obesity on the menu. Washington, DC: Author.

Centers for Disease Control and Prevention. (2006, December). Assisted reproductive success rates. Atlanta: Author.

Centers for Disease Control and Prevention (2016). 10 leading causes of death by age group, United States – 2016. Retrieved from https://www.cdc.gov/injury/wisqars/pdf/leading_causes_of_death_by_age_group_2016-508.pdf

Centers for Disease Control and Prevention (2018). Breastfeeding. Retrieved from https://www.cdc.gov/ breastfeeding/data/facts.html

Centers for Disease Control and Prevention (2018). Child health. Retrieved from https://www.cdc.gov/ nchs/fastats/child-health.htm

Centers for Disease Control and Prevention (2018). Defining childhood obesity. Retrieved from https:// www.cdc.gov/obesity/childhood/defining.html

Centers for Disease Control and Prevention (2018). Lead. Retrieved from https://www.cdc.gov/nceh/lead/default.htm

Centers for Disease Control and Prevention (2018). Middle childhood. Retrieved from https://www.cdc.gov/ncbddd/childdevelopment/positiveparenting/middle.html

Centers for Disease Control and Prevention (2018). Prevalence of autism spectrum disorder among children aged 8 years—Autism and Developmental Disabilities Monitoring Network, 11 sites, United States, 2014. Surveillance Summaries, 67(6), 1–23.

Chaillet, N., & others (2014). Nonpharmacologic approaches for pain management during labor compared with usual care: A meta-analysis. Birth, 41(2), 122–137.

Chall, J.S. (1979). The great debate: Ten years later with a modest proposal for reading stages. In L. B. Resnick & P. A. Weaver (Eds.), Theory and practice of early reading. Hillsdale, NJ: Erlbaum.

Chan, G.J., & others (2016). Kangaroo mother care: A systematic review of barriers and enablers. Bulletin of the World Health Organization, 94, 130–141.

Chan, H.Y., Brown, B.B., & Von Bank, H. (2015). Adolescent disclosure of information about peers: The mediating role of perceptions of parents' right to know. Journal of Youth & Adolescence, 44(5), 1048–1065.

Chang, H., Shaw, D.S., Dishion, T.J., Gardner, F., & Wilson, M.N. (2015). Proactive parenting and children's effortful control: Mediating role of language and indirect intervention effects. Social Development, 24(1), 206–223.

Chang, M., & Gu, X. (2018). The role of executive function in linking fundamental motor skills and reading proficiency in socioeconomically disadvantaged kindergarteners. Learning and Individual Differences, 61, 250–255.

Chang, Y.H.A., & Lane, D.M. (2018). It takes more than practice and experience to become a chess master: Evidence from a child prodigy and adult chess players. Journal of Expertise, 1(1).

Chang, Z., Lichtenstein, P., Asherson, P.J., & Larsson, H. (2013). Developmental twin study of attention problems: High heritabilities throughout development. JAMA Psychiatry, 70(3), 311–318.

Chansakul, T., & Young, G.S. (2017, December). Neuroimaging in pregnant women. Seminars in Neurology 37(6), 712–723.

Chao, R.K., & Otsuki-Clutter, M. (2011). Racial and ethnic differences: Sociocultural and contextual explanations. Journal of Research on Adolescence, 21, 47–60.

Chao, R., & Tseng, V. (2002). Parenting of Asians. In M. H. Bornstein (Ed.), Handbook of parenting. Mahwah, NJ: Erlbaum.

Chao, R. (2001). Extending research on the consequences of parenting style for Chinese Americans and European Americans. Child Development, 72, 1832–1843.

Chaplin, T.M., & Aldao, A. (2013). Gender differences in emotion expression in children: A meta-analytic review. Psychological Bulletin, 139, 735–765.

Chaplin, T.M. (2015). Gender and emotion expression: A developmental contextual perspective. Emotion Review, 7, 14–21.

Charles, C. (2018). Water for labor and birth. In V. Chapman & C. Charles (Eds.), The midwife's labor and birth handbook (4th ed.). New York: Wiley.

Charlesworth, B., & Charlesworth, D. (2017). Population genetics from 1966 to 2016. Heredity, 118, 2–9.

Chassin, L., & others (2008). Multiple trajectories of cigarette smoking and the intergenerational transmission of smoking: A multigenerational, longitudinal study of a midwestern community sample. Health Psychology, 27, 819–828.

Chaudry, A., & others (2017). Cradle to kindergarten: A new plan to combat inequality. New York: Russell Sage Foundation.

Chavez, B. (2019). Immigration and language in Canada, 2011 and 2016. Ottawa, ON: Statistics Canada.

Chemtob, C.M., & others (2010). Impact of maternal posttraumatic stress disorder and depression following exposure to the September 11 attacks on preschool children's behavior. Child Development, 81, 1129–1141.

Chen, C., & Stevenson, H.W. (1989). Homework: A cross-cultural examination. Child Development, 60, 551–561.

Chen, F.R., Rothman, E.F., & Jaffee, S.R. (2017). Early puberty, friendship group characteristics, and dating abuse in US girls. Pediatrics, 139, e20162847.

Chen, F.R., Rothman, E.F., & Jaffee, S.R. (2017). Early puberty, friendship group characteristics, and dating abuse in US girls. Pediatrics, 139(6), e20162847.

Chen, G., Zhang, W., Zhang, W., & Deater-Deckard, K. (2017). A "Defender Protective Effect" in multiple-role combinations of bullying among Chinese adolescents. Journal of Interpersonal Violence. doi:10.1177/0886260517698278

Chen, G., Zhao, Q., Dishion, T., & Deater-Deckard, K. (2018). The association between peer network centrality and aggression is moderated by moral disengagement. Aggressive Behavior, 44, 571–580.

Chen, J.-Q., & Gardner, H. (2018). Assessment from the perspective of multiple-intelligences theory: Principles, practices, and values. In D.P. Flanagan & E.M. McDonough (Eds.), Contemporary intellectual assessment: Theories, tests, and issues (4th ed.). New York: Guilford.

Chen, J., Sperandio, I., & Goodale, M.A. (2018). Proprioceptive distance cues restore perfect size constancy in grasping, but not perception, when vision is limited. Current Biology, 28(6), 927–932.

Chen, K.M., White, K., Shabbeer, J., & Schmid, M. (2018). Maternal age trends support uptake of non-invasive prenatal testing (NIPT) in the low-risk population. The Journal of Maternal-Fetal & Neonatal Medicine, 20, 1–4.

Chen, S.C., & Chen, C.F. (2018). Antecedents and consequences of nurses' burnout: Leadership effectiveness and emotional intelligence as moderators. Management Decision, 56, 777–792.

Chen, W.Y., Corvo, K., Lee, Y., & Hahm, H.C. (2017). Longitudinal trajectory of adolescent exposure to community violence and depressive symptoms among adolescents and young adults: Understanding the effect of mental health service usage. Community Mental Health Journal, 53, 39–52.

Chen, X., & Graham, S. (2018). Doing better but feeling worse: An attributional account of achievement–self-esteem disparities in Asian American students. Social Psychology of Education, 21, 937–949.

Chen, X., & others (1998). Childrearing attitudes and behavioral inhibition in Chinese and Canadian toddlers: A cross-cultural study. Developmental Psychology, 34, 677–686.

Chen, X., Chung, J., Lechccier-Kimel, R., & French, D. (2011). Culture and social development. In P. K. Smith & C. H. Hart (Eds.), Wiley-Blackwell perspectives on childhood social development (2nd ed.). New York: Wiley.

Chen, X. (2018). Culture, temperament, and social and psychological adjustment. Developmental Review, 50, 42–53.

Chen, Y., & VanderWeele, T.J. (2018). Associations of religious upbringing with subsequent health and well-being from adolescence to young adulthood: An outcome-wide analysis. American Journal of Epidemiology, 187(11), 2355–2364.

Chen, Y., Keen, R., Rosancer, K., & von Hosten, C. (2010). Movement planning reflects skill level and age change in toddlers. Child Development, 81, 1846–1858.

Cheng, M., & Berman, S.L. (2013). Globalization and identity development: A Chinese perspective. In S. J. Schwartz (Ed.), Identity around the world: New directions for child and adolescent development. San Francisco: Jossey-Bass.

Cheng, S., & others (2010). Early television exposure and children's behavioral and social outcomes at age 30 months. Journal of Epidemiology (Suppl. 2), S482–S489.

Cherlin, A.J., & Furstenberg, F.F. (1994). Stepfamilies in the United States: A reconsideration. In J. Blake & J. Hagen (Eds.), Annual Review of Sociology. Palo Alto, CA: Annual Reviews.

Cheshire, E., Kaestle, C.E., & Miyazaki, Y. (2019). The influence of parent and parent–adolescent relationship characteristics on sexual trajectories into adulthood. Archives of Sexual Behavior, 48(3), 893–910.

Chess, S., & Thomas, A. (1977). Temperamental individuality from childhood to adolescence. Journal of Child Psychiatry, 16, 218–226.

Cheung, C.S., Pomerantz, E.M., & Dong, W. (2013). Does adolescents' disclosure to their parents matter for their academic adjustment? Child Development.

Cheung, C., & Pomerantz, E.M. (2012). Why does parental involvement in children's learning enhance children's achievement? The role of parent-oriented motivation. Journal of Educational Psychology, 104, 820–832.

Chi, M.T. (1978). Knowledge structures and memory development. In R. S. Siegler (Ed.), Children's thinking: What develops? Hillsdale, NJ: Erlbaum.

Child Care Aware (2018). 2018 fact sheet. Retrieved from http://usa.childcareaware.org/wp-content/uploads/2018/08/2018-state-fact-sheets.pdf **Child Welfare Information Gateway** (2016). Definitions of child abuse and neglect. Washington, DC: U.S. Department of Health and Human Services, Children's Bureau.

Children's Defense Fund. (1992). The state of

America's children, 1992. Washington, DC: Author.

Children's Defense Fund (2017). The state of America's children, 2017. Washington, DC: Author.

Chilosi, A.M., & others (2019). Hemispheric language organization after congenital left brain lesions: A comparison between functional transcranial Doppler and functional MRI. Journal of Neuropsychology, 13(1), 46–66.

Chimiklis, A.L., & others (2018). Yoga, mindfulness, and meditation interventions for youth with ADHD: Systematic review and meta-analysis. Journal of Child and Family Studies, 27, 3155–3168.

Chitty, L.S., & others. (2013). Safe, accurate, prenatal diagnosis of thanatophoric dysplasia using ultrasound and free fetal DNA. Prenatal Diagnosis, 33(5), 416-423.

Choi, N. (2004). Sex role group differences in specific, academic, and general self-efficacy. Journal of Psychology, 138, 149–159.

Choi, S.J. (2017). Use of progesterone supplement therapy for prevention of preterm birth: Review of literatures. Obstetrics & Gynecology Science, 60(5), 405–420.

Choi, Y., Kim, T.Y., Noh, S., Lee, J., & Takeuchi, D. (2018). Culture and family process: Measures of familism for Filipino and Korean American parents. Family Process, 57(4), 1029–1048.

Chomsky, N. (1957). Syntactic structures. The Hague: Mouton.

Chou, R.S., & Feagin, J.R. (2015). Myth of the model minority: Asian Americans facing racism. London: Routledge.

Choudhuri, S., & Basu, J. (2013). Rational versus intuitive reasoning in moral judgement: A review of current research trends and new directions. Journal of the Indian Academy of Applied Psychology, 39(2), 164.

Chow, J., Aimola Davies, A.M., Fuentes, L.J., & Plunkett, K. (2019, in press). The vocabulary spurt predicts the emergence of backward semantic inhibition in 18-month-old toddlers. Developmental Science, 22(2): e12754. doi:10.1111/desc.12754

Choy, O., Raine, A., Venables, P.H., & Farrington, D.P. (2017). Explaining the gender gap in crime: The role of heart rate. Criminology, 55(2), 465–487.

Christakis, D.A., Zimmerman, F.J., DiGiuseppe, D.L., & McCarty, C.A. (2004). Early television exposure and subsequent attentional problems in children. Pediatrics, 113, 708–713.

Christakis, D.A., Ramirez, J.S.B., Ferguson, S.M., Ravinder, S., & Ramirez, J.M. (2018). How early media exposure may affect cognitive function: A review of results from observations in humans and experiments in mice. Proceedings of the National Academy of Sciences, 115(40), 9851–9858.

Christakis, D.A., & others. (2009). Audible television and decreased adult words, infant vocalizations, and conversational turns. Archives of Pediatrics & Adolescent Medicine, 163, 554–558.

Christen, M., Narváez, D., & Gutzwiller, E. (2017). Comparing and integrating biological and cultural moral progress. Ethical Theory and Moral Practice, 20(1), 55–73.

Christenfeld, N.J.S., & Mandler, G. (2013). Emotion. In I. B. Weiner & others (Eds.), Handbook of psychology (2nd ed., Vol. 1). New York: Wiley.

Chu, C.H., & others (2017). Acute exercise and neurocognitive development in preadolescents and young adults: An ERP study. Neural Plasticity, 2017, 2631909.

Chudley A.E. (2017). Teratogenic influences on cerebellar development. In H. Marzban (Ed.), Development of the cerebellum from molecular aspects to diseases (pp. 275–300). New York: Springer.

Chudzicka-Czupała, A., & others (2016). Application of the theory of planned behavior in academic cheating research: Cross-cultural comparison. Ethics & Behavior, 26(8), 638–659.

Chung, S., & McBride, A.M. (2015). Social and emotional learning in middle school curricula: A service learning model based on positive youth development. Children and Youth Services Review, 53, 192–200.

Cicchetti, D. (2011). Pathways to resilient functioning in maltreated children: From single to multilevel investigations. In D. Cicchetti & G. I. Roisman (Eds.), The origins and organization of adaptation and maladaptation: Minnesota Symposia on Child Psychology (Vol. 36). New York: Wiley.

Cicchetti, D. (2013). Developmental psychopathology. In P. Zelazo (Ed.), Oxford handbook of developmental psychology. New York: Oxford University Press.

Cicchetti, D., & Toth, S.L. (2011). Child maltreatment: The research imperative and the exportation of results to clinical contexts. In B. Lester & J. D. Sparrow (Eds.), Nurturing children and families. New York: Wiley.

Cicchetti, D., Toth, S.L., Nilsen, W.J., & Manly, J.T. (2013). What do we know and why does it matter? The dissemination of evidence-based interventions for maltreatment. In H. R. Schaffer & K. Durkin (Eds.), Blackwell handbook of developmental psychology. Oxford, UK: Blackwell.

Cillessen, A.H.N., & Bellmore, A.D. (2011). Social skills and social competence in interactions with peers. In P. K. Smith & C. H. Hart (Eds.), Wiley- Blackwell handbook of childhood social development (2nd ed.). New York: Wiley.

Cillessen, A.H.N., & van den Berg, Y.H.M. (2012). Popularity and school adjustment. In A. M. Ryan & G. W. Ladd (Eds.), Peer relationships and adjustment at school. Charlotte, NC: Information Age Publishing.

Cipra, A. (2019). Differential susceptibility and kindergarten peer status. Child Indicators Research, 12(2), 689–709.

Clark, E. (1993). The lexicon in acquisition. New York: Cambridge University Press.

Clarke, K., Cover, R., & Aggleton, P. (2018). Sex and ambivalence: LGBTQ youth negotiating sexual feelings, desires and attractions. Journal of LGBT Youth, 15(3), 227–242.

Clarke, T.K., & others (2016). Common polygenic risk for autism spectrum disorder (ASD) is associated with cognitive ability in the general population. Molecular Psychiatry, 21(3), 419–425.

Clarke-Stewart, A.K., & Miner, J.L. (2008). Effects of child and day care. In M. M. Haith & J. B. Benson (Eds.), Encyclopedia of infant and early childhood development. Oxford, UK: Elsevier.

Class, Q.A., Lichtenstein, P., Langstrom, N., & D'Onofrio, B.M. (2011). Timing of prenatal maternal exposure to severe life events and adverse pregnancy outcomes: A population study of 2.6 million pregnancies. Psychosomatic Medicine, 73, 234–241.

Clauss, J.A., & Blackford, J.U. (2012). Behavioral inhibition and risk for developing social anxiety disorder: A meta-analytic study. Journal of the American Academy of Child and Adolescent Psychiatry, 51, 1066–1075.

Clawson, A.H., & others (2018). The longitudinal, bidirectional relationships between parent reports of child secondhand smoke exposure and child smoking trajectories. Journal of Behavioral Medicine, 41(2), 221–231.

Clay, R. (2001, February). Fulfilling an unmet need. Monitor on Psychology, No. 2.

Cloninger, S.C. (2018). Theories of personality (7th ed.). Upper Saddle River, NJ: Pearson.

Closson, L.M., Hart, N.C., & Hogg, L.D. (2017). Does the desire to conform to peers moderate links between popularity and indirect victimization in early adolescence? Social Development, 26(3), 489–502.

Cobanoglu, R., Capa-Aydin, Y., & Yildirim, A. (2019). Sources of teacher beliefs about developmentally appropriate practice: A structural equation model of the role of teacher efficacy beliefs. European Early Childhood Education Research Journal, 27, 195–207.

Cochet, H., & Byrne, R.W. (2016). Communication in the second and third year of life: Relationships between nonverbal social skills and language. Infant Behavior and Development, 44, 189–198.

Coelho, V.A., Marchante, M., & Jimerson, S.R. (2017). Promoting a positive middle school transition: A randomized-controlled treatment study examining self-concept and self-esteem. Journal of Youth and Adolescence, 46, 558–569.

CogMed (2016). CogMed working memory training, v.4.1. Upper Saddle River, NJ: Pearson.

Cohen, T.R., & Morse, L. (2014). Moral character: What it is and what it does. Research in Organizational Behavior, 34, 43–61.

Cohen-Woods, S., Craig, I.W., & McGuffin, P. (2012). The current state of play on the molecular genetics of depression. Psychological Medicine, 43(4), 673–687.

Cohn, A., & Canter, A. (2003). Bullying: Facts for schools and parents. Washington, DC: National Association of School Psychologists Center.

Cohn, J.F., & Tronick, E.Z. (1988). Mother-infant face-to-face interaction. Influence is bidirectional and unrelated to periodic cycles in either partner's behavior. Developmental Psychology, 24, 396–397.

Coie, J. (2004). The impact of negative social experiences on the development of antisocial behavior. In J. B. Kupersmidt & K. A. Dodge (Eds.), Children's peer relations: From development to intervention. Washington, DC: American Psychological Association.

Colapinto, J. (2000). As nature made him. New York: Simon & Schuster.

Colby, A., Kohlberg, L., Gibbs, J., & Lieberman, M. (1983). A longitudinal study of moral judgment. Monographs of the Society for Research in Child Development, 48 (21, Serial No. 201).

Cole, P.M., Dennis, T.A., Smith-Simon, K.E., & Cohen, L.H.(2009). Preschoolers' emotion regulation strategy understanding: Relations with emotion socialization and child self-regulation. Social Development, 18(2), 324–352.

Cole, P.M., & Tan, P.Z. (2007). Emotion socialization from a cultural perspective. In J. E. Grusec & P. D. Hastings (Eds.), Handbook of socialization. New York: Guilford.

Cole, P.M., & Jacobs, A.E. (2018). From children's expressive control to emotion regulation: Looking back, looking ahead. European Journal of Developmental Psychology, 15, 658–677.

Coleman-Phox, Odouli, R., & Li, D.K. (2008). Use of a fan during sleep and the risk of sudden infant death syndrome. Archives of Pediatric and Adolescent Medicine, 162, 963–968.

Coley, R.L., & Lombardi, C.M. (2013). Does maternal employment following childbirth support or inhibit low-income children's long-term development? Child Development, 84(1), 178–197.

Coley, R.L., Votruba-Drzal, E., Miller, P.L., & Koury, A. (2013). Timing, extent, and type of child care and children's functioning in kindergarten. Developmental Psychology, 49(10), 1859–1873.

Coley, R.L., Sims, J., Dearing, E., & Spielvogel, B. (2018). Locating economic risks for adolescent mental and behavioral health: Poverty and affluence in families, neighborhoods, and schools. Child Development, 89(2), 360–369.

Collett-Solberg, P.F. (2011). Update in growth hormone therapy of children. Journal of Clinical Endocrinology and Metabolism, 96, 573–579.

Collibee, C., Furman, W., & Shoop, J. (2019). Risky interactions: Relational and developmental moderators of substance use and dating aggression. Journal of Youth and Adolescence, 48(1), 102–113.

Collier, K.M., & others (2016). Does parental mediation of media influence child outcomes? A meta-analysis on media time, aggression, substance use, and sexual behavior. Developmental Psychology, 52(5), 798–812.

Colombo, J., Brez, C., & Curtindale, L. (2013). Infant perception and cognition. In I. B. Weiner & others (Eds.), Handbook of psychology (2nd ed., Vol. 6). New York: Wiley.

Colombo, J., Shaddy, D.J., Blaga, O.M., Anderson, C.J., & Kannass, K.N. (2009). High cognitive ability in infancy and early childhood. In F. D. Horowitz, R. F. Subotnik, & D. J. Matthews (Eds.), The development of giftedness and talent across the life span. Washington, DC: American Psychological Association.

Colombo, J., Shaddy, D.J., Richman, W.A., Maikranz, J.M., & Blaga, O.M. (2004). The developmental course of attention in infancy and preschool cognitive outcome. Infancy, 4, 1–38.

Colvin, C.W., & Abdullatif, H. (2012). Anatomy of female puberty: The clinical relevance of developmental changes in the reproductive system. Clinical Anatomy, 26(1), 115–129.

Comeau, G., Lu, Y., Swirp, M., & Mielke, S. (2018). Measuring the musical skills of a prodigy: A case study. Intelligence, 66, 84–97.

Comeau, J., & Boyle, M.H. (2018). Patterns of poverty exposure and children's trajectories of externalizing and internalizing behaviors. SSM-Population Health, 4, 86–94.

Comer, J. (2010). Comer School Development Program. In J. Meece & J. Eccles (Eds.), Handbook of research on schools, schooling, and human development. New York: Routledge.

Common Core State Standards Initiative (2019). Common Core. Retrieved from www.corestandards.org/

Commoner, B. (2002). Unraveling the DNA myth: The spurious foundation of genetic engineering. Harper's Magazine, 304, 39–47.

Comstock, G., & Scharrer, E. (2006). Media and popular culture. In W. Damon & R. Lerner (Eds.), Handbook of child psychology (6th ed.). New York: Wiley.

Conde-Agudelo, A., & Díaz-Rossello, J. (2016). Kangaroo mother care to reduce morbidity and mortality in low birthweight infants. Cochrane Database of Systematic Reviews, 2016(8).

Condition of Education (2018). Children and youth with disabilities. Washington, DC: National Center for Education Statistics.

Conduct Problems Prevention Research Group (2011). The effects of the Fast Track preventive intervention on the development of conduct disorder across childhood. Child Development, 82(1), 331–345.

Conduct Problems Prevention Research Group (2013). School outcomes of aggressive disruptive children: Prediction from kindergarten risk factors and impact of the Fast Track prevention program. Aggressive Behavior, 39, 114–130.

Cong, X., Ludington-Hoe, S.M., & Walsh, S. (2011). Randomized crossover trial of kangaroo care to reduce biobehavioral pain responses in preterm infants: A pilot study. Biological Research for Nursing, 13, 204–216.

Congdon, J.L., & others (2016). A prospective investigation of prenatal mood and childbirth perceptions in an ethnically diverse, low-income sample. Birth, 43(2), 159–166.

Conger, R.D., & others. (2012). Resilience and vulnerability of Mexican origin youth and their families: A test of a culturally-informed model of family economic stress. In P. K. Kerig, M. S. Schulz, & S. T. Hauser (Eds.), Adolescence and beyond. New York: Oxford University Press.

Conley, M.W. (2008). Content area literacy: learners in context. Boston: Allyn & Bacon.

Connolly, J.A., & Mclsaac, C. (2009). Romantic relationships in adolescence. In R. M. Lerner & L. Steinberg (Eds.), Handbook of adolescent psychology (3rd ed.). New York: Wiley.

Conry-Murray, C., Kim, J.M., & Turiel, E. (2015). Judgments of gender norm violations in children from the United States and Korea. Cognitive Development, 35, 122–136.

Contini, C., & others (2018). Investigation on silent bacterial infections in specimens from pregnant women affected by spontaneous miscarriage. Journal of Cellular Physiology, 234(1).

Cools, S., Fiva, J.H., & Kirkebøen, L.J. (2015). Causal effects of paternity leave on children and parents. The Scandinavian Journal of Economics, 117(3), 801–828.

Cooper, C.R. (2011). Bridging multiple worlds. New York: Oxford University Press.

Cooper, C.R., & Seginer, R. (2018). Introduction: Navigating pathways in multicultural nations: Identities, future orientation, schooling, and careers. New Directions for Child and Adolescent Development, 2018(160), 7–13.

Cooper, K., & Stewart, K. (2017). Does money affect children's outcomes? An update. CASEpaper no. 203. London: Centre for Analysis of Social Exclusion. Retrieved August 24, 2018 from http://sticerd. lse. ac.uk/dps/case/cp/casepaper203.pdf

Copes, L.E., Pober, B.R., & Terilli, C.A. (2016). Description of common musculoskeletal findings in Williams syndrome and implications for therapies. Clinical Anatomy, 29, 578–589.

Coppens, A.D., Alcalá, L., Rogoff, B., & Mejía-Arauz, R. (2018). Children's contributions in family work: Two cultural paradigms. In T. Skelton, S. Punch, & R. Vanderbeck (Eds.), Families, intergenerationality, and peer group relations. Singapore: Springer.

Corbetta, D., & Fagard, J. (2017). Infants' understanding and production of goal-directed actions in the context of social and object-related interactions. Frontiers in Psychology, 8, 787.

Corbetta, D., Wiener, R.F., Thurman, S.L., & McMahon, E. (2018). The embodied origins of infant reaching: Implications for the emergence of eye-hand coordination. Kinesiology Review, 7(1), 10–17.

Cornew, L., & others (2012). Atypical social referencing in infant siblings of children with autism spectrum disorders. Journal of Autism and Developmental Disorders, 42(12), 2611–2621.

Correa-Chavez, M., Mangione, H.F., & Mejia-Arauz, R. (2016). Collaboration patterns among Mexican children in an indigenous town and Mexican city. Journal of Applied Developmental Psychology, 44, 105–113.

Corsaro, W.A. (2018). The sociology of childhood (5th ed.). Thousand Oaks, CA: SAGE.

Cortes, R.A., Weinberger, A.B., Daker, R.J., & Green, A.E. (2019). Re-examining prominent measures of divergent and convergent creativity. Current Opinion in Behavioral Sciences, 27, 90–93.

Cortese, S., & others (2018). Comparative efficacy and tolerability of medications for attention-deficit hyperactivity disorder in children, adolescents, and adults: A systematic review and network meta- analysis. The Lancet, 5, 727–738.

Corwin, M.J. (2018). Patient education: Sudden infant death syndrome. Retrieved from https://www. uptodate.com/contents/sudden-infant-death- syndrome-sids-beyond-the-basics

Cosmides, L. (2013). Evolutionary psychology. Annual Review of Psychology (Vol. 64). Palo Alto, CA: Annual Reviews.

Costigan, S.A., Barnett, L., Plotnikoff, R.C., & Lubans, D.R. (2013). The health indicators associated with screen-based sedentary behavior among adolescent girls: A systematic review. Journal of Adolescent Health, 52, 382–392.

Cowan, C.P., Cowan, P.A., & Barry, J. (2011). Couples' groups for parents of preschoolers: Ten-year outcomes of a randomized trial. Journal of Family Psychology, 25, 240–250.

Cowan, P.A., & Cowan, C.P. (2000). When partners become parents: The big life change for couples. Mahwah, NJ: Erlbaum.

Cowan, P.A., & Cowan, C.P. (2009). How working with couples fosters children's development. In M. S. Schulz, P. K. Kerig, M. K. Pruett, & R. D. Parke (Eds.), Feathering the nest. Washington, DC: American Psychological Association.

Cowan, P.A., & Heming, G. (2013). How children and parents fare during transition to school. In P. A. Cowan & others (Eds.), The family context of parenting in children's adaptation to elementary school. New York: Routledge.

Cowan, P.A., & others (2013). Family factors in children's adaptation to elementary school: A discussion and integration. In P. A. Cowan & others (Eds.), The family context of parenting in children's adaptation to elementary school. New York: Routledge.

Cowan, P.A., Cowan, C.P., Ablow, J., Johnson, V.K., & Measelle, J. (2005). The family context of parenting in children's adaptation to elementary school. Mahwah, NJ: Erlbaum.

Cox, M.J., & others (2004). The transition to parenting: Continuity and change in early parenting behavior and attitudes. In R. D. Conger, F. O. Lorenz, & K. A. S. Wickrama (Eds.), Continuity and change in family relations. Mahwah, NJ: Erlbaum.

Coyne, S.M., Linder, J.R., Rasmussen, E.E., Nelson, D.A., & Birkbeck, V. (2016). Pretty as a princess: Longitudinal effects of engagement with Disney princesses on gender stereotypes, body esteem, and prosocial behavior in children. Child Development, 87, 1909–1925.

Cragg, L. (2016). The development of stimulus and response interference control in mid-childhood. Developmental Psychology, 52(2), 242–252.

Craig, M.A., Rucker, J.M., & Richeson, J.A. (2018). The pitfalls and promise of increasing racial diversity: Threat, contact, and race relations in the 21st century. Current Directions in Psychological Science, 27(3), 188–193.

Crain, S. (2012). Sentence scope. In E. L. Bavin (Ed.), Cambridge handbook of child language. New York: Cambridge University Press.

Creswell, J.W. (2019). Educational research (6th ed.). Upper Saddle River, NJ: Pearson.

Crocetti, E., Jahromi, P., & Meeus, W. (2012). Identity and civic engagement in adolescence. Journal of Adolescence, 35, 521–532.

Crocetti, E. (2017). Identity formation in adolescence: The dynamic of forming and consolidating identity commitments. Child Development Perspectives, 11(2), 145–150.

Crockenberg, S.B. (1986). Are temperamental differences in babies associated with predictable differences in caregiving? In J. V. Lerner & R. M. Lerner (Eds.), Temperament and social interaction during infancy and childhood. San Francisco: Jossey-Bass.

Crockenberg, S., & Leerkes, E. (2013). Infant negative emotionality, caregiving, and family relationships. In A.C. Crouter & A. Booth (Eds.), Children's influence on family dynamics. New York: Routledge.

Crockett, L.J., Wasserman, A.M., Rudasill, K.M., Hoffman, L., & Kalutskaya, I. (2018). Temperamental anger and effortful control, teacher–child conflict, and externalizing behavior across the elementary school years. Child Development, 89, 2176–2195.

Crone, E.A., Peters, S., & Steinbeis, N. (2017). Executive function development in adolescence. In S. Wiebe & J. Karbach (Eds.), Executive function: Development across the lifespan (pp. 58–72). New York: Routledge.

Crosnoe, R., & Fuligni, A.J. (2012). Children from immigrant families: Introduction to the special section. Child Development, 83, 1471–1476.

Crosnoe, R., Pivnick, L., & Benner, A.D. (2018). The social contexts of high schools. In B. Schneider (Ed.), Handbook of the sociology of education in the 21st century. New York: Springer.

Crosnoe, R., Pivnick, L., & Benner, A.D. (2018). The social contexts of high schools. In B. Schneider (Ed.), Handbook of the sociology of education in the 21st century. Cham, Switzerland: Springer.

Crouter, A.C. (2006). Mothers and fathers at work. In A. Clarke-Stewart & J. Dunn (Eds.), Families count. New York: Cambridge University Press.

Crouter, A.C., & Booth, A. (Eds.). (2013). Children's influence on family dynamics. New York: Routledge.

Crowley, K., Callahan, M.A., Tenenbaum, H.R., & Allen, E. (2001). Parents explain more to boys than to girls during shared scientific thinking. Psychological Science, 12, 258–261.

Crowley, S.J., Wolfson, A.R., Tarokh, L., & Carskadon, M.A. (2018). An update on adolescent sleep: New evidence informing the perfect storm model. Journal of Adolescence, 67, 55–65.

Crugnola, C.R., & others (2013). Maternal attachment influences mother-infant styles of regulation and play with objects at nine months. Attachment and Human Development, 15(2), 107–131.

Cruikshank, D.R., Jenkins, D.B., & Metcalf, K.K. (2012). The act of teaching (6th ed.). New York: McGraw-Hill.

Cui, M., Gordon, M., & Wickrama, K.A.S. (2016). Romantic relationship experiences of adolescents and young adults: The role of mothers' relationship history. Journal of Family Issues, 37(10), 1458–1480.

Cui, M., Ueno, K., Fincham, F.D., Donnellan, M.B., & Wickrama, K.A. (2012). The association between romantic relationships and delinquency in adolescence and young adulthood. Personal Relationships, 19, 354–366.

Culpeper, J., Mackey, A., & Taguchi, N. (2018). Second language pragmatics: From theory to research. New York: Routledge.

Cummings, E.M., & Davies, P.T. (2010). Marital conflict and children: An emotional security perspective. New York: Guilford.

Cummings, E.M., El-Sheikh, M., & Kouros, C.D. (2009). Children and violence: The role of children's regulation in the marital aggression-child adjustment link. Clinical Child and Family Psychology Review, 12(1), 3–15.

Cummings, E.M., George, M.R.W., McCoy, K.P., & Davies, P.T. (2012). Interparental conflict in kindergarten and adolescent adjustment: Prospective investigation of emotion security as an explanatory mechanism. Child Development, 83, 1703–1715.

Cummings, E.M., & Kouros, C.D. (2008). Stress and coping. In M. M. Haith & J. B. Benson (Eds.), Encyclopedia of infant and early childhood development, Vol. 3 (pp. 267–281). San Diego: Academic Press.

Curran, K., DuCette, J., Eisenstein, J., & Hyman, I.A. (2001, August). Statistical analysis of the cross-cultural data: The third year. Paper presented at the meeting of the American Psychological Association, San Francisco, CA.

Curtis, L.A., & Bandy, T. (2016). The Quantum Opportunities Program: A randomized controlled evaluation. Washington, DC: Milton S. Eisenhower Foundation.

Cushner, K.H., McClelland, A., & Safford, P. (2019). Human diversity in education (9th ed.). New York: McGraw-Hill.

Cvencek, D., Fryberg, S.A., Covarrubias, R., & Meltzoff, A.N. (2018). Self-concepts, self-esteem, and academic achievement of minority and majority North American elementary school children. Child Development, 89(4), 1099–1109.

D

D'Ardenne, K., & others. (2012). Feature article: Role of the prefrontal cortex and the midbrain dopamine system in working memory updating. Proceedings of the National Academy of Sciences U.S.A., 109, 19900–19909.

D'Onofrio, B.M., & others. (2007). Intergenerational transmission of childhood conduct problems: A children of twins study. Archives of General Psychiatry, 64, 820–829.

da Fonseca, E.B., Celik, E., & others. (2007). Progesterone and the risk of preterm birth among women with a short cervix. New England Journal of Medicine, 357, 462–469.

da Silva, S.G., Ricardo, L.I., Evenson, K.R., & Hallal, P.C. (2017). Leisure-time physical activity in pregnancy and maternal-child health: A systematic review and meta-analysis of randomized controlled trials and cohort studies. Sports Medicine, 47(2), 295–317.

Dahl, A., & Brownell, C.A. (2019). The social origins of human prosociality. Current Directions in Psychological Science. doi:10.1177/0963721419830386

Dahl, A., & Killen, M. (2018). Moral reasoning: Theory and research in developmental science. In S. Ghetti (Ed.), Stevens handbook of experimental psychology (vol. 4). New York: Wiley.

Dahl, R.E. (2004). Adolescent brain development: A period of vulnerabilities and opportunities. Annals of the New York Academy of Sciences, 1021, 1–22.

Dahlen, H.G., Dowling, H., Tracy, M., Schmied, V., & Tracy, S. (2013). Maternal and perinatal outcomes amongst low risk women giving birth in water compared to six birth positions on land. A descriptive cross sectional study in a birth center over 12 years. Midwifery, 29(7), 759–764.

Damasio, A.R. (1994). Descartes' error and the future of human life. Scientific American, 271, 144.

Damon, W. (1988). The moral child. New York: Free Press.

Damon, W. (2008). The path to purpose. New York: The Free Press.

Danial, F.N.M., Cade, J.E., Greenwood, D.C., & Burley, V.J. (2018). Breastfeeding is associated with the risk of ovarian cancer in the UK Women's Cohort Study. Proceedings of the Nutrition Society, 77, e224.

Daniels, H. (2017). Introduction to Vygotsky (3rd ed.). New York: Routledge.

Darling-Hammond, L. (2018). Education and the path to one nation, indivisible. Washington, DC: Learning Policy Institute.

Darrah, J., & Bartlett, D.J. (2013). Infant rolling abilities—the same or different 20 years after the back to sleep campaign? Early Human Development, 89(5), 311–314.

Darsareh, F., Nourbakhsh, S., & Dabiri, F. (2018). Effect of water immersion on labor outcomes: A randomized clinical trial. Nursing and Midwifery Studies, 7(3), 111–115.

Darwin, C. (1859). On the origin of species. London: John Murray.

Davidson, M.R., & others (2015). Olds' maternal-newborn nursing & women's health across the lifespan (10th ed.). Upper Saddle River, NJ: Pearson.

Davies, P.T., & others (2019, in press). Emotional insecurity as a mediator of the moderating role of dopamine genes in the association between interparental conflict and youth externalizing problems. Development and Psychopathology.

Davies, P.T., Martin, M.J., & Cummings, E.M. (2018). Interparental conflict and children's social problems: Insecurity and friendship affiliation as cascading mediators. Developmental Psychology, 54(1), 83–97.

Davis, B.E., Moon, R.Y., Sachs, H.C., & Ottolini, M.C. (1998). Effects of sleep position on infant motor development. Pediatrics, 102, 1135–1140.

Davis, E.L., & Buss, K.A. (2012). Moderators of the relation between shyness and behavior with peers: Cortisol dysregulation and maternal emotional socialization. Social Development, 21, 801–820.

Davis, L., & Keyser, J. (1997). Becoming the parent you want to be. New York: Broadway Books.

Davis, T.N., & Rispoli, M. (2018). Introduction to the special issue: Interventions to reduce challenging behavior among individuals with autism spectrum disorder. Behavior Modification, 42, 307–313.

Davoodi, T., Nelson, L.J., & Blake, P.R. (2018). Children's conceptions of ownership for self and other: categorical ownership versus strength of claim. Child Development. doi:10.1111/cdev.13163 **Dawson, P., & Guare, R.** (2018). Executive skills in children and adolescents: A practical guide to assessment and intervention (3rd ed.). New York: Guilford.

Day, E., & Dotterer, A.M. (2018). Parental involvement and adolescent academic outcomes: Exploring differences in beneficial strategies across racial/ethnic groups. Journal of Youth and Adolescence, 47(6), 1332–1349.

Day, K.L., & Smith, C.L. (2019). Maternal behaviors in toddlerhood as predictors of children's private speech in preschool. Journal of Experimental Child Psychology, 177, 132–140.

Day, K.L., Smith, C.L., Neal, A., & Dunsmore, J.C. (2018). Private speech moderates the effects of effortful control on emotionality. Early Education and Development, 29, 161–177.

Dayton, C.J., & Malone, J.C. (2017). Development and socialization of physical aggression in very young boys. Infant Mental Health, 38, 150–165.

de Boer, H., Donker, A.S., Kostons, D.D., & van der Werf, G.P. (2018). Long-term effects of metacognitive strategy instruction on student academic performance: A meta-analysis. Educational Research Review, 24, 98–115.

De Brigard, F., & Parikh, N. (2018). Episodic counterfactual thinking. Current Directions in Psychological Science, 28(1), 59–66.

de Brigard, F., Szpunar, K.K., & Schacter, D.L. (2013). Coming to grips with the past: Effect of repeated stimulation on the perceived plausibility of episodic counterfactual thoughts. Psychological Science, 24(7), 1329–1334.

de Bruin, W.B., & Fischhoff, B. (2017). Eliciting probabilistic expectations: Collaborations between psychologists and economists. Proceedings of the National Academy of Sciences, 114, 3297–3304.

de Giambattista, C., & others (2019). Subtyping the autism spectrum disorder: Comparison of children with high-functioning autism and Asperger syndrome. Journal of Autism and Developmental Disorders, 49, 138–150.

De Meyer, S., & others (2017). "Boys should have the courage to ask a girl out": Gender norms in early adolescent romantic relationships. Journal of Adolescent Health, 61(4), S42–S47.

Deák, G.O., Krasno, A.M., Jasso, H., & Triesch, J. (2018). What leads to shared attention? Maternal cues and infant responses during object play. Infancy, 23(1), 4–28.

Deamen, S., & others. (2012). Identity and perceived peer relationship quality in emerging adulthood: The mediating role of attachment-related emotions. Journal of Adolescence, 35, 1417–1425.

Deans, C.L. (2018). Maternal sensitivity, its relationship with child outcomes, and interventions that address it: A systematic literature review. Early Child Development and Care. doi: 10.1080/03004430.2018.1465415

Dearing, E., & Zachrisson, H.D. (2017). Concern over internal, external, and incidence validity in studies of child-care quantity and externalizing behavior problems. Child Development Perspectives, 11, 133–138.

Deater-Deckard, K., & others (2018). Within- and between-person and group variance in behavior and beliefs in cross-cultural longitudinal data. Journal of Adolescence, 62, 207–217.

Deater-Deckard, K., & others (2019). Chaos, danger, and maternal parenting in families: Links with adolescent adjustment in low- and middle-income countries. Developmental Science, 22, e12855.

Deater-Deckard, K., & Sturge-Apple, M. (2017). Mind and matter: New insights on the role of parental cognitive and neurobiological functioning in process models of parenting. Journal of Family Psychology, 31(1), 5–7.

Deater-Deckard, K., Dodge, K.A., & Sorbring, E. (2005). Cultural differences in the effects of physical punishment. In M. Rutter & M. Tienda (Eds.), Ethnicity and causal mechanisms (pp. 205–226). Cambridge, UK: Cambridge University Press.

DeCasper, A.J., & Spence, M.J. (1986). Prenatal maternal speech influences newborn's perception of speech sounds. Infant Behavior and Development, 9, 133–150.

Decety, J., & Cowell, J. (2016). Developmental social neuroscience. In D. Cicchetti (Ed.), Developmental psychopathology (3rd ed.). New York: Wiley.

Decety, J., Meidenbauer, K.L., & Cowell, J.M. (2018). The development of cognitive empathy and concern in preschool children: A behavioral neuroscience investigation. Developmental Science, 21(3), e12570.

Deci, E.L., & Ryan, R.M. (2000). The "what" and "why" of goal pursuits: Human needs and the self-determination of behavior. Psychological Inquiry, 11, 227–268.

Degol, J.L., Wang, M.T., Ye, F., & Zhang, C. (2017). Who makes the cut? Parental involvement and math trajectories predicting college enrollment. Journal of Applied Developmental Psychology, 50, 60–70.

Dehaene-Lambertz, G. (2017). The human infant brain: A neural architecture able to learn language. Psychonomic Bulletin & Review, 24, 48–55.

DeKeyser, R.M. (2018). Age in learning and teaching grammar. In J.I. Liontas (Ed.), The TESOL encyclopedia of English language teaching.

Del Giudice, M. (2014), Middle childhood: An evolutionary-developmental synthesis. Child Development Perspectives, 8, 193–200.

DeLoache, J.S. (2011). Early development of the understanding and use of symbolic artifacts. In U. Goswami (Ed.), Wiley-Blackwell handbook of childhood cognitive development (2nd ed.). New York: Wiley.

Demetriou, A., & others (2018). Mapping dimensions of general intelligence: An integrated differential-developmental theory. Human Development, 61, 4–42.

Demetriou, A., & Spanoudis, G. (2018). Growing minds: A developmental theory of intelligence, brain, and education. New York: Routledge.

Demetriou, A., Makris, N., Kazi, S., Spanoudis, G., & Shayer, M. (2018). The developmental trinity of mind: Cognizance, executive control, and reasoning. Wiley Interdisciplinary Reviews: Cognitive Science, e1461.

Deming, D.M., & others (2017). Cross-sectional analysis of eating patterns and snacking in the US Feeding Infants and Toddlers Study 2008. Public Health Nutrition, 20, 1584–1592.

Demir-Lira, O.E., Applebaum, L.R., Goldin-Meadow, S., & Levine, S.C. (2019, in press). Parents' early book reading to children: Relation to children's later language and literacy outcomes controlling for other parent language input. Developmental Science, 22(3), 12764. doi:10.1111/desc.12764 **Dempster, F.N.** (1981). Memory span: Sources of individual and developmental differences. Psychological Bulletin, 80, 63–100.

Deng, Y., Chang, L., Yang, M., Huo, M., & Zhou, R. (2016). Gender differences in emotional response: Inconsistency between experience and expressivity. PloS One, 11(6), e0158666.

Denham, S.A., & Bassett, H.H. (2019, in press). 'You hit me! That's not nice and it makes me sad!': Relations of young children's social information processing and early school success. Early Child Development and Care.

Deoni, S., Dean III, D., Joelson, S., O'Regan, J., & Schneider, N. (2018). Early nutrition influences developmental myelination and cognition in infants and young children. Neuroimage, 178, 649–659.

DePasquale, C.E., Handley, E.D., & Cicchetti, D. (2018). Investigating multilevel pathways of developmental consequences of maltreatment. Development and Psychopathology. doi:10.1017/S0954579418000834

DeQuinzio, J.A., Poulson, C.L., Townsend, D.B., & Taylor, B.A. (2016). Social referencing and children with autism. The Behavior Analyst, 39, 319–331.

Dereymaeker, A., & others. (2017). Review of sleep-EEG in preterm and term neonates. Early Human Development, 113, 87–103.

Derlan, C.L., & Umaña-Taylor, A.J. (2015). Brief report: Contextual predictors of African American adolescents' ethnic-racial identity affirmation-belonging and resistance to peer pressure. Journal of Adolescence, 41, 1–6.

Desai, M., Beall, M., & Ross, M.G. (2013, in press). Developmental origins of obesity: Programmed adipogenesis. Current Diabetes Reports.

DeSisto, C.L., Hirai, A.H., Collins Jr., J.W., & Rankin, K.M. (2018). Deconstructing a disparity: Explaining excess preterm birth among US-born black women. Annals of Epidemiology, 28(4), 225–230.

Desmet, K., Ortuño-Ortín, I., & Wacziarg, R. (2017). Culture, ethnicity, and diversity. American Economic Review, 107(9), 2479–2513.

Dessì, A., Corona, L., Pintus, R., & Fanos, V. (2018). Exposure to tobacco smoke and low birth weight: From epidemiology to metabolomics. Expert Review of Proteomics, 15(8), 647–656.

Deutsch, A.R., Crockett, L.J., Wolf, J.M., & Russell, S.T. (2012). Parent and peer pathways to adolescent delinquency: Variations by ethnicity and neighborhood context. Journal of Youth and Adolescence, 41, 1078–1094.

Deutsch, A.R., Wood, P.K., & Slutske, W.S. (2016, June). Developmental etiologies of alcohol use and their relations to parent and peer influences over adolescence and young adulthood: A genetically informed approach. Alcoholism: Clinical and Experimental Research, 40, 2151–2162.

Deutsch, R., & Pruett, M.K. (2009). Child adjustment and high conflict divorce. In R. M. Galatzer-Levy and L. Kraus (Eds.), The scientific basis of custody decisions (2nd ed.). New York: Wiley.

Devaney, S.A., Palomaki, G.E., Scott, J.A., & Bianchi, D.W. (2011). Noninvasive fetal sex determination using cell-free DNA: A systematic review and meta-analysis. Journal of the American Medical Association, 306, 627–636.

Dever, B.V., & others. (2013). Predicting risk-taking with and without substance use: The effects of parental monitoring, school bonding, and sports participation. Prevention Science, 13(6), 605–615.

Dew, J., & Wilcox, W.B. (2011). "If momma ain't happy": Explaining declines in marital satisfaction among new mothers. Journal of Marriage and the Family, 73, 1–12.

DeWall, C.N., Anderson, C.A., & Bushman, B.J. (2013). Aggression. In I. B. Weiner & others (Eds.), Handbook of psychology (2nd ed., Vol. 5). New York: Wiley.

Dewey, J. (1933). How we think. Lexington, MA: D. C. Heath.

DeZolt, D.M., & Hull, S.H. (2001). Classroom and schools climate. In J. Worell (Ed.), Encyclopedia of women and gender. San Diego: Academic Press.

Di Giunta, L., & others (2017). Measurement invariance and convergent validity of anger and sadness self-regulation scales among youth from six cultural groups. Assessment, 24, 484–502.

Di Giunta, L., & others (2018). Parents' and early adolescents' self-efficacy about anger regulation and early adolescents' internalizing and externalizing problems: A longitudinal study in three countries. Journal of Adolescence, 64, 124–135.

Diamond, A., & Lee, K. (2011). Interventions shown to aid executive function development in children 4 to 12 years old. Science, 333, 959–964.

Diamond, A. (2013). Executive functioning. Annual Review of Psychology (Vol. 64). Palo Alto, CA: Annual Reviews.

Diamond, L.M. (2013a). Gender and same-sex sexuality. In D. T. Tolman & L. M. Diamond (Eds.), APA handbook on sexuality and psychology. Washington, DC: American Psychological Association.

Diamond, L.M. (2013b). Sexuality and same-sex sexuality in relationships. In J. Simpson & J. Davidio (Eds.), Handbook of personality and social psychology. Washington, DC: American Psychological Association.

Diamond, M., & Sigmundson, H.K. (1997). Sex reassignment at birth: Long-term review and clinical implications. Archives of Pediatric and Adolescent Medicine, 151, 298–304.

Diamond, L.M., & Savin-Williams, R.C. (2013). Same-sex activity in adolescence: Multiple meanings and implications. In R. F. Fassinger & S. L. Morrow (Eds.), Sex in the margins. Washington, DC: American Psychological Association.

Diaz, A., & Bell, M.A. (2012). Frontal EEG asymmetry and fear reactivity in different contexts at 10 months. Developmental Psychobiology, 54, 536–545.

DiBenedetto, M.K., & Schunk, D.H. (2018). Self-efficacy in education revisited through a sociocultural lens. In G.A.D. Liem & D.M. McInerney (Eds.), Big theories revisited 2. Charlotte, NC: Information Age Publishing.

Dickerson, A., & Popli, G.K. (2016). Persistent poverty and children's cognitive development: Evidence from the UK Millennium Cohort Study. Journal of the Royal Statistical Society, 179, 535–558.

Dickinson, D.K., & others (2019). Effects of teacher-delivered book reading and play on vocabulary learning and self-regulation among low-income preschool children. Journal of Cognition and Development, 20(2), 136–164.

Dijkstra, J.K., & Gest, S.D. (2015). Peer norm salience for academic achievement, prosocial behavior, and bullying: Implications for adolescent school experiences. The Journal of Early Adolescence, 35(1), 79–96.

Dilworth-Bart, J.E., & others (2018). Longitudinal associations between self-regulation and the academic and behavioral adjustment of young children born preterm. Early Childhood Research Quarterly, 42, 193–204.

Dimmitt, C., & McCormick, C.B. (2012). Metacognition in education. In K. R. Harris, S. Graham, & T. Urdan (Eds.), Handbook of educational psychology. Washington, DC: American Psychological Association.

Dineva, E., & Schöner, G. (2018). How infants' reaches reveal principles of sensorimotor decision making. Connection Science, 30(1), 53–80.

Dionne, J.M. (2017). Updated guideline may improve the recognition and diagnosis of hypertension in children and adolescents: Review of the 2017 AAP blood pressure clinical practice guideline. Current Hypertension Reports, 19, 84.

DiPerna, J.C., Lei, P., Cheng, W., Hart, S.C., & Bellinger, J. (2018). A cluster randomized trial of the Social Skills Improvement System–Classwide Intervention Program (SSIS-CIP) in first grade. Journal of Educational Psychology, 110(1), 1–16.

Dishion, T.J., & Tipsord, J.M. (2011). Peer contagion in child and adolescent social and emotional development. Annual Review of Psychology (Vol. 62). Palo Alto, CA: Annual Reviews.

Dishion, T.J., & Snyder, J.J. (Eds.). (2016). The Oxford handbook of coercive relationship dynamics. Oxford, UK: Oxford University Press.

DiTrapani, J., Jeon, M., De Boeck, P., & Partchev, I. (2016). Attempting to differentiate fast and slow intelligence: Using generalized item response trees to examine the role of speed on intelligence tests. Intelligence, 56, 82–92.

Divecha, D., & Brackett, M. (2019, in press). Rethinking school-based bullying prevention through the lens of social and emotional learning: A bioecological perspective. International Journal of Bullying Prevention, 1–21. doi:10.1007/s42380-019-00019-5

Dixon, R.A., McFall, G.P., Whitehead, B.P., & Dolcos, S. (2013). Cognitive development in adulthood and aging. In I. B. Weiner & others (2nd ed., Vol. 6). New York: Wiley.

Dlugonski, D., DuBose, K.D., & Rider, P. (2017). Accelerometer-measured patterns of shared physical activity among mother–young child dyads. Journal of Physical Activity and Health, 14, 808–814.

Dobson, K.G., Chow, C.H.T., Morrison, K.M., & Van Lieshout, R.J. (2017). Associations between childhood cognition and cardiovascular events in adulthood: A systematic review and meta-analysis. Canadian Journal of Cardiology, 33, 232–242.

Dodge, K.A. (1993). Social cognitive mechanisms in the development of conduct disorder and depression. Annual Review of Psychology (Vol. 44, pp. 559–584). Palo Alto, CA: Annual Reviews.

Dodge, K.A. (2011a). Context matters in child and family policy. Child Development, 82, 433–442.

Dodge, K.A. (2011b). Social information processing models of aggressive behavior. In M. Mikulincer & P. R. Shaver (Eds.), Understanding and reducing aggression, violence, and their consequences. Washington, DC: American Psychological Association.

Dodge, K.A., & others (2014). Implementation and randomized controlled trial evaluation of universal postnatal nurse home visiting. American Journal of Public Health, 104(S1), S136–S143.

Dodge, K.A., & others (2015). Hostile attributional bias and aggressive behavior in global context. Proceedings of the National Academy of Sciences, 112(30), 9310–9315.

Dodge, K.A., & others (2015). Impact of early

intervention on psychopathology, crime, and wellbeing at age 25. American Journal of Psychiatry, 172(1), 59–70.

Doebel, S., & Zelazo, P.D. (2015). A meta-analysis of the Dimensional Change Card Sort: Implications for developmental theories and the measurement of executive function in children. Developmental Review, 38, 241–268.

Dollar, J.M., Perry, N.B., Calkins, S.D., Keane, S.P., & Shanahan, L. (2018). Temperamental anger and positive reactivity and the development of social skills: Implications for academic competence during preadolescence. Early Education and Development, 29(5), 747–761.

Dong, S.S., & others. (2018). Comprehensive review and annotation of susceptibility SNPs associated with obesity-related traits. Obesity Reviews, 19, 917–930.

Donnelly, K., & Twenge, J.M. (2017). Masculine and feminine traits on the Bem Sex-Role Inventory, 1993–2012: A cross-temporal meta-analysis. Sex Roles, 76, 556–565.

Doob, C.B. (2015). Social inequality and social stratification in U.S. society. New York: Routledge.

Doom, J.R., & others (2018). Family conflict, chaos, and negative life events predict cortisol activity in low-income children. Developmental Psychobiology, 60(4), 364–379.

Dopp, P.R., Mooney, A.J., Armitage, R., & King, C. (2012). Exercise for adolescents with depressive disorders: A feasibility study. Depression Research and Treatment. Article ID: 257472.

Dorsch, T.E., & others (2014). Parent guide: Evidence-based strategies for parenting in organized youth sport. Logan, UT: Utah State University Families in Sport Lab.

Dorsey, S., & others (2017). Evidence base update for psychosocial treatments for children and adolescents exposed to traumatic events. Journal of Clinical Child & Adolescent Psychology, 46, 303–330.

dos Santos, J.F., & others (2018). Maternal, fetal and neonatal consequences associated with the use of crack cocaine during the gestational period: A systematic review and meta-analysis. Archives of Gynecology and Obstetrics, 298(3), 487–503.

Dotti Sani, G.M., & Quaranta, M. (2017). The best is yet to come? Attitudes toward gender roles among adolescents in 36 countries. Sex Roles, 77, 30–45.

Dozier, M., Stovall-McClough, K.C., & Albus, K.E. (2009). Attachment and psychopathology in adulthood. In J. Cassidy & P. R. Shaver (Eds.), Handbook of attachment (2nd ed.). New York: Guilford.

DPIC (Death Penalty Information Center) (2019). Execution of juveniles in the U.S. and other countries. Retrieved from https://deathpenaltyinfo.org/ execution-juveniles-us-and-other-countries

Draganova, R., & others (2018). Fetal auditory evoked responses to onset of amplitude modulated sounds. A fetal magnetoencephalography (fMEG) study. Hearing Research, 363, 70–77.

Duckworth, A.L., Taxer, J.L., Eskreis-Winkler, L., Galla, B.M., & Gross, J.J. (2019). Self-control and academic achievement. Annual Review of Psychology, 70, 373–399.

Dugas, C., & others (2017). Postnatal prevention of childhood obesity in offspring prenatally exposed to gestational diabetes mellitus: Where are we now. Obesity Facts, 10(4), 396–406.

Dunbar, R.I.M. (2018). The anatomy of friendship. Trends in Cognitive Sciences, 22(1), 32–51.

Duncan, G.J. (2012). Give us this day our daily breadth. Child Development, 83, 6–15.

Duncan, G., Magnuson, K., Kalil, A., & Ziol-Guest, K. (2012). The importance of early childhood poverty. Social Indicators Research, 108, 87–98.

Duncan, G.J., & others (2013). Early childhood poverty and adult achievement, employment and health. Child Development, 81(1), 306–325.

Duncan, G.J., Kalil, A., & Ziol-Guest, K.M. (2017). Increasing inequality in parent incomes and children's schooling. Demography, 54(5), 1603–1626.

Duncan, G.J., Magnuson, K., & Votruba-Drzal, E. (2017). Moving beyond correlations in assessing the consequences of poverty. Annual Review of Psychology, 68, 413–434.

Duncombe, M.E., Havighurst, S.S., Holland, K.A., & Frankling, E.J. (2012). The contribution of parenting practice and parent emotion factors in children at risk for disruptive behavior disorders. Child Psychiatry and Human Development, 43, 715–733.

Dunkel Schetter, C. (2011). Psychological science in the study of pregnancy and birth. Annual Review of Psychology (Vol. 62). Palo Alto, CA: Annual Reviews.

Dunn, J. (2007). Siblings and socialization. In J. E. Grusec & P. D. Hastings (Eds.), Handbook of socialization. New York: Guilford.

Dunn, J. (2010). Commentary and challenges to Grusec and Davidov's domain-specific approach. Child Development, 81, 710–714.

Dunn, J. (2013). Moral development in early childhood and social interaction in the family. In M. Killen & J. G. Smetana (Eds.), Handbook of moral development (2nd ed.). New York: Routledge.

Dunn, J., & Kendrick, C. (1982). Siblings. Cambridge, MA: Harvard University Press.

Dunne, T., Bishop, L., Avery, S., & Darcy, S. (2017). A review of effective youth engagement strategies for mental health and substance use interventions. Journal of Adolescent Health, 60, 487–512.

Dunphy, D.C. (1963). The social structure of urban adolescent peer groups. Society, 26, 230–246.

Dunst, C.J. (2017). Research foundations for evidence-informed early childhood intervention performance checklists. Education Sciences, 7(4), 78.

Dupéré, V., & others (2018). High school dropout in proximal context: The triggering role of stressful life events. Child Development, 89, e107–e122.

Durrant, J.E. (2008). Physical punishment, culture, and rights: Current issues for professionals. Journal of Developmental and Behavioral Pediatrics, 29, 55–66.

Durrant, R., & Ellis, B.J. (2013). Evolutionary psychology. In I. B. Weiner & others (Eds.), Handbook of psychology (2nd ed., Vol. 3). New York: Wiley.

Durston, S., & others. (2006). A shift from diffuse to focal cortical activity with development. Developmental Science, 9, 1–8.

Dutil, C., & others (2018). Influence of sleep on developing brain functions and structures in children and adolescents: A systematic review. Sleep Medicine Reviews, 42, 184–201.

Dutton, E., & others (2018). A Flynn effect in Khartoum, the Sudanese capital, 2004–2016. Intelligence, 68, 82–86.

Dvornyk, V., & Waqar-ul-Haq, H. (2012). Genetics of age at menarche: A systematic review. Human Reproduction Update, 18, 198–210.

Dweck, C.S., & Master, A. (2009). Self-theories and motivation: Students' beliefs about intelligence. In K. R. Wentzel & A. Wigfield (Eds.), Handbook of motivation at school. New York: Routledge.

Dweck, C.S. (2006). Mindset. New York: Random House.

Dweck, C.S. (2012). Mindsets and human nature: Promoting change in the Middle East, the school yard, the racial divide, and willpower. American Psychologist, 67, 614–622.

Dweck, C.S. (2013). Social development. In P. Zelazo (Ed.), Oxford handbook of developmental psychology. New York: Oxford University Press.

Dweck, C.S., & Yeager, D.S. (2018). Mindsets change the imagined and actual future. In G. Oettingen, A.T. Sevincer, & P.M. Gollwitzer (Eds.), The psychology of thinking about the future. New York: Guilford.

E

Eagleton, S.G., Williams, A.L., & Merten, M.J. (2016). Perceived behavioral autonomy and trajectories of depressive symptoms from adolescence to adulthood. Journal of Child and Family Studies, 25(1), 198–211.

Eagly, A.H., & Crowley, M. (1986). Gender and helping behavior: A meta-analytic review of the social psychological literature. Psychological Bulletin, 100, 283–308.

Eagly, A.H. (2013). Women as leaders: Paths through the labyrinth. In M. C. Bligh & R. Riggio (Eds.), When near is far and far is near: Exploring distance in leader-follower relationships. New York: Wiley Blackwell.

Eagly, A.H., & Wood, W. (2016). Social role theory of sex differences. In N. Naples (Ed.-in-Chief), R.C. Hoogland, M. Wickramasinghe, & W.C.A. Wong (Assoc. Eds.), Wiley Blackwell encyclopedia of gender and sexuality studies. New York: Wiley-Blackwell.

Eason, A.D., & Parris, B.A. (2018). Clinical applications of self-hypnosis: A systematic review and meta-analysis of randomized controlled trials. Psychology of Consciousness: Theory, Research, and Practice. doi:10.1037/cns0000173

East, P. (2009). Adolescent relationships with siblings. In R. M. Lerner & L. Steinberg (Eds.), Handbook of adolescent psychology (3rd ed.). New York: Wiley.

Easterbrooks, M.A., Bartlett, J.D., Beeghly, M., & Thompson, R.A. (2013). Social and emotional development in infancy. In R. M. Lerner, M. A. Easterbrooks, & J. Mistry (Eds.), Handbook of psychology (2nd ed., Vol. 6). New York: Wiley.

Eaton, D.K., & others (2012). Youth risk behavior surveillance—United States, 2011. MMWR Surveillance Summaries, 8, 61(4), 1–162.

Ebbert, A.M., Kumar, N.L., & Luthar, S.S. (2019). Complexities in adjustment patterns among the "best and the brightest": Risk and resilience in the context of high-achieving schools. Research in Human Development, 16(1), 21–34.

Eccles, J.S., & Roeser, R.W. (2011). Schools as developmental contexts during adolescence. Journal of Research on Adolescence, 21, 225–241.

Eccles, J.S., & Roeser, R.W. (2013). Schools as developmental contexts during adolescence. In I. B. Weiner & others (Eds.), Handbook of psychology (2nd ed., Vol. 6). New York: Wiley.

Ecker-Lyster, M., & Niileksela, C. (2017). Enhancing gifted education for underrepresented students: Promising recruitment and programming strategies. Journal for the Education of the Gifted, 40, 79–95.

Edelman, M.W. (2017). Foreword: The state of America's children: We must keep moving forward. In The state of America's children, 2017. Washington DC: Children's Defense Fund.

Eden-Friedman, Y., & others (2018). Delivery outcomes in subsequent pregnancy following primary breech cesarean delivery: A retrospective cohort study. The Journal of Maternal-Fetal & Neonatal Medicine, 1–11. doi:10.1080/14767058.2018.1523388 **Ednick, M., & others.** (2010). Sleep-related respiratory abnormalities and arousal pattern in achondroplasia during early infancy. Journal of Pediatrics, 155, 510–515.

Edwards, C.P., & Liu, W. (2002). Parenting toddlers. In M. H. Bornstein (Ed.), Handbook of parenting (2nd ed., Vol. 1). Mahwah, NJ: Erlbaum.

Edwards, C.P., & Gandini, L. (2018). The Reggio Emilia approach to early childhood education. In J.L. Roopnarine & others (Eds.), Handbook of international perspectives on early childhood education. New York: Routledge.

Edwards, M. (2013). Every child, every day: A digital conversion model for student achievement. Upper Saddle River, NJ: Pearson.

Eggum-Wilkens, N.D., Reichenberg, R.E., Eisenberg, N., & Spinrad, T.L. (2016). Components of effortful control and their relations to children's shyness. International Journal of Behavioral Development, 40, 544–554.

Ehrlich, K.B., Dykas, M.J., & Cassidy, J. (2012). Tipping points in adolescent adjustment: Predicting social functioning from adolescents' conflict with parents and friends. Journal of Family Psychology, 26, 776–783.

Eisenberg, N., & others (2001). Mothers' emotional expressivity and children's behavior problems and social competence: Mediation through children's regulation. Developmental Psychology, 37(4), 475–490.

Eisenberg, N., & Spinrad, T.L. (2016). Multidimensionality of prosocial behavior: Rethinking the conceptualization and development of prosocial behavior. In L. Padilla-Walker & G. Carlo (Eds.), Prosocial development: A multidimensional approach (2nd ed.). New York: Oxford University Press.

Eisenberg, N., Morris, A.S., McDaniel, B., & Spinrad, T.L. (2009). Moral cognitions and prosocial responding in adolescence. In R. M. Lerner & L. Steinberg (Eds.), Handbook of adolescent psychology (3rd ed.). New York: Wiley.

Eisenberg, N., Spinrad, T., & Sadovsky, A. (2014). Empathy-related responding in children. In M. Killen & J.G. Smetana (Eds.), Handbook of moral development (2nd ed.) (pp. 184–207). New York: Routledge.

Eisenberg, N., Spinrad, T.L., & Knafo-Noam, A. (2015). Prosocial development. In R.M. Lerner (Ed.), Handbook of child psychology and developmental science (7th ed.). New York: Wiley.

Eisenberg, N., & Valiente, C. (2002). Parenting and children's prosocial and moral development. In M. H. Bornstein (Ed.), Handbook of parenting (2nd ed.). Mahwah, NJ: Erlbaum.

El-Hajj, N., & others (2013). Metabolic programming of MEST DNA methylation by intrauterine exposure to gestational diabetes mellitus. Diabetes, 62(4), 1320–1328.

El-Sheikh, M., & others (2013). Economic adversity and children's sleep problems: Multiple indicators and moderation of health. Health Psychology, 32(8), 849–859.

El-Sheikh, M., & Kelly, R.J. (2017). Family functioning and children's sleep. Child Development Perspectives, 11, 264–269.

Elder, G.H., & Shanahan, M.J. (2006). The life course and human development. In W. Damon & R. Lerner (Eds.), Handbook of child psychology (6th ed.). New York: Wiley.

Elkind, D. (1978). Understanding the young adolescent. Adolescence, 13, 127–134.

Ellis, B.J., & Boyce, W.T. (2008). Biological sensitivity to context. Current Directions in Psychological Science, 17, 183–187.

Ellis, C.T., & Turk-Browne, N.B. (2018). Infant fMRI: A model system for cognitive neuroscience. Trends in Cognitive Sciences, 22, 375–387.

Ellis, W.E., & Zarbatany, L. (2017). Understanding processes of peer clique influence in late childhood and early adolescence. Child Development Perspectives, 11(4), 227–232.

Eme, R. (2015). Greater male exposure to prenatal testosterone. Violence and Gender, 2, 19–23.

Emery, R.E. (1994). Renegotiating family relationships. New York: Guilford Press.

Endendijk, J.J., Groeneveld, M.G., Bakermans-Kranenburg, M.J., & Mesman, J. (2016). Gender-differentiated parenting revisited: Meta-analysis reveals very few differences in parental control of boys and girls. PLoS One, 11(7), e0159193.

Enfield, A., & Collins, D. (2008). The relationship of service-learning, social justice, multicultural competence, and civic engagement. Journal of College Student Development, 49, 95–109.

Engberg, E., & others (2018). A randomized lifestyle intervention preventing gestational diabetes: Effects on self-rated health from pregnancy to postpartum. Journal of Psychosomatic Obstetrics & Gynecology, 39(1), 1–6.

England, L.J., & others (2017). Developmental toxicity of nicotine: A transdisciplinary synthesis and implications for emerging tobacco products. Neuroscience & Biobehavioral Reviews, 72, 176–189.

Erdogan, S.U., Yanikkerem, E., & Goker, A. (2017). Effects of low back massage on perceived birth pain and satisfaction. Complementary Therapies in Clinical Practice, 28, 169–175.

Erikson, E.H. (1950). Childhood and society. New York: W. W. Norton.

Erikson, E.H. (1968). Identity: Youth and crisis. New York. W. W. Norton.

Eriksson, U.J. (2009). Congenital malformations in diabetic pregnancy. Seminar in Fetal and Neonatal Medicine, 14, 85–93.

Ericsson, K.A., & others (2018). The Cambridge handbook of expertise and expert performance (2nd ed.). Cambridge UK: Cambridge University Press.

Ericsson, K.A., Krampe, R., & Tesch-Romer, C. (1993). The role of deliberate practice in the acquisition of expert performance. Psychological Review, 100, 363–406.

Ertem, I.O., & others (2018). Similarities and differences in child development from birth to age 3 years by sex and across four countries: A cross-sectional, observational study. The Lancet Global Health, 6(3), e279–e291.

Eruyar, S., Maltby, J., & Vostanis, P. (2018). Mental health problems of Syrian refugee children: The role of parental factors. European Child & Adolescent Psychiatry, 27, 401–409.

Escobar-Chaves, S.L., & Anderson, C.A. (2008). Media and risky behavior. Future of Children, 18(1), 147–180.

Eskin, M., & others (2019). The role of religion in suicidal behavior, attitudes and psychological distress among university students: A multinational study. Transcultural Psychiatry. doi:10.1177/1363461518823933

Espelage, D.L., & Holt, M.K. (2012). Understanding and preventing bullying and sexual harassment in school. In K. R. Harris & others (Eds.), APA handbook of educational psychology. Washington, DC: American Psychological Association.

Esposito, G., Nakazawa, J., Venuti, P., & Bornstein, M.H. (2015). Judgment of infant cry: The roles of acoustic characteristics and sociodemographic characteristics. Japanese Psychological Research, 57, 126–134.

Esposito, G., Setoh, P., Shinohara, K., & Bornstein, M.H. (2017). The development of attachment: Integrating genes, brain, behavior, and environment. Behavioural Brain Research, 325, 87–89.

Etaugh, C., & Bridges, J.S. (2017). Women's lives (4th ed.). New York: Routledge.

Evans, G.W. (2004). The environment of childhood poverty. American Psychologist, 59, 77–92.

Evans, G.W., & English, K. (2002). The environment of poverty: Multiple stressor exposure, psychophysiological stress, and socioemotional adjustment. Child Development, 73, 1238–1248.

Evenson, K.R., & others (2014). Guidelines for physical activity during pregnancy: Comparisons from around the world. American Journal of Lifestyle Medicine, 8(2), 102–121.

Eviatar, Z., Taha, H., Cohen, V., & Schwartz, M. (2018). Word learning by young sequential bilinguals: Fast mapping in Arabic and Hebrew. Applied Psycholinguistics, 39, 649–674.

Extremera, N., Quintana-Orts, C., Mérida-López, S., & Rey, L. (2018). Cyberbullying victimization, self-esteem and suicidal ideation in adolescence: Does emotional intelligence play a buffering role? Frontiers in Psychology, 9, 367.

Eydal, G.B., & Rostgaard, T. (Eds.). (2016). Fatherhood in the Nordic welfare states: Comparing care policies and practice. Bristol, UK: Policy Press.

F

Faas, S., Wu, S.C., & Geiger, S. (2017). The importance of play in early childhood education: A critical perspective on current policies and practices in Germany and Hong Kong. Global Education Review, 4, 75–91.

Fabricius, W.V., Braver, S.L., Diaz, P., & Schenck, C. (2010). Custody and parenting time: Links to family relationships and well-being after divorce. In M. E. Lamb (Ed.), The role of the father in child development (5th ed.). New York: Wiley.

Fair, D., & Schlaggar, B.L. (2008). Brain development. In M. M. Haith & J. B. Benson (Eds.), Encyclopedia of infant and early childhood development. London, UK: Elsevier.

Fair, M.L., Reed, J.A., Hughey, S.M., Powers, A.R., & King, S. (2017). The association between aerobic fitness and academic achievement among elementary school youth. Translational Journal of the American College of Sports Medicine, 2, 44–50.

Falbo, T., & Poston, D.L. (1993). The academic, personality, and physical outcomes of only children in China. Child Development, 64, 18–35.

Falck-Ytter, T., & others (2012). Gaze performance in children with autism spectrum disorder when observing communicative actions. Journal of Autism and Developmental Disorders, 42(10), 2236–2245.

Fantz, R.L. (1963). Pattern vision in newborn infants. Science, 140, 296–297.

Fardouly, J., & Vartanian, L.R. (2016). Social media and body image concerns: Current research and future directions. Current Opinion in Psychology, 9, 1–5.

Fardouly, J., Magson, N.R., Johnco, C.J., Oar, E.L., & Rapee, R.M. (2018). Parental control of the time preadolescents spend on social media: Links with preadolescents' social media appearance comparisons and mental health. Journal of Youth and Adolescence, 47(7), 1456–1468.

Farrar, S., & Tapper, K. (2018). The effect of mindfulness on rational thinking. Appetite, 123, 468.

Farrington, D.P. (2009). Conduct disorder, aggression, and delinquency. In R. M. Lerner & L. Steinberg (Eds.), Handbook of adolescent psychology (3rd ed.). New York: Wiley.

Fatima, Y., Doi, S.A., Najman, J.M., & Al Mamun, A. (2017). Continuity of sleep problems from adolescence to young adulthood: Results from a longitudinal study. Sleep Health, 3, 290–295.

Fearon, R.P., & others (2010). The significance of insecure attachment and disorganization in the development of children's externalizing behavior: A meta-analytic study. Child Development, 81, 435–456.

Fearon, R.M.P., & Roisman, G.I. (2017). Attachment theory: Progress and future directions. Current Opinion in Psychology, 15, 131–136.

Fedock, G.L., & Alvarez, C. (2018). Differences in screening and treatment for antepartum versus postpartum patients: Are providers implementing the guidelines of care for perinatal depression? Journal of Women's Health, 27. doi:10.1089/jwh.2017.6765

Feeney, S., Moravcik, E., & Nolte, S. (2018). Who am I in the lives of children? (11th ed.). Upper Saddle River, NJ: Pearson.

Feil, R., & Fraga, M.F. (2012). Epigenetics and the environment: Emerging patterns and implications. Nature Reviews: Genetics, 1, 97–109.

Feinstein, B.A., & others (2018). Gay and bisexual adolescent boys' perspectives on parent–adolescent relationships and parenting practices related to teen sex and dating. Archives of Sexual Behavior, 47(6), 1825–1837.

Feldgus, E., Cardonick, I., & Gentry, R. (2017). Kid writing in the 21st century. Los Angeles: Hameray Publishing Group.

Feliciano, C., & Lanuza, Y.R. (2017). An immigrant paradox? Contextual attainment and intergenerational educational mobility. American Sociological Review, 82(1), 211–241.

Feliciano, C., & Rumbaut, R.G. (2018). The evolution of ethnic identity from adolescence to middle adulthood: The case of the immigrant second generation. Emerging Adulthood, 7(2), 85–96.

Ferguson, B., & Waxman, S. (2017). Linking language and categorization in infancy. Journal of child language, 44(3), 527–552.

Ferguson, C.J. (2015). Do angry birds make for angry children? A meta-analysis of video game influences on children's and adolescents' aggression, mental health, prosocial behavior, and academic performance. Perspectives on Psychological Science, 10(5), 646–666.

Fernald, A., Marchman, V.A., & Weisleder, A. (2013). SES differences in language processing skill and vocabulary are evident at 18 months. Developmental Science, 16, 234–248.

Fernandes, C., & others (2018). Mothers, fathers, sons, and daughters: Are there sex differences in the organization of secure base behavior during early childhood? Infant Behavior and Development, 50, 213–223.

Field, T., Figueiredo, B., Hernandez-Reif, M., Deeds, O., & Ascencio, A. (2008). Massage therapy reduces pain in pregnant women, alleviates prenatal depression in both parents and improves their relationships. Journal of Bodywork and Movement Therapies, 12, 146–150.

Field, T. (2010). Postpartum depression effects on early interactions, parenting, and safety practices: A review. Infant Behavior and Development, 33, 1–6.

Field, T. (2016). Massage therapy research review. Complementary Therapies in Clinical Practice, 24, 19–31.

Field, T.M., & Hernandez-Reif, M. (2013). Touch and pain perception in infants. In D. Narvaez & others (Eds.), Evolution, early experience, and development. New York: Oxford University Press.

Field, T.M., & others. (2012). Yoga and massage therapy reduce prenatal depression and prematurity. Journal of Bodywork and Movement Therapies, 16, 204–209.

Fiese, B., Jones, B., & Saltsman, J. (2018). Systems unify family psychology. In B. Fiese and others (Eds.), APA handbook of contemporary family psychology. Washington, DC: American Psychological Association.

Fiese, B. (Ed.) (2018). APA handbook of contemporary family psychology. Washington, DC: American Psychological Association.

Filippetti, M.L., & Tsakiris, M. (2018). Just before I recognize myself: the role of featural and multisensory cues leading up to explicit mirror self-recognition. Infancy, 23(4), 577–590.

Finelli, J., Zeanah, C.H., & Smyke, A.T. (2019). Attachment disorders in early childhood. In C.H. Zeanah (Ed.), Handbook of infant mental health (4th ed.). New York: Guilford.

Fingerman, K.L., Pillemer, K.A., Silverstein, M., & Suitor, J.J. (2012). The Baby Boomers' intergenerational relationships. Gerontologist, 52, 199–209.

Fingerman, K.L., Sechrest, J., & Birditt, K.S. (2013). Intergenerational relationships in a changing world. Gerontology, 59(1), 64–70.

Fiori, M., & Vesely-Maillefer, A.K. (2018). Emotional intelligence as an ability: Theory, challenges, and new directions. In K. Keefer, J. Parker, & D. Saklofske (Eds.), Emotional intelligence in education (pp. 23–47). Dordrecht, the Netherlands: Springer.

Firk, C., Dahmen, B., Lehmann, C., Herpertz-Dahlmann, B., & Konrad, K. (2018). Down-regulation of amygdala response to infant crying: A role for distraction in maternal emotion regulation. Emotion, 18, 412–423.

Fisher, C.B., Busch-Rossnagel, N.A., Jopp, D.S., & Brown, J.L. (2013). Applied developmental science: Contributions and challenges for the 21st century. In I. B. Weiner & others (Eds.), Handbook of psychology (2nd ed., Vol. 6). New York: Wiley.

Fisher, H.L., & others (2012). Bullying victimization and risk of self-harm in early adolescence: Longitudinal cohort study. British Medical Journal, 344, e2683.

Fisher, P.A. (2005, April). Translational research on underlying mechanisms of risk among foster children: Implications for prevention science. Paper presented at the meeting of the Society for Research in Child Development, Washington, DC.

Fite, P., Frazer, A., DiPierro, M., & Abel, M. (2019). Youth perceptions of what is helpful during the middle school transition and correlates of transition difficulty. Children and Schools, 41, 55–64.

FitzGerald, T.L., & others (2018). Body structure, function, activity, and participation in 3- to 6-year-old children born very preterm: An ICF-based systematic review and meta-analysis. Physical Therapy, 98(8), 691–704.

Fivush, R. (2019). Family narratives and the development of an autobiographical self: Social and cultural perspectives on autobiographical memory. New York: Routledge.

Fizke, E., & others (2017). Are there signature limits in early theory of mind? Journal of Experimental Child Psychology, 162, 209–224.

Fizke, E., Butterfill, S., van de Loo, L., Reindl, E., & Rakoczy, H. (2017). Are there signature limits in early theory of mind? Journal of Experimental Child Psychology, 162, 209–224.

Flanagan, C.A., Kim, T., Collura, J., & Kopish, M.A. (2015). Community service and adolescents' social capital. Journal of Research on Adolescence, 25(2), 295–309.

Flanagan, D.P., & McDonough, E.M. (Eds.). (2018). Contemporary intellectual assessment: Theories, tests, and issues (4th ed.). New York: Guilford.

Flanigan, A.E., & Kiewra, K.A. (2018). What college instructors can do about student cyber-slacking. Educational Psychology Review, 30(2), 585–597.

Flavell, J.H., Friedrichs, A., & Hoyt, J. (1970). Developmental changes in memorization processes. Cognitive Psychology, 1, 324–340.

Flavell, J.H. (2004). Theory-of-mind development: Retrospect and prospect. Merrill-Palmer Quarterly, 50, 274–290.

Fletcher-Watson, S., & Happé, F. (2019). Autism: A new introduction to psychological theory and current debate. New York: Routledge.

Fletcher, B.R., & Rapp, P.R. (2013). Normal neurocognitive aging. In I. B. Weiner & others (Eds.), Handbook of psychology (2nd ed., Vol. 3). New York: Wiley.

Fletcher, J.M., Lyon, G.R., Fuchs, L.S., & Barnes, M.A. (2018). Learning disabilities: From identification to intervention. New York: Guilford.

Flores, D., Docherty, S.L., Relf, M.V., McKinney, R.E., & Barroso, J.V. (2018). "It's almost like gay sex doesn't exist": Parent-child sex communication according to gay, bisexual, and queer male adolescents. Journal of Adolescent Research, 0743558418757464.

Florin, T., & Ludwig, S. (2011). Netter's Pediatrics. New York: Elsevier.

Flouri, E., & Buchanan, A. (2004). Early father's and mother's involvement and child's later educational outcomes. British Journal of Educational Psychology, 74, 141–153.

Flynn, H.K., Felmlee, D.H., & Conger, R.D. (2017). The social context of adolescent friendships: Parents, peers, and romantic partners. Youth & Society, 49(5), 679–705.

Flynn, H.K. (2018). Friendships of adolescence. The Blackwell encyclopedia of sociology. New York: Wiley.

Flynn, J.R. (2013). Are we getting smarter? New York: Cambridge University Press.

Flynn, J.R. (2018). Reflections about intelligence over 40 years. Intelligence, 70, 73–83.

Foley, J.E., & Weinraub, M. (2017). Sleep, affect, and social competence from preschool to preadolescence: Distinct pathways to emotional and social adjustment for boys and for girls. Frontiers in Psychology, 8, 711.

Fonagy, P., Luyten, P., Allison, E., & Campbell, C. (2016). Reconciling psychoanalytic ideas with attachment theory. In J. Cassidy & P. Shaver (Eds.), Handbook of attachment theory (3rd ed., pp. 780–804). New York: Guilford Press.

Fong, C.J., Patall, E.A., Vasquez, A.C., & Stautberg, S. (2019). A meta-analysis of negative feedback on intrinsic motivation. Educational Psychology Review, 31, 121–162.

Ford, D.Y. (2012). Gifted and talented education: History, issues, and recommendations. In K. R. Harris, S. Graham, & T. Urdan (Eds.), APA handbook of educational psychology. Washington, DC: American Psychological Association.

Forgatch, M.S., Patterson, G.R., Degarmo, D.S., & Beldavs, Z.G. (2009). Testing the Oregon delinquency model with 9-year follow-up of the Oregon Divorce Study. Development and Psychopathology, 21, 637–660.

Foss, K.D.B., Thomas, S., Khoury, J.C., Myer, G.D., & Hewett, T.E. (2018). A school-based neuromuscular training program and sport-related injury incidence: A prospective randomized controlled clinical trial. Journal of Athletic Training, 53(1), 20–28.

Foulkes, L., & Blakemore, S.J. (2018). Studying individual differences in human adolescent brain development. Nature Neuroscience, 21, 315–323.

Fox, B.J. (2012). Word identification strategies (5th ed.). Boston: Allyn & Bacon.

Fox, E.L., & others (2018). Who knows what: An exploration of the infant feeding message environment and intracultural differences in Port-au-Prince, Haiti. Maternal & Child Nutrition, 14(2), e12537.

Fox, S.E., Levitt, P., & Nelson, C.A. (2010). How the timing and quality of early experiences influence the development of brain architecture. Child Development, 81, 28–40.

Fraley, R.C., Roisman, G.I., & Haltigan, J.D. (2013). The legacy of early experiences in development: Formalizing alternative models of how early experiences are carried forward over time. Developmental Psychology.

Franchak, J.M., Kretch, K.S., Soska, K.C., & Adolph, K.E. (2011). Head-mounted eye-tracking: A new method to describe the visual ecology of infants. Child Development, 82, 1738–1750.

Franchak, J.M. (2018). Changing opportunities for learning in everyday life: Infant body position over the first year. Infancy. doi:10.1111/infa.12272

Frank, M.C., Vul, E., & Johnson, S.P. (2009). Development of infants' attention to faces during the first year. Cognition, 110, 160–170.

Franke, B., & Buitelaar, J.K. (2018). Gene-environment interactions. In T. Banaschewski, D. Coghill, & A. Zuddas (Eds.), Oxford textbook of attention deficit hyperactivity disorder. Oxford: Oxford University Press.

Frankenhuis, W.E., & Fraley, R.C. (2017). What do evolutionary models teach us about sensitive periods in psychological development? European Psychologist, 22, 141–150.

Franklin, A., Bevis, L., Ling, Y., & Hulbert, A. (2010). Biological components of color preference in infancy. Developmental Science, 13, 346–354.

Franz, C.E. (1996). The implications of preschool tempo and motoric activity level for personality decades later. Reported in A. Caspi (1998), Personality development across the life course. In W. Damon (Ed.), Handbook of child psychology (Vol. 3, p. 337). New York: Wiley.

Freemark, M. (2018). Childhood obesity in the modern age: Global trends, determinants, complications, and costs. In M.S. Freemark (Ed.), Pediatric obesity: Etiology, pathogenesis, and treatment (pp. 3–24). Humana Press, Cham.

Freitag, C.M., & others (2018). Focused issue on conduct disorder and aggressive behavior. European Child & Adolescent Psychiatry, 27, 1231–1234.

Freitas-Vilela, A.A., & others. (2018). Maternal dietary patterns during pregnancy and intelligence quotients in the offspring at 8 years of age: Findings from the ALSPAC cohort. Maternal and Child Nutrition, 14(1), e12431.

Freud, S. (1917). A general introduction to psychoanalysis. New York: Washington Square Press.

Frey, W.H. (2018). Diversity explosion: How new racial demographics are remaking America. Washington, DC: Brookings Institution Press.

Frey, W.H. (2019). America's not full. Its future rests with young immigrants. Washington, DC: Brookings Institution. Retrieved May 4, 2019, from https:// www.brookings.edu/blog/the-avenue/2019/04/10/ america-is-not-full-its-future-rests-with-young- immigrants/

Frick, M.A., & others (2018). The role of sustained attention, maternal sensitivity, and infant temperament in the development of early self-regulation. British Journal of Psychology, 109, 277–298.

Friedman, N.P., & Miyake, A. (2017). Unity and diversity of executive functions: Individual differences as a window on cognitive structure. Cortex, 86, 186–204.

Friedman, S.L., Melhuish, E., & Hill, C. (2010). Childcare research at the dawn of a new millennium: An update. In G. Bremner & T. Wachs (Eds.), Wiley-Blackwell handbook of infant development (2nd ed.). Oxford, UK: Wiley-Blackwell.

Friend, M., & Bursuck, W.D. (2018). Including students with special needs (8th ed.). Upper Saddle River, NJ: Pearson.

Friend, M. (2018). Special education (5th ed.). Upper Saddle River, NJ: Pearson.

Frisen, A., Hasselblad, T., & Holmqvist, K. (2012). What actually makes bullying stop? Reports from former victims. Journal of Adolescence, 35, 981–990.

Fromberg, D., & Bergen, D. (2015). Play from birth to twelve (3rd ed.). New York: Routledge.

Fuchs, L.S., & others. (2013). Instructional intervention for students with mathematical learning disabilities. In H. L. Swanson & others (Eds.), Handbook of learning disabilities (2nd ed.). New York: Guilford.

Fuligni, A.J. (2012). Gaps, conflicts, and arguments between adolescents and their parents. New Directions for Child and Adolescent Development, 135, 105–110.

Fuligni, A.J., Arruda, E.H., Krull, J.L., & Gonzales, N.A. (2018). Adolescent sleep duration, variability, and peak levels of achievement and mental health. Child Development, 89, e18–e28.

Fuligni, A.J. (2019). The need to contribute during adolescence. Perspectives on Psychological Science, 14(3), 331–343.

Fung, C., & others (2012). From "best practice" to "next practice": The effectiveness of school-based health promotion in improving healthy eating and physical activity and preventing childhood obesity. International Journal of Behavioral Nutrition and Physical Activity, 9, 27.

Fung, H., Li, J., & Lam, C.K. (2017). Multi-faceted discipline strategies of Chinese parenting. International Journal of Behavioral Development, 41, 472–481.

Fung, H. (2011). Cultural psychological perspectives on social development. In P. K. Smith & C. H. Hart (Eds.), Wiley-Blackwell handbook of childhood social development (2nd ed.). New York: Wiley.

Furth, H.G., & Wachs, H. (1975). Thinking goes to school. New York: Oxford University Press.

G

Gámez, P.B., Griskell, H.L., Sobrevilla, Y.N., & Vazquez, M. (2019). Dual language and English-only learners' expressive and receptive lan-

Galambos, N.L., Berenbaum, S.A., & McHale, S.M. (2009). Gender development in adolescence. In R. M. Lerner & L. Steinberg (Eds.), Handbook of adolescent psychology. New York: Wiley.

Galinsky, E. (2010). Mind in the making. New York: Harper Collins.

Galinsky, E., & David, J. (1988). The preschool years: Family strategies that work—from experts and parents. New York: Times Books.

Galland, B.C., Taylor, B.J., Edler, D.E., & Herbison, P. (2012). Normal sleep patterns in infants and children: A systematic review of observational studies. Sleep Medicine Review, 16, 213–222.

Galloway, A.T., Watson, P., Pitama, S., & Farrow, C.V. (2018). Socioeconomic position and picky eating behavior predict disparate weight trajectories in infancy. Frontiers in Endocrinology, 9, 528.

Ganong, L., & Coleman, M. (Eds.) (2017). Stepfamily relationships: Development, dynamics, and interventions. New York: Springer.

Ganong, L., Coleman, M., & Jamison, T. (2011). Patterns of stepchild-stepparent relationship development. Journal of Marriage and the Family, 73, 396–413.

Garcia Coll, C., & Pachter, L.M. (2002). Ethnic and minority parenting. In M. H. Bornstein (Ed.), Handbook of parenting (2nd ed., Vol. 4). Mahwah, NJ: Erlbaum.

Garcia, E.P., McKee, L.G., & Forehand, R. (2012). Discipline. In J. R. Levesque (Ed.), Encyclopedia of adolescence. New York: Springer.

Gardner, H. (1983). Frames of mind. New York: Basic Books.

Gardner, M., & Steinberg, L. (2005). Peer influence on risk taking, risk preference, and risky decision making in adolescence and adulthood: An experimental study. Developmental Psychology, 41, 625–635.

Gardner, M., Brooks-Gunn, J., & Chase-Lansdale, P.L. (2016). The two-generation approach to building human capital: Past, present, and future. In E. Votruba-Drzal & E. Dearing (Eds.), Handbook of early childhood development programs, practices, and policies. New York: Wiley.

Gareth, T. (2017). Decision-making by expectant parents: NIPT, NIPD, and current methods of prenatal screening for Down's Syndrome (Evidence Review). [Project Report]. Nuffield Council on Bioethics. Retrieved from http://www.nuffieldbioethics.org/wp-content/uploads/Gareth-Thomas-evidence-review-decision-making-NIPT.pdf

Garg, N., Schiebinger, L., Jurafsky, D., & Zou, J. (2018). Word embeddings quantify 100 years of gender and ethnic stereotypes. Proceedings of the National Academy of Sciences, 115(16), E3635–E3644.

Gariépy, G., Janssen, I., Sentenac, M., & Elgar, F.J. (2017). School start time and sleep in Canadian adolescents. Journal of Sleep Research, 26, 195–201.

Garrett, G.S., & Bailey, L.B. (2018). A public health approach for preventing neural tube defects: Folic acid fortification and beyond. Annals of the New York Academy of Sciences, 1414(1), 47–58.

Garthe, R.C., Sullivan, T.N., & Behrhorst, K.L. (2018). A latent class analysis of early adolescent peer and dating violence: Associations with symptoms of depression and anxiety. Journal of Interpersonal Violence, 0886260518759654.

Gartstein, M.A., & Skinner, M.K. (2018). Prenatal influences on temperament development: The role of environmental epigenetics. Development and Psychopathology, 30, 1269–1303.

Gasparini, C., Sette, S., Baumgartner, E., Martin, C.L., & Fabes, R.A. (2015). Gender-biased attitudes and attributions among young Italian children: Relation to peer dyadic interaction. Sex Roles, 73, 427–441.

Gasser, L., & Keller, M. (2009). Are the competent morally good? Perspective taking and moral motivation of children involved in bullying. Social Development, 18(4), 798–816.

Gassman-Pines, A., & Skinner, A. (2018). Psychological acculturation and parenting behaviors in Mexican American families. Journal of Family Issues, 39(5), 1139–1164.

Gates, G.J. (2013). LGBT parenting in the United States. Los Angeles: The Williams Institute.

Gates, W. (1998, July 20). Charity begins when I'm ready (interview). Fortune.

Gauvain, M. (2013). Sociocultural contexts of development. In P. D. Zelazo (Ed.), Oxford handbook of developmental psychology. New York: Oxford University Press.

Gauvain, M. (2018). Collaborative problem solving: Social and developmental considerations. Psychological Science in the Public Interest, 19, 53–58.

Gazelle, H., & Faldowski, R.A. (2019, in press). Multiple trajectories in anxious solitary youths: The middle school transition as a turning point in development. Journal of Abnormal Child Psychology.

Geary, D.C., Nicholas, A., Li, Y., & Sun, J. (2017). Developmental change in the influence of domain-general abilities and domain-specific knowledge on mathematics achievement: An eight-year longitudinal study. Journal of Educational Psychology, 109(5), 680–693.

Gee, C.L., & Heyman, G.D. (2007). Children's evaluations of other people's self-descriptions. Social Development, 16(4), 800–818.

Gelbar, N.W., Bray, M., Kehle, T.J., Madaus, J.W., & Makel, C. (2018). Exploring the nature of compensation strategies in individuals with dyslexia. Canadian Journal of School Psychology, 33, 110–124.

Gelman, R. (1969). Conservation acquisition: A problem of learning to attend to relevant attributes. Journal of Experimental Child Psychology, 7, 67–87.

Gelman, S.A. (2013). Concepts in development. In P. D. Zelazo (Ed.), Oxford handbook of developmental psychology. New York: Oxford University Press.

Gelman, S.A., & Kalish, C.W. (2006). Conceptual development. In W. Damon & R. Lerner (Eds.), Handbook of child psychology (6th ed.). New York: Wiley.

Gelman, S.A., Taylor, M.G., & Nguyen, S.P. (2004). Mother-child conversations about gender. Monographs of the Society for Research in Child Development, 69 (1, Serial No. 275).

Geniole, S.N., & Carré, J.M. (2018). Human social neuroendocrinology: Review of the rapid effects of testosterone. Hormones and Behavior, 104, 192–205.

Gennetian, L.A., & Miller, C. (2002). Children and welfare reform: A view from an experimental welfare reform program in Minnesota. Child Development, 73, 601–620.

Germeroth, C., & others (2019, in press). Play it high, play it low: Examining the reliability and validity of a new observation tool to measure children's make-believe play. American Journal of Play, 11(2).

Gershoff, E.T., & others. (2010). Parent discipline practices in an international sample: Associations with child behaviors and moderation by perceived normativeness. Child Development, 81, 487–502.

Gershoff, E.T. (2002). Corporal punishment by parents and associated child behaviors and experiences: A meta-analysis and theoretical review. Psychological Bulletin, 128, 539–579.

Gershoff, E.T., Lansford, J.E., Sexton, H.R., Davis-Kean, P., & Sameroff, A. (2012). Longitudinal links between spanking and children's externalizing behaviors in a national sample of White, Black, Hispanic, and Asian American families. Child Development, 83, 838–843.

Gershoff, E.T., & Grogan-Kaylor, A. (2016), Race as a moderator of associations between spanking and child outcomes. Family Relations, 65, 490–501.

Gertner, Y., & Fisher, C. (2012). Predicted errors in children's early sentence comprehension. Cognition, 124(1), 85–94.

Gesell, A.L. (1934b). Infancy and human growth. New York: MacMillan.

Gesell, A. (1934a). An atlas of human behavior. New Haven, CT: Macmillan.

Geurten, M., Meulemans, T., & Lemaire, P. (2018). From domain-specific to domain-general? The developmental path of metacognition for strategy selection. Cognitive Development, 48, 62–81.

Ghazarian, S.R., & Roche, K.M. (2010). Social support and low-income, urban mothers: Longitudinal associations with delinquency. Journal of Youth and Adolescence, 39, 1097–1108.

Gibbons, J., & Poelker, K. (2019). Adolescent development in cross-cultural perspective. In K. Keith (Ed.), Cross-cultural psychology: Contemporary themes and perspectives (2nd ed.). New York: Wiley.

Gibbons, L., & others (2013). Inequities in the use of cesarean section deliveries in the world. American Journal of Obstetrics and Gynecology, 206(4), 331.

Gibbs, B.G., Forste, R., & Lybbert, E. (2018). Breastfeeding, parenting, and infant attachment behaviors. Maternal and Child Health Journal, 22, 579–588.

Gibbs, J. (2019). Moral development and reality: Beyond the theories of Kohlberg, Hoffman, and Haidt (4th ed.). New York: Oxford University Press.

Gibson, E.J. (1989). Exploratory behavior in the development of perceiving, acting, and the acquiring of knowledge. Annual Review of Psychology (Vol. 39). Palo Alto, CA: Annual Reviews.

Gibson, E.J., & Walk, R.D. (1960). The "visual cliff." Scientific American, 202, 64–71.

Gibson, J.J. (2014). The ecological approach to visual perception. New York: Routledge.

Giedd, J.N. (2012). The digital revolution and the adolescent brain. Journal of Adolescent Health, 51, 101–105.

Giedd, J.N., & others (2012). Anatomic magnetic resonance imaging of the developing child and adolescent brain. In V. F. Reyna & others (Eds.), The adolescent brain. Washington, DC: American Psychological Association.

Gieysztor, E.Z., Choińska, A.M., & Paprocka-Borowicz, M. (2018). Persistence of primitive reflexes and associated motor problems in healthy preschool children. Archives of Medical Science: AMS, 14(1), 167–173.

Gilkerson, J., & others (2018). Language experience in the second year of life and language outcomes in late childhood. Pediatrics, 142, e20174276.

Gilkerson, J., Richards, J.A., & Topping, K.J. (2017). The impact of book reading in the early years on parent–child language interaction. Journal of Early Childhood Literacy, 17, 92–110.

Gilligan, C. (1992, May). Joining the resistance: Girls' development in adolescence. Paper presented at the symposium on development and vulnerability in close relationships, Montreal, Quebec.

Gilmore, J.H., Knickmeyer, R.C., & Gao, W. (2018). Imaging structural and functional brain development in early childhood. Nature Reviews Neuroscience, 19, 123–137.

Giménez-Dasí, M., Pons, F., & Bender, P.K. (2016). Imaginary companions, theory of mind and emotion understanding in young children. European Early Childhood Education Research Journal, 24(2), 186–197.

Giovannini, M., Verduci, E., Salvatici, E., Paci, S., & Riva, E. (2012). Phenylketonuria: Nutritional advances and challenges. Nutrition and Metabolism, 9(1), 7.

Glock, S., & Kleen, H. (2017). Gender and student misbehavior: Evidence from implicit and explicit measures. Teaching and Teacher Education, 67, 93–103.

Gobet, F. (2018). The future of expertise: The need for a multidisciplinary approach. Journal of Expertise, 1(2), 107–113.

Goffin, K.C., Boldt, L.J., & Kochanska, G. (2018). A secure base from which to cooperate: Security, child and parent willing stance, and adaptive and maladaptive outcomes in two longitudinal studies. Journal of Abnormal Child Psychology, 46(5), 1061–1075.

Goga, A.E., & others. (2012). Infant feeding practices at routine PMTCT site, South Africa: Results of a prospective observational study amongst HIV exposed and unexposed infants—birth to 9 months. International Breastfeeding Journal, 7(1), 4.

Gogtay, N., & Thompson, P.M. (2010). Mapping gray matter development: Implications for typical development and vulnerability to psychopathology. Brain and Cognition, 72, 6–15.

Goldberg, W.A., & Lucas-Thompson, R. (2008). Maternal and paternal employment, effects of. In M. M. Haith & J. B. Benson (Eds.), Encyclopedia of infant and early childhood development. Oxford, UK: Elsevier.

Golden, R.L., Furman, W., & Collibee, C. (2016). The risks and rewards of sexual debut. Developmental Psychology, 52(11), 1913–1925.

Goldenberg, R.L., & Culhane, J.F. (2007). Low birth weight in the United States. American Journal of Clinical Nutrition, 85(Suppl.), S584–S590.

Goldfield, G.S. (2011). Making access to TV contingent on physical activity: Effects on liking and relative reinforcing value of TV and physical activity in overweight and obese children. Journal of Behavioral Medicine, 35, 1–7.

Goldfield, G.S., Adamo, K.B., Rutherford, J., & Murray, M. (2012). The effects of aerobic exercise on psychosocial functioning of adolescents who are overweight or obese. Journal of Pediatric and Adolescent Psychology, 37, 1136–1147.

Goldin-Meadow, S. (2018). Taking a hands-on approach to learning. Policy Insights from the Behavioral and Brain Sciences, 5, 163–170.

Goldin-Meadow, S., & Alibali, M.W.A. (2013). Gesture's role in learning and development. In P. Zelazo (Ed.), Oxford University handbook of developmental psychology. New York: Oxford University Press.

Goldscheider, F., & Sassler, S. (2006). Creating stepfamilies: Integrating children into the study of union formation. Journal of Marriage and the Family, 68, 275–291.

Goldstein, M.H., King, A.P., & West, M.J. (2003). Social interaction shapes babbling: Testing parallels between birdsong and speech. Proceedings of the National Academy of Sciences, 100(13), 8030–8035.

Goleman, D. (1995). Emotional intelligence. New York: Basic Books.

Goliath, V., & Pretorius, B. (2016). Peer risk and protective factors in adolescence: Implications for drug use prevention. Social Work, 52(1), 113–129.

Golinkoff, R.M., Hoff, E., Rowe, M.L., Tamis-LeMonda, C.S., & Hirsh-Pasek, K. (2019). Language matters: Denying the existence of the 30-million-word gap has serious consequences. Child Development, 90(3), 985–992.

Gollnick, D.M., & Chinn, P.C. (2016). Multicultural education in a pluralistic society (10th ed.). Upper Saddle River, NJ: Pearson.

Golombok, S., & Tasker, F. (2010). Gay fathers. In M. E. Lamb (Ed.), The role of the father in child development (5th ed.). New York: Wiley.

Golombok, S. (2017). Parenting in new family forms. Current Opinion in Psychology, 15, 76–80.

Gomes, J.D.A., & others (2018). Genetic susceptibility to thalidomide embryopathy in humans: Study of candidate development genes. Birth Defects Research, 110(5), 456–461.

Gonzales, M., Jones, D.J., Kincaid, C.Y., & Cuellar, J. (2012). Neighborhood context and adjustment in African American youths from single mother homes: The intervening role of hopelessness. Cultural Diversity and Ethnic Minority Psychology, 18, 109–117.

González, J.M. (Ed.). (2009). Encyclopedia of bilingual education. Thousand Oaks, CA: Sage.

Gonzalez, C.L., & Sacrey, L.A.R. (2018). The development of the motor system. In R. Gibb & B. Kolb (Eds.), The neurobiology of brain and behavioral development (pp. 235–256). New York: Academic Press.

Good, C., Rattan, A., & Dweck, C.S. (2012). Why do women opt out? Sense of belonging and women's representation in mathematics. Journal of Personality and Social Psychology, 102, 700–717.

Good, M., & Willoughby, T. (2008). Adolescence as a sensitive period for spiritual development. Child Development Perspectives, 2, 32–37.

Good, T.L., & Lavigne, A.L. (2017). Looking in classrooms. New York: Routledge.

Goodkind, S. (2013). Single-sex public education for low-income youth of color: A critical theoretical review. Sex Roles, 69(7–8), 393–402.

Goodman, W.B., & others. (2011). Parental work stress and latent profiles of father-infant parenting quality. Journal of Marriage and the Family, 73, 588–604.

Goodwin, S., McPherson, J.D., & McCombie, W.R. (2016). Coming of age: Ten years of next-generation sequencing technologies. Nature Reviews Genetics, 17, 331–351.

Gopnik, A. (2010). Commentary. In E. Galinsky (2010). Mind in the making. New York: Harper Collins.

Gorrese, A., & Ruggieri, R. (2012). Peer attachment: A meta-analytic review of gender and age differences and associations with parent attachment. Journal of Youth and Adolescence, 41, 650–672.

Gottlieb, G. (2007). Probabilistic epigenesis. Developmental Science, 10, 1–11.

Gottlieb, G., Wahlsten, D., & Lickliter, R. (2006). The significance of biology for human development: A developmental psychobiological systems view. In W. Damon & R. Lerner (Eds.), Handbook of child psychology (6th ed.). New York: Wiley.

Gottman Relationship Institute. (2009). Research on parenting. Retrieved December 9, 2009, from www.gottman.com/parenting/research

Gottman, J.M., & DeClaire, J. (1997). The heart of parenting: Raising an emotionally intelligent child. New York: Simon & Schuster.

Gottman, J.M. (2012). Emotion coaching. Retrieved July 8, 2012, from www.gottman.com/parenting/

Gottman, J.M. (2013). Research on parenting. Retrieved January 10, 2013, from www.gottman.com/parenting/research

Gottman, J., Gottman, J., & Shapiro, A. (2009). A new couples approach to interventions for the transition to parenthood. In M. S. Schulz, P. K. Kerig, M. K. Pruett, & R. D. Parke (Eds.), Feathering the nest. Washington, DC: American Psychological Association.

Gottman, J.M., & Parker, J.G. (Eds.). (1987). Conversations of friends. New York: Cambridge University Press.

Gould, S.J. (1981). The mismeasure of man. New York: W. W. Norton.

Gradisar, M., Gardner, G., & Dohnt, H. (2011). Recent worldwide sleep patterns and problems during adolescence: A review and meta-analysis of age, region, and sleep. Sleep Medicine, 12, 110–118.

Graham, J., & Valdesolo, P. (2017). Morality. In K. Deaux & M. Snyder (Eds.), Oxford handbook of personality and social psychology. New York: Oxford University Press.

Graham, S., & Harris, K.R. (2018). An examination of the design principles underlying a self-regulated strategy development study. Journal of Writing Research, 10, 139–187.

Graham, S., & Perin, D. (2007). A metaanalysis of writing instruction for adolescent students. Journal of Educational Psychology, 99, 445–476.

Graham, S., Harris, K.R., & Chambers, A.B. (2016). Evidence-based practice and writing instruction: A review of reviews. In C.A. MacArthur, S. Graham, & J. Fitzgerald (Eds.), Handbook of writing research (2nd ed.). New York: Guilford.

Granqvist, P., & others (2017). Disorganized attachment in infancy: A review of the phenomenon and its implications for clinicians and policy-makers. Attachment and Human Development, 19, 534–558.

Grant, J.P. (1997). The state of the world's children. New York: UNICEF and Oxford University Press.

Grant, J.H., & others (2018). Implementing group prenatal care in southwest Georgia through public– private partnerships. Maternal and Child Health Journal, 22(11), 1535–1542.

Grard, A., & others (2018). Same-sex friendship, school gender composition, and substance use: a social network study of 50 European schools. Substance use & misuse, 53(6), 998–1007.

Gravetter, R.J., & Forzano, L.B. (2019). Research methods for the behavioral sciences (6th ed.). Boston: Cengage.

Gray, J. (1992). Men are from Mars, women are from Venus. New York: HarperCollins.

Gray, K., & Graham, J. (2018). The atlas of moral psychology. New York: Guilford.

Gray, S., & others (2017). The structure of working memory in young children and its relation to intelligence. Journal of Memory and Language, 92, 183–201.

Graziano, A.M., & Raulin, M.L. (2013). Research methods (8th ed,). Boston: Allyn & Bacon.

Green, R., Collingwood, A., & Ross, A. (2010). Characteristics of bullying victims in schools. London: National Centre for Social Research.

Green, T., Flash, S., & Reiss, A.L. (2019). Sex differences in psychiatric disorders: What we can learn from sex chromosome aneuploidies. Neuropsychopharmacology, 44, 9–21.

Greenberg, D.M., Warrier, V., Allison, C., & Baron- Cohen, S. (2018). Testing the empathizing–systemizing theory of sex differences and the extreme male brain theory of autism in half a million people. Proceedings of the National Academy of Sciences, 115(48), 12152–12157.

Greenberg, E.H. (2018). Public preferences for targeted and universal preschool. AERA Open, 4(1), 1–20.

Greenfield, P.M. (2018). Studying social change, culture, and human development: A theoretical framework and methodological guidelines. Developmental Review, 50, 16–30.

Greer, F.R., Sicherer, S.H., Burks, A.W., & Committee on Nutrition and Section on Allergy and Immunology (2008). Effects of early nutritional interventions on the development of atopic disease in infants and children: The role of maternal dietary restriction, breast feeding, timing of introduction of complementary foods, and hydrolyzed formulas. Pediatrics, 121, 183–191.

Gregorson, M., Kaufman, J.C., & Snyder, H. (Eds.). (2013). Teaching creatively and teaching creativity. New York: Springer.

Griffiths, J.D., Marslen-Wilson, W.D., Stamatakis, E.A., & Tyler, L.K. (2013). Functional organization of the neural language system: Dorsal and ventral pathways are critical for syntax. Cerebral Cortex, 23(1), 139–147.

Grigg, R., & Lewis, H. (2019). Teaching creative and critical thinking in schools. Thousand Oaks, CA: SAGE.

Grigorenko, E. (2000). Heritability and intelligence. In R. J. Sternberg (Ed.), Handbook of intelligence. New York: Cambridge University Press.

Grisaru-Granovsky, S., & others (2018). The mortality of very low birth weight infants: The benefit and relative impact of changes in population and therapeutic variables. The Journal of Maternal-Fetal & Neonatal Medicine, 32(15), 2443–2451.

Groh, A.M., & others (2019, in press). Mothers' physiological and affective responding to infant distress: Unique antecedents of avoidant and resistant attachments. Child Development.

Groh, A.M., Fearon, R.M.P., van IJzendoorn, M.H., Bakermans-Kranenburg, M.J., & Roisman, G.I. (2017). Attachment in the early life course: Meta- analytic evidence for its role in socioemotional development. Child Development Perspectives, 11, 70–76.

Gross, L.S. (2013). Electronic media (11th ed.). New York: McGraw-Hill.

Grossmann, K., Grossmann, K.E., Spangler, G., Suess, G., & Unzner, L. (1985). Maternal sensitivity and newborns' orientation responses as related to quality of attachment in northern Germany. In I. Bretherton & E. Waters (Eds.), Growing points of attachment theory and research. Monographs of the Society for Research in Child Development, 50 (1–2, Serial No. 209).

Grotevant, H.D., & Cooper, C.R. (1998). Individuality and connectedness in adolescent development: Review and prospects for research on identity, relationship, and context. In E. Skoe & A. von der Lippe (Eds.), Personality development in adolescence: A cross-national and life-span perspective. London: Routledge.

Grusec, J.E., & Davidov, M. (2010). Integrating different perspectives on socialization theory and research: A domain-specific approach. Child Development, 81, 687–709.

Grusec, J.E. (2009). Unpublished review of J. W. Santrock's Child Development, 13th ed. (New York: McGraw-Hill).

Grusec, J.E. (2011). Human development: Development in the family. Annual Review of Psychology (Vol. 62). Palo Alto, CA: Annual Reviews.

Grusec, J.E. (2013). The development of moral behavior and conscience from a socialization perspective. In M. Killen & J. G. Smetana (Eds.), Handbook of moral development (2nd ed.). New York: Routledge.

Grusec, J.E., Chaparro, M.P., Johnston, M., & Sherman, A. (2013). Social development and social relationships in middle childhood. In I. B. Weiner & others (Eds.), Handbook of psychology (2nd ed., Vol. 6). New York: Wiley.

Grusec, J. (2017). A domains-of-socialization perspective on children's social development. In N. Budwig & others (Eds.), New perspectives on human development. Cambridge, UK: Cambridge University Press.

Grusec, J.E., & others (2014). The development of moral behavior from a socialization perspective. In M. Killen & J. Smetana (Eds.) Handbook of moral development (2nd ed., pp. 113–134). New York: Psychology Press.

Grych, J.H. (2002). Marital relationships and parenting. In M. H. Bornstein (Ed.), Handbook of parenting. Mahwah, NJ: Erlbaum.

Gryzwacz, J., & Demerouti, E. (Eds.). (2013). New frontiers in work and family research. New York: Routledge.

Gubbels, J., Segers, E., Keuning, J., & Verhoeven, L. (2016). The Aurora-a Battery as an assessment of triarchic intellectual abilities in upper primary grades. Gifted Child Quarterly, 60, 226–238.

Gui, D.Y., Gan, T., & Liu, C. (2016). Neural evidence for moral intuition and the temporal dynamics of interactions between emotional processes and moral cognition. Social Neuroscience, 11, 380–394.

Guild, D.J., Alto, M.E., & Toth, S.L. (2017). Preventing the intergenerational transmission of child maltreatment through relational interventions. In D. Teti (Ed.), Parenting and family processes in child maltreatment and intervention (pp. 127–137). New York: Springer.

Gunderson, E.A., Ramirez, G., Levine, S.C., & Beilock, S.L. (2012). The role of parents and teachers in the development of math attitudes. Sex Roles, 66, 153–166.

Gunderson, E.A., & others (2018). The specificity of parenting effects: Differential relations of parent praise and criticism to children's theories of intelligence and learning goals. Journal of Experimental Child Psychology, 173, 116–135.

Gunderson, E.A., Hamdan, N., Sorhagen, N.S., & D'Esterre, A.P. (2017). Who needs innate ability to succeed in math and literacy? Academic-domain- specific theories of intelligence about peers versus adults. Developmental Psychology, 53, 1188–1205.

Gunnar, M.R., Fisher, P.A., & The Early Experience, Stress, and Prevention Network (2006). Bringing basic research on early experience and stress neurobiology to bear on preventive interventions for neglected and maltreated children. Development and Psychopathology, 18, 651–677.

Gunnar, M.R., & Quevado, K. (2007). The neurobiology of stress and development. Annual Review of Psychology (Vol. 58). Palo Alto, CA: Annual Reviews.

Gunnar, M.R., & Hostinar, C.E. (2015). The social buffering of the hypothalamic–pituitary–adrenocortical axis in humans: Developmental and experiential determinants. Social Neuroscience, 10, 479–488.

Guo, S., & Wong, L. (2019). Immigration, racial and ethnic studies in 150 years of Canada. Leiden, The Netherlands: Brill.

Guo, S. (2018). A model of religious involvement, family processes, self-control, and juvenile delinquency in two-parent families. Journal of Adolescence, 63, 175–190.

Gurwitch, R.H., Silovksy, J.F., Schultz, S., Kees, M., & Burlingame, S. (2001). Reactions and guidelines for children following trauma/disaster. Norman, OK: Department of Pediatrics, University of Oklahoma Health Sciences Center.

H

Höchli, B., Brügger, A., & Messner, C. (2018). How focusing on superordinate goals motivates broad, long-term goal pursuit: A theoretical perspective. *Frontiers in Psychology, 9*, 1879.

Hadad, B.S., Maurer, D., & Lewis, T.L. (2017). The role of early visual input in the development of contour interpolation: The case of subjective contours. *Developmental Science, 20*(3), e12379.

Hadd, A.R., & Rodgers, J.L. (2017). Intelligence, income, and education as potential influences on a child's home environment: A (maternal) sibling-comparison design. *Developmental Psychology, 53*, 1286–1299.

Hadders-Algra, M. (2018). Early human brain development: Starring the subplate. *Neuroscience & Biobehavioral Reviews, 92*, 276–290.

Hadders-Algra, M. (2018). Early human motor development: From variation to the ability to vary and adapt. *Neuroscience & Biobehavioral Reviews, 90*, 411–427.

Hadley, K., & Sheiner, E. (2017). The significance of gender in perinatal medicine. In M.J. Legato (Ed.), *Principles of gender-specific medicine* (3rd ed., pp. 219–236). New York: Academic Press.

Hafen, C.A., & others (2012). The pivotal role of adolescent autonomy in secondary school classrooms. *Journal of Youth and Adolescence, 41*, 245–255.

Haga, M., & others (2018). Cross-cultural aspects: exploring motor competence among 7- to 8-year-old children from Greece, Italy, and Norway. *Sage Open, 8*(2), 2158244018768381.

Haidt, J. (2013). *The righteous mind*. New York: Random House.

Haidt, J. (2017). *Three stories about capitalism*. New York: Pantheon.

Haier, R.J. (2017). *The neuroscience of intelligence*. Cambridge, UK: Cambridge University Press.

Haines, E.L., Deaux, K., & Lofaro, N. (2016). The times they are a-changing . . . or are they not? A comparison of gender stereotypes, 1983–2014. *Psychology of Women Quarterly, 40*, 353–363.

Hakala, M., & others (2017). The realization of BFHI Step 4 in Finland: Initial breastfeeding and skin-to-skin contact according to mothers and midwives. *Midwifery, 50*, 27–35.

Hakuno, Y., Pirazzoli, L., Blasi, A., Johnson, M.H., & Lloyd-Fox, S. (2018). Optical imaging during toddlerhood: brain responses during naturalistic social interactions. *Neurophotonics, 5*(1), 011020.

Halfon, N., & Forrest, C.B. (2018). The emerging theoretical framework of life course health development. In N. Halfon & others (Eds.), *Handbook of life course health development* (pp. 19–43). London: Springer.

Halim, M.L.D., & others (2018). The roles of self-socialization and parent socialization in toddlers' gender-typed appearance. *Archives of Sexual Behavior, 47*, 2277–2285.

Hall, G.N. (2018). *Multicultural psychology* (3rd ed.). New York: Routledge.

Hall, J.A. (2011). Sex differences in friendship expectations: A meta-analysis. *Journal of Social and Personal Relationships, 28*(6), 723–747.

Halldorsdottir, T., & Binder, E.B. (2017). Gene × environment interactions: From molecular mechanisms to behavior. *Annual Review of Psychology, 68*, 215–241.

Hallemans, A., & others (2018). Developmental changes in spatial margin of stability in typically developing children relate to the mechanics of gait. *Gait & Posture, 63*, 33–38.

Halpern, D.F., Beninger, A.S., & Straight, C.A. (2011). Sex differences in intelligence. In R. J. Sternberg & S. B. Kaufman (Eds.), *Handbook of intelligence*. New York: Cambridge University Press.

Han, A., Fu, A., Cobley, S., & Sanders, R.H. (2017). Effectiveness of exercise intervention on improving fundamental movement skills and motor coordination in overweight/obese children and adolescents: A systematic review. *Journal of Science and Medicine in Sport, 21*, 89–102.

Han, W-J. (2009). Maternal employment. In D. Carr (Ed.). *Encyclopedia of the life course and human development*. Boston: Gale Cengage.

Hanford, L.C., & others (2018). The impact of caregiving on the association between infant emotional behavior and resting state neural network functional topology. *Frontiers in Psychology, 9*, 1968.

Hannigan, S. (2018). A theoretical and practice-informed reflection on the value of failure in art. *Thinking Skills and Creativity, 30*, 171–179.

Hannon, E.E., Schachner, A., & Nave-Blodgett, J.E. (2017). Babies know bad dancing when they see it: Older but not younger infants discriminate between synchronous and asynchronous audiovisual musical displays. *Journal of Experimental Child Psychology, 159*, 159–174.

Hanushek, E.A., Kain, J.F., & Rivkin, S.G. (2004). Disruption versus Tiebout improvement: The costs and benefits of switching schools. *Journal of Public Economics, 88*(9–10), 1721–1746.

Harakeh, Z., & others (2012). Individual and environmental predictors of health risk behaviors among Dutch adolescents: The HBSC study. *Public Health, 126*, 566–573.

Hare, B.R., & Castenell, L.A. (1985). No place to run, no place to hide: Comparative status and future prospects of Black boys. In M. B. Spencer, G. K. Brookins, & W. R. Allen (Eds.), *Beginnings: The social and affective development of Black children*. Hillsdale, NJ: Erlbaum.

Hare, B.D., & others (2018). Two weeks of variable stress increases Gamma-H2AX levels in the mouse bed nucleus of the stria terminalis. *Neuroscience, 373*, 137–144.

Harkness, S., & Super, B.M. (1995). Culture and parenting. In M. H. Bornstein (Ed.), *Handbook of parenting* (Vol. 3). Hillsdale, NJ: Erlbaum.

Harlen, W., & Qualter, A. (2018). *The teaching of science in primary schools* (7th ed.). New York: Routledge.

Harlow, H.F. (1958). The nature of love. *American Psychologist, 13*, 673–685.

Harlow, H.F., & Suomi, S.J. (1970). Nature of love: Simplified. *American Psychologist, 25*, 161–168.

Harper, J.M., Padilla-Walker, L.M., & Jensen, A.C. (2016). Do siblings matter independent of both parents and friends? Sympathy as a mediator between sibling relationship quality and adolescent outcomes. *Journal of Research in Adolescence, 26*, 101–114.

Harrington, B., & O'Connell, M. (2016). Video games as virtual teachers: Prosocial video game use by children and adolescents from different socioeconomic groups is associated with increased empathy and prosocial behaviour. *Computers in Human Behavior, 63*, 650–658.

Harris, J., Golinkoff, R.M., & Hirsh-Pasek, K. (2012). Lessons from the crib for the classroom: How children really learn vocabulary. In S. B. Neuman & D. K. Dickinson (Eds.), *Handbook of early literacy research*. New York: Guilford.

Harris, R.J., Schoen, L.M., & Hensley, D.L. (1992). A cross-cultural study of story memory. *Journal of Cross-Cultural Psychology, 23*, 133–147.

Harrison-Hale, A.O., McLoyd, V.C., & Smedley, B. (2004). Racial and ethnic status: Risk and protective processes among African-American families. In K. L. Maton, C. J. Schellenbach, B. J. Leadbetter, & A. L. Solarz (Eds.), *Investing in children, families, and communities*. Washington, DC: American Psychological Association.

Hart, B., & Risley, T.R. (1995). *Meaningful differences*. Baltimore, MD: Paul Brookes.

Hart, S., & Wandeler, C. (2018). The impact of action civics service-learning on eighth-grade students' civic outcomes. *International Journal of Research on Service-Learning and Community Engagement, 6*(1), Article 11.

Hart, S., & Carrington, H. (2002). Jealousy in 6-month-old infants. *Infancy, 3*, 395–402.

Hart, S.L. (2018). Jealousy and attachment: Adaptations to threat posed by the birth of a sibling. *Evolutionary Behavioral Sciences, 12*, 263–275.

Hartanto, A., Toh, W.X., & Yang, H. (2018). Bilingualism narrows socioeconomic disparities in executive functions and self-regulatory behaviors during early childhood: Evidence from the Early Childhood Longitudinal Study. *Child Development*. doi:10.1111/cdev.13032.

Harter, S. (1985). *Self-Perception Profile for Children*. Denver: University of Denver. Department of Psychology.

Harter, S. (1989). *Self-Perception Profile for Adolescents*. Denver: University of Denver. Department of Psychology.

Harter, S. (2012). *The construction of the self* (2nd ed.). New York: Wiley.

Harter, S. (2015). Self-processes and developmental psychopathology. In D. Cicchetti & D. Cohen (Eds.), *Developmental psychopathology* (2nd ed., pp. 370–418). New York: Wiley.

Hartley, C.A., & Somerville, L.H. (2015). The neuroscience of adolescent decision-making. *Current Opinion in Behavioral Sciences, 5*, 108–115.

Hartshorne, H., & May, M.S. (1928–1930). *Moral studies in the nature of character: Studies in deceit* (Vol. 1); *Studies in self-control* (Vol. 2). *Studies in the organization of character* (Vol. 3). New York: Macmillan.

Hartup, W.W. (1983). The peer system. In P. H. Mussen (Ed.), *Handbook of child psychology* (4th ed., Vol. 4). New York: Wiley.

Hartup, W.W. (2005). Peer interaction: What causes what? *Journal of Abnormal Child Psychology, 33*, 387–394.

Harwood, R., Leyendecker, B., Carlson, V., Asencio, M., & Miller, A. (2002). Parenting among Latino families in the U.S. In M. H. Bornstein (Ed.), Handbook of parenting (2nd ed.). Mahwah, NJ: Erlbaum.

Hassan, B., Vignoles, V.L., & Schwartz, S.J. (2018). Reconciling social norms with personal interests: Indigenous styles of identity formation among Pakistani youth. Emerging Adulthood. doi:10.1177/2167696817754004 **Hatano, K., & Sugimura, K.** (2017). Is adolescence a period of identity formation for all youth? Insights from a four-wave longitudinal study of identity dynamics in Japan. Developmental Psychology, 53(11), 2113–2126.

Hatton, H., & others (2008). Family and individual difference predictors of trait aspects of negative interpersonal behaviors during emerging adulthood. Journal of Family Psychology, 22, 448–455.

Hauptman, M., Bruccoleri, R., & Woolf, A.D. (2017). An update on childhood lead poisoning. Clinical Pediatric Emergency Medicine, 18, 181–192.

Havighurst, S.S., & others (2013). "Tuning into Kids": Reducing young children's behavior problems using an emotion coaching parenting program. Child Psychiatry and Human Development, 44(2), 247–264.

Hawes, Z., Moss, J., Caswell, B., Naqvi, S., & MacKinnon, S. (2017). Enhancing children's spatial and numerical skills through a dynamic spatial approach to early geometry instruction: Effects of a 32-week intervention. Cognition and Instruction, 35, 236–264.

Hawkes, K. (2017). Grandmothering and human evolution: Some updates. Anthropology Colloquium. University of Toronto. Invited talk/keynote, presented 11/05/2017.

Hay, D., Kaplan, M., & Nash, A. (2018). The beginnings of peer relations. In W. Bukowski & others (Eds.), Handbook of peer interactions, relationships, and groups (2nd ed.). New York: Guilford.

Hay, D.F., Caplan, M., & Nash, A. (2018). The beginnings of peer relations. In W.M. Bukowski, B. Laursen, & K.H. Rubin (Eds.), Handbook of peer interactions, relationships, and groups. New York: Guilford.

Hayes, J.R., & Berninger, V. (2013). Cognitive processes in writing: A framework. In B. Arte, J. Dockrell, & V. Berninger (Eds.), Writing development and instruction in children with hearing, speech, and language disorders. New York: Oxford University Press.

Hayes, N., O'Toole, L., & Halpenny, A. (2017). Introducing Bronfenbrenner. London: Routledge.

Haynes, R.L., & others (2017). High serum serotonin in sudden infant death syndrome. Proceedings of the National Academy of Sciences, 114, 7695–7700.

Hayslip, B., Fruhauf, C.A., & Dolbin-MacNab, M.L. (2017, June 28). Grandparents raising grandchildren: What have we learned over the past decade? The Gerontologist, 57(6), 1196–1207.

He, Y., Chen, J., Zhu, L.H., Hua, L.L., & Ke, F.F. (2017). Maternal smoking during pregnancy and ADHD: Results from a systematic review and meta-analysis of prospective cohort studies. Journal of Attention Disorders. doi:10.1177/1087054717696766

Hein, S., Röder, M., & Fingerle, M. (2018). The role of emotion regulation in situational empathy-related responding and prosocial behaviour in the presence of negative affect. International Journal of Psychology, 53(6), 477–485.

Heinze, J.E., Cook, S.H., Wood, E.P., Dumadag, A.C., & Zimmerman, M.A. (2018). Friendship attachment style moderates the effect of adolescent exposure to violence on emerging adult depression and anxiety trajectories. Journal of Youth and Adolescence, 47(1), 177–193.

Hek, K., & others (2013). A genome-wide association study of depression symptoms. Biological Psychiatry, 73(7), 667–678.

Helgeson, V. (2016). Psychology of gender (5th ed.). Upper Saddle River, NJ: Prentice Hall.

Helwig, C.C. (2017). Identifying universal developmental processes amid contextual variations in moral judgment and reasoning. Human Development, 60, 342–349.

Henderson, A., Brown, S.D., & Pancer, S.M. (2019, in press). Curriculum requirements and subsequent civic engagement: Is there a difference between 'forced' and 'free' community service? The British Journal of Sociology.

Henderson, C.E., Hogue, A., & Dauber, S. (2019). Family therapy techniques and one-year clinical outcomes among adolescents in usual care for behavior problems. Journal of Consulting and Clinical Psychology, 87(3), 308–312.

Hendry, J. (1995). Understanding Japanese society. London: Routledge.

Herman, J.L., Flores, A.R., Brown, T.N.T., Wilson, B.D.M., & Conron, K.J. (2017). Age of individuals who identify as transgender in the United States. Los Angeles, CA: The Williams Institute.

Herman-Giddens, M.E. (2007). The decline in the age of menarche in the United States: Should we be concerned? Journal of Adolescent Health, 40, 201–203.

Herman-Giddens, M.E., & others (2012). Secondary sex characteristics in boys: Data from the pediatric research in office settings network. Pediatrics, 130, e1058–e1068.

Hernández, M.M., & others (2017). Observed emotions as predictors of quality of kindergartners' social relationships. Social Development, 26, 21–39.

Hernandez-Reif, M., Diego, M., & Field, T. (2007). Preterm infants show reduced stress behaviors and activity after 5 days of massage therapy. Infant Behavior and Development, 30, 557–561.

Hertz, S.G., & Krettenauer, T. (2016). Does moral identity effectively predict moral behavior?: A meta-analysis. Review of General Psychology, 20(2), 129–140.

Hespos, S.J., Ferry, A.L., Anderson, E.M., Hollenbeck, E.N., & Rips, L.J. (2016). Five-month-old infants have general knowledge of how nonsolid substances behave and interact. Psychological Science, 27, 244–256.

Hetherington, E.M. (2005). Divorce and the adjustment of children. Pediatrics in Review, 26, 163–169.

Hetherington, E.M. (2006). The influence of conflict, marital problem solving, and parenting on children's adjustment in nondivorced, divorced, and remarried families. In A. Clarke-Stewart & J. Dunn (eds.), Families count. New York: Oxford University Press.

Hetherington, E.M., & Kelly, J. (2002). For better or for worse: Divorce reconsidered. New York: Norton.

Hetherington, E.M., & Stanley-Hagan, M. (2002). Parenting in divorced and remarried families. In M. H. Bornstein (Ed.), Handbook of parenting (2nd ed., Vol. 3). Mahwah, NJ: Erlbaum.

Hetherington, E., McDonald, S., Williamson, T., Patten, S.B., & Tough, S.C. (2018). Social support and maternal mental health at 4 months and 1 year postpartum: Analysis from the All Our Families cohort. Journal of Epidemiology and Community Health, 72(10). doi:10.1136/jech-2017-210274

Hewlett, B.S., & MacFarlan, S.J. (2010). Fathers' roles in hunter-gatherer and other small-scale cultures. In M. E. Lamb (Ed.), The role of the father in child development (5th ed.). New York: Wiley.

Heyman, G.D., & Legare, C.H. (2005). Children's evaluation of source of information about traits. Developmental Psychology, 41, 636–647.

Heyman, G.D., & others (2016). Children's evaluation of public and private generosity and its relation to behavior: Evidence from China. Journal of Experimental Child Psychology, 150, 16–30.

Hill, W.D., & others (2018). A combined analysis of genetically correlated traits identifies 187 loci and a role for neurogenesis and myelination in intelligence. Molecular Psychiatry. doi:10.1038/s41380-017-0001-5

Hillman, C.H., Erickson, K.I., & Hatfield, B.D. (2017). Run for your life! Childhood physical activity effects on brain and cognition. Kinesiology Review, 6(1), 12–21.

Hine, B., England, D., Lopreore, K., Horgan, E.S., & Hartwell, L. (2018). The rise of the androgynous princess: Examining representations of gender in prince and princess characters of Disney movies released 2009–2016. Social Sciences, 7(12), 245.

Hirschfield, P.J. (2018). Schools and crime. Annual Review of Criminology, 1, 149–169.

Hirsh-Pasek, K., & Golinkoff, R.M. (2013). Early language and literacy: Six principles. In S. Gilford (Ed.), Head Start teacher's guide. New York: Teacher's College Press.

Hitokoto, H., & Uchida, Y. (2018). Interdependent happiness: Progress and implications. In M. Demir & N. Sümer (Eds.), Close relationships and happiness across cultures (pp. 19–39). London: Springer.

Hoch, J.E., O'Grady, S.M., & Adolph, K.E. (2018). It's the journey, not the destination: Locomotor exploration in infants. Developmental Science, 21, e12740.

Hockenberry, S. (2019). Juvenile justice statistics: National report series fact sheet. Washington, DC: U.S. Department of Justice. Retrieved April 9, 2019, from https://www.ojjdp.gov/pubs/252473.pdf

Hodapp, R.M. (2016). Blurring boundaries, continuing change: Fifty years of research in intellectual and developmental disabilities. International Review of Research in Developmental Disabilities, 50, 1–31.

Hodel, A.S. (2018). Rapid infant prefrontal cortex development and sensitivity to early environmental experience. Developmental Review, 48, 113–144.

Hoefnagels, M. (2013). Biology: The essentials.

Hoehl, S., & Striano, T. (2018). Social referencing. In M.H. Bornstein (Ed.) & M. Arterberry, K. Fingerman, & J.E. Lansford (Assoc. Eds.), The SAGE encyclopedia of lifespan human development. Thousand Oaks, CA: SAGE.

Hoff, E., Laursen, B., & Tardif, T. (2002). Socioeconomic status and parenting. In M. H. Bornstein (Ed.), Handbook of parenting (2nd ed.). Mahwah, NJ: Erlbaum.

Hoff, E., Quinn, J.M., & Giguere, D. (2018). What explains the correlation between growth in vocabulary and grammar? New evidence from latent change score analyses of simultaneous bilingual development. Developmental Science, 21(2), e12536.

Holden, G.W., Vittrup, B., & Rosen, L.H. (2011). Families, parenting, and discipline. In M. K. Underwood & L. H. Rosen (Eds.), Social development. New York: Guilford.

Holder, M.D., & Coleman, B. (2015). Children's friendships and positive well-being. In M. Demir (Ed.), Friendship and happiness: Across the lifespan and cultures (pp. 81–97). Dordrecht: Springer.

Holliday, R.E., Brainerd, C.J., & Reyna, V.F. (2011). Developmental reversals in false memory: Now you see them, now you don't! Developmental Psychology, 47, 442–449.

Hollifield, C.R., & Conger, K.J. (2015). The role of siblings and psychological needs in predicting life satisfaction during emerging adulthood. Emerging Adulthood, 3(3), 143–153.

Holsen, I., Carlson Jones, D., & Skogbrott Birkeland, M. (2012). Body image satisfaction among Norwegian adolescents and young adults: A longitudinal study of interpersonal relationships and BMI. Body Image, 9, 201–208.

Hood, B.M. (1995). Gravity rules for 2- to 4-year-olds? Cognitive Development, 10, 577–598.

Hooper, S.R., & others (2018). Developmental trajectories of executive functions in young males with fragile X syndrome. Research in Developmental Disabilities, 81, 73–88.

Hoover, J., & others (2018). Into the wild: Building value through moral pluralism. In K. Gray & J. Graham (Eds.), Atlas of moral psychology. New York: Guilford.

Hopkins, E.J., Smith, E.D., Weisberg, D.S., & Lillard, A.S. (2016). The development of substitute object pretense: The differential importance of form and function. Journal of Cognition and Development, 17(2), 197–220.

Horne, R.S., Franco, P., Adamson, T.M., Groswasser, J., & Kahn, A. (2002). Effects of body position on sleep and arousal characteristics in infants. Early Human Development, 69, 25–33.

Houde, O., & others (2011). Functional magnetic resonance imaging study of Piaget's conservation-of-number task in preschool and school-age children: A neo-Piagetian approach. Journal of Experimental Child Psychology, 110, 332–346.

Howe, M.L., Courage, M.L., & Rooksby, M. (2009). The genesis and development of autobiographical memory. In M. Courage & N. Cowan (Eds.), The development of memory in infancy and childhood. New York: Psychology Press.

Howell, J.C., & Griffiths, E. (2019). Gangs in America's communities (3rd ed.). Thousand Oaks, CA: SAGE.

Howerton, C.L., & Bale, T.L. (2012). Prenatal programming: At the intersection of maternal stress and immune activation. Hormones and Behavior, 62(3), 237–242.

Howes, C. (1985, April). Predicting preschool sociometric status from toddler peer interaction. Paper presented at the meeting of the Society for Research in Child Development, Toronto.

Howes, C. (2009). Friendship in early childhood. In K. H. Rubin, W. M. Bukowski, & B. Laursen (Eds.), Handbook of peer interactions, relationships, and groups. New York: Guilford.

Howlin, P., Magiati, I., & Charman, T. (2009). Systematic review of early intensive behavioral interventions with autism. American Journal on Intellectual and Developmental Disabilities, 114, 23–41.

Hoyt, L.T., Craske, M.G., Mineka, S., & Adam, E.K. (2015). Positive and negative affect and arousal: cross-sectional and longitudinal associations with adolescent cortisol diurnal rhythms. Psychosomatic Medicine, 77(4), 392.

Hrdy, S.B. (2009). Mothers and others: The evolutionary origins of mutual understanding. Cambridge: Harvard University Press.

Huang, F.L., Moon, T.R., & Boren, R. (2014). Are the reading rich getting richer? Testing for the presence of the Matthew effect. Reading & Writing Quarterly, 30(2), 95–115.

Huang, H.Y., Chen, H.L., & Feng, L.P. (2017). Maternal obesity and the risk of neural tube defects in offspring: A meta-analysis. Obesity Research & Clinical Practice, 11(2), 188–197.

Huang, L.N., and Ying, Y. (1989). Chinese American children and adolescents. In J. T. Gibbs and L. N. Huang (Eds.), Children of color. San Francisco: Jossey-Bass.

Huang, P.-S., Peng, S.-L., Chen, H.-C., Tseng, L.-C., & Hsu, L.-C. (2017). The relative influences of domain knowledge and domain-general divergent thinking on scientific creativity and mathematical creativity. Thinking Skills and Creativity, 25, 1–9.

Huang, X., & others (2019, in press). LPHN3 gene variations and susceptibility to ADHD in Chinese Han population: A two-stage case-control association study and gene–environment interactions. European Child & Adolescent Psychiatry.

Huang, Y., Espelage, D.L., Polanin, J.R., & Hong, J.S. (2019). A meta-analytic review of school-based anti-bullying programs with a parent component. International Journal of Bullying Prevention, 1(1), 32–44.

Huebner, A.M., & Garrod, A.C. (1993). Moral reasoning among Tibetan monks: A study of Buddhist adolescents and young adults in Nepal. Journal of Cross-Cultural Psychology, 24, 167–185.

Hughes, C., & Dunn, J. (2007). Children's relationships with other children. In C. A. Brownell & C. B. Kopp (Eds.), Socioemotional development in the toddler years. New York: Guilford.

Hughes, C., McHarg, G., & White, N. (2018). Sibling influences on prosocial behavior. Current Opinion in Psychology, 20, 96–101.

Hughes, D., Del Toro, J., Harding, J.F., Way, N., & Rarick, J.R. (2016). Trajectories of discrimination across adolescence: Associations with academic, psychological, and behavioral outcomes. Child Development, 87(5), 1337–1351.

Hughes, J.N., & Cao, Q. (2018). Trajectories of teacher-student warmth and conflict at the transition to middle school: Effects on academic engagement and achievement. Journal of School Psychology, 67, 148–162.

Hughson, J.A., & others (2018). Health professionals' views on health literacy issues for culturally and linguistically diverse women in maternity care: Barriers, enablers and the need for an integrated approach. Australian Health Review, 42(1), 10–20.

Huijsmans, T., Eichelsheim, V.I., Weerman, F., Branje, S.J., & Meeus, W. (2018). The role of siblings in adolescent delinquency next to parents, school, and peers: Do gender and age matter? Journal of Developmental and Life-Course Criminology. doi:10.1007/s40865-018-0094-9

Hummel, A.C., & Kiel, E.J. (2015). Maternal depressive symptoms, maternal behavior, and toddler internalizing outcomes: A moderated mediation model. Child Psychiatry & Human Development, 46, 21–33.

Huppert, E., & others (2019). The development of children's preferences for equality and equity across 13 individualistic and collectivist cultures. Developmental Science, 22(2), e12729.

Hurley, K.M., Black, M.M., Merry, B.C., & Caulfield, L.E. (2013). Maternal mental health and infant dietary patterns in a statewide sample of Maryland WIC participants. Maternal and Child Nutrition, 11(2), 229–239.

Hurst, C.E., Gibbon, H.M.F., & Nurse, A.M. (2016). Social inequality: Forms, causes, and consequences. New York: Routledge.

Huston, A.C., & Ripke, M.N. (2006). Experiences in middle childhood and children's development: A summary and integration of research. In A. C. Huston & M. N. Ripke (Eds.), Developmental contexts in middle childhood. New York: Cambridge University Press.

Huston, A.C., & others (2008). New Hope's effects on social behavior, parenting, and activities at eight years. New York: MDRC.

Hutson, J.R., & others (2013). Adverse placental effect of formic acid on hCG secretion is mitigated by folic acid. Alcohol and Alcoholism, 48(3), 283–287.

Huttenlocher, J., Haight, W., Bruk, A., Seltzer, M., & Lyons, T. (1991). Early vocabulary growth: Relation to language input and gender. Developmental Psychology, 27, 236–248.

Huttenlocher, P.R., & Dabholkar, A.S. (1997). Regional differences in synaptogenesis in human cerebral cortex. Journal of Comparative Neurology, 37(2), 167–178.

Huynh, Q.L., Benet-Martínez, V., & Nguyen, A.M.D. (2018). Measuring variations in bicultural identity across US ethnic and generational groups: Development and validation of the Bicultural Identity Integration Scale—Version 2 (BIIS-2). Psychological Assessment, 30(12), 1581.

Hwang, S.H., Hwang, J.H., Moon, J.S., & Lee, D.H. (2012). Environmental tobacco smoke and children's health. Korean Journal of Pediatrics, 55, 35–41.

Hyde, D.C., & Spelke, E.S. (2012). Spatio-temporal dynamics of numerical processing: An ERP source localization study. Human Brain Mapping, 33(9), 2189–2203.

Hyde, J.S. (2005). The gender similarities hypothesis. American Psychologist, 60, 581–592.

Hyde, J.S., & DeLamater, J.D. (2013). Understanding human sexuality (13th ed.). New York: McGraw-Hill.

Hyde, J. (2014). Gender similarities and differences. Annual Review of Psychology, 65, 373–398.

Hyde, J.S., & Else-Quest, N. (2018). The psychology of women and gender: Half the human experience (9th ed.). Thousand Oaks, CA: SAGE.

Hyde, J.S., Bigler, R.S., Joel, D., Tate, C.C., & van Anders, S.M. (2019). The future of sex and gender in psychology: Five challenges to the gender binary. American Psychologist, 74, 171–193.

Hyman, I., & others (2006). Bullying: Theory, research, and interventions. In C. M. Evertson & C. S. Weinstein (Eds.), Handbook of classroom management: Research, practice, and contemporary issues. Mahwah, NJ: Erlbaum.

Hymel, S., & Espelage, D.L. (2018). Preventing aggression and youth violence in schools. In T. Malti & K. Rubin (Eds.), Handbook of child and adolescent aggression. New York: Guilford.

Hymel, S., Closson, L.M., Caravita, C.S., & Vaillancourt, T. (2011). Social status among peers: From sociometric attraction to peer acceptance to perceived popularity. In P. K. Smith & C. H. Hart (Eds.), Wiley-Blackwell handbook of childhood social development (2nd ed.). New York: Wiley.

Hyson, M.C., Copple, C., & Jones, J. (2006). Early childhood development and education. In W. Damon & R. Lerner (Eds.), Handbook of child psychology (6th ed.). New York: Wiley.

I

"I Have a Dream" Foundation (2019). Our impact. Retrieved from https://www.ihaveadreamfoundation. org/our-impact/ **Ibernon, L., Touchet, C., & Pochon, R.** (2018). Emotion recognition as a real strength in Williams syndrome: Evidence from a dynamic non-verbal task. Frontiers in Psychology, 9, 463.

Ibrahim, R., & Eviatar, Z. (2013). The contribution of two hemispheres to lexical decision in different languages. Behavioral and Brain Functions, 8(1), 3.

Ige, F., & Shelton, D. (2004). Reducing risk of sudden infant death syndrome (SIDS) in African-American communities. Journal of Pediatric Nursing, 19, 290–292.

Ikeda, A., Kobayashi, T., & Itakura, S. (2018). Sensitivity to linguistic register in 20-month-olds: Understanding the register-listener relationship and its abstract rules. PLOS One, 13(4), e0195214.

Ikenouye, D., & Clarke, V.B. (2018). An integral analysis of teachers' attitudes and perspectives on the integration of technology in teaching. In Handbook of research on digital content, mobile learning, and technology integration models in teacher education (pp. 88–114). Hershey, PA: IGI Global.

Imada, T., & others (2007). Infant speech perception activates Broca's area: A developmental magnetoencephalography study. Neuroreport, 17, 957–962.

International Montessori Council (2006). Larry Page and Sergey Brin, founders of Google.com, credit their Montessori education for much of their success on prime-time television. Retrieved June 24, 2010, from www.Montessori.org/enews/barbara_walters.html

Ip, P., & others (2017). Impact of nutritional supplements on cognitive development of children in developing countries: A meta-analysis. Scientific Reports, 7, 10611.

Ip, S., Chung, M., Raman, G., Trikalinos, T.A., & Lau, J. (2009). A summary of the Agency for Healthcare Research and Quality's evidence report on breastfeeding in developed countries. Breastfeeding Medicine, 4(Suppl. 1), S17–S30.

Isaacs, J., Healy, O., & Peters, H.E. (2017). Paid family leave in the United States: Time for a new national policy. Washington, DC: Urban Institute.

Isbell, E., & others (2017). Neuroplasticity of selective attention: Research foundations and preliminary evidence for a gene by intervention interaction. Proceedings of the National Academy of Sciences, 114(35), 9247–9254.

Ivanova, K., Veenstra, R., & Mills, M. (2012). Who dates? The effects of temperament, puberty, and parenting on early adolescent experiences with dating. Journal of Early Adolescence, 42, 340–363.

Izard, C.E. (2009). Emotion theory and research: Highlights, unanswered questions, and emerging issues. Annual Review of Psychology (Vol. 60). Palo Alto, CA: Annual Reviews.

J

Järvelä, S., Hadwin, A., Malmberg, J., & Miller, M. (2018). Contemporary perspectives of regulated learning in collaboration. In F. Fischer & others (Eds.), International handbook of the learning sciences. New York: Routledge.

Jónsdóttir, S.R. (2017). Narratives of creativity: How eight teachers on four school levels integrate creativity into teaching and learning. Thinking Skills and Creativity, 24, 127–139.

Jabès, A., & Nelson, C.A. (2015). 20 years after "The ontogeny of human memory: A cognitive neuroscience perspective," where are we? International Journal of Behavioral Development, 39(4), 293–303.

Jaccard, J., Blanton, H., & Dodge, T. (2005). Peer influences on risk behavior: An analysis of the effects of a close friend. Developmental Psychology, 41(1), 135–147.

Jaciw, A.P., & others (2016). Assessing impacts of Math in Focus, a "Singapore Math" program. Journal of Research on Educational Effectiveness, 9, 473–502.

Jacobs, W., Goodson, P., Barry, A.E., & McLeroy, K.R. (2016). The role of gender in adolescents' social networks and alcohol, tobacco, and drug use: A systematic review. Journal of School Health, 86(5), 322–333.

Jaffee, S., & Hyde, J.S. (2000). Gender differences in moral orientation: A meta-analysis. Psychological Bulletin, 126, 703–726.

Jaffee, S. (2017). Child maltreatment and risk for psychopathology in childhood and adulthood. Annual Review of Clinical Psychology, 19(3–4), 135–144.

Jagger-Rickels, A.C., Kibby, M.Y., & Constance, J.M. (2018). Global gray matter morphometry differences between children with reading disability, ADHD, and comorbid reading disability/ADHD. Brain and Language, 185, 54–66.

Jambon, M., & Smetana, J.G. (2018). Individual differences in prototypical moral and conventional judgments and children's proactive and reactive aggression. Child Development, 89(4), 1343–1359.

James, J., Thomas, P., Cavan, D., & Kerr, D. (2004). Preventing childhood obesity by reducing consumption of carbonated drinks. British Medical Journal, 328, 1237.

James, W. (1890/1950). The principles of psychology. New York: Dover.

Jamieson, J.P., & Mendes, W.B. (2016). Social stress facilitates risk in youths. Journal of Experimental Psychology: General, 145(4), 467–485.

Jamshidifarsani, H., Garbaya, S., Lim, T., Blazevic, P., & Ritchie, J.M. (2019). Technology-based reading intervention programs for elementary grades: An analytical review. Computers & Education, 128, 427–451.

Jansen, J., de Weerth, C., & Riksen-Walraven, J.M. (2008). Breastfeeding and the mother-infant relationship—A review. Developmental Review, 28, 503–521.

Jarvis, S.N., & Okonofua, J.A. (2020). School deferred: When bias affects school leaders. Social Psychological and Personality Science, 11, 492–498.

Jaszczolt, K.M. (2016). Meaning in linguistic interaction: Semantics, metasemantics, philosophy of language. Oxford, UK: Oxford University Press.

Jenkins, L.N., & Nickerson, A.B. (2019). Bystander intervention in bullying: Role of social skills and gender. Journal of Early Adolescence, 39, 141–166.

Jensen, A.R. (2008). Book review. Intelligence, 36, 96–97.

Jeynes, W.H. (2017). A meta-analysis: The relationship between parental involvement and Latino student outcomes. Education and Urban Society, 49(1), 4–28.

Ji, B.T., & others (1997). Paternal cigarette smoking and the risk of childhood cancer among offspring of nonsmoking mothers. Journal of the National Cancer Institute, 89, 238–244.

Jia, R., & Schoppe-Sullivan, S.J. (2011). Relations between coparenting and father involvement in families with preschool-age children. Developmental Psychology, 47, 106–118.

Jiang, P., & others (2018). Functional connectivity of intrinsic cognitive networks during resting state and task performance in preadolescent children. PloS One, 13(10), e0205690.

Jiao, S., Ji, G., & Jing, Q. (1996). Cognitive development of Chinese urban only children and children with siblings. Child Development, 67, 387–395.

Jin, K.-S., Houston, J.L., Baillargeon, R., Groh, A.M., & Roisman, G.I. (2018). Young infants expect an unfamiliar adult to comfort a crying baby: Evidence from a standard violation-of-expectation task and a novel infant-triggered-video task. Cognitive Psychology, 102, 1–20.

Jin, K., Houston, J.L., Baillargeon, R., Groh, A.M., & Roisman, G.I. (2018). Young infants expect an unfamiliar adult to comfort a crying baby: Evidence from a standard violation-of-expectation task and a novel infant-triggered-video task. Cognitive Development, 102, 1–20.

Jin, K.S., & Baillargeon, R. (2017). Infants possess an abstract expectation of ingroup support.

Proceedings of the National Academy of Sciences, 114, 8199–8204.

Johansson, J.V., Segerdahl, P., Ugander, U.H., Hansson, M.G., & Langenskiöld, S. (2018). Making sense of genetic risk: A qualitative focus-group study of healthy participants in genomic research. Patient Education & Counseling, 101, 422–427.

Johns Hopkins University (2006). Research: Tribal connections. Retrieved January 31, 2008, from http://www.krieger.jhu.edu/research/spotlight/prabhakar.html

Johnson, A.D., Finch, J.E., & Phillips, D.A. (2019). Associations between publicly funded preschool and low-income children's kindergarten readiness: The moderating role of child temperament. Developmental Psychology, 55, 623–636.

Johnson, C.M., & others (2018). Observed parent–child feeding dynamics in relation to child body mass index and adiposity. Pediatric Obesity, 13, 222–231.

Johnson, J.S., & Newport, E.L. (1991). Critical period effects on universal properties of language: The status of subjacency in the acquisition of a second language. Cognition, 39, 215–258.

Johnson, J.A., & others (2018). Foundations of American education (17th ed.). Upper Saddle River, NJ: Pearson.

Johnson, L., Giordano, P.C., Manning, W.D., & Longmore, M.A. (2011). Parent-child relations and offending in young adulthood. Journal of Youth and Adolescence, 40, 786–799.

Johnson, M.D. (2017). Human biology (8th ed.). Upper Saddle River, NJ: Pearson.

Johnson, M.H., Grossmann, T., & Cohen-Kadosh, K. (2009), Mapping functional brain development: Building a social brain through Interactive Specialization. Developmental Psychology, 45, 151–159.

Johnson, M.H., & de Haan, M. (2015). Developmental cognitive neuroscience (4th ed.). New York: Wiley-Blackwell.

Johnson, S.B., Dariotis, J.K., & Wang, C. (2012). Adolescent risk taking under stressed and nonstressed conditions: Conservative, calculating, and impulsive types. Journal of Adolescent Health, 51(Suppl. 2), S34–S40.

Johnson, S.P. (2004). Development of perceptual completion in infancy. Psychological Science, 15, 769–775.

Johnson, S.P. (2013). Object perception. In P. D. Zelazo (Ed.), Handbook of developmental psychology. New York: Oxford University Press.

Johnson, S., & Marlow, N. (2017). Early and long-term outcome of infants born extremely preterm. Archives of Disease in Childhood, 102(1), 97–102.

Johnson, S.P., & Hannon, E.E. (2015). Perceptual development. In R. Lerner & others (Eds.), Handbook of child psychology and developmental science, (7th ed., pp. 63–112). Hoboken, NJ: Wiley.

Johnson, S.P. (2019, in press). Development of visual-spatial attention. In M.A. Geyer & others (Eds.), Current topics in behavioral neurosciences. Berlin: Springer.

Johnston, M. (2008, April 30). Commentary on R. Highfield, Harvard's baby brain research lab. Retrieved January 24, 2008, from www.telegraph.co.uk/scienceandtechnology/science/sciencenews/3341166/

Jones-Mason, K., Alkon, A., Coccia, M., & Bush, N.R. (2018). Autonomic nervous system functioning assessed during the still-face paradigm: A meta-analysis and systematic review of methods, approach and findings. Developmental Review, 50, 113–139.

Jones, C.R., & others (2018). The association between theory of mind, executive function, and the symptoms of autism spectrum disorder. Autism Research, 11(1), 95–109.

Jones, H.W. (2007). Iatrogenic multiple births: A 2003 checkup: Fertility and Sterility, 87, 453–455.

Jones, J., & Placek, P. (2017). Adoption: By the numbers. Alexandria, VA: National Council for Adoption.

Jones, M.C. (1965). Psychological correlates of somatic development. Child Development, 36, 899–911.

Jones, T.H. (2018). Testosterone. In M.H. Bornstein (Ed.), & M. Arterberry, K. Fingerman, & J. E. Lansford (Assoc. Eds.), The SAGE encyclopedia of lifespan human development. Thousand Oaks, CA: SAGE.

Jonkman, L.M., Hurks, P.P., & Schleepen, T.M. (2016). Effects of memory strategy training on performance and event-related brain potentials of children with ADHD in an episodic memory task. Neuropsychological Rehabilitation, 26(5–6), 910–941.

Jonson-Reid, M., Kohl, P.L., & Drake, B. (2012). Child and adolescent outcomes of chronic child maltreatment. Pediatrics, 129, 839–845.

Joos, C.M., Wodzinski, A.M., Wadsworth, M.E., & Dorn, L.D. (2018). Neither antecedent nor consequence: Developmental integration of chronic stress, pubertal timing, and conditionally adapted stress response. Developmental Review, 48, 1–23.

Jordan, J.W., & others (2019). Peer crowd identification and adolescent health behaviors: Results from a statewide representative study. Health Education & Behavior, 46(1), 40–52.

Jorgensen, G. (2007). Kohlberg and Gilligan: Duet or duel? Journal of Moral Education, 35(2), 179–196.

Joseph, J. (2006). The missing gene. New York: Algora.

Josephson Institute of Ethics (2008). The ethics of American youth 2008. Los Angeles: Josephson Institute.

Juang, L.P., & Umana-Taylor, A.J. (2012). Family conflict among Chinese- and Mexican-origin adolescents and their parents in the U.S.: An introduction. New Directions in Child and Adolescent Development, 135, 1–12.

Juffer, F., & van IJzendoorn, M.H. (2007). Adoptees do not lack self-esteem: A meta-analysis of studies on self-esteem of transracial, international, and domestic adoptees, Psychological Bulletin, 133, 1067–1083.

K

Körük, S. (2017). The effect of self-esteem on student achievement. In E. Keradag (Ed.), The factors affecting student achievement (pp. 247–257). Berlin: Springer.

Kachel, U., & Tomasello, M. (2019, in press). 3- and 5-year-old children's adherence to explicit and implicit joint commitments. Developmental Psychology.

Kadir, M.S., Yeung, A.S., & Diallo, T.M. (2017). Simultaneous testing of four decades of academic self-concept models. Contemporary Educational Psychology, 51, 429–446.

Kaestle, C.E. (2019, in press). Sexual orientation trajectories based on sexual attractions, partners, and identity: A longitudinal investigation from adolescence through young adulthood using a US representative sample. The Journal of Sex Research, 1–16. doi: 10.1080/00224499.2019.1577351

Kaffashi, F., Scher, M.S., Ludington-Hoe, S.M., & Loparo, K.A. (2013). An analysis of kangaroo care intervention using neonatal EEG complexity: A preliminary study. Clinical Neurophysiology, 124, 238–246.

Kagan, J. (2002). Behavioral inhibition as a temperamental category. In R. J. Davidson, K. R. Scherer, & H. H. Goldsmith (Eds.), Handbook of affective sciences. New York: Oxford University Press.

Kagan, J. (2003). Biology, context, and development. Annual Review of Psychology (Vol. 54). Palo Alto, CA: Annual Reviews.

Kagan, J. (2008). Fear and wariness. In M. M. Haith & J. B. Benson (Eds.), Encyclopedia of infant and early childhood development. Oxford, UK: Elsevier.

Kagan, J. (2010). Emotions and temperament. In M. H. Bornstein (Ed.), Handbook of cultural developmental science. New York: Psychology Press.

Kagan, J. (2013). Temperamental contributions to inhibited and uninhibited profiles. In P. D. Zelazo (Ed.), Oxford handbook of developmental psychology. New York: Oxford University Press.

Kagan, J. (2018). Three unresolved issues in human morality. Perspectives on Psychological Science, 13, 346–358.

Kagan, J.J., Kearsley, R.B., & Zelazo, P.R. (1978). Infancy: Its place in human development. Cambridge, MA: Harvard University Press.

Kagan, J., & Snidman, N. (1991). Infant predictors of inhibited and uninhibited behavioral profiles. Psychological Science, 2, 40–44.

Kail, R.V., Lervåg, A., & Hulme, C. (2016). Longitudinal evidence linking processing speed to the development of reasoning. Developmental Science, 19(6), 1067–1074.

Kalaitzopoulos, D.R., Chatzistergiou, K., Amylidi, A.L., Kokkinidis, D.G., & Goulis, D.G. (2018). Effect of methamphetamine hydrochloride on pregnancy outcome: A systematic review and meta-analysis. Journal of Addiction Medicine, 12(3), 220–226.

Kalak, N., & others (2012). Daily morning running for 3 weeks improved sleep and psychological functioning in health of adolescents compared to controls. Journal of Adolescent Health, 51, 615–622.

Kalisch-Smith, J.I., & Moritz, K.M. (2018). Detrimental effects of alcohol exposure around conception: Putative mechanisms. Biochemistry and Cell Biology, 96(2), 107–116.

Kallol, S., Huang, X., Müller, S., Ontsouka, C., & Albrecht, C. (2018). Novel insights into concepts and directionality of maternal–fetal cholesterol transfer across the human placenta.

Kanakis, G.A., & Nieschlag, E. (2018). Klinefelter syndrome: more than hypogonadism. Pediatric Reproductive Endocrinology, 86, 135-144.

Kang, J. (2019, in press). Do co-ethnic concentrated neighborhoods protect children with undocumented parents? Focusing on child behavioral functioning. Social Science Research.

Kania-Richmond, A., & others (2017). The impact of introducing Centering Pregnancy in a community health setting: A qualitative study of experiences and perspectives of health center clinical and support staff. Maternal and Child Health Journal, 21(6), 1327–1335.

Kanji, A., Khoza-Shangase, K., & Moroe, N. (2018). Newborn hearing screening protocols and their outcomes: A systematic review. International Journal of Pediatric Otorhinolaryngology, 115, 104–109.

Kanoy, K., Ulku-Steiner, B., Cox, M., & Burchinal, M. (2003). Marital relationship and individual psychological characteristics that predict physical punishment of children. Journal of Family Psychology, 17, 20–28.

Kaplan, J.S. (2012). The effects of shared environment on adult intelligence: A critical review of adoption, twin, and MZA studies. Developmental Psychology, 48, 1292–1298.

Kapur, B.M., & Baber, M. (2017). FASD: Folic acid and formic acid—an unholy alliance in the alcohol abusing mother. Biochemistry and Cell Biology, 96(2), 189–197.

Karaman, F., & Hay, J.F. (2018). The longevity of statistical learning: When infant memory decays, isolated words come to the rescue. Journal of Experimental Psychology: Learning, Memory, and Cognition, 44, 221–232.

Karg, K., & Sen, S. (2012). Gene × environment interaction models in psychiatry. Current Topics in Behavioral Neuroscience.

Karle, K.N., & others (2018). Neurobiological correlates of emotional intelligence in voice and face perception networks. Social Cognitive and Affective Neuroscience, 13, 233–244.

Karlsson, J., & others (2018). Four evolutionary trajectories underlie genetic intratumoral variation in childhood cancer. Nature Genetics, 50, 944–950.

Karreman, A., van Tuijl, C., van Aken, M.A.G., & Dekovic, M. (2008). Parenting, coparenting, and effortful control in preschoolers. Journal of Family Psychology, 22, 30–40.

Kassai, R., Futo, J., Demetrovics, Z., & Takacs, Z.K. (2019). A meta-analysis of the experimental evidence on the near- and far-transfer effects among children's executive function skills. Psychological Bulletin, 145(2), 165–188.

Kauchak, D., & Eggen, P. (2017). Introduction to teaching (6th ed.). Upper Saddle River, NJ: Pearson.

Kauffman, J.M., McGee, K., & Brigham, M. (2004). Enabling or disabling? Observations on changes in special education. Phi Delta Kappan, 85, 613–620.

Kaufman-Parks, A., & others (2017). Intimate partner violence perpetration from adolescence to young adulthood: Trajectories and the role of familial factors. Journal of Family Violence, 33(1), 27–41.

Kaufman, J.C., & Sternberg, R.J. (2012). The creative mind. In C. Jones, M. Lorenzen, & J. Sapsed (Eds.), Oxford handbook of creative industries. New York: Oxford University Press.

Kaufman, J.C., & Sternberg, R.J. (2013). The creative mind. In C. Jones, M. Lorenzen, & R. F. Proctor (Eds.), Handbook of psychology: Experimental psychology, Vol. 4. New York: Wiley.

Kaur, A., & Phadke, S.R. (2012). Analysis of short stature cases referred for genetic evaluation. Indian Journal of Pediatrics, 79(12), 1597–1600.

Kavsek, M. (2013). The comparator model of infant visual habituation and dishabituation: Recent insights. Developmental Psychobiology, 55(8), 793–808.

Kawabata, Y., Tseng, W.L., Murray-Close, D., & Crick, N.R. (2012). Developmental trajectories of Chinese children's relational and physical aggression: Associations with social-psychological adjustment problems. Journal of Abnormal Child Psychology, 40(7), 1087–1097.

Kawwass, J.F., & Badell, M.L. (2018). Maternal and fetal risk associated with assisted reproductive technology. Obstetrics and Gynecology, 132, 763–772.

Keag, O.E., Norman, J.E., & Stock, S.J. (2018). Long-term risks and benefits associated with cesarean delivery for mother, baby, and subsequent pregnancies: Systematic review and meta-analysis. PLoS Medicine, 15(1), e1002494.

Keefer, K.V., Parker, J.D., & Saklofske, D.H. (2018). Three decades of emotional intelligence research: Perennial issues, emerging trends, and lessons learned in education: Introduction to emotional intelligence in education. In K. Keefer, J. Parker, & D. Saklofske (Eds.), Emotional intelligence in education (pp. 1–19). Dordrecht, the Netherlands: Springer.

Keen, R. (2011). The development of problem solving in young children: A critical cognitive skill. Annual Review of Psychology (Vol. 62). Palo Alto, CA: Annual Reviews.

Keeton, C.P., Schleider, J.L., & Walkup, J.T. (2017). Separation anxiety, generalized anxiety, and social anxiety. In B.J. Sadock, V.A. Sadock, & P. Ruiz (Eds.), Kaplan & Sadock's comprehensive textbook of psychiatry (10th ed.). Philadelphia: Wolters Kluwer.

Kellman, P.J., & Arterberry, M.E. (2006). Infant visual perception. In W. Damon & R. Lerner (Eds.), Handbook of child psychology (6th ed.). New York: Wiley.

Kelly, K.M., & others (2013). Children's Oncology Group's 2013 blueprint for research on Hodgkin's lymphoma. Pediatric and Blood Cancer, 60(6), 1009–1015.

Kelmanson, I.A. (2010). Sleep disturbances in two-month-old infants sharing the bed with parent(s). Minerva Pediatrica, 62, 162–169.

Kelty, E., & Hulse, G. (2017). A retrospective cohort study of birth outcomes in neonates exposed to naltrexone in utero: A comparison with methadone-, buprenorphine-and non-opioid-exposed neonates. Drugs, 77(11), 1211–1219.

Kendler, K.S., & others (2012). Genetic and familial environmental influences on the risk for drug abuse: A national Swedish adoption study. Archives of General Psychiatry, 69(7), 690–697.

Kendler, K.S., Ohlsson, H., Sundquist, K., & Sundquist, J. (2018). Sources of parent-offspring resemblance for major depression in a national Swedish extended adoption study. JAMA Psychiatry, 75, 194–200.

Kendrick, K., Jutengren, G., & Stattin, H. (2012). The protective role of supportive friends against bullying perpetration and victimization. Journal of Adolescence, 35, 1069–1080.

Kennell, J.H. (2006). Randomized controlled trial of skin-to-skin contact from birth versus conventional incubator for physiological stabilization in 1200 g to 2199 g newborns. Acta Paediatrica (Sweden), 95, 15–16.

Kern, P., & Tague, D.B. (2017). Music therapy practice status and trends worldwide: An international survey study. The Journal of Music Therapy, 54(3), 255–286.

Kerpelman, J.L., & Pittman, J.F. (2018). Erikson and the relational context of identity: Strengthening connections with attachment theory. Identity, 18(4), 306–314.

Kessen, W., Haith, M.M., & Salapatek, P. (1970). Human infancy. In P. H. Mussen (Ed.), Manual of child psychology (3rd ed., Vol. 1). New York: Wiley.

Kezuka, E., Amano, S., & Reddy, V. (2017). Developmental changes in locating voice and sound in space. Frontiers in Psychology, 8, 1574.

Khatun, M., & others (2017). Do children born to teenage parents have lower adult intelligence? A prospective birth cohort study. PloS One, 12(3), e0167395.

Khodaverdi, M., & others (2013). Hearing 25 years after surgical treatment of otitis media with effusion in early childhood. International Journal of Otorhinolaryngology, 77(2), 241–247.

Khuc, K., & others (2013). Adolescent metabolic syndrome risk is increased with higher infancy weight gain and decreased with longer breast feeding. Indian Journal of Pediatrics, 2012, 478610.

Khundrakpam, B.S., & others (2017). Imaging structural covariance in the development of intelligence. NeuroImage, 144, 227–240.

Kidd, C., Piantadosi, S.T., & Aslin, R.N. (2012). The Goldilocks effect: Human infants allocate attention to visual sequences that are neither too simple nor too complex. PLoS One, 7(5), e36399.

Kilic, S., & others (2012). Environmental tobacco smoke exposure during intrauterine period promotes granulosa cell apoptosis: A prospective, randomized study. Journal Maternal-Fetal and Neonatal Medicine, 25(10), 1904–1908.

Killen, M., & Dahl, A. (2018). Moral judgment: Reflective, interactive, spontaneous, challenging, and always evolving. In K. Gray & J. Graham (Eds.), Atlas of moral psychology (pp. 20–30). New York: Guilford.

Killen, M., Rutland, A., & Yip, T. (2016). Equity and justice in developmental science: Discrimination, social exclusion, and intergroup attitudes. Child Development, 87, 1317–1336.

Kim-Spoon, J., Deater-Deckard, K., Calkins, S.D., King-Casas, B., & Bell, M.A. (2019). Commonality between executive functioning and effortful control related to adjustment. Journal of Applied Developmental Psychology, 60, 47–55.

Kim, J., & Morgül, K. (2017). Long-term conse-

Kim, J., & others (2006). Trends in overweight from 1980 through 2001 among preschool-aged children enrolled in a health maintenance organization. Obesity, 14, 1107–1112.

Kim, J., Kim, H., Kim, N., Kwon, J.H., & Park, M. (2017). Effects of radiofrequency field exposure on glutamate-induced oxidative stress in mouse hippocampal HT22 cells. International Journal of Radiation Biology, 93, 249–256.

Kim, K.H. (2010, July 10). Interview. Newsweek, pp. 42–48.

Kim, P., Evans, G.W., Chen, E., Miller, G., & Seeman, T. (2018). How socioeconomic disadvantages get under the skin and into the brain to influence health development across the lifespan. In N. Halfon & others (Eds.), Handbook of life course health development (pp. 463–497). London: Springer.

Kim, S.Y., Chen, Q., Wang, Y., Shen, Y., & Orozco-Lapray, D. (2012). Longitudinal linkages among parent-child acculturation discrepancy, parenting, parent-child sense of alienation, and adolescent adjustment in Chinese immigrant families. Developmental Psychology, 49(5), 900–912.

Kim, S., & Kochanska, G. (2017). Relational antecedents and social implications of the emotion of empathy: Evidence from three studies. Emotion, 17(6), 981–992.

Kim, Y., Park, I., & Kang, S. (2018). Age and gender differences in health risk perception. Central European Journal of Public Health, 26(1).

Kim-Spoon, J., Cicchetti, D., & Rogosch, F.A. (2013). A longitudinal study of emotion regulation, emotion lability-negativity, and internalizing symptomatology in maltreated and nonmaltreated children. Child Development, 84(2), 512–527.

Kinard, J.L., & Watson, L.R. (2015). Joint attention during infancy and early childhood across cultures. In International encyclopedia of the social and behavioral sciences (2nd ed., pp. 844–850). London: Elsevier.

King, K.A., Topalian, A., & Vidourek, R.A. (2019, in press). Religiosity and adolescent major depressive episodes among 12–17-year-olds. Journal of Religion and Health.

King, P.E., Ramos, J.S., & Clardy, C.E. (2012). Searching for the sacred: Religious and spiritual development among adolescents. In K. I. Pargament, J. Exline, & J. Jones (Eds.), APA handbook of psychology, religion, and spirituality. Washington, DC: American Psychological Association.

King, P.E., Kim, S.H., Furrow, J.L., & Clardy, C.E. (2017). Preliminary exploration of the Measurement of Diverse Adolescent Spirituality (MDAS) among Mexican youth. Applied Developmental Science, 21(4), 235–250.

Kingsmore, S.F., & others. (2013). Next-generation community genetics for low- and middle-income countries. Genomic Medicine, 4(3), 25.

Kingston, M.H. (1976). The woman warrior: Memoirs of a girlhood among ghosts. New York: Vintage Books.

Kini, S., & others (2010). Lack of impact of semen quality on fertilization in assisted conception. Scottish Medicine, 55, 20–23.

Király, I., Takacs, S., Kaldy, Z., & Blaser, E. (2017). Preschoolers have better long-term memory for rhyming text than adults. Developmental Science, 20(3), e12398.

Kirk, R.E. (2013). Experimental design. In I. B. Weiner & others (Eds.), Handbook of psychology (2nd ed., Vol. 2). New York: Wiley.

Kirkorian, H.L., Anderson, D.R., & Keen, R. (2012). Age differences in online processing of video: An eye movement study. Child Development, 83, 497–507.

Kirkorian, H.L., Wartella, E.A., & Anderson, D.A. (2008). Media and young children's learning. Future of Children, 18(1), 39–61.

Kirova, A., & Jamison, N.M. (2018). Peer scaffolding techniques and approaches in preschool children's multiliteracy practices with iPads. Journal of Early Childhood Research, 16, 245–257.

Kitsantas, P., & Gaffney, K.F. (2010). Racial/ethnic disparities in infant mortality. Journal of Perinatal Medicine, 38, 87–94.

Kjelgaard, H.H., Holstein, B.E., Due, P., Brixval, C.S., & Rasmussen, M. (2017). Adolescent weight status: Associations with structural and functional dimensions of social relations. Journal of Adolescent Health, 60, 460–468.

Klausen, T., Hansen, K.J., Munk-Jørgensen, P., & Mohr-Jensen, C. (2017). Are assisted reproductive technologies associated with categorical or dimensional aspects of psychopathology in childhood, adolescence or early adulthood? Results from a Danish prospective nationwide cohort study. European Child and Adolescent Psychiatry, 26, 771–778.

Kleiman, E.M., & Riskand, J.H. (2013). Utilized social support and self-esteem mediate the relationship between perceived social support and suicide ideation. Crisis, 34, 42–49.

Kleiman, K., & Wenzel, A. (2017). Principles of supportive psychotherapy for perinatal distress. Journal of Obstetric, Gynecologic & Neonatal Nursing, 46(6), 895–903.

Kleinsorge, C., & Covitz, L.M. (2012). Impact of divorce on children: Developmental considerations. Pediatrics in Review, 33, 147–154.

Klemfuss, J.Z., & Olaguez, A.P. (2018). Individual differences in children's suggestibility: An updated review. Journal of Child Sexual Abuse, 1–25. doi:10.1 080/10538712.2018.1508108

Klimstra, T.A., Hale, W.W., Raaijmakers, Q.A., Branje, S.J.T., & Meeus, W.H. (2010). Identity formation in adolescence: Change or stability? Journal of Youth and Adolescence, 39, 150–162.

Klinger, L.G., & Dudley, K.M. (2019). Autism spectrum disorder. In M.J. Prinstein & others (Eds.), Treatment of disorders in childhood and adolescence. New York: Guilford.

Klopp-Dutote, N., Kolski, C., Strunski, V., & Page, C. (2018). Tympanostomy tubes for serous otitis media and risk of recurrences. International Journal of Pediatric Otorhinolaryngology, 106, 105–109.

Knifsend, C.A., Camacho-Thompson, D.E., Juvonen, J., & Graham, S. (2018). Friends in activities, school- related affect, and academic outcomes in diverse middle schools. Journal of Youth and Adolescence, 47, 1208–1220.

Knopik, V.S., Neiderhiser, J.M., DeFries, J.C., & Plomin, R. (2016). Behavioral genetics. New York: Macmillan.

Knopp, K., & others (2017). Within- and between- family associations of marital functioning and child well-being. Family Relations, 79, 451–461.

Knopp, K.A. (2019). The Children's Social Comprehension Scale (CSCS): Construct validity of a new social intelligence measure for elementary school children. International Journal of Behavioral Development, 43(1), 90–96.

Knox, M. (2010). On hitting children: A review of corporal punishment in the United States. Journal of Pediatric Health Care, 24, 103–107.

Ko, C.H., & others (2015). Bidirectional associations between family factors and Internet addiction among adolescents in a prospective investigation. Psychiatry and Clinical Neurosciences, 69(4), 192–200.

Kochanska, G., Barry, R.A., Jimenez, N.B., Hollatz, A.L., & Woodard, J. (2009). Guilt and effortful control: Two mechanisms that prevent disruptive developmental trajectories. Journal of Personality and Social Psychology, 97, 322–333.

Kochanska, G., Barry, R.A., Stellern, S.A., & O'Bleness, J.J. (2010). Early attachment organization moderates the parent-child mutually coercive pathway to children's antisocial conduct. Child Development, 80, 1288–1300.

Kochanska, G., Gross, J.N., Lin, M., & Nichols, K.E. (2002). Guilt in young children: Development, determinants, and relations with a broader set of standards. Child Development, 73, 461–482.

Kochanska, G., & Kim, S. (2013). Early attachment organization with both parents and future behavior problems: From infancy to middle childhood. Child Development, 84(1), 283–296.

Koeblinger, C., & others. (2013). Fetal magnetic resonance imaging of lymphangiomas. Journal of Perinatal Medicine, 41(4), 437–443.

Koehn, A.J., & Kerns, K.A. (2017). Parent–child attachment: Meta-analysis of associations with parenting behaviors in middle childhood and adolescence. Attachment & Human Development, 1–28.

Koenig, L.B., McGue, M., & Iacono, W.G. (2008). Stability and change in religiousness during emerging adulthood. Developmental Psychology, 44, 523–543.

Kofler, M.J., & others (2019). Do working memory deficits underlie reading problems in attention-deficit/hyperactivity disorder (ADHD)? Journal of Abnormal Child Psychology, 47, 433–446.

Kohlberg, L. (1958). The development of modes of moral thinking and choice in the years 10 to 16. Unpublished doctoral dissertation, University of Chicago.

Kohlberg, L. (1969). Stage and sequence: The cognitive-developmental approach to socialization. In D. A. Goslin (Ed.), Handbook of socialization theory and research. Chicago: Rand McNally.

Kohlberg, L. (1986). A current statement on some theoretical issues. In S. Modgil & C. Modgil (Eds.), Lawrence Kohlberg. Philadelphia: Falmer.

Kohlhoff, J., & others (2017). Oxytocin in the postnatal period: Associations with attachment and maternal caregiving. Comprehensive Psychiatry, 76, 56–68.

Kokkinaki, T.S., Vasdekis, V.G.S., Koufaki, Z.E., & Trevarthen, C.B. (2017). Coordination of emotions in mother–infant dialogues. Infant

and Child Development, 26, e1973.
Koleilat, M., Whaley, S.E., Esguerra, K.B., & Sekhobo, J.P. (2017). The role of WIC in obesity prevention. Current Pediatrics Reports, 5, 132–141.
Kondo-Ikemura, K., Behrens, K.Y., Umemura, T., & Nakano, S. (2018). Japanese mothers' prebirth Adult Attachment Interview predicts their infants' response to the Strange Situation Procedure: The strange situation in Japan revisited three decades later. Developmental Psychology, 54, 2007–2015.
Kong, A., & others (2012). Rate of de novo mutations and the importance of father's age to disease risk. Nature, 488, 471–475.
Kopp, C.B., & Neufeld, S.J. (2002). Emotional development in infancy. In R. Davidson & K. Scherer (Eds.), Handbook of affective sciences. New York: Oxford University Press.
Kopp, F., & Lindenberger, U. (2012). Effects of joint attention on long-term memory in 9-month-old infants: An event-related potentials study. Developmental Science, 15, 540–556.
Koppleman, K.L. (2017). Understanding human differences (5th ed.). Upper Saddle River, NJ: Pearson.
Kosik-Bogacka, D., & others (2018). Concentrations of mercury (Hg) and selenium (Se) in afterbirth and their relations with various factors. Environmental Geochemistry and Health, 40(4), 1683–1695.
Kotovsky, L., & Baillargeon, R. (1994). Calibration-based reasoning about collision events in 11-month-old infants. Cognition, 51, 107–129.
Kotte, E.M., Winkler, A.M., & Takken, T. (2013). Fitkids exercise therapy program in the Netherlands. Pediatric Physical Therapy, 25(1), 7–13.
Kozol, J. (2005). The shame of the nation: The restoration of apartheid schooling in America. New York: Three Rivers Press.
Kramer, L., & Radey, C. (1997). Improving sibling relationships among young children: A social skills training model. Family Relations, 46, 237–246.
Kramer, L. (2006, July 10). Commentary in "How your siblings make you who you are" by J. Kluger. Time, pp. 46–55.
Krafft, C., Davis, E.E., & Tout, K. (2017). Child care subsidies and the stability and quality of child care arrangements. Early Childhood Research Quarterly, 39, 14–34.
Kramer, L., & Perozynski, L. (1999). Parental beliefs about managing sibling conflict. Developmental Psychology, 35, 489–499.
Krassner, A.M., & others (2017). East–west, collectivist-individualist: A cross-cultural examination of temperament in toddlers from Chile, Poland, South Korea, and the US. European Journal of Developmental Psychology, 14, 449–464.
Krauss, R.A., & Glucksberg, S. (1969). The development of communication: Competence as a function of age. Child Development, 40, 255–266.
Kreutzer, L.C., & Flavell, J.H. (1975). An interview study of children's knowledge about memory. Monographs of the Society for Research in Child Development, 40(1), Serial No. 159.
Kring, A.M. (2000). Gender and anger. In A. H. Fischer (Ed.), Gender and emotion: Social psychological perspectives. New York: Cambridge University Press.
Krist, H., Atlas, C., Fischer, H., & Wiese, C. (2018). Development of basic intuitions about physical support during early childhood: Evidence from a novel eye-tracking paradigm. Quarterly Journal of Experimental Psychology, 71, 1988–2004.
Kroesbergen, E.H., van 't Noordende, J.E., & Kolkman, M.E. (2014). Training working memory in kindergarten children: Effects on working memory and early numeracy. Child Neuropsychology.
Kubarych, T.S., & others. (2012). A multivariate twin study of hippocampal volume, self-esteem, and well-being in middle-aged men. Genes, Brain, and Behavior, 11, 539–544.
Kuchirko, Y., Tafuro, L., & Tamis-LeMonda, C.S. (2018). Becoming a communicative partner: Infant contingent responsiveness to maternal language and gestures. Infancy, 23(4), 558–576.
Kuhl, P.K. (2017). Big surprises from little brains. Early Childhood Matters, 126, 20–25.
Kuhn, D. (2009). Adolescent thinking. In R. M. Lerner & L. Steinberg (Eds.), Handbook of adolescent psychology (3rd ed.). New York: Wiley.
Kuhn, D. (2013). Reasoning. In P. D. Zelazo (Ed.), Oxford handbook of developmental psychology. New York: Oxford University Press.
Kuhn, D., & Franklin, S. (2006). The second decade: What develops (and how)? In W. Damon & R. Lerner (Eds.), Handbook of child psychology (6th ed.). New York: Wiley.
Kuhns, C., & Cabrera, N. (2018). Fathering. In M.H. Bornstein (Ed.) & M. Arterberry, K. Fingerman, & J.E. Lansford (Assoc. Eds.), The SAGE encyclopedia of lifespan human development. Thousand Oaks, CA: SAGE.
Kulig, T.C., Cullen, F.T., Wilcox, P., & Chouhy, C. (2019). Personality and adolescent school-based victimization: Do the big five matter? Journal of School Violence, 18(2), 176–199.
Kuo, L.J., Ramirez, G., de Marin, S., Kim, T.J., & Unal-Gezer, M. (2017). Bilingualism and morphological awareness: A study with children from general education and Spanish-English dual language programs. Educational Psychology, 37, 94–111.
Kupán, K., Király, I., Kupán, K., Krekó, K., Miklósi, A., & Topál, J. (2017). Interacting effect of two social factors on 18-month-old infants' imitative behavior: Communicative cues and demonstrator presence. Journal of Experimental Child Psychology, 161, 186–194.
Kupersmidt, J.B., & Coie, J.D. (1990). Preadolescent peer status, aggression, and school adjustment as predictors of externalizing problems in adolescence. Child Development, 61, 1350–1363.
Kurkul, K.E., & Corriveau, K.H. (2018). Question, explanation, follow-up: A mechanism for learning from others? Child Development, 89, 280–294.
Kwiatkowski, M.A., & others (2018). Cognitive outcomes in prenatal methamphetamine exposed children aged six to seven years. Comprehensive Psychiatry, 80, 24–33.

L

La Rooy, D.J., Brown, D., & Lamb, M.E. (2013). Suggestibility and witness interviewing. In A. Ridley, F. Gabber, & D. J. La Rooy (Eds.), Investigative suggestibility. New York: Wiley.
La Salle, T., George, H.P., McCoach, D.B., Polk, T., & Ivanovich, L.L. (2018). An examination of school climate, victimization, and mental health problems among middle school students self-identifying with emotional and behavioral disorders. Behavioral Disorders, 43, 383–392.
Labella, M.H. (2018). The sociocultural context of emotion socialization in African American families. Clinical Psychology Review, 59, 1–15.
Lacelle, C., Hebert, M., Lavoie, F., Vitaro, F., & Tremblay, R.E. (2012). Sexual health in women reporting a history of child sexual abuse. Child Abuse and Neglect, 36, 247–259.
Ladd, G.W., Ettekal, I., & Kochenderfer-Ladd, B. (2017). Peer victimization trajectories from kindergarten through high school: Differential pathways for children's school engagement and achievement? Journal of Educational Psychology, 109(6), 826–841.
Ladd, H.C. (2017). No Child Left Behind: A deeply flawed federal policy. Journal of Policy Analysis and Management, 36, 461–469.
LaFontana, K.M., & Cillessen, A.H.N. (2010). Developmental changes in the priority of perceived status in childhood and adolescence. Social Development, 19, 130–147.
Lagattuta, K.H., & others (2015). Beyond Sally's missing marble: Further development in children's understanding of mind and emotion in middle childhood. Advances in Child Development and Behavior, 48, 185–217.
Lagattuta, K.H., Elrod, N.M., & Kramer, H.J. (2016). How do thoughts, emotions, and decisions align? A new way to examine theory of mind during middle childhood and beyond. Journal of Experimental Child Psychology, 149, 116–133.
Laird, R.D., & Marrero, M.D. (2011). Mothers' knowledge of early adolescents' activities following the middle school transition and pubertal maturation. Journal of Early Adolescence, 31, 209–233. **Lamb, M.E.** (2013a). Commentary: Early experience, neurobiology, plasticity, vulnerability, and resilience. In D. Narvaez & others (Eds.), Evolution, early experience, and human development. New York: Oxford University Press.
Lamb, M.E. (2013b). Non-parental care and emotional development. In S. Pauen & M. Bornstein (Eds.), Early childhood development and later outcomes. New York: Cambridge University Press.
Lamb, M.E., & Lewis, C. (2013). Father-child relationships. In C. S. Tamis-LeMonda & N. Cabrera (Eds.), Handbook of father involvement (2nd ed.). New York: Psychology Press.
Lamb, M.E., & Malloy, L.C. (2013). Child development and the law. In I. B. Weiner & others (Eds.), Handbook of psychology (2nd ed., Vol. 6). New York: Wiley.
Lampi, K.M., & others. (2012). Risk of autism spectrum disorders in low birth weight and small for gestational age infants. Journal of Pediatrics, 161(5), 830–836.
Lampl, M. (2008). Physical growth. In M. M. Hath & J. B. Benson (Eds.), Encyclopedia of infant and early childhood development. Oxford, UK: Elsevier.

Langer, E.J. (2005). On becoming an artist. New York: Ballantine.
Laninga-Wijnen, L., & others (2019). The role of academic status norms in friendship selection and influence processes related to academic achievement. Developmental Psychology, 55(2), 337–350.
Lansford, J.E. (2009). Parental divorce and children's adjustment. Perspectives on Psychological Science, 4, 140–152.
Lansford, J.E. (2012). Divorce. In R. J. R. Levesque (Ed.), Encyclopedia of adolescence. New York: Springer.
Lansford, J.E., & Deater-Deckard, K. (2012). Childrearing discipline and violence in developing countries. Child Development, 83(1), 62–75.
Lansford, J.E., Wager, L.B., Bates, J.E., Pettit, G.S., & Dodge, K.A. (2013). Forms of spanking and children's externalizing problems. Family Relations, 61(2), 224–236.
Lansford, J.E., & others. (2005). Cultural normativeness as a moderator of the link between physical discipline and children's adjustment: A comparison of China, India, Italy, Kenya, Philippines, and Thailand. Child Development, 76, 1234–1246.
Lansford, J.E., & others (2011). Reciprocal relations between parents' physical discipline and children's externalizing behavior during middle childhood and adolescence. Development and Psychopathology, 23, 225–238.
Lansford, J.E., & others (2016). How international research on parenting advances understanding of child development. Child Development Perspectives, 10(3), 202–207.
Lansford, J.E., & others (2017). Change over time in parents' beliefs about and reported use of corporal punishment in eight countries with and without legal bans. Child Abuse & Neglect, 71, 44–55.
Lansford, J.E., & others (2018). Bidirectional relations between parenting and behavior problems from age 8 to 13 in nine countries. Journal of Research on Adolescence, 28, 571–590.
Lantagne, A., & Furman, W. (2017). Romantic relationship development: The interplay between age and relationship length. Developmental Psychology, 53(9), 1738.
Lapsley, D.K., & Yeager, D. (2013). Moral-character education. In I. B. Weiner & others (Eds.), Handbook of psychology (2nd ed., Vol. 7). New York: Wiley.
Lapsley, D., & Woodbury, R.D. (2015). Social cognitive development in emerging adulthood. In J.J. Arnett (Ed.), The Oxford handbook of emerging adulthood. New York: Oxford University Press.
Larzelere, R.E., & Kuhn, B.R. (2005). Comparing child outcomes of physical punishment and alternative disciplinary tactics: A meta-analysis. Clinical Child and Family Psychology Review, 8, 1–37.
Larzelere, R.E., Morris, A.S., & Harrist, A.W. (Eds.) (2013). Authoritative parenting. Washington, DC: American Psychological Association.
Laslett, A.M., Room, R., Dietze, P., & Ferris, J. (2012). Alcohol's involvement in recurrent child abuse and neglect cases. Addiction, 107(10), 1786–1793.
Laslett, A.M., & others (2017). A multi-country study of harms to children because of others' drinking. Journal of Studies on Alcohol and Drugs, 78(2), 195–202.
Lauer, R.H., & Lauer, J.C. (2019). Marriage and family (9th ed.). New York: McGraw-Hill.
Laurent, G., Hecht, H.K., Ensink, K., & Borelli, J.L. (2018). Emotional understanding, aggression, and social functioning among preschoolers. American Journal of Orthopsychiatry. doi:10.1037/ort0000377
Laursen, B., & Collins, W.A. (2009). Parent-child relationships during adolescence. In R. M. Lerner & L. Steinberg (Eds.), Handbook of adolescent psychology (3rd ed.). New York: Wiley.
Lavelli, M., & others (2018). Communication dynamics between mothers and their children with cochlear implants: Effects of maternal support for language production. Journal of Communication Disorders, 73, 1–14.
Lawton, C.A. (2018). Sex and gender in geographic behavior and cognition. In D.R. Montello (Ed.), Handbook of behavioral and cognitive geography. Northampton, MA: Edward Elgar Publishing.
Leach, P. (2010). Your baby and child: From birth to age five (rev. ed.) New York: Knopf.
Lean, R.E., Smyser, C.D., & Rogers, C.E. (2017). Assessment: The newborn. Child and Adolescent Psychiatric Clinics, 26(3), 427–440.
Leaper, C. (2013). Gender development during childhood. In P. D. Zelazo (Ed.),Oxford handbook of developmental psychology. New York: Oxford University Press.
Leaper, C. (2018). Gender, dispositions, peer relations, and identity: Toward an integrative developmental model. In N.K. Dess, J. Marecek, & L.C. Bell (Eds.), Gender, sex, and sexualities: Psychological perspectives. New York: Oxford University Press.
Leaper, C. (2019, in press). Young adults' conversational strategies during negotiation and self-disclosure in same-gender and mixed-gender friendships. Sex Roles.
LeBourgeois, M.K., & others (2017). Digital media and sleep in childhood and adolescence. Pediatrics, 140(Suppl. 2), S92.
Lebrun-Harris, L.A., Sherman, L.J., Limber, S.P., Miller, B.D., & Edgerton, E.A. (2018). Bullying victimization and perpetration among US children and adolescents: 2016 National Survey of Children's Health. Journal of Child and Family Studies, 1–15.
Lee-St.John, T.J., & others (2018). The long-term impact of systemic student support in elementary school: Reducing high school dropout. AERA Open, 4(4).
Lee, B., Jeong, S., & Roh, M. (2018). Association between body mass index and health outcomes among adolescents: The mediating role of traditional and cyber bullying victimization. BMC Public Health, 18(1), 674.
Lee, B.R., Kobulsky, J.M., Brodzinsky, D., & Barth, R.P. (2018). Parent perspectives on adoption preparation: Findings from the Modern Adoptive Families project. Children and Youth Services Review, 85, 63–71.
Lee, C.C., Jhang, Y., Chen, L.M., Relyea, G., & Oller, D.K. (2017). Subtlety of ambient-language effects in babbling: A study of English- and Chinese- learning infants at 8, 10, and 12 months. Language Learning and Development, 13, 100–126.
Lee, D.K., Cole, W.G., Golenia, L., & Adolph, K.E. (2018). The cost of simplifying complex developmental phenomena: A new perspective on learning to walk. Developmental Science, 21(4), e12615. doi:10.1111/desc.12615
Lee, G.Y., & Kisilevsky, B.S. (2014). Fetuses respond to father's voice but prefer mother's voice after birth. Developmental Psychobiology, 56(1), 1–11.
Lee, J.E., Pope, Z., & Gao, Z. (2018). The role of youth sports in promoting children's physical activity and preventing pediatric obesity: A systematic review. Behavioral Medicine, 44(1), 62–76.
Lee, K., Quinn, P.C., & Pascalis, O. (2017). Face race processing and racial bias in early development: A perceptual-social linkage. Current Directions in Psychological Science, 26(3), 256–262.
Lee, N.C., Hollarek, M., & Krabbendam, L. (2018). Neurocognitive development during adolescence. In J.E. Lansford & P. Banati (Eds.), Handbook of adolescent development research and its impact on global policy. New York: Oxford University Press.
Lee, Y.Y. (2018). Integrative ethical education: Narvaez's project and Xunzi's insight. Educational Philosophy and Theory, 50(13), 1203–1213.
Leedy, P.D., & Ormrod, J.E. (2018). Practical research (12th ed.). Upper Saddle River, NJ: Pearson.
Leerkes, E.M., & Zhou, N. (2018). Maternal sensitivity to distress and attachment outcomes: Interactions with sensitivity to nondistress and infant temperament. Journal of Family Psychology, 32, 753–761.
Leerkes, E.M., Su, J., Calkins, S.D., O'Brien, M., & Supple, A.J. (2017). Maternal physiological dysregulation while parenting poses risk for infant attachment disorganization and behavior problems. Development and Psychopathology, 29, 245–257.
Legare, C.H., & Harris, P.L. (2016). The ontogeny of cultural learning. Child Development, 87(3), 633–642.
Legare, C.H., Sobel, D.M., & Callanan, M. (2017). Causal learning is collaborative: Examining explanation and exploration in social contexts. Psychonomic Bulletin & Review, 24, 1548–1554.
Leger, D., Beck, F., Richard, J.B., & Godeau, E. (2012). Total sleep time severely drops in adolescence. PLoS One, 7(10), e45204.
Legerstee, M. (1997). Contingency effects of people and objects on subsequent cognitive functioning in 3-month-old infants. Social Development, 6, 307–321.
Legette, K. (2018). School tracking and youth self-perceptions: Implications for academic and racial identity. Child Development, 89, 1311–1327.
Lehrer, R., & Schauble, L. (2015). The development of scientific thinking. In R.M. Lerner & others (Eds.), Handbook of child psychology and developmental science (7th ed., pp. 671–714). New York: Wiley.
Leith, G., Yuill, N., & Pike, A. (2018). Scaffolding under the microscope: Applying self-regulation and other-regulation perspectives to a scaffolded task. British Journal of Educational Psychology, 88(2), 174–191.
Lemaire, P. (Ed.) (2017). Cognitive development from a strategy perspective. New York: Routledge.

Lennon, E.M., Gardner, J.M., Karmel, B.Z., & Flory, M.J. (2008). Bayley Scales of Infant Development. In M. M. Haith & J. B. Benson (Eds.), Encyclopedia of infant and early childhood development. Oxford, UK: Elsevier.

Leonardi-Bee, J.A., Smyth, A.R., Britton, J., & Coleman. T. (2008). Environmental tobacco smoke and fetal health: Systematic review and analysis. Archives of Disease in Childhood. Fetal and Neonatal Edition, 93, F351–F361.

Leong, V., & others (2017). Speaker gaze increases information coupling between infant and adult brains. Proceedings of the National Academy of Sciences, 114 (50), 13290–13295.

Lerner, J.V., & others (2013). Positive youth development: Processes, philosophies, and programs. In I. B. Weiner & others (Eds.), Handbook of psychology (2nd ed., Vol. 6). New York: Wiley.

Lerner, R.M., Boyd, M., & Du, D. (2009). Adolescent development. In I. B. Weiner & C. B. Craighead (Eds.), Encyclopedia of psychology (4th ed.). Hoboken, NJ: Wiley.

Lerner, R.M., Roeser, R.W., & Phelps, E. (Eds.). (2009). Positive youth development and spirituality: From theory to research. West Conshohocken, PA: Templeton Foundation Press.

Lerner, R.M. (2017). Commentary: Studying and testing the positive youth development model: A tale of two approaches. Child Development, 88(4), 1183–1185.

Lessard, L.M., & Juvonen, J. (2018). Losing and gaining friends: Does friendship instability compromise academic functioning in middle school? Journal of School Psychology, 69, 143–153.

Levett, K.M., & others (2016). Complementary therapies for labour and birth study: A randomised controlled trial of antenatal integrative medicine for pain management in labour. BMJ Open, 6(7), e010691.

Levitan, R.D., & others (2017). A DRD 4 gene by maternal sensitivity interaction predicts risk for overweight or obesity in two independent cohorts of preschool children. Journal of Child Psychology and Psychiatry, 58, 180–188.

Leviton, A. (2018). Biases inherent in studies of coffee consumption in early pregnancy and the risks of subsequent events. Nutrients, 10.

Levy, G.D., Sadovsky, A.L., & Troseth, G.L. (2000). Aspects of young children's perceptions of gender- typed occupations. Sex Roles, 42, 993–1006.

Lew, C.H., Brown, C., Bellugi, U., & Semendeferi, K. (2017). Neuron density is decreased in the prefrontal cortex in Williams syndrome. Autism Research, 10, 99–112.

Lewald, J. (2012). Exceptional ability of blind humans to hear sound motion: Implications for the emergence of auditory space. Neuropsychologia, 51, 181–186.

Lewis, A.C. (2007). Looking beyond NCLB. Phi Delta Kappan, 88, 483–484.

Lewis, C., Hill, M., Skirton, H., & Chitty, L.S. (2012). Non-invasive prenatal diagnosis for fetal sex determination: Benefits and disadvantages from the service users' perspective. European Journal of Genetics, 20, 1127–1133.

Lewis, F.C., Reeve, R.A., Kelly, S.P., & Johnson, K.A. (2017). Sustained attention to a predictable, unengaging Go/No-Go task shows ongoing development between 6 and 11 years. Attention, Perception, & Psychophysics, 79(6), 1726–1741.

Lewis, M., & Brooks-Gunn, J. (1979). Social cognition and the acquisition of the self. New York: Plenum.

Lewis, M. (2014). The rise of consciousness and the development of emotional life. New York: Guilford.

Lewis, R. (2017). Human genetics (12th ed.). New York: McGraw-Hill.

Li, B.J., Jiang, Y.J., Yuan, F., & Ye, H.X. (2010). Exchange transfusion of least incompatible blood for severe hemolytic disease of the newborn due to anti-Rh17. Transfusion Medicine, 20, 66–69.

Li, C., Goran, M.I., Kaur, H., Nollen, N., & Ahluwalia, J.S. (2007). Developmental trajectories of overweight during childhood: Role of early life factors. Obesity, 15, 760–761.

Li, D., Zhang, W., Li, X., Li, N., & Ye, B. (2012). Gratitude and suicidal ideation and suicide attempts among Chinese adolescents: Direct, mediated, and moderated effects. Journal of Adolescence, 35, 55–66.

Li, G., Kung, K.T., & Hines, M. (2017). Childhood gender-typed behavior and adolescent sexual orientation: A longitudinal population-based study. Developmental Psychology, 53, 764–777.

Li, J., & others (2017). VarCards: An integrated genetic and clinical database for coding variants in the human genome. Nucleic Acids Research, 46, D1029–D1048.

Li, J., Deng, M., Wang, X., & Tang, Y. (2018). Teachers' and parents' autonomy support and psychological control perceived in junior-high school: Extending the dual-process model of self-determination theory. Learning and Individual Differences, 68, 20–29.

Li, L., & others (2018). Texting/emailing while driving among high school students in 35 states, United States, 2015. Journal of Adolescent Health, 63(6), 701–708.

Li, M., Fiese, B., & Deater-Deckard, K. (2019, in press). An overview of biological methods in family science. In B. Fiese (Ed.), Handbook of contemporary family psychology. Washington, DC: American Psychological Association.

Li, W., Cao, B., Hu, L., & Li, F. (2017). Developmental trajectory of rule detection in four- to six-year-old children. International Journal of Behavioral Development, 41(2), 238–244.

Li, W., Christiansen, L., Hjelmborg, J., Baumbach, J., & Tan, Q. (2018). On the power of epigenome-wide association studies using a disease-discordant twin design. Bioinformatics, 34, 4073–4078.

Li, W., Farkas, G., Duncan, G.J., Burchinal, M.R., & Vandell, D.L. (2013). Timing of high-quality child care and cognitive, language, and preacademic development. Developmental Psychology, 49(8), 1440–1451.

Liben, L.S. (2017). Gender development: A constructivist-ecological perspective. In N. Budwig, E. Turiel, & P.D. Zelazo (Eds.), New perspectives on human development. New York: Cambridge University Press.

Libertus, K., & Needham, A. (2011). Teach to reach: The effects of active versus passive reaching experiences on action and perception. Vision Research, 50, 2750–2757.

Lickliter, R. (2013). Biological development: Theoretical approaches, techniques, and key findings. In P. D. Zelazo (Ed.), Handbook of developmental psychology. New York: Oxford University Press.

Lickliter, R., & Witherington, D.C. (2017). Towards a truly developmental epigenetics. Human Development, 60, 124–138.

Liddle, M.J.E., Bradley, B.S., & McGrath, A. (2015). Baby empathy: Infant distress and peer prosocial responses. Infant Mental Health Journal, 36(4), 446–458.

Lieb, W., & Vasan, R.S. (2018). Scientific contributions of population-based studies to cardiovascular epidemiology in the GWAS era. Frontiers in Cardiovascular Medicine, 5, 57.

Lieberman, O.J., McGuirt, A.F., Tang, G., & Sulzer, D. (2019). Roles for neuronal and glial autophagy in synaptic pruning during development. Neurobiology of Disease, 122, 149–163.

Liem, D.G. (2017). Infants' and children's salt taste perception and liking: A review. Nutrients, 9(9), 1011.

Lightbody, T.K., & Williamson, D.L. (2017). The timing and intensity of maternal employment in early childhood: Implications for Canadian children. Journal of Child and Family Studies, 26(5), 1409–1421.

Lilgendahl, J.P., & others (2018). "So now, I wonder, what am I?": A narrative approach to bicultural identity integration. Journal of Cross-Cultural Psychology, 49(10), 1596–1624.

Lillard, A.S., & Taggart, J. (2019). Pretend play and fantasy: What if Montessori was right? Child Development Perspectives, 13(2), 85–90.

Lillard, A.S., Li, H., & Boguszewski, K. (2015). Television and children's executive function. Advances in Child Development and Behavior, 48, 219–248.

Lillard, A.S. (2016). Montessori: The science behind the genius. New York: Oxford University Press.

Lillard, A.S. (2018). Rethinking education: Montessori's approach. Current Directions in Psychological Science, 27(6), 395–400.

Lillis, T.A., & others (2018). Sleep quality buffers the effects of negative social interactions on maternal mood in the 3–6 month postpartum period: A daily diary study. Journal of Behavioral Medicine, 41(5), 733–746.

Limber, S.P. (2004). Implementation of the Olweus Bullying Prevention program in American schools: Lessons learned from the field. In D. L. Espelage & S. M. Swearer (Eds.), Bullying in American schools. Mahwah, NJ: Erlbaum.

Lin, W.C., & others (2017). Postnatal paternal involvement and maternal emotional disturbances: The effect of maternal employment status. Journal of Affective Disorders, 219, 9–16.

Lin, Y.C., Latner, J.D., Fung, X.C., & Lin, C.Y. (2018). Poor health and experiences of being bullied in adolescents: Self-perceived overweight and frustration with appearance matter. Obesity, 26, 397–404.

Lindsay, A.C., Wasserman, M., Muñoz, M.A., Wallington, S.F., & Greaney, M.L. (2018). Examining influences of parenting styles and practices on physical activity and sedentary behaviors in Latino children in the United States: Integrative review. JMIR Public Health and Surveillance, 4(1), e14.

Lindsey, E.W. (2019). Frequency and intensity of emotional expressiveness and preschool children's peer competence. The Journal of Genetic Psychology, 180(1), 45–61.

Lippa, R.A. (2005). Gender, nature, and nurture (2nd ed.). Mahwah, NJ: Erlbaum.

Litman, C., & Greenleaf, C. (2018). Argumentation tasks in secondary English language arts, history, and science: Variations in instructional focus and inquiry space. Reading Research Quarterly, 53(1), 107–126.

Liu, J., & others (2010). Neonatal neurobehavior predicts medical and behavioral outcome. Pediatrics, 125(1), e90–e98.

Liu, R., Calkins, S.D., & Bell, M.A. (2018). Fearful inhibition, inhibitory control, and maternal negative behaviors during toddlerhood predict internalizing problems at age 6. Journal of Abnormal Child Psychology, 46, 1665–1675.

Liu, W., & others (2018). Bridging mechanisms in multiethnic communities: Place-based communication, neighborhood belonging, and intergroup relations. Journal of International and Intercultural Communication, 11(1), 58–80.

Liu, Y., Simpkins, S.D., & Lin, A.R. (2018). Ethnic cultural features in organized activities: relations to Latino adolescents' activity experiences and parental involvement. Journal of Youth and Adolescence, 47(10), 2243–2260.

Livas-Dlott, A., & others (2010). Commands, competence, and Carino: Maternal socialization processes in Mexican American families. Developmental Psychology, 46, 566–578.

Livingston, G. (2014, November). Four in ten couples are saying 'I do,' again. Washington, DC: Pew Research Center.

Livingston, G. (2018). Stay-at-home moms and dads account for about one-in-five U.S. parents. Pew Research Center. Retrieved from http://www.pewresearch.org/fact-tank/2018/09/24/stay-at-home-moms-and-dads-account-for-about-one-in-five-u-s-parents/ **Lo, C.C., Hopson, L.M., Simpson, G.M., & Cheng, T.C.** (2017). Racial/ethnic differences in emotional health: A longitudinal study of immigrants' adolescent children. Community Mental Health Journal, 53(1), 92–101.

Lo, C.K., Hew, K.F., & Chen, G. (2017). Toward a set of design principles for mathematics flipped classrooms: A synthesis of research in mathematics education. Educational Research Review, 22, 50–73.

Lo, C.O., & Porath, M. (2017). Paradigm shifts in gifted education: An examination vis-à-vis its historical situatedness and pedagogical sensibilities. Gifted Child Quarterly, 61, 343–360.

Lobel, A., Engels, R.C., Stone, L.L., & Granic, I. (2019). Gaining a competitive edge: Longitudinal associations between children's competitive video game playing, conduct problems, peer relations, and prosocial behavior. Psychology of Popular Media Culture, 8(1), 76–87.

Lockhart, K.L., Goddu, M.K., & Keil, F.C. (2018). When saying "I'm best" is benign: Developmental shifts in perceptions of boasting. Developmental Psychology, 54(2), 521–535.

Loeffen, E.A.H., & others (2017). The importance of evidence-based supportive care practice guidelines in childhood cancer: A plea for their development and implementation. Supportive Care in Cancer, 25, 1121–1125.

Loftus, E.F. (2003). Make-believe memories. American Psychologist, 58(11), 867–873.

Lombardi, C.M., & Coley, R.L. (2017). Early maternal employment and children's academic and behavioral skills in Australia and the United Kingdom. Child Development, 88(1), 263–281.

Loos, R.J., & Janssens, A.C.J. (2017). Predicting polygenic obesity using genetic information. Cell Metabolism, 25, 535–543.

Loosli, S.V., Buschkuehl, M., Perrig, W.J., & Jaeggi, S.M. (2012). Working memory training improves reading processes in typically developing children. Child Neuropsychology, 18, 62–78.

Lorenz, K.Z. (1965). Evolution and the modification of behavior. Chicago: University of Chicago Press. **Lotto, R., Smith, L.K., & Armstrong, N.** (2018). Diagnosis of a severe congenital anomaly: A qualitative analysis of parental decision making and the implications for healthcare encounters. Health Expectations, 21, 678–684.

Lovallo, W.R., & others (2017). Joint impact of early life adversity and COMT Val158Met (rs4680) genotypes on the adult cortisol response to psychological stress. Psychosomatic Medicine, 79, 631–637.

Low, J., Apperly, I.A., Butterfill, S.A., & Rakoczy, H. (2016). Cognitive architecture of belief reasoning in children and adults: A primer on the two-systems account. Child Development Perspectives, 10(3), 184–189.

Low, S., & Shortt, J.W. (2017). Family, peer, and pubertal determinants of dating involvement among adolescents. Journal of Research on Adolescence, 27(1), 78–87.

Low, S., Snyder, J., & Shortt, J.W. (2012). The drift toward problem behavior during the transition to adolescence: The contributions of youth disclosure, parenting, and older siblings. Journal of Research on Adolescence, 22, 65–79.

Lowe, J.R., & others (2016). Maternal touch and infant affect in the Still Face Paradigm: A cross-cultural examination. Infant Behavior and Development, 44, 110–120.

Lowell, A., & Mayes, L. (2019). Assessment and treatment of prenatally exposed infants and children. In A. Hauptman & J. Salpekar (Eds.), Pediatric Neuropsychiatry. New York: Springer.

Lu, J., Wang, Z., Cao, J., Chen, Y., & Dong, Y. (2018). A novel and compact review on the role of oxidative stress in female reproduction. Reproductive Biology and Endocrinology, 16(1), 80.

Lucca, K., & Wilbourn, M.P. (2019). The what and the how: Information-seeking pointing gestures facilitate learning labels and functions. Journal of Experimental Child Psychology, 178, 417–436.

Luizon, M.R., Pereira, D.A., & Sandrim, V.C. (2018). Pharmacogenomics of hypertension and preeclampsia: Focus on gene-gene interactions. Frontiers in Pharmacology, 9, 168.

Lund, T.J., & Dearing, E. (2013). Is growing up affluent risky for adolescents or is the problem growing up in an affluent neighborhood? Journal of Research on Adolescence.

Luthar, S.S., Small, P.J., & Ciciolla, L. (2018). Adolescents from upper middle class communities: Substance misuse and addiction across early adulthood. Development and Psychopathology, 30(1), 315–335.

Lye, P., & others (2018). Glucocorticoids modulate multidrug resistance transporters in the first trimester human placenta. Journal of Cellular and Molecular Medicine, 22, 3652–3660.

Lykken, D. (2001). Happiness: What studies on twins show us about nature, nurture, and the happiness set point. New York: Golden Books.

Lykken, E.A., Shyng, C., Edwards, R.J., Rozenberg, A., & Gray, S.J. (2018). Recent progress and considerations for AAV gene therapies targeting the central nervous system. Journal of Neurodevelopmental Disorders, 10, 16.

Lyman, E.L., & Luthar, S.S. (2014). Further evidence on the "costs of privilege": Perfectionism in high-achieving youth at socioeconomic extremes. Psychology in the Schools, 51(9), 913–930.

Lynn, M.G., Grych, J.H., & Fosco, G.M. (2016). Influences on father involvement: Testing for unique contributions of religion. Journal of Child and Family Studies, 25, 3247–3259.

Lyon, G.J., & Wang, K. (2013). Identifying disease mutations in genomic medicine settings: Current challenges and how to accelerate the process. Genome Medicine, 4(7), 58.

Lyon, T.D., & Flavell, J.H. (1993). Young children's understanding of forgetting over time. Child Development, 64, 789–800.

Lyovin, A.V., Kessler, B., & Leben, W.R. (2017). An introduction to lanugages of the world. Oxford, UK: Oxford University Press.

Lytle, L.A. (2012). Dealing with the childhood obesity epidemic: A public health approach. Abdominal Imaging, 37, 719–724.

M

Müller, E., Seiler, C.W., Perren, S., & Simoni, H. (2015). Young children's self-perceived ability: Development, factor structure and initial validation of a self-report instrument for preschoolers. Journal of Psychopathology and Behavioral Assessment, 37(2), 256–273.

Maag, J.W., Kauffman, J.M., & Simpson, R.L. (2019). The amalgamation of special education? On practices and policies that may render it unrecognizable. Exceptionality, 27(3), 185–200. doi:10.1080/09362835.2018.1425624 **Maas, M.K., & others** (2018). Division of labor and multiple domains of sexual satisfaction among first-time parents. Journal of Family Issues, 39(1), 104–127.

Mabbe, E., Soenens, B., De Muynck, G.J., & Vansteenkiste, M. (2018). The impact of feedback valence and communication style on intrinsic motivation in middle childhood: Experimental evidence and generalization across individual differences. Journal of Experimental Child Psychology, 170, 134–160.

Maccoby, E.E. (1984). Middle childhood in the context of the family. In W. A. Collins (Ed.), Development during middle childhood. Washington, DC: National Academy Press.

Maccoby, E.E. (2002). Gender and group process: A developmental perspective. Current Directions in Psychological Science, 11, 54–57.

Maccoby, E.E. (2007). Historical overview of socialization research and theory. In J. E. Grusec & P. D. Hastings (Eds.), Handbook of socialization.

New York: Guilford.

Maccoby, E.E., & Mnookin, R.H. (1992). Dividing the child: Social and legal dilemmas of custody. Cambridge, MA: Harvard University Press.

MacFarlane, J.A. (1975). Olfaction in the development of social preferences in the human neonate. In Parent-infant interaction. Ciba Foundation Symposium No. 33. Amsterdam: Elsevier.

Mackie, F.L., Hemming, K., Allen, S., Morris, R.K., & Kilby, M.D. (2017). The accuracy of cell-free fetal DNA-based non-invasive prenatal testing in singleton pregnancies: A systematic review and bivariate meta-analysis. British Journal of Obstetrics and Gynaecology, 124, 32–46.

MacNeill, L.A., Ram, N., Bell, M.A., Fox, N.A., & Pérez-Edgar, K. (2018). Trajectories of infants' biobehavioral development: Timing and rate of A-not-B performance gains and EEG maturation. Child Development, 89, 711–724.

Macon, T.A., Tamis-LeMonda, C.S., Cabrera, N.J., & McFadden, K.E. (2017). Predictors of father investment of time and finances: The specificity of resources, relationships, and parenting beliefs. Journal of Family Issues, 38, 2642–2662.

MacSwan, J., Thompson, M.S., Rolstad, K., McAlister, K., & Lobo, G. (2017). Three theories of the effects of language education programs: An empirical evaluation of bilingual and English-only policies. Annual Review of Applied Linguistics, 37, 218–240.

Mader, S.S., & Windelspecht, M. (2013). Biology (11th ed.). New York: McGraw-Hill.

Mader, S.S., & Windelspecht, M. (2017). Inquiry into life. New York: McGraw-Hill.

Magid, R.W., Yan, P., Siegel, M.H., Tenenbaum, J.B., & Schulz, L.E. (2018). Changing minds: Children's inferences about third party belief revision. Developmental Science, 21(2), e12553.

Magno, C. (2010). The role of metacognitive skills in developing critical thinking. Metacognition and Learning, 5, 137–156.

Mahany, E.B., & Smith, Y.R. (2017) Assisted reproductive technology: Clinical aspects. In T. Falcone & W. Hurd (Eds.), Clinical reproductive medicine and surgery. Netherlands: Springer.

Mahrer, N.E., O'Hara, K.L., Sandler, I.N., & Wolchik, S.A. (2018). Does shared parenting help or hurt children in high-conflict divorced families? Journal of Divorce & Remarriage, 59(4), 324–347.

Mahumud, R.A., Sultana, M., & Sarker, A.R. (2017). Distribution and determinants of low birth weight in developing countries. Journal of Preventive Medicine and Public Health, 50(1), 18–28.

Major Depressive Disorder Working Group of the Psychiatric GWAS Consortium (2013). A mega-analysis of genome-wide association studies for major depressive disorder. Molecular Psychiatry 18, 497–511.

Makhlouf Obermeyer, C. (2015). Adolescents in Arab countries: Health statistics and social context. DIFI Family Research and Proceedings, 1. doi:10.5339/difi.2015.1 **Malatesta-Muncher, R., & Mitsnefes, M.M.** (2012). Management of blood pressure in children. Current Opinion in Nephrology and Hypertension, 21, 318–322.

Malik, M.A.R., & Butt, A.N. (2017). Rewards and creativity: Past, present, and future. Applied Psychology, 66, 290–325.

Malin, H., Ballard, P.J., & Damon, W. (2015). Civic purpose: An integrated construct for understanding civic development in adolescence. Human Development, 58(2), 103–130.

Malizia, B.A., Hacker, M.R., & Penzias, A.S. (2009). Cumulative live-birth rates after in vitro fertilization. New England Journal of Medicine, 360, 236–243.

Mallett, C.A., & Tedor, M.F. (2019). Juvenile delinquency: Pathways and prevention. Thousand Oaks, CA: SAGE.

Malloy, L.C., La Rooy, D.J., Lamb, M.A., & Katz, C. (2012). Developmentally sensitive interviewing for legal purposes. In M. E. Lamb, D. J. La Rooy, L. C. Malloy, & C. Katz (Eds.), Children's testimony (2nd ed.). New York: Wiley.

Maloy, R.W., & others (2015). Transforming learning with new technologies (2nd ed.). Upper Saddle River, NJ: Pearson.

Maloy, R.W., & others (2016). Transforming learning with new technologies (3rd ed.). Upper Saddle River, NJ: Pearson.

Malti, T., Dys, S., Colasante, T., & Peplak, J. (2017). Emotions and morality: New developmental perspectives. In C. Helwig (Ed.), New perspectives on moral development. New York: Psychology Press.

Malti, T. (2016). Toward an integrated clinical-developmental model of guilt. Developmental Review, 39, 16–36.

Mandara, J. (2006). The impact of family functioning on African American males' academic achievement: A review and clarification of the empirical literature. Teachers College Record, 108, 206–233.

Mandler, J.M., & DeLoache, J. (2013). The beginnings of conceptual development. In S. Pauen & M. Bornstein (Eds.), Early child development and later outcome. New York: Cambridge University Press.

Mandler, J.M., & McDonough, L. (1993). Concept formation in infancy. Cognitive Development, 8, 291–318.

Mandler, J.M. (2012). On the spatial foundations of the conceptual system and its enrichment. Cognitive Science, 36(3), 421–451.

Manduca, R., & Sampson, R.J. (2019). Punishing and toxic neighborhood environments independently predict the intergenerational social mobility of black and white children. Proceedings of the National Academy of Sciences, 116(16), 7772–7777.

Manganaro, L., & others (2018). Highlights on MRI of the fetal body. La Radiologia Medica, 123, 271–285.

Marchman, V.A., & Fernald, A. (2008). Speed of word recognition and vocabulary knowledge in infancy predict cognitive and language outcomes in later childhood. Developmental Science, 11, F9–16.

Marcia, J.E. (1994). The empirical study of ego identity. In H. A. Bosma, T. L. G. Graafsma, H. D. Grotevant, & D. J. DeLevita (Eds.), Identity and development. Newbury Park, CA: Sage.

Marcia, J.E. (1993). The ego identity status approach to ego identity. In J. Marcia & others (Eds.), Ego identity (pp. 3–21). New York: Springer.

Marengo, L., Farag, N.H., & Canfield, M. (2013). Body mass index and birth defects: Texas, 2005–2008. Maternal and Child Health Journal, 17(10), 1898–1907.

Marie, C., & Trainor, L.J. (2012). Development of simultaneous pitch encoding: Infants show a high voice superiority effect. Cerebral Cortex, 23(3), 660–669.

Marks, A.K., & Garcia-Coll, C. (2018). Education and developmental competencies of ethnic minority children: Recent theoretical and methodological advances. Developmental Review, 50, 90–98.

Marks, P.E., Babcock, B., van den Berg, Y.H., & Cillessen, A.H. (2019). Effects of including versus excluding nonparticipants as potential nominees in peer nomination measures. International Journal of Behavioral Development, 43(3), 255–262.

Markus, H.R., & Kitayama, S. (2012). Culture and the self. In K. Vohs & R. F. Baumeister (Eds.), Self and identity. Thousand Oaks, CA: Sage.

Marshall, C., & others (2013). WIC participation and breastfeeding among White and Black mothers: Data from Mississippi. Maternal and Child Health Journal, 17(10), 1784–1792.

Marshall, C. (2017). Montessori education: A review of the evidence base. Science of Learning, 2(1), 11.

Martínez, M.L., Cumsille, P., Loyola, I., & Castillo, J.C. (2019, in press). Patterns of civic and political commitment in early adolescence. The Journal of Early Adolescence. doi: 10.1177/0272431618824714

Martin, C.L., & Fabes, R.A. (2001). The stability and consequences of young children's same-sex peer interactions. Development Psychology, 37, 431–446.

Martin, C.L., Ruble, D.N., & Szkrybalo, J. (2002). Cognitive theories of early gender development. Psychological Bulletin, 128, 903–933.

Martin, C.L., & others (2013). The role of sex of peers and gender-typed activities in young children's peer affiliative networks: A longitudinal analysis of selection and influence. Child Development, 84(3), 921–937.

Martin, J.A., & others (2018). Births: Final data for 2016. National Vital Statistics Reports, 67(1). Hyattsville, MD: National Center for Health Statistics.

Martin, K.B., & Messinger, D.S. (2018). Smile. In M.H. Bornstein (Ed.) & M. Arterberry, K. Fingerman, & J.E. Lansford (Assoc. Eds.), The SAGE encyclopedia of lifespan human development. Thousand Oaks, CA: SAGE.

Martinez, G.M., & others (2018). Fertility of men and women aged 15–44 in the United States: National Survey of Family Growth, 2011–2015. National Health Statistics Reports, 113. Hyattsville, MD: National Center for Health Statistics.

Masarik, A.S., & others (2013). Romantic relationships in early adulthood: Influences of family, personality, and relationship cognitions. Personal Relationships, 20(2), 356–373.

Masselink, M., & others (2018). The longitudinal association between self-esteem and depressive symptoms in adolescents: Separating between-person effects from within-person effects. European Journal of Personality, 32(6), 653–671.

Masten, A.S. (2012). Faculty profile: Ann Masten. The Institute of Child Development further developments. Minneapolis: School of Education.

Masten, A.S. (2013). Risk and resilience in devel-

Masten, A.S., & Cicchetti, D. (2016). Resilience in development: Progress and transformation. In D. Cicchetti (Ed.), Developmental psychopathology (pp. 271–333). New York: Wiley.

Masten, A.S., Fiat, A.E., Labella, M.H., & Strack, R.A. (2015). Educating homeless and highly mobile students: Implications of research on risk and resilience. School Psychology Review, 44(3), 315–330.

Masten, A.S. (2018). Resilience theory and research on children and families: Past, present and promise. Journal of Family Theory & Review, 10(1), 12–31.

Mateus, V., Martins, C., Osorio, A., Martins, E.C., & Soares, I. (2013). Attention at 10 months of age in infant-mother dyads: Contrasting free-toy play with semi-structured toy-play. Infant Behavior and Development, 36(1), 176–179.

Matheis, M., Matson, J.L., & Burns, C.O. (2018). Premature birth, low birth weight, and positive screening for autism spectrum disorder in an early intervention sample. Journal of Developmental and Physical Disabilities, 30(5), 689–705.

Mathew, L., Phillips, K.F., & Sandanapitchai, P. (2018). Interventions to reduce postpartum fatigue: An integrative review of the literature. GJ Health Science Nursing, 1, 112.

Mathews, T.J., & Hamilton, B.E. (2016). Mean age of mothers is on the rise: United States, 2000–2014. NCHS Data Brief, 232. Hyattsville, MD: National Center for Health Statistics.

Matlin, M.W. (2012). The psychology of women (7th ed.). Boston: Cengage.

Matlow, J.N., Jubetsky, A., Alesksa, K., Berger, H., & Koren, G. (2013). The transfer of ethyl glucuronide across the dually perfused human placenta. Placenta, 34(4), 369–373.

Matsuba, M.K., Murazyn, T., & Hart, D. (2014). Moral identity and community. In M. Killen & J.G. Smetana (Eds.), Handbook of moral development (2nd ed.). New York: Psychology Press.

Matsumoto, D., & Juang, L. (2017). Culture and psychology (6th ed.). Boston: Cengage.

Mattson, S., & Smith, J.E. (2015). Core curriculum for maternal-newborn nursing (5th ed.). New York: Elsevier.

Mau, W.-C.J., & Li, J. (2018). Factors influencing STEM career aspirations of underrepresented high school students. Career Development Quarterly, 66, 246–258.

Maurer, D., & Lewis, T.L. (2018). Visual systems. In R. Gibb & B. Kolb (Eds.), The neurobiology of brain and behavioral development (pp. 213–233). New York: Routledge.

Maurer, D. (2017). Critical periods re-examined: Evidence from children treated for dense cataracts. Cognitive Development, 42, 27–36.

Maxson, S.C. (2013). Behavioral genetics. In I. B. Weiner & others (Eds.), Handbook of psychology (2nd ed., Vol. 3). New York: Wiley.

May, K.E., & Elder, A.D. (2018). Efficient, helpful, or distracting? A literature review of media multitasking in relation to academic performance. International Journal of Educational Technology in Higher Education, 15(1), 13.

Mayer, R.E. (2008). Curriculum and instruction (2nd ed.). Upper Saddle River, NJ: Prentice Hall.

Mazur, J.E. (2016). Learning and behavior (8th ed.). New York: Routledge.

McAdams, D.P., & McLean, K.C. (2013). Narrative identity. Current Directions in Psychological Science, 22(3), 233–238.

McAdoo, H.P. (2006). Black families (4th ed.). Thousand Oaks, CA: Sage.

McBride, C., Wang, Y., & Cheang, L.M.L. (2018). Dyslexia in Chinese. Current Developmental Disorders Reports, 5, 217–225.

McBride, C. (2016). Children's literacy development: A cross-cultural perspective on learning to read and write (2nd ed.). New York: Routledge.

McCabe, A., & Dinh, K.T. (2016). Agency and communion, ineffectiveness and alienation: Themes in the life stories of Latino and Southeast Asian adolescents. Imagination, Cognition and Personality, 36(2), 150–171.

McCabe, D. (2016). Cheating and honor: Lessons from a long-term research project. In T. Bretag (Ed.), Handbook of academic integrity (pp. 187–198). Singapore: Springer.

McCall, R.B., Appelbaum, M.I., & Hogarty, P.S. (1973). Developmental changes in mental performance. Monographs of the Society for Research in Child Development, 38 (Serial No. 150).

McCall, R.B., & others (2019). Early caregiver–child interaction and children's development: Lessons from the St. Petersburg-USA Orphanage Intervention Research Project. Clinical Child and Family Psychology Review, 22, 208–224.

McCartney, K. (2003, July 16). Interview with Kathleen McCartney in A. Bucuvalas, Child care and behavior, HGSE News, pp. 1–4. Cambridge, MA: Harvard Graduate School of Education.

McCarty, S., Teie, S., McCutchen, J., & Geller, E.S. (2016). Actively caring to prevent bullying in an elementary school: Prompting and rewarding prosocial behavior. Journal of Prevention & Intervention in the Community, 44(3), 164–176.

McClelland, K., Bowles, J., & Koopman, P. (2012). Male sex determination: Insights into molecular mechanisms. Asian Journal of Andrology, 14, 164–171.

McCluskey, K.W. (2017). Identification of the gifted redefined with ethics and equity in mind. Roeper Review, 39, 195–198.

McCombs, B.L. (2013). Educational psychology and educational transformation. In I. B. Weiner & others (Eds.), Handbook of psychology (2nd ed., Vol. 7). New York: Wiley.

McCormick, C.B., Dimmitt, C., & Sullivan, F.R. (2013). Metacognition, learning, and instruction. In I. B. Weiner & others (Eds.), Handbook of psychology (2nd ed., Vol. 7). New York: Wiley.

McCoy, S.S., Dimler, L.M., Samuels, D.V., & Natsuaki, M.N. (2019). Adolescent susceptibility to deviant peer pressure: Does gender matter? Adolescent Research Review, 4(1), 59–71.

McDermott, B.M., & Cobham, V.E. (2012). Family functioning in the aftermath of a disaster. BMC Psychiatry, 12, 55.

McDermott, E.R., Umaña-Taylor, A.J., & Martinez-Fuentes, S. (2018). Family ethnic socialization predicts better academic outcomes via proactive coping with discrimination and increased self-efficacy. Journal of Adolescence, 65, 189–195.

McDermott, J.M., & Fox, N.A. (2018). Emerging executive functions in early childhood. In C. Zeanah (Ed.), Handbook of infant mental health (4th ed., pp. 120–133). New York: Guilford.

McDonald, E.M., Mack, K., Shields, W.C., Lee, R.P., & Gielen, A.C. (2018). Primary care opportunities to prevent unintentional home injuries: A focus on children and older adults. American Journal of Lifestyle Medicine, 12, 96–106.

McDonald, K.L., & Asher, S.R. (2018). Peer acceptance, peer rejection, and popularity: Social-cognitive and behavioral perspectives. In W. Bukowski & others (Eds.), Handbook of peer relationships, interactions, and groups (2nd ed.). New York: Guilford.

McElhaney, K.B., & Allen, J.P. (2012). Sociocultural perspectives on adolescent autonomy. In P. K. Kerig, M. S. Schulz, & S. T. Hauser (Eds.), Adolescence and beyond. New York: Oxford University Press.

McEwen, B.S., & Milner, T.A. (2017). Understanding the broad influence of sex hormones and sex differences in the brain. Journal of Neuroscience Research, 95, 24–39.

McFarland, J., & others (2018). The condition of education 2018 (NCES 2018-144). U.S. Department of Education. Washington, DC: National Center for Education Statistics.

McGee, T.R., & Moffitt, T. (2019). The developmental taxonomy. In D. Farrington & others (Eds.), Oxford handbook of developmental and life-course criminology (pp. 149–158). New York: Oxford University Press.

McGettigan, C., & others (2017). You talkin' to me? Communicative talker gaze activates left-lateralized superior temporal cortex during perception of degraded speech. Neuropsychologia, 100, 51–63.

McGloin, J.M., & Thomas, K.J. (2019). Peer influence and delinquency. Annual Review of Criminology, 2, 241–264.

McHale, J.P., & Sirotkin, Y. (2019). Coparenting in diverse family systems. In M.H. Bornstein (Ed.), Handbook of parenting (3rd ed.). New York: Taylor and Francis.

McHale, S.M., & Crouter, A.C. (2013). How do children exert an impact on family life? In A. C. Crouter & A. Booth (Eds.), Children's influence on family dynamics. New York: Routledge.

McHale, S.M., Updegraff, K.A., & Whiteman, S.D. (2011). Sibling relationships. In G. W. Peterson & K. R. Bush (Eds.), Handbook of marriage and family (3rd ed.). New York: Springer.

McKenney, S.J., & Bigler, R.S. (2016). Internalized sexualization and its relation to sexualized appearance, body surveillance, and body shame among early adolescent girls. Journal of Early Adolescence, 36, 171–197.

McKinney, C., & Renk, K. (2011). A multivariate model of parent-adolescent relationship variables in early adolescence. Child Psychiatry and Human Development, 42(4), 442–462.

McKinnon, C.J., & others (2019). Restricted and repetitive behavior and brain functional connectivity in infants at risk for developing autism spectrum disorder. Biological Psychiatry, 4, 50–61.

McLean, K.C., Breen, A.V., & Fournier, M.A. (2010). Constructing the self in early, middle, and late adolescent boys: Narrative identity, individuation, and well-being. Journal of Research on Ado-

McLean, K.C., & Syed, M. (Eds.). (2013). Oxford handbook of identity development. New York: Oxford University Press.

McLean, K.C., & Lilgendahl, J.P. (2019). Narrative identity in adolescence and adulthood. In D.P. McAdams, R.L. Shiner, & J.L. Tackett (Eds.), Handbook of personality development. New York: Guilford.

McLean, K.C., & others (2018). Identity development in cultural context: The role of deviating from master narratives. Journal of Personality, 86(4), 631–651.

McLeish, J., & Redshaw, M. (2018). A qualitative study of volunteer doulas working alongside midwives at births in England: Mothers' and doulas' experiences. Midwifery, 56, 53–60.

McLeod, G.F., Horwood, L.J., Boden, J.M., & Fergusson, D.M. (2018). Early childhood education and later educational attainment and socioeconomic wellbeing outcomes to age 30. New Zealand Journal of Educational Studies, 1–17.

McLeod, R.H., Hardy, J.K., & Kaiser, A.P. (2017). The effects of play-based intervention on vocabulary acquisition by preschoolers at risk for reading and language delays. Journal of Early Intervention, 39, 147–160.

McLeskey, J.M., Rosenberg, M.S., & Westling, D.L. (2018). Inclusion (3rd). Upper Saddle River, NJ: Pearson.

McLoyd, V.C., Kaplan, R., Purtell, K.M., & Huston, A.C. (2011). Assessing the effects of a work-based antipoverty program for parents on youth's future orientation and employment experiences. Child Development, 82, 113–132.

McLoyd, V.C., Kaplan, R., Purtell, K.M., Bagley, E., Hardaway, C.R., & Smalls, C. (2009). Poverty and socioeconomic disadvantage in adolescence. In R. M. Lerner & L. Steinberg (Eds.), Handbook of adolescent psychology (3rd ed.). New York: Wiley.

McLoyd, V.C., Jocson, R.M., & Williams, A.B. (2016). Linking poverty and children's development: Concepts, models, and debates. In D. Brady & L. Burton (Eds.), The Oxford handbook of the social science of poverty. Oxford, UK: Oxford University Press.

McLoyd, V.C. (2019). How children and adolescents think about, make sense of, and respond to economic inequality: Why does it matter? Developmental Psychology, 55(3), 592–600.

McMahon, M., & Stryjewski, G. (2011). Pediatrics. New York: Elsevier.

McMurray, B., Horst, J.S., & Samuelson, L.K. (2012). Word learning emerges from the interaction of online referent selection and slow associative learning. Psychological Review, 119, 831–877.

McNamara, F., & Sullivan, C.E. (2000). Obstructive sleep apnea in infants. Journal of Pediatrics, 136, 318–323.

McPhail, B.L. (2019). Religious heterogamy and the intergenerational transmission of religion: A cross- national analysis. Religions, 10(2), 109.

McWhorter, R.R., & Ellinger, A.D. (2018). Qualitative case study research: An initial primer. In Handbook of research on innovative techniques, trends, and analysis for optimized research methods (pp. 185–201). Hershey, PA: IGI Global.

Meaney, M.J. (2010). Epigenetics and the biological definition of gene × environment interactions. Child Development, 81, 41–79.

Medoff, N.J., & Kaye, B. (2017). Electronic media: Then, now and later (3rd ed.). New York: Routledge.

Meehan, C.L., Hagen, E.H., & Hewlett, B.S. (2017). Persistence of infant care patterns among Aka foragers. In V. Reyes-García & A. Pyhälä (Eds.), Hunter-gatherers in a changing world. Cham, Switzerland: Springer.

Meerlo, P., Sgoifo, A., & Suchecki, D. (2008). Restricted and disrupted sleep: Effects on autonomic function, neuroendocrine stress systems, and stress responsivity. Sleep Medicine Review, 12, 197–210.

Meeus, W. (2018). Adolescent development: Longitudinal research into the self, personal relationships and psychopathology. New York: Routledge.

Mehta, C.M., & Smith, K.R. (2019). "As you grow up the divide still tends to happen": A qualitative investigation of gender segregation in adulthood. Gender Issues, 36(2), 176–200.

Mehta, C.M., & Strough, J. (2009). Sex segregation in friendships and normative contexts across the life span. Developmental Review, 29(3), 201–220.

Mehta, P. (2017). "Steps to our culture": Cultural cultivation and teaching children about a culture "left behind." Michigan Family Review, 21(1).

Meier, A., & Musick, K. (2014). Variations in associations between family dinners and adolescent well-being. Journal of Marriage and Family, 76(1), 13–23.

Meindl, P., Jayawickreme, E., Furr, R.M., & Fleeson, W. (2015). A foundation beam for studying morality from a personological point of view: Are individual differences in moral behaviors and thoughts consistent? Journal of Research in Personality, 59, 81–92.

Meldrum, R.C., & Hay, C. (2012). Do peers matter in the development of self-control? Evidence from a longitudinal study of youth. Journal of Youth and Adolescence, 41, 691–703.

Mello, Z.R. (2009). Racial/ethnic group and socioeconomic status variation in educational and occupational expectations from adolescence to adulthood. Journal of Applied Developmental Psychology, 30, 494–504.

Meltzoff, A.N., & Marshall, P.J. (2018). Human infant imitation as a social survival circuit. Current Opinion in Behavioral Sciences, 24, 130–136.

Meltzoff, A.N., Saby, J.N., & Marshall, P.J. (2019). Neural representations of the body in 60-day-old human infants. Developmental Science, 22(1). e12698.

Melzi, G., Schick, A.R., & Kennedy, J.L. (2011). Narrative elaboration and participation: Two dimensions of maternal elicitation style. Child Development, 82(4), 1282–1296.

Mercy, E., & others (2013). Noninvasive detection of fetal trisomy 21: Systematic review and report of quality and outcomes of diagnostic accuracy studies performed between 1997 and 2012. Human Reproduction Update, 19(4), 318–329.

Merz, E.C., Landry, S.H., Johnson, U.Y., Williams, J.M., & Jung, K. (2016). Effects of a responsiveness–focused intervention in family child care homes on children's executive function. Early Childhood Research Quarterly, 34, 128–139.

Mesman, J., & others (2016). Is the ideal mother a sensitive mother? Beliefs about early childhood parenting in mothers across the globe. International Journal of Behavioral Development, 40, 385–397.

Mesman, J., van IJzendoorn, M.H., Bakermans- Kranenburg, M.J. (2009). The many faces of the still-face paradigm: A review and meta-analysis. Developmental Review, 29, 120–162.

Messenger, K., & Fisher, C. (2018). Mistakes weren't made: Three-year-olds' comprehension of novel-verb passives provides evidence for early abstract syntax. Cognition, 178, 118–132.

Mesurado, B., Richaud, M.C., & Rodriguez, L.M. (2018). The varying roles of parents and the cognitive–emotional variables regarding the different types of adolescent prosocial behavior. Journal of Social and Personal Relationships. doi: 10.1177/0265407518780365

Metzger, A., & others (2013). Information management strategies with conversations about cigarette smoking: Parenting correlates and longitudinal associations with teen smoking. Developmental Psychology, 49(8), 1565–1578.

Michalczyk, M., Torbé, D., & Torbé, A. (2018). Comparison of the effect of patient-controlled epidural anesthesia (PCEA) and parenteral use of opioid analgesics on the postpartum condition of the newborn. Journal of Education, Health and Sport, 8(9), 277–428.

Michalopoulos, C., Faucetta, K., Warren, A., & Mitchell, R. (2017). Evidence on the long-term effects of home visiting programs: Laying the groundwork for long-term follow-up in the Mother and Infant Home Visiting Program Evaluation (MIHOPE). OPRE Report 2017-73. U.S. Department of Health and Human Services.

Michikyan, M., Dennis, J., & Subrahmanyam, K. (2015). Can you guess who I am? Real, ideal, and false self-presentation on Facebook among emerging adults. Emerging Adulthood, 3(1), 55–64.

Micu, I., Plemel, J.R., Caprariello, A.V., Nave, K.A., & Stys, P.K. (2018). Axo-myelinic neurotransmission: A novel mode of cell signalling in the central nervous system. Nature Reviews Neuroscience, 19, 49–58.

Mihov, K.M., Denzler, M., & Forster, J. (2010). Hemispheric specialization and creative thinking: A meta-analytic review of lateralization of creativity. Brain and Cognition, 72, 442–448.

Miles, G., & Siega-Riz, A.M. (2017). Trends in food and beverage consumption among infants and toddlers: 2005–2012. Pediatrics, 139, e20163290.

Mileva-Seitz, V.R., Bakermans-Kranenburg, M.J., Battaini, C., & Luijk, M.P. (2017). Parent-child bed-sharing: The good, the bad, and the burden of evidence. Sleep Medicine Reviews, 32, 4–27.

Milevsky, A. (2011). Sibling relations in childhood and adolescence. New York: Columbia University Press.

Milledge, S.V., & others (2018). Peer relationships and prosocial behaviour differences across disruptive behaviours. European Child & Adolescent Psychiatry, 1–13. doi:10.1007/s00787-018-1249-2

Miller, C., Martin, C.L., Fabes, R., & Hanish, D. (2013). Bringing the cognitive and social together: How gender detectives and gender enforcers shape children's gender development. In M. Banaji & S. Gelman (Eds.), Navigating the social world: A developmental perspectives. New York: Oxford University Press.

Miller, D.I., Nolla, K.M., Eagly, A.H., & Uttal, D.H. (2018). The development of children's gender- science stereotypes: A meta-analysis of 5 decades of U.S. draw-a-scientist studies. Child Development, 89, 1943–1955.

Miller, M.B., Janssen, T., & Jackson, K.M. (2017). The prospective association between sleep and initiation of substance use in young adolescents. Journal of Adolescent Health, 60, 154–160.

Miller, P.J., & Cho, G.E. (2018). Self-esteem in time and place: How American families imagine, enact, and personalize a cultural ideal. New York: Oxford University Press.

Miller, S.E., & Marcovitch, S. (2015). Examining executive function in the second year of life: coherence, stability, and relations to joint attention and language. Developmental Psychology, 51(1), 101–114.

Miller-Perrin, C.L., Perrin, R.D., & Kocur, J.L. (2009). Parental physical and psychological aggression: Psychological symptoms in young adults. Child Abuse and Neglect, 33, 1–11.

Miller-Slough, R.L., Dunsmore, J.C., Zeman, J.L., Sanders, W.M., & Poon, J.A. (2018). Maternal and paternal reactions to child sadness predict children's psychosocial outcomes: A family-centered approach. Social Development, 27, 495–509.

Mills, C.M. (2013). Knowing when to doubt: Developing a critical stance when learning from others. Developmental Psychology, 49(3), 404–418.

Mills, K.L., Dumontheil, I., Speekenbrink, M., & Blakemore, S.J. (2015). Multitasking during social interactions in adolescence and early adulthood. Royal Society Open Science, 2(11), 150117.

Mills-Koonce, W.R., Propper, C.B., & Barnett, M. (2012). Poor infant soothability and later insecure- ambivalent attachment: Developmental change in phenotypic markers of risk or two measures of the same construct? Infant Behavior and Development, 35, 215–235.

Milot, T., Ethier, L.S., St-Laurent, D., & Provost, M.A. (2010). The role of trauma symptoms in the development of behavioral problems in maltreated preschoolers. Child Abuse and Neglect, 34(4), 225–234.

Milunsky, A., & Milunsky, J.M. (Eds.). (2016). Genetic disorders and the fetus: Diagnosis, prevention, and treatment. New York: Wiley.

Misra, S., Cheng, L., Genevie, J., & Yuan, M. (2016). The iPhone effect: The quality of in-person social interactions in the presence of mobile devices. Environment and Behavior, 48(2), 275–298.

Mistry, J., & Dutta, R. (2015). Human development and culture: Conceptual and methodological Issues. In W.F. Overton & P.C. Molenaar (Eds.), Handbook of child psychology and developmental science: Theory and method (7th ed., Vol. 1). Hoboken, NJ: Wiley.

Mistry, J., & Dutta, R. (2015). Culture and development. In R. Lerner (Ed.), Handbook of child psychology and developmental science (7th ed.). Hoboken, NJ: Wiley.

Mistry, J., Contreras, M., & Dutta, R. (2013). Culture and development. In I. B. Weiner & others (Eds.), Handbook of psychology (2nd ed., Vol. 6). New York: Wiley.

Misuraca, R., Miceli, S., & Teuscher, U. (2017). Three effective ways to nurture our brain. European Psychologist, 22, 101–120.

Mitanchez, D., & Chavatte-Palmer, P. (2018). Review shows that maternal obesity induces serious adverse neonatal effects and is associated with childhood obesity in their offspring. Acta Paediatrica. doi:10.1111/apa.14269 **Mitchell, A.B., & Stewart, J.B.** (2013). The efficacy of all-male academies: Insights from critical race theory (CRT). Sex Roles, 69(7–8), 382–392.

Mitchell, C., Harwin, A., Vara-Orta, F., & Sheehan, F. (2017). Single-gender public schools in 5 charts. Education Week, 37, 10.

Mitchell, E.A., Stewart, A.W., Crampton, P., & Salarnod, C. (2000). Deprivation and sudden infant death syndrome. Social Science and Medicine, 51, 147–150.

Miyakoshi, K., & others (2013). Perinatal outcomes: Intravenous patient-controlled fentanyl versus no analgesia in labor. Journal of Obstetrics and Gynecology Research, 39(4), 783–789.

Mize, K.D., & Jones, N.A. (2012). Infant physiological and behavioral responses to loss of maternal attention to a social-rival. International Journal of Psychophysiology, 83, 16–23.

Moberg, S.A., Ng, R., Johnson, D.E., & Kroupina, M.G. (2017). Impact of joint attention on social- communication skills in internationally adopted children. Infant Mental Health Journal, 38, 575–587.

Moffitt, T.E., & others. (2011). A gradient of childhood self-control predicts health, wealth, and public safety. Proceedings of the National Academy of Sciences U.S.A., 108, 2693–2698.

Mohan L., & Ray, S. (2019). Conduct disorder. In StatPearls [Internet]. Treasure Island, FL: StatPearls Publishing. Retrieved from https://www.ncbi.nlm.nih.gov/books/NBK470238/ **Moilanen, K.L., Padilla-Walker, L.M., & Blaacker, D.R.** (2019, in press). Dimensions of short-term and long-term self-regulation in adolescence: Associations with maternal and paternal parenting and parent-child relationship quality. Journal of Youth and Adolescence.

Molitor, A., & Hsu, H.C. (2019). Child development across cultures. In K. Keith (Ed.), Cross-cultural psychology: Contemporary themes and perspectives (2nd ed., pp. 153–189). New York: Wiley.

Mollborn, S., & Lawrence, E. (2018). Family, peer, and school influences on children's developing health lifestyles. Journal of Health and Social Behavior, 59, 133–150.

Moller, A.B., Petzold, M., Chou, D., & Say, L. (2017). Early antenatal care visit: A systematic analysis of regional and global levels and trends of coverage from 1990 to 2013. The Lancet Global Health, 5(10), e977–e983.

Momany, A.M., Kamradt, J.M., & Nikolas, M.A. (2018). A meta-analysis of the association between birth weight and attention deficit hyperactivity disorder. Journal of Abnormal Child Psychology, 46, 1409–1426.

Money, J. (1975). Ablato penis: Normal male infant sex-reassigned as a girl. Archives of Sexual Behavior, 4, 65–71.

Montagna, P., & Chokroverty, S. (2011). Sleep disorders. New York: Elsevier.

Monti, J.M., Hillman, C.H., & Cohen, N.J. (2012). Aerobic fitness enhances relational memory in preadolescent children: The FITKids randomized control trial. Hippocampus, 22(9), 1876–1882.

Montoya Arizabaleta, A.V., & others (2010). Aerobic exercise during pregnancy improves health- related quality of life: A randomized trial. Journal of Physiotherapy, 56, 253–258.

Montroy, J.J., Bowles, R.P., Skibbe, L.E., McClelland, M.M., & Morrison, F.J. (2016). The development of self-regulation across early childhood. Developmental Psychology, 52, 1744–1762.

Moon, C. (2017). Prenatal experience with the maternal voice. In M. Filippa & others (Eds.), Early vocal contact and preterm infant brain development (pp. 25–37). Berlin: Springer.

Moon, R.Y., & Fu, L. (2012). Sudden infant death syndrome: An update. Pediatric Reviews, 33, 314–320.

Moon, R.Y., & Task Force on Sudden Infant Death Syndrome (2016). Recommendations for a safe infant sleeping environment. Pediatrics, 138, e20162940.

Moore, D. (2013). Behavioral genetics, genetics, and epigenetics. In P. D. Zelazo (Ed.), Oxford handbook of developmental psychology. New York: Oxford University Press.

Moore, D.S. (2018). Gene × environment interaction: What exactly are we talking about? Research in Developmental Disabilities, 82, 3–9.

Moore, T.J., Tank, K.M., & English, L. (2018) Engineering in the early grades: Harnessing children's natural ways of thinking. In L. English & T. Moore (Eds.), Early mathematics learning and development. Singapore: Springer.

Moran, M.B., Walker, M.W., Alexander, T.N., Jordan, J.W., & Wagner, D.E. (2017). Why peer crowds matter: Incorporating youth subcultures and values in health education campaigns. American Journal of Public Health, 107(3), 389–395.

Morasch, K.C., Raj, V.R., & Bell, M.A. (2013). The development of cognitive control from infancy through childhood. In D. Reisberg (Ed.), Oxford handbook of cognitive psychology. New York: Oxford University Press.

Morgan, H. (2019). Does high-quality preschool benefit children? What the research shows. Education Science, 9, 19.

Morra, S., & Panesi, S. (2017). From scribbling to drawing: The role of working memory. Cognitive Development, 43, 142–158.

Morris, A.S., Criss, M.M., Silk, J.S., & Houltberg, B.J. (2017). The impact of parenting on emotion regulation during childhood and adolescence. Child Development Perspectives, 11, 233–238.

Morris, A.S., Cui, L., & Steinberg, L. (2013). Parenting research and themes: What we have learned and where to go next. In R.E. Larzelere, A.S. Morris, & A.W. Harrist (Eds.), Authoritative parenting. Washington, DC: American Psychological Association.

Morris, P.A., & others (2018). New findings on impact variation from the Head Start Impact Study: Informing the scale-up of early childhood programs. AERA Open, 4(2), 2332858418769287.

Morrongiello, B.A., & Cox, A. (2016). Motor

development as a context for understanding parent safety practices. Developmental Psychobiology, 58(7), 909–917.

Mortensen, O., Torsheim, T., Melkevik, O., & Thuen, F. (2012). Adding a baby to the equation. Married and cohabiting women's relationship satisfaction in the transition to parenthood. Family Process, 51, 122–139.

Moseley, R.L., & Pulvermueller, F. (2018). What can autism teach us about the role of sensorimotor systems in higher cognition? New clues from studies on language, action semantics, and abstract emotional concept processing. Cortex, 100, 149–190.

Moulson, M.C., & Nelson, C.A. (2008). Neurological development. In M. M. Haith & J. B. Benson (Eds.), Encyclopedia of infancy and early childhood. Oxford. UK: Elsevier.

Movahed Abtahi, M., & Kerns, K.A. (2017). Attachment and emotion regulation in middle childhood: Changes in affect and vagal tone during a social stress task. Attachment & Human Development, 19, 221–242.

Mrug, S., & McCay, R. (2013). Parental and peer disapproval of alcohol use and its relationship to adolescent drinking: Age, gender, and racial differences. Psychology of Addictive Behaviors, 27(3), 604–614.

Mrug, S., Borch, C., & Cillessen, A.H.N. (2011). Other-sex friendships in late adolescence: Risky associations for substance abuse and sexual debut? Journal of Youth and Adolescence, 40, 875–888.

Muentener, P., Herrig, E., & Schulz, L. (2018). The efficiency of infants' exploratory play is related to longer-term cognitive development. Frontiers in Psychology, 9, 635.

Muhonen, H., Pakarinen, E., Poikkeus, A.-M., Lerkkanen, M.-K., & Rasku-Puttonen, H. (2018). Quality of educational dialogue and association with students' academic performance. Learning and Instruction, 55, 67–79.

Muller, C., Sampson, R.J., & Winter, A.S. (2018). Environmental inequality: The social causes and consequences of lead exposure. Annual Review of Sociology, 44, 263–282.

Mullola, S., & others (2012). Gender differences in teachers' perceptions of students' temperament, educational competence, and teachability. British Journal of Educational Psychology, 82(Pt 2), 185–206.

Mulvey, K.L., & Killen, M. (2015). Challenging gender stereotypes: Resistance and exclusion. Child Development, 86, 681–694.

Mundy, P. (2018). A review of joint attention and social-cognitive brain systems in typical development and autism spectrum disorder. European Journal of Neuroscience, 47(6), 497–514.

Murakami, M., Suzuki, M., & Yamaguchi, T. (2017). Presenting information on regulation values improves the public's sense of safety: Perceived mercury risk in fish and shellfish and its effects on consumption intention. PloS One, 12(12), e0188758.

Murdock-Perriera, L.A., & Sedlacek, Q.C. (2018). Questioning Pygmalion in the twenty-first century: The formation, transmission, and attributional influence of teacher expectancies. Social Psychology of Education, 21, 691–707.

Murray, J., & Arnett, J. (Eds.) (2019). Emerging adulthood and higher education: A new student development paradigm. New York: Routledge.

Murray-Close, D., Nelson, D.A., Ostrov, J.M., Casas, J.F., & Crick, N.R. (2016). Relational aggression: A developmental psychopathology perspective. In D. Cicchetti (Ed.), Developmental psychopathology. Hoboken, NJ: Wiley.

Muscatelli, F., & Bouret, S.G. (2018). Wired for eating: How is an active feeding circuitry established in the postnatal brain? Current Opinion in Neurobiology, 52, 165–171.

Mustafa, G., & Nazir, B. (2018). Trust in transformational leadership: Do followers' perceptions of leader femininity, masculinity, and androgyny matter? Journal of Values-Based Leadership, 11(2), 13.

Mutti, D.O., & others (2018). Ocular component development during infancy and early childhood. Optometry and Vision Science, 95(11), 976–985.

Myatchin, I., & Lagae, O. (2013). Developmental changes in visuo-spatial working memory in normally developing children: Event-related potentials study. Brain Development, 35(9), 853–864.

Myers, D.G. (2018). Psychology (12th). New York: Worth.

N

Na'Allah, R., & Griebel, C. (2017). Postpartum care. In P. Paulman & others (Eds.), Family medicine. New York: Springer.

Nader, P.R., & others (2006). Identifying risk for obesity in early childhood. Pediatrics, 118, e594–e601.

NAEYC (National Association for the Education of Young Children) (2009). Developmentally appropriate practice in early childhood programs serving children from birth through age 8. Washington, DC: Author.

Nagai, Y., Nomura, K., Nagata, M., Kaneko, T., & Uemura, O. (2018). Children's Perceived Competence Scale: Reevaluation in a population of Japanese elementary and junior high school students. Child and Adolescent Psychiatry and Mental Health, 12(1), 36.

Nagata, D.K. (1989). Japanese American children and adolescents. In J. T. Gibbs & L. N. Huang (Eds.), Children of color. San Francisco: Jossey-Bass.

Nakamoto, J., & Schwartz, D. (2010). Is peer victimization associated with academic achievement? A meta-analytic review. Social Development, 19, 221–242.

Nancarrow, A.F., Gilpin, A.T., Thibodeau, R.B., & Farrell, C.B. (2018). Knowing what others know: Linking deception detection, emotion knowledge, and Theory of Mind in preschool. Infant and Child Development, 27(5), e2097.

Nanni, V., Uher, R., & Danese, A. (2012). Childhood maltreatment predicts unfavorable course of illness and treatment outcome in depression: A meta-analysis. American Journal of Psychiatry, 169, 141–151.

Narváez, D. (2010). Moral complexity: The fatal attraction of truthiness and the importance of mature moral functioning. Perspectives on Psychological Science, 5(2), 163–181.

Narváez, D., & Hill, P.L. (2010). The relation of multicultural experiences to moral judgment and mindsets. Journal of Diversity in Higher Education, 3, 43–55.

Narváez, D., & Lapsley, D. (Eds.). (2009). Moral personality, identity, and character: An interdisciplinary future. New York: Cambridge University Press.

Narváez, D., Panksepp, J., Schore, A.N., & Gleason, T.R. (Eds.). (2013). Evolution, early experience, and development. New York: Oxford University Press.

Narváez, D. (2018). Ethogenesis: Evolution, early experience, and moral becoming. In J. Graham & K. Gray (Eds.), The atlas of moral psychology. New York: Guilford.

NASSPE (2012). Single-sex schools/schools with single-sex classrooms/what's the difference? Retrieved January 21, 2013, from http://www.singlesexschools.org/schools-schools.htm National Assessment of Educational Progress (2000). Reading achievement. Washington, DC: National Center for Education Statistics.

National Assessment of Educational Progress (2018). Reading performance. Washington, DC: National Center for Education Statistics.

National Association for Gifted Children & The Council of State Directors of Programs for the Gifted (2015). 2014–2015 state of the states in gifted education: Policy and practice data. Washington, DC: National Association for Gifted Children.

National Cancer Institute (2018). Childhood cancers. Retrieved from https://www.cancer.gov/types/childhood-cancers

National Center for Education Statistics (2018). The condition of education 2018 (NCES 2018–144). Washington, DC: National Center for Education Statistics.

National Center for Education Statistics (2018). Status dropout rates. Digest of Education Statistics. Washington, DC: U.S. Department of Education.

National Center on Shaken Baby Syndrome. (2011). Shaken baby syndrome. Retrieved April 22, 2011, from www.dontshake.org

National Head Start Association (2016). The Head Start Impact Study in 2016. Retrieved from https://www.nhsa.org/files/resources/head_start_impact_study_2016_0.pdf

National Human Genome Research Institute (2012). Genome-wide association method. Washington, DC: Author.

National Institute of Child Health and Development (2013). SIDS. Rockville, MD: NICHD.

National Institute of Neurological Disorders and Stroke (2018). Brain basics: Understanding sleep. Retrieved from www.ninds.nih.gov/Disorders/Patient-Caregiver-Education/Understanding-Sleep

National Research Council (2004). Engaging schools: Fostering high school students' motivation to learn. Washington, DC: National Academic Press.

National Sleep Foundation (2006). Sleep in America poll: Children and sleep. Washington, DC: National Sleep Foundation.

National Sleep Foundation (2007). Sleep in America poll 2007. Washington, DC: Author.

Naumann, L.P., Benet-Martínez, V., & Espinoza, P. (2017). Correlates of political ideology among US-Born Mexican Americans: Cultural identification, acculturation attitudes, and socio-

economic status. Social Psychological and Personality Science, 8(1), 20–28.
NCES, National Center for Education Statistics (2018). The condition of education 2018 (NCES 2018-144). Washington, DC: U.S. Department of Education.
Near, C.E. (2013). Selling gender: Associations of box art representation of female characters with sales for teen- and mature-rated video games. Sex Roles, 68(3–4), 252–269.
Neblett, E.W., Rivas-Drake, D., & Umana-Taylor, A.J. (2011). The promise of racial and ethnic protective factors in promoting ethnic minority youth development. Child Development Perspectives, 6, 295–303.
Needham, A., Barrett, T., & Peterman, K. (2002). A pick-me-up for infants' exploratory skills: Early simulated experiences reaching for objects using "sticky mittens" enhances young infants' object exploration skills. Infant Behavior and Development, 25, 279–295.
Negriff, S., Susman, E.J., & Trickett, P.K. (2011). The development pathway from pubertal timing to delinquency and sexual activity from early to late adolescence. Journal of Youth and Adolescence, 40, 1343–1356.
Negru-Subtirica, O., Pop, E.I., & Crocetti, E. (2017). A longitudinal integration of identity styles and educational identity processes in adolescence. Developmental Psychology, 53(11), 2127–2138.
Neitzel, C.L., Alexander, J.M., & Johnson, K.E. (2019, in press). The emergence of children's interest orientations during early childhood: When predisposition meets opportunity. Learning, Culture and Social Interaction. doi:10.1016/j.lcsi.2019.01.004
Nelson, C.A. (2003). Neural development and lifelong plasticity. In R. M. Lerner, F. Jacobs, & D. Wertlieb (Eds.), Handbook of applied developmental science. Thousand Oaks, CA: Sage.
Nelson, C.A. (2012). Brain development and behavior. In A. M. Rudolph, C. Rudolph, L. First, G. Lister, & A. A. Gersohon (Eds.), Rudolph's pediatrics (22nd ed.). New York: McGraw-Hill.
Nelson, C.A. (2013a). The effects of early psychosocial deprivation. In M. Woodhead & J. Oates (Eds.), Early childhood in focus 7: Developing brains. Great Britain: The Open University.
Nelson, C.A. (2013b). Some thoughts on the development and neural bases of face processing. In M. Banaji & S. Gelman (Eds.), The development of social cognition. New York: Oxford University Press.
Nelson, S.C., Kling, J., Wängqvist, M., Frisén, A., & Syed, M. (2018). Identity and the body: Trajectories of body esteem from adolescence to emerging adulthood. Developmental Psychology, 54, 1159–1171.
Neubauer, J., & others (2017). Post-mortem whole- exome analysis in a large sudden infant death syndrome cohort with a focus on cardiovascular and metabolic genetic diseases. European Journal of Human Genetics, 25, 404–409.
Neuman, S.B. (2019). First steps toward literacy: what effective pre-K instruction looks like. American Educator, 42(4), 9–11.
Newcombe, N.S. (2007). Developmental psychology meets the mommy wars. Journal of Applied Developmental Psychology, 28, 553–555.
Newkirk, K., Perry-Jenkins, M., & Sayer, A.G. (2017). Division of household and childcare labor and relationship conflict among low-income new parents. Sex Roles, 76(5–6), 319–333.
Newland, R.P., & Crnic, K.A. (2017). Developmental risk and goodness of fit in the mother–child relationship: Links to parenting stress and children's behaviour problems. Infant and Child Development, 26, e1980.
Newton, A.W., & Vandeven, A.M. (2010). Child abuse and neglect: A worldwide concern. Current Opinion in Pediatrics, 22, 226–233.
Ng, R., & others (2018). Neuroanatomical correlates of emotion-processing in children with unilateral brain lesion: A preliminary study of limbic system organization. Social Neuroscience, 13, 688–700.
Ng, S.W., & others (2018). Federal nutrition program revisions impact low-income households' food purchases. American Journal of Preventive Medicine, 54, 403–412.
Nguyen, B., Jin, K., & Ding, D. (2017). Breastfeeding and maternal cardiovascular risk factors and outcomes: A systematic review. PLoS ONE, 12(11), e0187923.
Nguyen, V.T., & others (2017). Radiological studies of fetal alcohol spectrum disorders in humans and animal models: An updated comprehensive review. Magnetic Resonance Imaging, 43, 10–26.
NICHD Early Child Care Research Network (2000). Factors associated with fathers' caregiving activities and sensitivity with young children. Developmental Psychology, 14, 200–219.
NICHD Early Child Care Research Network (2001). Nonmaternal care and family factors in early development: An overview of the NICHD study of Early Child Care. Journal of Applied Developmental Psychology, 22, 457–492.
NICHD Early Child Care Research Network (2002). Structure→Process→Outcome: Direct and indirect effects of child care quality on young children's development. Psychological Science, 13, 199–206.
NICHD Early Child Care Research Network (2003). Does amount of time spent in child care predict socioemotional adjustment during the transition to kindergarten? Child Development, 74, 976–1005.
NICHD Early Child Care Research Network (2004). Type of child care and children's development at 54 months. Early Childhood Research Quarterly, 19, 203–230.
NICHD Early Child Care Research Network (2005a). Child care and development. New York: Guilford.
NICHD Early Child Care Research Network (2006). Infant-mother attachment classification: Risk and protection in relation to changing maternal caregiving quality. Developmental Psychology, 42, 38–58.
NICHD Early Child Care Research Network (2009). Family-peer linkages: The mediational role of attentional processes. Social Development, 18(4), 875–895.
NICHD Early Child Care Research Network (2010). Testing a series of causal propositions relating time spent in child care to children's externalizing behavior. Developmental Psychology, 46(1), 1–17.
Nieto, S., & Bode, P. (2018). Affirming diversity (8th ed.). Upper Saddle River, NJ: Pearson.
Nieuwenhuis, R., & Maldonado, L.C. (Eds). (2018). The triple bind of single-parent families. Bristol, UK: Policy Press.
Nikulina, V., & Widom, C.S. (2019). Higher levels of intelligence and executive functioning protect maltreated children against adult arrests: A prospective study. Child Maltreatment, 24(1), 3–16.
Nisbett, R.E., & others (2012). Intelligence: New findings and theoretical developments. American Psychologist, 67, 130–159.
Nkuba, M., Hermenau, K., & Hecker, T. (2019). The association of maltreatment and socially deviant behavior—Findings from a national study with adolescent students and their parents. Mental Health & Prevention, 13, 159–168.
Noll, J.G., & others (2017). Childhood sexual abuse and early timing of puberty. Journal of Adolescent Health, 60, 65–71.
Nomura, Y., & others (2017). Neurodevelopmental consequences in offspring of mothers with preeclampsia during pregnancy: Underlying biological mechanism via imprinting genes. Archives of Gynecology and Obstetrics, 295, 1319–1329.
Non, A.L., León-Pérez, G., Glass, H., Kelly, E., & Garrison, N.A. (2019). Stress across generations: A qualitative study of stress, coping, and caregiving among Mexican immigrant mothers. Ethnicity & Health, 24(4), 378–394.
Noor, S., & Milligan, E.D. (2018). Life-long impacts of moderate prenatal alcohol exposure (PAE) on neuro-immune function. Frontiers in Immunology, 9, 1107.
Norman, J.E., & others (2009). Progesterone for the prevention of preterm birth in twin pregnancy (STOPPIT): A randomized, double-blind, placebo- controlled study and meta-analysis. Lancet, 373, 2034–2040.
Nottleman, E.D., & others (1987). Gonadal and adrenal hormone correlates of adjustment in early adolescence. In R. M. Lerner & T. T. Foch (Eds.), Biological-psychological interactions in early adolescence. Hillsdale, NJ: Erlbaum.
Novak, A.M., & Treagust, D.F. (2018). Adjusting claims as new evidence emerges: Do students incorporate new evidence into their scientific explanations? Journal of Research in Science Teaching, 55(4), 526–549.
Nucci, L. (2014). The personal and the moral. In M. Killen & J.G. Smetana (Eds.), Handbook of moral development (2nd ed.). New York: Routledge.
Nyström, C.D., & others (2017). Does cardiorespiratory fitness attenuate the adverse effects of severe/morbid obesity on cardiometabolic risk and insulin resistance in children? A pooled analysis. Diabetes Care, 40, 1580–1587.

O

O'Brien, A.P., & others (2017). New fathers' perinatal depression and anxiety—Treatment options: An integrative review. American Journal of Men's Health, 11(4), 863–876.
O'Brien, M., & Moss, P. (2010). Fathers, work, and family policies in Europe. In M. E. Lamb (Ed.), The role of the father in child development (5th

ed.). New York: Wiley.

O'Conner, A., Peterson, R.L., & Fluke, S. (2014). Character education, Policy Q & A. Lincoln, NE: Student Engagement Project, University of Nebraska-Lincoln and the Nebraska Department of Education. Retrieved from http://k12engagement.unl.edu/ character-education-policy

O'Dea, R.E., Lagisz, M., Jennions, M.D., & Nakagawa, S. (2018). Gender differences in individual variation in academic grades fail to fit expected patterns for STEM. Nature Communications, 9, 3777.

O'Farrelly, C., Doyle, O., Victory, G., & Palamaro-Munsell, E. (2018). Shared reading in infancy and later development: Evidence from an early intervention. Journal of Applied Developmental Psychology, 54, 69–83.

O'Neill, S., & others. (2013). Cesarean section and subsequent ectopic pregnancy: A systematic review and meta-analysis. BJOG, 120(6), 671–680.

O'Roak, B.J., & others (2012). Sporadic autism exomes reveal a highly interconnected protein network of de novo mutations. Nature, 485, 246–250.

Oakes, L.M. (2017). Sample size, statistical power, and false conclusions in infant looking-time research. Infancy, 22(4), 436–469.

Oates, J., & Abraham, S. (2016). Llewellyn-Jones fundamentals of obstetrics and gynecology (10th ed.). New York: Elsevier.

Odic, D. (2018). Children's intuitive sense of number develops independently of their perception of area, density, length, and time. Developmental Science, 21, e12533.

OECD (2016). SF3.1: Marriage and divorce rates. Retrieved from https://www.oecd.org/els/family/SF_3_1_Marriage_and_divorce_Rates.pdf

OECD (2017). The pursuit of gender equality: An uphill battle. Paris: OECD Publishing.

OECD (2018). PISA 2015 results in focus. Paris, France: OECD.

OECD (2018). C01.3, Low birth weight. Retrieved November 24, 2018, from https://www.oecd.org/els/ family/CO_1_3_Low_birth_weight.pdf

OECD (2018). OECD family database. Paris: OECD Publishing. Retrieved August 24, 2018, from http:// www.oecd.org/els/CO_2_2_Child_Poverty.pdf

Ojodu, J., & others (2017). NewSTEPs: The establishment of a national newborn screening technical assistance resource center. International Journal of Neonatal Screening, 4(1), 1.

Okun, M.L. (2015). Sleep and postpartum depression. Current Opinion in Psychiatry, 28(6), 490–496.

Oldehinkel, A.J., Ormel, J., Veenstra, R., De Winter, A., & Verhulst, F.C. (2008). Parental divorce and offspring depressive symptoms: Dutch developmental trends during early adolescence. Journal of Marriage and the Family, 70, 284–293.

Oldereid, N.B., & others (2018). The effect of paternal factors on perinatal and paediatric outcomes: A systematic review and meta-analysis. Human Reproduction Update, 24(3), 320–389.

Olds, D.L., & others (2004). Effects of home visits by paraprofessionals and nurses: Age four follow-up of a randomized trial. Pediatrics, 114, 1560–1568.

Olds, D.L., & others (2007). Effects of nurse home visiting on maternal and child functioning: Age-9 follow-up of a randomized trial. Pediatrics, 120, e832–e845.

Olin, S.C.S., & others (2017). Beyond screening: A stepped care pathway for managing postpartum depression in pediatric settings. Journal of Women's Health, 26(9), 966–975.

Oliver, B.R. (2017). Editorial: Genetically-informed approaches to the study of psychopathology. Psychopathology Review, 4, 1–3.

Oller, D.K., & Jarmulowicz, L. (2010). Language and literacy in bilingual children in the early school years. In E. Hoff & M. Shatz (Eds.), Blackwell handbook of language development. New York:

Olney, D.K., Leroy, J., Bliznashka, L., & Ruel, M.T. (2018). PROCOMIDA, a food-assisted maternal and child health and nutrition program, reduces child stunting in Guatemala: A cluster-randomized controlled intervention trial. The Journal of Nutrition, 148, 1493–1505.

Olson, B.H., Haider, S.J., Vangjel, L., Bolton, T.A., & Gold, J.G. (2010). A quasi-experimental evaluation of a breastfeeding support program for low-income women in Michigan. Maternal and Child Health Journal, 14(1), 86–93.

Olson, B.H., Horodynski, M.A., Brophy-Herb, H., & Iwanski, K.C. (2010). Health professionals' perspectives on the infant feeding practices of low-income mothers. Maternal and Child Health Journal, 14(1), 75–85.

Olson, K.R., & Enright, E.A. (2018). Do transgender children (gender) stereotype less than their peers and siblings? Developmental Science, 21(4), e12606.

Olson, K.R., & Gülgöz, S. (2018). Early findings from the TransYouth Project: Gender development in transgender children. Child Development Perspectives, 12, 93–97.

Olson, K.R., Durwood, L., DeMeules, M., & McLaughlin, K.A. (2016). Mental health of transgender children who are supported in their identities. Pediatrics, 137, e20153223.

Olson, K.R., Key, A.C., & Eaton, N.R. (2015). Gender cognition in transgender children. Psychological Science, 26, 467–474.

Olson, S.L., Lopez-Duran, N., Lunkenheimer, E.S., Chang, H., & Sameroff, A.J. (2011). Individual differences in the development of early peer aggression: Integration contributions of self-regulation, theory of mind, and parenting. Development and Psychopathology, 23, 253–266.

Olszewski-Kubilius, P., & Thomson, D. (2013). Gifted education programs and procedures. In I. B. Weiner & others (Eds.), Handbook of psychology (2nd ed., Vol. 7). New York: Wiley.

Olweus, D., Limber, S.P., & Breivik, K. (2019, in press). Addressing specific forms of bullying: A large-scale evaluation of the Olweus Bullying Prevention Program. International Journal of Bullying Prevention, 1–15.

Ones, D.S., Viswesvaran, C., & Dilchert, S. (2017). Cognitive ability in personnel selection decisions. In A. Evers, N. Anderson, & O. Voskuijl (Eds.), The Blackwell handbook of personnel selection. Hoboken, NJ: Wiley-Blackwell.

Ornaghi, V., Brazzelli, E., Grazzani, I., Agliati, A., & Lucarelli, M. (2017). Does training toddlers in emotion knowledge lead to changes in their prosocial and aggressive behavior toward peers at nursery? Early Education and Development, 28, 396–414.

Ornstein, P.A., Coffman, J.L., Grammer, J.K., San Souci, P.P., & McCall, L.E. (2010). Linking the classroom context and the development of children's memory skills. In J. Meece & J. Eccles (Eds.), The handbook of research on schools, schooling, and human development. New York: Routledge.

Orr, A.J. (2011). Gendered capital: Childhood socialization and the "boy crisis" in education. Sex Roles, 65, 271–284.

Orth, U., Erol, R.Y., & Luciano, E.C. (2018). Development of self-esteem from age 4 to 94 years: A meta-analysis of longitudinal studies. Psychological Bulletin, 144, 1045–1080.

Osório, C., Probert, T., Jones, E., Young, A.H., & Robbins, I. (2017). Adapting to stress: Understanding the neurobiology of resilience. Behavioral Medicine, 43, 307–322.

Osterhaus, C., Koerber, S., & Sodian, B. (2017). Scientific thinking in elementary school: Children's social cognition and their epistemological understanding promote experimentation skills. Developmental Psychology, 53(3), 450–462.

Otgaar, H., Howe, M.L., Merckelbach, H., & Muris, P. (2018, in press). Who is the better eyewitness? Adults and children. Current Directions in Psychological Science.

Otsuka, Y. (2017). Development of recognition memory for faces during infancy. In T. Tsukiura & S. Umeda (Eds.), Memory in a social context (pp. 207–225). Tokyo: Springer.

Ouellette, G., & Sénéchal, M. (2017). Invented spelling in kindergarten as a predictor of reading and spelling in Grade 1: A new pathway to literacy, or just the same road, less known? Developmental Psychology, 53, 77–88.

Owens, A., & Candipan, J. (2019, in press). Social and spatial inequalities of educational opportunity: A portrait of schools serving high-and low-income neighbourhoods in U.S. metropolitan areas. Urban Studies, 0042098018815049.

Owens, D., Middleton, T.J., Rosemond, M.M., & Meniru, M.O. (2018). Underrepresentation of Black children in gifted education programs: Examining ethnocentric monoculturalism. In J. Cannaday (Ed.), Curriculum development for gifted education programs. Hershey, PA: IGI Global.

Owens, S., Galloway, R., & Gutin, B. (2017). The case for vigorous physical activity in youth. American Journal of Lifestyle Medicine, 11, 96–115.

Oyefiade, A.A., & others (2018). Development of short-range white matter in healthy children and adolescents. Human Brain Mapping, 39(1), 204–217.

Oyserman, D., Destin, M., & Novin, S. (2015). The context-sensitive future self: Possible selves motivate in context, not otherwise. Self and Identity, 14(2), 173–188.

Oyserman, D. (2017). Culture three ways: Culture and subcultures within countries. Annual Review of Psychology, 68, 435–463.

Özel, S., & others (2018). Maternal second trimester blood levels of selected heavy metals in pregnancies complicated with neural tube defects. The Journal of Maternal-Fetal & Neonatal Medicine. doi:10.1080/147 67058.2018.1441280

P

Pace, A., Luo, R., Hirsh-Pasek, K., & Golinkoff, R.M. (2017). Identifying pathways between socioeconomic status and language development. Annual Review of Linguistics, 3, 285–308.

Packer, M., & Cole, M. (2016). Culture in development. In M. Bornstein & M. Lamb (Eds.), Social and personality development: An advanced textbook (7th ed., pp. 67–124). New York/London: Psychology Press.

Padilla, J., McHale, S.M., Rodríguez De Jesús, S.A., Updegraff, K.A., & Umaña-Taylor, A.J. (2017). Longitudinal course and correlates of parents' differential treatment of siblings in Mexican-origin families. Family Process, 57(4), 979–995.

Padilla-Walker, L.M., Carlo, G., Christensen, K.J., & Yorgason, J.B. (2012). Bidirectional relations between authoritative parenting and adolescents' prosocial behaviors. Journal of Research on Adolescence, 22, 400–408.

Padilla-Walker, L.M., & Coyne, S.M. (2011). "Turn that thing off!" Parent and adolescent predictors of proactive media monitoring. Journal of Youth and Adolescence, 34(4), 705–715.

Pahlke, E., Hyde, J., Shibley, A., & Carlie, M. (2014). The effects of single-sex compared with coeducational schooling on students' performance and attitudes: A meta-analysis. Psychological Bulletin, 140, 1042–1072.

Palczewski, C.H., DeFrancisco, V.P., & McGeough, D.D. (2017). Gender in communication: A critical introduction. Thousand Oaks, CA: SAGE.

Palmquist, C.M., Keen, R., & Jaswal, V.K. (2018). Visualization instructions enhance preschoolers' spatial problem-solving. British Journal of Developmental Psychology, 36(1), 37–46.

Palomaki, G.E., & Kloza, E.M. (2018). Prenatal cell-free DNA screening test failures: A systematic review of failure rates, risks of Down syndrome, and impact of repeat testing. Genetics in Medicine, 20, 1312–1323.

Pan, M., Stiles, B.L., Tempelmeyer, T.C., & Wong, N. (2019). A cross-cultural exploration of academic dishonesty: Current challenges, preventive measures, and future directions. In D. Velliaris (Ed.), Prevention and detection of academic misconduct in higher education (pp. 63–82). Hershey, PA: IGI Global.

Papadopoulos, N., & others (2019). The efficacy of a brief behavioral sleep intervention in school-aged children with ADHD and comorbid autism spectrum disorder. Journal of Attention Disorders, 23, 341–350.

Papafragou, A. (2018). Pragmatic development. Language Learning and Development, 14, 167–169.

Papasavva, T.E., & others (2013). A minimal set of SNPs for the noninvasive prenatal diagnosis of b-thalassaemia. Annuals of Human Genetics, 77(2), 115–124.

Park, C.L. (2012b). Meaning making in cancer survivorship. In P. T. P. Wong (Ed.), Handbook of meaning (2nd ed.). Thousand Oaks, CA: Sage.

Park, W., & Epstein, N.B. (2013). The longitudinal causal directionality between body image distress and self-esteem among Korean adolescents: The moderating effect of relationships with parents. Journal of Adolescence, 36(2), 403–411.

Parkay, F.W. (2016). Becoming a teacher (10th ed.). Upper Saddle River, NJ: Pearson.

Parke, R.D., & Buriel, R. (2006). Socialization in the family: Ethnic and ecological perspectives. In W. Damon & R. Lerner (Eds.), Handbook of child psychology (6th ed.). New York: Wiley.

Parke, R.D., & Clarke-Stewart, A.K. (2011). Social development. New York: Wiley.

Parke, R.D., & Cookston, J.T. (2019). Fathers and families. In M.H. Bornstein (Ed.), Handbook of parenting (3rd ed.). New York: Taylor and Francis.

Parlade, M.V., & others (2009). Anticipatory smiling: Linking early affective communication and social outcome. Infant Behavior and Development, 32, 33–43.

Paruthi, S., & others (2016). Recommended amount of sleep for pediatric populations: A consensus statement of the American Academy of Sleep Medicine. Journal of Clinical Sleep Medicine, 12, 785–786.

Paschall, K.W., Mastergeorge, A.M., & Ayoub, C.C. (2019). Associations between child physical abuse potential, observed maternal parenting, and young children's emotion regulation: Is participation in Early Head Start protective? Infant Mental Health Journal, 40, 169–185.

Pascoe, J.M., & others (2016). Mediators and adverse effects of child poverty in the United States. Pediatrics, 137(4), e20160340.

Pasterski, V., & others (2015). Increased cross-gender identification independent of gender role behavior in girls with congenital adrenal hyperplasia: Results from a standardized assessment of 4- to 11-year-old children. Archives of Sexual Behavior, 44, 1363–1375.

Pasterski, V., Golombok, S., & Hines, M. (2011). Sex differences in social behavior. In P. K. Smith & C. H. Hart (Eds.), Wiley-Blackwell handbook of childhood social development (2nd ed.). New York: Wiley.

Patall, E.A., & others (2018). Daily autonomy supporting or thwarting and students' motivation and engagement in the high school science classroom. Journal of Educational Psychology, 110, 269–288.

Pate, R.R., Pfeiffer, K.A., Trost, S.G., Ziegler, P., & Dowda, M. (2004). Physical activity among children attending preschools. Pediatrics, 114, 1258–1263.

Patrick, R.B., & Gibbs, J.C. (2012). Inductive discipline, parental expression of disappointed expectations, and moral identity in adolescence. Journal of Youth and Adolescence, 41, 973–983.

Pattaro, C. (2016). Character education: Themes and researches. An academic literature review. Italian Journal of Sociology of Education, 8(1), 6–30.

Patterson, C.J. (2004). What difference does a civil union make? Changing public policies and the experience of same-sex couples. Comment on Solomon, Rothblum, & Balsam (2004). Journal of Family Psychology, 18, 287–289.

Patterson, C.J., & Farr, R.H. (2012). Children of lesbian and gay parents: Reflections on the research- policy interface. In H. R. Schaeffer & K. Durkin (Eds.), Wiley-Blackwell handbook of developmental psychology in action. New York: Wiley.

Patterson, C.J. (2013). Sexual minority youth with sexual minority parents. In A. Ben-Arieh & others (Eds.), Handbook child research. Thousand Oaks, CA: Sage.

Patterson, C., &. D'Augelli, A.R. (Eds.). (2013). The psychology of sexual orientation. New York: Cambridge University Press.

Patterson, G.R. (2016). Coercion theory: The study of change. In T.J. Dishion & J.J. Snyder (Eds.), The Oxford handbook of coercive relationship dynamics (pp. 7–22). Oxford, UK: Oxford University Press.

Paulhus, D.L. (2008). Birth order. In M. M. Haith & J. B. Benson (Eds.), Encyclopedia of infant and early childhood development. Oxford, UK: Elsevier.

Paus, T., & others (2007). Morphological properties of the action-observation cortical network in adolescents with low and high resistance to peer influence. Social Neuroscience, 3, 303–316.

Pavelko, S.L., Lieberman, R.J., Schwartz, J., & Hahs-Vaughn, D. (2018). The contributions of phonological awareness, alphabet knowledge, and letter writing to name writing in children with specific language impairment and typically developing children. American Journal of Speech- Language Pathology, 27, 166–180.

Pavlov, I.P. (1927). In G. V. Anrep (Trans.), Conditioned reflexes. London: Oxford University Press.

Paxton, S.J., & Damiano, S.R. (2017). The development of body image and weight bias in childhood. In Advances in Child Development and Behavior, 52, 269–298.

Peña, J.B., Masyn, K.E., Thorpe, L.E., Peña, S.M., & Caine, E.D. (2016). A cross-national comparison of suicide attempts, drug use, and depressed mood among Dominican youth. Suicide and Life-Threatening Behavior, 46(3), 301–312.

Pearson, N., Braithwaite, R.E., Biddle, S.J., van Sluijs, E.M., & Atkin, A.J. (2014). Associations between sedentary behaviour and physical activity in children and adolescents: A meta-analysis. Obesity Reviews, 15(8), 666–675.

Pecker, L.H., & Little, J. (2018). Clinical manifestations of sickle cell disease across the lifespan. In E. Meier, A. Abraham, & R. Fasano (Eds.), Sickle cell disease and hematopoietic stem cell transplantation. Netherlands: Springer.

Peek, L., & Stough, L.M. (2010). Children with disabilities in the context of disaster: A social vulnerability perspective. Child Development, 81, 1260–1270.

Peeters, M.C.W., & others (2013). Consequences of combining work and family roles: A closer look at cross-domain versus within-domain relations. In J. Grzywacz & E. Demerouti (Eds.), New frontiers in work and family research. New York: Routledge.

Peets, K., & Hodges, E.V. (2018). Authenticity in friendships and well-being in adolescence. Social Development, 27(1), 140–153.

Peets, K., Hodges, E.V., & Salmivalli, C. (2013). Forgiveness and its determinants depending on the interpersonal context of hurt. Journal of Experimental Child Psychology, 114(1), 131–145.

Peets, K., Hodges, E.V., & Salmivalli, C. (2011). Actualization of social cognitions into aggressive behavior toward disliked targets. Social Development, 20, 233–250.

Pelaez, M., & Monlux, K. (2017). Operant

conditioning methodologies to investigate infant learning. European Journal of Behavior Analysis, 18(2), 212–241.

Pelka, M., & Kellmann, M. (2017). Demands of youth sports. In J. Baker & others (Eds.), Routledge handbook of talent identification and development in sport. New York: Routledge.

Percy-Smith, L., & others (2018). Differences and similarities in early vocabulary development between children with hearing aids and children with cochlear implant enrolled in 3-year auditory verbal intervention. International Journal of Pediatric Otorhinolaryngology, 108, 67–72.

Perez-Febles, A.M. (1992). Acculturation and interactional styles of Latina mothers and their infants. Unpublished honors thesis, Brown University, Providence, RI.

Perlovsky, L., & Sakai, K.L. (2014). Language and cognition. Frontiers in Behavioral Neuroscience, 8, 436.

Perner, J., & Leahy, B. (2016). Mental files in development: Dual naming, false belief, identity and intentionality. Review of Philosophy and Psychology, 7(2), 491–508.

Perry, D.G., & Pauletti, R.E. (2011). Gender and adolescent development. Journal of Research on Adolescence, 21, 61–74.

Persike, M., & Seiffge-Krenke, I. (2016). Stress with parents and peers: How adolescents from 18 nations cope with relationship stress. Anxiety, Stress, & Coping, 29(1), 38–59.

Pertea, M., & others (2018). Thousands of large-scale RNA sequencing experiments yield a comprehensive new human gene list and reveal extensive transcriptional noise. bioRxiv 332825. doi:10.1101/332825

Peskin, H. (1967). Pubertal onset and ego functioning. Journal of Abnormal Psychology, 72, 1–15.

Peter, V., Kalashnikova, M., Santos, A., & Burnham, D. (2016). Mature neural responses to infant-directed speech but not adult-directed speech in pre-verbal infants. Scientific Reports, 6, 34273.

Peters, H., Whincup, P.H., Cook, D.G., Law, C., & Li, L. (2012). Trends in blood pressure in 9- to 11-year-old children in the United Kingdom, 1980–2008: The impact of obesity. Journal of Hypertension, 30, 1708–1717.

Petersen, A.C. (1979, January). Can puberty come any faster? Psychology Today, pp. 45–56.

Petersen, I.T., & others (2012). Interaction between serotonin transporter polymorphism (5-HTTLPR) and stressful life events in adolescents' trajectories of anxious/depressed symptoms. Developmental Psychology, 48(6), 1463–1475.

Peterson, J.A., McFarland, J.G., Curtis, B.R., & Aster, R.H. (2013). Neonatal alloimmune thrombocytopenia: Pathogenesis, diagnosis, and management. British Journal of Hematology, 161(1), 3–14.

Petrill, S.A., & Deater-Deckard, K. (2004). The heritability of general cognitive ability: A within-family adoption design. Intelligence, 32, 403–409.

Petruzzello, S.J., Greene, D.R., Chizewski, A., Rougeau, K.M., & Greenlee, T.A. (2018). Acute vs. chronic effects of exercise on mental health. In The Exercise Effect on Mental Health: Neurobiological Mechanisms. New York: Taylor & Francis.

Pew Research Center (2010). Millennials: Confident, connected, open to change. Washington, DC: Pew Research Center.

Pew Research Center (2015). Table 40, Statistical portrait of Hispanics in the United States, 2013. Washington, DC: Pew Research Center.

Pew Research Center (2016). Religion and public life: The gender gap in religion around the world. Retrieved April 28, 2019, from https://www.pewforum.org/2016/03/22/the-gender-gap-in-religion-around-the-world

Pew Research Center (2018). Religion and public life: The age gap in religion around the world. Retrieved April 28, 2019, from https://www.pewforum.org/2018/06/13/why-do-levels-of-religious-observance-vary-by-age-and-country/

Pew Research Center (2018a). Teens, social media & technology 2018. Retrieved May 5, 2019, from www.pewinternet.org/2018/05/31/teens-social-media-technology-2018/

Pew Research Center (2018b). Smartphone ownership on the rise in emerging economies. Retrieved May 5, 2019, from https://www.pewglobal.org/2018/06/19/2-smartphone-ownership-on-the-rise-in-emerging-economies/

Pew Research Center (2019). Religious landscape study: Parent of children under 18. Retrieved April 28, 2019, from https://www.pewforum.org/religious-landscape-study/parent-of-children-under-18/

Pfeifer, M., Goldsmith, H.H., Davidson, R.J., & Rickman, M. (2002). Continuity and change in inhibited and uninhibited children. Child Development, 73, 1474–1485.

Phillips, K., Healy, L., Smith, L., & Keenan, R. (2018). Hydroxyurea therapy in UK children with sickle cell anaemia: A single-centre experience. Pediatric Blood & Cancer, 65.

Phinney, J.S., & Alipuria, L.L. (1990). Ethnic identity in college students from four ethnic groups. Journal of Adolescence, 13, 171–183.

Phinney, J.S., & Ong, A.D. (2007). Conceptualization and measurement of ethnic identity: Current status and future directions. Journal of Counseling Psychology, 54, 271–281.

Phinney, J.S. (2006). Ethnic identity exploration in emerging adulthood. In J. J. Arnett & J. L. Tanner (Eds.), Emerging adults in America. Washington, DC: American Psychological Association.

Piaget, J., & Inhelder, B. (1969). The child's conception of space (F. J. Langdon & J. L. Lunger, Trans.). New York: W. W. Norton.

Piaget, J. (1932). The moral judgment of the child. New York: Harcourt Brace Jovanovich.

Piaget, J. (1952). The origins of intelligence in children. (M. Cook, Trans.). New York International Universities Press.

Piaget, J. (1954). The construction of reality in the child. New York: Basic Books.

Piaget, J. (1962). Play, dreams, and imitation in childhood. New York: W. W. Norton.

Pieterse, J.N. (2020). Globalization and culture (4th ed.). Lanham, MD: Rowman & Littlefield.

Pietraszewski, D., Wertz, A.E., Bryant, G.A., & Wynn, K. (2017). Three-month-old human infants use vocal cues of body size. Proc. R. Soc. B, 284(1856), 20170656.

Pineda-Alhucema, W., Aristizabal, E., Escudero-Cabarcas, J., Acosta-Lopez, J.E., & Vélez, J.I. (2018). Executive function and theory of mind in children with ADHD: A systematic review. Neuropsychology Review, 28, 341–358.

Ping, H., & Hagopian, W. (2006). Environmental factors in the development of type 1 diabetes. Review in Endocrine and Metabolic Disorders, 7, 149–162.

Pinquart, M. (2017). Associations of parenting dimensions and styles with externalizing problems of children and adolescents: An updated meta-analysis. Developmental Psychology, 53(5), 873–932.

Pinto, A., Veríssimo, M., Gatinho, A., Santos, A.J., & Vaughn, B.E. (2015). Direct and indirect relations between parent–child attachments, peer acceptance, and self-esteem for preschool children. Attachment & Human Development, 17(6), 586–598.

Plancoulaine, S., & others (2018). Night sleep duration trajectories and associated factors among preschool children from the EDEN cohort. Sleep Medicine, 48, 194–201.

Pleck, J.H. (2018). The theory of male sex-role identity: Its rise and fall, 1936 to the present. In H. Brod (Ed.), The making of masculinities. New York: Routledge.

Plomin, R., & von Stumm, S. (2018). The new genetics of intelligence. Nature Reviews Genetics, 19, 148–159.

Plomin, R. (2004). Genetics and developmental psychology. Merrill-Palmer Quarterly, 50, 341–352.

Plucker, J. (2010, July 10). Interview. In P. Bronson & A. Merryman. The creativity crisis. Newsweek, pp. 42–48.

Plumert, J. (Ed.). (2018). Studying the perception-action system as a model system for understanding development. Advances in Child Development and Behavior, 55, 1–272.

Podzimek, Š., & others (2018). The evolution of taste and perinatal programming of taste preferences. Physiological Research, 67, S421–S429.

Poehner, M.E., Davin, K.J., & Lantolf, J.P. (2017). Dynamic assessment. In E. Shohamy, I. Or, & S. May (Eds.), Language testing and assessment. Encyclopedia of language and education (3rd ed.). Dordrecht, the Netherlands: Springer.

Pollastri, A.R., Raftery-Helmer, J.N., Cardemil, E.V., & Addis, M.E. (2018). Social context, emotional expressivity, and social adjustment in adolescent males. Psychology of Men & Masculinity, 19(1), 69–77.

Pomerantz, E.M., Kim, E.M., & Cheung, C.S. (2012). Parents' involvement in children's learning. In K. R. Harris & others (Eds.), APA educational psychology handbook. Washington, DC: American Psychological Association.

Pomerantz, H., Parent, J., Forehand, R., Breslend, N.L., & Winer, J.P. (2017). Pubertal timing and youth internalizing psychopathology: The role of relational aggression. Journal of Child and Family Studies, 26, 416–423.

Popham, W.J. (2017). Classroom assessment (8th ed.). Upper Saddle River, NJ: Pearson.

Posada, G., & others (2016). Maternal sensitivity and child secure base use in early childhood: Studies in different cultural contexts. Child Development, 87, 297–311.

Posner, M.I., & Rothbart, M.K. (2007). Educating the human brain. Washington, DC: American Psychological Association.

Posner, M.I., Rothbart, M.K., & Tang, Y.Y. (2015). Enhancing attention through training. Current Opinion in Behavioral Sciences, 4, 1–5.

Potard, C., Kubiszewski, V., Camus, G., Courtois, R., & Gaymard, S. (2018). Driving under the influence of alcohol and perceived invulnerability among young adults: An extension of the theory of planned behavior. Transportation Research Part F: Traffic Psychology and Behaviour, 55, 38–46.

Potter, M., Spence, J.C., Boulé, N., Stearns, J.A., & Carson, V. (2018). Behavior tracking and 3-year longitudinal associations between physical activity, screen time, and fitness among young children. Pediatric Exercise Science, 30, 132–141.

Poulain, T., Peschel, T., Vogel, M., Jurkutat, A., & Kiess, W. (2018). Cross-sectional and longitudinal associations of screen time and physical activity with school performance at different types of secondary schools. BMC Public Health, 18(1), 563.

Poulin-Dubois, D., & Pauen, S. (2017). The development of object categories: What, when, and how? In H. Cohen & C. Lefebvre (Eds.), Handbook of categorization in cognitive science (2nd ed., pp. 653–671). Amsterdam: Elsevier.

Poulin-Dubois, D. (2018). Animism. In M.H. Bornstein (Ed.) & M. Arterberry, K. Fingerman, & J.E. Lansford (Assoc. Eds.), SAGE encyclopedia of lifespan human development (pp. 126–128). Thousand Oaks, CA: SAGE.

Poulin, F., & Denault, A-S. (2012). Other-sex friendship as a mediator between parental monitoring and substance use in boys and girls. Journal of Youth and Adolescence, 41, 1488–1501.

Poulin, F., & Pedersen, S. (2007). Developmental changes in gender composition of friendship networks in adolescent girls and boys. Developmental Psychology, 43, 1484–1496.

Pouwels, J.L., Lansu, T.A., & Cillessen, A.H. (2018). A developmental perspective on popularity and the group process of bullying. Aggression and Violent Behavior, 43, 64–70.

Povell, P. (2017). Maria Montessori: Yesterday, today, and tomorrow. In L.E. Cohen & S. Waite-Stupiansky (Eds.), Theories of early childhood education. New York: Routledge.

Powellsbooks.blog (2006). Interviews: Maxine Hong Kingston after the fire. Retrieved March 27, 2019, from https://www.powells.com/post/interviews/ maxine-hong-kingston-after-the-fire

Power, F.C., & Higgins-D'Alessandro, A. (2008). The Just Community Approach to moral education and moral atmosphere of the school. In L. Nucci & D. Narvaez (Eds.), Handbook of moral and character education. Clifton, NJ: Psychology Press.

Power, T.G., & Lee, S.Y. (2018). Coping. In M.H. Bornstein (Ed.) & M. Arterberry, K. Fingerman, & J.E. Lansford (Assoc. Eds.), The SAGE encyclopedia of lifespan human development. Thousand Oaks, CA: SAGE.

Prabhakar, H. (2007). Hopkins Interactive Guest Blog: The public health experience at Johns Hopkins. Retrieved January 31, 2008, from http://hopkins. typepad.com/guest/2007/03/the_public_ heal.html.

Prameela, K.K. (2011). Breastfeeding—anti-viral potential and relevance to the influenza virus pandemic. Medical Journal of Malaysia, 66, 166–169.

Pratt, M.W., Norris, J.E., Hebblethwaite, S., & Arnold, M.L. (2008). Intergenerational transmission of values: Family generativity and adolescents' narratives of parent and grandparent value teaching. Journal of Personality, 76, 171–198.

Prelock, P.A., & Hutchins, T.L. (2018). An introduction to communication development. In P.A. Prelock & T.L Hutchins (Eds.), Clinical guide to assessment and treatment of communication disorders. Dordrecht: Springer.

Pressley, M., & Hilden, K. (2006). Cognitive strategies. In W. Damon & R. Lerner (Eds.), Handbook of child psychology (6th ed.). New York: Wiley.

Pressley, M., Mohan, L., Fingeret, L., Reffitt, K., & Raphael Bogaert, L.R. (2007). Writing instruction in engaging and effective elementary settings. In S. Graham, C. A. MacArthur, & J. Fitzgerald (Eds.), Best practices in writing instruction. New York: Guilford.

Pressley, M., Mohan, L., Raphael, L.M., & Fingeret, L. (2007). How does Bennett Woods Elementary School produce such high reading and writing achievement? Journal of Educational Psychology, 99, 221–240.

Pressley, M. (2007a). Achieving best practices. In L. B. Gambrell, L. M. Morrow, & M. Pressley (Eds.), Best practices in literacy instruction. New York: Guilford.

Pressley, M. (2007b). An interview with Michael Pressley by Terri Flowerday and Michael Shaughnessy. Educational Psychology Review, 19, 1–12.

Prevoo, M.J., & Tamis-LeMonda, C.S. (2017). Parenting and globalization in western countries: Explaining differences in parent–child interactions. Current Opinion in Psychology, 15, 33–39.

Prinstein, M.J., & Dodge, K.A. (2008). Current issues in peer influence. In M. J. Prinstein & K. A. Dodge (Eds.), Understanding peer influence in children and adolescents. New York: Guilford.

Proulx, M.J., Brown, D.J., Pasqualotto, A., & Meijer, P. (2013). Multisensory perceptual learning and sensory substitution. Neuroscience and Behavioral Reviews, 41, 16–25.

Provenzi, L., & others (2018). NICU Network Neurobehavioral Scale: 1-month normative data and variation from birth to 1 month. Pediatric Research, 83, 1104–1109.

Pryor, L., Strandberg-Larsen, K., Andersen, A.M.N., Rod, N.H., & Melchior, M. (2019). Trajectories of family poverty and children's mental health: Results from the Danish National Birth Cohort. Social Science & Medicine, 220, 371–378.

Pulgaron, E.R. (2013). Childhood obesity: A review of increased risk for physical and psychological morbidities. Clinical Therapeutics, 35, A18–A32.

Purtell, K.M., & McLoyd, V.C. (2013). Parents' participation in a work-based anti-poverty program can enhance their children's future orientation: Understanding pathways of influence. Journal of Youth and Adolescence, 42(6), 777–791.

Putnick, D., & others (2012). Agreement in mother and father acceptance-rejection, warmth, and hostility/rejection/neglect of children across nine countries. Cross Cultural Research, 46, 191–223.

Q

Qu, J., & Leerkes, E.M. (2018). Patterns of RSA and observed distress during the still-face paradigm predict later attachment, compliance and behavior problems: A person-centered approach. Developmental Psychobiology, 60, 707–721.

Qu, Y., Galván, A., Fuligni, A.J., & Telzer, E.H. (2018). A biopsychosocial approach to examine Mexican American adolescents' academic achievement and substance use. Russell Sage Foundation Journal of the Social Sciences, 4, 84–97.

Quinn, P.C., & others (2013). On the developmental origins of differential responding to social category information. In M. R. Banaji & S. A. Gelman (Eds.), Navigating the social world. New York: Oxford University Press.

Quinn, P.C. (2016). Establishing cognitive organization in infancy. Child psychology: A handbook of contemporary issues (3rd ed., pp. 79–104). New York: Routledge.

Quintanilla, L., Giménez-Dasí, M., & Gaviria, E. (2018). Children's perception of envy and modesty: Does depreciation serve as a mask for failure or success? Current Psychology, 1–13. doi:10.1007/ s12144-018-0022-5

R

Rabbani, B., & others (2012). Next-generation sequencing: Impact of exome sequencing in Mendelian disorders. Journal of Human Genetics, 57(10), 621.

Radulescu, L., & others (2013). Multicenter evaluation of Neurelec Digisonic SP cochlear implant reliability. European Archives of Oto-rhino- laryngology, 270(4), 1507–1512.

Raikes, H.A., & Thompson, R.A. (2009). Attachment security and parenting quality predict children's problem-solving, attributions, and loneliness with peers. Attachment and Human Development, 10, 319–344.

Railton, P. (2016). Moral learning: Why learning? Why moral? And why now? Cognition, 167. doi:10.1016/j.cognition.2016.08.015.

Raipuria, H.D., Lovett, B., Lucas, L., & Hughes, V. (2018). A literature review of midwifery-led care in reducing labor and birth interventions. Nursing for Women's Health, 22(5), 387–400.

Rajaraman, P., & others (2011). Early life exposure to diagnostic radiation and ultrasound scans and risk of childhood cancer: Case-control study. British Medical Journal, 342.

Rajendran, G., & Mitchell, P. (2007). Cognitive theories of autism. Developmental Review, 27, 224–260.

Rakison, D.H., & Lawson, C.A. (2013). Categorization. In P. D. Zelazo (Ed.), Oxford handbook of developmental psychology. New York: Oxford University Press.

Ramberg, J., & Modin, B. (2019, in press). School effectiveness and student cheating: Do students' grades and moral standards matter for this relationship? Social Psychology of Education. doi:10.1007/s11218-019-09486-6

Ramdahl, M.E., & others (2018). Family wealth and parent-child relationships. Journal of Child and Family Studies, 27, 1534.

Ramey, C.T. (2018). The Abecedarian approach to social, educational, and health disparities. Clinical Child and Family Psychology Review, 21,

527–544.

Ramey, S.L. (2005). Human developmental science serving children and families: Contributions of the NICHD study of early child care. In NICHD Early Child Care Network (Eds.), Child care and development. New York: Guilford.

Rao, C., & Vaid, J. (2017). Morphology, orthography, and the two hemispheres: A divided visual field study with Hindi/Urdu biliterates. Neuropsychologia, 98, 46–55.

Raval, V.V., & Walker, B.L. (2019). Unpacking 'culture': Caregiver socialization of emotion and child functioning in diverse families. Developmental Review, 51, 146–174.

Raval, V.V., Walker, B.L., & Daga, S.S. (2018). Parental socialization of emotion and child functioning among Indian American families: Consideration of cultural factors and different modes of socialization. In S.S. Chuang & C.L. Costigan (Eds.), Parental roles and relationships in immigrant families. Cham, Switzerland: Springer.

Reader, J.M., Teti, D.M., & Cleveland, M.J. (2017). Cognitions about infant sleep: Interparental differences, trajectories across the first year, and coparenting quality. Journal of Family Psychology, 31, 453–463.

Reed-Fitzke, K. (2019, in press). The role of self-concepts in emerging adult depression: A systematic research synthesis. Journal of Adult Development. doi:10.1007/s10804-018-09324-7

Reed, J., Hirsh-Pasek, K., & Golinkoff, R.M. (2017) Learning on hold: Cell phones sidetrack parent-child interactions. Developmental Psychology, 53, 1428–1436.

Reese, E., Fivush, R., Merrill, N., Wang, Q., & McAnally, H. (2017). Adolescents' intergenerational narratives across cultures. Developmental Psychology, 53(6), 1142–1153.

Regalado, M., Sareen, H., Inkelas, M., Wissow, L.S., & Halfon, N. (2004). Parents' discipline of young children: Results from the National Survey of Early Childhood Health. Pediatrics, 113, 1952–1958.

Reid, P.T., & Zalk, S.R. (2001). Academic environments: Gender and ethnicity in U.S. higher education. In J. Worell (Ed.), Encyclopedia of women and gender. San Diego: Academic Press.

Reiner, W.G., & Gearhart, J.P. (2004). Discordant sexual identity in some genetic males with cloacal exstrophy assigned to female sex at birth. New England Journal of Medicine, 350, 333–341.

Reis, S.M., & Renzulli, J.S. (2011). Intellectual giftedness. In R. J. Sternberg & S. B. Kaufman (Eds.), Cambridge handbook of intelligence. New York: Cambridge.

Reiss, F., & others (2019). Socioeconomic status, stressful life situations and mental health problems in children and adolescents: Results of the German BELLA cohort-study. PLoS ONE, 14(3), e0213700.

Rende, R. (2013). Behavioral resilience in the post- genomic era: Emerging models linking genes with environment. Frontiers in Human Neuroscience, 6, 50.

Repacholi, B.M., & Gopnik, A. (1997). Early reasoning about desires: Evidence from 14- and 18-month-olds. Developmental Psychology, 33, 12–21.

Reutzel, D.R., & Cooter, R.B. (2013). Essentials of teaching children to read (3rd ed.). Boston: Allyn & Bacon.

Reutzel, D.R., & Cooter, R.B. (2018). Teaching children to read (8th ed.). Boston: Pearson.

Rey, L., Sánchez-Álvarez, N., & Extremera, N. (2018). Spanish Gratitude Questionnaire: Psychometric properties in adolescents and relationships with negative and positive psychological outcomes. Personality and Individual Differences, 135, 173–175.

Reyna, V.F., & Brainerd, C.J. (2011). Dual processes in decision making and developmental neuroscience: A fuzzy-trace model. Developmental Review, 31, 180–206.

Reyna, V.F., & Rivers, S.E. (2008). Current theories of risk and rational decision making. Developmental Review, 28, 1–11.

Reyna, V.F. (2018). Neurobiological models of risky decision-making and adolescent substance use. Current Addiction Reports, 5(2), 128–133.

Reynolds, G.D., & Richards, J.E. (2017). Infant visual attention and stimulus repetition effects on object recognition. Child Development. doi:10.1111/cdev.12982

Reynolds, G.D., & Romano, A.C. (2016). The development of attention systems and working memory in infancy. Frontiers in Systems Neuroscience, 10, 15.

Reznick, J.S. (2013). Research designs and methods: Toward a cumulative developmental science. In P. D. Zelazo (ed.), Handbook of developmental psychology. New York: Oxford University Press.

Richards, D.R. (2017). Children's first experiences in school. International Journal for Innovation Education and Research, 5, 169–177.

Richmond, A.D., Laursen, B., & Stattin, H. (2019). Homophily in delinquent behavior: The rise and fall of friend similarity across adolescence. International Journal of Behavioral Development, 43(1), 67–73.

Rideout, V.J., Foehr, U.G., & Roberts, D.F. (2010). Generation M2: Media in the lives of 8- to 18-year-olds. Menlo Park, CA: Kaiser Family Foundation.

Riede, F., Johannsen, N.N., Högberg, A., Nowell, A., & Lombard, M. (2018). The role of play objects and object play in human cognitive evolution and innovation. Evolutionary Anthropology: Issues, News, and Reviews, 27(1), 46–59.

Riggins, T., Geng, F., Blankenship, S.L., & Redcay, E. (2016). Hippocampal functional connectivity and episodic memory in early childhood. Developmental Cognitive Neuroscience, 19, 58–69.

Righi, G., & Nelson, C.A. (2013). The neural architecture and developmental course of face processing. In P. Rakic & J. Rubenstein (Eds.), Comprehensive developmental neuroscience. New York: Elsevier.

Riley, M., & Bluhm, B. (2012). High blood pressure in children and adolescents. American Family Physician, 85, 693–700.

Riley, T.N., Sullivan, T.N., Hinton, T.S., & Kliewer, W. (2019). Longitudinal relations between emotional awareness and expression, emotion regulation, and peer victimization among urban adolescents. Journal of Adolescence, 72, 42–51.

Rios-Castillo, I., Cerezo, S., Corvalan, C., Martinez, M., & Kain, J. (2013). Risk factors during the prenatal period and the first year of life associated with overweight in 7-year-old low-income Chilean children. Maternal and Child Nutrition, 11(4), 595–605.

Rita, T.H.S., Nobre, C.S., Jácomo, R.H., Nery, L.F.A., & Barra, G.B. (2018). Noninvasive fetal sex determination by analysis of cell-free fetal DNA in maternal capillary blood obtained by fingertip puncture. Prenatal Diagnosis, 38, 620–623.

Ritchie, M.D., & Van Steen, K. (2018). The search for gene-gene interactions in genome-wide association studies: Challenges in abundance of methods, practical considerations, and biological interpretation. Annals of Translational Medicine, 6(8), 157.

Ritchie, S.J., & Tucker-Drob, E.M. (2018). How much does education improve intelligence? A meta- analysis. Psychological Science, 29, 1358–1369.

Riumallo-Herl, C., & others (2018). Poverty reduction and equity benefits of introducing or scaling up measles, rotavirus and pneumococcal vaccines in low-income and middle-income countries: A modelling study. BMJ Global Health, 3(2), e000613.

Rivenbark, J.G., & others (2019). Perceived social status and mental health among young adolescents: Evidence from census data to cellphones. Developmental Psychology, 55(3), 574–585.

Rizzo, M.S. (1999, May 8). Genetic counseling combines science with a human touch. Kansas City Star, p. 3.

Roberge, S., Bujold, E., & Nicolaides, K.H. (2018). Meta-analysis on the effect of aspirin use for prevention of preeclampsia on placental abruption and antepartum hemorrhage. American Journal of Obstetrics and Gynecology, 218(5), 483–489.

Robins, R.W., Trzesniewski, K.H., Tracy, J.L., Gosling, S.D., & Potter, J. (2002). Global self-esteem across the life span. Psychology and Aging, 17, 423–434.

Robinson-Riegler, B., & Robinson-Riegler, G.L. (2016). Cognitive psychology (4th ed.). Upper Saddle River, NJ: Pearson.

Robinson, A.J., & Ederies, M.A. (2018). Fetal neuroimaging: An update on technical advances and clinical findings. Pediatric Radiology, 48, 471–485.

Roblyer, M.D. (2016). Integrating educational technology into teaching (7th ed.). Upper Saddle River, NJ: Pearson.

Rochat, P. (2013). Self-conceptualizing in development. In P. D. Zelazo (Ed.), Oxford handbook of developmental psychology. New York: Oxford University Press.

Rode, S.S., Chang, P., Fisch, R.O., & Sroufe, L.A. (1981). Attachment patterns of infants separated at birth. Developmental Psychology, 17, 188–191.

Roeser, R.W., & Zelazo, P.D. (2012). Contemplative science, education and child development. Child Development Perspectives, 6, 143–145.

Rogoff, B., & others (2017). Noticing learners' strengths through cultural research. Perspectives on Psychological Science, 12, 876–888.

Rogoff, B., Dahl, A., & Callanan, M. (2018). The importance of understanding children's lived experience. Developmental Review, 50, 5–15.

Rogoff, B. (2003). The cultural nature of human development. New York: Oxford University Press.

Rogoff, B. (2016). Culture and participation: A paradigm shift. Current Opinion in Psychology, 8, 182–189.

Rohner, R.P., & Rohner, E.C. (1981). Parental acceptance-rejection and parental control: Cross-cultural codes. Ethnology, 20, 245–260.

Rohrer, J.M., Egloff, B., & Schmukle, S.C. (2015). Examining the effects of birth order on personality. PNAS, 112(46), 14224–14229.

Romeo, R.D. (2017). The impact of stress on the structure of the adolescent brain: Implications for adolescent mental health. Brain Research, 1654, 185–191.

Romeo, R.R., & others (2018). Language exposure relates to structural neural connectivity in childhood. Journal of Neuroscience, 38, 7870–7877.

Romero, A., & Piña-Watson, B. (2017). Acculturative stress and bicultural stress: Psychological measurement and mental health. In S. Schwartz & J. Unger (Eds.), The Oxford handbook of acculturation and health (pp. 119–133). New York: Oxford University Press.

Romstad, C., & Xiong, Z.B. (2017). Measuring formal intelligence in the informal learner: A case study of Hmong American students and cognitive assessment. Hmong Studies Journal, 18, 1–31.

Ropars, S., Tessier, R., Charpak, N., & Uriza, L.F. (2018). The long-term effects of the Kangaroo Mother Care intervention on cognitive functioning: Results from a longitudinal study. Developmental Neuropsychology, 43(1), 82–91.

Roque, L.S., & Schieffelin, B.B. (2018). Learning how to know: Egophoricity and the grammar of Kaluli (Bosavi, Trans New Guinea), with special reference to child language. In S. Floyd, E. Norcliffe, & L.S. Roque (Eds.), Egophoricity. Amsterdam: John Benjamins.

Rosa, H., & others (2019). Automatic cyberbullying detection: A systematic review. Computers in Human Behavior, 93, 333–345.

Rosario, M. (2019, in press). Sexual orientation development of heterosexual, bisexual, lesbian, and gay individuals: Questions and hypotheses based on Kaestle's (2019) research. Journal of Sex Research, 1–5. doi:10.1080/00224499.2019

Rose, A.J., Carlson, W., & Waller, E.M. (2007). Prospective associations of co-rumination with friendship and emotional adjustment: Considering the socioemotional trade-offs of co-rumination. Developmental Psychology, 43, 1019–1031.

Rose, A.J., & others (2012). How girls and boys expect disclosure about problems will make them feel: Implications for friendship. Child Development, 83, 844–863.

Rose, A.J., & Smith, R.L. (2009). Sex differences in peer relationships. In K. H. Rubin, W. M. Bukowski, & B. Laursen (Eds.), Handbook of peer interactions, relationships, and groups. New York: Guilford.

Rose, A.J., Smith, R.L., Glick, G.C., & Schwartz-Mette, R.A. (2016). Girls' and boys' problem talk: Implications for emotional closeness in friendships. Developmental Psychology, 52(4), 629–639.

Rose, S.A., Feldman, J.F., & Jankowski, J.J. (2009). A cognitive approach to the development of early language. Child Development, 80, 134–150.

Rosen, L.D., Cheever, N.A., & Carrier, L.M. (2008). The association of parenting style and child age with parental limit setting and adolescent MySpace behavior. Journal of Applied Developmental Psychology, 29, 459–471.

Rosenstein, D., & Oster, H. (1988). Differential facial responses to four basic tastes in newborns. Child Development, 59, 1555–1568.

Rosnow, R.L., & Rosenthal, R. (2013). Beginning psychological research (7th ed.). Boston: Cengage.

Ross, J., & others (2017). Cultural differences in self-recognition: The early development of autonomous and related selves? Developmental Science, 20(3), e12387.

Rossi, N.F., & Giacheti, C.M. (2017). Association between speech–language, general cognitive functioning and behaviour problems in individuals with Williams syndrome. Journal of Intellectual Disability Research, 61, 707–718.

Rostad, K., & Pexman, P.M. (2015). Preschool-aged children recognize ambivalence: Emerging identification of concurrent conflicting desires. Frontiers in Psychology, 6, 425.

Rote, W.M., Smetana, J.G., Campione-Barr, N., Villalobos, M., & Tasopouos-Chan, M. (2012). Associations between observed mother-adolescent interactions and adolescent information management. Journal of Research on Adolescence, 22, 206–214.

Rote, W.M., & Smetana, J.G. (2015). Parenting, adolescent–parent relationships, and social domain theory: Implications for identity development. In K. McLean & M. Syed (Eds.), Oxford handbook of identity (pp. 437–453). New York: Oxford University Press.

Rote, W.M., & Smetana, J.G. (2017). Situational and structural variation in youth perceptions of maternal guilt induction. Developmental Psychology, 53(10), 1940–1953.

Rothbart, M.K., & Bates, J.E. (2006). Temperament. In W. Damon & R. Lerner (Eds.), Handbook of child psychology (6th ed.). New York: Wiley.

Rothbart, M.K., & Gartstein, M.A. (2008). Temperament. In M. M. Haith & J. B. Benson (Eds.), Encyclopedia of infant and early childhood development. Oxford, UK: Elsevier.

Rothbart, M.K. (2004). Temperament and the pursuit of an integrated developmental psychology. Merrill-Palmer Quarterly, 50, 492–505.

Rothbart, M.K. (2011). Becoming who we are. New York: Guilford.

Rothbaum, F., & Trommsdorff, G. (2007). Do roots and wings complement or oppose one another?: The socialization of relatedness and autonomy in cultural context. In J. E. Grusec & P. D. Hastings (Eds.), Handbook of socialization. New York: Guilford.

Roundfield, K.D., Sánchez, B., & McMahon, S.D. (2018). An ecological analysis of school engagement among urban, low-income Latino adolescents. Youth and Society, 50, 905–925.

Rovee-Collier, C., & Barr, R. (2010). Infant learning and memory. In J. G. Bremner & T. D. Wachs (Ed.), Wiley-Blackwell handbook of infant development (2nd ed.). New York: Wiley.

Rowe, D.W. (2018). Pointing with a pen: The role of gesture in early childhood writing. Reading Research Quarterly. doi:10.1002/rrq.215

Royer-Pokora, B. (2012). Genetics of pediatric renal tumors. Pediatric Nephrology, 28(1), 13–23.

Ruan, Y., Georgiou, G.K., Song, S., Li, Y., & Shu, H. (2018). Does writing system influence the associations between phonological awareness, morphological awareness, and reading? A meta-analysis. Journal of Educational Psychology, 110, 180–202.

Rubie-Davies, C.M. (2007). Classroom interactions: Exploring the practices of high- and low-expectation teachers. British Journal of Educational Psychology, 77, 289–306.

Rubin, K.H., Bowker, J.C., McDonald, K.L., & Menzer, M. (2013). Peer relationships in childhood. In P. D. Zelazo (Ed.), Oxford handbook of developmental psychology. New York: Oxford University Press.

Rubin, K.H., Bukowski, W., & Parker, J. (2006). Peer interactions, relationships, and groups. In W. Damon & R. Lerner (Eds.), Handbook of child psychology (6th ed.). New York: Wiley.

Rubin, K.H., Mills, R.S.L., & Rose-Krasnor, L. (1989). Maternal beliefs and children's competence. In B. Schneider, G. Attili, J. Nadel, & R. Weissberg (Eds.), Social competence in developmental perspective. Amsterdam: Kluwer Academic.

Rubin, K.H., Bowker, J.C., Barstead, M.G., & Coplan, R.J. (2018). Avoiding and withdrawing from the peer group. In W. Bukowski & others (Eds.), Handbook of peer relationships, interactions, and groups (2nd ed.). New York: Guilford.

Rueda, M.R. (2018). Attention in the heart of intelligence. Trends in Neuroscience and Education, 13, 26–33.

Ruffman, T., & others (2018). Variety in parental use of "want" relates to subsequent growth in children's theory of mind. Developmental Psychology, 54(4), 677–688.

Ruffman, T., Puri, A., Galloway, O., Su, J., & Taumoepeau, M. (2018). Variety in parental use of "want" relates to subsequent growth in children's theory of mind. Developmental Psychology, 54(4), 677–688.

Ruigrok, A.N.V., & others (2014). A meta-analysis of sex differences in human brain structure. Neuroscience & Biobehavioral Reviews, 39, 34–50.

Ruiz-Hernández, J.A., Moral-Zafra, E., Llor-Esteban, B., & Jiménez-Barbero, J.A. (2019). Influence of parental styles and other psychosocial variables on the development of externalizing behaviors in adolescents: A systematic review. European Journal of Psychology Applied to Legal Context, 11(1), 9–21.

Rumberger, R.W. (1995). Dropping out of middle school: The influence of race, sex, and family background. American Educational Research Journal, 3, 583–625.

Rung, J.M., & Madden, G.J. (2018). Experimental reductions of delay discounting and impulsive choice: A systematic review and meta-analysis. Journal of Experimental Psychology: General, 147, 1349–1381.

Russell, E.E. (2017). Children's label-learning experience within superordinate categories facilitates their generalization of labels for additional category members. Psychology of Language and Communication, 21, 51–83.

Russell, S.T., Crockett, L.J., & Chao, R.K. (2010). Asian American parenting and parent-adolescent relationships. New York: Springer.

Ryan, R.M., & Deci, E.L. (2009). Promoting self-determined school engagement: Motivation, learning, and well-being. In K. Wentzel & A. Wigfield (Eds.), Handbook of motivation at school. New York: Routledge.

Ryan, S.A., Ammerman, S.D., & O'Connor, M.E. (2018). Marijuana use during pregnancy and breastfeeding: Implications for neonatal and childhood outcomes. Pediatrics, 142(3), e20181889.

Rytioja, M., Lappalainen, K., & Savolainen, H. (2019, in press). Behavioural and emotional strengths of sociometrically popular, rejected, controversial, neglected, and average children. European Journal of Special Needs Education.

S

Sénat, M.V., & others (2018). Prevention and management of genital herpes simplex infection during pregnancy and delivery: Guidelines from the French College of Gynaecologists and Obstetricians (CNGOF). European Journal of Obstetrics & Gynecology and Reproductive Biology, 224, 93–101.

Saarni, C., Campos, J., Camras, L.A., & Witherington, D. (2006). Emotional development. In W. Damon & R. Lerner (Eds.), Handbook of child psychology (6th ed.). New York: Wiley.

Sadeh, A. (2008). Sleep. In M. M. Haith & J. B. Benson (Eds.), Encyclopedia of infant and early childhood development. Oxford, UK: Elsevier.

Sadker, M.P., & Zittleman, K. (2018). Teachers, schools, and society (5th ed.). New York: McGraw-Hill.

Sagiv, S.K., Epstein, J.N., Bellinger, D.C., & Korrick, S.A. (2013). Pre- and postnatal risk factors for ADHD in a nonclinical pediatric population. Journal of Attention Disorders, 17(1), 47–57.

Saint-Jacques, M.C., & others (2018). Researching children's adjustment in stepfamilies: How is it studied? What do we learn? Child Indicators Research, 11(6), 1831–1865.

Sala, G., Tatlidil, K.S., & Gobet, F. (2018). Video game training does not enhance cognitive ability: A comprehensive meta-analytic investigation. Psychological Bulletin, 144(2), 111.

Salley, B., Miller, A., & Bell, M.A. (2013). Associations between temperament and social responsiveness in young children. Infant and Child Development, 22(3), 270–288.

Salmivalli, C., & Peets, K. (2009). Bullies, victims, and bully-victim relationships in middle childhood and adolescence. In K. H. Rubin, W. M. Bukowski, & B. Laursen (Eds.), Handbook of peer interactions, relationships, and groups. New York: Guilford.

Salmon, K., O'Kearney, R., Reese, E., & Fortune, C.A. (2016). The role of language skill in child psychopathology: Implications for intervention in the early years. Clinical Child and Family Psychology Review, 19, 352–367.

Salo, V.C., Rowe, M.L., & Reeb-Sutherland, B.C. (2018). Exploring infant gesture and joint attention as related constructs and as predictors of later language. Infancy, 23, 432–452.

Salovey, P., & Mayer, J.D. (1990). Emotional intelligence. Imagination, Cognition, and Personality, 9, 185–211.

Salsa, A.M., & Gariboldi, M.B. (2018). Symbolic experience and young children's comprehension of drawings in different socioeconomic contexts. Avances en Psicología Latinoamericana, 36, 29–44.

Salvatore, J.E., Larsson Lönn, S., Sundquist, J., Sundquist, K., & Kendler, K.S. (2018). Genetics, the rearing environment, and the intergenerational transmission of divorce: A Swedish national adoption study. Psychological Science, 29(3), 370–378.

Salvy, S.-J., Feda, D.M., Epstein, L.H., & Roemmich, J.N. (2017). Friends and social contexts as unshared environments: A discordant sibling analysis of obesity- and health-related behaviors in young adolescents. International Journal of Obesity, 41, 569–575.

Sameroff, A.J. (2009). The transactional model. In A. J. Sameroff (Ed.), The transactional model of development: How children and contexts shape each other. Washington, DC: American Psychological Association.

Samhan, Y.M., El-Sabae, H.H., Khafagy, H.F., & Maher, M.A. (2013). A pilot study to compare epidural identification and catheterization using a saline-filled syringe versus a continuous hydrostatic pressure system. Journal of Anesthesia, 27(4), 607–610.

Sanchez, D., Whittaker, T.A., Hamilton, E., & Arango, S. (2017). Familial ethnic socialization, gender role attitudes, and ethnic identity development in Mexican-origin early adolescents. Cultural Diversity and Ethnic Minority Psychology, 23, 335–347.

Sanders, J., Munford, R., & Boden, J. (2017). Culture and context: The differential impact of culture, risks and resources on resilience among vulnerable adolescents. Children and Youth Services Review, 79, 517–526.

Sanders, K., & Farago, F. (2018). Developmentally appropriate practice in the twenty-first century. In M. Fleer & B. van Oers (Eds.), International handbook of early childhood education. Dordrecht: Springer.

Sanders, M.R. (2008). Triple P-Positive Parenting Program as a public health approach to strengthening parenting. Journal of Family Psychology, 22(3), 506–517.

Sanders, R.A. (2013). Adolescent psychosocial, social, and cognitive development. Pediatrics in Review, 34(8), 354–358.

Sandoval-Motta, S., Aldana, M., Martínez-Romero, E., & Frank, A. (2017). The human microbiome and the missing heritability problem. Frontiers in Genetics, 8, 80.

Sands, A., Thompson, E.J., & Gaysina, D. (2017). Long-term influences of parental divorce on offspring affective disorders: A systematic review and meta- analysis. Journal of Affective Disorders, 218, 105–114.

Sanson, A., & Rothbart, M.K. (1995). Child temperament and parenting. In M. H. Bornstein (Ed.), Handbook of parenting (Vol. 4). Hillsdale, NJ: Erlbaum.

Santi, K., & Reed, D. (Eds). (2015). Improving reading comprehension of middle and high school students. New York: Springer.

Santiago, C.D., Etter, E.M., Wadsworth, M.E., & Raviv, T. (2012). Predictors of responses to stress among families coping with poverty-related stress. Anxiety, Stress, and Coping, 25(3), 239–258.

Santrock, J.W., Sitterle, K.A., & Warshak, R.A. (1988). Parent-child relationships in stepfather families. In P. Bronstein & C. P. Cowan (Eds.), Fatherhood today: Men's changing roles in the family. New York: Wiley.

Santrock, J.W., & Warshak, R.A. (1979). Father custody and social development in boys and girls. Journal of Social Issues, 35, 112–125.

Saroglou, V. (2013). Religion, spirituality, and altruism. In K. I. Pargament, J. Exline, & J. Jones (Eds.), Handbook of psychology, religion, and spirituality. Washington, DC: American Psychological Association.

Sasson, N.J., & Elison, J.T. (2013). Eye tracking in young children with autism. Journal of Visualized Experiments, 61, e3675.

Sauce, B., & Matzel, L.D. (2018). The paradox of intelligence: Heritability and malleability coexist in hidden gene-environment interplay. Psychological Bulletin, 144, 26–47.

Saul, A., & others (2019). Polymorphism in the serotonin transporter gene polymorphisms (5-HTTLPR) modifies the association between significant life events and depression in people with multiple sclerosis. Multiple Sclerosis Journal, 25, 848–855.

Saunders, M.C., & others (2019). The associations between callous-unemotional traits and symptoms of conduct problems, hyperactivity and emotional problems: A study of adolescent twins screened for neurodevelopmental problems. Journal of Abnormal Child Psychology, 47, 447–457.

Saunders, N.R., Dziegielewska, K.M., Møllgård, K., & Habgood, M.D. (2018). Physiology and molecular biology of barrier mechanisms in the fetal and neonatal brain. The Journal of Physiology, 596, 5723–5756.

Savage, J.E., & others (2018). Early maturation and substance use across adolescence and young adulthood: A longitudinal study of Finnish twins. Development and Psychopathology, 30, 79–92.

Savin-Williams, R.C. (2013). The new sexual-minority teenager. In J. S. Kaufman & D. A. Powell (Eds.), Sexual identities. Thousand Oaks, CA: Sage.

Savina, E., & Wan, K.P. (2017). Cultural pathways to socio-emotional development and learning. Journal of Relationships Research, 8, e19.

Sawyer, J. (2017). I think I can: Preschoolers' private speech and motivation in playful versus non-playful contexts. Early Childhood Research Quarterly, 38, 84–96.

Saxbe, D., & others (2018). Longitudinal associations between family aggression, externalizing behavior, and the structure and function of the amygdala. Journal of Research on Adolescence, 28, 134–149.

Scarr, S. (1993). Biological and cultural diversity: The legacy of Darwin for development. Child Development, 64, 1333–1353.

Scarr, S., & Weinberg, R.A. (1983). The Minnesota adoption studies: Genetic differences and malleability. Child Development, 54, 182–259.

Schaal, B. (2017). Infants and children making sense of scents. In A. Buettner (Ed.), Springer handbook of odor (pp. 107–108). Berlin: Springer.

Schaefer, R.T. (2019). Race and ethnicity in the United States (9th ed.). Upper Saddle River, NJ: Pearson.

Schaffer, H.R. (1996). Social development. Cambridge, MA: Blackwell.

Schaie, K.W. (2012). Developmental influences on adult intellectual development: The Seattle Longitudinal Study. New York: Oxford University Press.

Schalkwijk, F., & others (2016). The conscience as a regulatory function: Empathy, shame, pride, guilt, and moral orientation in delinquent adolescents. International Journal of Offender Therapy and Comparative Criminology, 60, 675–693.

Scherrer, V., & Preckel, F. (2018). Development of motivational variables and self-esteem during the school career: A meta-analysis of longitudinal studies. Review of Educational Research, 89(2), 211–258.

Scherrer, V., & Preckel, F. (2019). Development of motivational variables and self-esteem during the school career: A meta-analysis of longitudinal studies. Review of Educational Research, 89, 211–258.

Schick, A.R., Melzi, G., & Obregon, J. (2017). The bidirectional nature of narrative scaffolding: Latino caregivers' elaboration while creating stories from a picture book. First Language, 37(3), 301–316.

Schiff, W.J. (2015). Nutrition for healthy living (5th ed.). New York: McGraw-Hill.

Schilder, A.G., & others (2017). Panel 7: Otitis media: treatment and complications. Otolaryngology– Head and Neck Surgery, 156(4 Suppl.), S88–S105.

Schlam, T.R., Wilson, N.L., Shoda, Y., Mischel, W., & Ayduk, O. (2013). Preschoolers' delay of gratification predicts their body mass 30 years later. Journal of Pediatrics, 162(1), 90–93.

Schmidt, J.A., Shumow, L., & Kackar, H.Z. (2012). Associations of participation in service activities with academic, behavioral, and civic outcomes of adolescents at varying risk levels. Journal of Youth and Adolescence, 41, 932–947.

Schmidt, J., Shumow, L., & Kackar, H. (2007). Adolescents' participation in service activities and its impact on academic, behavioral, and civic outcomes. Journal of Youth and Adolescence. 36, 127–140.

Schmutz, E.A., & others (2017). Correlates of preschool children's objectively measured physical activity and sedentary behavior: A cross-sectional analysis of the SPLASHY study. International Journal of Behavioral Nutrition and Physical Activity, 14(1), 1.

Schneider, B.H., & others (2011). Cooperation and competition. In P. K. Smith & C. H. Hart (Eds.), Wiley-Blackwell handbook of childhood social development (2nd ed.). New York: Wiley.

Schneider, W., & Ornstein, P.A. (2015). The development of children's memory. Child Development Perspectives, 9(3), 190–195.

Schneider, W. (2015). Memory development from early childhood through emerging adulthood. New York: Springer.

Schneider, W.J., & McGrew, K.S. (2018). The Cattell-horn-Carroll theory of cognitive abilities. In D.P. Flanagan & E.M. McDonough (Eds.), Contemporary intellectual assessment: Theories, tests, and issues (4th ed.). New York: Guilford.

Schoeler, T., Duncan, L., Cecil, C.M., Ploubidis, G.B., & Pingault, J.B. (2018). Quasi-experimental evidence on short-and long-term consequences of bullying victimization: A meta-analysis. Psychological Bulletin, 144(12), 1229–1246.

Schoon, I., Jones, E., Cheng, H., & Maughan, B. (2011). Family hardship, family instability, and cognitive development. Journal of Epidemiology and Community Health, 66, 718–722.

Schoppmann, J., Schneider, S., & Seehagen, S. (2019). Wait and see: Observational learning of distraction as an emotion regulation strategy in 22-month-old toddlers. Journal of Abnormal Child Psychology, 47(5), 851–863.

Schreiner, D., Savas, J.N., Herzog, E., Brose, N., & de Wit, J. (2017). Synapse biology in the 'circuit- age'—paths toward molecular connectomics. Current Opinion in Neurobiology, 42, 102–110.

Schubert, A.L., Hagemann, D., & Frischkorn, G.T. (2017). Is general intelligence little more than the speed of higher-order processing? Journal of Experimental Psychology, 146, 1498–1512.

Schunk, D.H., Pintrich, P.R., & Meece, J.L. (2014). Motivation in education: Theory, research, and applications (4th ed.). Upper Saddle River, NJ: Pearson.

Schunk, D.H. (2019). Learning theories: An educational perspective (8th ed.). Upper Saddle River, NJ: Pearson.

Schwalbe, C.S., Gearing, R.E., MacKenzie, M.J., Brewer, K.B., & Ibrahim, R. (2012). A meta-analysis of experimental studies of diversion programs for juvenile defenders. Clinical Psychology Review, 32, 26–33.

Schwartz-Mette, R.A., & Smith, R.L. (2018). When does co-rumination facilitate depression contagion in adolescent friendships? Investigating intrapersonal and interpersonal factors. Journal of Clinical Child & Adolescent Psychology, 47(6), 912–924.

Schwartz, D., Hopmeyer, A., Luo, T., Ross, A.C., & Fischer, J. (2017). Affiliation with antisocial crowds and psychosocial outcomes in a gang-impacted urban middle school. Journal of Early Adolescence, 37(4), 559–586.

Schwartz, S.J., & others (2019). Biculturalism dynamics: A daily diary study of bicultural identity and psychosocial functioning. Journal of Applied Developmental Psychology, 62, 26–37.

Schwartz, S.J., Luyckx, K., & Crocetti, E. (2015). What have we learned since Schwartz (2001)? A reappraisal of the field of identity development. In K. McLean & M. Syed (Eds.) The Oxford handbook of identity development (pp. 539–561).

Schwartz-Mette, R.A., & Rose, A.J. (2013). Co-rumination mediates contagion of internalizing symptoms within youths' friendships. Developmental Psychology, 48(5), 1355–1365.

Schwarz, S.P. (2004). A mother's story. Retrieved from http://www.makinglifeeasier.com

Schweinhart, L.J. (2019). Lessons on sustaining early gains from the life-course study of Perry Preschool. In A.J. Reynolds & J.A. Temple (Eds.), Sustaining early childhood learning gains: Program, school, and family influences. Cambridge, UK: Cambridge University Press.

Scott, R.M., & Baillargeon, R. (2013). Do infants really expect others to act efficiently? A critical test of the rationality principle. Psychological Science, 24(4), 466–474.

Sebastiani, G., & others (2018). The effects of alcohol and drugs of abuse on maternal nutritional profile during pregnancy. Nutrients, 10(8), 1008.

Segal, M., & others (2012). All about child care and early education (2nd ed.). Upper Saddle River, NJ: Pearson.

Seider, S., & others (2019). Black and Latinx adolescents' developing beliefs about poverty and associations with their awareness of racism. Developmental Psychology, 55(3), 509–524.

Selkie, E.M., Fales, J.L., & Moreno, M.A. (2016). Cyberbullying prevalence among U.S. middle and high school–aged adolescents: A systematic review and quality assessment. Journal of Adolescent Health, 58(2), 125–133.

Sellers, R.M., Linder, N.C., Martin, P.P., & Lewis, R.L. (2006). Racial identity matters: The relationship between racial discrimination and psychological functioning in African American adolescents. Journal of Research on Adolescence, 16(2), 187–216.

Selvam, S., & others (2018). Development of norms for executive functions in typically-developing Indian urban preschool children and its association with nutritional status. Child Neuropsychology, 24, 226–246.

Sempowicz, T., Howard, J., Tambyah, M., & Carrington, S. (2018). Identifying obstacles and opportunities for inclusion in the school curriculum for children adopted from overseas: Developmental and social constructionist perspectives. International Journal of Inclusive Education, 22, 606–621.

Senter, L., Sackoff, J., Landi, K., & Boyd, L. (2010). Studying sudden and unexpected deaths in a time of changing death certification and investigation practices: Evaluating sleep-related risk factors for infant death in New York City. Maternal and Child Health, 15(2), 242–248.

Sernau, S.R. (2013). Global problems (3rd ed.). Upper Saddle River, NJ: Pearson.

Sethi, V., & others (2013). Single ventricle anatomy predicts delayed microstructural brain development. Pediatric Research, 73, 661–667.

Sethna, V., Murray, L., & Ramchandani, P.G. (2012). Depressed fathers' speech to their 3-month-old infants: A study of cognitive and mentalizing features in paternal speech. Psychological Medicine, 42(11), 2361–2371.

Sethna, V., Murray, L., Edmondson, O., Iles, J., & Ramchandani, P.G. (2018). Depression and playfulness in fathers and young infants: A matched design comparison study. Journal of Affective Disorders, 229, 364–370.

Sette, S., Colasante, T., Zava, F., Baumgartner, E., & Malti, T. (2018). Preschoolers' anticipation of sadness for excluded peers, sympathy, and prosocial behavior. The Journal of Genetic Psychology, 179, 286–296.

Shanahan, L., & Sobolewski, J.M. (2013). Child effects on family processes. In A. C. Crouter & A. Booth (Eds.), Children's influence on family dynamics. New York: Routledge.

Shankaran, S., & others (2011). Risk for obesity

in adolescence starts in childhood. Journal of Perinatology, 31, 711–716.

Shapiro, A.F., & Gottman, J.M. (2005). Effects on marriage of a psycho-education intervention with couples undergoing the transition to parenthood: Evaluation at 1-year post-intervention. Journal of Family Communication, 5, 1–24.

Shapiro, C.J., Prinz, R.J., & Sanders, M.R. (2012). Facilitators and barriers to implementation of an evidence-based parenting intervention to prevent child maltreatment: The Triple P—Positive Parenting Program. Child Maltreatment, 17, 86–95.

Shapiro, J.R. (2018). Stranger wariness. In M.H. Bornstein (Ed.) & M. Arterberry, K. Fingerman, & J.E. Lansford (Assoc. Eds.), The SAGE encyclopedia of lifespan human development. Thousand Oaks, CA: SAGE.

Sharma, D., Murki, S., & Pratap, O.T. (2016). The effect of kangaroo ward care in comparison with "intermediate intensive care" on the growth velocity in preterm infant with birth weight, 1100 g: Randomized control trial. European Journal of Pediatrics, 175(10), 1317–1324.

Sharma, N., Classen, J., & Cohen, L.G. (2013). Neural plasticity and its contribution to functional recovery. Handbook of Clinical Psychology, 110, 3–12.

Shaw, P., & others (2007). Attention-deficit/hyperactivity disorder is characterized by a delay in cortical maturation. Proceedings of the National Academy of Sciences, 104(49), 19649–19654.

Shaywitz, S.E., Gruen, J.R., & Shaywitz, B.A. (2007). Management of dyslexia, its rationale, and underlying neurobiology. Pediatric Clinics of North America, 54, 609–623.

Sheikh, M., & Anderson, J.R. (2018). Acculturation patterns and education of refugees and asylum seekers: A systematic literature review. Learning and Individual Differences, 67, 22–32.

Sheinman, N., Hadar, L.L., Gafni, D., & Milman, M. (2018). Preliminary investigation of whole-school mindfulness in education programs and children's mindfulness-based coping strategies. Journal of Child and Family Studies, 27(1), 1316–1328.

Shek, D.T. (2012). Spirituality as a positive youth development construct: A conceptual review. Scientific World Journal, 2012, 458953.

Shen, L.H., Liao, M.H., & Tseng, Y.C. (2013). Recent advances in imaging of dopaminergic neurons for evaluation of neuropsychiatric disorders. Journal of Biomedicine and Biotechnology, 2012, 259349.

Shen, Y., Kim, S.Y., & Benner, A.D. (2019). Burdened or efficacious? Subgroups of Chinese American language brokers, predictors, and long-term outcomes. Journal of Youth and Adolescence, 48(1), 154–169.

Shenhav, A., & Greene, J.D. (2014). Integrative moral judgment: Dissociating the roles of the amygdala and the ventromedial prefrontal cortex. Journal of Neuroscience, 34, 4741–4749.

Shenhav, S., Campos, B., & Goldberg, W.A. (2017). Dating out is intercultural: Experience and perceived parent disapproval by ethnicity and immigrant generation. Journal of Social and Personal Relationships, 34(3), 397–422.

Sher-Censor, E., Parke, R.D., & Coltrane, S. (2011). Parents' promotion of psychological autonomy, psychological control, and Mexican-American adolescents' adjustment. Journal of Youth and Adolescence, 40, 620–632.

Sherman, A., & Mitchell, T. (2017). Economic security programs help low-income children succeed long-term. Challenge, 60(6), 514–542.

Sherman, A., Grusec, J.E., & Almas, A.N. (2017). Mothers' knowledge of what reduces distress in their adolescents: Impact on the development of adolescent approach coping. Parenting: Science and Practice, 17, 187–199.

Shibata, Y., & others (2012). Extrachromosomal microDNAs and chromosomal microdeletions in normal tissues. Science, 336, 82–86.

Shiino, A., & others (2017). Sex-related difference in human white matter volumes studied: Inspection of the corpus callosum and other white matter by VBM. Scientific Reports, 7, 39818.

Shin, H. (2017). Friendship dynamics of adolescent aggression, prosocial behavior, and social status: The moderating role of gender. Journal of Youth and Adolescence, 46, 2305–2320.

Shin, S.H., Hong, H.G., & Hazen, A.L. (2010). Childhood sexual abuse and adolescence substance use: A latent class analysis. Drug and Alcohol Dependence, 109(1), 226–235.

Shiner, R.L. (2019). Negative emotionality and neuroticism from childhood to adulthood: A lifespan perspective. In D.P. McAdams, R.L. Shiner, & J.L. Tackett (Eds.), Handbook of personality development. New York: Guilford.

Shiraev, E., & Levy, D. (2016). Cross-cultural psychology: Critical thinking and critical applications (6th ed.). New York: Routledge.

Shockley, K.M., & others (2017). Disentangling the relationship between gender and work–family conflict: An integration of theoretical perspectives using meta-analytic methods. Journal of Applied Psychology, 102(12), 1601.

Shore, B., & Kauko, S. (2017). The landscape of family memory. In B. Wagoner (Ed.), Handbook of culture and memory. New York: Oxford University Press.

Short, M.A., Gradisar, M., Lack, L.C., Wright, H.R., & Dohnt, H. (2013). The sleep patterns and well-being of Australian adolescents. Journal of Adolescence, 36(1), 103–110.

Short, M.A., & Weber, N. (2018). Sleep duration and risk-taking in adolescents: A systematic review and meta-analysis. Sleep Medicine Reviews, 41, 185–196.

Short, S.J., & others (2013). Associations between white matter microstructure and infants' working memory. NeuroImage, 64, 156–166.

Shulman, S., Davila, J., & Shachar-Shapira, L. (2011). Assessing romantic competence among older adolescents. Journal of Adolescence, 34, 397–406.

Shulman, S., Zlotnik, A., Shachar-Shapira, L., Connolly, J., & Bohr, Y. (2012). Adolescent daughters' romantic competence: The role of divorce, quality of parenting, and maternal romantic history. Journal of Youth and Adolescence, 41, 593–606.

Shultz, S., Klin, A., & Jones, W. (2018). Neonatal transitions in social behavior and their implications for autism. Trends in Cognitive Sciences, 22(5), 452–469.

Shwalb, D.W., Shwalb, B.J., & Lamb, M.E. (2013). Fathers in cultural context. New York: Routledge.

Siegler, R.S. (1976). Three aspects of cognitive development. Cognitive Psychology, 8, 481–520.

Siegler, R.S. (2006). Microgenetic analysis of learning. In W. Damon & R. Lerner (Eds.). Handbook of child psychology (6th ed.). New York: Wiley.

Siegler, R.S. (2013). How do people become experts? In J. Staszewski (Ed.), Experience and skill acquisition. New York: Taylor & Francis.

Siegler, R.S. (2016). Continuity and change in the field of cognitive development and in the perspectives of one cognitive developmentalist. Child Development Perspectives, 10(2), 128–133.

Sigal, A., Sandler, I., Wolchik, S., & Braver, S. (2011). Do parent education programs promote healthy post-divorce parenting? Critical directions and distinctions and a review of the evidence. Family Court Review, 49, 120–129.

Silva, C. (2005, October 31). When teen dynamo talks, city listens. Boston Globe, pp. 81–84.

Silva, K., Chein, J., & Steinberg, L. (2016). Adolescents in peer groups make more prudent decisions when a slightly older adult is present. Psychological Science, 27(3), 322–330.

Silva, S., Canavarro, M.C., & Fonseca, A. (2018). Why women do not seek professional help for anxiety and depression symptoms during pregnancy or throughout the postpartum period: Barriers and facilitators of the help-seeking process. The Psychologist: Practice & Research Journal, 1(1). 47–58.

Simmonds, D.J., Hallquist, M.N., & Luna, B. (2017). Protracted development of executive and mnemonic brain systems underlying working memory in adolescence: A longitudinal fMRI study. Neuroimage, 157, 695–704.

Simon, E.J., Dickey, J.L., & Reece, J.B. (2019). Campbell essential biology (7th ed.). Upper Saddle River, NJ: Pearson.

Simon, F., & others (2018). International consensus (ICON) on management of otitis media with effusion in children. European Annals of Otorhinolaryngology, Head and Neck Diseases, 135(1), S33–S39.

Simonato, I., Janosz, M., Archambault, I., & Pagani, L.S. (2018). Prospective associations between toddler televiewing and subsequent lifestyle habits in adolescence. Preventive Medicine, 110, 24–30.

Simoncini, K., & Caltabiono, N. (2012). Young school-aged children's behaviour and their participation in extra-curricular activities. Australasian Journal of Early Childhood, 37(3), 35–42.

Singer, D., Golinkoff, R.M., & Hirsh-Pasek, K. (Eds.). (2006). Play = learning: How play motivates and enhances children's cognitive and social-emotional growth. New York: Oxford University Press.

Singer, T. (2012). The past, present, and future of social neuroscience: A European perspective. Neuroimage, 61(2), 437–449.

Sinha, C. (2017). Language as a biocultural niche and social institution. In Ten lectures on language, culture and mind. Leiden: Brill.

Sisson, S.B., Broyles, S.T., Baker, B.L., & Katzmarzyk, P.T. (2010). Screen time, physical activity, and overweight in U.S. youth: National

Survey of Children's Health 2003. Journal of Adolescent Health, 47, 309–311.

Skinner, B.F. (1938). The behavior of organisms: An experimental analysis. New York: Appleton-Century-Crofts.

Skinner, B.F. (1957). Verbal behavior. New York: Appleton-Century-Crofts.

Skinner, E.A., & Zimmer-Gembeck, M.J. (2016). The development of coping: Stress, neurophysiology, social relationships, and resilience during childhood and adolescence. Cham, Switzerland: Springer.

Slagt, M., Dubas, J.S., Deković, M., & van Aken, M.A. (2016). Differences in sensitivity to parenting depending on child temperament: A meta-analysis. Psychological Bulletin, 142, 1068–1110.

Slater, A., Morison, V., & Somers, M. (1988). Orientation discrimination and cortical function in the human newborn. Perception, 17, 597–602.

Slaughter, V., Imuta, K., Peterson, C.C., & Henry, J.D. (2015). Meta-analysis of theory of mind and peer popularity in the preschool and early school years. Child Development, 86(4), 1159–1174.

Slaughter, V. (2015). Theory of mind in infants and young children: A review. Australian Psychologist, 50(3), 169–172.

Slobin, D. (1972, July). Children and language: They learn the same way around the world. Psychology Today, 71–76.

Slone, L.K., & others (2018). Gaze in action: Head-mounted eye tracking of children's dynamic visual attention during naturalistic behavior. JoVE (Journal of Visualized Experiments), 141, e58496.

Slone, L.K., & Sandhofer, C.M. (2017). Consider the category: The effect of spacing depends on individual learning histories. Journal of Experimental Child Psychology, 159, 34–49.

Slot, P.L., & von Suchodoletz, A. (2018). Bidirectionality in preschool children's executive functions and language skills: Is one developing skill the better predictor of the other? Early Childhood Research Quarterly, 42, 205–214.

Small, S.A., Ishida, I.M., & Stapells, D.R. (2017). Infant cortical auditory evoked potentials to lateralized noise shifts produced by changes in interaural time difference. Ear and Hearing, 38(1), 94–102.

Smetana, J.G. (2011a). Adolescents, families, and social development: How adolescents construct their worlds. New York: Wiley-Blackwell.

Smetana, J.G. (2011b). Adolescents' social reasoning and relationships with parents: Conflicts and coordinations within and across domains. In E. Amsel & J. Smetana (Eds.), Adolescent vulnerabilities and opportunities: Constructivist and developmental perspectives. New York: Cambridge University Press.

Smetana, J.G. (2013). Social-cognitive domain theory: Consistencies and variations in children's moral and social judgments. In M. Killen & J. Smetana (Eds.), Handbook of moral development (2nd ed.). New York: Routledge.

Smetana, J.G., Ball, C.L., Jambon, M., & Yoo, H.N. (2018). Are young children's preferences and evaluations of moral and conventional transgressors associated with domain distinctions in judgments? Journal of Experimental Child Psychology, 173, 284–303.

Smetana, J.G., Jambon, M., & Ball, C. (2014). The social domain approach to children's moral and social judgements. In M. Killen & J. Smetana (Eds.), Handbook of moral development (2nd ed., pp. 23–45). New York: Psychology Press.

Smith, J., & Ross, H. (2007). Training parents to mediate sibling disputes affects children's negotiation and conflict understanding. Child Development, 78, 790–805.

Smith, N.A., Folland, N.A., Martinez, D.M., & Trainor, L.J. (2017). Multisensory object perception in infancy: 4-month-olds perceive a mistuned harmonic as a separate auditory and visual object. Cognition, 164, 1–7.

Smith, P.K., Shu, S., & Madsen, K. (2001). Characteristics of victims of school bullying. In J. Jovonen & S. Graham (Eds.), Peer harassment in school (pp. 332–351). New York: Guilford.

Smith, P.K. (Ed.) (2019). Making an impact on school bullying: Interventions and recommendations. London: Routledge.

Smith, T., & Coffey, R. (2015). Two-generation strategies for expanding the middle class. In C. van Horn & others (Eds.), Transforming U.S. workforce development policies for the 21st century. Atlanta, GA: Federal Reserve Bank of Atlanta.

Smith, T.W., & Son, J. (2014). Measuring occupational prestige on the 2012 General Social Survey. GSS Methodological Report No. 122. Chicago: NORC of the University of Chicago.

Smorti, M., & Ponti, L. (2018). How does sibling relationship affect children's prosocial behaviors and best friend relationship quality? Journal of Family Issues, 39(8), 2413–2436.

Snarey, J. (1987, June). A question of morality. Psychology Today, pp. 6–8.

So, H.K., Li, A.M., Choi, K.C., Sung, R.Y., & Nelson, E.A. (2013). Regular exercise and a healthy dietary pattern are associated with lower resting blood pressure in non-obese adolescents: A population-based study. Journal of Human Hypertension, 27, 304–308.

Society of Health and Physical Educators (2018). Active start. Retrieved from https://www.shapeamerica.org/standards/guidelines/activestart.aspx

Solantaus, T., Leinonen, J., & Punamäki, R. (2004). Children's mental health in times of economic recession: Replication and extension of the family economic stress model in Finland. Developmental Psychology, 40(3), 412.

Somerville, L.H., & others (2018). The Lifespan Human Connectome Project in Development: A large-scale study of brain connectivity development in 5–21-year-olds. NeuroImage, 183, 456–468.

Sommer, T.E., & others (2018). A two-generation human capital approach to anti-poverty policy. RSF: The Russell Sage Foundation Journal of the Social Sciences, 4(3), 118–143.

Son, S.H.C., & Chang, Y.E. (2018). Childcare experiences and early school outcomes: The mediating role of executive functions and emotionality. Infant and Child Development, 27, e2087.

Sorensen, A., & others (2013). Changes in human placental oxygenation during maternal hyperoxia as estimated by BOLD MRI. Ultrasound in Obstetrics and Gynecology, 42(3), 310–314.

Sorensen, L.C., Dodge, K.A., & Conduct Problems Prevention Research Group (2016). How does the fast track intervention prevent adverse outcomes in young adulthood? Child Development, 87(2), 429–445.

Soubry, A., Hoyo, C., Jirtle, R.L., & Murphy, S.K. (2014). A paternal environmental legacy: Evidence for epigenetic inheritance through the male germ line. Bioessays, 36(4), 359–371.

Spector, L.G., & others (2013). Children's Oncology Group's 2013 blueprint for research: Epidemiology. Pediatric and Blood Cancer, 60(6), 1059–1062.

Spelke, E.S., & Owsley, C.J. (1979). Intermodal exploration and knowledge in infancy. Infant Behavior and Development, 2, 13–28.

Spelke, E.S., Bernier, E.P., & Snedeker, J. (2013). Core social cognition. In M. R. Banaji & S.A. Gelman (Eds.), Navigating the social world: What infants, children, and other species can teach us. New York: Oxford University Press.

Spence, J.T., & Helmreich, R. (1978). Masculinity and femininity: Their psychological dimensions. Austin: University of Texas Press.

Spencer, D., & others (2017). Prenatal androgen exposure and children's aggressive behavior and activity level. Hormones and Behavior, 96, 156–165.

Spencer, J.R., & Lamb, M.E. (Eds.). (2013). Children and cross-examination: Time to change the rules. Oxford, UK: Hart.

Sperry, E.D., Sperry, L.L., & Miller, P.J. (2018). Reexamining the verbal environments of children from different socioeconomic backgrounds. Child Development. doi:10.1111/cdev.13072

Spilman, S.K., Neppl, T.K., Donnellan, M.B., Schofield, T.J., & Conger, R.D. (2012). Incorporating religiosity into a developmental model of positive family functioning across generations. Developmental Psychology, 49(4), 762–774.

Spilman, S.K., Neppl, T.K., Donnellan, M.B., Schofield, T.J., & Conger, R.D. (2013). Incorporating religiosity into a developmental model of positive family functioning across generations. Developmental Psychology, 49(4), 762–774.

Spinelli, M., Fasolo, M., & Mesman, J. (2017). Does prosody make the difference? A meta-analysis on relations between prosodic aspects of infant-directed speech and infant outcomes. Developmental Review, 44, 1–18.

Spinner, L., Cameron, L., & Calogero, R. (2018). Peer toy play as a gateway to children's gender flexibility: The effect of (counter) stereotypic portrayals of peers in children's magazines. Sex Roles, 79, 314–328.

Spring, J. (2016). Deculturalization and the struggle for equality (8th ed.). New York: Routledge.

Squires, J., Pribble, L., Chen, C-I., & Pomes, M. (2013). Early childhood education: Improving outcomes for young children and families. In I. B. Weiner & others (Eds.), Handbook of psychology (2nd ed., Vol. 7). New York: Wiley.

Sroufe, L.A., Coffino, B., & Carlson, E.A. (2010). Conceptualizing the role of early experience: Lessons from the Minnesota longitudinal study. Developmental Review, 30, 36–51.

Sroufe, L.A., Egeland, B., Carlson, E., & Collins, W.A. (2005b). The place of early attachment in developmental context. In K. E. Grossman, K. Grossman, & E. Waters (Eds.), The power of longitudinal attachment research: From infancy and childhood to adulthood. New York: Guilford.

Sroufe, L.A., Waters, E., & Matas, L. (1974). Contextual determinants of infant affectional response. In M. Lewis & L. Rosenblum (Eds.), Origins of fear. New York: Wiley.

Stadelmann, S., & others (2017). Self-esteem of 8–14-year-old children with psychiatric disorders: Disorder- and gender-specific effects. Child Psychiatry & Human Development, 48(1), 40–52.

Staiano, A.E., Abraham, A.A., & Calvert, S.L. (2012). Competitive versus cooperative exergame play for African American adolescents' executive functioning skills. Developmental Psychology, 48, 337–342.

Staiano, A.E., & others (2018). Home-based exergaming among children with overweight and obesity: A randomized clinical trial. Pediatric Obesity, 13(11), 724–733.

Standage, D., & Pare, M. (2018). Slot-like capacity and resource-like coding in a neural model of multiple-item working memory. Journal of Neurophysiology, 120, 1945–1961.

Stanovich, K.E. (2019). How to think straight about psychology (11th ed.). Upper Saddle River, NJ: Pearson.

Starmans, C. (2017). Children's theories of the self. Child Development, 88(6), 1774–1785.

Starr, C., Taggart, R., Evers, C., & Starr, L. (2016). Evolution of life (14th ed.). Boston: Cengage.

Starr, C.R., & Zurbriggen, E.L. (2017). Sandra Bem's gender schema theory after 34 years: A review of its reach and impact. Sex Roles, 76, 566–578.

Starr, L.R., & others (2013). Love hurts (in more ways than one): Specificity of psychological symptoms as predictors and consequences of romantic activity among early adolescent girls. Journal of Clinical Psychology.

Starr, L.R., & Davila, J. (2015). Social anxiety and romantic relationships. In K. Ranta & others (Eds.), Social anxiety and phobia in adolescents (pp. 183–199). London: Springer.

Staszewski, J. (Ed.). (2013). Expertise and skill acquisition: The impact of William C. Chase. New York: Taylor & Francis.

Stefansson, K.K., Gestsdottir, S., Birgisdottir, F., & Lerner, R.M. (2018). School engagement and intentional self-regulation: A reciprocal relation in adolescence. Journal of Adolescence, 64, 23–33.

Stein, G.L., & others (2015). The protective role of familism in the lives of Latino adolescents. Journal of Family Issues, 36(10), 1255–1273.

Stein, G.L., & others (2016). A longitudinal examination of perceived discrimination and depressive symptoms in ethnic minority youth: The roles of attributional style, positive ethnic/racial affect, and emotional reactivity. Developmental Psychology, 52(2), 259–271.

Stein, G.L., Coard, S.I., Kiang, L., Smith, R.K., & Mejia, Y.C. (2018). The intersection of racial–ethnic socialization and adolescence: A closer examination at stage-salient issues. Journal of Research on Adolescence, 28(3), 609–621.

Steinbeis, N., Crone, E., Blakemore, S.-J., & Kadosh, K.C. (2017). Development holds the key to understanding the interplay of nature versus nurture in shaping the individual. Developmental Cognitive Neuroscience, 25, 1–4.

Steinberg, L.D., & Silk, J.S. (2002). Parenting adolescents. In M. Bornstein (Ed.), Handbook of parenting (2nd ed., Vol. 1). Mahwah, NJ: Erlbaum.

Steinberg, L., & Monahan, K. (2007). Age differences in resistance to peer influence. Developmental Psychology, 43, 1531–1543.

Steinberg, L., & others (2018). Around the world, adolescence is a time of heightened sensation seeking and immature self-regulation. Developmental Science, 21(2), e12532.

Steinberg, L. (2009). Adolescent development and juvenile justice. Annual Review of Clinical Psychology (Vol. 5). Palo Alto, CA: Annual Reviews.

Steinberg, L. (2013). How should the science of adolescent brain development inform legal policy? In J. Bhabha (Ed.), Coming of age: A new framework for adolescent rights. Philadelphia: University of Pennsylvania Press.

Steinmayr, R., Weidinger, A.F., & Wigfield, A. (2018). Does students' grit predict their school achievement above and beyond their personality, motivation, and engagement? Contemporary Educational Psychology, 53, 106–122.

Sternberg, R.J., & Sternberg, K. (2013). Teaching cognitive science. In D. Dunn (Ed.), Teaching psychology education. New York: Oxford University Press.

Sternberg, R.J. (2013b). Personal wisdom in balance. In M. Ferrari & N. Westrate (Eds.), Personal wisdom. New York: Springer.

Sternberg, R.J. (2017). Some lessons from a symposium on cultural psychological science. Perspectives on Psychological Science, 12, 911–921.

Sternberg, R.J. (2018). Context-sensitive cognitive and educational testing. Educational Psychology Review, 30, 857–884.

Sternberg, R.J. (2018a). Creative giftedness is not just what creativity tests test: Implications of a triangular theory of creativity for understanding creative giftedness. Roeper Review, 40, 158–165.

Sternberg, R.J. (2018b). The triarchic theory of successful intelligence. In D.P. Flanagan & E.M. McDonough (Eds.), Contemporary intellectual assessment: Theories, tests, and issues (4th ed.). New York: Guilford.

Stetka, B. (2017). "Extended adolescence: When 25 is the new 18." Scientific American. Retrieved March 17, 2019, from https://www.scientificamerican.com/article/extended-adolescence-when-25-is-the-new-181/

Stevenson, H.W., & Zusho, A. (2002). Adolescence in China and Japan: Adapting to a changing environment. In B. B. Brown, R. W. Larson, & T. S. Saraswathi (Eds.), The world's youth. New York: Cambridge University Press.

Stevenson, H.W., Lee, S., & Stigler, J.W. (1986). Mathematics achievement of Chinese, Japanese, and American children. Science, 231, 693–699.

Stevenson, H.W., Lee, S., Chen, C., Stigler, J.W., Hsu, C., & Kitamura, S. (1990). Contexts of achievement. Monograph of the Society for Research in Child Development, 55 (Serial No. 221).

Stevenson, H.W. (1995). Mathematics achievement of American students: First in the world by the year 2000? In C. A. Nelson (Ed.), Basic and applied perspectives on learning, cognition, and development. Minneapolis: University of Minnesota Press.

Steward, D.J. (2015). The history of neonatal anesthesia. In J. Lerman (Ed.), Neonatal anesthesia (pp. 1–15). London: Springer.

Stiggins, R. (2008). Introduction to student-involved assessment for learning (5th ed.). Upper Saddle River. NJ: Prentice Hall.

Stipek, D.J. (2002). Motivation to learn (4th ed.). Boston: Allyn & Bacon.

Strauss, M.A., Sugarman, D.B., & Giles-Sims, J. (1997). Spanking by parents and subsequent antisocial behavior in children. Archives of Pediatrics and Adolescent Medicine, 151, 761–767.

Stright, A.D., Herr, M.Y., & Neitzel, C. (2009). Maternal scaffolding of children's problem solving and children's adjustment in kindergarten: Hmong families in the United States. Journal of Educational Psychology, 101, 207–218.

Strudwick-Alexander, M.A. (2017). Identity achievement as a predictor of intimacy in young urban Jamaican adults. In K. Carpenter (Ed.), Interweaving tapestries of culture and sexuality in the Caribbean (pp. 191–221). London: Palgrave Macmillan.

Stuebe, A.M., & Schwartz, E.G. (2010). The risks and benefits of infant feeding practices for women and their children. Journal of Perinatology, 30, 155–162.

Stuebe, A.M., & others (2017). An online calculator to estimate the impact of changes in breastfeeding rates on population health and costs. Breastfeeding Medicine, 12(10).

Stump, G. (2017). The nature and dimensions of complexity in morphology. Annual Review of Linguistics, 3, 65–83.

Suárez-Orozco, M.M., Suárez-Orozco, C., & Qin-Hilliard, D. (Eds.). (2014). The new immigrant in the American economy: Interdisciplinary perspectives on the new immigration. New York: Routledge.

Su, L., Meng, X., Ma, Q., Bai, T., & Liu, G. (2018). LPRP: A gene–gene interaction network construction algorithm and its application in breast cancer data analysis. Interdisciplinary Sciences: Computational Life Sciences, 10, 131–142.

Sucksdorff, M., & others (2018). Lower Apgar scores and Caesarean sections are related to attention-deficit/hyperactivity disorder. Acta Paediatrica, 107(10), 1750–1758.

Sue, D., Sue, D.W., Sue, D., & Sue, S. (2016). Essentials of understanding abnormal behavior (3rd ed.). Boston: Cengage.

Sue, D.W., Sue, D., Neville, H.A., & Smith, L. (2019). Counseling the culturally diverse: Theory and practice (8th ed.). New York: Wiley.

Sue, S., & Morishima, J.K. (1982). The mental health of Asian Americans: Contemporary issues in identifying and treating mental problems. San Francisco: Jossey-Bass.

Sugden, N.A., & Marquis, A.R. (2017). Meta-analytic review of the development of face discrimination in infancy: Face race, face gender, infant age, and methodology moderate face discrimination. Psychological Bulletin, 143(11), 1201.

Suggate, S., Schaughency, E., McAnally, H., & Reese, E. (2018). From infancy to adolescence: The longitudinal links between vocabulary, early literacy skills, oral narrative, and reading comprehension. Cognitive Development, 47, 82–95.

Sugimura, K., & others (2018). A cross-cultural

perspective on the relationships between emotional separation, parental trust, and identity in adolescents. Journal of Youth and Adolescence, 47(4), 749–759.
Sugimura, K., Matsushima, K., Hihara, S., Takahashi, M., & Crocetti, E. (2019). A culturally sensitive approach to the relationships between identity formation and religious beliefs in youth. Journal of Youth and Adolescence, 48(8), 668–679.
Sugita, Y. (2004). Experience in early infancy is indispensable for color perception. Current Biology, 14, 1267–1271.
Sullivan, H.S. (1953). The interpersonal theory of psychiatry. New York: W. W. Norton.
Sullivan, K., & Sullivan, A. (1980). Adolescent-parent separation. Developmental Psychology, 16, 93–99.
Sultan, C., Gaspari, L., Kalfa, N., & Paris, F. (2017). Management of peripheral precocious puberty in girls. In C. Sultan & A. Genazzani (Eds.), Frontiers in Gynecological Endocrinology (Vol. 4, pp. 39–48). Netherlands: Springer.
Sumaroka, M., & Bornstein, M.H. (2008). Play. In M. M. Haith & J. B. Benson (Eds.), Encyclopedia of infant and early childhood development. Oxford, UK: Elsevier.
Sung, L., & others (2013). Children's oncology group's 2012 blueprint for research: Cancer control and supportive care. Pediatric and Blood Cancer, 60(6), 1027–1030.
Super, C.M., & Harkness, S. (2010). Culture and infancy. In J. G. Bremner & T. D. Wachs (Eds.), Wiley-Blackwell handbook of infant development (2nd ed.). New York: Wiley.
Susman, E.J., & Dorn, L.D. (2013). Puberty: Its role in development. In I. B. Weiner & others (Eds.), Handbook of psychology (2nd ed., Vol. 6). New York: Wiley.
Sutton, T.E. (2019). Review of attachment theory: Familial predictors, continuity and change, and intrapersonal and relational outcomes. Marriage & Family Review, 55, 1–22.
Swain, J.E., & others (2017). Parent–child intervention decreases stress and increases maternal brain activity and connectivity during own baby-cry: An exploratory study. Development and Psychopathology, 29, 535–553.
Swain, K.D., Leader-Janssen, E.M., & Conley, P. (2017). Effects of repeated reading and listening passage preview on oral reading fluency. Reading Improvement, 54, 105–111.
Swamy, G.K., Ostbye, T., & Skjaerven, R. (2008). Association of preterm birth with long-term survival, reproduction, and next generation preterm birth. Journal of the American Medical Association, 299, 1429–1436.
Swanson, H.L. (1999). What develops in working memory: A life-span perspective. Developmental Psychology, 35, 985–1000.
Swanson, H.L., & Berninger, V.W. (2018). Role of working memory in the language learning mechanism by ear, mouth, eye and hand in individuals with and without specific learning disabilities in written language. In T.P. Alloway (Ed.), Working memory and clinical developmental disorders. New York: Routledge.
Syed, M., & Mitchell, L.L. (2016). How race and ethnicity shape emerging adulthood. The Oxford handbook of emerging adulthood (pp. 87–101).
Syed, M. (2013). Assessment of ethnic identity and acculturation. In K. Geisinger (Ed.), APA handbook of testing and assessment in psychology. Washington, DC: American Psychological Association.
Szwedo, D.E., Mikami, A.Y., & Allen, J.P. (2011). Qualities of peer relations on social networking websites: Predictions from negative mother-teen interactions. Journal of Research on Adolescence, 21, 595–607.
Szwedo, D.E., & others (2017). Adolescent support seeking as a path to adult functional independence. Developmental Psychology, 53(5), 949.

T

Törmänen, S., & others (2017). Polymorphism in the gene encoding toll-like receptor 10 may be associated with asthma after bronchiolitis. Scientific Reports, 7.
Tager, M.B. (2017). Challenging the school readiness agenda in early childhood education. New York: Routledge.
Taggart, T., & others (2018). The role of religious socialization and religiosity in African American and Caribbean Black adolescents' sexual initiation. Journal of Religion and Health, 57(5), 1889–1904.
Taige, N.M., & others (2007). Antenatal maternal stress and long-term effects on child neurodevelopment: How and why? Journal of Child Psychology and Psychiatry, 48, 245–261.
Tamborini, C.R., Couch, K.A., & Reznik, G.L. (2015). Long-term impact of divorce on women's earnings across multiple divorce windows: A life course perspective. Advances in Life Course Research, 26, 44–59.
Tamir, M. (2016). Why do people regulate their emotions? A taxonomy of motives in emotion regulation. Personality and Social Psychology Review, 20, 199–222.
Tamis-LeMonda, C.S., & others (2008). Parents' goals for children: The dynamic coexistence of individualism and collectivism in cultures and individuals. Social Development, 17, 183–209.
Tamis-LeMonda, C.S., & Song, L. (2013). Parent-infant communicative interactions in cultural context. In R. M. Lerner (Ed.), Handbook of psychology (Vol. 6). New York: Wiley.
Tamis-LeMonda, C.S., Custode, S., Kuchirko, Y., Escobar, K., & Lo, T. (2018). Routine language: Speech directed to infants during home activities. Child Development. doi:10.1111/cdev.13089 **Tamminga, S., Oepkes, D., Weijerman, M.E., & Cornel, M.C.** (2018). Older mothers and increased impact of prenatal screening: Stable livebirth prevalence of trisomy 21 in the Netherlands for the period 2000–2013. European Journal of Human Genetics, 26(2), 157.
Tannen, D. (1990). You just don't understand! New York: Ballantine.
Tardif, T. (2016). Culture, language, and emotion: Explorations in development. In M.D. Sera, M. Maratsos, & S.M. Carlson (Eds.), Minnesota Symposium on Child Psychology, Volume 38: Culture and developmental systems. Hoboken, NJ: Wiley.
Tatangelo, G.L., & Ricciardelli, L.A. (2017). Children's body image and social comparisons with peers and the media. Journal of Health Psychology, 22, 776–787.

Taylor, C.A., Manganello, J.A., Lee, S.J., & Rice, J.C. (2010). Mothers' spanking of 3-year-old children and subsequent risk of children's aggressive behavior. Pediatrics, 125, e1057–e1065.
Taylor, N.A., Greenberg, D., & Terry, N.P. (2016). The relationship between parents' literacy skills and their preschool children's emergent literacy skills. Journal of Research and Practice for Adult Literacy, Secondary, and Basic Education, 5, 5–16.
Taylor, R.D., Oberle, E., Durlak, J.A., & Weissberg, R.P. (2017). Promoting positive youth development through school-based social and emotional learning interventions: A meta-analysis of follow-up effects. Child Development, 88(4), 1156–1171.
te Velde, S.J., & others (2012). Energy balance-related behaviors associated with overweight and obesity in preschool children: A systematic review of prospective studies. Obesity Reviews, 13(Suppl. 1), S56–S74.
Teery-McElrath, Y.M., O'Malley, P.M., & Johnston, L.D. (2012). Factors affecting sugar-sweetened beverage availability in competitive venues of U.S. secondary schools. Journal of School Health, 82, 44–55.
Telford, R.M., & others (2016). The influence of sport club participation on physical activity, fitness and body fat during childhood and adolescence: The LOOK longitudinal study. Journal of Science and Medicine in Sport, 19(5), 400–406.
Telzer, E.H., van Hoorn, J., Rogers, C.R., & Do, K.T. (2018). Social influence on positive youth development: A developmental neuroscience perspective. Advances in Child Development and Behavior, 54, 215–258.
Temple, C.A., & others (2018). All children read: Teaching for literacy (5th ed.). Upper Saddle River, NJ: Pearson.
Tenenbaum, H.R., Callahan, M., Alba-Speyer, C., & Sandoval, L. (2002). Parent-child science conversations in Mexican-descent families: Educational background, activity, and past experience as moderators. Hispanic Journal of Behavioral Sciences, 24, 225–248.
Teratology Society (2017). Teratology primer (3rd ed.). Reston, VA: The Teratology Society.
Terman, L. (1925). Genetic studies of genius. Vol. 1: Mental and physical traits of a thousand gifted children. Stanford, CA: Stanford University Press.
Teti, D. (2001). Retrospect and prospect in the psychological study of sibling relationships. In J. P. McHale & W. S. Grolnick (Eds.), Retrospect and prospect in the psychological study of families. Mahwah, NJ: Erlbaum.
Teunissen, H.A., & others (2012). Adolescents' conformity to their peers' pro-alcohol and anti-alcohol norms: The power of popularity. Alcoholism: Clinical and Experimental Research, 36(7), 1257–1267.
Thakur, N., & others (2017). Perceived discrimination associated with asthma and related outcomes in minority youth: The GALA II and SAGE II studies. Chest, 151(4), 804–812.
The Hospital for Sick Children & others (2010). The Hospital for Sick Children's handbook of pediatrics (11th ed.). London: Elsevier.
Thelen, E., & others (1993). The transition to reaching: Mapping intention and intrinsic dynam-

ics. Child Development, 64, 1058–1098.

Thelen, E., & Smith, L.B. (2006). Dynamic development of action and thought. In W. Damon & R. Lerner (Eds.), Handbook of child psychology (6th ed.). New York: Wiley.

Theo, L.O., & Drake, E. (2017). Rooming-in: Creating a better experience. The Journal of Perinatal Education, 26(2), 79–84.

Theodotou, E. (2019). Examining literacy development holistically using the Play and Learn through the Arts (PLA) programme: A case study. Early Child Development and Care, 189(3), 488–499.

Thio, A., Taylor, J., & Schwartz, M. (2018). Deviant behavior (12th ed.). New York: Pearson.

Thomas, A., & Chess, S. (1991). Temperament in adolescence and its functional significance. In R. M. Lerner, A. C. Petersen, & J. Brooks-Gunn (Eds.), Encyclopedia of adolescence (Vol. 2). New York: Garland.

Thomas, B.L., Karl, J.M., & Whishaw, I.Q. (2015). Independent development of the Reach and the Grasp in spontaneous self-touching by human infants in the first 6 months. Frontiers in Psychology, 5, 1526.

Thomas, H.J., Connor, J.P., & Scott, J.G. (2018). Why do children and adolescents bully their peers? A critical review of key theoretical frameworks. Social Psychiatry and Psychiatric Epidemiology, 53(5), 437–451.

Thomas, M.S.C., & Johnson, M.H. (2008). New advances in understanding sensitive periods in brain development. Current Directions in Psychological Science, 17, 1–5.

Thompson, D.R., & others (2007). Childhood overweight and cardiovascular disease risk factors: The National Heart, Lung, and Blood Institute Growth and Health Study. Journal of Pediatrics, 150, 18–25.

Thompson, J.M.D., & others (2017). Duration of breastfeeding and risk of SIDS: An individual participant data (IPD) meta-analysis. Pediatrics, 140(5), e20171324.

Thompson, K.D. (2015). English learners' time to reclassification: An analysis. Educational Policy, 31, 330–363.

Thompson, R.A. (2006). The development of the person. In W. Damon & R. Lerner (Eds.), Handbook of child psychology (6th ed.). New York: Wiley.

Thompson, R.A. (2008). Unpublished review of J. W. Santrock's Life-span development, 2nd ed. (New York: McGraw-Hill).

Thompson, R.A. (2009). Early foundations: Conscience and the development of moral character. In D. Narváez & D. Lapsley (Eds.), Moral personality, identity, and character: Prospects for a new field of study. New York: Cambridge University Press.

Thompson, R.A. (2012). Whither the preoperational child? Toward a life-span moral development theory. Child Development Perspectives, 6, 423–429.

Thompson, R.A. (2013a). Attachment development: Precis and prospect. In P. Zelazo (Ed.), Oxford handbook of developmental psychology. New York: Oxford University Press.

Thompson, R.A. (2013b). Interpersonal relations. In A. Ben-Arieh, I. Frones, F. Cases, & J. Korbin (Eds.), Handbook of child well-being. New York: Springer.

Thompson, R.A. (2013c). Relationships, regulation, and development. In R. M. Lerner (Ed.), Handbook of child psychology (7th ed.). New York: Wiley.

Thompson, R.A. (2013d). Socialization of emotion regulation in the family. In J. Gross (Ed.), Handbook of emotion regulation (2nd ed.). New York: Guilford.

Thompson, R.A. (2014). Conscience development in early childhood. In M. Killen & J.G. Smetana (Eds.), Handbook of moral development (2nd ed., pp. 73–92). New York: Routledge.

Thompson, R.A. (2015a). Relationships, regulation, and early development. In R.M. Lerner (Ed.), Handbook of child psychology and developmental science (7th ed.). Hoboken, NJ: Wiley.

Thompson, R.A. (2015b). Socialization of emotion regulation in the family. In J. Gross (Ed.), Handbook of emotion regulation (2nd ed.). New York: Guilford.

Thompson, R.A. (2018). Social-emotional development in the first three years: Establishing the foundations. University Park, PA: Edna Bennett Pierce Prevention Research Center, Pennsylvania State University.

Thompson, R.A. (2019, in press). Emotion dysregulation: A theme in search of definition. Development and Psychopathology.

Thorisdottir, A., Gunnarsdottir, I., & Thorisdottir, I. (2013). Revised infant dietary recommendations: The impact of maternal education and other parental factors on adherence rates in Iceland. Acta Pediatrica, 102(2), 143–148.

Thurman, S.L., & Corbetta, D. (2017). Spatial exploration and changes in infant–mother dyads around transitions in infant locomotion. Developmental Psychology, 53, 1207–1221.

Tibi, S., & Kirby, J.R. (2018). Investigating phonological awareness and naming speed as predictors of reading in Arabic. Scientific Studies of Reading, 22(1), 70–84.

Tikotzky, L., & Shaashua, L. (2012). Infant sleep and early parental sleep-related cognitions predict sleep in pre-school children. Sleep Medicine, 13, 185–192.

Tincoff, R., & Jusczyk, P.W. (2012). Six-months-olds comprehend words that refer to parts of the body. Infancy, 17(4), 432–444.

Tincoff, R., Seidl, A., Buckley, L., Wojcik, C., & Cristia, A. (2019). Feeling the way to words: Parents' speech and touch cues highlight word-to-world mappings of body parts. Language Learning and Development, 15, 103–125.

Titzmann, P., & Gniewosz, B. (2017). With a little help from my child: A dyad approach to immigrant mothers' and adolescents' socio-cultural adaptation. Journal of Adolescence, 62, 198–206.

Titzmann, P.F., & Fuligni, A.J. (2015). Immigrants' adaptation to different cultural settings: A contextual perspective on acculturation: Introduction for the special section on immigration. International Journal of Psychology, 50(6), 407–412.

Tobin, J.J., Wu, D.Y.H., & Davidson, D.H. (1989). Preschool in three cultures. New Haven, CT: Yale University Press.

Tobler, A.L., & others (2013). Perceived racial/ethnic discrimination, problem behaviors, and mental health among minority urban youth. Ethnicity and Health, 18(4), 337–349.

Toh, S.H., Howie, E.K., Coenen, P., & Straker, L.M. (2019). "From the moment I wake up I will use it . . . every day, very hour": A qualitative study on the patterns of adolescents' mobile touch screen device use from adolescent and parent perspectives. BMC Pediatrics, 19(1), 30.

Toma, C., & others. (2013). Neurotransmitter systems and neurotrophic factors in autism: Association study of 37 genes suggests involvement of DDC. World Journal of Biology, 14(7), 516–527.

Tomasello, M., & Vaish, A. (2013). Origins of human cooperation and morality. Annual Review of Psychology, 64, 231–255.

Tomasello, M. (2009). Why we cooperate. Cambridge, MA: MIT Press.

Tomasello, M. (2011b). Language development. In U. Goswami (Ed.), Wiley-Blackwell handbook of childhood cognitive development (2nd ed.). New York: Wiley.

Tomasello, M. (2018). Great apes and human development: A personal history. Child Development Perspectives, 12, 189–193.

Tomasello, M. (2018). How children come to understand false beliefs: A shared intentionality account. Proceedings of the National Academy of Sciences, 115(34), 8491–8498.

Tompkins, V., Benigno, J.P., Lee, B.K., & Wright, B.M. (2018). The relation between parents' mental state talk and children's social understanding: A meta-analysis. Social Development, 27, 223–246.

Tortora, G.J., Funke, B.R., & Case, C.L. (2013). Microbiology (11th ed.). Upper Saddle River, NJ: Pearson.

Trafimow, D., Triandis, H.C., & Goto, S.G. (1991). Some tests of the distinction between the private and collective self. Journal of Personality and Social Psychology, 60, 649–655.

Trejos-Castillo, E., Bedore, S., & Trevino Schafer, N. (2013). Human capital development among immigrant youth. In E. Trejos-Castillo (Ed.), Youth: Practices, perspectives, and challenges. Hauppage, NY: Nova Science Publishers.

Tremblay, M.W., & Jiang, Y.H. (2019). DNA methylation and susceptibility to autism spectrum disorder. Annual Review of Medicine, 70, 151–166.

Trentacosta, C.J., & Fine, S.E. (2009). Emotion knowledge, social competence, and behavior problems in childhood and adolescence: A meta-analytic review. Social Development, 19(1), 1–29.

Triandis, H.C. (2007). Culture and psychology: A history of their relationship. In S. Kitayama & D. Cohen (Eds.), Handbook of cultural psychology. New York: Guilford.

Trimble, J.E., & Bhadra, M. (2013). Ethnic gloss. The encyclopedia of cross-cultural psychology (Vol. 2, pp. 500–504).

Troppe, P., & others (2017). Implementation of Title I and Title II-A program initiatives. Results from 2013-2014. NCEE 2017-4014. ERIC, ED572281.

Tsai, K.M., & others (2018). The roles of parental support and family stress in adolescent sleep. Child Development, 89, 1577–1588.

Tucker, C.J., & Finkelhor, D. (2017). The state of interventions for sibling conflict and aggression: A systematic review. Trauma, Violence, & Abuse,

18(4), 396–406.

Tucker, C.J., & Kazura, K. (2013). Parental responses to school-aged children's sibling conflict. Journal of Child and Family Studies, 22(5), 737–745.

Tudge, J., & Freitas, L. (2018). Developing gratitude: An introduction. In J. Tudge & L. Freitas (Eds.), Developing gratitude in children and adolescents (pp. 1–24). Cambridge, UK: Cambridge University Press.

Tunçgenç, B., & Cohen, E. (2018). Interpersonal movement synchrony facilitates pro-social behavior in children's peer-play. Developmental Science, 21(1), e12505.

Turiel, E., & Gingo, M. (2017). Development in the moral domain: Coordination and the need to consider other domains of social reasoning. In N. Budwig, E. Turiel, & P.D. Zelazo (Eds.), New perspectives on human development. New York: Cambridge University Press.

Turiel, E. (2015). Moral development. In R. Lerner (Ed.), Handbook of child psychology and developmental science (7th ed.). New York: Wiley.

Turoy-Smith, K.M., & Powell, M.B. (2017). Interviewing of children for family law matters: A review. Australian Psychologist, 52(3), 165–173.

Twenge, J.M., & Campbell, W.K. (2019, in press). Media use is linked to lower psychological well-being: Evidence from three datasets. Psychiatric Quarterly, 1–21.

Twenge, J.M., & Park, H. (2019). The decline in adult activities among US adolescents, 1976–2016. Child Development, 90(2), 638–654.

Twomey, C., O'Connell, H., Lillis, M., Tarpey, S.L., & O'Reilly, G. (2018). Utility of an abbreviated version of the Stanford-Binet intelligence scales (5th ed.) in estimating 'full scale' IQ for young children with autism spectrum disorder. Autism Research, 11, 503–508.

Tyrell, F.A., Wheeler, L.A., Gonzales, N.A., Dumka, L., & Millsap, R. (2016). Family influences on Mexican American adolescents' romantic relationships: Moderation by gender and culture. Journal of Research on Adolescence, 26, 142–158.

Tzourio-Mazoyer, N., Perrone-Bertolotti, M., Jobard, G., Mazoyer, B., & Baciu, M. (2017). Multi-factorial modulation of hemispheric specialization and plasticity for language in healthy and pathological conditions: A review. Cortex, 86, 314–339.

U

Ullman, T.D., Stuhlmüller, A., Goodman, N.D., & Tenenbaum, J.B. (2018). Learning physical parameters from dynamic scenes. Cognitive Psychology, 104, 57–82.

Umaña-Taylor, A.J., Kornienko, O., Bayless, S.D., & Updegraff, K.A. (2018). A universal intervention program increases ethnic-racial identity exploration and resolution to predict adolescent psychosocial functioning one year later. Journal of Youth and Adolescence, 47(1), 1–15.

Umaña-Taylor, A.J. (2016). A post-racial society in which ethnic-racial discrimination still exists and has significant consequences for youths' adjustment. Current Directions in Psychological Science, 25(2), 111–118.

Umana-Taylor, A.J., Wong, J.J., Gonzalez, N.A., & Dumka, L.E. (2012). Ethnic identity and gender as moderators of the association between discrimination and academic adjustment among Mexican-origin adolescents. Journal of Adolescence, 35(4), 773–786.

Unar-Munguía, M., Torres-Mejía, G., Colchero, M.A., & González de Cosío, T. (2017). Breastfeeding mode and risk of breast cancer: A dose-response meta-analysis. Journal of Human Lactation, 33, 422–434.

Underwood, M.K. (2011). Aggression. In M. K. Underwood & L. Rosen (Eds.), Social development. New York: Guilford.

UNESCO (2016). Global education monitoring report: Gender review. Paris: UNESCO.

UNICEF. (2004). The state of the world's children: 2004. Geneva, Switzerland: Author.

UNICEF. (2007). The state of the world's children: 2007. Geneva, Switzerland: Author.

UNICEF. (2012). The state of the world's children: 2012. Geneva, Switzerland: Author.

UNICEF (2014). Children of the Recession: The impact of the economic crisis on child well-being in rich countries. Innocenti Report Card 12. Florence, Italy: UNICEF Office of Research.

UNICEF (2017). The state of the world's children, 2017. Geneva, Switzerland: UNICEF.

UNICEF (2018). HIV/AIDS and children. Retrieved from https://www.unicef.org/aids/index_1.php

UNICEF (2018). Nutrition. Retrieved from https:// www.unicef.org/nutrition/

UNICEF (2018). The state of the world's children. New York: UNICEF.

UNICEF (2019). Early childhood education. Retrieved from https://www.unicef.org/education/ early-childhood-education United Nations. (2002). Improving the quality of life of girls. Geneva: UNICEF.

United Nations (2019). Gender equality. Retrieved from http://www.un.org/en/sections/issues-depth/ gender-equality/

Updegraff, K.A., Kim, J-Y, Killoren, S.E., & Thayer, S.M. (2010). Mexican American parents' involvement in adolescents' peer relationships: Exploring the role of culture and adolescents' peer experiences. Journal of Research on Adolescence, 20, 65–87.

Updegraff, K.A., Umana-Taylor, A.J., McHale, S.M., Wheeler, L.A., & Perez-Brena, J. (2012). Mexican-origin youths' cultural orientations and adjustment: Changes from early to late adolescence. Child Development, 83, 1655–1671.

Updegraff, K.A., & Umaña-Taylor, A.J. (2015). What can we learn from the study of Mexican-origin families in the United States? Family Process, 54(2), 205–216.

Urban, J.B., Lewin-Bizan, S., & Lerner, R.M. (2010). The role of intentional self-regulation, lower neighborhood ecological assets, and activity involvement in youth developmental outcomes. Journal of Youth and Adolescence, 39, 783–800.

Urdan, T. (2012). Factors affecting the motivation and achievement of immigrant students. In K. R. Harris, S. Graham, & T. Urdan (Eds.), APA educational psychology handbook. Washington, DC: American Psychological Association.

Ursache, A., Blair, C., & Raver, C.C. (2012). The promotion of self-regulation as a means of enhancing school readiness and early achievement in children at risk for school failure. Child Development Perspectives, 6, 122–128.

Ursache, A., Blair, C., Stifter, C., & Voegtline, K. (2013). Emotional reactivity and regulation in infancy interact to predict executive functioning in early childhood. Developmental Psychology, 49(1), 127–137.

Ursin, M. (2015). Geographies of sleep among Brazilian street youth. In K. Nairn & others (Eds.), Space, Place and Environment, 1–27. London: Springer.

U.S. Census Bureau (2017a). Income and poverty in the United States. Current Population Reports. Washington, DC: U.S. Department of Commerce.

U.S. Census Bureau (2015). Millennials outnumber baby boomers and are far more diverse. Washington DC: U.S. Department of Commerce. Retrieved September 15, 2018, from https://www.census.gov/ newsroom/press-releases/2015/cb15-113.html

U.S. Census Bureau (2017b). The nation's older population is still growing. Current Population Reports, Release Number CB17-100. Washington DC: U.S. Department of Commerce.

U.S. Census Bureau (2018). Current Population Survey, Annual Social and Economic Supplements 1968 to 2017 (Figure CH-2.3.4). Washington, DC: Author.

U.S. Department of Education, National Center for Education Statistics (2018). Early childhood care arrangements: Choices and costs. Retrieved from https://nces.ed.gov/programs/coe/indicator_tca.asp

U.S. Department of Education (2019). About IDEA. Retrieved from https://sites.ed.gov/idea/about-idea/

U.S. Department of Education Office of Civil Rights (2018). School suspensions. Retrieved 7/10/2020 from ocdata.ed.gov

U.S. Department of Health and Human Services (2017). Child maltreatment 2015. Retrieved from www.acf.hhs.gov/programs/cb/research-data-technology/statistics-research/child-maltreatment

U.S. Department of Health and Human Services (2017). Trends in foster care and adoption: FY 2007 – FY 2016. Washington, DC: Author.

U.S. Department of Health and Human Services (2018). Womenshealth.gov: Folic acid fact sheet. https://www.womenshealth.gov/files/documents/fact-sheet-folic-acid.pdf

USA Today (2000, October 10). All-USA first teacher team. Retrieved November 15, 2004, from http:// www.usatoday.com/life/teacher/teach/htm

Uwaezuoke, S.N., Eneh, C.I., & Ndu, I.K. (2017). Relationship between exclusive breastfeeding and lower risk of childhood obesity: A narrative review of published evidence. Clinical Medicine Insights: Pediatrics, 11, 1179556517690196.

V

Vacca, J.A., & others (2018). Reading and learning to read (10th ed.). Boston: Allyn & Bacon. Vöhringer, I.A., & others (2018). The development of implicit memory from infancy to childhood: On average performance levels and interindividual differences. Child Development, 89, 370–382.

Valenzuela, C.F., Morton, R.A., Diaz, M.R., & Topper, L. (2012). Does moderate drinking harm the fetal brain? Insights from animal models. Trends in Neuroscience, 35(5), 284–292.

Van Boekel, M., & others (2016). Effects of participation in school sports on academic and social functioning. Journal of Applied Developmental Psychology, 46, 31–40.

van de Bongardt, D., Yu, R., Deković, M., & Meeus, W.H. (2015). Romantic relationships and sexuality in adolescence and young adulthood: The role of parents, peers, and partners. European Journal of Developmental Psychology, 12, 497–515.

Van den Akker, H., Van der Ploeg, R., & Scheepers, P. (2013). Disapproval of homosexuality: Comparative research on individual and national determinants of disapproval of homosexuality in 20 European countries. International Journal of Public Opinion Research, 25(1), 64–86.

Van den Bergh, B.R., Dahnke, R., & Mennes, M. (2018). Prenatal stress and the developing brain: Risks for neurodevelopmental disorders. Development and Psychopathology, 30, 743–762.

van den Boom, D.C. (1989). Neonatal irritability and the development of attachment. In G. A. Kohnstamm, J. E. Bates, & M. K. Rothbart (Eds.), Temperament in childhood. New York: Wiley.

Van der Graaff, J., Carlo, G., Crocetti, E., Koot, H.M., & Branje, S. (2018). Prosocial behavior in adolescence: Gender differences in development and links with empathy. Journal of Youth and Adolescence, 47(5), 1086–1099.

van der Stel, M., & Veenman, M.V.J. (2010). Development of metacognitive skillfulness: A longitudinal study. Learning and Individual Differences, 20, 220–224.

van der Wal, R.C., Karremans, J.C., & Cillessen, A.H. (2017). Causes and consequences of children's forgiveness. Child Development Perspectives, 11(2), 97–101.

van der Wilt, F., van der Veen, C., van Kruistum, C., & van Oers, B. (2018). Popular, rejected, neglected, controversial, or average: Do young children of different sociometric groups differ in their level of oral communicative competence? Social Development, 27(4), 793–807.

van Geel, M., & Vedder, P. (2011). The role of family obligations and school adjustment in explaining the immigrant paradox. Journal of Youth and Adolescence, 40(2), 187–196.

van Harmelen, A.L., & others (2010). Child abuse and negative explicit and automatic self-associations: The cognitive scars of emotional maltreatment. Behavior Research and Therapy, 48(6), 486–494.

van Hover, S., & Hicks, D. (2017). Social constructivism and student learning in social studies. The Wiley Handbook of Social Studies Research, 5, 270.

van Huizen, T., Dumhs, L., & Plantenga, J. (2019). The costs and benefits of investing in universal preschool: Evidence from a Spanish reform. Child Development. 90(3), e386–e406.

Van Iddekinge, C.H., Aguinis, H., Mackey, J.D., & DeOrtentiis, P.S. (2018). A meta-analysis of the interactive, additive, and relative effects of cognitive ability and motivation on performance. Journal of Management, 44, 249–279.

van IJzendoorn, M.H., & Kroonenberg, P.M. (1988). Cross-cultural patterns of attachment: A meta-analysis of the Strange Situation. Child Development, 59, 147–156.

van IJzendoorn, M.H., Kranenburg, M.J., Pannebakker, F., & Out, D. (2010). In defense of situational morality: Genetic, dispositional, and situational determinants of children's donating to charity. Journal of Moral Education, 39, 1–20.

Van Loo, K.J., & Boucher, K.L. (2017). Stereotype threat. In A.J. Elliot, C.S. Dweck, & D.S. Yeager (Eds.), Handbook of competence and motivation: Theory and application. New York: Guilford.

van Merendonk, E.J., & others (2017). Identification of prenatal behavioral patterns of the gross motor movements within the early stages of fetal development. Infant and Child Development, 26(5), e2012.

Van Petegem, S., de Ferrerre, E., Soenens, B., van Rooij, A.J., & Van Looy, J. (2019). Parents' degree and style of restrictive mediation of young children's digital gaming: Associations with parental attitudes and perceived child adjustment. Journal of Child and Family Studies, 28(5), 1379–1391.

Van Rijn, S., de Sonneville, L., & Swaab, H. (2018). The nature of social cognitive deficits in children and adults with Klinefelter syndrome (47,XXY). Genes, Brain, and Behavior, 17.

van Rijsewijk, L.G., Snijders, T.A., Dijkstra, J.K., Steglich, C., & Veenstra, R. (2019, in press). The interplay between adolescents' friendships and the exchange of help: A longitudinal multiplex social network study. Journal of Research on Adolescence.

Van Ryzin, M.J., Carlson, E.A., & Sroufe, L.A. (2011). Attachment discontinuity in a high-risk sample. Attachment and Human Development, 13, 381–401.

van Schaik, S.D., Oudgenoeg-Paz, O., & Atun-Einy, O. (2018). Cross-cultural differences in parental beliefs about infant motor development: A quantitative and qualitative report of middle-class Israeli and Dutch parents. Developmental Psychology, 54(6), 999–1010.

Vandell, D.L., & Wilson, K.S. (1988). Infants' interactions with mother, sibling, and peer: Contrasts and relations between interaction systems. Child Development, 48, 176–186.

Vandell, D.L., Burchinal, M., & Pierce, K.M. (2016). Early child care and adolescent functioning at the end of high school: Results from the NICHD Study of Early Child Care and Youth Development. Developmental Psychology, 52, 1634–1645.

Vandenbroucke, L., Verschueren, K., & Baeyens, D. (2017). The development of executive functioning across the transition to first grade and its predictive value for academic achievement. Learning and Instruction, 49, 103–112.

Vansteenkiste, M., Sierens, E., Soenens, B., Luyckx, K., & Lens, W. (2009). Motivational profiles from a self-determination perspective: The quality of motivation matters. Journal of Educational Psychology, 101(3), 671–688.

Vanwesenbeeck, I., Ponnet, K., Walrave, M., & Van Ouytsel, J. (2018). Parents' role in adolescents' sexting behaviour. In M. Walrave & others (Eds.), Sexting (pp. 63–80). London: Palgrave Macmillan.

Vargas-Terrones, M., Barakat, R., Santacruz, B., Fernandez-Buhigas, I., & Mottola, M.F. (2018). Physical exercise programme during pregnancy decreases perinatal depression risk: A randomised controlled trial. British Journal of Sports Medicine, 53(6). doi:10.1136/bjsports-2017-098926

Vaughn, A.R., Tannhauser, P., Sivamani, R.K., & Shi, V.Y. (2017). Mother nature in eczema: Maternal factors influencing atopic dermatitis. Pediatric Dermatology, 34, 240–246.

Veenstra, R., Lindenberg, S., Munniksma, A., & Dijkstra, J.K. (2010). The complex relationship between bullying, victimization, acceptance, and rejection: Giving special attention to status, affection, and sex differences. Child Development, 81(2), 480–486.

Velez, C.E., Wolchik, S.A., Tein, J.Y., & Sandler, I. (2011). Protecting children from the consequences of divorce: A longitudinal study of the effects of parenting on children's coping responses. Child Development, 82, 244–257.

Veraksa, N., & Sheridan, S. (Eds.) (2018). Vygotsky's theory in early childhood education and research. New York: Routledge.

Verkuyten, M. (2018). The social psychology of ethnic identity (2nd ed.). New York: Routledge.

Verriotis, M., & others (2018). The distribution of pain activity across the human neonatal brain is sex dependent. NeuroImage, 178, 69–77.

Verschuren, O., Gorter, J.W., & Pritchard-Wiart, L. (2017). Sleep: An underemphasized aspect of health and development in neurorehabilitation. Early Human Development, 113, 120–128.

Vida, M., & Maurer, D. (2012). The development of fine-grained sensitivity to eye contact after 6 years of age. Journal of Experimental Child Psychology, 112, 243–256.

Viejo, C., Monks, C.P., Sánchez-Rosa, M., & Ortega-Ruiz, R. (2018). Attachment hierarchies for Spanish adolescents: Family, peers and romantic partner figures. Attachment & human development. doi:10.1080/14616734.2018.1466182

Vietze, J., Juang, L., Schachner, M.K., & Werneck, H. (2018). Feeling half-half? Exploring relational variation of Turkish-heritage young adults' cultural identity compatibility and conflict in Austria. Identity, 18(1), 60–76.

Vignoles, V.L., & others (2016). Beyond the 'east– west' dichotomy: Global variation in cultural models of selfhood. Journal of Experimental Psychology: General, 145(8), 966.

Vijayakumar, N., de Macks, Z.O., Shirtcliff, E.A., & Pfeifer, J.H. (2018). Puberty and the human brain: Insights into adolescent development. Neuroscience & Biobehavioral Reviews, 92, 417–436.

Villar, J., & others (2014). International standards for newborn weight, length, and head circumference by gestational age and sex: The Newborn Cross- Sectional Study of the INTERGROWTH-21st Project. The Lancet, 384(9946), 857–868.

Villegas, R., & others (2008). Duration of breastfeeding and the incidence of type 2 diabetes mellitus in the Shanghai Women's Health Study. Diabetologia, 51, 258–266.

Vink, J., & Quinn, M. (2018). Chorionic villus sampling. In Obstetric imaging: Fetal diagnosis and care (2nd ed.). Philadelphia: Elsevier.

Virk, J., & others (2018). Pre-conceptual and prenatal supplementary folic acid and multivitamin intake, behavioral problems, and hyperkinetic disorders: A study based on the Danish National Birth Cohort (DNBC). Nutritional Neuroscience, 21(5), 352–360.

Vishkaie, R., Shively, K., & Powell, C.W. (2018). Perceptions of digital tools and creativity in the classroom. International Journal of Digital Literacy and Digital Competence (IJDLDC), 9(4), 1–18.

Vitaro, F., Boivin, M., & Poulin, F. (2018). The interface of aggression and peer relations in childhood and adolescence. In W. Bukowski & others (Eds.), Handbook of peer relationships, interactions, and groups (2nd ed.). New York: Guilford.

Vitaro, F., Pedersen, S., & Brendgen, M. (2007). Children's disruptiveness, peer rejection, friends' deviancy, and delinquent behaviors: A process-oriented approach. Development and Psychopathology, 19, 433–453.

Viteri, O.A., & others (2015). Fetal anomalies and long-term effects associated with substance abuse in pregnancy: A literature review. American Journal of Perinatology, 32(05), 405–416.

Vittrup, B., Holden, G.W., & Buck, M. (2006). Attitudes predict the use of physical punishment: A prospective study of the emergence of disciplinary practices. Pediatrics, 117, 2055–2064.

Vixner, L., Schytt, E., & Mårtensson, L.B. (2017). Associations between maternal characteristics and women's responses to acupuncture during labour. Acupuncture in Medicine, 35(3), 180–188.

Voepel-Lewis, T., & others (2018). Deliberative prescription opioid misuse among adolescents and emerging adults: Opportunities for targeted interventions. Journal of Adolescent Health, 63, 594–600.

Vogelsang, L., & others (2018). Potential downside of high initial visual acuity. Proceedings of the National Academy of Sciences, 115(44), 11333–11338.

Vogelsang, M., & Tomasello, M. (2016). Giving is nicer than taking: Preschoolers reciprocate based on the social intentions of the distributor. PloS One, 11(1), e0147539.

Voltmer, K., & von Salisch, M. (2017). Three meta-analyses of children's emotion knowledge and their school success. Learning and Individual Differences, 59, 107–118.

von Soest, T., Wichstrøm, L., & Kvalem, I.L. (2016). The development of global and domain-specific self-esteem from age 13 to 31. Journal of Personality and Social Psychology, 110(4), 592.

Vos, P.H. (2018). Journal of Beliefs & Values, 39(1), 17–28.

Vygotsky, L.S. (1962). Thought and language. Cambridge, MA: MIT Press.

W

Wachs, T.D. (1994). Fit, context and the transition between temperament and personality. In C. Halverson, G. Kohnstamm, & R. Martin (Eds.), The developing structure of personality from infancy to adulthood. Hillsdale, NJ: Erlbaum.

Wachs, T.D. (2000). Necessary but not sufficient. Washington, DC: American Psychological Association.

Wade, M., & others (2018). On the relation between theory of mind and executive functioning: A developmental cognitive neuroscience perspective. Psychonomic Bulletin & Review, 25(6), 2119–2149.

Wade, M., Jenkins, J.M., Venkadasalam, V.P., Binnoon-Erez, N., & Ganea, P.A. (2018). The role of maternal responsiveness and linguistic input in pre-academic skill development: A longitudinal analysis of pathways. Cognitive Development, 45, 125–140.

Wadsworth, M.E., & others (2013). A longitudinal examination of the adaptation to poverty-related stress model: Predicting child and adolescent adjustment over time. Journal of Clinical Child and Adolescent Psychology, 42(5), 713–725.

Wadsworth, M.E., Evans, G.W., Grant, K., Carter, J.S., & Duffy, S. (2016). Poverty and the development of psychopathology. In D. Cicchetti (Ed.), Developmental psychopathology. New York: Wiley.

Wagner, J.B., Luyster, R.J., Moustapha, H., Tager-Flusberg, H., & Nelson, C.A. (2018). Differential attention to faces in infant siblings of children with autism spectrum disorder and associations with later social and language ability. International Journal of Behavioral Development, 42(1), 83–92.

Wagner, L., & Hoff, E. (2013). Language development. In I. B. Weiner & others (Eds.), Handbook of psychology (2nd ed.). New York: Wiley.

Wagoner, B. (Ed.). (2017). Handbook of culture and memory. Oxford, UK: Oxford University Press.

Wainryb, C., & Recchia, H. (2017). Mother–child conversations about children's moral wrongdoing: A constructivist perspective on moral socialization. In N. Budwig & others (Eds.), New perspectives on human development. Cambridge, UK: Cambridge University Press.

Wainryb, C., & Recchia, H.E. (Eds.). (2014). Talking about right and wrong: Parent-child conversations as contexts for moral development. Cambridge, UK: Cambridge University Press.

Waite-Stupiansky, S. (2017). Jean Piaget's constructivist theory of learning. In L.E. Cohen & S. Waite-Stupiansky (Eds.), Theories of early childhood education. New York: Routledge.

Waldron, J.C., Scarpa, A., & Kim-Spoon, J. (2018). Religiosity and interpersonal problems explain individual differences in self-esteem among young adults with child maltreatment experiences. Child Abuse & Neglect, 80, 277–284.

Walker, L.J., & Hennig, K.H. (2004). Differing conceptions of moral exemplars: Just, brave, and caring. Journal of Personality and Social Psychology, 86, 629–647.

Walker, L.J., Hennig, K.H., & Krettenauer, T. (2000). Parent and peer contexts for children's moral development. Child Development, 71, 1033–1048.

Walker, L.J. (2002). Moral exemplarity. In W. Damon (Ed.), Bringing in a new era of character education. Stanford, CA: Hoover Press.

Walker, L.J. (2013). Moral personality, motivation, and identity. In M. Killen & J. G. Smetana (Eds.), Handbook of moral development (2nd ed.). New York: Routledge.

Walker, L. (1982). The sequentiality of Kohlberg's stages of moral development. Child Development, 53, 1130–1136.

Walker, L. (2006). Gender and morality. In M. Killen & J. G. Smetana (Eds.), Handbook of moral development. Mahwah, NJ: Erlbaum.

Walker, L.J., & Taylor, J.H. (1991). Family interactions and the development of moral reasoning. Child Development, 62(2), 264–283.

Walker, L.J. (2014). Moral personality, motivation, and identity. In M. Killen & J.G. Smetana (Eds.), Handbook of moral development (2nd ed.). New York: Routledge.

Walle, E.A., Reschke, P.J., & Knothe, J.M. (2017). Social referencing: Defining and delineating a basic process of emotion. Emotion Review, 9, 245–252.

Walle, E.A., Reschke, P.J., Camras, L.A., & Campos, J.J. (2017). Infant differential behavioral responding to discrete emotions. Emotion, 17, 1078–1091.

Wallerstein, J.S. (2008). Divorce. In M. M. Haith & J. B. Benson (Eds.), Encyclopedia of infant and early childhood development. Oxford, UK: Elsevier.

Walters, G.D. (2019). Are the effects of parental control/support and peer delinquency on future offending cumulative or interactive? A multiple group analysis of 10 longitudinal studies. Journal of Criminal Justice, 60, 13–24.

Walton-Fisette, J., & Wuest, D. (2018). Foundations of physical education, exercise science and sport (19th ed.). New York: McGraw-Hill.

Wan, Q., & Wen, F.Y. (2018). Effects of acupressure and music therapy on reducing labor pain. International Journal of Clinical and Experimental Medicine, 11(2), 898–903.

Wang, A.Y., & others (2018). Neonatal outcomes among twins following assisted reproductive technology: An Australian population-based retrospective cohort study. BMC Pregnancy and Childbirth, 18, 320.

Wang, E.T., & others (2017). Fertility treatment is associated with stay in the neonatal intensive care unit and respiratory support in late preterm infants. Journal of Pediatrics, 187, 309–312.

Wang, F., & others (2018). A novel TSC2 missense variant associated with a variable phenotype of tuberous sclerosis complex: Case report of a Chinese family. BMC Medical Genetics, 19, 90.

Wang, H.Y., Sigerson, L., & Cheng, C. (2019). Digital nativity and information technology addiction: Age cohort versus individual difference approaches. Computers in Human Behavior, 90, 1–9.

Wang, L., & others (2018). Paternal smoking and spontaneous abortion: A population-based retrospective cohort study among non-smoking women aged 20–49 years in rural China. Journal of Epidemiology and Community Health, 72(9), 783–789.

Wang, M.L., & others (2013). Dietary and physical activity factors related to eating disorder symptoms among middle school youth. Journal of School Health, 83, 14–20.

Wang, Z., Deater-Deckard, K., Petrill, S.A., & Thompson, L. (2012). Externalizing problems, attention regulation, and household chaos: A longitudinal behavioral genetic study. Development and Psychopathology, 24, 755–769.

Ward, D.S., & others (2017). Strength of obesity prevention interventions in early care and education settings: A systematic review. Preventive Medicine, 95, S37–S52.

Ward, L.M. (2016). Media and sexualization: State of empirical research, 1995–2015. The Journal of Sex Research, 53, 560–577.

Ware, E.A. (2017). Individual and developmental differences in preschoolers' categorization biases and vocabulary across tasks. Journal of Experimental Child Psychology, 153, 35–56.

Warembourg, C., Cordier, S., & Garlantézec, R. (2017). An update systematic review of fetal death, congenital anomalies, and fertility disorders among health care workers. American Journal of Industrial Medicine, 60(6), 578–590.

Warneken, F. (2018). How children solve the two challenges of cooperation. Annual Review of Psychology, 69, 205–229.

Warton, F.L., & others (2018). Prenatal methamphetamine exposure is associated with reduced subcortical volumes in neonates. Neurotoxicology and Teratology, 65, 51–59.

Wasserberg, M.J. (2017). High-achieving African American elementary students' perspectives on standardized testing and stereotypes. The Journal of Negro Education, 86, 40–51.

Wasserman, J.D. (2018). A history of intelligence assessment: The unfinished tapestry. In D.P. Flanagan & E.M. McDonough (Eds.), Contemporary intellectual assessment: Theories, tests, and issues (4th ed.). New York: Guilford.

Watamura, S.E., Phillips, D.A., Morrissey, D.A., McCartney, T.W., & Bub, K. (2011). Double jeopardy: Poorer social-emotional outcomes for children in the NICHD SECCYD who experience home and child-care environments that convey risk. Child Development, 82, 48–65.

Watkins, M.K., & Waldron, M. (2017). Timing of remarriage among divorced and widowed parents. Journal of Divorce & Remarriage, 58(4), 244–262.

Watson, D. (2012). Objective tests as instruments of psychological theory and research. In H. Cooper (Ed.), APA handbook of research methods in psychology. Washington, DC: American Psychological Association.

Watson, J.B. (1928). Psychological care of infant and child. New York: W. W. Norton.

Watson, J.B., & Rayner, R. (1920). Conditioned emotional reactions. Journal of Experimental Psychology, 3, 1–14.

Watson, N.F., & others (2017). Delaying middle school and high school start times promotes student health and performance: An American Academy of Sleep Medicine position statement. Journal of Clinical Sleep Medicine, 13, 623–625.

Waugh, W.E., & Brownell, C.A. (2015). Development of body-part vocabulary in toddlers in relation to self-understanding. Early Child Development and Care, 185(7), 1166–1179.

Way, N., & Silverman, L.R. (2012). The quality of friendships during adolescence: Patterns across context, culture, and age. In P. K. Kerig, M. S. Shulz, & S. T. Hauser (Eds.), Adolescence and beyond. New York: Oxford University Press.

Wayne, A. (2011). Commentary in interview: Childhood cancers in transition. Retrieved April 12, 2011, from http://home.ccr.cancer.gov/connections/2010/Vol4_No2/clinic2.asp

Weedon, B.D., & others (2018). The relationship of gross upper and lower limb motor competence to measures of health and fitness in adolescents aged 13–14 years. BMJ Open Sport—Exercise Medicine, 4(1), e000288. doi: 10.1136/bmjsem-2017-000288

Weger Jr., H., Cole, M., & Akbulut, V. (2019). Relationship maintenance across platonic and non-platonic cross-sex friendships in emerging adults. The Journal of Social Psychology, 159(1), 15–29.

Wei, J., & others (2019). Why does parents' involvement in youth's learning vary across elementary, middle, and high school? Contemporary Educational Psychology, 56, 262–274.

Wei, J. (2015). Prediction of English-speaking children's Chinese spoken word learning: Contributions of phonological short-term memory. The Arizona Working Papers in Second Language Acquisition and Teaching, 22, 101–129.

Wei, R., & others (2013). Dynamic expression of microRNAs during the differentiation of human embryonic stem cells into insulin-producing cells. Gene, 518(2), 246–255.

Weinraub, M., & others (2012). Patterns of developmental change in infants' nighttime sleep awakenings from 6 through 36 months of age. Developmental Psychology, 48(6), 1511–1528.

Weisband, Y.L., Gallo, M.F., Klebanoff, M., Shoben, A., & Norris, A.H. (2018). Who uses a midwife for prenatal care and for birth in the United States? A secondary analysis of Listening to Mothers III. Women's Health Issues, 28(1), 89–96.

Welker, K.M., Roy, A.R., Geniole, S., Kitayama, S., & Carré, J.M. (2019). Taking risks for personal gain: An investigation of self-construal and testosterone responses to competition. Social Neuroscience, 14, 99–113.

Weller, D., & Lagattuta, K. (2013). Helping the in-group feels better: Children's judgments and emotion attributions in response to prosocial dilemmas. Child Development, 84(1), 253–268.

Weller, D., & Lagattuta, K.H. (2013). Helping the in-group feels better: Children's judgments and emotion attributions in response to prosocial dilemmas. Child Development, 84(1), 253–268.

Wellman, H.M. (2011). Developing a theory of mind. In U. Goswami (Ed.), The Blackwell handbook of childhood cognitive development (2nd ed.). New York: Wiley.

Wentzel, K. (1997). Student motivation in middle school: The role of perceived pedagogical caring. Journal of Educational Psychology, 89, 411–419.

Wentzel, K.R. (2013). School adjustment. In I. B. Weiner & others (Eds.), Handbook of psychology (2nd ed., Vol. 7). New York: Wiley.

Wentzel, K.R., & Asher, S.R. (1995). The academic lives of neglected, rejected, popular, and controversial children. Child Development, 66, 754–763.

Wentzel, K. (2018). A competence-in-context approach to understanding motivation at school. In G. Liem & D. McInerney (Eds.), Big theories revisited (2nd ed.). Charlotte, NC: Information Age Publishing.

Werner, B., Berg, M., & Höhr, R. (2019). "Math, I don't get it": An exploratory study on verbalizing mathematical content by students with speech and language impairment, students with learning disability, and students without special educational needs. In D. Kollosche & others (Eds.), Inclusive mathematics education. Cham, Switzerland: Springer.

Wertz, J., & others (2018). Genetics and crime: Integrating new genomic discoveries into psychological research about antisocial behavior. Psychological Science, 29, 791–803.

Whaley, A.L. (2018). Advances in stereotype threat research on African Americans: Continuing challenges to the validity of its role in the achievement gap. Social Psychology of Education, 21, 111–137.

Whaley, L. (2013). Syntactic typology. In J. J. Song (Ed.), Oxford handbook of linguistic typology. New York: Oxford University Press.

Whaley, S.E., Jiang, L., Gomez, J., & Jenks, E. (2011). Literacy promotion for families participating in the Women, Infants, and Children program. Pediatrics, 127, 454–461.

Whisman, M.A. (2017). Interpersonal perspectives on depression. In R. DeRubeis & D. Strunk (Eds.), The Oxford handbook of mood disorders (pp. 167–178). New York: Oxford University Press.

Whitaker, K.J., Vendetti, M.S., Wendelken, C., & Bunge, S.A. (2018). Neuroscientific insights into the development of analogical reasoning. Developmental Science, 21(2), e12531.

White, C.N., & Poldrack, R.A. (2018). Methods for fMRI Analysis. Stevens' handbook of experimental psychology and cognitive neuroscience, 5.

White, R., Nair, R.L., & Bradley, R.H. (2018). Theorizing the benefits and costs of adaptive cultures for development. American Psychologist, 73(6), 727–739.

White, R.M., Knight, G.P., Jensen, M., & Gonzales, N.A. (2018). Ethnic socialization in neighborhood contexts: Implications for ethnic attitude and identity development among Mexican-origin adolescents. Child Development, 89(3), 1004–1021.

Whiteman, S.D., Jensen, A., & Bernard, J.M. (2012). Sibling influences. In J. R. Levesque (Ed.), Encyclopedia of adolescence. New York: Springer.

Whitesell, C.J., Crosby, B., Anders, T.F., & Teti, D.M. (2018). Household chaos and family sleep during infants' first year. Journal of Family Psychology, 32, 622–631.

Wichers, M., & others (2013). Genetic innovation and stability in externalizing problem behavior across development: A multi-informant twin study. Behavioral Genetics, 43(3), 191–201.

Wichstrøm, L., & von Soest, T. (2016). Reciprocal relations between body satisfaction and self-esteem: A large 13-year prospective study of adolescents. Journal of Adolescence, 47, 16–27.

Widom, C.S., Czaja, S.J., Bentley, T., & Johnson, M.S. (2012). A prospective investigation of physical health outcomes in abused and neglected children: New findings from a 30-year follow-up. American Journal of Public Health, 102, 1135–1144.

Wiers, C., & others (2018). Methylation of the dopamine transporter gene in blood is associated with striatal dopamine transporter availability in ADHD. Biological Psychiatry, 83, S258–S259.

Wigfield, A., & Gladstone, J.R. (2019). What does expectancy-value theory have to say about motivation and achievement in times of change and uncertainty? In E.N. Gonida & M.S. Lemos (Eds.), Motivation in education at a time of global change. Bingley, UK: Emerald Publishing Limited.

Wigfield, A., Eccles, J.S., Schiefele, U., Roeser, R., & Davis-Kean, P. (2006). Development of achievement motivation. In W. Damon & R. Lerner (Eds.), Handbook of child psychology (6th ed.). New York: Wiley.

Wille, B., Mouvet, K., Vermeerbergen, M., & Van Herreweghe, M. (2018). Flemish sign language development: A case study on deaf mother—deaf child interactions. Functions of Language, 25, 289–322.

Willfors, C., Tammimies, K., & Bölte, S. (2017). Twin research in autism spectrum disorder. In M.F. Casanova, A.S. El-Baz, & J.S. Suri (Eds.), Autism imaging and devices. New York: Taylor & Francis.

Williams, E.P., Wyatt, S.B., & Winters, K. (2013). Framing body size among African American women and girls. Journal of Child Health Care, 17(3), 219–229.

Williams, J.E., & Best, D.L. (1982). Measuring sex stereotypes: A thirty-nation study. Newbury Park, CA: Sage.

Williams, K.E., Berthelsen, D., Walker, S., & Nicholson, J.M. (2017). A developmental cascade model of behavioral sleep problems and emotional and attentional self-regulation across early childhood. Behavioral Sleep Medicine, 15, 1–21.

Williams, S.T., Ontai, L.L., & Mastergeorge, A.M. (2010). The development of peer interaction in infancy: Exploring the dyadic process. Social Development, 19, 348–368.

Wilson, B.J. (2008). Media and children's aggression, fear, and altruism. Future of Children, 18(1), 87–118.

Wilson, D.K., Sweeney, A.M., Kitzman-Ulrich, H., Gause, H., & George, S.M.S. (2017). Promoting social nurturance and positive social environments to reduce obesity in high-risk youth. Clinical Child and Family Psychology Review, 20, 64–77.

Wilson, T.M., & Jamison, R. (2019). Perceptions of same-sex and cross-sex peers: Behavioral correlates of perceived coolness during middle childhood. Merrill-Palmer Quarterly, 65(1), 1–27.

Winne, P.H. (2017). Cognition and metacognition within self-regulated learning. In B.J. Zimmerman & D.H. Schunk (Eds.), Handbook of self-regulation of learning and performance. New York: Routledge.

Winne, P.H. (2018). Theorizing and researching levels of processing in self-regulated learning. British Journal of Educational Psychology, 88, 9–20.

Winner, E., & Drake, J.E. (2018). Giftedness and expertise: The case for genetic potential. Journal of Expertise, 1(2).

Winner, E. (2000). The origins and ends of giftedness. American Psychologist, 55, 159–169.

Winsper, C., Lereya, T., Zanarini, M., & Wolke, D. (2012). Involvement in bullying and suicide-related behavior at 11 years: A prospective birth cohort study. Journal of the Academy of Child and Adolescent Psychiatry, 51, 271–282.

Wit, J.M., Kiess, W., & Mullis, P. (2011). Genetic evaluation of short stature. Best Practices & Research: Clinical Endocrinology and Metabolism, 25, 1–17.

Witelson, S.F., Kigar, D.L., & Harvey, T. (1999). The exceptional brain of Albert Einstein. The Lancet, 353, 2149–2153.

Witherington, D.C., Campos, J.J., Harriger, J.A., Bryan, C., & Margett, T.E. (2010). Emotion and its development in infancy. In J. G. Bremner & T. D. Wachs (Eds.), Wiley-Blackwell handbook of infant development (2nd ed.). New York: Wiley.

Witkin, H.A., & others. (1976). Criminality in XYY and XXY men. Science, 193, 547–555.

Wolfinger, N.H. (2011). More evidence for trends in the intergenerational transmission of divorce: A completed cohort approach using data from the general social survey. Demography, 48, 581–592.

Wolke, D., Schreier, A., Zanarini, M.C., & Winsper, C. (2012). Bullied by peers in childhood and borderline personality symptoms at 11 years of age: A prospective study. Journal of Child Psychology and Psychiatry, 53, 846–855.

Women's Sports Foundation (2009). GoGirlGo! Parents' guide. New York: Women's Sports Foundation.

Won, S., Wolters, C.A., & Mueller, S.A. (2018). Sense of belonging and self-regulated learning: Testing achievement goals as mediators. Journal of Experimental Education, 86, 402–418.

Wong, M.-L., & others (2017). The PHF21B gene is associated with major depression and modulates the stress response. Molecular Psychiatry, 22, 1015–1025.

Wood, C., Fitton, L., & Rodriguez, E. (2018). Home literacy of kindergarten Spanish-English speaking children from rural low SES backgrounds. AERA Open, 4, 1–14.

Wood, W., & Eagly, A.H. (2015). Two traditions of research on gender identity. Sex Roles, 73(11–12), 461–473.

Woodhouse, S.S. (2018). Attachment-based interventions for families with young children. Journal of Clinical Psychology, 74, 1296–1299.

Woods, R.J., & Schuler, J. (2014). Experience with malleable objects influences shape-based object individuation by infants. Infant Behavior and Development, 37(2), 178–186.

World Health Organization (2018). Breastfeeding. Retrieved from http://www.who.int/topics/breastfeeding/en/

World Health Organization (2018). Childhood overweight and obesity. Retrieved from http://www.who.int/dietphysicalactivity/childhood/en/

Worrell, F.C., Subotnik, R.F., Olszewski-Kubilius, P., & Dixson, D.D. (2019). Gifted students. Annual Review of Psychology, 70.

Wray, N.R., & others (2018). Genome-wide association analyses identify 44 risk variants and refine the genetic architecture of major depression. Nature Genetics, 50, 668–681.

Wright, R.H., Mindel, C.H., Tran, T.V., & Habenstein, R.W. (2012). Ethnic families in America (5th ed.). Upper Saddle River, NJ: Pearson.

Wright, V. (2018). Vygotsky and a global perspective on scaffolding in learning mathematics. In J. Zajda (Ed.), Globalisation and education reforms. Dordrecht, the Netherlands: Springer.

Wu, P., & others (2002). Similarities and differences in mothers' parenting of preschoolers in China and the United States. International Journal of Behavioural Development, 6, 481–491.

Wu, T.W., Lien, R.I., Seri, I., & Noori, S. (2017). Changes in cardiac output and cerebral oxygenation during prone and supine sleep positioning in healthy term infants. Archives of Disease in Childhood: Fetal and Neonatal Edition, 102(6), F483–F489.

Wu, Y., Muentener, P., & Schulz, L.E. (2017). One- to four-year-olds connect diverse positive emotional vocalizations to their probable causes. Proceedings of the National Academy of Sciences, 201707715.

Wynn, K. (1992). Addition and subtraction by human infants. Nature, 358, 749–570.

X

Xia, Q., & Grant, S.F. (2013). The genetics of human obesity. Annals of the New York Academy of Sciences, 1281(1), 178–190.

Xiao, Y., & others (2012). Systematic identification of functional modules related to heart failure with different etiologies. Gene, 499(2), 332–338.

Xie, W., Mallin, B.M., & Richards, J.E. (2018). Development of infant sustained attention and its relation to EEG oscillations: An EEG and cortical source analysis study. Developmental Science, 21(3), e12562.

Xie, W., Mallin, B.M., & Richards, J.E. (2019). Development of brain functional connectivity and its relation to infant sustained attention in the first year of life. Developmental Science, 22, e12703.

Xu, L., & others (2011). Parental overweight/obesity, social factors, and child overweight/obesity at 7 years of age. Pediatric International, 53, 826–831.

Y

Yackobovitch-Gavan, M., & others (2018). Intervention for childhood obesity based on parents only or parents and child compared with follow-up alone. Pediatric Obesity, 13(11), 647–655.

Yang, C.L., & Chen, C.H. (2018). Effectiveness of aerobic gymnastic exercise on stress, fatigue, and sleep quality during postpartum: A pilot randomized controlled trial. International Journal of Nursing Studies, 77, 1–7.

Yang, J., & others (2017). Only-child and non-only- child exhibit differences in creativity and agreeableness: Evidence from behavioral and anatomical structural studies. Brain Imaging and Behavior, 11(2), 493–502.

Yang, P., & others (2014). Developmental profile of neurogenesis in prenatal human hippocampus: An immunohistochemical study. International Journal of Developmental Neuroscience, 38, 1–9.

Yang, Y.H., Marslen-Wilson, W.D., & Bozic, M. (2017). Syntactic complexity and frequency in the neurocognitive language system. Journal of Cognitive Neuroscience, 29, 1605–1620.

Yasui, M., Dishion, T.J., Stormshak, E., & Ball, A. (2015). Socialization of culture and coping with discrimination among American Indian families: Examining cultural correlates of youth outcomes. Journal of the Society for Social Work and Research, 6(3), 317–341.

Yates, D. (2013). Neurogenetics: Unraveling the genetics of autism. Nature Reviews: Neuroscience, 13(6), 359.

Yau, J.C., & Reich, S.M. (2019). "It's just a lot of work": Adolescents' self-presentation norms and practices on Facebook and Instagram. Journal of Research on Adolescence, 29(1), 196–209.

Yazejian, N., & others (2017). Child and parenting outcomes after 1 year of Educare. Child Development, 88, 1671–1688.

Yeager, D.S., Dahl, R.E., & Dweck, C.S. (2018). Why interventions to influence adolescent behavior often fail but could succeed. Perspectives on Psychological Science, 13(1), 101–122.

Yeager, D.S., Dahl, R.E., & Dweck, C.S. (2018). Why interventions to influence adolescent behavior often fail but could succeed. Perspectives on Psychological Science, 13, 101–122.

Yearwood, K., Vliegen, N., Chau, C., Corveleyn, J., & Luyten, P. (2019). When do peers matter? The moderating role of peer support in the relationship between environmental adversity, complex trauma, and adolescent psychopathology in socially disadvantaged adolescents. Journal of Adolescence, 72, 14–22.

Yi, O., & others (2012). Association between environmental tobacco smoke exposure of children and parental socioeconomic status: A cross-sectional study in Korea. Nicotine and Tobacco Research, 14, 607–615.

Yip, T. (2018). Ethnic/racial identity—A double-edged sword? Associations with discrimination and psychological outcomes. Current Directions in Psychological Science, 27(3), 170–175.

Yogman, M., & others (2018). The power of play: A pediatric role in enhancing development in young children. Pediatrics, 142(3), e20182058.

Yonker, J.E., Schnabelrauch, C.A., & DeHaan, L.G. (2012). The relationship between spirituality and religiosity on psychological outcomes in adolescents and emerging adults: A meta-analytic review. Journal of Adolescence, 35, 299–314.

Yoshikawa, H. (2011). Immigrants raising citizens: Undocumented parents and their young children. New York: Russell Sage.

Young, M., Riggs, S., & Kaminski, P. (2017), Role of marital adjustment in associations between romantic attachment and coparenting. Family Relations, 66, 331–345.

Yousafzai, A.K., Aboud, F.E., Nores, M., & Britto, P.R. (Eds.). (2018). Implementation research and practice for early childhood development. New York: Wiley.

Yu, B., & others (2013). Association of genome-wide variation with highly sensitive cardiac tropin-T (hs-cTnT) levels in European- and African-Americans: A meta-analysis from the Atherosclerosis Risk in Communities and the Cardiovascular Health studies. Circulation: Cardiovascular Genetics, 6(1), 82–88.

Yu, H., & others (2016). Lack of association between polymorphisms in Dopa decarboxylase and dopamine receptor-1 genes with childhood autism in Chinese Han population. Journal of Child Neurology, 31, 560–564.

Yu, H., McCoach, D.B., Gottfried, A.W., & Gottfried, A.E. (2017). Using longitudinal structural equation modeling to study the development of intelligence and its relation to academic achievement. Thousand Oaks, CA: SAGE.

Yu, H., McCoach, D.B., Gottfried, A.W., & Gottfried, A.E. (2018). Stability of intelligence from infancy through adolescence: An autoregressive latent variable model. Intelligence, 69, 8–15.

Yuan, F., Gu, X., Huang, X., Zhong, Y., & Wu, J. (2017). SLC6A1 gene involvement in susceptibility to attention-deficit/hyperactivity disorder: A case-control study and gene-environment interaction. Progress in Neuro-Psychopharmacology and Biological Psychiatry, 77, 202–208.

Yuan, L., Uttal, D., & Gentner, D. (2017). Analogical processes in children's understanding of spatial representations. Developmental Psychology, 53(6), 1098–1114.

Yuen, R., Chen, B., Blair, J.D., Robinson, W.P., & Nelson, D.M. (2013). Hypoxia alters the epigenetic profile in cultured human placental trophoblasts, Epigenetics, 8(2), 192–202.

Z

Zaboski, B.A., Kranzler, J.H., & Gage, N.A. (2018). Meta-analysis of the relationship between academic achievement and broad abilities of the Cattell-horn- Carroll theory. Journal of School Psychology, 71, 42–56.

Zaccaro, A., & Freda, M.F. (2014). Making sense of risk diagnosis in case of prenatal and reproductive genetic counseling for neuromuscular diseases. Journal of Health Psychology, 19(3), 344–357.

Zachary, C., Jones, D.J., McKee, L.G., Baucom, D.H., & Forehand, R.L. (2019). The role of emotion regulation and socialization in behavioral parent training: A proof-of-concept study. Behavior Modification, 43, 3–25.

Zeanah, C.H., Fox, N.A., & Nelson, C.A. (2012). Case study in ethical issues in research: The Bucharest Early Intervention Project. Journal of Nervous and Mental Disease, 200, 243–247.

Zeiders, K.H., Roosa, M.W., & Tein, J.Y. (2011). Family structure and family processes in Mexican-American families. Family Process, 50, 77–91.

Zeiders, K.H., Umana-Taylor, A.J., & Derlan, C.L. (2013). Trajectories of depressive symptoms and self-esteem in Latino youths: Examining the role of gender and perceived discrimination. Developmental Psychology, 49(5), 951–963.

Zelazo, P.D. (2015). Executive function: Reflection, iterative reprocessing, complexity, and the developing brain. Developmental Review, 38, 55–68.

Zell, E., Krizan, Z., & Teeter, S.R. (2015). Evaluating gender similarities and differences using metasynthesis. American Psychologist, 70, 10–20.

Zembal-Saul, C.L., McNeill, K.L., & Hershberger, K. (2013). What's your evidence? Upper Saddle River, NJ: Pearson.

Zhang, J., Shim, G., de Toledo, S.M., & Azzam, E.I. (2017). The translationally controlled tumor protein and the cellular response to ionizing radiation-induced DNA damage. Results and Problems in Cell Differentiation, 64, 227–253.

Zhang, L -F., & Sternberg, R.J. (2013). Learning in cross-cultural perspective. In T. Husen & T. N. Postlethwaite (Eds.), International encyclopedia of education (3rd ed.). New York: Elsevier.

Zhang, W., Xing, W., Li, L., Chen, L., & Deater-Deckard, K. (2017). Reconsidering parenting in Chinese culture: Subtypes, stability, and change of maternal parenting style during early adolescence. Journal of Adolescence, 46(5), 1117–1136.

Zhang, X., & others (2018). Characteristics of likability, perceived popularity, and admiration in the early adolescent peer system in the United States and China. Developmental Psychology, 54(8), 1568–1581.

Zhang, X., Hashimoto, J.G., & Guizzetti, M. (2018). Developmental neurotoxicity of alcohol: Effects and mechanisms of ethanol on the developing brain. Advances in Neurotoxicology, 2, 115–144.

Zhou, H., Wang, B., Sun, H., Xu, X., & Wang, Y. (2018). Epigenetic regulations in neural stem cells and neurological diseases. Stem Cells International. doi:10.1155/2018/6087143

Zhou, M., & Gonzales, R.G. (2019, in press). Divergent destinies: Children of immigrants growing up in the United States. Annual Review of Sociology, 45.

Zhu, M., Urhahne, D., & Rubie-Davies, C.M. (2018). The longitudinal effects of teacher judgement and different teacher treatment on students' academic outcomes. Educational Psychology, 38, 648–668.

Zhu, P., Wang, W., Zuo, R., & Sun, K. (2018). Mechanisms for establishment of the placental glucocorticoid barrier, a guard for life. Cellular and Molecular Life Sciences, 76(1), 13–26.

Zill, N. (2017). The changing face of adoption in the United States. Charlottesville, VA: Institute for Family Studies.

Zimmer-Gembeck, M.J., & others (2017). Is parent– child attachment a correlate of children's emotion regulation and coping? International Journal of Behavioral Development, 41, 74–93.

Zimmerman, B.J. (2002). Becoming a self-regulated learner: An overview. Theory into Practice, 41, 64–70.

Zimmerman, B.J. (2012). Motivational sources and outcomes of self-regulated learning and performance. In B. J. Zimmerman & D. H. Schunk (Eds.), Handbook of self-regulation of learning and performance. New York: Routledge.

Zimmerman, B.J., Bonner, S., & Kovach, R. (1996). Developing self-regulated learners. Washington, DC: American Psychological Association.

Zimmerman, B.J., & Kitsantas, A. (1997). Developmental phases in self-regulation: Shifting from process goals to outcome goals. Journal of Educational Psychology, 89, 29–36.

Zimmerman, B.J., & Labuhn, A.S. (2012). Self-regulation of learning: Process approaches to personal development. In K. R. Harris & others (Eds.), APA handbook of educational psychology. Washington, DC: American Psychological Association.

Zimmerman, F.J., Christakis, D.A., & Meltzoff, A.N. (2007). Associations between media viewing and language development in children under age 2 years. Journal of Pediatrics, 151, 364–368.

Ziol-Guest, K.M. (2009). Child custody and support. In D. Carr (Ed.), Encyclopedia of the life course and human development. Boston: Cengage.

Zotter, H., & Pichler, G. (2012). Breast feeding is associated with decreased risk of sudden infant death syndrome. Evidence Based Medicine, 17, 126–127.

Zsakai, A., Karkus, Z., Utczas, K., & Bodzsar, E.B. (2017). Body structure and physical self-concept in early adolescence. The Journal of Early Adolescence, 37, 316–338.

Zuckerman, M. (1999). Vulnerability to psychopathology: A biosocial model. Washington, DC: American Psychological Association.

Zych, I., Farrington, D.P., & Ttofi, M.M. (2018). Protective factors against bullying and cyberbullying: A systematic review of meta-analyses. Aggression and Violent Behavior, 45, 4–19.

图书在版编目（CIP）数据

儿童发展：插图第15版 /（美）约翰·W. 桑特洛克，
（美）柯比·迪特尔–德卡德，（美）珍妮弗·E. 兰斯福德
著；余强译. -- 北京：北京联合出版公司，2023.6
 ISBN 978-7-5596-6900-1

Ⅰ. ①儿… Ⅱ. ①约…②柯…③珍…④余… Ⅲ.
①儿童心理学-研究 Ⅳ. ①B844.1

中国版本图书馆CIP数据核字(2023)第086066号

John W. Santrock, Kirby Deater-Deckard, Jennifer E. Lansford
Child Development, 15th Edition
ISBN: 978-1-260-24591-2
Copyright © 2021 by McGraw-Hill Education

All Rights reserved. No part of this publication may be reproduced or transmitted in any form or by any means, electronic or mechanical, including without limitation photocopying, recording, taping, or any database, information or retrieval system, without the prior written permission of the publisher.

This authorized Chinese translation edition is published by Beijing United Publishing Co., Ltd. in arrangement with McGraw-Hill Education (Singapore) Pte. Ltd. This edition is authorized for sale in the People's Republic of China only, excluding Hong Kong, Macao SAR and Taiwan.

Translation Copyright © 2023 by McGraw-Hill Education (Singapore) Pte. Ltd and Beijing United Publishing Co., Ltd.

版权所有。未经出版人事先书面许可，对本出版物的任何部分不得以任何方式或途径复制传播，包括但不限于复印、录制、录音，或通过任何数据库、信息或可检索的系统。
此中文简体翻译版本经授权仅限在中华人民共和国境内（不包括香港特别行政区、澳门特别行政区和台湾）销售。
翻译版权 © 2023 由麦格劳-希尔教育（新加坡）有限公司与北京联合出版公司所有。
本书封面贴有McGraw-Hill Education公司防伪标签，无标签者不得销售。

本书中文简体版权归属于银杏树下（北京）图书有限责任公司
北京市版权局著作权合同登记 图字：01-2023-3086

儿童发展（插图第 15 版）

著　　者：[美] 约翰·W. 桑特洛克　[美] 柯比·迪特尔-德卡德　[美] 珍妮弗·E. 兰斯福德
译　　者：余强　　　　　　出 品 人：赵红仕　　　　　选题策划：银杏树下
出版统筹：吴兴元　　　　　编辑统筹：尚　飞　　　　　特约编辑：宋燕群　孙慧妍
责任编辑：徐　樟　　　　　营销推广：ONEBOOK　　　　装帧制造：DarkSlayer

北京联合出版公司出版
（北京市西城区德外大街 83 号楼 9 层　100088）
后浪出版咨询（北京）有限责任公司发行
天津中印联印务有限公司　新华书店经销
字数1100千字　889毫米×1194毫米　1/16　36.75印张
2023 年 6 月第 1 版　2023 年 6 月第 1 次印刷
ISBN 978-7-5596-6900-1
定价：148.00 元

后浪出版咨询(北京)有限责任公司　版权所有，侵权必究
投诉信箱：copyright@hinabook.com　fawu@hinabook.com
未经书面许可，不得以任何方式转载、复制、翻印本书部分或全部内容。
本书若有印、装质量问题，请与本公司联系调换，电话010-64072833